W0254680

ALLE ZEIT WACH
1842

Siegfried Wendt

Nichtphysikalische Grundlagen der Informationstechnik

Interpretierte Formalismen

Zweite Auflage
mit 255 Abbildungen

Springer-Verlag
Berlin Heidelberg NewYork
London Paris Tokyo
Hong Kong Barcelona Budapest

Prof. Dr.-Ing. Siegfried Wendt
Fachbereich Elektronik
Universität Kaiserslautern
Erwin-Schrödinger-Straße
6750 Kaiserslautern

ISBN 978-3-540-54452-4 ISBN 978-3-642-87627-1 (eBook)
DOI 10.1007/978-3-642-87627-1

CIP-Kurztitelaufnahme der Deutschen Bibliothek
Wendt, Siegfried:
Nichtphysikalische Grundlagen der Informationstechnik:
interpretierte Formalismen / Siegfried Wendt. - 2. Aufl.
Berlin ; Heidelberg ; NewYork ; London ; Paris ; Tokyo ;
Hong Kong ; Barcelona ; Budapest : Springer, 1991
ISBN 978-3-540-54452-4

Satz: Reproduktionsfertige Vorlage vom Autor

60/3020 543210 - Gedruckt auf säurefreiem Papier

Vorwort

Zur 2. Auflage ist folgendes zu bemerken:

Wenn die von Faust gegenüber Gretchen geäußerte Behauptung, Name sei Schall und Rauch (Goethe: Faust, Zeile 3457), auch für Buchtitel gälte, dann hätte es nach dem Erscheinen der 1. Auflage dieses Buches die vielen Diskussionen über die Zweckmäßigkeit oder Unzweckmäßigkeit des gewählten Titels nicht gegeben. Etliche Fachkollegen haben mir ihr Mißfallen bezüglich des Titels kundgetan, und ich wurde mehr und mehr überzeugt, daß fast niemand diesen Titel so verstanden hat, wie ich ihn gemeint hatte. Dennoch habe ich – im Einvernehmen mit dem Verlag – den Titel auch für die 2. Auflage beibehalten. Die Begründung für diesen Titel stand bereits in der 1. Auflage im Abschnitt *Einführung*, und in der 2. Auflage steht sie dort immer noch. Zusätzlich ist dort nun aber auch noch nachzulesen, welche unterschiedlichen Inhalte ich mit den Wörtern *Informatik* und *Informationstechnik* verbinde.

Der Inhalt des Buches ist gegenüber der 1. Auflage weder erweitert noch reduziert worden. Die Gliederung hat sich nur geringfügig geändert. Selbstverständlich sind die in der ersten Auflage entdeckten Fehler – sowohl die Druckfehler als auch die falschen Aussagen – korrigiert worden, so daß in der neuen Fassung hoffentlich weniger Fehler zu finden sein werden als in der alten. Darüberhinaus habe ich einige wenige Abschnitte stark umgestaltet, bei denen die bisherige Darstellung zwar nicht falsch, aber hinsichtlich Klarheit und Anschaulichkeit doch recht unbefriedigend war.

Die restlichen Aussagen dieses Vorwortes finden sich bereits in der 1. Auflage; sie behalten für die 2. Auflage ihre volle Gültigkeit:

Für jeden, der wie ich eine starke Brille braucht, ist der Übergang von verschwommener Sicht zu klarer Sicht ein tägliches beglückendes Erlebnis. Man kann jedoch i.a. einem anderen nicht zu klarer Sicht verhelfen, indem man ihm eine Kopie der eigenen Brille aufsetzt. Es gibt aber Welten, wo jeder zur klaren Sicht eine Brille braucht und wo eine Einheitsbrille sehr nützlich sein kann. Gemeint sind hier die Welten der Strukturen, die man nur mit dem geistigen Auge sehen kann. Die Informatik und die Informationstechnik bilden eine solche Welt, worin man hilflos herumirren muß, wenn man keine geeignete Brille für das geistige Auge hat – man sieht dann nämlich den Wald vor lauter Bäumen nicht. Bücher über die Bäume, d.h. über Details aus der Informatik und der Informationstechnik gibt es viele, aber vom Wald, d.h. von der Einbettung der Details in eine zusammenhängende Struktur ist nur selten die Rede. Deshalb habe ich dieses Buch geschrieben, worin der Blick mehr auf den Wald als auf die Bäume gerichtet ist.

Zwangsläufig ist es ein sehr persönliches Buch geworden, denn es beschreibt meine subjektive Art zu sehen, d.h. es beschreibt einen Teil meiner Weltsicht. Daß es sich dabei um eine Sicht handelt, die auch für andere nützlich sein kann, weiß ich inzwischen aus jahrelanger Erfahrung. Ich durfte nämlich zu meiner großen Freude erleben, mit welcher Sicherheit sich alle, denen ich meine Brille vor das geistige Auge setzen konnte, durch den Begriffswald der Informatik und der Informationstechnik bewegten, auch in Winkeln, wo sie vorher noch nie gewesen waren – wie Touristen, die sich anhand ihres Stadtplans oft sicherer in allen Winkeln einer Großstadt zurechtfinden als mancher Einheimische.

Beim Schreiben des Buches habe ich an drei unterschiedliche Typen von Lesern gedacht. Der erste Lesertyp ist der Student, der im Haupt– oder Nebenfach Informatik oder Informationstechnik studiert. Die Sichtweise, die ich ihm durch dieses Buch vermitteln will, soll ihm helfen, die Fülle der Details, die man ihm anderswo beibringen wird, dadurch zu bewältigen, daß er jedes einzelne wie einen Mosaikstein in ein großes Bild plazieren kann. Selbstverständlich kann der Student nicht alles über den Wald lernen, bevor er die Bäume kennengelert hat. Er wird zwar schon beim erstmaligen Lesen dieses Buches gewisse Einsichten bekommen, aber die volle Tragweite der dargestellten abstrakten Zusammenhänge wird sich ihm erst erschließen, wenn er im Laufe seines Studiums immer wieder einmal in das Buch hineinschaut. Der zweite Lesertyp hat es leichter, denn er ist derjenige, der die Details schon kennt, weil er schon im Beruf steht und dort anwendend, entwickelnd oder lehrend mit Informatik oder Informationstechnik befaßt ist. Auch für ihn kann das Buch hilfreich sein, indem es ihn auf Zusammenhänge hinweist, die er bisher noch nicht so klar gesehen hat. Der dritte Lesertyp ist der Bildungshungrige, der sich unbehaglich fühlen muß, wenn er auf Schritt und Tritt mit Computern und anderen informationstechnischen Produkten in Berühmng kommt, ohne die Grundlagen zu kennen, auf denen die Machbarkeit dieser Produkte beruht. Er hat es mit diesem Buch etwas leichter als der Student, da er es sich leisten kann, alle Abschnitte, die ihm zu sehr mit technischen oder mathematischen Einzelheiten belastet erscheinen, einfach zu übergehen. Die große Linie wird er trotzdem erkennen, falls er den Umgang mit wissenschaftlicher Literatur gewöhnt ist.

Meinem Ziel, eine bestimmte Sichtweise zu vermitteln, wäre ein Text in streng wissenschaftlichem Stil wohl kaum dienlich gewesen. Deshalb habe ich mich an wissenschaftliche Traditionen bezüglich der Darstellungsform nicht gebunden gefühlt. Insbesondere bin ich häufig von der Fachsprache abgewichen, wenn ich überzeugt war, daß die von mir gewählte Bezeichnung das zu Erklärende besser trifft als das Wort aus der Fachsprache. Ich bin mir bewußt, daß ich damit demjenigen, der an die Fachsprache gewöhnt ist, einige Stolpersteine in den Weg gelegt habe, aber der andere, der die Fachsprache noch nicht kennt, hat es dadurch meines Erachtens etwas leichter.

Es ist selbstverständlich, daß ich dieses Buch nicht hätte schreiben können, wenn ich nicht zuvor viel von anderen gelernt hätte. Viele der Erkenntnisse, die ich hier zu einer Gesamtschau zusammengefügt habe, stammen ursprünglich nicht von mir, sondern von meinen wissenschaftlichen Vorfahren oder Zeitgenossen. Ihre Zahl geht in die Hunderte, aber nur einige von ihnen werden in den folgenden Kapiteln namentlich erwähnt. Zum einen sind es diejenigen, deren Name als Teil einer Begriffsbezeichnung verwendet wird – man denke an den Satz des Pythagoras –, und zum anderen sind es diejenigen, deren Schriften ich unmittelbar anläßlich der Abfassung bestimmter Abschnitte des Buches studiert habe und die ich deshalb im Literaturverzeichnis aufführe. Alle anderen glaube ich ungenannt lassen zu dürfen, weil ich sonst eine Auswahl hätte treffen müssen, die ich schwerlich begründen könnte.

Anläßlich der Fertigstellung dieses Buches habe ich nicht nur Grund, die Vor– und Mitdenker zu würdigen, sondern ich möchte auch all denen danken, die auf andere Weise zum Gelingen dieses Werkes beigetragen haben. Da ist der Springer–Verlag zu nennen, der meinen Dank verdient für sein großes Interesse an meinem Manuskript und für die Sorgfalt bei der Herausgabe. Des weiteren habe ich der Firma Siemens – und dabei insbesondere Herrn Dr.–Ing. D. Klugmann – zu danken. Die seit vielen Jahren gemeinsam durchgeführten Projekte haben wesentlich zur Reifung der hier dargestellten Systemsicht beigetragen. Bei der Erstellung der druckreifen Vorlagen und beim Korrekturlesen haben alle Mitglieder meiner Arbeitsgruppe engagiert mitgeholfen. Für ihre solide Arbeit und ihre Geduld in der Hektik der Schlußphase bin ich ihnen sehr dankbar.

Kaiserslautern, im Juli 1991 Siegfried Wendt

Inhaltsverzeichnis

Einführung

Vor dem Besuch einer Oper schaut mancher noch einmal kurz in seinen Opernführer. Dort findet er einerseits den Gang der Handlung skizziert, andererseits wird er dort aber auch auf bestimmte Zusammenhänge zwischen Musik und Handlung hingewiesen, und er erfährt etwas über die Vorstellungen, die den Komponisten bei der Schaffung seines Werkes leiteten. Aufgrund dieser Hinweise wird der Opernbesucher wissen, worauf er im Laufe des Abends besonders zu achten hat, und er wird sich dann beispielsweise freuen, wenn er im dritten Akt ein bestimmtes musikalisches Thema aus dem ersten Akt wiedererkennt.

Der Inhalt des vorliegenden Buches hat zwar nichts mit einer Oper zu tun, aber der Leser sollte die Analogie sehen: Jedes der folgenden drei Buchkapitel entspricht einem Akt der Oper, und dieser Einführungstext entspricht dem Text im Opernführer. Und gemäß dieser Analogie gibt es tatsächlich etliche verbindende Themen, die dem Leser auffallen sollten, damit er sich dann darüber freuen kann, wenn er sie in nachfolgenden Abschnitten wiedererkennt.

Das Buch trägt den Titel "Nichtphysikalische Grundlagen der Informationstechnik". Dabei ist der Begriff *Informationstechnik* in einem sehr umfassenden Sinne gemeint, wie er sich zwangsläufig ergibt, wenn man die Bedeutung des zusammengesetzten Wortes einfach aus der Bedeutung seiner beiden Teilwörter herleitet. Bild 1 veranschaulicht die Einordnung der in diesem Sinne verstandenen Informationstechnik in eine Struktur von Assoziationen zum umfassenderen Begriff *Technik.*

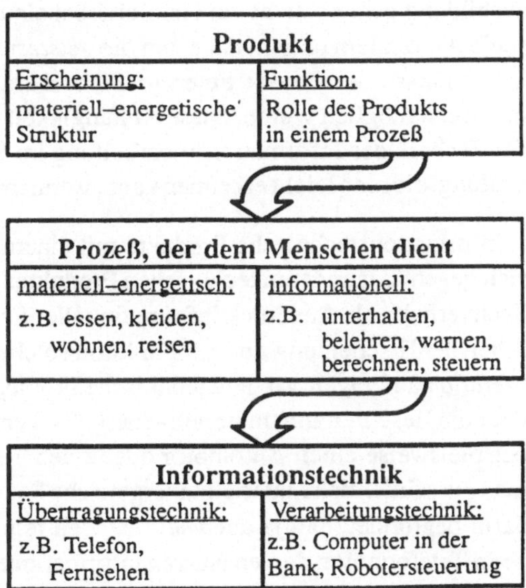

Bild 1
Zur Charakterisierung der Informationstechnik

Jede Technik ist gekennzeichnet durch die Bereitstellung bestimmter Produkte. Die Nützlichkeit dieser Produkte erweist sich in Prozessen, die von bestimmten oder allen Menschen als notwendig oder wünschenswert beurteilt werden. Jedes Produkt hat eine Erscheinung und eine Funktion. Die Erscheinung ist immer eine materiell–energetische Struktur, die man ganz oder teilweise sehen oder anfassen kann. Die Funktion wird erfaßt, indem man die Rolle beschreibt, die das Produkt in einem Prozeß spielt, an welchem der Produktanwender oder -verbraucher mitwirkt. Diese Prozesse können in zwei Klassen eingeteilt werden nach dem Kriterium, ob der Nutzen des Prozesses für den Menschen materiell-energetischer oder informationeller Natur ist. Und im Falle des informationellen Nutzens kann man fragen, ob er primär auf der Informationsübertragung oder auf der Informationsverarbeitung beruht.

Obwohl das Verständnis des Begriffs *Informationstechnik* in dem beschriebenen Sinne eigentlich naheliegt, wird der Begriff doch von vielen nur in einem wesentlich engeren Sinne gebraucht, indem sie ihn synonym zu den Wörtern *Übertragungstechnik*, *Nachrichtentechnik* und *Kommunikationstechnik* verwenden. In diesem engeren Sinne ist dann ein Informationstechniker zwangsläufig eine spezielle Art von Elektrotechniker. Diese Einengung läuft den mit der Titelwahl verfolgten Absichten selbstverständlich zuwider.

Wenn man die Bedeutung des Begriffs *Informationstechnik* erörtert, stößt man zwangsläufig auch auf die Frage nach dem Verständnis des Begriffs *Informatik*. Auch bei diesem Begriff findet man Verwendungen mit unterschiedlichen Bedeutungen. Eine Firma, die ihre Produktionsstätte für Computersysteme "Informatik-Werk" nennt, setzt den Begriff *Informatik* synonym zu *Computertechnik*. Dies deckt sich aber nicht mit dem, was die Fachbereiche für Informatik an den Hochschulen unter der Bezeichnung *Informatik* verstehen. Die Lehrpläne für Informatiker enthalten nämlich kaum etwas über die physikalischen Effekte, deren Beherrschung unbedingte Voraussetzung jeglicher Computerkonstruktion ist, d.h. in der Informatikausbildung geht es nicht um Halbleiterbauelemente, Laser, Glasfasern oder Magnetschichtspeicher, sondern es geht dabei um die *geisteswissenschaftlichen Erkenntnisse*, die neben die Erkenntnisse der Physik treten mußten, damit technische Informationsverarbeitung überhaupt erst möglich wurde. Diese Abhängigkeit von einem zweiten Erkenntnisfundament gibt der Technik der Informationsverarbeitung im Spektrum der gesamten Technik eine Sonderstellung, die man leicht erkennen kann, wenn man die folgenden Überlegungen nachvollzieht.

Informationstechnische Produkte mit einem informationsverarbeitenden Anteil zeichnen sich gegenüber anderen technischen Produkten dadurch aus, daß man materiell-energetische Sachverhalte als Ausdruck informationeller Sachverhalte interpretiert. Die Verbindung zwischen der Erscheinung und der Funktion solcher Produkte läßt sich also nur durch eine *Interpretation* aufzeigen. Andere technische Produkte dagegen kann man erklären, ohne daß man über die Beschreibung materiell-energetischer Sachverhalte hinausgehen muß. So kann man beispielsweise einen Automotor oder einen Telefonhörer zufriedenstellend erklären, indem man ausschließlich materiell-energetische Sachverhalte beschreibt. Beim Automotor ist dies darin begründet, daß ja auch sein Nutzen rein materiell-energetischer Natur ist, aber auch beim Telefonhörer, dessen Nutzen informationeller Natur ist, hängt das Funktionsverständnis nicht vom Ergebnis einer Interpretation ab. Zwar fließen dort zeitlich veränderliche Ströme, die den Sprachsignalen entsprechen, aber für den Konstrukteur des Telefonhörers genügt die Annahme der Interpretierbarkeit, d.h. er braucht sich um die tatsächliche Interpretation der Signale nicht zu kümmern. Andernfalls wäre es ja gar nicht möglich, per Telefon in einer Sprache zu kommunizieren, die der Konstrukteur des Telefonhörers nicht versteht.

Bei der Konstruktion von Produkten zur Informationsverarbeitung muß jedoch schon der Konstrukteur die Interpretation bestimmter materiell–energetischer Sachverhalte festlegen, und ohne Kenntnis dieser Festlegungen kann man das Produkt nicht seinem Zweck entsprechend benutzen. Die jeweiligen Festlegungen, für die sich ein Konstrukteur entscheidet, lassen sich immer als Ergebnis zweier aufeinanderfolgender Entscheidungen beschreiben: Zuerst wird ein geeigneter *Formalismus* gesucht oder ausgewählt, und anschließend wird dieser Formalismus als materiell–energetische Struktur realisiert. Als Beispiel eines einfachen Formalismus sei die Darstellung nichtnegativer ganzer Zahlen als sogenannte Dualzahlen genannt. Man gibt dabei zur Identifikation einer Zahl jeweils diejenigen Zweierpotenzen an, deren Summe die gemeinte Zahl ist. So ist mit der Null–Eins–Folge 11001 die Zahl fünfundzwanzig gemeint, weil $1 \cdot 2^4 + 1 \cdot 2^3 + 0 \cdot 2^2 + 0 \cdot 2^1 + 1 \cdot 2^0 = 16 + 8 + 1 = 25$ ist. Als materiell–energetische Struktur zur Darstellung einer solchen Dualzahl kann man beispielsweise eine Reihe von Glühlampen vorsehen, wobei jede leuchtende Lampe als 1 und jede dunkle Lampe als 0 gedeutet werden soll. Man könnte aber auch einen Papierstreifen mit einer Reihe abgegrenzter Felder vorsehen, wo man jedes gelochte Feld als 1 und jedes ungelochte Feld als 0 deutet.

Wegen der schier unendlichen Vielfalt an Möglichkeiten, einen Formalismus als materiell–energetische Struktur zu realisieren, ist es zweckmäßig, die Problemkreise getrennt zu betrachten. Wenn man sich für die Realisierung von Formalismen als materiell–energetische Strukturen interessiert, muß man sich mit der Nutzung physikalischer Effekte befassen. Wenn man sich dagegen für die Formalismen an sich interessiert, dann braucht man sich um die Frage nach den materiell–energetischen Strukturen, die aufgrund der aktuellen technologischen Möglichkeiten für eine Produktgestaltung in Frage kommen, nicht zu kümmern. In diesem Fall genügt es zu wissen, daß man jedes einzelne Element eines Formalismus bei jeder beliebigen Realisierung unmittelbar als Element der materiell–energetischen Struktur wiederfindet – so wie man die Einsen und Nullen des Dualzahlenformalismus als Glühbirnen oder als Felder für Löcher wiederfinden kann. Die Konzentration des Interesses auf die Formalismen an sich kennzeichnet sowohl die Informatik als auch das vorliegende Buch. Deshalb kam die Negation *nichtphysikalisch* in den Titel.

Weshalb aber kommt im Titel das Wort *Informatik* nicht – oder nur versteckt – vor? Weil zu oft – und häufig auch von Informatikern selbst – die Informatik als bloße "Programmierwissenschaft" gedeutet wird und nicht als die *Wissenschaft von den interpretierten Systemen*, wie sie in diesem Buch vorgestellt wird. Es ist ein Kennzeichen dieser Wissenschaft, daß die *Strukturen von Beschreibungen* den *Strukturen des Beschriebenen* gegenübergestellt werden. Dies kann man man selbstverständlich nur tun, wenn man sich der Unterschiedlichkeit dieser beiden Strukturbereiche bewußt ist. Kein Mensch wird die Beschreibung eines Autos mit dem realen Auto verwechseln, denn die Beschreibung ist eine passive Form, während das reale Auto ein zu Wechselwirkungen mit seiner Umwelt fähiges System ist. Im Gegensatz aber zum Autokonstrukteur, der sich immer bewußt ist, daß seine Konstruktionszeichnungen nur eine Beschreibung darstellen, ist sich mancher Programmkonstrukteur oft nicht bewußt, daß er sein Programm auch nur als eine Beschreibung ansehen sollte, der etwas Beschriebenes zugeordnet ist. Und dieses in Form des Programms Beschriebene hat durchaus etwas mit einem Auto gemeinsam, es ist nämlich auch ein zu Wechselwirkungen mit seiner Umwelt fähiges

System. Denn alles, was geschieht, d.h. jede beobachtbare Situationsänderung, die im Programm verlangt wird, kann nur in einem physikalischen System geschehen. Die physikalischen Details sind zwar für die Betrachtung irrelevant, aber ein Systemaufbaubild muß man doch vor Augen haben, wenn man der Forderung nach programmgemäßem Verhalten einen Sinn geben will.

So wie die Konstruktionszeichnungen i.a. nicht nur auf ein einziges Auto zutreffen, so trifft auch ein Programm i.a. nicht nur auf ein einziges System zu. Eine Beschreibung läßt zwangsläufig immer vieles offen – im Falle des Autos sagen die Konstruktionszeichnungen normalerweise nichts über die Farbe, im Falle des Programms wird darin normalerweise nichts über die mechanischen und elektronischen Details des Computers gesagt, der das Programm abwikkeln wird. Alles, was eine Beschreibung offen läßt, wird bei der *Realisierung* – die im Falle des Autos *Fertigung* genannt wird – festgelegt. Die Realisierung eines *programmierten Systems* geschieht dadurch, daß das Programm in ein *programmierbares System* eingebracht wird, damit sich dieses programmgemäß verhalten kann, wodurch es erst zu einem System wird, auf welches die als Programm gegebene Beschreibung zutrifft.

Die Mehrdeutigkeit der Beziehung zwischen der Beschreibung und dem Beschriebenen ist nicht einseitig, sondern beidseitig. Von der Beschreibung ausgehend besteht die Mehrdeutigkeit darin, daß diese Beschreibung auf mehrere unterschiedliche Systeme zutreffen kann. Vom Beschriebenen, also von einem realen System ausgehend besteht die Mehrdeutigkeit darin, daß es zu diesem System mehrere zutreffende unterschiedliche Beschreibungen geben kann. Letzteres bedeutet insbesondere, daß man ein System, welches in Form eines Programms beschrieben ist, durchaus auch noch durch völlig andere Beschreibungen zutreffend erfassen kann. Und solche anderen Systembeschreibungen braucht man unbedingt, wenn man als Konstrukteur oder Nutzer informationeller Systeme mit gleicher Klarheit die Systeme "durchschauen" können will, wie die Konstrukteure oder Nutzer von Autos ihre Systeme durchschauen.

Wenn man also mit dem Blick eines Systemingenieurs an die Themen der Informatik herangeht, dann wird man sich primär für das Wesen des *informationellen Systems* interessieren und erst in zweiter Linie für die sprachlichen Alternativen der Programmformulierung. Für die Programmierungsalternativen wird man sich im gegebenen Kontext überhaupt nur im Hinblick auf die Frage interessieren, welchen Einfluß sie auf die Strukturierung der durch die Programme beschriebenen informationellen Systeme haben. Daß es nicht üblich ist, mit einem solchen Blick an die Themen der Informatik heranzugehen, erkennt man deutlich daran, daß die Begriffswelt der Systemmodelle, die im 2. Kapitel dieses Buches vorgestellt wird, in den Lehrbüchern der Informatik größtenteils gar nicht vorkommt.

Es wurde weiter oben schon gesagt, daß in diesem Buch das nichtphysikalische Erkenntnisfundament der Technik der Informationsverarbeitung vermittelt werden soll. So wie ein Physikbuch Erkenntnisse über Strukturen in der materiell–energetischen Welt vermittelt, so soll also das vorliegende Buch Erkenntnisse über Strukturen in der informationellen Welt vermitteln. Die Gewinnung physikalischer Erkenntnisse ist immer mit der Frage verbunden: Wie messe ich? Man denke an Albert Einstein, der die spezielle Relativitätstheorie fand, indem er fragte: Wie messe ich Zeit und Länge? Die Gewinnung von Erkenntnissen über die informationelle Welt ist mit der Frage verbunden: Wie denke und kommuniziere ich? Damit ist nicht die Frage nach den physikalischen, d.h. biochemischen Vorgängen gemeint, mit denen mein Denken verbunden ist, sondern es ist die Frage gemeint: Welche Strukturen finde ich beim Nachdenken über mein Denken und über mein Kommunizieren?

Über jegliche Gewinnung menschlicher Erkenntnis kann man den vielzitierten Satz des Prothagoras (480–410 v.Chr.) setzen: *Der Mensch ist das Maß aller Dinge.* Auf beide Arten der hier gegeneinander abzugrenzenden Erkenntnisse paßt dieser Satz – womit allerdings nicht gesagt sein soll, daß der Urheber des Satzes diesen genau in diesem Sinne gemeint hat. Im Falle des Messens zur Gewinnung physikalischer Erkenntnisse bilden die "Maße" des Menschen, also seine Körpergröße, seine Muskelkraft und der Zeitabstand zweier Herzschläge die Bezugsgrößen für die Wahl der elementaren Maßeinheiten Meter, Kilogramm und Sekunde. Und alles, was von diesen Maßen extrem abweicht – wie Lichtjahre oder Picosekunden – liegt außerhalb der menschlichen Anschauung und kann von ihm nur noch formal mit Hilfe von Zehnerpotenzen – 10^{16} m oder 10^{-12} sec – erfaßt werden.

Mehr noch als in der Physik ist der Mensch das Maß aller Dinge, wenn es um Erkenntnisse über informationelle Strukturen, also um Erkenntnisse über das Kommunizieren und das logische Schließen geht. Denn da gibt es keine Trennung mehr zwischen dem Beobachter und dem Beobachteten. Deshalb ist jede Erkenntnis auf diesem Gebiet primär eine sehr subjektive Erkenntnis, und man kann ihr nur dann eine gewisse Objektivität zusprechen, wenn die dargestellten Gedankenketten von genügend vielen kritischen Geistern nachvollzogen wurden und akzeptiert werden konnten. Daran erkennt man, daß es sich um philosophische Erkenntnisse handelt, denn deren Kennzeichen ist es, daß man sie nicht durch Nachschauen, Nachmessen oder Nachrechnen, sondern nur durch Nach – Denken überprüfen kann. Dieses Nach – Denken dürfte aber im vorliegenden Falle nicht sehr schwer sein, da es sich ja beim Kommunizieren und beim logischen Schließen um alltägliche Vorgänge handelt, so daß die dargestellten Gedankenketten durch viele Hinweise auf Alltagssituationen oder durch einfache Beispiele aus der Physik oder der Mathematik veranschaulicht werden können.

Die Aussage, daß etliche der im folgenden zu vermittelnden Erkenntnisse philosophische Erkenntnisse seien, mag manchen Leser überraschen; aber er sollte bedenken, daß schon der Philosoph Aristoteles (384–322 v.Chr.) bestimmte Formalismen des logischen Schließens gefunden hat. Zwar wird man heute solche Formalismen eher in Mathematikbüchern als in Philosophiebüchern finden, aber die Grenze zwischen Philosophie und Mathematik ist hier nicht scharf zu ziehen. Sicher kann man die formale Logik der Mathematik zuordnen, aber da es in der Logik auch um den Wahrheitsbegriff und um die Frage nach sprachlicher Konsequenz geht, verbleibt doch ein großer Teil der Zuständigkeit für die Logik bei der Philosophie.

Selbstverständlich ist das vorliegende Buch, obwohl darin gewisse philosophische Aspekte behandelt werden, kein Philosophiebuch im engeren Sinne. Eine Analogie mag die Situation verdeutlichen: Die Mechanik in Newton'scher und Einstein'scher Formulierung ist ein Thema der Physik. Andererseits ist im Maschinenbau die Newton'sche Mechanik von grundlegender Bedeutung, und deshalb wird darüber in Büchern des Maschinenbaus geschrieben. Dennoch werden dadurch diese Bücher nicht zu Physikbüchern im engeren Sinne.

Die Gliederung des Buches in drei Kapitel ist eine unmittelbare Konsequenz des verfolgten Zieles, Strukturen in informationellen Systemen und Prozessen sichtbar zu machen. Bevor im 3. Kapitel solche Strukturen vorgestellt werden können, müssen zuerst die begrifflichen Voraussetzungen geschaffen werden, d.h. es müssen zuerst die beiden verschiedenen Begriffsfelder vermittelt werden, die im 3. Kapitel kombiniert werden sollen. Deshalb wird im 1. Kapitel der Informationsbegriff und sein Umfeld behandelt; im Mittelpunkt steht dabei die Interpretation, d.h. die Zuordnung von Bedeutung zu Formen. Im 2. Kapitel wird der Systembegriff und sein Umfeld betrachtet. Dabei geht es um die Beschreibung kausalen Verhaltens und seine Realisierung durch wechselwirkende Komponenten. Die Frage der Interpretation der im Rahmen der Verhaltensbeobachtung wahrnehmbaren Formen bleibt hierbei noch außer Betracht. Erst im 3. Kapitel rückt diese Frage in den Mittelpunkt. Denn dort werden grundlegende Strukturen aus den beiden informationstechnischen Schwerpunkten Kommunikation und Programmierung vorgestellt. Als Leitthemen der Betrachtung sind vor allem die Begriffe *Identifikation*, *Ergebnis- und Prozeßorientierung*, *Ereignis- und Wertekommunikation* sowie *Zuständigkeit* zu nennen.

Wenn der Stoff eines Buches zu den *Grundlagen* einer Technik gerechnet werden soll, dann dürfen die darin vermittelten Erkenntnisse nicht produktspezifisch sein, sondern sie müssen als Voraussetzung für jegliches konstruktive Handeln in dieser Technik gelten können. Der Leser wird also aus diesem Buch nicht erfahren, was X25, Ethernet, M68030 oder ADA ist, aber auf der Basis der vermittelten Einsichten sollte es ihm möglich sein, solche und andere informationstechnischen Produkte, wenn sie ihm anderswo erklärt werden, zu verstehen und in sein Gesamtbild der Informationstechnik einzuordnen. Wer den Wert abstrakter Darstellungen nur anerkennt, falls er ihre unmittelbaren Konsequenzen für sein konstruktives Handeln sieht, der wird an diesem Buch vermutlich wenig Freude haben. Es wird aber sicher demjenigen weiterhelfen, der einen Sinn darin sieht, durch das Einbinden der vielfältigen Erscheinungen in eine klare abstrakte Begriffswelt sein Denken von unnötigem Ballast zu befreien.

1. Der Informationsbegriff und sein Umfeld

Jedermann hat irgendeine mehr oder weniger klare Vorstellung von der Bedeutung solcher Wörter wie *Information, Symbol, Signal, Interpretation, Nachricht* oder *Daten.* Wenn man aber zu klaren Erkenntnissen über Strukturen und Gesetze in der informationellen Welt gelangen will, dann kann man sich nicht mit einem solch vagen Verständnis zufrieden geben. Da es sich hier aber um elementare Begriffe handelt, die nicht exakt auf andere, voraussetzbare Begriffe zurückgeführt werden können, kann man sie nur dadurch "definieren", daß man viele unterschiedliche Erklärungsversuche und Beispiele vorstellt, worin immer nur auf solches Wissen und solche Erfahrungen Bezug genommen wird, die man bei jedermann voraussetzen darf.[1] Auf diese Weise kann man durchaus zu einer großen begrifflichen Schärfe gelangen. Die folgenden Betrachtungen haben das Ziel, diese Schärfe für den Informationsbegriff und andere im Umfeld liegende Begriffe zu vermitteln.

Da man nur durch Analyse der eigenen subjektiven Erfahrungen zum Begriff der Information gelangen kann, bringt der Abschnitt 1.1 die notwendigen erkenntnistheoretischen Betrachtungen. Die dabei gefundenen Begriffe und Zusammenhänge äußern sich unmittelbar in der Gestaltung der Mengenlehre, weshalb deren Grundzüge im Abschnitt 1.2 dargestellt werden. Die Ergebnisse des Abschnitts 1.1 bilden auch die Voraussetzung für die Klärung der zum Umfeld des Informationsbegriffs gehörenden Begriffe *Signal, Symbol und Sprache* im Abschnitt 1.3. Der Abschnitt 1.4 dient der Einordnung der sogenannten Informationstheorie, die sich nur mit dem Aspekt der Quantität, aber nicht mit dem Aspekt der Qualität von Information befaßt.

1.1 Erkenntnistheoretische Betrachtungen

1.1.1 Wahrnehmung

Ausgangspunkt erkenntnistheoretischer Betrachtungen sind die menschlichen "Erfahrungen". Dabei soll Erfahrung das genannt werden, was man nicht genau lokalisierbar in seinem Körper und vorwiegend in seinem Kopf erlebt, und zwar sowohl das, was man über seine Sinnesorgane auf sich zufließend erlebt, als auch das, was man aus sich selbst kommend erlebt. Da wir nicht anders können als in Ketten von Ursache und Wirkung zu denken, brauchen wir Ursachen für diese Erfahrungen. Die Ursachen für das, was man über seine Sinnesorgane auf sich zufließend erlebt, werden üblicherweise als *Reize* bezeichnet. Es spricht jedoch nichts dagegen, auch das, was man aus sich selbst kommend erlebt, als durch Reize verursacht anzusehen. Diese letzteren, nicht auf die Sinnesorgane wirkenden Reize können dann ihrerseits als durch die Erfahrungen ausgelöst angesehen werden. In Bild 2 ist gezeigt, daß der Weg von den Reizen zu den Erfahrungen in drei Abschnitte unterteilt werden kann. Die niederste Stufe der Erfahrungen bilden die *Empfindungen.* Danach folgen die Ergebnisse des *Erkennens* und zu-

1) Ein Beispiel für einen nichtelementaren Begriff, der sich exakt auf elementare Begriffe zurückführen läßt, ist der mathematische Begriff der *Funktion*, der auf der Basis elementarer Begriffe wie *Menge* und *Relation* definiert wird.

letzt die Ergebnisse des *Interpretierens*. Während sich der vorliegende Abschnitt mit der *Wahrnehmung* als der Kette aus Empfinden und Erkennen befaßt, wird die Interpretation erst im anschließenden Abschnitt 1.1.2 behandelt.

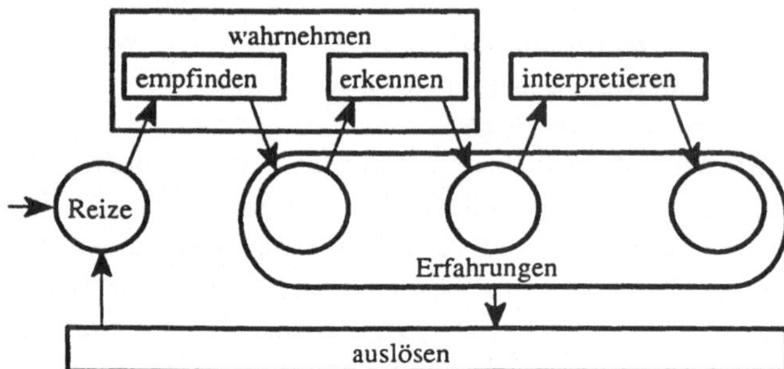

Bild 2
Die Wege zwischen Reizen und Erfahrungen

Da wir unsere Erkennungsmechanismen nicht abschalten können, ist es uns unmöglich, die Erfahrung reiner Empfindungen zu machen. Ein Verständnis dafür, was mit Empfindungen gemeint ist, gewinnt der Leser vermutlich dadurch, daß er sich ein durch keinerlei Erkennung überlagertes akustisches oder optisches Erlebnis vorzustellen versucht. Ein solches akustisches Erlebnis wäre das Hören eines Konzerts, dem man sich ganz hingibt, ohne an Takte, Frequenzen, Tonarten, Instrumente, früher gehörte Melodien oder sonst irgendwas zu denken. Ein entsprechendes optisches Erlebnis wäre die Versunkenheit bei der Betrachtung eines abstrakten Gemäldes, wobei man weder an Farben, Geometrie und Ähnlichkeiten noch sonst an irgendetwas denkt.

Trotz der Unmöglichkeit, reine Empfindungen zu erfahren, bleibt es sinnvoll, innerhalb der Wahrnehmung zwischen empfinden und erkennen zu unterscheiden. Die Zweckmäßigkeit dieser Unterscheidung sieht man leicht ein, wenn man technische Apparate betrachtet, die teilweise die menschliche Wahrnehmung imitieren sollen: Eine Fernsehkamera "sieht" eine zweidimensionale Verteilung von Farben, aber sie kann keinerlei Gegenstände wie Häuser, Bäume oder Wolken erkennen. Das Ausgangssignal der Fernsehkamera ist das technische Äquivalent der reinen Empfindung. Dieses kann in einen Mustererkennungsapparat eingespeist werden, der dann in Form seiner Ausgangssignale Fragen beantworten kann, die sich auf Gegenstände beziehen, also beispielsweise "Wieviel Häuser sind im Blickfeld der Kamera?"

Als Ergebnis des Erkennens machen wir die Erfahrung einer Welt von Objekten in Raum und Zeit. Unsere Fähigkeit, Objekte zu erkennen, beruht darauf, daß wir über Mechanismen verfügen, unbewußt und schnell in den Empfindungen sogenannte Invarianten zu finden: Obwohl sich bei der Betrachtung eines Gegenstandes sehr unterschiedliche Empfindungen ergeben je nachdem, wie der Gegenstand beleuchtet wird und aus welcher Entfernung und unter welchem Blickwinkel wir ihn betrachten, sind wir doch in der Lage, eine Form–, Größen– oder Farbänderung des Gegenstandes von einer Änderung der Beleuchtung oder des Blickwinkels zu unterscheiden.

Die Objekte sind die elementaren Komponenten der Struktur, die der Erkennungsvorgang als Erfahrung liefert. Objekt ist ein Synonym für das "Zählbare", d.h. die Fähigkeit, Objekte zu erkennen, und die Fähigkeit, zählen zu können, sind untrennbar miteinander verbunden. Das Zählbare muß ein von allem anderen Unterschiedenes sein, welches nicht durch eine beliebig kleine Änderung in ein Anderes überführbar ist. Weil Objektsein und Zählbarsein Synonyme sind, ist der Objektbegriff genauso natürlich wie der Begriff der natürlichen Zahl.[1] Deshalb brauchen kleine Kinder auch keinen Mathematikunterricht zum Erlernen des Zählens mit kleinen Zahlen. Die Schwierigkeiten beim Zählen mit großen Zahlen liegen nicht daran, daß sich dort das Verständnis des Zählens ändern müßte, sondern nur daran, daß man dort ohne eine systematische Namensgebung für die Zahlen nicht mehr auskommt. Das Problem der Namensgebung steht im Zusammenhang mit den Möglichkeiten der Identifikation, und damit befaßt sich der Abschnitt 1.1.2.

Mit den Objekten und ihrer Zählbarkeit untrennbar verbunden ist auch die Erfahrung der *Linearordnung* der Mächtigkeit von Mengen. Daß drei Stücke Kuchen mehr sind als zwei Stücke Kuchen, oder daß vier Stunden Unterricht weniger sind als sechs Stunden Unterricht, sind sehr natürliche Erfahrungen.

Während uns die Erfahrung der Objektexistenz eine *diskrete Welt* vermittelt, wird uns durch die Erfahrung der *Objekteigenschaften* eine *kontinuierliche Welt* vermittelt. An dieser Stelle muß darauf hingewiesen werden, daß hier das Wort *Eigenschaft* in einem vom üblichen Sprachgebrauch abweichenden, eingeschränkten Sinne verwendet wird. Üblicherweise wird nämlich Eigenschaft synonym zum einstelligen *Prädikat*[2] verwendet und umfaßt damit alles, was man über ein Objekt aussagen kann. So kann beispielsweise für einen Mann das Prädikat gelten, verheiratet zu sein, was üblicherweise auch als eine Eigenschaft dieses Mannes bezeichnet wird. Hier jedoch sollen nur diejenigen an einem Objekt feststellbaren Sachverhalte Eigenschaften genannt werden, bei denen wir uns eine kontinuierliche Veränderbarkeit vorstellen können, also beispielsweise das Körpergewicht des Mannes oder seine Augenfarbe, aber nicht sein Familienstand. Dagegen soll dann, wenn von einstelligen Prädikaten die Rede ist und diese nicht auf den Fall der Eigenschaften im hier definierten Sinne beschränkt sein sollen, das Wort *Attribut* verwendet werden. Verheiratet zu sein ist also ein Attribut, aber keine Eigenschaft, wogegen es sowohl eine Eigenschaft als auch ein Attribut ist, 76 kg zu wiegen.

So wie die Menge der natürlichen Zahlen die Referenzmenge der diskreten Welt ist, so ist die Menge der reellen Zahlen die Referenzmenge der kontinuierlichen Welt. Die diskrete Welt ist durch Zählbarkeit, die kontinuierliche Welt durch Meßbarkeit gekennzeichnet. Zwar lehrt uns die Quantentheorie, daß es eine Änderbarkeit von Eigenschaften in beliebig kleinen Schritten nicht gibt, aber dies führt nicht dazu, daß unsere Vorstellung vom Kontinuum zerstört würde, daß wir also die Menge der reellen Zahlen nicht mehr denken könnten.

Die Erfahrung von Linearordnung, die bereits mit der diskreten Welt verbunden war, hat in der kontinuierlichen Welt eine Entsprechung, denn hier erfahren wir Linearordnung auf natürliche Weise durch Eigenschaftsvergleich – schwerer, länger, heller, härter, usw..

---

1) Anstelle des Wortes *Objekt* wird oft auch das Wort *Individuum* gebraucht, und entsprechend spricht man von *Individuation* anstelle von *Objektbildung*.

2) Mehrstellige Prädikate verbinden mehrere Objekte in einer Aussage, beispielsweise "Das Objekt *Herr Schulze* ist Direktor des Objekts *Heinrich–Heine–Schule*." Der Begriff des Prädikats spielt in der Prädikatenlogik eine zentrale Rolle (s. Abschnitt 1.3.3.2).

Die bisher betrachteten Objekte waren alle materieller Natur, aber der Objektbegriff ist nicht auf derartige Objekte beschränkt. Man braucht sich nur klarzumachen, was man alles zählen kann. Bild 3 zeigt ein Klassifikationsschema, worin jedes Objekt einordenbar ist. Die Objekte in der *Außenwelt* sind diejenigen, bei deren Wahrnehmung wir eine Beteiligung unserer Sinnesorgane erfahren. Ein Objekt ist *konkret*, wenn wir es mit Eigenschaften aus der kontinuierlichen Welt behaftet wahrnehmen, andernfalls ist es *abstrakt*. Die Objekte in der Aussenwelt sind immer konkret, wogegen es in der *Innenwelt* sowohl konkrete als auch abstrakte Objekte gibt. Die abstrakten Objekte nennt man *Begriffe*; mit ihnen befaßt sich der Abschnitt 1.1.2. Bei den konkreten Objekten unterscheidet man zwischen *Gegenständen* und *Prozessen*. Gegenstände in der Außenwelt sind materieller Natur, während Gegenstände in der Innenwelt in Träumen oder Phantasien wahrgenommen werden.

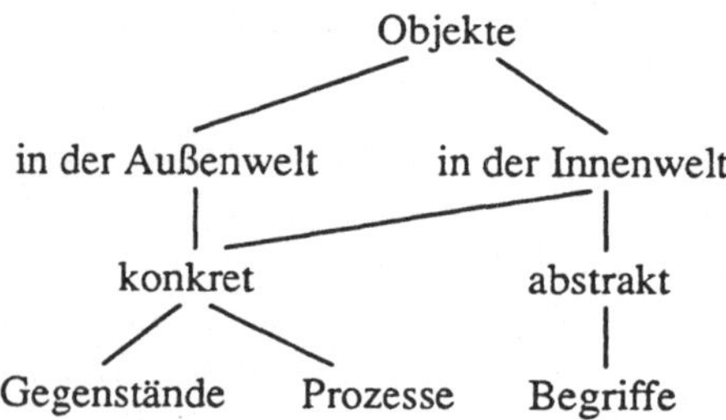

Bild 3
Klassifikationsschema für Objekte

Prozesse sind Vorgänge, die wir als Einheit erfahren. Beispiele für Prozesse in der Außenwelt sind das Erklingen einer Melodie, eine Bahnfahrt oder ein Gerichtsprozeß. Beispiele für Prozesse in der Innenwelt sind die Angst in einer bestimmten Situation, eine geträumte Bahnfahrt oder die Durchführung einer Berechnung im Kopf.

Dieses letzte Beispiel, also die Durchführung einer Berechnung im Kopf, kann zu der Frage Anlaß geben, wieso dieser Prozeß die Bedingung der Konkretheit erfülle, die verlangt, daß wir den Prozeß mit Eigenschaften aus der kontinuierlichen Welt behaftet wahrnehmen. Eine Berechnung kann eine reine Manipulation von Begriffen sein, dann können die in diesem Prozeß erfahrenen Objekte kein Grund für eine Erfahrung meßbarer Eigenschaften aus der kontinuierlichen Welt sein. Es ist aber der Prozeß selbst, der eine Eigenschaft aus der kontinuierlichen Welt hat, nämlich seine zeitliche Dauer.

Mit der Erfahrung von Prozessen untrennbar verbunden ist die Erfahrung sogenannter *Ereignisse*. Dabei handelt es sich um die Anfangs– und Endzeitpunkte der Prozesse oder von Teilprozessen innerhalb der Prozesse. Ein solches Ereignis ist beispielsweise das Erreichen des Ziels bei einem Wettlauf. Aus der Menge der Punkte des Zeitkontinuums werden die Ereignisse immer nur durch mehr oder weniger willkürliche und nicht exakt überprüfbare Kriterien festgelegt. Ohne solche Willkür ist es beispielsweise unmöglich, den Zeitpunkt festzulegen, zu dem ein Wettkämpfer durchs Ziel kommt. Trotz ihrer Unschärfe haben die Ereignisse einen wesentlichen Anteil an der Strukturierung unserer Erfahrung.

Die Untrennbarkeit von Prozessen und Ereignissen ist vergleichbar mit der Untrennbarkeit von Gegenständen und ausgewählten Punkten auf der Oberfläche oder im Innern der Gegenstände; man denke beispielsweise an die acht Eckpunkte eines Würfels. Die Zählbarkeit von Ereignissen und von Gegenstandspunkten weist darauf hin, daß es sich um Objekte handelt. Da sie aber keine meßbaren Eigenschaften haben, sind sie per Definition keine konkreten Objekte. Es gibt zwei Möglichkeiten, ihre Zählbarkeit zu begründen: Entweder werden sie als abstrakte Objekte gezählt, oder aber an ihrer Stelle werden konkrete Objekte gezählt, die ihnen zugeordnet werden. Solche konkreten Objekte, die anstelle der ausgewählten Zeit– oder Gegenstandspunkte gezählt werden, erhält man dadurch, daß man kleine zusammenhängenden Zeit– bzw. Raumintervalle betrachtet, innerhalb derer die ausgewählten Punkte liegen. So betrachtet man anstelle des Ereignisses "Läufer A erreicht das Ziel" einen bestimmten Teilprozeß des Wettlaufs, nämlich "Läufer A durchläuft das Ziel", und anstelle der acht Würfeleckpunkte betrachtet man die acht kleinen Pyramiden, die man durch Abschneiden der acht Würfelecken erhält.

Man erkennt, daß die Zählbarkeit in der Auswahl der Punkte begründet ist und nicht in der bloßen Tatsache des Punktseins. Dies verträgt sich mit der bei der Einführung des Objektbegriffs gemachten Aussage, daß das Zählbare ein von allem anderen Unterschiedenes sein muß, welches nicht durch eine beliebig kleine Änderung in ein Anderes überführbar ist. Zwar ist ein Punkt durch eine beliebig kleine Änderung in einen anderen Punkt überführbar, aber das Kriterium, das die Auswahl des Punktes bestimmt, ist nicht durch eine beliebig kleine Änderung in ein anderes Kriterium überführbar, welches die Auswahl eines anderen Punktes bestimmt. Dies gilt für jede Auswahl von Elementen aus dem Kontinuum und leuchtet leicht ein, wenn man eine Auswahl aus der Menge der reellen Zahlen betrachtet. Bekanntlich wird die Eulersche Zahl e durch folgendes Kriterium aus der Menge der reellen Zahlen ausgewählt:

$$e = \lim_{n \to \infty} \left(1 + \frac{1}{n} \right)^n$$

Obwohl beliebig dicht bei e andere Zahlen liegen, ist es sinnlos, von beliebig kleinen Änderungen des Auswahlkriteriums, d.h. von beliebig kleinen Änderungen des Grenzwertausdrucks zu reden. Auswahlkriterien sind immer abstrakte Objekte und damit Elemente einer diskreten Welt.

Nach der Objektexistenzerfahrung und der Objekteigenschaftserfahrung muß nun noch als drittes die Erfahrung von *Objektbeziehungen* betrachtet werden. Ein bestimmter Typ von Objektbeziehungen wurde bereits angesprochen, ohne daß dies besonders betont wurde, nämlich die Ordnungsbeziehung, die sich durch einen Eigenschaftsvergleich ergibt. Neben der Ordnungsbeziehung gibt es noch zwei weitere elementar erfahrbare Beziehungen, die aber nicht als ein Eigenschaftszusammenhang, sondern als ein Existenzzusammenhang erlebt werden. Zwischen zwei Objekten a und b besteht eine *Bestandteilsbeziehung*, wenn das Objekt a ein Bestandteil des Objekts b ist. Die beiden Objekte a und b sind dabei entweder zwei Gegenstände oder zwei Prozesse. Zwischen einem Gegenstand und einem Prozeß besteht eine *Mitwirkungsbeziehung*, wenn der Gegenstand an dem Prozeß mitwirkt.

Wenn man abstrakte Objekte, die im Abschnitt 1.1.2 eingeführt werden, mit einbezieht, können sehr komplexe Beziehungen zwischen Objekten entstehen. Man denke an die Beziehung zwischen einem Aktionär einer Autofirma und dem Besitzer eines Wagens der entsprechenden Marke oder an die Beziehung zwischen dem Mathematiker Euler und der Zahl e.

So wie die Zählbarkeit mit dem Objektbegriff verbunden ist und die Meßbarkeit mit dem Eigenschaftsbegriff, so ist mit dem Beziehungsbegriff die Entscheidbarkeit verbunden. Objekte werden gezählt, Eigenschaften werden gemessen, und Beziehungen werden entschieden. Letzteres bedeutet, daß uns die Formulierung einer Beziehung zur Entscheidung herausfordert, ob sie zutrifft oder nicht. So wie der Objektbegriff zur Menge der natürlichen Zahlen führt und der Eigenschaftsbegriff zur Menge der reellen Zahlen, so führt also der Beziehungsbegriff zur binären Menge { *ja, nein* } oder { *wahr, falsch* }. Man würde die Bedeutung dieser binären Menge völlig verkennen, wenn man sie nur durch ihre Mächtigkeit, also nur durch die Anzahl ihrer Elemente charakterisiert sehen würde, denn dann wäre ihr jede beliebige zweielementige Menge gleichgestellt, also beispielsweise die Menge { Hamburg, Berlin } oder die Menge { 1618, 1648 }.

Damit sind die drei fundamentalen Begriffe *Objekt*, *Eigenschaft* und *Beziehung* eingeführt, die es uns erlauben, unsere Erfahrung zu strukturieren, und die deshalb die Welt unseres Denkens bestimmen.

Obwohl es für den Rest dieses Buches ohne Belang ist, soll doch an dieser Stelle erwähnt werden, daß unsere Wahrnehmungsmechanismen das Ergebnis der Evolution sind, und daß deshalb unsere Vorstellungen nicht unbedingt mit einer Welt "außerhalb menschlicher Dimensionen" verträglich sein müssen. Die Mikrowelt der Elementarteilchen und die Makrowelt des Weltalls, die wir erst in neuester Zeit mit Hilfe sehr komplizierter apparativer Ergänzungen unserer Sinnesorgane wahrnehmen können, waren für den bisherigen Evolutionsprozeß irrelevant. Deshalb ist es auch nicht verwunderlich, daß in diesen Welten jetzt Erscheinungen beobachtet werden, die mit unseren Vorstellungen von Ursache und Wirkung oder von Raum und Zeit nicht in Einklang zu bringen sind. Immerhin aber sind unsere Vorstellungen aus unserer "natürlichen Welt" so brauchbar, daß sie uns erlauben, im Abstrakten auch Modelle für die "unnatürlichen Welten" aufzubauen. So hat beispielsweise kein Mensch eine natürliche Vorstellung von einem vierdimensionalen Raum, aber dennoch reicht unsere Vorstellung vom dreidimensionalen Raum dafür aus, einen Formalismus zu erfinden, der uns erlaubt, unser Weltall als endliche "dreidimensionale Oberfläche" einer sich ausdehnenden vierdimensionalen Kugel zu behandeln in Analogie zur zweidimensionalen Oberfläche eines sich ausdehnenden Luftballons. Die Fähigkeit zur Abstraktion, die im nächsten Abschnitt behandelt wird, befreit also den Menschen von den Fesseln seiner "natürlichen Vorstellungen".

1.1.2 Abstraktion und Identifikation

Im ersten der beiden Teile dieses Abschnitts wird skizziert, auf welche Weise sich der Mensch zusätzlich zu seiner Welt der konkreten Objekte eine Welt abstrakter Objekte schafft; und anschließend wird diskutiert, welche Möglichkeiten der Mensch hat, ein Objekt zu identifizieren, d.h. seine eigene Aufmerksamkeit oder die eines anderen auf ein bestimmtes Objekt zu lenken.

Es gibt zwei unterschiedliche Arten, wie man zu abstrakten Objekten gelangen kann: Die einfachere Art ist die Klassenbildung, und die komplexere Art ist die Findung bei einer Suche. Zuerst wird die *Klassenbildung* betrachtet. Die Klassenbildung beruht auf der Fähigkeit unseres Wahrnehmungsapparates, eine Vielfalt von Objekten aus unserer Erfahrung auf einen Typ zu verdichten. Im Typ erfassen wir das Wesen einer Klasse von Objekten. Der Typ ist ein abstraktes Objekt, d.h. er wird nicht mit meßbaren Eigenschaften aus der kontinuierlichen Welt wahrgenommen, selbst wenn er eine Klasse konkreter Objekte repräsentiert. So hat beispielsweise der Typ "Baum" keinen konkreten Durchmesser, denn er ist ja nicht ein irgendwie definierter "typischer Baum".

Obwohl jeder Typ ein abstraktes Objekt, also ein Begriff ist, wird er nicht in allen Fällen durch ein Substantiv benannt. Die Benennung kann nicht nur davon abhängen, welches Kriterium zur Klassenbildung herangezogen wird, d.h. welche Gemeinsamkeit die Objekte in der Klasse verbindet, sondern die Benennung kann auch davon abhängen, in welchem Kontext der Begriff gebraucht wird. So kann das Wesen aller Prozesse, in denen gesungen wird, sowohl mit dem Substantiv "Gesang" als auch mit dem Verb "singen" benannt werden. Ein Beispiel für die Benennung mit einem Adjektiv ist "gelb" für das Wesen der Klasse aller gelben Gegenstände.

Es ist durchaus üblich, das Adjektiv "abstrakt" auch in vergleichenden Aussagen zu gebrauchen, also zu sagen, etwas sei abstrakter als etwas anderes, oder etwas sei im Hinblick auf ein bestimmtes Ziel zu abstrakt. Dies gibt Anlaß zu der Frage, was denn darunter zu verstehen ist. Es liegt nahe zu sagen, daß ein Begriff, der auf einer Klassenbildung beruht, abstrakter sei als jedes Mitglied der Klasse. So kann man sagen, "Flüssigkeit" sei abstrakter als "Wasser", und "Wasser" wiederum sei abstrakter als ein bestimmter Regentropfen. Es gilt jedoch nicht für jede Klassenbildung, daß der Begriff abstrakter ist als jedes Mitglied der Klasse. Man braucht nur zu bedenken, daß *Begriff* ja auch ein Begriff und somit ein Mitglied seiner eigenen Klasse ist. (Die Darlegung der Unterschiede zwischen Klassen und Mengen sowie Überlegungen zur Problematik einer Klasse aller Klassen findet der Leser im Abschnitt 1.2.). Zweckmäßigerweise legt man der Vorstellung von unterschiedlichen Graden von Abstraktheit folgende Definition zugrunde: Ein Begriff, der auf einer Klassenbildung beruht, ist nicht weniger abstrakt als jedes einzelne Mitglied und abstrakter als mindestens ein Mitglied der Klasse. Dies paßt zu der Vorstellung, daß verschiedene Begriffe unterschiedlich weit von der Welt der konkreten Objekte entfernt sein können.

Es wurde gesagt, daß die Klassenbildung auf der Fähigkeit unseres Wahrnehmungsapparates beruht, aus unseren Empfindungen Objekte zu extrahieren und dann eine Vielfalt von Objekten aus unserer Erfahrung auf einen Typ zu verdichten. So kann es nicht verwundern, daß die meisten der unbewußt vollzogenen Klassenbildungen zu unscharfen Begriffen führen. Diese unscharfen Begriffe sind dadurch gekennzeichnet, daß sie keine eindeutige Einteilung aller Objekte in Mitglieder und Nichtmitglieder der zugehörigen Klasse festlegen. Als Beispiel sei der Begriff "Baum" betrachtet. Es gibt sicherlich Gebilde, die manche Leute als Bäume, andere als Büsche und noch andere als "nicht eindeutig klassifizierbar" einordnen würden. Andererseits aber gibt es Gebilde, die "jedermann" spontan als Bäume erkennen würde. Dies gibt Anlaß, die Klassenbildung in Zusammenhang mit dem Begriff der Wahrscheinlichkeit[1] zu bringen, indem jedem bezüglich eines Begriffs zu klassifizierenden Objekt eine Klassenzugehörigkeitswahrscheinlichkeit zugeordnet wird. Dies wird am Beispiel der Farbklassen "rot" und "türkis" veranschaulicht. Bild 4 zeigt die Klassenzugehörigkeitswahrscheinlichkeit in Abhängigkeit von der Wellenlänge des Lichtes. Man erkennt Bereiche, wo die Wahrscheinlichkeit null ist, wo also jedermann sicher ist, daß es sich weder um rot noch um türkis handelt. Man erkennt einen anderen Bereich, wo die Wahrscheinlichkeit eins ist, wo also jedermann sicher ist, daß es sich um rot handelt. Dieser Bereich soll der *Kern* der Klasse "rot" genannt werden. Die schraffierten Bereiche schließlich gehören zu denjenigen Wellenlängen, wo eine eindeutige Klassifikation nicht gewährleistet ist.

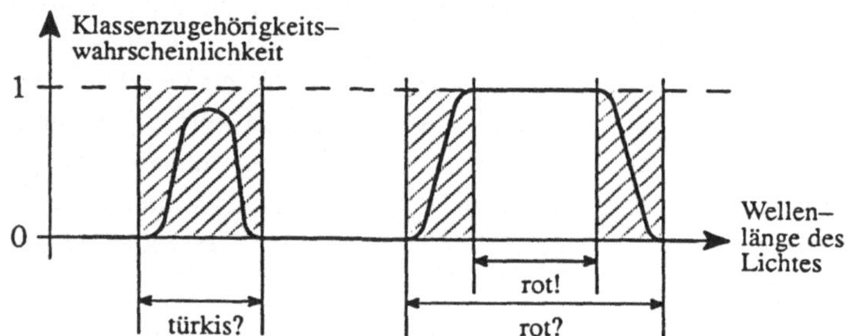

Bild 4
Beispiel zur Unschärfe von Begriffen

Die Tatsache, daß die Klasse "türkis" im Gegensatz zu "rot" keinen Kern hat, ist eine Folge der Funktion unseres Wahrnehmungsapparates. Objektbildung und Klassenbildung können als Resonanzeffekte unseres Wahrnehmungs- und Denkapparates angesehen werden. Resonanzeffekte gibt es immer dann, wenn ein System auf unterschiedliche Anregungsformen mit unterschiedlich starkem "Mitschwingen" reagiert. Man denke an einen Bus, der mit laufendem Motor an einer Haltestelle steht und dessen Seitenwände bei einer bestimmten Motordrehzahl lautstark zu schwingen beginnen. Analog dazu kann man sagen, daß der Mensch bei rot eine sehr ausgeprägte, aber bei türkis nur eine sehr schwache Resonanzstelle hat.

Obwohl in den schraffierten Bereichen ein bestimmter Wahrscheinlichkeitsverlauf eingetragen ist, wäre es unrealistisch anzunehmen, dieser Verlauf ließe sich genau bestimmen. Da es hier aber ohnehin nur auf die Abgrenzbarkeit der Bereiche ankommt, ist der Verlauf sowieso völlig unerheblich.

Die Annahme, daß die Bereiche gegeneinander abgrenzbar sind, ist die Voraussetzung für unsere Vorstellung von Objektivität, also von einer Welt der Bestimmtheit. Nur in einer solchen Welt der Bestimmtheit konnte die Begriffswelt der Mathematik entstehen. Mathematik ist *die Lehre vom Beweisbaren* und ist somit undenkbar ohne die Existenz einer elementaren Entscheidbarkeit, also undenkbar ohne die Existenz von Klassenkernen. Die im Rahmen mathematischer Aktivität geschaffenen konkreten Objekte – hingeschriebene Formelzeichen, Löcher in Lochkarten – sind nur dann sinnvoll, wenn sie in die Klassenkerne fallen, wenn also

1) Die Wahrscheinlichkeit kennzeichnet eine Erwartungshaltung gegenüber zukünftigen Ereignissen. Nachdem jemand bereits von 1000 Mitmenschen eine Antwort auf die Frage erhalten hat, wie sie die ihnen gezeigte Farbe bezeichnen, hat sich beim Frager eine gewisse Erwartungshaltung bezüglich der Beantwortung der gleichen Frage durch die nächsten 1000 Befragten herausgebildet. Eine mathematische Definition des Wahrscheinlichkeitsbegriffs kann hier nicht gegeben werden.

sowohl Menschen als auch Maschinen eindeutig feststellen können, welcher Typ von Formelzeichen geschrieben wurde bzw. ob ein Loch vorliegt oder nicht. Da sich also die Mathematik im Bereich der konkreten Objekte auf Kernobjekte beschränken muß und kann, ist es ihr möglich, durch Klassenbildung nur noch solche abstrakten Objekte zu schaffen, die keine Unschärfe haben.

Als Beispiel eines durch Klassenbildung gewinnbaren mathematischen Begriffs sei die natürliche Zahl 2 betrachtet. Sie bezeichnet die Klasse aller zweielementigen Mengen. Nun gibt es sicher viele gegenständlichen Gebilde, deren Klassifikation als zweielementige Menge zweifelhaft ist. Man denke an siamesische Zwillinge, die sowohl als ein Objekt als auch als zwei Objekte betrachtet werden können. Trotzdem ist die Zahl 2 kein unscharfer Begriff, da sie nur auf der Basis der Existenz eines Klassenkerns definiert ist.

Nachdem nun die Gewinnung abstrakter Objekte durch Klassenbildung vorgestellt wurde, kann die zweite, komplexere Art der Gewinnung abstrakter Objekte betrachtet werden, nämlich die *Findung* bei einer Suche. So wurde beispielsweise der Begriff des Rades nicht durch Verdichtung gebildet, sondern durch Findung, die man in diesem Fall *Erfindung* nennt. In Fällen wie diesem allerdings, wo eine Klasse konkreter Objekte "er– bzw. gefunden" wird – technische Produkte, Schriftzeichen, Musik– oder Theaterstücke –, kommt die große Zahl der Nutznießer zwangsläufig zuerst mit Klassenmitgliedern in Berührung und wird deshalb auch hier durch Verdichtung den Begriff gewinnen. Die Suche und die Findung werden in diesen Fällen von den Nutznießern i.a. nicht nachvollzogen. Es gibt aber Fälle, wo ein sinnvoller Umgang mit dem Begriff nur möglich ist, nachdem man die Findung nachvollzogen hat, d.h. nachdem man ein Problem als Anlaß zur Suche und die problemlösende Begriffsbildung verstanden hat. Die meisten Begriffe der modernen Naturwissenschaften und der Mathematik sind von dieser Art.

Das überzeugendste Beispiel hierfür ist nach Ansicht des Autors die Findung der imaginären Zahlen. Man wußte, daß die Quadratwurzel aus einer negativen Zahl keine Lösung im Bereich der reellen Zahlen haben konnte. Die Frage war, ob es gar keine Lösung gab, oder ob man zur Lösung die Existenz einer neuen Art von Zahlen annehmen durfte. Da eine solche Annahme der bisherigen mathematischen Begriffswelt nirgendwo widersprach, hatte man offensichtlich eine neue Art von Zahlen gefunden, die man imaginäre Zahlen nannte. Die Findung der komplexen Zahlen war dann nur noch ein trivialer Schritt. Es ist selbstverständlich, daß man mit imaginären oder komplexen Zahlen nicht sinnvoll umgehen kann, wenn man die Suche und die Findung im Rahmen des Mathematikunterrichts nicht nachvollzogen hat.

Weitere Beispiele für gefundene Begriffe sind der n–dimensionale Raum, der durch Verallgemeinerung des zwei– und dreidimensionalen kartesischen Raumes gefunden werden kann, das Drehmoment aus der Mechanik oder Strom und Spannung aus der Elektrotechnik. Letztere wurden durch Analogieüberlegungen gefunden, wobei die Begriffe Durchfluß und Druck bei strömenden Flüssigkeiten als Vorbild dienten. Auch für diese Begriffe gilt, daß man Suche und Findung nachvollzogen haben muß, bevor man mit den Begriffen in Form von Symbolen in Formeln und von Effekten in Experimenten sinnvoll umgehen kann.

Damit ist das Thema Abstraktion, d.h. die Art und Weise, wie sich der Mensch eine Welt abstrakter Objekte schafft, ausreichend behandelt. Die folgenden Überlegungen befassen sich mit der Identifikation. Sowohl für die Zwecke der Kommunikation als auch für unser eigenes Denken müssen wir in der Lage sein, Objekte zu identifizieren, d.h. unsere eigene Aufmerksamkeit oder die eines Kommunikationspartners auf bestimmte Objekte zu lenken. Auch die Identifikation von Eigenschaftsklassen und Beziehungen entspricht letztlich einer Identifikation von Objekten, nämlich der jeweils zugehörigen Begriffe.

Es lassen sich drei Formen der *Identifikation* unterscheiden, nämlich das Zeigen, das Umschreiben und das Benennen. Das *Zeigen* ist auf konkrete Objekte beschränkt und soll alle Handlungen umfassen, durch welche die Sinnesorgane auf die Wahrnehmung der zu identifizierenden Gegenstände oder Prozesse gelenkt werden. Im Falle des *Umschreibens* wird ein Objekt identifiziert, indem man Eigenschaften des Objekts oder Beziehungen zu anderen Objekten identifiziert. Ein einfacher Sonderfall des Umschreibens ist die Identifikation einer Nachbildung, also beispielsweise das Zeigen einer Photographie zur Identifikation eines Menschen oder das imitierende Pfeifen zur Identifikation eines Vogelgesangs. Im Falle der *Benennung* schließlich ist ein sogenanntes *Symbol* bekannt, ein leicht reproduzierbares Muster als Stellvertreter des zu identifizierenden Objekts, und jedes Auftreten des Symbols identifiziert das benannte Objekt. Die bekanntesten Symbole sind die Elemente natürlicher Sprachen, also die Wörter, für die es i.a. neben der gesprochenen auch eine geschriebene Form gibt. Die meisten Wörter dienen der Benennung von Begriffen. Als *Namen* bezeichnet man Wörter einerseits dann, wenn sie der Benennung konkreter gegenständlicher Objekte dienen – Goethe, Afrika, Titanic – und andererseits dann, wenn sie in einem bewußten Akt der Namensgebung den zu benennenden Objekten zugeordnet werden – Eroica für eine Sinfonie, Mercedes für eine Automarke, X25 für ein genormtes Kommunikationsprotokoll und x für eine Argumentvariable in einer mathematischen Funktion. Am Beispiel von X25 und x sieht man, daß als Namen durchaus auch Zeichenfolgen in Frage kommen, die man normalerweise nicht als Wörter bezeichnen würde. Jedes leicht reproduzierbare und eindeutig klassifizierbare gegenständliche oder prozeßartige Muster kann als Symbol für ein zu identifizierendes Objekt vereinbart werden. Man denke an das Symbol ♃ für den Planeten Jupiter oder das Symbol ♀ für den Begriff "weiblich".

Den bisher vorgestellten Symbolen ist gemeinsam, daß ihre Bedeutung vielen Menschen vertraut ist. Es gibt jedoch auch Fälle, wo das Wissen um die Bedeutung bestimmter Symbole absichtlich auf einen kleinen Kreis Eingeweihter beschränkt wird. Es handelt sich dann um geheime Vereinbarungen, die getroffen werden, damit man öffentlich Nachrichten austauschen kann, die nicht von der Öffentlichkeit verstanden werden sollen. Beispielsweise stellt ein Mädchen vereinbarungsgemäß einen Blumentopf ins Fenster, um ihrem Verehrer mitzuteilen, daß ihr Vater zu Hause ist; auch hier wurde ein Symbol vereinbart. Man kann Symbole auch derart vereinbaren, daß die Öffentlichkeit in die Irre geleitet wird. So sagt der Führer einer Einbrecherbande beispielsweise am Telefon: "Wir treffen uns heute abend um 23 Uhr vor dem Schillertheater", was von seinem Gesprächspartner am anderen Ende vereinbarungsgemäß verstanden wird als "Wir treffen uns heute abend um 22 Uhr hinter der Landeszentralbank."

Bei jedem Identifikationsvorgang durch Benennung findet eine *Interpretation* statt. Interpretation ist die Zuordnung einer Bedeutung zu einem Symbol, d.h. zu einem wahrgenommenen benennenden Muster. Unsere Fähigkeit, Objekte zu benennen, also Symbole zu vereinbaren und zu interpretieren, bildet nicht nur die Grundlage der zwischenmenschlichen Kommunikation durch Sprache, sondern schafft auch die Möglichkeit, informationsverarbeitende Maschinen zu konstruieren.

Identifikation durch Benennung kann einem nur gelingen, wenn man die vereinbarten Interpretationsregeln kennt. Interpretationsregeln werden vermittelt in Form von *Identifikationspaaren*. So lehren beispielsweise die Eltern einem Kind die Bedeutung des gesprochenen Wortes "rot", indem sie auf rote Gegenstände zeigen und dabei "rot" sagen. Nach dem Untergang der altägyptischen Kultur gingen die Interpretationsregeln für die Hieroglyphenschrift verloren. Erst als eine Platte mit Identifikationspaaren gefunden wurde, nämlich eine Platte, auf der ein und derselbe Text in drei unterschiedlichen Schriften vorkam, wovon die eine nach bekannten Regeln interpretiert werden konnte, gelang es, die Interpretationsregeln für die Hieroglyphenschrift wieder zu rekonstruieren.

Wenn eine Kommunikation zwischen zwei Partnern nicht gelingt, weil gemeinsame Interpretationsregeln für eine Benennung fehlen, dann sind zwei Fälle zu unterscheiden. Entweder kennen die beiden Partner zwar die zu identifizierenden Objekte, aber sie haben kein gemeinsames Symbolrepertoire. Dies ist beispielsweise der Fall, wenn sich zwei Physiker über Physik unterhalten wollen, wobei der eine nur deutsch und der andere nur chinesisch spricht. Dieses Problem kann gelöst werden, indem man die Symbole übersetzt. Oder aber es liegt der andere Fall vor, daß der eine Partner durch Benennung Objekte identifizieren will, die der andere nicht kennt. Man denke beispielsweise an einen Physiker, der einem Juristen über aktuelle nobelpreisreife Erkenntnisse in der Physik berichten will. Hier nützt eine bloße Übersetzung der Symbole nichts; hier muß der Physiker die Form seiner Identifikation ändern, indem er von der Benennung abgeht und zum Zeigen und Umschreiben übergeht, wodurch er seinem Partner Physik beibringt.

1.1.3 Information in Menschen und Maschinen

Nachdem nun die Begriffe Wahrnehmung und Interpretation (s. Bild 2) eingeführt sind, kann der Begriff der Information betrachtet werden. Information wird hier gleichgesetzt mit dem *Wißbaren*; Information ist also etwas, das man wissen kann.[1)] Die Bildung des Begriffs Information beruht auf einer Analogie zwischen unseren Erfahrungen mit gegenständlichem Material einerseits und mit dem Wißbaren andererseits. Gegenständliches Material kann man *speichern*, *transportieren* und *verarbeiten*; unsere Erfahrungen mit dem Wißbaren legen uns nahe, die gleichen drei Verben auch auf das Wißbare anzuwenden. Die Analogie zwischen einem Behälter für Materie und dem Gedächtnis als Behälter für Wißbares drängt sich geradezu auf.

---

1) Es gibt einen großen Unterschied zwischen Wissen und Gewißheit. Wissen ist an der Vergangenheit orientiert, wogegen Gewißheit an der Zukunft orientiert ist. Wissen ist gespeicherte Erfahrung – man weiß, welche Gebäude am Marktplatz standen, als man zuletzt dort war; man weiß, welches formale Verfahren der Multiplikation man gelernt hat. Gewißheit ist die Überzeugung, zutreffende Vorhersagen machen zu können – wenn man morgen wieder zum Marktplatz kommt, werden dort noch die gleichen Gebäude stehen wie gestern; wenn man das formale Verfahren der Multiplikation immer wieder mit den gleichen zwei Faktoren durchführt, wird man jedesmal das gleiche Ergebnis erhalten.

Im folgenden werden die Erfahrungen näher betrachtet, die wir mit dem Wißbaren, also mit der Information machen.

Durch die Wahrnehmung erhalten wir Information über die konkrete Außenwelt – beispielsweise, daß ein Baum vor einem gelben Haus steht. Unser Wahrnehmungsapparat erhält an seinen Eingängen Energie in bestimmter Form und erzeugt "an seinen Ausgängen" die bewußt erfahrbare Information über die Außenwelt. Diese Information ist in Bild 5 als *wahrgenommene Information* bezeichnet. Im Falle von Identifikationen durch Benennungen schließt sich an die Wahrnehmung noch die Interpretation an, welche zur wahrgenommenen Information noch die sogenannte *mitgeteilte Information* hinzufügt. Die wahrgenommene und die mitgeteilte Information zusammengenommen bilden die *empfangene Information* (Bild 5). Während es empfangene Information gibt, die nur aus wahrgenommener Information besteht – beispielsweise wenn wir eine Landschaft sehen ohne Schrifttafeln oder andere interpretierbare Muster –, gibt es mitgeteilte Information ohne wahrgenommene Information nicht.

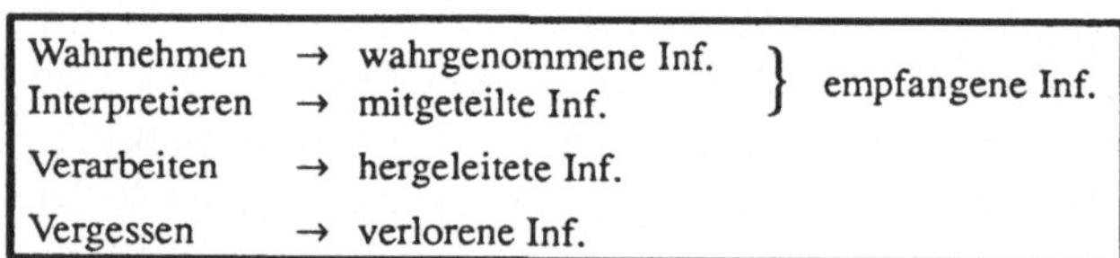

Bild 5
Prozesse zur subjektiven Erfahrung von Information

Mitzuteilende Information, die in materiell–energetischen Mustern symbolisiert ist, wird manchmal als *Daten* und manchmal als *Nachricht* bezeichnet, je nachdem, welcher Aspekt betont werden soll: Wenn nur die Verfügbarkeit des Musters von Interesse ist, was die Interpretierbarkeit zu jedem gewünschten Zeitpunkt ermöglicht, dann wird von Daten gesprochen. Wenn jedoch ein Übertragungsprozeß betrachtet wird, bei dem ein Sender das Muster erzeugt, welches von einem Empfänger wahrgenommen und interpretiert wird, dann spricht man von Nachricht. In diesem Sinne ist ein Lexikon im Bücherschrank als Daten anzusehen, während ein Brief im Briefkasten als Nachricht zu bezeichnen ist. Der gleiche Brief wird jedoch zu Daten, wenn er wie ein Lexikon aufgehoben wird, damit man ihn zu jeder gewünschten Zeit wieder lesen kann.

Der Empfang ist nicht unsere einzige Möglichkeit, einen Zuwachs an Information zu erfahren. Es ist uns möglich, ausgehend von verfügbarer Information zusätzliche Information zu gewinnen; diese ist in Bild 5 als *hergeleitete Information* bezeichnet. Hier ist auf einen Bruch in der Analogie zwischen Materie und Information hinzuweisen: Während im Materiellen das Rohmaterial verbraucht wird, wenn man daraus durch Verarbeitung ein neues materielles Produkt schafft, bleibt die ursprünglich gegebene Information erhalten, wenn man daraus durch Verarbeitung zusätzliche Information gewinnt. Es ist nicht ganz selbstverständlich, die hergeleitete Information als zusätzlich zu betrachten, da sie doch schon in der ursprünglich gegebenen Information vollständig enthalten ist und nur aus dem Versteck geholt werden muß. Als Beispiel sei die Information über das Alter eines Kindes betrachtet, welche auf zwei unterschiedliche Weisen mitgeteilt wird: (1) Das Kind ist 5 Jahre alt. (2) Wenn das Kind doppelt so alt sein wird, wie es heute ist, dann wird es fünfmal so alt sein, wie es heute vor drei Jahren war. In der zweiten Mitteilung ist das Alter des Kindes versteckt, während bestimmte arithmetische Beziehungen zwischen Altern des Kindes in verschiedenen Jahren unversteckt mitgeteilt werden. In der ersten Mitteilung dagegen ist es genau umgekehrt: Dort ist das Alter unversteckt, während die arithmetischen Beziehungen versteckt sind. Darüberhinaus ist in beiden Mitteilungen noch eine unendliche Fülle weiterer Information versteckt, nämlich jedes Rätsel, dessen Lösung die Zahl 5 ergibt. Dieses Beispiel zeigt, daß es durchaus sinnvoll ist, die jeweils hergeleitete Information als zusätzlich, d.h. als Wissenszuwachs zu betrachten und nicht als im ursprünglichen Wissen bereits enthalten anzusehen, denn das Wissen der Bestimmungsgleichung $2x = 5 \cdot (x-3)$ belegt einen bestimmten Teil der Gedächtniskapazität, und wenn man darüberhinaus auch noch auswendig weiß, daß diese Gleichung die Lösung $x = 5$ hat, dann ist dadurch sicher ein weiterer Teil belegt.

Während wir bei der Verarbeitung keinen Verbrauch von Information erfahren, machen wir doch die Erfahrung, daß Information aus unserem Gedächtnis verschwinden kann. Auch hier ist ein Bruch in der Analogie zwischen Materie und Information: Wenn Materie durch ein Leck oder durch Verdunsten aus einem Behälter entweicht, dann ist die Materie nicht einfach verschwunden, sondern hat nur den Ort gewechselt. Wenn dagegen Information aus dem Gedächtnis entweicht, dann hat sie nicht den Ort gewechselt, sondern ist verschwunden. Während also Materie, wenn man die Wandelbarkeit in Energie mit berücksichtigt, nicht entsteht und verschwindet, sondern nur die Erscheinungsform und den Ort wechselt, scheint Information entstehen und verschwinden zu können. Hier muß man nun sehr genau zwischen dem Wißbaren und dem aktuellen Wissen unterscheiden. Unsere subjektive Erfahrung kann sich nur auf das Wissen und nicht auf alles Wißbare beziehen. Unser Wissen ist Information, also Wißbares, aber es gibt zweifellos viel Wißbares, das wir nicht wissen. Die Frage, ob Wißbares entstehen oder verschwinden kann, ist sicher sehr reizvoll, aber der Zweck dieses Buches gibt keinen Anlaß, bei dieser Frage zu verweilen. Daß aber Wissen entstehen und verschwinden kann, ist eine auf unserer Erfahrung beruhende Erkenntnis.

Unsere subjektive Informationserfahrung legt uns nahe, in unserer Innenwelt, also in unserem subjektiven informationellen System zwei Behälter für Information zu unterscheiden, denn wir machen die Erfahrung der bewußten und der unbewußten Information. Der Behälter für die unbewußte Information ist das Gedächtnis; sein Fassungsvermögen ist sehr viel größer als das Fassungsvermögen des Behälters für bewußte Information. Sich Erinnern bedeutet in diesem Modell das Kopieren von Information aus dem Gedächtnis und das Einbringen der Kopie in den anderen Behälter. Information, die in das Gedächtnis fließt, muß dabei nicht unbedingt über das Bewußtsein laufen, denn es ist möglich, sich an etwas Gesehenes oder Gehörtes zu erinnern, was einem zuvor noch nie bewußt war. Während es möglich ist, daß ein und dieselbe Information zu einer bestimmten Zeit in beiden Behältern ist, ist die Vorstellung sinnlos, eine bestimmte Information könne zu einem Zeitpunkt mehrfach in einem einzigen Behälter sein. Wenn Information empfangen oder hergeleitet wird, die für das Gedächtnis nicht neu ist, die also bereits früher ins Gedächtnis gelangte und nicht vergessen wurde, dann wird diese Information *Redundanz* genannt. Redundanz ist also angebotenes Wißbares, das keinen Wissenszuwachs bringt.

Die verschiedenen Formen der Identifikation ermöglichen es dem einzelnen Individuum, das die Fähigkeit zur subjektiven Informationserfahrung hat, mit anderen gleichartigen Individuen Information auszutauschen. Die Übertragung der Information geschieht dabei unter Einsatz materiell–energetischer Strukturen. Diesen materiell–energetischen Strukturen können wir nicht ansehen, ob sie unter der Steuerung eines natürlichen Gehirns oder von einer Maschine erzeugt wurden. Deshalb muß man der Frage nachgehen, ob es nicht in bestimmten Fällen zweckmäßig sein kann, auch dann von einem Informationsaustausch zwischen Partnern zu reden, wenn man nicht allen oder keinem dieser Partner eine subjektive Informationserfahrung zutraut.

Daß man guten Grund hat, in dieser Hinsicht einen Menschen anders zu beurteilen als eine Maschine, entnimmt man folgender Überlegung: Ob unser Partner bei einem Telefongespräch ein Mensch oder eine Maschine ist, können wir immer nur mehr oder weniger begründet vermuten – selbst wenn der Partner eine so begrenzte Kommunikationsfähigkeit zeigt, wie sie zur Zeit noch für Maschinen typisch ist, könnte es doch wieder ein Mensch sein, der uns in die Irre führen will. Dennoch sind wir überzeugt, daß unsere Mitmenschen – und auch die höheren Tiere – eine ähnliche Fähigkeit zur subjektiven Informationserfahrung haben wie wir selbst, und daß den Maschinen diese Fähigkeit fehlt. Die Fortschritte auf dem Gebiet der sogenannten Künstlichen Intelligenz machen es immer schwieriger, diese Überzeugung unter Hinweis auf das unterschiedliche Kommunikationsverhalten der betrachteten Systeme zu begründen. Deshalb sollte man bei der Diskussion des Mensch–Maschine–Unterschieds ganz darauf verzichten, mit Verhaltensunterschieden zu argumentieren; die Argumentation wird viel einfacher, wenn man die Unterschiede zwischen den Herstellungsprozessen betrachtet. Da der Mensch kein Konstruktionsprodukt des Menschen ist, kann er es als selbstverständlich akzeptieren, daß er an sich selbst Fähigkeiten erlebt, von denen er nicht weiß, ob sie überhaupt, und wenn ja, wie sie mit materiell–energetischen Strukturen realisierbar sind. Wir wissen eben nicht, wie es zu unserem Bewußtsein und zu unserer subjektiven Informationserfahrung kommt. Da nun unsere Mitmenschen auf die gleiche Weise entstehen wie wir selbst, gibt es keinen Grund anzunehmen, daß sie uns nicht auch hinsichtlich unserer Fähigkeit, eine subjektive Innenwelt zu erfahren, sehr ähnlich sind. Ganz anders liegt der Fall bei den Maschinen. Diese werden als materielle Gebilde konstruiert, in denen nach den uns bekannten Naturgesetzen materiell–energetische Prozesse ablaufen. Die Konstruktion wird so gewählt, daß das Maschinenverhalten als Kommunikationsverhalten interpretiert werden kann, d.h. daß die von der Maschine erzeugten materiell–energetischen Muster als Symbole betrachtet werden können, zu denen der Mensch die Interpretationsregeln kennt. Da der Konstrukteur nicht weiß, wie man Bewußtsein und subjektive Informationserfahrung als Fähigkeit einer Maschine konstruiert, hat er nicht den geringsten Anlaß, seiner Maschine diese Fähigkeit zuzusprechen. Sollte die Maschine diese Fähigkeit dennoch haben, so müßte sie ohne Wissen des Konstrukteurs hineingekommen sein. Ob dies möglich oder unmöglich ist, läßt sich nach heutigem Erkenntnisstand nicht entscheiden, d.h. man kann das eine oder das andere glauben.

Ohne sich damit auf eine bestimmte Stellung in diesem Glaubensstreit festzulegen, kann man es durchaus für zweckmäßig halten, auch dann von einem Informationsaustausch zwischen Partnern zu reden, wenn man diesen keine subjektive Informationserfahrung zutraut. Dazu braucht man nur die bisherige Aussage, Information sei das Wißbare, um einige Hinweise zu ergänzen. Die Begriffe Wissen, Wahrnehmen, Interpretieren, Mitteilen, Herleiten und

Vergessen erfassen Prozesse der menschlichen subjektiven Informationserfahrung. Wenn man sie dennoch auf rein materiell–energetische Prozesse in technischen Systemen anwenden will, die man nach den Gesetzen der Physik konstruiert hat, dann kann ihre Bedeutung dort nur auf der Grundlage einer Analogievorstellung festgelegt werden: Man findet dort bestimmte Systemkomponenten, in deren Rolle man sich hineindenken kann, und in dieser Rolle sieht man sich Information mit anderen Systemkomponenten austauschen, in deren Rolle man sich ebenfalls hineindenken kann. Man wird sich aber nur dann in die Rolle einer Systemkomponente hineindenken, wenn man dadurch irgendeinen Vorteil hat, und dieser Vorteil kann nur darin bestehen, daß man auf diese Weise bestimmte Zusammenhänge besser verstehen lernt. So kann man sich zwar auch in die Rolle einer Lokomotive hineindenken, indem man sich vorstellt, man müsse einen Zug ziehen, aber es ist nicht ersichtlich, daß man dadurch einen Zusammenhang, der für die Lokomotive oder das allgemeine Eisenbahnwesen relevant ist, besser verstehen lernt. Es bringt auch keinen Vorteil zu sagen, eine Glühbirne leuchte, weil sie wahrgenommen habe, daß der Stromkreis geschlossen wurde, denn die Rolle einer Glühbirne ist materiell–energetischer Natur, und deshalb wird sie auf der Grundlage physikalischer Gesetze viel besser verständlich als durch eine Analogie zur subjektiven Informationserfahrung. Dagegen kann man die Wirkungsweise eines Computers überhaupt nicht verstehen, wenn man sich nicht in seine Rolle versetzen und sich fragen kann, wie man denn selbst die gestellte Aufgabe lösen würde. Da es bei der Symbolisierung der Information zum Zwecke der Kommunikation und der Speicherung nicht darauf ankommt, welche materiell–energetischen Strukturen man dafür einsetzt, ist man nicht an die technisch bedingten, vorwiegend elektronischen Strukturen der Informationsdarstellung gebunden, wenn man sich vorstellt, man würde die Rolle eines Computers spielen. Vielmehr darf man dabei die für den Menschen geeignetsten Kommunikations– und Speichermedien vorsehen, also die gesprochene Sprache sowie Bleistift und Papier. Auf diese Weise sind dann die in Bild 5 zusammengestellten Prozesse zur subjektiven Erfahrung von Information als Analogien in Systemen ohne subjektive Informationserfahrung wiederzufinden.

Es ist üblich, von der Weitergabe der Erbinformation in Form der DNS (Desoxyribonukleinsäure) zu sprechen. Der Aufbau einer DNS–Kette als Folge von Elementen mit einer Beschränkung auf vier Elementtypen legt es nahe, von einem Codewort zu sprechen in Analogie zu einer Buchstabenfolge. Diese Analogie hat jedoch nur geringen Nutzen, solange man den Code noch nicht entschlüsselt hat. Denn vorher handelt es sich lediglich um ein Muster, das den Verlauf eines komplizierten Prozesses bestimmt – vergleichbar mit dem zerklüfteten Bart eines Tresorschlüssels, und in diesen Fällen besteht der Nutzen der Analogie nur in dem Hinweis, die Muster seien möglicherweise nur informationell relevant, d.h. der Zweck der Verwendung dieser Muster sei möglicherweise auch durch völlig andere materiell–energetische Muster zu erreichen. So liegt beispielsweise der Zweck der Schlüsselverwendung in der Beschränkung, daß nur der Schlüsselbesitzer den Tresor öffnen können soll – und diese Bindung des Öffnungsrechts an einen Musterbesitz ist tatsächlich auch völlig anders realisierbar, beispielsweise durch ein Codewort, das eingetippt werden muß. Es muß dagegen im Rahmen dieses Buches offen bleiben, ob auch der Zweck der DNS–Verwendung auf völlig andere Art realisierbar ist oder nicht.

1.2 Mengenlehre

Die erkenntnistheoretischen Betrachtungen im Abschnitt 1.1 zeigen, daß die diskrete Welt der Objekte, die kontinuierliche Welt der Eigenschaften und die binäre Welt der Beziehungen die drei grundlegenden Aspekte der vom Menschen subjektiv erfahrbaren Welt sind. Deshalb kann es nicht verwundern, daß in der Welt der Mathematik die Menge N der natürlichen Zahlen, die Menge R der reellen Zahlen sowie der Begriff der Relation von zentraler Bedeutung sind. Darüberhinaus kann es nicht verwundern, daß die Begriffe der Mengenlehre für die Beschreibung informationstechnischer Systeme unbedingt gebraucht werden. Dieser Abschnitt 1.2 dient der Vorstellung dieser grundlegenden Begriffe.

1.2.1 Mengen und Operationen mit Mengen

Im Abschnitt 1.1.2 über Abstraktion wurde die Klassenbildung betrachtet, bei der eine Vielfalt von Objekten aus unserer Erfahrung auf einen Typ verdichtet wird. Die zu verdichtende Vielfalt der Objekte ist die Klasse, und der Typ als abstraktes Objekt erfaßt das Gemeinsame aller Klassenmitglieder. Der Begriff der Klasse ist dem mathematischen Begriff der Menge zwar sehr ähnlich, aber die beiden sind nicht identisch. In beiden Fällen handelt es sich um eine Vielfalt von Objekten, die aus der Welt aller Objekte ausgewählt wird. An die Art und Weise, wie diese Auswahl erfolgt, werden unterschiedliche Bedingungen gestellt je nachdem, ob es sich um eine Objektauswahl für eine Klassen– oder eine Mengenbildung handelt. In Bild 6 sind diese unterschiedlichen Bedingungen einander gegenübergestellt.

	Typ	Schärfe	Mächtigkeit
Klasse	muß sein	kann sein	kann sein
Menge	kann sein	muß sein	muß sein

Bild 6
Bedingungen für die Objektauswahl bei Klassen– bzw. Mengenbildung

Die wesentliche Bedingung bei der Klassenbildung ist die Verdichtbarkeit auf einen Typ, wodurch Willkür bei der Objektauswahl ausgeschlossen wird. Somit gibt es ein – nicht notwendigerweise scharfes – Prüfkriterium, anhand dessen jedes beliebige Objekt auf Zugehörigkeit oder Nichtzugehörigkeit zur Klasse geprüft werden kann. Da die Klassengrenze unscharf sein darf, muß nicht für jedes Objekt eine eindeutige Entscheidung gefällt werden. Man denke an die Grenze zwischen Baum und Nichtbaum. Die Mächtigkeit, die in Bild 6 als drittes Kriterium für den Vergleich von Klassen und Mengen genannt wird, kann an dieser Stelle noch nicht behandelt werden. Die diesbezügliche Betrachtung kann erst auf Seite 25 folgen, nachdem zuvor noch einige grundlegende Definitionen eingeführt wurden. Vorläufig wird nur die Schärfe der Abgrenzung als wesentliche Bedingung für die Objektauswahl bei der Mengenbildung festgehalten. Willkür bei der Objektauswahl wird zugelassen, d.h. es dürfen Mengen gebildet werden durch willkürliche Auswahl aus der Welt aller Objekte. So kann man beispielsweise *Goethe's linken Fuß*, die natürliche Zahl *19* und den Begriff *Angst* zu einer Menge von drei Objekten zusammenstellen. Die Objekte in einer Menge nennt man die Elemente der Menge.

Nach Bild 6 kann es Gebilde geben, die sowohl die Klassenbedingung als auch die Mengenbedingung erfüllen. Ein einfaches Beispiel hierfür ist die Menge der natürlichen Zahlen, die sowohl eine scharfe Grenze hat als auch auf einen Typ verdichtbar ist.

Solange nur *endliche Mengen* betrachtet werden – das sind solche, bei denen die Anzahl der Elemente als nichtnegative ganze Zahl angebbar ist –, ist das Verständnis der Begriffsdefinitionen problemlos. Wenn aber *unendliche Mengen* betrachtet werden, dann muß man teilweise recht seltsame Folgerungen "schlucken", die sich aus den Definitionen ergeben. Dies gilt vor allem für den Begriff der Mächtigkeit – auch Kardinalität genannt –, die im Endlichen gleich der Anzahl der Elemente in der Menge ist und die vom Endlichen ins Unendliche übertragen wird als Maß für den Grad der Unendlichkeit. Es kann gezeigt werden, daß verschiedene Mengen in unterschiedlichem Grade unendlich sein können, d.h. daß eine Menge "unendlicher" als eine andere sein kann. Es kann nicht verwundern, daß uns das Unendliche Probleme bereitet. Einerseits werden wir durch unsere Erfahrung von Raum und Zeit gezwungen, das Unendliche zu denken, denn wir können uns nicht vorstellen, daß die Zeit einmal endet oder daß unser Weltall endlich sein könnte; selbst wenn wir solche Endlichkeit annehmen, sehen wir diese angenommenen Endlichkeiten sofort wieder eingebettet in eine umfassendere Unendlichkeit. Andererseits können wir uns auch die Unendlichkeit nicht vorstellen. Wir können uns also weder die Endlichkeit noch die Unendlichkeit von Raum und Zeit vorstellen. Deshalb müssen wir es akzeptieren, wenn bestimmte Folgerungen aus den Begriffsdefinitionen im Bereich unendlicher Mengen mit unseren Vorstellungen unverträglich sind.

Obwohl man es in der Praxis immer nur mit endlichen Mengen zu tun hat, ist es dennoch sinnvoll, die unendlichen Mengen mit in die Betrachtung einzubeziehen, weil man eine Begriffswelt um so sicherer beherrscht, je mehr man sie als Sonderfall einer umfassenderen Begriffswelt kennengelernt hat.

Die Vergleichbarkeit der *Mächtigkeiten*, nicht nur von endlichen, sondern auch von unendlichen Mengen beruht auf folgender Definition: Zwei Mengen A und B sind dann und nur dann gleich mächtig, wenn es zwischen ihnen eine sogenannte Eins–zu–eins–Abbildung gibt; eine *1:1–Abbildung* ist eine Menge von Paaren, bei denen jeweils der eine Partner aus der Menge A und der andere Partner aus der Menge B stammt, und zwar derart, daß jedes Element von A und jedes Element von B zu genau einem Paar gehört. Falls eine solche Menge von Paaren existiert, hat sie die gleiche Mächtigkeit wie jede der beiden Mengen A und B.

Beispiele:

(1)
$$\begin{array}{rl} A = & \{\, \Omega\ ,\ \Pi\ ,\ \Sigma\ \} \\ \text{Abbildung} & \ \ \ |\ \ \ \ \ |\ \ \ \ \ | \\ B = & \{\, 9\ ,\ 25\ ,\ 49\ \} \end{array}$$

(2)
$$\begin{array}{rll} A = & \{\, 1,\ 2,\ 3,\ 4,\ 5,\ \ldots \} & \text{alle natürlichen Zahlen} \\ \text{Abbildung} & \ \ |\ \ \ |\ \ \ |\ \ \ |\ \ \ | & \\ B = & \{\, 2,\ 4,\ 6,\ 8,\ 10,\ \ldots \} & \text{alle positiven geraden Zahlen} \end{array}$$

Das zweite Beispiel zeigt eine der schwer zu schluckenden Folgerungen: Obwohl die Menge B der positiven geraden Zahlen durch Auswahl bestimmter, aber nicht aller Elemente aus der

Menge A entsteht, ist sie gleich mächtig wie A. Die am Endlichen orientierte Vorstellung, B sei doch nur "halb so mächtig" wie A, ist nicht ins Unendliche übertragbar.

Aus der Definition, daß aus der Existenz einer 1:1–Abbildung die Gleichmächtigkeit folgt, läßt sich in einer hier nicht gezeigten Herleitung ein Satz gewinnen, der den im obigen zweiten Beispiel demonstrierten Sachverhalt verallgemeinert: Zu jeder unendlichen Menge A gibt es mindestens eine echte Teilmenge B, die mit A gleich mächtig ist.

Da es keine 1:1–Abbildung zwischen der Menge N der natürlichen Zahlen und der Menge R der reellen Zahlen gibt, und da N eine echte Teilmenge von R ist, folgert man, daß die Mächtigkeit von R größer sei als die Mächtigkeit von N. Man kann sogar zeigen, daß jedes durch zwei ungleiche reelle Zahlen festgelegte Intervall von R mit R gleich mächtig und damit mächtiger als N ist.

In Aussagen über Mengen verwendet man bestimmte Begriffe und Symbole, die im folgenden vorgestellt werden. Das Symbol für die leere Menge ist $\varnothing$. Die beiden Ausdrücke $a \in A$ und $b \notin A$ besagen, daß das Objekt a ein Element der Menge A ist, während b kein Element von A ist. Eine endliche Menge kann definiert werden durch explizite Aufzählung ihrer Elemente, die man dann in die Mengenklammern setzt:

$$A = \{ a_1, a_2, a_3, a_4 \}$$

Die Mächtigkeit von A wird symbolisiert durch $|A|$. Zwei definierte Mengen können nicht nur hinsichtlich ihrer Mächtigkeit verglichen werden, sondern auch hinsichtlich der Frage, ob sie teilweise oder vollständig die gleichen Elemente enthalten oder nicht. Eine Menge B ist eine *Teilmenge* der Menge A dann und nur dann, wenn jedes Element von B auch in A enthalten ist. Man symbolisiert dies durch

$$B \subseteq A.$$

Falls eine Menge B eine Teilmenge von A ist, ohne daß A gleich B ist, dann nennt man B eine *echte Teilmenge* von A und schreibt

$$B \subset A.$$

Ausgehend von zwei Mengen A und B kann eine dritte Menge C derart gebildet werden, daß sie diejenigen und nur diejenigen Elemente enthält, die sowohl in A als auch in B enthalten sind. Man nennt dann C den *Durchschnitt* von A und B und schreibt

$$C = A \cap B.$$

Beispiel: $\{ 1,4 \} = \{ 1,2,4,5 \} \cap \{ 1,3,4,6,7,8 \}$

Von zwei Mengen, deren Durchschnitt leer ist, sagt man, sie seien *disjunkt*.

Ausgehend von zwei Mengen A und B kann eine dritte Menge C derart gebildet werden, daß sie diejenigen und nur diejenigen Elemente enthält, die in mindestens einer der beiden Mengen A und B vorkommen. Man nennt C dann die *Vereinigung* von A und B und schreibt

$$C = A \cup B.$$

Beispiel: $\{ 1,2,3,4,5,6,7,8 \} = \{ 1,2,4,5 \} \cup \{ 1,3,4,6,7,8 \}$

Als *Komplement* einer Menge B in Bezug auf eine Menge A bezeichnet man die Menge C, die diejenigen und nur diejenigen Elemente enthält, die zwar in A, aber nicht in B enthalten sind. B muß keine Teilmenge von A sein. Man schreibt

$$C = A - B$$

Beispiel: $\{ 6, 10, 12 \} = \{ 2, 4, 6, 8, 10, 12 \} - \{ 1, 2, 4, 8, 16 \}$

Häufig wird vom Komplement einer Menge B gesprochen, ohne daß eine Bezugsmenge A explizit genannt wird. Das Komplement von B wird dann durch $\overline{B}$ symbolisiert. In diesen Fällen wird aber doch eine Bezugsmenge A impliziert, die aus dem Kontext zu entnehmen ist. Man bezeichnet dann die Menge A manchmal als das für die Betrachtung ausgewählte *Universum*; in diesem Fall ist B immer eine Teilmenge von A.

Beispiel:

$$A = \{ 2, 3, 5, 7, 11, 13, 17, 19, 23 \}$$
$$B = \{ 7, 11, 17, 23 \}$$
$$\overline{B} = A - B = \{ 2, 3, 5, 13, 19 \}$$

Eine *Partition* einer Menge A ist eine Menge P, deren Elemente T_j disjunkte, nicht leere Teilmengen von A sind mit der Zusatzbedingung, daß jedes Element von A in genau einem T_j vorkommt. Die Elemente T_j nennt man *Partitionsblöcke* von A.

Beispiel: Menge $A = \{ 1, 4, 9, 16 \}$
willkürl. Partition $P = \{ T_1, T_2 \} = \{ \{ 1,9,16 \}, \{ 4 \} \}$

Als extreme Partitionen gibt es die *feinste Partition*

$$P_{FEINST} = \{ \{ 1 \}, \{ 4 \}, \{ 9 \}, \{ 16 \} \} \quad \text{mit } | P_{FEINST} | = | A |$$

und die *gröbste Partition*

$$P_{GRÖBST} = \{ \{ 1, 4, 9, 16 \} \} \quad \text{mit } | P_{GRÖBST} | = 1.$$

Die *Potenzmenge* $\wp(A)$ einer Menge A ist die Menge aller Teilmengen von A, wobei A selbst und die leere Menge auch als Teilmengen von A einzubeziehen sind.

Beispiel: $A = \{ a,b,c \}$

$$\wp(A) = \{ \varnothing, \{ a \}, \{ b \}, \{ c \}, \{ a,b \}, \{ a,c \}, \{ b,c \}, \{ a,b,c \} \}$$

Falls A eine endliche Menge ist mit der Mächtigkeit $| A | = n$, dann ist die Mächtigkeit der Potenzmenge $| \wp(A) | = 2^n$. Es gibt einen bewiesenen Satz, der besagt, daß auch bei jeder beliebigen unendlichen Menge M die Potenzmenge $\wp(M)$ mächtiger ist als M selbst.

Nun sind alle Begriffe vorgestellt worden, die man als Grundlage braucht, wenn man das in Bild 6 aufgeführte Mächtigkeitskriterium für die Unterscheidung von Klassen und Mengen diskutieren will. Es ist nicht ohne weiteres einzusehen, daß das Mächtigkeitskriterium überhaupt gebraucht wird, d.h. daß die Forderung nach Schärfe der Abgrenzung bei der Objektauswahl nicht ausreicht, den Mengenbegriff vollständig festzulegen. Dies wird erst erkennbar, wenn man eine Klasse gefunden hat, bei der zwar die Schärfe der Abgrenzung für die Objektauswahl gegeben ist, die aber dennoch keine Menge ist. Diese Klasse ist die Klasse der Mengen in der abstrakten Welt der natürlichen Zahlen und der darauf aufgebauten Mengen.

Wenn es eine Menge wäre, dann müßte man folgende Überlegung bezüglich ihrer Mächtigkeit anstellen: Als Menge aller Mengen müßte sie auch alle Elemente ihrer eigenen Potenzmenge enthalten, und deshalb könnte ihre Mächtigkeit nicht kleiner sein als die Mächtigkeit ihrer Potenzmenge. Da dies dem bereits vorgestellten Satz

$$|M| < |\wp(M)|$$

widerspricht, kann also die Klasse aller Mengen selbst keine Menge sein. Man kann zwar "Menge aller Mengen" sagen, aber mit dieser Sprachkonstruktion wird ebensowenig ein Objekt identifiziert wie wenn man von "der größten aller Primzahlen" spricht.

Die Klasse der Mengen ist zwar scharf abgegrenzt, aber trotzdem keine Menge, und man kann deshalb auf das Mächtigkeitskriterium nicht verzichten. Dieses Kriterium besagt, daß eine Vielfalt ausgewählter Objekte nur dann eine Menge ist, wenn man für sie eine Mächtigkeit definieren kann, ohne daß dies zu Widersprüchen führt.

Aus den Überlegungen, die gezeigt haben, daß es keine Menge aller Mengen gibt, folgt nicht, daß es dann auch keine Klasse aller Klassen geben könne. An zentraler Stelle in den Überlegungen steht nämlich die Aussage, daß es zu jeder Menge eine mächtigere Potenzmenge geben muß, und diese Aussage ist nicht auf Klassen übertragbar. Während jede willkürliche Auswahl von Objekten aus einer Menge wieder eine Menge ist und als Element zur Potenzmenge gehört, ist nicht jede willkürliche Auswahl von Objekten aus einer Klasse wieder eine Klasse; denn bei einer willkürlichen Auswahl ist die Verdichtbarkeit auf einen Typ nicht garantiert. Da es also keine "Potenzklasse" gibt, führt die Annahme einer Klasse aller Klassen nicht auf Widersprüche. Deshalb kann auch die im Abschnitt 1.1.2 gemachte Aussage, *Begriff* sei selbst ein Begriff, widerspruchslos akzeptiert werden.

Nach diesen Betrachtungen, die sich an die Definition der Potenzmenge anschlossen, wird nun die Vorstellung elementarer Begriffe aus der Welt der Mengen fortgesetzt.

Das *kartesische Produkt* zweier Mengen A und B ist eine dritte Menge C, deren Elemente sich dadurch ergeben, daß man alle unterschiedlichen geordneten Paare bildet, bei denen der erste Partner ein Element von A und der zweite Partner ein Element von B ist. Man schreibt

$$C = A \times B$$

Beispiel: $A = \{1, 2\}$; $B = \{r, s, t\}$

$$A \times B = \{(1,r), (1,s), (1,t), (2,r), (2,s), (2,t)\}$$

Da die Ordnung im Paar für die Definition des kartesischen Produktes relevant ist, gilt für dieses Produkt nicht das kommutative Gesetz, d.h. $A \times B$ ist nicht gleich $B \times A$, außer wenn A gleich B ist. In der Symbolik wird die Relevanz der Ordnung in den Paaren durch die Verwendung runder Klammern anstelle der geschweiften Mengenklammern ausgedrückt. Obwohl auch bei der Definition einer endlichen Menge durch Aufzählung der Elemente in geschweiften Klammern eine Ordnung sichtbar wird, ist dies doch keine relevante Ordnung, sondern nur eine Konsequenz der unvermeidlichen Sequentialität jeder schriftlichen oder mündlichen Aufzählung. Deshalb muß in den Fällen, wo die Ordnung relevant ist, explizit darauf hingewiesen werden.

Wenn die beiden als Faktoren eines kartesischen Produkts auftretenden Mengen A und B jeweils linear geordnet werden, dann kann das Produkt als zweidimensionale Matrix angesehen werden, in der zu jedem Element von A eine Zeile und zu jedem Element von B eine Spalte gehören. Die Kreuzungspunkte von Zeilen und Spalten sind dann die Elemente des kartesischen Produkts (s. Bild 7). In dieser Betrachtungsweise entspricht die Menge aller Punkte (x,y) einer Ebene, die von einem kartesischen Koordinatensystem aufgespannt wird, dem kartesischen Produkt $R \times R = R^2$, denn dies ist die Menge aller geordneten Paare reeller Zahlen.[1)]

		B		
		r	s	t
A	1	(1,r)	(1,s)	(1,t)
	2	(2,r)	(2,s)	(2,t)

Bild 7
Veranschaulichung eines kartesischen Produkts als Matrix

Die Mächtigkeit eines kartesischen Produkts ist gleich dem Produkt der Mächtigkeiten der Faktormengen:

$$|A \times B| = |A| \times |B|$$

Es ist auch wieder ein schwer zu schluckendes Ergebnis der Betrachtung unendlicher Mengen, daß die Mächtigkeit von R^2 gleich der Mächtigkeit von R ist, daß also die zweidimensionale kartesische Ebene genausoviele Punkte hat wie die x–Achse alleine.
Das kartesische Produkt ist assoziativ, d.h. es gilt

$$(A \times B) \times C = A \times (B \times C).$$

Deshalb ist es sinnvoll, kartesische Produkte von mehr als zwei Faktoren zu betrachten.

$$C = A_1 \times A_2 \times ... \times A_n$$

Man nennt sie n–dimensionale kartesische Produkte, und sie können veranschaulicht werden als n–dimensionale Matrizen.

1.2.2 Relationen und Strukturen

Jede Teilmenge eines kartesischen Produkts wird als *Relation* bezeichnet. Die Wahl dieser Bezeichnung läßt sich nur verständlich begründen, indem zuerst der Unterschied zwischen einer *Aussage* und einer *Aussageform* vorgestellt wird.

Eine *Aussage* ist der sprachunabhängige Inhalt einer Behauptung, die nur wahr oder falsch sein kann. So stellen beispielsweise die drei folgenden Sätze jeweils unterschiedliche Formulierungen der gleichen Aussage dar:

Herr Krause kennt Frau Meier nicht.
Frau Meier ist Herrn Krause unbekannt.
Mr. Krause does not know Mrs. Meier.

Häufig benötigt man die Kenntnis eines Kontextes, um den Inhalt einer Behauptung vollständig erfassen zu können. Im gegebenen Beispiel müßte der Kontext helfen zu entscheiden, um welchen Herrn Krause und welche Frau Meier es sich hier handelt.

1) Diese Vorstellung geht auf den französischen Mathematiker und Philosophen Descartes (1596–1650) zurück, weshalb auch ihm zu Ehren das Mengenprodukt *kartesisch* genannt wird.

Es ist nicht erforderlich, daß schon bei der Formulierung einer Aussage bekannt ist, ob diese Aussage wahr ist oder nicht. Es genügt zu wissen, daß sie nur wahr oder falsch sein kann. Dies gilt für alle mathematischen Hypothesen, bevor sie bewiesen oder widerlegt sind. Eine solche Hypothese ist beispielsweise: Die ersten vier Billionen Stellen nach dem Komma der Dezimaldarstellung der Zahl π stellen, als ganze Zahl betrachtet, eine Primzahl dar. Dies ist eine Aussage, denn sie kann nur wahr oder falsch sein, auch wenn heutzutage niemand weiß, ob sie wahr ist.

Eine *Aussageform* ist ein sprachliches Gebilde, welches Variablennamen enthält und welches in eine Aussage überführbar ist, indem anstelle der Variablennamen sprachliche Identifikationen für bestimmte Variablenwerte eingesetzt werden. Beispiele für Aussageformen sind:

(1) Die natürliche Zahl n ist kleiner als 17.
(2) Am Tag x wurde Goethe geboren.
(3) Der Kaiser Augustus hatte die Haarfarbe F.

Meistens hat eine Aussageform keinen definierten Wahrheitswert, d.h. ob man eine wahre oder eine falsche Aussage erhält, hängt meistens davon ab, durch welche Festlegungen von Variablenwerten man die Aussageform zu einer Aussage macht. So kann man in allen drei gegebenen Beispielen von Aussageformen die Variablenwerte sowohl so wählen, daß sich wahre Aussagen ergeben, als auch so, daß sich falsche Aussagen ergeben. Es gibt aber Sonderfälle, wo der Wahrheitswert der sich ergebenden Aussagen unabhängig von der Wahl der Variablenbelegung ist, wo also bereits der Aussageform ein Wahrheitswert zugeordnet werden kann.

Beispiel: Der Kaiser Augustus hatte die Haarfarbe F oder eine andere.

Die bisher vorgestellten Aussageformen enthielten jeweils nur eine einzige Variable, aber man kann natürlich Aussageformen mit mehreren Variablen bilden.

Beispiel: Die Person p lebt in der Stadt s.

Für jede Variable in einer Aussageform kann man einen Wertebereich festlegen; das ist die Menge aller in Betracht zu ziehenden Belegungen für diese Variable. Beispielsweise sollen als Belegungen für die Variablen p und s in der gegebenen Aussageform nur die Elemente der folgenden beiden Mengen in Betracht kommen:

$$p \in \{ \text{Anton, Erich, Karl, Theo} \}$$
$$s \in \{ \text{London, Paris, Rom} \}$$

Aus einer Aussageform kann man durch Variablenbelegung so viele unterschiedliche Aussagen machen, wie es Elemente gibt im kartesischen Produkt der Wertebereiche der Variablen. Im gegebenen Beispiel ergeben sich aus der Aussageform und den Wertebereichen für p und s zwölf verschiedene Aussagen. Von all diesen kombinatorisch bildbaren Aussagen ist meist nur eine Teilmenge wahr. Dieser Teilmenge der wahren Aussagen entspricht eine Teilmenge des kartesischen Produkts der Wertebereiche für die Variablen in der Aussageform – und genau dies ist der Grund, weshalb man eine Teilmenge eines kartesischen Produkts eine *Relation* nennt. Die Teilmenge der wahren Aussagen drückt nämlich aus, daß bestimmte Elemente aus den betrachteten Wertebereichen zueinander in der durch die Aussageform definierten Beziehung stehen – und ein anders Wort für Beziehung ist Relation.

Im betrachteten Beispiel wird als Wohnrelation festgelegt:

Wohnrelation = { (Anton, Paris), (Karl, London), (Theo, Paris) } $\subseteq$ P × S

Es wird also unter anderem festgelegt, daß Erich in keiner der drei im Wertebereich genannten Städte wohnt.

		S		
		London	Paris	Rom
P	Anton		×	
	Erich			
	Karl	×		
	Theo		×	

Bild 8
Matrix–Darstellung einer zweidimensionalen Relation

Die Anzahl der Variablen in einer Aussageform ist gleich der Anzahl der Faktoren im zugehörigen kartesischen Produkt. So wie man von n–dimensionalen kartesischen Produkten spricht, spricht man deshalb auch von n–dimensionalen Relationen.

Da Relationen Teilmengen kartesischer Produkte sind und kartesische Produkte als n–dimensionale Matrizen veranschaulicht werden können, lassen sich Relationen veranschaulichen als Matrizen mit ausgewählten Kreuzungspunkten. Bild 8 zeigt dies am Beispiel der vorgestellten Wohnrelation.

Man kann n–stellige Relationen stets in eine Menge zweistelliger Relationen überführen, d.h. man kann eine Aussageform mit n Variablen stets in eine Menge von Aussageformen mit jeweils zwei Variablen umwandeln. Deshalb ist es gerechtfertigt, die zweidimensionalen Relationen eingehender zu betrachten.

Zur Kennzeichnung einer zweistelligen Relation R $\subseteq$ A × B werden folgende Binärkriterien herangezogen:

Gibt es zu jedem Element a der Menge A mindestens ein Element in der Relation R, worin a an erster Stelle vorkommt? (Die Stellenangabe ist relevant für die Fälle, wo A und B nicht disjunkt sind.) Falls ja, nennt man die Relation *linksvollständig*.

Gibt es zu jedem Element b der Menge B mindestens ein Element in der Relation R, worin b an zweiter Stelle vorkommt? Falls ja, nennt man die Relation *rechtsvollständig*.

Gibt es mindestens ein Element a in der Menge A, welches in mindestens zwei Elementen der Relation R an erster Stelle vorkommt? Falls nein, nennt man die Relation eine *Funktion*.

Diejenigen Elemente von A, die in den Relationselementen einer Funktion an erster Stelle vorkommen, heißen *Argumente* der Funktion, diejenigen Elemente von B, die an zweiter Stelle vorkommen, heißen *Ergebnisse* der Funktion. In Formeln wird für Funktionen meist die

Schreibweise $b = f(a)$ verwendet. Darin ist a die Argumentvariable, b die Ergebnisvariable und f der Funktionsname.

Das oben betrachtete Beispiel der Wohnrelation ist eine Funktion, die weder links– noch rechtsvollständig ist. Man erkennt dies in Bild 8 daran, daß es dort pro Zeile höchstens ein Kreuz gibt und daß es eine leere Zeile und eine leere Spalte gibt.

Eine linksvollständige Funktion wird häufig als *Abbildung* bezeichnet. Zur Kennzeichnung von Funktionen wird folgendes weitere Kriterium herangezogen:

Gibt es mindestens ein Elemente b in der Menge B, welches in mindestens zwei Elementen der Relation R an zweiter Stelle vorkommt? Falls nein, nennt man die Funktion *umkehrbar eindeutig*.

Eine umkehrbar eindeutige Funktion, die auch noch links– und rechtsvollständig ist, wird *Eins–zu–eins–Abbildung* genannt. Solche Abbildungen wurden bereits im Abschnitt 1.2.1 im Zusammenhang mit dem Vergleich von Mächtigkeiten definiert.

Zweistellige Relationen, bei denen die beiden Faktoren gleich sind, heißen quadratische Relationen:

$$R \subseteq A \times A$$

Man spricht in diesem Fall auch von einer *Relation über der Menge* A. Anhand bestimmter Binärkriterien lassen sich einige Sonderfälle quadratischer Relationen kennzeichnen, die von grundlegender Bedeutung sind. Die zu prüfenden Binärkriterien sind folgende:

Reflexivität: Enthält die Relation über A zu jedem Element a von A das Paar (a, a)? Wenn ja, ist die Relation reflexiv.

Antireflexivität: Enthält die Relation über A zu mindestens einem Element a von A das reflexive Paar (a, a)? Wenn nein, dann ist die Relation antireflexiv.

Symmetrie: Enthält die Relation über A zu jedem enthaltenen Paar (a_1, a_2) auch das "gespiegelte" Element (a_2, a_1)? Wenn ja, dann ist Relation symmetrisch.

Antisymmetrie: Enthält die Relation über A zu mindestens einem enthaltenen Paar (a_1 , a_2) mit $a_1 \neq a_2$ auch das gespiegelte Element (a_2 , a_1)? Falls nein, dann ist die Relation antisymmetrisch.

Man beachte, daß sich Symmetrie und Antisymmetrie nicht unbedingt gegenseitig ausschliessen. Jede Relation über A, die keine Elemente (a_1 , a_2) mit $a_1 \neq a_2$ enthält, ist nämlich sowohl symmetrisch als auch antisymmetrisch.

Transitivität: Enthält die Relation über A zu jedem Paar enthaltener Elemente der Form (a_1, a_2) und (a_2, a_3) auch das weitere Element (a_1, a_3)? Wenn ja, dann ist die Relation transitiv.

Bild 9 zeigt, welche der fünf genannten Kriterien zutreffen müssen, damit eine quadratische Relation einem der vier in der Tabelle aufgeführten Relationstypen zugeordnet werden kann. Zu jedem dieser vier Relationstypen kann man eine Aussageform angeben, die diesen Typ kennzeichnet und veranschaulicht.

Die Aussageform zur *Äquivalenzrelation* lautet: "Die Elemente a_1 und a_2 aus der Menge A sind einander äquivalent bezüglicher einer Bewertungsfunktion $F_Ä$, was bedeutet, daß a_1 und

Reflexivität	Antireflex.	Symmetrie	Antisymm.	Transitivität	Relationstyp
ja	nein	ja	——	ja	Äquivalenz
ja	nein	ja	——	außer Betracht	Verträglichkeit
ja	nein	——	ja	ja	reflexive Partialordnung
nein	ja	——	ja	ja	antirefl. Partialordnung

Bild 9 Sonderfälle für Relationen über einer Menge

a_2 als Argumente der Funktion das gleiche Ergebnis liefern." Zur Veranschaulichung einer Äquivalenzrelation über einer Menge A durch eine quadratische Matrix mit ausgewählten Kreuzungspunkten kann man die Menge A immer derart ordnen, daß die ausgewählten Kreuzungspunkte eine Menge quadratischer Untermatrizen längs der Hauptdiagonale bilden. Bild 10 zeigt dies für ein Beispiel, bei dem die Äquivalenz der Zahlen in der Menge A bezüglich derjenigen Funktion $F_Ä$ betrachtet wird, die als Ergebnis jeweils den kleinsten Primzahlenfaktor des Arguments a liefert. Die im Falle einer Äquivalenzrelation immer existierende Menge quadratischer Untermatrizen definiert eine Partition der Menge A, wobei die Elemente der Partition jeweils größtmögliche Mengen äquivalenter Elemente der Menge A sind und *Äquivalenzklassen* genannt werden.

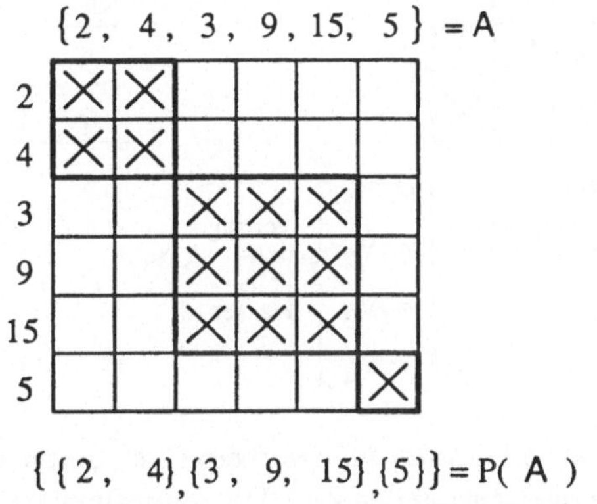

{2, 4, 3, 9, 15, 5} = A

	2	4	3	9	15	5
2	X	X				
4	X	X				
3			X	X	X	
9			X	X	X	
15			X	X	X	
5						X

a	$F_Ä(a)$
2	2
4	2
3	3
9	3
15	3
5	5

{{2, 4}, {3, 9, 15}, {5}} = P(A)

Bild 10
Beispiel einer Äquivalenzrelation

Bild 9 sagt, daß die Äquivalenzrelation ein Sonderfall einer sogenannten *Verträglichkeitsrelation* ist, nämlich eine transitive Verträglichkeitsrelation. Eine Verträglichkeitsrelation muß aber nicht transitiv sein: Aus der Tatsache, daß sich einerseits Erich und Karl gut vertragen und daß sich andererseits Karl und Theo gut vertragen, kann man nicht schließen, daß sich dann auch Erich und Theo gut vertragen. Ebensowenig ist die Folgerung erlaubt, Wasserstoff und Sauerstoff müßten sich gut vertragen und dürften kein explosives Gemisch bilden, nur weil sich Wasserstoff und Stickstoff einerseits und Stickstoff und Sauerstoff andererseits in diesem Sinne gut vertragen. Die Aussageform zur Verträglichkeitsrelation lautet: "Die Elemente a_1 und a_2 aus der Menge A sind miteinander verträglich bezüglich der Bewertungsfunktion F_V, was bedeutet, daß a_1 und a_2 als Argumente der Funktion zwei Ergebnisse liefern, deren Durchschnitt nicht leer ist." Die Funktion F_V muß also eine Funktion sein, die jedem Element a von A eine nichtleere Menge zuordnet.

So wie eine Äquivalenzrelation eine Menge von Äquivalenzklassen festlegt, bestimmt eine Verträglichkeitsrelation eine Menge sogenannter Verträglichkeitsklassen. Jede *Verträglich-*

keitsklasse ist eine Teilmenge der ursprünglichen Menge A, die dadurch gekennzeichnet ist, daß alle Elemente in der Teilmenge miteinander verträglich sind und jedes Element außerhalb der Teilmenge mit mindestens einem Element in der Teilmenge unverträglich ist. Wenn nicht der Sonderfall vorliegt, daß die Verträglichkeitsrelation eine Äquivalenzrelation ist, sind die Verträglichkeitsklassen nicht alle disjunkt zueinander, sondern enthalten teilweise gemeinsame Elemente. Keine Verträglichkeitsklasse kann aber vollständig in einer anderen enthalten sein. Die Vereinigung aller Verträglichkeitsklassen ergibt wieder die ursprüngliche Menge A; man spricht von einer *Überdeckung* der Menge A durch die Verträglichkeitsklassen.

Bild 11 zeigt ein Beispiel einer Verträglichkeitsrelation bezüglich derjenigen Funktion F_V, die jeder Zahl a die Menge ihrer unterschiedlichen Primzahlfaktoren zuordnet.

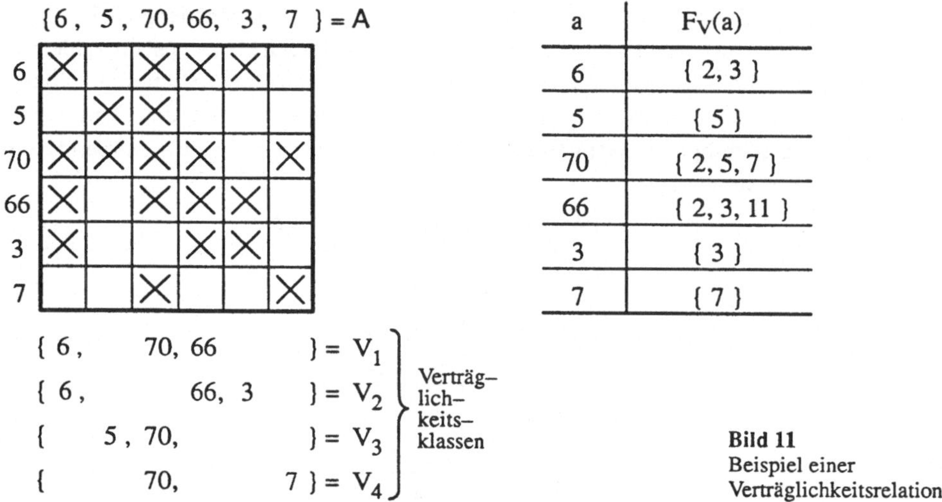

a	F_V(a)
6	{ 2, 3 }
5	{ 5 }
70	{ 2, 5, 7 }
66	{ 2, 3, 11 }
3	{ 3 }
7	{ 7 }

Bild 11
Beispiel einer Verträglichkeitsrelation

Als nächstes werden die *Partialordnungen* betrachtet, die nach Bild 9 in reflexive und antireflexive Partialordnungen einzuteilen sind. Jede antireflexive Partialordnung ist ein Sonderfall eines Relationstyps, der vom Autor als *Schichtung* bezeichnet wird. Eine Schichtung ist eine quadratische Relation, bei der die Relationsmatrix so gestaltet werden kann, daß alle ausgewählten Kreuzungspunkte im Dreieck oberhalb der Hauptdiagonalen liegen. Weitere Bedingungen werden an eine Schichtung nicht gestellt. Eine antireflexive Partialordnung ist eine transitive Schichtung. Die Aussageform zu einer antireflexiven Partialordnung lautet: "Für das Paar (a_1, a_2) aus der Menge A gilt $a_1 \neq a_2$, und es ist darauf ein gegebenes Ordnungskriterium anwendbar, und danach ist das Element a_2 dem Element a_1 nachgeordnet."

Die Aussageform zu einer reflexiven Partialordnung kann als einfache Erweiterung der Aussageform zu einer antireflexiven Partialordnung angesehen werden: "Entweder sind a_1 und a_2 Bezeichnungen für ein und dasselbe Element in A, oder es ist ein gegebenes Ordnungskriterium anwendbar, wonach das Element a_2 dem Element a_1 nachgeordnet ist."

Eine Synonym zu *Partialordnung* ist *Halbordnung*. Eine *Vollordnung*, auch *Linearordnung* genannt, liegt vor, wenn zusätzlich zur Bedingung für die Partialordnung auch noch die Bedingung erfüllt ist, daß für jede beliebige Auswahl $\{a_1, a_2\}$ aus der Menge A mit $a_1 \neq a_2$ eines der beiden geordneten Paare (a_1, a_2) oder (a_2, a_1) als Element in der Relation enthalten ist. Dies gilt sowohl für den reflexiven als auch für den antireflexiven Fall.

In Bild 12 sind drei unterschiedliche Relationen jeweils über der gleichen Menge dargestellt. Dabei gilt für alle drei Relationen das gleiche Ordnungskriterium, nämlich die Festlegung einer Reihenfolge aufgrund des Körpergewichts. Für den antireflexiven Fall ist also hier die Aussageform verkürzbar auf die Form: "a_2 ist schwerer als a_1." Die als *Quasiordnung* bezeichnete dritte Relation ist keine Partialordnung, weil sie nicht antisymmetrisch ist. Zu ihr gehört die Aussageform: "a_1 ist nicht schwerer als a_2." Dies ist ein Sonderfall der allgemeinen Aussageform, welche jeder Quasiordnung zugrunde liegt: "Das Element a_1 ist nach dem Ordnungskriterium dem Element a_2 nicht nachgeordnet."

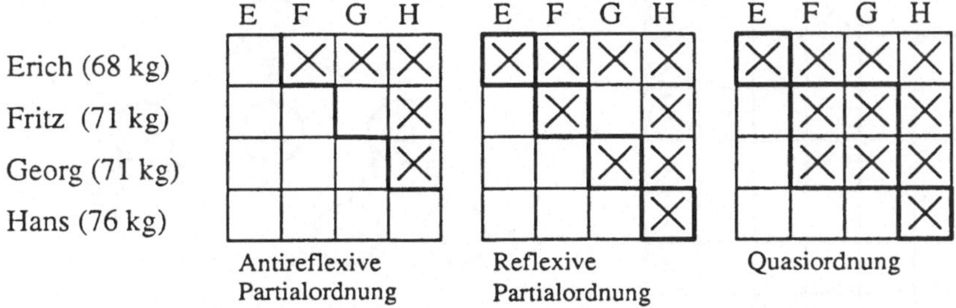

Bild 12 Verschiedene Ordnungsrelationen bei gleichem Ordnungskriterium

In der Matrixdarstellung der Quasiordnung in Bild 12 sind quadratische Untermatrizen längs der Hauptdiagonalen hervorgehoben, wodurch auf die Existenz einer Äquivalenzrelation hingewiesen werden soll. Mit jeder Quasiordnung ist eine solche Äquivalenzrelation verbunden. Die Äquivalenzklassen enthalten dabei jeweils alle diejenigen Elemente der quasigeordneten Menge A, die bezüglich der Ordungsbestimmung nicht zu unterscheiden sind. Wenn man diese Äquivalenzklassen selbst als Elemente einer zu ordnenden Menge auffaßt, dann wird aus der ursprünglichen Quasiordnung eine Partialordnung.

Wenn man von Ordnung spricht, denkt man häufig nur an die Linearordnung der natürlichen oder der reellen Zahlen. Deshalb wird durch die beiden Beispiele in Bild 13 deutlich gemacht, daß der Ordnungsbegriff nicht auf die Zahlenordnung beschränkt ist. Die obere Partialordnung in Bild 13 beschreibt einen zusammenhängenden, gerichteten und maschenfreien Graphen mit der sogenannten *Wurzel* als dem einzigen Knoten, von dem kein Pfeil wegführt; solche Gebilde nennt man *Hierarchiebäume*. Die zugehörige Aussageform lautet: "Der Knoten K_j liegt hierarchisch über dem Knoten K_i." Die Wurzel ist der einzige Knoten, über dem hierarchisch kein anderer Knoten liegt. Als *Blätter* des Baumes werden diejenigen Knoten bezeichnet, die hierarchisch über keinen anderen Knoten liegen. Obwohl bei einem Baum in der Natur die Wurzel unten liegt und die Blätter oben sind, zeichnet man Hierarchiebäume meist umgekehrt, weil in der Hierarchie der Chef oben sitzt.

Man sollte beachten, daß durch eine Partialordnung, die einen Baum definiert, die Baumgraphik nicht vollständig bestimmt wird. Denn durch eine Baumgraphik werden immer zwei

Relationen festgelegt, wovon die eine aber oft als irrelevant betrachtet wird: Die eine Relation legt fest, welche Knoten einen gemeinsamen Oberknoten haben, und die andere, oft irrelevante Relation legt fest, in welcher Reihenfolge diese Knoten nebeneinander an ihrem Oberknoten hängen. So wird beispielsweise durch die Matrix im Bild 13 zwar festgelegt, daß die Knoten K5, K6 und K7 gemeinsam an K8 hängen, aber es wird durch diese Matrix nicht festgelegt, daß sie von links nach rechts in der Reihenfolge (K5, K6, K7) angeordnet werden müssen. Wenn dies auch noch festgelegt sein sollte, bräuchte man eine zweite Partialordnung. Man könnte dann von einem *zweidimensionalen Baum* reden.

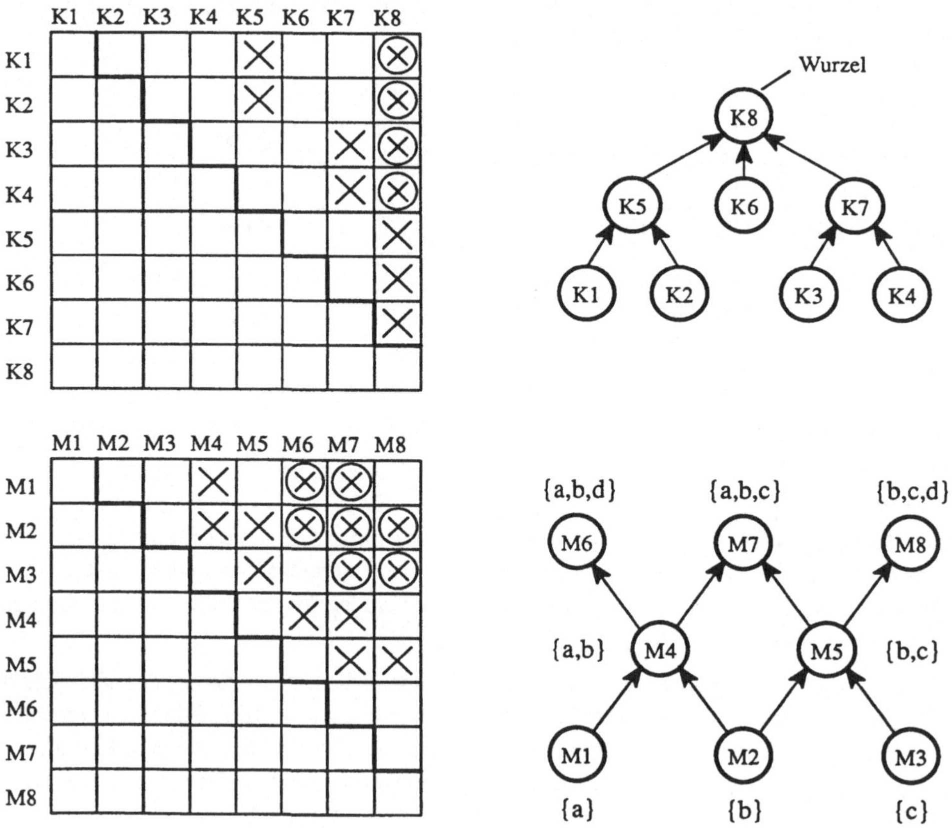

Bild 13 Beispiel zweier Partialordnungen

Die Partialordnungen in Bild 13 beschreiben zusammenhängende, gerichtete, zyklenfreie und umwegfreie Graphen; solche Gebilde sollen hier als *Folgengeflechte* bezeichnet werden. Zyklenfreiheit bedeutet, daß es keinen gerichteten Weg gibt, der von irgendeinem Knoten ausgehend wieder zu diesem zurückführt. Man beachte, daß ein zyklenfreier Graph durchaus Maschen haben darf, daß es also durchaus in sich geschlossene Wege geben darf, wenn man dabei die Kantenrichtung nicht berücksichtigt. Umwegfreiheit bedeutet, daß eine direkte Kantenverbindung zwischen zwei Knoten die Existenz zusammengesetzter gerichteter Wege zwischen diesen beiden Knoten ausschließt. Durch die Umwegfreiheit erhält der als Darstellung einer Partialordnung zu interpretierende Graph minimale Kantenzahl. Jeder Kante des Graphen entspricht ein nicht eingekreistes Kreuz in der Relationsmatrix; die eingekreisten Kreuze ergeben sich daraus eindeutig aus der Forderung nach Transitivität.

Bild 13 unten zeigt eine der vielen verschiedenen Möglichkeiten, den Knoten und Kanten in einem Folgengeflecht eine zusätzliche Bedeutung zu geben: Die Knoten werden als Mengen betrachtet, und jeder gerichtete Weg zwischen zwei Knoten besagt, daß die dem Startknoten zugeordnete Menge eine Teilmenge der dem Zielknoten zugeordneten Menge ist.

Hierarchiebäume können immer als Sonderfälle von Folgengeflechten angesehen werden. Jede beliebige antireflexive Partialordnung kann als Menge von Folgengeflechten angesehen werden. Als *minimale Elemente* einer antireflexiven Partialordnung bezeichnet man diejenigen Elemente, zu denen – als Knoten in einem Folgengeflecht betrachtet – kein gerichteter Weg hinführt; als *maximale Elemente* bezeichnet man diejenigen Elemente, von denen kein gerichteter Weg wegführt. In den Beispielen in Bild 13 sind die Elemente K1, K2, K3, K4, K6 sowie M1, M2, M3 minimal, und die Elemente K8 sowie M6, M7, M8 sind maximal. In der Matrixdarstellung erkennt man minimale Elemente an den zugehörigen leeren Spalten und maximale Elemente an den zugehörigen leeren Zeilen.

Nun soll noch ein Beispiel einer Schichtung gezeigt werden, die keine Partialordnung ist (s. Bild 14). Während zu jeder antireflexiven Partialordnung ein – nicht unbedingt zusammenhängender – gerichteter, zyklenfreier und umwegfreier Graph gehört, muß der zu einer Schichtung gehörende Graph nicht unbedingt umwegfrei sein. Die Partitionierung der Knotenmenge in Schichten macht deutlich, weshalb dieser Relationstyp als Schichtung bezeichnet wird: Die minimalen Elemente liegen in der Schicht 0; in der Schicht m liegen alle diejenigen Knoten, zu denen der längste, von der Schicht 0 ausgehende, gerichtete Weg über m Kanten führt. Folgengeflechte können immer als Sonderfälle von Schichtungen angesehen werden.

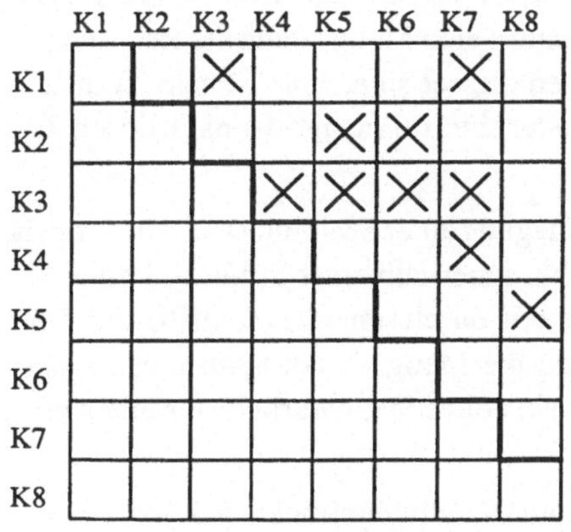

	K1	K2	K3	K4	K5	K6	K7	K8
K1			X				X	
K2					X	X		
K3				X	X	X	X	
K4							X	
K5								X
K6								
K7								
K8								

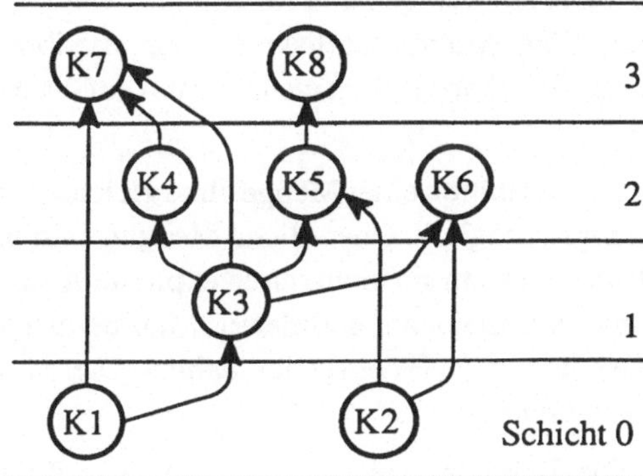

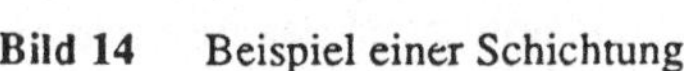
Bild 14 Beispiel einer Schichtung

Weil eine Schichtung nicht transitiv sein muß, darf man beim Übergang vom Graphen zur Matrixdarstellung keine Transitivitätsergänzung vornehmen, wie sie bei Partialordnungen verlangt wird (s. Beispiele in Bild 13). Im Falle der Schichtung muß eine 1:1–Abbildung zwischen den Kanten des Graphen und den ausgewählten Kreuzungspunkten in der Relationsmatrix bestehen.

Ebenso wie bei den Partialordnungen gibt es auch bei den Schichtungen verschiedene Möglichkeiten, den Knoten und Kanten der zugehörigen Graphen bestimmte Bedeutungen zuzuordnen. Bei vielen Interpretationen werden die Schichtungen als Verwendungsrelationen betrachtet. Hierzu werden zwei Beispiele vorgestellt.

Im ersten Beispiel wird angenommen, die Knoten seien Typen technischer Geräte oder Gerätekomponenten, und eine Kante solle bedeuten, daß vom Konstrukteur des Gerätetyps oder des Komponententyps, zu dem die Kante hinzeigt, Komponenten von dem Typ verwendet werden, von dem die Kante ausgeht. Beispielsweise stehe der Knoten K2 für einen bestimmten Typ von Schrauben, die sowohl der Konstrukteur des Komponententyps K5 als auch der Konstrukteur der Gerätetyps K6 verwenden. Obwohl auch im Gerätetyp K8 Schrauben des Typs K2 vorkommen, nämlich innerhalb der Komponenten vom Typ K5, werden diese Schrauben doch nicht vom Konstrukteur des Gerätestyps K8 verwendet; dieser braucht gar nicht zu wissen, daß in den Komponenten vom Typ K5 solche Schrauben vorkommen. Anders verhält es sich mit dem Vorkommen der Komponenten vom Typ K1 im Gerätetyp K7. Solche Komponenten vom Typ K1 gelangen auf drei unterschiedlichen Wegen in den Gerätetyp K7, nämlich einmal direkt verwendet durch den Konstrukteur von K7, und auf zwei weiteren Wegen als Komponenten in K3.

Im zweiten Beispiel wird angenommen, die Knoten seien Vorlesungen, und eine Kante solle bedeuten, daß in der Vorlesung, zu der die Kante hinführt, direkt Bezug genommen wird auf Inhalte der Vorlesung, von der die Kante wegführt. Auch in diesem Fall handelt es sich um eine Interpretation als Verwendungsrelation, denn es wird jeweils ein Lehrstoff aus einer tieferen Schicht in einer höheren Schicht direkt verwendet.

Eng mit dem Relationsbegriff verbunden ist der Begriff der *Struktur*. Eine Struktur ist ein Gebilde aus Mengen und Relationen, welches mindestens eine Menge und eine Relation umfaßt. Eine Struktur ist diskret, wenn alle ihre Mengen diskret sind. Eine Menge ist diskret, wenn sie 1:1 abgebildet werden kann auf die Menge oder eine Teilmenge der natürlichen Zahlen.

Die Definition einer Menge ohne gleichzeitige Festlegung einer Struktur ist nur für endliche Mengen möglich. Unendliche Mengen sind immer nur innerhalb einer Struktur definierbar, denn man kann sie nicht durch explizite Aufzählung, d.h. durch separate Identifikation jedes einzelnen Elements definieren. Man betrachte hierzu die Menge N der natürlichen Zahlen oder die Menge R der reellen Zahlen: Diese Mengen sind ohne ihre natürliche Ordnung nicht definierbar.

Die Einbindung eines Elements in eine Struktur kann so individuell sein, daß man das Element unter Bezug auf diese Einbindung identifizieren kann, ohne das Element benennen zu müssen und ohne irgendwelche Eigenschaften des Elements angeben zu müssen.

Als Beispiel für die Identifizierbarkeit von Elementen aufgrund ihrer Einbindung in eine Struktur soll Bild 15 betrachtet werden. Es handelt sich um eine Struktur aus einer Menge und einer Relation. Die Menge wird als Menge von Personen angesehen, und der Relation wird

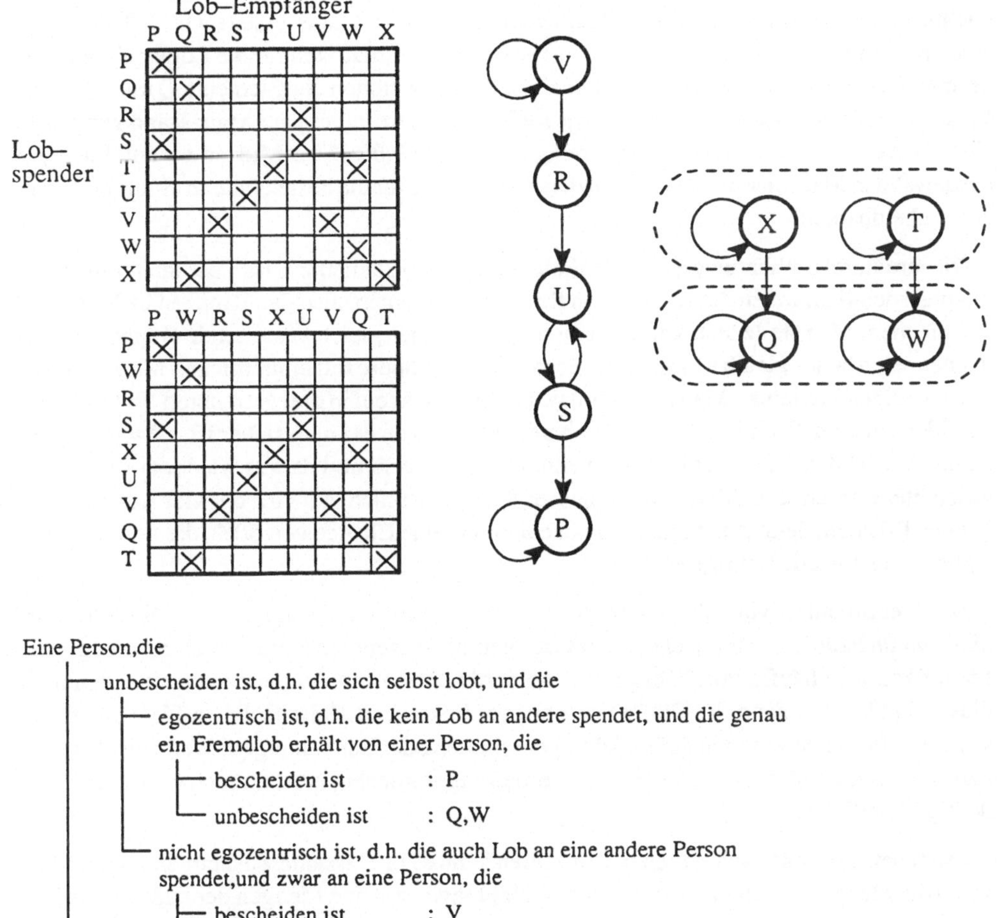

Eine Person,die

- unbescheiden ist, d.h. die sich selbst lobt, und die
  - egozentrisch ist, d.h. die kein Lob an andere spendet, und die genau ein Fremdlob erhält von einer Person, die
    - bescheiden ist : P
    - unbescheiden ist : Q,W
  - nicht egozentrisch ist, d.h. die auch Lob an eine andere Person spendet,und zwar an eine Person, die
    - bescheiden ist : V
    - unbescheiden ist : X,T
- bescheiden ist, d.h. sich nicht selbst lobt, und die
  - von zwei Personen Lob erhält : U
  - von einer Person Lob erhält, und die selbst
    - Lob an zwei Personen spendet : S
    - Lob an eine Person spendet : R

Bild 15 Beispiel zur Identifikation von Elementen in einer Struktur

folgende Aussageform zugeordnet: "Person a spendet Lob an Person b." Bild 15 zeigt nun, daß die meisten Elemente, aber nicht alle, durch ihre Einbindung in die Struktur eindeutig identifizierbar sind. Die Personen Q und W einerseits sowie X und T andererseits lassen sich nicht einzeln, sondern nur als Paare identifizieren, wenn man nicht ihre Benennung oder ihre Position in der Linearordnung am Matrixrand mit zur Identifikation heranzieht. Diese strukturelle Nichtunterscheidbarkeit von Q und W einerseits und X und T andererseits wird in Bild 15 auf zweierlei Weisen deutlich: Zum einen sind zwei Relationsmatrizen für die Lobesrelation dargestellt, die sich nur dadurch unterscheiden, daß die Positionen der Elemente Q und W einerseits sowie X und T andererseits in der jeweiligen Linearordnung am Matrixrand vertauscht sind. Man erkennt, daß diese Vertauschung keinen Einfluß auf das Muster der durch Kreuze ausgewählten Matrixelemente hat, und dies ist ein Beleg für die bestehende strukturelle Nichtunterscheidbarkeit.

Die strukturelle Nichtunterscheidbarkeit bestimmter Elemente wird aber auch durch den Graphen deutlich, worin die Kanten den Relationselementen, also den Kreuzen in der Matrix entsprechen. Man stelle sich vor, die Knoten seien lauter gleich aussehende Kugeln und die Kanten seien lauter gleich aussehende, verbindende Schnüre mit einheitlichen Markierungen am jeweiligen Pfeilende. Man solle nun, während die Kugeln in drei getrennten Verbindungsgebilden auf dem Tisch liegen, auf eine Kugel deuten, von der man sicher ist, sie wiederzuerkennnen, nachdem die drei Gebilde in einen Sack gesteckt und daraus wieder auf den Tisch geschüttet worden sind. Man wird in diesem Spiel sicher nicht auf eine der vier Kugeln Q, W, X oder T deuten, denn sonst hätte man nachher nur eine Chance von 50%, die vorher ausgewählte Kugel wieder zu treffen.

Die Identifikation von Elementen durch Angabe ihrer Einbindung in eine Struktur wird nicht nur im Falle mathematischer Strukturen gebraucht, sondern kommt auch bei alltäglichen Identifikationen häufig vor: "Biegen Sie an der übernächsten Ampel nach rechts ab, und in dieser Straße ist es dann das fünfte Haus auf der linken Seite." Bei solchen Identifikationen wird kein Bezug genommen auf Objekteigenschaften oder Benennungen: Weder der Straßenname noch eine Eigenschaft des Hauses werden angesprochen, und dennoch ist das Haus eindeutig identifiziert.

Zwischen zwei unterschiedlichen Strukturen kann es interessante Zusammenhänge geben, wenn die Mengen der einen Struktur über Abbildungen mit den Mengen der anderen Struktur verbunden sind. Dann ergibt sich nämlich die Bildstruktur wie folgt aus der Originalstruktur:

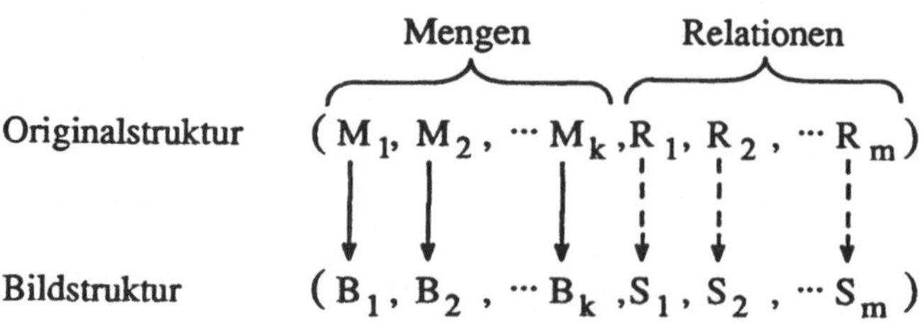

Jedem Element einer Menge M_i in der Originalstruktur ist durch eine Abbildung eindeutig ein Element in der zugehörigen Bildmenge B_i der Bildstruktur zugeordnet, und jedem Element einer Relation R_j in der Originalstruktur ist eindeutig ein Element in der zugehörigen Relation S_j in der Bildstruktur zugeordnet. Da die Relationen Teilmengen von kartesischen Produkten der Mengen M_i bzw. B_i sind, sind die durch gestrichelte Pfeile symbolisierten Abbildungen zwischen den Relationen nicht frei vorgebbar, sondern ergeben sich aus den vorgegebenen Abbildungen zwischen den Mengen.

Die interessanten Fälle von Strukturabbildungen sind dadurch gekennzeichnet, daß sowohl die Relationen R_j als auch die Relationen S_j Funktionen sind.[1] Es ist keineswegs immer der Fall, daß sich zu einem R_j, das eine Funktion ist, ein S_j ergibt, das auch eine Funktion ist. Man betrachte hierzu das Beispiel in Bild 16.

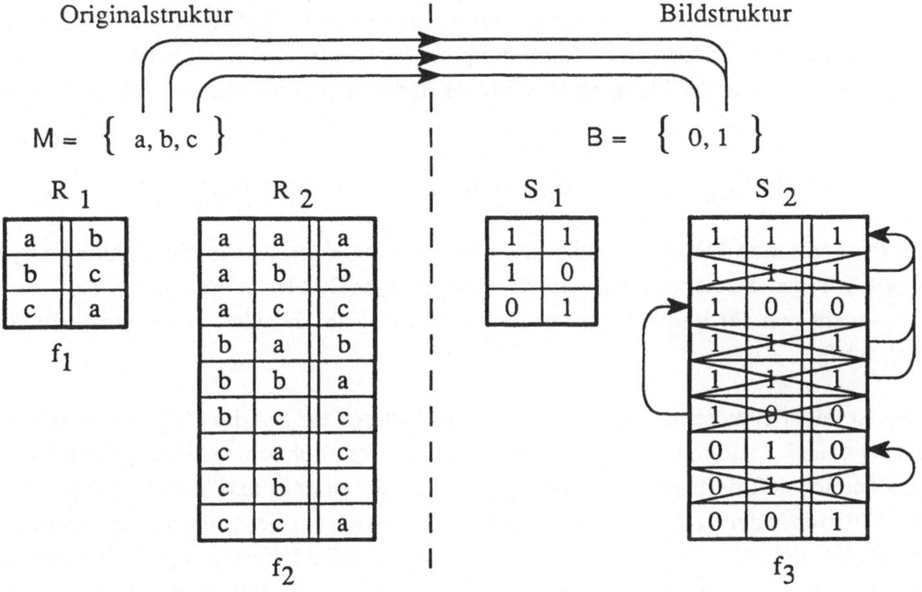

Bild 16 Beispiel zur Strukturabbildung

Die Relationselemente sind jeweils die einzelnen Zeilen der dargestellten Tabellen. Die beiden Relationen R_1 und R_2 sind Funktionen, wobei die zweistellige Relation R_1 eine einstellige Funktion f_1 und die dreistellige Relation R_2 eine zweistellige Funktion f_2 ist. Das Funktionsein erkennt man daran, daß links vom Doppelstrich in der jeweiligen Tabelle jede mögliche Argumentwertekombination höchstens einmal vorkommt; rechts davon steht jeweils das zugehörige Funktionsergebnis. Von den beiden durch die Mengenabbildung zugeordneten Rela-

1) Eine (n+1)–stellige Relation $R \subseteq X_1 \times X_2 \times \cdots \times X_n \times Y$ stellt genau dann eine Funktion f dar, wenn $(x_1, x_2, \cdots x_n, y) \in R$ gleichbedeutend ist mit $y = f(x_1, x_2, \cdots x_n)$.

tionen S_1 und S_2 ist nur noch S_2 eine Funktion. Die Tabelle für S_1 ist deshalb ohne senkrechten Doppelstrich dargestellt, denn eine Trennung der Relationselemente in einen Argumentabschnitt und einen Ergebnisabschnitt ist hier nicht widerspruchsfrei möglich: In der linken Spalte kommt der Wert 1 zweimal vor, und wenn er Funktionsargument wäre, dann müßte wegen der Bedingung der Eindeutigkeit jeder dieser beiden Einsen das gleiche Funktionsergebnis zugeordnet sein; rechts von den Einsen steht aber einmal eine 1 und einmal eine 0. Anders liegt der Fall bei der Tabelle für S_2: Nachdem von den ursprünglich neun Zeilen, die man durch Anwendung der Abbildung auf R_2 erhält, alle gleichen Zeilen bis auf jeweils eine gestrichen sind, verbleiben vier unterschiedliche Zeilen, bei denen jede Argumentwertekombination nur noch genau einmal vorkommt.

Wenn eine Struktur mit einer Relation R, die eine Funktion f_{Orig} darstellt, derart abgebildet wird, daß die dem R zugeordnete Relation S in der Bildstruktur auch eine Funktion f_{Bild} darstellt, dann nennt man die Strukturabbildung *homomorph* bezüglich f_{Orig}. Die in Bild 16 gezeigte Strukturabbildung ist also homomorph bezüglich f_2, aber nicht bezüglich f_1. Eine homomorphe Strukturabbildung ist also immer dadurch gekennzeichnet, daß man schreiben kann:

$$\text{Bild}\,[\,f_{Orig}(e_1,\ e_2,\ \ldots\ e_n)\,] = f_{Bild}\,[\,\text{Bild}\,(e_1),\ \text{Bild}\,(e_2),\ \ldots\ \text{Bild}\,(e_n)\,].$$

Bei der homomorphen Strukturabbildung werden charakteristische Merkmale von f_{Orig} auf f_{Bild} übertragen. So ist beispielsweise die Funktion f_2 in Bild 16 kommutativ, d.h. das Ergebnis hängt nicht von der Reihenfolge der Argumentwerte ab; das gleiche Merkmal gilt deshalb auch für f_3.

Es ist leicht einzusehen, daß eine Strukturabbildung, bei der die Originalmengen und die Bildmengen 1:1 aufeinander abgebildet werden, homomorph sein muß bezüglich aller im Originalbereich definierbaren Funktionen. Denn daß aus einer Funktion in der Originalstruktur eine Relation in der Bildstruktur wird, die keine Funktion ist, dies kann nur vorkommen, wenn unterschiedliche Originalelemente auf ein und dasselbe Bildelement abgebildet werden – wie beispielsweise beim Übergang von R_1 zu S_1 in Bild 16. Eine Strukturabbildung, bei der die Original- und die Bildmengen 1:1, d.h. umkehrbar eindeutig aufeinander abgebildet werden, nennt man *isomorph*. Isomorphe Strukturabbildungen sind immer dann von besonderer Bedeutung, wenn ein großer Aufwandsunterschied hinsichtlich der Ergebnisberechnung zwischen den beiden Funktionen f_{Orig} und f_{Bild} besteht. Man denke an die umkehrbar eindeutige Abbildung zwischen der Menge der positiven reellen Zahlen als der Originalmenge und der Menge der zugehörigen Logarithmuswerte als der Bildmenge. Bild 17 zeigt für diese wohl bekannteste isomorphe Strukturabbildung die wichtigsten Paare zusammengehöriger Original- und Bildfunktionen aus dem Bereich der Arithmetik. Anstelle der unteren vier Originalfunktionen in Bild 17 bieten sich die aufwandsgünstigeren Funktionen im Bildbereich an, wogegen die Berechnung der Bildfunktionen, die zur originalen Addition und Subtraktion gehören, so hohen Aufwand erfordert, daß man im Originalbereich sehr viel günstiger fährt.

Originalbereich	Bildbereich
positive reelle Zahlen x	log x
Addition Subtraktion	Additionsbildfunktion Subtraktionsbildfunktion
Multiplikation Division Potenzfunktion Wurzelfunktion	Addition Subtraktion Multiplikation Division

Bild 17
Arithmetische Original– und Bildfunktionen bei der isomorphen Logarithmusabbildung

Ein zweites Beispiel einer isomorphen Strukturabbildung von großer praktischer Bedeutung ist die sogenannte *Fouriertransformation.* Der Gedanke, eine Funktion s(x) durch ihr sogenanntes Spektrum F(f) zu erfassen, geht auf den französischen Mathematiker Fourier zurück, der um das Jahr 1800 die hier betrachtete Transformation fand, welche jeweils Funktionspaare [s(x), F(f)] festlegt, bei denen aus jeder der beiden Funktionen die jeweils andere berechnet werden kann. Die Fouriertransformation basiert auf der Erkenntnis, daß man jeden beliebigen periodischen Funktionsverlauf s(x) als Summe aus endlich oder unendlich vielen Sinus– und Cosinusverläufen darstellen kann, wobei jeder Sinus– und Cosinusverlauf eindeutig durch seine Amplitude und seine Periodenlänge bestimmt ist. Für nichtperiodische Funktionen, die eine bestimmte Bedingung erfüllen, kann man anstelle der Summe der Sinus– und Cosinusverläufe ein entsprechendes Integral setzen. In dieser Intregalform wird die Fouriertransformation nun angegeben. Als Originalmenge wird hierbei die Menge all derjenigen Funktionen s(x) betrachtet, die jedem $x \in \mathbb{R}$ ein $s(x) \in \mathbb{R}$ zuordnen und welche die

Bedingung $$\int_{-\infty}^{+\infty} [\, s(x)\,]^2 \cdot dx < \infty$$

erfüllen; als Bildmenge läßt sich der Originalmenge umkehrbar eindeutig die Menge der Fourierspektren F(f) zuordnen. Ein Fourierspektrum F(f) einer Funktion s(x) besteht aus zwei Funktionskomponenten, wobei zwei unterschiedliche, aber äquivalente Aufteilungen in zwei Komponenten üblich sind:

Fourierspektrum F(f) =
- entweder [Sinusspektrum S(f), Cosinusspektrum C(f)]
- oder [Amplitudenspektrum A(f), Phasenspektrum Ψ(f)]

Bestehende Zusammenhänge:

$$A = \sqrt{S^2 + C^2}$$
$$\Psi = \operatorname{arctg} \frac{C}{S}$$
$$S = A \cdot \cos \Psi$$
$$C = A \cdot \sin \Psi$$

F(f) kann aus s(x) wie folgt berechnet werden :

$$S(f) = 2 \cdot \int_{-\infty}^{+\infty} [\, s(x) \cdot \sin 2\pi f x \,]\, dx \; ; \qquad C(f) = 2 \cdot \int_{-\infty}^{+\infty} [\, s(x) \cdot \cos 2\pi f x \,]\, dx$$

s(x) kann aus F(f) wie folgt berechnet werden:

$$s(x) = \int_0^\infty [S(f) \cdot \sin 2\pi fx + C(f) \cdot \cos 2\pi fx\,]\, df = \int_0^\infty [A(f) \cdot \sin(2\pi fx + \psi(f))]\, df$$

Ein Beispiel eines über die Fouriertransformation zusammenhängenden Funktionspaares ist in Bild 18 gezeigt.

$$s(x) = s_0 \cdot \frac{a^2}{a^2 + x^2} \qquad F(f) = \begin{bmatrix} S(f) \\ C(f) \end{bmatrix} = \begin{bmatrix} 0 \\ s_0 \cdot 2\pi a \cdot e^{-2\pi af} \end{bmatrix}$$

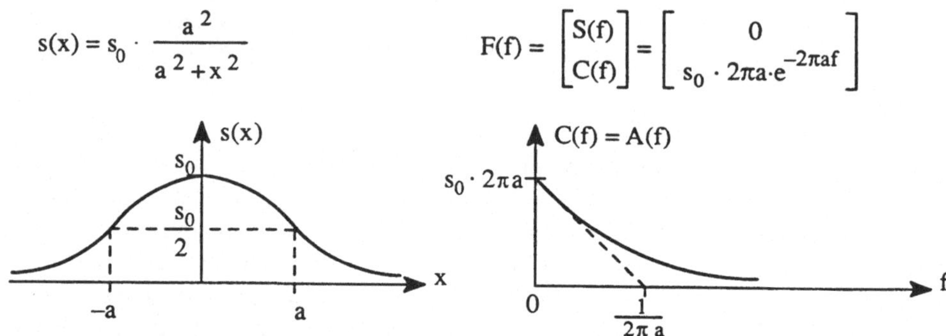

Bild 18 Beispiel eines Paares von Abbildungspartnern der isomorphen Abbildung "Fouriertransformation"

So wie es bei der Logarithmusabbildung bestimmte Verknüpfungen von Zahlen im Originalbereich gibt, denen im Bildbereich aufwandsgünstigere Verknüpfungen entsprechen, so gibt es auch bei der Fourierabbildung große Aufwandsunterschiede zwischen der Berechnung bestimmter Operationen auf Funktionen s(x) im Originalbereich und ihrer jeweiligen Entsprechung im Bildbereich. Dies ist von großer Bedeutung für den Bereich der Gestaltung zeitinvarianter linearer Systeme (s. Abschnitt 2.2.4.2). Im Rahmen dieses Buches braucht aber darauf nicht näher eingegangen zu werden.

1.2.3 Ordnungstypen und Kontinuumsdichte

Im voranstehenden Abschnitt 1.2.2 wurden die Ordnungen als Relationen mit bestimmten Strukturmerkmalen eingeführt. Dabei wurden die Begriffe Partialordnung, Linearordnung und Quasiordnung definiert. Obwohl als Beispiele stets nur endliche Mengen betrachtet wurden, gelten die gegebenen Definitionen auch für unendliche Mengen. Im vorliegenden Abschnitt sollen nun noch einige Überlegungen zum Ordnungsbegriff vorgestellt werden, die nur im Zusammenhang mit unendlichen Mengen bedeutungsvoll sind. Der Leser sei hier erinnert an eine Bemerkung im Abschnitt 1.2.1: Obwohl man in der Praxis mit endlichen Mengen zu tun hat, ist es trotzdem zweckmäßig, unendliche Mengen zu betrachten; denn eine praktisch anzuwendende Begriffswelt wird um so sicherer beherrscht, je mehr man sie als Sonderfall einer umfassenderen Begriffswelt kennengelernt hat.

Die hier vorgestellten Betrachtungen beziehen sich ausschließlich auf Linearordnungen. Es wird der Begriff des *Nachbarn* definiert: In dem geordneten Paar (a_1, a_2), welches als Element in der Ordnungsrelation auftritt, sind die beiden Elemente a_1 und a_2 dann und nur dann Nachbarn, wenn $a_1 \neq a_2$ gilt und es kein drittes Element a_3 gibt, dessen Ordnungsposition zwischen a_1 und a_2 liegt, d.h. welches in den beiden Paaren (a_1, a_3) und (a_3, a_2) in der Relation vorkommt. Das Element a_1 heißt dann der *kleinere Nachbar* oder *Vorgänger* von a_2, und das Element a_2 heißt der *größere Nachbar* oder *Nachfolger* von a_1.

Eine Linearordnung ist *diskret*, wenn alle Elemente der geordneten Menge, die weder minimal noch maximal sind, jeweils einen Vorgänger und einen Nachfolger haben. Jede Linearordnung einer endlichen Menge ist zwangsläufig diskret. Nichtdiskrete Ordnungen kann es nur für unendliche Mengen geben.

Während es in jeder linear geordneten, endlichen, nichtleeren Menge stets ein minimales und ein maximales Element gibt, muß es solche Elemente in linear geordneten unendlichen Mengen nicht geben. So hat die Menge der natürlichen Zahlen in der natürlichen Ordnung zwar ein minimales Element, nämlich die Zahl 1, aber kein maximales Element; die Menge der ganzen Zahlen in ihrer natürlichen Ordnung hat dagegen weder ein minimales noch ein maximales Element.

Wenn dabei von der "natürliche Ordnung" bestimmter unendlicher Mengen gesprochen wird, dann stellt sich die Frage nach den "unnatürlichen Ordnungen" dieser Mengen. Solche unnatürlichen Ordnungen gibt es tatsächlich beliebig viele. Mit natürlicher Ordnung ist jeweils diejenige Ordnung gemeint, die mit der ursprünglichen Definition der betrachteten Menge jeweils untrennbar verbunden ist. Bei den Betrachtungen zum Begriff der Struktur wurde bereits gesagt, daß unendliche Mengen nicht außerhalb einer Struktur definiert werden können. Nachdem aber eine solche Menge als Teil einer Struktur definiert ist, kann man selbstverständlich zusätzliche, andere Ordnungsrelationen über dieser Menge definieren. Dies wird im folgenden am Beispiel der Menge der natürlichen Zahlen gezeigt.

Vom Begriff des Typs einer Linearordnung zu reden ist nur sinnvoll, wenn es möglich ist, für ein und dieselbe Menge zwei unterschiedliche Ordnungen anzugeben, deren Unterschiedlichkeit charakterisiert werden kann, ohne daß auf Ordnungsunterschiede expliziter Elementpaare Bezug genommen wird, d.h. ohne daß für ein explizites Paar { a_1, a_2 } gezeigt wird, daß das Element (a_1, a_2) in der einen Ordnungsrelation vorkommt und in der anderen nicht. Für eine endliche Menge lassen sich zwei derart unterscheidbare Linearordnungen nicht angeben; dies bedeutet, daß alle Linearordnungen endlicher, nichtleerer Mengen vom gleichen Typ sind. Bild 19 kennzeichnet diesen Typ als diskrete, beidseitig begrenzte Linearordnung.

		diskrete Ordnung?	mit minimalem Element ?	mit maximalem Element ?
Endliche, nichtleere Mengen		ja	ja	ja
Menge der natürl. Zahlen	in natürl. Ordnung	ja	ja	nein
	in der Ordnung der ganzen Zahlen	ja	nein	nein
Echte Teilmenge der natürl. Zahlen in der Ordnung der pos. rationalen Zahlen		nein	nein	nein

Bild 19 Beispiele unterschiedlicher Ordnungstypen

Die beiden unnatürlichen Ordnungen der Menge bzw. einer Teilmenge der natürlichen Zahlen, die in Bild 19 vorkommen, ergeben sich jeweils dadurch, daß die Menge bzw. die Teilmenge der natürlichen Zahlen 1:1 abgebildet wird auf eine andere Zahlenmenge, und daß über diese Abbildung die natürliche Ordnung der anderen Zahlenmenge auf die Menge bzw. Teilmenge der natürlichen Zahlen übertragen wird. Wie durch eine solche 1:1–Abbildung die natürliche Ordnung der ganzen Zahlen auf die natürlichen Zahlen übertragen wird, für die sie dann eine unnatürliche Ordnung ist, zeigt das folgende Schema:

…	–4	–3	–2	–1	0	1	2	3	4	…	natürl. Ordnung der ganzen Zahlen
	|	|	|	|	|	|	|	|	|		
…	9	7	5	3	1	2	4	6	8	…	unnatürl. Ordnung der natürlichen Zahlen

Dieser Ordnungstyp läßt sich kennzeichnen als diskrete, beidseitig unbegrenzte Ordnung. Durch dieselbe Abbildung wird auch die natürliche Ordnung der natürlichen Zahlen auf die ganzen Zahlen übertragen, für die sie dann eine unnatürliche Ordnung ist:

1	2	3	4	5	6	7	8	9	…	natürl. Ordnung der natürlichen Zahlen
|	|	|	|	|	|	|	|	|		
0	1	–1	2	–2	3	–3	4	–4	…	unnatürl. Ordnung der ganzen Zahlen

Die Übertragung der natürlichen, nichtdiskreten Ordnung der positiven rationalen Zahlen auf eine echte Teilmenge der natürlichen Zahlen geschieht auf folgende Weise: Jede positive rationale Zahl ist darstellbar als Quotient zweier natürlicher Zahlen n_1 und n_2, die relativ prim zueinander sind, deren größter gemeinsamer Teiler also 1 ist. Somit gibt es eine 1:1–Abbildung zwischen der Menge Q^+ der positiven rationalen Zahlen und einer echten Teilmenge P aus dem kartesischen Quadrat $N \times N = N^2$ der Menge der natürlichen Zahlen. Da es auch eine 1:1–Abbildung zwischen N und N^2 gibt, wie weiter unten gezeigt werden wird, ist auch eine echte Teilmenge M aus N festgelegt, die 1:1 auf P und damit auch auf Q^+ abbildbar ist. Bild 20 zeigt diese Mengenbeziehungen als kompakte Formel.

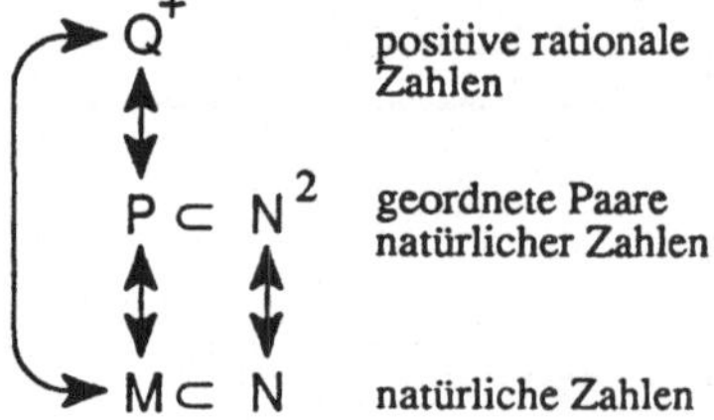

Bild 20
Mengenbeziehungen zur Ordnungsübertragung

Bild 21 zeigt einige aufeinander abgebildete Elemente aus den in Bild 20 vorkommenden Mengen. Drei der vier gezeigten Elemente (n_1, n_2) von N^2 gehören auch zu P; (18, 4) gehört nicht zu P, weil 18 und 4 nicht relativ prim zueinander sind. Deshalb gehört auch der Abbildungspartner aus N, also 228, nicht zu M. Die rationale Zahl 18/4 = 4.5 gehört zwar zu Q^+,

$n \in N$	$(n_1, n_2) \in N^2$	$(n_1, n_2) \in P$	$\frac{n_1}{n_2} = q \in Q^+$	$n \in M$
227	(17, 5)	(17, 5)	$\frac{17}{5}$ = 3.4	227
228	(18, 4)	——	——	——
229	(19, 3)	(19, 3)	$\frac{19}{3}$ = 6.33 ···	229
54	(9, 2)	(9, 2)	$\frac{9}{2}$ = 4.5	54

Bild 21
Exemplarische Abbildungspartner zu Bild 20

aber nicht als Abbildungspartner von (18, 4), sondern von (9, 2); der zugehörige Partner in M ist 54. Die 1:1–Abbildung zwischen N und N^2, die dem Bild 21 zugrunde liegt, ist durch folgende Formelausdrücke definiert:

$$N^2 \longrightarrow N: \qquad n = \frac{(n_1 + n_2)^2 - n_1 - 3n_2 + 2}{2}$$

$$N \longrightarrow N^2: \qquad k = \text{natürliche Zahl, so daß } \left|\sqrt{2n} - k\right| \text{ minimal ist}$$

$$n_1 = \frac{2n - k \cdot (k-1)}{2} \qquad n_2 = \frac{k \cdot (k+1) - 2n + 2}{2}$$

Da sowohl die Menge Q^+ der positiven rationalen Zahlen als auch die Teilmenge M aus den natürlichen Zahlen jeweils ihre eigene natürliche Ordnung haben, kann über die gezeigte Abbildung jeweils die natürlich Ordnung der einen Menge auf die andere Menge übertragen werden. So liegen beispielsweise in der natürlichen Ordnung der positiven rationalen Zahlen zwischen 17/5 = 3,4 und 19/3 = 6,33... unendlich viele weitere rationale Zahlen, unter anderem die Zahl 9/2 = 4,5. Wenn man diese Ordnung auf die Menge M ausgewählter natürlicher Zahlen überträgt, dann gilt entsprechend, daß zwischen 227 und 229 unendlich viele weitere natürliche Zahlen liegen, unter anderem die Zahl 54. Und weil es keine kleinste positive rationale Zahl gibt, kann es dann auch in M keine natürliche Zahl als minimales Element in dieser unnatürlichen Ordnung geben.

Es ist dies wieder eines der schwer zu schluckenden Ergebnisse der Theorie der unendlichen Mengen, daß es nämlich für die natürlichen Zahlen eine kontinuierliche Ordnung gibt. Dies gibt Anlaß, darauf hinzuweisen, daß das Kontinuum noch nicht ausreichend bestimmt ist, wenn es nur als Gegenstück zum Diskreten definiert wird. Als Kennzeichen einer diskreten Ordnung wurde die Existenz der Nachbarschaftsbeziehung zwischen Elementen genannt. Eine *kontinuierliche Ordnung* liegt also vor, wenn solche Nachbarschaftsbeziehungen fehlen, wenn also zwischen zwei beliebigen unterschiedlichen Elementen stets unendlich viele weitere unterschiedliche Elemente liegen. Dies ist sicher im Fall der natürlichen Ordnung der rationalen Zahlen gegeben. Nun ist aber bekannt, daß die rationalen Zahlen nur eine echte Teilmenge der reellen Zahlen sind, daß es also reelle Zahlen gibt, die nicht rational sind, nämlich die irrationalen Zahlen, die wieder in algebraische – z.B. $\sqrt{2}$ – und transzendente Zahlen – z.B. π – klassifizierbar sind. Diese müssen auch noch im Kontinuum Platz finden. Das bedeutet, daß das Kontinuum mehr oder weniger dicht belegt angenommen werden muß je nachdem, welche Zahlenmengen betrachtet werden. Eine solche Annahme einer *Kontinuumsdichte*, so logisch zwingend sie auch ist, übersteigt unser Anschauungsvermögen, und dies ist auch wieder unserem allgemeinen Unvermögen zuzurechnen, uns Unendlichkeit in irgendeiner Form vorzustellen. Weder die Unendlichkeit im Großen – über alle Maßen groß – noch die Unendlichkeit im Kleinen – über alle Maßen klein – können wir anschaulich fassen.

1.3 Signale, Symbole und Sprachen

Der vorliegende Abschnitt befaßt sich mit den Erscheinungsformen der empfangenen Information. Nach Bild 5 ist die empfangene Information die Zusammenfassung von wahrgenommener und mitgeteilter Information. Unter Erscheinungsformen sind hierbei die materiell-energetischen Sachverhalte zu verstehen, die unsere Sinnesorgane reizen (s. Bild 2) und unseren Informationsempfang auslösen. Die Erscheinungsform der wahrgenommenen Information ist das Signal, und die Erscheinungsform der mitgeteilten Information ist das Sprachgebilde auf der Basis von Symbolen.

Im Abschnitt 1.1.2 über Abstraktion und Identifikation wurden bereits die Begriffe "Symbol" und "Interpretation" eingeführt, und zwar im Zusammenhang mit der Identifikation durch Benennung oder Umschreibung. Diese Begriffe werden nun im vorliegenden Abschnitt weiter erörtert. Dabei befaßt sich der Abschnitt 1.3.2 insbesondere mit dem Aufbau strukturierter Symbole, während im Abschnitt 1.3.3 unter dem Thema "Sprache" die Regeln zum Aufbau von Umschreibungen aus Symbolen sowie die zugehörigen Interpretationsregeln behandelt werden.

1.3.1 Signale

In der Alltagssprache kennt man gegenständliche Signale und prozeßartige Signale – z.B. das Eisenbahnsignal, das neben der Schienenstrecke steht, und der Pfiff des Fahrdienstleiters, der die Abfahrbereitschaft signalisiert. Meist ist das, was in der Alltagssprache als Signal bezeichnet wird, im Sinne der vorliegenden Betrachtung ein Symbol: Das Eisenbahnsignal neben der Schienenstrecke ist ein Gegenstand mit zeitvarianten Eigenschaften, der jeweils als eines von zwei Symbolen auftritt, nämlich als Symbol für "Halt" oder für "Freie Fahrt". Der Pfiff ist ein prozeßartiges Symbol mit der Bedeutung "Abfahrbefehl". Mit dem, was in der Alltagssprache als Signal bezeichnet wird, ist also im allgemeinen eine Interpretation verbunden. In der Informationstechnik dagegen wird der Begriff des Signals verwendet, ohne daß damit eine Interpretation verbunden wird. *Signal* ist hier die Erscheinungsform der wahrgenommenen Information. Die Interpretierbarkeit eines Signals wird zwar nicht ausgeschlossen, sondern ist sogar häufig gegeben, aber sie wird eben nicht an den Signalbegriff gebunden. Um zu sehen, daß ein Baum grüne Blätter hat, braucht man ein Signal in Form der Lichtwellen, aber dieses Signal ist nicht interpretierbar, d.h. es ist kein Symbol, mit dem die Blätter mitteilen, daß sie grün seien. Wenn dagegen jemand, ohne den Baum zu sehen, die Aussage hört, daß dieser grüne Blätter habe, dann nimmt er ein interpretierbares akustisches Signal wahr, also ein prozeßartiges Symbol, dem er durch Interpretation die mitgeteilte Information entnimmt.

Im hier verwendeten Sinne ist ein *Signal* die mathematische Form eines Prozesses in Raum und Zeit:

$$S = \begin{bmatrix} s_1(x, y, z, t) \\ s_2(x, y, z, t) \\ \vdots \\ s_m(x, y, z, t) \end{bmatrix}$$

Ein Signal hat normalerweise einen eingeschränkten Argumentbereich, d.h. die Funktionen $s_i(x,y,z,t)$ müssen nicht unbedingt für jeden Raum- und Zeitpunkt definiert sein. Jeder Funktionswert s_i ist ein Wert aus einem eindimensionalen Eigenschaftskontinuum oder ein Element einer diskreten Menge, die durch eine Intervallpartition eines Eigenschaftskontinuums gewonnen wurde.

Häufig werden Signale betrachtet, die als Sonderfälle durch Einschränkungen aus der allgemeinen Signaldefinition hervorgehen. Ein *skalares Signal* ist ein Signal mit nur einer Komponente:

$$S = s(x,y,z,t)$$

Ein *raumunabhängiges skalares Signal* hat nur noch die Zeit im Argument:

$$S = s(t)$$

Ein *Muster* ist ein zeitunabhängiges skalares Signal. Es gibt ein-, zwei- und dreidimensionale Muster:

$$S = s(x) \quad \text{oder} \quad S = s(x,y) \quad \text{oder} \quad S = s(x,y,z).$$

Durch *Aufzeichnen* und *Abspielen* können bestimmte Signaltypen ineinander transformiert werden. Durch Aufzeichnung von s(t) wird daraus s(x). Man denke an den zeitveränderlichen Luftdruck p(t) vor einem Mikrophon, der durch eine Tonbandaufzeichnung zu einem Magnetisierungsmuster m(x) längs der Bandachse x wird. Beim Abspielen des Bandes wird aus m(x) wieder p(t) vor einem Lautsprecher. Ein zweidimensionales Grauwertbild g(x,y) kann durch eine zeilenweise Videoabtastung "abgespielt" werden, wobei ein Spannungssignal u(t) entsteht, welches dann wieder zur Intensitätssteuerung des Elektronenstrahls einer Fernsehröhre verwendet werden kann, so daß durch "Aufzeichnung" von u(t) wieder ein Muster g(x,y) entsteht.

1.3.2 Symbole

Im hier verwendeten Sinne ist ein *Symbol* ein leicht reproduzierbares Signal als Stellvertreter eines zu identifizierenden Objekts. Durch Vorzeigen oder Produzieren des Stellvertreters wird das eigentlich gemeinte Objekt identifiziert.

Umgangssprachlich wird von Symbolen oft auch in einem anderen Sinne als dem hier verwendeten gesprochen: Zwar tritt dann das Symbol immer noch als Stellvertreter eines anderen Objekts auf, aber das Symbol ist dann kein beliebig vereinbartes Signal, sondern ein Objekt, welches auch ohne eine explizite Vereinbarung schon in einer sinnvollen Beziehung zum symbolisierten Objekt steht: Wasser als Symbol für Leben, eine Taube als Symbol für Frieden, eine Frau mit verbundenen Augen und mit einer Waage als Symbol für Gerechtigkeit. In diesen Fällen wird Symbol als Synonym zu Sinnbild gebraucht. Speziell in der bildenden Kunst und der Dichtung kommen auch identifizierende Stellvertreter vor, die man nicht als Symbole, sondern als Allegorien bezeichnet: eine Frau als Stellvertreter für ein Land, eine Blume als Stellvertreter für ein Mädchen. In all diesen Fällen wird mit der Festlegung eines Stellvertreters mehr oder anderes bezweckt als eine bloße Vereinfachung der Identifikation.

Ein Symbol ist *elementar*, wenn es nicht aus vordefinierten Teilen nach Aufbauregeln zusammengesetzt ist. Zwar besteht jedes gegenständliche oder prozeßartige Symbol zwangsläufig aus irgendwelchen Stücken, aber es wird dennoch als elementar klassifiziert, wenn die Stücke nicht zu einem Bausteinrepertoir gehören und der Symbolaufbau nicht auf der Anwendung von Regeln beruht. In diesem Sinne sind die beiden graphischen Muster "♃" und "9" *elementare Symbole* für den Planeten Jupiter und die natürliche Zahl neun. Dagegen sind die Zeichenfolgen "Jupiter" und "neun" aus vordefinierten Bausteinen, den sogenannten Zeichen – hier Buchstaben – durch Aneinanderreihen entstanden, und somit handelt es sich um *strukturierte Symbole*. Die Struktur dieser Symbole hat jedoch keinerlei Einfluß auf die Art und Weise der Interpretation, d.h. auch die strukturierten Symbole werden ebenso wie die elementaren Symbole "als Ganzes" interpretiert. So ergeben sich beispielsweise aus der Tatsache, daß sowohl im Wort Jupiter als auch im Wort neun jeweils ein e und ein u vorkommen, keinerlei Gemeinsamkeiten hinsichtlich der Interpretation.

Völlig anders dagegen liegt der Fall bei der Ziffernfolge "1984". Während die Buchstaben im Wort "neun" nur Symbolbausteine sind und keine eigene Interpretation haben – dies wird später noch ausführlicher behandelt –, sind die Ziffern in der Folge "1984" keine Symbolbausteine, sondern elementare Symbole, die bestimmte natürliche Zahlen darstellen. Deshalb ist die Ziffernfolge "1984" auch gar kein Symbol für eine natürliche Zahl, sondern eine Umschreibung einer natürlichen Zahl. Durch diese Umschreibung wird eine bestimmte natürliche Zahl dadurch identifiziert, daß man ihre Beziehungen zu anderen natürlichen Zahlen angibt, wobei diese anderen natürlichen Zahlen nicht größer als zehn sind:

$$1984 = 1 \cdot 10^3 + 9 \cdot 10^2 + 8 \cdot 10^1 + 4 \cdot 10^0$$

Im vorliegenden Abschnitt über Symbole wird die Frage des Aufbaus und der Interpretation von Umschreibungen nicht weiter behandelt; dies ist Gegenstand des nachfolgenden Abschnitts 1.3.3 über Sprachen.

Nun soll die Frage nach dem Nutzen strukturierter Symbole behandelt werden. Es gibt zwei Gründe, weshalb strukturierte Symbole nützlich sind. Der erste Grund liegt in der großen Vielfalt der zu symbolisierenden Objekte; die entsprechende *Symbolvielfalt* ist nur überschaubar zu *kreieren* und zu *ordnen,* indem man ein Schema zum Aufbau strukturierter Symbole einführt. Wenn nur wenige Objekte symbolisiert werden sollen, braucht man kein solches Schema, denn dann kann man willkürlich irgendwelche leicht unterscheidbaren Muster erfinden und diese in willkürlicher Reihenfolge aufzählen, beispielsweise (▽, ⇔, ©, ≈). Dies ist nicht mehr praktikabel, wenn man viele Tausende von Symbolen benötigt. In solchen Fällen braucht man ein schematisches Verfahren für die Symbolgestaltung und für die Linearordnung der Symbole. Die regelhafte Linearordnung wird gebraucht, damit man in Symbolverzeichnissen regelhaft suchen kann. Den Nutzen einer solchen regelhaften Linearordnung erkennt man, wenn man sich einmal vorstellt, die Einträge in einem Telefonbuch oder einem Fremdsprachenwörterbuch seien nicht alphabetisch, sondern irgendwie willkürlich geordnet.

Das bekannteste Verfahren zum Aufbau strukturierter Symbole ist das Aneinanderreihen geschriebener Buchstaben zur Gestaltung von Wörtern. Dieses Verfahren läßt sich etwas verallgemeinert wie folgt kennzeichnen: Gegeben ist eine endliche, kleine Menge sogenannter *Zeichen* in einer Linearordnung. Diese geordnete Menge wird *Alphabet* genannt. Die Bezeichnung Alphabet wird nicht auf die Menge der Buchstaben a bis z beschränkt. Eine endliche Zeichenfolge der Länge n wird als *n–stelliges Wort* bezeichnet. Zur Betonung des Unterschieds zwischen den Zeichen im Alphabet und den Zeichen in den Wörtern empfiehlt sich manchmal die Verwendung der Bezeichnungen *Zeichentyp* und *Zeichenvorkommen*: Ein Alphabet ist eine geordnete endliche Menge von Zeichentypen, und ein Wort ist eine geordnete endliche Menge von Zeichenvorkommen. Jedes Zeichenvorkommen ist eindeutig einem Zeichentyp zugeordnet.

Die Menge der bei gegebenem Alphabet konstruierbaren Wörter ist unendlich. Es können aber immer nur endlich viele Wörter als Symbole für zu benennende Objekte definiert werden, denn für die Interpretation muß die Bedeutung jedes einzelnen Symbols explizit festgelegt werden, weil es für diese Zuordnung keine Regeln gibt. Die Wörter in der unendlichen Menge sollen *potentielle Wörter* genannt werden; die endlich vielen Wörter, denen eine Bedeutung zugeordnet wurde und die damit interpretierbar sind, sollen *aktuelle Wörter* genannt werden.

Eine Linearordnung für die Menge der potentiellen Wörter läßt sich leicht auf der Grundlage der vorgegebenen Linearordnung des Alphabets festlegen, indem eine umkehrbar eindeutige Zuordnung zwischen der Menge der potentiellen Wörter und der Menge der natürlichen Zahlen so gewählt wird, wie es Bild 22 zeigt.

Zuerst wird jedem Zeichenvorkommen a_i im Wort die Ordnungsnummer k_i des zugehörigen Zeichentyps im Alphabet zugeordnet – also beispielsweise eine 10 für den Buchstaben j, weil dieser an zehnter Stelle im Alphabet steht –, und dann werden die Zahlenwerte k_i zusammen mit der Stellenzahl n des Wortes und der Mächtigkeit m des Alphabets über die gegebene Formel zu einer einzigen natürlichen Zahl verknüpft. Diese Zahl ist die Ordnungsnummer des betrachteten Wortes in der unendlichen Menge der potentiellen Wörter. Da eine Menge aktueller Wörter immer eine endliche Teilmenge der Menge potentieller Wörter ist, wird durch die Linearordnung der Menge potentieller Wörter zwangsläufig auch die Menge aktueller

Wörter linear geordnet. Es ist jedoch oft zweckmäßig, eine Menge aktueller Wörter nicht nach dem Schema in Bild 22 zu ordnen, sondern dieses Schema leicht zu modifizieren. Nach dem Schema in Bild 22 liegt nämlich beispielsweise das Wort "Apfel" in der Ordnung hinter dem Wort "Zoo", denn nach diesem Schema kommen zuerst alle einstelligen Wörter, dann alle zweistelligen, usw..

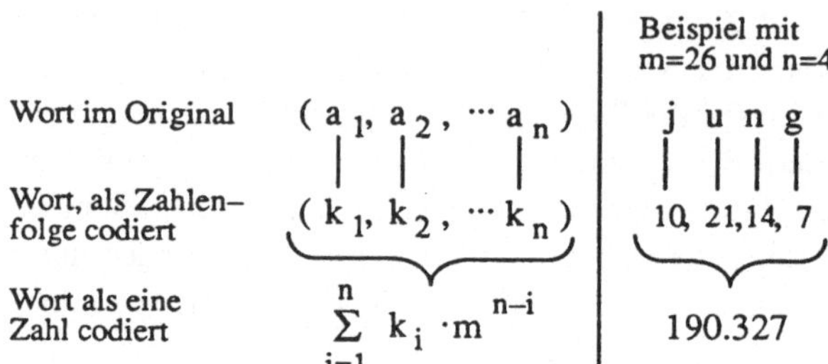

Bild 22
Zur Linearordnung einer Menge potentieller Wörter

Die Ordnung in einem Wörterbuch, wo zuerst alle Wörter kommen, die mit a anfangen, ist nur möglich, weil hier die Anzahl der Wörter mit dem Anfangsbuchstaben a endlich ist; in der Menge der potentiellen Wörter dagegen gibt es unendlich viele Wörter, die mit a anfangen. Das Schema in Bild 23 setzt die Endlichkeit einer Menge aktueller Wörter voraus. In einer solchen endlichen Menge gibt es immer eine maximale Wortlänge w, die von keinem Wort in der Menge überschritten wird. Deshalb läßt sich hier jedem Wort eine w–stellige Zahlenfolge zuordnen, deren Komponenten k_1 bis k_n genauso bestimmt werden wie in Bild 22, während die restlichen Komponenten k_{n+1} bis k_w nullgesetzt werden. Das Schema in Bild 23 ordnet dann wie gewünscht den "Apfel" vor den "Zoo", d.h. dem Wort "Apfel" wird nach diesem Schema eine kleinere natürliche Zahl zugeordnet als dem Wort "Zoo". Die durch das Schema in Bild 23 den aktuellen Wörtern zugeordneten Zahlen sind jedoch nicht die Ordnungsnummern der Wörter, sondern erlauben nur die Festlegung einer Reihenfolge. Sollte also beispielsweise eine Menge von 500 aktuellen Wörtern zu ordnen sein, wobei "Apfel" alphabetisch an die erste und "Zoo" an die letzte Stelle gehören, dann wird zwar das Schema in Bild 23 zu "Apfel" die kleinste und zu "Zoo" die größte der 500 zu bestimmenden Zahlen liefern, aber dies sind keineswegs die Ordnungsnummern 1 und 500, sondern erheblich größere Zahlen.

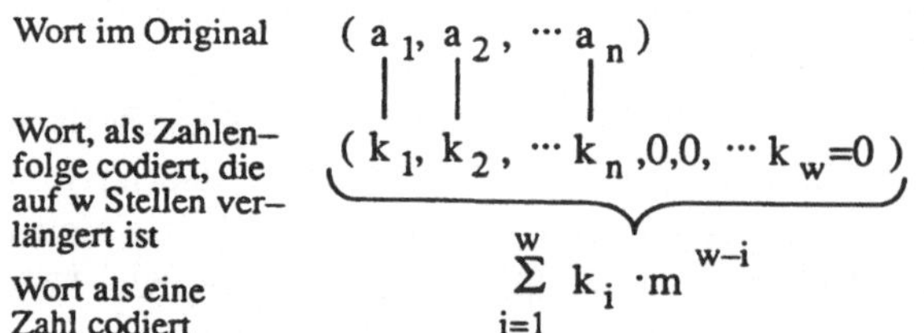

Bild 23
Zur Linearordnung einer Menge aktueller Wörter

Es wurde gesagt, daß es zwei Gründe gibt, weshalb strukturierte Symbole nützlich sind. Nachdem nun der erste Grund behandelt ist, nämlich die Möglichkeit, eine große Symbolvielfalt zu definieren und zu ordnen, wird im folgenden der zweite Grund vorgestellt. Dieser Grund liegt im Bedarf an möglichst einfach zu erfassenden *1:1–Abbildungen zwischen grossen Symbolmengen.* Zur Erklärung eines solchen Bedarfs sind zwei völlig verschiedene Ursachen zu betrachten, nämlich zum einen der Wunsch, bestimmte Symbolerzeugungsapparate mit sehr unterschiedlichen Leistungsmerkmalen zu verwenden, und zum anderen der Wunsch nach Geheimhaltung, wobei öffentlich Symbole ausgetauscht werden sollen, die ohne Kenntnis einer Abbildungsvorschrift nicht interpretiert werden können. Zuerst wird die Verwendung bestimmter *Symbolerzeugungsapparate mit sehr unterschiedlichen Leistungsmerkmalen* betrachtet.

Das bekannteste Beispiel zweier Symbolerzeugungsapparate mit sehr unterschiedlichen Leistungsmerkmalen liegt in Form des Menschen vor, der einmal einen Text schreibt und ein andermal einen Text spricht. Beim Erlernen einer Sprache muß man i.a. sowohl die geschriebenen als auch die gesprochenen Symbole lernen. Dies ist im Falle von Sprachen, bei denen die geschriebenen Wörter aus Buchstaben zusammengesetzt werden, viel leichter als beispielsweise im Chinesischen, wo es tausende elementarer Schriftsymbole gibt.

Ein Beispiel für einen technischen Symbolerzeugungsapparat, mit dessen Hilfe der Mensch bei Nacht auf einfache Weise über größere Entfernungen mit anderen Menschen kommunizieren kann, ist die Taschenlampe, die im Rhythmus des Morsecodes ein– und ausgeschaltet wird.

Im Falle strukturierter Symbole läßt sich eine 1:1–Abbildung zwischen Symbolmengen besonders einfach dadurch konstruieren, daß man Abbildungspartner für die Symbolbausteine festlegt. Die Betrachtung kann wieder auf den Fall der als Zeichenketten strukturierten Symbole beschränkt bleiben, da andere Symbolstrukturen keine praktische Bedeutung haben. Es werden also im folgenden bestimmte Abbildungen betrachtet, bei denen auf der einen Seite immer ein Alphabet steht.

Neben der Identifikation eines Zeichens durch Zeigen seines Vorkommens kann ein Zeichen auch – wie jedes andere Objekt – durch Benennung identifiziert werden. Statt durch Hinschreiben des Buchstaben "f" kann man also auch durch Hinschreiben eines völlig anderen Musters, welches vorher als Symbol für das Zeichen f vereinbart wurde, dieses Zeichen f identifizieren. Dieses vereinbarte Symbol für das Zeichen f muß nicht unbedingt elementar sein, sondern darf durchaus strukturiert sein, es darf also selbst wieder aus Zeichen bestehen, obwohl es doch nur dazu dient, ein einziges Zeichen zu identifizieren. Man vergesse dabei nicht, daß ein hingeschriebenes "f" selbst kein Symbol, sondern nur ein Symbolbaustein ist, denn wenn es Symbol wäre, müßte es interpretiert werden können. Es wäre wenig sinnvoll zu sagen, die Interpretation des geschriebenen f sei das gesprochene f, und umgekehrt; vielmehr sind das geschriebene f und das gesprochene f zwei unterschiedliche Symbolbausteine, die beide keine Interpretation haben; sie sind aber Partner in einer 1:1–Abbildung, welche dazu dient, eine 1:1–Abbildung zwischen Symbolen, nämlich zwischen geschriebenen und gesprochenen Wörtern, festzulegen. In diesem Sinne sollte man auch nicht den griechischen Buchstaben ϕ und den lateinischen Buchstaben f als zwei unterschiedliche Symbole für das gleiche

Objekt ansehen, sondern als zwei unterschiedliche Symbolbausteine, die keine Interpretation haben, die aber Partner in einer 1:1–Abbildung sind.

Man darf sich bei dieser Betrachtung allerdings nicht durch die Tatsache verwirren lassen, daß es Wörter gibt, die nur aus einem einzigen Buchstaben bestehen. So hat zwar das f als Baustein zum Aufbau von Wörtern keine Interpretation – es gibt keine Interpretation der beiden f im Wort "fünf"–, aber es gibt auch das Wort "f", und dieses hat eine kontextabhängige Interpretation und kann beispielsweise einen bestimmten Ton auf der Notenskala oder eine mathematische Funktion oder die Kraftvariable in einer physikalischen Formel bedeuten.

Beispiele für eine Benennung des Buchstaben f durch strukturierte Symbole sind das zugehörige Wort im Morsecode "..–." oder das zugehörige Wort im sogenannten ASCII–Code "1000110". (ASCII steht für "American Standard Code for Information Interchange" und ist ein genormter Computercode). In gleicher Weise, wie die Buchstaben zum Aufbau von Wörtern verwendet werden, die dann Symbole für Objekte sind, werden hier die Zeichentypen des Morsealphabets bzw. des elementaren Computeralphabets zum Aufbau von Morsewörtern bzw. Computerwörtern verwendet, die dann Symbole für Buchstaben sind. In gleicher Weise, wie die beiden f im Wort "fünf" kein Interpretation haben, haben auch die drei Punkte im Morsewort für f keine Interpretation; und in gleicher Weise schließlich, wie es Wörter aus nur einem Buchstaben gibt, gibt es auch Morsewörter aus nur einem Morsezeichen, beispielsweise "." für den Buchstaben e.

Als nächstes werden Symbolabbildungen betrachtet, die zum Zwecke der Geheimhaltung eingesetzt werden. Man spricht hier von *Verschlüsselung*, weil die mitzuteilende Information wie in eine Kiste eingeschlossen wird. Das Schema der Symbolabbildung, das den Zugang zur eingeschlossenen Information ermöglicht, wird deshalb auch als Schlüssel bezeichnet. Da die zur Verschlüsselung verwendeten Abbildungsschemata sich nicht immer nur auf einzelne Wörter beziehen, sondern auf Wortfolgen Bezug nehmen können, muß hier nun auf die Frage der *Abgrenzung von Wörtern* in Folgen eingegangen werden.

Es gibt drei unterschiedliche Möglichkeiten, in Wortfolgen die Wörter gegeneinander abzugrenzen. Die eine Möglichkeit, ein spezielles elementares *Wortabgrenzungssymbol* einzuführen, ist immer anwendbar, ohne daß einschränkende Bedingungen an den Aufbau der Wörter gestellt werden müssen. Als Wortabgrenzungssymbole für geschriebene und gesprochene natürliche Sprachen sind der räumliche Abstand bzw. die akustische Pause seit langem eingeführt. Man könnte aber auch beim Schreiben die Wörter durch senkrechte Striche gegeneinander abgrenzen. Das Wortabgrenzungssymbol kann kein Element des Alphabets zum Aufbau der Wörter sein. Zum Aufbau von geschriebenen Sätzen und Satzfolgen, die als Umschreibungen zu interpretieren sind (s. Abschnitt 1.3.3), benötigt man neben dem Wortabgrenzungssymbol noch die sogenannten Satzzeichen, die auch nicht zum Alphabet der Wortbausteine gehören.

Die zweite Möglichkeit, die Wörter in Wortfolgen gegeneinander abzugrenzen, läßt sich nur anwenden, wenn eine bestimmte Einschränkung bei der Auswahl der aktuellen Wörter aus der Menge der potentiellen Wörter beachtet wurde: Kein aktuelles Wort darf als Anfangsstück eines längeren aktuellen Wortes vorkommen. Dann findet man nämlich in der Zeichenkette für die Wortfolge vom Anfang her eindeutig das Ende des ersten Wortes, und von dort weitergehend eindeutig das Ende des zweiten Wortes, usw. Es kann also in diesem Fall auf die Einführung eines Wortabgrenzungssymbols verzichtet werden.

Der einfachste Fall, wo diese Bedingung erfüllt ist, liegt vor, wenn alle aktuellen Wörter gleich lang sind. Als Beispiel sei der bereits erwähnte ASCII–Code genannt, der als aktuelle Wörter mit dem binären Alphabet { 0,1 } nur alle $2^7 = 128$ Binärfolgen der Länge 7 umfaßt. Im Falle der natürlichen Sprachen oder des Morse–Codes ist die Bedingung der Längengleichheit aller Wörter dagegen nicht erfüllt. Aber auch bei unterschiedlich langen aktuellen Wörtern kann die Bedingung zur Wortabgrenzung ohne Abgrenzungssymbol erfüllt sein. Man betrachte hierzu das Beispiel in Bild 24, wo einige Zeichen des Buchstabenalphabets durch teilweise unterschiedlich lange Binärwörter symbolisiert werden. Da keines der Binärwörter als Anfangsstück eines längeren vorkommt, ist die Trennung der Wörter in der Binärfolge ohne Trennungssymbol möglich.

A	00
E	01
H	10
M	110
R	111

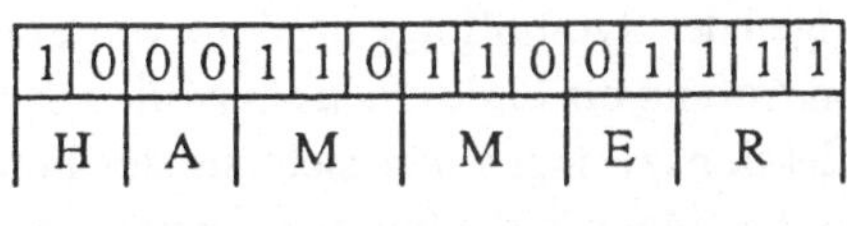

Bild 24
Beispiel zur Worttrennung ohne Trennungssymbole

Die dritte Möglichkeit, die Wörter in Wortfolgen gegeneinander abzugrenzen, ist nicht so einfach wie die beiden anderen. Sie setzt voraus, daß nur ein geringer Bruchteil aller potentiellen Wortfolgen interpretierbar ist. So wie die Menge der aktuellen, d.h. der mit einer Bedeutung belegten Wörter nicht gleich der gesamten Menge der potentiellen, d.h. der aus den Zeichen kombinatorisch bildbaren Wörter sein muß, so muß natürlich auch die Menge der aktuellen, d.h. der interpretierbaren Wortfolgen nicht unbedingt gleich der Menge der potentiellen, d.h. der aus den aktuellen Wörtern kombinatorisch bildbaren Wortfolgen sein. (Näheres hierzu findet man im Abschnitt 1.3.3 über Sprachen.) Die natürlichen Sprachen sind Musterbeispiele für den Fall einer sehr eingeschränkten Auswahl sowohl der aktuellen Wörter aus der Menge der potentiellen Wörter als auch der aktuellen Wortfolgen aus der Menge der potentiellen Wortfolgen. Deshalb könnte man beispielsweise die Wörter in einem deutschen Text – man denke an das vorliegende Buch – auch gegeneinander abgrenzen, selbst wenn die Buchstaben ohne Wortzwischenräume in ununterbrochener Folge stünden. Die Wortzwischenräume erfüllen hier also keine grundsätzlich notwendige Bedingung, sondern dienen lediglich der Beschleunigung des Lesens.

Dies ist im Falle des Morse–Codes anders, denn dort ist die Menge der 30 aktuellen Wörter der Längen eins bis vier gleich der Menge der (2+4+8+16) potentiellen Wörter der Längen eins bis vier. Deshalb ist die Abgrenzung der Morsewörter in Bild 25, wo keine Wortabgrenzungssymbole in der Morsezeichenfolge vorkommen, nicht eindeutig zu entscheiden.

S			E	I		N		E	N		A		D			E	L			
·	·	·	·	·	·	—	·	·	—	·	·	—	—	·	·	·	·	—	·	·
H				E	R			R			W			I		E	L			

Bild 25
Zum Problem der Wortabgrenzung

Von den 547.337 Möglichkeiten[1)], die Folge der 21 Morsezeichen in Wörter zu unterteilen, die nicht mehr als vier Stellen umfassen, sind in Bild 25 zwei Möglichkeiten eingetragen, bei denen sich interpretierbare Buchstabenfolgen ergeben. Auch in den Buchstabenfolgen fehlen zwar wieder die Wortabgrenzungssymbole, aber hier ist die Wortabgrenzung leicht zu finden: In der unteren Buchstabenfolge kann es nur "Herr Wiel" heißen, und für die obere Buchstabenfolge gibt es nur die beiden Möglichkeiten "seine Nadel" oder "seinen Adel", wobei die Alternative zwischen Nadel und Adel sicher eindeutig entschieden werden könnte, wenn man eine Fortsetzung des Textes zur Verfügung hätte.

Das Beispiel in Bild 25 legt die Vermutung nahe, daß man – zumindest theoretisch – längere Texte durchaus decodieren kann, selbst wenn sie nur als Folge von Morsezeichen ohne Abgrenzung der Morsewörter gegeben sind. Man stelle sich das vorliegende Buch in einer solchen Darstellung vor: Die Annahme ist berechtigt, daß man – wenn man nicht vorher am Zeitaufwand scheitern würde – trotz der riesengroßen Zahl zu prüfender unterschiedlicher Einteilungen der Symbolfolge in Morsewörter schließlich doch nur eine einzige finden würde, die von Anfang bis Ende einen sinnvollen deutschen Text darstellt. Dies ist eine Konsequenz des Selektionszwanges, der sich aus der Forderung nach Interpretierbarkeit der Zeichen- und Symbolfolgen in der Interpretationskette ergibt (s. Bild 26). Ein Selektionszwang liegt immer dann vor, wenn nicht alle kombinatorisch bildbaren Folgen der jeweils betrachteten Bausteine interpretierbar sind.

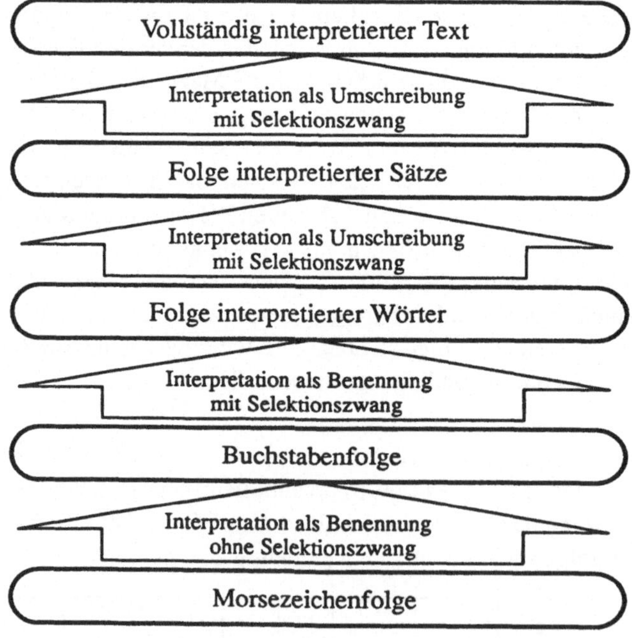

Bild 26
Interpretationskette auf der Basis von Morsezeichen

1) Die Anzahl M(n) der Möglichkeiten, eine Folge von n Morsezeichen in Morsewörter zu unterteilen, die nicht mehr als vier Zeichen umfassen, erhält man über die folgende rekursive Rechenvorschrift:
$M(n) = M(n-1) + M(n-2) + M(n-3) + M(n-4)$ mit $M(0) = M(1) = 1;\ M(2) = 2;\ M(3) = 4.$

Damit ist die Betrachtung des Problems der Wortabgrenzung abgeschlossen, und es kann – wie angekündigt – das Thema der Verschlüsselung, also der Geheimcodes betrachtet werden. Ein *Code* – unabhängig davon, ob er geheim ist oder nicht – ist eine Abbildungsvorschrift, nach der einer Originalzeichenfolge eine sog. Bildzeichenfolge zugeordnet werden kann, aus der die Originalzeichenfolge wieder eindeutig zurückgewonnen werden kann. In diesem Sinne handelt es sich also auch bei den Zuordnungen von Morsewörtern oder ASCII–Wörtern zu den Buchstaben um bestimmte Codes. Beim Morsecode und beim ASCII–Code stammen jeweils die Zeichen der Bildfolge aus einem anderen Repertoire als die Zeichen der Originalfolge, denn die Originalfolgen bestehen hier aus Buchstaben, Ziffern, Abgrenzungssymbolen und Satzzeichen, während die Bildfolgen aus Punkten und Strichen bzw. aus Nullen und Einsen sowie den zugehörigen Wortabgrenzungssymbolen bestehen. Bei Geheimcodes wird dagegen häufig für die Bildfolge das gleiche Zeichenrepertoire verwendet wie für die Originalfolge, denn in diesem Fall liegt ja der Grund für die Abbildung nicht in der unterschiedlichen Leistungsfähigkeit der Symbolerzeugungsapparate.

Um den Nichteingeweihten das Entschlüsseln der Bildfolgen so schwer wie möglich zu machen, darf man sich bei Geheimcodes nicht auf bloße 1:1–Abbildungen zwischen dem Repertoire der Originalzeichen und einem Repertoire von Bausteinen für die Bildfolge beschränken. Vielmehr ist es in diesem Fall zweckmäßig, die Abbildungsvorschrift so zu wählen, daß die Zeichen der Originalfolge nicht unabhängig voneinander, sondern unter Berücksichtigung ihrer Folge abgebildet werden. Bild 27 zeigt ein Beispiel für solch eine Abbildung. In diesem Fall sind die Zeichen des Originalrepertoires durchnumeriert, wobei zu den Buchstaben die Nummern 1 bis 26 entsprechend ihrer Ordnung im Alphabet gehören; das Worttrennungssymbol soll die Nummer 0 haben. Um das Beispiel einfach zu halten, soll das Repertoire der Originalzeichen auf diese 27 Zeichen beschränkt bleiben, obwohl in der Praxis natürlich noch weitere Zeichen, nämlich die Dezimalziffern und die üblichen Satzzeichen hinzugenommen werden müßten. Für die Bildfolge wird hier das gleiche Zeichenrepertoire wie für die Originalfolge verwendet. Man sieht in Bild 27, daß die Originalzeichen nicht unabhängig von ihrer Position in der Folge abgebildet werden, sondern daß ihre Position in der Folge, die durch die laufende Nummer ausgedrückt wird, in die Abbildungsformel eingeht.

Es ist nicht das Ziel dieser Betrachtung, "besonders schwer zu knackende" Verschlüsselungsmethoden anzugeben, sondern das Thema der Verschlüsselung wird hier nur deswegen behandelt, weil es zur Frage gehört, wozu strukturierte Symbole nützlich sind. Die Betrachtung sollte deutlich machen, daß die Verwendung strukturierter Symbole unter anderem zur Folge hat, daß man dann ohne großen Aufwand brauchbare Verschlüsselungen realisieren kann.

Zum Schluß dieser Betrachtung zum Aufbau strukturierter Symbole wird noch auf das Problem der *Zeichenabgrenzung* in technischen Systemen eingegangen. Bei den für die zwischenmenschliche Kommunikation vom Menschen erzeugten Zeichenfolgen ist das Problem der Zeichenabgrenzung durch geeignete Festlegung der Zeichen gelöst. Bei zu schreibenden Zeichen ist die Gestalt i.a. derart gewählt, daß man die Zeichen gegeneinander abgrenzen kann, selbst wenn sie ohne Lücken nebeneinandergesetzt sind – man denke an die Handschrift. In technischen Systemen sind aber besonders solche Zeichenfolgen von Nutzen, die man mit

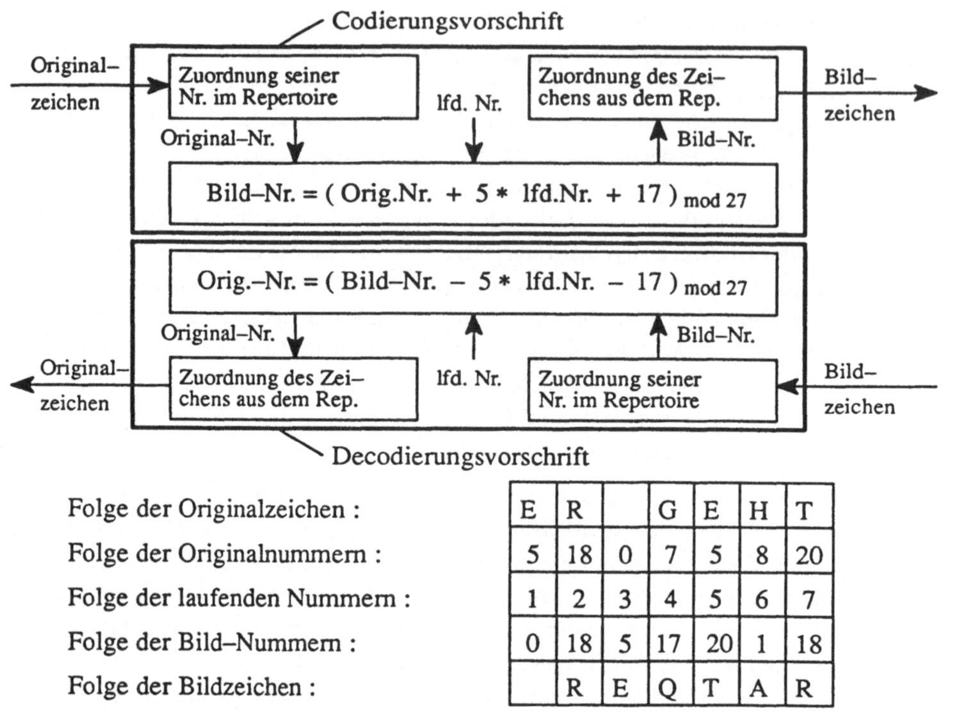

Folge der Originalzeichen :	E	R		G	E	H	T
Folge der Originalnummern :	5	18	0	7	5	8	20
Folge der laufenden Nummern :	1	2	3	4	5	6	7
Folge der Bild-Nummern :	0	18	5	17	20	1	18
Folge der Bildzeichen :		R	E	Q	T	A	R

Die Bezeichnung "mod 27" in den arithmetischen Ausdrücken wird als "modulo 27" gesprochen und bedeutet, daß aus dem Zahlenwert, der sich durch Auswertung des Ausdrucks in der Klammer ergibt, auf bestimmte Weise eine ganze Zahl gewonnen werden soll, die nicht negativ und nicht größer als 26 ist. Diese gewonnene Zahl muß nämlich als Nummer eines Zeichens im definierten Repertoire brauchbar sein. Die Formel $(g)_{\text{mod}\,n}$ mit g als ganzer Zahl und n als natürlicher Zahl identifiziert diejenige Zahl, die erstens aus der Menge $\{0, 1, 2, \cdots (n-2), (n-1)\}$ stammt und die zweitens von g subtrahiert zu einer Zahl führt, die ohne Rest durch n teilbar ist.
Beispiele: $(8)_{\text{mod}\,27} = 8$; $(101)_{\text{mod}\,27} = 20$; $(-101)_{\text{mod}\,27} = 7$

Bild 27 Beispiel einer Verschlüsselung

sogenannten *Binärsignalen* darstellen kann, und in diesen Fällen erfordert die Zeichenabgrenzung jeweils eine eigens dafür festgelegte Regel.

Ein binäres Signal ist eine skalare Funktion s(t) oder s(x) im Sinne des Abschnittes 1.3.1 mit der Festlegung einer bestimmten Intervallpartition des kontinuierlichen Wertebereichs von s. Jeder Wert von s ist mathematisch eindeutig einem der drei intervallsymbolisierenden Elemente aus der Menge { 0, 1, dazwischen } zuordenbar, wie es Bild 28 an einem Beispiel zeigt.

Die Tatsache, daß hier eine Partition in drei und nicht nur in zwei Intervalle vorliegt, obwohl doch die Bezeichnung des Signals als Binärsignal auf seine Zweiwertigkeit hinweist, ist mit der Unschärfe der beiden Signalwertklassen 0 und 1 zu begründen: Es muß hier auf Bild 4 und den zugehörigen Kommentar Bezug genommen werden. Dort ist von unscharfen Klassen und von Klassenkernen die Rede. Die in Bild 4 schraffierten Zonen entsprechen dem horizontalen

Streifen "dazwischen" in Bild 28. Diese Zone "dazwischen" erfaßt diejenigen Signalwerte, bei deren Wahrnehmung man unsicher werden kann, ob man sie der Werteklasse 0 oder der Werteklasse 1 zuordnen soll. Man beachte, daß bei der gegebenen Definition des Begriffs des Binärsignals die eindeutige Zuordnung zu den drei Intervallbezeichnungen durch den Zusatz "mathematisch" eingeschränkt wurde. Dies bedeutet, daß man zwar eine eindeutige Zuordnung in mathematischer Formulierung festlegen kann, nämlich

$$\text{Zugeordnetes Intervallsymbol} = \begin{cases} 0 & \text{falls } s(t) < \text{unterer Schwellenwert} \\ 1 & \text{falls } s(t) > \text{oberer Schwellenwert} \\ \text{"dazwischen"} & \text{sonst} \end{cases}$$

daß man diese scharfe Zuordnung aber in der Realität nicht nachvollziehen kann. Denn sowohl unsere natürlichen Wahrnehmungsapparate als auch die technischen Wahrnehmungshilfen in Form von Meßgeräten sind nicht in der Lage, irgendwelche Werte aus einem Kontinuum mit unendlicher Auflösung zu erfassen. So ist es beispielsweise unmöglich, ein Spannungsmeßgerät zu bauen, welches nur eine rote Lampe leuchten läßt, falls der Meßwert größer als 3V ist, und welches nur eine grüne Lampe leuchten läßt, falls der Meßwert den Schwellwert von 3V nicht überschreitet. Dagegen ist es sehr leicht möglich, ein Gerät zu bauen, welches nur eine rote Lampe leuchten läßt, falls der Meßwert über 3,01V liegt, und welches nur eine grüne Lampe leuchten läßt, falls der Meßwert den Schwellwert von 2,99V nicht überschreitet. Was dieses Gerät tut, falls die zu messende Spannung im Intervall "dazwischen" liegt, darf nicht als Teil der Aufgabenstellung vorgeschrieben werden, sondern hängt zum Teil von der Gerätekonstruktion ab und ist zum Teil indeterminiert. Diese Indeterminiertheit äußert sich derart, daß nicht jedesmal, wenn eine bestimmte Spannung im Intervall "dazwischen" auftritt, das Gerät die gleiche Reaktion zeigen muß.

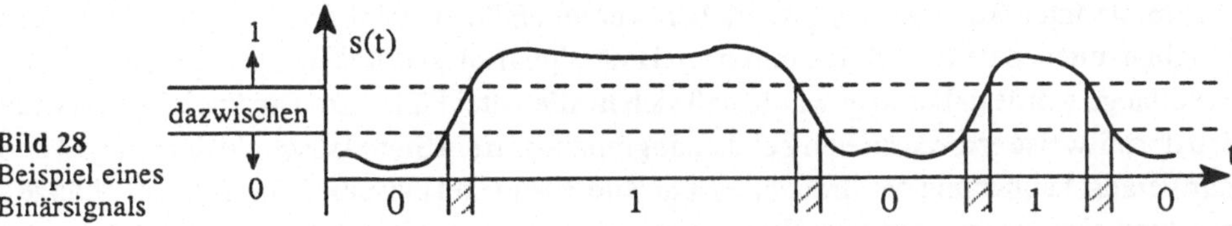

Bild 28
Beispiel eines Binärsignals

Als Konsequenz der vorstehenden Überlegungen ergibt sich, daß die drei Intervalle, die bei der Definition eines Binärsignals vorkommen, nur sinnvoll sind, wenn man sie im Zusammenhang mit den Reaktionen eines natürlichen oder technischen Apparates sieht, der das Signal wahrnehmen soll. In diesem Sinne gilt dann

$$\text{Reaktion des Wahrnehmenden} = \begin{cases} \text{Nullreaktion falls } s(t) < \text{unterer Schwellenwert} \\ \text{Einsreaktion falls } s(t) > \text{oberer Schwellenwert} \\ \text{nicht vorgeschrieben sonst} \end{cases}$$

Der Leser wird sich inzwischen darüber im Klaren sein, daß die *Intervallbezeichner Null* und *Eins* in dieser Betrachtung ziemlich willkürliche Namen sind, die keineswegs irgendwelche Verbindungen zur Welt der Zahlen herstellen sollen. Man hätte das Paar der Binärwerte auch mit rot/grün, links/rechts oder tick/tack bezeichnen können. Deshalb ist "Nullreaktion" auch nicht identisch mit "keine Reaktion", sondern ist nur ein Name für diejenige Reaktion, die für den entsprechenden Fall vorgeschrieben wird.

Die Notwendigkeit, die Definition des Binärsignals vorzustellen, ergab sich bei der Behandlung des Problems der Zeichenabgrenzung. Nun also kann der Zusammenhang zwischen Binärsignalen und Zeichenfolgen betrachtet werden. Binärsignale eignen sich keineswegs nur zur technischen Erfassung von binären Zeichenfolgen. Dies leuchtet ein, wenn man bedenkt, daß die Information, die man einem Binärsignal entnehmen kann, nicht darin liegt, daß sich hier Nullintervalle und Einsintervalle – durch Übergangsintervalle getrennt – abwechseln, denn dies ist bei jedem Binärsignal so, sondern daß die entnehmbare Information in der jeweiligen Länge der Intervalle liegt. Dabei ist die relative Auflösung, mit der die Intervallängen entnommen werden können, umso höher, je kürzer die Übergangsintervalle im Verhältnis zu den Eins– und Nullintervallen sind. Deshalb bemüht man sich, die jeweils bei gegebener Aufwandsbegrenzung technisch kürzest möglichen Übergangsintervalle zu realisieren.

Bild 29 zeigt am Beispiel des Morse–Codes, wie man in diesem Fall die Interpretation des zugehörigen Binärsignals an die Längen der Null– und Einsintervalle binden kann.

Signal–wert	Normierte Intervallänge	Bedeutung für die Morsezeichenfolge
1	1	Punkt
1	4	Strich
0	2	Zeichenabgrenzung
0	6	Wortabgrenzung

Bild 29
Zusammenhang zwischen Binärsignal und Morsezeichenfolge

Aber auch wenn man nur zweiwertige Zeichenfolgen ohne Wortabgrenzung als Binärsignal darstellen will, muß man in Analogie zu Bild 29 ein Interpretationsschema festlegen, worin bestimmte Intervallängen vorgeschrieben werden. Bild 30 zeigt drei völlig unterschiedliche Möglichkeiten, eine Binärfolge durch ein Binärsignal auszudrücken. Die Normierung der Intervallänge wurde dabei so gewählt, daß sich in allen drei Fällen pro Binärzeichen einschließlich der teilweise erforderlichen Zeichenabgrenzungen ein Signalabschnitt der Länge 4 ergibt. Zur Veranschaulichung der drei Fälle ist in Bild 30 ein und dieselbe Binärfolge der Länge sieben durch drei unterschiedliche Binärsignale ausgedrückt. Die zusätzlich dargestellten beiden binären Taktsignale $c_0(t)$ und $c_1(t)$ [1]dienen dazu, ein periodisches Zeitraster mit der normierten Periodenlänge 4 vorzugeben.

Beim Vergleich der drei Signale $b_i(t)$ erkennt man, daß die ersten beiden Signale einen Vorteil bieten, den es bei $b_3(t)$ nicht gibt: Wenn man in den Zeitpunkten der abfallenden Flanken des Taktes $c_1(t)$ die Signalwerte von $b_1(t)$ oder $b_2(t)$ ansieht – es sind dies die mit einem Kreuz gekennzeichneten Signalpunkte –, dann erhält man unmittelbar die Zeichen der Binärfolge. Man erkennt weiterhin, daß $b_1(t)$ einen Nachteil hat, den es bei den anderen beiden Signalen nicht gibt: Aus dem Verlauf von $b_1(t)$ läßt sich nicht eindeutig auf den Verlauf der beiden Taktsignale schließen, denn für diesen Fall sind in der Tabelle die Intervallängen nicht fest vorgegeben, sondern hängen von den Variablen n und m ab. Deshalb könnte der Verlauf von $b_1(t)$

1) c ist die übliche Signalbezeichnung für binäre Taktsignale und kommt vom englischen Wort für Uhr: clock.

auch zu einer Binärfolge gehören, deren Länge ein ganzzahliges Vielfaches von sieben ist – beispielsweise zur vierzehnstelligen Folge 00110011110000. Dem Signal $b_1(t)$ kann also nur bei mitgeliefertem Taktsignal eindeutig eine Binärfolge entnommen werden, wogegen man die Binärfolge aus $b_2(t)$ oder $b_3(t)$ entnehmen kann, ohne daß der Takt vorgegeben wird.

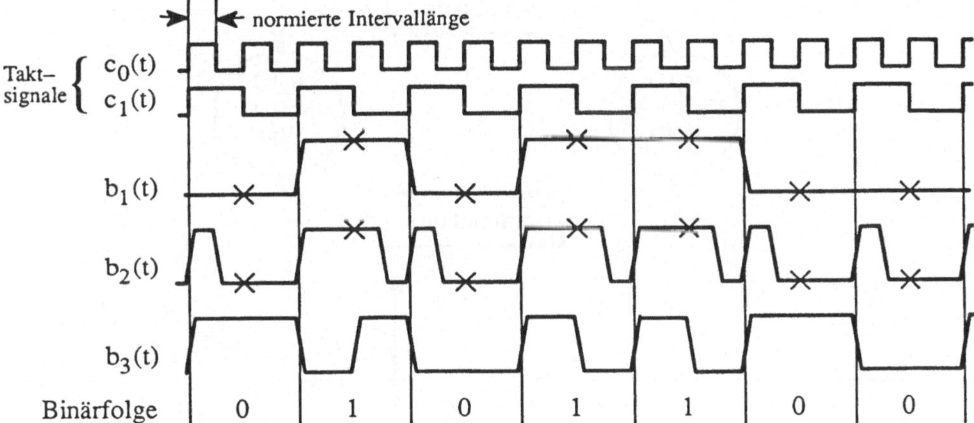

Nr. des Falles	Signalwert	Normierte Intervallänge	Bedeutung für die Zeichenfolge
1.	0	4·n	Folge von n Nullen
	1	4·m	Folge von m Einsen
2.	1	1	Null
	1	3	Eins
	0	3	Zeichenabgrenzung (nach Null)
	0	1	Zeichenabgrenzung (nach Eins)
3.	0 oder 1	4	Null
	1	2	Eins
	0	2	Zeichenabgrenzung (vor oder nach Eins)

Bild 30
Verschiedene Möglichkeiten, Binärfolgen durch Binärsignale auszudrücken

Es ist üblich, die Fälle zwei und drei in Bild 30 als verschiedene Modulationsarten zu bezeichnen. *Modulation* ist ein Begriff aus der Nachrichtentechnik und kennzeichnet den Sachverhalt, daß ein gegebenes Signal dazu benutzt wird, ein anderes Signal zu erzeugen, wobei gewährleistet bleiben soll, daß aus dem erzeugten Signal das ursprüngliche Signal wieder genau oder zumindest näherungsweise durch die sogenannte *Demodulation* zurückgewonnen werden kann. Bild 31 veranschaulicht dies am Beispiel der in der Rundfunktechnik vorkommenden Amplitudenmodulation. Wenn man nun bezüglich der Signale $b_2(t)$ und $b_3(t)$ in Bild 30 von Modulation spricht, dann verbindet man damit die Vorstellung, daß das ursprüngliche Signal in Form von $b_1(t)$ gegeben ist und daß die Signale $b_2(t)$ bzw. $b_3(t)$ das Ergebnis einer Modulation sind. Der Modulator benötigt in diesem Fall ein Taktsignal, während der Demodulator ohne ein Taktsignal auskommt. Im Falle von $b_2(t)$ spricht man von Pulsdauermodulation, weil die jeweiligen Signalwerte von $b_1(t)$ die Dauer der Einspulse bei $b_2(t)$ bestimmen. Im Falle von $b_3(t)$ spricht man von Frequenzmodulation, weil die jeweiligen Signalwerte von $b_1(t)$ die Anzahl der Wertewechsel im Zeichenintervall der Länge 4 festlegen.

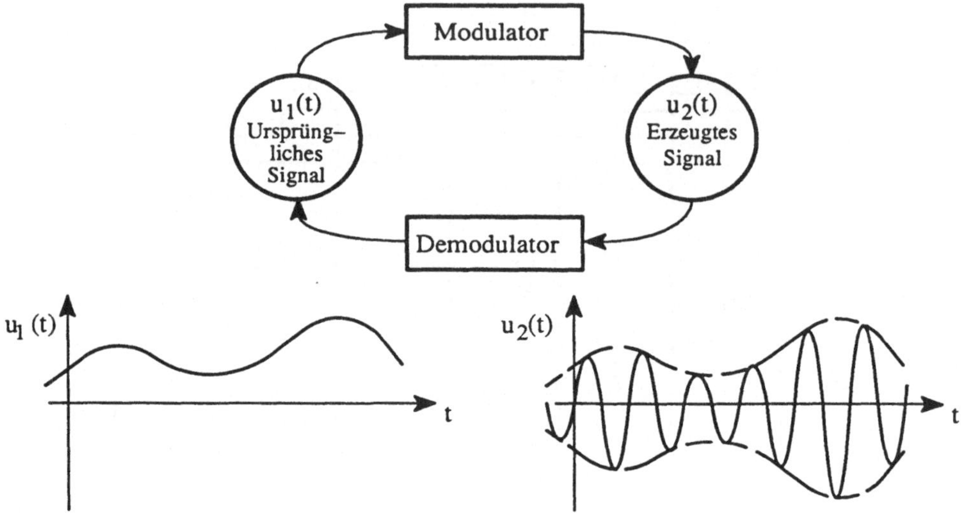

Bild 31 Amplitudenmodulation als Beispiel zum Modulationsbegriff

Damit ist die Betrachtung des Aufbaus strukturierter Symbole abgeschlossen. Als letzter Punkt in diesem Abschnitt über Symbole soll noch kurz auf die starke *Kontextabhängigkeit* der Interpretation binärer Zeichenfolgen hingewiesen werden. Im engeren Sinne ist Kontext derjenige Teil einer Zeichenfolge, der übrig bleibt, wenn man aus einer längeren Zeichenfolge die gerade zu interpretierende kürzere Zeichenfolge herausschneidet. So ist beispielsweise der Kontext zu einem Satz in diesem Buch jeweils der Rest des gesamten Buches, der vor und hinter diesem betrachteten Satz steht. Im weiteren Sinne umfaßt Kontext jedoch alles, was die zu interpretierenden Symbole räumlich und zeitlich umgibt. Im erweiterten Sinne gehört also auch der Sachverhalt, wer einen Satz sagt und an welchem Ort und zu welcher Zeit der Satz gesagt wird, zum Kontext dieses Satzes. Kontextabhängigkeit liegt vor, wenn eine eindeutige Interpretation eines betrachteten Symbols ohne Einbeziehung des Kontextes nicht möglich ist.

Als Beispiel sei das Wort "Welle" betrachtet, welches in Abhängigkeit vom Kontext entweder eine sich ausbreitende Schwingung oder ein zur Rotation bestimmtes mechanisches Bauteil bezeichnet. Dieser Sachverhalt, daß ein und dieselbe Zeichenfolge zur Benennung völlig unterschiedlicher Objekte benutzt wird, ist im Bereich der natürlichen Sprachen eine seltene Ausnahme, wogegen dies im Bereich der informationstechnischen Systeme der Normalfall ist. Man braucht gar nicht gleich an die Binärzeichenfolgen zu denken, die zur Benennung von Objekten in Computern verwendet werden; es genügt schon, an die Folgen von Dezimalziffern zu denken, die zur Benennung von Personen oder Orten verwendet werden. Je nachdem, in welchem Kontext sie auftritt, kann beispielsweise die Ziffernfolge 6755 die Postleitzahl des

Ortes Hochspeyer in der Pfalz oder die Telefonnummer eines Herrn Müller oder die Personalnummer einer Angestellten Krause in der Firma Schmitt & Co sein.

Zur Interpretation von Binärzeichenfolgen, die in informationstechnischen Systemen auftreten, muß als Kontext immer der Sachverhalt berücksichtigt werden, an welcher Stelle im System die Folge auftritt; oft muß man darüberhinaus noch weitere Folgen einbeziehen, die zur gleichen Zeit an anderen Stellen im System vorkommen. Deshalb kann man die in informationstechnischen Systemen auftretenden Binärfolgen i.a. nicht interpretieren, wenn man nicht über eine entsprechende Systembeschreibung verfügt. Die Kenntnis bestimmter genormter Codes – darunter beispielsweise der ASCII–Code – reicht keinesfalls aus, denn ohne eine Systembeschreibung kann man ja nicht entscheiden, ob eine an bestimmter Stelle im System auftretende siebenstellige Binärfolge als ASCII–Wort interpretiert werden soll oder nicht. Bei der Gestaltung informationstechnischer Systeme hat man die Freiheit, den Binärzeichenfolgen kontextabhängig beliebige Bedeutungen zuzuordnen. Bild 32 zeigt als Beispiel drei völlig unterschiedliche Bedeutungszuordnungen zu den vier Binärzeichenfolgen der Länge zwei.

zwei–stelliges Binärwort	zugeordnete Bedeutung			
	im Kontext 1 : europäischer Monarch	im Kontext 2: Morsewort		im Kontext 3 : Spielkartenfarbe
00	Elisabeth I. von England	· ·	i	Karo
01	Friedrich II. von Preußen	· —	a	Herz
10	Peter I. von Rußland	— ·	n	Pik
11	Ludwig XIV. von Frankreich	— —	m	Kreuz

Bild 32 Beispiel für die Festlegung der Interpretation zweistelliger Binärwörter

1.3.3 Sprachen

Das Verständnis komplexer informationstechnischer Systeme setzt eine Vertrautheit mit bestimmten grundlegenden Sprachstrukturen voraus. Beim Nachdenken über Sprache hat man immer zuerst natürliche Sprachen als Anschauungsobjekte vor Augen, und dabei kommt man sehr rasch zu der Erkenntnis, daß deren Strukturen zu komplex sind, als daß man sie in einfache allgemeingültige Formeln zwängen könnte. Denn zu fast jeder Regel, die etwas über die grammatikalische Struktur einer natürlichen Sprache aussagt, gibt es eine Fülle von Ausnahmen. Dennoch ist in diesen Regeln der strukturelle Kern der jeweiligen Sprache konzentriert. Deshalb ist man zweckmäßigerweise bei der Gestaltung künstlicher Sprachen, die in der Informationstechnik benötigt werden, von den Erkenntnissen ausgegangen, die zuvor durch Analyse und Abstraktion der natürlichen Sprachen gewonnen wurden. So sind die im folgenden vorgestellten Begriffe und Formeln zur Erfassung sprachlicher Strukturen durchaus im Hinblick auf natürliche Sprachen zu verstehen, obwohl ihr primärer Nutzen auf dem Gebiet der künstlichen Sprachen liegt.

Für die Betrachtung von Sprachen hat sich die Unterscheidung dreier Aspekte als zweckmäßig erwiesen, nämlich die Unterscheidung von Syntax, Semantik und Pragmatik. Unter der *Syntax* einer Sprache versteht man die formalen Regeln, nach denen die interpretierbaren Sprachgebilde aus Bausteinen aufgebaut werden. Im Falle von natürlichen Sprachen gibt die Syntax also an, welche Wörter in Sätzen nebeneinanderstehen dürfen. Unter der *Semantik* einer Sprache versteht man die Interpretationsregeln, nach denen den Sprachgebilden eine Bedeutung zugeordnet wird. Im Falle der Symbolfolgesprachen wird durch die Semantik also festgelegt, was die einzelnen Symbole des Repertoires bedeuten und wie – unter Bezug auf die Regeln der Syntax – die Symbolfolgen zu interpretieren sind. Zur *Pragmatik* einer Sprache schließlich rechnet man alles, was es über eine Sprache zusätzlich zur Syntax und zur Semantik noch zu wissen gibt. Wenn beispielsweise jemand weiß, daß er im Cafe schneller bedient wird, wenn er sagt: "Bringen Sie mir bitte ein Stück Kuchen!", als wenn er sagen würde: "Ich hätte bitte gerne ein Stück Kuchen.", dann gehört dieses Wissen zur Pragmatik. Im folgenden werden Sprachen nur hinsichtlich ihrer Syntax und Semantik betrachtet, denn es soll ja nur eine Begriffswelt vermittelt werden und keine Fertigkeit im Gebrauch einer bestimmten Sprache.

Im Abschnitt 1.3.3.1 werden die verschiedenen Zwecke betrachtet, denen sprachliche Gebilde dienen sollen. Der Zweck der Wissensvermittlung durch Aussagen führt in den Bereich der Logik, die im Abschnitt 1.3.3.2 über die Begriffswelt der Logik und im Abschnitt 1.3.3.4 über logische und andere Kalküle behandelt wird. Dabei baut der Kalkülbegriff auf dem Begriff der formalen Sprache auf, der im Abschnitt 1.3.3.3 eingeführt wird. Im Abschnitt 1.3.3.5 schließlich wird das Wesen imperativer Sprachen vorgestellt, die den Zweck haben, einen menschlichen oder maschinellen Partner zu bestimmten Handlungen zu veranlassen.

Die in den genannten Abschnitten behandelten Sprachen sind ausschließlich sogenannte Zeichenfolgesprachen. Jedes Sprachgebilde besteht dort aus einer endlichen Folge von Symbolvorkommen, wobei die Symbole selbst wieder endliche Folgen von Zeichen sind, wie sie im Abschnitt 1.3.2 über Symbole vorgestellt werden. Die Beschränkung der Betrachtung auf solche Sprachen ist durchaus gerechtfertigt, da alle Sprachen, die für die Gestaltung von Systemen der Informationstechnik von Bedeutung sind, zu dieser Klasse gehören. Es wird aber an dieser Stelle darauf hingewiesen, daß es durchaus andere Sprachen gibt, die völlig anders aufgebaut sind als die Zeichenfolgesprachen. Als Beispiel sei die sogenannte Bienensprache genannt: Durch tänzerische Bewegungen bestimmter Art, die eine Biene auf einer Wabe im Bienenstock ausführt, teilt diese Biene den anderen Bienen im Stock mit, in welcher Richtung relativ zum aktuellen Sonnenstand und in welcher Entfernung vom Bienenstock ein blütenreiches Objekt zu finden ist.

1.3.3.1 Zweck der Sprache

Im Abschnitt 1.1.2 über Abstraktion und Identifikation wurden drei unterschiedliche Möglichkeiten zur Identifikation von Objekten vorgestellt, nämlich das Zeigen, das Umschreiben und das Benennen. Nachdem nun im Abschnitt 1.3.2 über Symbole die Verfahren zur Benennung ausreichend charakterisiert worden sind, sollen im vorliegenden Abschnitt die Verfahren zur Umschreibung behandelt werden. Bei der Umschreibung wird ein Objekt dadurch identifiziert, daß man Eigenschaften des Objekts oder Beziehungen zu anderen Objekten identifiziert.

Umschreibungen lassen sich klassifizieren in *direkte Umschreibungen* und *indirekte Umschreibungen*. Eine indirekte Umschreibung kann man als Rätsel oder Denksportaufgabe ansehen, deren Lösung das umschriebene Objekt ist, während man eine direkte Umschreibung als die Beschreibung eines Weges ansehen kann, der unmittelbar zum gemeinten Objekt führt. Die Benennung des zu identifizierenden Objekts kann als trivialer Sonderfall einer direkten Umschreibung angesehen werden. Zur Veranschaulichung dieser Klassifikation werden nun einige Beispiele betrachtet.

Im ersten Beispiel soll ein bestimmtes Haus in einer Stadt identifiziert werden, und zwar zuerst durch eine direkte Umschreibung: Man findet dieses Haus, indem man auf der vom Martinsplatz nach Norden führenden Straße bis zur ersten Apotheke auf der rechten Seite geht, von dort dann weiter bis zur übernächsten Kreuzung, wo man nach rechts abbiegt und das fünfte Haus auf der linken Seite als das gemeinte vorfindet. Das gleiche Haus kann aber auch wie folgt indirekt umschrieben werden: Das gesuchte Haus liegt an der Nordseite einer in Ost–West–Richtung verlaufenden Straße. Zwischen dem Haus und der nächsten Kreuzung im Westen liegen auf der gleichen Straßenseite vier Häuser. Von dieser Kreuzung gelangt man in südlicher Richtung zum Martinsplatz. Auf dem Weg von dieser Kreuzung zum Martinsplatz findet man nach der nächsten Kreuzung auf der linken Seite eine Apotheke, von der aus es keine weiteren Apotheken auf dieser Seite bis zum Martinsplatz gibt.

Dieses Beispiel zeigt bereits deutlich die Merkmale von direkten und indirekten Umschreibungen: Eine direkte Umschreibung geht von benannten Objekten aus – hier dem Martinsplatz und der Richtung Norden – und benennt dazu eine Folge von Verfahrensschritten, die über Zwischenobjekte zum Zielobjekt führen. Die Zwischenobjekte im Beispiel sind Positionen und Richtungen als Anfangswerte und Ergebnisse der Verfahrensschritte: So wird beispielsweise beim Verfahrensschritt "Rechts abbiegen" der Anfangswert der Position ins Ergebnis übernommen, während die Ergebnisrichtung gegenüber der Anfangsrichtung um 90 Grad im Uhrzeigersinn gedreht ist.

Im Gegensatz zu den direkten Umschreibungen gehen die indirekten Umschreibungen von sogenannten Unbekannten aus – das sind Variable mit bekannten Wertebereichen – und geben dazu eine Folge von Bedingungen an, deren Erfüllung die möglichen Wertebereiche für die Unbekannten immer weiter einschränkt, bis im Falle der Eindeutigkeit[1)] für jede Unbekannte nur noch ein möglicher Wert übrig bleibt. Die Unbekannten im Beispiel sind ein Haus aus der Menge aller Häuser in der Stadt, eine Kreuzung aus der Menge aller Kreuzungen und eine Apotheke aus der Menge aller Apotheken. Eine der Bedingungen verlangt, daß zwischen dem Haus und der Kreuzung vier Häuser liegen.

Nachdem nun anhand eines Beispiels aus dem nichtmathematischen Bereich die Kriterien zur Unterscheidung von direkten und indirekten Umschreibungen präzisiert wurden, wird ein einfaches mathematisches Beispiel betrachtet: Wenn man das Alter eines 5–jährigen Kindes

---

1)Eine indirekte Umschreibung muß nicht eindeutig sein. Wenn zu wenige Bedingungen angegeben werden, gibt es für die Unbekannten mehrere mögliche Werte; wenn dagegen widersprüchliche Bedingungen angegeben werden, bleiben für die Unbekannten gar keine möglichen Werte mehr übrig.

direkt umschreiben will, kann man beispielsweise sagen, das Alter betrage $1 + \sqrt{16}$ Jahre. Wenn man das gleiche Alter dagegen indirekt umschreiben will, kann man sagen: Wenn das Kind doppelt so alt sein wird, wie es heute ist, dann wird es fünfmal so alt sein, wie es heute vor drei Jahren war. Man verlangt also, daß das unbekannte Alter x eine bestimmte Bedingung erfüllen muß: $2 \cdot x = 5 \cdot (x - 3)$.

Ein weiteres Beispiel für indirektes Umschreiben im mathematischen Bereich wurde bereits früher vorgestellt: Im Abschnitt 1.2.2 über Relationen wurde anhand des Bildes 15 die Identifizierbarkeit von Objekten aufgrund ihrer Einbindung in eine Struktur behandelt. Es wurde zwar dort nicht erwähnt, aber es ist offensichtlich, daß die Identifikationen in Bild 15 durch indirektes Umschreiben erfolgen. Die Struktur in Bild 15 besteht aus einer Menge von neun Personen und einer Relation

$$\text{Lob} \subseteq \text{Lobspendermenge} \times \text{Lobempfängermenge} = \text{Pers} \times \text{Pers}.$$

Eine indirekte Umschreibung eines Elementes x aus dieser Struktur sei beispielsweise durch die Auflistung folgender struktureller Bedingungen gegeben:

$x \in$ Pers, also $x \in \{ P, Q, R, S, T, U, V, W, X \}$: x ist eine Person aus der betrachteten Menge.

Für alle Personen $y \in$ Pers gilt:
$[(x, y) \in \text{Lob}] \rightarrow (x = y)$, also $x \in \{ P, Q, W \}$: Falls überhaupt eine Person y von x gelobt wird, dann kann dies nur x selbst sein.

Es gibt mindestens eine Person $y \in$ Pers, für die gilt:
$(y \neq x) \cdot [(y, x) \in \text{Lob}] \cdot [(y, y) \notin \text{Lob}]$,
also $x \in \{ P, S, U \}$: x wird von mindestens einer anderen Person y gelobt, die sich nicht selbst lobt.

Es gibt nur eine Person x, für die alle diese Bedingungen zutreffen, nämlich die Person P.

Es soll nun auch noch eine direkte Umschreibung von P angegeben werden, die nicht gleich der trivialen direkten Umschreibung durch die Benennung P ist. Dabei soll die Linearordnung der Elemente am Matrixrand (s. Bild 15) nicht als Bestandteil der Struktur betrachtet werden, so daß man sich nicht darauf beziehen darf. Aufgrund der Tatsache, daß es in der Matrixdarstellung der Lobesrelation keine Spalte und keine Zeile mit mehr als zwei markierten Kreuzungspunkten gibt, ist es verhältnismäßig einfach, eindeutige Wege zu beschreiben, die bei P enden und bei einem anderen zu nennenden Element beginnen. Solch ein Weg beginnt beispielsweise bei R, geht in der zugehörigen Zeile zum einzigen markierten Punkt, also zu (R,U); von dort zum anderen markierten Punkt in dieser Spalte, also zu (S,U); von dort zum anderen markierten Punkt in dieser Zeile, also zu (S,P); und von hier zum Spaltenkopf, also zum Element P.

Man darf wohl sagen, daß die indirekte Umschreibung die am mühsamsten zu erfassende Art der Identifikation sei, daß die nichttriviale direkte Umschreibung schon deutlich weniger

Mühe bereite, und daß schließlich die Benennung am leichtesten zu erfassen sei. Man denke an das Alter des Kindes: Ist die Benennung durch das Symbol 5 nicht viel leichter zu erfassen als die nichttriviale direkte Umschreibung $1 + \sqrt{16}$, und ist die indirekte Umschreibung $2 \cdot x = 5 \cdot (x-3)$ nicht noch schwieriger zu erfassen? Obwohl man dieser Einschätzung der Identifikationsarten zustimmen kann, darf man daraus nicht schließen, daß deshalb die indirekten Umschreibungen eigentlich überflüssig seien. Man muß nämlich bedenken, daß es unterschiedliche Voraussetzungen für die Identifikation eines Objektes gibt. Zum einen gibt es den Fall, daß durch die Identifikation unsere Aufmerksamkeit auf ein Objekt gelenkt werden soll, das uns schon vertraut ist – wie im Beispiel die Zahl 5. Zum anderen aber gibt es noch die Fälle, wo unsere Aufmerksamkeit auf Objekte gelenkt werden soll, die uns bisher fremd waren. Wenn es sich um abstrakte Objekte oder um konkrete Objekte außerhalb unseres aktuellen Wahrnehmungsbereichs handelt, dann scheidet eine Identifikation durch Zeigen aus. Auch eine Identifikation durch Benennung ist nicht möglich, weil wir ja das Benannte noch nicht kennen. Also bleibt nur die Umschreibung, wobei keineswegs der direkten Umschreibung in allen Fällen der Vorzug zu geben ist. Jede Differentialgleichung – ergänzt durch die für die Eindeutigkeit notwendigen Bedingungen – ist eine indirekte Umschreibung einer Funktion, bei der die Menge der Argumente und die Menge der Ergebnisse jeweils kontinuierlich sind. Es ist bekannt, daß zwar jede Differentialgleichung näherungsweise numerisch lösbar ist, daß aber nicht unbedingt eine sogenannte geschlossene Lösung existieren muß. Dabei versteht man unter einer geschlossenen Lösung eine direkte Umschreibung, welche angibt, wie die gesuchte Funktion aus bekannten Funktionen aufgebaut werden kann. So gibt es beispielsweise für

die Differentialgleichung $\frac{dy}{dx} = y$ mit der Bedingung $y(0) = 1$

die geschlossene Lösung $y(x) = e^x$.

Dagegen gibt es für die Differentialgleichung $\frac{dy}{dx} \cdot (e^x + e^y) = 1$

auf der Grundlage des derzeitigen Repertoires an benannten mathematischen Funktionen keine geschlossene Lösung; dabei ist es unerheblich, ob die Bedingung $y(0) = 1$ oder eine andere vorgegeben wird.

Eine direkte Umschreibung in Form einer geschlossenen Lösung, falls sie existierte, wäre der indirekten Umschreibung in Form der Differentialgleichung vermutlich vorzuziehen. Aber eine direkte Umschreibung, die nur angibt, wie die Differentialgleichung numerisch näherungsweise zu lösen ist, kann sicher nicht leichter erfaßt werden als die Differentialgleichung selbst. In diesem Fall erfolgt nach wie vor die primäre Identifikation durch die Differentialgleichung, während das Verfahren zur numerischen Lösung dieser speziellen Differentialgleichung nur als Anwendung eines allgemeinen Verfahrens anzusehen ist, welches unabhängig vom aktuellen Anwendungsfall zu verstehen ist.

Selbstverständlich kann man nun diese Funktion – wie jedes andere Objekt –, nachdem sie einmal durch indirekte Umschreibung identifiziert wurde, auch durch die Zuordnung eines willkürlich gewählten Namens benennen. Dadurch würde man zum Ausdruck bringen, daß man von nun an diese Funktion zu den vertrauten Objekten rechnen will, auf die man sich in direkten Umschreibungen beziehen darf.

Als letztes Beispiel zum Vergleich von direkten und indirekten Umschreibungen wird die sogenannte Fibonacci–Funktion f(n) betrachtet, die durch folgende direkte Umschreibung festgelegt ist: Jeder natürlichen Zahl n wird durch die Funktion f(n) ein Ergebnis zugeordnet, welches die Zahl 1 ist, falls n=1 oder n=2 gilt, und welches für größere Werte von n durch folgendes Verfahren gewonnen wird: Man berechnet eine n–stellige Folge von Zahlen, die mit zwei Einsen beginnt, und deren weitere Elemente man jeweils aus den beiden unmittelbar davor liegenden Elementen durch Addition erhält. Das letzte Element in der Folge ist dann das Ergebnis von f(n).

Die entsprechende indirekte Umschreibung [1] lautet: Jeder natürlichen Zahl n wird durch die Funktion f(n) ein Ergebnis zugeordnet, welches die Zahl 1 ist, falls n=1 oder n=2 gilt, und welches für größere Werte von n die Bedingung erfüllt, daß es die Summe der beiden Funktionsergebnisse f(n–1) und f(n–2) ist.

Weil in der direkten Umschreibung ein Verfahren zur Berechnung des Funktionswertes angegeben wird, ist diese Umschreibung länger als die indirekte, in der nur bestimmte Charakterstika der Funktion beschrieben werden, die unabhängig vom Berechnungsverfahren sind. Man ist geneigt, die Kürze als Vorteil der indirekten Umschreibung zu werten und die Angabe eines Berechnungsverfahrens als Vorteil der direkten Umschreibung. Die Angabe eines Berechnungsverfahrens in einer Funktionsumschreibung ist jedoch nicht in jeder Hinsicht als Vorteil anzusehen, denn dadurch wird der manchmal falsche Eindruck erweckt, es gäbe nur dieses eine Verfahren. Die indirekte Umschreibung vermeidet zwar diesen Eindruck, weil sie gar kein Verfahren angibt und dadurch weniger durch die zufälligen verfahrensorientierten Entscheidungen des Umschreibers bestimmt wird, aber anstelle der zufälligen verfahrensorientierten Entscheidungen können dann eben andere zufällige Entscheidungen eingebracht worden sein, die durchaus die Suche nach einem Berechnungsverfahren in eine bestimmte Richtung lenken können. Anstelle der gegebenen indirekten Umschreibung hätte man nämlich für die Fibonacci–Funktion sehr wohl auch eine andere indirekte Umschreibung formulieren können, beispielsweise

$$\begin{array}{ll} & f(1) = 1 \\ & f(2) = 1 \\ & f(3) = 2 \\ \text{für } 4 \leq n: & f(n) = 2 \cdot f(n-1) - f(n-3) \end{array}$$

Diese indirekte Umschreibung wird dem Wesen der Fibonacci–Funktion sicher weit weniger gerecht als die zuerst gegebene indirekte Umschreibung.

Zum Abschluß dieser Betrachtungen zum Thema der Unterscheidung und der Bewertung von direkten und indirekten Umschreibungen ist zusammenfassend folgendes zu sagen: Die Kürze einer indirekten Umschreibung ist nicht als Vorteil zu werten, wenn sie eine größere Mühe beim Erfassen verlangt. Es fällt aber leicht, aus indirekten Umschreibungen von Objek-

1) Es handelt sich hier um eine sogenannte *rekursive Definition* einer Funktion. Näheres zu diesem Thema findet man im Abschnitt 1.3.3.5 über imperative Sprachen.

ten, mit denen man bereits vertraut ist oder die zumindest eine gewisse Ähnlichkeit zu vertrauten Objekten haben, das Identifizierte zu erfassen. Was das Kennenlernen völlig neuer Objekte aus Umschreibungen angeht, so ist die direkte Umschreibung zu bevorzugen außer im Falle derjenigen Objekte, bei denen eine direkte Umschreibung ohnehin nur dadurch zu gewinnen ist, daß man sie durch ein Verfahren aus der indirekten Umschreibung erzeugt.

Im bisher Gesagten spielte der Zweck einer Identifikation keine Rolle; es wurden lediglich die Verfahren zur Identifikation von Objekten betrachtet. So wurde anhand einiger Beispiele gezeigt, wie bestimmte Objekte mit Hilfe von Sprache durch Umschreiben identifiziert werden können, d.h. auf welche Weise die Aufmerksamkeit auf diese Objekte gelenkt werden kann. Es wurde aber nicht danach gefragt, zu welchem Zweck man denn die Aufmerksamkeit auf diese Objekte lenken solle. Wenn die Aufmerksamkeit dort angekommen ist, wird man zwangsläufig fragen: "Na und? Was soll ich jetzt mit diesem Objekt anfangen?" Wenn man das Thema Sprache behandelt, genügt es also offensichtlich nicht, sich auf die Verfahren zur Identifikation von Objekten zu beschränken; man muß vielmehr auch die Frage nach den Zwecken der Identifikation untersuchen. Dies geschieht nun anhand von Bild 33.

Den bisher diskutierten Fall der Identifikation mit unbestimmtem Zweck findet man in der ersten Zeile der Tabelle in Bild 33. Die in diese Klasse fallenden Umschreibungen sollen *Ausdrücke* genannt werden. Die bloße Benennung eines Objekts wird als primitiver Sonderfall ebenfalls zu den Ausdrücken gerechnet. Die drei gegebenen Beispiele für Ausdrücke bestätigen die obige Feststellung, daß in diesem Fall die Fragen naheliegen: "Na und? Was ist damit? Was soll ich damit?".

Ganz anders ist die Situation in den drei Fällen, wo aus der Form der Umschreibung auf einen Zweck geschlossen werden kann, und dieser Zweck ist in allen drei Fällen auf jeweils bestimmte Weise mit dem Begriff der *Wahrheit* verbunden. Eine ausführliche Diskussion des Wahrheitsbegriffs folgt erst im Abschnitt 1.3.3.2 über die Begriffswelt der Logik. Dort wird auch der Zusammenhang zwischen Wahrheit und Existenz untersucht. Vorerst jedoch genügt die Kenntnis der umgangssprachlichen Bedeutung dieser Wörter.

In allen drei Fällen zweckgebundener Umschreibungen erwartet derjenige, der die Umschreibung – also Aussage, Frage oder Anweisung – erzeugt, von dem Empfänger eine Reaktion bestimmter Art: Eine *Aussage* soll dem Empfänger einen Wissenszuwachs bringen; er soll sie sich also "merken", d.h. er soll sie in sein Gedächtnis aufnehmen. Eine *Frage* soll den Empfänger veranlassen, ein Objekt oder eine Menge von Objekten zu identifizieren; er soll also zeigen, umschreiben oder benennen. Eine *Anweisung* soll den Empfänger zu einer Handlung veranlassen. Da das Identifizieren auch eine Handlung ist, kann es nicht verwundern, daß jede Reaktion, die durch eine Frage ausgelöst werden kann, auch durch eine entsprechende Anweisung auslösbar ist. Man betrachte hierzu die Beispiele in Bild 33.

Die Beispiele in Bild 33 zeigen, daß man jeder Frage eindeutig eine Aussageform (s. S. 28) und jeder Anweisung eindeutig eine Aussage zuordnen kann. Man kann eine Frage also immer derart umformulieren, daß man eine Aussageform angibt und dazu den Hinweis gibt, diese solle als Substanz einer Frage betrachtet werden.

Beispiel: *Frage* (Mozart starb in ???)

Typen von Umschreibungen		Art des identifizierten Objekts	Zweck der Umschreibung	Beispiele: Formulierung, die den Zweck impliziert	Beispiele: Formulierung, die den Zweck explizit betont
ohne Zweck-bindung	Ausdrücke	beliebig	unbestimmt	"Die Nachricht, daß Mozart in Wien gestorben sei." x^2-4 saubere Fenster	
mit Zweck-bindung	Aussagen	bestimmte Struktur	Wissensvermittlung: Die Existenz der Struktur d.h. ihre "Wahrheit" wird mitgeteilt.	Mozart starb in Wien. $x^2-4=(x-2)\cdot(x+2)$ Die Fenster sind sauber.	Es ist wahr, daß Mozart in Wien starb. Es ist wahr, daß x^2-4 gleich $(x-2)\cdot(x+2)$ ist. Es ist wahr, daß die Fenster sauber sind.
	Fragen	teilweise unbestimmte Struktur	Aufforderung zur Identifikation: Die zur Identifikation einer "wahren" Struktur noch fehlenden Objekte sollen identifiziert werden.	Wo starb Mozart? Für welche Werte gilt $x^2-4=0$? Sind die Fenster sauber?	Identifizieren Sie die Stadt S, für die die Aussageform "Mozart starb in S" wahr wird! Identifizieren Sie die Zahlen x, für die die Aussageform "$x^2-4=0$" wahr wird! Identifizieren Sie den Wahrheitswert p aus der Menge {wahr, nicht wahr}, für den die Aussageform "Es ist p, daß die Fenster sauber sind." wahr wird!
	Anweisungen	bestimmte Struktur	Aufforderung zum Handeln: Die Existenz der Struktur, d.h. ihre "Wahrheit" soll herbeigeführt werden.	Nennen Sie die Stadt, in der Mozart starb! Berechnen Sie die Nullstellen der Funktion $f(x)=x^2-4$! Putzen Sie die Fenster!	Handeln Sie so, daß die Aussage "Sie haben soeben die Stadt genannt, in der Mozart starb." wahr wird. Handeln Sie so, daß die Aussage "Sie haben soeben die Nullstellen von $f(x)=x^2-4$ berechnet." wahr wird! Handeln Sie so, daß die Aussage "Die Fenster sind sauber." wahr wird!

Bild 33 Klassifikation von Umschreibungen

Entsprechend kann man jede Anweisung derart umformulieren, daß man eine Aussage angibt und den Hinweis dazusetzt, diese solle als Substanz einer Anweisung betrachtet werden.

Beispiel: *Anweisung* (Die Fenster sind sauber !)

Deshalb muß man sich bei der Betrachtung zweckgebundener Umschreibungen viel ausführlicher mit Aussagen und Aussageformen befassen als mit Fragen und Anweisungen. Dies kommt in Bild 33 in der Spalte "Art des identifizierten Objekts" zum Ausdruck: Eine Aussage ist die Umschreibung einer bestimmten Struktur; eine Aussageform ist die Umschreibung einer teilweise unbestimmten Struktur, und deshalb ist eine Frage auch nichts anderes als die Umschreibung einer als Frage gekennzeichneten, teilweise unbestimmten Struktur; eine Anweisung schließlich ist eine als Anweisung gekennzeichnete Aussage und identifiziert damit ebenso wie die Aussage selbst eine bestimmte Struktur. Fragen können immer als Anweisungen besonderer Form betrachtet werden: "Identifizieren Sie ... !"

1.3.3.2 Begriffswelt der Logik

Die Logik ist derjenige Zweig der Mathematik, der die Grundlagen des Beweisens zum Gegenstand hat. Es ist die zentrale Frage der Logik, wann eine Aussage als wahr anerkannt werden muß. Deshalb muß nun zu Beginn dieses Abschnitts der Begriff der Wahrheit diskutiert werden.

In Bild 33 wurden Aussagen als zweckgebundene Umschreibungen klassifiziert, die jeweils eine bestimmte Struktur identifizieren; und es wurde gesagt, die Wahrheit einer Aussage sei gleichbedeutend mit der Existenz der identifizierten Struktur. Dies ist nicht ohne weiteres einzusehen, denn eine nichtexistente Struktur kann doch eigentlich gar nicht identifiziert werden. Deshalb kann die *Gleichsetzung von Wahrheit und Existenz* nur akzeptabel gemacht werden, indem man den Begriff der Existenz relativiert: Von Existenz zu reden ist immer nur sinnvoll unter Bezug auf eine Welt, worin die Existenzfrage geprüft werden soll. Dies wiederum ist nur sinnvoll, wenn man sich mehrere unterschiedliche solcher Welten denken kann. Daß dies nicht nur möglich ist, sondern daß unser Denken tatsächlich dauernd zwischen solchen unterschiedlichen Welten hin- und herspringt, erkennt man sofort, wenn man sich die Unterschiede zwischen der mittels unserer Sinnesorgane wahrgenommenen Außenwelt und den verschiedenen Welten in unserer Vorstellung bewußt macht. In unserer Vorstellung gibt es beispielsweise eine Märchenwelt, in der ein Prinz in einen Frosch und umgekehrt verwandelt wird; in der sogenannten realen Welt ist dagegen ein solcher Prozeß nach Wissen des Autors noch nie beobachtet worden.

Damit kann nun präzisiert werden, was gemeint ist, wenn Wahrheit mit Existenz gleichgesetzt wird: Die durch die Aussage identifizierte Struktur ist zwar aufgrund ihrer Identifizierbarkeit zwangsläufig in irgendeiner unserer Welten existent, aber in derjenigen Welt, worin die Existenz durch die Aussage behauptet wird, muß diese Struktur nicht unbedingt existieren. Falls sie dort nicht existiert, ist sie dort auch nicht identifizierbar. So kann man beispielsweise in der realen Welt nicht auf einen Frosch zeigen und guten Gewissens behaupten, man habe beobachtet, wie dieser durch Verwandlung eines Prinzen entstanden sei.

Bild 34 zeigt ein Klassifikationsschema für die Welten, zwischen denen unser Denken dauernd hin– und herspringt. Dieses Klassifikationsschema steht in engem Zusammenhang mit dem in Bild 3 dargestellten Klassifikationsschema für Objekte. Konkrete Welten sind durch die Existenz konkreter Objekte bestimmt; mit konkreten Welten ist also die Anschauung eines Raum–Zeit–Kontinuums verbunden. Wir können nur eine einzige Außenwelt erleben, aber beliebig viele konkrete Innenwelten. Eine Märchenwelt als Beispiel einer Innenwelt ist konkret, weil wir die darin vorkommenden Objekte nicht ohne ein zugehöriges Raum–Zeit–Kontinuum denken können. So wie auf der Seite der konkreten Welten die einzige Außenwelt beliebig vielen konkreten Innenwelten gegenübersteht, so gibt es auf der Seite der abstrakten Welten nur eine einzige logische Welt, aber beliebig viele unlogische Welten. Während der Begriff der Außenwelt als bekannt vorausgesetzt werden kann – es handelt sich um die durch die Sinnesorgane wahrnehmbare Welt –, ist der Begriff der logischen Welt nicht so selbstverständlich, sondern bedarf einer Erklärung.

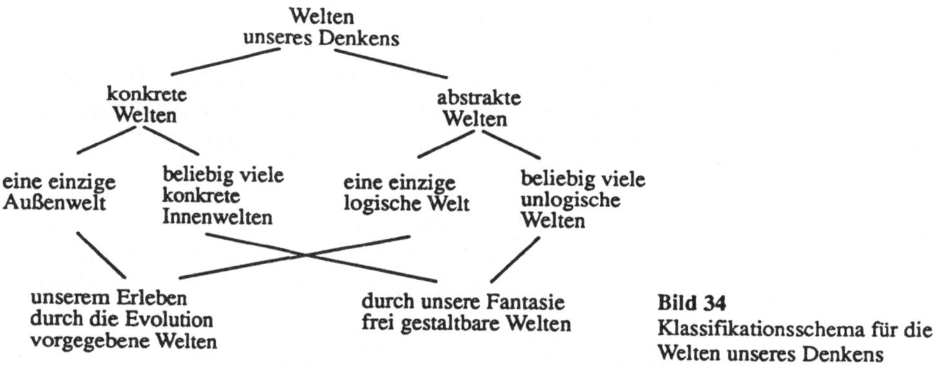

Bild 34
Klassifikationsschema für die Welten unseres Denkens

Die *logische Welt* ist die *Welt der Konsequenz*, in der nur solche Aussagen nebeneinander wahr sein können, die miteinander verträglich sind. Daß Aussagen miteinander unverträglich sein können, muß in der Semantik der Aussagensprache begründet sein. Logik befaßt sich genau mit demjenigen Teil der Semantik von Aussagensprachen, der die *Verträglichkeit* oder *Unverträglichkeit von Aussagen* festlegt. Logik ist somit keine Sammlung erkannter "Naturgesetze des Denkens", sondern eine Methode zum Finden der Konsequenzen gemachter Aussagen unter Bezug auf die Semantik der gewählten Sprache.

Als unlogisch oder inkonsequent wird jemand beurteilt, der unverträgliche Aussagen nebeneinandersetzt, ohne sie als unverträglich zu kennzeichnen. Die Redewendung "Wer A sagt, muß auch B sagen" kann als Grundlage der logischen Welt wie folgt präzisiert werden: Wer die Semantik der gewählten Sprache akzeptiert, muß auch die Konsequenzen gemachter Aussagen akzeptieren.

Daß es in der Semantik von Aussagesprachen tatsächlich Anteile geben kann, die eine Unverträglichkeit von Aussagen festlegen, soll nun durch Betrachtung zweier Aussagenpaare gezeigt werden. Das erste Aussagenpaar lautet:

"Herr Müller war am 06.09.1984 um 15.00 Uhr in Hamburg."
"Herr Müller war am 06.09.1984 um 15.00 Uhr in Rom."

Da es sich in den beiden Aussagen um ein und denselben Herrn Müller handeln soll, wird man die beiden Aussagen als miteinander unverträglich einstufen. Wenn man sich dann aber fragt, wie diese Unverträglichkeit aus der Semantik der Sprache folge, dann muß man erkennen, daß die Semantik gar nicht der Grund für die Unverträglichkeit ist. Die beiden Aussagen sind nämlich logisch gar nicht miteinander unverträglich. Erst wenn man noch die dritte Aussage

"Ein Gegenstand kann nicht gleichzeitig an zwei verschiedenen Orten sein."

hinzunimmt, erhält man drei logisch miteinander unverträgliche Aussagen. Nur weil man diese dritte Aussage gewohnheitsmäßig zu dem gegebenen Aussagenpaar implizit hinzugedacht hat, konnte man zu dem Schluß kommen, die Aussagen des Paares seien miteinander unverträglich. Anders liegt der Fall bei dem folgenden Aussagenpaar:

"Herr Müller war am 06.09.1984 um 15.00 Uhr in Hamburg."
"Herr Müller war am 06.09.1984 um 15.00 Uhr nicht in Hamburg".

Diese beiden Aussagen sind logisch miteinander unverträglich, ohne daß man weitere Aussagen hinzunehmen muß. Dies liegt an der Semantik des Wortes "nicht". Diese Semantik besagt nämlich, daß eine Aussage unverträglich mit ihrer Negation ist.

Da in der Logik Aussagen gemacht werden, die sich mit der Form von Aussagen befassen, gibt es ein grundsätzliches Problem: Man braucht eine Aussagesprache, in der man den logischen Anteil der Semantik von Aussagesprachen ausdrücken kann. Diese sogenannte Metasprache ist also zwangsläufig selbstbezüglich, was bedeutet, daß man in dieser Sprache Aussagenmengen formulieren kann, die etwas über sich selbst aussagen. Bei dem Bemühen, die Semantik dieser Metasprache der Logik zu formulieren, also bei dem Bemühen, die Regeln zur Interpretation der metasprachlichen Zeichenfolgen auszudrücken, muß man erkennen, daß jede solche Formulierung nur dann verstanden werden kann, wenn man die Interpretationsregeln im Grunde schon kennt. Zur Veranschaulichung des Problems denke man an folgende Situation: Man nehme eine in natürlicher Sprache formulierte Anleitung zur Verschlüsselung und Entschlüsselung von Texten und verschlüssele diese Anleitung genau so, wie es darin beschrieben wird. Wenn nun jemand diese verschlüsselte Anleitung erhält, der die Anleitung im Klartext nicht kennt, dann kann er sie nicht verstehen. Man nehme nun an, er erhielte von irgendwoher eine Entschlüsselungsanleitung im Klartext, die zwar teilweise unvollständig und schlechter strukturiert ist als die verschlüsselte, die ihm aber doch das Entschlüsseln ermöglicht. Dann wird er erkennen, daß die verschlüsselte Anleitung vollständiger und besser strukturiert ist als diejenige, die er bisher kannte, daß ihm aber darüberhinaus nichts mitgeteilt wurde, was er nicht schon wußte.

Daß man den logischen Anteil der Semantik von Aussagesprachen intuitiv schon kennen muß, bevor man eine strukturierte Darstellung des logischen Anteils der Semantik von Aussagesprachen verstehen kann, dies hat schon Aristoteles erkannt, als er sagte, die "logica usens" (Logik zum täglichen Gebrauch) sei die Voraussetzung der "logica docens" (Logik als Lehrgegenstand). So kann man über die Semantik logischer Ausdrucksmittel wie "nicht", "und", "alle", "gleich" oder "Wenn..., dann..." nicht sprechen oder schreiben, ohne eine Sprache zu verwenden, in der genau diese Ausdrucksmittel oder synonyme Formen davon unter der Annahme einer bekannten Semantik verwendet werden. Dies ist zulässig, weil die Ausdrucksmittel der logica usens als Teil des Nucleus der Muttersprache (s. Abschnitt 1.3.3.3) vermittelt werden.

Für das Verständnis von Logik ist der Unterschied zwischen *faktischen Aussagen* und *logischen Aussagen* von grundlegender Bedeutung. Eine faktische Aussage behauptet einen Sachverhalt in der konkreten Außenwelt. Zwei Beispiele solcher Aussagen sind

"Mozart starb in Wien."
und
"Elektrischer Strom tritt immer nur in Verbindung mit einem Magnetfeld auf."

Die Wahrheit einer faktischen Aussage wird faktische Wahrheit genannt. Für faktische Wahrheit gibt es keine logisch zwingenden Beweise, sondern immer nur mehr oder weniger überzeugende Beobachtungen. So kann man sich bei denjenigen faktischen Aussagen, die eine Gesetzmäßigkeit behaupten und die damit eine Vorhersage bezüglich zukünftiger Beobachtungen beinhalten, immer nur auf die bisher gemachten Beobachtungen stützen. Und bei Aussagen bezüglich historischer Fakten ist man auf die Glaubwürdigkeit von Zeugen, die Verläßlichkeit schriftlicher Quellen und die Aussagekraft historischer Funde angewiesen.

Die Wahrheit logischer Aussagen dagegen beruht auf semantischen Definitionen und ist deshalb unabhängig von Beobachtungen. Dies leuchtet ein, wenn man bedenkt, daß eine logische Aussage ja als metasprachliche Aussage betrachtet werden muß, die nur etwas über eine Aussagesprache aussagen kann und sonst nichts. Die Wahrheit logischer Aussagen wird deshalb durch formale Kriterien festgelegt; und wenn eine logische Aussage auf formalem Wege als wahr klassifiziert wurde, dann ist sie bewiesen.

Logische Aussagen beruhen auf der *Interpretationsäquivalenz* oder der *Interpretationsimplikation* als einer symmetrischen bzw. unsymmetrischen Beziehung zwischen zwei Aussagenmengen. Interpretationsäquivalenz bedeutet, daß zwei Aussagenmengen das gleiche Interpretationsergebnis haben, d.h. daß durch die beiden Aussagenmengen zweimal das gleiche, nur jeweils "mit anderen Worten" ausgesagt wird. Interpretationsimplikation bedeutet, daß das Interpretationsergebnis der zweiten Aussagenmenge im Interpretationsergebnis der ersten Aussagenmenge "enthalten" ist, d.h. daß durch die erste Aussagenmenge mindestens all das ausgesagt wird, was durch die zweite Aussagenmenge ausgesagt wird.

Interpretationsäquivalenz: β (Aussagenmenge 1) $=$ β (Aussagenmenge 2)
Interpretationsimplikation: β (Aussagenmenge 1) $\Rightarrow$ β (Aussagenmenge 2)

Das Symbol β steht hier für die Interpretationsfunktion, die einem Sprachgebilde seine Bedeutung zuordnet. Es ist üblich, logische Äquivalenz- und Implikationsaussagen ohne das Symbol β zu schreiben; anstelle des Gleichheitszeichens steht dann in den Äquivalenzformeln das Symbol $\Leftrightarrow$. Die Formel *Aussagenmenge 1* $\Leftrightarrow$ *Aussagenmenge 2* bedeutet dann also nicht, daß auf beiden Seiten des Äquivalenzsymbols die jeweils gleiche Menge von Sprachgebilden identifiziert wird, sondern nur, daß den beiden Aussagenmengen das gleiche Interpretationsergebnis zugeordnet wird.

Die Interpretationsäquivalenz oder –implikation als Beziehung zwischen zwei Aussagenmengen hängt nicht vom faktischen Inhalt der Aussagen ab, also nicht davon, auf welche Beobachtungen in der Außenwelt sich die Aussagen beziehen. Interpretationsäquivalenz oder –implikation hängen vielmehr nur von der Form der Aussagenmengen ab, und deshalb werden Äquivalenz– und Implikationsaussagen stets unter Verwendung von Aussageformen (s.S. 28) formuliert. Eine Äquivalenzaussage erhält dann folgende Form: Jede Aussagenmenge, die durch Belegung der Aussageformenmenge 1 entsteht, ist zu derjenigen Aussagenmenge äquivalent, die durch entsprechende Belegung der Aussageformenmenge 2 entsteht.

Aussageformenmenge 1 $\Leftrightarrow$ Aussageformenmenge 2

Im Abschnitt 1.2.2 über Relationen wurde der Begriff der Aussageform bereits eingeführt. Eine Aussageform ist ein sprachliches Gebilde, welches Variablennamen enthält und welches in eine Aussage überführbar ist, indem anstelle der Variablennamen sprachliche Identifikatoren für bestimmte Variablenwerte eingesetzt werden. Die jeweils gewählten Werte für die Variablen in der Form bilden eine *Belegung*.

Die Logik kennt vier unterschiedliche Typen von Variablen in Aussageformen, die in Bild 35 vorgestellt werden. Im dort gezeigten Beispiel sind sowohl die Funktion als auch das Prädikat einstellig, d.h. sie haben jeweils nur ein Argument in der Klammer. Es sind jedoch auch mehrstellige Funktionen und Prädikate zulässig, z.B.

f (Anna, Hans) := "die Menge der Kinder von" Anna und Hans
P (Anna, Hans) := Anna "ist die Frau von" Hans.

Die Belegung einer Aussagevariablen a sowie die Belegung eines Prädikatenausdrucks P(...) ergeben jeweils eine Aussage; dagegen ergeben die Belegung einer Individuenvariablen x sowie die Belegung eines Funktionsausdrucks f(...) jeweils die Identifikation eines Objekts.

Variablen–typ	Beispiel einer Aussageform	Beispiel einer Belegung
Aussage–variable	a	a:="Die Haare des Kaisers Augustus waren schwarz."
Individuen–variable	Die Haare von x waren schwarz.	x:="Kaiser Augustus"
Funktions–variable	f(Kaiser Augustus) waren schwarz	f:="Die Haare von"
Prädikats–variable	P(Die Haare des Kaisers Augustus)	P:="waren schwarz"

Bild 35 Die Variablentypen in Aussageform

Die sogenannte *Aussagenlogik* beschränkt sich auf Aussageformen, in denen alle Variablen Aussagevariablen sind. In der Aussagenlogik geht es darum, das Problem der Wahrheitsbestimmung zusammengesetzter Aussagen auf das Problem der Wahrheitsbestimmung elementarer Aussagen zurückzuführen, wobei nicht betrachtet wird, wie die Wahrheit der jeweils vorgegebenen elementaren Aussagen bestimmt werden kann.

Anstelle der Bezeichnung Aussagenlogik findet man auch die Bezeichnung Junktorenlogik. Als *Junktoren* ("Vereiniger") werden nämlich die Sprachelemente zur logischen Verknüpfung bezeichnet, die es ermöglichen, aus Aussagevariablen beliebig komplexe Aussageformen zu konstruieren.

Die Aussagenlogik reicht nicht aus, alle in den natürlichen Sprachen enthaltenen logischen Anteile zu erfassen. Deshalb wird die Aussagenlogik ergänzt durch die *Prädikatenlogik*. Diese befaßt sich mit Aussageformen, in denen anstelle der Aussagevariablen Ausdrücke mit den anderen drei Arten von Variablen aus Bild 35 vorkommen. Anstelle der Bezeichnung Prädikatenlogik findet man auch die Bezeichnung Quantorenlogik. Die *Quantoren* sind nämlich die Sprachelemente zur Bezeichnung logischer Quantitäten, die man neben den Junktoren noch benötigt, um aus Individuenvariablen, Funktionsvariablen und Prädikatsvariablen beliebig komplexe Aussageformen aufbauen zu können.

Im folgenden wird zuerst die Aussagenlogik und anschließend die Prädikatenlogik näher dargestellt. Davor muß jedoch noch auf den Unterschied zwischen der sogenannten *klassischen Logik* und der *verallgemeinerten Logik* hingewiesen werden. Es wurde schon gesagt, daß sich die Logik immer mit Aussagen über Aussageformen befaßt. Dabei wird in der klassischen Logik immer nur die Frage nach der Wahrheit der durch die Form gekennzeichneten Aussagen betrachtet. In der verallgemeinerten Logik können dagegen auch andere Aspekte von Aussagen betrachtet werden. Ein Beispiel hierzu wird später betrachtet (s. S. 80). Wenn es keinen Grund gäbe, Wahrheit anders zu behandeln als die vielen anderen Aspekte von Aussagen, dann wäre die klassische Logik nur ein Sonderfall der verallgemeinerten Logik und könnte ausschließlich als solcher dargestellt werden. Die bereits früher vorgestellte Gleichsetzung von Wahrheit und Existenz kann jedoch als Hinweis dafür angesehen werden, daß die klassische Logik mehr ist als ein Sonderfall der verallgemeinerten Logik und daß es deswegen nicht möglich ist, zuerst die verallgemeinerte Logik verständlich einzuführen und anschließend die klassische Logik als einen Sonderfall darzustellen. Die klassische Logik ist nämlich nichts anderes als die präzisierte und formalisierte Logik des täglichen Gebrauchs, die uns im Nucleus der Muttersprache vermittelt wird, und deshalb ist sie die Voraussetzung für die Formulierung der verallgemeinerten Logik. Man kann zwar anschließend, nachdem man die verallgemeinerte Logik eingeführt hat, die klassische Logik mit den dann verfügbaren Mitteln als Sonderfall der verallgemeinerten Logik darstellen; dies darf dann aber nicht als verständliche Definition der klassischen Logik angesehen werden, sondern ist eine Verschlüsselung der Definition, zu deren Entschlüsselung man die klassische Logik bereits braucht.

Die folgenden Betrachtungen bleiben weitgehend auf die klassische Logik beschränkt. Nur gegen Ende dieses Abschnitts wird noch einmal kurz auf die verallgemeinerte Logik eingegangen.

Nun soll also die Aussagenlogik näher behandelt werden. Neben den Junktoren braucht man für die Aussagenlogik noch die *Negation*. Es gibt mehrere Gründe, weshalb es sinnvoll ist, die Negation nicht zu den Junktoren zu rechnen. Im Unterschied zu den Junktoren werden bei der Negation ja nicht mehrere Aussagen zu einer komplexeren Aussage vereinigt. Außerdem kann man die Semantik der Negation nicht wie bei den Junktoren durch die Angabe interpretationsäquivalenter Aussagenmengen definieren (s. Bild 36). Die Negation macht aus einer gegebenen Aussage eine andere, die sogenannte negierte Aussage, wobei die Aussage und ihre Negation ein unverträgliches Aussagenpaar bilden, das als *Widerspruch* bezeichnet wird.

In Bild 36 werden die Negation und die gängigen Junktoren als Elemente der klassischen Aussagenlogik definiert. Zur Festlegung der Semantik werden unter anderem sogenannte Wahrheitswerttabellen angegeben. Jede dieser Tabellen beschreibt eine sogenannte *Wahrheitswertfunktion,* die zu den Wahrheitswerten der ursprünglichen Aussagen links in der Tabelle den jeweiligen Wahrheitswert der durch Negation oder Junktion gebildeten neuen Aussage festlegen. Dabei wird mit W(a) der Wahrheitswert der Aussage a bezeichnet, der nur "wahr" oder "falsch" sein kann.

Die Vermittlung der Semantik der Negation setzt das Verständnis des Widerspruchsbegriffs voraus. Die drei logischen Grundbegriffe "wahr", "falsch" und "Negation" bilden eine semantische Einheit, d.h. keiner der drei Begriffe kann ohne die beiden anderen vermittelt oder verstanden werden. Die Semantik der Negation ist eine Voraussetzung für die Semantik der Junktoren. Bei den Junktoren kann man die Semantik nicht nur durch eine Wahrheitswerttabelle erfassen, sondern auch durch die Angabe von Aussagenmengen, zwischen denen die bereits früherer eingeführte Beziehung der Interpretationsäquivalenz besteht. Jeder Junktor dient dazu, aus zwei frei wählbaren Aussagen a und b eine Kombinationsaussage, die sog. Junktion, zu machen mit dem Ziel, erstens den Inhalt der Aussagen a und b zu vermitteln, ohne ihre Wahrheit zu behaupten, und zweitens einen i.a. nicht vollständig bestimmenden Hinweis auf die Wahrheitswerte von a und b zu geben. Solange man keinen solchen Hinweis hat, muß man noch mit allen vier Möglichkeiten für den Wahrheitswertvektor [W(a),W(b)] rechnen. Die Semantik des Junktors gibt dann den Hinweis, daß eine oder mehrere der vier Möglichkeiten auszuschließen sind. So wird beispielsweise durch die Implikation ($a \rightarrow b$) nur die Möglichkeit [W(a), W(b)] = [wahr, falsch] ausgeschlossen. Die Wahrheitswerttabellen in Bild 36 geben also – von rechts nach links gelesen – jeweils an, welche Wertekombinationen für den Wahrheitswertvektor [W(a), W(b)] durch die Behauptung der jeweiligen Junktion ausgeschlossen werden. Umgekehrt, d.h. von links nach rechts gelesen, geben die Tabellen dann entsprechend an, ob eine bestimmte Junktion noch als wahr anerkannt werden kann, nachdem die Wahrheitswerte der Aussagen a und b bereits festliegen.

Im Falle der Implikation bereitet dieses Lesen der Wahrheitswerttabelle von links nach rechts erfahrungsgemäß manchem Leser gewisse Verständnisschwierigkeiten. Man betrachte folgende Implikation: "Wenn der Onkel Otto heute noch kommt, dann fresse ich einen Besen." Hat diese Implikation überhaupt einen definierten Wahrheitswert, nachdem der Onkel Otto nicht gekommen ist? Nachdem man schon weiß, daß der Onkel Otto nicht gekommen ist, kann man die Implikation wie folgt umformulieren: "Wenn der Onkel Otto gekommen wäre, dann hätte ich einen Besen gefressen." Diese Aussage vermittelt über die Tatsache hinaus, daß der Onkel nicht gekommen ist, keine weitere relevante Information. Es gilt also die Interpretationsäquivalenz aus Bild 36:

$$\{ a \rightarrow b, \overline{a} \} \Leftrightarrow \{ \overline{a} \}$$

Sprachliche Erscheinungsform	Bezeichnung in der Fachsprache der Logik	Symbol	Semantik: Interpretationsäquivalenz	Semantik: Wahrheitswerttabelle	Kommentar
nicht	Negation	$\neg a$ oder $\bar{a}$	$\{a, \bar{a}\} \Leftrightarrow$ Widerspruch	W(a) W($\bar{a}$) falsch wahr wahr falsch	Eine Menge von Aussagen, in der neben einer Aussage auch ihre Negation enthalten ist, ist ein Widerspruch.
und	Konjunktion	$a \wedge b$ oder $a \cdot b$	$\{a \cdot b\} \Leftrightarrow \{a, b\}$	W(a) W(b) W(a · b) falsch falsch falsch falsch wahr falsch wahr falsch falsch wahr wahr wahr	Eine Menge von Aussagen sagt das gleiche aus wie eine einzige Aussage, die aus den UND–verknüpften Elementen der Menge besteht.
entweder... oder	Antivalenz	$a \not\equiv b$ oder $a \oplus b$	$\{a \oplus b\} \Leftrightarrow \{b \oplus a\}$ $\{a \oplus b, \bar{a}\} \Leftrightarrow \{\bar{a}, b\}$ $\{a \oplus b, a\} \Leftrightarrow \{a, \bar{b}\}$	W(a) W(b) W(a ⊕ b) falsch falsch falsch falsch wahr wahr wahr falsch wahr wahr wahr falsch	Die Antivalenz sagt aus, daß von den beiden Aussagen a und b genau eine wahr und eine falsch ist.
oder	Disjunktion	$a + b$ oder $a \vee b$	$\{a \vee b\} \Leftrightarrow \{b \vee a\}$ $\{a \vee b, \bar{a}\} \Leftrightarrow \{\bar{a}, b\}$ $\{a \vee b, a\} \Leftrightarrow \{a\}$	W(a) W(b) W(a ∨ b) falsch falsch falsch falsch wahr wahr wahr falsch wahr wahr wahr wahr	Die Disjunktion sagt aus, daß von den beiden Aussagen a und b mindestens eine wahr ist. Wenn man schon weiß, daß eine der beiden Aussagen wahr ist, erfährt man also nichts über den Wahrheitswert der anderen Aussage.
wenn... dann	Implikation	$a \rightarrow b$	$\{a \rightarrow b\} \Leftrightarrow \{\bar{b} \rightarrow \bar{a}\}$ $\{a \rightarrow b, \bar{a}\} \Leftrightarrow \{\bar{a}\}$ $\{a \rightarrow b, a\} \Leftrightarrow \{a, b\}$	W(a) W(b) W(a → b) falsch falsch wahr falsch wahr wahr wahr falsch falsch wahr wahr wahr	Die Implikation sagt aus, daß die Aussage a nicht wahr sein kann, ohne daß dann auch die Aussage b wahr ist. Wenn man schon weiß, daß a falsch ist, erfährt man also aus der Implikation nichts über den Wahrheitswert der Aussage b.
wenn... dann und nur dann	Äquivalenz	$a \equiv b$ oder $a \leftrightarrows b$	$\{a \leftrightarrows b\} \Leftrightarrow \{b \leftrightarrows a\}$ $\{a \leftrightarrows b, \bar{a}\} \Leftrightarrow \{\bar{a}, \bar{b}\}$ $\{a \leftrightarrows b, a\} \Leftrightarrow \{a, b\}$	W(a) W(b) W(a ⇆ b) falsch falsch wahr falsch wahr falsch wahr falsch falsch wahr wahr wahr	Die Äquivalenz sagt aus, daß die beiden Aussagen a und b entweder beide falsch oder beide wahr sind.

Bild 36 Symbolik und Semantik von Elementen der klassischen Aussagenlogik

Es sei noch ein zweites Beispiel für diese Interpretationsäquivalenz betrachtet: "Wenn $\sqrt{49}$ gleich 6 ist, dann bin ich der Kaiser von China." Hierzu kann man eine allgemeine Aussage assoziieren, die lautet: "Wenn das Unmögliche in dem einen Bereich möglich wird, dann ist auch in anderen Bereichen nichts mehr unmöglich." Falls sich jedoch die Unmöglichkeit in dem einen Bereich bestätigt, falls also $\bar{a}$ wahr wird, dann ist über den anderen Bereich, also über die Wahrheit von b, nichts ausgesagt.

Die Aussage $a \rightarrow b$ ist also im Kontext mit $\bar{a}$ nichtssagend, und eine nichtssagende Aussage ist trivialerweise wahr, denn wer nichts sagt, lügt nicht. Eine Aussage, die bereits ohne Kontext nichtssagend ist, lautet beispielsweise: "Wenn der Hahn kräht auf dem Mist, ändert sich das Wetter, oder es bleibt, wie es ist." Diese Aussage ist wahr, unabhängig davon, was der Hahn macht und was das Wetter macht. Man kann formal schreiben

$$\{ a \rightarrow (b \vee \bar{b}) \} \quad \Leftrightarrow \quad \{ \text{leer} \}$$

um zum Ausdruck zu bringen, daß die Aussage nichtssagend ist, d.h. daß sie keinerlei Hinweise auf die eigentlich interessierenden Wahrheitswerte von a und b enthält. Man kann aber auch schreiben

$$W[a \rightarrow (b \vee \bar{b})] \quad = \text{wahr}$$

um auszudrücken, daß die Aussage logisch wahr ist, d.h. daß ihre Wahrheit unabhängig von der Wahrheit der Aussagen a und b ist.

Logische Wahrheit ist also nichts weiter als die Wahrheit der leeren Aussagenmenge: Eine Aussage ist logisch wahr, wenn sie zur leeren Aussagenmenge äquivalent ist, und eine Aussage ist logisch falsch, wenn sie zu einer widersprüchlichen Aussagenmenge äquivalent ist. Daß auch nichtssagende Aussagen interessant sein können, liegt daran, daß man der komplexen Form einer Aussage normalerweise nicht ansehen kann, ob sie nichtssagend, widersprüchlich oder keines von beiden ist. Deshalb gehört es zur Aufgabe der Logik, in Form eines Kalküls (s. Abschnitt 1.3.3.4) eine formale Methode zur Überführung einer gegebenen Aussagenmenge in andere, dazu äquivalente Aussagenmengen bereitzustellen.

Da in Bild 36 sowohl der Äquivalenzjunktor als auch die Interpretationsäquivalenz in Form ihrer jeweiligen Symbole "$\leftrightarrow$" bzw. "$\Leftrightarrow$" vorkommen, muß der Zusammenhang zwischen diesen Begriffen erläutert werden. Interpretationsäquivalenz und –implikation wurden als bestimmte Beziehungen zwischen Aussagenmengen definiert. Im Sonderfall, wo jede der betrachteten Aussagenmengen jeweils nur eine Aussage enthält, werden also durch die Interpretationsäquivalenz oder –implikation zwei Aussagen miteinander verknüpft. In diesem Sonderfall können also die Implikation und die Äquivalenz aus der metasprachlichen Ebene auf die sprachliche Ebene gebracht werden, wo sie dann Junktoren sind. Dies heißt jedoch nicht, daß die Interpretation dieser Junktoren auf die entsprechende metasprachliche Bedeutung als Interpretationsimplikation oder –äquivalenz beschränkt ist. Wenn eine sprachliche Implikation aus der metasprachlichen Ebene kommt, wenn also beispielsweise aus der Interpretationsimplikation $\{ a \cdot b \} \Rightarrow \{ a \}$ die Junktion $a \cdot b \rightarrow a$ wird, dann handelt es sich um eine beweisbare logische Aussage. Eine Implikation $a \rightarrow b$ darf aber auch eine faktische Aussage sein wie im obigen Beispiel mit Onkel Otto und dem gefressenen Besen.

Nachdem nun die Begriffswelt der Aussagenlogik eingeführt ist, können die zusätzlichen Begriffe vorgestellt werden, um welche die sogenannte *Prädikatenlogik* reicher ist als die Aussagenlogik. Es werden nun Aussageformen betrachtet, in denen anstelle der Aussagevariablen Ausdrücke mit den anderen drei Arten von Variablen vorkommen, die in Bild 35 definiert sind. Neben der Negation und den Junktoren werden in der Prädikatenlogik noch die Quantoren gebraucht, damit die Variablen in komplexe Aussageformen eingebunden werden können. Ein *Quantor* ist ein logisches Sprachelement zur Quantitätsangabe, wodurch festgelegt wird, für wieviel Elemente einer Bezugsklasse eine gegebene Aussageform wahr werden soll. Als Quantoren werden jedoch nicht alle beliebigen Quantitätsvorgaben für eine Auswahl aus der Bezugsklasse benutzt, sondern nur die folgenden Extreme:

"alle"	($\forall$)	"nicht alle"	($\neg\forall$)
"keines"	($\neg\exists$)	"mindestens eines"	($\exists$)

Die verwendeten Symbole erleichtern die Assoziation: $\forall$ für alle, $\exists$ für mindestens eines.

Man schreibt $\forall x\colon \exists y\colon P(x,y)$, wenn man ausdrücken will, daß es für jeden Wert von x mindestens einen Wert von y gibt, so daß für das Wertepaar (x,y) das Prädikat P wahr ist. Es ist wichtig zu beachten, daß eine Umkehr der Reihenfolge der Quantifikationen den Inhalt der Aussage ändert: $\exists y\colon \forall x\colon P(x,y)$ sagt etwas anderes als die zuerst gegebene Aussage. Dies erkennt man leicht, wenn man eine anschauliche Interpretation betrachtet:

(1) Für jeden Menschen x gibt es mindestens einen Hut y, der zu ihm paßt.

(2) Es gibt einen Hut y, der allen Menschen paßt.

Die *Prädikatenlogik erster Stufe* ist dadurch gekennzeichnet, daß nur über Individuenvariable, nicht aber über Funktions– oder Prädikatenvariable quantifiziert wird.

Beispiel:

Die Aussageform:	und die Belegung der Prädikate
$\forall x\colon P1(x) \rightarrow P2(x)$	P1(x): = "x ist ein Mensch".
	P2(x): = "x ist sterblich".

ergibt die faktisch wahre Aussage: "Jedes Objekt x, das ein Mensch ist, ist sterblich."

Eine *Prädikatenlogik höherer Stufe*, deren Stufenzahl m also mindestens zwei ist, ist dadurch gekennzeichnet, daß über Variable der Stufe m quantifiziert wird. Variable der Stufe 1 sind die Individuenvariablen, Variable der Stufe 2 sind Variable für Funktionen oder Prädikate, deren Argumente Individuen, also Belegungen von Variablen der Stufe 1 sind. Variable der Stufe m mit $m \geq 2$ sind also Variable für Funktionen oder Prädikate, deren Argumente – zumindest teilweise – Belegungen von Variablen der Stufe (m–1) sind.

Zur Veranschaulichung der Definition einer Prädikatenlogik höherer Stufe sei folgendes Beispiel aus der Prädikatenlogik zweiter Stufe betrachtet:

$$\forall p\colon \; (\; P1[\text{"}p(x,y)\text{"}] \cdot P2[\text{"}p(x,y)\text{"}] \cdot P3[\text{"}p(x,y)\text{"}] \;) \;\; \rightarrow \;\; P4[\text{"}p(x,y)\text{"}]$$

In diesem Beispiel sind x und y Variable der ersten Stufe, p ist eine Variable der zweiten Stufe, und P1, P2, P3 und P4 sind Variable der dritten Stufe. Mit folgender Belegung der Variablen der dritten Stufe ergibt sich dann eine wahre Aussage:

$P1["p(x,y)"] := \forall x, y: \quad p(x,y) \leftrightarrow p(y,x)$, d.h. p ist symmetrisch
$P2["p(x,y)"] := \forall x, y, z: \quad [p(x,y) \cdot p(y,z)] \rightarrow p(x,z)$, d.h. p ist transitiv
$P3["p(x,y)"] := \forall x: \exists y: \quad p(x,y)$, d.h. p ist linksvollständig
$P4["p(x,y)"] := \forall x: \quad p(x,x)$, d.h. p ist reflexiv

Da die Prädikate P1, P2 und P4 in dieser Belegung das Kennzeichen jeder Äquivalenzrelation sind, kann man den so belegten prädikatenlogischen Ausdruck in natürlicher Sprache auch wie folgt ausdrücken: Jede zweistellige Relation p, die symmetrisch, transitiv und linksvollständig ist, ist eine Äquivalenzrelation.

Zu Beginn dieses Abschnitts über die Begriffswelt der Logik wurde anhand zweier Beispiele gezeigt, daß man Mengen logisch unverträglicher, d.h. widersprüchlicher Aussagen formulieren kann. Im einen Fall lag ein Widerspruch vor, der bereits im Rahmen der Aussagenlogik erkannt werden konnte; er hatte nämlich die Form $\{ a, \overline{a} \}$. Im anderen Fall dagegen ist der Widerspruch nur im Rahmen der Prädikatenlogik feststellbar:

(a1) Herr Müller war am 06.09.1984 um 15.00 Uhr in Hamburg.
$P(x, t, s_1)$: Person x war zur Zeit t am Ort s_1.

(a2) Herr Müller war am 06.09.1984 um 15.00 Uhr in Rom.
$P(x, t, s_2)$ mit $s_1 \neq s_2$

(a3) Keine Person x kann zu irgendeinem Zeitpunkt t sowohl an irgendeinem Ort s_1 als auch an irgendeinem anderen Ort s_2 sein.
$\neg\exists x, t, s_1, s_2: \quad P(x,t,s_1) \cdot P(x,t,s_2) \cdot (s_1 \neq s_2)$
oder in anderer Formulierung
$\forall x, t, s_1, s_2: \quad [\ P(x,t,s_1) \cdot P(x,t,s_2)\ ] \rightarrow (s_1 = s_2)$ 1)

Da die beiden ersten Aussagen genau das Gegenteil der dritten Aussage implizieren, sind die drei Aussagen miteinander unverträglich.

$\{ a_1, a_2 \} \quad \Rightarrow \quad \{ \overline{a_3} \}$
$\{ a_1, a_2, a_3 \} \quad \Rightarrow \quad \{ \overline{a_3}, a_3 \}$ Widerspruch

Logische Kalküle, wie sie im Abschnitt 1.3.3.4 charakterisiert werden, bieten die formalen Methoden zur Ableitung der Interpretationsimplikation $\{ a_1, a_2 \} \Rightarrow \{ \overline{a_3} \}$ aus den gegebenen Aussageformen.

In der klassischen Logik gelten zwei Bedingungen, von denen manchmal mißverständlich gesagt wird, daß sie in der verallgemeinerten Logik nicht vorausgesetzt würden. Zum einen ist dies die Bedingung, daß eine Aussage entweder wahr oder falsch ist und eine dritte Möglichkeit ausgeschlossen ist. Diese Bedingung wird traditionsgemäß "*tertium non datur*" genannt, d.h. ein Drittes gibt es nicht. Zum anderen ist dies die Bedingung, daß eine doppelte Negation gleichbedeutend ist mit der ursprünglichen Aussage. Diese Bedingung lautet traditionsgemäß "*duplex negatio affirmat*", d.h. doppelte Verneinung ist eine Bestätigung.

---

1) Auch $(s_1 = s_2)$ ist eine Prädikatsaussage, nämlich die Anwendung des Gleichheitsprädikats auf die beiden Orte s_1 und s_2. Man hätte auch schreiben können *Gleich*(s_1 , s_2).

Es ist leicht einzusehen, daß die meisten faktischen Aussagen die Bedingung des tertium non datur verletzen, denn sie sind aufgrund der darin vorkommenden unscharfen Begriffe meistens sowohl "ein bißchen wahr" als auch "ein bißchen falsch".

Frau Müller trug ein tief(?) ausgeschnittenes Kleid.
Viele (?) Beamte sind bestechlich (?). 1)

Da sich die Logik aber ohnehin nicht mit faktischer Wahrheit befaßt, ist die Verletzung des tertium non datur bei faktischen Aussagen für die Logik unerheblich. Da aber andererseits logische Aussagen definitionsgemäß nur wahr oder falsch sein können, kann die Verletzung des tertium non datur in der Logik nicht dadurch begründet werden, daß man nun Aussagen betrachtet, die nicht eindeutig entweder wahr oder falsch sind. Vielmehr sind es die bereits früher erwähnten zusätzlichen Aspekte, die über die bloße Frage nach der Wahrheit hinausgehen, wodurch eine Verletzung des tertium non datur sinnvoll wird. So wie der Wahrheitswert einer Aussage a mit W(a) symbolisiert wird, so können beliebige andere Aspekte dieser Aussage mit F(a) symbolisiert werden. Und so wie die Gleichheit von $W(\neg\neg a)$ mit W(a) in der Semantik der Begriffe Wahrheitswert und Negation begründet ist, kann die Semantik eines Aspekts F derart sein, daß dadurch die Ungleichheit von $F(\neg\neg a)$ und F(a) begründet ist.

Verständnisprobleme hinsichtlich der Verletzung des *tertium non datur* oder des *negatio duplex affirmat* werden leider dadurch provoziert, daß man in der verallgemeinerten Logik auch die über den reinen Wahrheitsaspekt hinausgehenden Aspekte als "Wahrheitswerte" bezeichnet, anstatt sie weniger irreführend "logische Werte" zu nennen. Letzteres würde auch besser zum verbreiteten Begriff der *mehrwertigen Logik* passen.

Zum Schluß dieser Betrachtungen über die verallgemeinerte Logik wird ein Beispiel vorgestellt, bei dem beide Bedingungen der klassischen Logik verletzt werden: Es sei eine widerspruchsfreie, aber nicht immer erfolgreiche Beweismaschine gegeben, der man beliebige Zeichenfolgen eingeben kann und die darauf nach endlicher Zeit durch Ausgabe eines Textes aus folgendem Repertoire reagiert:

{ "Die Aussage ist wahr.",
"Ich kann nicht entscheiden, ob die Aussage wahr ist.",
"Die Zeichenfolge ist keine Aussage." }

Wenn einer Zeichenfolge, die eine Aussage ist, das Zeichen $\neg$ vorangestellt wird, soll dies als Negation der Aussage interpretiert werden. Das Werterepertoire für die logischen Werte F(a) wird wie folgt festgelegt: { wahr, unentscheidbar, offen }
Diese logischen Werte sind wie folgt zu interpretieren:

wahr:	Es ist bekannt, daß die Maschine die Aussage a als wahr erkennt.
unentscheidbar:	Es ist bekannt, daß die Maschine die Frage nach der Wahrheit der Aussage a nicht entscheiden kann.
offen:	Es ist nur bekannt, daß a eine Aussage ist, aber die Reaktion der Maschine ist noch unbekannt.

1) Man beachte, daß die Negation dieser Aussage nicht lautet "Viele Beamte sind unbestechlich.", sondern "Wenige oder gar keine Beamte sind bestechlich."

Die Widerspruchsfreiheit der Maschine bedeutet, daß sie nicht sowohl a als auch ¬a als wahr erkennen wird. Unter Berücksichtigung dieser Widerspruchsfreiheit ergibt sich zu dem definierten Repertoire der logischen Werte die in Bild 37 dargestellte Folgerungssemantik der Negation. Die unterschiedlichen logischen Werte für eine Aussage und für ihre doppelte Negation bedeuten in diesem Falle, daß aus der Maschinenreaktion "wahr" zu einer Aussage a nicht geschlossen werden darf, daß dann auch bei Eingabe von ¬¬a die gleiche Reaktion erfolgen müsse.

Annahme : F(a)	Folgerung: F(¬ a)
wahr	unentscheidbar
unentscheidbar	offen
offen	offen

Bild 37
Semantik der Negation in einem Beispiel einer dreiwertigen Logik

Zum Abschluß dieser Darstellung der Begriffswelt der Logik muß noch auf gewisse Erscheinungen hingewiesen werden, die sich aus der Selbstbezüglichkeit der Sprache ergeben und die in der bis hierher vorgestellten Begriffswelt keinen Platz finden.

Die Selbstbezüglichkeit der Sprache kann dazu führen, daß durch die Junktion von Aussagen die Identifikationen in diesen Aussagen verändert werden können. Man betrachte hierzu als Beispiel die beiden Aussagen

"Mozart starb in Wien."

"Dieser Satz besteht aus sechs Wörtern."

Beide Aussagen sind wahr. Wenn man jedoch die beiden Aussagen durch den Junktor "und" verbindet, erhält man die falsche Aussage

"Mozart starb in Wien, und dieser Satz besteht aus sechs Wörtern."

Die Aussage wurde falsch, weil der selbstbezügliche Identifikationsausdruck "dieser Satz" in der Junktion ein anderes Ergebnis liefert als außerhalb der Junktion.

Deshalb gelten die logischen Aussagen über die Konsequenzen der Anwendung von Junktoren nur unter der Bedingung, daß keine Rückwirkungen auf die Identifikationen in den zu verbindenenden Aussagen auftreten.

<table>
<tr><td colspan="3">Aussage a : Ich mache nur falsche Aussagen</td></tr>
<tr><td>Fall 1 :
Der Sprecher von a macht noch weitere Aussagen, von denen mindestens eine nach–weislich wahr ist.</td><td>Fall 2 :
Der Sprecher von a macht noch weitere Aussagen, die alle nachweislich falsch sind.</td><td>Fall 3 :
Der Sprecher von a macht außer a keine weiteren Aussagen.</td></tr>
<tr><td>Die Aussage a ist falsch, und die Negation von a ist wahr: Ich mache nicht nur falsche Aussagen.</td><td colspan="2">Die Aussage a kann weder wahr noch falsch sein, denn aus der Annahme, sie sei wahr, folgt, daß sie falsch sein müsse, und aus der Annahme, sie sei falsch, folgt, daß sie wahr sein müsse.</td></tr>
<tr><td></td><td colspan="2">Paradoxie</td></tr>
</table>

Bild 38 Beispiel einer Paradoxie

Auch die sogenannten Paradoxien sind eine Konsequenz der Selbstbezüglichkeit der Sprache, die es erlaubt, Aussagen als Thema von Aussagen zu behandeln. Eine Paradoxie besteht aus einer oder mehreren Aussagen, die keinen definierten Wahrheitswert haben, ohne daß dies auf die Problematik der faktischen Wahrheit zurückzuführen ist. Paradoxien sind also sowohl gegen faktische als auch gegen logische Aussagen abzugrenzen. Bild 38 zeigt ein Beispiel einer Paradoxie. Jede Paradoxie stellt eine unlogische Identifikation dar, d.h. eine Identifikation eines Objekts in einer unlogischen Welt. So identifiziert die Aussage a in Bild 38 unter anderem ihren eigenen Wahrheitswert, der in der logischen Welt ebensowenig existiert wie die größte aller Primzahlen oder die Menge aller Mengen.

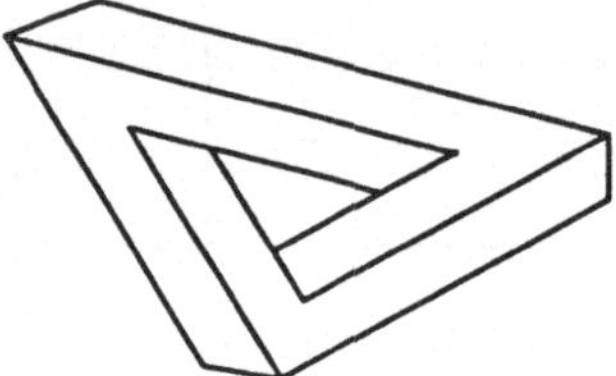

Bild 39
Paradoxes Dreieck

Identifikation in einer unlogischen Welt ist gleichbedeutend mit einer überbestimmenden, widersprüchlichen Umschreibung. So kann man beispielsweise nicht zwei Zahlenwerte durch ein lineares Gleichungssystem für zwei Unbekannte mit drei linear unabhängigen Gleichungen umschreiben. Und das berühmte paradoxe Dreieck in Bild 39 identifiziert keinen dreidimensionalen Körper, weil die Umschreibung in Form einer zweidimensionalen Projektion bezüglich der drei Ecken überbestimmt und widersprüchlich ist.

1.3.3.3 Formale Sprachen

Wenn man nach der Strukturierung von Sprachgebilden fragt, dann wird man sofort an grammatikalische Regeln denken, denen die Sätze in natürlichen Sprachen gehorchen müssen. Deshalb ist es eines der Ziele dieses Abschnitts, den Begriff der Grammatik formal zu erfassen, damit er mit künstlichen Sprachen in Verbindung gbracht werden kann.

Man kann davon ausgehen, daß es in einer natürlichen Sprache nur endlich viele unterschiedliche Wörter gibt, selbst wenn man alle verschiedenen Formen mit demselben Wortstamm getrennt zählt. Jeder Satz ist eine endliche Folge von Vorkommen von Wörtern aus dem endlichen Wortrepertoire. Aus der unendlichen Menge aller kombinatorisch bildbaren endlichen Wortfolgen aus dem endlichen Wortrepertoire wird durch die Grammatik eine echte Teilmenge abgegrenzt, die alle grammatikalisch korrekten und keine anderen Wortfolgen enthält. In dieser Teilmenge wird die Wortfolge

"Mozart starb in Wien."

enthalten sein, nicht aber die Wortfolge

"Starb in gelbes Mozart und."

Das Interesse, aus einer unendlichen Menge endlicher Symbolfolgen eine Teilmenge abzugrenzen, muß nicht auf das Interesse an grammatikalischer Korrektheit beschränkt bleiben. So gibt es beispielsweise das weitergehende Interesse, aus der unendlichen Menge aller grammatikalisch korrekten logischen Aussagen die Teilmenge all derjenigen Aussagen abzugrenzen, die logisch wahr sind. Deshalb wird nun zuerst die Frage nach dem Interesse an der Abgrenzung außer Acht gelassen, und es wird vorläufig nur noch nach den formalen Verfahren der Abgrenzung gefragt.

Man nehme an, es sei ein endliches Typenrepertoire von Formbausteinen gegeben, aus denen man durch diskrete Verkopplung beliebig große zusammenhängende Formstrukturen aufbauen kann. Aus der unendlichen Menge K aller kombinatorisch möglichen endlichen Formstrukturen solle eine bestimmte Teilmenge F formal, d.h. nur durch Regeln, die etwas über Formen aussagen, abgegrenzt werden[1]. Solch ein Regelwerk wird *formales System* genannt.

Bild 40 zeigt zwei verschiedene Repertoires von flächenhaften Formbausteinen[2], aus denen – wie beim Kacheln einer Wand – zusammengesetzte Formen gebildet werden können. Das Repertoire in Beispiel 1 enthält nur einen einzigen Bausteintyp, aber aus Bausteinen dieses Typs können zweidimensionale Formen aufgebaut werden, denn es gibt vier unterschiedliche Verbindungsarten zwischen zwei Bausteinen: Weißer Riegel ins weiße Feld, weißer Riegel ins schwarze Feld, schwarzer Riegel ins weiße Feld, schwarzer Riegel ins schwarze Feld. Dagegen enthält das Repertoire in Beispiel 2 zwar zwei Bausteintypen, aber aus Bausteinen dieser Typen können nur eindimensionale Formen aufgebaut werden, da jeder Baustein jeweils nur einen Verbindungsriegel und eine dazu passende Aussparung besitzt. Die Menge K ist gleich der Menge der mit dem jeweiligen Typenrepertoire von Formbausteinen machbaren zusammenhängenden endlichen Formstrukturen.

Es sind zwei grundsätzlich verschiedene Verfahren der Abgrenzung von F in K bekannt, und aus diesen Verfahren können durch Verkettung weitere Verfahren gestaltet werden. Das erste Verfahren ist das naheliegendste: man gibt ein *Entscheidungskriterium* vor, anhand dessen für jedes Element in K entschieden werden kann, ob es zu F gehört oder nicht. Ein solches Entscheidungskriterium ist nichts anderes als eine Funktion mit K als Argumentwertebereich und dem zweiwertigen Ergebniswertebereich { in F, nicht in F }. Für das Beispiel 1 in Bild 40 könnte ein solches Entscheidungskriterium beispielsweise lauten: eine Form aus K gehört dann und nur dann zu F, wenn sie eine ungerade Anzahl schwarzer Quadrate enthält. In diesem Fall würde die dargestellte zusammengesetzte Form zu F gehören. Man beachte hierbei, daß auch in solchen Fällen, wo – anders als in den Beispielen in Bild 40 – für die Formen in K eine Interpretation festgelegt wurde, diese Interpretation in dem Entscheidungskriterium nicht verwendet werden darf. Das Entscheidungskriterium darf sich im formalen System immer nur auf die Form, aber nie auf die der Form im Falle einer vereinbarten Interpretation zugeordnete Bedeutung beziehen.

Das zweite Verfahren ist das sogenannte *axiomatische Verfahren*, bei dem eine echte Teilmenge von F, die Menge der *Axiome*, durch ein Entscheidungskriterium festgelegt wird. Die restlichen Elemente von F werden durch *Ableitungsregeln* aus den Axiomen abgeleitet. Eine Ableitungsregel gibt jeweils an, wie aus bereits bekannten Elementen von F, die bestimmte Formkriterien erfüllen, weitere Elemente von F gewonnen werden können.

---

1) Die Bezeichnungen K und F wurden gewählt, damit man dazu "das kombinatorisch Mögliche" bzw. "das formal Abzugrenzende" assoziieren kann.

2) Wegen der anschaulichen Darstellbarkeit wurden hier flächenhafte Formbausteine als Beispiele gewählt. Der Begriff des Formbausteins ist jedoch keinesfalls auf die Zweidimensionalität beschränkt.

	Beispiel 1	Beispiel 2
Typenrepertoire der Formbausteine		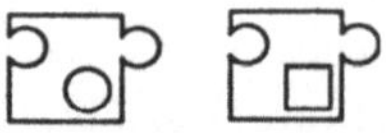
Beispiel einer zusammengesetzten Form		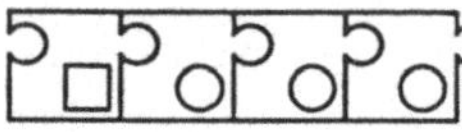
Axiome		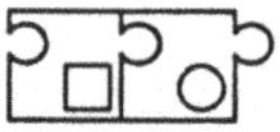
Regeln	(1) Aus einer zu F gehörenden Form erhält man eine weitere zu F gehörende Form, indem man einen Baustein derart anfügt, daß die beim Anschluß beteiligten Riegel jeweils in die Felder ihrer Farbe greifen. (2) Aus einer zu F gehörenden Form, bei der irgendwo am Rand ein auf zwei Bausteine verteiltes Dreieck seine Hypothenuse nach außen streckt, erhält man eine weitere zu F gehörende Form, indem man an diese Hypothenuse mit zwei Bausteinen genau ein gleiches Dreieck parallelverschoben noch einmal anbaut.	Aus einer zu F gehörenden Form, die igendwo die Teilfolge 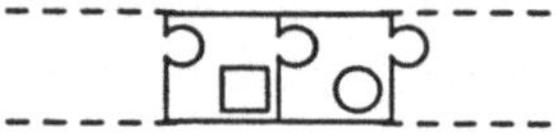 [Abbildung] enthält, erhält man eine weitere zu F gehörende Form, indem man die alte Form in der Mitte dieser Teilfolge auftrennt und an der Trennstelle das Axiom einbaut.
Beispiel einer ableitbaren Form	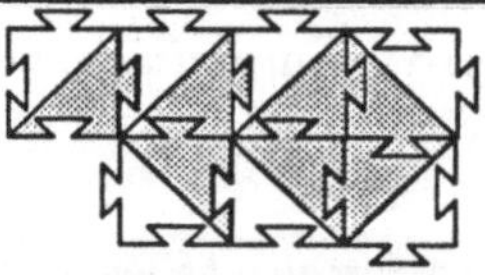	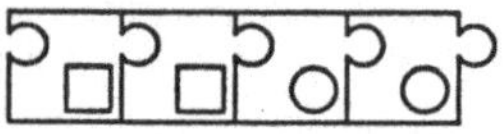
Beispiel einer nicht zu F gehörenden Form	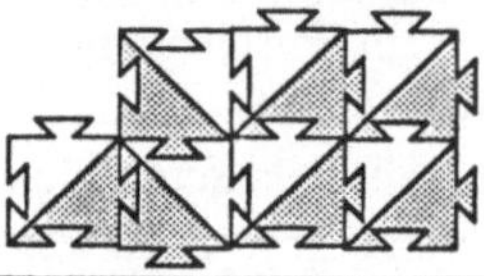	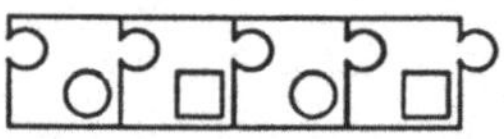

Bild 40 Beispiele zum axiomatischen Verfahren

Jedes axiomatische Verfahren muß die Bedingung erfüllen, daß kein Axiom aus den anderen Axiomen über einmalige oder mehrmalige Anwendungen von Ableitungsregeln gewonnen werden kann.

Häufig ist die Axiomenmenge endlich und so klein, daß sie durch explizite Aufzählung angegeben wird. Auch dies ist selbstverständlich als Festlegung der Axiomenmenge durch ein Entscheidungskriterium anzusehen.

Das axiomatische Verfahren wird anhand der Beispiele in Bild 40 veranschaulicht. Im Falle des Beispiels 2 fällt es leicht, die Menge F auch durch ein Entscheidungskriterium in K abzugrenzen: Ein Element von K gehört dann und nur dann zu F, wenn es eine gerade Anzahl von Bausteinen umfaßt, von denen die linke Hälfte[1)] alle vom □–Typ und die rechte Hälfte alle vom O–Typ sind. Im Falle des Beispiels 1 dagegen existiert kein leicht faßliches Entscheidungskriterium zur Abgrenzung von F in K. Es gilt allgemein, daß das axiomatische Verfahren dort seine besondere Bedeutung hat, wo ein Entscheidungskriterium nicht existiert oder nicht mit erträglichem Aufwand formuliert werden kann.

Als Beispiel eines kombinierten Verfahrens wird die Verkettung eines axiomatischen Verfahrens mit einer anschließenden Auswahl durch ein Entscheidungskriterium betrachtet. Das axiomatische Verfahren wird in diesem Falle dazu benutzt, in K eine Menge F' abzugrenzen, innerhalb derer dann noch durch ein Entscheidungskriterium die eigentlich interessierende Menge F abgegrenzt wird. Beispielsweise könnte F' die im Beispiel 1 in Bild 40 axiomatisch abgegrenzte Menge sein, und in F' könnte dann F abgegrenzt werden durch das Kriterium, daß ein Element von F' dann und nur dann zu F gehört, wenn es eine ungerade Anzahl schwarzer Quadrate enthält.

Unter den formalen Systemen haben nur wenige Sonderfälle eine praktische Bedeutung. Dies sind insbesondere diejenigen, bei denen nur eindimensionale Formen, also Folgen von Bausteinen vorkommen wie im Beispiel 2 in Bild 40. Auf die Symbolfolgesprachen beschränkt sich nun die weitere Betrachtung. Dabei geht es selbstverständlich nicht um eine reine Spielerei mit bedeutungslosen Mustern, sondern um die Klassifikation interpretierbarer Symbolfolgen.

Die formalen Systeme entstanden in der Logik, also dem Zweig der Mathematik, in dem die Grundlagen des Beweisens untersucht werden. Sie sind ein Ergebnis des Bemühens der Logiker, mehr "Objektivität" in die Kunst des Beweisens hineinzubringen. Ein mathematischer Beweis zu einer Behauptung B ist eine endliche Folge $A_1, A_2, A_3, ... A_n$ von Aussagen, die von Mathematikern als "wahr" anerkannt werden, wobei die letzte Aussage A_n entweder gleich der Behauptung B ist, womit die Wahrheit von B bewiesen ist, oder gleich deren Verneinung ist, womit die Behauptung B widerlegt ist. Für jede einzelne Aussage A_i in der Folge A_1 bis A_n wird die Anerkennung ihrer Wahrheit auf eine von zwei möglichen Weisen begründet: Entweder stammt A_i aus einem apriori gegebenen Repertoire anerkannt wahrer Aussagen, oder aber die Wahrheit von A_i folgt logisch zwingend aus der Wahrheit der voranstehenden Aussagen A_1 bis A_{i-1}. Während die Vorgabe eines Repertoires anerkannt wahrer Aussagen als Voraussetzung jeglichen Beweisens von den Logikern ohne weiteres akzeptiert werden kann – denn

1) Links sei definiert als diejenige Seite, auf der sich die Bausteinaussparungen befinden.

wo sollte sonst die wahre Aussage A_1 herkommen? –, ist für einen Logiker keineswegs jede Schlußfolgerung akzeptabel, die andere Leute für logisch zwingend halten. Das Bemühen der Logiker nach mehr Objektivität war deshalb darauf gerichtet, genau zu definieren, was eine akzeptable logische Schlußfolgerung sei.

Da die größtmögliche Objektivität sicher erreicht wäre, wenn es gelänge, das logische Schließen auf einen reinen Formalismus zu reduzieren, entwickelte man die formalen Systeme. Jede Aussagenkette A_1 bis A_{i-1} in einer Beweiskette wird nur noch als Symbolfolge betrachtet, deren Interpretation außer Betracht bleiben kann, wenn die Schlußregeln formalisiert sind. Die Schlußregeln sind genau dann formalisiert, wenn jede Aussage A_i, die als Schlußfolgerung aus den voranstehenden Aussagen A_1 bis A_{i-1} akzeptiert werden soll, nach diesen Regeln ausschließlich unter Bezug auf die Form und nicht auf die Interpretation der Aussagen A_1 bis A_{i-1} gewonnen werden kann. In diesem Fall ist also das formale System nicht mehr nur ein Mittel zum geregelten Spiel mit bedeutungslosen Mustern, denn die Muster sind ja durchaus interpretierbar, aber das Interpretationsergebnis bleibt zeitweise außer Betracht. Aus der Menge K aller mit dem gegebenen Typenrepertoire kombinatorisch bildbaren Symbolfolgen wird formal eine Teilmenge F ausgewählt. Diese soll in diesem Fall genau diejenigen Symbolfolgen umfassen, die als Aussagenketten über den durch die Symbolik erfaßten Ausschnitt der mathematischen Welt interpretierbar und logisch wahr sind.

Dieser Zusammenhang zwischen den formalen Systemen und der Logik gibt den Axiomen eine besondere Bedeutung. Formal betrachtet sind die Axiome lediglich bestimmte Formstrukturen, die per Definition zur Menge F gehören und aus denen alle weiteren Elemente von F abgeleitet werden können. In der Interpretation dagegen sind die Axiome bestimmte Aussagen, die per Definition, d.h. ohne Beweis als wahr zu betrachten sind und aus denen alle damit implizierten wahren Aussagen formal abgeleitet werden können. Im Abschnitt 1.3.3.4 über Kalküle wird darauf näher eingegangen.

Da nicht jede formal aus einer Menge K ausgewählte Teilmenge F eine Menge interpretierbarer Muster ist, wird nun im folgenden anstelle von F die Bezeichnung L verwendet – man assoziiere das englische Wort *language* –, wenn betont werden soll, daß es sich dabei um eine Menge interpretierbarer Muster handelt. Dabei gilt nicht von vornherein die Einschränkung, daß die Symbolfolgen in der Menge L immer nur als Aussagen interpretierbar sein sollen. Die Betrachtungen, soweit sie sich nicht auf spezielle Beispiele beziehen, gelten somit auch für Symbolfolgen, die als Ausdrücke, Fragen oder Anweisungen (s. Bild 33) interpretiert werden sollen.

Bei den praktisch relevanten formalen Sprachen ist die Menge L jeweils eine unendliche Menge. Deshalb kann die Syntax in diesen Fällen nicht dadurch angegeben werden, daß alle Elemente von L explizit aufgezählt werden. Durch explizite Aufzählung kann nur eine endliche Teilmenge von L angegeben werden, die verbleibende unendliche Restmenge muß auf andere Weise definiert werden. Zur Definition unendlicher Mengen endlicher Symbolfolgen haben sich die *Grammatiken* als spezielle *axiomatische Systeme* durchgesetzt.

Der hier vorgestellte formale Grammatikbegriff geht auf den schon lange bekannten Begriff der Grammatik natürlicher Sprachen zurück. Dort gibt es grammatikalische Begriffe wie *Satz, Objekt, Prädikat, Attribut, adverbiale Bestimmung des Ortes* usw. zur Klassifikation von

Wortfolgen. Die Wörter für diese grammatikalischen Begriffe können sowohl als Elemente in Formen zur Symbolisierung grammatikalischer Strukturen als auch als Wörter in grammatikalisch strukturierten Sätzen vorkommen. Man betrachte hierzu das zweimalige Vorkommen des Wortes "Subjekt" im folgenden Beispiel:

Grammatikalisch strukturierter Satz:	Jeder vollständige Satz	enthält	ein Subjekt.
Grammatikalische Struktur des Satzes:	| *Subjekt*	| *Prädikat* |	*Objekt* |

In diesem Beispiel ist offensichtlich "ein Subjekt" gar nicht das Subjekt, sondern das Objekt des Satzes. Die Notwendigkeit, zwischen den Elementen zur Erfassung grammatikalischer Strukturen und den Elementen in den grammatikalisch strukturierten Sprachgebilden unterscheiden zu müssen, führt in der Definition des formalen Grammatikbegriffs zur Unterscheidung zwischen den sogenannten *Superzeichen* und den sogenannten *Terminalen*. Jedes Superzeichen symbolisiert eine Klasse von Terminalfolgen. In natürlichen Sprachen sind die betrachteten Terminalfolgen ganze Sätze oder grammatikalisch abgrenzbare Satzteile; die Terminale sind hier die Wörter in den Sätzen.

Es ist durchaus sinnvoll, neben den reinen Terminalfolgen auch reine Superzeichenfolgen und Mischfolgen aus Terminalen und Superzeichen zu betrachten. Im folgenden Beispiel sind die Superzeichen die kursiv geschriebenen Wörter:

Satz ⇒ *Subjekt Prädikat Objekt* ⇒ *Subjekt* aß *Objekt* ⇒ Herr Müller aß ein Schnitzel.

Nicht nur hinsichtlich der reinen Terminalfolgen, sondern auch hinsichtlich der Superzeichenfolgen und der Mischfolgen muß die Frage nach der Verträglichkeit mit den grammatikalischen Regeln definiert sein

Grammatikalisch korrekte Folge:	*Subjekt* aß *Objekt*.
Grammatikalisch inkorrekte Folge:	*Prädikat* aß *Objekt*.

In der folgenden Betrachtung wird die Menge aller hinsichtlich einer gegebenen Grammatik korrekten Folgen jeweils G genannt; die Benennung soll auf Grammatik hinweisen.

Grammatiken werden heute üblicherweise in einer Form definiert und klassifiziert, wie sie von Chomsky[1)] eingeführt wurde. Durch eine *Grammatik* wird eine Terminalfolgenmenge L als echte Teilmenge einer Symbolfolgenmenge G beschrieben, wobei G durch ein axiomatisches System mit nur einem einzigen Axiom definiert wird. Das Symbolrepertoire für G enthält neben den Terminalen noch die *Superzeichen*. Die Menge L ist genau diejenige Teilmenge von G, die alle Symbolfolgen enthält, in denen nur Terminale vorkommen.

An das axiomatische System zur Definition von G werden zwei formale Bedingungen gestellt. Die eine Bedingung verlangt, daß es nur ein einziges Axiom gibt und daß dieses eine Symbolfolge der Länge eins ist, die aus einem Superzeichen besteht. In natürlichen Sprachen ist dieses Axiom üblicherweise das Superzeichen *Satz*. Die zweite Bedingung schreibt die Form der Ableitungsregeln vor: Jede Ableitungsregel beschreibt eine Möglichkeit, aus einer nicht zu L gehörenden Symbolfolge in G dadurch eine neue Symbolfolge in G zu gewinnen, daß man ein Superzeichen durch einen bestimmten Symbolfolgenabschnitt ersetzt. Dabei kann die Ableitungsregel einen sogenannten *Kontext* angeben, in dem das zu ersetzende Su-

1) Noam Chomsky, geb. 1928, hat als Professor für Linguistik am Massachusetts Institute of Technology (bei Boston, USA) ab 1955 grundlegende linguistische Theorien entwickelt.

perzeichen stehen muß, damit es entsprechend der Regel ersetzt werden darf. Die Ableitungsregeln haben also die Form in Bild 41.

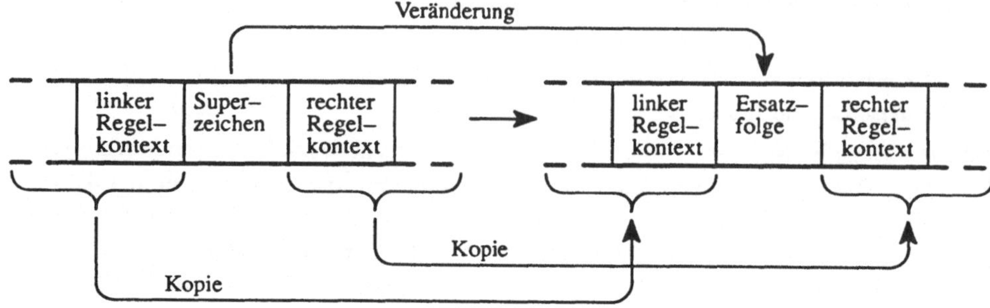

Bild 41 Form der Regeln einer Grammatik

Man beachte, daß dies nur die Form einer Regel und keine explizite Regel ist. Eine Regel ist anwendbar auf eine Symbolfolge in G, wenn in dieser Symbolfolge der auf der linken Regelseite explizit angegebende Folgenabschnitt enthalten ist. Falls durch den Regelkontext nicht verlangt wird, daß links oder rechts von dem zu ersetzenden Superzeichen oder dem Regelkontext nichts mehr stehen darf, hängt die Anwendbarkeit der Regel nicht davon ab, was aktuell bei der Anwendung links bzw. rechts vom Regelkontext steht.

Nun soll die allgemeine Definition des Grammatikbegriffs durch Beispiele veranschaulicht werden. Zuerst wird das einfache Beispiel betrachtet, anhand dessen bereits die Begriffe des formalen Systems und des axiomatischen Systems veranschaulicht wurden (Beispiel 2 in Bild 40). Eine Grammatik hierzu sieht wie folgt aus:

Terminalrepertoire	=	{ ○ , □ }
Superzeichenrepertoire	=	{ S }
Einziges Axiom:		S
Ableitungsregeln:	(1)	S ⇒ □ ○
	(2)	S ⇒ □ S ○

Bild 42 zeigt die zu dieser Grammatik gehörenden beiden Mengen G und L. Die Regeln enthalten keine Kontextangaben, und dies bedeutet, daß das Superzeichen S immer ersetzt werden darf unabhängig davon, wo es in einer Folge angetroffen wird.

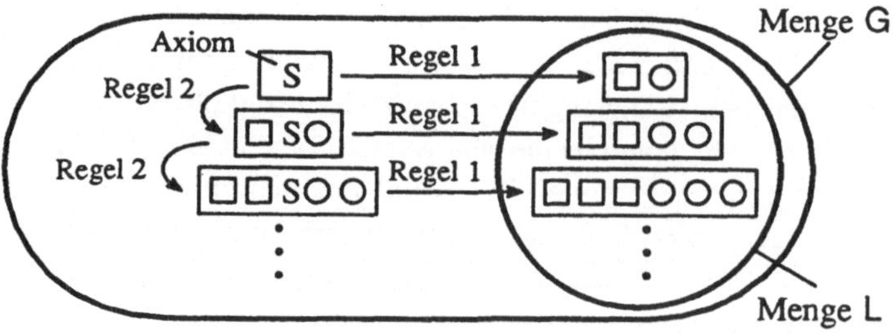

Bild 42
Mengen zu einem Grammatik-Beispiel

Als nächstes Beispiel wird eine Grammatik für die Dezimalschreibweise natürlicher Zahlen vorgestellt:

Terminalrepertoire = { 1, 2, 3, 4, 5, 6, 7, 8, 9, 0 }
Superzeichenrepertoire = { N, D, P } (N steht für natürliche Zahl, D für Dezimalziffer und P für positive Dezimalziffer.)

Einziges Axiom: N

Ableitungsregeln:
(1) N ⇒ P
(2) N ⇒ ND
(3) D ⇒ P
(4) D ⇒ 0
(5) P ⇒ 1 | 2 | 3 | 4 | 5 | 6 | 7 | 8 | 9

Die Form der Ableitungsregel für die Ersetzung von P bedarf einer zusätzlichen Erklärung: Es gibt neun unterschiedliche Möglichkeiten zur Ersetzung von P, und dies könnte durch neun getrennte Ableitungsregeln dargestellt werden. In der gezeigten abgekürzten Schreibweise, die allgemein üblich ist, sind einfach die rechten Seiten dieser neun Ableitungsregeln als Alternativen durch senkrechte Striche getrennt nebeneinandergestellt.

Unter Bezug auf die gegebene Grammatik für positive ganze Dezimalzahlen soll als weiteres Beispiel eine Grammatik für eine einfache Klasse arithmetischer Ausdrücke vorgestellt werden:

Terminalrepertoire = { n, +, ·, (,) }
Superzeichenrepertoire = { A, F } (A steht für Ausdruck und F für Faktor.)

Einziges Axiom: A

Ableitungsregeln:
(1) A ⇒ n
(2) A ⇒ A + A
(3) A ⇒ F · F
(4) F ⇒ n
(5) F ⇒ (A + A)
(6) F ⇒ F · F

Das n im Terminalrepertoire stellt die Verbindung zur Dezimalzahlengrammatik her. Zwei Grammatiken können immer dadurch verkoppelt werden, daß das Axiom der einen Grammatik in das Terminalrepertoire der anderen aufgenommen wird.

Die Terminalfolgen, die durch diese Grammatik definiert werden, sind arithmetische Ausdrücke, in denen Addition und Multiplikation in beliebiger Klammerschachtelung vorkommen können, also beispielsweise

$$n_1 \cdot n_2 + n_3 \cdot (n_4 + n_5 \cdot n_6 \cdot n_7).$$

Dabei sind die n_i Variable für Terminalfolgenabschnitte, wie sie sich aus der anderen Grammatik ergeben, in der n bzw. N das Axiom ist.

Obwohl im Rest dieses Buches auf die von *Chomsky* stammende Klassifikation von Grammatiken in vier Typen kein Bezug mehr genommen wird, soll sie doch der Vollständigkeit wegen vorgestellt werden.

Die Klasse höchster Komplexität ist gekennzeichnet durch den Sachverhalt, daß die Grammatik mindestens eine Ableitungsregel enthält, worin der Symbolfolgenabschnitt, der anstelle des Superzeichens eingesetzt werden soll, die Länge null hat, so daß bei Anwendung der Regel die neu gewonnene Symbolfolge um eins kürzer ist als die ursprüngliche. Man sagt in diesem Fall die Grammatik sei vom *Typ 0*.

Die Klasse mit zweithöchster Komplexität ist dadurch gekennzeichnet, daß das Kriterium des Typs 0 nicht erfüllt ist und daß die Grammatik mindestens eine Ableitungsregel enthält, in der ein Kontext vorkommt. Man spricht vom *Typ 1* und nennt die Grammatik *kontext–sensitiv*.

Das Nichterfülltsein des Kriteriums des Typs 0 erlaubt es, ausgehend vom Axiom die Elemente der Menge G in einer solchen Reihenfolge aufzuzählen, daß kein Element kürzer ist als irgendeines seiner Vorgänger. Man nennt dies *längenmonotone Aufzählung*. Viele Fragen bezüglich einer Sprache – beispielsweise ob eine gegebene Symbolfolge zu L gehört oder nicht – lassen sich nur dann in vorhersagbar endlich vielen Schritten durch ein formales Verfahren beantworten, wenn Längenmonotonie vorliegt.

Die Klasse mit dritthöchster oder zweitgeringster Komplexität ist dadurch gekennzeichnet, daß weder die Kriterien des Typs 0 noch des Typs 1 noch des Typs 3 erfüllt sind. Man spricht vom *Typ 2* und nennt die Grammatik *kontextfrei*.

Die Klasse mit geringster Komplexität schließlich ist dadurch gekennzeichnet, daß jede der Regeln einer der beiden Formen in Bild 43 entspricht. Man spricht vom *Typ 3* und nennt die Grammatik *regulär*. [1)]

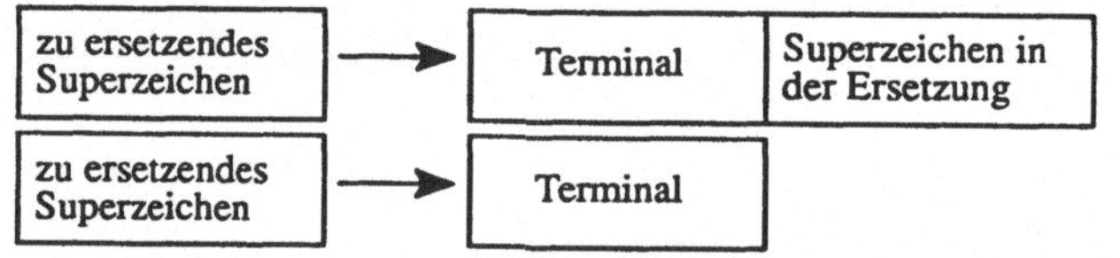

Bild 43
Form der Regeln für reguläre Grammatiken (Typ 3)

Die bisher vorgestellten drei Grammatik–Beispiele sind alle vom Typ 2.

Die Klassifikation von Grammmatiken kann man nur dann auf die zugehörigen Sprachen übertragen, wenn man dabei den folgenden Sachverhalt beachtet: Es ist durchaus möglich, ein und dieselbe Symbolfolgenmenge L durch zwei unterschiedliche Grammatiken zu definieren. Da muß man natürlich die Frage stellen, ob es sich in diesem Fall um zwei unterschiedliche formale Sprachen handelt oder nur um eine. Da es sinnvoll ist, die Grammatik als Merkmal einer Sprache anzusehen, ist es in diesem Falle sicher sinnvoll, von zwei unterschiedlichen formalen Sprachen zu sprechen. Man kann aber den Sachverhalt, daß zu beiden die gleiche Symbolfolgenmenge L gehört, nicht einfach ignorieren. Die beiden Sprachen haben den gleichen *Sprachumfang*, d.h. sie können sich zwar hinsichtlich der Art ihrer Interpretation unterscheiden, aber hinsichtlich der Vielfalt an Ausdrucksmöglichkeiten sind sie gleich. Wenn nun die zwei Grammatiken, die beide ein und dieselbe Menge L definieren, nach Chomsky in unterschiedliche Komplexitätsklassen fallen, dann darf man sagen, daß die Existenz der Grammatik mit der geringeren Komplexität ein Zeichen dafür ist, daß die Grammatik mit der

1) Genau genommen gibt es zwei Typen regulärer Grammatiken. Bild 43 gilt nur für den einen Typ. Beim zweiten Typ ist in der oberen Regelform auf der rechten Seite die Reihenfolge von Terminal und Superzeichen gerade umgekehrt.

höheren Komplexität der eigentlichen Sprachkomplexität nicht entspricht. Deshalb gilt: Die Komplexitätsklasse einer formalen Sprache ist gleich der Klasse geringster Komplexität, in der es noch eine Grammatik für die Symbolfolgenmenge L dieser Sprache gibt.

Hierzu ist in Bild 44 ein Beispiel angegeben: Zu einem Terminal– und einem Superzeichenrepertoire sind vier unterschiedliche Mengen von Regeln aufgelistet, und diese Regelmengen sind derart, daß zu jeder Regelmenge eine andere Komplexitätsklasse gehört. Dennoch ist der Sprachumfang in allen vier Fällen der gleiche: L besteht aus der Menge aller nichtleeren Folgen von Einsen und der Menge all derjenigen Folgen, die aus zwei nichtleeren Teilfolgen zusammengesetzt sind, von denen die erste nur aus Einsen und die zweite nur aus Zweien besteht. Diese Sprache ist also vom Typ 3.

	Repertoire der Terminale = { 1, 2 }; Repertoire der Superzeichen = { A, Z }			
	Axiom = A			
(1)	A → 1A	A → 1A	A → 1A	A → 1A
(2)	A → 1Z	A → 1	A → 1	A → 1
(3)	1A → 1	1A → 1Z	A → 1Z	A → 1Z
(4)	Z → Z2	Z → Z2	Z → Z2	Z → 2Z
(5)	Z → 2	Z → 2	Z → 2	Z → 2
	Typ 0 (wg. Regel 3)	Typ 1 (wg. Regel 3)	Typ 2 (wg. Regel 3 u. 4)	Typ 3

Bild 44 Grammatiken unterschiedlicher Komplexität für ein und denselben Sprachumfang

In den Grammatiken für natürliche Sprachen sind die Superzeichen immer so gewählt, daß es für jede charakteristische Satzform und jeden charakteristischen Satzteil ein eigenes Superzeichen gibt. Dies sollte in Grammatiken für formale Sprachen nicht anders sein. In diesem Sinne ist keine der vier Grammatiken in Bild 44 optimal. Unter diesen ist es sicher die Grammatik vom Typ 3, bei der es am leichtesten fällt, auf den Sprachumfang zu schließen. Aber durch Einführung eines dritten Superzeichens kann man das Erfassen des Sprachumfangs aus der Grammatik noch weiter erleichtern:

Repertoire der Superzeichen = { A, E, Z }

A steht für das <u>A</u>xiom und damit für <u>a</u>lle Folgen in L.
E steht für nichtleere Folgen von <u>E</u>insen.
Z steht für nichtleere Folgen von <u>Z</u>weien.

Regeln:
(1) A ⇒ E Eine Folge in L kann eine nichtleere Einsfolge sein.
(2) A ⇒ EZ Eine Folge in L kann aus einer nichtleeren Einsfolge und einer daran anschließenden nichtleeren Zweierfolge zusammengesetzt sein.
(3) E ⇒ 1E Eine nichtleere Einsfolge kann mit einer Eins beginnen, hinter der eine nichtleere Einsfolge steht.
(4) E ⇒ 1 Eine nichtleere Einsfolge darf auf eine Eins beschränkt sein.
(5) Z ⇒ 2Z Eine nichtleere Zweierfolge kann mit einer Zwei beginnen, hinter der eine nichtleere Zweierfolge steht.
(6) Z ⇒ 2 Eine nichtleere Zweierfolge darf auf eine Zwei beschränkt sein.

Wegen der Regeln (1) und (2) ist diese Grammatik vom Typ 2 und somit komplexer, als es der Sprachumfang erfordert. Trotzdem ist hinsichtlich des Erfassens des Sprachumfangs diese Grammatik die einfachste.

Im folgenden werden nun einige Konsequenzen betrachtet, die sich aus der Definition von Grammatiken ergeben. Weil die Symbolfolgen in der Menge L durch Anwendung der Ableitungsregeln aus dem Axiom abgeleitet werden, läßt sich zu jeder Symbolfolge in L mindestens ein sogenannter *Ableitungsbaum* angeben, der genau beschreibt, wie die Ableitung erfolgen kann. Eine Grammatik ist *eindeutig*, wenn es zu jeder Symbolfolge in L jeweils nur einen Ableitungsbaum gibt, wenn also diese Folge nur auf eine einzige Art und Weise aus dem Axiom abgeleitet werden kann; andernfalls ist die Grammatik *mehrdeutig*.

Bild 45 zeigt Beispiele von Ableitungsbäumen auf der Grundlage zweier Grammatiken, die bereits vorgestellt wurden (s. S. 89), nämlich einerseits der Grammatik für eine einfache Klasse arithmetischer Ausdrücke und andererseits der Grammatik für natürliche Zahlen in Dezimalschreibweise. Während die Dezimalzahlengrammatik eindeutig ist, ist die gegebene Grammatik für arithmetische Ausdrücke *mehrdeutig*. Dies ist in Bild 45 dadurch gezeigt, daß für den Folgenabschnitt $n_5 \cdot n_6 \cdot n_7$ zusätzlich zu dem im Gesamtbaum hängenden Teilbaum noch ein anderer Teilbaum unterhalb des Folgenabschnitts dargestellt ist, der auch mit der Grammatik verträglich ist.

Die Mehrdeutigkeit der Grammatik für arithmetische Ausdrücke ist in den Regeln 2, 3, 5 und 6 begründet, wo jeweils auf der rechten Seite zweimal das gleiche Superzeichen – A bzw. F – vorkommt. Denn diese Regeln erlauben es, in einer Summe A + A + ... mit mindestens drei Summanden bzw. in einem Produkt F · F · ... mit mindesten drei Faktoren die Superzeichen auf unterschiedliche Weise paarweise zusammmenzufassen.

Eine eindeutige Grammatik läßt sich in diesem Beispiel leicht gewinnen, indem man das Superzeichenrepertoire geeignet erweitert:

Repertoire der Superzeichen = { A, S, P, F }
mit A für Ausdruck und Axiom.
S für Summandenform
P für Produkt
F für Faktor

Regeln:

(1) $A \Rightarrow S$
(2) $A \Rightarrow S + A$
(3) $S \Rightarrow n$
(4) $S \Rightarrow P$
(5) $P \Rightarrow F \cdot F$
(6) $P \Rightarrow F \cdot P$
(7) $F \Rightarrow n$
(8) $F \Rightarrow (S + A)$

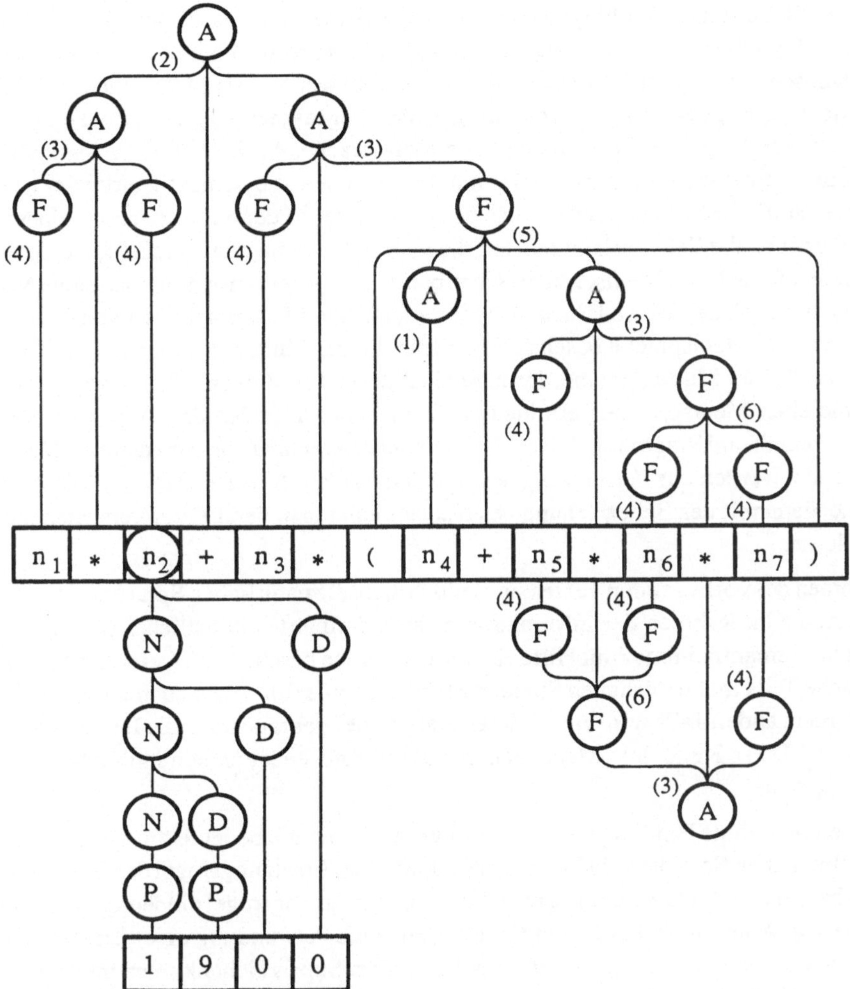

Bild 45 Beispiele von Ableitungsbäumen

Bis zu dieser Stelle wurden Grammatiken ausschließlich unter dem Gesichtspunkt der Syntax betrachtet. Nun aber muß die *Semantik* behandelt werden. Es wurde gesagt, daß man unter der Semantik einer Sprache die Interpretationsregeln versteht, nach denen den Symbolfolgen in der Menge L eine Bedeutung zugeordnet wird. Zur Interpretation einer Symbolfolge muß man nicht nur wissen, was die einzelnen Symbole bedeuten, sondern auch, was es bedeuten soll, wenn bestimmte Symbole nebeneinanderstehen. Da die Möglichkeiten des Nebeneinanderstehens von Symbolen durch die Regeln der Syntax bestimmt werden, müssen die Interpretationsregeln mit den Regeln der Syntax gekoppelt sein. Das bedeutet, daß die Interpretation einer Symbolfolge an ihre syntaktische Struktur, also an den zugehörigen Ableitungsbaum gekoppelt ist.

An dieser Stelle soll darauf hingewiesen werden, daß man zur Beschreibung einer Sprache auch wieder Sprachen verwendet, die man *Metasprachen* nennt. Während die Symbolik, mit der axiomatische Systeme und Grammatiken dargestellt werden, als Metasprache für die Beschreibung der Syntax beliebiger Symbolfolgesprachen geeignet ist, gibt es für die Beschreibung der Semantik keine so allgemeingültige Metasprache, die für beliebige Symbolfolgesprachen brauchbar wäre. Man kann zwar immer versuchen, die Semantik einer Sprache mit Hilfe einer natürlichen Metasprache – also beispielsweise auf deutsch – zu beschreiben; man erkennt aber auch die Schwierigkeiten, auf die man stößt, wenn man versucht, die Semantik der deutschen Sprache auf deutsch zu beschreiben. Glücklicherweise muß man seine Muttersprache nicht in solcher Weise lernen, daß man zuerst eine Metasprache lernt und anschliessend die in dieser Metasprache beschriebene Semantik der Muttersprache studiert. Vielmehr gibt es einen Teil der Muttersprache, der ausschließlich durch "Zeigen", d.h. ohne jegliche Zuhilfenahme einer Metasprache, vermittelt wird, und zwar mit allen drei Aspekten, nämlich Syntax, Semantik und Pragmatik. Dieser *Nucleus der Muttersprache* kann dann als Metasprache verwendet werden zur Vermittlung der über den Nucleus hinausgehenden Teile der Muttersprache, denn mit der Beherrschung des Nucleus kann man den Lehrer verstehen und das Lexikon lesen.

Im Rahmen des vorliegenden Textes sind jedoch nicht die natürlichen Sprachen von Interesse, sondern die im Rahmen der Informationstechnik definierten künstlichen Sprachen. Und hier muß die Semantik immer mit Hilfe einer Metasprache beschrieben werden. Soweit diese Metasprache Teil einer natürlichen Sprache ist, braucht sie selbst nicht auch wieder beschrieben zu werden; andernfalls wird eine "Metametasprache" gebraucht für die Beschreibung der Metasprache. Diese Kette der "Metameta...metasprachen" endet jedoch immer bei einer natürlichen Sprache.

Die bereits erwähnte Bindung zwischen Syntax und Semantik bedeutet für die grammatikalisch beschriebenen Sprachen, daß jede Anwendung einer Ersetzungsregel der Grammatik interpretierbar sein muß. Da zu jeder Anwendung einer Ersetzungsregel eindeutig ein Superzeichenknoten im Ableitungsbaum gehört – denn durch die Anwendung einer Ersetzungsregel wird ja genau ein Superzeichen ersetzt –, muß also jeder Superzeichenknoten im Ableitungsbaum interpretierbar sein. Zu jedem Superzeichenknoten im Ableitungsbaum gehört also ein in der Terminalfolge benanntes oder umschriebenes Objekt. Falls zu dem Baum nicht eine Grammatik vom Typ 0 gehört, ist jeder Superzeichenknoten Wurzel eines Teilbaums, dessen Blätter einen nichtleeren Terminalfolgenabschnitt bilden; und dieser Terminalfolgenabschnitt ist die Benennung oder Umschreibung desjenigen Objekts, welches als Interpretationsergebnis dem Superzeichenknoten zugeordnet ist.

Falls zu dem Baum eine Grammatik vom Typ 0 gehört, kann er Superzeichenknoten enthalten, die Blätter sind, d.h. zu denen kein nichtleerer Terminalfolgenabschnitt gehört. Das Interpretationsergebnis für solche Superzeichenknoten kann also nicht durch Interpretation eines Terminalfolgenabschnitts gewonnen werden, sondern muß dem Knoten unmittelbar über die angewandte Ersetzungsregel zugeordnet werden. In der Praxis der Informationstechnik kommt dieser Fall allerdings nicht vor, d.h. die dort verwendeten Sprachen sind alle nicht vom Typ 0.

Nun müssen die gemachten Aussagen über die Verbindung zwischen Syntax und Semantik durch Beispiele veranschaulicht werden. Dazu wird Bild 46 betrachtet. Das einem Superzeichenknoten zugeordnete Interpretationsergebnis ist hier jeweils eine natürliche bzw. eine nichtnegative ganze Zahl. Diese Interpretationsergebnisse folgen unmittelbar aus den zu den Superzeichenbenennungen gegebenen Kommentaren.

A : eingeschränkter arithmetischer Ausdruck für eine natürliche Zahl;
F : Faktor in einem Produkt zweier natürlicher Zahlen;
N : natürliche Zahl in Dezimaldarstellung;
D : Dezimalziffer
P : positive Dezimalziffer

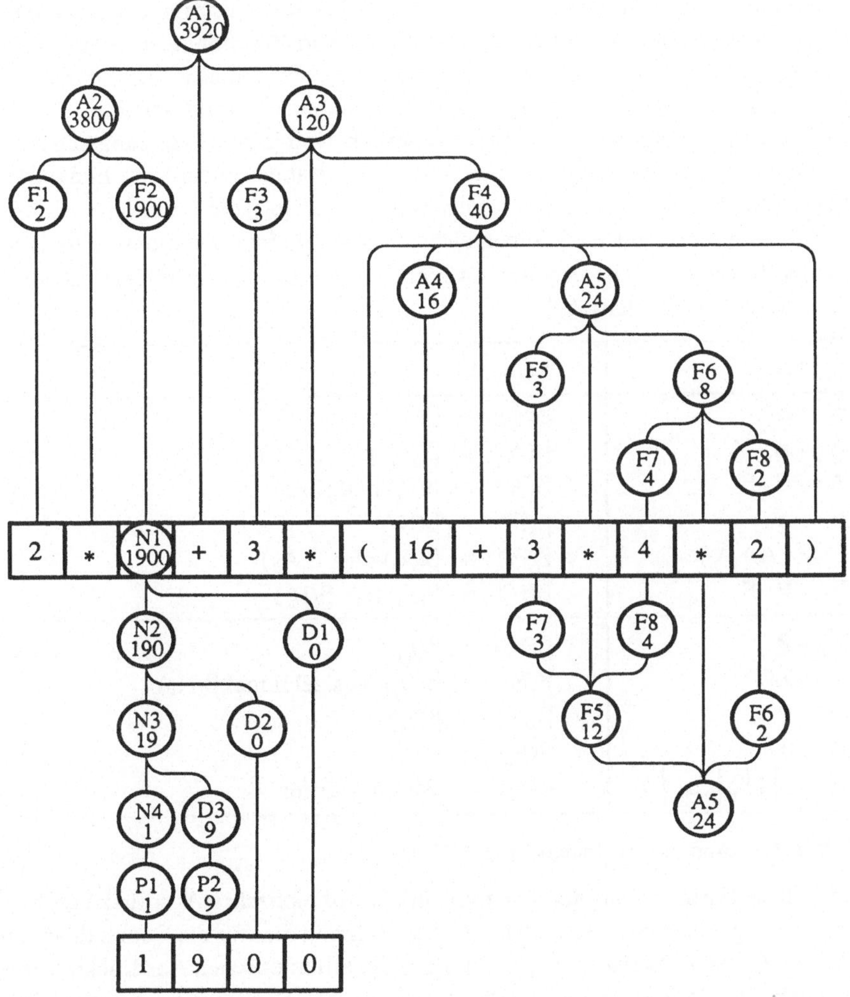

Bild 46 Zur Semantik der syntaktischen Strukturen in Bild 45

An dieser Stelle kann darauf hingewiesen werden, daß die Mehrdeutigkeit der dem Baum in Bild 46 zugrundeliegenden Grammatik für den arithmetischen Ausdruck unkritisch ist: Aufgrund der Assoziativität der Multiplikation ergibt sich für den Knoten A5 sowohl im oberen als auch im unteren Teilbaum als Interpretationsergebnis die natürliche Zahl 24. Eine Mehrdeutigkeit ist nur dann kritisch, wenn es möglich ist, zwei Ableitungsbäume zur gleichen Terminalfolge zu bilden, bei denen die Interpretationsergebnisse der Wurzeln unterschiedlich sind.

Die weiter oben gemachte allgemeine Aussage, daß jede Anwendung einer Ersetzungsregel einer Grammatik interpretierbar sein muß, heißt mit anderen Worten, daß zu jeder Ersetzungsregel angegeben werden muß, was ihre Anwendung bedeutet im Hinblick auf die Gewinnung des Interpretationsergebnisses für den zugehörigen Superzeichenknoten. Da man also hier zu jeder Ersetzungsregel einer Grammatik eine Interpretationsregel hinzugibt, spricht man von *attributierten Grammatiken.* Bild 47 zeigt die beiden zu Bild 46 gehörenden Grammatiken in attributierter Form. Die Indizierung der Superzeichen in der Formulierung der Semantik dient dazu, die notwendige Unterscheidung der Superzeichenknoten auszudrücken. Auf der Seite der Syntax ist eine solche Indizierung nicht erforderlich, weil ja eine Ersetzungsregel keinen Bezug darauf nimmt, an welcher Stelle einer Ableitung sie angewendet wird. In der zur Formulierung der Semantik benutzten Metasprache soll das Symbol β die Funktion benennen, die jeweils dem als Argument genannten Superzeichenknoten sein Interpretationsergebnis zuordnet. Die Symbolfolge "$\beta(A_i)$" ist also nichts weiter als eine Abkürzung für "Interpretationsergebnis des Superzeichenknotens A_i".

Syntax	Semantik
$A \rightarrow n$	$\beta(A_i) = \beta(N_j)$
$A \rightarrow A + A$	$\beta(A_i) = \beta(A_j)$ plus $\beta(A_k)$
$A \rightarrow F \cdot F$	$\beta(A_i) = \beta(F_j)$ mal $\beta(F_k)$
$F \rightarrow n$	$\beta(F_i) = \beta(N_j)$
$F \rightarrow (A + A)$	$\beta(F_i) = \beta(A_j)$ plus $\beta(A_k)$
$F \rightarrow F \cdot F$	$\beta(F_i) = \beta(F_j)$ mal $\beta(F_k)$
$N \rightarrow P$	$\beta(N_i) = \beta(P_j)$
$N \rightarrow ZD$	$\beta(N_i) = \beta(D_j)$ plus zehn mal $\beta(N_k)$
$D \rightarrow P$	$\beta(A_i) = \beta(P_j)$
$D \rightarrow 0$	$\beta(F_i)$ = null
$P \rightarrow 1 \mid 2 \mid 3 \mid \dots \mid 9$	$\beta(F_i)$ = Wert der Ziffer

Bild 47 Attributierte Grammatik zu Bild 46

Es fällt auf, daß die Formulierung der Semantik für die arithmetischen Ausdrücke große Ähnlichkeit mit den zugehörigen Ersetzungsregeln hat, während dies für die Dezimaldarstellung der natürlichen Zahlen teilweise nicht gilt. Im Falle der arithmetischen Ausdrücke wurde die Semantik durch eine "*Übersetzung*" erfaßt, d.h. durch eine Beschreibung in einer Sprache gleicher Ausdrucksmächtigkeit – so wie man einem Engländer die Interpretation eines deutschen Satzes dadurch vermittelt, daß man die englische Übersetzung angibt. Im Falle der Dezimaldarstellung der natürlichen Zahlen dagegen wurde die Semantik nicht durch eine Übersetzung, sondern durch eine *"Erklärung"* erfaßt, d.h. durch eine Beschreibung in einer Sprache mit größerer Ausdrucksmächtigkeit: Während die Sprache, deren Semantik beschrieben werden soll, nur nebeneinandergestellte Dezimalziffern kennt, werden in der Metasprache die arithmetischen Funktionen der Addition und der Multiplikation durch Benennung identifiziert.

Ob eine Übersetzung genügt oder ob man eine Erklärung formulieren muß, hängt jeweils davon ab, welche Kenntnisse man bei demjenigen voraussetzen darf, dem man die Semantik vermitteln will.

Die Ausdrucksmächtigkeit einer Sprache ist zwar kein scharfer Begriff, aber auch als unscharfer Begriff ist er zweckmäßig für die Diskussion von Sprachen. Die Ausdrucksmächtigkeit hängt nicht nur von der Mächtigkeit des Terminalrepertoires ab, sondern auch von der Klassenstrukturierung dieses Repertoires. Die Elemente eines Terminalrepertoires können immer als Blätter eines Klassifikationsbaumes aufgefaßt werden, dessen Wurzel jeweils die Klasse "Terminal" ist. Bild 48 zeigt die Klassifikationsbäume für die beiden in Bild 47 beschriebenen Sprachen. Die Struktur eines solchen Baumes ist natürlich nicht unabhängig von der jeweils zugehörigen Grammatik: Terminale, die zur gleichen Bedeutungsklasse gehören, erscheinen auch in Ersetzungsregeln gleicher Form. In natürlichen Sprachen gibt es solche unterschiedlichen Bedeutungsklassen von Terminalen natürlich auch: Substantive zur Objektbenennung, Adjektive zur Eigenschaftsbenennung, Verben zur Prozeß– oder Relationsbenennung, usw..

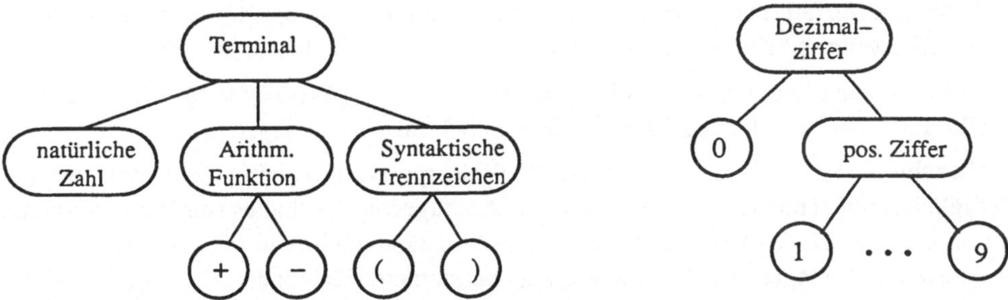

Bild 48 Klassifikationsbäume für die Terminalrepertoires in Bild 47

Im Abschnitt 1.3.3.1 über den Zweck der Sprachen wurde gesagt, daß Sprachen zur Identifikation durch Umschreibung dienen. Nun wurde also gezeigt, daß die Interpretation einer umschreibenden Terminalfolge an die Superzeichenknoten des zugehörigen Ableitungsbaumes bzw. an die Anwendungen der Ersetzungsregeln gebunden ist. Das umschriebene Objekt ist also das zur Baumwurzel gehörende Interpretationsergebnis. Um dieses zu erhalten, muß man vom fertigen Baum ausgehen und den Knoten aufsteigend von den Blättern die Interpretationsergebnisse zuweisen. Man kann aber auch den Aufbau des Baumes von der Wurzel her verfolgen und fragen, wieviel man über das zu identifizierende Objekt in Abhängigkeit vom jeweiligen Wachstumszustand des Baumes schon weiß. Zu Beginn, also bei Vorgabe des Axioms, weiß man nur, zu welcher Klasse das Objekt gehört, nämlich zu der Klasse derjenigen Objekte, die mit der gegebenen Sprache überhaupt identifiziert werden können. Durch die Anwendung der Ersetzungsregeln kommen dann jeweils Bedingungen hinzu, welche die Objektauswahl aus der Klasse immer weiter einschränken, bis am Ende das gemeinte Objekt vollständig identifiziert ist. Die Form der einschränkenden Bedingungen ergibt sich dabei jeweils aus der zur Ersetzungsregel gehörenden Semantik.

1.3.3.4 Logische und andere Kalküle

Ein *Kalkül* ist ein formales System zur Abgrenzung einer Teilmenge B innerhalb einer durch eine Grammatik (s. Abschnitt 1.3.3.3) definierten Aussagenmenge L. Ein Kalkül unterteilt also die Aussagen der Menge L in zwei Blöcke. Die Elemente der Menge B werden als die beweisbaren Aussagen des Kalküls bezeichnet. Zu einem Kalkül gehören also die in Bild 49 dargestellten Mengen, wobei es die Axiome des Kalküls allerdings nur gibt, falls der Kalkül ein axiomatisches System ist. Die Elemente der Menge L nennt man die wohlgeformten Symbolfolgen; nur diesen wird durch eine Interpretation eine Aussagenbedeutung zugeordnet, und deshalb können auch nur diese Elemente einen Wahrheitswert haben. Mit der Bezeichnung der Menge B als "Menge der beweisbaren Aussagen" setzt man voraus, daß das formale System derart interpretierbar ist, daß man die Elemente der Menge B als wahre Aussagen akzeptieren kann. Dies kann man insbesondere dann nicht, wenn man ein Paar von Elementen in B findet, das aus einer Aussage und ihrer Negation besteht.

Von einem interpretierten Kalkül ist es immer interessant zu wissen, ob er widerspruchsfrei und ob er vollständig ist.

Widerspruchsfreiheit liegt vor, wenn die Implikation $[\,W(a) = \text{falsch}\,] \rightarrow [\,a \notin B\,]$ gilt, d.h. wenn es keine Aussage in B gibt, deren Wahrheit nicht akzeptiert werden kann.

Vollständigkeit liegt vor, wenn die Implikation $[\,W(a) = \text{wahr}\,] \rightarrow [\,a \in B\,]$ gilt, d.h. wenn es in L außerhalb von B nur noch falsche Aussagen gibt.

Man beachte, daß die Vollständigkeit nicht die Widerspruchsfreiheit impliziert, denn die Vollständigkeit schließt nicht aus, daß auch falsche Aussagen in B enthalten sein können. Die Definition der Begriffe Widerspruchsfreiheit und Vollständigkeit setzt voraus, daß die Wahrheitswerte der Aussagen in L unabhängig vom betrachteten Kalkül definiert sind, d.h. daß es eine über den betrachteten Kalkül hinausgehende Möglichkeit der Wahrheitsfindung gibt. Diese Möglichkeit könnte in Form eines Metakalküls gegeben sein, aber dann stellt sich sofort die Frage nach der Widerspruchsfreiheit und Vollständigkeit dieses Metakalküls. Dies führt schließlich zu der Frage, ob man nach einem Metameta...metakalkül suchen soll, den man als formale Methode der Wahrheitsfindung akzeptieren könnte, dessen Widerspruchsfreiheit und Vollständigkeit man also nicht mehr anzweifeln dürfte, weil sie mit den Mitteln dieses Kalküls selbst beweisbar wären. Gödel hat gezeigt, daß man einen solchen Kalkül nicht zu suchen braucht, weil er nicht existiert. Gödel konnte nämlich zeigen, daß es innerhalb einer beliebigen Aussagenmenge L, wenn sie nur genügende Ausdrucksmächtigkeit besitzt, keinen Kalkül geben kann, der sowohl widerspruchsfrei als auch vollständig ist. Dies ist tatsächlich leicht einzusehen: Man nehme an, die Ausdrucksmächtigkeit der betrachteten formalen Sprache erlaube es, eine selbstbezügliche Aussage in L zu formulieren, die besagt: "Diese Aussage ist kein Element von B." [1] Wenn sie zu B gehört, ist sie falsch, und der Kalkül ist widersprüchlich; wenn sie aber nicht zu B gehört, ist sie wahr, und der Kalkül ist unvollständig.

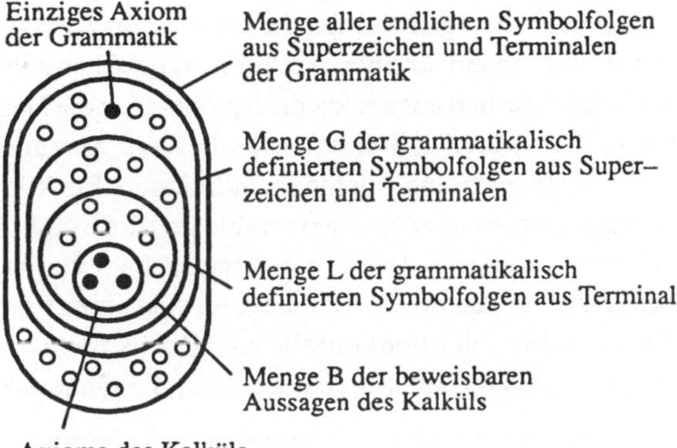

Bild 49
Symbolfolgemengen aus der Definition eines Kalküls

Da es also einen widerspruchsfreien und vollständigen Kalkül innerhalb der Menge L aller mathematischen Aussagen nicht gibt, muß man sich mit weniger umfassenden Kalkülen zufrieden geben. Im einen Extrem sind dies Kalküle, deren Widerspruchsfreiheit und Vollständigkeit auf ihrer beschränkten Ausdrucksmächtigkeit beruht – hierzu gehört als einfachster Vertreter der Aussagenkalkül, der im folgenden noch charakterisiert werden wird; und im anderen Extrem sind dies Kalküle, deren Ausdrucksmächtigkeit bedingt, daß sich hier Widerspruchsfreiheit und Vollständigkeit gegenseitig ausschließen, und deren Widerspruchsfreiheit man bisher nicht beweisen konnte, obwohl man intuitiv davon überzeugt ist – hier handelt es sich um mächtige mathematische Kalküle. Zwischen diesen Extremen liegen diejenigen Kalküle, bei denen sich zwar auch Widerspruchsfreiheit und Vollständigkeit gegenseitig ausschließen, deren Widerspruchsfreiheit man aber immerhin beweisen konnte.

Neben der Frage nach der Widerspruchsfreiheit und der Vollständigkeit ist auch noch die Frage nach der *Entscheidbarkeit* wichtig für die Kennzeichnung eines Kalküls. Ein Kalkül ist entscheidbar, wenn man eine Maschine spezifizieren kann, die zu jedem vorgegebenen Element von L nach endlich vielen elementaren Schritten angibt, ob das Element zu B gehört oder nicht. Der Aussagenkalkül ist entscheidbar, während schon der Prädikatenkalkül erster Stufe nicht mehr entscheidbar ist.

Für das Verständnis von Kalkülen ist es unbedingt erforderlich, daß man auf die Unterschiede zwischen logischen, mathematischen und physikalischen Kalkülen achtet. Diese Klassifikation von Kalkülen wird durch die Art der Aussagen in der Menge L bestimmt.

Logische Aussagen – in der klassischen Logik – behaupten die logische Wahrheit von Aussageformen, d.h. sie behaupten, daß eine gegebene Aussageform für jede beliebige Belegung ihrer Variablen interpretationsäquivalent ist mit der leeren Aussage. Eine logische bzw. meta-

1) Gödel hat gezeigt, daß sich diese Aussage als zahlentheoretische Aussage formulieren läßt und daß deshalb die Unvereinbarkeit von Widerspruchsfreiheit und Vollständigkeit eine grundsätzliche Begrenzung mathematischer Erkenntnis darstellt.

logische Aussage hat also die Struktur in Bild 50. In den logischen Kalkülen läßt man aber der Einfachheit halber alle Aussagenteile außer der inneren Aussageform weg, d.h. die Elemente von L sind als innere Aussageformen zu interpretieren, die nach Bild 50 zu ergänzen sind, damit daraus Aussagen werden. In den inneren Aussageformen können Namen für Aussagevariable, Individuenvariable, Funktionsvariable und Prädikatsvariable (s. Bild 35) vorkommen, daneben natürlich auch noch die Symbole für die Negation, die Junktoren und die Quantifikatoren, aber außer den Symbolen für die leere Aussage und den Widerspruch keine Namen oder Symbole für einzelne Aussagen, Individuen, Funktionen oder Prädikate. Wenn in den inneren Aussageformen nur Aussagevariable und die Symbole für die Negation, für die Junktoren, für die leere Aussage und für den Widerspruch vorkommen, dann handelt es sich um einen Aussagenkalkül. In den inneren Aussageformen eines Prädikatenkalküls kommen dagegen Individuenvariable, Funktionsvariable und Prädikatenvariable vor und neben den Symbolen für die Negation und die Junktoren auch noch die Quantorensymbole.

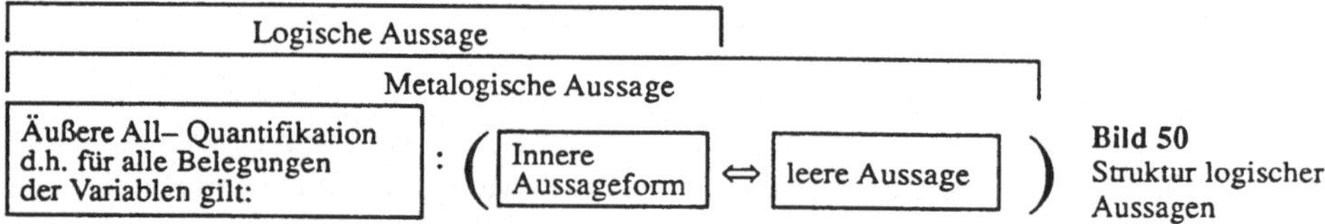

Bild 50
Struktur logischer Aussagen

Beispiele für innere Aussageformen der Aussagenlogik:

$[(a \vee b) \cdot \bar{a}] \rightarrow b$ (Element von B in Bild 49)

$([(a \vee b) \cdot \bar{a}] \oplus [a \cdot b]) \leftrightarrow b$ (Element von B)

$[(a \vee b) \cdot \bar{a}]$ (Element von L, aber nicht von B)

Beispiele für innere Aussageformen der Prädikatenlogik:

$(P_1(x) \cdot P_1(y) \cdot [\forall u, v: P_1(u) \cdot P_1(v) \rightarrow P_2(u,v)]) \rightarrow P_2(x,y)$ (in B)

$[\forall x: P_1(x) \cdot P_2(x)] \leftrightarrow [(\forall x: P_1(x)) \cdot (\forall x: P_2(x))]$ (in B)

$\forall x: [P_1(x) \vee P_2(x)]$ (in L, aber nicht in B)

Im Unterschied zu den logischen Aussagen setzen die *mathematischen Aussagen* die Vorgabe von Axiomen voraus. Durch Vergleich von Bild 51 mit Bild 50 erkennt man, welch enger Zusammenhang zwischen mathematischen und logischen Aussagen besteht. Aus Bild 51 geht unmittelbar hervor, daß die Axiome "per Definition wahr" sind, denn wenn man als innere Aussageform ein Axiom einsetzt, dann behauptet die logische Aussage, daß das Axiom eine Implikation der Konjunktion aller Axiome sei, und dies ist logisch wahr. Damit sich eine mathematische Aussage nach Bild 51 von einer logischen Aussage nach Bild 50 unterscheidet, muß es unterschiedliche Aufbaubedingungen für die jeweiligen inneren Aussageformen geben. Im Unterschied zu den logischen Aussageformen muß in mathematischen Aussageformen mindestens ein Name oder ein Symbol für eine individuelle Funktion oder ein individuelles Prädikat vorkommen. Außerdem können hier auch Namen oder Symbole für einzelne Individuen vorkommen. Diese einzelnen identifizierten Elemente sind mathematische Objekte, die als Konstante in der inneren Aussageform auftreten und von der äußeren All–Quantifikation nicht betroffen sind. Diese mathematischen Objekte werden durch die Axiome eingeführt.

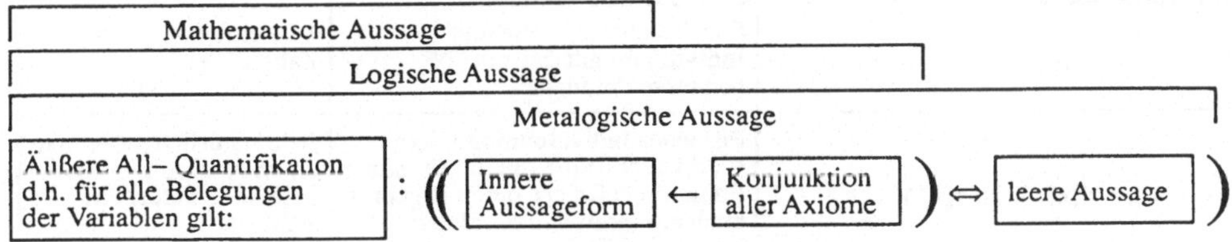

Bild 51 Struktur mathematischer Aussagen

Beispiele für innere Aussageformen in mathematischen Aussagen:

$$(a+b)^2 = a^2 + 2ab + b^2$$ (Element von B in Bild 49)

$$\sin(45°) = \frac{\sqrt{2}}{2}$$ (Element von B)

$$\frac{d}{dt}[f(x)\cdot g(x)] = \frac{d[f(x)]}{dt} + \frac{d[g(x)]}{dt}$$ (Element von L, aber nicht von B)

Das zweite dieser Beispiele ist eine Aussageform ohne Variable, also eine Aussage. Wenn die innere Aussageform (s. Bild 51) wie in diesem Beispiel zur Aussage entartet ist, dann entfällt natürlich auch die äußere Allquantifikation. Eine solche Entartung der inneren Aussageform ist auch in logischen Aussagen (s. Bild 50) möglich. In diesem Fall entartet die innere Aussageform zu einer durch Junktoren verknüpften Menge von Widersprüchen und leeren Aussagen. Beispiele hierfür sind:

Widerspruch $\rightarrow$ *leere Aussage* (Element von B in Bild 49)
leere Aussage $\cdot$ (*leere Aussage* $\oplus$ *leere Aussage*) (in L, aber nicht in B)

Beispiele für Axiome werden in Bild 52 vorgestellt, und zwar werden dort die fünf Axiome angegeben, mit denen ein Individuum α, ein Prädikat N und eine Funktion r zur Umschreibung einer bestimmten mathematischen Struktur eingeführt werden, nämlich der Klasse aller auf die Menge der natürlichen Zahlen 1:1–abbildbaren Mengen. Es ist wichtig zu beachten, daß die Semantik der Symbole α, N und r, wie sie durch die fünf Axiome festgelegt wird, nicht die angegebene übliche Interpretation erzwingt. So hätte man anstelle der Interpretation

α = 1
N(x) = " x ist eine natürliche Zahl."
r(x) = x+1

beliebig viele andere Interpretationen angeben können, die auch mit der Semantik der Axiome verträglich sind; beispielsweise

α = 4
N(x) = " x ist eine Quadratzahl, die größer ist als 1."
r(x) = $(\sqrt{x}+1)^2$

Axiome in formaler Sprache	Formulierung der Axiome in natürlicher Sprache	Übliche Interpretation der Axiome
$N(\alpha)$	Für das mit "α" benannte Individuum gilt das mit "N" benannte Prädikat.	1 ist eine natürliche Zahl.
$\forall x : N(x) \rightarrow N(r[x])$	Für jedes Individuum mit dem Prädikat N ist die mit "r" benannte Funktion definiert, deren Ergebnis auch ein Individuum mit dem Prädikat N ist.	Jede natürliche Zahl hat einen Nachfolger, der auch eine natürliche Zahl ist.
$\neg\exists x : N(x) \cdot (r[x] = \alpha)$	Es gibt kein Individuum mit dem Prädikat N, dem durch die Funktion r das Individuum α zugeordnet ist.	Es gibt keine natürliche Zahl, deren Nachfolger 1 ist.
$\forall x, y : \; (N(x) \cdot N(y) \cdot (x \neq y)) \rightarrow (r[x] \neq r[y])$	Zu jedem Paar unterschiedlicher Argumente von r, für die beide das Prädikat N gilt, gehören unterschiedliche Ergebnisse.	Zu jedem Paar unterschiedlicher natürlicher Zahlen gehören unterschiedliche Nachfolger.
$\forall P : (P(\alpha) \cdot [\forall x : (N(x) \cdot P(x)) \rightarrow P(r[x])]) \rightarrow (\forall x : N(x) \rightarrow P(x))$	Jedes Prädikat, das für α gilt und das, wenn es für ein Argument von r mit dem Prädikat N gilt, stets auch für das zugehörige Ergebnis gilt, gilt für jedes Individuum mit dem Prädikat N.	Jedes Prädikat, das für 1 gilt und das, wenn es für eine natürliche Zahl gilt, stets auch für deren Nachfolger gilt, gilt für alle natürlichen Zahlen.

Bild 52 Die Peano'schen Axiome als Beispiel mathematischer Aussagen. (Definition der Klasse aller auf die natürlichen Zahlen 1:1 abbildbaren Mengen)

Auch wenn man beim Aufstellen einer Menge von Axiomen eine ganz bestimmte Interpretation im Sinn hatte, muß man immer damit rechnen, daß man noch weitere, völlig andere Interpretationen findet, bei denen die Wahrheit der Axiome genau so anschaulich wird wie bei der ursprünglichen Interpretation. Dies wird besonders bei der späteren Betrachtung von Bild 54 deutlich werden. Daß es zu einer formal definierten, abstrakten mathematischen Struktur mehrere "passende" Interpretationen geben kann, mag manchen Leser verblüffen. Er sollte dann aber bedenken, daß alle diese Interpretationen selbst auch mathematische Strukturen sind und daß es eigentlich nicht verwunderlich ist, wenn diese Strukturen einen gemeinsamen Kern haben. Das, worüber man aber staunen muß, ist die Fülle der Erkenntnis, die in unserem Verständnis von Konsequenz konzentriert ist.

Es wurde bereits gesagt, daß ein logischer Kalkül keine Axiome voraussetzt. Ein logischer Kalkül in axiomatischer Form ist immer ein Sonderfall eines mathematischen Kalküls. Dies soll nun für den Fall des Aussagenkalküls anhand der Bilder 53 und 54 gezeigt werden. Bild 53 enthält die Axiome zur Definition einer bestimmten mathematischen Struktur, die auf den Mathematiker Boole [1] zurückgeht.

1) George Boole (1815 – 1864) hat die Aussagenlogik formalisiert. Das in Bild 53 angegebene Axiomensystem wurde jedoch erst 1904 von Huntington aufgestellt. Die definierte mathematische Struktur ist eine Algebra bestimmten Typs aus der Klasse der sogenannten Verbände.

<table>
<tr><th colspan="2">Axiome in formaler Sprache</th><th>Formulierung der Axiome in natürlicher Sprache</th></tr>
<tr><td></td><td>$B(v)$
$B(\varepsilon)$</td><td>Für die beiden mit "v" und "ε" bezeichneten Individuen gilt das mit "B" bezeichnete Prädikat.</td></tr>
<tr><td rowspan="2">$\forall x, y:$
$B(x) \cdot B(y) \rightarrow$</td><td>$B[\ k(x,y)\ ]$
$B[\ d(x,y)\ ]$</td><td>Für jedes Paar von Individuen mit dem Prädikat B sind die zwei mit "k" und "d" bezeichneten Funktionen definiert, deren Ergebnisse auch Individuen mit dem Prädikat B sind.</td></tr>
<tr><td>$k(x,y) = k(y,x)$
$d(x,y) = d(y,x)$</td><td>Die beiden Funktionen k und d sind kommutativ, d.h. eine Vertauschung der Reihenfolge der Argumente bleibt ohne Wirkung auf das Ergebnis.</td></tr>
<tr><td>$\forall x, y, z:$
$B(x) \cdot B(y) \cdot B(z) \rightarrow$</td><td>$k[\ x, d(y,z)\ ] =$
$d[\ k(x,y), k(x,z)\ ]$
$d[\ x, k(y,z)\ ] =$
$k[\ d(x,y), d(x,z)\ ]$</td><td>Für die beiden Funktionen k und d gilt wechselseitige Distributivität, d.h. man kann in beiden Fällen "ausklammern". (Die bekannte Distributivität von Addition und Multiplikation ist dagegen nicht wechselseitig. Es gilt zwar $x \cdot (y + z) = (x \cdot y) + (x \cdot z)$, aber nicht $x + (y \cdot z) = (x + y) \cdot (x + z)$.)</td></tr>
<tr><td rowspan="2">$\forall x: \quad B(x) \rightarrow$</td><td>$k(x, \varepsilon) = x$
$d(x, v) = x$</td><td>Jedes Individuum mit dem Prädikat B tritt als Ergebnis der Funktion k bzw. d auf, wenn es mit ε bzw. v im Argument dieser Funktion steht.</td></tr>
<tr><td>$\exists y:$
$B(y) \cdot [k(x,y)=v] \cdot [d(x,y)=\varepsilon]$</td><td>Zu jedem Individuum x mit dem Prädikat B gibt es mindestens einen Partner y, für den auch das Prädikat B gilt und den man mit x zusammen ins Argument der Funktion k bzw. d stellen kann, um als Ergebnis das Individuum v bzw. ε zu erhalten.</td></tr>
</table>

Bild 53 Die Axiome zur Definition der Boole'schen Struktur

Wer es nicht schon weiß, wird schwerlich einen Zusammenhang zwischen diesen Axiomen und der Aussagenlogik erkennen können. Erst die Interpretationshinweise in Bild 54 machen deutlich, daß die Aussagenlogik mit den Junktoren für die Konjunktion und die Disjunktion (s. Bild 36) durch die Boole'sche Struktur korrekt erfaßt wird. Allerdings zeigt Bild 54 auch, daß diese Interpretation nur eine von mehreren möglichen ist, wobei die anderen keinen unmittelbaren Bezug zur Logik haben. Daraus darf jedoch nicht geschlossen werden, daß der Logik in der Welt der mathematischen Strukturen keine Sonderstellung zukomme. Diese durchaus begründbare Sonderstellung der Logik wird nämlich verdeckt, wenn man einen logischen Kalkül als axiomatisches System formuliert. Dabei vergißt man nämlich leicht, daß ein axiomatisches System ja nicht nur aus den Axiomen, sondern auch aus den Ableitungsregeln besteht – und genau in diesen Ableitungsregeln steckt auch bei mathematischen Kalkülen immer die Logik.

	Interpretation als Aussagenlogik	Interpretation als Mengenalgebra	Arithmetische Interpretationen 1. Beispiel	2. Beispiel
B(x)	x ist eine Aussage.	x ist eine Teilmenge der endlichen Menge M.	$x \in \{1, 2, 3, 5, 6, 10, 15, 30\}$	$x \in \{0, 1\}$
ν	der Widerspruch, d.h. die logisch falsche Aussage	die leere Menge	1	0
ε	die leere Aussage, d.h. die logisch wahre Aussage	die Menge M	30	1
k(x,y)	die Konjunktion der beiden Aussagen x und y	der Durchschnitt der beiden Mengen x und y	der größte gemeinsame Teiler der beiden Zahlen x und y	$x \cdot y$
d(x,y)	die Disjunktion der beiden Aussagen x und y	die Vereinigung der beiden Mengen x und y	das kleinste gemeinsame Vielfache der beiden Zahlen x und y	$x + y - x \cdot y$
Partner zu x	die Negation der Aussage x	das Komplement der Menge x in Bezug auf M	$\frac{30}{x}$	$1 - x$

Bild 54 Unterschiedliche Interpretationen der in Bild 53 axiomatisch definierten Boole'schen Begriffe

An dieser Stelle wird daran erinnert, daß bei der Unterscheidung von klassischer und verallgemeinerter Logik gesagt wurde, daß die klassische Logik zwar als Sonderfall der verallgemeinerten Logik dargestellt werden könne, daß diese Darstellung aber nicht als verständliche Einführung der klassischen Logik geeignet sei. Diese Sonderstellung der klassischen Logik zeigt sich nun also auch im Bereich der Kalküle. Während die klassische Logik in den Regeln der Kalküle zum Ausdruck kommt, muß die verallgemeinerte Logik durch Axiome erfaßt werden, wodurch sie als mathematische Struktur gekennzeichnet wird.

Da die formale Logik nicht das zentrale Thema dieses Buches ist, sondern nur deshalb hier behandelt wird, damit der Leser die wichtigen Zusammenhänge zwischen Logik, Sprache und informationstechnischen Systemen erkennen kann, wird hier auf die Angabe eines vollständigen Satzes von Regeln für einen Kalkül verzichtet. Um dem Leser eine Vorstellung davon zu vermitteln, wie solche Regeln lauten können, werden als Beispiele zwei Regeln aus der Aussagenlogik betrachtet:

Regel 1: Aus zwei Symbolfolgen, die Elemente von B sind, erhält man eine weitere Symbolfolge in B, indem man die beiden Symbolfolgen jeweils einklammert und in beliebiger Reihenfolge durch das Konjunktionssymbol verbindet.

Anwendungsbeispiel:

Weil sowohl	$(a \rightarrow b) \leftrightarrow (\overline{a} \vee b)$	
als auch	$c \oplus \overline{c}$	Elemente von B sind,
ist auch	$[(a \rightarrow b) \leftrightarrow (\overline{a} \vee b)] \cdot [c \oplus \overline{c}]$	ein Element von B.

Durch diese Regel wird die Semantik des UND–Junktors, wie sie in Bild 36 in Form einer Interpretationsäquivalenz dargestellt ist, in den Kalkül eingebracht.

Regel 2: Wenn es eine Symbolfolge SF1 in B gibt, welche aus zwei Teilfolgen TF_{LINKS} und TF_{RECHTS} besteht, von denen jede für sich eine ausgeglichene Klammerbilanz hat und zwischen denen das Äquivalenzsymbol steht, und wenn es in B eine weitere Symbolfolge SF2 gibt, die ein oder mehrere Vorkommen von TF_{LINKS} oder TF_{RECHTS} enthält, dann erhält man weitere Symbolfolgen in B dadurch, daß man eines oder mehrere dieser Vorkommen in SF2 durch die jeweils äquivalente Teilfolge ersetzt.

Anwendungsbeispiel:

Weil sowohl	$(a \rightarrow b) \leftrightarrow (\bar{a} \vee b)$	als SF1	
als auch	$[(\bar{a} \vee b) \cdot \bar{b} \cdot c] \rightarrow \bar{a}$	als SF2	Elemente von B sind,
ist auch	$[(a \rightarrow b) \cdot \bar{b} \cdot c] \rightarrow \bar{a}$		ein Element von B.

Durch diese Regel wird die Semantik des Äquivalenzjunktors in den Kalkül eingebracht.

Bei der Vorstellung des Begriffes der Entscheidbarkeit wurde bereits gesagt, daß der Aussagenkalkül entscheidbar sei. Das bedeutet, daß es für diesen Kalkül ein formales Prüfverfahren gibt, das auf jedes einzelne Element von L anwendbar ist und anhand dessen man feststellen kann, ob der Prüfling zu B gehört oder nicht. Bild 55 zeigt die erfolgreiche Anwendung eines Prüfverfahrens auf eine als Beispiel gewählte Aussageform. Dieses Verfahren besteht darin, alle 2^m unterschiedlichen Wahrheitswertkombinationen für die m Aussagenvariablen in der inneren Aussageform (s. Bild 50) als Belegung zu verwenden und den Wahrheitswert der jeweils zugehörigen Aussage auf der Grundlage der Wahrheitswerttabellen für die Junktoren (s. Bild 36) zu bestimmen. Der Prüfling ist dann und nur dann ein Element von B, wenn sich zu allen 2^m Belegungen der Wahrheitswert "wahr" ergibt.

						Prüfling mit m = 3 Variablen
a	b	c	$a \vee b$	$(a \vee b) \oplus c$	$\bar{a} \vee \bar{c}$	$[(a \vee b) \oplus c] \rightarrow (\bar{a} \vee \bar{c})$
falsch	falsch	falsch	falsch	falsch	wahr	wahr
falsch	falsch	wahr	falsch	wahr	wahr	wahr
falsch	wahr	falsch	wahr	wahr	wahr	wahr
falsch	wahr	wahr	wahr	falsch	wahr	wahr
wahr	falsch	falsch	wahr	wahr	wahr	wahr
wahr	falsch	wahr	wahr	falsch	falsch	wahr
wahr	wahr	falsch	wahr	wahr	wahr	wahr
wahr	wahr	wahr	wahr	falsch	falsch	wahr
						Prüfung erfolgreich, da sich bei allen $2^m = 2^3 = 8$ unterschiedlichen Belegungen der Wert "wahr" ergibt.

Bild 55 Beispiel zur Anwendung eines Entscheidungsverfahrens in der Aussagenlogik

Nachdem nun der Zusammenhang zwischen logischen und mathematischen Kalkülen dargestellt wurde, müssen zum Schluß noch die *physikalischen Kalküle* charakterisiert und gegen die mathematischen Kalküle abgegrenzt werden. In Bild 56 ist die Struktur physikalischer

Aussagen dargestellt. Zusätzlich zu den mathematischen Axiomen kommen nun noch die Naturgesetze als "physikalische Axiome" hinzu, und diese implizieren bestimmte Aussagen über Experimente. Diese implizierten Aussagen über Experimente sind selbst auch wieder Implikationen, denn es wird darin ausgesagt, daß aus einer bestimmten Gestaltung eines Experiments bestimmte Ergebnisse folgen. Diese Implikationskette von den Naturgesetzen zu den experimentellen Ergebnissen ist als Sonderfall der inneren Aussageform einer mathematischen Aussage anzusehen, wie man leicht durch Vergleich der Bilder 56 und 51 erkennt. Im Gegensatz zu den mathematischen Axiomen sind aber die physikalischen Axiome, also die Naturgesetze, nicht per Definition wahr, sondern ihre Konsequenzen sind per Beobachtung überprüfbar. Die Wahrheit der oberen Aussage (s. Bild 56), also die Wahrheit der Implikationskette, besagt nur, daß man "richtig gerechnet" hat. Erst der Vergleich von Rechnung und Beobachtung liefert einen Beitrag zur Frage, ob die postulierten Naturgesetze wahr sind oder nicht. Ein Beweis oder eine Widerlegung eines Naturgesetzes ist jedoch unmöglich. Diejenigen Experimente, bei denen die Rechnung mit der Beobachtung übereinstimmt, können uns nur bestärken, an der Vermutung festzuhalten, daß die postulierten Naturgesetze wahr seien. Und diejenigen Experimente, bei denen die beobachteten Ergebnisse nicht mit den berechneten übereinstimmen, können nichts widerlegen, sondern nur einen Zweifel begründen, denn die Verträglichkeit des durchgeführten Experiments mit den der Berechnung zugrundeliegenden Annahmen läßt sich durch endliche viele Beobachtungen nicht endgültig feststellen.

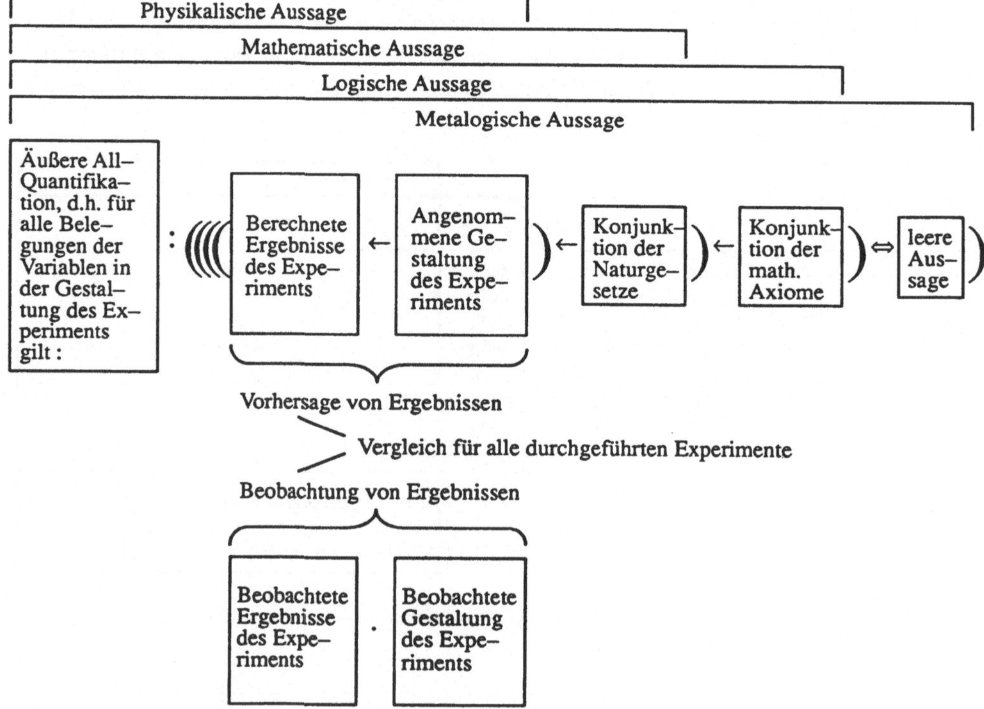

Bild 56 Struktur physikalischer Aussagen

Zur unteren Aussage in Bild 56, die sich auf die durchgeführten Experimente bezieht, ist noch folgender Hinweis zu geben: Es kann immer nur eine Konjunktion beobachtet werden und nie eine Implikation. Man kann also immer nur sagen, man habe das Experiment so und so gestaltet, und man habe dabei die und die Ergebnisse beobachtet; es ist nämlich keine bloße Beschreibung einer Beobachtung mehr, wenn man sagt, man habe die und die Ergebnisse beobachtet, weil man das Experiment so und so gestaltet habe.

Die allgemeine Struktur in Bild 56 wird durch ein Beispiel in Bild 57 veranschaulicht. Im Fall eines konkreten Experiments zur Überprüfung der beiden angegebenen Naturgesetze muß auch die Variable m_b mit einem Wert belegt werden, denn die Masse des fallenden Körpers ist ja meßbar, auch wenn sie auf die Fallzeit keinen Einfluß hat.

Ergebnisse des Experiments	Gestaltung des Experiments (mit der Variablen m_b)	Konjunktion der Naturgesetze
Berechnete Fallzeit: $\Delta t = \sqrt{\frac{2\Delta s}{g}} = 2\ \text{sec}$	Freier Fall aus der Ruhelage im Bereich der Erdoberfläche: $K_g = K_b$ $\gamma \cdot \frac{m_{g1}}{d^2} = g = 9{,}81 \frac{m}{\text{sec}^2}$ $m_b = m_{g2}$ Zeitpunkt des Fallbeginns: $t = 0$ also $\left.\frac{ds}{dt}\right\|_{t=0} = 0$ Fallstrecke : $\Delta s = s(\Delta t) - s(0)$ $= 2 \cdot g \cdot \text{sec}^2$ $= 19{,}62\ \text{m}$	Gravitationsgesetz: $K_g = \gamma \cdot \frac{m_{g1} \cdot m_{g2}}{d^2}$ Newton'sches Impulsänderungsgesetz für konstante Masse: $K_b = m_b \cdot \frac{d^2 s}{dt^2}$

Bild 57 Beispiel einer physikalischen Aussage nach Bild 56

Die Struktur in Bild 56 läßt erkennen, daß die in den Naturgesetzen mathematisch verknüpften physikalischen Größen nicht unbedingt anschaulich oder direkt meßbar sein müssen. Es genügt, wenn die Konsequenzen, die sich im Experiment äußern, beobachtbar sind. Es darf also in den postulierten Naturgesetzen durchaus mit Größen gerechnet werden, für die man keine Interpretation kennt, d.h. über die man außer der mathematischen Form ihres Vorkommens in den Naturgesetzen nichts weiß.

1.3.3.5 Imperative Sprachen

In Bild 33 wurden sprachliche Gebilde, die als zweckgebundene Umschreibungen formuliert wurden, in die drei Klassen der Aussagen, der Fragen und der Anweisungen eingeteilt. Die Aussagen wurden in den Abschnitten über Logik und Kalküle näher behandelt. Über die Fragen wurde bei der Betrachtung von Bild 33 gesagt, daß sie als Sonderfall von Anweisungen betrachtet werden können und daß sie deshalb innerhalb des vorliegenden Abschnitts kurz abgehandelt werden. Dazu muß aber zuvor eine Klassifikation der Anweisungen in zwei grundsätzlich unterscheidbare Klassen vorgestellt werden, nämlich in die Klasse der *ergebnisorientierten Anweisungen* und in die Klasse der *prozeßorientierten Anweisungen.*

"Putzen Sie die Fenster!"
ist ein Beispiel für eine ergebnisorientierte Anweisung;
"Spielen Sie mir die Mondscheinsonate vor!"
ist dagegen ein Beispiel für eine prozeßorientierte Anweisung.

Anweisungen beider Klassen beziehen sich immer auf die zeitliche Veränderung meßbarer Sachverhalte: Im ersten Beispiel ist dies die Transparenz der Fensterscheiben und im zweiten Beispiel der Schall in der Umgebung des Klaviers. Der wesentliche Unterschied zwischen den beiden Anweisungstypen besteht darin, daß im einen Fall der Auftraggeber nur daran interessiert ist, daß in einem mehr oder weniger scharf definierten Zeitintervall ein bestimmter konstanter Meßwert vorliegt, während er im anderen Fall daran interessiert ist, daß innerhalb eines mehr oder weniger scharf definierten Zeitintervalls ein bestimmter zeitlicher Meßwerteverlauf vorkommt. Bild 58 veranschaulicht diesen grundlegenden Unterschied. Es ist wichtig

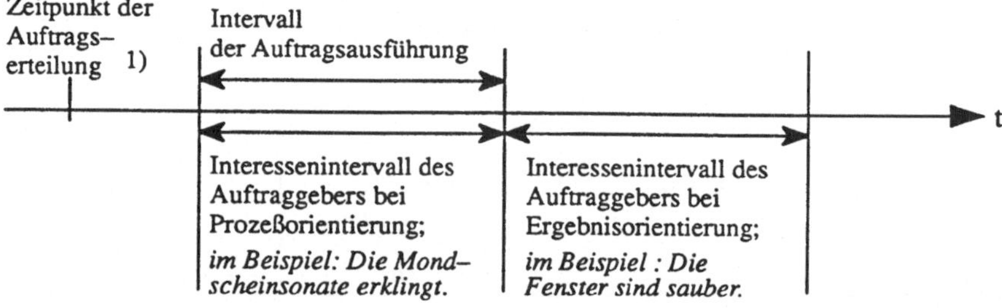

Bild 58 Zur Klassifikation der Anweisungen

zu erkennen, daß die Abhängigkeit der Klassifikation von der Interessenslage des Auftraggebers die Möglichkeit bietet, die Beispielsanweisungen auch umgekehrt als in Bild 58 zu klassifizieren: Wenn ein Regisseur einen Schauspieler anweist, er solle die Fenster putzen, dann ist der Regisseur natürlich an den Bewegungen des Schauspielers und nicht an sauberen Fenstern interessiert; und wenn ein Tonmeister einen Pianisten bittet, er solle die Mondscheinsonate spielen, damit eine Bandaufnahme gemacht werden kann, dann ist der Tonmeister natürlich nicht am Prozeß, sondern am Ergebnis, d.h. an der Bandaufnahme interessiert. Es ist schließlich sogar möglich, daß ein und dieselbe Anweisung sowohl prozeß– als auch ergebnisorientiert betrachtet werden muß – im Beispiel wäre dies der Fall, wenn die Mondscheinsona-

1) Das Zeitintervall der Auftragsformulierung wird nicht betrachtet. Es wird vielmehr angenommen, daß der fertig formulierte Auftrag – beispielsweise in Schriftform – übergeben wird.

te in einem öffentlichen Konzert gespielt wird, von dem eine Bandaufnahme gemacht wird. Wenn sowohl eine Prozeß– als auch eine Ergebnisorientierung vorliegt, dann kann immer das Ergebnis als Nebenprodukt des Prozesses angesehen werden, weshalb es gerechtfertigt ist, die Prozeßorientierung in diesen Fällen als dominant zu betrachten, so daß sich auch hier eine eindeutige Klassifikation der Anweisungen ergibt.

Daß diese Klassifikation von Anweisungen hier so ausführlich behandelt wird, hat seinen Grund darin, daß in den Anweisungen entweder das gewünschte Ergebnis oder der gewünschte Prozeß spezifiziert werden müssen. Wenn ein Auftraggeber das gewünschte Ergebnis spezifiziert, bringt er damit zum Ausdruck, daß es ihm gleichgültig ist, auf welchem Wege das Ergebnis erzielt wird. Zwar kann ein spezifiziertes Ergebnis immer nur auf dem Weg eines Prozesses erreicht werden, aber die Spezifikation des Ergebnisses impliziert außer der Notwendigkeit eines Prozesses keinerlei Prozeßspezifikation. Wenn der Auftraggeber dagegen einen Prozeß spezifiziert, dann will er den Prozeß beobachten können; wenn es sich dabei um einen Prozeß handelt, der auch ein Ergebnis liefert, dann ist durch die Spezifikation des Prozesses das Ergebnis implizit auch spezifiziert.

Spezifikation eines Prozesses bedeutet hier, daß ein Prozeßtyp identifiziert wird. Der durch die Ausführung der Anweisung realisierte Prozeß soll ein Exemplar dieses Typs sein. Spezifikation eines Ergebnisses bedeutet hier, daß ein Zustandsübergangstyp identifiziert wird. Der durch die Anweisung realisierte Zustandsübergang soll ein Exemplar dieses Typs sein. Der Begriff des Zustandsübergangstyps wird weiter unten näher erläutert. Bild 59 veranschaulicht die beiden abstrakten Anweisungsformen anhand der bereits eingeführten Beispiele.

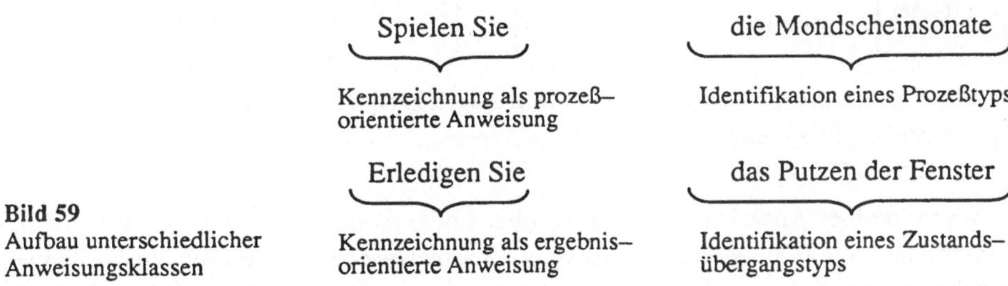

Bild 59
Aufbau unterschiedlicher Anweisungsklassen

Da der Begriff des *Prozeßtyps* sehr eng mit dem Begriff des Systems zusammenhängt, der Systembegriff aber erst in Kapitel 2 eingeführt wird, kann die Betrachtung der prozeßorientierten Anweisungen an dieser Stelle nicht weitergeführt werden.

Ein *Zustandsübergangstyp* setzt die Zustände, die man in zwei unterschiedlichen Zeitpunkten in zwei nicht notwendigerweise unterschiedlichen Weltausschnitten vorfindet, zueinander in Beziehung. So ist beispielsweise der Transparenzgrad bestimmter Fensterscheiben eine Zustandsvariable aus einem bestimmten Weltausschnitt, und die zu unterschiedlichen Zeitpunkten dort vorfindbaren Werte können unterschiedlich sein. Der durch einen Zustandsübergangstyp erfaßte Zusammenhang ist funktional, d.h. der Zustandsübergangstyp äußert sich als Funktion, deren Argumente die zum früheren Zeitpunkt im einen Weltausschnitt vorgefundenen Zustandswerte und deren Ergebnisse die zum späteren Zeitpunkt im anderen Weltausschnitt vorgefundenen Zustandswerte sind. Ein Zustandsübergangstyp hat die Form

$$[\ Y(t + \Delta t), Z(t + \Delta t)\ ] = f\ [\ X(t), Z(t)\ ].$$

Weil der Weltausschnitt, aus dem die Argumente der Funktion f genommen werden, ganz oder teilweise identisch sein darf mit dem Weltausschnitt, in welchem die Ergebnisse von f zu finden sind, sind diese beiden Weltausschnitte unterteilt in die drei Teilausschnitte X, Y und Z. Z ist der Teilausschnitt, der sowohl für das Argument als auch für das Ergebnis relevant ist; X ist der Teilausschnitt, der nur für das Argument relevant ist, und Y ist der Teilausschnitt, der nur für das Ergebnis relevant ist.

Im Beispiel des Fensterputzens sind die Teilausschnitte X und Z "leer", d.h. die Funktion f ist in diesem Fall eine Konstante und hat gar kein relevantes Argument:

$$\text{Fenster}\ (t + \Delta t) = \text{sauber}$$

Eine Funktion f, bei der keiner der drei Teilausschnitte leer ist, wird dagegen durch folgende Beispielsanweisung festgelegt: Füllen Sie in den zuvor leergemachten Eimer Y aus dem Tank Z soviel Flüssigkeit ab, wie im Eimer X bereits enthalten ist. Die betrachteten Zustandsvariablen sollen sowohl jeweils das Volumen als auch die Art der Flüssigkeit in den drei Behältern erfassen. Damit ergibt sich folgende Funktion f:

$$\begin{bmatrix} Z(t+\Delta t) \\ \\ Y(t+\Delta t) \end{bmatrix} = \begin{bmatrix} \begin{bmatrix} \text{Volumen von } Z(t+\Delta t) \\ \text{Art von } Z(t+\Delta t) \end{bmatrix} \\ \begin{bmatrix} \text{Volumen von } Y(t+\Delta t) \\ \text{Art von } Y(t+\Delta t) \end{bmatrix} \end{bmatrix} = \begin{bmatrix} \begin{bmatrix} \text{Volumen von } Z(t) - \text{Volumen von } X(t) \\ \text{Art von } Z(t) \end{bmatrix} \\ \begin{bmatrix} \text{Volumen von } X(t) \\ \text{Art von } Z(t) \end{bmatrix} \end{bmatrix}$$

Es wurde dabei angenommen, daß die Werte [X(t), Z(t)] im Argument von f die Ausführung der Anweisung erlauben, d.h. daß der Tank Z anfänglich mindestens soviel Flüssigkeit wie der Eimer X enthält.

Wenn in einer Anweisung Aussagen über t oder Δt oder beides gemacht werden, dann spricht man von einer *Realzeitanweisung*. Beispielsweise könnte eine Realzeitanweisung zum Fensterputzen lauten: Putzen Sie bis spätestens heute um 18 Uhr die Fenster! Es wird hier also der Wert von $(t + \Delta t)$ in der Anweisung vorgegeben. Zustandsübergangstypen, die keine Realzeitanforderungen enthalten, schreibt man formal meist ohne Verwendung der Zeitvariablen t:

$$(\ Y, Z\ ) := f(\ X, Z\ )$$

Das sogenannte *Zuweisungssymbol* ":=" ersetzt in diesem Fall die explizite Verwendung der Zeitpunktsvariablen t bei den Argumenten und $t + \Delta t$ bei den Ergebnissen der Funktion f.

Unter Bezug auf den Begriff des Zustandsübergangstyps ist es nun sehr einfach, *Fragen* als Sonderfälle ergebnisorientierter Anweisungen darzustellen. Die Antwort zu einer Frage ist stets das Ergebnis einer Funktion, deren Argumente die Frage selbst und das aktuelle Wissen des Gefragten sind. Man kann also immer schreiben

$$\text{Antwort} := f(\text{Frage}, \text{Wissen}).$$

Damit dies als Zustandsübergangstyp betrachtet werden darf, muß man festlegen, daß hier die Frage, das Wissen und die Antwort nicht als Informationen zu betrachten sind, sondern als diejenigen Muster, die man interpretieren muß, um zur entsprechenden Information zu gelangen. Zwar erlebt man Fragen und Antworten im Bereich der zwischenmenschlichen Kommunikation i.a. primär nicht als Muster, also nicht als zeitunabhängige Signale, aber man kann auch in diesem Falle annehmen, daß durch Aufzeichnung dieser Signale entsprechende Muster gebildet werden (s. Abschnitt 1.3.1 über Signale).

Wenn man annimmt, daß die Beantwortung einer Frage das Wissen des Gefragten nicht verändert, muß man das Wissen der Variablen X zuordnen. Die Zuordnung der Frage und der Antwort zu den Variablen X,Y und Z ist dagegen nicht ganz so selbstverständlich, sondern hängt davon ab, ob das Fragemuster durch das Antwortmuster überschrieben wird oder nicht, ob also die Antwort zur Zeit $t + \Delta t$ dort zu finden ist, wo zur Zeit t die Frage stand, oder nicht. Im Falle des Überschreibens gehören die Frage und die Antwort zu Z, im anderen Falle bildet die Frage einen Teil von X und die Antwort gehört zu Y:

	Antwort	:=	f(Frage, Wissen)
im Fall des Überschreibens:	Z	:=	f(Z , X)
andernfalls:	Y	:=	f(X_F , X_W)

In Bild 59 wurde bereits ausgesagt, daß in der Formulierung einer ergebnisorientierten Anweisung eine Identifikation eines Zustandsübergangstyps enthalten sein müsse. Dies muß nun konsequenterweise auch für Fragen gelten: Jede Frage identifiziert die gleiche Funktion f. Wenn man also einer Formulierung ansieht, daß es sich um eine Frage handelt, kann man schon schließen, daß als Funktion f nur die Beantwortungsfunktion gemeint sein kann, und dadurch ist auch festgelegt, wo man die Argumente dieser Funktion findet. Der Ort, wo das Ergebnis des Beantwortungsvorgangs, also die Antwort abgelegt werden soll, wird entweder explizit in der Frage identifiziert, oder er liegt implizit fest. Wenn man beispielsweise am Bildschirmterminal eines Platzreservierungssystems die Frage eintastet, ob für einen bestimmten Flug noch Plätze frei sind, dann wird in der Frage nicht explizit formuliert, daß die Antwort auf dem Bildschirm erscheinen soll, sondern dies liegt implizit bereits fest.

Nachdem nun gezeigt wurde, daß Fragen als Sonderfälle ergebnisorientierter Anweisungen angesehen werden können, wird auf diese Sonderfälle nicht mehr näher eingegangen, sondern es wird nun die allgemeine Betrachtung ergebnisorientierter Anweisungen fortgesetzt. Bei der Identifikation eines Zustandsübergangstyps müssen die Weltausschnitte X, Y und Z als Orte zur Beobachtung der Zustandsvariablen sowie die Funktion f identifiziert werden. Dabei müssen nicht alle diese Komponenten in der Anweisung explizit identifiziert werden, vielmehr ist es möglich, daß von vornherein oder aufgrund der expliziten Identifikation eines Teils der Komponenten die restlichen Komponenten bereits implizit festgelegt sind. Wenn man beispielsweise einer Sekretärin die Anweisung gibt, sie solle die Ablage der Korrespondenz erledigen, dann hat man explizit nur die Funktion f identifiziert als die Korrespondenzablagefunktion, aber es liegt damit auch implizit der Weltausschnitt Z fest, dessen Zustand sich aufgrund der Anweisungsausführung in wohldefinierter Weise ändern soll: Der Postkorb soll geleert werden, und die ursprünglich darin befindlichen Schriftstücke sollen in die Ablageordner einsortiert werden. Es handelt sich um implizite Identifikation, weil weder der Postkorb noch die Ablageordner durch Benennung oder Umschreibung in der Anweisung identifiziert werden.

Da das Thema der Identifikation durch Benennung oder Umschreibung bereits im Abschnitt 1.3.3.1 über den Zweck der Sprache in ausreichendem Maße abgehandelt wurde, braucht an dieser Stelle hierzu nichts mehr gesagt zu werden. Es bleibt aber noch die Bildung zusammengesetzter Anweisungen aus elementaren Anweisungen zu behandeln. Als *elementare Anweisungen* sollen solche Anweisungen bezeichnet werden, die nicht als Verknüpfung von Anweisungen formuliert sind. Der Begriff der Verknüpfung erinnert an den Bereich der Aussagen: Dort werden zusammengesetzte Aussagen durch logische Verknüpfung aus elementaren Aussagen gebildet. Im Bereich der Aussagen kann die Semantik der Verknüpfungsarten behandelt werden, ohne daß die elementaren Aussagen inhaltlich betrachtet werden müssen. In gleicher Weise ist es möglich, die Semantik der *Verknüpfung von Anweisungen* zu behandeln, ohne die elementaren Anweisungen inhaltlich betrachten zu müssen.

Es gibt zwei unterschiedliche mögliche Zwecke, die ein Auftraggeber verfolgen kann, wenn er ergebnisorientierte Anweisungen verknüpft: Entweder will er auf diese Weise eine komplexere ergebnisorientierte Anweisung konstruieren, oder er will einen Prozeß spezifizieren. Da die Spezifikation von Prozessen erst später behandelt werden soll, wird hier nur der erste Fall verfolgt.

Die Komponenten X, Y, Z und f einer komplexen ergebnisorientierten Anweisung sollen dadurch umschrieben werden, daß endlich viele elementare Anweisungen $(Y_i, Z_i) := f_i(X_i, Z_i)$ verknüpft werden. Die Art dieser Verknüpfung wird durch die Möglichkeiten bestimmt, wie man neue Funktionen unter Bezug auf gegebene Funktionen definieren kann. Es gibt vier unterschiedliche Grundformen der Verwendung gegebener Funktionen, und diese können in der Definition einer neuen Funktion kombiniert vorkommen:

Verkettung: Eine gegebene Funktion tritt mit einer anderen gegebenen Funktion verkettet auf, d.h. das Ergebnis der einen Funktion ist Argumentwert der anderen.

Beispiel:
$$f(x) = \frac{\sin x}{x} = \text{DIVISION}\,[\,\text{SIN}(x), x\,]$$

Fallunterscheidung: Die neue Funktion wird abschnittsweise definiert, d.h. ihr Argumentwertebereich wird partitioniert, und jedem Partitionsblock wird eine andere gegebene Funktion zugeordnet.

Beispiel:
$$f(x) = \begin{cases} e^{\frac{\pi}{2}+x} & \text{für } x < -\frac{\pi}{2} \\ 1+\cos x & \text{für } -\frac{\pi}{2} \le x \le +\frac{\pi}{2} \\ e^{\frac{\pi}{2}-x} & \text{für } \frac{\pi}{2} < x \end{cases}$$

Rekursion: Die neue Funktion wird durch indirekte Umschreibung definiert. Dabei wird eine Fallunterscheidung vorgenommen, bei der es mindestens einen Fall gibt, worin die neue Funktion durch eine Verkettung definiert ist, in der sie selbst wieder vorkommt. Daß dies keine zyklische Definition ist, wird dadurch gewährleistet, daß in dem Vorkommen der Funktion in der Verkettung die Argumente derart bestimmt sind, daß sie – verglichen mit dem Argument x der zu definierenden Funktion – näher bei einem Argumentbereich liegen, der einen Fall mit ausschließlich bekannten Funktionen kennzeichnet.

Beispiel: [1]

$$f(n) = \begin{cases} 1 & \text{für } n \in \{1, 2\} \\ \text{ADD}\,[\,f\,(\,\text{SUB}\,[n, 1], f\,(\,\text{SUB}\,[n, 2])] & \text{für } 3 \leq n \end{cases}$$

Die Argumente der beiden Vorkommen der Funktion f auf der rechten Seite sind n–1 und n–2, und somit liegen sie näher bei den Werten der Menge { 1, 2 } als das ursprüngliche Argument n.

Funktionaloperation: Die neue Funktion wird dadurch gewonnen, daß ein Funktionaloperator auf eine gegebene Funktion angewandt wird. Ein Funktionaloperator ist eine Funktion, deren Argumente und Ergebnisse auch Funktionen sind. Man beachte den Unterschied zur Verkettung: Dort steht im Argument einer Funktion nur das Ergebnis einer anderen Funktion, nicht aber die andere Funktion selbst. Bekannte Funktionaloperationen sind die Differentiation, die Integration oder die Bildung der Umkehrfunktion.

Bevor hierzu ein Beispiel angegeben wird, muß zuerst noch auf ein Problem bei der Darstellung von Funktionaloperationen hingewiesen werden: Für die vierstellige Zeichenfolge f(x) gibt es zwei unterschiedliche Interpretationen; manchmal versteht man darunter eine Funktion mit einer Argumentvariablen, manchmal aber betrachtet man diese Zeichenfolge als Variable für das Ergebnis einer solchen Funktion. In vielen Fällen stört es nicht, wenn man von der einen Interpretation zur anderen übergeht. Dies gilt beispielsweise für die drei Gleichungen

$$\begin{aligned} y &= f(x) \\ y &= \sin x \\ f(x) &= \sin x. \end{aligned}$$

Wenn aber Funktionaloperationen mit ins Spiel kommen, dann ist diese Zweideutigkeit der Interpretation nicht mehr zulässig. Hier muß man die Anwendung einer Funktion, die ein Ergebnis liefert, deutlich gegen die Definition einer Funktion abgrenzen. Zur Unterscheidung dieser beiden Fälle wird deshalb folgende Symbolik festgelegt:

f(x) symbolisiert das Ergebnis, das dem Argument x durch die Funktion zugeordnet ist.
"f(x)" symbolisiert die Definition einer Funktion mit einem Argument.

Damit kann nun ein Beispiel für eine Funktionaloperation dargestellt werden:

"f(x)" = DIFFERENTIATION ["SIN(x)", "x"] = "COS(x)"

Man beachte den Unterschied zu dem Beispiel, durch welches die Verkettung veranschaulicht wird: Als Argumente der Division kommen dort die Ergebniswerte der gleichen Funktionen

1) Es handelt sich um die bereits auf S. 66 vorgestellte Fibonacci–Funktion. Man erkennt dies leichter, wenn man die Definition in anderer Schreibweise darstellt:

$$\begin{aligned} f(1) &= 1 \\ f(2) &= 1 \\ f(n) &= f(n-1) + f(n-2) \qquad \text{für } 3 \leq n \end{aligned}$$

vor, deren Definitionen hier als Argumente der Differentiation gebraucht werden. Auch die Variable x mußte hier in Anführungszeichen gesetzt werden, denn das zweite Argument der Differentiation soll angeben, nach welcher Variablen differenziert werden soll, und nicht, welchen Wert diese Variable hat.

Nachdem man eine Funktionsdefinition "f(x)" gewonnen hat, möchte man diese selbstverständlich auch anwenden, d.h. man möchte zu den Ergebnissen f(x) übergehen können. Auch dieser Übergang ist eine Funktion; sie wird hier mit "Anwendung" bezeichnet:

f(x) = ANWENDUNG ["f(u)", x]

Hier wurde bewußt im Argument der Anwendungsfunktion "f(u)" anstelle von "f(x)" geschrieben, obwohl dies formal nicht erforderlich ist. Das Ergebnis der Anwendungsfunktion erhält man immer dadurch, daß man die Variable im Argument der Funktionsdefinition – gleichgültig, wie sie genannt wurde – mit dem anschließenden Wert belegt. Wenn man nun der Variablen in der Funktionsdefinition und der Variablen für den einzusetzenden Wert den gleichen Namen gäbe, dann würde ein Zusammenhang suggeriert, der nicht besteht. Deshalb ist eine unterschiedliche Bezeichnung zweckmäßig. [1)]

Die Anwendungsfunktion ist eine Basisfunktion, d.h. sie kann nicht unter Bezug auf andere Funktionen definiert werden. Ihre Notwendigkeit ergibt sich aus der Einführung von Funktionaloperatoren. Deshalb ist die Anwendungsfunktion praktisch immer verkettet mit einem Funktionaloperator. Beispiel:

f(x) = ANWENDUNG [DIFFERENTIATION ["SIN(u)", "u"] , x] = COS(x)

Nachdem nun die vier Grundformen vorgestellt wurden, welche bei der Definition einer neuen Funktion aus gegebenen Funktionen kombiniert werden können, kann untersucht werden, wie sich diese Grundformen bei der Verknüpfung ergebnisorientierter Anweisungen äußern.

Zur Realisierung einer Verkettung durch verknüpfte Anweisungen braucht man zwei unterschiedliche Arten der Verknüpfung: Da man das Ergebnis einer Funktion erst gewinnen kann, nachdem man zuvor alle ihre relevanten (zur Relevanz s. S. 117) Argumentwerte bestimmt hat, müssen die Anweisungen zur Bestimmung dieser Argumentwerte zuerst alle ausgeführt werden, bevor die Anweisung zur Ergebnisgewinnung auf der Basis der Argumentwerte ausgeführt werden kann. Es gibt also zum einen eine Menge von Anweisungen, die zwar alle ausgeführt werden müssen, aber bei denen keine Ausführungsreihenfolge vorgeschrieben wird – man könnte diese Verknüpfung der Anweisungen in Anlehnung an die Aussagenlogik eine *UND-Verknüpfung ohne Ordnungsvorgabe* nennen. Die Verknüpfung einer Anweisung zur Argumentwertbestimmung und der Anweisung zur Ergebnisbestimmung auf der Basis der Argumentwerte könnte man dann entsprechend als *UND-Verknüpfung mit Ordnungsvorgabe* bezeichnen, denn sie müssen beide ausgeführt werden, und zwar nacheinander in vorgegebener Reihenfolge.

Beispiel: Anstelle der einen Anweisung

$c := \sqrt{a^2 + b^2}$ = WURZEL [ADD (QUADRAT [a], QUADRAT [b])]

1) Die im Argument der Anwendungsfunktion definierte Funktion darf selbstverständlich auch von mehreren Variablen abhängen. Dann tritt an die Stelle der einen Variable ein entsprechendes Tupel:

$f(x_1, x_2, \cdots x_n)$ = Anwendung ["$f(u_1, u_2, \cdots u_n)$" , ($x_1, x_2, \cdots x_n$)]

zur Berechnung der Hypothenusenlänge c aus den Kathetenlängen a und b nach dem Satz des Pythagoras kann man die vier Anweisungen

A1: q_a := QUADRAT (a)
A2: q_b := QUADRAT (b)
A3: s := ADD (q_a, q_b)
A4: c := WURZEL (s)

geben, wobei folgende Verknüpfungen formuliert werden müssen:

A1 mit A2 UND–verknüpft ohne Ordnungsvorgabe
A1 mit A3 UND–verknüpft mit Ordnungsvorgabe
A2 mit A3 "
A3 mit A4 "

Unter Verwendung der Klammersymbole für geordnete ( ) und ungeordnete { } Mengen kann man diese Verknüpfungen einfach darstellen:

({ A1, A2 }, A3, A4)

Bild 60 zeigt, daß der gleiche Sachverhalt auch graphisch dargestellt werden kann. In diesem Bild sind die "inneren" Variablen q_a, q_b und s durch Schraffur gegen die "äußeren" Variablen a, b und c abgegrenzt. Dadurch wird auf einen Sachverhalt hingewiesen, der nun diskutiert werden muß. Dabei geht es nicht in erster Linie um das Beispiel, sondern um ein allgemeines Problem im Zusammenhang mit der Verknüpfung von Anweisungen.

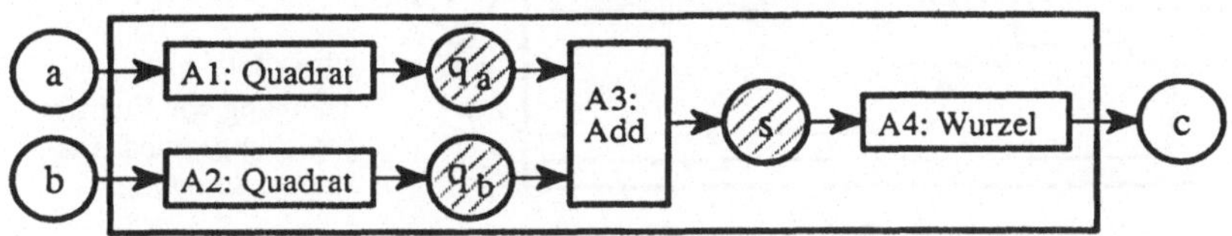

Bild 60 Anweisungverknüpfung im Falle der Verkettung

Es wurde gesagt, daß die verknüpften Anweisungen keinen anderen Zweck haben sollen als den, eine einzige Anweisung, welche eine zusammengesetzte Funktion beinhaltet, zu ersetzen. Da nun in jeder Anweisung die Beobachtungsorte für die Variablen der jeweiligen Funktion explizit oder implizit identifiziert werden müssen, ist man gezwungen, Variable einzuführen, die in derjenigen Anweisung, welche ersetzt werden soll, gar nicht vorkommen. Es handelt sich um Variable, an deren Beobachtung der Auftraggeber eigentlich gar nicht interessiert ist.

Im Beispiel in Bild 60 sind dies die schraffierten Variablen. Aus dem Aufbau einer zusammengesetzten Funktion folgt nicht eindeutig, welche Variablen in Verbindung mit den zu verknüpfenden elementaren Anweisungen eingeführt werden müssen. So hätte man im Beispiel anstelle der drei Variablen q_a, q_b und s auch nur eine einzige innere Variable i einführen und diese wie folgt mit den vier elementaren Anweisungen verbinden können:

A1 : i := QUADRAT (a)
A2 : c := QUADRAT (b)
A3 : i := ADD (i,c)
A4 : c := WURZEL (i)

Bild 61 veranschaulicht die Zusammenhänge. Im Unterschied zu Bild 60 kann die Verknüpfung der elementaren Anweisungen nun nicht mehr ausschließlich aus den durch Pfeile ausgedrückten Zugriffsbeziehungen zwischen den Anweisungen und den Variablen abgelesen werden, d.h. es genügt nicht mehr zu wissen, welches die Argument– und welches die Ergebnisvariablen der elementaren Anweisungen sind, um eindeutig auf die Bedingungen für die Ausführungsreihenfolge schließen zu können. So würden die Zugriffsbeziehungen in Bild 61 beispielsweise auch die Reihenfolge (A1, A4, A3, A2) zulasssen, was dazu führen würde, daß am Ende die Variable c den Wert b^2 hätte. Deshalb sind in Bild 61 die Bedingungen für die Ausführungsreihenfolge durch zusätzliche Doppellinienpfeile dargestellt. Das Beispiel zeigt ausserdem, daß man bei der Einführung der inneren Variablen durchaus auch die Möglichkeit hat, äußere Variable, deren Wert ohnehin durch die zusammengesetzte Anweisung neu festgelegt wird, zur vorübergehenden Ablage von Zwischenwerten zu benutzen. So kommt hier die Variable c, die bezüglich der zusammengesetzten Anweisung nur in der Rolle eines Y auftritt, vorübergehend in der Rolle eines X für die Anweisung A3 vor.

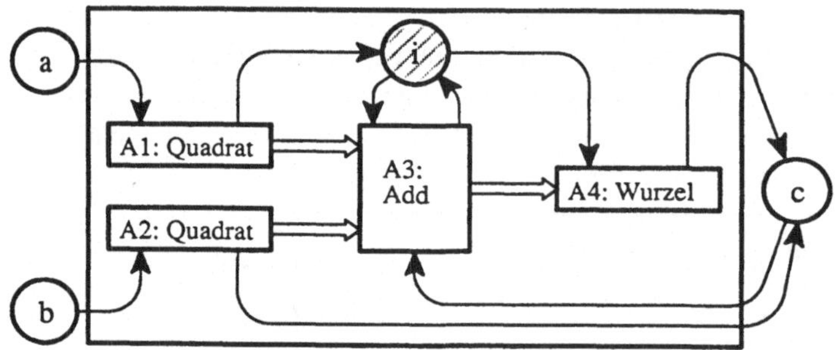

Bild 61
Trennung von Zugriffsbeziehungen und Ausführungsordnung

Nachdem nun die Realisierung einer Verkettung durch verknüpfte Anweisungen betrachtet wurde, soll gleich darauf hingewiesen werden, daß die Verknüpfungsarten, die sich aus der Verkettung ergeben, auch den Fall der Funktionaloperation miterfassen. Dies ist eine Konsequenz der Einführung der Anwendungsfunktion, welche die Funktionsdefinitionen mit den Funktionswerten verbindet, wodurch sich beliebig lange Ketten aufbauen lassen, in denen Werte und Definitionen gemischt sind.

Als nächstes wird nun betrachtet, wie sich eine Fallunterscheidung in Form verknüpfter Anweisungen äußert. Für jeden möglichen Fall muß es eine entsprechende Anweisung geben, und genau eine aus dieser endlichen Menge von Anweisungen soll ausgeführt werden. In Anlehnung an die Aussagenlogik könnte man diese Verknüpfung von Anweisungen eine *exklusive ODER–Verknüpfung*[1] nennen. Dabei muß der Menge der Anweisungen eine gleichmächtige Menge von Aussagen 1:1 zugeordnet sein, wobei die exklusive ODER–Verknüpfung die-

1) Die exklusive ODER–Verknüpfung zweier Aussagen ist gleich der Antivalenz (s. Bild 36). Die exklusive ODER–Verknüpfung von mehr als zwei Aussagen ist aber nicht gleich der Antivalenzkette $a_1 \oplus a_2 \oplus \cdots \oplus a_n$. Letztere ist immer dann wahr, wenn eine ungerade Anzahl der verknüpften Aussagen wahr ist, wogegen die exklusive ODER–Verknüpfung dann und nur dann wahr sein soll, wenn genau eine der verknüpften Aussagen wahr ist.

ser Aussagen wahr sein muß. Denn dann ist in der Menge der Aussagen genau eine wahr, und über die 1:1–Zuordnung liegt dann fest, welche Anweisung auszuführen ist.

Wenn man mit A_i die Anweisungen und mit a_i die zugeordneten Aussagen bezeichnet, dann kann man – wieder unter Verwendung der Klammersymbole ( ) für geordnete und { } für ungeordnete Mengen – die Anweisungsverknüpfung für die Fallunterscheidung einfach darstellen: $\{ (a_1, A_1), (a_2, A_2), \ldots (a_n, A_n) \}$

Beispiel: { (Es gibt noch Theaterkarten. Kaufe eine Theaterkarte!),
(Es gibt keine Theaterkarten mehr, aber noch Karten für den Zirkus. Kaufe eine Zirkuskarte!),
(Es gibt weder Theater– noch Zirkuskarten. Kaufe eine Schallplatte!) }

Im Zusammenhang mit der Fallunterscheidung muß auf die Frage nach der Relevanz von Argumentwerten eingegangen werden, auf die schon früher (s. S. 114) hingewiesen wurde. Ein Funktionsergebnis muß nicht unbedingt immer von der Wertebelegung aller Argumentvariablen abhängen, sondern kann manchmal schon eindeutig bestimmt sein, wenn nur die Wertebelegung eines Teiles der Argumentvariablen festliegt. Dies gilt insbesondere für sogenannte *Selektionsfunktionen*, die wie folgt gekennzeichnet sind: Die Argumentvariablen sind einzuteilen in die beiden Klassen der *selektierenden Variablen* s_i und der *Quellenvariablen* q_j. Das Ergebnis einer Selektionsfunktion ist immer gleich dem Wert einer Quellenvariablen, wobei die Wertebelegung der selektierenden Variablen entscheidet, welche der mindestens zwei Quellenvariablen aktuell ergebnisbestimmend ist. Es ist also jeweils immer nur der Wert einer einzigen Quellenvariable relevant.

Obwohl man sich beliebig viele unterschiedliche Regeln ausdenken kann, wie durch die Wertebelegung der selektierenden Variablen eine bestimmte Quellenvariable ausgewählt wird, so sind doch nur wenige einfache Regeln gebräuchlich. Die beiden einfachsten sollen hier vorgestellt werden.

Selektion durch Fallnummer:

$$SEL_F(s, q_1, q_2, \cdots, q_n) = \begin{cases} q_1 & \text{falls } s = 1 \\ q_2 & \text{falls } s = 2 \\ \vdots & \\ q_n & \text{falls } s = n \end{cases}$$

Selektion durch prioritätsgeordnete Bedingungen:

$$SEL_B(s_1, s_2, s_3, \cdots, s_{n-1}, q_1, q_2, \cdots, q_n) = \begin{cases} q_1 & \text{falls } s_1 = \text{wahr} \\ q_2 & \text{falls } s_2 = \text{wahr und } s_1 = \text{falsch} \\ \vdots & \\ q_{n-1} & \text{falls } s_{n-1} = \text{wahr und alle} \\ & s_i = \text{falsch für } i < n-1 \\ q_n & \text{falls alle } s_i = \text{falsch für } i < n \end{cases}$$

Wenn man nun eine Verkettung annimmt, wenn man also annimmt, daß man die Argumentwerte einer Selektionsfunktion als Ergebnisse anderer Funktionen erhält, dann braucht man nicht alle diese Funktionen auszuwerten, um zum Ergebnis der Selektion zu gelangen. Man wird vielmehr so verfahren, daß man die Argumentfunktionen nacheinander auswertet, wobei man immer weiß, mit welcher selektierenden Variablen man anfangen muß und welches Argument aufgrund der bisher bereits bestimmten Argumentwerte als nächstes ausgewertet werden muß. Das letzte zu bestimmende Argument in diese Kette ist immer das selektierte q_j. So braucht man zur Ergebnisbestimmung bei SEL_F nur s und q_j mit j=s zu bestimmen, und bei SEL_B wird man mit s_1 beginnen und in Abhängigkeit vom erhaltenen Wert mit s_2 oder q_1 weitermachen. Bei SEL_B muß man im Minimalfall zwei und im Maximalfall n Argumentvariable auswerten.

Die Frage der Relevanz von Argumentwerten spielt für die Verknüpfung der diesbezüglichen Anweisungen eine wichtige Rolle. Sie ist nicht nur im Hinblick auf den Wirkungsgrad wichtig, wo es darauf ankommt, keine unnötigen Anweisungen auszuführen, die bezüglich des eigentlich interessierenden Endergebnisses wirkungslos sind. Auch dann, wenn man den Wirkungsgrad außer acht läßt, kann es notwendig sein, die Relevanzfrage zu beachten. Es kann nämlich sein, daß es unmöglich ist, eine Anweisung zur Gewinnung eines irrelevanten Argumentwertes auszuführen. Unmöglich ist es beispielsweise bei folgender Funktion f, die durch Verkettung der Fibonacci–Funktion mit einer Selektionsfunktion definiert ist:

$$f(n) = SEL_B\,[(n<0), (n=0), -FIB(-n), 0, FIB(n)] = \begin{cases} -FIB(-n) & \text{falls } n < 0 \\ 0 & \text{falls } n = 0 \\ FIB(n) & \text{falls } n > 0 \end{cases}$$

Denn für nichtpositive Werte von n ist FIB (n) nicht definiert, und entsprechend ist FIB(–n) für nichtnegative Werte von n auch nicht definiert.

Die Aussagen zur Verknüpfung von Anweisungen im Falle der Verkettung müssen also durch den Hinweis ergänzt werden, daß sich hinter einer Verkettung auch eine Fallunterscheidung verbergen kann. In diesen Fällen tritt anstelle der UND–Verknüpfung ohne Ordnungsvorgabe immer eine Kombination aus einer UND–Verknüpfung mit Ordnungsvorgabe und einer exklusiven ODER–Verknüpfung.

Während man der Verkettung, der Funktionaloperation und der Fallunterscheidung unmittelbar eine entsprechende Verknüpfung von Anweisungen zuordnen kann, geht dies im Falle der Rekursion nicht. Dies liegt daran, daß die Rekursion eine indirekte Umschreibung einer Funktion darstellt, während durch Verkettung, Funktionaloperation und Fallunterscheidung eine Funktion direkt umschrieben wird. Und direkte Umschreibung bedeutet ja immer die Angabe eines Verfahrens, wie man von einem bekannten Ausgangspunkt, d.h. ausgehend von gegebenen Argumentwerten, zu einem Zielpunkt, d.h. zu einem Ergebniswert gelangt. Bei der indirekten Umschreibung wird dagegen ein solches Verfahren nicht angegeben. Bei der Einführung des Begriffs der indirekten Umschreibung im Abschnitt 1.3.3.1 wurde aber schon erwähnt, daß es Verfahren gibt zur Überführung bestimmter indirekter Umschreibungen in entsprechende direkte Umschreibungen. Die rekursive Definition einer Funktion gehört zur Klasse derjenigen indirekten Umschreibungen, für die man solche Verfahren kennt. Zwar wird ein solches Verfahren erst im Abschnitt 3.2.4.3 vorgestellt, aber hier sollen doch schon bestimmte diesbezügliche Ergebnisse dargestellt werden.

Zu den bisher bereits als notwendig erkannten Verknüpfungsarten für Anweisungen kommt durch die Auflösung der Rekursion noch eine weitere hinzu, nämlich die *bedingte Wiederholung*. Unabhängig vom gewählten Verfahren enthalten alle direkten Funktionsumschreibungen, die per Verfahren aus rekursiven Funktionsdefinitionen gewonnen werden können, stets mindestens eine solche bedingte Wiederholung.

Der Begriff der bedingten Wiederholung kann leicht veranschaulicht werden. Zuerst sei das Aufschichten eines Schornsteins aus m Fertigteilen betrachtet. Es soll nun diejenige Anweisung, durch deren Ausführung der gesamte Schornstein entsteht, als Verknüpfung elementarer Anweisungen formuliert werden. Die Formulierung der folgenden elementaren Anweisung liegt nahe: Schichte ein Fertigteil auf das bisher gebaute Schornsteinstück! Da die Anzahl m der aufzuschichtenden Fertigteile bekannt ist, könnte der Auftraggeber m–mal diese elementare Anweisung geben, und diese m Anweisungen wären als UND–verknüpft mit Ordnungsvorgabe zu betrachten. Da diese m Anweisungen alle gleich lauten, ist es zwar sinnlos, von unterschiedlichen Reihenfolgen zu reden, aber es muß immerhin darauf bestanden werden, daß die m Anweisungen nacheinander ausgeführt werden. Bei einer UND–Verknüpfung ohne Ordnungsvorgabe bestünde diese Forderung nach sequentieller Ausführung nicht. Es ist selbstverständlich, daß der Auftraggeber in diesem Fall keine m Anweisungen geben würde, sondern daß er den Wortlaut der elementaren Anweisung nur einmal bekanntgeben würde und daß er hinzufügen würde: Führe die Anweisung m–mal aus. Die Vorgabe von m stellt in diesem Fall die Wiederholungsbedingung dar, denn am Ende muß die Bedingung erfüllt sein, daß die Anweisung m–mal ausgeführt wurde.

Es erhebt sich nun natürlich die Frage, ob man noch sinnvollerweise von Verknüpfung reden kann, wenn nur noch eine einzige Anweisung im Spiel ist. Man kann aber zu Recht sagen, daß diese eine Anweisung ja stellvertetend für mehrere steht und daß es durchaus darauf ankommt, wie diese mehreren Anweisungen verknüpft sind.

Neben der *zahlbegrenzten Wiederholung*, bei der zu Beginn der Ausführung schon bekannt ist, wie oft die elementare Anweisung zu wiederholen ist, gibt es noch die *ergebnisbegrenzte Wiederholung*, bei der so oft wiederholt werden muß, bis ein bestimmtes Ergebnis erreicht ist. Im diesem Fall muß also in jedem Wiederholungzyklus einmal geprüft werden, ob das Ergebnis schon erreicht ist oder noch nicht. Während eine zahlbegrenzte Wiederholung garantiert in endlicher Zeit ausführbar ist, kann es bei einer ergebnisbegrenzten Wiederholung vorkommen, daß trotz beliebig häufiger Wiederholung der elementaren Anweisung das Ergebnis nie erreicht wird.

Als Beispiel für eine ergebnisbegrenzte Wiederholung sei das Spalten eines Holzklotzes betrachtet. Die elementare Anweisung lautet: Schlage mit dem Hammer einmal kräftig auf den Keil, damit er weiter in das Holz eindringt! Und die Wiederholungsbedingung lautet: Solange das Holz nicht gespalten ist, soll die Anweisung wiederholt werden. In diesem Fall ist es durchaus denkbar, daß das Holz so zäh ist und der Hammer so klein ist, daß man trotz beliebig vieler Schläge das Holz nicht spalten kann.

In entsprechender Weise, wie bereits die zur Verkettung oder zur Fallunterscheidung gehörenden Anweisungsverknüpfungen durch eine bestimmte Klammerung dargestellt werden konnten, kann auch die zur Wiederholung gehörende Anweisungsverknüpfung dargestellt werden:

Zahlbegrenzte Wiederholung der Anweisung A: $(A)^m$
Ergebnisbegrenzte Wiederholung der Anweisung A: $(\bar{e}, A)^*$

Dabei symbolisiert e die Aussage: Das Ergebnis ist erreicht. Sie kommt in negierter Form vor, weil ja die Anweisung A nur ausgeführt werde soll, wenn das Ergebnis noch nicht erreicht ist. Der hochgestellte Stern * symbolisiert die unbekannte Häufigkeit der erforderlichen Wiederholungszyklen in Analogie zum Fall der bekannten Häufigkeit m.

Es gibt rekursiv definierte Funktionen, die man direkt umschreiben kann, ohne ergebnisbegrenzte Wiederholungen einführen zu müssen; man braucht in diesen Fällen also nur zahlbegrenzte Wiederholungen. Solche Funktionen nennt man *primitiv–rekursiv*. Bei den anderen rekursiv definierten Funktionen, bei denen man also in der direkten Umschreibung auf ergebnisbegrenzte Wiederholungen nicht verzichten kann, unterscheidet man zwei Fälle: Wenn für alle beliebigen Wertebelegungen der Argumentvariablen im Rahmen der vereinbarten Wertebereiche nach endlich vielen Wiederholungszyklen ein Ergebnis erreicht wird, handelt es sich um eine *vollständig–rekursive* Funktion. Wenn es dagegen Wertebelegungen der Argumentvariablen gibt, für die ein Ergebis nach beliebig, aber endlich vielen Wiederholungszyklen nicht erreicht wird, dann ist die Funktion *partiell–rekursiv*.

Nach diesen Klassifikationskriterien ist die bereits als Beispiel einer rekursiv definierten Funktion vorgestellte Fibonacci–Funktion primitiv rekursiv, denn man findet leicht eine direkte Umschreibung, in der nur eine zahlbegrenzte und keine ergebnisbegrenzte Wiederholung vorkommt. Bild 62 zeigt eine solche direkte Umschreibung in zwei unterschiedlichen Darstellungsformen, nämlich einmal in der eingeführten Klammerdarstellung und außerdem noch in graphischer Form. Die direkte Umschreibung enthält eine innere Variable, die k genannt wurde.

Wenn in Bild 62 die lange Zeichenfolge nicht durch zusätzliche übergreifende Klammern zur Hervorhebung der Struktur ergänzt worden wäre, dann hätte man einige Mühe, diese Struktur zu erfassen. Völlig mühelos kann man dagegen diese Struktur erkennen, wenn man die graphische Darstellung betrachtet.

Nachdem nun auch die Wiederholung eingeführt wurde, sind alle Verknüpfungsarten vorgestellt worden, die man benötigt, um mit Hilfe elementarer Anweisungen beliebig komplexe ergebnisorientierte Anweisungen auszudrücken. Es wurden folgende vier Verknüpfungsarten als notwendig erkannt: UND–Verknüpfung ohne Ordnungsvorgabe, UND–Verknüpfung mit Ordnungsvorgabe, exklusive ODER–Verknüpfung und schließlich die Wiederholung. Es hängt von der jeweiligen Sprache ab, mit welcher Symbolik diese Verknüpfungen ausgedrückt werden, aber die Notwendigkeit, Ausdrucksmittel dafür bereitzuhalten, besteht bei jeder imperativen Sprache, wenn sie nicht in ihren Ausdrucksmöglichkeiten zu stark eingeschränkt sein soll.

Der Grund, weshalb hier die imperativen Sprachen recht ausführlich behandelt wurden, liegt darin, daß bestimmte formale imperative Sprachen als Programmiersprachen[1)] zur Benutzung automatischer Informationsverarbeitungssysteme recht weite Verbreitung gefunden haben und daß die Machbarkeit solcher Systeme letztlich darauf beruht, daß man mit technischen Mitteln elementare Anweisungen ausführen und verknüpfen kann. Dies wird im Abschnitt 3.2.4.2 über Abwickler für prozedurale Programme näher ausgeführt.

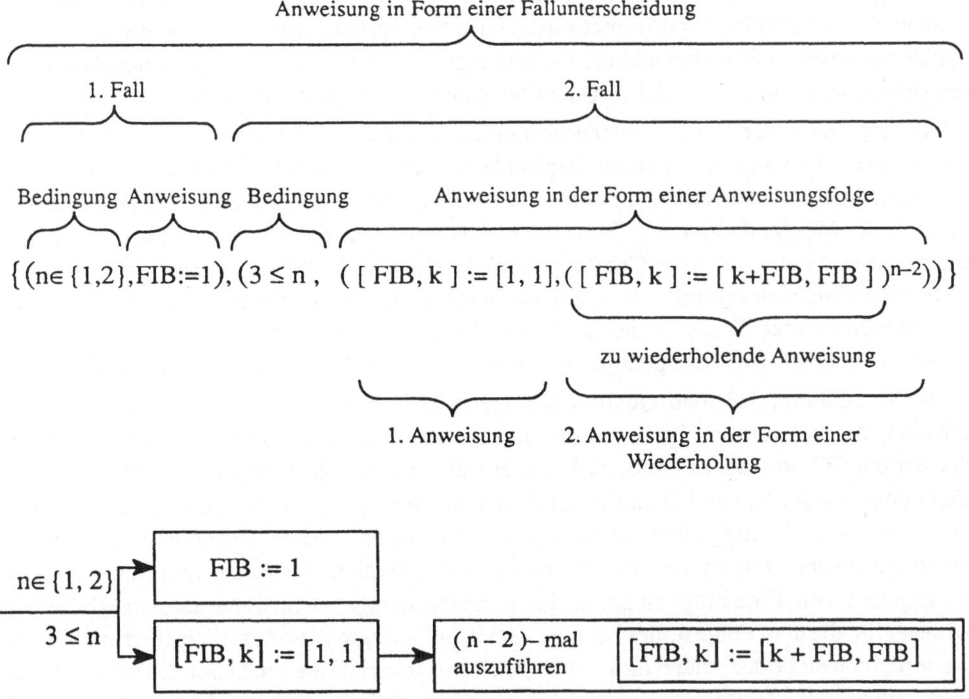

Bild 62 Direkte Umschreibung der Fibonacci–Funktion in zwei unterschiedlichen Darstellungsformen

1) Imperative Programmiersprachen werden üblicherweise auch als prozedurale Sprachen bezeichnet.

1.4 Quantität der Information

Es gehört zum Informationsbegriff und seinem Umfeld, daß man die Frage nach der Quantifizierbarkeit der Information untersucht – in Analogie zur Quantifizierbarkeit der Materie in den Maßeinheiten Kilogramm oder Kubikmeter. Information als das Wißbare erlaubt die Anwendung der unscharfen und relativen Quantitätsmaße "viel" und "wenig"; so ist es umgangssprachlich selbstverständlich zu sagen, daß einer viel oder wenig von einer Sache wisse, d.h. daß einer viel oder wenig Information über diese Sache habe. Dies ist Anlaß genug, nach einem scharfen und absoluten Quantitätsmaß für die Information zu suchen. Dies ist nicht nur eine Frage von rein akademischem Interesse, sondern hat durchaus auch eine praktische Bedeutung für den Bereich der informationstechnischen Systeme; das Fassungsvermögen informationstechnischer Speicher und die Durchsatzgrenzen informationstechnischer Kanäle lassen sich nämlich ohne ein solches Quantitätsmaß nicht sinnvoll erfassen.

Die Frage nach der Quantität der Information bildet den Kern der sogenannten *Informationstheorie*, die von C.E. Shannon begründet wurde. Insbesondere im Bereich der technischen Nachrichtenübertragungssysteme hat die Informationstheorie zu einem besseren Verständnis der Möglichkeiten und Grenzen der verschiedenen Systemklassen geführt. So kann beispielsweise die qualitative Überlegenheit des UKW–Rundfunks gegenüber dem Mittelwellenrundfunk in der Rundfunktechnik leicht mit Hilfe der Informationstheorie erklärt werden. Für die Zwecke dieses Buches sind diese Anwendungsbereiche der Informationstheorie allerdings unerheblich. Hier genügt es, den Begriff der Informationsquantität zu klären.

Die Vorstellung, daß man Qualität und Quantität trennen kann, wird durch unsere Anschauung der materiellen Welt begründet: Die Definition des Kubikmeters ist unabhängig von der Art der Füllung, sei es Sand, Milch oder Vakuum. Der grundlegende Gedanke, der die Trennung von Qualität und Quantität auch im Falle der Information erlaubt, ist der folgende: Durch die Beantwortung einer *Binärfrage* wird immer das gleiche Quantum an Information übertragen unabhängig davon, wie die Frage lautet und welche der beiden möglichen Antworten gegeben wird. Eine Frage ist genau dann eine Binärfrage, wenn es nur zwei mögliche Antworten gibt, die dem Fragesteller bekannt sind. Der Gefragte kann natürlich auch erwidern, er wisse nicht, welche der beiden möglichen Antworten die richtige sei. Durch diese Erwiderung bleibt die gestellte Binärfrage unbeantwortet und es wird eine andere, nicht explizit gestellte Binärfrage beantwortet: "Können Sie die gestellte Binärfrage beantworten?" Man kann sich keine Frage ausdenken, bei deren Beantwortung weniger Information übertragen wird als bei der Beantwortung einer Binärfrage. Deshalb wird das Informationsquantum, das bei der Beantwortung einer Binärfrage übertragen wird, als Maßeinheit der Informationsquantität festgelegt. Diese Maßeinheit wird *bit* (basic indissoluble information unit) genannt.

Selbstverständlich haben wir nicht all unser Wissen in Form von Antworten auf Binärfragen erworben. Um Binärfragen stellen zu können, muß man schon Wissen haben. Um auch dieses Basiswissen quantifizieren zu können, müßte man die Frage beantworten können, welche Alternativen zu diesem Basiswissen es denn gebe. Diese Frage kann sich der Mensch aber nicht beantworten, denn sie lautet ja: "Was könnte ich wissen anstelle dessen, was ich weiß?" Um diese Frage beantworten zu können, müßte ich etwas wissen können, wovon ich auch noch wüßte, daß ich es nicht weiß. Dies ist offensichtlich zuviel verlangt. Da der Mensch nun also diese Frage nicht beantworten kann, bleibt sein Basiswissen für ihn unquantifizierbar. Man könnte nun natürlich die Frage stellen, ob denn nicht vielleicht das Basiswissen des Menschen für ein Wesen außerhalb der menschlichen Vorstellung quantifizierbar sei, ob also ein solches Wesen die Frage beantworten könne: "Was könnte der Mensch wissen anstelle dessen, was er weiß?" Diese Frage kann nur von einem Wesen beantwortet werden, welches weiß, wie die Welt sein könnte, wenn sie nicht wäre, wie sie ist. Da diese Überlegungen in den Bereich der Religion führen, dienen sie nicht mehr dem Zweck dieses Buches und werden deshalb nicht vertieft.

Es bleibt aber festzuhalten, daß eine Quantifizierung der Information nur möglich ist unter der Voraussetzung eines nicht quantifizierten Basiswissens, welches uns ermöglicht, Binärfragen zu stellen. Unser *Basiswissen* legt einen potentiellen Wissensbereich fest, innerhalb dessen wir unser Wissen durch Binärfragen vermehren können.

Die Informationstheorie baut auf der Erkenntnis auf, daß sich Information immer als Form äußert – als Signalform bzw. als Symbolform – und daß deshalb einer Wissensvielfalt äußerlich eine Formenvielfalt entsprechen muß. *Informieren* bedeutet in diesem Sinne dann nur noch die Identifikation einer bestimmten *Form* aus einem vorab bekannten Repertoire von Formen.

Ein weiteres Merkmal der Informationstheorie besteht darin, daß angenommen wird, daß immer wieder eine neue Auswahl eines Elements aus dem gleichen Repertoire erfolgen muß, so daß man theoretisch eine unendliche Folge von Elementen betrachtet. Ein typisches Beispiel hierfür ist ein Text – beispielsweise das vorliegende Buch –, der eine fast unendliche Folge von Elementen aus dem Repertoire der Schriftzeichen bildet. Eine solche Folge kann eine bestimmte wahrscheinlichkeitstheoretische Charakteristik haben, und diese soll zum Basiswissen gehören.

Durch die Binärfragen soll also das Wissen erfaßt werden, um welche *aktuelle Folge* aus der Menge all derjenigen Folgen es sich handelt, auf welche die *vorgegebene Charakteristik* zutrifft. Da die Folge unendlich ist, braucht man auch unendlich viele Binärfragen, um die Folge zu erfragen. Man interessiert sich jedoch nicht für diese unendlich vielen Binärfragen, sondern nur für das *arithmetische Mittel der Anzahl von Binärfragen*, die pro Element der Folge gebraucht werden. Dieser Mittelwert wird *Entropie* [1)] genannt. Wie die Entropie aus einer gegebenen Charakteristik berechnet werden kann, soll anhand eines anschaulichen Beispiels hergeleitet werden.

Man stelle sich zwei Familien vor, die sich seit urdenklichen Zeiten über alle Generationen hinweg jeweils einmal pro Woche zu einem gemeinsamen Essen getroffen haben und die diese Tradition auch in Zukunft unbegrenzt fortsetzen wollen. Die jeweiligen Tage dieser Begegnungen bilden also eine Folge von Elementen aus dem Typenrepertoire der sieben Wochentage. Als Charakteristik dieser Folge soll nun zuerst angenommen werden, daß für alle Wochentage die gleiche Wahrscheinlichkeit gilt und daß die jeweilige Wahl eines Wochentages völlig unabhängig sei vom bisherigen Verlauf der Folge. Es wird also eine Zufallsfolge von 7 gleichwahrscheinlichen und entkoppelten Alternativen angenommen. Wenn man nun jeweils durch

---

1) Diese Bezeichnung weist auf einen formalen Zusammenhang mit dem Entropiebegriff in der Thermodynamik hin, auf den aber hier nicht eingegangen wird.

Binärfragen den Wochentag erfragen will, an dem das nächste Essen stattfindet, dann muß man sich für ein Frageschema entscheiden. Zwei mögliche Frageschemata sind in Bild 63 dargestellt. Zusätzlich zu den Fragetabellen ist jeweils noch ein Graph angegeben, der das jeweilige Schema unabhängig vom Wortlaut der Fragen charakterisiert: In den Knoten ist jeweils die Anzahl der noch verbliebenen Alternativen eingetragen, unter denen man durch die folgenden Fragen noch eine Auswahl treffen muß. An den Kanten ist jeweils die Wahrscheinlichkeit angegeben für diejenige Binärantwort, die in diese Richtung führt.

<table>
<tr><td></td><td colspan="7">Ist es einer der ersten vier Werktage ?</td></tr>
<tr><td></td><td colspan="4">ja</td><td colspan="3">nein</td></tr>
<tr><td></td><td colspan="4">Ist es einer der ersten beiden Werktage ?</td><td colspan="3">Ist es der Sonntag ?</td></tr>
<tr><td></td><td colspan="2">ja</td><td colspan="2">nein</td><td colspan="2">nein</td><td>ja</td></tr>
<tr><td></td><td colspan="2">Ist es der Montag?</td><td colspan="2">Ist es der Mittwoch?</td><td colspan="2">Ist es der Freitag ?</td><td></td></tr>
<tr><td></td><td>ja</td><td>nein</td><td>ja</td><td>nein</td><td>ja</td><td>nein</td><td></td></tr>
<tr><td>Erfragter Tag:</td><td>Mo</td><td>Di</td><td>Mi</td><td>Do</td><td>Fr</td><td>Sa</td><td>So</td></tr>
</table>

1. Frage
2. Frage
3. Frage

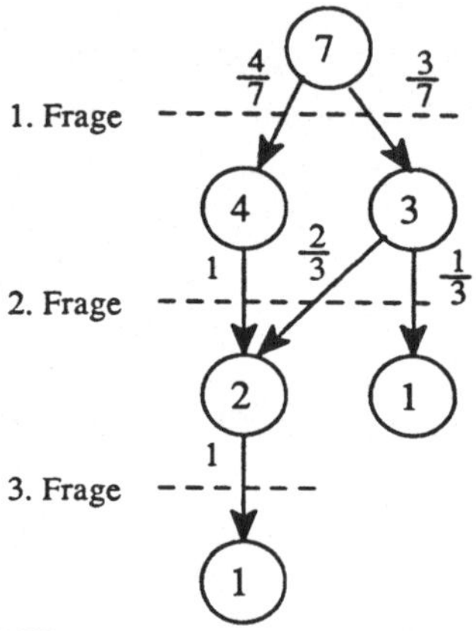

$$\overline{F} = \left(\frac{3}{7}\cdot\frac{1}{3}\right)\cdot 2 + \left(\frac{3}{7}\cdot\frac{2}{3}\cdot 1 + \frac{4}{7}\cdot 1\cdot 1\right)\cdot 3 = \frac{20}{7} = 2{,}857$$

<table>
<tr><td></td><td colspan="7">Ist es der Sonntag ?</td></tr>
<tr><td></td><td colspan="6">nein</td><td>ja</td></tr>
<tr><td></td><td colspan="6">Ist es einer der ersten drei Werktage?</td><td></td></tr>
<tr><td></td><td colspan="3">ja</td><td colspan="3">nein</td><td></td></tr>
<tr><td></td><td colspan="3">Ist es der Mittwoch?</td><td colspan="3">Ist es der Samstag ?</td><td></td></tr>
<tr><td></td><td colspan="2">nein</td><td>ja</td><td colspan="2">nein</td><td>ja</td><td></td></tr>
<tr><td></td><td colspan="2">Ist es der Montag?</td><td></td><td colspan="2">Ist es der Freitag ?</td><td></td><td></td></tr>
<tr><td></td><td>ja</td><td>nein</td><td></td><td>nein</td><td>ja</td><td></td><td></td></tr>
<tr><td>Erfragter Tag:</td><td>Mo</td><td>Di</td><td>Mi</td><td>Do</td><td>Fr</td><td>Sa</td><td>So</td></tr>
</table>

1. Frage
2. Frage
3. Frage
4. Frage

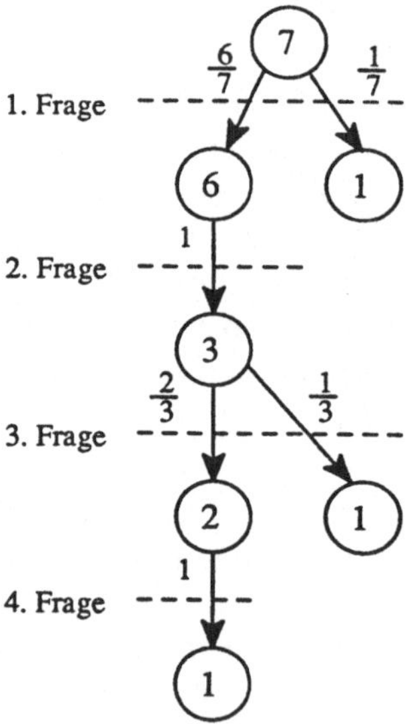

$$\overline{F} = \left(\frac{1}{7}\right)\cdot 1 + \left(\frac{6}{7}\cdot 1\cdot\frac{1}{3}\right)\cdot 3 + \left(\frac{6}{7}\cdot 1\cdot\frac{2}{3}\cdot 1\right)\cdot 4 = \frac{23}{7} = 3{,}286$$

Bild 63 Frageschemata für sieben gleichwahrscheinliche Wochentage

Wenn man sich nun für ein bestimmtes Frageschema entscheidet und mit diesem alle zukünftigen Elemente der Folge erfragt, dann erhält man eine zu diesem Frageschema gehörige mittlere Anzahl $\overline{F}$ von Binärfragen pro Folgenelement. Diesen Mittelwert $\overline{F}$ kann man leicht aus dem Graphen berechnen: Jeder gerichtete Weg vom Anfgangsknoten des Graphen zu einem Endknoten bringt einen Beitrag zu $\overline{F}$, der sich berechnet als Produkt aus den zugehörigen Kantenwahrscheinlichkeiten und der Anzahl der Kanten auf dem Weg. Denn die Anzahl der Kanten auf dem Weg ist gleich der Anzahl der für diesen Weg erforderlichen Fragen, und das Produkt der zugehörigen Kantenwahrscheinlichkeiten ist gleich der Wahrscheinlichkeit, daß die Auswahl längs dieses Weges erfolgt. Der Wert $\overline{F}$ ergibt sich somit als Summe der Beiträge aller unterschiedlichen Wege. Das obere Frageschema in Bild 63 ist optimal, d.h. es gibt kein Frageschema, das einen kleineren Wert für $\overline{F}$ liefert als dieses optimale Schema. Das untere Schema ist dagegen offensichtlich nicht optimal.

Der Wert $\overline{F}$ aus dem optimalen Schema in Bild 63 ist aber nicht gleich der Entropie, d.h. er ist nicht gleich dem gesuchten Mittelwert der Anzahl der pro Folgenelement *mindestens* gebrauchten Binärfragen. Mit dem Schema in Bild 63 wird nämlich jedes Folgenelement einzeln erfragt, und auf diese Weise benötigt man im Mittel pro Folgenelement mehr Binärfragen, als wenn man ein Frageschema anwendet, mit dem man gleich mehrere aufeinanderfolgende Elemente erfragt. Bild 64 zeigt ein optimales Frageschema zur Erfragung von jeweils zwei aufeinanderfolgenden Elementen; hier wird also ein Paar von Essensterminen für zwei aufeinanderfolgende Wochen als eine von 49 gleichwahrscheinlichen Alternativen erfragt. Die hierbei auf einen Essenstermin entfallende mittlere Anzahl von Binärfragen ist kleiner als in Bild 63.

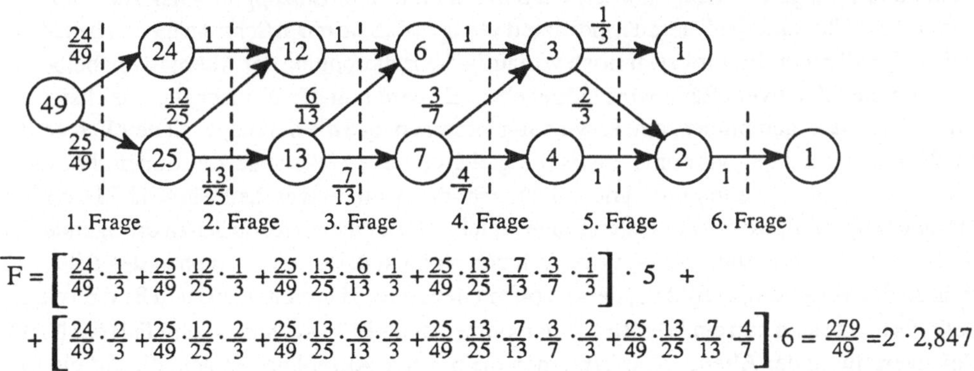

$$\overline{F}=\left[\frac{24}{49}\cdot\frac{1}{3}+\frac{25}{49}\cdot\frac{12}{25}\cdot\frac{1}{3}+\frac{25}{49}\cdot\frac{13}{25}\cdot\frac{6}{13}\cdot\frac{1}{3}+\frac{25}{49}\cdot\frac{13}{25}\cdot\frac{7}{13}\cdot\frac{3}{7}\cdot\frac{1}{3}\right]\cdot 5\;+$$
$$+\left[\frac{24}{49}\cdot\frac{2}{3}+\frac{25}{49}\cdot\frac{12}{25}\cdot\frac{2}{3}+\frac{25}{49}\cdot\frac{13}{25}\cdot\frac{6}{13}\cdot\frac{2}{3}+\frac{25}{49}\cdot\frac{13}{25}\cdot\frac{7}{13}\cdot\frac{3}{7}\cdot\frac{2}{3}+\frac{25}{49}\cdot\frac{13}{25}\cdot\frac{7}{13}\cdot\frac{4}{7}\right]\cdot 6=\frac{279}{49}=2\cdot 2{,}847$$

Bild 64 Optimales Frageschema für 49 gleichwahrscheinliche Alternativen

Die auf einen Essenstermin entfallende mittlere Anzahl von Binärfragen wird immer kleiner, je mehr Essenstermine für aufeinanderfolgende Wochen man gemeinsam mit einem optimalen Frageschema erfragt. Durch Grenzwertbildung erhält man die Entropie als minimale mittlere Anzahl von Binärfragen.

In der folgenden Betrachtung wird die Symbolisierung $\overline{F}(r, a)$ benutzt für die mittlere Anzahl von Binärfragen pro Folgenelement, die man erhält, wenn das Repertoire die Mächtigkeit r hat und man mit einem optimalen Frageschema a aufeinanderfolgende Folgenelemente gleichzeitig erfragt. Es gilt:

$$\overline{F}(r, a) = \frac{\overline{F}(r^a, 1)}{a}$$

Bei gleichverteilten Folgeelementen gibt es immer ein optimales Frageschema, bei dem nur (k–1) oder k Fragen zum Ziel führen:

$$k-1 < \overline{F}(r^a, 1) \leq k \qquad \text{mit} \qquad 2^{k-1} < r^a \leq 2^k$$

Dies liegt daran, daß im optimalen Frageschema die Fragen immer so gestellt werden, daß dadurch jeweils die Anzahl der Alternativen möglichst halbiert wird. Daraus ergeben sich folgende Konsequenzen:

$$k-1 < a \cdot \mathrm{ld}\, r \leq k \quad {}^{1)}$$

$$\frac{k-1}{a} < \overline{F}(r, a) \leq \frac{k}{a}\ ; \qquad \frac{k-1}{a} < \mathrm{ld}\, r \leq \frac{k}{a}$$

$$\lim_{a \to \infty} \overline{F}(r, a) = \mathrm{ld}\, r$$

In dem betrachteten Beispiel ist r = 7 und ld 7 = 2,8074. Die Werte $\overline{F}$ aus Bild 63 bzw. $\overline{F}/2$ aus Bild 64 liegen schon recht dicht bei diesem Grenzwert.

In der bisherigen Betrachtung wurde eine sehr einfache wahrscheinlichkeitstheoretische Charakterstik angenommen, nämlich *Gleichverteilung* und *Entkopplung der Alternativen.* Nun soll die Charakteristik derart modifiziert werden, daß sie einen Schritt näher an den allgemeinsten Fall rückt: Es wird zwar noch vorläufig die Entkopplung der Alternativen beibehalten, aber die Gleichverteilung wird aufgegeben. Es wird nun die Wahrscheinlichkeitsverteilung in Bild 65 angenommen, d.h. es wird angenommen, daß die Sonntage mit deutlich größerer Wahrscheinlichkeit vorkommen als die gleichverteilten Werktage zusammen. Für diese Wahrscheinlichkeitsverteilung ist nun nicht mehr das obere Frageschema in Bild 63, sondern das untere optimal, wo mit der ersten Frage gleich entschieden wird, ob der zu erfragende Tag ein Sonntag ist. Allerdings passen die Wahrscheinlichkeitswerte im Graphen des Bildes 63 nicht zu der Verteilung in Bild 65; der Graph mit den passenden Einträgen ist in Bild 65 dargestellt. Es ergibt sich nun ein Wert für $\overline{F}$, der kleiner ist als ld 7. Auch in diesem Fall der Nichtgleichverteilung der Alternativen kann man die mittlere Anzahl der Fragen, die auf ein Element in der Folge entfallen, noch dadurch weiter senken, daß man ein Frageschema anwendet, mit dem gleich mehrere aufeinanderfolgende Elemente erfragt werden. Für den Wert $\overline{F}(r,a)$ gibt es auch hier wieder einen Grenzwert, der aus der vorgegebenen Folgencharakteristik berechnet werden kann. Man findet die Berechnungsvorschrift durch folgende Überlegung: Die Berechnungsvorschrift für den Fall der Gleichverteilung ist bekannt. Also versucht man, den Fall der Ungleichverteilung auf den Fall der Gleichverteilung zurückzuführen. Man macht deshalb aus der Ungleichverteilung künstlich eine Gleichverteilung, indem man künstliche Alternativen einführt, unter denen man eigentlich gar nicht auswählen muß.

---

1) Mit "ld" wird der Logarithmus zur Basis 2 bezeichnet : $2^{\mathrm{ld}\, x} = x$ und $\mathrm{ld}(2^y) = y$

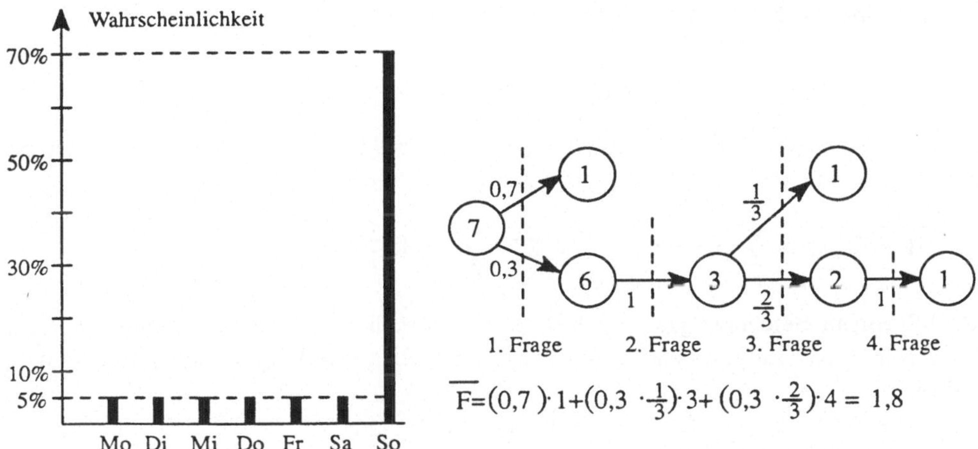

Bild 65 Wahrscheinlichkeitsverteilung der Elemente in der Folge und zugehöriges Frageschema

Im Falle der Verteilung in Bild 65 erhält man eine solche künstliche Gleichverteilung, indem man 14 alternative Sonntage einführt, von denen jeder mit einer Wahrscheinlichkeit von 5% auftritt, also mit der gleichen Wahrscheinlichkeit wie jeder Werktag. Dadurch hat man die Gesamtzahl der Alternativen künstlich von 7 auf 20 erhöht. Der Grenzwert für die mittlere Anzahl von Binärfragen zu diesen 20 gleichwahrscheinlichen Alternativen beträgt ld 20. Im Falle eines Werktags ist die aus den 20 Alternativen ausgewählte tatsächlich auch eine echte und keine künstliche Alternative. In diesen 30% der Fälle hat man also nicht unnötig viel gefragt. In den restlichen 70% der Fälle hätte man aber zuviel gefragt; man hätte nämlich eine Alternative aus 14 künstlichen erfragt. Da die 14 künstlichen Sonntagsalternativen gleichverteilt sind, bräuchte man als Grenzwert eine mittlere Anzahl von ld 14 Binärfragen für die Auswahl. Diese ld 14 Binärfragen hätte man also zuviel gefragt, wenn man mit ld 20 Binärfragen eine Sonntagsalternative erfragt hätte. Also ist man nach (ld 20 – ld 14) Binärfragen im Mittel bereits mit der Fragerei fertig, falls das aktuelle Element ein Sonntag ist, während man im anderen Falle tatsächlich im Mittel ld 20 Binärfragen braucht, bis man weiß, welcher Werktag es ist. Somit ergibt sich als Entropie zu der Verteilung in Bild 65 das gewichtete Mittel aus den Grenzwerten für die Erfragung eines Werktags bzw. eines Sonntags:

$$H = 0{,}3 \cdot (\text{ld } 20) + 0{,}7 \cdot (\text{ld } 20 - \text{ld } 14) = 1{,}657$$

Der Wert von $\overline{F}$ in Bild 65 liegt schon recht dicht an diesem Grenzwert.

Dieses Beispiel kann leicht wie folgt verallgemeinert werden: Anstelle jeder einzelnen Alternative A_i aus dem gegebenen Repertoire wird eine individuelle Anzahl m_i fiktiver Alternativen betrachtet, wobei die Werte m_i für $1 \leq i \leq r$ so gewählt werden, daß für alle fiktiven Alternativen eine einheitliche Wahrscheinlichkeit p_0 gilt. Die Wahrscheinlichkeit einer echten Alternative A_i ist dann also $p_i = m_i \cdot p_0$. Die Anzahl aller fiktiven Alternativen ist

$$\sum_{i=1}^{r} m_i = \frac{1}{p_0}$$

Damit ergibt sich die Entropie des fiktiven Falls zu

$$H_{fiktiv} = \text{ld}\,\frac{1}{p_0}$$

Davon muß man den Wert für die überflüssigen Fragen zur Unterscheidung der fiktiven Alternativen subtrahieren:

$$H = H_{fiktiv} - \sum_{i=1}^{r} p_i \cdot \text{ld}\, m_i = \text{ld}\,\frac{1}{p_0} - \sum_{i=1}^{r} p_i \cdot \text{ld}\,\frac{p_i}{p_0} = \sum_{i=1}^{r} p_i \cdot \text{ld}\,\frac{1}{p_i}$$

Der allgemeine Berechnungsausdruck ist selbstverständlich auch verträglich mit der bereits bekannten Berechnungsvorschrift für den Fall der Gleichverteilung, wo alle p_i den Wert $1/r$ haben:

$$H = \sum_{i=1}^{r} \frac{1}{r} \cdot \text{ld}\,\frac{1}{1/r} = r \cdot \left(\frac{1}{r} \cdot \text{ld}\, r\right) = \text{ld}\, r$$

Nun wird in einem letzten Schritt die angenommene Folgencharakteristik noch weiter verallgemeinert, indem Bindungen zwischen den Elementen der Folge eingeführt werden. Auch dieser Schritt soll zuerst am Beispiel vorgeführt werden. Es soll weiterhin die Verteilung in Bild 65 gelten, aber nun soll eine Bindung zwischen den Folgenelementen derart bestehen, daß auf einen Werktag in jedem Fall ein Sonntag folgt. Das bedeutet, daß man immer dann, wenn man einen Werktag in der Folge erfragt hat, das darauffolgende Element nicht mehr erfragen muß, weil es gar keine Fragen erfordert. Das optimale Schema, welches man anwenden muß, um das auf einen Sonntag folgende Element zu erfragen, wird durch die Wahrscheinlichkeitsverteilung in Bild 66 bestimmt.

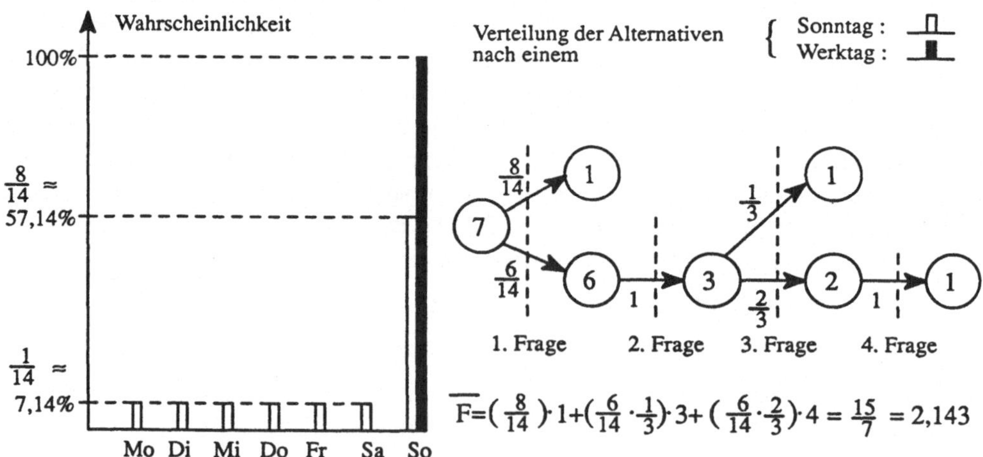

Bild 66 Wahrscheinlichkeitsverteilung der Alternativen in Abhängigkeit vom Vorgängerelement und Frageschema zur Erfragung eines Sonntagnachfolgers

Die Verteilung in Bild 66 ist nicht gleich derjenigen in Bild 65. Denn wenn über die ganze Folge betrachtet die Verteilung in Bild 65 gelten soll, diese Verteilung aber vereinbarungsgemäß für die auf einen Werktag folgende Alternative nicht gelten soll, dann kann sie auch nicht für die auf einen Sonntag folgende Alternative gelten. Vielmehr ist durch die Entscheidung, wie die Verteilung nach einem Werktag aussehen soll, und durch die Forderung, daß über die ganze Folge betrachtet die Verteilung in Bild 65 gelten soll, auch bereits festgelegt, wie die Verteilung nach einem Sonntag aussehen muß. Es gilt folgender Zusammenhang:

$$p(So) = p(So\ nach\ So) \cdot p(So) + p(So\ nach\ We) \cdot p(We)$$
$$p(We) = p(We\ nach\ So) \cdot p(So) + p(We\ nach\ We) \cdot p(We)$$

also

$$0{,}7 = \frac{8}{14} \cdot 0{,}7 + 1 \cdot 0{,}3$$
$$0{,}3 = 6 \cdot \frac{1}{14} \cdot 0{,}7 + 0 \cdot 0{,}3$$

Das optimale Frageschema zur Erfragung einer auf einen Sonntag folgenden Alternative zeigt Bild 66. Da dieses Frageschema aber nur in 70% aller Fälle angewendet werden muß, weil nur 70% aller Folgenelemente Sonntage sind, entfallen auf ein Folgenelement auch nur 70% des in Bild 66 berechneten Wertes von $\overline{F}$. Die zweite Verteilung in Bild 66, die in 30% aller Fälle maßgebend ist, erfordert ja gar keine Fragen. Also erhält man für die mittlere Anzahl von Binärfragen den Wert $0{,}7 \cdot (15/7) = 1{,}5$. Dieser Wert ist kleiner als der Grenzwert 1,657, der für den Fall der fehlenden Bindungen zwischen den Folgenelementen berechnet wurde. Der Entropiewert, der die im Bild 66 dargestellten Bindungen mit berücksichtigt, beträgt 70% des Wertes, der sich ergäbe, wenn die in Bild 66 für die Sonntagsnachfolger angegebene Verteilung für alle Elemente der Folge gelten würde:

$$H = 0{,}3 \cdot (\,0\,) + 0{,}7 \cdot \left(6 \cdot \frac{1}{14} \cdot \mathrm{ld}\,14 + \frac{8}{14} \cdot \mathrm{ld}\,\frac{14}{8}\right) = 1{,}465$$

Auch in diesem Fall liegt also die aus dem einfachen Frageschema berechnete mittlere Anzahl von Binärfragen, nämlich der Wert 1,5, bereits recht nahe am Grenzwert.

Nun muß wieder – entsprechend der bisherigen Verfahrensweise – von den an das Beispiel gebundenen Ergebnissen auf die allgemeine Berechnungsvorschrift geschlossen werden, die angibt, wie die Entropie aus der vorgegebenen Folgencharakteristik zu berechnen ist. Wenn es Bindungen zwischen den Folgenelementen gibt, dann kann man die jeweils aktuell vergangenen Folgenverläufe in Klassen einteilen, wobei zu jeder Klasse eine andere Verteilung für die Alternativen des nächsten zu erfragenden Folgenelements gehört. Im betrachteten Beispiel gibt es zwei solche Klassen, nämlich zum einen die Klasse aller vergangenen Folgenverläufe, die mit einem Sonntag enden, und zum anderen die Klasse aller vergangenen Folgenverläufe, die mit einem Werktag enden. Und zu diesen beiden Klassen gehören die beiden unterschiedlichen Verteilungen in Bild 66. Zu jeder dieser Klassen K_j gibt es einen Wahrscheinlichkeitswert p_j, der angibt, mit welcher Wahrscheinlichkeit ein Element aus dieser Klasse als aktuell vergangener Folgenverlauf auftritt. Aus der jeweiligen Verteilung, die zu einer Klasse K_j gehört und die angibt, mit welcher Wahrscheinlichkeit p_{ij} in diesem Fall die i–te Alternative als nächstes Folgenelement auftritt, kann man einen Entropiewert H_j berechnen, der gleich der Entropie H der ganzen Folge wäre, wenn jeder mögliche vergangene Folgenverlauf ein Element der Klasse K_j wäre. Wenn aber die Folgenverläufe der Klasse K_j nur mit der Wahrscheinlichkeit p_j vorkommen, dann trägt diese Klasse auch nur mit einem entsprechenden Bruchteil von H_j, nämlich mit $p_j \cdot H_j$, zur gesamten Entropie H bei.

$$H = \sum_{j=1}^{\text{Anzahl der Klassen}} p_j \cdot H_j = \sum_{j=1}^{\text{Anzahl der Klassen}} p_j \cdot \left(\sum_{i=1}^{r} p_{ij} \cdot \text{ld} \frac{1}{p_{ij}} \right)$$

Bild 67 zeigt noch einmal die Verbindung zwischen den Variablen der allgemeinen Entropie–Formel und den Werten für das Beispiel in Bild 66.

		i	1	2	3	4	5	6	7
		p_{ij}	p_{1j}	p_{2j}	p_{3j}	p_{4j}	p_{5j}	p_{6j}	p_{7j}
j	p_j								
1	0,3		0	0	0	0	0	0	1
2	0,7		$\frac{1}{14}$	$\frac{1}{14}$	$\frac{1}{14}$	$\frac{1}{14}$	$\frac{1}{14}$	$\frac{1}{14}$	$\frac{8}{14}$

Bild 67
Werte aus dem Beispiel in Bild 66 für die allgemeine Entropie–Formel

Nachdem nun gezeigt wurde, wie man zu einer gegebenen wahrscheinlichkeitstheoretischen Charakteristik einer unendlichen Folge die mittlere Informationsquantität eines Folgenelements gewinnen kann, stellt die Verallgemeinerung der bisherigen Erkenntnisse in Richtung auf Mengen verkoppelter Folgen nur noch einen kleinen Schritt dar. Im folgenden wird die Betrachtung zwar auf zwei Folgen beschränkt, weil dies der praktisch wichtigste Fall ist, aber die dabei gewonnenen Erkenntnisse sind leicht auf Fälle mit mehr als zwei Folgen übertragbar.

Der anschaulichste Fall für das Auftreten zweier verkoppelter Folgen liegt vor bei der Übertragung einer Zeichenfolge von einem Sender zu einem Empfänger (s. Bild 68): Jedem Zeichen x_i, das der Sender abschickt, ordnet der Übertragungskanal ein Zeichen y_i zu, das beim Empfänger ankommt. Die beiden Folgen an den beiden Enden des Kanals kann man deshalb auch zu einer einzigen Folge verschmelzen, indem man anstelle der beiden Elemente x_i und y_i das Verbundelemen (x_i, y_i) betrachtet, wie dies in Bild 68 gezeigt ist.

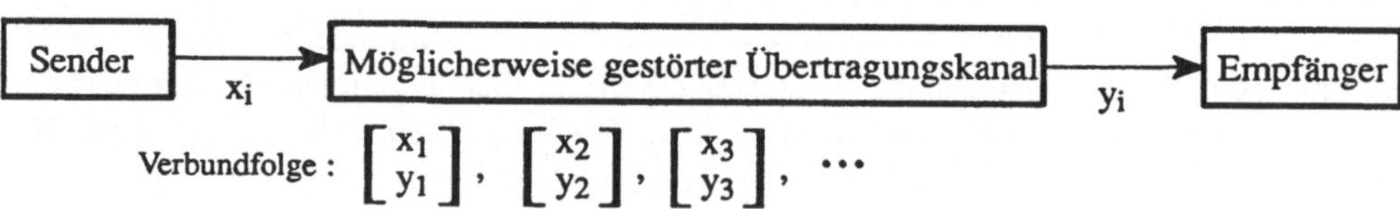

Bild 68 Übertragungsstrecke als Erzeuger einer Verbundfolge

Im Falle der störungsfreien Übertragung gilt $x_i = y_i$ für alle Werte i; im Falle gestörter Kanäle gibt es jedoch auch Werte i mit $x_i \neq y_i$. Wenn man nun annimmt, daß das Störungsverhalten des Kanals als wahrscheinlichkeitsbestimmte Verkopplung der beiden Folgen an den beiden Enden des Kanals erfaßbar sei, dann kann man einfache Zusammenhänge zwischen den Entropiewerten H(x) der x–Folge, H(y) der y–Folge und H(x,y) der *Verbundfolge* angeben:

$$H(x, y) = H(x) + H(y \text{ falls } x)$$
$$H(x, y) = H(y) + H(x \text{ falls } y)$$

Die darin vorkommenden "*bedingten Entropien*" H(y falls x) und H(x falls y) erhält man aus der Annahme, man müsse jeweils das y_i erfragen unter der Bedingung, daß man die x–Folge bis einschließlich x_i bereits kenne, bzw. man müsse jeweils das x_i erfragen unter der Bedingung, daß man die y–Folge bis einschließlich y_i bereits kenne. Im Falle des ungestörten Kanals sind die bedingten Entropien null, denn dann kann man ohne zu fragen von x_i auf y_i schließen und umgekehrt. Dagegen gilt für den maximal gestörten Kanal, bei dem die x–Folge und die y–Folge völlig entkoppelt sind:

$$H(x) = H(x \text{ falls } y)$$
$$H(y) = H(y \text{ falls } x)$$

Denn dann kann man aus der y–Folge überhaupt keine Hinweise auf die x–Folge entnehmen und umgekehrt. Die Differenzen

$$H(x) - H(x \text{ falls } y) = H(y) - H(y \text{ falls } x) = T$$

sind also als Maß dafür anzusehen, wieviel der Kanal überhaupt von der Sendeseite auf die Empfangsseite bringt. Diesen Wert nennt man die *Transinformation* T, und diese kann man wegen der angegebenen Zusammenhänge zwischen den Entropiewerten auch berechnen in der Form

$$T = H(x) + H(y) - H(x, y).$$

Die Verwendung von Entropiewerten hat nur dann eine praktischen Bedeutung, wenn tatsächlich sehr lange, also "fast unendlich lange" Folgen betrachtet werden. Die typischsten Vertreter solcher Folgen sind Texte, die aus sehr vielen aufeinanderfolgenden Zeichen oder Wörtern bestehen. Man kann sowohl die Entropie auf der Basis der Zeichen als auch auf der Basis der Wörter berechnen. Das Verhältnis dieser beiden Entropiewerte muß gleich der mittleren Länge der Wörter im Text sein:

$$\frac{\text{Wortentropie}}{\text{Zeichenentropie}} = \text{mittlere Anzahl der Zeichen pro Wort}$$

In den meisten Fällen werden bei der technischen Informationsübertragung und –speicherung mehr Binärfragen zur Erfragung der Alternativen aufgewendet, als der Entropiewert angibt. Die Differenz zwischen den tatsächlich aufgewendeten Binärfragen pro Alternativenauswahl und der Entropie wird *Redundanz* genannt. Redundanz wird häufig ausgenutzt, wobei zwei unterschiedliche Ziele angestrebt werden können: Einerseits erlaubt die Redundanz die Anwendung einfacherer Frageschemata – man denke an den Unterschied zwischen Bild 63 und Bild 64; dies hat zur Konsequenz, daß man bei der Umcodierung der als Binärfolgen dargestellten Information in technischen Systemen aufgrund der Redundanz weniger Aufwand treiben muß. Andererseits erlaubt die Redundanz auch die Entdeckung und teilweise auch die Korrektur von unverträglichen Binärantworten. Diese Möglichkeit, Redundanz nutzbringend einzusetzen, wird durch das Frageschema in Bild 69 veranschaulicht. Es handelt sich um das obere Schema aus Bild 63, welches noch durch eine Zusatzfrage ergänzt wurde. Diese Zusatzfrage wurde so gewählt, daß die vier Antworten, die man bei der Erfragung eines Werktags erhält, bzw. die drei Antworten, die man bei der Erfragung eines Sonntags erhält, nur dann miteinander verträglich sind, wenn eine ungerade Anzahl dieser Antworten "ja" lautet. Wenn also der Gefragte aus Versehen eine Frage falsch beantwortet oder der Fragende eine Antwort falsch hört, dann kann dies der Fragende feststellen, ohne allerdings zu wissen, bei welcher Frage der Fehler geschah. Dieses zusätzliche Wissen, welches dem Fragenden die Korrektur des Fehlers erlauben würde, könnte durch zwei weitere Zusatzfragen auch noch vermittelt werden – wobei der Fehler dann durchaus auch bei der Antwort zu einer dieser Zusatzfragen liegen dürfte. Die Gestaltung von Frageschemata zum Zweck der *Fehlerkorrektur* ist Gegenstand der sogenannten *Codierungstheorie*, die im Bereich der Datenübertragungstechnik von großer Bedeutung ist, wo man korrekte Datenübertragung auch über gestörte Kanäle realisieren will.

<table>
<tr><td>1. Frage</td><td colspan="7">Ist es einer der ersten vier Werktage ?</td></tr>
<tr><td></td><td colspan="4">ja</td><td colspan="3">nein</td></tr>
<tr><td>2. Frage</td><td colspan="4">Ist es einer der ersten beiden Werktage ?</td><td colspan="3">Ist es der Sonntag ?</td></tr>
<tr><td></td><td colspan="2">ja</td><td colspan="2">nein</td><td colspan="2">nein</td><td>ja</td></tr>
<tr><td>3. Frage</td><td colspan="2">Ist es der Montag?</td><td colspan="2">Ist es der Mittwoch?</td><td colspan="2">Ist es der Freitag ?</td><td rowspan="2"></td></tr>
<tr><td></td><td>ja</td><td>nein</td><td>ja</td><td>nein</td><td>ja</td><td>nein</td></tr>
<tr><td>Erfragter Tag:</td><td>Mo</td><td>Di</td><td>Mi</td><td>Do</td><td>Fr</td><td>Sa</td><td>So</td></tr>
<tr><td>Zusatzfrage:</td><td colspan="7">Ist es einer der Tage Dienstag, Mittwoch oder Samstag?</td></tr>
<tr><td></td><td>nein</td><td colspan="2">ja</td><td colspan="2">nein</td><td>ja</td><td>nein</td></tr>
</table>

Bild 69 Frageschema mit Zusatzfrage zur Ein–Fehlererkennung

Die Bestimmung einer Informationsquantität durch das Zählen von Binärfragen und die Berechnung der Entropie als Grenzwert einer mittleren Anzahl von Binärfragen ist daran gebunden, daß eine unendliche Folge von Elementen betrachtet wird, wo es für jedes Element in der Folge nur eine endliche Anzahl von Alternativen gibt. Nun kann aber Information nicht nur in Form solcher Folgen auf uns zufließen, sondern auch in Form von kontinuierlichen Signalen. Wenn ein Signalverlauf $s(t)$ derart durch Binärfragen erfragt werden müßte, daß man für jeden Zeitpunkt t den Signalwert s als reelle Zahl zu erfragen versucht, dann bräuchte man schon für einen einzigen Zeitpunkt unendlich viele Binärfragen. Denn für jeden Zeitpunkt gibt es unendlich viele mögliche Alternativen für den aktuellen Signalwert. Da man aber realistischerweise annehmen sollte, daß wir aus Signalen mit endlicher Zeitdauer nicht unendlich viel Information gewinnen können, muß man nach den Gründen suchen, weshalb man auch bei der Informationsübertragung durch kontinuierliche Signale mit einer endlichen Anzahl von Binärfragen pro Zeiteinheit auskommt.

Drei Bedingungen sind es, die ein Signalübertragungssystem erfüllen muß, damit die pro Zeiteinheit übertragene Information jeweils durch eine endliche Anzahl von Binärfragen erfaßt werden kann; und diese drei Bedingungen werden von allen bekannten biologischen oder technischen Signalübertragungssystemen erfüllt:

- Begrenzung des Signalwertebereichs
- Begrenzung der Auflösbarkeit der Signalwerte
- Interpolierbarkeit des Signalverlaufs.

Anhand von Bild 70 sollen diese drei Bedingungen diskutiert werden.

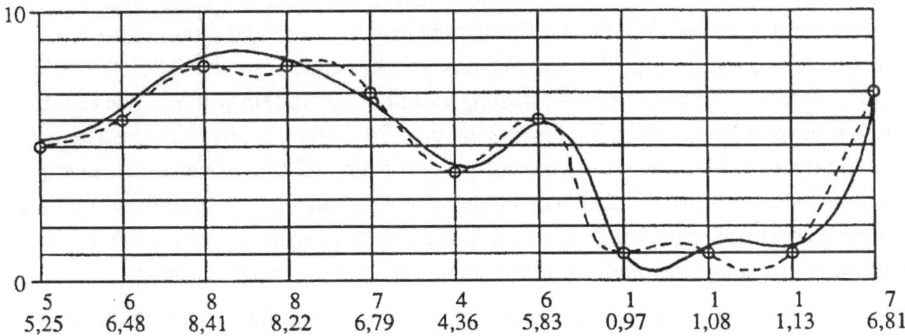

Bild 70 Zur Endlichkeit der Information in kontinuierlichen Signalen

Begrenzung des Signalwertebereichs bedeutet, daß eine Untergrenze und eine Obergrenze für den Signalwert angegeben werden können, die von der Signalquelle garantiert nicht überschritten werden. In Bild 70 sind dies die Grenzwerte 0 und 10.

Begrenzung der Auflösbarkeit der Signalwerte bedeutet, daß die Signalwerte nicht exakt als wohldefinierte reelle Zahlen erfaßt werden können, sondern nur als auflösungsbegrenzte Grobwerte. Bild 70 zeigt zwei Folgen von Signalwerten zu ausgewählten Zeitpunkten: Die obere Folge enthält Signalwerte mit einer begrenzten Auflösung auf ganzzahlige Werte; die untere Folge enthält Signalwerte mit einer hundertfach feineren Auflösung. Die Auflösungsbegrenzung wird jeweils durch den Wahrnehmungsapparat des Signalempfängers bestimmt. So ist es uns beispielsweise unmöglich, die jeweils aktuelle Zeigerstellung eines Meßgerätes – man denke an den Geschwindigkeitsanzeiger in einem Auto – auf ein Millionstel eines Millimeters aufgelöst abzulesen. Die Auflösungsbegrenzung führt dazu, daß der Signalempfänger unterschiedliche Signalverläufe, deren Abweichungen die Auflösungsschwelle nicht überschreiten, nicht mehr unterscheiden kann. Weil er sie also als völlig gleich erlebt, kann er aus ihnen auch nicht unterschiedliche Information gewinnen. Für jemanden, der sehr schlecht sieht und keine Brille trägt, könnte die Auflösung so grob sein, daß er gar nicht erkennen kann, daß in Bild 70 zwei unterschiedliche Signalverläufe eingetragen sind. Er sieht dann nur einen einzigen, etwas verschwommenen Verlauf, dessen Werte er, seiner Auflösung entsprechend, grob angeben kann.

Die Auflösung ist oft nicht nur durch den Empfänger bestimmt, sondern kann durch das Störverhalten des Übertragungskanals mitbestimmt sein. Ein Signal kommt nämlich nie genau so beim Empfänger an, wie es von der Signalquelle geformt wurde; es wird vielmehr durch verschiedene Einflüsse längs des Übertragungsweges mehr oder weniger stark verformt. Dabei gibt es vorhersagbare Verformungen aufgrund bekannter Merkmale des Übertragungskanals, aber auch unvorhersagbare Verformungen aufgrund zufälliger störender Einflüsse. Ein Empfänger, der nur daran interessiert ist zu erfahren, wie das Signal von der Quelle geformt wurde, wird also versuchen, aus dem bei ihm ankommenden Signal auf das von der Quelle geformte Signal rückzuschließen. Dabei sind es insbesondere die nicht vorhersagbaren Verformungen, die ihm ein Rückschließen auf das exakte Quellensignal unmöglich machen. Es gibt aber auch vorhersagbare Verformungen, die der Empfänger nicht mehr rückgängig machen kann; dies sind Verformungen, die durch nicht eindeutig umkehrbare mathematische Funktionen beschrieben werden. Da der Empfänger also nicht auf das exakte Quellensignal rückschließen kann, wäre es für ihn nutzlos, das ankommende Signal mit feinstmöglicher Auflösung zu erfassen. Er wird seine Auflösung vielmehr nur so fein wählen, wie es ihm für den Informationsgewinn über das Quellensignal nützt. So wird man beispielsweise nicht versuchen, den Stand des Geschwindigkeitsanzeigers im Auto auf einen Zehntelmillimeter genau abzulesen, weil man weiß, daß man dadurch nicht mehr Information über die aktuelle Geschwindigkeit erhalten würde, sondern nur zufällige Einflüsse erfassen würde, die den Zeiger sowieso immer um einige Zehntelmillimeter hin– und herschwanken lassen.

Interpolierbarkeit des Signalverlaufs bedeutet, daß man aus endlich vielen Abtastpunkten pro Zeiteinheit einen Näherungsverlauf berechnen kann, der bei beliebig vorgebbarer begrenzter Auflösung vom aktuellen Signalverlauf nicht unterschieden werden kann; man muß nur die Anzahl der Abtastpunkte pro Zeiteinheit geeignet wählen. Bild 70 zeigt Abtastpunkte auf dem gestrichelten Verlauf, die in festen Zeitabständen aufeinanderfolgen. Man kann sich vorstellen, daß ein Verlauf wie der gestrichelte aus den Abtastpunkten berechenbar ist. Beispielsweise gibt es eine Berechnungsmethode, die auf der Vorstellung beruht, daß ein federndes Metallband derart an den Abtastpunkten festgehalten wird, daß es seinen Tangentenwinkel frei einstellen kann und daß es in tangentialer Richtung durch den Punkt gleiten kann. Die Bedingung der Interpolierbarkeit erfordert jedoch nicht, daß man sich auf ein bestimmtes mathematisches Verfahren festlegt. Allerdings wird man bei Kenntnis bestimmter Klassenmerkmale der zu erfassenden Signale stets dasjenige Interpolationsverfahren wählen, welches bei gegebener Auflösung die wenigsten Abtastpunkte pro Zeiteinheit benötigt.

In allen praktischen Fällen ist die Signalquelle in einem Signalübertragungssystem hinsichtlich ihrer Möglichkeiten der Signalformung beschränkt. Dann kann man bestimmte Klassenmerkmale angeben, die für alle von dieser Quelle erzeugten Signale gelten und die man deshalb bei der Optimierung des Interpolationsverfahrens berücksichtigen darf. Das praktisch weitaus wichtigste solcher Klassenmerkmale für Signale ist die *spektrale Beschränkung*.

Wenn man sagt, eine Signalquelle sei spektral beschränkt, dann meint man damit, daß alle von dieser Quelle erzeugbaren Signale unter Berücksichtigung einer begrenzten Auflösung durch Sinus– und Cosinusverläufe eines beschränkten Frequenzbereichs darstellbar sind. Der Begriff des Spektrums wurde im Zusammenhang mit der Fouriertransformation im Abschnitt 1.2.2 über Relationen und Strukturen vorgestellt (s. Bild 18). In der vorliegenden Betrachtung sind die zeitabhängigen Signale als Originalfunktionen für die Transformation anzusehen, so daß in den Formeln der Fouriertransformation an die Stelle der bisher nicht interpretierten Variablen x nun die Zeitvariable t tritt. Damit wird die Variable f im Spektrum eine Frequenz, die in Hertz gemessen werden kann (1 Hertz = 1/sec).

Als typisches Beispiel für spektral beschränkte Signalquellen sei die Erzeugung akustischer Signale betrachtet: Unter Berücksichtigung der durch das Gehör bestimmten begrenzten Auflösung lassen sich alle wahrnehmbaren akustischen Signale durch Sinus- und Cosinusverläufe innerhalb des Frequenzbereichs von 0 bis 20 kHz erfassen. Für die Telefonübertragung, wo es nicht auf hohe akustische Qualität ankommt, hat man sogar durch technische Signalverformung das sogenannte *Frequenzband* der übertragenen akustischen Signale auf den Bereich von 300 Hz bis 3,4 kHz reduziert. Durch diese Beschränkung der *Bandbreite* konnte der technische Aufwand zur Realisierung des Telefonsystems klein gehalten werden, denn der erforderliche Aufwand wächst mit der Bandbreite. Neben dem Telefonsystem gibt es noch viele andere Systeme, bei denen das Frequenzband der übertragenen Signale nicht bei 0 beginnt, sondern erst bei einer bestimmten positiven Frequenz.

Das sogenannnte *Abtasttheorem* von Shannon gibt an, wie man aus den Bandgrenzen eines spektral beschränkten Signals die erforderliche Dichte der Abtastpunkte für die Signalinterpolation berechnen kann. Für Signale, deren Spektrum bei der Frequenz 0 beginnt und bei einer maximalen Frequenz f_{MAX} endet, erhält man den erforderlichen zeitlichen Mindestabstand zwischen den Abtastpunkten als den halben Kehrwert von f_{MAX}. Für die Übertragung akustischer Signale benötigt man also alle 25 µs einen Abtastpunkt, wenn man alle Frequenzen bis 20 kHz erfassen will, wogegen man für die Telefonqualität mit der Bandobergrenze bei 3,4 kHz nur alle 147 µs einen Abtastpunkt braucht.

Ausgangspunkt der nun abgeschlossenen Betrachtungen war die Frage, weshalb auch bei der Informationsübertragung durch kontinuierliche Signale letztlich doch nur eine endliche Anzahl von Binärfragen pro Zeiteinheit beantwortet werden. Es wurde gezeigt, daß die Begrenzung des Signalwertebereichs, die begrenzte Auflösung der Signalwerte sowie die Interpolierbarkeit des Signalverlaufs dazu führen, daß ein kontinuierliches Signal in eine Folge von Elementen aus einem endlichen Repertoire umgewandelt werden darf. Und dann gelten wieder alle Betrachtungen, die hinsichtlich solcher Folgen bereits dargestellt wurden.

2. Der Systembegriff und sein Umfeld

2.1 Begriffliche Abgrenzung

Die Bezeichnung "System" wird umgangssprachlich mit etlichen unterschiedlichen Bedeutungen gebraucht – man denke an das Zehnfingersystem beim Schreibmaschineschreiben, das periodische System der chemischen Elemente, die verschiedenen Gesellschafts- und Wirtschaftssysteme oder an die Computersysteme und deren Betriebssysteme.[1)] Man kann aber in jedem Einzelfall das jeweils betrachtete System einer von zwei Klassen zuordnen: Im Falle der *statischen Systeme* handelt es sich jeweils um eine "systematische", d.h. regelhafte Zusammenstellung von Objekten zum Zwecke der Strukturierung des Wissens über diese Objekte und über ihre Beziehungen untereinander. Im Falle der *dynamischen Systeme* dagegen handelt es sich jeweils um ein konkretes oder zumindest um ein konkret vorstellbares Gebilde, welches ein beobachtbares Verhalten zeigt, wobei dieses Verhalten als Ergebnis des Zusammenwirkens der Systemteile angesehen werden kann. Diese Klasse der dynamischen Systeme ist es, die im Rahmen der vorliegenden Systembetrachtung behandelt werden soll.

Es gibt zwei unterschiedliche Klassen von Aufgabenstellungen, aufgrund derer man sich mit einem System befassen muß: Bei der *Systemanalyse* ist ein System gegeben, worüber man soviel Wissen erwerben muß, daß man möglichst viele zutreffende Vorhersagen über das zukünftige Systemverhalten machen kann. Bei der *Systemkonstruktion* dagegen wird die Beschreibung des zukünftigen Systemverhaltens vorgegeben, und man muß geeignete Bausteine suchen und derart zu einem Wirkungsgefüge zusammensetzen, daß sich das geforderte Systemverhalten ergibt.

Sowohl bei der Systemanalyse als auch bei der Systemkonstruktion werden also Aussagen über das zukünftige Systemverhalten gemacht. Da man jedoch keine absolut sicheren Aussagen über zukünftiges Geschehen machen kann, muß man sich die Bedingungen bewußt machen, deren Einhaltung man beim Aufstellen der *Vorhersagen* stillschweigend voraussetzt: Man setzt nämlich voraus, daß das System bis zum Ende des Vorhersagezeitraums "ungestört erhalten" bleibt. Es gibt also Erscheinungen, deren Ausbleiben stillschweigend vorausgesetzt wird und die, falls sie doch auftreten, im Nachhinein als Begründung für das Nichteintreffen von Vorhersagen akzeptiert werden würden. Beispiele für solche Erscheinungen sind ein Erdbeben, welches die Vorhersage der Ergebnisse eines Experiments zur Mechanik falsch werden läßt, oder das Kaputtgehen eines elektronischen Bauelements in einem Fernsehapparat, welches zu einem von der Vorhersage abweichenden Bild auf dem Schirm führt. Man muß nun natürlich fragen, woran es liegt, daß ein Erdbeben als *Störung* eines Experiments zur Mechanik akzeptiert wird, daß es aber nicht akzeptiert würde, wenn man das Mißlingen des mechanischen Experiments mit einem Sturz der Aktienkurse an der Börse begründen wollte. Die Ent-

1) Die Bedeutungsvielfalt ist auch Gegenstand eines passenden Gedichts von F. Grillparzer:

Ich weiß ein allgewaltig Wort, auf Meilen hört's ein Tauber.
Es wirkt geschäftig fort und fort mit unbegriff' nem Zauber,
Ist nirgends und ist überall, bald lästig, bald bequem.
Es paßt auf ein und jeden Fall: das Wort – es heißt System.

scheidung, die eine Erscheinung als Störung zu akzeptieren, die andere aber nicht, wird durch unsere aus der Erfahrung gewonnene Vorstellung von *Kausalität* bestimmt: Weil wir bisher keinerlei Zusammenhang zwischen der Bewegung der Aktienkurse und dem Ausgang mechanischer Experimente beobachtet haben, nehmen wir selbstverständlich an, daß ein solcher Zusammenhang auch in Zukunft nicht beobachtbar sein wird. Wenn also jemand trotzdem einen solchen Zusammenhang behauptet, müßte er uns zu Erfahrungen verhelfen, aufgrund derer wir unsere bisherige Vorstellung von der Zusammenhangslosigkeit revidieren könnten. Denn jede Vorhersage ist eine "Extrapolation" der Erfahrung!

Es sind allerdings nicht nur die Störungen, die zum Nichteintreffen von Vorhersagen führen können. Es kann nämlich auch sein, daß die Vorhersage aus einem falschen Systemmodell abgeleitet wurde. Dabei wird mit *Systemmodell* das Netz der angenommenen Kausalbeziehungen bezeichnet, woraus man seine Vorhersagen ableitet. Ein Systemmodell ist falsch, wenn man daraus unzutreffende Vorhersagen ableiten kann, ohne daß die Abweichungen durch Störungen erklärbar sind. Ein Systemmodell muß nicht ganz falsch oder ganz richtig sein, es kann auch "näherungsweise richtig" sein. Man denke an das Systemmodell der Newton'schen Mechanik mit absoluten Raum- und Zeitvorstellungen, welches durchaus zutreffende Vorhersagen erlaubt, solange man nur Geschwindigkeiten betrachtet, die sehr viel kleiner als die Lichtgeschwindigkeit sind. Deshalb braucht man auch in den meisten Fällen nicht das korrektere, aber kompliziertere Systemmodell der Einstein'schen Mechanik heranzuziehen.

Jedesmal, wenn eine Abweichung von einer Vorhersage eintritt, die man nicht gleich auf eine Störung zurückführen kann, steht man vor dem Problem, entweder eine bisher noch nicht bekannte Störung zu finden, oder das Systemmodell korrigieren zu müssen. Im Falle der Systemanalyse, wo die Aufgabe darin besteht, ein Systemmodell zu finden, wird man bei Abweichungen von einer Vorhersage eher vermuten, daß das Modell noch nicht ausreichend korrekt ist. Im Falle der Systemkonstruktion dagegen, wo man das Systemmodell sehr genau kennt, weil man zuerst das Modell entworfen und daraus dann ein konkretes System gewonnen hat, wird man bei Abweichungen von einer Vorhersage eher vermuten, daß eine Störung eingetreten ist.

Nachdem nun die Begriffe "dynamisches System, Systemmodell und Störung" vorgestellt sind, befaßt sich der gesamte verbleibende Rest des vorliegenden Kapitels mit der Betrachtung von Systemmodellen. Zur Klassifikation werden dabei zwei voneinander unabhängige Klassifikationskriterien herangezogen: Das eine Kriterium wird durch die Frage erfaßt, ob das Systemmodell Aussagen über den Aufbau des Systems enthält oder nicht. Mit den Aussagen ohne Bezug zum Aufbau befaßt sich der Abschnitt 2.2 über Verhaltensmodelle, und daran anschließend werden im Abschnitt 2.3 bestimmte Aufbaumodelle behandelt. Das andere Klassifikationskriterium beruht darauf, daß es Systeme mit sogenannten Einrasteffekten gibt, so daß man sich bei der Systemmodellierung auf diese Effekte beschränken kann. Zu diesem Kriterium gehört unter anderem die Frage, ob ein Meßwertverlauf aus einem kontinuierlichen Wertebereich beschrieben wird oder ob es sich um eine Folge von Belegungen eines Beobachtungsortes mit Elementen aus einer diskreten Objektmenge handelt. Als Beispiel eines Verlaufs der letzteren Art denke man an die Folge von Besetzungen eines Regierungsamtes aus einer bekannten Kandidatenmenge. Dieses zweite Kriterium wird im Abschnitt 2.2.1 über Verhaltensklassifikation präzisiert, und die darauf beruhende Klassifikation von Systemmodellen äußert sich dann sowohl bei der Verhaltensmodellierung als auch bei der Aufbaumodellierung.

2.2 Verhaltensmodelle

Ein Systemmodell wurde definiert als ein Netz angenommener Kausalbeziehungen, woraus man Vorhersagen bezüglich des Systemverhaltens ableiten kann. Ein Systemmodell wird als Verhaltensmodell bezeichnet, wenn es keine Aussagen über den Aufbau des Systems enthält. Nach einer Verhaltensklassifikation im Abschnitt 2.2.1, die insbesondere die Unterscheidung zwischen Modellen für kontinuierliches und solchen für diskretes Verhalten begründet, werden im Abschnitt 2.2.2 die Grundbegriffe der Verhaltensmodellierung eingeführt. Dieser Einführung liegt die Anschauung kontinuierlichen Verhaltens zugrunde. Die Übertragung der eingeführten Begriffe auf den Fall diskreten Verhaltens geschieht dann im Abschnitt 2.2.3. Da die Modelle für diskretes Verhalten für die Informationstechnik von grundlegender Bedeutung sind, kommt diesem Abschnitt ein besonderes Gewicht zu. Zum Schluß dieses Abschnitts über Verhaltensmodelle werden im Abschnitt 2.2.4 noch einige Begriffe vorgestellt, zu deren Veranschaulichung man Beispiele sowohl aus dem Bereich der kontinuierlichen als auch aus dem Bereich der diskreten Systeme braucht.

2.2.1 Verhaltensklassifikation

Wenn man Verhalten beschreiben will – sei es als Aufzeichnung über die Vergangenheit oder als Vorhersage über die Zukunft –, dann muß man sich einerseits *beschränken*, weil man mit endlichem Aufwand nicht alles beschreiben kann, was beobachtbar war oder sein wird, und man muß außerdem häufig auch noch *idealisieren*, weil die Beschreibungsmittel eine Exaktheit voraussetzen, die dem Beobachtbaren oft gar nicht gerecht wird.

Ein typisches Beispiel für eine Idealisierung ist die Aussage, die Spannung der elektrischen Energieversorgung verlaufe "sinusförmig": Der Begriff der mathematischen Sinusfunktion ist exakt, während die Beobachtung eines Spannungsverlaufs unter Einsatz beliebig aufwendiger Meßapparaturen zwangsläufig unscharf bleiben muß. Mit der Idealisierung ist also immer die Bereitschaft verbunden, eine Beschreibung auch dann noch als zutreffend anzuerkennen, wenn die Beobachtungsergebnisse nur innerhalb eines "Unschärfeintervalls" in der Nähe der Idealisierung liegen. Idealisierung ist immer dann erforderlich, wenn der Verlauf einer Meßgröße aus einem kontinuierlichen Wertebereich beschrieben werden soll. Dagegen gibt es bei einer Beschreibung des Verlaufs einer diskreten Belegung – man denke wieder an die zeitabhängige Zuordnung von Personen zu einem Regierungsamt – bezüglich der Belegungswerte nichts zu idealisieren, weil hier das Beobachtungsergebnis nicht durch *Messung*, sondern durch *Objekterkennung* und *Relationsentscheidung* gewonnen wird, so daß hier das Beobachtungsergebnis genauso exakt ist wie das Beschreibungsmittel. Bezüglich der in derartigen Verlaufsbeschreibungen genannten Zeitpunkte muß jedoch auch hier idealisiert werden, denn es gibt keine exakte Beobachtbarkeit von Zeitpunkten.

Die immer erforderliche Beschränkung bei einer Verhaltensbeschreibung kann in drei verschiedenen Bereichen erfolgen. Bei der *Wahl der Beobachtungsvariablen*, über deren Werteverlauf man etwas aussagen will, muß man sich immer beschränken. Darüberhinaus kann man sich bezüglich des in der Beschreibung erfaßten *Wertebereichs* der Beobachtungsvariablen beschränken, indem man einen umfangreicheren Wertebereich durch Partitionierung in einen weniger mächtigen Wertebereich überführt. So kann man beispielsweise die Menge der Kandidaten, welche den Wertebereich für die Besetzung eines betrachteten Regierungsamtes darstellt, in die weniger mächtige Menge der politischen Parteien überführen, d.h. man kann sich derart beschränken, daß man anstelle der zeitabhängigen Zuordnung von Personen zum Amt nur noch die zeitabhängige Zuordnung politischer Parteien zum Amt beschreibt.

Der dritte Bereich schließlich, wo man sich beschränken kann, ist die *Menge der Zeitpunkte*, für die man in der Beschreibung ein Beobachtungsergebnis festhält. So kann man beispielsweise den Verlauf einer Meßgröße für die unendliche Menge aller Zeitpunkte eines endlichen kontinuierlichen Zeitintervalls angeben; man kann sich aber auch derart beschränken, daß man nur für endlich viele ausgewählte Zeitpunkte aus diesem Zeitintervall ein Beobachtungsergebnis festhält. Man denke an eine Filmaufnahme, die ja auch eine Art Verhaltensbeschreibung ist; in diesem Fall hält man jeweils nur für 25 äquidistante Zeitpunkte pro Sekunde ein Beobachtungsergebnis fest. Eine derartige Beschränkung ist immer dann sinnvoll, wenn man den Verlauf des Beobachtungsergebnisses für das gesamte kontinuierliche Zeitintervall durch Interpolation aus den Beobachtungsergebnissen für die endlich vielen sogenannten Abtastzeitpunkte gewinnen kann. Im Falle diskreter Wertebereiche für die Beobachtungsvariablen kann man sich sogar so weit beschränken, daß man für gar keine Zeitpunkte mehr ein Beobachtungsergebnis angibt, sondern daß man nur noch beschreibt, welche Wertefolge beobachtbar war oder sein wird, durch die alle Wertewechsel erfaßt werden. Man denke beispielsweise an die Folge der amerikanischen Präsidenten seit Bestehen der USA, die ohne Zeitangaben nur beschreibt, welche Personen nacheinander das Amt innehatten. Es handelt sich bei dieser Folge nicht um eine äquidistante Abtastfolge, weil zum einen nicht alle Präsidenten das Ende einer regulären Amtsperiode erlebten und weil andererseits manche Präsidenten länger als eine Periode im Amt waren.

Bild 71 zeigt ein Klassifikationsschema, wonach jedes Verhaltensmodell bzw. jede Verhaltensbeschreibung einer von sechs Klassen zuzuordnen ist. Dabei spielt die Frage, ob in dem betrachteten System sogenannte *Einrasteffekte* vorkommen oder nicht, eine zentrale Rolle. Es gibt nämlich viele Systeme, die Mechanismen enthalten, wodurch der Verlauf der Beobachtungsvariablen bei bestimmten Werten "einrasten" kann. Es gibt mehrere Möglichkeiten, einen solchen *Einrasteffekt* zu erzeugen: Mechanisch kann ein Zahnrad auf eine gefederte Sperrklinke einrasten. Ein elektrischer Kippschalter hat zwei mögliche Einraststellungen, wo er durch eine Feder gegen einen Anschlag gedrückt wird. Die magnetische Ausrichtung in einem kleinen Ausschnitt eines Magnetspeicherbandes kann einrasten, indem das Material in einer ausgewählten Richtung in die magnetische Sättigung getrieben wird. Auch geeignete elektronische Schaltungen können auf bestimmte Konstellationen von Strömen, Spannungen und Frequenzen einrasten; man denke an die automatische Sendersuche beim Autoradio, wo die Schaltung aufgrund von Resonanz mit der Senderfrequenz einrastet. Und schließlich kann der Einrasteffekt aufgrund eines Erkennungseffekts entstehen, denn die Gewißheit, ein Objekt erkannt zu haben – z.B. einen Münzwert beim Einwurf in einen Automaten – ist gleichbedeutend mit einem Eingerastetsein.

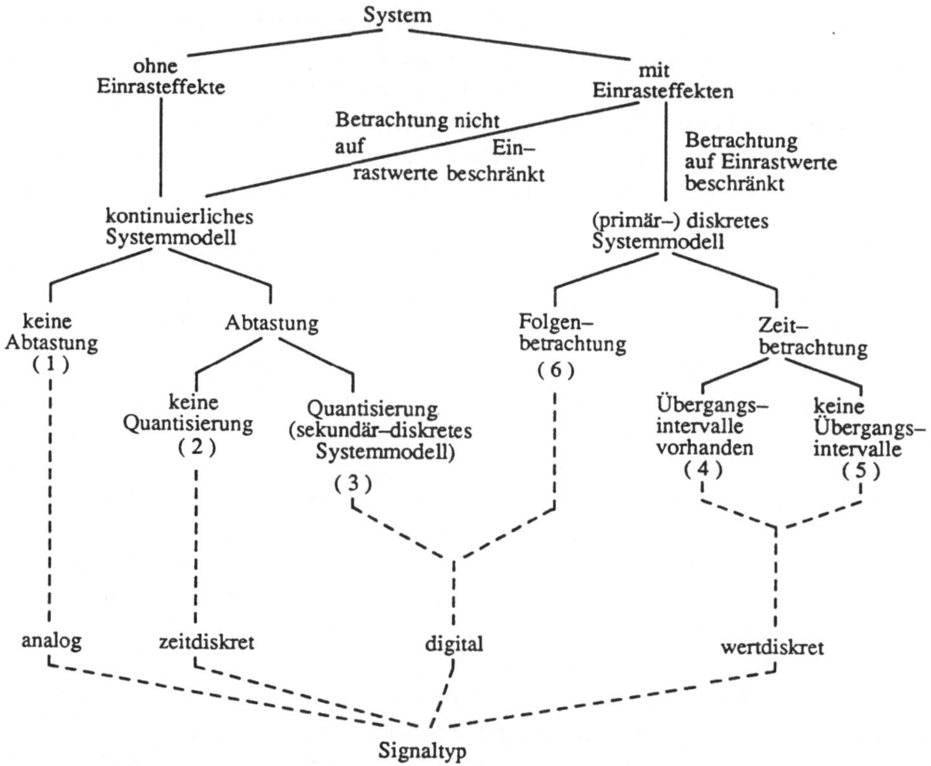

Bild 71 Klassifikationsschema für Systemmodelle

Zur Veranschaulichung der sechs Fälle in Bild 71 zeigt Bild 72 sechs entsprechende Verlaufsbeispiele. Zu den Fällen 1 bis 3 gehört ein kontinuierlicher Wertebereich der Beobachtungsvariablen, so daß hier der Beobachtungsvorgang durch das Messen gekennzeichnet ist. Demgegenüber gehört zu den restlichen Fällen 4 bis 6 ein diskreter Wertebereich der Beobachtungsvariablen, so daß hier der Beobachtungsvorgang durch das Erkennen gekennzeichnet ist. Zwar sind im Fall 3, also beim quantisierten Abtastverlauf, die in der Beschreibung verwendeten Werte auch diskret, aber diese Diskretheit ergibt sich erst durch eine Partitionierung des ursprünglich kontinuierlichen Wertebereichs in Intervalle. In diesem Fall muß also jeweils nach dem Messen noch entschieden werden, zu welchem Intervall der Meßwert gehört. Daß auch in den Fällen 4 und 5 das Entscheiden als Kennzeichen des Beobachtungsvorgangs genannt wird, liegt daran, daß hier in der Verlaufsbeschreibung exakte Zeitpunkte als Grenzen

lfd. Nr.	Typ des Verlaufs bzw. seiner Beschreibung	Der Wertebereich der Beobachtungsvariablen b	Die Menge der Zeitpunkte, denen in der Verlaufsbeschreibung ein Wert oder ein Wertintervall für b zugeordnet wird.	Beispiel eines Verlaufs	Art des Beobachtungsvorgangs
1	Kontinuierlicher Verlauf (stückweise stetig)	ist kontinuierlich und wird ordnungserhaltend auf ein Intervall von R abgebildet.	ist gleich dem kontinuierlichen Zeitintervall des Verlaufs	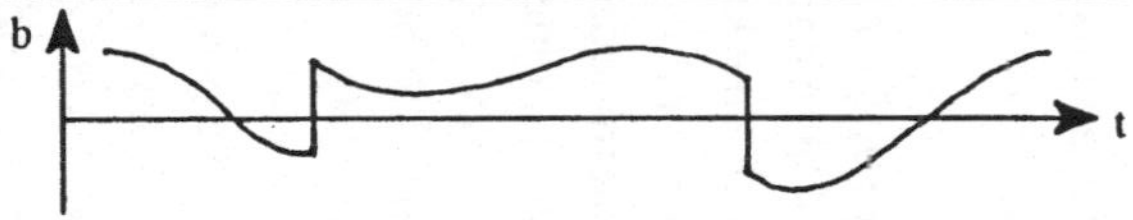	Messen
2	Abtastverlauf (i.a. äquidistant) (Interpolierbarkeit erfordert Stetigkeit)		ist eine diskrete Teilmenge des kontiniuierlichen Zeitintervalls des Verlaufs		
3	Quantisierter Abtastverlauf	ist kontinuierlich und wird in Intervalle partitioniert ordnungserhaltend auf ein Intervall von N abgebildet			Messen und Entscheiden
4	Diskreter Verlauf mit Übergangsintervallen	ist diskret und i.a. ungeordnet und kann willkürlich 1:1 auf eine Teilmenge von N abgebildet werden.	ist gleich dem kontinuierlichen Zeitintervall des Verlaufs ohne die Übergangsintervalle (ü ist kein Wert von b)	b: 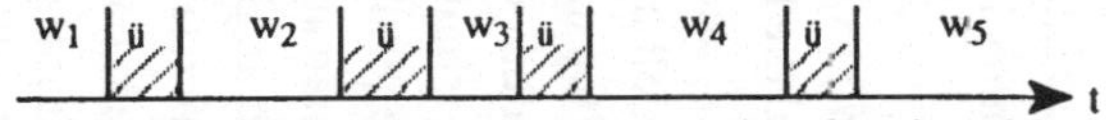 w_1 ü w_2 ü w_3 ü w_4 ü w_5 t z.B kann jedes w_i ein bestimmter Zustand einer Anzeigetafel in einem Fußballstadion sein, wobei in den Übergangsintervallen jeweils eine Anzeigeänderung erfolgt.	Erkennen und Entscheiden
5	Diskreter Verlauf ohne Übergangsintervalle		ist gleich dem kontinuierlichen Zeitintervall des Verlaufs	b: 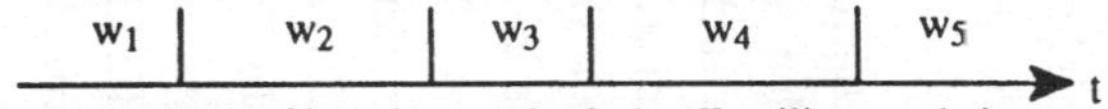 w_1 w_2 w_3 w_4 w_5 t z.B. kann der Verlauf b(t) den wechselnden Familienstand einer bestimmten Person beschreiben. Es gibt keine Übergangsintervalle, weil zwei unterschiedl. Familienstände – z.B ledig/verheiratet – juristisch ohne Pause aufeinanderfolgen.	
6	Folge		ist leer	b: w_1, w_2, w_3, w_4, w_5, ... z.B. kann die Folge b(n) die Reihenfolge der Münzwerte beschreiben, die in den Geldschlitz eines Automaten geworfen werden.	Erkennen

Bild 72 Klassifikation von Verlaufstypen

der Übergangsintervalle bzw. als Zeitpunkte der sprunghaften Wertewechsel angegeben werden. Das Festlegen solcher Zeitpunkte ist jeweils ein Entscheidungsakt.

Der Unterschied zwischen den Fällen 4 und 5 kann formal beseitigt werden, indem man den diskreten Wertebereich der Beobachtungsvariablen b im Fall 4 um das Element ü erweitert. Dann schließen auch im Fall 4 lauter Intervalle mit "definierten" Werten aneinander an – auch wenn man den in jedem zweiten Intervall vorkommenden Wert nicht ü, sondern "undefiniert" nennen würde.

Im Klassfikationsschema in Bild 71 wird zwischen *primär–diskreten* und *sekundär–diskreten* Fällen unterschieden. Während die Diskretisierung in den Fällen 4 bis 6 der Systemfunktion angemessen ist (s. auch Bild 72) und das Wesentliche besser trifft als eine kontinuierliche Modellierung, ist das diskrete Modell im Fall 3 nur als Näherung eines kontinuierlichen Modells (Fall 2) anzusehen. Trotz der Quantisierung im Fall 3 hat der Systemmodellierer eigentlich das Interesse, eine im Kontinuum verlaufende Meßkurve, bei der es keine Einrastwerte gibt, möglichst gut anzunähern. Deshalb hat es im Fall 3 auch einen Sinn, von einem Quantisierungsfehler zu reden, der sich gegenüber dem Fall 2 ergibt. Solch ein Fehlerbegriff ist in den Fällen 4 bis 6 sinnlos. Zwar kann man auch einen Verlauf vom Typ 3 als Folge diskreter Werte beschreiben, wenn man dazu noch angibt, daß es sich um eine äquidistante Abtastfolge mit einem ebenfalls anzugebenden Abtastabstand handelt, aber damit wird trotzdem der Unterschied zwischen dem Fall 3 und dem Fall 6 nicht aufgehoben, denn es gehört zum Wesen des Falles 6, daß weder explizit noch implizit irgendwelche Aussagen über Werte zu bestimmten Zeitpunkten gemacht werden und daß die Vorstellung einer stetigen Interpolierbarkeit hier völlig sinnlos ist.

Im Klassifikationsschema in Bild 71 ist gestrichelt noch eine Zuordnung der sechs Fälle zu vier unterschiedlichen Signaltypen eingetragen. Diese Unterscheidung von vier Typen ist in der Nachrichtentechnik üblich, wo man sich mit technischen Systemen der Signalübertragung befaßt. Die Beschreibung eines Verlaufs wird dabei als Definition einer mathematischen Funktion f(a) angesehen, und es wird nach dem Definitionsbereich A und dem Wertebereich B gefragt. Der Definitionsbereich A ist die Menge der Werte für die Argumentvariable a, für welche die Funktion f(a) definiert ist, und der Wertebereich B ist die Menge der Werte, die als Ergebnis der Funktion möglich sind. Der Definitionsbereich A muß nicht unbedingt eine Menge von Zeitpunkten sein, es kann auch ein Intervall der natürlichen Zahlen sein, welche dann als Indizes in einer Folge (s. Fall 6 in Bild 72) zu betrachten sind. Je nachdem, ob A oder B oder beide diskret sind oder nicht, liegt einer von vier möglichen Typen vor. Ein wertkontinuierlich und zeitkontinuierlich erfaßtes Signal wird als *analoges Signal*[1)] bezeichnet (Fall 1). Ein wertdiskret und zeitdiskret erfaßtes Signal wird als *digitales Signal* bezeichnet (Fälle 3

1) Die Kennzeichnungen "analog" und "digital" für Signale stammen ursprünglich aus dem Bereich der Erfassung von Zahlenwerten durch technische Signale: Entweder wird der Zahlenwert in Analogie zu einer Meßgröße gesetzt, was bedeutet, daß man eine stetige, monotone und häufig lineare 1:1–Abbildung zwischen dem kontinuierlichen Wertebereich der Meßgröße und dem darzustellenden Zahlenwertbereich festlegt. Man denke an die 1:1–Abbildung zwischen der Winkelstellung eines Uhrzeigers und den zugeordneten Zahlenwerten für Sekunden, Minuten oder Stunden. Oder der Zahlenwert wird durch diskrete Zeichen symbolisiert – ziffernmäßig = digital –, und diese Zeichen werden durch technische Signale erfaßt. Man denke an eine Digitaluhr.

und 6). Ein wertkontinuierlich und zeitdiskret erfaßtes Signal wird als *zeitdiskretes Signal* bezeichnet (Fall 2) und ein wertdiskret und zeitkontinuierlich erfaßtes Signal wird als *wertdiskretes Signal* bezeichnet (Fälle 4 und 5).

Bei der Betrachtung des Klassifikationsschemas in Bild 71 fällt eine Unsymmetrie auf: Während Systeme mit Einrasteffekten wahlweise kontinuierlich oder diskret modelliert werden können, lassen sich Systeme ohne Einrasteffekte primär nur kontinuierlich modellieren; der Übergang zum sekundär–diskreten Modell kommt erst auf einer tieferen Stufe. Diese Unsymmetrie kommt daher, daß es in der Anschauung gar keine Systeme mit diskretem Verhalten gibt. Weil wir Zeit, Raum und Objekteigenschaften als Kontinuum erleben und weil wir überzeugt sind, daß sich Materie oder Energie nicht schneller als mit Lichtgeschwindigkeit bewegen, können wir uns konkrete Systeme immer nur mit kontinuierlichem Verhalten vorstellen. So sind die Unstetigkeitsstellen im Falle 1 des Bildes 72 in einem Meßwertverlauf mit der Anschauung unverträglich und können nur als eine durch die begrenzte Zeitauflösung gerechtfertigte Näherung angesehen werden. Anders liegt der Fall im Beispiel Nr. 5 des gleichen Bildes: Dort sind die Wertsprünge nicht durch eine Bewegung von Materie oder Energie verursacht, sondern sind durch juristische Entscheidungen festgelegt. "Diskret sein" ist also kein Merkmal eines Systems, sondern eines Systemmodells, welches durch eine bestimmte Art der Verlaufserfassung gekennzeichnet ist.

Im Zusammenhang mit der Unterscheidung zwischen *kontinuierlichen* und *diskreten Verhaltensmodellen* und speziell im Hinblick auf die erwähnte Unsymmetrie in Bild 71 kann auf eine *Analogie* zur Unterscheidung zwischen *prozeßorientierten* und *ergebnisorientierten Anweisungen* hingewiesen werden. Im Abschnitt 1.3.3.5 über imperative Sprachen wurde gezeigt, daß eine Anweisung prozeßorientiert oder ergebnisorientiert gegeben werden kann und daß es eine Unsymmetrie zwischen der Prozeßorientierung und der Ergebnisorientierung gibt: Es gibt zwar Prozesse ohne Ergebnis, aber keine Ergebnisse ohne Prozeß. Die Werte, auf die eine Beobachtungsvariable einrasten kann, entsprechen den Ergebnissen in der Analogie zu den Anweisungen. Wenn in ihrem Verlauf eine Variable immer wieder neu auf bestimmte Werte einrastet, dann heißt dies in der Analogie, daß immer wieder neue Ergebnisse erzielt werden. Und die Übergangsintervalle entsprechen dann in der Analogie den Prozessen, die zum Erzeugen der Ergebnisse erforderlich sind. In einem diskreten Verhaltensmodell werden ausschließlich die Zusammenhänge zwischen den Verläufen der Einrastwerte betrachtet; was in den Übergangsintervallen geschieht, interessiert nicht. Es werden also nur die Zusammenhänge zwischen den Ergebnissen betrachtet; die Prozesse, die zu den Ergebnissen geführt haben, interessieren nicht. In einem System, in dem es keine Einrasteffekte gibt, gibt es in diesem Sinne keine Ergebnisse, und deshalb kann es nur prozeßorientiert, also kontinuierlich modelliert werden. Man kann das Verhalten eines solchen Systems als Prozeß in einem "unbegrenzten Übergangsintervall" ansehen. Dagegen hängt es von der Interessenlage des Modellierers ab, ob er ein System, worin Einrasteffekte vorkommen, diskret oder kontinuierlich modelliert, ob er sich also nur für die Ergebnisse oder auch für die Prozesse interessiert.

Es wurde nun ausführlich diskutiert, daß es zwar für alle Systeme ein kontinuierliches, aber nur für manche dieser Systeme auch ein primär–diskretes Modell gibt. Deshalb ist es zweckmäßig, im Abschnitt 2.2.2 über Grundbegriffe der Verhaltensmodellierung die Anschauung kontinuierlichen Verhaltens zugrundezulegen. Im Abschnitt 2.2.3 über Modelle für diskretes Verhalten fällt es dann leicht, die im folgenden einzuführende Begriffswelt auf den diskreten Fall zu übertragen.

2.2.2 Grundbegriffe der Verhaltensmodellierung

2.2.2.1 Determiniertheit, Kausalität und Totalzustand

Ein Verhaltensmodell beschreibt funktionale Zusammenhänge zwischen den Werteverläufen der beobachteten Variablen des Systems. Diese Variablen sollen zur Abgrenzung gegenüber anderen Variablen, die im Laufe der Betrachtung noch eingeführt werden, als *Schnittstellenvariable* bezeichnet werden. Die Schnittstellenvariablen lassen sich unterteilen in unabhängige und abhängige Schnittstellenvariable. Eine Schnittstellenvariable ist *unabhängig*, wenn ihr Werteverlauf vom Beobachter vorgegeben wird; eine Schnittstellenvariable ist *abhängig*, wenn ihr Werteverlauf nicht vom Beobachter vorgegeben wird, sondern von diesem als "vom System erzeugt" erlebt wird. Die Unterteilung der Menge der Schnittstellenvariablen in abhängige und unabhängige liegt nicht in allen Fällen systembedingt fest: Wenn die Unterteilung vom Willen des Beobachters unabhängig festliegt, dann handelt es sich um ein *gerichtetes System*; wenn dagegen dem Beobachter Wahlmöglichkeiten bei der Bestimmung der Unterteilung offenstehen, dann handelt es sich um ein *ungerichtetes System*.

Ein Beispiel für ein einfaches gerichtetes System ist eine Haustürklingel, bei der zwei Schnittstellenvariable interessieren, nämlich der Verlauf der zweiwertigen Position des Klingelknopfes und der Verlauf des akustischen Klingelzeichens. Ganz offensichtlich ist die Klingelknopfposition die unabhängige Variable, denn der Beobachter hat keine Möglichkeit, den Verlauf des akustischen Klingelzeichens vorzugeben und zu beobachten, wie sich dazu der Klingelknopf verhält.

Als Beispiel für ein einfaches ungerichtetes System wird der Rotationsbalken in Bild 73 betrachtet. Die Feder sei derart eingestellt, daß $\phi = 0$ der Ruhelage entspricht, bei der der Balken horizontal steht und von der Feder kein Drehmoment erfährt. Als rechtes bzw. linkes Balkenende soll immer dasjenige bezeichnet werden, welches bei Ruhelage rechts bzw. links steht, auch wenn es bei aktueller Winkellage auf die andere Seite geraten sein kann. Es werden nun die beiden Schnittstellenvariablen h_L und h_R betrachtet, welche den jeweiligen Bodenabstand des linken bzw. rechten Balkenendes erfassen. Keine von beiden ist systembedingt als unabhängig oder abhängig festgelegt, d.h. der Beobachter – oder besser Experimentator – hat die Wahl, für welche der beiden Variablen er einen Werteverlauf vorgeben will. Die jeweils andere wird dann zur abhängigen Variablen, deren Werteverlauf er beobachten kann.

Ein Tupel der unabhängigen Variablen, d.h. die Menge der unabhängigen Variablen in einer willkürlichen Ordnung soll im folgenden mit X bezeichnet werden; entsprechend soll Y ein Tupel der abhängigen Variablen sein.

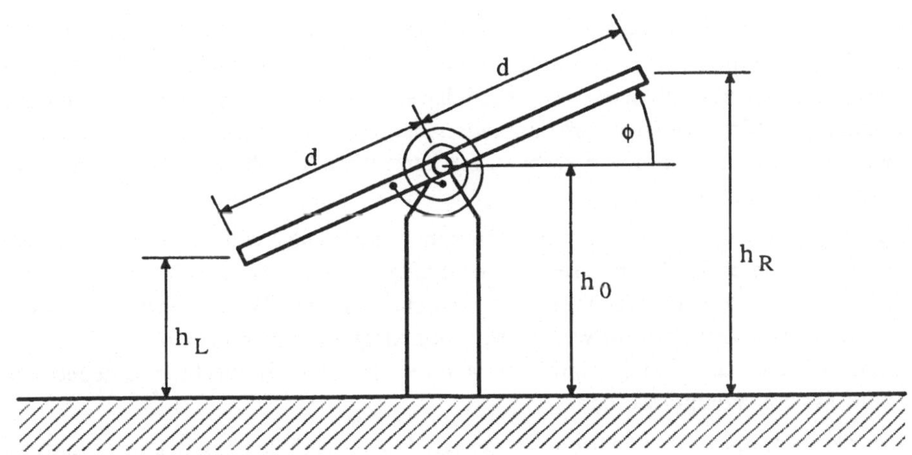

Bild 73 Rotationsbalken als Beispiel eines ungerichteten Systems

Ein Systemmodell dient immer dem Zweck, möglichst viele zutreffende Vorhersagen über den zukünftigen Verlauf von Y machen zu können. Dabei können jedoch die durch die teilweise Indeterminiertheit der Systeme gezogenen Grenzen nicht überschritten werden. Ein System ist *determiniert*, wenn sein Verhalten nach Vorgabe der Wertverläufe der unabhängigen Variablen im Rahmen der gewählten Auflösung der Wertebereiche und Zeitangaben vollkommen bestimmt ist. So sind wir beispielsweise überzeugt, daß die beiden betrachteten Systembeispiele, also die Haustürklingel und die mechanische Wippe determiniert sind: Unter der Voraussetzung, daß Störungen ausbleiben, bleibt den jeweils abhängigen Variablen gar nichts anderes übrig, als genau jeweils die Werte einzunehmen, die durch die Wertvorgabe bei den unabhängigen Variablen erzwungen werden. Nun kennt man aber auch sehr viele Systeme, deren Verhalten man nicht voraussagen kann – man denke nur an die Fragen, wann ein radioaktives Atom zerfallen wird oder auf welchem Kurswert eine bestimmte Aktie an einem bestimmten Tag in der Zukunft stehen wird. Handelt es sich hierbei um eine *grundsätzliche Indeterminiertheit* oder nur um mangelnde Erkenntnis über die jeweiligen Systeme? Die Frage, ob es überhaupt so etwas wie eine grundsätzliche Indeterminiertheit gebe, läßt sich nicht per Experiment oder durch logisches Schließen beantworten. Diese Frage gehört nämlich in die gleiche Kategorie wie die Frage nach der Existenz eines Allwissenden. Viel leichter zu akzeptieren ist die Behauptung, daß unsere Erkenntnisfähigkeit grundsätzlich beschränkt ist: So wie wir überzeugt sind, daß ein Computer, dem wir kein akustisches Aufnahmeorgan eingebaut haben, nicht "hören" kann, so müssen wir wohl akzeptieren, daß es Dinge geben kann, für die wir keine "Antenne" haben. Wenn man sich also auf die Welt beschränkt, die wir durch unsere Antennen erfahren können, dann muß man darin mit der grundsätzlichen Indeterminiertheit leben. Diese Indeterminiertheit ist ganz bewußt in die quantenphysikalischen Modelle aufgenommen worden. Die Tatsache, daß wir in unserer erfahrbaren makroskopischen Welt sowohl Determiniertheit als auch Indeterminiertheit nebeneinander erleben, ist dann wie folgt zu erklären: Es gibt Fälle, wo die Indeterminiertheit aus der Mikrowelt der Quanten in unsere Makrowelt "durchschlägt" – beispielsweise bei der Ziehung der Lottozahlen, wo das Durcheinanderfallen von 49 Kugeln indeterminiert ist. Es gibt aber auch viele Fälle, wo sich durch Mittelwertbildung die mikroskopische Indeterminiertheit "herausmittelt", so daß sich eine makroskopische Determiniertheit ergibt – beispielsweise bei der Diffusion eines Tropfens farbigen Badeöls im Badewasser, wo man durchaus näherungsweise zutreffend den zeitlichen Verlauf der Konzentrationsverteilung vorhersagen kann, ohne jedoch die Bahn einzelner Moleküle vorhersagen zu können.

Unter den Schnittstellenvariablen eines Systems kann es also welche geben, deren Werteverlauf indeterminiert ist. Sie müssen als abhängige Variable, also als Komponenten von Y angesehen werden, denn ihr Werteverlauf ist ja nicht vorgebbar. Wenn man unbedingt glaubt, sagen zu müssen, wovon denn ihr Werteverlauf abhängig sei, dann sagt man eben "vom Willen des Systems", denn der Werteverlauf kann ja, da er nicht vom Beobachter vorgegeben wird, nur "vom System erzeugt" werden.

Es wurde am Anfang dieses Abschnitts gesagt, daß ein Verhaltensmodell den funktionalen Zusammenhang zwischen den Werteverläufen der Systemvariablen beschreiben soll. Damit die im folgenden gemachten Aussagen bezüglich dieses funktionalen Zusammenhangs eindeutig interpretiert werden können, ist es notwendig, eine eindeutige Symbolik zu verwenden. Es wird hier diejenige Symbolik verwendet, die sich bereits im Abschnitt 1.3.3.5 über imperative Sprachen als zweckmäßig erwies zur Darstellung funktionaler Zusammenhänge:

f(arg) symbolisiert das Ergebnis, das über die Funktion f dem Argumentwert arg zugeordnet ist.

"f(arg)" symbolisiert die Definition der Funktion f mit der Argumentvariablen arg, d.h. es wird dadurch der Verlauf der Funktion f über dem Wertebereich von arg symbolisiert.

Mit dieser Symbolik läßt sich jede beliebige Aussage bezüglich eines funktionalen Zusammenhangs zwischen den Werteverläufen "X(t)" und "Y(t)" der Schnittstellenvariablen wie folgt formal darstellen:

$$\text{"}p(M_Y)\text{"} = F[\text{"}X(t)\text{"}]$$

Jedes gerade betrachtete Verhaltensmodell ist als eine Funktion F anzusehen, die zu jedem Werteverlauf "X(t)" eindeutig eine Wahrscheinlichkeitsverteilung festlegt, wobei $p(M_Y)$ die Wahrscheinlichkeit ist, daß der zum gegebenen X–Verlauf auftretende Y–Verlauf ein Element der Menge M_Y ist. Man beachte, daß das Ergebnis von F kein Wahrscheinlichkeitswert, sondern eine Wahrscheinlichkeitsverteilung ist, die jeder Menge M_Y von Y–Verläufen einen Wahrscheinlichkeitswert zuordnet.

Diese formale Charakterisierung von Verhaltensmodellen soll nun veranschaulicht werden. Dazu wird als System das Roulette–Spiel betrachtet. Der Wertebereich für X enthält nur das einzige Element "Spiel", so daß jeder mögliche X–Verlauf eindeutig durch seine Folgenlänge m bestimmt ist; so gehört beispielsweise zu m = 4 der X–Verlauf (Spiel, Spiel, Spiel, Spiel). Der Wertebereich für Y soll nicht die Zahlen 0 bis 36 umfassen, von denen pro Spiel jeweils eine angezeigt wird; Y soll nur zweiwertig sein und angeben, ob sich beim jeweiligen Spiel eine rote Zahl ergeben hat oder nicht. Zu einem X–Verlauf der Länge m gibt es somit 2^m unterschiedliche mögliche Y–Verläufe; diese sind aber nicht alle gleich wahrscheinlich, weil die

Wahrscheinlichkeit einer roten Zahl nicht 1/2, sondern 18/37 beträgt. So ergibt sich also beispielsweise

$$p\,[\{(\text{nicht rot, nicht rot, rot, nicht rot})\}] \;=\; \left(\tfrac{18}{37}\right)\cdot\left(\tfrac{19}{37}\right)^3$$

$$\text{und } p\,[\{(n,r,r,r),\ (r,n,r,r),\ (r,r,n,r),\ (r,r,r,n)\}] \;=\; \left[\left(\tfrac{18}{37}\right)^3\cdot\left(\tfrac{19}{37}\right)\right]\cdot 4$$

Im folgenden werden nur noch determinierte Systeme betrachtet. Dann ist die einem X–Verlauf über die Funktion F zugeordnete Wahrscheinlichkeitsverteilung "$p(M_Y)$" stets derart, daß die Wahrscheinlichkeit für einen bestimmten, zum X–Verlauf passenden Y–Verlauf eins ist und für alle anderen Y–Verläufe den Wert null hat. Im determinierten Fall gilt also

$$p\,[\,M_Y\,] = \begin{cases} 1 & \text{falls "}Y(t)\text{"} = h\,[\text{"}X(t)\text{"}] \in M_Y \\ 0 & \text{sonst} \end{cases}$$

Darin ist h eine Funktion, die jedem X–Verlauf eindeutig einen Y–Verlauf zuordnet.

In dieser allgemeinen Betrachtung der *formalen Erfassung funktionaler Zusammenhänge* in Systemen ist die Frage nach der *Kausalität* bisher nicht gestellt worden, d.h. die vorgestellte allgemeine Form des Verhaltensmodells erlaubt durchaus die Beschreibung funktionaler Zusammenhänge, die mit unseren Vorstellungen von Kausalität nicht verträglich sind. Dies wird durch die Betrachtung eines einfachen Beispiels sofort deutlich: Es wird ein vollständig determiniertes System betrachtet, bei dem sowohl "X(t)" als auch "Y(t)" als wertdiskrete und zeitkontinuierliche Verläufe beschrieben werden. Der Wertebereich sowohl für X als auch für Y soll zweiwertig sein und durch die Symbolmenge { 0,1 } dargestellt werden. Die Funktion h, durch die jedem Werteverlauf "X(t)" jeweils eindeutig ein Werteverlauf "Y(t)" zugeordnet wird, soll durch folgende Vorschrift definiert sein:

$$Y(t) \;=\; X(t-t_0) \;\oplus\; X(t+t_0) \quad {}^{1)}$$

Bild 74 zeigt einen willkürlich vorgegebenen Verlauf "X(t)" im Zeitintervall $-6t_0 \le t \le +7t_0$ sowie den daraus über die gegebene Vorschrift gewonnenen zugehörigen Verlauf "Y(t)" im Intervall $-5t_0 \le t \le +6t_0$. Obwohl "Y(t)" durch "X(t)" eindeutig bestimmt wird, können wir uns kein System vorstellen, welches tatsächlich ein solches Verhalten zeigt, denn dieses System müßte "hellsehen" können: Um beispielsweise den Verlauf "Y(t)" für das Intervall $0 \le t \le t_0$ erzeugen zu können, müßte das System bereits wissen, was der Experimentator als Abschnitt von "X(t)" erst im späteren Intervall $t_0 \le t \le 2t_0$ vorgeben wird. Da wir von der Freiheit des Experimentators ausgehen, "X(t)" willkürlich vorzugeben, und da wir aufgrund aller Erfahrungen vom Zwang der Kausalität überzeugt sind, können wir ein derartiges System mit hellseherischen Fähigkeiten nicht als realisierbar ansehen. Solche Systeme werden als *nichtkausale* Systeme bezeichnet.

---

1) Mit dem Verknüpfungssymbol $\oplus$ ist hier die sogenannte Modulo–2–Addition ausgedrückt, d.h. es soll gelten $(a \oplus b) = (a + b)_{\text{mod}\,2}$. Der Begriff "modulo" ist in Bild 27 erklärt. Für den hier vorliegenden Fall, daß die Wertebereiche von a und b auf {0, 1} beschränkt sind, ist die Modulo–2–Addition strukturgleich mit der logischen Antivalenz, die in Bild 36 definiert ist. Deshalb darf für die Antivalenz und die Modulo–2–Addition das gleiche Verknüpfungssymbol $\oplus$ benützt werden.

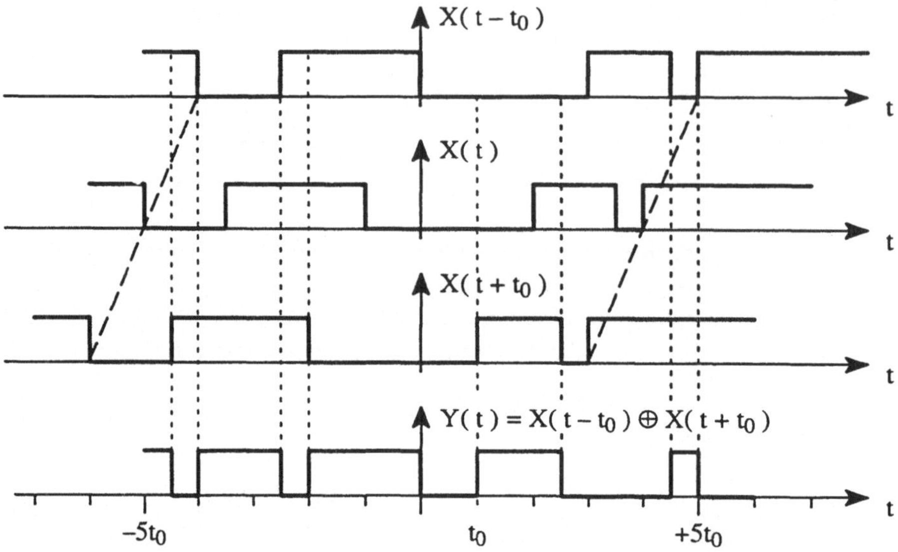

Bild 74 Beispiel von Werteverläufen in einem nichtkausalen System

Die weiteren Betrachtungen werden nun auf determinierte kausale Systeme beschränkt. Es muß also im folgenden immer die Bedingung erfüllt sein, daß das Verhaltensmodell zur Bestimmung der Werte Y(t) für keinen Zeitpunkt t zukünftige Werte $X(t+\Delta t)$ mit $0 < \Delta t$ verwendet. Im Falle der Kausalität kann man also immer schreiben

$$Y(t_1) \;=\; f\,[\text{ uo. Abschnitt } (t_0, \text{"X(t)"}, t_1)\,].$$

Dabei soll das Ergebnis der Funktion *uo. Abschnitt*[1] derjenige Teil des Werteverlaufs "X(t)" sein, der zum Intervall $t_0 < t \leq t_1$ gehört. Der Zeitpunkt t_0 markiert den Beginn der Systemexistenz – bei technischen Systemen also den Beginn der Inbetriebnahme des Systems. Auch bei gedachten Systemen, bei denen es ja keinen Beginn der Systemexistenz gibt, muß man für t_0 einen Wert festlegen, denn die Annahme, daß ein System schon seit "ewigen Zeiten" existiere, würde es nicht erlauben, ein determiniertes Verhaltensmodell anzugeben, weil der Wertebereich der Funktion f dann nicht vollständig definierbar wäre.

Die gegebene Form des determinierten kausalen Verhaltensmodells drückt also aus, daß für jeden beliebigen Zeitpunkt t_1 nach t_0 der Wert $Y(t_1)$ nur von denjenigen äußeren Einflüssen X(t) abhängen darf, denen das System seit der Inbetriebnahme bis einschließlich t_1 ausgesetzt war. Dabei ist allerdings nicht ohne weiteres einzusehen, weshalb das Relevanzintervall, welches durch die Abschnittsfunktion auf der Zeitachse festgelegt wird, unten offen und oben geschlossen sein soll. Zuerst wird die Frage behandelt, weshalb der Wert $X(t_0)$ im Argument von f nicht gebraucht wird. Da X(t) in jedem Zeitpunkt der Systemexistenz beobachtbar sein soll und da der Zeitpunkt t_0 der früheste sein soll, zu dem das System existiert, muß auch $X(t_0)$ definiert sein. Aber dieses $X(t_0)$ wird nicht als Konsequenz der Einflußnahme eines Experi-

1) Die Abkürzung uo. soll "unten offen" heißen und weist darauf hin, daß das Abschnittsintervall unten offen ist.

mentators angesehen, weil dieser noch gar keine Möglichkeit gehabt hat, Einfluß zu nehmen. Vielmehr muß dieses $X(t_0)$ eine Konsequenz der Inbetriebnahme des Systems sein, d.h. die Vorgabe des Wertes von $X(t_0)$ liegt noch in der Zuständigkeit des Systemkonstrukteurs – wobei es unerheblich ist, ob dieser sich darüber mit dem späteren Experimentator abgesprochen hat oder nicht. Da nun aber auch die Funktion f durch den Systemkonstrukteur festgelegt wird, kann er natürlich sein Wissen über $X(t_0)$ in die Definition von f legen, indem er definiert:

$$Y(t_0) \quad = \quad f\,[\text{ leerer Abschnitt von "}X(t)\text{" }]$$

Daß das Relevanzintervall für "X(t)" oben geschlossen sein soll, bedarf auch einer Erklärung, denn es ist doch mit der Vorstellung von Kausalität unverträglich, daß der Wert $X(t_1)$ noch einen Einfluß auf $Y(t_1)$ haben kann. Wenn X und Y als Ursache und Wirkung betrachtet werden, dann muß dazwischen doch ein Reaktionszeitintervall liegen, welches zwar beliebig kurz sein darf, aber nicht verschwinden kann. Das Problem verschwindet, wenn man erkennt, daß es nicht sinnvoll ist, $X(t_1)$ als Ursache und $Y(t_1)$ als Wirkung zu betrachten. Zu dieser Erkenntnis gelangt man durch folgende Überlegung: Es wurde gesagt, X sei die unabhängige Schnittstellenvariable, deren Werteverlauf vom Experimentator vorgegeben werde. Wenn man sich nun fragt, wie er denn diese Vorgabe bewerkstelligt, dann muß man erkennen, daß er dies nur durch eine Beeinflussung des sogenannten *Totalzustands* S(t) des Systems[1] erreichen kann. Alles aktuell Beobachtbare, also $X(t_1)$ und $Y(t_1)$, muß im Totalzustand $S(t_1)$ begründet sein. Es muß also gelten

$$\begin{aligned} X(t_1) \quad &= \quad a\,[\,S(t_1)\,] \\ Y(t_1) \quad &= \quad b\,[\,S(t_1)\,]\;. \end{aligned}$$

Dabei ist wichtig zu beachten, daß diese Gleichungen keine Kausalbeziehungen ausdrücken. Die Funktionen a und b symbolisieren keine Reaktionen des Systems, sondern sie symbolisieren lediglich formal die Extraktion des Wissens über X und Y aus dem Wissen über S. Denn S umfaßt per Definition alles, was es jeweils aktuell über alles Veränderliche im System zu wissen gibt, soweit es für das an den Schnittstellen Beobachtbare relevant ist.

In dieser Betrachtung ist also die Ursache eine nicht formal erfaßbare "Einflußnahme" des Experimentators, und als zugehörige Wirkung ergibt sich $S(t_1)$ und damit auch $X(t_1)$ und $Y(t_1)$. Bei dieser Betrachtung hat man keine Schwierigkeiten, sich Systeme vorzustellen, bei denen sich S durch die Einflußnahme des Experimentators nur derart verändern läßt, daß zwischen $X(t_1)$ und $Y(t_1)$ für beliebiges t_1 stets eine bestimmte Funktionalbeziehung erhalten bleibt. Es spricht nämlich nichts gegen die Möglichkeit, daß zwischen den Funktionen a und b, die dem Zustand S die Beobachtungsergebnisse X und Y zuordnen, eine Beziehung der folgenden Art besteht:

$$b\,(\,S[t_1]\,) \quad = \quad f\,[\,a\,(\,S[t_1]\,)\,]$$

In diesen Fällen gilt also

$$Y(t_1) \quad = \quad f\,[\,X(t_1)\,].$$

Ein einfaches Beispiel eines solchen Systems ist der Rotationsbalken in Bild 73, bei dem man als X den Bodenabstand h_L des linken Endes und als Y den Bodenabstand h_R des rechten En-

1) Die Bezeichnung S soll auf das englische Wort "state" hinweisen.

des wählt. Bezüglich dieser Schnittstellenwahl ist der Totalzustand $S(t_1)$ vollständig gekennzeichnet durch den Sinuswert [1] des Winkels $\phi(t_1)$, und damit gilt

$$h_L(t_1) = h_0 - d \cdot \sin[\phi(t_1)] \quad \text{, also } X(t_1) = a[\, S(t_1)\,]$$

$$h_R(t_1) = h_0 + d \cdot \sin[\phi(t_1)] \quad \text{, also } Y(t_1) = b[\, S(t_1)\,]$$

Daraus gewinnt man

$$h_R(t_1) = 2h_0 - h_L(t_1) \quad \text{, also } Y(t_1) = f\,[\, X(t_1)\,]$$

Dieses Beispiel macht deutlich, daß es nicht sinnvoll ist, $X(t_1)$ als Ursache und $Y(t_1)$ als Wirkung zu betrachten, sondern daß man sowohl $X(t_1)$ als auch $Y(t_1)$ als Wirkungen der Einflußnahme des Experimentators ansehen muß: Um einen Wert für $X(t_1)$ vorzugeben, muß der Experimentator irgendwie den Totalzustand S, also hier den Wert $\sin(\phi)$ so beeinflussen, daß zum Zeitpunkt t_1 die Variable X den gewünschten Wert hat. Damit hat aber auch die Variable Y zum gleichen Zeitpunkt t_1 den Wert, welcher dem Argument $X(t_1)$ über die Funktion f zugeordnet ist.

Die Gleichsetzung von $S(t_1)$ und $\sin[\phi(t_1)]$ ist in diesem Beispiel zwar sinnvoll, aber nicht notwendig. Es gilt lediglich, daß der Totalzustand des Rotationsbalkens durch eine einzige Meßgröße erfaßt werden kann, wenn man den Balken als festen, d.h. nicht verformbaren Körper annimmt und als X und Y die Bodenabstände seiner Enden wählt. Als Meßgröße zur Kennzeichnung von S hätte man also anstelle von $\sin(\phi)$ auch den linken oder rechten Bodenabstand wählen können, d.h. man hätte hier auch S mit X oder Y gleichsetzen dürfen.

Die Überlegungen zur Kausalität wären unvollständig, wenn man sich nicht auch mit folgender Argumentation auseinandersetzen würde: Ist es nicht so, daß der Experimentator, wenn er den Verlauf "X(t)" in Form des Bodenabstands des linken Endes des Balkens vorgeben will, dieses Ende anpacken wird und durch geeignete Krafteinwirkung den Bodenabstand jeweils nach seinem Willen festlegen wird? Und wenn dies so ist, dann kann doch das rechte Ende des Balkens nicht verzögerungsfrei "wissen", was am linken Ende passiert, denn diese Information kann doch maximal nur mit Lichtgeschwindigkeit herüberkommen.

Wer so argumentiert, greift die Modellvorstellung des festen Körpers an, und er hat mit diesem Angriff durchaus recht. Es gibt keinen Balken, der ein fester Körper ist; alle Balken, und seien sie noch so hart und zäh, verformen sich unter Krafteinwirkung, und es können sich deshalb in diesen Balken Verformungswellen ausbreiten. Nun läßt sich aber auch im Falle eines Balkens, der aus weichem Gummi besteht, eine Bewegung nicht ausschließen, die genauso verläuft, als wenn der Balken fest wäre. So ist es ja auch nicht unmöglich, sondern nur extrem unwahrscheinlich, daß man für eine kurze Zeitdauer zwei Gegenstände, von denen man den einen in der linken und den anderen in der rechten Hand hält, so bewegt, als ob sie starr aneinandergekoppelt wären. Nun darf daran erinnert werden, daß bei der Beschreibung des Modells nicht gesagt wurde, der Experimentator wirke mit einer Kraft auf das linke Balkenende ein. Vielmehr wurde absichtlich die Art der Einflußnahme offen gelassen, d.h. es wurde dem Experimentator überlassen, wie er es bewerkstelligen will, daß sich der Balken – auch wenn er nicht fest ist – wie ein fester Balken bewegt, so daß seine Lage vollständig durch den Winkel ϕ

1) Daß hier der Sinuswert und nicht der Winkel selbst als Totalzustand genommen wird, ist darin begründet, daß neben den beiden Funktionen a und b auch noch die sogenannte Zustandsübergangsfunktion g definiert sein muß (s. S. 152).

erfaßbar wird. Wenn ihm dies gelingt, dann beschreibt das Modell völlig korrekt alle Konsequenzen; wenn ihm dies jedoch nur näherungsweise gelingt, dann sind eben auch die vom Modell beschriebenen Konsequenzen nur noch näherungsweise korrekt.

Ganz allgemein und nicht nur in diesem Beispiel gilt, daß die Erfaßbarkeit des Totalzustands S eines Systems durch endlich viele Meßgrößen immer auf bestimmten Annahmen beruht, wobei es sich um *Idealisierungen* oder um *Näherungen* handelt. Eine Idealisierung ist dadurch gekennzeichnet, daß uns die Erfüllbarkeit der Annahme nicht theoretisch, sondern nur praktisch unmöglich erscheint. Im obigen Beispiel ist die Annahme, daß der Experimentator derart auf den Balken einwirkt, daß dieser sich wie ein fester Körper bewegt, eine Idealisierung, denn sie ist zwar praktisch nicht erfüllbar, aber sie steht auch nicht im Widerspruch zu unserer Erkenntnis der physikalischen Welt. Eine Näherung dagegen ist eine Annahme, die zwar im Widerspruch zu physikalischen Erkenntnissen steht, aber trotzdem praktisch brauchbare Ereignisse liefert, weil der Fehler in der Verhaltensvorhersage innerhalb der unvermeidlichen Beobachtungsunschärfe liegt.

Zur Veranschaulichung des Begriffs der Näherung wird wieder das Beispiel in Bild 73 herangezogen. In diesem Fall wird nun angenommen, daß die Einflußnahme des Experimentators tatsächlich darin besteht, mit einer jeweils senkrecht zum Balken wirkenden Kraft K auf das linke Balkenende einzuwirken. Nach den Newton'schen Gesetzen der Mechanik wird man hier selbstverständlich folgende Gleichung ansetzen:

actio	=	reactio
Kraftmoment – Federmoment	=	Trägheitsbedingtes Reaktionsmoment

$$K \cdot d - c \cdot \phi = \Theta \cdot \frac{d^2 \phi}{dt^2}$$

Die Konstante Θ im Proportionalzusammenhang zwischen der Winkelbeschleunigung und dem Reaktionsmoment ist das sogenannte Massenträgheitsmoment des Balkens.

Der Ansatz dieser Differentialgleichung beruht auf zwei Annahmen, die bestimmten physikalischen Erkenntnissen widersprechen und die deshalb als Näherungen zu betrachten sind. Die erste Näherung wurde bereits diskutiert, nämlich die Annahme, daß sich eine Kraft am linken Balkenende verzögerungsfrei längs des gesamten Balkens auswirken könne. Die zweite Näherung liegt im Newton'schen Trägheitsgesetz, welches durch Einsteins Relativitätstheorie als Näherung "entlarvt" wurde; denn man weiß inzwischen, daß dieses Newton' sche Gesetz zu meßbar falschen Vorhersagen führt, wenn man lichtgeschwindigkeitsnahe Vorgänge betrachtet. Die durch diese beiden Näherungen bedingten Vorhersagefehler liegen jedoch innerhalb der Unschärfe, die bei der Beobachtung des Balkenverhaltens zwangsläufig gegeben ist.

Nach dieser Vorstellung des Begriffes der Näherung kehrt die Betrachtung zum Begriff des Totalzustands eines Systems zurück. Es wurde gesagt, daß das Wissen über den aktuellen Totalzustand $S(t_1)$ die Information enthält, woraus die aktuell beobachtbaren Schnittstellenwerte $X(t_1)$ und $Y(t_1)$ herleitbar sind. Wenn man nun die beiden unterschiedlichen Funktionen, die zur Gewinnung von $Y(t_1)$ eingeführt wurden, nämlich

$$Y(t_1) = f[\text{ uo. Abschnitt } (t_0, \text{"}X(t)\text{"}, t_1)]$$

und
$$Y(t_1) = b[S(t_1)]$$

miteinander vergleicht, dann sieht man, daß durch die erste Funktion eine *zeitliche Fernwirkung*[1] und durch die zweite Funktion eine *zeitliche Nahwirkung* ausgedrückt wird. Zur Fernwirkungsfunktion f gehört nämlich die Vorstellung, daß ein Beobachtungsergebnis Y zum Zeitpunkt t_1 von Einflüssen X abhängen kann, denen das System lange vor dem Zeitpunkt t_1 ausgesetzt war. Zur Nahwirkungsfunktion b dagegen gehört die Vorstellung, daß das Beobachtungsergebnis Y zum Zeitpunkt t_1 darin begründet ist, daß sich das System genau zu diesem Zeitpunkt t_1 in einem bestimmten Zustand $S(t_1)$ befindet. Nur in dem Maße, wie die Einflüsse X aus der Vergangenheit als "Aufzeichnungen" im aktuellen Zustand $S(t_1)$ enthalten sind, können sie in einem aktuellen Beobachtungsergebnis $Y(t_1)$ nachwirken.

So wie bei der Fernwirkungsbetrachtung Y jeweils kausal vom bisherigen Verlauf der externen Einflüsse X abhängt, so muß bei der Nahwirkungsbetrachtung eben S kausal von diesem Verlauf von X abhängen. Es muß gelten

$$S(t_1) = g[S(t_1 - \Delta t), \text{ uo. Abschnitt } (t_1 - \Delta t, \text{"}X(t)\text{"}, t_1)].$$

Die *Zustandsübergangsfunktion* g sagt aus, daß der Zustand zum Zeitpunkt t_1 eindeutig bestimmt ist durch den Zustand zu einem beliebigen früheren Zeitpunkt $t_1 - \Delta t$ und dem Verlauf der Einflüsse X im Intervall $t_1 - \Delta t < t \leq t_1$. Hier darf das Relevanzintervall für "X(t)" unten wieder nicht geschlossen sein, weil dem Totalzustand $S(t_1 - \Delta t)$ ja bereits über die Funktion a der Wert $X(t_1 - \Delta t)$ entnommen werden kann.

Wenn man Δt so groß wählt, daß $t_1 - \Delta t$ gleich dem Zeitpunkt t_0 wird, der den Beginn der Inbetriebnahme des Systems kennzeichnet, dann erhält man

$$S(t_1) = g[S(t_0), \text{ uo. Abschnitt } (t_0, \text{"}X(t)\text{"}, t_1)].$$

Der Zusammenhang zwischen den Funktionen f, b und g wird durch folgende Zusammenstellung von Gleichungen verdeutlicht:

$$Y(t_1) = f[\text{ uo. Abschnitt } (t_0, \text{"}X(t)\text{"}, t_1)]$$
$$Y(t_1) = b[S(t_1)]$$
$$Y(t_1) = b(g[S(t_0), \text{ uo. Abschnitt } (t_0, \text{"}X(t)\text{"}, t_1)])$$

Die Funktion f ist also nichts anderes als die Zusammenfassung der beiden Funktionen b und g unter Berücksichtigung des sogenannten Anfangszustands $S(t_0)$ des Systems.

Zur Erfassung eines totalen Systemzustands in Form ausgewählter Beobachtungsvariablen gibt es meist mehrere Möglichkeiten. So wurde bereits bei der Betrachtung des Rotationsbalkens in Bild 73, wo die Variablen h_L und h_R als X bzw. Y gewählt wurden, darauf hingewiesen, daß man S nicht nur in Form von $\sin(\phi)$ erfassen könne. Der Totalzustand eines Systems wird genau dann durch eine bestimmte Auswahl von Variablen vollständig und redundanzfrei er-

1) Die Begriffe Fernwirkung und Nahwirkung werden in der Physik im Zusammenhang mit der Erklärung beobachtbarer Kräfte verwendet: Die Kraft, die den Mond zum Erdmittelpunkt zieht, kann mit der Fernwirkung der Erde erklärt werden, indem man sagt, die Kraft komme daher, daß in einer bestimmten Entfernung vom Mond die Erde sei. Man kann die gleiche Kraft aber auch mit einer Nahwirkung eines Gravitationsfeldes erklären, indem man sagt, die Kraft komme daher, daß am Orte des Mondes ein bestimmtes Gravitationsfeld vorhanden sei.

faßt, wenn mit diesen Variablen die Funktionen a und b (s. Seite 149) sowie die Zustandsübergangsfunktion g definierbar sind und wenn man keine der gewählten Variablen weglassen kann, ohne die Definierbarkeit dieser Funktionen zu verlieren.

Die Erfassung des Totalzustands durch ausgewählte Variable soll nun noch einmal am Beispiel des Rotationsbalkens veranschaulicht werden, wobei dieses Mal aber als X und Y die Variablen K und h_R ausgewählt werden:

$$X(t) = K(t)$$
$$Y(t) = h_R(t)$$

Es läßt sich zeigen, daß durch das Tripel

$$S(t_1) = [\, \phi(t_1), \dot{\phi}(t_1), \ddot{\phi}(t_1) \,]$$ [1)]

der Totalzustand vollständig und redundanzfrei erfaßt wird. Denn damit lassen sich die Funktionen a und b wie folgt definieren:

$$K(t_1) = \frac{\Theta}{d} \cdot \ddot{\phi}(t_1) + \frac{c}{d} \cdot \phi(t_1) \quad , \text{ also } X(t_1) = a[\, S(t_1) \,]$$
$$h_R(t_1) = h_0 + d \cdot \sin [\, \phi(t_1) \,] \quad , \text{ also } Y(t_1) = b[\, S(t_1) \,]$$

Dazu braucht man also ϕ und $\ddot{\phi}$. Und die Funktion

$$S(t_1) = g\, [\, S(t_1-\Delta t), \text{uo.Abschnitt}(t_1-\Delta t, \text{"X(t)"}, t_1) \,]$$

gewinnt man durch Lösung der Differentialgleichung

$$\frac{d^2 \phi}{dt^2} + \frac{c}{\Theta} \cdot \phi\,(t) = \frac{d}{\Theta} \cdot K\,(t)$$

wozu man als Anfangsbedingungen die Werte $\phi(t_1-\Delta t)$ und $\phi(t_1-\Delta t)$ braucht, da es sich um eine Differentialgleichung zweiter Ordnung handelt. Man kann also keine der drei Komponenten von S weglassen: ϕ braucht man in allen drei Funktionen a, b und g; $\dot{\phi}$ braucht man in der Funktion g, und $\ddot{\phi}$ in der Funktion a.

An dieser Stelle muß nun die Frage diskutiert werden, ob denn eine Modellierung unter Bezug auf den Totalzustand S(t) noch als reine Verhaltensmodellierung anzusehen ist, oder ob nicht doch schon ein Blick ins Innere des Systems geworfen wird, was doch hier nicht geschehen soll. Nun ist allerdings tatsächlich bei der bisherigen Betrachtung des Beispiels nicht darauf geachtet worden, das Innere des Systems zu verbergen. Dies soll nun nachgeholt werden, indem um das Balkensystem herum ein großer Kasten gebaut wird, dessen Inneres nur noch über zwei Schnittstellenvariable mit der Außenwelt verbunden ist, wie dies in Bild 75 gezeigt ist: Der Schnittstellenwert X ist über einen Drehknopf einstellbar, dessen Skala in Krafteinheiten geeicht ist. Wenn man in den Kasten hineinschauen könnte, würde man eine Vorrich-

---

1) Es wird hier die weitverbreitete vereinfachte Schreibweise für die zeitlichen Differentialquotienten verwendet:

$$\dot{\phi}\,(t_1) = \left.\frac{d\phi}{dt}\right|_{t=t_1} \quad \text{und} \quad \ddot{\phi}\,(t_1) = \left.\frac{d^2\phi}{dt^2}\right|_{t=t_1}$$

tung finden, die – möglicherweise elektromagnetisch – jeweils genau diejenige Kraft am linken Balkenende erzeugt, die der aktuellen Drehknopfstellung entspricht. Der Schnittstellenwert Y ist an einem Zeigerinstrument ablesbar, dessen Skala in Längeneinheiten geeicht ist. Auch hier würde man beim Hineinschauen in den Kasten wieder eine Vorrichtung finden, und zwar eine, die – möglicherweise elektronisch – den jeweiligen Bodenabstand des rechten Balkenendes in die entsprechende Zeigerstellung übersetzt.

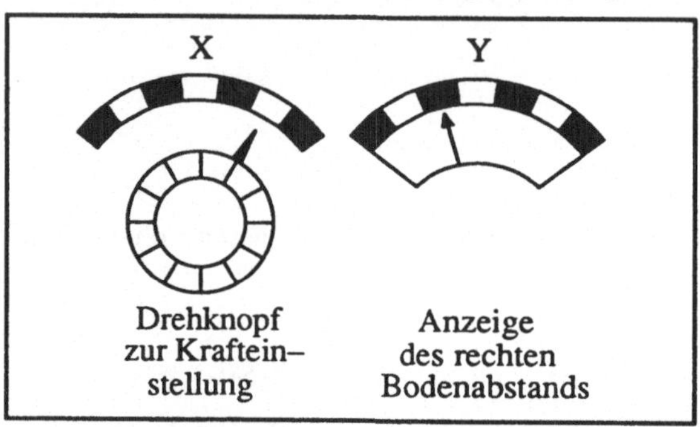

Bild 75
Schnittstellen zu einem im Kasten verborgenen gefederten Rotationsbalken

Ein Experimentator, der ab dem Zeitpunkt t_0 Zugang zu dem Drehknopf erhält und auch ab diesem Zeitpunkt das Zeigerinstrument ablesen kann, hat natürlich mit Recht die Vorstellung, daß es außer der Drehknopfstellung und der Zeigerstellung noch andere relevante Beobachtungswerte innerhalb des Kastens gibt, die es ihm ermöglichen würden, den Zusammenhang zwischen X und Y zu erfassen. Es soll nun aber nicht angenommen werden, er müsse per Experiment ein Verhaltensmodell des Systems suchen. Vielmehr wird angenommen, der Systemkonstrukteur habe bereits ein Verhaltensmodell formuliert und dem Experimentator mitgeteilt, und dieser brauche nun nur noch die Gültigkeit des Modells experimentell zu überprüfen. Das mitgeteilte Verhaltensmodell laute

$$\begin{aligned}
Y(t_1) &= h_0 + d \cdot \sin[\, s_1(t_1) + s_2(t_1) + s_3(t_1)] \\
s_1(t_1) &= k \cdot X(t_1) \\
\frac{ds_2}{dt} - \omega \cdot s_3(t) &= 0 \\
\frac{ds_3}{dt} + \omega \cdot s_2(t) &= k \cdot \left(\frac{dX}{dt} + \omega \cdot X(t) \right)
\end{aligned}$$

Man kann nun zwar nicht sagen, durch die Mitteilung dieses Modells in Form mathematischer Formeln habe der Konstrukteur gar nichts über den Aufbau des Systems verraten. Immerhin hat er mitgeteilt, "daß der Aufbau derart ist, daß er zu dem beschriebenen Verhalten führt." Aber ein Aufbaumodell hat er damit natürlich nicht angegeben, denn dazu hätte er über Teile und deren Verbindungen sprechen müssen.

Der Experimentator kann nun versuchen, aus dem gegebenen Verhaltensmodell eine zustandsorientierte Verhaltensbeschreibung abzuleiten. Er kann dies tun, ohne daß er vom Systemkonstrukteur irgendwelche weiteren Informationen erhält, denn er braucht bei der Suche nach geeigneten Zustandsvariablen nicht über den Aufbau des Systems nachzudenken. Er muß bei der Extraktion von Zustandsvariablen aus den gegebenen Formeln lediglich das Ziel vor Augen haben, die drei Funktionen a, b und g zu definieren:

$$\begin{aligned} X(t_1) &= a\,[\,S(t_1)\,] \\ Y(t_1) &= b\,[\,S(t_1)\,] \\ S(t_1) &= g\,[\,S(t_1-\Delta t), \text{uo. Abschnitt } (t_1-\Delta t, \text{"}X(t)\text{"}, t_1)\,] \end{aligned}$$

Er muß also die Zustandsvariablen so wählen, daß einerseits in $S(t_1)$ das Wissen über $X(t_1)$ und $Y(t_1)$ enthalten ist, und daß andererseits in $S(t_1-\Delta t)$ das Wissen zum Ausdruck kommt, welches man braucht, um durch Auswertung des Abschnitts von "X(t)" in dem Intervall $t_1-\Delta t < t \leq t_1$ auf $S(t_1)$ schließen zu können. Mit entsprechender Erfahrung wird man aus den gegebenen Formeln folgende naheliegenden Zustandsvariablen entnehmen:

$$S(t_1) = [\, s_1(t_1),\ s_2(t_1),\ s_3(t_1)\,]$$

Daß damit die beiden Funktionen a und b einfach definierbar sind, erkennt man auf den ersten Blick. Daß damit auch die Funktion g festliegt, sieht man ein, wenn man erkennt, daß man ja das Differentialgleichungssystem lösen kann, wenn man den X–Verlauf und die Anfangswerte $s_2(t_1-\Delta t)$ und $s_3(t_1-\Delta t)$ kennt.

Wenn man die hier nach rein mathematischen Gesichtspunkten gewählten Zustandsvariablen mit denjenigen vergleicht, die bereits auf S. 153 für das gleiche System unter dem Gesichtspunkt der Anschaulichkeit auf der Grundlage des bekannten Systemaufbaus gewählt wurden, dann erkennt man eine einfache umkehrbar eindeutige Abbildung zwischen den Wertebereichen der jeweiligen Zustandsvektoren:

$$\begin{bmatrix} s_1 \\ s_2 \\ s_3 \end{bmatrix} = \begin{bmatrix} \frac{1}{2}\cdot\left(\frac{\ddot{\phi}}{\omega^2} + \phi\right) \\ \frac{1}{2}\cdot\left(\frac{\dot{\phi}}{\omega} + \phi\right) \\ \frac{1}{2}\cdot\left(\frac{\ddot{\phi}}{\omega^2} + \frac{\dot{\phi}}{\omega}\right) \end{bmatrix} \quad \text{bzw.} \quad \begin{bmatrix} \phi \\ \dot{\phi} \\ \ddot{\phi} \end{bmatrix} = \begin{bmatrix} (s_1 + s_2 - s_3) \\ \omega \cdot (s_2 + s_3 - s_1) \\ \omega^2 \cdot (s_1 + s_3 - s_2) \end{bmatrix}$$

Für die eingeführten Konstanten gelten folgende Beziehungen:

$$\omega^2 = \frac{c}{\Theta} \quad \text{und} \quad k = \frac{d}{2c}$$

Mit diesem Beispiel sollte noch einmal die bereits früher gemachte Aussage bestätigt werden, daß es nicht nur eine, sondern viele Möglichkeiten gibt, den Totalzustand eines Systems durch Variable zu erfassen. Und außerdem wurde durch die Betrachtung gezeigt, daß man die Verwendung von Zustandsvariablen nicht als unzulässigen Blick ins Innere des Systems werten sollte, denn es ist ja möglich, von irgendeiner Verhaltensmodellierung zu einer zustandsorientierten Modellierung überzugehen, ohne zusätzliche Kenntnisse über den Systemaufbau einzubeziehen.

Im betrachteten Beispiel sind die Wertebereiche der durch unterschiedliche Auswahl gewonnenen Zustandsvektoren durch eine umkehrbar eindeutige Abbildung miteinander verbunden. Dies ist aber keine notwendige Bedingung, die erfüllt sein müßte, damit zwei Modelle mit unterschiedlichen Zustandswertebereichen das gleiche Verhalten beschreiben. Die folgenden Betrachtungen sollen zeigen, wie zwei unterschiedliche Zustandswertebereiche zueinander stehen, die zur Modellierung des gleichen Verhaltens verwendet werden.

Es wird wieder das Beispiel des Rotationsbalkens betrachtet, wobei nun aber angenommen wird, daß keine rücktreibende Feder vorhanden sei, so daß sich der Balken ohne Krafteinwirkung, wenn er sich einmal in Rotation befindet, mit konstanter Winkelgeschwindigkeit $\dot{\phi}$ drehen würde – denn es wird ja, wie bisher auch schon, Reibungsfreiheit angenommen. Auch in diesem Fall kann man den Zustandsvektor so wählen wie vorher, also

$$S(t_1) = [\ \phi(t_1),\ \dot{\phi}(t_1),\ \ddot{\phi}(t_1)\ ]$$

wenn wieder X = K und Y = h_R gewählt wird.

Falls nichts anderes vereinbart wird, nimmt man immer selbstverständlich an, daß der Wertebereich repΦ des Winkels ϕ ein beidseitig unbegrenztes Kontinuum ist:

$$\text{rep}\Phi: \quad -\infty < \phi < +\infty$$

Da aber bezüglich des Systemverhaltens ein Winkelwert ϕ nicht von den unendlich vielen anderen Winkelwerten $\phi \pm n \cdot 360°$ zu unterscheiden ist – nur im Falle der fehlenden Feder –, genügt es, mit einem Kontinuum zu rechnen, welches ein Intervall von 360° umfaßt, also beispielsweise

$$\text{rep}\Phi_{min}: \quad -180° \leq \phi_{min} < +180°$$

Weil dies ein minimaler Wertebereich ist, wird hier die Winkelvariable ϕ_{min} genannt. Bild 76 zeigt, wie sich ein angenommener Werteverlauf "$\phi(t)$" als Werteverlauf "$\phi_{min}(t)$" äußert. Bild 76 zeigt aber noch einen dritten Verlauf, zu dem zwar kein minimaler, aber ein gegenüber repΦ reduzierter Wertebereich gehört, nämlich der Wertebereich

$$\text{rep}\Phi_{red}: \quad -360° \leq \phi_{red} < +540°$$

Der Verlauf "$\phi_{red}(t)$" ergibt sich aus dem Verlauf "$\phi(t)$" dadurch, daß immer dann, wenn der stetige Verlauf an die untere oder obere Bereichsgrenze stößt, ein Sprung um + 720° (zwei Perioden) bzw. um – 720° in den Bereich hinein erfolgt. Diese 720°–Sprünge bei "$\phi_{red}(t)$" und auch die 360°–Sprünge bei "$\phi_{min}(t)$" sind natürlich nur Sprünge in der Verlaufsaufzeichnung, die durch die Wertebereichsbegrenzung erzwungen werden, und es sind keine physikalischen Sprünge des Balkens – ebensowenig, wie der Sprung von 24.00 Uhr nach 0.00 Uhr ein physikalischer Sprung ist.

Bild 77 zeigt, wie die drei Wertebereiche repΦ, repΦ_{min} und repΦ_{red} zueinander stehen: Die nichtminimalen Wertebereiche können derart partitioniert werden, daß die gebildeten Partitionsblöcke umkehrbar eindeutig den Elementen des minimalen Wertebereichs repΦ_{min} zugeordnet werden können. Dieser Sachverhalt gilt nicht nur im Falle des betrachteten Beispiels, sondern ganz allgemein: Die Elemente eines *nichtminimalen Zustandswertebereichs* lassen sich zu Klassen äquivalenter Zustände zusammenfassen, und diese Klassen lassen sich umkehrbar eindeutig den Elementen eines entsprechenden *minimalen Zustandswertebereichs* zuordnen.

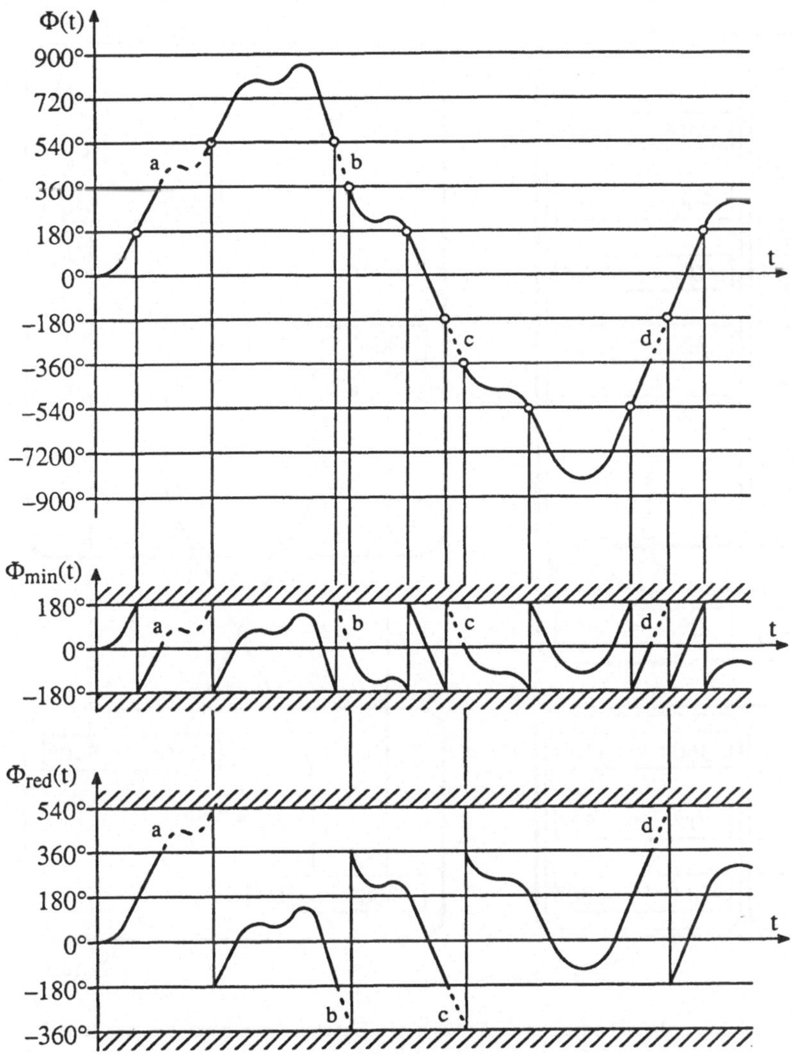

Bild 76 Beispiel eines Werteverlaufs einer Zustandsvariablen unter Annahme unterschiedlicher Wertebereiche

Daß aus der einfachen Beziehung zwischen einem nichtminimalen Wertebereich und einem minimalen nicht unbedingt auf eine gleichermaßen einfache Beziehung zwischen zwei nichtminimalen Wertebereichen geschlossen werden darf, wird durch Bild 77 veranschaulicht: Dieses Bild zeigt anhand der Verlaufsstücke a, b, c und d aus Bild 76, daß zwischen den jeweils betroffenen beiden 180°–Intervallelementen in repΦ bzw. repΦ_{red} alle vier kombinatorisch möglichen Paarbeziehungen vorkommen. Das bedeutet, daß man aus der Kenntnis eines Wertes aus repΦ nicht eindeutig auf einen Wert aus repΦ_{red} schließen kann, und umgekehrt auch nicht.

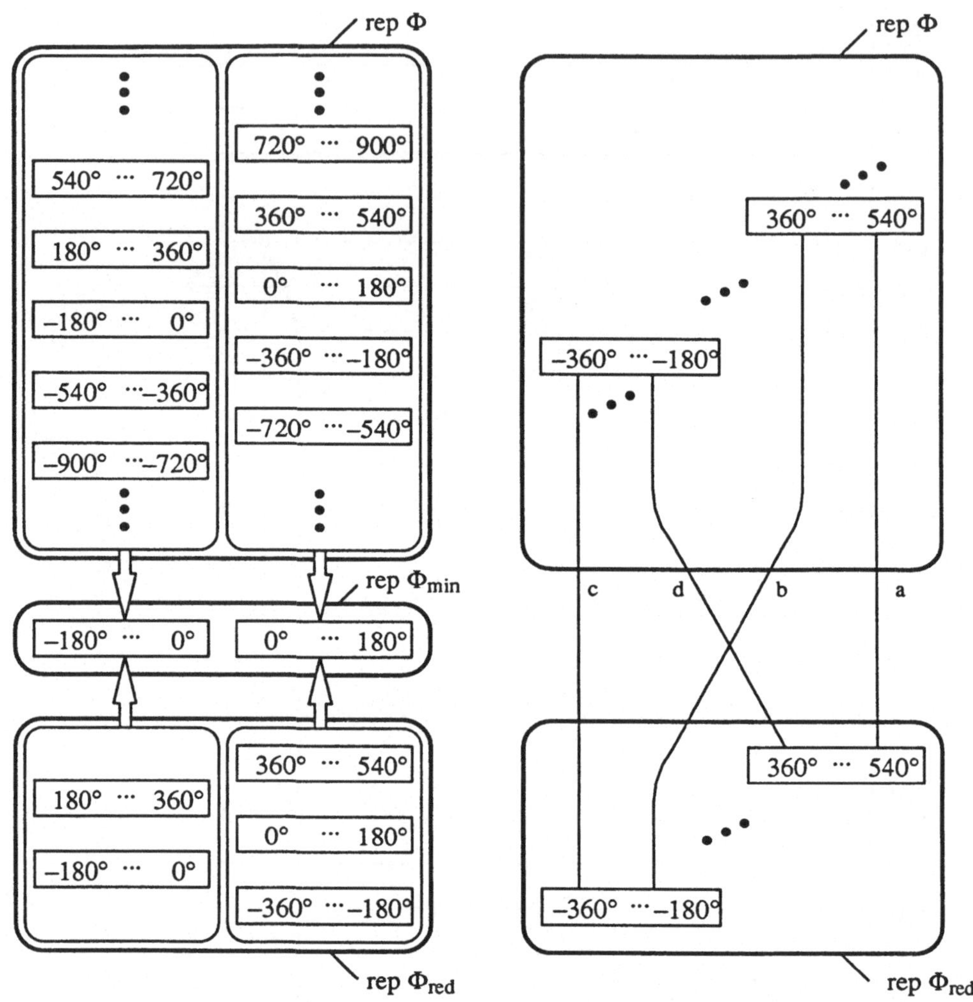

Bild 77 Abbildungsbeziehungen zwischen den drei Zustandswertebereichen aus Bild 76

2.2.2.2 Gedächtniszustand

Bis hierher wurde als Zustand eines Systems nur der sogenannte Totalzustand betrachtet. Wenn jedoch in der Fachliteratur der Zustandsbegriff verwendet wird, dann meist nicht im Sinne des Totalzustands, sondern im Sinne des sogenannten *Trägheits–* oder *Gedächtniszustands*. Es gilt auch für das vorliegende Buch, daß im folgenden immer der Gedächtniszustand gemeint ist, wenn die Bezeichnung Zustand ohne nähere Kennzeichnung verwendet wird. Nur in den seltenen Fällen, wo im folgenden noch der Totalzustand gemeint ist, wird weiterhin die eindeutige Bezeichnung verwendet.

Der Begriff des Gedächtniszustandes wird auf der Grundlage des Totalzustandes wie folgt definiert: Der Gedächtniszustand $Z(t_1)$[1] umfaßt denjenigen Teil der Totalzustandsinformation $S(t_1)$, der verbleibt, wenn man die Information über $X(t_1)$ herausnimmt. Es muß also gelten

$$S(t_1) = \zeta\,[\,Z(t_1), X(t_1)] \qquad \text{und} \qquad [\,Z(t_1), X(t_1)] = \xi\,[S(t_1)]$$

d.h. es muß eine umkehrbar eindeutige Abbildung zwischen dem Wertebereich des Totalzustands S einerseits und dem Wertebereich des Paares aus Gedächtniszustand Z und unabhängiger Schnittstellenbelegung X andererseits bestehen. Während die Beziehungen zwischen X, Y und S durch die drei Funktionen a, b und g erfaßt werden, gibt es zur Erfassung der Beziehungen zwischen X, Y und Z nur noch die beiden Funktionen ω und δ:

$$\begin{aligned} Y(t_1) &= \omega\,[\,Z(t_1), X(t_1)\,] \\ Z(t_1) &= \delta\,[\,Z(t_1-\Delta t),\ \text{oo. Abschnitt}\,(t_1-\Delta t, \text{"}X(t)\text{"}, t_1)\,] \end{aligned}$$ [2]

Die sogenannte *Ausgangs– oder Ausgabefunktion* ω entspricht der Funktion b, die dem Totalzustand das aktuelle Y zuordnet. Die *Zustandsübergangsfunktion* δ ist der Funktion g verwandt, welche angibt, wie ein $S(t_1-\Delta t)$ durch einen X–Abschnitt in ein $S(t_1)$ überführt wird. Während aber als Argument der Funktion g ein unten offener und oben geschlossener X–Abschnitt verlangt wird, verlangt nun die Funktion δ einen unten geschlossenen und oben offenen X–Abschnitt. Das Ergebnis der Funktion *oo. Abschnitt* soll also derjenige Teil des Werteverlaufs "X(t)" sein, der zum Intervall $t_1-\Delta t \leq t < t_1$ gehört. Dies läßt sich durch folgende Überlegung begründen: Während in $S(t_1-\Delta t)$ das Wissen über $X(t_1-\Delta t)$ enthalten ist, fehlt dies in $Z(t_1-\Delta t)$. Deshalb muß $X(t_1-\Delta t)$ über den unten geschlossenen Abschnitt eingebracht werden. Und da das Wissen über $X(t_1)$ nicht in $Z(t_1)$ enthalten sein soll, braucht es auch nicht am oberen Ende des Abschnitts eingebracht zu werden. Deshalb ist das Intervall oben offen.

Für die Wahl des Wertebereichs des Gedächtniszustands Z gilt das gleiche wie für die Wahl des Wertebereichs des Totalzustands: Es gibt nicht nur eine einzige Möglichkeit für diese Wahl, sondern es gibt viele Möglichkeiten; und für die Beziehungen zwischen diesen Möglichkeiten gelten die Aussagen, die im Zusammenhang mit der Betrachtung der Bilder 76 und 77 gemacht wurden.

Am Beispiel des Rotationsbalkens aus Bild 73 sollen nun die Definitionen von Z, ω und δ veranschaulicht werden. Zuerst wird die Schnittstellenfestlegung $X = h_L$ und $Y = h_R$ betrachtet. In diesem Fall gilt

$$Y(t_1) = h_R(t_1) = 2h_0 - h_L(t_1) \qquad \text{, also } Y(t_1) = \omega\,[\,\text{irrelevant}, X(t_1)\,]$$

Hier liegt der Sonderfall vor, daß in der Funktion ω das Zustandsargument irrelevant ist. Man bezeichnet solche Systeme als *verzögerungsfreie Zuordner*. Manchmal sagt man, sie seien *oh-*

1) Die Bezeichnung Z soll auf das Wort "Zustand" hinweisen.

2) Die Abkürzung oo. soll "oben offen" heißen; damit wird festgelegt, daß das Zeitintervall für den zu betrachtenden Abschnitt des X–Verlaufs oben offen ist.

ne Gedächtnis, und manchmal sagt man, ihr Gedächtniszustand sei nicht variabel; mit jeder der beiden Aussagen meint man das gleiche.

Der gleiche Rotationsbalken hat einen variablen Gedächtniszustand, wenn man die Schnittstellen X = K und Y = h_R wählt. Als geeigneten Zustandsvektor kann man in diesem Falle

$$Z(t_1) = [\ \phi(t_1),\ \dot{\phi}(t_1)\ ]$$

wählen. Damit gilt

$$Y(t_1) = h_R(t_1) = h_0 + d \cdot \sin[\phi(t_1)], \quad \text{also } Y(t_1) = \omega\ [\ Z(t_1), \text{irrelevant}\ ]$$

Hier liegt der Sonderfall vor, daß in der Funktion ω das Argument $X(t_1)$ irrelevant ist. Der Ausgangswert $Y(t_1)$ wird in diesem Fall vollständig durch den Zustandswert $Z(t_1)$ festgelegt.

Daß für den gewählten Zustandsvektor auch die Zustandsübergangsfunktion δ

$$Z(t_1) = \delta\ [\ Z(t_1-\Delta t), \text{ oo. Abschnitt } (t_1-\Delta t, \text{"}X(t)\text{"}, t_1)\ ]$$

definiert ist, ergibt sich daraus, daß die Differentialgleichung

$$\ddot{\phi} + \omega^2 \cdot \phi = 2k\omega^2 \cdot X(t)$$

den Verlauf "$\phi(t)$" eindeutig festlegt, falls der X–Verlauf und die Anfangswerte $\phi(t_1-\Delta t)$ und $\dot{\phi}(t_1-\Delta t)$ vorgegeben sind.

Der Sonderfall, bei dem zwar der Wert $X(t_1)$ im Argument der Ausgangsfunktion ω irrelevant ist, wo aber doch der X–Verlauf im Argument der Zustandsübergangsfunktion δ gebraucht wird, darf nicht mit dem anderen Sonderfall verwechselt werden, bei dem das System ohne Eingangsschnittstelle definiert ist. Solche Systeme, bei denen gar keine X–Variable vorkommt, nennt man *Generatoren* oder *Quellen*. Als Beispiel betrachte man das elektrische Netzwerk in Bild 78.

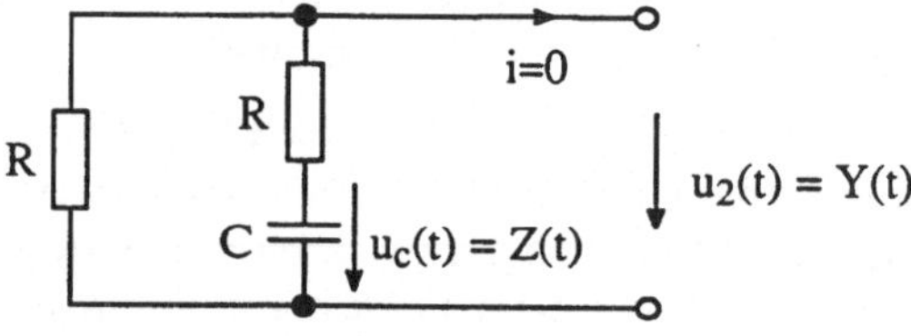

Bild 78
Beispiel eines Generators

Die Verhaltensfunktionen ω und δ lauten hier

$$Y(t_1) = \frac{1}{2} \cdot Z(t_1) \qquad \text{und} \qquad Z(t_1) = Z(t_1-\Delta t) \cdot e^{\frac{-\Delta t}{2RC}}$$

Man erkennt daran – und dies gilt für beliebige Generatoren –, daß im Argument von δ nicht nur der frühere Zustandswert $Z(t_1-\Delta t)$, sondern auch die Intervalldauer Δt gebraucht wird. Diese Intervalldauer ist diejenige Information, die von dem im allgemeinen Fall als Argument von δ gebrauchten oo. Abschnitt ($t_1-\Delta t$, "X(t)", t_1) noch übrigbleibt, wenn es gar keine Variable X gibt.

Ein Beispiel, bei dem im Argument der Ausgangsfunktion ω sowohl $Z(t_1)$ als auch $X(t_1)$ relevant sind, zeigt Bild 79. Für dieses elektrische Netzwerk gilt

$$Y(t_1) = \frac{1}{2} \cdot [\, Z(t_1) + X(t_1) \,]$$

Die Zustandsübergangsfunktion δ wird in diesem Fall durch die Differentialgleichung

$$\frac{dZ}{dt} + \frac{1}{2RC} \cdot Z = \frac{1}{2RC} \cdot X$$

festgelegt, die gelöst werden kann, wenn der X-Verlauf und der Anfangswert $Z(t_1-\Delta t)$ bekannt sind.

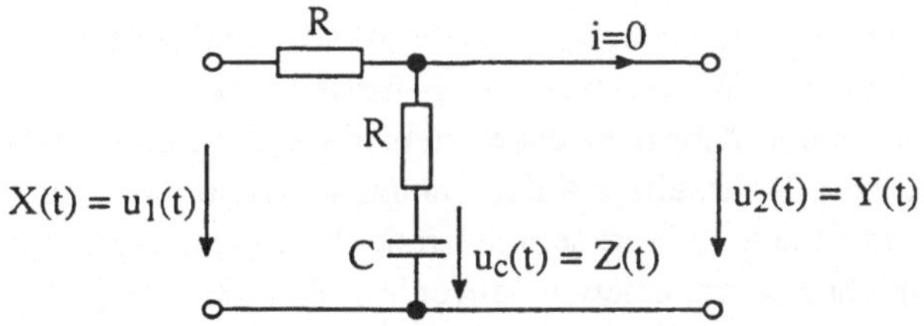

Bild 79
Beispiel für die Relevanz von Eingangswert und Zustand für den Ausgangswert

Systeme mit Gedächtnis lassen sich unterteilen in solche mit *zeitlich unbegrenztem* und solche mit *zeitlich begrenztem Erinnerungsvermögen*. Ein System mit zeitlich begrenztem Erinnerungsvermögen ist dadurch gekennzeichnet, daß für $Z(t_1)$ folgende Abhängigkeiten von "X(t)" gelten:

$$Z(t_1) = \begin{cases} \delta\,[\, Z(t_0),\ \text{oo. Abschnitt}\ (\, t_0, \text{"X(t)"}, t_1 \,)\,] & \text{für } t_0 < t_1 < t_0 + T \\ \gamma\,[\ \text{oo. Abschnitt}\ (\, t_1 - T, \text{"X(t)"}, t_1 \,)\,] & \text{für } t_0 + T \le t_1 \end{cases}$$

Es gibt in diesem Fall also eine Zeitkonstante T, die angibt, wie weit vom aktuellen Zeitpunkt t_1 zurück es noch Eingabewerte $X(t_1-\Delta t)$ geben kann, die für die Bestimmung des aktuellen Zustands $Z(t_1)$ relevant sind. Alles, was länger als die Zeitdauer T zurückliegt, kann sich im aktuellen Gedächtniszustand $Z(t_1)$ nicht mehr äußern.

Typische Beispiele von Systemen mit zeitlich begrenztem Erinnerungsvermögen sind die *rückkopplungsfreien Laufzeitsysteme*. Bild 80 veranschaulicht das Prinzip solcher Systeme: $X(t_1)$ liegt am Eingang eines Laufzeitspeichers, der jeweils den Abschnitt des Verlaufes "X(t)" im Intervall $t_1-T \le t < t_1$ aufgezeichnet enthält. Auf diese Aufzeichnung wird punktweise oder in voller Breite parallel zugegriffen, und der abgegriffenen Information – ergänzt um den Wert $X(t_1)$ – wird über die Funktion f der aktuelle Ausgangswert $Y(t_1)$ zugeordnet.

Ein Laufzeitsystem muß natürlich nicht unbedingt ein laufendes Aufzeichnungsband enthalten – man denke an ein Tonband –, sondern die Aufzeichnung kann auch in Form einer elektrischen Signalwelle längs eines Kabelabschnitts oder einer Schallwelle längs eines Tunnels vorliegen.

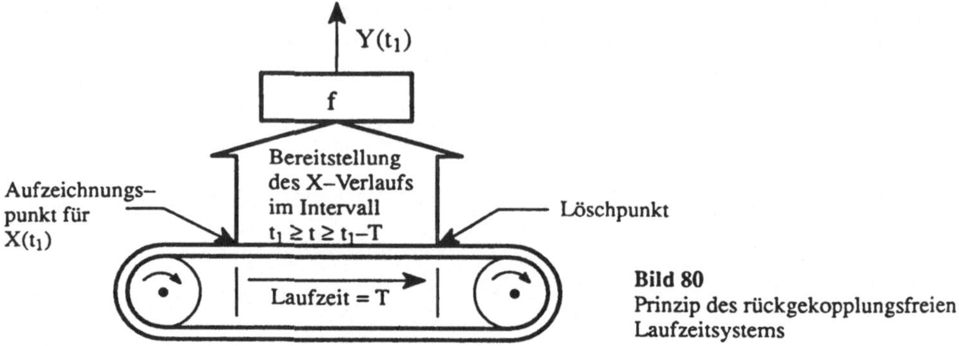

Bild 80
Prinzip des rückgekopplungsfreien Laufzeitsystems

Obwohl das Band in Bild 80 an den Anfang zurückläuft, ist das System rückkopplungsfrei, weil die Aufzeichnung ja gelöscht wird und deshalb am Aufzeichnungspunkt keine gespeicherten X–Werte mit neuen X–Werten zusammentreffen. Wenn man jedoch keine Löschung vornähme, dann hätte das System ein zeitlich unbegrenztes Erinnerungsvermögen, denn dann könnte das jeweilige Aufzeichnungsergebnis irgendein Mischprodukt aus alter Aufzeichnung und neuem X–Wert sein. Man denke an einen einzelnen Sänger, der eine Chorgesangsaufzeichnung produziert, indem er jeweils der bisherigen Aufzeichnung immer noch eine weitere Einzelstimme hinzufügt.

Zeitlich unbegrenztes Erinnerungsvermögen beruht allerdings nicht immer auf irgendeinem Rückkopplungsmechanismus, d.h. Rückkopplung ist nur eine von mehreren Möglichkeiten, zeitlich unbegrenztes Erinnerungsvermögen zu realisieren.

2.2.3 Modelle für diskretes Verhalten

2.2.3.1 Die Rolle des Zeitkontinuums

Mit dem Klassifikationsschema für Systemmodelle in Bild 71 wurde bereits der Unterschied zwischen kontinuierlichen und diskreten Systemmodellen vorgestellt: Ein diskretes Systemmodell ist dadurch gekennzeichnet, daß die Wertebereiche der Schnittstellenvariablen X und Y diskret sind. In diesem Fall gehört zu einem Werteverlauf stets eine Folge diskreter Zeitpunkte, und der Werteverlauf wird dadurch erfaßt, daß diesen Zeitpunkten oder den dazwischenliegenden Zeitintervallen bestimmte Aussagen über Beobachtungsergebnisse zugeordnet werden. Bild 81 zeigt verschiedene Beispiele für derartig erfaßte Verläufe.

Auch für Systeme mit diskretem Verhalten gilt – unter der Annahme der Determiniertheit und der Kausalität – der allgemeine Zusammenhang zwischen X und Y in der Form (s. S. 148)

$$Y(t_1) \;=\; f\,[\text{ uo. Abschnitt } (t_0, \text{"}X(t)\text{"}, t_1)\,].$$

Der diskrete Fall zeichnet sich nun dadurch aus, daß es für die einzelnen Komponenten der Tupel $X = (x_1, x_2 \ldots x_k)$ und $Y = (y_1, y_2, \ldots y_m)$ in jedem Zeitpunkt t_1 zwei mögliche Arten von Werten gibt:

$x_i(t_1)$ bzw. $y_j(t_1)$ ist ein *Zeitpunktswert*, falls t_1 eine Intervallgrenze im Werteverlauf dieser Komponente ist;
ein *Intervallwert* sonst.

Die Zeitpunktswerte und die Intervallwerte sind nicht immer beide zur Erfassung des Systemverhaltens relevant. Dies sieht man an den Beispielen in Bild 81: Im Falle der quantisierten Abtastung sind nur die Zeitpunktswerte relevant; der Wertebereich für die Intervallwerte umfaßt nur ein einziges Element, nämlich "interpolierbar". Im Falle der beobachteten Einrastung dagegen sind die Intervallwerte die relevanten, während der Wertebereich der Zeitpunktswerte auf die beiden Werte "Beginn eines Übergangsintervalls" und "Ende eines Übergangsintervalls" beschränkt ist. Entsprechendes gilt für die durch Pausen getrennten Prozesse, weil es sich dort im Grunde auch um Einrasteffekte handelt, nämlich um die Erkennung des jeweiligen Prozeßtyps.

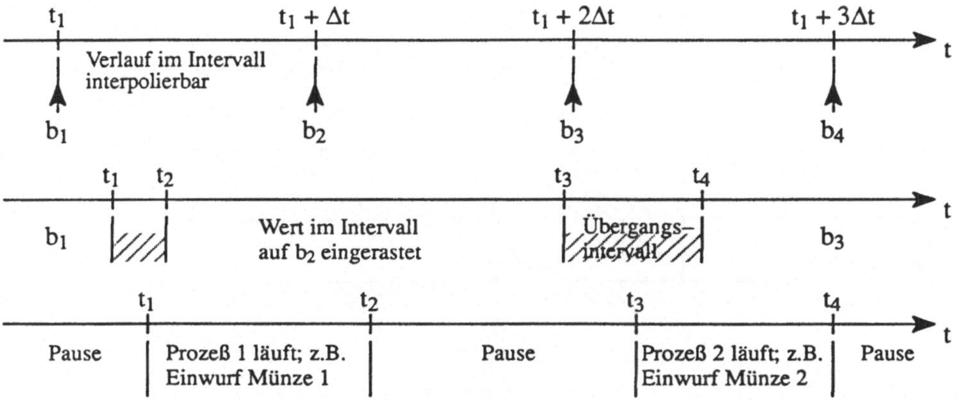

Bild 81 Beispiele diskreter Beobachtungsverläufe

Man darf nicht vergessen, daß die beobachtbaren Verläufe von X und Y eigentlich kontinuierlich sind und daß die Diskretisierung nur in der Art der Erfassung dieser Verläufe liegt. Und man wird die Verläufe nur dann diskret erfassen, wenn man auf diese Weise die Systemfunktion verständlich und mit angemessenem Beschreibungsaufwand darstellen kann. Die in diesem Fall immer – primär oder sekundär – gegebenen Einrasteffekte garantieren, daß die Wertebereiche für die Zeitpunktswerte und für die Intervallwerte unmittelbar als Mengen deutlich getrennter Klassenkerne (s. Bild 4) festliegen. Wenn beispielsweise der Einrasteffekt darin besteht, daß eine Sperrklinke zwischen zwei Zähne eines Zahnrades einrastet, dann gibt es genau soviel unterschiedliche Einrastwerte, wie das Zahnrad Zähne hat. Im anderen Beispiel des Münzeinwurfs ist der diskrete Wertebereich durch die Menge unterschiedlicher einwerfbarer Münztypen gegeben. Man kann diese diskreten Wertebereiche immer als Mengen von Klassenkernen betrachten, weil sichergestellt sein muß, daß es jeweils Beobachtungsergebnisse gibt, aufgrund derer "sich alle Welt einig ist", daß aktuell ein bestimmter Einrastwert vorliegt, daß also beispielsweise die Sperrklinke eindeutig zwischen dem 5. und dem 6. Zahn sitzt, oder daß ein Markstück eingeworfen ist.

Während die Diskretisierung der Wertebereiche also problemlos ist und keiner Idealisierung bedarf, liegt der Festlegung der als Intervallgrenzen ausgezeichneten Zeitpunkte eine Idealisierung zugrunde. Man betrachte hierzu das Bild 82, welches den diskretisierten Verlauf der Ausgangsspannung eines elektronischen Schalters zeigt. Während die Existenz der beiden Klassenkerne "unten" und "oben" problemlos anerkannt werden kann, ist die exakte Festlegung der beiden Zeitpunkte t_1 und t_2, die das Übergangsintervall begrenzen, problematisch. Denn woher sollte man die Grenzen der Klassenkerne kennen, also die Grenzen der Bereiche, innerhalb derer ein Beobachtungsergebnis "von jedermann" in gleicher Weise klassifiziert wird? Woher sollte man also beispielsweise diejenigen Wellenlängen kennen, bei denen die Einigkeit darüber endet, daß das Licht einer optischen Strahlenquelle rot sei? Man muß sich also immer bewußt bleiben, daß man exakte Zeitpunkte oder andere Kontinuumswerte sowieso nicht durch Beobachtung feststellen kann und daß deshalb die Angabe exakter Zeitpunkte immer nur auf idealisierenden Definitionen beruht.

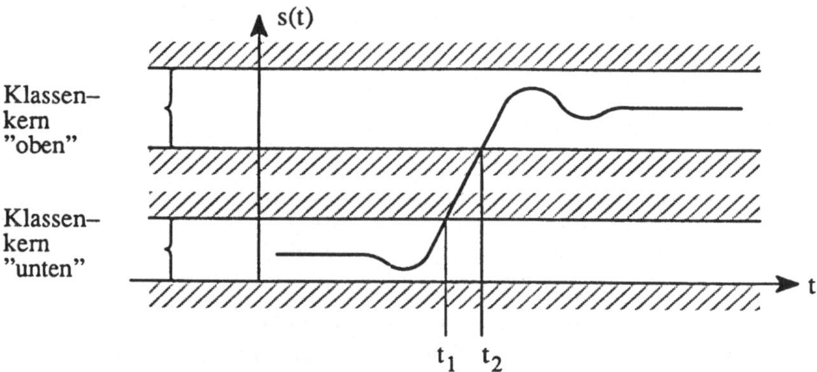

Bild 82 Diskretisierung eines Verlaufs mit Einrastung

Die Systeme werden auch im diskreten Fall wieder durch die beiden Funktionen ω und δ modelliert (s. S. 159):

$$Y(t_1) = \omega\,[\,Z(t_1), X(t_1)\,]$$

$$Z(t_1) = \delta\,[\,Z(t_1-\Delta t), \text{oo. Abschnitt}\ (t_1-\Delta t, \text{"}X(t)\text{"}, t_1)\,]$$

Während bei der Modellierung kontinuierlichen Verhaltens – man denke an das Beispiel des Rotationsbalkens – meist Differential– oder Integralausdrücke zur Erfassung der Funktionen ω und δ angemessen sind (s. S. 160), sind solche Ausdrücke bei der Modellierung diskreten Verhaltens nicht zu gebrauchen. Welcher Art hier der Wertebereich des Zustands Z und welcher Art die Funktionen ω und δ sind, erkennt man leicht bei der Betrachtung eines einfachen Beispiels. Es wird ein reines Verzögerungssystem betrachtet, welches die am Eingang angelieferte Intervallfolge um die Zeitspanne T verzögert und ansonsten unverändert am Ausgang wieder ausgibt. Es gilt also für alle Zeitpunkte t_1 und alle Zeitintervalle Δt mit $t_0 < t_1 < t_1 + \Delta t$

$$\text{Abschnitt}\,[\,t_1 + T, \text{"Y(t)"}, t_1 + \Delta t + T\,] \quad = \quad \text{Abschnitt}\,[\,t_1, \text{"X(t)"}, t_1 + \Delta t\,]\,.$$

Der X–Verlauf soll eine Folge von Einrastwerten sein, die jeweils durch ein Übergangsintervall voneinander getrennt sind (mittlerer Verlauf in Bild 81). Der Wertebereich der Einrastwerte soll vier Elemente umfassen: { I, II, III, IV }. Die Frage, wie der Wertebereich des Zustands und wie die Funktionen ω und δ aussehen müssen, beantwortet man sich am einfachsten dadurch, daß man annimmt, man wäre selbst dieses System, d.h. man säße verborgen in der Systemkiste, könne den X–Verlauf beobachten und müsse den Y–Verlauf erzeugen. Man nimmt dazu selbstverständlich auch noch an, daß die minimale Intervalldauer bei X sowie die Verzögerungszeit T nicht so klein sind, daß man aus Geschwindigkeitsgründen überfordert wäre. So seien beispielsweise die Intervalle bei X nie kürzer als 25 sec, und T betrage 1 min. Dann können innerhalb der Verzögerungsdauer von 60 sec höchstens drei Intervallgrenzen bei X vorkommen. Da man sich das Auftreten der X–Intervallgrenzen innerhalb eines 60 sec–Intervalls als Teil des Gedächtniszustands merken muß, wird man für jede zu verzögernde Intervallgrenze 60 Sekunden lang eine Stoppuhr laufen lassen. Für die maximal mögliche Anzahl von Intervallgrenzen innerhalb der Verzögerungsdauer muß man also drei Stoppuhren bereithalten.

Bild 83 zeigt eine zweckmäßige Form, in der man sich den jeweils aktuellen Zustand Z sichtbar machen kann: Man nimmt eine runde Tafel, die im Außenring vier Halterungen für Stoppuhren hat, wobei aktuell stets eine Halterung leer sein wird, weil nur drei Stoppuhren verwendet werden. Die laufenden Stoppuhren zeigen jeweils die Zeiten an, die seit dem Auftreten der zugeordneten Intervallgrenzen bei X vergangenen sind. Im Innenbereich hat die Tafel vier Felder zum Aufschreiben von Intervallwerten. Die Halterungen, in denen gerade keine laufenden Stoppuhren sitzen, sind jeweils schattiert dargestellt. Ebenfalls schattiert dargestellt sind jeweils diejenigen Schriftfelder im Innenbereich, die zur Zeit keine relevante Information enthalten. Die relevanten Schriftfelder im Innenbereich enthalten neben dem aktuellen Y–Wert noch alle diejenigen Werte, die innerhalb der nächsten 60 Sekunden noch zur Ausgabe gelangen werden. Der nicht schattierte Bereich der Zustandstafel stellt somit im Uhrzeigersinn gelesen genau diejenige Intervallfolge dar, die in den vergangenen 60 Sekunden am Eingang beobachtbar war bzw. die in den kommenden 60 Sekunden am Ausgang beobachtbar sein wird. Dabei wurde der Zustand $Z(t_0)$ zum Zeitpunkt der Inbetriebnahme des Systems so festgelegt, daß in den ersten 60 Sekunden nach Inbetriebnahme des Systems, wo ja der Y–Verlauf noch nicht durch einen vergangenen X–Verlauf definiert sein kann, die Ausgabe ü erfolgt.

Mit der nun vermittelten Vorstellung vom Zustandswertebereich dieses Systems kann man die Definition der Funktionen δ und ω leicht einsehen. Die Funktion δ muß in Form einer Fallunterscheidung definiert werden. Dabei genügt es, für die Funktion

$$Z(t_1) \quad = \quad \delta\,[\,Z(t_1-\Delta t),\ \text{oo. Abschnitt}\,(t_1-\Delta t, \text{"X(t)"}, t_1)\,]$$

nur solche Fälle zu betrachten, bei denen im Laufe des Übergangs von $Z(t_1-\Delta t)$ nach $Z(t_1)$ höchstens ein sprunghafter Wertewechsel vorkommt. Es sind dabei vier Fälle möglich, die sich kombinatorisch aus zwei voneinander unabhängigen Binärentscheidungen bezüglich des Intervalls $t_1 - \Delta t \leq t < t_1$ ergeben, nämlich erstens, ob eine Intervallgrenze bei X auftritt, und zweitens, ob eine Uhr den Wert 60 sec erreicht.

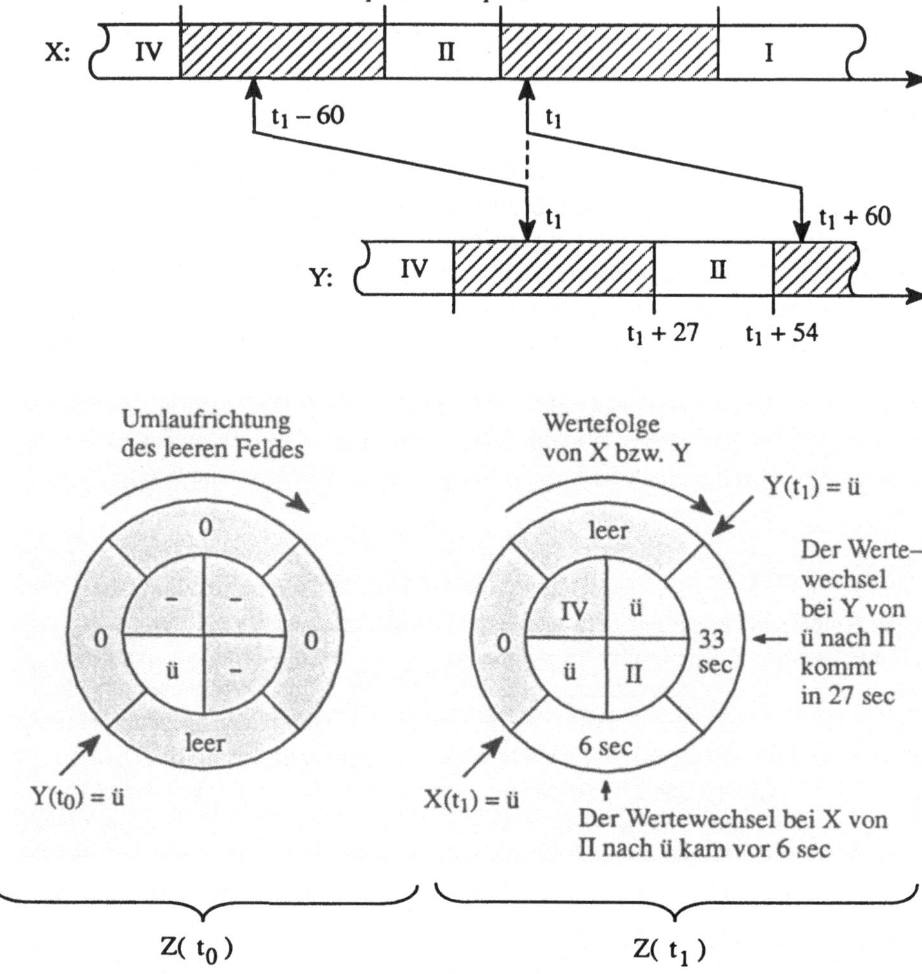

Bild 83 Zur Veranschaulichung des Zustandswertebereichs eines Verzögerungssystems

1. Fall: Weder eine Intervallgrenze bei X noch eine Uhr, die den Wert 60 sec erreicht:

   $Z(t_1)$ wird aus $Z(t_1{-}\Delta t)$ gebildet, indem die Werte aller laufenden Uhren um Δt erhöht werden.

2. Fall: Eine Intervallgrenze bei X zum Zeitpunkt t_X mit $t_1 - \Delta t \leq t_X < t_1$, aber keine Uhr, die den Wert 60 sec erreicht:

   $Z(t_1)$ wird aus $Z(t_1 - \Delta t)$ wie folgt gebildet: Diejenige der zum Zeitpunkt $t_1 - \Delta t$ nicht laufenden Uhren, die in Uhrzeigerrichtung auf die leere Halterung folgt, ist zum Zeitpunkt t_1 laufend und zeigt den Wert $t_1 - t_X$. Alle zum Zeitpunkt $t_1 - \Delta t$ bereits laufenden Uhren zeigen zum Zeitpunkt t_1 um Δt erhöhte Werte. Das Schriftfeld im Uhrzeigersinn unter der neu gestarteten Uhr zeigt den zum Intervall $t_X < t < t_1$ gehörenden X–Wert.

3. Fall: Keine Intervallgrenze bei X, aber eine Uhr, die zum Zeitpunkt t_Z mit $t_1 - \Delta t \leq t_Z < t_1$ den Wert 60 sec erreicht:

   $Z(t_1)$ wird aus $Z(t_1 - \Delta t)$ wie folgt gebildet: Die Uhr, die zum Zeitpunkt $t_1 - \Delta t$ in Uhrzeigerrichtung neben der leeren Halterung sitzt – das ist diejenige, die zum Zeitpunkt t_Z den Wert 60 sec erreicht –, läuft zum Zeitpunkt t_1 nicht mehr und befindet sich auf null zurückgesetzt in der bisher leeren Halterung. Das Leerfeld sitzt also zum Zeitpunkt t_1 eine Position in Uhrzeigerrichtung weiter als zum Zeitpunkt $t_1 - \Delta t$. Alle restlichen Uhren, die zum Zeitpunkt $t_1 - \Delta t$ bereits laufen, zeigen zum Zeitpunkt t_1 um Δt erhöhte Werte.

4. Fall: Sowohl eine Intervallgrenze bei X als auch eine Uhr, die den Wert 60 sec erreicht, und zwar beides zum gleichen Zeitpunkt t_{XZ} mit $t_1 - \Delta t < t_{XZ} < t_1$:

   $Z(t_1)$ wird aus $Z(t_1 - \Delta t)$ gebildet, indem man die Regeln der Fälle 2 und 3 kombiniert anwendet. Da die minimale Intervalldauer auf 25 sec festgelegt wurde, kann dieser kombinierte Fall nicht vorkommen, wenn zum Zeitpunkt $t_1 - \Delta t$ alle Uhren laufen.

Für die Funktion ω des Verzögerungssystems gilt dann:

$Y(t_1)$ = Wert im Uhrzeigersinn unter der Uhr, die 60 sec anzeigt, oder falls keine der Uhren den Wert 60 sec anzeigt, Wert im Uhrzeigersinn unter der leeren Halterung. Also gilt $Y(t_1) = \omega[Z(t_1)]$. Daß hier $Y(t_1)$ nicht von $X(t_1)$ abhängt, ist als Folge der Verzögerungsfunktion selbstverständlich.

Dieses Beispiel wurde so ausführlich behandelt, weil man daran tatsächlich das Wesentliche erkennen kann, was die Zustandswertebereiche beliebiger Systemmodelle für diskretes Verhalten kennzeichnet: Zu jedem Zeitpunkt t_1 ist der Zustandswert darstellbar als eine Struktur auf der Grundlage zweier endlicher Mengen D und U, wobei D eine aktuell mit diskreten Werten belegte Variablenmenge und U eine aktuell mit Kontinuumswerten aus $\mathbb{R}$ belegte Variablenmenge ist. Die Bezeichnungen wurden so gewählt, daß man zu D das Wort "diskret" und zu U das Wort "Uhr" assoziieren kann. Die Struktur des aktuellen Zustands $Z(t_1)$ im Beispiel in Bild 83 wird durch folgende Mengen und Relationen bestimmt:

Wertebelegung der d_i :	ü	II	ü
geordnete Menge D =	(d_1 ,	d_2 ,	d_3)
1:1 – Zuordnung zwischen den Nachbarschaftspaaren von D und den Elementen von U	$(d_1, d_2) \to u_1$		$(d_2, d_3) \to u_2$
geordnete Menge U =	(u_1 ,		u_2)
Wertebelegung der u_i :	33		6

Nicht nur im Beispiel, sondern ganz allgemein kann die Betrachtung des Übergangs von $Z(t_1 - \Delta t)$ und $Z(t_1)$ auf diejenigen Fälle beschränkt werden, wo entweder gar keine sprunghafte Veränderung von Z vorkommt oder genau eine. Wenn zwischen $Z(t_1 - \Delta t)$ und $Z(t_1)$ kein Sprung liegt, dann unterscheidet sich $Z(t_1)$ von $Z(t_1 - \Delta t)$ nur darin, daß zum Zeitpunkt t_1 die Werte der Elemente von U gegenüber dem Zeitpunkt $t_1 - \Delta t$ um Δt erhöht sind. Wenn ein Sprung des Zustandswertes vorkommt, dann ist dieser darin begründet, daß im Intervall $t_1 - \Delta t \leq t < t_1$ entweder eine Intervallgrenze bei X auftritt oder aufgrund der laufenden Uhren ein systemspezifisches Prädikat für den aktuellen Totalzustand wahr wird, oder schließlich in dem gleichzeitigen Auftreten beider Gründe. Im Beispiel des betrachteten Verzögerungssystems ist das systemspezifische Prädikat unabhängig von X und lautet: Ein Element von U hat den Wert 60 sec. Das Beispiel hat gezeigt, daß die Mächtigkeiten der Mengen D und U nicht unbedingt als systemspezifische Konstante vorgegeben sind, sondern zeitabhängige Größen sein dürfen. Die Mengen können auch leer sein – wie beispielsweise die Menge U für $Z(t_0)$ in Bild 83.

Als Beispiel für ein einfaches System, bei dem die Menge D immer leer bleibt, wird ein einfacher Binäroszillator betrachtet, bei dem es keinen Eingang X gibt und der am Ausgang Y in jeweils gleichlangen Intervallen periodisch alternierend die Werte 0 und 1 ausgibt. Z besteht aus einer einzigen Variablen u; das Prädikat für einen Sprung von Z lautet $u = 2T$; dabei ist 2T die Periodendauer des Oszillators (s. Bild 84). Jedesmal, wenn das Prädikat wahr wird, springt Z unmittelbar danach auf den Wert $u = 0$.

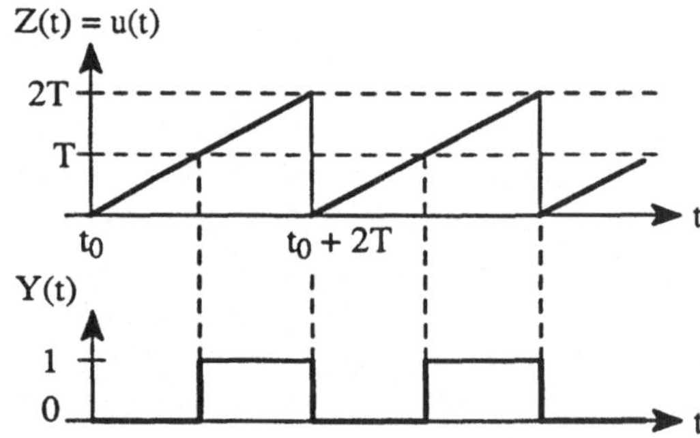

$$Y(t_1) = \begin{cases} 0 \text{ falls } u(t_1) \leq T \\ 1 \text{ falls } u(t_1) > T \end{cases}$$

Bild 84
Beispiel eines diskreten Systems ohne diskrete Zustandskomponente

Allerdings ist es nicht zwingend, diesen Oszillator mit leerem D zu modellieren. Man kann ihn auch mit einem Zustand $Z = (u, d)$ modellieren, worin d eine Binärvariable mit dem Wertebereich $\{0,1\}$ ist. Als Prädikat für den Zustandssprung nimmt man hier $u = T$. Beim Zustandssprung wird nun nicht mehr nur u auf 0 gesetzt, sondern es wird gleichzeitig noch der Wert von d umgekippt. Als Ausgabefunktion ω ergibt sich dann die einfache Beziehung $Y(t_1) = d(t_1)$. Bild 85 zeigt diese Modellierung.

Die Mächtigkeiten der Mengen D und U können also einerseits auf 0 reduziert sein, andererseits aber gibt es auch Systeme, die zweckmäßigerweise derart modelliert werden, daß es für diese Mächtigkeiten keine Obergrenze gibt. Ein Beispiel hierfür wird später im Zusammenhang mit dem Automatenbegriff vorgestellt.

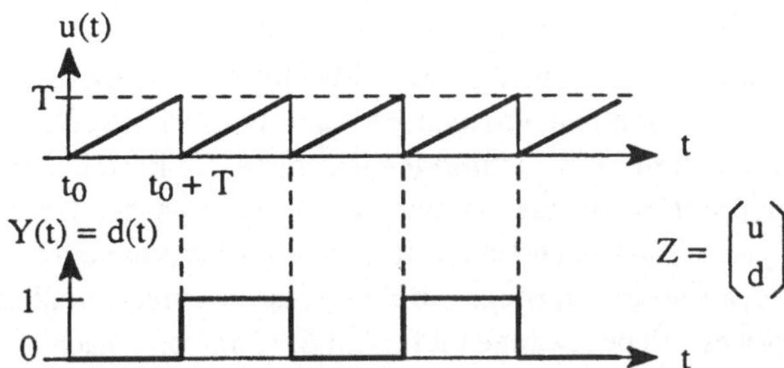

Bild 85
Modellierung des Oszillators aus Bid 84 mit diskreter Zustandskomponente

Das eingeführte allgemeine Prinzip zur Modellierung diskreten Verhaltens erlaubt es nun, die für die Praxis besonders wichtige *zeitfreie Modellierung* zu behandeln. Ein zeitfreies Verhaltensmodell ist dadurch gekennzeichnet, daß in dem Modell die Zeitvariable t nicht vorkommt und daß anstelle der Verläufe "X(t)" und "Y(t)" nur noch Folgen oder Folgengeflechte von Elementen aus repX bzw. repY betrachtet werden. Zeitfreie Modellierung ist nur möglich im Falle diskreter Systeme, denn nur da sind die X– und Y–Verläufe als Intervallfolgen im Sinne des Bildes 81 aufzufassen, bei denen man von der absoluten Zeitlage der Intervallgrenzen und der Dauer der Intervalle abstrahieren kann.

Als einführendes Beispiel hierzu wird ein Abtastsystem (Fall 3 in Bild 72) betrachtet, bei dem ein kontinuierliches Signal $s_X(t)$ in gleichbleibenden Zeitabständen T_A abgetastet wird, so daß man die Abtastwertfolge

$$(X_1, X_2, \dots) \qquad \text{mit} \qquad X_i = s_X(t_0 + i \cdot T_A) \qquad \text{und } i \in \mathbb{N}$$

am Eingang des Systems erhält. Die Aufgabe des Systems soll darin bestehen, am Ausgang eine Abtastwertefolge

$$(Y_1, Y_2, \dots) \qquad \text{mit} \qquad Y_i = s_Y(t_0 + i \cdot T_A + 2 \cdot T_A + T_R)$$

zu liefern. Die zeitliche Verschiebung um $(2 \cdot T_A + T_R)$ zwischen X_i und Y_i ergibt sich aus dem Zusammenhang zwischen den Elementen der X–Folge und den Elementen der Y–Folge. Es soll nämlich gelten

$$Y_i = \frac{1}{3} \cdot (X_i + X_{i+1} + X_{i+2})$$

Y_i kann also erst bestimmt werden, wenn X_{i+2} zur Verfügung steht; daraus ergibt sich die Verschiebung um $2 \cdot T_A$. Die zusätzliche Verschiebung um T_R bedeutet, daß dem System zur Berechnung von Y_i noch eine Reaktionszeit zugebilligt wird, so daß Y_i später liegt als X_{i+2}.

Der angenommene Zusammenhang zwischen der X–Folge und der Y–Folge kennzeichnet das System als Verlaufsglättungssystem, d.h. große Werteschwankungen im X–Verlauf führen nur zu kleineren Werteschwankungen im Y–Verlauf.

Die Formel, die angibt, wie ein Wert Y_i aus Elementen der X–Folge berechnet wird, stellt ein zeitfreies Modell dar, denn es wird dabei nichts über die zeitliche Lage der Abtastwerte gesagt.

Daß bei der zeitfreien Modellierung nicht immer nur Folgen, sondern oft auch Folgengeflechte zu betrachten sind, liegt daran, daß X nicht unbedingt nur etwas über das Beobachtbare an einem einzigen Ort aussagt, sondern ein Tupel $X = (x_1, x_2, \dots x_k)$ sein darf, wo zu jeder Komponente x_i ein eigener Beobachtungsort gehört. Entsprechendes gilt für Y. Solange man jeweils nur einen einzigen Beobachtungsort betrachtet, unterliegt die Aufeinanderfolge von Intervallgrenzen bestimmten Zwängen: So kann beispielsweise auf den Beginn eines Übergangsintervalls nur das Ende dieses Übergangsintervalls folgen (s. Bild 81), und auf einen Sprung von 0 nach 1 eines Binärsignals kann nur ein Sprung von 1 nach 0 dieses Binärsignals folgen. Wenn man dagegen Ereignisse an unterschiedlichen Beobachtungsorten betrachtet, so gibt es solche Zwänge nicht: Ein Sprung von 0 nach 1 auf der einen Binärsignalleitung kann sehr wohl vor oder nach oder gleichzeitig mit einem gleichartigen Sprung auf einer anderen Binärsignalleitung erfolgen. Wenn das Auftreten zweier Ereignisse keinem Folgenzwang unterliegt, dann müssen sie kausal entkoppelt sein, und man sagt, sie seien *nebenläufig*.

Die Gesetzmäßigkeiten, die bei der zeitfreien Modellierung von Systemen erfaßt werden, sind die durch das System geschaffenen Folgenzwänge. Es geht also darum, die Typen von Ereignissen anzugeben, die auftreten können, und darzustellen, welche Zwänge hinsichtlich der Aufeinanderfolge bestimmter Ereignistypen bestehen.

Zur Veranschaulichung wird das Beispiel in Bild 86 betrachtet. X und Y bestehen hier jeweils aus zwei Binärvariablen, und es werden vier Ereignisse gleichen Typs betrachtet, nämlich ein Sprung von 0 nach 1 bei jeder der vier Schnittstellenvariablen des Systems.

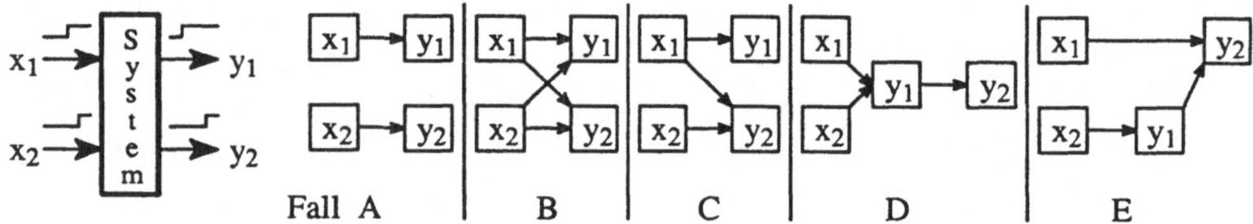

Bild 86 Zur Veranschaulichung des Begriffs des Folgenzwangs

Es werden nur solche Fälle betrachtet, bei denen alle vier Ereignisse an Folgenzwängen beteiligt sind, wobei die beiden X–Ereignisse nebenläufig sind. Abgesehen von den Alternativen, die durch Vertauschung der Indizes entstehen, zeigt Bild 86 alle fünf möglichen Kombinationen von Folgenzwängen, wobei zu einem bestimmten System selbstverständlich nur eine solche Kombination gehören kann. In den ersten drei Fällen A, B und C sind die beiden Y–Ereignisse nebenläufig, in den letzten beiden Fällen D und E sind sie kausal verkoppelt und deshalb sequentiell geordnet.

Die Graphen für die fünf Fälle A bis E in Bild 86 beschreiben jeweils unterschiedliche Partialordnungen einer Menge von vier Elementen; sie sind gerichtet sowie zyklen– und umwegfrei (s. Abschnitt 1.2.2). Solch ein Ereignisfolgengeflecht beschreibt nicht ein bestimmtes Verhalten, sondern eine bestimmte Verhaltensklasse; es erfaßt nämlich alle diejenigen Paare aus einem X–Verlauf und dem zugehörigen Y–Verlauf, bei denen die zeitliche Lage der Intervallgrenzen mit den beschriebenen Folgenzwängen verträglich ist. Ein einziges Ereignisfolgengeflecht genügt aber i.a. nicht, alle zeitfreien Gesetzmäßigkeiten, die durch die Systemfunktion gegeben sind, zu erfassen. Denn jedes Ereignisfolgengeflecht setzt ja eine vorgegebene Menge von Ereignissen bestimmten Typs bei X voraus – in Bild 86 die beiden

0–1–Sprünge bei x_1 und x_2 – und kann deshalb natürlich nichts darüber aussagen, wie das System auf andere X–Verläufe reagiert, die Ereignisse anderen Typs enthalten. Um die Systemreaktion auf alle möglichen X–Verläufe zu erfassen, sind i.a. unendlich viele Ereignisfolgengeflechte erforderlich. Da die Funktion der hier interessierenden Systeme jedoch immer durch Gesetzmäßigkeiten gekennzeichnet sind, die sich mit endlichem Aufwand beschreiben lassen, muß es eine Möglichkeit geben, unendlich viele Folgengeflechte in eine endliche Darstellung zu komprimieren. Diese Möglichkeit ist in Form der *Petrinetze*[1)] gegeben.

2.2.3.2 Petrinetze

Ein Petrinetz ist ein *generatives Schema* für Folgengeflechte. Damit ist gemeint, daß das Petrinetz eine "dynamisch abwickelbare" formale Struktur ist, deren *Abwicklung* ein Folgengeflecht liefert; unterschiedliche Folgengeflechte ergeben sich als Ergebnis unterschiedlicher Auswahlentscheidungen, die im Laufe der Abwicklung zu fällen sind. Während die Knoten in einem Folgengeflecht immer als "vorkommende Elemente bestimmten Typs" – kurz als *Vorkommen* – zu interpretieren sind, sind die *Typen* als Knoten im Petrinetz zu finden. Das Wesentliche bei der Abwicklung eines Petrinetzes besteht also darin, daß nach bestimmten Regeln eine sich dynamisch weiterentwickelnde Knotenauswahl erfolgt, wobei jeder neuen Auswahl eines Typknotens ein Vorkommen dieses Typs im Folgengeflecht zugeordnet wird. Diese allgemeinen Aussagen werden nun durch die Definition einer einfachen Klasse von Petrinetzen konkretisiert und durch Beispiele veranschaulicht.

Bei der einzuführenden Klasse von Petrinetzen handelt es sich um die sogenannten Bedingungs/Ereignis–Netze; diese Bezeichnung wird später anhand der Beispiele begründet. Anschließend wird diese Netzklasse als Sonderfall der Petrinetze nach der allgemeineren Definition eingeordnet.

Jedes Petrinetz ist ein sogenannter *gerichteter bipartiter Graph* mit einer zugeordneten Dynamisierungsvorschrift. Ein bipartiter Graph ist ein Graph, dessen Knotenmenge in zwei Klassen partitioniert ist und dessen Kanten jeweils nur zwischen unterschiedlich klassifizierten Knoten liegen. In der graphischen Form der Petrinetze wird die Klassifikation der Knoten dadurch zum Ausdruck gebracht, daß die Knoten der einen Klasse als Rechtecke und die Knoten der anderen Klasse als Kreise dargestellt werden. Die Kreisknoten werden im folgenden als *Stellen* und die Rechteckknoten als *Transitionen* bezeichnet. Bild 87 zeigt links oben ein Beispiel eines solchen gerichteten bipartiten Graphen.

Ein derartiger Graph wird nun dadurch zu einem Petrinetz des Typs *Bedingungs/Ereignis–Netz*, daß ihm folgende Dynamisierungsvorschift zugeordnet wird: Jede Stelle wird als Variable mit dem binären Wertebereich { *markiert, unmarkiert* } betrachtet, und die Wertebelegung aller Stellen des Netzes zu einem Zeitpunkt wird als die aktuelle *Markierung* des Netzes bezeichnet.

---

1) Der Name verweist auf den deutschen Mathematiker C. A. Petri, der 1962 in seiner Arbeit "Kommunikation mit Automaten" die Prinzipien einführte, auf denen die nach ihm benannten Netze beruhen.

Bild 87 zeigt oben in der Mitte ein markiertes Petrinetz, wobei die Stellen mit dem Wert "markiert" durch Eintragung eines dicken Punktes gegen die unmarkierten Stellen abgegrenzt sind. Da bei einem Markierungsübergang bestimmte Stellen ihre Markierung verlieren und andere Stellen eine Markierung erhalten können, ist es anschaulich und deshalb üblich, sich die Markierung einer Stelle als Belegung dieser Stelle mit einer materiellen Marke (englisch "token") vorzustellen, die beim Markierungswechsel weggenommen werden kann. Die jeweils zulässigen Markierungswechsel ergeben sich aus der sogenannten *Schaltregel*, worin die *Schaltbereitschaft* und das *Schalten* einer Transition definiert werden:

> Eine Transition ist *schaltbereit*, wenn alle ihre *Eingangsstellen* markiert und alle ihre *Ausgangsstellen*, die nicht gleichzeitig auch Eingangsstellen sind, unmarkiert sind. Eingangsstellen einer Transition sind diejenigen, von denen ein Pfeil zur Transition hinführt, und Ausgangsstellen sind diejenigen, zu denen ein Pfeil von der Transition ausgehend hinführt.
>
> Das *Schalten* einer Transition setzt ihre Schaltbereitschaft voraus und führt zu dem Ergebnis, daß alle Eingangsstellen der Transition, soweit sie nicht gleichzeitig auch Ausgangsstellen sind, unmarkiert und alle Ausgangsstellen markiert sind. Im Konfliktfall darf nur eine der am Konflikt beteiligten Transitionen schalten. Ein *Konflikt* liegt vor, wenn zwei Transitionen schaltbereit sind, die mindestens eine gemeinsame Stelle haben.

Diese Schaltregel wird nun anhand des Beispiels in Bild 87 veranschaulicht. Rechts oben in diesem Bild sind alle sechs unterschiedlichen Netzmarkierungen dargestellt, die ausgehend von der gegebenen Anfangsmarkierung durch Anwendung der Schaltregel erreichbar sind. Die Anfangsmarkierung ist durch einen Doppelkreis gekennzeichnet. Bei dieser Anfangsmarkierung ist nur die Transition A schaltbereit. Nachdem sie geschaltet hat, liegt ein Konflikt zwischen den beiden Transitionen B und C vor, denn sie sind beide gleichzeitig schaltbereit, aber das Schalten der einen eliminiert jeweils die Schaltbereitschaft der anderen. Dies ist eine Konsequenz der gemeinsamen Stelle und ist anschaulich so zu begründen, daß eine auf dieser Stelle liegende Marke nicht auseinandergebrochen werden darf, sondern nur entweder zugunsten von B oder zugunsten von C verwendet werden kann.

Die Beschriftung der Kanten im Markierungsübergangsgraphen gibt an, welche Transitionen schalten müssen, damit sich der jeweilige Markierungswechsel ergibt. So kann man beispielsweise die Anfangsmarkierung nur durch das Schalten von A verlassen.

Der Markierungsübergangsgraph enthält eine Kante, die dem gleichzeitigen Schalten von zwei Transitionen entspricht; sie ist mit B $\|$ E beschriftet. Zu dieser Kante muß es im Graphen zwei Umwege geben, die sich aus den beiden Möglichkeiten des Nacheinanderschaltens der zugehörigen Transitionen ergeben: Zu B $\|$ E gehören deshalb die beiden Umwege B–E und E–B. Immer dann, wenn das Schalten zweier Transitionen T_1 und T_2 nebenläufig geschehen kann, dann äußert sich dies im Markierungsübergangsgraphen als Viereck mit vier Markierungen als Ecken, mit den beiden Umwegen T_1–T_2 und T_2–T_1 als Kanten und dem direkten Weg $T_1 \| T_2$ als Diagonale.

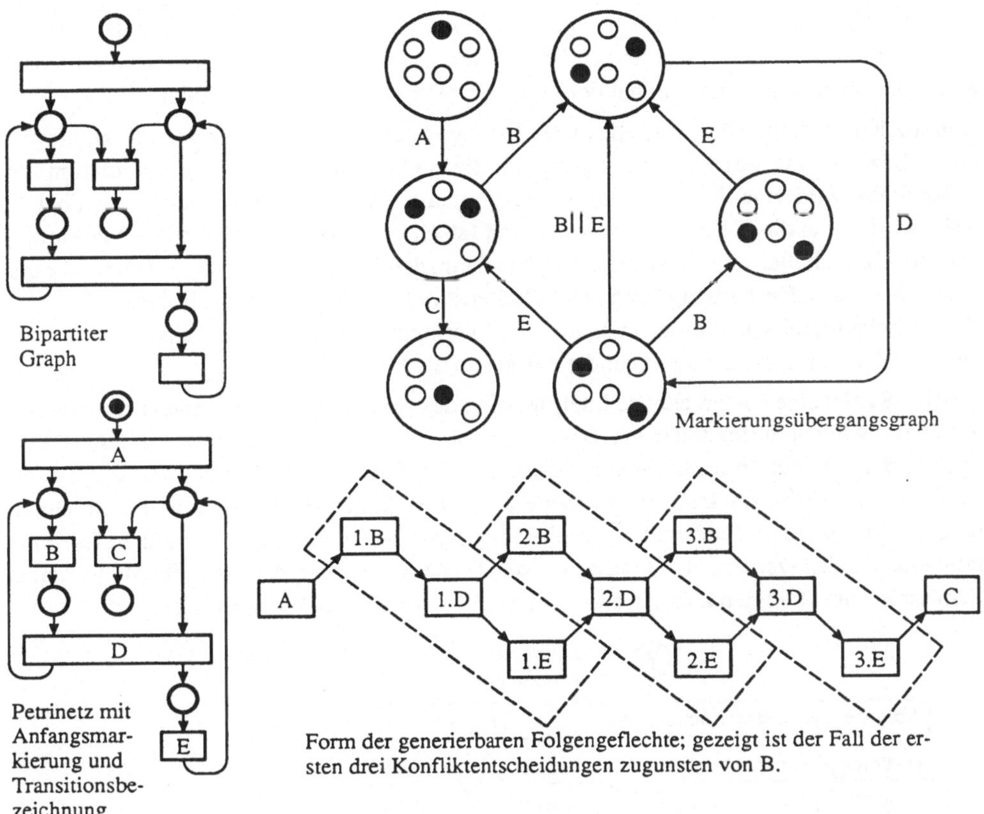

Bild 87 Beispiel eines Petrinetzes mit den zugehörigen Strukturen

Es wurde gesagt, daß Petrinetze generative Schemata für Folgengeflechte seien. Als Abwicklung eines Petrinetzes ist das Fortschalten der Netzmarkierung ausgehend von einer gegebenen Anfangsmarkierung definiert. Die Transitionen des Netzes stellen die Typen der Knoten des zu erzeugenden Folgengeflechts dar, und jedes Schalten einer Transition erzeugt ein Vorkommen im Folgengeflecht. Zwei Vorkommen im Folgengeflecht sind genau dann durch einen Pfeil verbunden, wenn man bei der Netzabwicklung die Schaltreihenfolge so wählen kann, daß die zu den beiden Vorkommen gehörenden Schaltvorgänge unmittelbar aufeinanderfolgen, ohne daß jedoch ein gleichzeitiges Schalten möglich ist. Jede Netzabwicklung führt genau zu einem Folgengeflecht. Wenn bei einer Netzabwicklung Konflikte auftreten, dann müssen diese entschieden werden. Je nachdem, zugunsten welcher Transitionen die Konflikte jeweils entschieden werden, ergeben sich unterschiedliche Netzabwicklungen und damit unterschiedliche Folgengeflechte.

Im Beispiel in Bild 87 tritt bei der Netzabwicklung ein Konflikt zwischen B und C auf. Jedesmal, wenn dieser Konflikt zugunsten von B entschieden wird, erweitert sich das Folgengeflecht um jeweils ein weiteres Vorkommen von B, D und E. Wenn die n ersten Entscheidungen bei der Abwicklung zugunsten von B fallen und erst die (n+1)–te Entscheidung zugunsten von

C gefällt wird, dann enthält das Folgengeflecht jeweils n Vorkommen von B, D und E, aber nur jeweils ein Vorkommen von A und C. Dabei kann n auch null sein. Mit dem Schalten von C wird eine Markierung erreicht, bei der keine Transition mehr schaltbereit ist.

Nun soll begründet werden, weshalb dieser Netztyp *Bedingungs/Ereignis–Netz* genannt wird. Diese Bezeichnung weist auf eine häufig mit diesen Netzen verbundene Interpretation hin: Jeder Stelle wird eine Aussage mit zeitabhängigem Wahrheitswert zugeordnet, wobei sie wahr wird, wenn die Stelle markiert wird, und falsch wird, wenn die Stelle ihre Markierung verliert. Das Schalten einer Transition bewirkt dann, daß bestimmte Aussagen wahr und andere falsch werden. Deshalb sagt man, das Schalten einer Transition entspreche einem Ereignis. Da die Schaltbereitschaft einer Transition nun verlangt, daß bestimmte Aussagen wahr und andere falsch sind, bezeichnet man die Aussagen als Bedingungen.

Bild 88 zeigt eine entsprechende Interpretation des Netzes aus Bild 87: Zwei Personen sind arbeitsteilig mit dem Herstellen von Backwaren befaßt. Dazu verwenden sie zwei Schüsseln. Während der Anrührer in der einen Schüssel Teig anrührt, kann der Former den Teig aus der zweiten Schüssel zu Backwaren verarbeiten. Ganz zu Beginn müssen zwei leere Schüsseln bereitgestellt werden. Jedesmal, wenn die Situation eintritt, daß beide Schüsseln leer sind, muß entschieden werden, ob ein weiteres Mal Teig angerührt werden soll oder ob die beiden Schüsseln zum Reinigen abgegeben werden sollen, womit der Vorgang endet.

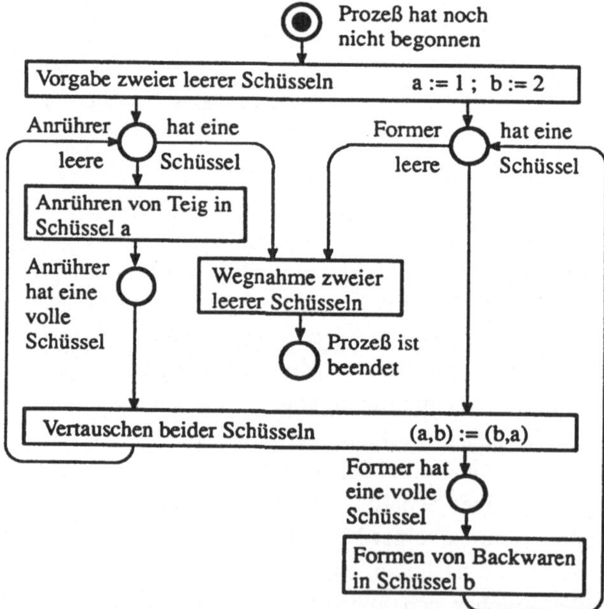

Bild 88
Beispiel einer Bedingungs/ Ereignis–Interpretation des Netzes aus Bild 87

Es muß darauf hingewiesen werden, daß den Transitionen in Bild 88 eigentlich keine Ereignisse im Sinne des Abschnitts 1.1.1 (s. S. 10), sondern Prozesse zugeordnet sind. Ein Ereignis darf ja keine Zeit verbrauchen, sondern ist als Zeitpunkt in Bezug auf einen Prozeß definiert. In Bezug zu den sechs Prozeßtypen in Bild 88 lassen sich jedoch leicht bestimmte Ereignistypen festlegen, nämlich jeweils Anfang und Ende. Jedes Rechteck im Netz aus Bild 88 läßt sich also in zwei über eine Stelle verbundene Transitionen auflösen, wobei diesen Transitionen dann tatsächlich Ereignistypen zugeordnet sind (s. Bild 89).

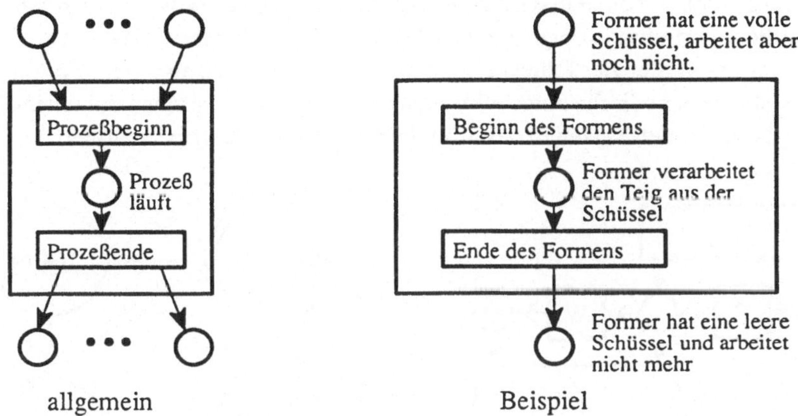

Bild 89 Innere Struktur von Prozeßtransistionen

Obwohl die Netze des Typs, wie sie mit Bild 87 eingeführt wurden, meist zur Erfassung partieller Ordnungen in der Zeit verwendet werden – Ordnung von Ereignissen oder Prozessen –, ist selbstverständlich die Definition des Petrinetzes als formales Gebilde frei von jeglicher Interpretation. Man kann sie also überall dort einsetzen, wo man partielle Ordnungen typgebundener Elemente erfassen will.

In Verbindung mit Petrinetzen des eingeführten Typs gibt es einige strukturkennzeichnende Begriffe, die im folgenden vorgestellt werden. Zum Zwecke einer knappen Formulierung der entsprechenden Definitionen ist es hilfreich, den Begriff der sogenannten Markierungsklasse einzuführen. Zu jeder Markierung M gehört eine *Markierungsklasse*, und zwar ist dies diejenige Menge von Markierungen, die neben M selbst noch alle diejenigen Markierungen enthält, die ausgehend von M durch Schaltfolgen erreichbar sind. So gehört beispielsweise zur Anfangsmarkierung in Bild 87 als Markierungsklasse die Menge der sechs in den Knoten des Markierungsübergangsgraphen eingetragenen Markierungen.

Einer Markierungsklasse ist immer eindeutig ein *Nebenläufigkeitsgrad* zugeordnet. Der Nebenläufigkeitsgrad wird bestimmt, indem für jede Markierung in der Klasse geprüft wird, wieviel Transitionen bei dieser Markierung unabhängig von einander schalten können. Die dabei gefundene maximale Anzahl ist der Nebenläufigkeitsgrad. Im Beispiel in Bild 87 beträgt der Nebenläufigkeitsgrad zwei, denn zu den sechs Markierungen der Markierungsklasse ergibt sich als Anzahl der jeweils unabhängig voneinander schaltbaren Transitionen einmal die Null, viermal die Eins und einmal die Zwei.

Nun wird der Begriff der *sicheren Markierung* definiert. Eine Markierung wird genau dann als sicher bezeichnet, wenn für alle Markierungen in ihrer Markierungsklasse folgendes gilt: Wenn alle Eingangsstellen einer Transition markiert sind, dann ist auch die Schaltbereitschaft gegeben, d.h. dann sind auch alle Ausgangsstellen, die nicht gleichzeitig Eingangsstellen sind, unmarkiert.

Im Beispiel in Bild 87 handelt es sich um ein sicher markiertes Netz. Ein Beispiel eines unsicher markierten Netzes zeigt Bild 90 links oben.[1]) Anhand des zugehörigen Markierungsübergangsgraphen rechts oben in diesem Bild erkennt man, daß durch dieses Petrinetz eine einfache unendliche periodische Folge mit dem Zyklus F–S–H–W generiert wird. Die Buchstaben wurden dem Zyklus der vier Jahreszeiten entsprechend gewählt, also F für Frühlingsanfang, usw.. Die gleiche periodische Folge wird auch durch die beiden Petrinetze unten im Bild generiert. Von diesen beiden Netzen ist das linke unsicher, das rechte sicher markiert.

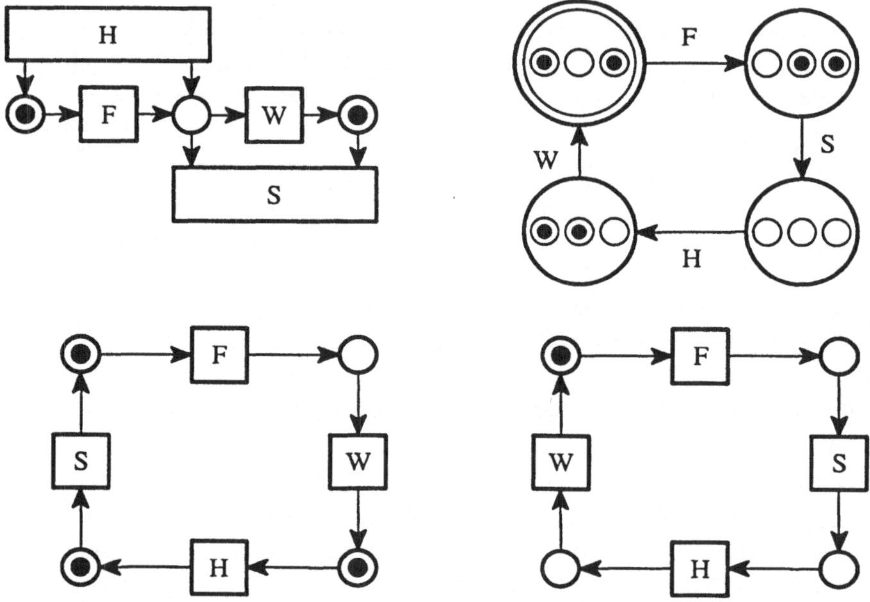

Bild 90 Sicher und unsicher markierte Netze zur Generierung der gleichen Struktur

Ganz offensichtlich entnimmt man hier dem sicher markierten Netz am schnellsten, welche Struktur durch die Abwicklung generiert wird, denn die einzige Marke läuft einfach in Pfeilrichtung um. Im links danebenstehenden Netz läuft dagegen das Fehlen einer Marke entgegen der Pfeilrichtung um[2]), und dies ist sicher weniger anschaulich. Und zum Netz links oben kann man ohne Konstruktion des Markierungsübergangsgraphen durch bloßes Hinsehen vermutlich gar nichts bezüglich der generierten Struktur assoziieren. Da aber auch dieses Netz ein Bedingungs/Ereignisnetz ist, kann man auch hier die gewählte Interpretation durch Zuordnung von Aussagen zu den drei Stellen des Netzes ausdrücken:

- Es ist Herbst oder Winter.
- Es ist Frühling oder Herbst.
- Es ist Frühling oder Winter.

---

1) Dieses Beispiel wurde dem Buch "Petrinetze" von W.Reisig entnommen (Springer Verlag, 1982).

2) Es besteht eine unmittelbare Analogie zur Löcherleitung in Halbleitern.

Nicht nur in diesem Beispiel, sondern ganz allgemein sind die sicher markierten Netze anschaulicher als die unsicher markierten. Deshalb werden im folgenden nur noch sicher markierte Netze benutzt. Man verliert dadurch nichts hinsichtlich der generierbaren Strukturen, denn jedes Folgengeflecht, das durch ein unsicher markiertes Netz generierbar ist, kann auch durch ein sicher markiertes Netz generiert werden.

Als nächstes wird der Begriff der *toten Transition* definiert. Eine Transition ist tot bei einer Markierung, wenn diese Transition bei keiner Markierung in der zugehörigen Markierungsklasse schaltbereit ist. Eine tote Transition kann man also samt der zu ihr hinführenden und der von ihr wegführenden Pfeile aus dem Netz streichen, ohne daß sich dadurch das Abwicklungsergebnis ändern kann.

Der Begriff der *lebendigen Transition* ist auch definiert, aber leider nicht als das Gegenteil der toten Transition. Insofern ist die allgemein eingeführte Bezeichnung irreführend. Angemessener ist die Bezeichnung *unsterbliche Transition*, die hier verwendet werden soll, obwohl sie in der Literatur über Petrinetze nicht gebräuchlich ist.

Eine Transition ist unsterblich – was anderswo lebendig genannt wird – bei einer Markierung, wenn es in der zugehörigen Markierungsklasse nur solche Markierungen gibt, von denen aus man die betrachtete Transition durch eine geeignete Schaltfolge schaltbereit machen kann.

Im Beispiel in Bild 87 gibt es keine unsterblichen Transitionen. Bei der Anfangsmarkierung ist zwar noch keine der fünf Transitionen tot, aber in der Markierungsklasse der Anfangstransition, also unter den sechs Markierungen des Markierungsübergangsgraphen gibt es eine Markierung, bei der gar keine Transition schaltbereit ist, bei der also alle Transitionen tot sind. Dagegen sind in allen drei Netzen in Bild 90 jeweils alle vier Transitionen unsterblich. Ein solches Netz, bei dem alle Transitionen unsterblich sind, wird üblicherweise als *lebendig markiertes Netz* bezeichnet.

Eng verbunden mit dem Begriff der toten Transition ist der Begriff der *Verklemmung* (englisch *deadlock*). Allerdings wird die Bezeichnung Deadlock im Zusammenhang mit Petrinetzen nicht überall mit gleicher Bedeutung verwendet. Drei verschiedene Bedeutungen sollen hier vorgestellt werden.

Manchmal wird die Bezeichnung Deadlock synonym zur *toten Markierung* verwendet. Eine Markierung ist genau dann tot, wenn zu ihr keine schaltbereite Transition gehört. Jeder Knoten im Markierungsübergangsgraphen, von dem kein Pfeil wegführt, stellt eine tote Markierung dar. Im Beispiel in Bild 87 gibt es genau einen solchen Knoten.

Die Verwendung des Wortes Verklemmung für jede beliebige tote Markierung entspricht jedoch nicht der umgangssprachlichen Bedeutung dieses Wortes. Intuitiv verbindet man mit dem Wort Verklemmung die Vorstellung eines Zustands, bei dem aus bestimmten strukturellen Gründen keine Bewegung mehr möglich ist. Man denke an eine Kreuzung, bei der die Vorfahrtsregel "rechts vor links" zu einer Verklemmung führen kann, wie sie in Bild 91 gezeigt ist. Im Zusammenhang mit Petrinetzen muß also eine tote Markierung, wenn sie als Verklemmung in diesem Sinne bezeichnet werden soll, bestimmte strukturelle Bedingungen erfüllen. Allerdings ist keine leicht faßliche formale Definition bekannt, welche die Grenze zwischen

Verklemmungen und anderen toten Markierungen genau so zieht, wie man sie bei der Betrachtung von Beispielen intuitiv festlegt.[1)]

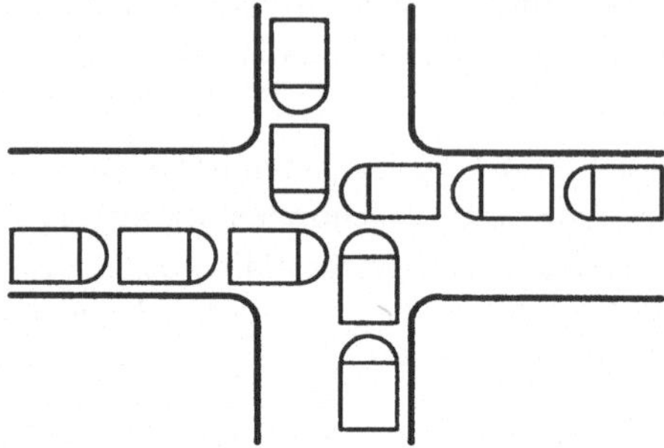

Bild 91
Verklemmung auf einer Straßenkreuzung

So wird man beispielsweise die tote Markierung im Markierungsübergangsgraphen in Bild 87 nicht als Verklemmung, sondern als regulären Endzustand einstufen. Dagegen kommen in den drei Beispielen in Bild 92 tote Markierungen vor, die man als echte Verklemmungen klassifizieren wird. Es hätte sich nichts verklemmt, wenn man die Konfliktentscheidungen "nicht so ungeschickt" gefällt hätte.

Der so gebrauchte Begriff der Verklemmung ist vor allem dann von Bedeutung, wenn das Petrinetz eine Verhaltensspezifikation für ein zu konstruierendes System darstellt, bei dem Verklemmungen als Störfälle einzustufen sind. Wenn man bei der Analyse eines solchen Netzes die Gefahr von Verklemmungen entdeckt, dann kann man zur Verklemmungsvermeidung entweder geeignete Regeln bezüglich der Konfliktentscheidungen formulieren, oder man kann das Netz durch ein verklemmungsfreies Netz ersetzen.

Bild 93 zeigt verklemmungsfreie Ersatznetze zu den drei Netzen in Bild 92. Abgesehen von den nun nicht mehr möglichen Verklemmungen kann man mit diesen Ersatznetzen jeweils die gleichen Folgengeflechte bezüglich der benannten Transitionen generieren und keine anderen als mit den ursprünglichen Netzen. Die Möglichkeit, unbenannte Transitionen einzuführen, wurde bisher nicht erwähnt, wird nun aber gebraucht; denn zum unteren Netz in Bild 92 läßt sich ein Ersatznetz nur angeben, indem man unbenannte Transitionen einführt (s. Bild 93 rechts). Bei der Netzabwicklung soll nur das Schalten einer benannten Transition ein Vorkommen dieses Typs im Folgengeflecht erzeugen, wogegen das Schalten einer unbenannten Transition hinsichtlich des generierten Folgengeflechts ohne Wirkung bleiben soll.

Nicht nur in diesen Beispielen, sondern ganz allgemein gilt, daß bei der Abwicklung der Ersatznetze weniger Konflikte entschieden werden müssen als im Falle der ursprünglichen Netze, so daß die Notwendigkeit, zur Verklemmungsvermeidung zwei oder mehr Konfliktentscheidungen aufeinander abzustimmen, nicht mehr gegeben ist.

Wäre als Anfangsmarkierung des rechten Netzes in Bild 93 nicht die dargestellte, sondern eine andere Markierung aus der zugehörigen Markierungsklasse vorgegeben, dann könnte man ein dazu äquivalentes Netz angeben, welches keine unbenannten Transitionen enthält. Allerdings muß man dann dazu übergehen, mehrere Transitionen des Netzes gleich zu benen–

1) Eine Behandlung dieses Problems findet man in der Dissertation von J. Geissler: Zerlegung von diskreten Systemen mit Petrinetzen. Universität Kaiserslautern, 1985.

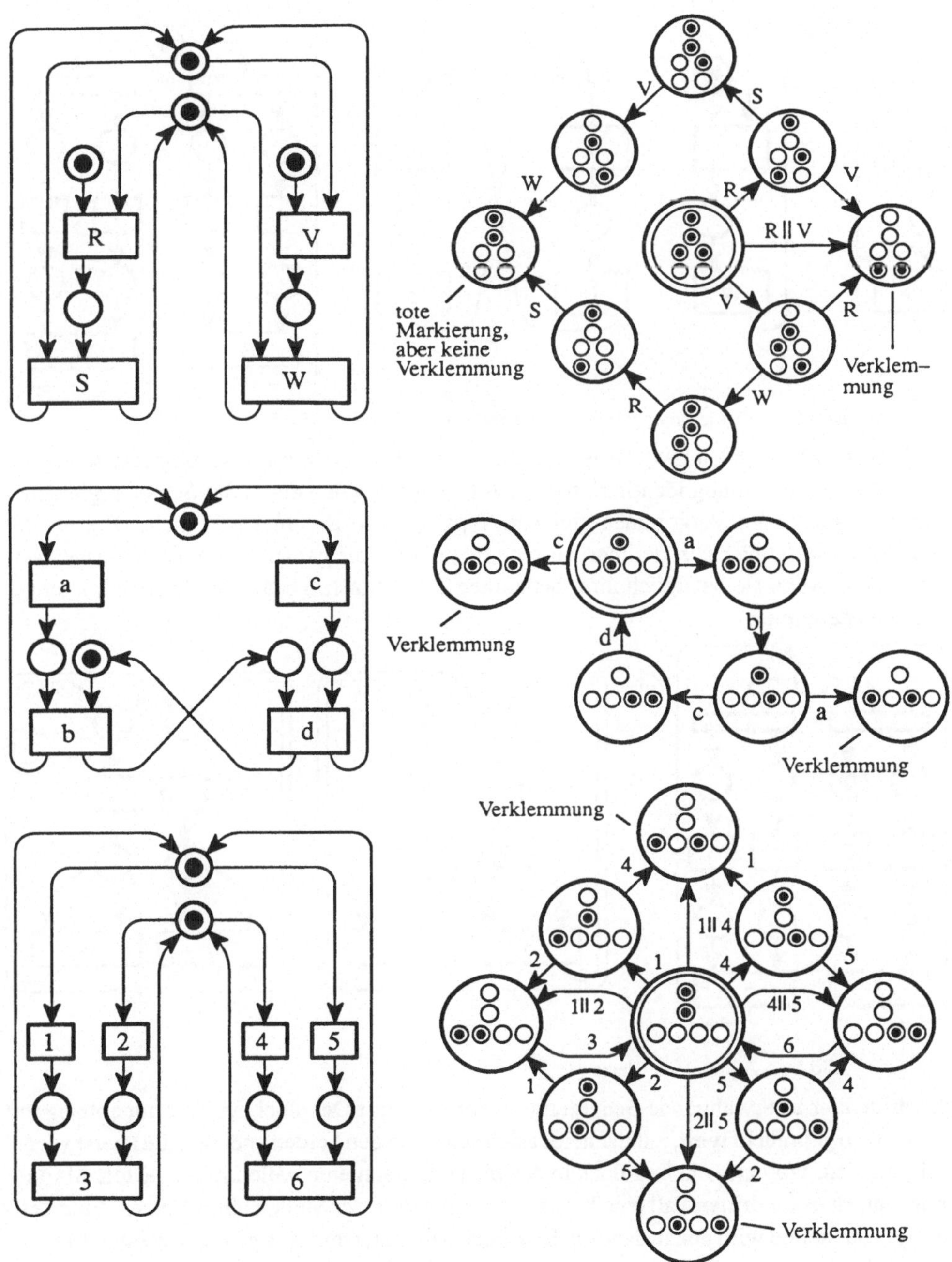

Bild 92 Beispiele für Netze mit Verklemmungen

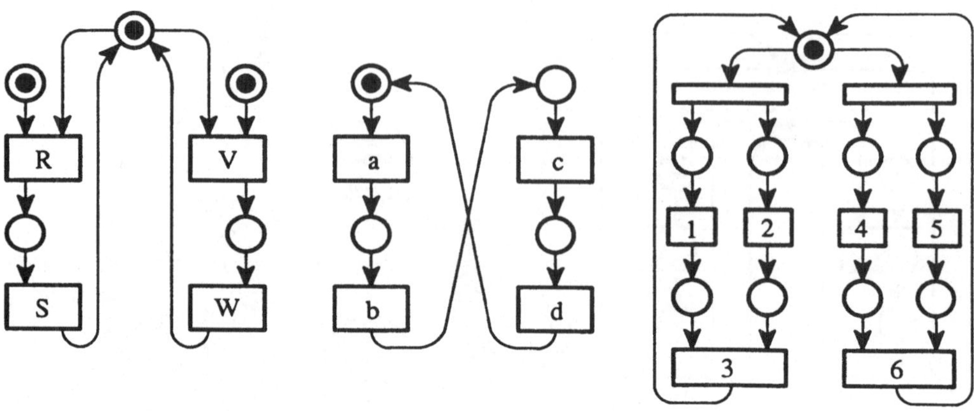

Bild 93 Verklemmungsfreie Ersatznetze zu den Netzen in Bild 92

nen (s. rechtes Netz in Bild 94). Da jedes Schalten einer benannten Transition ein Vorkommen des durch die Benennung identifizierten Typs erzeugt, werden durch das Schalten gleichbenannter Transitionen Vorkommen gleichen Typs erzeugt. Der hier gebrauchte Begriff der *Äquivalenz zweier Netze* ist definiert als eine Beziehung, die genau dann zwischen zwei Netzen besteht, wenn sie bezüglich ihrer benannten Transitionen genau die gleichen Folgengeflechte generieren.

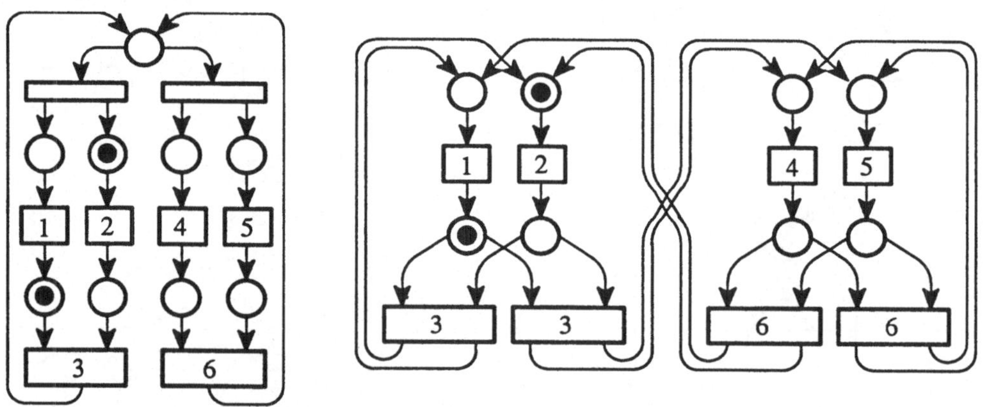

Bild 94 Äquivalente Netze

Die dritte hier zu erwähnende Bedeutung, in der das Wort Deadlock im Zusammenhang mit Petrinetzen gebraucht wird, unterscheidet sich stark von den beiden anderen, die zuerst vorgestellt wurden. Während ein Deadlock in den bisher betrachteten Fällen stets eine tote Markierung war, ist es im dritten Fall eine bestimmte Teilmenge der Stellen eines Netzes: Eine Teilmenge von Stellen wird genau dann ein Deadlock genannt, wenn ausgehend von einer Markierung, bei der alle diese Stellen unmarkiert sind, im Laufe der weiteren Netzabwicklung keine Marken mehr auf diese Stellen gelangen können. Man könnte eine solche Stellenmenge anschaulich als *Aussperrungszone* bezeichnen, die, wenn sie einmal leer geworden ist, für alle Zeiten leer bleiben wird. In der Netztheorie gibt es auch den umgekehrten Fall, also die *Ein-*

sperrungszone, die üblicherweise als *Falle* (engl. *trap*) bezeichnet wird. Darunter wird eine Teilmenge der Stellen eines Netzes verstanden, die nie mehr völlig markenleer werden kann, nachdem sie einmal mindestens eine Marke enthielt. Diese beiden zuletzt vorgestellten Begriffsbildungen bezüglich bestimmter Teilmengen von Stellen sind zwar in der Netztheorie nützlich, werden aber im Zusammenhang mit dem Einsatz von Netzen zur anschaulichen Modellierung diskreten Verhaltens nicht benötigt.

Zwei Sonderfälle von sicher markierten Netzen kommen in der praktischen Anwendung recht häufig vor, nämlich die sogenannten *Zustandsgraphen* und die sogenannten *Synchronisationsgraphen*. Ein *Zustandsgraph* ist ein Petrinetz, bei dem alle Transitionen jeweils nur einen Eingang und einen Ausgang haben, und das mit genau einer Marke auf einer der Stellen anfangsmarkiert ist. Bei der Abwicklung wandert diese Marke durch das Netz; sie kann nicht verschwinden, und es kann keine weitere Marke hinzukommen. Der Markierungsübergangsgraph hat deshalb in diesem Fall die gleiche Struktur wie das Netz selbst, d.h. es gibt einerseits eine 1:1–Abbildung zwischen den Markierungen und den Netzstellen und andererseits eine 1:1–Abbildung zwischen den Markierungsübergängen und den Transitionen. Bild 95 zeigt links ein Beispiel eines Zustandsgraphen mit dem zugehörigen strukturgleichen Markierungsübergangsgraphen. Durch die Abwicklung eines Zustandsgraphen können immer nur Folgen, aber keine echten Folgengeflechte generiert werden.

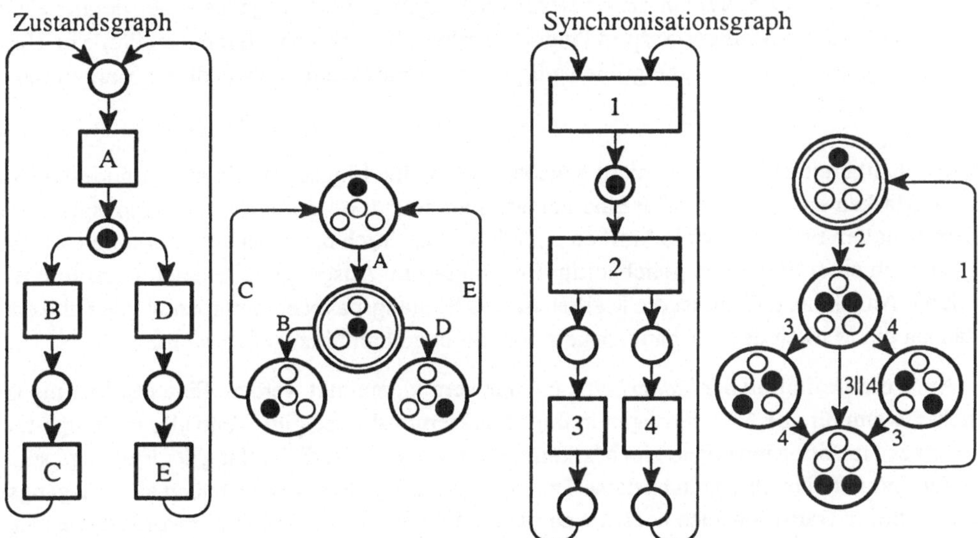

Bild 95 Beispiel eines Zustandsgraphen und eines Synchronisationsgraphen

Ein *Synchronisationsgraph* ist ein bipartiter Graph, bei dem erstens alle Stellen jeweils nur einen Eingang und einen Ausgang haben und bei dem es zweitens zwischen jedem beliebigen Paar von Transitionen mindestens einen gerichteten Hinweg und einen gerichteten Rückweg gibt[1)], wobei diese Wege jeweils über mehr als eine Stelle führen dürfen. Derart strukturierte

1) In der Graphentheorie bezeichnet man gerichtete Graphen, bei denen man von jedem Knoten zu jedem anderen gelangen kann, als "stark zusammenhängend".

bipartite Graphen lassen sich immer sicher und lebendig markieren, denn sie bestehen aus lauter Schleifen, und bei ihrer Abwicklung gibt es keine Konflikte zu entscheiden, so daß sich im Laufe der Abwicklung die Anzahl der auf den Stellen einer Schleife vorkommenden Marken nicht verändern kann. Wegen der fehlenden Konflikte kann durch die Abwicklung eines Synchronisationsgraphen nur ein einziges Folgengeflecht generiert werden; dieses ist wegen der Schleifen des Netzes endlos.

Damit ist die Betrachtung der Bedingungs/Ereignis–Netze abgeschlossen, und es wird nun noch kurz auf allgemeinere Netzdefinitionen eingegangen. Es werden die *Stellenkapazität* und die *Paketgröße* eingeführt. Die Stellen werden als Markenbehälter betrachtet, von denen jeder seine individuelle Kapazität haben kann; über seine Kapazität hinaus kann er nicht gefüllt werden. Jeder Pfeil, der zu einem solchen Behälter hinführt oder davon wegführt, kann seine individuelle Paketgröße haben; dabei wird angenommen, daß Markentransporte längs eines solchen Pfeils immer nur in geschlossenen Paketen erfolgen können und daß in einem solchen Paket immer die gleiche, durch die Paketgröße festgelegte Anzahl von Marken enthalten sein muß. Die Bedingungs/Ereignis–Netze bilden dann den Sonderfall, daß alle Stellen die Kapazität eins haben und daß zu allen Pfeilen die Paketgröße eins gehört. Die *Schaltregel* wird nun für die *verallgemeinerten Netze* wie folgt festgelegt:

> Eine Transition ist *schaltbereit*, wenn ihre Eingangs– und Ausgangsstellen derart belegt sind, daß ein Markentransport längs aller mit der Transition verbundenen Pfeile im Umfang der jeweiligen Paketgrößen möglich ist. Beim Schalten findet dieser Markentransport statt.

Die Schaltbereitschaft ist also nicht gegeben, wenn eine Eingangsstelle nicht mindestens so viele Marken enthält, daß es für eine Paketfüllung reicht, oder wenn ein Ausgangsplatz vor dem Schalten bereits so viele Marken enthält, daß er durch das Schalten überlaufen würde. Bezüglich einer Stelle, die gleichzeitig Eingangs– und Ausgangsstelle einer Transition ist, gilt die Annahme, daß zuerst die Marken für das Eingangspaket entnommen werden und erst danach die Marken des Ausgangspakets dem Stelleninhalt hinzugefügt werden.

Auch die Definition der *Sicherheit* kann nun verallgemeinert werden. Eine Markierung ist sicher, wenn für alle Markierungen in ihrer Markierungsklasse gilt: Wenn alle Eingangsstellen einer Transition jeweils so viel Marken enthalten, daß es für die Füllung der Eingangspakete der Transition reicht, dann ist diese Transition schaltbereit, d.h. dann haben alle Ausgangsplätze dieser Transition auch noch die zur Aufnahme der Ausgangspakete erforderlichen Kapazitätsreserven.

Bild 96 zeigt zwei äquivalente Netze; das rechte ist sicher markiert. Zur Veranschaulichung wurde ein einfacher Fertigungsprozeß angenommen: Ein Schraubenhersteller fertigt Schrauben, die er einzeln in einen Behälter wirft, der maximal hundert Schrauben fassen kann. Aus diesem Behälter können nebenläufig zwei Gerätehersteller ihren Bedarf an Schrauben dekken, wobei sie jeweils immer gleich sieben Schrauben auf einmal entnehmen, die ihnen für ein Gerät reichen. Die fertigen Geräte stellen sie einzeln ins Gerätelager, von wo sie der Versandangestellte jeweils in Gruppen zu vier Geräten entnimmt. Es muß damit gerechnet werden, daß der Schraubenhersteller einmal krank wird; von dem Augenblick an werden keine Schrauben mehr hergestellt.

Die Verallgemeinerung der Schaltregel bringt es mit sich, daß man nun Prozesse, bei denen tatsächlich Gegenstände gelagert und transportiert werden, auf einfache Weise durch Petrinetze erfassen kann. Aber dies betrifft i.a. nicht alle Stellen des Netzes. So entspricht beispielsweise der Konfliktstelle zwischen der Schraubenherstellung und der Krankmeldung kein am Prozeß beteiligter Behälter, sondern dieser Stelle entspricht der zeitabhängige Wahrheitswert der Aussage "Der Schraubenhersteller ist nicht krankgemeldet."

Die sichere Markierung des rechten Netzes in Bild 96 ist dadurch erreicht worden, daß jeder Warenbehälter jeweils durch zwei komplementär markierte Stellen vertreten wird: Die Marken in der einen Stelle stellen die Gegenstände im Behälter dar, die Marken in der anderen Stelle vertreten die verbliebenen freien Plätze im Behälter. Die Summe der Marken in den beiden Stellen muß also immer gleich der Behälterkapazität sein.

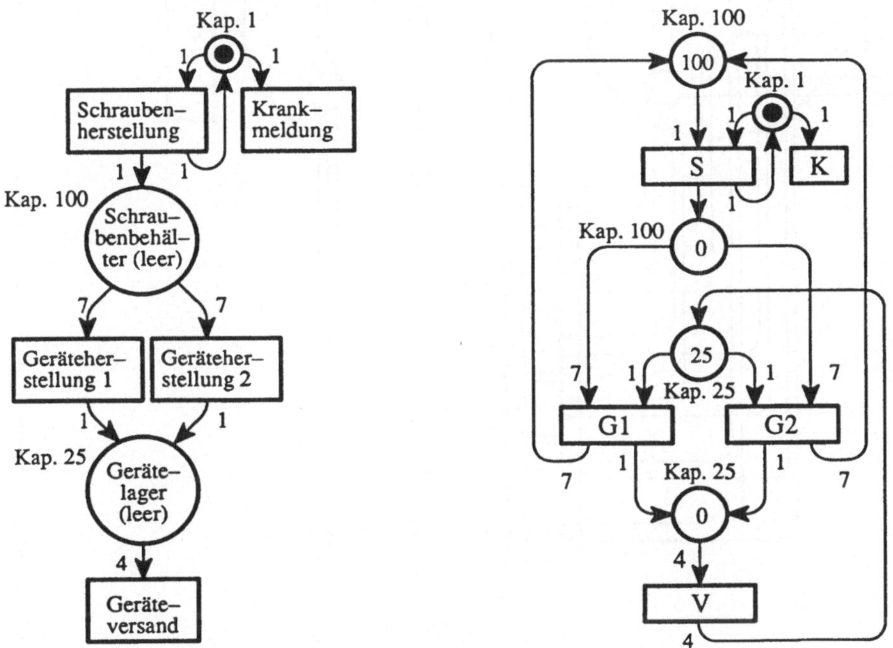

Bild 96 Zwei äquivalente Petrinetze mit Stellenkapazitäten und Paketgrößen

Trotz der anschaulichen Interpretierbarkeit mancher Stellen als Behälter und mancher Transitionen als tätige Personen sollte man der Versuchung widerstehen, ein solches Petrinetz als Aufbaustrukturmodell eines Systems zu betrachten. Sowohl die Bedingungs/Ereignis–Netze als auch die verallgemeinerten Netze sind als generative Schemata für Folgengeflechte konzipiert, und als solche sollte man sie benutzen. Der Unterschied zwischen einem Systembaustein und einer Transition ist so zwingend wie der Unterschied zwischen einem Sänger und seinem Gesang.

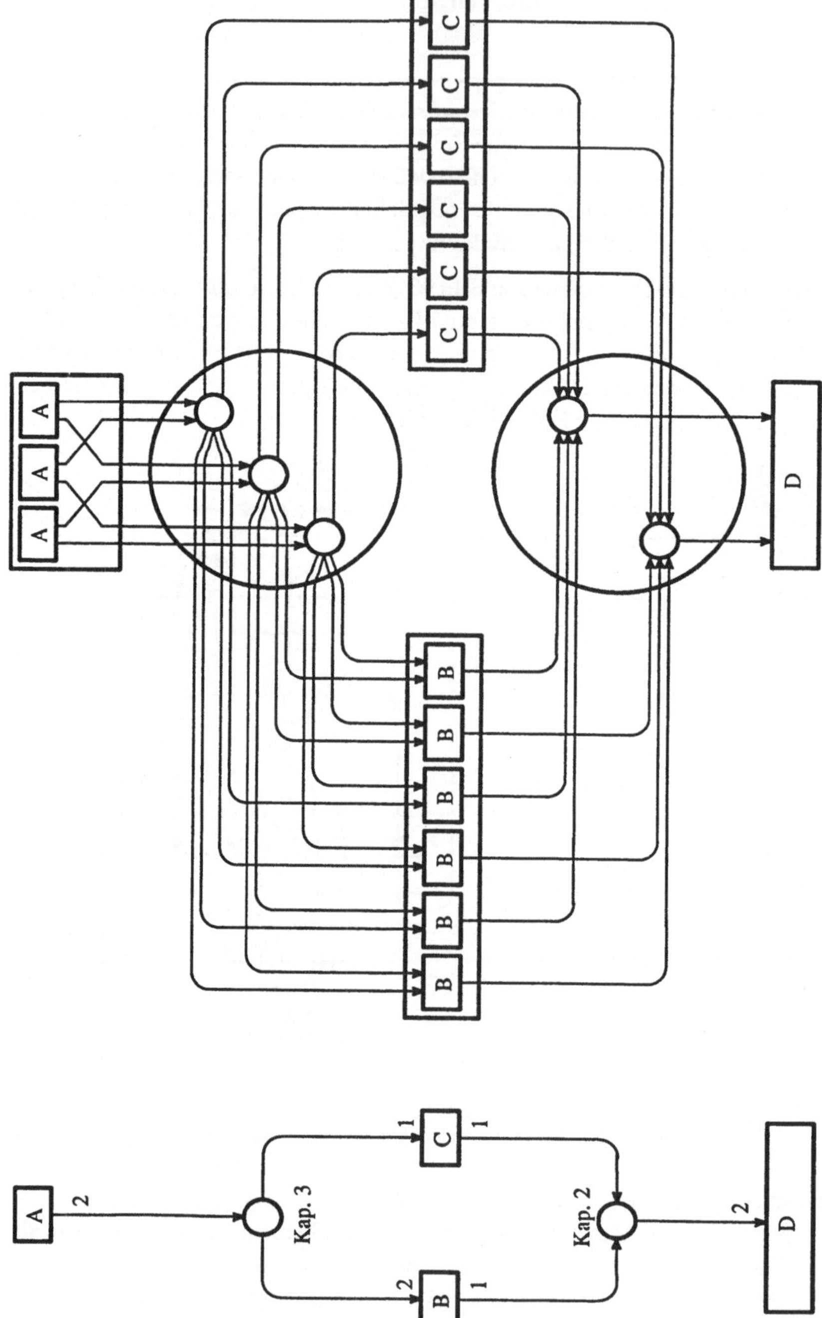

Bild 97 Beispiel zum Aufwandsvergleich zweier äquivalenter Petrinetze unterschiedlichen Typs

Die hier zuletzt betrachteten verallgemeinerten Petrinetze werden in der Netztheorie selbst wieder als Sonderfall einer noch allgemeineren Netzklasse behandelt. Im Unterschied zur bisherigen Betrachtung, wo alle Marken als gleichartig angesehen wurden, wo es also sinnlos war zu fragen, um was für eine Art Marke es sich jeweils handelt, werden in der noch allgemeineren Netzklasse unterschiedliche Markentypen zugelassen – man denke beispielsweise an Geldmünzen unterschiedlichen Wertes –, so daß markentypgebundene Stellenkapazitäten und Paketgrößen festgelegt werden können und auch die Schaltregel auf die Markentypen Bezug nehmen kann. Diese Netzklasse wird aber hier nicht näher betrachtet, da man die Systeme, zu deren Modellierung man solche Netze einsetzen kann, auf andere Weise, nämlich unter gleichzeitiger Verwendung einfacherer Petrinetze zusammen mit geeigneten Aufbaumodellen (s. Abschnitt 2.3.2) mindestens genau so anschaulich, in den meisten praktischen Fällen sogar wesentlich anschaulicher modellieren kann.

Solange man keine Stellen mit unbegrenzter Kapazität zuläßt, sind die allgemeineren Netze keineswegs generierungsmächtiger als die Bedingungs/Ereignis–Netze, d.h. in diesem Fall kann man mit den allgemeineren Netzen keine anderen Folgengeflechte generieren als solche, für die bereits die einfachen Netze ausreichen. Der Unterschied liegt lediglich in der Netzgrösse. Bild 97 zeigt zwei äquivalente Netze: Das Netz mit Stellenkapazitäten und Paketgrößen enthält nur 2 Stellen, 4 Transitionen und 6 Pfeile, wogegen das Bedingungs/Ereignis–Netz zur Erfassung der gleichen Menge von Folgengeflechten 5 Stellen, 16 Transitionen und 38 Pfeile erfordert. Es ist also offensichtlich, daß hier der allgemeinere Netztyp für die zu erfassenden Gesetzmäßigkeiten das anschaulichere Modell liefert als der Typ des Bedingungs/Ereignis–Netzes.

2.2.3.3 Das Automatenmodell

Nebenläufigkeit von Ereignissen oder Prozessen, wie sie im Petrinetz dargestellt werden kann, ist darin begründet, daß unterschiedliche Systemkomponenten teilweise voneinander unabhängige Verhaltensbeiträge liefern können. Nebenläufigkeit ergibt sich also aus dem Zusammenwirken von Systemen einfacherer Art, den sogenannten *sequentiellen Systemen.* Ein System wird sequentiell genannt, wenn es durch ein sequentielles Verhaltensmodell beschrieben wird, und ein Verhaltensmodell ist sequentiell, wenn die Wertverläufe der Eingangsvariablen X, der Ausgangsvariablen Y und der Zustandsvariablen Z als Folgen erfaßt werden, die elementeweise über die Ausgangs– und die Zustandsübergangsfunktion des Systems verknüpft sind. Dies bedeutet, daß in den auf S. 159 eingeführten allgemeinen Systemfunktionen ω und δ anstelle der Variablen t der kontinuierlichen Zeit die Variable n des diskreten Folgenindex eingebracht werden muß. Der Folgenindex ist die laufende Nummer der Elemente in einer Folge, wobei jedoch zu beachten ist, daß die Numerierung der Elemente nicht unbedingt mit eins beginnen muß. Während es allgemein üblich ist, die Elemente in der X–Folge und der Y–Folge jeweils mit eins beginnend zu numerieren, sind bezüglich der Z–Folge zwei unterschiedliche Numerierungsschemata verbreitet: Neben den Darstellungen, in denen auch die

Z–Folge von eins an numeriert wird, gibt es auch Darstellungen, worin die Z–Folge von null an numeriert wird. Da die Form der Systemfunktionen selbstverständlich davon abhängt, wie man die Folgenelemente numeriert, findet man also in der Literatur über sequentielle Systeme unterschiedliche Formen der Funktionen ω und δ. Es gibt allerdings auch eine Darstellung, die gar keinen Bezug auf irgendeine Numerierung nimmt. Sie sieht wie folgt aus:

$$\begin{aligned} \text{rep X} \times \text{rep Z} &\xrightarrow{\omega} \text{rep Y} \\ \text{rep X} \times \text{rep Z} &\xrightarrow{\delta} \text{rep Z} \\ Z_{Anf} &\in \text{rep Z} \end{aligned}$$

Darin sind repX, repY und repZ die Wertebereiche (Repertoires) der Variablen X, Y und Z; Z_{Anf} ist das erste Element in der Z–Folge. Die Funktionen ω und δ sind als eindeutige Abbildungen der Argumentmenge auf die jeweilige Ergebnismenge definiert, wobei die Argumentmenge das kartesische Produkt der Wertebereiche von X und Z ist. Diese Angaben reichen aus, jeder X–Folge aus dem Repertoire eindeutig eine Y–Folge und eine Z–Folge zuzuordnen. Wenn man jedoch auf einzelne Elemente in den Folgen bezugnehmen will, dann muß man eine Numerierung festlegen. Dadurch werden auch die Bezüge zu den früher vorgestellten allgemeinen Systemfunktionen deutlicher sichtbar. Es gilt im folgenden, daß alle drei Folgen, also die von X, Y und Z, von eins an numeriert werden. Dann wird ein sequentielles System wie folgt erfaßt:

$$\begin{aligned} Y(n) &= \omega\,[\,Z(n), X(n)\,] \\ Z(n) &= \delta\,[\,Z(n-\Delta n), \underbrace{X(n-\Delta n), X(n+1-\Delta n), \ldots X(n-2), X(n-1)}_{\text{oo. Abschnitt }[\,n-\Delta n,\ \text{"X(k)"},\ n]}\,] \\ Z(1) &= Z_{Anf} \in \text{repZ} \end{aligned} \qquad \begin{aligned} &\text{mit } n \in N \\ &\text{und} \\ &(n-\Delta n) \in N \end{aligned}$$

Oft ist es zweckmäßig, die Funktion δ in der Form für $\Delta n=1$ anzugeben:

$$Z(n) = \delta\,[\,Z(n-1), X(n-1)\,]$$

Man schreibt dann aber δ sinnvollerweise mit dem gleichen Argument wie ω:

$$\begin{aligned} Y(n) &= \omega\,[\,Z(n), X(n)\,] \\ Z(n+1) &= \delta\,[\,Z(n), X(n)\,] \end{aligned}$$

Dies ist die am häufigsten anzutreffende Form der Funktionen sequentieller Systeme. Nun muß das abstrakte Modell veranschaulicht werden.

Als Beispiel wurde auf S. 169 ein einfaches Signalglättungssystem vorgestellt. Die zeitfreie Modellierung dieses signalglättenden Abtastsystems ergibt folgendes sequentielle System mit $Z(n) = [\,z_1(n), z_2(n)\,]$:

$$Y(n) = \frac{1}{3}\cdot[\,z_1(n) + z_2(n) + X(n)\,] \qquad \text{, also } Y(n) = \omega\,[\,Z(n), X(n)\,]$$

$$Z(n+1) = \begin{bmatrix} z_1(n+1) \\ z_2(n+1) \end{bmatrix} = \begin{bmatrix} z_2(n) \\ X(n) \end{bmatrix} \qquad \text{, also } Z(n+1) = \delta\,[\,Z(n), X(n)\,]$$

Als zweites Beispiel wird ein Automat zum Fahrkartenverkauf betrachtet. Eine Fahrkarte soll DM 1,50 kosten, und als Geldmünzen sollen 50–Pfennigstücke und Einmarkstücke zugelassen sein. Dann muß der Wertebereich von Y drei Elemente umfassen, nämlich das Element "nichts" für den Fall, daß durch einen Münzeinwurf der Fahrkartenpreis noch nicht erreicht wird, das Element "Fahrkarte" für den Fall, daß durch einen Münzeinwurf der Fahrkartenpreis genau erreicht wird, und das Element "Fahrkarte mit 50 Pfennig Geldrückgabe" für den Fall, daß durch einen Münzeinwurf der Fahrkartenpreis überschritten wird. Es gilt also

$$\begin{aligned} \text{repX} &= \{\, 50, 100 \,\} \\ \text{repY} &= \{\, \text{nichts, Fahrtkarte, Fahrkarte} + 50 \,\} \end{aligned}$$

Der Wertebereich des Gedächtniszustands ergibt sich aus der Frage, was der Automat wissen muß, bevor jeweils die nächste Münze eingeworfen wird: Er muß wissen, welche Anzahlung bezüglich der noch nicht ausgegebenen Fahrkarte bisher geleistet wurde. Also gilt

$$\text{repZ} = \{\, 0, 50, 100 \,\}$$

Damit läßt sich der Automat wie folgt beschreiben:

Y–Werte	nichts	nichts	Fahrk.	nichts	Fahrk.	Fahrk. + 50
Funktion ω	↑	↑	↑	↑	↑	↑
rep X × repZ =	{ (50, 0) ,	(50, 50) ,	(50, 100) ,	(100, 0) ,	(100, 50) ,	(100, 100) }
Funktion δ	↓	↓	↓	↓	↓	↓
Z–Werte	50	100	0	100	0	0

Bild 98 zeigt zwei andere Möglichkeiten der Darstellung. In der sogenannten *Automatentabelle* wird das kartesische Produkt repX × repZ als zweidimensionale Matrix dargestellt, in deren Felder die jeweils über δ und ω zugeordneten Werte von Z und Y eingetragen sind. Der *Automatengraph* ist ein Petrinetz vom Typ des Zustandsgraphen (s. Bild 95), dessen Stellen die Elemente von repZ darstellen und dessen Transitionenmenge dem kartesischen Produkt

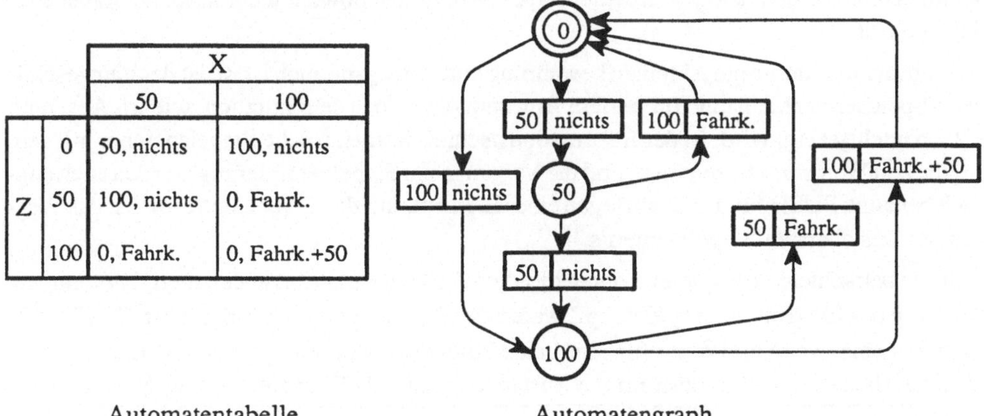

		X: 50	X: 100
Z	0	50, nichts	100, nichts
	50	100, nichts	0, Fahrk.
	100	0, Fahrk.	0, Fahrk.+50

Automatentabelle Automatengraph

Bild 98 Darstellungsformen für die Funktion endlicher Automaten

$repX \times repZ$ entspricht. Der zugeordnete X–Wert ist in die jeweilige Transition eingetragen, während der Zustandsknoten, von dem aus man zu der Transition gelangt, den zugeordneten Z–Wert liefert. Die Y–Werte als Ergebnis der Funktion ω sind jeweils in die Transitionen eingetragen, während die Z–Werte als Ergebnis der Funktion δ durch die Zustandsknoten bestimmt sind, zu denen man von den Transitionen aus gelangt. Der Anfangszustand ist als Doppelkreis gezeichnet.

Das Beispiel des Fahrkartenautomaten zeigt, daß das abstrakte Modell des sequentiellen Systems auf derartige Automaten besonders anschaulich paßt. Deshalb ist es üblich, das abstrakte Modell des sequentiellen Systems ganz allgemein und nicht nur für bestimmte Anwendungsfälle als *Automatenmodell* zu bezeichnen.

Man spricht von *endlichen Automaten*, wenn die Zustandsmenge repZ endlich ist. Daß auch *unendliche Automaten*, bei denen also die Zustandsmenge repZ unendlich ist, nicht unbedingt schwierig zu erfassen sind, zeigt folgendes Beispiel: Es wird ein Archivar betrachtet, dem man Akten zur Aufbewahrung bringen kann und der die Akten in der Reihenfolge, wie sie ihm gebracht werden, aufeinanderstapelt. Wenn man eine Akte bei ihm abholt, kann man keine bestimmte verlangen, sondern bekommt immer diejenige, die gerade zuoberst auf dem Stapel liegt. Dieser Archivar mit seinem Aktenstapel kann als Automat modelliert werden. Die Elemente der Menge repX sind die Wünsche, die man an ihn herantragen kann, also einerseits die jeweils auf eine mitgebrachte Akte bezogenen Aufbewahrungswünsche und andererseits der Abholwunsch. Die Menge repY umfaßt diejenigen Elemente, die man vom Archivar erhalten kann, wenn man einen Wunsch an ihn richtet. Dies ist einerseits das Element "nichts", welches man immer dann erhält, wenn man um eine Aufbewahrung bittet oder wenn man etwas abholen will, aber nichts bekommen kann, weil der Stapel leer ist. Und andererseits sind dies die einzelnen Akten, die ausgehändigt werden, wenn man bei nichtleerem Stapel einen Abholwunsch äußert. Der aktuelle Zustandswert wird durch den jeweiligen Stapel bestimmt; die Menge repZ der möglichen Zustandswerte ist also gleich der Menge der unterschiedlichen denkbaren Stapel. Und da die Menge der Akten nicht begrenzt sein soll, ist auch die Menge der unterschiedlichen denkbaren Aktenstapel unbegrenzt, obwohl jeder aktuelle Stapel endlich hoch ist.

So absurd eine derartige Aktenaufbewahrung und –rückgabe auch ist, so ist der hier geschilderte Speichermechanismus für andere Anwendungen doch sehr nützlich, wie im Abschnitt 3.2.2.6 noch gezeigt wird. In der Informationstechnik werden solche Stapelspeicher mit dem englischen Wort *stack* bezeichnet, und die Vorgänge zur Stapelveränderung werden auch englisch benannt: PUSH für das Drauflegen eines Elements auf den Stapel, und POP für das Wegnehmen des obersten Stapelelements.[1)]

In den betrachteten Beispielen konnte in jedem Zustand jedes Eingabeelement vorkommen, d.h. für jedes Element von $repX \times repZ$ waren die Funktionen ω und δ definiert. Es gibt aber auch Systeme, wo ω und δ nur für eine echte Teilmenge von $repX \times repZ$ definiert sind. Es kann nämlich sein, daß in bestimmten Zuständen nicht alle Elemente von repX als Eingabe

1) In der älteren Literatur wird der Stapelspeicher auch als "Keller" bezeichnet. In der neueren Literatur findet man für den Stack auch häufig die Kennzeichnung LIFO als Abkürzung für "Last in, first out". Ein Warteschlangenspeicher heißt dann dementsprechend FIFO für "First in, first out".

zugelassen oder möglich sind. Man denke an ein Gerät, bei dem es vom aktuellen Zustand abhängt, ob der Geldeinwurfschlitz geöffnet oder geschlossen ist bzw. ob eine Taste freigegeben oder verriegelt ist.

Anhand der Bilder 76 und 77 (s. S. 157) wurde gezeigt, daß man ein und dasselbe Systemverhalten mit unterschiedlichen Zustandswertebereichen modellieren kann. Dies gilt selbstverständlich auch für die Systemklasse der Automaten. Bild 99 zeigt hierzu ein Beispiel. Die drei angegebenen Automatengraphen beschreiben das gleiche Verhalten; dabei hat der mittlere Graph mit drei Zuständen die minimale Zustandszahl. Ausgehend vom oberen Modell, welches nicht nur in Form des Graphen, sondern auch in Form der Automatentabelle dargestellt ist, findet man das minimale Modell mit drei Zuständen auf folgende Weise: Man stellt die ebenfalls in Bild 99 gezeigte Dreieckstabelle auf, worin man für jedes der zehn unterschiedlichen Zustandspaare, die es bei der gegebenen Menge von fünf Zuständen gibt, die Antwort auf die Frage einträgt, ob die beiden Zustände des jeweiligen Paares zu einem einzigen Zustand verschmolzen werden dürfen oder nicht. Zwei Zustände dürfen genau dann miteinander verschmolzen werden, wenn sie experimentell nicht unterscheidbar sind. Zwei Zustände sind nicht experimentell unterscheidbar, wenn man ausgehend von einer Situation, wo der Automat in einem der beiden Zustände ist, für jede beliebige X–Folge eine Y–Folge erhält, die unabhängig davon ist, in welchem der beiden Zustände der Automat anfänglich war.

Die Verschmelzbarkeit zweier Zustände äußert sich in der Automatentabelle darin, daß die beiden Zeilen spaltenweise ausgabegleich sind und daß die Folgezustände in den Zeilen spaltenweise gleich oder zumindest verschmelzbar sind. Zu jedem betrachteten Zustandspaar muß es also in der Dreieckstabelle eine von drei möglichen Eintragungen geben: Ein Kreuz zeigt die Nichtverschmelzbarkeit an, die in Ungleichheiten bei der Ausgabe begründet ist. Die Eintragung eines oder mehrerer Zustandspaare zeigt an, daß die Verschmelzbarkeit des betrachteten Zustandspaares nur gegeben ist, wenn auch die eingetragenen Zustandspaare verschmelzbar sind. Ein Bestätigungshaken schließlich zeigt an, daß das betrachtete Zustandspaar ohne weitere Bedingungen verschmelzbar ist.

Im betrachteten Fall gibt es in der Automatentabelle nur zwei spaltenweise ausgabegleiche Zeilenpaare, nämlich die Paare {2, 3} und {4, 5}. Das Paar {2,3} ist nur verschmelzbar, falls auch das Paar {4, 5} verschmelzbar ist. Das Paar {4, 5} ist ohne jede Bedingung verschmelzbar, obwohl die Folgezustände in den Zeilen 4 und 5 der r–Spalte ungleich sind, denn die Verschmelzbarkeit von 4 und 5 ist selbstverständlich gegeben, wenn sie die einzige Bedingung für die Verschmelzbarkeit von 4 und 5 darstellt.

Mit Bild 99 soll nicht nur das Prinzip der Zustandsminimierung vorgestellt werden, sondern es soll auch gezeigt werden, daß die mit den Bildern 76 und 77 (s.S. 157) vorgestellten Beziehungen zwischen Zustandswertebereichen auch im Bereich diskreter Systeme zu finden sind. Entsprechend den dortigen Zustandswertebereichen $rep\phi$, $rep\phi_{min}$ und $rep\phi_{red}$ werden hier die Wertebereiche rep_1Z, $rep_{min}Z$ und rep_2Z betrachtet, und zu jedem der beiden Bilder 76 und 77 enthält das Bild 99 im unteren Teil eine Entsprechung. So ist u.a. in Bild 99 unten links eine Eingabefolge mit den jeweils zugehörigen Zustandsfolgen dargestellt, wobei vier Fälle durch die Bezeichnung mit a, b, c und d hervorgehoben sind. Dies entspricht genau den vier Fällen, die in den Verläufen in Bild 76 markiert sind.

An der Stelle, wo die allgemeine Form der Automatenfunktionen

$$Y(n) = \omega [Z(n), X(n)]$$

$$Z(n+1) = \delta [Z(n), X(n)]$$

eingeführt wurde (s. S. 186), wurde bewußt nicht darauf hingewiesen, daß diese Form der Funktionen in der Literatur häufig gleichberechtigt neben eine zweite Form gestellt wird, die indexfrei wie folgt aussieht:

$$\text{rep } Z \xrightarrow{\mu} \text{rep } Y$$

$$\text{rep } X \times \text{rep } Z \xrightarrow{\delta} \text{rep } Z$$

$$Z_{Anf} \in \text{rep } Z$$

Diese Form wird die *Moore–Form* des Automatenmodells genannt, während die zuerst dargestellte Form als *Mealy–Form* bezeichnet wird. Die beiden Formen sind einander äquivalent in dem Sinne, daß man jedes beliebige Automatenverhalten, soweit man sich auf die Beobachtung von X– und Y–Folgen beschränkt, sowohl in der Mealy– als auch in der Moore–Form erfassen kann. Wenn man wie bisher die Numerierung der Folgen der X–, Y– und Z–Elemente jeweils mit eins beginnt und weiterhin daran festhält, daß Y(n) dasjenige Element sein soll, dessen Ausgabe durch die Eingabe von X(n) ausgelöst wird, dann lauten die Moore–Automatenfunktionen in indizierter Form wie folgt:

$$Y(n) = \mu [Z(n+1)]$$

$$Z(n+1) = \delta [Z(n), X(n)]$$

Dies bedeutet nicht, daß das so modellierte System zur Bestimmung seiner Ausgabe Y(n) in die Zukunft blicken können müßte, sondern dies bedeutet lediglich, daß hier ein bestimmter Sonderfall des Mealy–Modells vorliegt, bei dem die beiden Funktionen ω und δ in bestimmter Weise zusammenhängen:

$$Y(n) = \omega [Z(n), X(n)] = \mu (\delta [Z(n), X(n)])$$

Selbstverständlich erfüllen nicht alle Mealy–Modellierungen von Automaten die sogenannte *Moore–Bedingung*, daß sich die zweistellige Ausgangsfunktion ω als Verkettung der zweistelligen Zustandsübergangsfunktion δ mit einer einstelligen Funktion μ darstellen läßt. Die Bedingung verlangt ja, daß im Automatengraphen in allen Transitionen, über die man zum gleichen Folgezustand gelangt, das gleiche Ausgabeelement Y stehen muß – und dies ist selbstverständlich keine in jedem Fall erfüllte Bedingung. Man betrachte hierzu die beiden Beispiele in Bild 98 und Bild 99: Der Graph des Fahrkartenautomaten in Bild 98 erfüllt die Moore–Bedingung nicht, denn in den drei Transitionen, über die man zum Zustand 0 gelangen kann, steht einmal das Ausgabeelement "Fahrkarte + 50" und zweimal das Element "Fahrkarte". Dagegen ist die Moore–Bedingung in allen drei Graphen in Bild 99 erfüllt.

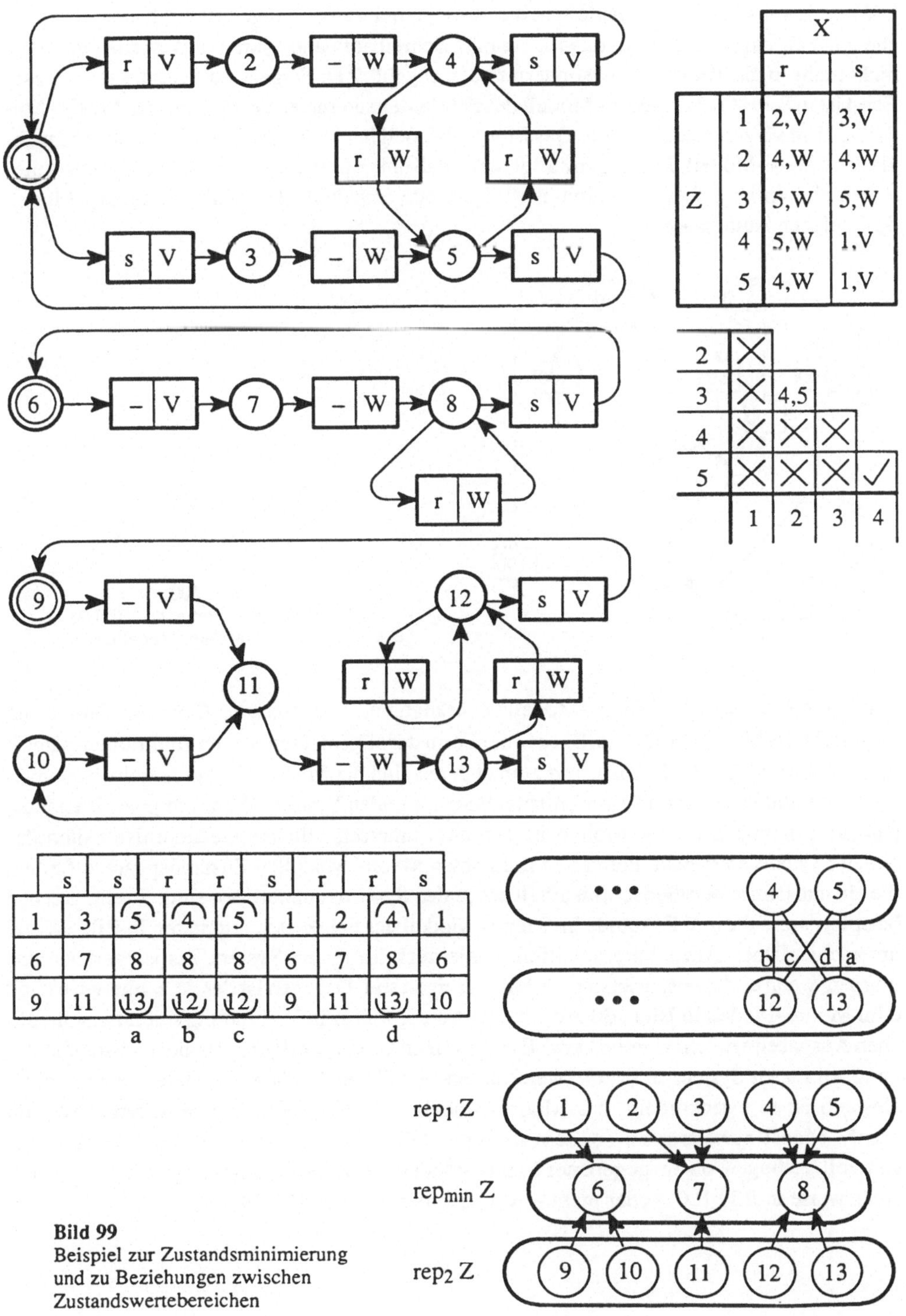

		X	
		r	s
Z	1	2,V	3,V
	2	4,W	4,W
	3	5,W	5,W
	4	5,W	1,V
	5	4,W	1,V

	s	s	r	r	s	r	r	s
1	3	5	4	5	1	2	4	1
6	7	8	8	8	6	7	8	6
9	11	13	12	12	9	11	13	10
		a	b	c			d	

Bild 99
Beispiel zur Zustandsminimierung und zu Beziehungen zwischen Zustandswertebereichen

Wenn jeweils in allen Transitionen, die einen gemeinsamen Folgezustand haben, das gleiche Ausgabeelement Y steht, dann kann man Schreibaufwand sparen, indem man dieses Y nicht mehr in die Transitionen, sondern in den zugehörigen Folgezustand einträgt. In dieser Form ist in Bild 100 das Moore–Modell des Fahrkartenautomaten gezeigt, dessen Mealy–Modell in Bild 98 vorgestellt wurde. Das Moore–Modell hat in diesem Fall einen Zustand mehr als das Mealy–Modell. Es gilt ganz allgemein, daß ein minimales Moore–Modell eines Automaten nie weniger, aber manchmal mehr Zustände enthält als das minimale Mealy–Modell des gleichen Automaten.

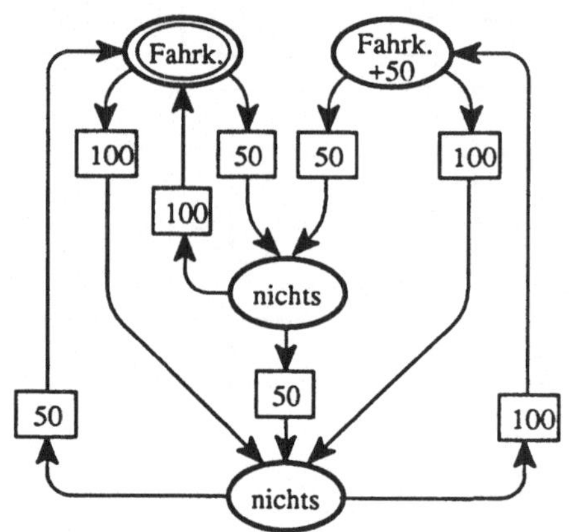

Bild 100
Automat aus Bild 98 in Moore–Modellierung

In diesem Buch wird das Mealy–Modell bevorzugt, und zwar aus zwei Gründen: Zum einen entspricht das Mealy–Modell (s. S. 186) der Form der allgemeinen Systemfunktionen ω und δ im Kontinuierlichen (s. S. 159), und zum anderen sind die Moore–Zustände teilweise unanschaulich und haben dann keine Entsprechung im realen System. Während jedes Zustandspaar im minimalen Mealy–Modell immer zwei unterschiedlichen Gedächtnisinhalten des realen Systems entspricht, können in minimalen Moore–Modellen Zustandspaare auftreten, die ein und demselben Gedächtnisinhalt des realen Systems zuzuordnen sind. So entsprechen beispielsweise die drei Zustände im Mealy–Modell des Fahrkartenautomaten in Bild 98 drei unterschiedlichen Anzahlungssituationen, die auch im realen System gespeichert werden müssen, wenn es das beschriebene Verhalten zeigen soll. Dagegen ist der Anzahlungszustand 0 im Moore–Modell in Bild 100 zweimal vertreten, weil er in Verbindung mit unterschiedlichen Ausgaben erreicht werden kann. Es gibt keinen Grund, weshalb sich diese Zustandstrennung im realen System in Form zweier unterschiedlicher Gedächtnisinhalte äußern sollte. Deshalb ist es zweckmäßig, das Moore–Modell nicht als gleichwertige Alternative zum Mealy–Modell zu betrachten, sondern als Sonderfall eines Mealy–Modells. Es ist aber immer sinnvoll, zu fragen, ob ein gegebenes Mealy–Modell die Moore–Bedingung erfüllt – wie beispielsweise in Bild 100 – oder nicht – wie beispielsweise in Bild 98.

2.2.3.4 Algebraische Formulierung diskreter Funktionen

Es gibt Systeme, bei denen die Wertebereiche repX und repY auf natürliche Weise 1:1 auf Mengen von Zahlen oder Zahlentupel abbildbar sind, und andere Systeme, bei denen dies nicht der Fall ist. Insbesondere wenn ein Automat ein Modell eines Abtastsystems (s. Bild 72) ist, dann sind die Elemente von repX und repY Punkte aus einem Kontinuum, und diesem entspricht ein Abschnitt auf der reellen Zahlenachse. Man betrachte hierzu als Beispiel das einfache Signalglättungssystem, welches auf S. 186 als Automat modelliert ist. Aber auch im Beispiel des Fahrkartenautomaten (s. Bild 98) gibt es natürliche 1:1–Abbildungen auf Zahlenmengen: Die Menge der Eingabemünzwerte entspricht der Zahlenmenge {50, 100}, die Menge der Anzahlungszustände entspricht der Zahlenmenge {0, 50, 100}, und zur Menge der Ausgabeelemente gehört die Menge {0, 150, 200}, deren Elemente dem Geldwert des jeweiligen Ausgabeelements entsprechen.

Wenn die 1:1–Abbildungen von repX, repY und repZ auf Zahlenmengen nicht willkürlich eingeführt werden müssen, sondern sich von vornherein anbieten, dann sind auch i.a. die Funktionen ω und δ durch Verknüpfung von Zahlen definiert. So sind beispielsweise die Ausgabefunktion ω des Signalglättungssystems und die Zustandsübergangsfunktion δ des Fahrkartenautomaten unter Verwendung der Addition definiert.

Nun jedoch sollen primär–diskrete Systeme betrachtet werden, bei denen die Wertebereiche nur durch willkürliche, nicht in der Anschauung begründete 1:1–Abbildungen mit Zahlenmengen in Verbindung gebracht werden können. Man denke an ein System, das eine Verkehrsampel steuert, dessen Ausgabewertebereich repY die Menge {rot, rot+gelb, grün, gelb} ist. Man kann dieser Menge zwar beliebig viele verschiedene Mengen von vier Zahlen 1:1 zuordnen, beispielsweise {0, 1, 2, 3} oder {20, 21, 190, 337}, aber keine dieser Zuordnungen ist anschaulich begründet. Man muß aber eine Zuordnung zu einem strukturierten Wertebereich festlegen, wenn man die Systemfunktionen ω und δ nicht tabellarisch oder durch Graphen, sondern algebraisch formulieren will.

Obwohl die Bezeichnung *Algebra* in der Mathematik nicht für alle *algebraischen Strukturen*, sondern nur für solche mit bestimmten Merkmalen verwendet wird, erscheint es dem Autor zulässig und zweckmäßig, im Rahmen dieses Buches die Bezeichnung Algebra synonym zum Begriff der algebraischen Struktur zu verwenden.[1)] In diesem Sinne ist eine Algebra eine Menge in Verbindung mit mindestens einer zweistelligen und gegebenenfalls weiteren ein– und zweistelligen Funktionen, wobei die Menge den Wertebereich für die Argumentvariablen und für die Ergebnisvariablen bildet. Die besonders interessanten Algebren sind dadurch gekennzeichnet, daß die Funktionen gewisse strukturelle Bedingungen erfüllen: Assoziativiät, Kommutativität, Distributivität, Existenz eines Neutralelements, Invertierbarkeit, Komplementarität (s. Bild 109).

Eine Funktion ist algebraisch formuliert, wenn sie durch Verkettung von Funktionen einer Algebra umschrieben ist. Die explizite Verwendung einzelner Elemente aus dem Wertebe-

---

1) Bestimmte algebraische Strukturen werden in der Mathematik durch festgelegte Bezeichnungen unterschieden: *Gruppe, Ring, Körper, Verband.*

reich ist in der Umschreibung auch zulässig; man kann dies auch als Verwendung nullstelliger Funktionen ansehen.

Beispiele zur Veranschaulichung dieser abstrakten Aussagen folgen weiter unten. Zuerst aber soll noch einmal das Problem verdeutlicht werden, das hier behandelt wird: Es gibt viele Systeme, deren Wertebereiche repX, repY und repZ nicht von vornherein Wertebereiche algebraischer Strukturen sind und deren Funktionen ω und δ deshalb auch nicht von vornherein algebraisch, sondern auf andere Weise formuliert werden. Wenn man nun zu einer algebraischen Formulierung übergehen will, dann ist man zu einer Trennung der Betrachtungsebenen gezwungen: Auf der anschaulichen Ebene werden die Funktionen ω und δ durch Tabellen und Graphen erfaßt, wie dies in Bild 98 für das Beispiel des Fahrkartenautomaten gezeigt ist. Auf der formalen Ebene dagegen werden die gleichen Funktionen algebraisch erfaßt, wobei der Wertebereich für die verknüpften Variablen und für die Ergebnisse der Verknüpfung eine primär vom betrachteten System unabhängige Menge ist, die nur über eine willkürlich festgelegte Abbildung mit dem System in Verbindung gebracht wurde. Deshalb können auch die auf dieser Abbildung beruhenden algebraischen Formulierungen von ω und δ nicht die Wirkungsweise des so beschriebenen Systems veranschaulichen.

Diese Unterscheidung der beiden Betrachtungsebenen kann man leichter verstehen, wenn man weiß, daß die früher vorgestellte Unterscheidung zwischen Symbol und Zeichen (s. Abschnitt 1.3.2 über Symbole) letztlich auf den gleichen Überlegungen beruht: Eine Menge anschaulicher Objekte und damit auch die Menge der stellvertretenden Symbole ist i.a. nicht von vornherein eine im mathematischen Sinne strukturierte Menge, d.h. es müssen keine natürlichen, auf der Anschauung beruhenden Relationen – insbesondere auch keine Ordnungsrelationen – bestehen. Die Zeichenmenge dagegen – beispielsweise das Buchstabenalphabet – wird von vornherein als strukturierte, nämlich geordnete Menge eingeführt, und diese Menge hat mit der Menge der zu symbolisierenden Objekte ursprünglich nichts zu tun. Erst durch die willkürliche Festlegung, daß bestimmte endliche Zeichenfolgen, Wörter genannt, als Symbole der Objekte gelten sollen, entsteht ein Zusammenhang zwischen der Objektmenge und der Zeichenmenge, durch den sich eine sekundäre Strukturierung der Objektmenge, nämlich ihre Ordnung, ergibt.

Der primär unstrukturierten Menge der zu symbolisierenden Objekte entsprechen die i.a. primär unstrukturierten Mengen repX, repY und repZ auf der anschaulichen Ebene der Automatenbetrachtung. Man denke beispielsweise an die Menge der Zigarettenmarken, die aus einem Automaten gezogen werden können. Der von vornherein strukturiert definierten Zeichenmenge muß auf der formalen Ebene der Automatenbetrachtung eine Menge entsprechen, die den Wertebereich einer Algebra bildet. Es stellt sich nun natürlich die Frage, welche Algebra zur formalen Erfassung von Automatenfunktionen geeignet ist, wenn die Wertebereiche auf der anschaulichen Ebene nicht schon von vornherein algebraisch strukturiert sind.

Man braucht eine sogenannte *vollständige Algebra*, damit man jede beliebige Funktion ω oder δ als endlich langen algebraischen Ausdruck formulieren kann. Eine vollständige Algebra ist dadurch gekennzeichnet, daß jede beliebige Funktion $w = f(v_1, v_2, ... v_m)$, die endlich viele Argumentvariable hat und bei der die Wertebereiche der Argument– und der Ergebnisvariablen zum Wertebereich der Algebra gehören, als endlich langer algebraischer Ausdruck formuliert werden kann. Es ist keineswegs der Normalfall, daß eine Algebra vollständig ist; vielmehr sind fast alle praktisch relevanten Algebren unvollständig. So kann keine Algebra mit einem unendlichen Wertebereich vollständig sein. Man betrachte als Beispiel den praktisch äußerst wichtigen Fall des Körpers der reellen Zahlen, der durch die Addition und die Multiplikation und die zugehörigen Umkehrungen in Form der Subtraktion und der Division gebildet wird. Dieser Körper ist nicht vollständig im angegebenen Sinne, da man leicht Funktionen angeben kann, die sich nicht durch endlich lange Verkettungen der vier arithmetischen Operationen ausdrücken lassen. Ein Beispiel für eine solche Funktion lautet:

$$f(v_1, v_2) = \begin{cases} v_1 & \text{falls } v_1 < v_2 \\ -27.498 & \text{sonst} \end{cases}$$

Dagegen gibt es zu endlichen Wertebereichen stets mindestens eine vollständige Algebra. Dies soll durch die folgenden Betrachtungen plausibel gemacht werden.

Eine vollständige Algebra für einen endlichen Wertebereich A mit mehr als zwei Elementen kann auf der Grundlage einer vollständigen Algebra für den binären Wertebereich $\{\nu, \varepsilon\}$ bestimmt werden. Dieser binäre Wertebereich, der im folgenden in der üblichen Form $\{0,1\}$ geschrieben wird, stammt aus den Axiomen der Boole'schen Struktur in Bild 53, die in Bild 54 auf verschiedene Weisen interpretiert wird. Die in Bild 53 eingeführten Funktionen

$$k(x, y), \; d(x, y) \text{ und die Negation } n(x)$$

bilden eine vollständige Algebra für den binären Wertebereich. Ein Beweis dafür wird hier allerdings nicht geliefert.[1)]

Neben der durch die Funktionen k, d und n bestimmten Algebra gibt es noch andere vollständige Algebren für den binären Wertebereich, insbesondere auch solche mit nur einer Funktion. Bild 101 zeigt die tabellarische Definition der sogenannten *Sheffer–Funktion* s(x,y). In diesem Bild ist auch gezeigt, daß man mit dieser Funktion die drei Funktionen k, d und n algebraisch formulieren kann, woraus folgt, daß s eine vollständige Algebra darstellt, falls auch das Funktionstripel (k, d, n) eine vollständige Algebra bildet. Der übersichtlicheren Infixschreibweise wegen wurde hier für die Funktion s(x, y) das Operatorsymbol $\Diamond$ gewählt.

Es gilt $s(x, y) = x \Diamond y = y \Diamond x = n[\,k(x, y)\,]$.

x	y	s(x,y)= x◊y	n(x)= 1◊x	n(y)= 1◊y	k(x,y)= 1◊(x◊y)	d(x,y)= (1◊x)◊(1◊y)
0	0	1	1	1	0	0
0	1	1	1	0	0	1
1	0	1	0	1	0	1
1	1	0	0	0	1	1

Bild 101 Definition der Sheffer–Funktion

1) Den Beweis findet man in jedem guten Buch über Schaltwerkstheorie unter den Stichwörtern *Fundamentalsatz der Schaltalgebra* oder *Normalform.*

Von einer vollständigen Algebra für den binären Wertebereich kann man leicht zu einer Algebra für einen Wertebereich A mit 2^k Elementen gelangen, indem man die Elemente von A als k–stellige Folgen $(b_1, b_2, \ldots b_k)$ von Binärzeichen darstellt. Es gibt genau 2^k unterschiedliche k–stellige Binärfolgen. Jede solche Folge kann man als sogenannte *Dualzahl* a auffassen, die den Wert

$$a = \sum_{i=1}^{k} 2^{k-i} \cdot b_i \qquad \text{mit } b_i \in \{ 0, 1 \}$$

hat. Der Wertebereich für a ist die Menge

$$A = \{ 0, 1, 2, \ldots (2^k-1) \} .$$

Der erste Schritt auf dem Weg zu einer vollständigen Algebra für die Menge der 2^k Binärfolgen besteht darin, die Funktionen einer vollständigen Algebra für den binären Wertebereich so zu verallgemeinern, daß sie auch für k–stellige Binärfolgen definiert sind. Eine Binärfunktion $e = f(x, y)$ wird verallgemeinert zu einer Funktion $E = F(X, Y)$, die zwei Binärfolgen X und Y so verknüpft, daß als Ergebnis eine Binärfolge E herauskommt, deren einzelne Binärstellen e_i das Ergebnis der Binärverknüpfung $f(x_i, y_i)$ der entsprechenden Binärstellen der Argumentfolgen X und Y sind. Als Beispiel hierfür ist in Bild 102 die Anwendung der in Bild 101 vorgestellten Shefferfunktion auf dreistellige Binärfolgen gezeigt.

X	(0 , 1 , 0) ≙ 2
Y	(1 , 1 , 0) ≙ 6
	(s [0, 1] , s [1, 1] , s [0, 0])
E = S(X,Y)	(1 , 0 , 1) ≙ 5

Bild 102 Anwendung der Shefferfunktion auf dreistellige Binärfolgen

Die derart verallgemeinerten Funktionen einer Algebra, die für den binären Wertebereich vollständig ist, bilden allerdings für die Menge der mindestens zweistelligen Binärfolgen keine vollständige Algebra mehr. Denn damit kann man keine Funktionen formulieren, bei denen eine Stelle e_i der Ergebnisfolge von einer an anderer Position $j \neq i$ stehenden Stelle x_j einer Argumentfolge abhängt. Man braucht aber nur noch eine einzige weitere Funktion hinzuzunehmen, dann hat man wieder eine vollständige Algebra. Als einfachste Funktion zur Vervollständigung der Algebra für Binärfolgen bietet sich das zyklische Schieben um eine Binärstelle an. Es handelt sich um eine einstellige Funktion, die hier in der Form *Rechtszyklus(X)* – abgekürzt *RZykl(X)* – geschrieben wird und die in Bild 103 veranschaulicht ist.

Daß auf diese Weise eine vollständige Algebra gewonnen werden kann, wird hier nicht bewiesen. Es sollte nur gezeigt werden, daß man das Problem der algebraischen Formulierung diskreter Funktionen zweckmäßigerweise dadurch löst, daß man die Funktionen als Verknüpfungen von Binärfolgen auffaßt.

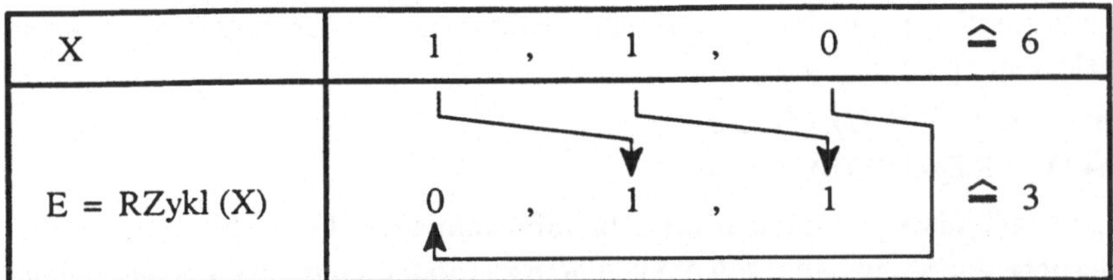

Bild 103 Veranschaulichung der Schiebefunktion

Die Disziplin, die sich mit diskreten Systemen in algebraischer Formulierung befaßt, wobei alles Beobachtbare auf Binärfolgen reduziert wird, ist die *Schaltwerkstheorie*. Sie ist eine wesentliche Voraussetzung für die Konstruktion von Computern, technischen Steuerungen und vielen anderen sogenannten digitaltechnischen Systemen. Die Bedeutung der Schaltwerkstheorie beruht nicht allein auf der Allgemeingültigkeit ihrer algebraischen Grundlage, sondern auch auf dem Sachverhalt, daß sich Einrasteffekte in elektronischen Systemen besonders günstig in binärer Form als Ein/Aus–Schaltvorgänge realisieren lassen.

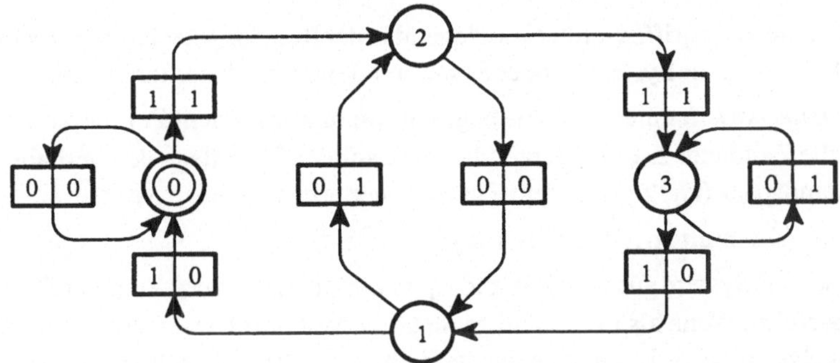

Bild 104 Automatenbeispiel für die algebraische Formulierung der Verhaltensfunktion

Zum Abschluß dieser Betrachtung wird noch ein Beispiel vorgestellt, auf welches bei der Behandlung des Linearitätsbegriffs im Abschnitt 2.2.4.2 Bezug genommen werden wird. Die Funktionen ω und δ des in Bild 104 gezeigten Automaten sollen algebraisch formuliert werden, wobei die in Bild 105 dargestellte vollständige Algebra verwendet werden soll. Die beiden zweistelligen Funktionen dieser Algebra ergeben sich aus den beiden junktorenlogischen Funktionen *Antivalenz* und *Konjunktion* (s. Bild 36) durch Verallgemeinerung auf Binärfolgen.

Einstellige Funktion:

X	RZykl (X)
0	0
1	2
2	1
3	3

Zwei zweistellige Funktionen

X	0	0	0	0	1	1	1	1	2	2	2	2	3	3	3	3
Y	0	1	2	3	0	1	2	3	0	1	2	3	0	1	2	3
X ⊕ Y	0	1	2	3	1	0	3	2	2	3	0	1	3	2	1	0
X · Y	0	0	0	0	0	1	0	1	0	0	2	2	0	1	2	3

Bild 105 Beispiel einer vollständigen vierwertigen Algebra

Die algebraische Formulierung der Verhaltensfunktionen zum gegebenen Automatengraphen wird hier ohne Herleitung angegeben:

$$Y(n) = 1 \cdot [\, Z(n) \oplus X(n) \,]$$
$$Z(n+1) = \mathrm{RZykl}\,[\, Z(n) \oplus X(n) \,]$$

Bei einer solchen Algebraisierung können sich sehr aufwendige Ausdrücke für ω und δ ergeben. Der erforderliche Aufwand hängt sowohl von dem zu modellierenden – und auf der anschaulichen Ebene beschriebenen – Systemverhalten als auch von der willkürlich festgelegten Abbildung auf die Zahlenmenge ab. Würde man beispielsweise bei dem Automaten in Bild 104 die Numerierung der beiden Zustände 2 und 3 vertauschen, dann ergäben sich sehr viel längere Ausdrücke für ω und δ.

2.2.4 Spezielle Klassifikationskriterien

2.2.4.1 Steuerbarkeit, Beobachtbarkeit und Stabilität

Die hier vorzustellenden Begriffe werden vorwiegend in der Regelungstechnik gebraucht, um bestimmte Erscheinungen in Systemen oder Systemmodellen zu charakterisieren.

Vollständige Steuerbarkeit eines Systems liegt vor, wenn es zu jedem Zeitpunkt t_1 mindestens eine endliche Zeitdauer Δt_S gibt derart, daß man auf der Grundlage des Verhaltensmodells jedem Zustandspaar (Z_1, Z_2) aus dem Zustandswertebereich einen Verlauf

oo. Abschnitt $(t_1, "X(t)", t_1 + \Delta t_S)$

zuordnen kann, der das System aus dem Zustand Z_1 im Zeitpunkt t_1 in den Zustand Z_2 im Zeitpunkt $t_1 + \Delta t_S$ überführt. Wenn also vollständige Steuerbarkeit gegeben ist, dann kann der Experimentator das System jeweils durch geeignete Wahl von "X(t)" ausgehend von jedem beliebigen bekannten Zustand Z_1 in jeden beliebigen Zustand Z_2 hineinsteuern, wobei die dafür aufgewendete Zeitspanne Δt_S unabhängig von der Wertekombination (Z_1, Z_2) ist.

Wenn das Kriterium für vollständige Steuerbarkeit nicht die Existenz einer von der Wertekombination (Z_1, Z_2) unabhängigen Überführungszeit Δt_S verlangen würde, dann könnten auch Systeme das Steuerbarkeitskriterium erfüllen, die gar keine Eingabeschnittstelle haben und die man deshalb selbstverständlich als nicht steuerbar einstufen möchte. Man denke an ein reibungsfrei periodisch schwingendes Pendel, welches zyklisch nacheinander immer wieder alle Zustände durchläuft, so daß grundsätzlich nach jedem Zustand Z_1 in endlichem Zeitabstand jeder Zustand Z_2 wieder auftreten wird. Der Zeitabstand hängt aber in diesem Fall vom Wertepaar (Z_1, Z_2) ab, und deshalb liegt definitionsgemäß keine Steuerbarkeit vor.

Im Falle des Rotationsbalkens mit der Kraft als Eingabe liegt vollständige Steuerbarkeit vor, denn hier ist in jeder beliebig vorgebbaren Zeitspanne jede vorgegebene Wertekombination für den Winkel und die Winkelgeschwindigkeit durch einen geeigneten Kraftverlauf in jede gewünschte Wertekombination dieser Variablen überführbar.

Das Steuerbarkeitskriterium ist auch auf zeitfrei modellierte sequentielle Systeme übertragbar. Anstelle der Überführungszeitspanne Δt_S setzt man dann einfach die Länge Δn_S der zustandsüberführenden Eingabefolge. Ein Automatenbeispiel, für welches das Kriterium der vollständigen Steuerbarkeit zutrifft, ist der Fahrkartenautomat in Bild 98 : Es gibt Wege zwischen jedem beliebigen Zustandspaar (Z_1, Z_2), die alle die einheitliche Länge $\Delta n_S = 4$ haben.

Als nächster Begriff wird die vollständige Beobachtbarkeit betrachtet.

Vollständige Beobachtbarkeit eines Systems liegt vor, wenn es zu jedem Zeitpunkt t_1 mindestens eine endliche Zeitspanne Δt_B und einen X–Verlauf

oo. Abschnitt (t_1, "X(t)", $t_1 + \Delta t_B$)

gibt derart, daß man auf der Grundlage des Verhaltensmodells jedem Zustand Z_1 aus dem Zustandswertebereich umkehrbar eindeutig einen Y–Verlauf

oo. Abschnitt (t_1, "Y(t)", $t_1 + \Delta t_B$)

zuordnen kann, der sich ergibt, falls $Z(t_1) = Z_1$ angenommen wird. Mit anderen Worten heißt dies, daß vollständige Beobachtbarkeit eines Systems vorliegt, wenn es zu jedem Zeitpunkt t_1 mindestens eine Zeitspanne Δt_B und einen X–Verlauf

oo. Abschnitt (t_1, "X(t)", $t_1 + \Delta t_B$)

gibt derart, daß man aus diesem X–Verlauf und dem daraus resultierenden Y–Verlauf auf der Grundlage des Verhaltensmodells eindeutig auf $Z(t_1)$ schließen kann.

Vollständige Beobachtbarkeit kann nicht vorliegen, wenn der Zustandswertebereich des Verhaltensmodells nicht minimal ist.

Im Falle des Rotationsbalkens mit der Kraft als Eingabe und dem Bodenabstand des rechten Balkenendes als Ausgabe liegt vollständige Beobachtbarkeit vor. Denn wenn man auf jegliche äußere Krafteinwirkung verzichtet, ergibt sich aus dem Federmoment und der Massenträgheit ein sinusförmiger Verlauf für $\phi(t)$ und daraus ein periodischer Verlauf für $h_R(t)$, und von diesem kann man eindeutig auf den Verlauf der beiden Zustandskomponenten $\phi(t)$ und $\dot{\phi}(t)$ rückschließen. Bild 106 zeigt dies für ein Beispiel, in dem der Balken zwischen den beiden extremen Winkellagen +225° und –225° hin– und herschwingt. Für die Zustandsbeobachtung genügt also hier ein X–Verlaufsabschnitt mit dem konstanten Kraftwert null.

Ein solcher Nullkraftverlauf würde zur Zustandsbeobachtung nicht ausreichen, wenn die rücktreibende Feder fehlen würde. Denn dann würde der Balken ohne wirkende Kraft entweder unbeweglich stehen oder sich mit konstanter Winkelgeschwindigkeit drehen, und dazu ergäbe sich ein konstanter Wert für h_R bzw. ein sinusförmiger Verlauf für $h_R(t)$. Durch Beobachtung des Verlaufs von $h_R(t)$ könnte man in diesem Fall nicht eindeutig auf den Verlauf des Winkels rückschließen, denn im minimalen Wertebereich $-180° \leq \phi < +180°$ des Winkels gibt es immer zwei unterschiedliche Winkelwerte, die dem gleichen h_R–Wert zugeordnet sind, falls die Bedingung $|h_R - h_0| \neq d$ erfüllt ist:

$$1.\ \text{Wert} = \arcsin \frac{h_R - h_0}{d} \quad ; \qquad 2.\ \text{Wert} = \begin{cases} (180° - 1.\text{Wert}) & \text{falls } h_R - h_0 > 0 \\ -(180° - 1.\text{Wert}) & \text{falls } h_R - h_0 \leq 0 \end{cases}$$

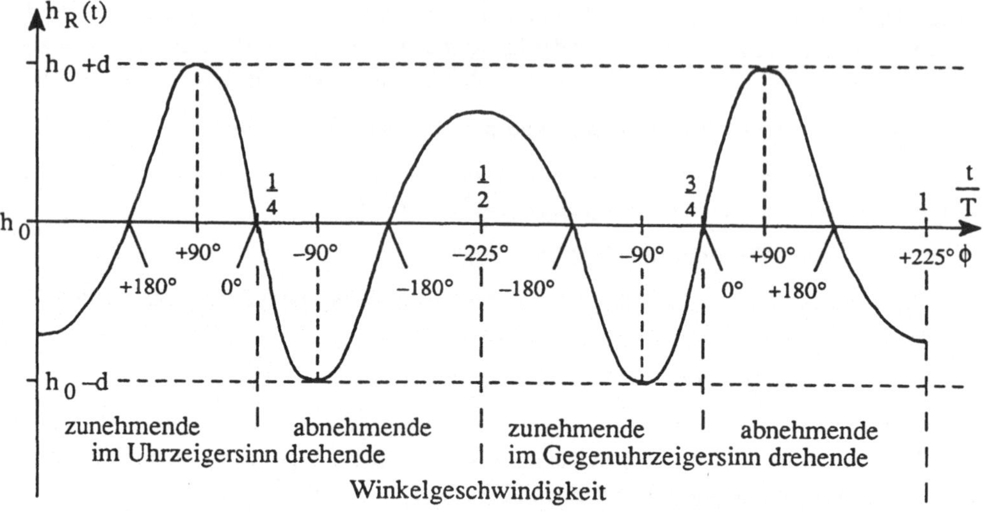

Bild 106 Zur Beobachtbarkeit im Beispiel des Rotationsbalkens

Wenn man aber beim federlosen Balken im Beobachtungsintervall einen Kraftverlauf wählt, bei dem nur in der ersten Intervallhälfte keine, aber in der zweiten Intervallhälfte eine konstante positive Kraft auf das linke Balkenende im Gegenuhrzeigersinn wirkt, dann kann man auch hier wieder aus dem h_R–Verlauf erkennen, wie sich die Winkelgeschwindigkeit ändert, und daraus kann man – wegen der bekannten Wirkrichtung der Kraft – eindeutig auf den Verlauf der Zustandskomponenten ϕ und $\dot{\phi}$ schließen.

So wie das Steuerbarkeitskriterium ist auch das Beobachtbarkeitskriterium auf zeitfrei modellierte sequentielle Systeme übertragbar. Als Beispiel wird wieder der Fahrkartenautomat in Bild 98 betrachtet. Um herauszufinden, in welchem der drei möglichen Zustände sich der Automat aktuell befindet, braucht man in diesem Fall nur eine Eingabefolge der Länge $\Delta n_B = 1$. Man braucht nämlich nur ein Markstück einzuwerfen und kann von der sich ergebenden Ausgabe eindeutig auf den Zustand vor der Eingabe schließen:

nichts $\Rightarrow$ 0; Fahrkarte $\Rightarrow$ 50; Fahrkarte + 50Pfg $\Rightarrow$ 100.

Als nächstes wird der Begriff der Stabilität betrachtet. Es gibt mehrere unterschiedliche Definitionen. Die beiden meistgebräuchlichen Definitionen werden hier vorgestellt. Es handelt sich um die *Gleichgewichtsstabilität* und die *Übertragungsstabilität*. In beiden Fällen wird untersucht, wie der Verlauf "Q(t)" einer Systemvariablen vom Eingabeverlauf "X(t)" ab dem Zeitpunkt t_1 abhängt. Q(t) kann Z(t) oder Y(t) oder eine Komponente davon sein.

Der Begriff der *Gleichgewichtsstabilität* setzt voraus, daß die Wertebereiche von X und Q als sogenannte *metrische Räume* [1)] definiert sind. Denn es muß eine Distanzfunktion definiert sein, damit man sagen kann, ein Eingabeverlauf "$X_1(t)$" liege näher bei einem Referenzverlauf "$X_0(t)$" als ein anderer Verlauf "$X_2(t)$", bzw. ein Wert Q_1 weiche weniger von einem Referenzwert Q_0 ab als ein anderer Wert Q_2.

Zuerst wird der einfache Fall betrachtet, daß es sich um ein System ohne Eingabevariable X handelt. Als Beispiel ist in Bild 107 ein zu einem Gebirge geformtes Band dargestellt, auf dem eine Walze rollen kann.

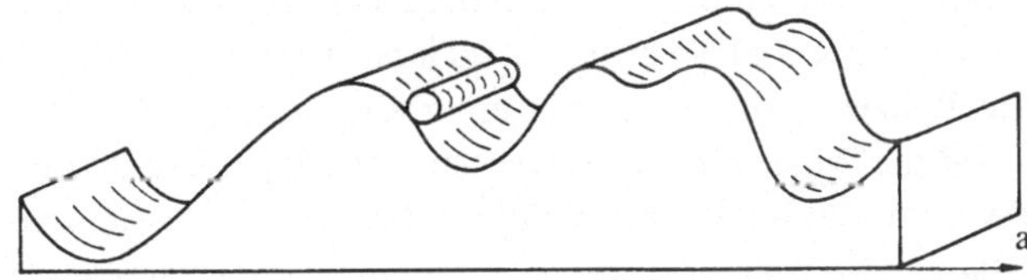

Bild 107
Eingabefreies System zur Veranschaulichung der Gleichgewichtsstabilität

Q(t) sei der Zustand dieses Systems, der durch die Lage der Walzenachse bezüglich der Koordinate a und durch die Winkelgeschwindigkeit der Walze erfaßt wird. Intuitiv wird man als stabile Zustände diejenigen bezeichnen, wo die Walze in einem der Täler bewegungslos liegt. Es handelt sich um diejenigen Zustände, die man trotz fehlender Einflußmöglichkeiten aufrechterhalten kann.

Aber nicht jeder haltbare Zustand ist ein stabiler Zustand. Man betrachte hierzu noch einmal das Bild 107: Der Zustand, daß die Walze in Ruhelage auf einem Berggipfel liegt, ist haltbar, aber nicht stabil. Er ist haltbar, weil in diesem Zustand keine Kraft auf die Walze einwirkt, wodurch sie in eines der beiden Täler links oder rechts vom Gipfel gezogen würde. Die geringste Abweichung von diesem Zustand führt aber zu einer solchen Kraft. Deshalb muß die Stabilitätsbedingung derart sein, daß die Ruhelage in einem Tal als stabil und die Ruhelage auf einem Gipfel als instabil klassifiziert werden.

Das Kriterium für die Gleichgewichtsstabilität wird zu Ehren seines Urhebers als *Lyapunow–Kriterium* bezeichnet. Dieses Kriterium verwendet den Umgebungsbegriff: Als ε–Umgebung eines Elementes m wird die Menge all derjenigen Elemente bezeichnet, deren Distanz zu m kleiner als ε ist. Damit wird die Gleichgewichtsstabilität für den Fall fehlender Eingabe wie folgt definiert: Ein Systemwert Q_0 ist stabil, wenn es zu jedem beliebig vorgegebenen $\varepsilon_0 > 0$ ein $\varepsilon_1 > 0$ gibt derart, daß die Werte Q(t) für alle Zeitpunkte $t > t_1$ in der ε_0–Umgebung von Q_0 liegen, falls $Q(t_1)$ in der ε_1–Umgebung von Q_0 liegt.

Bild 108 veranschaulicht diese Definition: Zwei konzentrische Kreise mit Q_0 als Mittelpunkt begrenzen die ε_0– bzw. ε_1–Umgebung von Q_0. Die gestrichelte Linie zeigt einen angenommenen Verlauf "Q(t)" für $t_1 \leq t$. Dieser Verlauf wird auch für beliebig große Werte $t-t_1$ nie die ε_0–Umgebung verlassen und auch nicht in die schraffierten Bereiche der ε_0–Umgebung

1) Eine Menge M wird als metrischer Raum bezeichnet, wenn eine sogenannte Distanzfunktion d definiert ist, die folgende Bedingungen erfüllt:

$d(m_i, m_j) \in \mathbb{R}; \quad 0 \leq d(m_i, m_j)$	Reelle, nichtnegative Distanz.
$[\, d(m_i, m_j) = 0 \,] \leftrightarrow [\, m_i = m_j \,]$	Nur zwischen gleichen Elementen ist die Distanz 0.
$d(m_i, m_j) = d(m_j, m_i)$	Kommutativität.
$d(m_i, m_k) \leq d(m_i, m_j) + d(m_j, m_k)$	Dreiecksungleichung: Die direkte Distanz ist nie länger als die Umwegdistanz.

geraten. Diese schraffierten Bereiche umfassen diejenigen Werte Q, von denen aus die ε_0–Umgebung verlassen würde. Wenn es solche Bereiche nicht gäbe, wäre die ε_1–Umgebung gleich der ε_0–Umgebung.

Ein Zusammenhang zwischen dem Umgebungsbild 108 und dem Walzensystem in Bild 107 ist am einfachsten dadurch herzustellen, daß man wieder Q(t) = Z(t) setzt. Denn dann kann man $Q_0 = Z_0$ als Ruhelage in einem Tal interpretieren, und $Q(t_1) = Z(t_1)$ könnte die in Bild 107 gezeigte Walzenposition sein mit einer abwärtsführenden kleinen Winkelgeschwindigkeit. Dann wird die Walze dieses Tal nicht mehr verlassen, und ihre Drehgeschwindigkeit wird einen gewissen Maximalbetrag nie überschreiten. Der Systemzustand Q(t) = Z(t) wird also für alle Zeiten $t \geq t_1$ in einer begrenzten Umgebung des stabilen Wertes $Q_0 = Z_0$ bleiben.

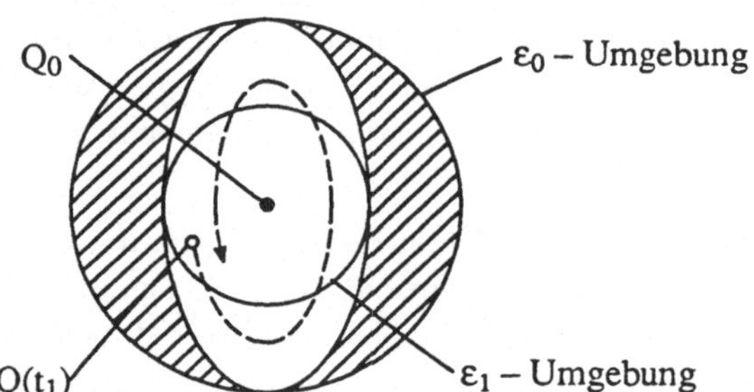

Bild 108
Zur Definition der Gleichgewichtsstabilität

Das Kriterium für die Gleichgewichtsstabilität im Falle fehlender Eingabe kann nun wie folgt auf Systeme mit X erweitert werden: Ein Systemwert Q_0 ist stabil bezüglich eines Eingabeverlaufs "$X_0(t)$", falls es zu jedem beliebig vorgegebenen $\varepsilon_0>0$ ein $\varepsilon_1>0$ und ein $\varepsilon_X>0$ gibt derart, daß die Werte Q(t) für alle Zeitpunkte $t > t_1$ innerhalb der ε_0–Umgebung von Q_0 liegen, falls $Q(t_1)$ in der ε_1–Umgebung von Q_0 liegt und der Verlauf "X(t)" ab dem Zeitpunkt t_1 in der ε_X–Umgebung von "$X_0(t)$" liegt. Man beachte dabei, daß ε_X keine Grenze für die Distanz von X–Werten ist, sondern eine Grenze für die Distanz von X–Verläufen.

Als Beispiel zur Veranschaulichung wird der bereits bekannte gefederte Rotationsbalken aus Bild 73 betrachtet. Der Einfachheit wegen wird wieder Q(t) = Z(t) gesetzt. In diesem Fall gibt es unendlich viele Paare (Q_0, "$X_0(t)$"), in denen Q_0 stabil bezüglich "$X_0(t)$" ist. Diese Paare haben die Form

$$\begin{bmatrix} Q_0 \\ \\ "X_0" \end{bmatrix} = \begin{bmatrix} Z_0 \\ \\ "X_0" \end{bmatrix} = \begin{bmatrix} \begin{bmatrix} \phi_0 \\ \dot{\phi}_0 \end{bmatrix} \\ "K_0" \end{bmatrix} = \begin{bmatrix} \begin{bmatrix} \frac{K_0 \cdot d}{c} \\ 0 \end{bmatrix} \\ "K_0" \end{bmatrix}$$

Darin ist der Verlauf "$X_0(t)$" als Einwirkung einer konstanten Kraft K_0 zu verstehen, und Q_0 beschreibt den Sachverhalt, daß sich der Balken unbewegt in derjenigen Winkellage befindet, die sich als Gleichgewichtslage aus dem Moment der Kraft K_0 und dem rücktreibenden Federmoment ergibt.

Die im Stabilitätskriterium vorausgesetzten Metriken kann man hier wie folgt festlegen:

$$d(Z_1, Z_2) = \sqrt{(\phi_1 - \phi_2)^2 + T^2 \cdot (\dot{\phi}_1 - \dot{\phi}_2)^2}$$

$$d\,[\,"X_1(t), "X_2(t)"\,] = \sqrt{\int_{t_1}^{t_2} [\,K_1(t) - K_2(t)]^2 \cdot \frac{dt}{T}}$$

Darin ist T eine beliebig wählbare Zeitkonstante, die in die Formeln aufgenommen wurde, damit sich die "X"–Distanz als Kraftwert und die Z–Distanz als Winkelwert ergeben.

Der Metrik im Zustandsraum liegt die Anschauung einer zweidimensionalen Zustandsebene mit den Koordinatenachsen ϕ und $T \cdot \dot{\phi}$ zugrunde, wo der Abstand zweier Punkte nach dem Satz des Pythagoras bestimmt wird. Die Metrik im Raum der X–Verläufe wird durch die Wurzel aus dem Integral des Abweichungsquadrats festgelegt. Auch diese Metrik beruht auf dem verallgemeinerten Satz des Pythagoras, denn es wird eine Summe von unendlich vielen quadrierten Differenzen gebildet, aus der dann die Wurzel gezogen wird. Auf das Ziehen der Wurzel kann nicht verzichtet werden, da sonst die Dreiecksungleichung nicht erfüllt wäre.

In diesem Beispiel besagt die Definition der Gleichgewichtsstabilität folgendes: Der Zustand Z_0 des Systems, bei dem durch dauerndes Einwirken mit der konstanten Kraft K_0 der Balken unbewegt in der Position $\phi_0 = K_0 \cdot d/c$ gehalten wird, ist stabil, weil folgender Sachverhalt gilt: Wenn man erreichen will, daß für beliebiges $t_2 > t_1$ der Zustand $Z(t_2)$ um weniger als $\varepsilon_0 > 0$ von Z_0 abweicht, dann braucht man nur dafür zu sorgen, daß zum Zeitpunkt t_1 der Zustand $Z(t_1)$ um weniger als $\varepsilon_1 > 0$ von Z_0 abweicht und daß der Verlauf von X im Intervall zwischen t_1 und t_2 um weniger als $\varepsilon_X > 0$ vom konstanten Verlauf "K_0" abweicht.

Nun soll der Begriff der *Übertragungsstabilität* vorgestellt werden. Die Definition dieses Begriffes setzt voraus, daß die Wertebereiche von X und Q sogenannte *normierte Räume* sind. Ein normierter Raum ist ein Sonderfall eines sogenannten *Vektorraums*. Der Begriff des Vektorraums wird auch für den später noch vorzustellenden Begriff der Linearität gebraucht.

Zum Begriff des abstrakten Vektorraums gelangt man durch Verallgemeinerung des durch drei kartesische Koordinatenachsen aufgespannten dreidimensionalen Raumes. Jeder Punkt dieses Raumes – außer dem Ursprung – ist Endpunkt einer gerichteten Strecke, die vom Koordinatenursprung zu diesem Punkt führt. Diese Strecke wird als der zu diesem Punkt gehörende *Vektor in Ursprungslage* bezeichnet. Jede gerichtete Strecke, die durch Parallelverschiebung des Vektors aus der Ursprungslage heraus entsteht, wird noch als derselbe Vektor angesehen, der dann eben nicht mehr in Ursprungslage liegt. Für die Unterscheidung von Vektoren als Elemente einer Menge ist also nur ihre Länge und ihre Richtung, aber nicht ihre Lage maßgeblich. Man kann Vektoren addieren und mit reellen Zahlen multiplizieren, wobei jeweils wieder ein Vektor als Ergebnis herauskommt.

Diese anschaulichen Sachverhalte kann man als abstrakte algebraische Struktur formulieren, wie dies in Bild 109 gezeigt ist. Die dort eingeführten Funktionen, Mengen und Elemente haben im anschaulichen dreidimensionalen Vektorraum folgende Bedeutung:

V	Menge aller dreidimensionalen Vektoren
A	Addition zweier Vektoren
v_{nA}	Nullvektor
N_A	Richtungsumkehr eines Vektors
K	Menge R der reellen Zahlen
a	Addition zweier reeller Zahlen
m	Multiplikation zweier reeller Zahlen
k_{na}	die reelle Zahl 0
k_{nm}	die reelle Zahl 1
N_a	Vorzeichenwechsel einer reellen Zahl
N_m	Kehrwertbildung einer reellen Zahl
M	Multiplikation eines Vektors mit einer reellen Zahl

Es ist nun üblich, jede Menge V, die in der in Bild 109 gezeigten Form in eine Struktur eingebunden ist, als Vektorraum zu bezeichnen, auch wenn die Elemente von V völlig anderer Art sind als die Vektoren aus der klassischen Anschauung. Es ist sogar üblich, auch dann noch von einem abstrakten Vektorraum zu sprechen, wenn bestimmte strukturelle Merkmale aus Bild 109 fehlen. So ist die Kommutativität der Funktion m kein notwendiges Merkmal eines abstrakten Vektorraums.

Wenn die zu einem Vektorraum gehörende Skalarmenge K gleich der Menge R der reellen Zahlen ist, dann spricht man von einem reellen Vektorraum, und wenn K gleich der Menge C der komplexen Zahlen ist, spricht man von einem komplexen Vektorraum. Ein Vektorraum V heißt *normiert*, wenn er reell oder komplex ist und wenn eine sogenannte Norm– oder Betragsfunktion B definiert ist, die folgende Bedingungen erfüllt:

$B(v) \in R \; ; \quad 0 \leq B(v)$		reeller nichtnegativer Betrag
$[B(v)=0] \leftrightarrow [v = v_{nA}]$		Nur der Nullvektor hat den Betrag 0.
$B[M(k,v)] = \lvert k \rvert \cdot B(v)$		[1)]
$B[A(v_i,v_j)] \leq B(v_i) + B(v_j)$		Dreiecksungleichung

Man erkennt eine gewisse Ähnlichkeit zur Definition der Metrik (s. S. 201); man beachte aber, daß der Metrikbegriff nicht die Struktur des Vektorraums voraussetzt.

Nachdem nun der Begriff des normierten Vektorraums eingeführt ist, kann der Begriff der *Übertragungsstabilität* definiert werden: Ein System ist stabil ab dem Zeitpunkt t_1 bezüglich der Variablen Q, wenn die Wertebereiche von X und Q normierte Vektorräume mit den Betragsfunktionen B_X und B_Q sind und wenn es zu jedem beliebig vorgegebenen positiven, endlichen b_{XMAX} ein positives, endliches b_{QMAX} gibt derart, daß

$$B_Q[Q(t)] < b_{QMAX} \quad \text{für alle Zeitpunkte } t \geq t_1,$$
$$\text{falls } B_X[X(t)] < b_{XMAX} \quad \text{für alle Zeitpunkte } t \geq t_1.$$

Bei einem stabilen System findet man also immer eine Grenze, die der Q–Betrag nie überschreiten kann, falls der X–Betrag dauernd unterhalb einer frei gewählten Schwelle bleibt. Deshalb wird in der englischsprachigen Fachliteratur die Übertragungsstabilität oft auch als BIBO–Stabilität bezeichnet: Bounded Input, Bounded Output.

---

1) Weil k nur eine reelle oder komplexe Zahl sein darf, ist auch ihr Betrag $\lvert k \rvert$ definiert.

<table>
<tr><td colspan="2">Zu einer Menge $V = \{ v_1, v_2, \dots \}$, deren Elemente als anschauliche Vektoren betrachtet werden können, findet man folgende Strukturelemente :</td></tr>
<tr><td>Eine kommutative und assoziative Funktion A, die jedem Paar aus V ein Element aus V zuordnet, also
$A(v_i, v_j) \in V$</td><td rowspan="3">Die dadurch auf der Menge V definierte algebraische Struktur heißt
"Abel'sche Gruppe"</td></tr>
<tr><td>Ein bezüglich der Funktion A neutrales Element $v_{nA} \in V$, so daß für jedes $v_i \in V$ gilt
$A(v_{nA}, v_i) = A(v_i, v_{nA}) = v_i$</td></tr>
<tr><td>Eine bezüglich der Funktion A invertierende Funktion N_A, die jedem Element $v_i \in V$ ein Element $N_A(v_i) \in V$ zuordnet, so daß gilt:
$A[v_i, N_A(v_i)] = A[N_A(v_i), v_i] = v_{nA}$</td></tr>
<tr><td>Eine Menge $K = \{k_1, k_2, \dots \}$, die als Skalarmenge bezeichnet wird.</td><td rowspan="4">Die dadurch auf der Menge K definierte algebraische Struktur heißt
"Körper"</td></tr>
<tr><td>Zwei kommutative, assoziative und einseitig distributive Funktionen a und m, die jedem Paar von Elementen aus K jeweils ein Element aus K zuordnen:
$a(k_i, k_j) \in K$
$m(k_i, k_j) \in K$
$m[k_n, a(k_i, k_j)] = a[m(k_n, k_i), m(k_n, k_j)]$</td></tr>
<tr><td>Je ein bezüglich der Funktionen a und m neutrales Element $k_{na} \in K$ bzw. $k_{nm} \in K$, so daß für jedes $k_i \in K$ gilt
$a(k_{na}, k_i) = a(k_i, k_{na}) = k_i$
$m(k_{nm}, k_i) = m(k_i, k_{nm}) = k_i$
mit der Zusatzbedingung $m(k_{na}, k_i) = m(k_i, k_{na}) = k_{na}$</td></tr>
<tr><td>Je eine bezüglich der Funktionen a und m invertierende Funktion N_a bzw. N_m, wobei N_a für alle Elemente von K definiert ist, N_m aber für k_{na} nicht definiert ist:
$a[k_i, N_a(k_i)] = a[N_a(k_i), k_i] = k_{na}$ für alle $k_i \in K$
$m[k_i, N_m(k_i)] = m[N_m(k_i), k_i] = k_{nm}$ für alle $k_i \in K$
außer $k_i = k_{na}$</td></tr>
<tr><td>Eine Funktion M, die jedem Paar (k, v) ein Element aus V zuordnet, also $M(k, v) \in V$
wobei die "gemischte Assoziativität"
$M[m(k_i, k_j), v] = M[k_i, M(k_j, v)]$
und die "gemischte Distributivität"
$M[a(k_i, k_j), v] = A[M(k_i, v), M(k_j, v)]$
$M[k, A(v_i, v_j)] = A[M(k, v_i), M(k, v_j)]$
sowie die Neutralität $M(k_{nm}, v) = v$ gelten.</td><td>Die Funktion M verbindet die Gruppe mit dem Körper, und erst dadurch entsteht der Vektorraum.</td></tr>
</table>

Bild 109 Die formalen Strukturelemente des klassischen Vektorraums

2.2.4.2 Zeitinvarianz und Linearität

Es wird nun der Begriff der *Zeitinvarianz* vorgestellt, der insbesondere zur Kennzeichnung einer wichtigen Klasse von Regelungssystemen und von Systemen der Signalübertragung gebraucht wird. Wenn ein System zeitinvariant ist, dann heißt dies nicht, daß sich in diesem System mit der Zeit überhaupt nichts ändern dürfte; denn zumindest Y muß variabel sein, damit man sinnvollerweise von einem Systemverhalten reden kann. Ein System wird als zeitinvariant bezeichnet, wenn es für dieses System mindestens einen Verlauf "$X_{NEUTRAL}(t)$" gibt derart, daß folgende Aussage gilt:

Wenn die beiden Partner des Paares

$$[\text{ oo. Abschnitt } (t_0, \text{"}X_1(t)\text{"}, \infty) \quad , \text{oo. Abschnitt } (t_0, \text{"}Y_1(t)\text{"}, \infty)\ ]$$

aufgrund des Verhaltensmodells zusammengehören, dann gehört auch für beliebiges $\Delta t > 0$ das Paar $[\text{ oo. Abschnitt } (t_0{+}\Delta t, \text{"}X_1(t{-}\Delta t)\text{"}, \infty)\ , \text{ oo. Abschnitt } (t_0{+}\Delta t, \text{"}Y_1(t{-}\Delta t)\text{"}, \infty)\ ]$ zusammen, falls vor $t_0 + \Delta t$ am Systemeingang der neutrale Verlauf lag, d.h. falls gilt

$$\text{oo. Abschnitt } (t_0, \text{"}X(t)\text{"}, t_0{+}\Delta t) \quad = \quad \text{oo. Abschnitt } (t_0, \text{"}X_{NEUTRAL}(t)\text{"}, t_0{+}\Delta t).$$

Diese Definition wird anhand von Bild 110 veranschaulicht. Die Verläufe von X_2 und Y_2 sind derart zusammengesetzt, daß das jeweilige Anfangsstück von t_0 bis $t_0{+}\Delta t$ dem neutralen Verlauf entspricht und der Verlauf danach gleich dem entsprechend verschobenen Verlauf von X_1 bzw. Y_1 ist.

Wenn ein System die angegebene Bedingung der Zeitinvarianz erfüllt, dann ist sein Zustand Z zum Zeitpunkt t_0 seiner Inbetriebnahme derart, daß er durch einen neutralen X–Verlauf gehalten werden kann. Es gilt dann also $Z(t_0{+}\Delta t) = Z(t_0)$ für beliebige positive Werte von Δt, falls X im Intervall zwischen t_0 und $t_0{+}\Delta t$ ein neutraler Verlauf ist. Dies ist die Definition der Neutralität im hier gebrauchten Sinne. Ein Zustand, zu dem es mindestens einen neutralen X–Verlauf gibt, soll *haltbarer Zustand* genannt werden.

Im Beispiel des gefederten Rotationsbalkens gibt es unendlich viele haltbare Zustände, denn immer wenn die Winkelgeschwindigkeit null ist, wenn also gilt

$$Z(t_1) = [\ \phi(t_1), \dot{\phi}(t_1)\ ] = [\ \phi(t_1), 0\ ] \ ,$$

ist der Balken ohne kinetische Energie; und diesen Zustand kann man beliebig lange aufrechterhalten, indem man mit der Kraft $K = \phi \cdot c/d$ im Gegenuhrzeigersinn auf das linke Balkenende drückt.

An diesem Beispiel kann man nun leicht zeigen, daß es sinnvoll ist, den Begriff der Zeitinvarianz gegenüber der bisherigen Definition noch etwas zu erweitern: Der Aufbau und die Funktionsweise des Balkensystems hängen nicht von dem Zustand ab, der sich ergibt, wenn es in Betrieb genommen wird, denn es ist mehr oder weniger zufällig, welcher Winkel und welche Winkelgeschwindigkeit sich im Zeitpunkt t_0 ergeben. Nach der bisherigen Definition der Zeitinvarianz hängt nun aber die Frage, ob es sich um ein zeitinvariantes System handelt oder nicht, entscheidend davon ab, ob zum Zeitpunkt t_0 die Winkelgeschwindigkeit null ist oder nicht. Dies ist sicher mit dem Anspruch, den ein systemklassifizierender Begriff erfüllen sollte, nicht verträglich. Deshalb wird nun die Definition des Begriffs der Zeitinvarianz wie folgt

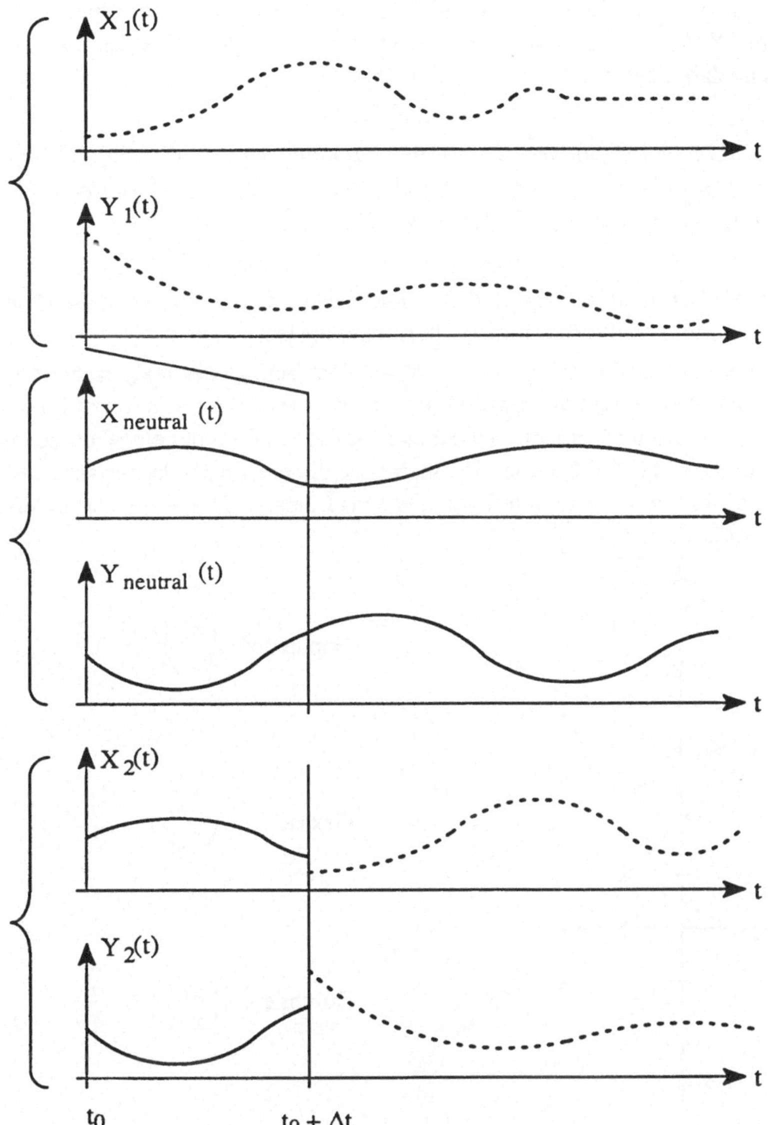

Bild 110 Zur Veranschaulichung des Begriffs der Zeitinvarianz

modifiziert: Ein System ist *zeitinvariant betreibbar*, wenn es mindestens einen haltbaren Zustand Z_H gibt, in den das System ausgehend von $Z(t_0)$ gesteuert werden kann. Die bisherige Definition verlangte, daß das System bereits zur Zeit t_0 im Zustand Z_H war.

Für den im Bereich kontinuierlicher Systeme sehr wichtigen Begriff der *Linearität* braucht man wieder den Begriff des Vektorraums. Ein System ist dann und nur dann linear, wenn die Wertebereiche von X und Y Vektorräume mit einer gemeinsamen Skalarmenge K sind, und wenn zu jeder Linearkombination von X–Verläufen die entsprechende Linearkombination der zugehörigen Y–Verläufe gehört. Eine *Linearkombination* zweier Elemente v_1 und v_2 eines Vektorraums ist dabei definiert durch den Ausdruck

$$A [M(k_1, v_1), M(k_2, v_2)] .$$

Darin sind A und M die in Bild 109 eingeführten Funktionen. Es ist allerdings üblich, Linearkombinationen mit Infix–Operatoren zu schreiben, wobei i.a. anstelle von A das Symbol + und anstelle von M das Symbol · verwendet wird:

$$k_1 \cdot v_1 + k_2 \cdot v_2 .$$

Man sollte dabei aber nicht vergessen, daß es auch Vektorräume gibt, wo diese Operationen nicht als Addition und Multiplikation zu interpretieren sind.

Die Bezeichnung Linearkombination stammt aus dem Bereich der analytischen Geometrie: Dort ist eine Linearkombination ursprünglich eine bestimmte Art von Verknüpfung zweier gerader Linien, d.h. zweier Geraden, bei der sich als Ergebnis wieder eine Gerade ergibt. Als Beispiel sind in Bild 111 drei Geraden in einem zweidimensionalen kartesischen Koordinatensystem dargestellt, wovon die durchgezogene als Linearkombination der beiden anderen beschrieben werden soll.

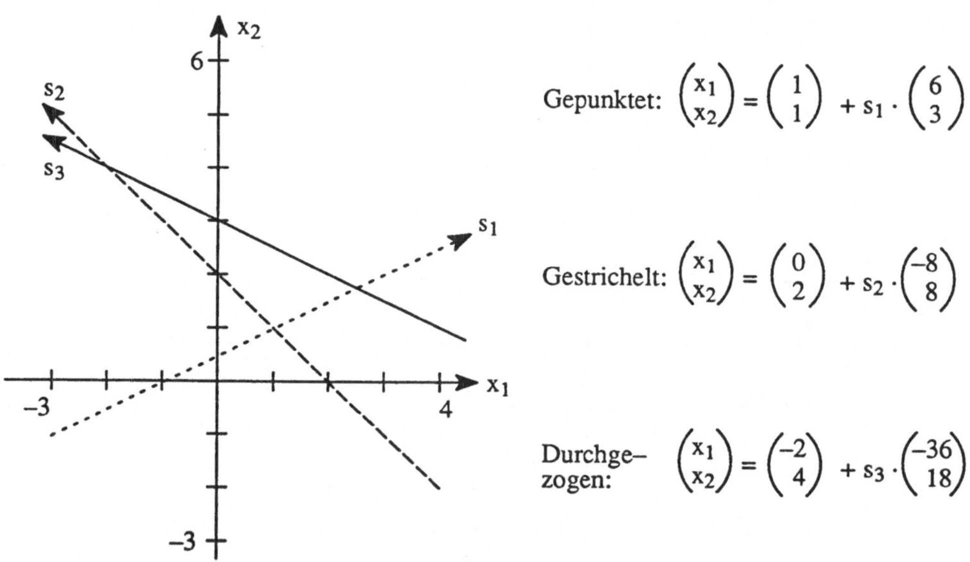

Bild 111 Zur Veranschaulichung des Begriffs der Linearkombination

Jede dieser Geraden ist als eine Achse für die reellen Zahlen anzusehen; die jeweilige Achsenrichtung ist durch einen Pfeil angegeben, und die Zuordnung der reellen Zahlen zu den Geradenpunkten ergibt sich aus den jeweiligen analytischen Ausdrücken. So liegt beispielsweise auf der s_1– Achse der Nullpunkt bei (1, 1) und der Einspunkt, d.h. der Punkt, für den $s_1 = 1$ gilt, bei (7, 4).

Die Verknüpfung der beiden Achsen für s_1 und s_2 derart, daß sich als Ergebnis die Achse s_3 ergibt, geschieht so, daß die Achsen punktweise verknüpft werden, wobei jeweils nur Punkte mit gleichem s–Wert zu betrachten sind. So muß also beispielsweise durch Verknüpfung der beiden Punkte (7, 4) und (–8, 10), zu denen die Belegung $s_1 = s_2 = 1$ gehört, der Punkt für $s_3 = 1$, also (–38, 22) gewonnen werden. Dies wird geleistet durch folgende Linearkombination:

$$(-2)\cdot\underbrace{\left[\begin{pmatrix}1\\1\end{pmatrix}+s\cdot\begin{pmatrix}6\\3\end{pmatrix}\right]}_{\substack{\text{Vektor vom Ursprung}\\\text{zu einem Punkt auf}\\\text{der } s_1\text{–Achse}}}+3\cdot\underbrace{\left[\begin{pmatrix}0\\2\end{pmatrix}+s\cdot\begin{pmatrix}-8\\8\end{pmatrix}\right]}_{\substack{\text{Vektor vom Ursprung}\\\text{zu einem Punkt auf}\\\text{der } s_2\text{–Achse}}}=\underbrace{\left[\begin{pmatrix}-2\\4\end{pmatrix}+s\cdot\begin{pmatrix}-36\\18\end{pmatrix}\right]}_{\substack{\text{Vektor vom Ursprung}\\\text{zu einem Punkt auf}\\\text{der } s_3\text{–Achse}}}$$

Dieses Beispiel, welches zur Begründung der Bezeichnung Linearkombination betrachtet wurde, kann nun auch dazu dienen, einen besonders einfachen Fall eines linearen Systems zu veranschaulichen, nämlich einen linearen Zuordner. Ein solcher Zuordner ist in Bild 112 gezeigt. Seine Eingangsvariable besteht aus den beiden Komponenten x_1 und x_2, und seine Ausgangsvariable besteht aus den beiden Komponenten y_1 und y_2.

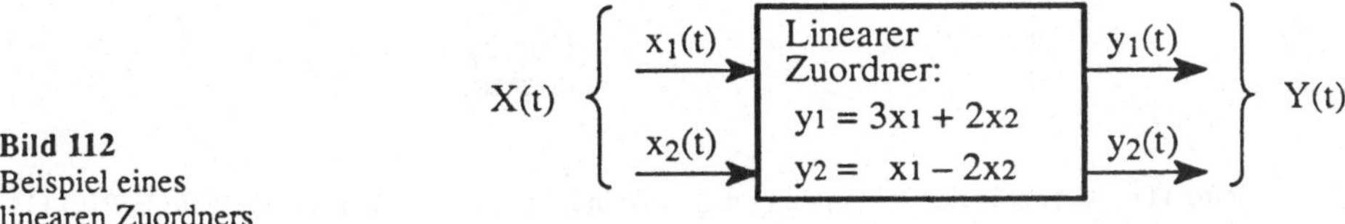

Bild 112
Beispiel eines linearen Zuordners

Jeder kontinuierliche Verlauf "X(t)" am Eingang dieses Zuordners bildet eine – nicht unbedingt gerade – Linie im Koordinatensystem in Bild 111. Der sich dazu aus der Zuordnerfunktion ergebende Verlauf "Y(t)" bildet in gleicher Weise eine Linie im Koordinatensystem in Bild 113. So können auch die drei Geraden in Bild 111 als drei unterschiedliche X–Verläufe angesehen werden; man braucht dazu lediglich die Variable s als Zeitvariable t zu interpretieren. Diesen drei Verläufen ordnet der Zuordner die in Bild 113 gezeigten Y–Verläufe zu. Und dabei ergibt sich tatsächlich zu der auf der Eingangsseite formulierten Linearkombination eine entsprechende Linearkombination auf der Ausgangsseite mit den gleichen skalaren Faktoren:

$$(-2)\cdot\left[\begin{pmatrix}5\\-1\end{pmatrix}+s\cdot\begin{pmatrix}24\\0\end{pmatrix}\right]+3\cdot\left[\begin{pmatrix}4\\-4\end{pmatrix}+s\cdot\begin{pmatrix}-8\\-24\end{pmatrix}\right]=\left[\begin{pmatrix}2\\-10\end{pmatrix}+s\cdot\begin{pmatrix}-72\\-72\end{pmatrix}\right]$$

Ein lineares System muß definitionsgemäß zu allen Linearkombinationen beliebiger Eingangsverläufe, also nicht nur der "geraden" Verläufe, die entsprechenden Linearkombinationen auf der Ausgangsseite liefern. Daß der Zuordner in Bild 112 diese Bedingung erfüllt, läßt sich beweisen, aber auf den Beweis kann hier verzichtet werden.

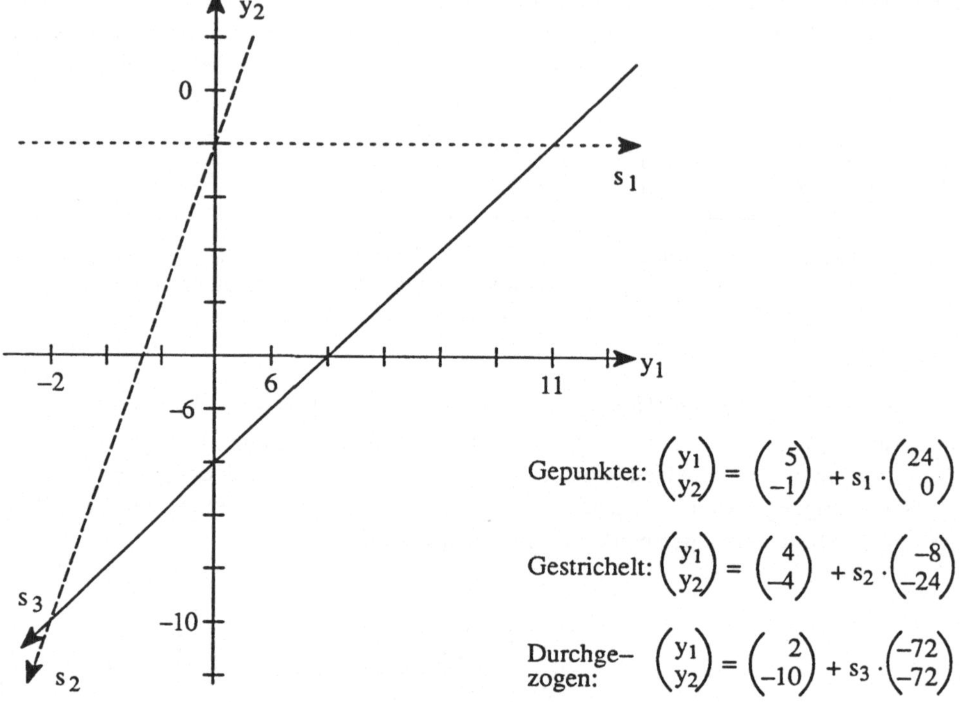

Bild 113 Ergebnis der Anwendung des Zuordners in Bild 112 auf die Verläufe in Bild 111

Nicht nur Zuordner, sondern auch Systeme mit variablem Gedächtniszustand Z können linear sein. Hierzu wird das elektrische Netzwerk in Bild 79 betrachtet. Wenn man annimmt, daß der X–Verlauf "$X_1(t)$" ab dem Zeitpunkt t_0 der Inbetriebnahme des Systems als konstanter Wert $\hat{X}_1$ festliegt, dann ergibt sich für den zugehörigen Y–Verlauf der Ausdruck

$$Y_1(t) = \hat{X}_1 \cdot \left(1 - \frac{1}{2} \cdot e^{-\frac{t}{2RC}}\right) + \frac{1}{2} \cdot Z(t_0) \cdot e^{-\frac{t}{2RC}}$$

Wenn man einen zweiten X–Verlauf "$X_2(t)$" animmt, der durch den Ausdruck

$$X_2(t) = \hat{X}_2 \cdot \sin\frac{t}{2RC}$$

beschrieben wird, dann ergibt sich für den zugehörigen Y–Verlauf der Ausdruck

$$Y_2(t) = \hat{X}_2 \cdot \left(\frac{3}{4}\sin\frac{t}{2RC} - \frac{1}{4}\cos\frac{t}{2RC} + \frac{1}{4}e^{-\frac{t}{2RC}}\right) + \frac{1}{2} \cdot Z(t_0) \cdot e^{-\frac{t}{2RC}}$$

Wenn man nun als dritten X–Verlauf die Linearkombination

$$"X_3(t)" = k_1 \cdot "X_1(t)" + k_2 \cdot "X_2(t)" \quad , \text{d.h.}$$
$$X_3(t) = k_1 \cdot \hat{X}_1 + k_2 \cdot \hat{X}_2 \cdot \sin \frac{t}{2RC}$$

annimmt, dann ergibt sich für den zugehörigen Y–Verlauf der Ausdruck

$$Y_3(t) = k_1 \cdot Y_1(t) + k_2 \cdot Y_2(t) - \frac{k_1 + k_2 - 1}{2} \cdot Z(t_0) \cdot e^{-\frac{t}{2RC}}$$

Der Verlauf "$Y_3(t)$" ist nur dann eine der Eingangskombination entsprechende Linearkombination der Verläufe "$Y_1(t)$" und "$Y_2(t)$" für beliebige Werte der beiden Faktoren k_1 und k_2, wenn $Z(t_0)=0$ gilt. Man findet also hier eine Entsprechung zu der Definition der Zeitinvarianz, wo das Zutreffen des im ersten Ansatz eingeführten Kriteriums für ein gegebenes System vom Anfangszustand $Z(t_0)$ abhängen konnte. Dort wurde deshalb das Kriterium anschließend modifiziert. Eine solche Modifikation ist auch im Falle des Linearitätskriteriums sinnvoll: Ein System ist *linear betreibbar*, wenn es mindestens einen Zustand Z_L gibt, in den das System ausgehend von $Z(t_0)$ gesteuert werden kann, wobei Z_L derart ist, daß zu jeder Linearkombination von X–Verläufen die entsprechende Linearkombination der zugehörigen Y–Verläufe gehört, falls Z_L als Anfangszustand des Systems angenommen wird.

Als nächstes wird ein Beispiel eines *linearen Automaten* vorgestellt. Es gibt nur sehr wenige praktische Aufgabenstellungen, wo die Frage nach der Linarität eines Automaten eine Rolle spielt. Das Beispiel wird auch nicht im Hinblick auf solche Aufgabenstellungen eingeführt, sondern dient lediglich dazu, vor Augen zu führen, daß Linearität auch in Bereichen definiert ist, wo die Anschauung vom Kontinuum mit Addition und Multiplikation nicht paßt. Von dem Automaten in Bild 104 wird behauptet, daß er linear sei bezüglich des Vektorraumes, der in Bild 114 definiert ist.

Die Vektormenge V = { 0, 1, 2, 3 } ist gleich dem Wertebereich, für den in Bild 105 eine vollständige Algebra angegeben ist, und die Funktionen A, a, m und M des Vektorraumes sind gleich den zweistelligen Funktionen dieser Algebra. Daß hier als Vektormenge eine mächtigere Menge betrachtet wird als es aufgrund von repX = repY = { 0, 1 } erforderlich ist, liegt daran, daß man beim Nachweis der Linearität ja von der algebraischen Formulierung der Automatenfunktionen ω und δ ausgehen muß, wofür auch repZ = { 0, 1, 2, 3 } relevant ist. Deshalb wird hier V = repZ zugrundegelegt. Die algebraischen Formulierungen für ω und δ werden von S. 198 übernommen:

$$Y(n) = 1 \cdot [\, Z(n) \oplus X(n) \,]$$
$$Z(n+1) = \text{RZykl} \, [\, Z(n) \oplus X(n) \,]$$

Ausgehend von diesen Gleichungen kann man beweisen, daß der betrachtete Automat bezüglich des Vektorraumes in Bild 114 die Linearitätsbedingung erfüllt, falls als Anfangszustand $Z(1) = Z_L = 0$ gewählt wird. Auf die Darstellung dieses Beweises kann jedoch hier verzichtet

$V = \{ 0, 1, 2, 3 \}$	
Abel'sche Gruppe auf V :	
$A(v_i, v_j) = v_i \oplus v_j$	Antivalenz (siehe Bild 105)
$v_{nA} = 0$	antivalenzneutrales Element
$N_A(v) = v$	Inversion bezüglich Antivalenz
Körper auf $K = \{ 0, 3 \}$:	
$a(k_i, k_j) = k_i \oplus k_j$ $k_{na} = 0$ $N_a(k) = k$	Abel'sche Gruppe auf K (wie oben)
$m(k_i, k_j) = k_i \cdot k_j$	UND–Verknüpfung (siehe Bild 105)
$k_{nm} = 3$	UND–neutrales Element
$N_m(3) = 3$	Inversion bezüglich UND (nur definiert für k = 3)
Verbindung von Gruppe und Körper :	
$M(k, v) = k \cdot v$	UND–Verknüpfung

Bild 114 Vektorraum zum Automaten in Bild 104

werden. Es wird lediglich anhand eines Beispiels gezeigt, wie sich die Linearität auswirkt. In diesem Beispiel werden zwei willkürlich gewählte zehnstellige X–Folgen "$X_1(n)$" und "$X_2(n)$" vorgegeben, denen durch den Automaten zwei entsprechende Y–Folgen "$Y_1(n)$" und "$Y_2(n)$" zugeordnet werden. Dann wird als dritte X–Folge die Linearkombination

$$"X_3(n)" = "[3 \cdot X_1(n)] \oplus [3 \cdot X_2(n)]"$$

gebildet, welcher der Automat die Y–Folge "$Y_3(n)$" zuordnet:

"$X_1(n)$" :	0 0 1 0 0 1 0 1 1 0
"$X_2(n)$" :	1 0 1 0 1 1 1 0 0 1
"$X_3(n)$" = "$[3 \cdot X_1(n)] \oplus [3 \cdot X_2(n)]$" :	1 0 0 0 1 0 1 1 1 1
"$Y_1(n)$" zu "$X_1(n)$" :	0 0 1 0 1 1 1 0 0 0
"$Y_2(n)$" zu "$X_2(n)$" :	1 0 0 0 1 1 0 1 0 0
"$Y_3(n)$" zu "$X_3(n)$" :	1 0 1 0 0 0 1 1 0 0

Es zeigt sich nun, daß "$Y_3(n)$" tatsächlich die entsprechende Linearkombination der beiden Folgen "$Y_1(n)$" und "$Y_2(n)$" ist, d.h. daß gilt

$$"Y_3(n)" = "[3 \cdot Y_1(n)] \oplus [3 \cdot Y_2(n)]" .$$

Wenn man nun überprüft, ob auch im Falle eines anderen Anfangszustands, d.h. in den Fällen $Z(1) \in \{ 1, 2, 3 \}$ das Linearitätskriterium zutrifft, findet man, daß der Automat in keinem dieser Fälle die Linearitätsbedingung erfüllt.

2.3 Aufbaumodelle

2.3.1 Allgemeines Netzmodell

Im Abschnitt 2.1 über die begriffliche Abgrenzung des Systembegriffs wurden die dynamischen Systeme als Gebilde bezeichnet, die ein beobachtbares Verhalten zeigen, welches sich jeweils aus dem Zusammenwirken der Systemteile ergibt. Diese Systemteile zeigen selbst ein Verhalten, welches auch wieder durch die im Abschnitt 2.2 vorgestellten Verhaltensmodelle erfaßt werden kann. Wenn die Verhaltensmodelle der Systemkomponenten gegeben sind, welche die funktionellen Zusammenhänge zwischen den Werteverläufen der Schnittstellenvariablen beschreiben, dann kann das Verhalten des gesamten Systems aus der Art des Zusammenwirkens der Komponenten abgeleitet werden. Das Zusammenwirken der Komponenten ergibt sich aus der Art, wie sie miteinander verbunden sind. Dabei bedeutet eine Verbindung, daß bestimmte Schnittstellenvariable unterschiedlicher Komponenten gleichgesetzt sind, d.h. daß sie zu einer einzigen beobachtbaren Systemvariablen geworden sind.

Bild 115 zeigt als Beispiel ein aus drei Komponenten aufgebautes System: Die linke Komponente ist eine am einen Ende drehbar gelagerte Kurbelstange mit den ausgewählten Schnittstellenvariablen (ϕ, x_1, y_1). Die anderen beiden, untereinander typgleichen Komponenten bestehen jeweils aus einer Stange, die in einem Gleitlager mit zwei Freiheitsgraden gelagert ist, so daß die Stange einerseits tangential durch das Lager gleiten kann und andererseits auch ihre Winkelstellung verändern kann. Die beobachteten Schnittstellenvariablen sind (x_1, y_1, x_2, y_2) bzw. (x_2, y_2, x_3, y_3). Wären die drei Komponenten nicht miteinander zu einem System verbunden, so hätte man $3 + 4 + 4 = 11$ Schnittstellenvariable. Im betrachteten System sind aber acht dieser elf Schnittstellenvariablen jeweils paarweise gleich, so daß man nur noch die sieben Systemvariablen ($\phi, x_1, y_1, x_2, y_2, x_3, y_3$) zu betrachten braucht.

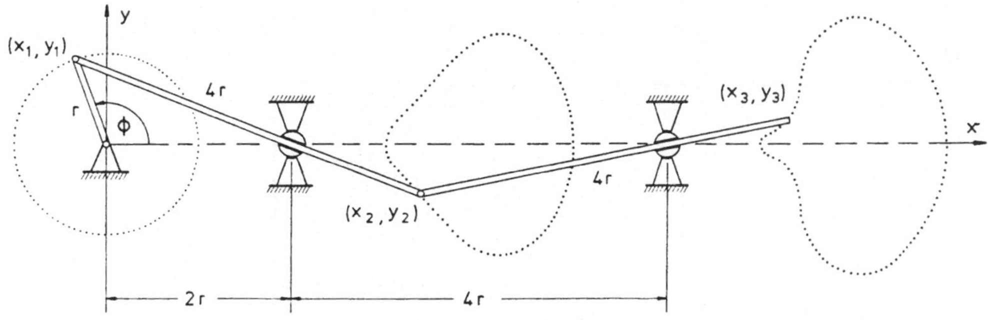

Bild 115 Beispiel zum Begriff des Aufbaumodells

Während das "System" der drei unverbundenen Komponenten mit den elf Schnittstellenvariablen noch fünf Freiheitsgrade hat, weil man bei der Kurbel eine und bei den beiden Schieberstangen jeweils zwei Variable als unabhängige Variable mit vorgebbarem Werteverlauf auswählen kann, hat das System in Bild 115 nur noch einen Freiheitsgrad; denn wenn man beispielsweise die Winkelstellung ϕ der Kurbel vorgibt, dann sind damit bereits die Werte der restlichen sechs Systemvariablen festgelegt.

Bei der Einführung des Begriffs der Schnittstellenvariablen (s. S. 144) wurde im Hinblick auf die Einteilung in unabhängige und abhängige Variable zwischen gerichteten und ungerichteten Systemen unterschieden. Diese Unterscheidung ist auch für die Verbindung von Komponenten in Systemen von Bedeutung: Es leuchtet ein, daß man Variable aus zwei Komponenten nur dann einander gleichsetzen darf, wenn die Variablen nicht zwangsläufig schon als potentiell wertverschiedene abhängige Variable der Komponenten festliegen. Das bedeutet, daß man die Ausgänge gerichteter Systembausteine nicht miteinander verbinden kann, ohne dadurch Widersprüche zu provozieren oder gar die Bausteine zu zerstören. Dies soll anhand von Bild 116 veranschaulicht werden.

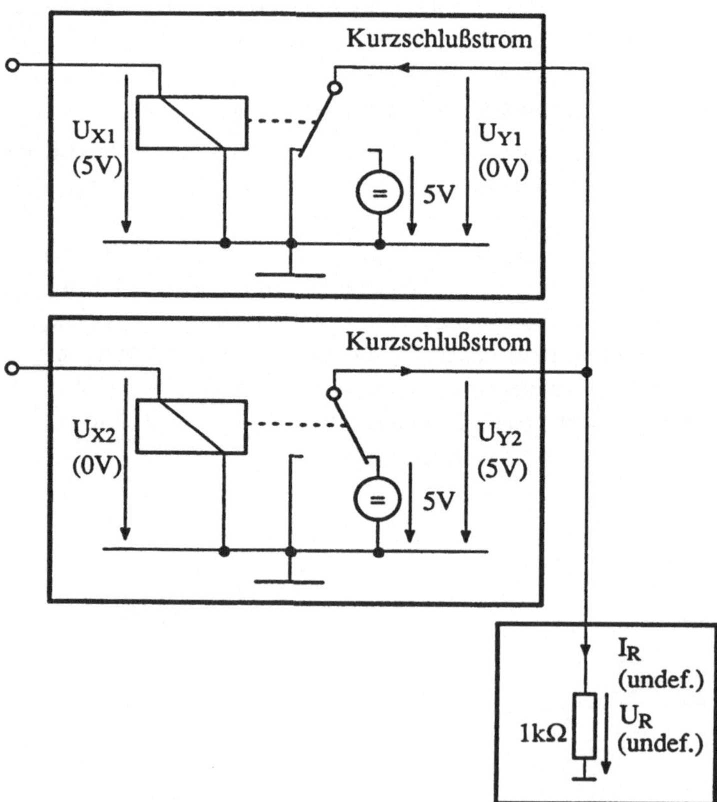

Bild 116 Zum Problem der Verbindung von Ausgängen gerichteter Bausteine

In diesem System sind drei elektrische Systemkomponenten miteinander verbunden. Als Schnittstellenvariable der beiden typgleichen Relais–Schalter werden jeweils die Komponenten des Spannungspaares (U_X, U_Y) betrachtet, während die Schnittstellenvariablen des Widerstandes durch das Paar (I_R, U_R) gegeben sind. Durch die elektrische Verbindung der Relaisschalterausgänge und des Widerstandsanschlusses ist eine Gleichsetzung von drei Spannungsvariablen erfolgt, von denen aber die beiden U_Y–Spannungen abhängige Variable der zugehörigen gerichteten Relais–Schalter sind. Da der Wert der durch die Verbindung entstandenen gemeinsamen Spannungsvariable nicht gleichzeitig 0V und 5V sein kann, ergibt sich ein sehr hoher Strom über die Kurzschlußstrecke, der die Kontakte in den beiden Relais–Schaltern zerstören kann.

Ein Aufbaumodell eines Systems besteht also immer aus einer Menge von zwei oder mehr verhaltensmodellierten Bausteinen und aus einer Festlegung, welche der Schnittstellenvariablen der Bausteine einander gleichgesetzt sind. Dabei ist die Gleichsetzung von Variablen mit bausteinbedingter Abhängigkeit nur dann zulässig, wenn diese bei keiner Belegung der unabhängigen Variablen auf unterschiedliche Werte gezwungen werden. Ein solches Aufbaumodell wird allgemeines Netzmodell genannt, wobei die Bezeichung auf eine bestimmte Form der graphischen Darstellung solcher Modelle hinweist.

Bild 117 zeigt diese graphische Form des Netzmodells für das Beispiel der drei verkoppelten Stangen aus Bild 115. Die Systembausteine sind als Rechtecke dargestellt, und die Schnittstellenvariablen als Kreise. Die Tatsache, daß es sich im Falle dieses Beispiels um ungerichtete Bausteine handelt, äußert sich im Bild 117 darin, daß die Verbindungslinien zwischen den Kreisen und den Rechtecken keine Pfeile, sondern ungerichtete Linien sind.

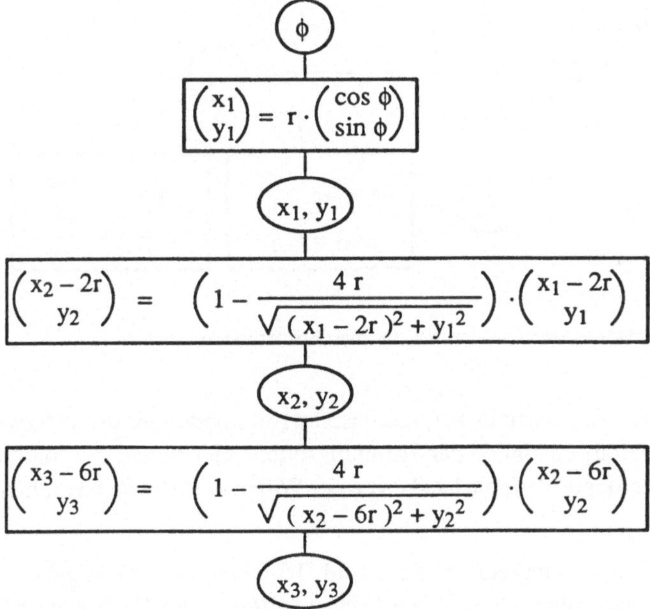

Bild 117 Netzmodell zum Stangensystem in Bild 115

Ein zweites Beispiel für ein Netzmodell zeigt Bild 118. Es handelt sich um das Netzmodell für eine einfache elektrische Schaltung, bei der ein ungedämpfter Parallelschwingkreis aus einer Spannungsquelle mit Innenwiderstand gespeist wird. Während das Schaltbild nur vier elektrische Bauelemente zeigt, ist im Netzmodell eine fünfte Systemkomponente enthalten, welche zur Erfassung der Funktion des Verbindungsknotens gebraucht wird. Denn im Gegensatz zum elektrischen Schaltbild, worin die Linien als Drähte gedeutet werden können, so daß implizit mit den Verbindungsknoten die Bedingung der Stromkontinuität verbunden werden kann, stellen die Linien im Netzmodell ja keine Flußwege dar, sondern symbolisieren lediglich das Vorkommen von bestimmten Variablen im Verhaltensmodell bestimmter Systemkomponenten. Und in diesem Sinne ist eine elektrische Verbindung eine Systemkomponente mit speziellem Verhalten, welches darin besteht, die Summe der vorzeichenangepaßten Anschlußströme auf null zu zwingen.

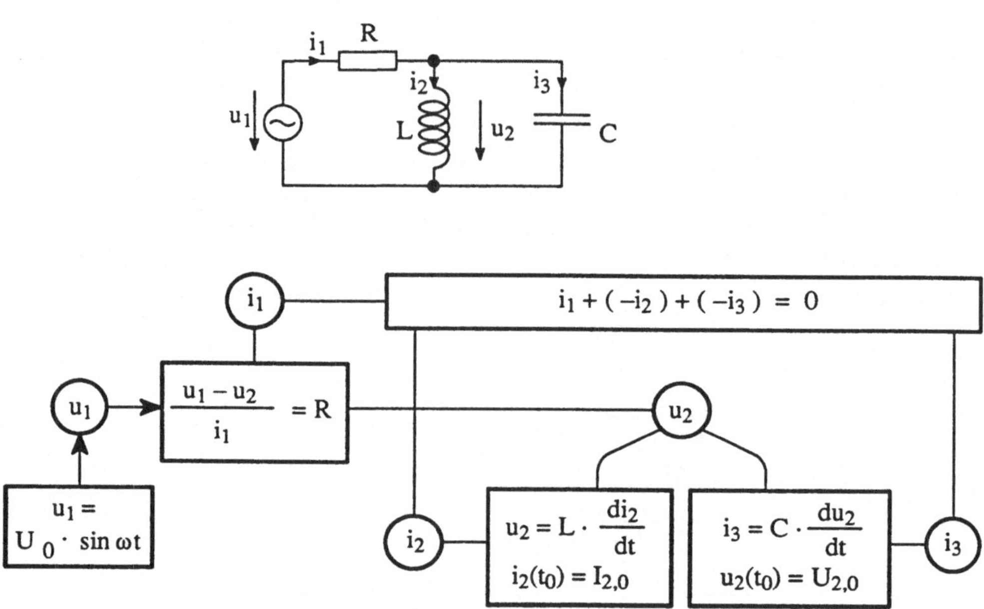

Bild 118 Elektrisches Netzwerk mit zugehörigem Netzmodell

In Verbindung mit der Spannungsvariablen u_1 kommen im Netzmodell in Bild 118 zwei Pfeile vor, und zwar deshalb, weil u_1 bezüglich der Spannungsquelle eine abhängige, nämlich eine durch die Zeit bereits festgelegte Variable ist, die von der Widerstandsfunktion nicht mehr beeinflußt werden kann.

Man kann auch für das Relaisschaltersystem aus Bild 116 ein Netzmodell angeben. Diesem Modell in Bild 119 kann man entnehmen, daß hier eine unzulässige Verbindung von Komponenten vorliegt, denn es gibt darin eine Variable, auf die zwei Pfeile zeigen.

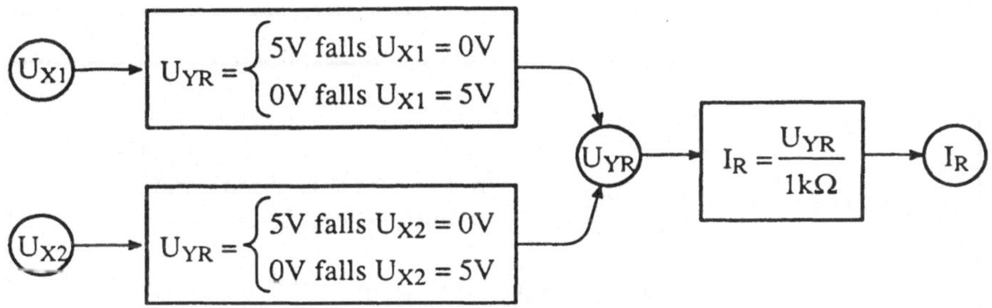

Bild 119 Netzmodell zum Relaisschaltersystem in Bild 116

Mit der Betrachtung dieses Beispiels ist die Behandlung allgemeiner Netzsysteme abgeschlossen, und es werden nun im folgenden Abschnitt 2.3.2 die Instanzennetze als spezielle Klasse von Netzsystemen vorgestellt.

2.3.2 Instanzennetze

Instanzennetze sind Aufbaumodelle für Systeme, die aus gerichteten Komponenten mit diskretem Verhalten (s. Abschnitt 2.2.3) aufgebaut sind. Die Komponenten lassen sich einteilen in die beiden Klassen der *Instanzen* und der *Speicher*. Zur Hinführung zu den Begriffen Instanz und Speicher wird ein einfaches Beispiel betrachtet.

Mit Bild 85 wurde ein Oszillator modelliert, dessen Zustand Z durch die beiden Komponenten u und d erfaßt wird. In Bild 120 ist nun dieser Oszillator als Netzsystem aus zwei Komponenten dargestellt, wobei die beiden ursprünglichen Zustandskomponenten u und d auf die beiden Systembausteine verteilt wurden: Der Zustand des oberen Bausteins ist u, der Zustand des unteren ist d. Bei näherer Betrachtung der Bausteinfunktionen erkennt man, daß der untere Baustein ein einfacher laufzeitfreier Speicher ist: Sein Ausgangswert Y ist gleich seinem Zustand d, und sein Zustand d ist gleich dem am wenigsten weit zurückliegenden nichtleeren Wert von X. Bild 121 zeigt den Werteverlauf von X und Y, und daran erkennt man, daß – abgesehen vom Anfangswert $Y(t_0)$ – die Information über "Y(t)" bereits in "X(t)" vollständig enthalten ist. Man kann sagen, daß "X(t)" die Differentialform von "Y(t)" bzw. "Y(t)" die Integralform von "X(t)" sei.

So ein *Speicher*, der nichts anderes kann, als sich jeweils den letzten "blitzartig" mitgeteilten Wert zu merken, hat weder eine zeitintervallbestimmende noch eine informationsverknüpfende Funktion. Für solche Funktionen muß dann also die andere Systemkomponente zuständig sein, die gemeinsam mit dem Speicher den Oszillator bildet. Zur Unterscheidung vom Speicher wird diese Systemkomponente *Instanz*[1)] genannt, weil diese als die für die Systemfunktion zuständige Stelle angesehen werden kann.

Ausgehend von dem betrachteten Beispiel kann nun verallgemeinert werden: Eine *Instanz* ist eine gerichtete Systemkomponente, die der Zeitintervallbestimmung, der Informations–

1) Diese Bezeichnung soll im Sinne von "zuständige Stelle" verstanden werden und nicht im Sinne des englischen "instance", was auch als Beispiel, Einzelfall oder Vorkommen zu interpretieren ist.

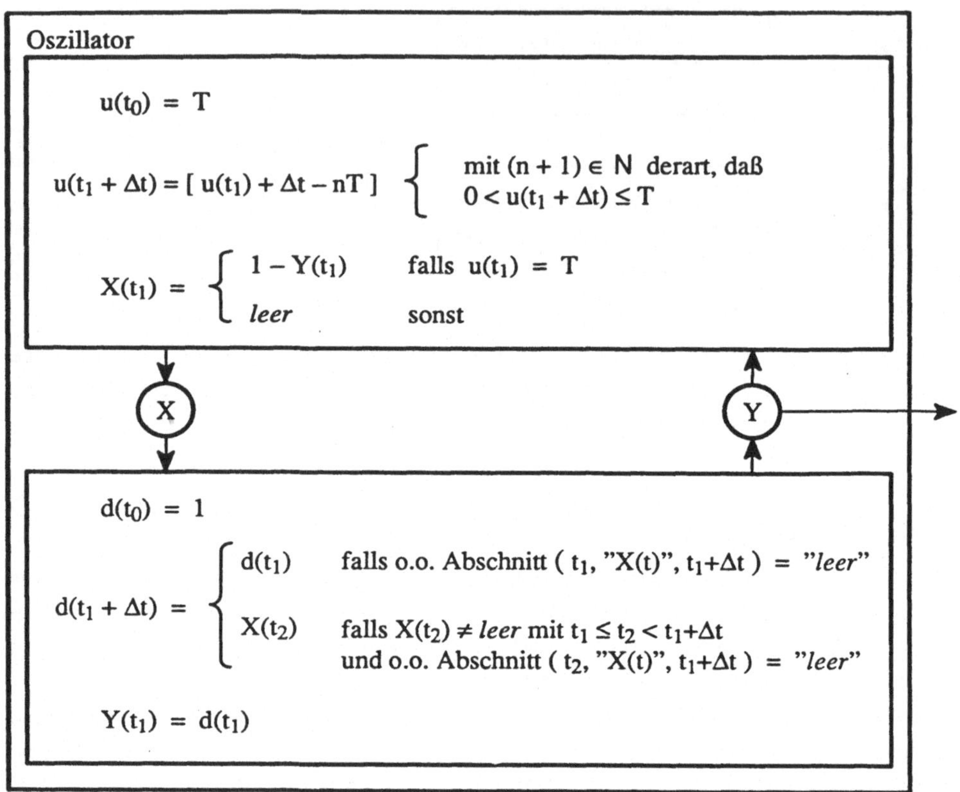

Bild 120 Oszillator aus Bild 85 als Netzsystem

verknüpfung oder beidem dient. Die Instanzen sind als die aktionsfähigen Komponenten, als die *Akteure* im System anzusehen. Demgegenüber sind die Speicher nur wie Requisiten, die von den Akteuren benutzt werden. Eine Instanz kann man sich immer anschaulich als einen Menschen vorstellen und jeden Speicher als eine Tafel. Der Mensch kann die Tafelbeschriftung lesen und verändern, aber die Tafel kann nicht agieren, sie muß erdulden, was der Mensch mit ihr macht.

Die Anzahl der Ausgangsvariablen kann nur bei den Instanzen von eins verschieden sein; ein Speicher dagegen hat immer genau eine Ausgangsvariable, die stets den aktuellen Speicherinhalt anzeigt. Die Anzahl der Eingangsvariablen dagegen darf nicht nur bei den Instanzen, sondern auch bei den Speichern beliebig sein. Die Werteverläufe bei den Eingangsvariablen der Speicher kann man sich immer als "Blitzfolgen" veranschaulichen, d.h. ein solcher Verlauf besteht immer aus einer Folge von beidseitig offenen Zeitintervallen mit dem konstanten Wert *leer*, zwischen denen jeweils nur noch ein Zeitpunkt liegt, zu dem der Variablenwert nicht leer ist. Die nichtleeren Werte sind dabei immer als Wertvorgaben für Speicher zu interpretieren.

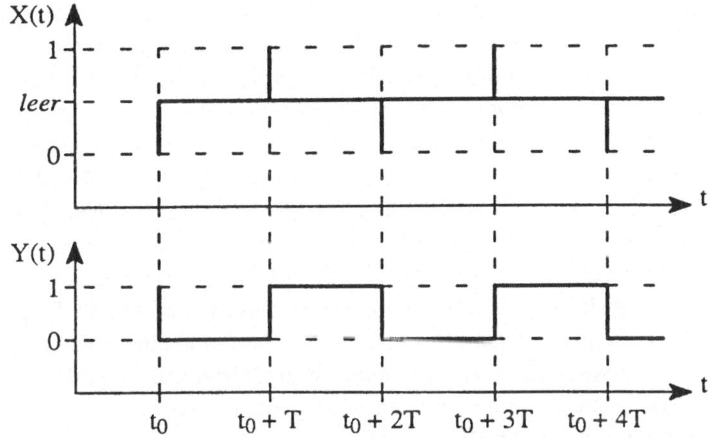

Bild 121 Werteverläufe im System in Bild 120

Die Existenz mehrerer Eingänge eines Speichers führt auf das Problem des sogenannten *Speicherkonflikts*. Ein Speicher gerät in einen Konflikt, wenn er in ein und demselben Zeitpunkt an verschiedenen Eingängen unterschiedliche nichtleere Werte sieht. Jeder dieser nichtleeren Werte soll doch als Vorgabe des zukünftigen Speicherinhalts angesehen werden, und wenn gleichzeitig unterschiedliche Vorgaben vorliegen, dann ist es unmöglich, diese Vorgaben alle zu erfüllen. Es erhebt sich nun die Frage, ob es für die Systemmodellierung zweckmäßig ist, den Speichern die Fähigkeit zur Konfliktentscheidung zu geben. Dabei sind viele unterschiedliche Arten der Konfliktentscheidung denkbar. Man könnte beispielsweise eine Prioritätsordnung für die Eingänge festlegen, so daß beim gleichzeitigen Auftreten zweier unterschiedlicher Vorgaben eindeutig definiert ist, daß die Vorgabe am einen Eingang Vorrang vor der Vorgabe am anderen Eingang hat. Man könnte aber beispielsweise auch festlegen, daß der Speicher alle gleichzeitig auftretenden Vorgaben, falls sie unterschiedlich sind, ignoriert und seinen bisherigen Zustand beibehält: "Wenn Ihr Euch nicht einigen könnt, dann tu ich so, als wäre nichts gewesen."

Wegen der Vielfalt der definierbaren Reaktionen beim Auftreten von Speicherkonflikten müßte man, falls man den Speichern die Fähigkeit zur Konfliktentscheidung geben würde, jeden Speicher in einem Instanzennetz bezüglich seines Konfliktverhaltens einzeln charakterisieren. Dies wäre aber für das Instanzennetzmodell von Nachteil, denn der Vorteil dieses Modells liegt ja gerade darin, daß das Verhalten aller Speicher grundsätzlich gleich ist und anschaulich leicht erfaßt werden kann. Deshalb ist es zweckmäßig, auch weiterhin daran festzuhalten, daß die Funktionsvielfalt nur für die Instanzen gilt. Das hat nun allerdings die Konsequenz, daß die Instanzen auch für die Lösung des Konfliktproblems zuständig sind: Da man den Speichern bezüglich ihres Verhaltens beim gleichzeitigen Auftreten unterschiedlicher Vorgaben keine Vorschriften machen darf, müssen die Funktionen der über die Speicher verbundenen Instanzen derart aufeinander abgestimmt sein, daß das gleichzeitige Auftreten unterschiedlicher Vorgaben für einen Speicher ausgeschlossen ist. Ein Instanzennetz, bei dem eine solche Funktionsabstimmung nicht gegeben ist, kann kein wohldefiniertes Verhalten zeigen; das System müßte in diesem Fall als "Fehlkonstruktion" bezeichnet werden.

Die Modellierungsentscheidung, den Speichern keine Vorschriften bezüglich ihrer Reaktion bei gleichzeitigem Auftreten unterschiedlicher Speicherwertvorgaben zu machen, kann leicht durch die Betrachtung praktischer Fälle gerechtfertigt werden. Als typisches Beispiel wird ein Binärwertspeicher betrachtet in der Form eines sogenannten *Flipflops*: Bild 122 zeigt ein Netzsystem aus zwei symmetrisch verkoppelten gleichartigen Teilnetzen, die jeweils aus einem verzögerungsfreien Zuordner und einem Verzögerer mit der Laufzeit τ bestehen. Die Zuordnerfunktion ist mit den logischen Operatoren NICHT und UND formuliert (s. Bild 36). Dieses System ist ein Binärspeicher mit dem Ausgang Q und den beiden Eingängen R und S. Der Eingangswert *leer* entspricht jeweils der binären Null, die den Wahrheitswert *falsch* symbolisiert. Einem "Blitz" zur Vorgabe eines Speicherwertes Q entspricht eine Eins bei R oder S, wobei eine Eins bei R ("Rücksetzen") als Vorgabe des Speicherwertes 0 und eine Eins bei S ("Setzen") als Vorgabe des Speicherwertes 1 zu interpretieren ist. Im Gegensatz zum idealen Modellspeicher, der in den Instanzennetzen angenommen wird, genügen jedoch bei diesem realisierbaren Speicher keine unendlich kurzen Blitze zur Einspeicherung neuer Werte; vielmehr müssen hier die nichtleeren Werte bei R und S jeweils mindestens für die Dauer von 2τ beobachtbar sein, damit sich der jeweils geforderte neue Binärzustand des Speichers einstellen kann. Die jeweiligen Wertebelegungen der sechs Netzvariablen für die beiden bei leerer Eingabe haltbaren Zustände des Flipflop–Systems sind in Bild 122 rechts oben dargestellt. Unten im Bild ist in Form eines Impulsdiagramms das Verhalten des Speichers, d.h. der Verlauf der Speicherausgangsvariablen Q für den Fall gezeigt, daß zuerst ein Setzauftrag, danach ein Rücksetzauftrag und noch später gleichzeitig sowohl ein Setz– als auch ein Rücksetzauftrag gegeben werden. Während der Speicher den Einzelaufträgen entsprechend jeweils korrekt in den geforderten Zustand kippt, stellt sich nach den gleichzeitigen, sich widersprechenden Aufträgen gar kein haltbarer Zustand mehr ein, sondern es ergibt sich eine Oszillation mit der Periodendauer 2τ.

Dieses Beispiel läßt es plausibel erscheinen, daß es für die Systemmodellierung zweckmässig ist, von den Speichern keine Konfliktentscheidungen zu verlangen, sondern vielmehr zu fordern, daß sich die beteiligten Instanzen derart verhalten, daß bei den Speichern gar keine Konflikte auftreten.

Es ist wichtig darauf hinzuweisen, daß die Speicher, von denen hier die Rede ist, nicht in adressierbare Zellen unterteilt sind, so daß über die Eingänge keine Inhaltsvorgaben für auswählbare Zellen gebracht werden können, sondern immer nur Inhaltsvorgaben für den Speicher als Ganzes. Es wird etwas später (s. S. 226) gezeigt werden, wie man zellenstrukturierte Speicher – man denke an eine Seite Schreibpapier mit eindeutig gegeneinander abgegrenzten Zeilen – unter Verwendung von Instanzennetzen modellieren kann.

In der bisherigen Betrachtung wurde für die Instanzennetze keine eigene graphische Symbolik eingeführt. Für Instanzennetze, die keine Speicher enthalten, benötigt man keine eigene Symbolik, denn dafür reicht die Symbolik, die im Abschnitt 2.3.1 für allgemeine Netzmodelle vorgestellt wurde, vollkommen aus. Ein solches Instanzennetz liegt beispielsweise in Bild 122 vor, denn dieses Netz beschreibt zwar den Aufbau eines Speichers, aber es enthält keine Komponenten, die Speicher sind. Anders liegt der Fall bei Instanzennetzen, die Speicher enthalten. Hierzu wird Bild 123 betrachtet. Das allgemeine Netzmodell zeigt ein System aus fünf

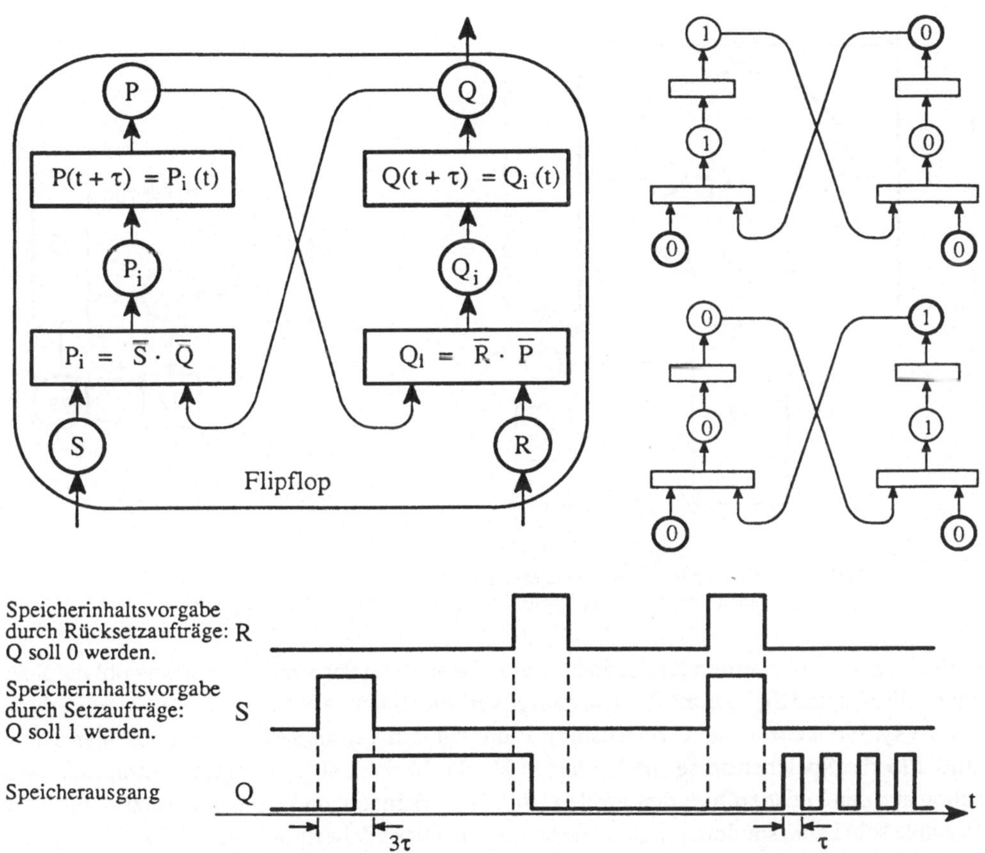

Bild 122 Konfliktverhalten eines Binärspeichers

Komponenten, die über insgesamt sechs Variable miteinander verbunden sind. Durch die Beschriftung der Komponenten wurde festgelegt, daß zwei der fünf Komponenten, nämlich S_A und S_B, als Speicher anzusehen seien, während die anderen drei Komponenten Instanzen seien. Die Netzstruktur steht dieser Deutung nicht entgegen, denn jeder der Speicher hat genau eine Ausgangsvariable, und die beiden Speicher sind nicht über irgendwelche Variablen miteinander verbunden. Eine Verbindung von Komponenten der gleichen Klasse kann nur für die Klasse der Instanzen zugelassen werden – in Bild 123 sind die beiden Instanzen I_1 und I_2 über die Variable v miteinander verbunden. Wenn dagegen zwei Speicher miteinander verbunden wären, stünde dies mit der eingeführten Speicherfunktion im Widerspruch.

In Bild 123 sind die beiden Speicher samt ihrer jeweiligen Ein- und Ausgangsvariablen durch gestrichelte Kreise als Teilnetze gekennzeichnet. Daneben ist in Bild 123 ein Netz gezeigt, welches aus dem allgemeinen Netzmodell des Systems dadurch gewonnen wurde, daß die Speicher nicht mehr als Teilnetze, sondern nur noch in Form ihres kreisförmigen Teilnetzrandes dargestellt wurden. Dies ist die im folgenden verwendete Symbolik für Instanzennetze, die Speicher enthalten.

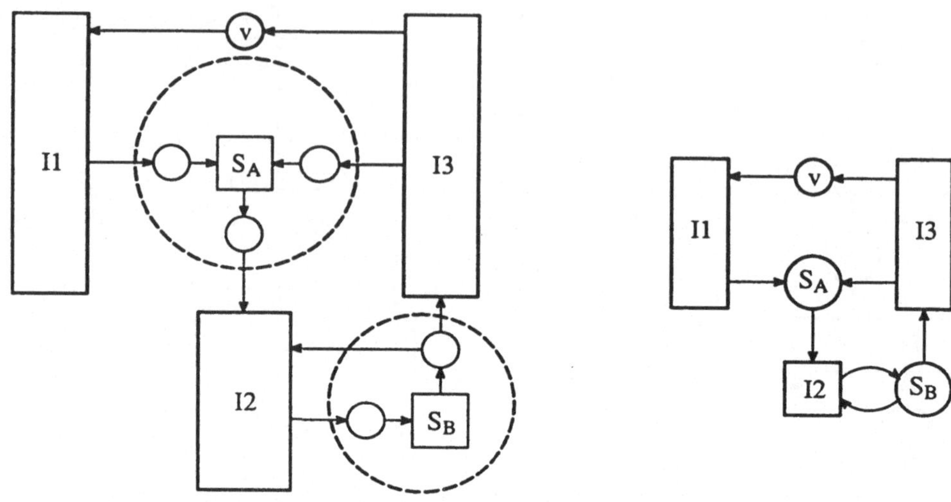

Bild 123 Instanzennetzsymbolisierung
ausgehend von der Symbolisierung allgemeiner Netzsysteme

In dieser Symbolik werden Kreise in zweierlei Bedeutung verwendet, denn sowohl die Speicher – hier S_A und S_B – als auch die instanzenverbindenden Variablen – hier v – werden durch Kreise symbolisiert. Eine Verwechslung kann dadurch vermieden werden, daß man wie in Bild 123 die Speicherkreise größer macht als die Variablenkreise. Häufig kann man auch schon aus den kreisberührenden Pfeilen eindeutig erkennen, daß ein bestimmter Kreis keine Variable sein kann, sondern ein Speicher sein muß. Dies gilt beispielsweise für beide Speicher in Bild 123: Zu S_A führen zwei Pfeile hin, und dies ist bei einer Variablen unzulässig; zwischen I_2 und S_B liegen ein hin- und ein zurückführender Pfeil, und dies ist bei einer Variablen sinnlos, denn der Wert einer Variablen, der zu jedem Zeitpunkt als Ergebnis einer Instanzenfunktion bestimmt wird, kann nicht gleichzeitig als Eingangswert von dieser Instanz gebraucht werden.

Meist können aber in einem Instanzennetz nicht alle Kreise aufgrund ihrer Bepfeilung eindeutig als Speicher klassifiziert werden. So könnte in Bild 123 der mit v beschriftete Kreis wahlweise eine Variable oder ein Speicher sein. Bezüglich des Verhaltens des modellierten Systems ist diese Mehrdeutigkeit aber irrelevant, denn die Werteverläufe, die zu den Kreisen assoziiert werden, hängen – abgesehen von einer unendlich kleinen Zeitverzögerung zwischen einem Schnittstellenwerteverlauf und dem entsprechenden Speicherinhaltsverlauf – nicht davon ab, ob man die Kreise und Ovale als Schnittstellenvariable oder als Speicher ansieht.

Ein Instanzennetz ist also ein bipartiter gerichteter Graph, der zeigt, aus welchen Instanzen das System aufgebaut ist und an welchen *Beobachtungsorten* das Agieren der Instanzen in Form von Wertsprüngen sichtbar wird. Dabei bleibt es teilweise offen, ob es sich bei den Beobachtungsvariablen um Schnittstellenvariable oder um Speicherinhalte handelt.

Der Interpretation von Instanzennetzen liegt die Vorstellung eines Energieflusses und nicht eines Materialflusses zugrunde, d.h. längs der Pfeile im Netz stellt man sich keinen Materialfluß, sondern einen Energiefluß vor. Ein Pfeil, der zu einer Instanz hinführt, kann anschaulich als der Weg der Lichtwellen gesehen werden, aufgrund derer die Instanz sehen kann, welcher aktuelle Wert am Beobachtungsort vorliegt. Durch das Hinschauen ändert sich der Wert am Beobachtungsort nicht. Anders wäre es, wenn es sich um Materialflußpfeile handeln würde, denn dann würde ein informationstragender Gegenstand – beispielsweise ein Brief oder eine Akte – vom Beobachtungsort zur Instanz fließen, und somit würde das, was man am Beobachtungsort – beispielsweise im Briefkasten oder im Aktenkorb – vorfindet, davon abhängen, ob der Fluß schon stattgefunden hat oder nicht.

Obwohl die Vorstellung feststehender Tafeln, die beschriftet und gelesen werden können, schon recht anschaulich ist, wird die Vorstellung vom Fluß beschrifteten Papiers durch Briefkästen, Postkörbe oder Aktenschränke meist als anschaulicher bewertet. Dennoch ist das primäre Energieflußmodell mit den feststehenden Tafeln dem Materialflußmodell aus praktischen Gründen vorzuziehen, denn es ist zwar jeder Postkorb auch als Tafel modellierbar, aber es ist nicht jede Tafel auch als einzelner Postkorb modellierbar. Ein Postkorb kann dadurch als Tafel modelliert werden, daß man den Fluß aus dem Postkorb heraus durch einen hin– und einen zurückführenden Pfeil symbolisiert, denn dann kann sich die empfangende Instanz über den einen Pfeil den Inhalt der Postkorbtafel ansehen, und über den anderen Pfeil kann sie die Postkorbtafel löschen, was dem Wegnehmen des Inhalts entspricht. Dagegen kann nicht jede Tafel als einzelner Postkorb in einem Modell mit Materialflußpfeilen modelliert werden. Man denke an die Anzeigetafel in einem Sportstadion, die von vielen tausend Zuschauern gleichzeitig gelesen werden kann. Wenn man dagegen verlangt, daß jeder, der etwas lesen will, dies nur von einem Stück Papier in seiner Hand ablesen kann, dann müßte der Informationsfluß im Stadion als Transport vieler tausend Briefe gleichen Inhalts modelliert werden. Ein solches aufwendiges Modell wäre dem zu modellierenden einfachen Sachverhalt keineswegs angemessen.

Im Zusammenhang mit der Betrachtung von Materialflußsystemen drängt sich die Frage auf, ob nicht auch die Petrinetze als spezielle Materialflußsysteme anzusehen seien. Denn die Stellen können ja als Behälter für Marken angesehen werden, und so liegt es doch nahe, die Transitionen als Systemkomponenten anzusehen, die für den Markentransport, die Markenerzeugung und die Markenvernichtung zuständig sind. Es wurde zwar bereits im Zusammenhang mit Bild 96 davon abgeraten, Petrinetze als Aufbaumodelle zu interpretieren, aber unmöglich erscheint eine solche Interpretation auf den ersten Blick nicht.

Wenn es bei einem Petrinetz nicht vorkommen kann, daß das Schalten einer Transition die vorher vorhandene Schaltbereitschaft einer anderen Transition eliminiert, wenn also das Petrinetz konfliktfrei ist, dann ist die Betrachtung dieses Netzes als Aufbaustruktur tatsächlich problemlos, auch wenn eine solche Interpretation der Konstruktion des Netzes nicht zugrundelag. Es ist in diesen Fällen gleichwertig, ob man sich eine Stelle als Markenbehälter vorstellt, in die der eine Mensch eine Marke hineinlegt, die ein anderer wieder herausnimmt, oder ob man die Stelle als eine Tafel ansieht, auf die der eine Mensch etwas draufschreibt, was ein anderer wieder weglöscht.

Die Gleichsetzung von Stellen mit Speichern und Transitionen mit Instanzen kann jedoch nicht mehr akzeptiert werden, wenn in dem Petrinetz Konflikte auftreten. Die auftretenden Konflikte werden nämlich nicht durch die Schaltregel für die Transitionen entschieden, sondern verlangen jeweils eine Entscheidung des Netzabwicklers, der das Petrinetz als generatives Schema zur Erzeugung eines Folgengeflechts interpretiert. Da mit einem konfliktfreien Netz nur ein einziges Folgengeflecht erzeugt werden kann, ist es in diesem Fall möglich, auf den Abwickler zu verzichten und das Netz "sich selbst abwickeln" zu lassen, indem man die Transitionen als schaltende Systemkomponenten agieren läßt. Wenn aber Konflikte auftreten, müßten sich zwei oder mehrere "Transitionsakteure" um eine oder mehrere Marken streiten, so wie sich zwei Kinder um das letzte Bonbon in der Tüte streiten. Es gibt nur zwei Möglichkeiten, einen solchen Konflikt zu entscheiden: Entweder gibt es eine Regel zur Konfliktentscheidung, wonach die beteiligten Konfliktpartner die Entscheidung ohne Beteiligung einer "höheren" Instanz fällen können, oder aber der Konflikt wird von einer höheren Instanz entschieden.

Dabei ist es wichtig zu erkennen, daß es auch bei Vorliegen einer Regel zur Konfliktentscheidung notwendig sein kann, eine höhere Instanz entscheiden zu lassen. Denn nur wenn

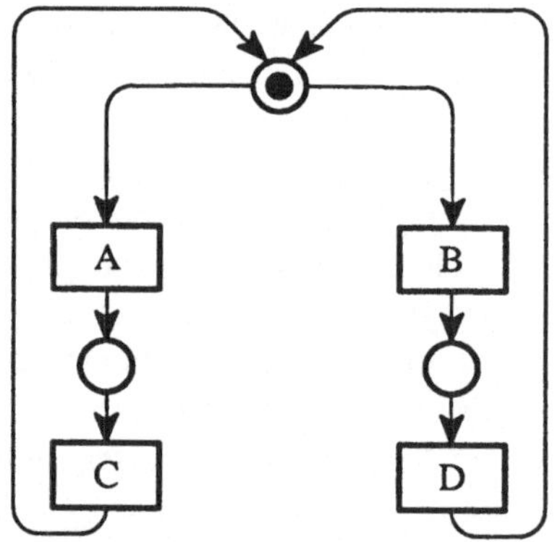

Konfliktentscheidungsregel:
Beginnend mit A sollen A und B alternierend schalten

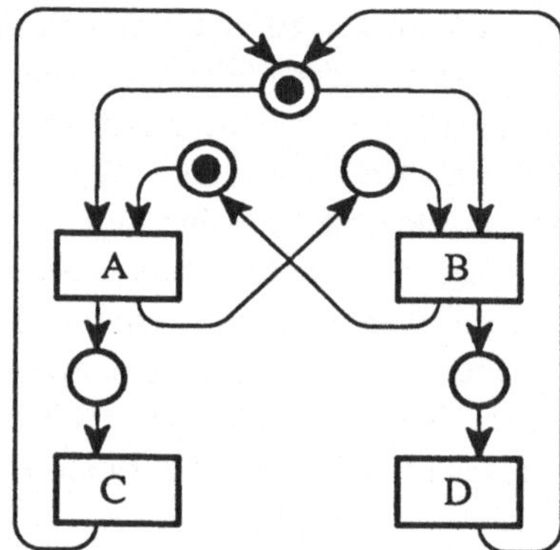

Entsprechendes konfliktfreies Netz

Bild 124 Beispiel einer Konfliktlösung, deren Regel zu einem konfliktfreien Netz führt.

die Regel zur Konfliktentscheidung derart ist, daß sie die Umwandlung des ursprünglich konfliktbehafteten Netzes in ein konfliktfreies Netz erlaubt, kann auf die Mitwirkung einer höheren Instanz verzichtet werden. Bild 124 zeigt hierzu ein Beispiel.

Daß es auch Konfliktentscheidungsregeln gibt, die nicht zu einem konfliktfreien Netz führen, zeigt das Beispiel im Bild 125. Im linken Petrinetz tritt ein Konflikt zwischen den Transitionen C und D auf, falls die Schaltprozesse A und B gleichzeitig fertig werden. Als Konfliktentscheidungsregel ist für diesen Fall eine Prioritätsregel angegeben, die dem Schalten der Transition C im Konfliktfall den Vorrang gibt. Anders als im Fall des Beispiels in Bild 124 ist es hier nicht möglich, das linke Netz auf der Grundlage der gegebenen Konfliktentscheidungsregel in ein entsprechendes konfliktfreies Netz umzuwandeln. Weshalb dies unmöglich ist, zeigt die Betrachtung des rechten Netzes in Bild 125. In diesem Netz sind die Transitionen A und D im Sinne des Bildes 89 in jeweils zwei Ereignistransitionen aufgelöst, wobei A↑ bzw. D↑ den Anfang des Prozesses A bzw. D sowie A↓ bzw. D↓ das zugehörige Prozeßende symbolisieren. Die zum linken Netz gegebene Konfliktentscheidungsregel äussert sich im rechten Netz als Konflikt zwischen A↓ und D↑, wobei im Konfliktfall die Transition D↑ Vorrang haben muß. Während der Konflikt zwischen C und D im linken Netz symmetrisch ist, ist der Konflikt zwischen A↓ und D↑ im rechten Netz unsymmetrisch: Im Konfliktfall eliminiert zwar das Schalten von A↓ die Schaltbereitschaft von D↑, aber umgekehrt eliminiert das Schalten von D↑ nicht die Schaltbereitschaft von A↓. In der Interpretation heißt dies folgendes: Nachdem der Prozeß A zu Ende gekommen ist, bevor D angefangen hat, ist es nicht mehr zulässig, den Prozeß D anfangen zu lassen; aber nachdem D angefangen hat, ist es immer noch möglich, daß der Prozeß A zu Ende kommt.

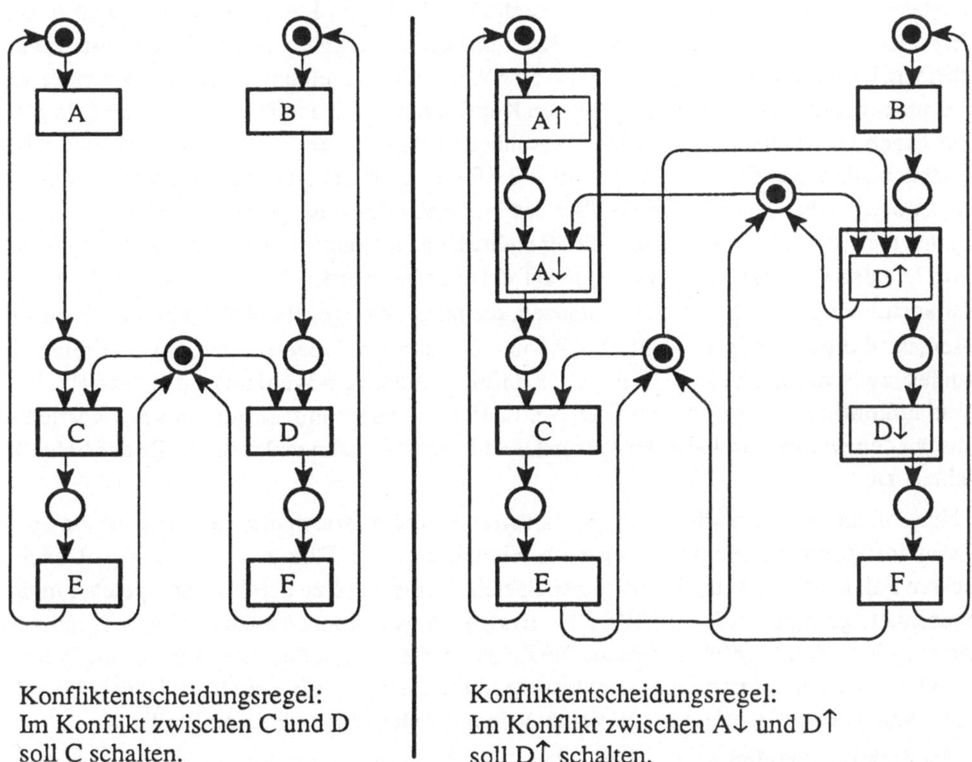

Bild 125 Beispiel eines Wettlaufentscheidungskonflikts als Konsequenz einer Prioritätsregel

Die Konfliktentscheidungsregel zum rechten Netz ergibt sich durch folgende Überlegung aus der Regel zum linken Netz: Wenn die Transition D schaltbereit wird, bevor der Konfliktfall eintritt, also bevor der Schaltprozeß A fertig wird, dann soll der Schaltprozeß D sofort beginnen, damit in diesem Fall der Konflikt gar nicht eintreten kann. Es muß nämlich das Ergebnis eines Wettlaufs entschieden werden und zwar des Wettlaufs zwischen dem Eintreten der

Schaltbereitschaft von D und dem Fertigwerden des Schaltprozesses A. Eine Wettlaufentscheidung ist aber nicht konfliktfrei zu gestalten, solange man mehr als einem Wettläufer eine Gewinnchance einräumt; andernfalls wäre es gar kein Wettlauf mehr. Da es sich im gegebenen Fall tatsächlich um einen Wettlauf handeln soll, darf man natürlich an das Fertigwerden von A, d.h. an das Auftreten von A↓ keine Bedingungen knüpfen. Deshalb darf auch die Konfliktmarke zwischen A↓ und D↑ keine Einschränkung für das Eintreten von A↓ bedeuten. Dies ist durch die Unsymmetrie des Konflikts gewährleistet: Da das Schalten der Transitionen A↓ und D↑ als das Auftreten von Ereignissen zu interpretieren ist, die keine Zeit verbrauchen, wird durch das Netz in Bild 125 das gleichzeitige Eintreten beider Ereignisse nicht ausgeschlossen.

Diese Betrachtungen wurden angestellt im Zusammenhang mit der Frage, ob denn Petrinetze nicht als Aufbaustrukturen spezieller Materialflußsysteme interpretiert werden können, und das Beispiel in Bild 125 sollte zeigen, daß eine solche Interpretation im Falle konfliktbehafteter Netze nicht sinnvoll ist. Die Vorstellung, die beiden Rechtecke C und D im linken Netz seien Instanzen und könnten ihren Konflikt ohne Beteiligung einer höheren Instanz entscheiden, ist nicht aufrechtzuerhalten: Da eine Wettlaufentscheidung gefällt werden muß, wäre es unrealistisch anzunehmen, die beiden Konfliktpartner C und D kämen immer zum gleichen Ergebnis. Vielmehr ist es nicht auszuschließen, daß die Partner in einen Konflikt darüber geraten, ob denn überhaupt der durch die linke Regel zu entscheidende Konfliktfall eingetreten sei oder nicht. Dieser Konflikt über das Vorliegen des links geregelten Konflikts ist im rechten Netz sichtbar gemacht, und dieser rechte Konflikt kann nicht durch eine "Absprache" zwischen den Konfliktpartnern A↓ und D↑ entschieden werden. Die Vorstellung, die Ereignistransitionen A↓ und D↑ seien Instanzen, die nach einer gegebenen Regel ihren Konflikt lösen, ist völlig unsinnig, da es sich bei A↓ und D↑ nicht um Prozesse, sondern um Ereignisse handelt, zwischen denen kein "lösbarer" Konflikt, sondern ein Wettlaufkonflikt besteht. Und Wettlaufkonflikte können nie von den Wettläufern, sondern immer nur vom Schiedsrichter entschieden werden. Im Falle der Petrinetze fällt dem Netzabwickler die Rolle des Schiedsrichters zu.

Nun soll die bereits erwähnte Frage beantwortet werden, wie man zellenstrukturierte Speicher in Instanzennetzen modellieren kann. Hierbei sind zwei Fälle zu unterscheiden. Der einfachere Fall liegt vor, wenn die einzelnen Speicherzellen explizit als einzelne Speicher im Instanzennetz gezeigt werden (s. Bild 126 links), denn dann können auch die Zugriffspfeile zu den einzelnen Zellen geführt werden. Die Zugehörigkeit der Zellen zu einem umfassenderen Speicher wird dann durch eine geschlossene Umrahmung symbolisiert. Auf dieser Umrahmung liegen jedoch in diesem Fall keine Anfangs- oder Endpunkte von Pfeilen.

Der praktisch häufigere Fall ist aber der, daß man die einzelnen Speicherzellen im Instanzennetz nicht explizit zeigen will, sondern nur noch den umfassenderen Speicher darstellen will. In diesem Fall hat man drei Möglichkeiten: Erstens kann man ein neues Pfeilsymbol für selektiven Zugriff einführen (s. Bild 126 Mitte). Zweitens könnte man ein neues Speichersymbol mit Eingängen unterschiedlicher Bedeutung einführen. Eine solche spezielle Speichersymbolik ist aber bezüglich der leichten Lesbarkeit der Instanzennetzdarstellungen sicher weniger günstig als die bereits vorgestellte spezielle Pfeilsymbolik, und deshalb gibt es hierzu in Bild 126 keinen Vorschlag. Drittens schließlich kann man auf die Einführung spezieller neuer

Symbole ganz verzichten und den selektiven Zugriff durch die ohnehin separat anzugebende Instanzenfunktion ausdrücken. Dafür muß man dann allerdings der Instanz formal lesenden Zugriff auf den Speicherinhalt gewähren, wie dies in Bild 126 rechts gezeigt ist. Denn einen expliziten selektiven Speicherauftrag der Form

$$a \; := \; \text{neuer Wert}$$ [1]

kann man auch als Sonderfall einer allgemeinen Speicherinhaltsmodifikation

$$S \; := \; f(S)$$

ansehen, worin die Funktion f die einfache Form

$$f(S) = f\begin{bmatrix} a \\ b \\ c \end{bmatrix} = \begin{bmatrix} \text{neuer Wert} \\ \text{alter Wert} \\ \text{alter Wert} \end{bmatrix}$$

annimmt. In diesem Fall gibt also die Instanz in jedem Speicherauftrag den gesamten Speicherinhalt vor, wobei sie aber in die Inhaltsvorgabe teilweise den zuvor gelesenen bisherigen Inhalt übernimmt.

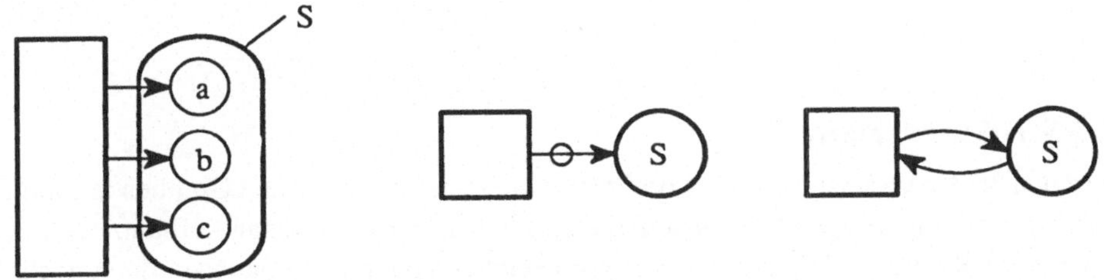

Bild 126 Verschiedene Formen der Symbolisierung der Möglichkeit selektiver Speicheraufträge

Man darf den bisher betrachteten Fall, wo eine Instanz selektiv auf eine Zelle in einem Speicher zugreifen und für diese einen neuen Inhalt vorgeben kann, nicht mit dem sehr ähnlichen Fall verwechseln, wo eine Instanz eine andere Instanz beauftragt, selektiv auf eine Speicherzelle zuzugreifen. Bild 127 zeigt diesen neuen Fall: Eine Auftraggeberinstanz ist über drei Variable für den Auftragsfluß mit einer Auftragnehmerinstanz verbunden, welche selektiv auf die Zellen eines Aufbewahrungsspeichers zugreifen kann. Ein Speicherauftrag besteht jeweils aus der Angabe einer Zellennummer und der Vorgabe des neuen Inhalts für diese Zelle. Damit der Zeitpunkt klar definiert ist, wann ein Auftrag ausgeführt werden soll, gibt es noch das Auslösesignal, welches wie ein Startschuß wirken soll: Der Wertebereich dieses Auslösesignals ist nur binär, also {0,1}, und die Auftragnehmerinstanz soll jedesmal einen Auftrag ausführen, wenn beim Auslösesignal ein Wertesprung von 0 nach 1 auftritt.

Wenn die Gefahr besteht, daß ein derartiger auftragsinterpretierender Speicher mit den einfachen Speicherknoten des Instanzennetzmodells verwechselt werden kann, sollte man zur Unterscheidung besser von einem Speichersystem (s. Bild 127) reden.

---

1) Das Symbol ":=" ist das auf S. 110 eingeführte Wertzuweisungssymbol.

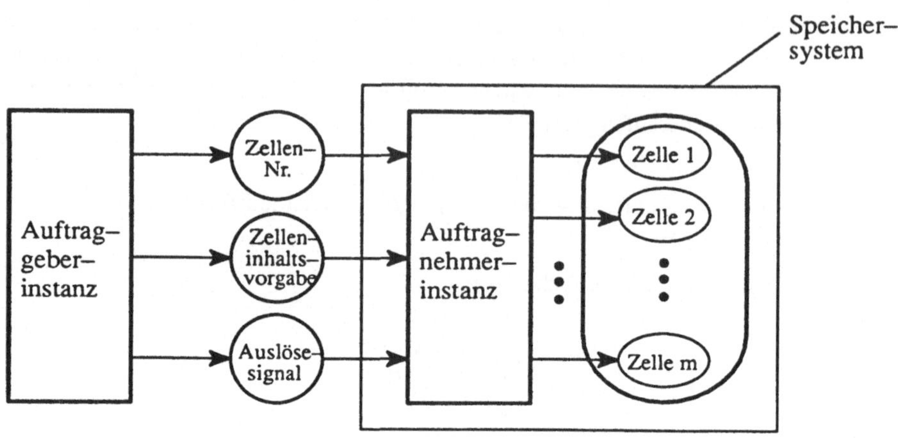

Bild 127 Speichersystem für selektive Zugriffsaufträge

2.3.3 Strukturvarianz

Die in den beiden voranstehenden Abschnitten vorgestellten bipartiten Graphen mit ihrer Interpretation als allgemeines Netzsystem oder als Instanzennetz sind zur Aufbaumodellierung einer großen Klasse von Systemen sehr gut geeignet, aber es gibt daneben doch noch eine wichtige Klasse von Systemen, die durch solche Modelle nicht befriedigend erfaßbar sind. Es handelt sich um Systeme, in denen wir das Entstehen und das Verschwinden von Systemkomponenten und von Kopplungen zwischen Komponenten beobachten, ohne daß wir solche Vorgänge als ein "Kaputtgehen" des Systems interpretieren können. Die bekanntesten Vertreter dieser Systemklasse sind die biologischen Systeme, in denen das Geborenwerden und das Sterben von Lebewesen beobachtet wird, die für die Dauer ihres Lebens als aktive Systemkomponenten in Wechselwirkung miteinander stehen können. Im technischen Bereich gibt es Analogien zu solchen biologischen Systemen, beispielsweise wenn Roboter zur Herstellung von Robotern eingesetzt werden, oder wenn durch die Abwicklung eines Computerprogramms ein neues Computerprogramm entsteht.

Bei der Betrachtung dieses Problemkreises besteht die Gefahr der Begriffsverwirrung, wenn man immer nur vom "System" redet und nicht zwischen einem System und einem Metasystem unterscheidet. Zu Beginn des Kapitels 2 über den Systembegriff wurde festgelegt, daß ein dynamisches System ein konkret vorstellbares Gebilde sei, dessen beobachtbares Verhalten als Ergebnis des Zusammenwirkens der Systemteile angesehen werden könne. Mit dieser Festlegung ist die Vorstellung unverträglich, daß Systemkomponenten entstehen und verschwinden können, so daß möglicherweise ein und dasselbe System zu einem Zeitpunkt t_1 völlig anders aufgebaut sein dürfte als zu einem späteren Zeitpunkt $t_1 + \Delta t$. Deshalb wird hier ausdrücklich betont, daß kein System und auch kein Metasystem in der hier vorgestellten Begriffswelt seine Struktur verändern kann. Eine solche Strukturveränderung "durch sich selbst" wird als genauso unsinnig angesehen wie wenn man sagen würde, "ein Naturgesetz verändere sich selbst". So wie die Aussage eines Naturgesetzes nicht von der Identität dieses Naturgesetzes getrennt werden kann, so läßt sich hier die Struktur eines Systems nicht von der Identität dieses Systems trennen. Der zeitliche Übergang von einer Struktur zu einer anderen muß also als Verschwinden eines bisherigen und als Erscheinen eines neuen Systems betrachtet werden. In dieser Sicht kann Strukturvarianz nur in einer Variablen eines Metasystems beobachtet werden, und ein System ist dann eine aktuell in einer Variablen des Metasystems gesehene Struktur. Diese abstrakten Aussagen sollen nun veranschaulicht werden.

Jeder Mensch erlebt sich selbst als diskretes Strukturelement innerhalb der Variablen, die alles Beobachtbare umfaßt und die deshalb die Universalvariable genannt werden soll. Diese Variable ist die einzige Schnittstellenvariable des Systems, das wir Universum nennen. Dieses Universum ist per Definition ein umgebungsfreies System, d.h. es ist ein gerichtetes System ohne Eingänge, wie dies in Bild 128 gezeigt ist. Dieses Universum ist das Metasystem, in dessen einziger Schnittstellenvariablen wir zeitabhängig bestimmte Strukturen finden, die wir als System auffassen und beschreiben können.

Man beachte, daß das Bild 128 nichts über die Realisierung der Funktion $\mu(t)$ aussagt und damit auch nichts darüber sagt, ob der Mensch einen freien Willen habe oder nicht. Wenn man ihm einen freien Willen zugesteht, dann wirkt er an der Definition von $\mu(t)$ mit, wobei man dann $\mu(t)$ stets nur für die Vergangenheit als vollständig festgelegt betrachten kann und für die Zukunft noch als teilweise offen annehmen muß. Im Falle der Annahme, daß alles zukünftige Geschehen schon vorherbestimmt sei, wird dagegen eine Einflußnahme auf die Definition von μ ausgeschlossen. Die Frage nach dem freien Willen ist jedoch für die weiteren Betrachtungen irrelevant.

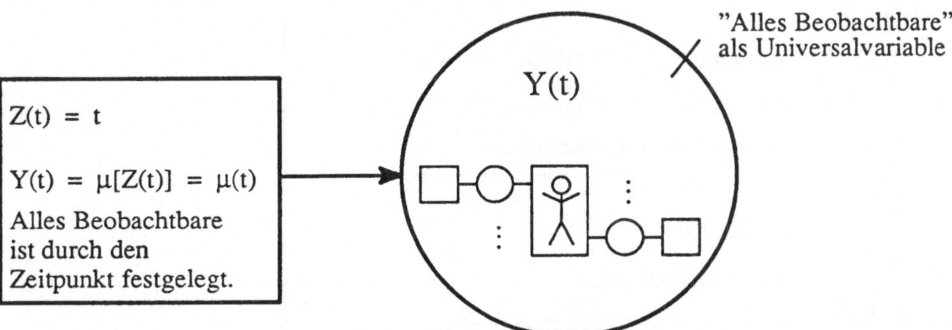

Bild 128 Das Universum als Metasystem aller beobachtbaren Systeme

Wenn man innerhalb der Universalvariablen eine Struktur sieht, die man als System auffassen kann, dann hat man etwas in das Beobachtbare "hineininterpretiert", d.h. die gesehene Systemstruktur ist ein Ergebnis der Beobachtung, und es wäre sinnlos, von einer Systemstruktur zu reden, die unabhängig von einem Beobachter existiert. Zumindest gilt dies für alle Systemstrukturen außer der elementaren Struktur, die zu finden seit jeher ein Traum von Physikern ist.[1] Nur wenn die Strukturelemente tatsächlich atomar sind, so daß man "bei näherem Hinsehen" nicht doch innerhalb der Elemente auch wieder eine Struktur finden kann, dann ist es sinnvoll, die Struktur als beobachterunabhängig zu bezeichnen. Wenn man dagegen – was praktisch immer der Fall ist – Systeme aus nichtatomaren Komponenten beschreibt, dann hat man als Beobachter in das Beobachtbare bestimmte Gebietsabgrenzungen hineinprojiziert, die selbst nicht zum Beobachtbaren gehören. Bereits bei den erkenntnistheoretischen Betrachtungen im Abschnitt 1.1 wurde darauf hingewiesen, daß das Erkennen konkreter Objekte auf bestimmten Mechanismen der Invariantenbildung im Betrachter beruht. Das Hineinprojizieren von Grenzen in etwas Beobachtbares soll hier an einem Beispiel aus dem Alltag verdeutlicht werden: Wenn man sich eine lange Telefonnummer merken soll, versucht man, sie als Folge von Abschnitten zu sehen, wodurch man eine Struktur schafft, die man aufgrund "naheliegender" Assoziationen – auch Eselsbrücken genannt – leicht im Gedächtnis behalten kann (s. Bild 129).

Wenn man innerhalb des Beobachtbaren eine Systemstruktur sieht, dann hat man i.a. nicht nur Grenzen hineinprojiziert, sondern man hat außerdem noch das Beobachtbare in Relevantes und Irrelevantes eingeteilt. Auch diese Unterteilung gehört selbst nicht zum Beobachtbaren, sondern ist nur in der aktuellen Interessenlage des Beobachters begründet. So kann man beispielsweise einer elektrischen Schaltung nicht ansehen, ob sich ein Beobachter aktuell für die darin meßbaren Spannungen und Ströme interessiert oder aber dafür, welche Luftwirbel entstehen, wenn zum Zwecke der Kühlung ein Gebläsewind über die Schaltung streicht. Auf die Notwendigkeit der Beschränkung der Beobachtung auf das aktuell Interessierende wurde bereits zu Beginn des Abschnitt 2.2.1 über Verhaltensklassifikation hingewiesen.

	Telefonnummer 12178921	
Struktur 1:		
a:	12	die ersten beiden natürlichen Zahlen
b:	1789	Anfangsjahr der französischen Revolution
c:	21	Umkehrung des Abschnitts a
Struktur 2:		
a:	1	eins zuerst,
b:	21	dann drei mal sieben
c:	789	dann dreistellige Folge ab sieben
b:	21	zuletzt noch einmal drei mal sieben

Bild 129 Beispiel für Strukturprojektion

1) "Daß ich erkenne, was die Welt im Innersten zusammenhält", Zeilen 382 u. 383 aus Faust I von J.W. von Goethe.

Wenn also im folgenden von Systemstrukturen innerhalb von Beobachtungsvariablen die Rede ist, dann sollte man immer daran denken, daß diese Systeme stets auf einer Strukturprojektion und auf einer Beschränkung der Beobachtung durch den Betrachter beruhen.

Ein Mensch, der sich selbst als Komponente in einem System innerhalb der Universalvariablen mitwirken sieht, tritt sowohl als Beobachter als auch als Beobachteter auf. Als Beobachter weiß er, durch welche Strukturprojektion und durch welche Beobachtungsbeschränkung er zur Systemkomponente geworden ist; als Systemkomponente dagegen kennt er nur den Ausschnitt des Beobachtbaren, der ihm durch die Beschränkung zugeteilt wurde. So kann beispielsweise ein Mensch als Komponente in einem System ein Optik–Akustik–Wandler sein, dessen Funktion ausschließlich darin besteht, Texte von Zetteln abzulesen, die ihm vor Augen gehalten werden. Als Systemkomponente kennt dieser Mensch nur geschriebene und gesprochene Texte, wogegen er natürlich als Beobachter Zugang zu allem Beobachtbaren hat, beispielsweise zu dem Geruch von Schweinebraten, der aus der Küche kommt. Der Mensch kann also gleichzeitig auf zwei Ebenen agieren: Auf der Systemebene agiert er innerhalb des Systems, auf der Metasystemebene agiert er außerhalb des Systems. Strukturvarianz kann der Mensch nur herbeiführen, indem er außerhalb des Systems agiert. Denn in diesem Falle erhebt er sich ja über das System, eliminiert es und kreiert ein neues System, worin er wieder als Komponente agieren kann. Auf der Metasystemebene ist er als Instanz des Metasystems anzusehen, wie dies Bild 130 zeigt.

Aktion
innerhalb des Systems

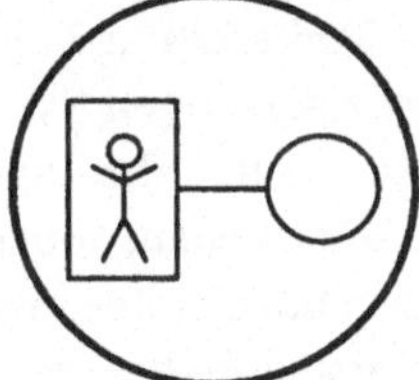

Mensch als Systemkomponente, die den Werteverlauf von Schnittstellen–variablen in einem System beobachtet und möglicherweise beeinflußt

Aktion
außerhalb des Systems

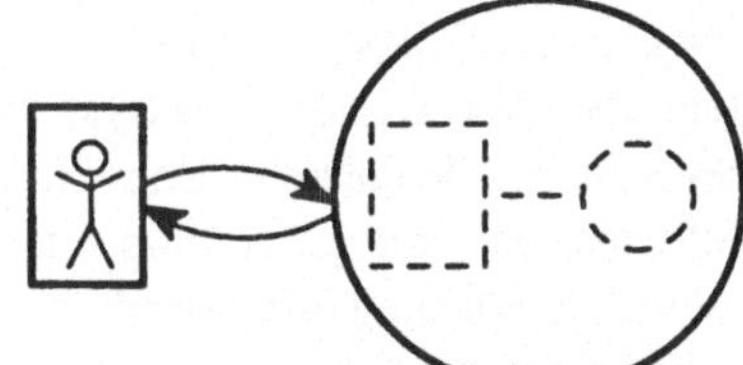

Mensch als Instanz, die eine Systemstruktur als Wert der Metavariablen vorgibt

Bild 130 Aktionen auf zwei Ebenen

Die hier vorgestellte Sichtweise, bei der ein Mensch auf zwei Ebenen agierend betrachtet wird, ist selbstverständlich auch auf entsprechende Strukturen übertragbar, in denen keine Menschen, sondern möglicherweise nur technische Gebilde vorkommen. Auch beim Agieren eines Roboters oder bei der Abwicklung eines Computerprogramms können Ereignisse auftreten, die zweckmäßigerweise als Ebenenwechsel im vorgestellten Sinne betrachtet werden, weil dadurch die Vorgänge am verständlichsten erfaßt werden.

Die Unterscheidung zwischen der Systemebene und der Metasystemebene schließt selbstverständlich den einfachen Fall mit ein, wo die für die Strukturänderungen zuständige Instanz immer außerhalb des Systems bleibt und nie als Komponente innerhalb des Systems agiert.

Man denke an einen Menschen, der ein elektrisches Netzwerk zusammenbaut und der immer wieder einmal dessen Struktur variiert, der aber natürlich selbst nie als Ersatz eines elektrischen Bauelements in der Schaltung an der Erzeugung der Strom– und Spannungsverläufe mitwirkt. Dieser triviale Fall bedarf keiner weiteren Diskussion; lediglich in dem interessanten Fall, wo die strukturändernde Instanz selbst auch als Systemkomponente auftritt, lohnt sich eine ausführlichere Behandlung.

Es wurde gesagt, daß Strukturänderungen nur durch Instanzenaktionen außerhalb des Systems erreicht werden können. Trotzdem ist es möglich und kommt häufig vor, daß schon bestimmte Aktionen innerhalb des Systems auf eine bevorstehende Strukturänderung hinweisen. Dabei sind zwei Arten von Hinweisen zu unterscheiden, nämlich die Ankündigungen und die Vorbereitungen. Eine Ankündigung liegt vor, wenn in einer Schnittstellenvariablen des Systems ein Muster auftritt, das als Sprachgebilde interpretiert werden kann, worin behauptet wird, daß es demnächst eine Strukturänderung geben werde. Man denke an einen Menschen, der als Komponente in einem Unternehmen mitwirkt, welches aktuell eine bestimmte personelle Zusammensetzung und organisatorische Struktur hat, und der ankündigt, daß demnächst eine Strukturänderung eintreten werde, wobei möglicherweise auch der Personalbestand durch Entlassungen oder Einstellungen verändert werde. Eine solche Ankündigung erfolgt immer innerhalb des aktuellen Systems. Da Ankündigungen noch nichts mit der tatsächlichen Realisierung von Strukturänderungen zu tun haben und auch falsch sein können – man denke an die Vorhersage, "morgen gehe die Welt unter" –, sind sie für die vorliegende Betrachtung nicht weiter von Interesse.

Anders liegt der Fall dagegen bei den Vorbereitungen. Eine Vorbereitung liegt vor, wenn in einer Schnittstellenvariablen des Systems ein Bauplan eines zukünftigen Systems oder zukünftiger Systemteile entsteht. Dabei muß ein solcher Bauplan nicht unbedingt als symbolisierte Information – als Zeichnung oder als Sprachgebilde – entstehen, sondern darf auch "durch seine Ausführung impliziert" entstehen. Denn jedes gebaute Gebilde impliziert seinen eigenen Bauplan, was anschaulich bedeutet, daß man selbstverständlich jederzeit ausgehend vom fertigen Haus nachträglich die Baupläne zeichnen kann. Es handelt sich also auch um eine Vorbereitung zu einer Strukturänderung, wenn innerhalb einer Schnittstellenvariablen des aktuellen Systems das zukünftige System oder Teile davon "in passiver Form" entstehen. Was dabei die Bedingung der passiven Form bedeutet, läßt sich durch folgende Überlegungen vermitteln: Damit ein System nichttriviales Verhalten zeigen kann, d.h. damit an den Schnittstellenvariablen zeitliche Wertänderungen auftreten können, benötigt das System Energie. Wenn man ihm diese Energie vorenthält, kann es nur "leblos" als passive Form vorliegen. Besonders anschaulich ist hier die biblische Darstellung der Erschaffung des Menschen (1. Mose, 2. Kapitel, 7. Vers): "Und Gott der Herr machte den Menschen aus einem Erdenkloß, und er blies ihm ein den lebendigen Odem in seine Nase". Man kann dies auf die Herstellung eines Roboters durch einen Menschen übertragen: Zu Beginn liegt ein aktuelles System vor, welches aus dem Menschen und einer mit viel Material gefüllten Werkstatt besteht. Dieses System ist oben in Bild 131 gezeigt. Die Werkstatt reagiert auf die Einflußnahme "X(t)" des Menschen durch Veränderung ihres Zustands Z, und dieser Zustand ist auch gleich der Ausgabe Y der Werkstatt. In Y wird mit der Zeit immer deutlicher die passive Form des Roboters erkennbar, aber selbst wenn er fertig gebaut ist, bleibt er noch so lange eine passive Form innerhalb von Y, bis der Mensch die Energieversorgung des Roboters einschaltet und ihm damit "den Odem einbläst". Dadurch wird aus der passiven Form des Roboters eine aktive Systemkomponente, die, wie in Bild 131 in der Mitte gezeigt, mit dem Menschen in Wechselwirkung treten kann, indem sie auf dessen Anweisungen reagiert. Der Bau der passiven Form des Roboters geschieht also durch Aktionen des Menschen innerhalb des ursprünglichen Systems, und nur das Einschalten der Energieversorgung des Roboters stellt eine Aktion außerhalb des Systems dar, weil dadurch der Übergang vom ursprünglichen zum neuen System geschieht.

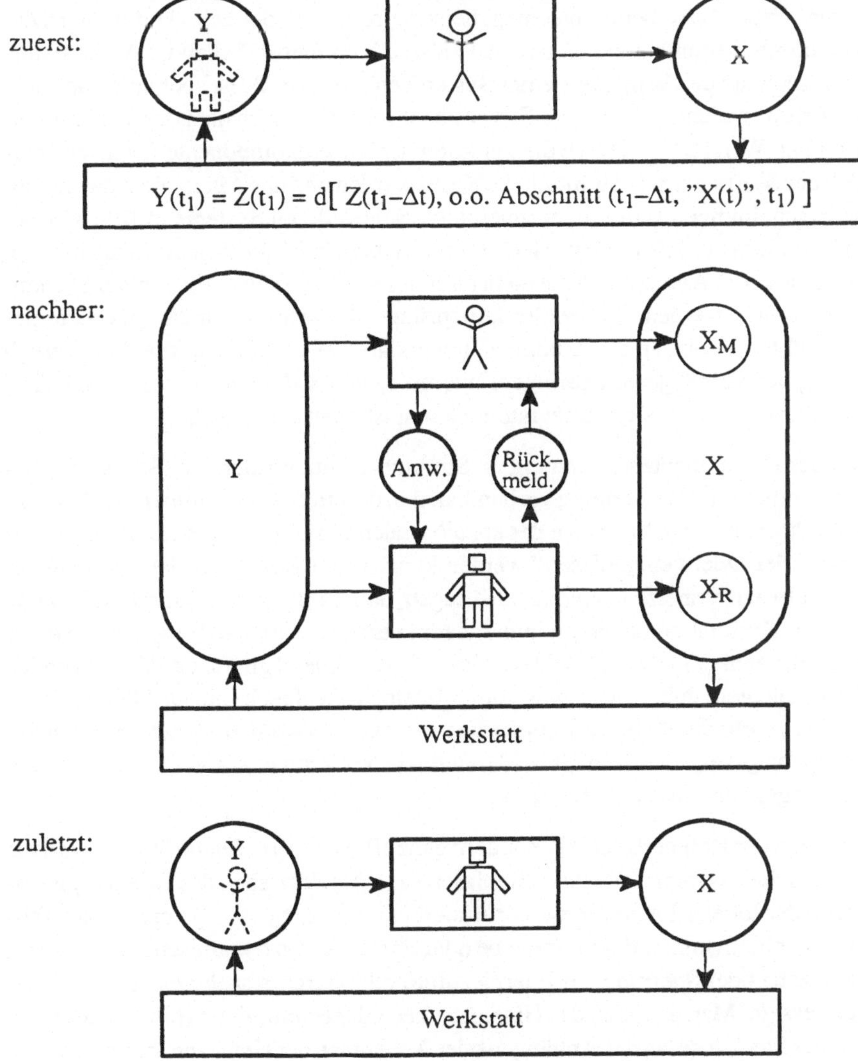

Bild 131 Strukturvarianz mit passiven Formen

Selbstverständlich ist es nun auch dem Roboter möglich, außerhalb des Systems zu agieren, indem er den Menschen totschlägt, wodurch das mittlere System in Bild 131 durch das untere abgelöst wird. In diesem unteren System erscheint nun der Mensch als passive Form im Zustand der Werkstatt, d.h. er ist nun nur noch Material, mit dem beliebig verfahren werden kann. Dem Bild 131 kann man allerdings nicht ansehen, welche Systemkomponente die Überführung des mittleren Systems in das untere ausgelöst hat: Der Roboter kann den Menschen totgeschlagen haben; der Mensch kann Selbstmord begangen haben; ein Unfall kann geschehen sein, wobei dem Menschen ein Hammer auf den Kopf fiel, ohne daß dies absichtlich von ihm selbst oder von dem Roboter ausgelöst wurde – die Auslösung läge in diesem Fall in der Werkstatt. In allen drei Fällen, also beim Totschlag, beim Selbstmord oder beim Unfall, wird der Struktursprung durch Systemkomponenten ausgelöst, d.h. in diesen Fällen ist der Struktursprung eine Konsequenz des Verhaltens einer Systemkomponente. Es ist aber auch möglich, daß der Struktursprung nichts mit dem im System beobachtbaren Verhalten der Systemkomponenten zu tun hat. Wenn man nämlich die Funktion der Systemkomponente "Mensch" derart festlegt, daß der Stoffwechsel, das mögliche Krankwerden und das Altern nicht dazugehören und diese Erscheinungen somit nicht innerhalb des jeweiligen Systems in Bild 131 beobachtbar sind, sondern nur innerhalb der Universalvariablen in Bild 128, dann kann auch ein Tod durch Krankheit oder Altersschwäche nicht als Konsequenz des Verhaltens einer Systemkomponente angesehen werden. Solche Struktursprünge, die nicht durch das innerhalb des Systems beobachtbare Verhalten der Komponenten erklärt werden können, sind hinsichtlich der Modellierung der Vorgänge von geringem Interesse, denn daß man jederzeit von außerhalb eines Systems die Systemstruktur zerstören kann, ist natürlich trivial.

Hinsichtlich der Komponentenentstehung ist Strukturvarianz im Bereich technischer Systeme praktisch immer mit Vorbereitung verbunden, d.h. dort treten dann immer vor dem entsprechenden Struktursprung in Variablen des abzulösenden Systems Baupläne auf, denen auf geeignete Weise "der Odem eingeblasen" werden kann. Unter Bezug auf die Symbole der Netzsysteme und Instanzennetze kann man also sagen, daß im Bereich technischer Systeme die Entstehung von Systemkomponenten immer damit verbunden ist, daß "etwas, was vorher in einem Kreis saß, nachher in einem Rechteck sitzt". Entsprechend gilt für das Verschwinden von Systemkomponenten, daß "etwas, was vorher in einem Rechteck saß, nachher in einem Kreis sitzt", falls es nicht durch den Struktursprung irrelevant geworden ist und im neuen System gar nicht mehr gezeigt wird. In Bild 131 sind solche Sprünge aus einem Kreis in ein Rechteck oder umgekehrt anschaulich gezeigt.

Nicht nur im Falle des Roboterbeispiels, sondern ganz allgemein gilt für die Strukturvarianz im Bereich technischer Systeme, daß das "Einblasen bzw. das Entziehen des Odems" gleichbedeutend ist mit der Inbetriebnahme bzw. der Außerbetriebsetzung von Systemen oder Teilsystemen. Dies geschieht immer durch Freigabe oder Sperrung von dynamischem Verhalten, sei es durch Freigabe oder Sperrung der Energiezufuhr oder durch Abnehmen oder Anlegen irgendwelcher Fesseln. Man denke an das Hineinstecken oder Herausziehen eines Steckers in eine bzw. aus einer Steckdose, an das Anhängen oder Abnehmen der Gewichte an die bzw. von den Ketten einer alten Standuhr, oder an das Lösen oder Einrasten einer Sperrklinke im Federwerk einer Spieluhr.

In diesem Zusammenhang muß natürlich klargestellt werden, daß auch der Autor das Entstehen und Verschwinden von Leben nicht mit dem Ein- und Ausschalten eines Roboters auf die gleiche Stufe stellen will. Man darf derartige anschauliche Analogien verwenden, solange man sich bewußt ist, wo ihre Grenzen sind. Die Grenze der hier betrachteten Analogie liegt auf dem Gebiet der Irreversibilität: Das Wesen des biologischen Todes liegt in seiner Endgültigkeit, der Vorgang ist aus menschlicher Sicht irreversibel, wogegen natürlich das Herausziehen eines Steckers aus einer Steckdose keineswegs irreversibel ist, sondern jederzeit durch das Wiederhineinstecken rückgängig gemacht werden kann. Selbst ein in seine Einzelteile zerlegter Roboter muß deshalb nicht als ein toter Roboter angesehen werden, sondern darf auch als ein vorübergehend passivierter, also als ein ohnmächtiger Roboter auf dem Operationstisch gesehen werden. Während es also im Biologischen bereits eindeutig festgelegte Unterschiede zwischen tot einerseits und ohnmächtig oder schlafend andererseits gibt, kann eine entsprechende Unterscheidung im Technischen nur durch die Festlegung mehr oder weniger willkürlicher Kriterien herbeigeführt werden. Diese Kriterien bilden "die Brille, durch die der Beobachter den passivierten Roboter sieht"; es hängt von dieser Brille ab, ob der Roboter als tot oder als schlafend gesehen wird. Aus einer solchen Abhängigkeit von der Brille folgt, daß man durch bloßes Wechseln der Brille, also durch eine Änderung beim Beobachter ohne Änderung des Beobachteten einen Struktursprung erzeugen kann.

Es wurde bereits früher gesagt, daß eine gesehene Systemstruktur immer ein Ergebnis der Beobachtung ist. Dennoch will man natürlich über Systeme "so objektiv wie möglich" reden, und deshalb sollte man Aussagen über Strukturvarianz immer mit der Voraussetzung verbinden, daß Brillenwechsel ausgeschlossen sind. Dadurch werden Struktursprünge ohne beobachtbare Vorgänge ausgeschlossen. Im Falle eines Roboters mit einem Schalter für die Energieversorgung muß man also festlegen, ob dieser Ein/Ausschalter für die Unterscheidung zwischen tot und lebendig oder zwischen schlafend und wach gelten soll. Im ersten Fall könnte man dann den Unterschied zwischen schlafend und wach nicht mehr an die Schalterstellung binden und müßte entweder auf diese Unterscheidung verzichten oder aber auf andere Weise für die Unterscheidbarkeit sorgen. Im zweiten Fall hätte der Schalter nichts mehr mit der Strukturvarianz zu tun, sondern wäre eine gewöhnliche Schnittstellenvariable innerhalb des Systems. Anstelle des Ein- bzw. Ausschaltens dieses Schalters müßte man dann andere, auf der Metaebene beobachtbare Vorgänge angeben, die als "Einblasen bzw. Entziehen des Odems" anzusehen sind. Als einfachste Möglichkeit bietet sich hier die Einführung eines zweiten Schalters an, der mit dem bisherigen in Reihe geschaltet wird, wie dies in Bild 132 gezeigt ist. Da die Stellung des "Odem"-Schalters bei lebendigem Roboter keine Variable ist, darf sie im Gegensatz zum Schlafschalter nicht als Schnittstellenvariable innerhalb des Sy-

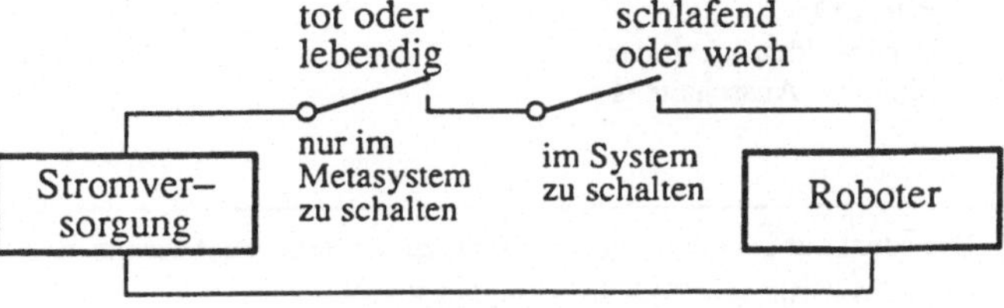

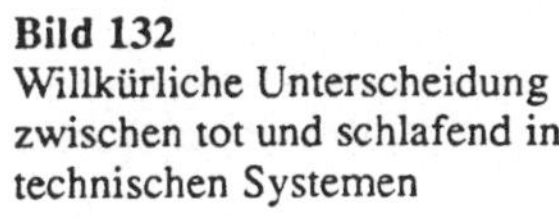
Bild 132
Willkürliche Unterscheidung zwischen tot und schlafend in technischen Systemen

stems eingeführt werden[1]. In Bild 133 ist dieser Schalter deshalb innerhalb des Systems gestrichelt dargestellt, was darauf hinweisen soll, daß diese Variable innerhalb des Systems irrelevant ist und nur im Metasystem eine Bedeutung hat.

Das Bild 133 ist als Modifikation des Bildes 131 zu verstehen, wobei zur Vereinfachung der Darstellung hier nur noch der Werkstattzustand, aber nicht mehr die Werkstatt als Systemkomponente explizit gezeigt ist. In der Situation 1 sieht man im Zustand der Werkstatt keine Struktur, während man daneben in der Situation 2 den Roboter als passive Form, also den "leblosen Roboter" in der Werkstatt sieht – gestrichelt dargestellt als Rechtecksymbol mit Schnittstellenvariablen. In den Situationen 3 und 4 tritt der Roboter in wachem bzw. schlafendem Zustand als Systemkomponente auf. Der Pfeil, der vom Roboter zum Schlafschalter führt, gibt dem Roboter die Möglichkeit, aus eigenem Antrieb einzuschlafen, d.h. sich selbst

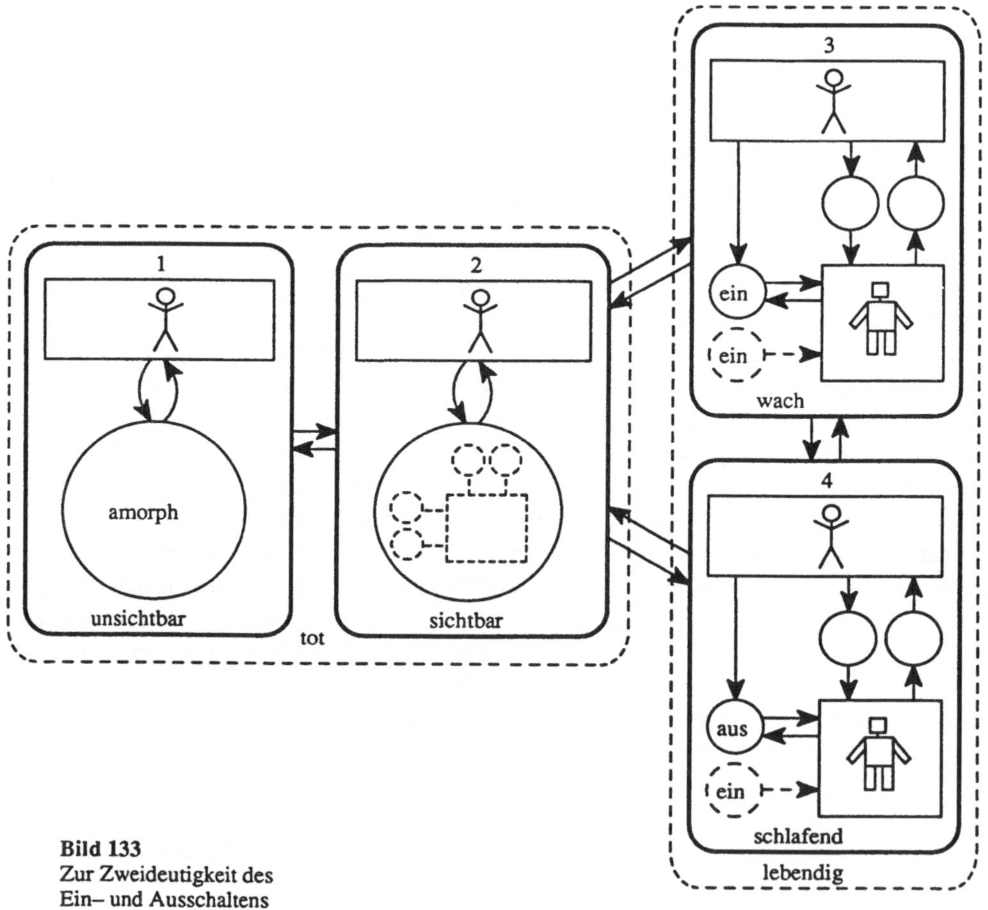

Bild 133
Zur Zweideutigkeit des Ein– und Ausschaltens

1) Die sonst nur im übertragenen Sinne zu verstehende Aussage, daß "der Schlaf der Bruder des Todes" sei, wird in diesem Falle zur trivialen Realität.

auszuschalten. Das Bild 133 läßt es auch zu, daß der Roboter aus eigenem Antrieb wieder aufwacht, d.h. sich selbst wieder einschaltet; die Realisierung in Bild 132 würde dies aber nur erlauben, falls der Roboter noch eine zusätzliche, von den Schalterstellungen unabhängige Energiequelle besäße, z.B. in Form eines zweiten Stromkreises oder eines Federwerks. Bezüglich der gestrichelt dargestellten Knoten stellt das Bild 133 einen sogenannten Strukturvarianzgraphen dar. In Bild 134 ist dieser Graph in der Symbolik der Petrinetze dargestellt: Den runden Stellen entsprechen Systemstrukturen, und den rechteckigen Transitionen entsprechen Strukturübergänge. Diese Erfassung der Strukturübergänge in einem Petrinetz ist vor allem deshalb zweckmäßig, weil Strukturvarianz nicht nur wie in den bisher betrachteten Beispielen in Form sequentieller Prozesse, d.h. in Form von zeitlich geordneten Strukturübergängen vorkommt, sondern durchaus auch mit nebenläufigen Strukturübergängen.

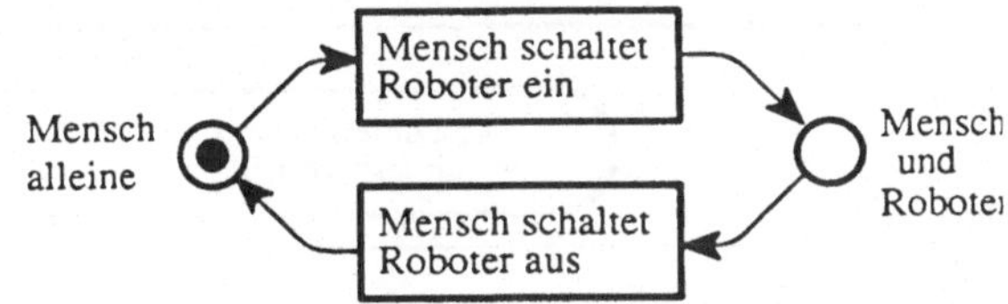

Bild 134
Strukturvarianzgraph aus Bild 133 in Petrinetz–Form

Bild 135 zeigt hierfür ein einfaches Beispiel: Oben im Bild ist ein Zyklus des Wachsens und Absterbens in Form eines Graphen mit vier Knoten dargestellt. Darin ist dem obersten und dem untersten Knoten jeweils eine ganz bestimmte Struktur zugeordnet, während den beiden mittleren Knoten jeweils eine Strukturklasse zugeordnet ist, indem innerhalb dieser Knoten noch eine Dynamik in Form von Strukturänderungen bestimmten Typs definiert ist. Die Bezeichnung der Komponententypen mit M, L, R und E soll auf "Mitte, links, rechts und Ende" hinweisen; eine weitergehende Interpretation liegt den Strukturen nicht zugrunde.

Unten im Bild 135 sind die gleichen Strukturvarianzvorgänge in Form eines Petrinetzes dargestellt, welches für jeden unterschiedlichen Typ von Strukturveränderung eine Transition enthält. Die beiden Stellen mit unbegrenzter Markenkapazität sind mit größerem Durchmesser und mit Doppelumrandung dargestellt; sie erfassen die jeweilige Länge der L– bzw. R–Kette. Dieses Petrinetz macht die Nebenläufigkeit des Wachsens und Absterbens sichtbar, denn es gibt Markierungen, bei denen zwei Transitionen unabhängig voneinander schalten können.

Es sei darauf hingewiesen, daß in diesem Petrinetz zwei unterschiedliche Fälle der Konfliktentscheidung vorkommen: Während der Konflikt zwischen dem Wachsen der L –und der R–Kette einerseits und dem Abschließen dieser Ketten durch zwei E andererseits offen gelassen, d.h. der Willkür des Netzabwicklers überlassen wurde, ist der Konflikt zwischen dem Absterben der L und der R einerseits und dem Verschwinden der beiden E andererseits eindeutig entschieden durch die Angabe der Bedingung, daß zuerst alle L und R absterben müssen, bevor die E verschwinden dürfen.

Selbstverständlich kann man Strukturvarianz nur dann in Form solcher Petrinetze darstellen, wenn es sich um regelhafte Strukturvarianz handelt. Während biologische Systeme i.a. weitgehend indeterminiert sind und sich dann einer regelhaften Formulierung entziehen, sind

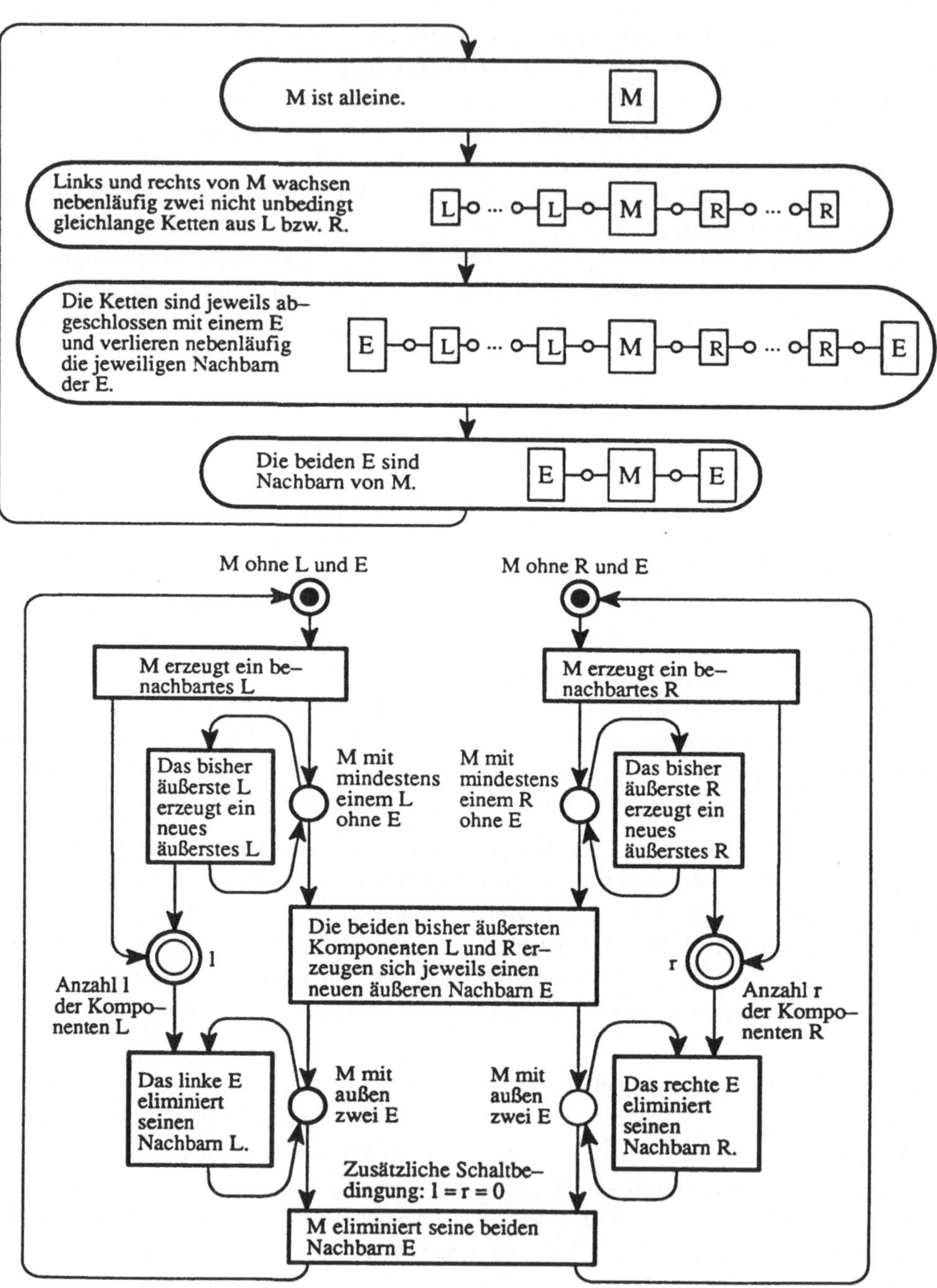

Bild 135 Beispiel für Strukturvarianz mit Nebenläufigkeit

technische Systeme meist weitgehend determiniert, so daß sich diese durchaus durch entsprechende Strukturvarianzgraphen oder –netze erfassen lassen.

Zum Schluß dieses Abschnitts über Strukturvarianz wird nun noch die *Parametrisierung* einer konstanten Struktur betrachtet. Die Parametrisierung stellt in vielen Fällen eine sinnvolle Alternative zur Strukturvarianz dar, d.h. es gibt Vorgänge, die man wahlweise als Strukturvarianz oder als Parametrisierung einer konstanten Struktur ansehen kann, wobei man dann der Betrachtung als Parametrisierung den Vorzug geben sollte, weil dies in solchen Fällen die einfachere Betrachtungsweise ist.

Der Begriff der Parametrisierung ist nicht auf den Bereich der Systembetrachtung beschränkt, sondern kann immer dann sinnvoll sein, wenn man Abhängigkeiten von einem Tupel $X = (x_1, x_2, \dots , x_m)$ unabhängiger Variablen beschreiben muß. Parametrisierung[1)] bedeutet, daß man das Tupel X in zwei kleinere Tupel partitioniert und das eine Tupel als Parameter zur Fallunterscheidung benutzt. Dann kann man nämlich die Abhängigkeiten von X als eine Menge unterschiedlicher Fälle darstellen, wobei jeder einzelne Fall durch eine bestimmte Wertebelegung des Parametertupels gekennzeichnet ist, so daß dann nur noch das andere Tupel als variabel gilt. Diese allgemeinen Aussagen werden nun durch Beispiele veranschaulicht.

Bild 136 zeigt die beiden möglichen Parametrisierungen einer Funktion mit zwei Argumentvariablen. Da das zweidimensionale Koordinatensystem nur eine unabhängige Variable enthält, muß das zweite Argument als Parameter eingeführt werden. Zu einem bestimmten Parameterwert gehört dann jeweils eine bestimmte Funktionslinie im Koordinatensystem.

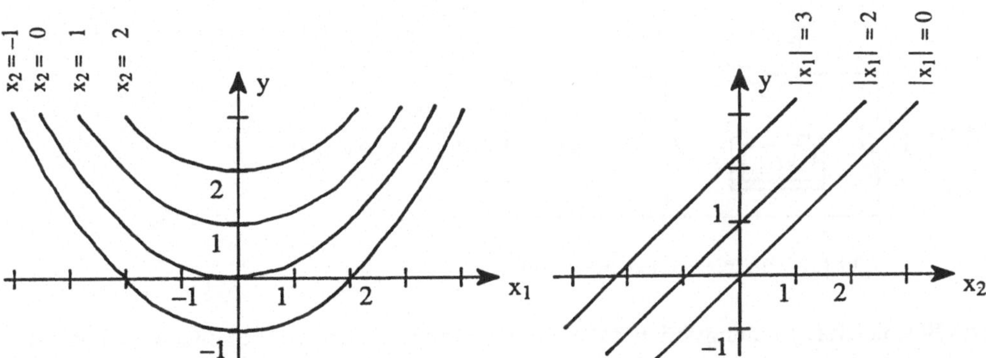

Bild 136 Die Funktion $y = \left(\frac{x_1}{2}\right)^2 + x_2$ in ihren beiden möglichen parametrisierten Darstellungen

Im Bereich der Systeme bezieht sich die Parametrisierung auf Funktionen, die das Verhalten von Systemkomponenten beschreiben. Dabei ist eine Parametrisierung genau dann zweck-

1) Es muß darauf hingewiesen werden, daß das Wort *Parametrisierung* auch noch in einer anderen Bedeutung benutzt wird, nämlich als Bezeichnung für eine 1:1–Abbildung zwischen einer Menge P und einer Teilmenge T einer Menge M.

Beispiel: M = R^2 = Menge aller Punkte (x, y) im zweidimensionalen Koordinatensystem;
T = Menge der Kreispunkte (x, y) mit $x^2 + y^2 = r^2$;
Parametermenge P = Alle Winkelwerte ϕ mit $0 \le \phi < 360°$;
1:1–Abbildung: $(x, y) = (r \cdot \cos\phi , r \cdot \sin\phi)$.

mäßig, wenn sich die Variablen im X–Tupel bezüglich ihrer Änderungsgeschwindigkeiten in schnelle und langsame partitionieren lassen. Denn dann nimmt man diejenigen Variablen als Parameter, deren Werte sich nur langsam verändern, d.h. die jeweils für einige Zeit als konstant angenommen werden können. Auf diese Weise erleichtert man sich das Erfassen des Systemverhaltens, denn in den Zeitintervallen, in denen die Parameterwerte als konstant anzunehmen sind, äußert sich das Systemverhalten nur noch durch Wertveränderungen bei den Variablen, die keine Parameter sind, so daß weniger Abhängigkeiten betrachtet werden müssen.

Bild 137 zeigt hierzu ein Beispiel. Es handelt sich um einen unbelasteten Ohmschen Spannungsteiler mit zeitabhängigem Teilerverhältnis k(t) bei konstanter Summe R_0 der Teilerwiderstände. Der Mechanismus, der die Werte der Teilerwiderstände einstellt, ist einfach als Generator des Widerstandsverhältnisses k(t) dargestellt. Das zu betrachtende X–Tupel hat hier die Form [u_1(t), k(t)]. Wenn k die langsam veränderliche Variable ist, macht man k zum Parameter, dessen Wert man sich dann als zeitweise konstant vorstellt. Damit kann der Verlauf der Ausgangsspannung u_2(t) für mehr oder weniger lange Zeitdauer als formgleich mit dem Verlauf von u_1(t) angesehen werden, wobei sich die beiden Verläufe nur durch den konstanten Maßstabsfaktor k unterscheiden, der maximal eins sein kann. Wenn dagegen u_1 die langsam veränderliche Variable ist, macht man u_1 zum Parameter, dessen Wert man sich als zeitweise konstant vorstellen kann. Dann kann der Verlauf von u_2(t) für mehr oder weniger lange Zeitdauer als formgleich mit dem Verlauf von k(t) angesehen werden, wobei die beiden Verläufe über den konstanten Maßstabsfaktor u_1 zusammenhängen. Wenn jedoch kein signifikanter Unterschied bezüglich der Wertänderungsgeschwindigkeit zwischen u_1 und k besteht, dann kann eine Parametrisierung das Erfassen des Systemverhaltens nicht erleichtern.

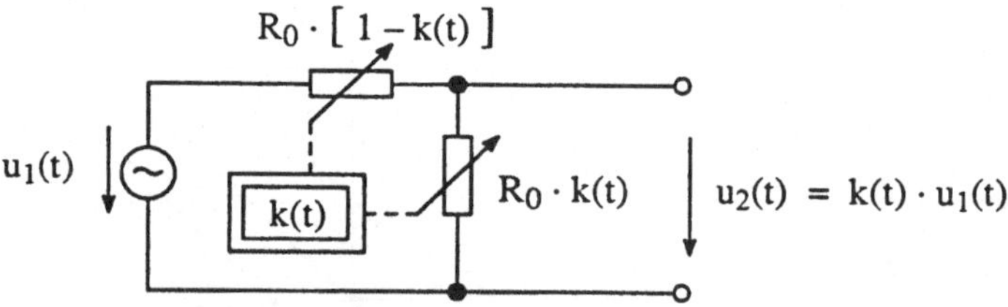

Bild 137 Beispiel zur Parametrisierung

Das Beispiel des Spannungsteilers hat nichts mit Strukturvarianz zu tun, sondern dient nur dazu, den Begriff der Parametrisierung im Zusammenhang mit Systemen einzuführen. Nun erst wird gezeigt, wie Parametrisierung und Strukturvarianz zusammenhängen. Bild 138 zeigt hierzu ein Beispiel. Es handelt sich um einen Regelkreis mit einem Regler, der aus fünf Teilreglern besteht, von denen immer nur genau einer mit der Strecke einen Kreis bildet. Eine Entscheidungseinheit legt jeweils fest, welcher der fünf Teilregler aktuell eingeschaltet sein soll. Mit diesem Regelkreis kann man folgende Anschauung verbinden: Die Strecke ist ein Raum mit einem Elektroofen, und der Regler soll dafür sorgen, daß der Verlauf der Raumtemperatur X(t) möglichst wenig vom Verlauf der Führungsgröße W(t) – z.B. der Winkelstellung des Drehknopfs am Thermostaten – abweicht, daß also die Verläufe "X(t)" und "W(t)" bis auf einen konstanten Maßstabsfaktor formgleich sind. Dazu muß der Regler den Verlauf der Stellgröße Y(t), die hier der Heizstrom ist, geeignet bestimmen. Im Gegensatz zu den Größen X(t), Y(t) und W(t) ist die Störgröße N(t) keine definiert meßbare Größe, sondern ihre Einführung soll nur zum Ausdruck bringen, daß die Regelstrecke bezüglich des Zusammenhangs zwischen den Verläufen "Y(t)" und "X(t)" kein vollständig determiniertes Verhalten zeigt. Im gegebenen Beispiel werden durch N(t) unter anderem solche störenden Einflüsse erfaßt wie das Öffnen oder Schließen der Fenster oder die Änderung der Außentemperatur und der Windverhältnisse. Gerade die unterschiedlichen Störverhältnisse können die Ursache dafür sein, daß mal der eine und mal der andere der fünf unterschiedlichen Teilregler das aktuell beste Regelergebnis liefert.

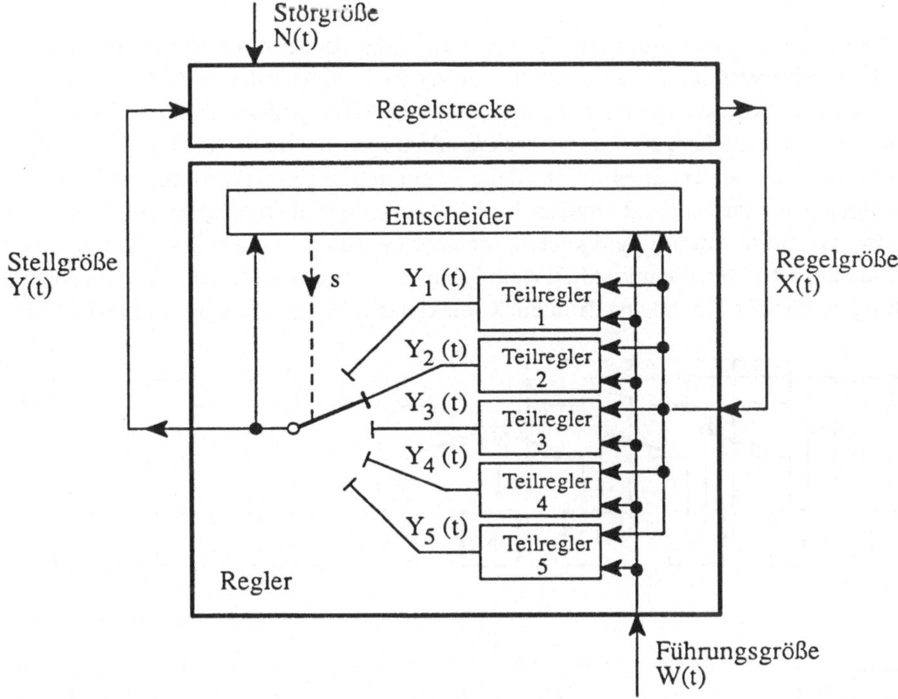

Bild 138 Regelkreis zur Veranschaulichung der Alternative *Strukturvarianz* oder *Parametrisierung*

Es ist nun offensichtlich, daß man die Veränderungen der Schalterstellung als Strukturvarianz betrachten kann, wobei jedesmal eine Systemkomponente eliminiert wird und eine andere hinzukommt. Die Analogie zum Sterben und Geborenwerden ist aber diesen Vorgängen eigentlich nicht angemessen, denn die fünf Teilregler können ja nicht entstehen oder verschwinden wie der Roboter in Bild 133. Es ist viel angemessener, die fünf Teilregler als Komponenten in einer konstanten Struktur anzusehen, worin auch der Schalter eine Komponente ist, dessen Funktion parametrisiert wird. Der Schalter verhält sich als verzögerungsfreier Zuordner. Seine Zuordnerfunktion läßt sich als Selektionsfunktion SEL_F (s. S. 117) formulieren. Das Argumenttupel dieser Funktion enthält sechs Variable, wovon die Variable s als Parameter angesehen werden darf, denn derartige Fallunterscheidungsregler sind nur dann technisch sinnvoll, wenn s einen einmal eingestellten Wert jeweils für eine nicht zu kurze Zeitdauer beibehält:

$$Y(t) = \begin{cases} Y_1(t) & \text{falls } s = 1 \\ Y_2(t) & \text{falls } s = 2 \\ Y_3(t) & \text{falls } s = 3 \\ Y_4(t) & \text{falls } s = 4 \\ Y_5(t) & \text{falls } s = 5 \end{cases}$$

Die Parametrisierung ist zwar nur in bestimmten Fällen eine der Strukturvarianz vorzuziehende alternative Sichtweise, aber grundsätzlich möglich ist diese Alternative in allen Fällen von Strukturvarianz, wenn man Systeme mit unbegrenzt vielen Komponenten zuläßt. Erschaffung und Vernichtung müssen dann als Parameterwertänderungen innerhalb einer konstantbleibenden Struktur gesehen werden. Dies soll am Beispiel der in Bild 135 als Strukturvarianz dargestellten Vorgänge veranschaulicht werden. Bild 139 zeigt oben ein System aus einer Komponente M, zwei Komponenten E' und jeweils unendlich vielen Komponenten L'und R' sowie einer Verbindungsstruktur, die unendlich viele Schalter enthält. Jeder Schalter hat drei mögliche Stellungen, nämlich Kontakt nach unten, Kontakt nach oben oder kontaktfrei in der Mitte.

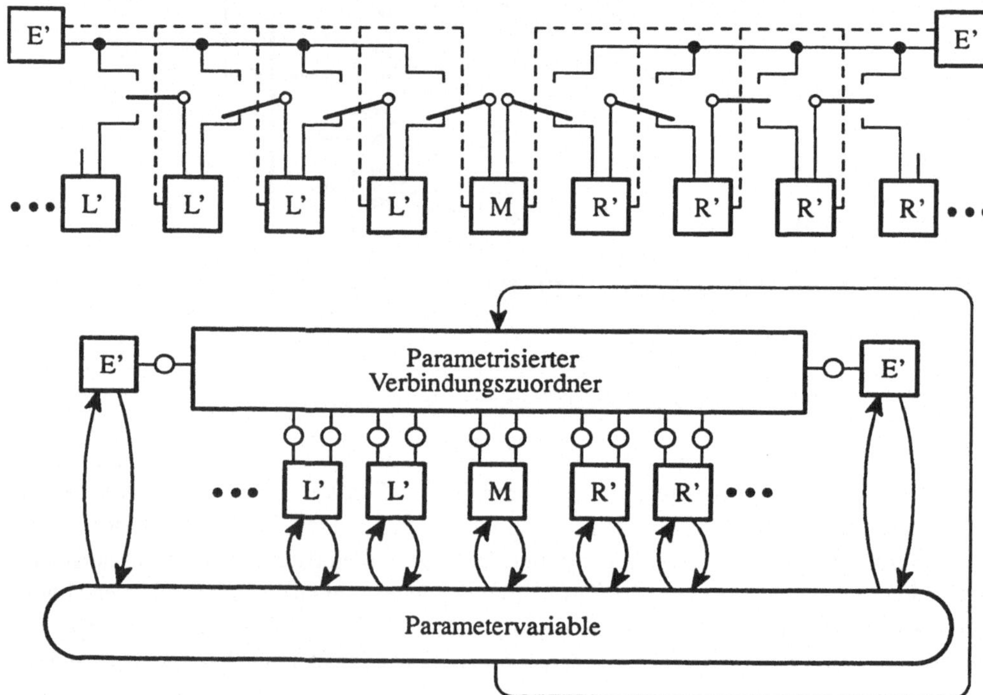

Bild 139 Sachverhalt aus Bild 135 modelliert als parametrisierte unendliche Struktur

Die gestrichelten Linien zeigen, welche Komponenten jeweils Zugriff zu den einzelnen Schaltern haben und diese verstellen können. Ein in Kette an M hängendes E', L' oder R' ist als existentes E, L bzw. R im Sinne des Bildes 135 zu betrachten, wogegen ein unverbundenes E', L' oder R' im Sinne des Bildes 135 nicht existiert. Unten im Bild 139 ist das gleiche System wie oben noch einmal in anderer Form dargestellt: Es wurde von der konkreten Schalterstruktur abstrahiert, d.h. die Schalterstruktur tritt nun nur noch in Form von zwei Elementen auf, nämlich der Parametervariablen, die eine Speichervariable für die Schalterstellungen ist, und dem parametrisierten Verbindungszuordner, der die schalterstellungsabhängige Gleichsetzung der als kleine Kreise dargestellten Schnittstellenvariablen der restlichen Komponenten realisiert. Die Zugriffe dieser restlichen Komponenten zur Parametervariablen entsprechen den gestrichelten Zugriffen im oberen Bild.

Obwohl die Schalterstruktur sehr anschaulich ist, ist die zugehörige Interpretation doch so gekünstelt, daß man der Betrachtungsweise in Bild 135 den Vorzug geben wird.

Als weiteres Beispiel für eine Parametrisierung, die auf einer sehr gekünstelten Interpretation beruht, wird zum Schluß die Menschheit betrachtet, bei der sich ja die Sicht, daß Komponenten entstehen und verschwinden, also die Sicht der Strukturvarianz geradezu aufdrängt. Wenn man die beobachteten Vorgänge trotzdem als Parameterwertänderungen in einer konstanten Systemstruktur modellieren will, dann hat man zwei Möglichkeiten: Entweder man führt in das System für jeden Menschen, der jemals gelebt hat oder jemals leben wird, eine ihm fest zugeordnete Komponente ein, die dann in Abhängigkeit eines Parameterwerts als noch nicht geboren, lebendig oder schon gestorben zu interpretieren ist. Oder aber man führt in das System Komponenten ein, die man als "potentielle Menschen" bezeichnen könnte, von denen jeder in Abhängigkeit eines Parameterwertes als "zur Zeit leer" oder als eine lebende Person zu interpretieren ist. Ein und derselbe potentielle Mensch könnte also in einem solchen System von 1749 bis 1832 als Dichter Johann Wolfgang von Goethe, von 1840 bis 1893 als Komponist Peter Tschaikowsky und von 1927 bis 2001 als Bäcker Anton Krause aus Berlin auftreten und in den sonstigen Zeiten leer sein. Mancher Leser mag sich fragen, weshalb diese Überlegungen im vorliegenden Buch dargestellt werden. Daß es sich hierbei nicht um irrelevante gedankliche Spielereien handelt, kann er vielleicht erst erkennen, wenn er sich mit der Modellierung der Vorgänge befaßt, die sich in bestimmten programmierten Systemen abspielen. Dann sind nämlich die agierenden Instanzen, die entstehen und verschwinden, keine gegenständlichen, räumlich gegeneinander abgrenzbaren Objekte mehr wie die anschaulichen Menschen oder Roboter, sondern nur noch Strukturelemente als Konsequenz einer bestimmten, verständnisfördernden Betrachtungsweise. Und damit man mit den entsprechenden Modellen vertraut werden und sie bei der Analyse oder der Konstruktion nutzbringend einsetzen kann, muß man das Spektrum der möglichen alternativen Betrachtungsweisen kennengelernt haben.

3. Informationelle Systeme und Prozesse

Im Kapitel 2 über Systeme wurde nicht zwischen informationellen und anderen Systemen unterschieden; es wurde nicht einmal auf die Möglichkeit einer solchen Unterscheidung hingewiesen. Nun aber sollen nur noch die sogenannten *informationellen Systeme* und die darin ablaufenden *informationellen Prozesse* weiter behandelt werden. Es handelt sich dabei um Systeme und Prozesse, die nur verstanden werden können, indem man die Wertebereiche oder die Werteverläufe bestimmter Schnittstellen– oder Zustandsvariablen interpretiert. Die beobachteten Werte oder Werteverläufe in informationellen Systemen sind also als Benennungen oder Umschreibungen aufzufassen, und die funktionalen Zusammenhänge zwischen den beobachteten Werten und Werteverläufen sind als Zusammenhänge zwischen den zuzuordnenden Interpretationsergebnissen zu verstehen. Dieses Kapitel 3 verbindet also die zentralen Aussagen aus Kapitel 1 über Information und Interpretation mit den Systemmodellen aus Kapitel 2.

Das Erfordernis der Interpretation als Voraussetzung für das Verständnis eines informationellen Systems bedeutet nicht, daß die in Bild 2 gezeigte Dreiteilung des Bereichs menschlicher Informationserfahrung auf technische Systeme übertragen wird. Es ist ja nur der Mensch, der das System verstehen will und der deshalb das dort Beobachtbare interpretieren muß. Er hat keinen Anlaß, irgendwelche Stellen im System als Orte anzusehen, wo das dort Beobachtbare als Interpretationsergebnis charakterisiert werden müßte. Es kann aber durchaus dem Systemverständnis dienen, Beobachtungsorte danach zu klassifizieren, ob das dort Beobachtbare als Empfindungsergebnis oder als Erkennungsergebnis angesehen werden soll. Die Zweckmäßigkeit einer solchen Klassifikation zeigt sich am Beispiel eines Systems aus Fernsehkamera und Mustererkennungsapparat (s.S. 8).

Die Aufgaben der Informationsverarbeitung lassen sich in zwei sehr unterschiedlich zu behandelnde Klassen einteilen je nachdem, ob dabei Empfindungsergebnisse verarbeitet werden müssen oder ob es sich ausschließlich um die Verknüpfung von Erkennungsergebnissen handelt. Der Mensch beherrscht mühelos viele Aufgaben, bei denen er Empfindungsergebnisse verarbeitet. Man denke an die Bestimmung der jeweils angemessenen Körperbewegungen beim Fahrradfahren oder beim Schwimmen in Abhängigkeit von der durch die Sinnesorgane erfaßten aktuellen Situation, die Bestimmung der Handbewegungen beim Nachfahren einer vorgezeichneten Kontur oder das Erkennen einer Person an der Stimme oder anhand einer Fotographie. Neben dem Kriterium, daß in diesen Fällen Empfindungsergebnisse verarbeitet werden, gilt für die betrachteten Aufgaben noch eine weitere Gemeinsamkeit, nämlich daß der Mensch seinen Erfahrungen keine Hinweise darüber entnehmen kann, wie er ein technisches System gestalten soll, das diese Aufgaben erledigen kann. Denn er selbst löst ja diese Aufgaben nicht dadurch, daß er bewußt ein formales Verfahren anwendet.

Wenn an einer Aufgabe der Informationsverarbeitung keine Emfindungsergebnisse, sondern nur Erkennungsergebnisse beteiligt sind, dann fällt diese Aufgabe in eine von zwei Unterklassen (s. Bild 140) je nachdem, ob die Verknüpfungsaufgabe durch ein formales Verfahren definiert ist oder nicht, d.h. je nachdem, ob ein Mensch, der die Aufgabe erledigt, ein schrittweises formales Verfahren kennen muß, nach dem er vorzugehen hat, oder ob er die

Aufgabe ohne ein solches formales Verfahren erledigen kann. Zur Klasse der Aufgaben, die durch ein formales Verfahren definiert sind, gehören beispielsweise die mathematische Berechnung von Funktionsergebnissen zu vorgegebenen Argumentwerten oder die Steuerung der Signale und Weichen eines Bahnhofs zur Realisierung eines sicheren und fahrplanmäßigen Zugverkehrs. Dagegen ist die Korrektur eines schriftlichen Textes, der sowohl hinsichtlich der Grammatik als auch der Rechtschreibung stark fehlerhaft ist, eine Aufgabe, die der Mensch ohne formales Verfahren erledigt.

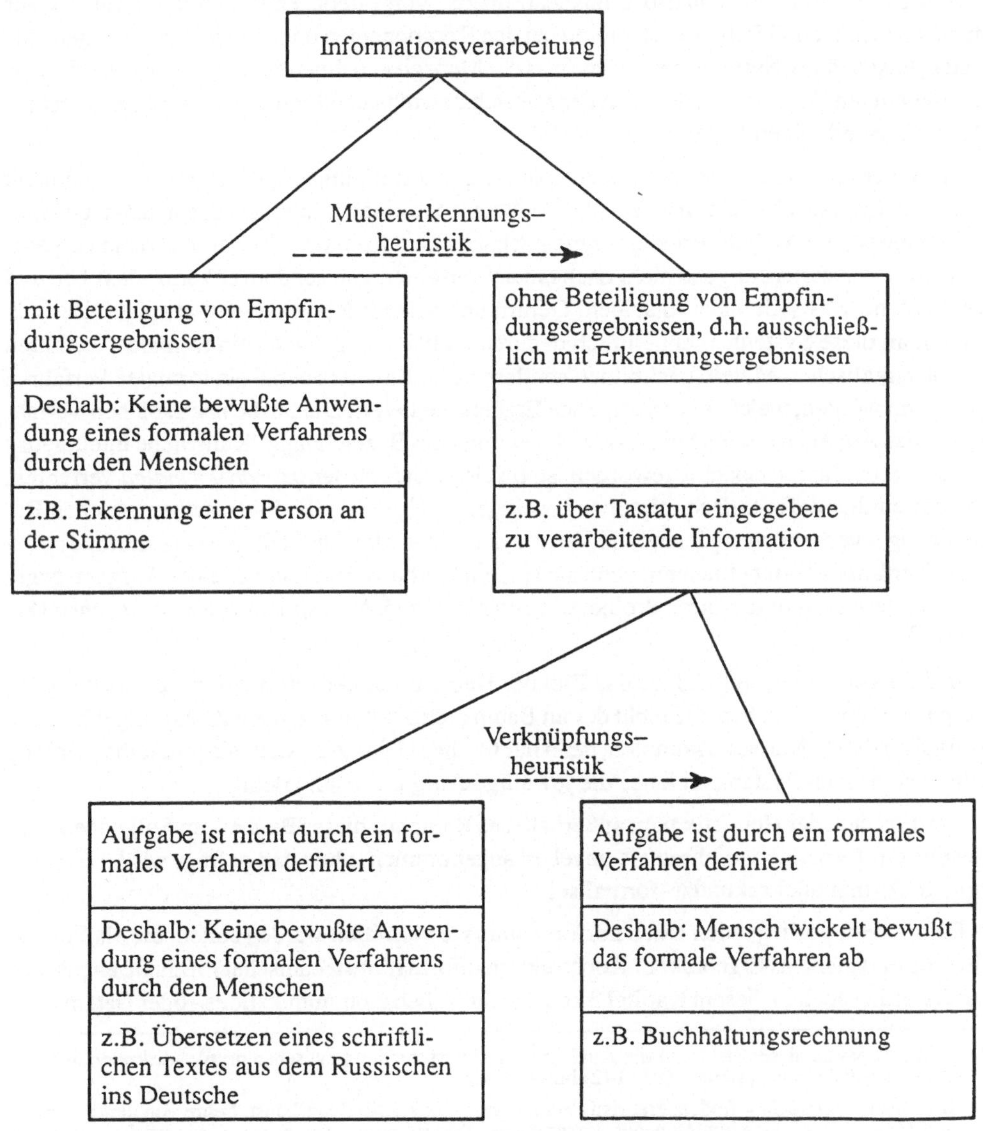

Bild 140 Klassifikation von Aufgaben der Informationsverarbeitung

Das vorliegende Kapitel über informationelle Systeme und Prozesse befaßt sich nur mit Systemen, die Aufgaben erledigen, welche durch formale Verfahren definiert sind. Solche Systeme lassen sich heute grundsätzlich methodisch konstruieren. Denn schon seit vielen Jahrzehnten sind technische Systemkomponenten bekannt, mit denen man die elementaren junktorenlogischen Verknüpfungen (s. Bild 36) durch physikalische Erscheinungen nachbilden kann (s. Bild 162), und man kann jedes zu realisierende formale Verfahren auf ein Folgengeflecht solcher Verknüpfungen zurückführen. Die prinzipielle Vorgehensweise wird im Abschnitt 3.1.3 unter dem Thema "Systemaufbau aus Zuordnern" vorgestellt. Falls sich der Konstrukteur nicht verrechnet und falls keine Defekte bei den Komponenten oder deren Verbindungen auftreten, leisten diese Systeme genau das, was der Mensch von ihnen erwartet, denn sie führen ja nur diejenigen Schritte aus, die auch der Mensch bewußt ausführen würde, wenn er selbst die Aufgabe zu erledigen hätte.

Im Gegensatz dazu stehen die Systeme, die Aufgaben erledigen sollen, welche primär nicht durch ein formales Verfahren definiert sind. Wenn man einen Menschen, der anscheinend mühelos eine solche Aufgabe erledigt, fragt, nach welchem formalen Verfahren er denn vorgehe, so wird er antworten, er gehe nicht nach einem Verfahren vor, sondern er könne das eben und wisse nicht, was sich dabei in seinem Gehirn und seinem Nervensystem abspiele. Deshalb kann man diese Systeme nicht einfach dadurch realisieren, daß man ein formales Verfahren mit physikalischen Mitteln nachbildet, sondern es muß zuerst einmal ein formales Verfahren gefunden werden, welches befriedigende Ergebnisse liefert. Die Suche nach solchen Verfahren ist das Anliegen des Fachgebiets, welches unter der Bezeichnung "Künstliche Intelligenz" in den letzten Jahren bekannt geworden ist. Im Gegensatz zu den *primär–formalen* Verfahren, die untrennbar definitorisch mit einer jeweiligen Aufgabe – z.B. einer mathematischen Berechnung – verbunden sind, sind die Verfahren der künstlichen Intelligenz als *sekundär–formale* Verfahren [1] zu betrachten, denn sie sind nicht von vornherein mit einer Aufgabe gegeben, sondern sie müssen durch Probieren gesucht werden. Man spricht von *heuristischen Verfahren*[2].

In Bild 140 ist gezeigt, daß es das Ziel der Heuristik in der Informationsverarbeitung ist, ausgehend von Aufgaben, die nicht der im Baum rechts unten sitzenden Klasse angehören, zu Aufgaben dieser Klasse zu kommen, denn nur für diese Klasse existiert ein methodischer Weg zum technischen System, welches die jeweilige Aufgabe exakt erledigt.

Das Problem der Heuristik liegt außerhalb des Rahmens dieses Buches. Im Folgenden wird jeweils ein formales Verfahren als gegeben angenommen, ohne daß gefragt wird, ob dieses primär–formal oder sekundär–formal sei.

Da mit dem vorliegenden Buch nur Erkenntnisse vermittelt werden sollen, die als Voraussetzung und nicht als Ergebnis der Konstruktion informationstechnischer Produkte anzusehen sind, werden auch in diesem Kapitel 3 keine technischen Kommunikations– oder Datenverar-

---

1) Der Leser sei an dieser Stelle auf die Analogie zur Unterscheidung zwischen primär–diskreten und sekundär–diskreten Systemen (s.S. 142) hingewiesen.

2) Griechisch *heuriskein* = finden; Heuristik = Findungs– bzw. Erfindungskunst, Lehre von den Wegen und Methoden zur Gewinnung neuer wissenschaftlicher Erkenntnisse, insbesondere durch vorläufigen versuchsweisen Ansatz.

beitungssysteme vorgestellt. Dennoch ist alles im folgenden Gesagte auf technische Systeme übertragbar, denn es gibt kein informationelles System, das nicht als Abbild eines Systems angesehen werden könnte, worin Menschen nach bestimmten Regeln zusammenwirken; andernfalls wäre nämlich die Möglichkeit der Interpretation nicht mehr gegeben.

Da es also zum Wesen des informationellen Systems gehört, daß man sich die einzelnen Systemkomponenten jeweils durch interpretierende und symbolerzeugende Menschen ersetzbar vorstellen kann, können informationelle Systeme nur aus gerichteten Komponenten bestehen. So fällt es beispielsweise leicht, sich anstelle eines elektronischen Addierers einen Menschen vorzustellen, der die Summanden, die symbolisiert am Eingang liegen, zur Kenntnis nimmt und am Ausgang das Symbol der zugehörigen Summe erzeugt[1]. Andererseits ist es schwierig oder sogar unmöglich, sich einen Menschen vorzustellen, der das ungerichtete Verhalten eines elektrischen Widerstandes nachahmt: Er hat ja keine Schnittstellenwerte – als Symbole für Ströme oder Spannungen –, die er zur Berechnung der noch fehlenden Schnittstellenwerte heranziehen könnte.

Bei der Behandlung der Systemmodelle in Kapitel 2 wurde bereits darauf hingewiesen, daß ein Systemmodell nur durch die Sichtweise des Beobachters entsteht. Das, was der eine Beobachter als informationelles System sieht, kann also von einem anderen Beobachter als rein physikalisches System gesehen werden. Jedoch werden bei der rein physikalischen Sichtweise wesentliche Zusammenhänge unerkannt bleiben, falls mit der Konstruktion des betrachteten Gebildes informationelle Ziele – Informationsverknüpfung, Speicherung oder Weitergabe – verfolgt wurden bzw. werden. Informationelle Ziele sind i.a. deutlich abgrenzbar gegenüber materiell–energetischen Zielen, die durch Umformung, Speicherung oder Transport von Materie oder Energie gekennzeichnet sind. Zwar sind informationelle Ziele auch nur durch Umformung, Speicherung oder Transport von Materie oder Energie erreichbar, aber zum Erreichen ein und desselben informationellen Ziels gibt es jeweils eine praktisch unbegrenzte Fülle möglicher materiell–energetischer Prozesse: Ein Verkehrspolizist in der Mitte einer Kreuzung ist eine materiell–energetische Alternative zu einer Ampelanlage, und eine Richtfunkstrecke im Telefonnetz ist eine materiell–energetische Alternative zu einem Koaxialkabel oder zu einer Glasfaserstrecke.

Entsprechend der im Abschnitt 1.3.2 über Symbole vorgestellten Interpretationskette (s. Bild 26) kann ein und dasselbe System je nach der gewählten Interpretationsebene in unterschiedlicher Weise als informationelles System gesehen werden. Dabei muß man sich keineswegs immer auf die höchste Interpretationsebene begeben, um die interessierenden Zusammenhänge in einem System zu verstehen; vielmehr bestimmt die Interessenlage dessen, der ein System verstehen will, welche Interpretationsebenen betrachtet werden müssen.

Als Beispiel sei ein modernes digitales Telekommunikationsnetz betrachtet. Auf der untersten Interpretationsebene sieht man dort nur Folgen von Binärwörtern fester Länge, die man durch Interpretation von Verläufen physikalischer Größen – Ströme, Spannungen, Lichtintensitäten, magnetischen Feldstärken u.ä. – gewinnt. Wer die Funktion dieses Netzes verstehen will, dessen Aufgabe in der Übertragung solcher Folgen von Binärwörtern jeweils von einem

1) Man kann sich zwar nicht vorstellen, daß ein Mensch eine Million Zahlen pro Sekunde addiert, aber wenn man von der Geschwindigkeit und der Zuverlässigkeit absieht, dann ist die Vorstellung akzeptabel.

Anschlußpunkt am Netzrand zu einem anderen Anschlußpunkt am Netzrand besteht, braucht sich nicht dafür zu interessieren, wie diese Folgen von Binärwörtern in den Quellen und Senken am Netzrand interpretiert werden. Jede solche Quelle oder Senke kann ihre eigenen Interpretationsregeln haben, nach denen aus einer Folge von Binärwörtern die Elemente der nächst höheren Interpretationsebene zu gewinnen sind. Beispielsweise werden in einem digitalen Telefon die Binärwörter als Abtastwerte (s. Bild 72) eines mit 8 kHz abgetasteten akustischen Signals interpretiert, wogegen in einem Fernschreiber die Binärwörter als Benennungen der zu druckenden Schriftzeichen interpretiert werden. In einem Computer, der auch als Quelle oder Senke am Rand eines solchen Netzes angeschlossen sein kann, hängt es vom gerade laufenden Programm ab, wie die Binärwörter, die über das Netz gesendet oder empfangen werden, zu interpretieren sind.

Wer das Telefonsystem verstehen will, dessen Aufgabe in der Übertragung akustischer Signale von einem Telefon zu einem anderen besteht, braucht sich nicht dafür zu interessieren, wie die akustischen Signale von den Benutzern der Telefone interpretiert werden. So können verschiedene Benutzer unterschiedliche Interpretationsregeln haben, nach denen sie aus dem akustischen Signal die Elemente der nächst höheren Interpretationsebene gewinnen, denn die Interpretationsregeln hängen in diesem Fall von der verwendeten Sprache, z.B. Chinesisch oder Deutsch, ab. Die Begrenzbarkeit der Betrachtung auf bestimmte Interpretationsebenen ist in diesem Beispiel eine Voraussetzung dafür, daß ein Telefonsystem für China von Ingenieuren entwickelt werden kann, die kein Wort Chinesisch verstehen.

Nachdem nun der Begriff des informationellen Systems eingeführt und auch die jeweilige Bindung an interessenbestimmte Interpretationsebenen ausreichend besprochen ist, soll der Aufbau dieses Kapitels 3 über informationelle Systeme und Prozesse kurz charakterisiert werden. Wenn man in informationellen Systemen nach Strukturen sucht, die grundlegend sind und in Systemen unterschiedlicher Funktionalität zu finden sind, dann stößt man zwangsläufig auf zwei Strukturbereiche. Zum einen stößt man auf die Kommunikationsstrukturen, die das Zusammenwirken der Komponenten in informationellen Systemen bestimmen. Deshalb trägt der Abschnitt 3.1 die Überschrift "Kommunizierende Instanzen". Und zum anderen stößt man auf die Strukturen der Programmabwicklung, die durch das Ziel begründet sind, mit einer einzigen Systemkonstruktion einen möglichst großen Ausschnitt aus der Fülle allen denkbaren informationellen Verhaltens zu erfassen. Deshalb trägt der Abschnitt 3.2 die Überschrift "Programmierte Instanzen".

3.1 Kommunizierende Instanzen

Kommunikation wird normalerweise zuallererst einmal dem menschlichen Bereich zugeordnet, und alles weitere sind Übertragungen aus dem menschlichen Bereich in andere, natürliche oder technische Bereiche. Der Mensch kommuniziert aus zweierlei Gründen, nämlich zum einen, weil er die anderen Menschen braucht, und zum anderen, weil ihm die anderen nicht ohne weiteres seinen Anteil an der Welt überlassen. Er braucht die anderen, wenn er Langeweile hat und mit jemandem plaudern will, oder wenn er sich eine Aufgabe vorgenommen hat, die er alleine nicht bewältigen kann. Man erkennt also als Gründe für die Kommunikation den Unterhaltungsbedarf, den Arbeitsteilungsbedarf und den Konfliktlösungsbedarf. Während der Unterhaltungsbedarf auf den biologischen Bereich beschränkt ist – es gibt ihn auch bei Tieren–, sind der *Arbeitsteilungsbedarf* und der *Konfliktlösungsbedarf* auch im technischen Bereich als Gründe der Kommunikation wiederzufinden.

Eine grundsätzliche Begriffsklärung erfolgt im Abschnitt 3.1.1 über den Kommunikationsbegriff. Dort wird der elementare Kommunikationsprozeß betrachtet, wobei im Gegensatz zur Informationstheorie, die sich mit der potentiellen Kommunikation befaßt, die aktuelle Kommunikation im Mittelpunkt des Interesses steht. Strukturen, die durch Verbindung mehrerer elementarer Kommunikationsprozesse gebildet werden können, werden im Abschnitt 3.1.2 vorgestellt. Während die Frage, ob die Wertebereiche der Kommunikationsvariablen kontinuierlich oder diskret sind, im Abschnitt 3.1.1 noch keine Rolle spielt, gelten die im Abschnitt 3.1.2 behandelten Strukturen nur noch für den diskreten Fall. Im Abschnitt 3.1.3 schließlich wird gezeigt, wie man zweckmäßigerweise die Arbeitsteilung gestaltet, wenn man durch ein System kommunizierender Instanzen komplexes informationelles Verhalten realisieren will.

3.1.1 Der Kommunikationsbegriff

Umgangssprachlich wird manchmal von Kommunikation gesprochen in Verbindung mit Systemen, die gar nicht als informationelle Systeme im eben eingeführten Sinne zu betrachten sind, weil gar kein Anlaß zu einer Interpretation besteht. Man denke an die "kommunizierenden Röhren", die man eigentlich nur so nennt, weil sie miteinander verbunden sind und weil deshalb die Pegelstände einer eingefüllten Flüssigkeit in einer funktionalen Beziehung zueinander stehen. In diesem Sinne könnte man auch von den beiden kommunizierenden Armen einer Wippe reden, ja ganz allgemein von kommunizierenden Systemkomponenten, falls diese im allgemeinen Netzmodell über gemeinsame Schnittstellenvariable verbunden sind. Im System in Bild 115 würde dann die linke Kurbel über das gemeinsame Gelenk mit der mittleren Stange kommunizieren, und diese wieder stünde in Kommunikation mit der rechten Stange. In diesem weiten Sinne des In–Verbindung–Stehens wird der Kommunikationsbegriff im folgenden jedoch nicht verwendet, sondern nur noch in dem engeren Sinne, wo zusätzlich zu dem In–Verbindung–Stehen noch die Bedingung gilt, daß die Werte oder Werteverläufe der verbindenden Schnittstellenvariablen – zumindest teilweise – von den verbundenen Systemkomponenten interpretiert werden.

Die Aussage, daß irgendwelche Systemkomponenten einen Wert oder einen Werteverlauf einer Schnittstellenvariable interpretieren, bedarf allerdings eines einschränkenden Kommentars. Bereits im Kapitel 1 über den Informationsbegriff wurde gesagt, daß man keinen Grund habe, irgendwelchen technischen Apparaten eine subjektive Informationserfahrung zuzusprechen. Mit dem Wert "interpretieren" wird aber üblicherweise die Notwendigkeit einer subjektiven Informationserfahrung verbunden. Deshalb ist die obige Aussage nur akzeptabel, wenn man sie in folgendem Sinne versteht: Wenn sich ein Mensch in Gedanken in die Rolle einer Systemkomponente versetzen kann und er sich dabei vorstellt, daß er das Komponentenverhalten vorhersagt oder erzeugt, wobei er die beobachtbaren Schnittstellenwerte oder -verläufe interpretiert, dann darf er sagen, die Komponente "interpretiere" das Beobachtete.

Dabei darf allerdings nicht vergessen werden, daß es der Entscheidung des Menschen unterliegt, ob er eine Systemkomponente als interpretierend sehen will oder nicht. Es wurde schon darauf hingewiesen, daß oft mehrere unterschiedliche Interpretationsebenen zu betrachten sind, wenn man ein System verstehen will. Das Erzeugen von Verhalten setzt zwar nicht unbedingt ein Systemverständnis voraus, d.h. man kann grundsätzlich jedes Verhalten erzeugen, ohne zu interpretieren; aber i.a. wird es in den Fällen, wo eine Interpretation möglich ist, hilfreich sein, die Interpretation und damit das Systemverständnis zu nutzen, wenn man ein Komponentenverhalten vorhersagen oder nachbilden soll. Dies wird durch ein Beispiel veranschaulicht.

Bild 141 zeigt einen Zuordner mit drei binären Eingangsvariablen A, B und C_0 sowie zwei binären Ausgangsvariablen C_1 und S. Die Zuordnerfunktion ist tabellarisch angegeben mit je einer Zeile für die acht möglichen Wertebelegungen des Eingangstupels (A, B, C_0). Wenn man nun die Rolle dieses Zuordners in Gedanken spielen soll, dann kann man sich vorstellen, daß man jeweils aus der zur beobachteten Eingangsbelegung (A, B, C_0) gehörenden Zeile der Tabelle die zuzuordnende Ausgangsbelegung (C_1, S) entnimmt und am Zuordnerausgang bereitstellt. In diesem Fall würde man das Verhalten erzeugen, ohne zu interpretieren.

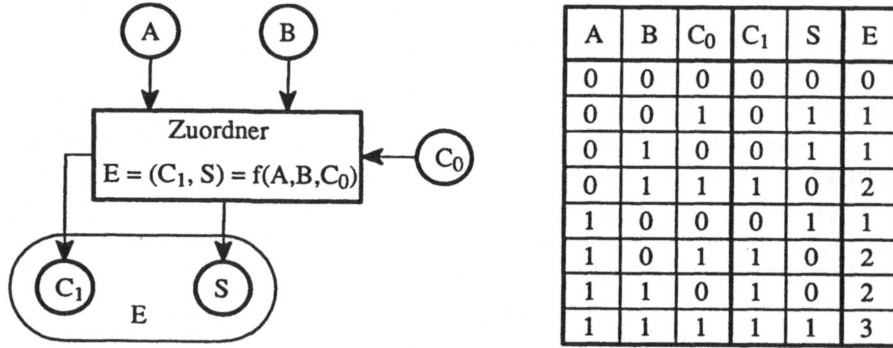

A	B	C_0	C_1	S	E
0	0	0	0	0	0
0	0	1	0	1	1
0	1	0	0	1	1
0	1	1	1	0	2
1	0	0	0	1	1
1	0	1	1	0	2
1	1	0	1	0	2
1	1	1	1	1	3

$$A + B + C_0 = 2 \cdot C_1 + S = E$$

Bild 141 Zur Zweckmäßigkeit der Interpretation

Man kann das gleiche Verhalten jedoch auch auf der Grundlage einer Interpretation erzeugen, indem man nämlich den Zuordner als Additionsbaustein versteht, der das Ergebnis E als Summe der drei einstelligen Dualzahlen A, B und C_0 bildet, wobei sich E als zweistellige Dualzahl (C_1, S) mit dem Wertebereich repE = { 0, 1, 2, 3 } ergibt. Auf der Grundlage dieser Interpretation läßt sich die Rolle des Bausteins leichter spielen als in Form des nichtinterpretierenden Nachsehens in der Tabelle. Dies wird noch plausibler, wenn man an Bausteine zur Addition längerer Dualzahlen denkt: Ein Baustein zur Addition zweier vierstelliger Dualzahlen und eines binären Eingangsübertrages, der als Ergebnis eine fünfstellige Dualzahl liefert, wird durch eine Tabelle mit 512 Zeilen und 14 Spalten erfaßt. Der Umgang mit dieser Tabelle ist für einen Menschen sicher mühsamer als die Interpretation der Dualzahlen und ihre Addition.

Wenn im folgenden also von interpretierenden Systemkomponenten die Rede ist, dann soll dies bedeuten, daß wir sie interpretierend sehen können und wollen, obwohl wir nicht müssen.

Mit dem Begriff der Kommunikation ist immer die Existenz von mindestens zwei Systemkomponenten verbunden, die im Kommunikationsprozeß als *Sender* oder *Empfänger* agieren, wobei es möglich ist, daß ein und dieselbe Systemkomponente gleichzeitig oder zeitlich nacheinander sendet und empfängt. Empfänger oder Sender zu sein ist also i.a. kein fest zugeordnetes Merkmal einer Systemkomponente, sondern eine Rolle in Verbindung mit einem sog. *Kommunikationsprozeß*. Es gibt elementare und nichtelementare Kommunikationsprozesse. Die letzteren werden erst im Abschnitt 3.1.2 über Strukturen in Kommunikationsprozessen und –systemen behandelt. Ein *elementarer Kommunikationsprozeß* besteht aus einem elementaren Sendeprozeß und einem zugehörigen elementaren Empfangsprozeß. Dabei gehört zu einem elementaren Sende– oder Empfangsprozeß ein Werteverlauf einer Schnittstellenvariablen und dessen *wertunmittelbare Interpretation* durch den Sender bzw. den Empfänger. Wertunmittelbare Interpretation bedeutet, daß jedem Wert $W(t_1)$ eines Werteverlaufs "$W(t)$" ein Interpretationsergebnis $\beta[W(t_1)]$ zugeordnet wird. Zur Veranschaulichung denke man an die kontinuierlich veränderliche Führungsgröße $W(t)$ eines Regelkreises (s. Bild 138) zur Temperaturregelung : $W(t)$ könnte die Winkelstellung eines Drehknopfes am Thermostaten sein, die als Wert der Wunschtemperatur zu interpretieren ist. Die zugehörige Interpretationsvereinbarung – welche Winkelstellung W als welche Temperatur $\beta(W)$ zu deuten ist – muß sowohl dem am Knopf drehenden Menschen als auch dem Regler bekannt sein.

Als Gegenbeispiel, bei dem ein kontinuierlicher Werteverlauf zwar auch interpretiert, aber nicht wertunmittelbar interpretiert wird, sei die akustische Sprachkommunikation zwischen Menschen genannt: Während des Verlaufs "$W(t)$" des akustischen Signals wird nicht in jedem Zeitpunkt t_1 dem Wert $W(t_1)$ ein Interpretationsergebnis zugeordnet, sondern es werden jeweils bestimmte Verlaufsabschnitte von "$W(t)$" als diskrete Wörter interpretiert.

Wenn ein Werteverlauf zu einer Ausgangsvariablen eines Systembausteins gehört, der diesen Verlauf wertunmittelbar interpretierend erzeugt, dann stellt dieser Werteverlauf einen *elementaren Sendeprozeß* dar, und der zugehörige Systembaustein ist der zu diesem Prozeß gehörende Sender. Wenn ein Werteverlauf zu einer Eingangsvariablen eines Systembausteins gehört, der diesen Verlauf wertunmittelbar interpretiert – mit gleichem Ergebnis wie der Sender – und der darauf reagiert, dann stellt dieser Werteverlauf einen *elementaren Empfangsprozeß* dar, und der zugehörige Systembaustein ist der zu diesem Prozeß gehörende Empfänger. Ein Empfangsprozeß ist also gebunden an die Reaktion des Empfängers. Das bedeutet, daß ein Verlauf "$W(t)$" nur dann einen elementaren Empfangsprozeß im Intervall $t_1 \leq t \leq t_1+\Delta t$ darstellt, wenn es keinen Zeitpunkt t_2 im gleichen Intervall $t_1 \leq t_2 \leq t_1 +\Delta t$ gibt, zu dem der Wert $W(t_2)$ für das Verhalten des empfangenden Bausteins irrelevant wäre. Da das Verhalten eines Bausteins durch die Funktionen ω und δ (s. S. 159) vollständig erfaßt wird, bedeutet die Irrelevanz eines Wertes $W(t_2)$, daß die Ergebnisse von ω und δ die gleichen bleiben, wenn man anstelle von $W(t_2)$ aus "W(t)" einen beliebigen anderen Wert in die Funktionsargumente einsetzt. "W(t)" ist ja gleich "X(t)" oder als Komponente darin enthalten.

Zur Veranschaulichung dieser Aussagen wird das Beispiel in Bild 142 betrachtet. Der gerichtete Systembaustein ist ein über die binäre Eingangsvariable V steuerbarer Integrator, der den Verlauf "W(t)" integriert, solange V auf eins steht, und der den bisherigen Integrationsendwert als Zustandswert beibehält, solange V auf null steht. In diesem Beispiel, wo es nur auf die Relevanzfrage ankommt, kann die Frage nach der Interpretierbarkeit von W außer Betracht bleiben. In den Irrelevanzintervallen verhält sich der Integrator vergleichsweise wie ein Mensch, der zwar den Radioapparat laufen läßt, aber gar nicht hinhört. In diesen Intervallen gibt es zwar einen kontinuierlichen Werteverlauf "W(t)", aber dieser stellt keinen Empfangsprozeß dar, weil er nicht empfangen wird, sondern "ins Leere läuft".

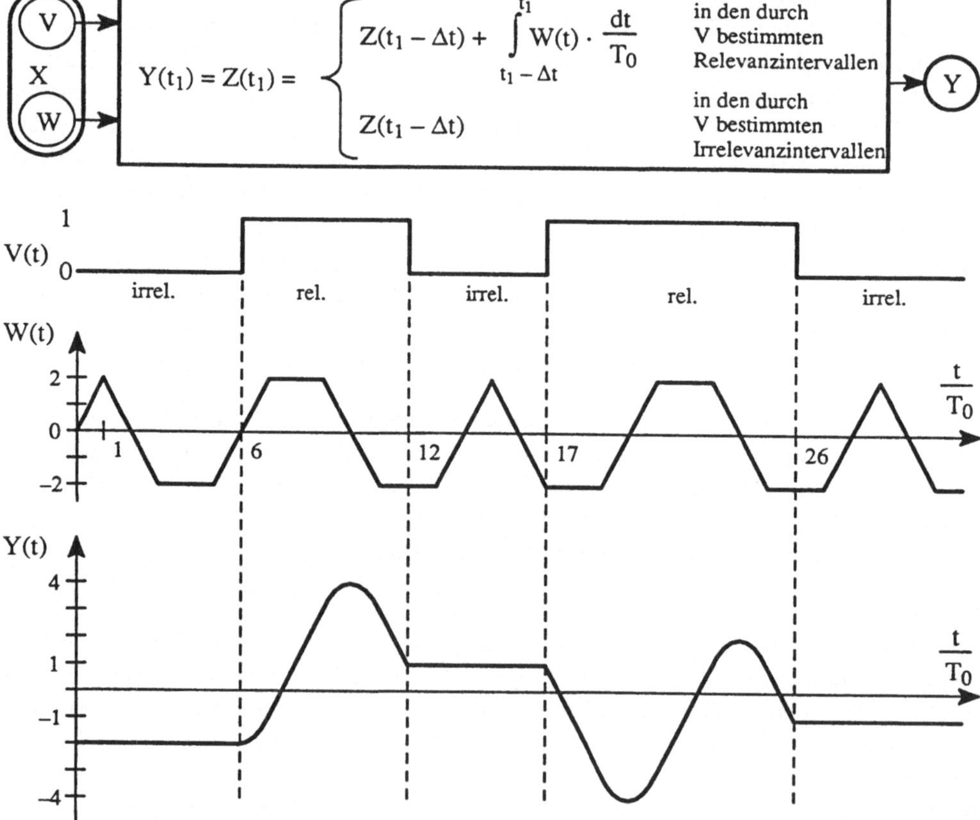

Bild 142 Steuerbarer Integrator als Beispiel zur Relevanzbedingung bei Empfangsprozessen

Diese Überlegungen zeigen, daß es nicht zu jedem Sendeprozeß einen Empfangsprozeß geben muß. So kann es beispielsweise vorkommen, daß eine Rundfunksendung, die nachts ab 2 Uhr ausgestrahlt wird, von niemandem empfangen wird, weil alle potentiellen Hörer schlafen. Der umgekehrte Fall, daß es zu einem Empfangsprozeß keinen zugehörigen Sendeprozeß gibt, kann jedoch nicht vorkommen, denn von einem Empfangsprozeß kann sinnvollerweise nur gesprochen werden, wenn dabei tatsächlich eine Kommunikation stattfindet und diese wäre ohne die Existenz eines zugehörigen Sendeprozesses nicht definiert. Es ist zwar immer möglich, in jeden beliebigen Werteverlauf "W(t)" etwas hineinzuinterpretieren – beispielsweise im Blätterrauschen eine Stimme aus dem Jenseits zu vernehmen oder die Zahlenfolgen im Lotto als verschlüsselte Botschaften zu lesen –, aber auch in diesen Fällen zweifelt ja der Empfänger nicht an der Existenz eines Senders; es gibt dann aber immer viele andere Leute, die an dieser Existenz zweifeln und deshalb den Prozeß nicht als Empfangsprozeß anerkennen können.

Im Rahmen dieser Überlegungen zum Kommunikationsbegriff müssen selbstverständlich auch die Aussagen betrachtet werden, welche in der Informationstheorie zu diesem Thema gemacht werden. Im Abschnitt 1.4 über die Quantität der Information wurde anhand von Bild 68 der Begriff der Transinformation vorgestellt, der sowohl für störungsfreie als auch für gestörte Übertragungskanäle definiert ist. Die Transinformation ist eine Maßzahl dafür, welcher wahrscheinlichkeitstheoretische Zusammenhang zwischen einem Werteverlauf "$W_S(t)$" auf der Sendeseite und dem zugehörigen Werteverlauf "$W_E(t)$" auf der Empfangsseite besteht. Deshalb darf man schließen, daß – statistisch gesehen – in einem System aus Sender, Kanal und Empfänger eine Kommunikation nur möglich ist, wenn die Transinformation T nicht null ist[1)]. Denn nur dann ist ein Einfluß des gesendeten Werteverlaufs "$W_S(t)$" auf den empfangenen Werteverlauf "$W_E(t)$" statistisch nachweisbar, und das heißt, daß vom Sender Information zum Empfänger herübergekommen sein muß. Man darf dabei aber nicht vergessen, daß in der Informationstheorie keine Aussagen über *aktuelle Kommunikation* gemacht werden, sondern nur über *potentielle Kommunikation.* Die Einbeziehung von Wahrscheinlichkeiten bei der Bestimmung von Informationsquantität ist ein klares Kennzeichen dafür, daß es dabei um Potentielles, also um alle möglichen Fälle geht und nicht um Aktuelles, also nicht um den bestimmten Einzelfall. Im Einzelfall ist ein Kommunikationsprozeß immer von endlicher Dauer, wogegen die Berechnung der Entropie aus einer wahrscheinlichkeitstheoretischen Charakteristik nur auf der Annahme von Unendlichkeit – entweder unendlich viele Prozesse endlicher Dauer oder ein Prozeß unendlicher Dauer – beruht.

In der vorliegenden Betrachtung liegt nun aber das Interesse auf der aktuellen Kommunikation, wo wegen der Endlichkeit der Verläufe "$W_S(t)$" und "$W_E(t)$" nicht bewiesen werden kann, daß W_E unter dem Einfluß von W_S entstanden sein muß. Man betrachte hierzu das Beispiel in Bild 143: Herr Sendemann schreibt sechs Zahlen für das (6 aus 49)–Lotto auf einen Zettel und gibt diesen an Herrn Kanalmann mit der Bitte, ihn an Herrn Empfangsmann weiterzugeben. Unterwegs verliert aber Herr Kanalmann diesen Zettel. Er weiß nur noch, daß darauf sechs unterschiedliche Zahlen aus der Menge 1 bis 49 standen, aber er weiß nicht welche. Er denkt sich deshalb selbst eine solche Zahlenmenge aus und schreibt sie auf einen Zettel, den er dann Herrn Empfangsmann aushändigt. Und wie der Zufall so will, sind die Zahlen des Herrn Kanalmann in diesem speziellen Fall tatsächlich gleich denen des Herrn Sendemann. Wenn sich später die Herren Sendemann und Empfangsmann noch einmal über die Zahlen unterhal-

1) Dann ist T positiv, denn negative Werte sind aufgrund der Definition von T ausgeschlossen.

ten, an die sich Herr Sendemann noch gut erinnert, werden sie beide felsenfest davon überzeugt sein, daß eine ungestörte Kommunikation stattgefunden habe.

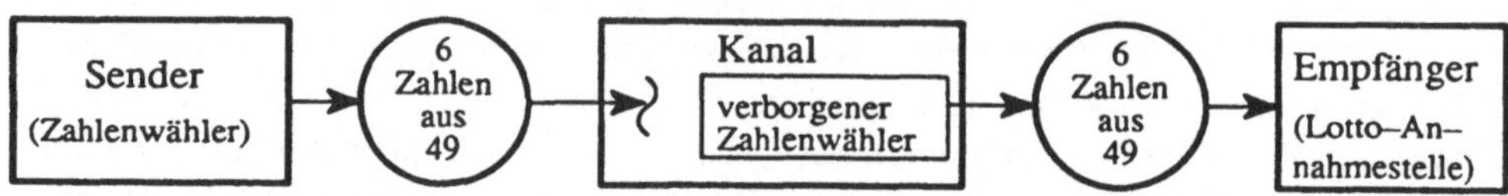

Bild 143 Zum Unterschied zwischen potentieller und aktueller Kommunikation

In allen Fällen, wo beim Empfänger aktuell alles ankommt, was der Sender hinüberbringen wollte, darf man zweifellos von erfolgreicher Kommunikation reden unabhängig davon, ob man glaubt, nachweisen zu können, daß die Transinformation des Kanals null ist. Warum sollte man in unserem Beispiel nicht annehmen dürfen, daß die Übereinstimmung der Zahlen von Herrn Sendemann und Herrn Kanalmann kein Zufall ist, sondern durch irgendwelche uns unbekannten – vielleicht telepathischen – Kopplungen zustandekam?

Über einen gestörten Kanal – und insbesondere über einen Kanal, dessen Transinformation null ist – kommt nun allerdings meist nicht alles so beim Empfänger an, wie sich der Sender dies wünscht. Wie soll man entscheiden, ob in einem solchen Falle Kommunikation stattgefunden hat oder nicht? Sollte man vielleicht gar nach einem Maß für den Erfolg eines aktuellen Kommunikationsversuchs – Wertebereich 0 bis 100% – suchen? Hierzu werden zwei Beispiele betrachtet: Der von einem sendenden Menschen gesprochene Satz "Edel sei der Mensch, hilfreich und gut!" kann von einem schwerhörigen Menschen empfangen werden als "Knödel gibt's mit Senf. Milchreis schmeckt gut." In diesem Falle ist sicher etwas vom Sender zum Empfänger herübergekommen, und obwohl hierfür keine Abstandsmetrik definiert ist, wird man dennoch sagen, die akustischen Muster lägen nahe beieinander, während die zugehörigen Interpretationsergebnisse meilenweit voneinander entfernt seien. Da es bei der Kommunikation im hier definierten Sinne nicht auf die Form, sondern auf den Inhalt ankommt, muß man in diesem Beispiel wohl sagen, daß der Kommunikationsversuch völlig erfolglos war. Anders sieht es im folgenden Beispiel aus: Es wird wieder die kontinuierlich interpretierbare Führungsgröße W(t) eines Regelkreises zur Temperaturregelung betrachtet (s. Bild 138). Die Winkelstellung W(t) des Drehknopfes des Thermostaten soll als Wunschtemperatur interpretiert werden. Es wird nun angenommen, daß zwischen dem Drehknopf und seiner mechanischen Achse ein Spiel von ±5° bestehe, so daß beim empfangenden Thermostaten möglicherweise ein anderer Winkelwert $W_E(t)$ ankommt als der vom sendenden Menschen am Drehknopf eingestellte Wert $W_S(t)$. Dieses mechanische Spiel soll eine Temperaturunschärfe von ±1°C bedeuten. Für eine versuchte Kommunikation werden folgende Werte angenommen:

$$W_S(t_1) = 90 \text{ Winkelgrade}; \quad W_E(t_1) = 93 \text{ Winkelgrade}$$
$$\beta(W_S) = [\text{"} \delta = 20°C \text{"}] \neq [\text{"} \delta = 20{,}6°C \text{"}] = \beta(W_E)$$

Die beiden Interpretationsergebnisse sind offensichtlich unterschiedlich und im mathematischen Sinne nicht miteinander vereinbar, d.h. der Durchschnitt der beiden Interpretationsergebnisse ist leer. Nun wird man aber intuitiv sagen, daß die beiden Werte 20,0 und 20,6 doch "recht nahe" beieinanderliegen, was darauf hindeute, daß vom Sender nicht nur hinsichtlich der Form, sondern auch hinsichtlich des Inhalts etwas herübergekommen sei. Denn der Sender wolle doch die Temperatur geregelt haben, und wenn der Einstellbereich des Thermostaten den Winkelbereich 0° bis 180° und damit den Temperaturbereich 2°C bis 38°C umfasse, dann könne der Sender doch recht zufrieden sein, daß der Empfänger ihn bis auf den kleinen Fehler von 0,6°C "verstanden" habe. Ganz abwegig wäre es hier nicht, von einem Kommunikationserfolg in Höhe von (1 – 0,6/36) · 100%, also von rund 98,3% zu sprechen.

Diese beiden Beispiele zeigen, daß es nur in einfachen Sonderfällen sinnvoll möglich ist, den Erfolg eines aktuellen Kommunikationsversuchs über einen gestörten Kanal quantitativ zu erfassen. Wenn sich nun die folgenden Überlegungen nur noch mit hundertprozentig erfolgreicher Kommunikation befassen, dann wird damit nicht die Existenz gestörter Kanäle "wegdefiniert", sondern es wird dadurch lediglich zum Ausdruck gebracht, daß man deutlich zwischen Kommunikationsversuchen und garantierter Kommunikation unterscheiden muß. Kommunikationsversuche gehören auf eine höhere Betrachtungsebene als die garantierte Kommunikation, d.h. über Kommunikationsversuche und deren Erfolgsaussichten kann man sinnvoll nur reden, wenn man auf tieferer Ebene eine garantierte Kommunikation voraussetzt.

In der Praxis gibt es zwei Fälle, wo man garantierte Kommunikation annehmen darf: Entweder weiß man aus Erfahrung, daß der Kanal so extrem störungsarm ist, daß man das Risiko eines durch eine Übertragungsstörung bewirkten Fehlverhaltens des Empfängers in Kauf nehmen kann; oder aber man hat konstruktive Maßnahmen ergriffen, die möglicherweise auftretenden Übertragungsstörungen zu erkennen und unschädlich zu machen, so daß auf diese Weise ein extrem störungsarmer Kanal im obigen Sinne entsteht. Für den zweiten Fall zeigt Bild 144 ein Beispiel. Es handelt sich um den Aufbau eines praktisch störungsfreien Einwegkanals unter Verwendung zweier gestörter Kanäle für die Hin- und die Rückrichtung. Zur Veranschaulichung stelle man sich vor, die beiden gestörten Kanäle seien eine mit viel Störgeräuschen belastete Telefonverbindung, während die beiden Entstörhelfer sowie der Sender und der Empfänger jeweils Menschen seien. Der Sender will dem Empfänger telefonisch eine wichtige Botschaft übermitteln; er ist aber schwerhörig und hat deshalb Angst vor dem Telefonieren. Also gibt er die Botschaft mündlich – in garantierter Kommunikation – an den sendeseitigen Entstörhelfer weiter, der nun, weil auch der Empfänger schwerhörig ist, einen Freund anruft. Wegen der vielen Geräusche auf der Leitung müssen die beiden Entstörhelfer einen längeren Dialog abwickeln, bis sie beide sicher sind, daß die Botschaft korrekt am anderen Ende angekommen ist. Diese Botschaft wird dann in schriftlicher Form dem Empfänger übergeben, was auch wieder als garantierte Kommunikation angenommen wird.

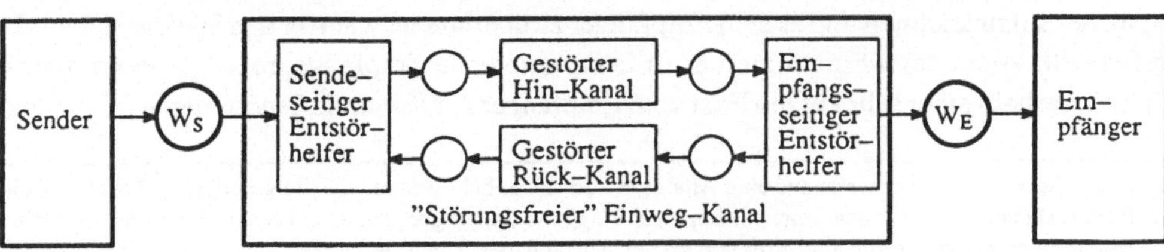

Bild 144 Aufbau eines als störungsfrei anzunehmenden Kanals

Die Tatsache, daß die Behandlung von Kommunikationsversuchen ein Thema der Systemkonstruktion und nicht der Begriffsdefinition ist, rechtfertigt es, dieses Thema nun im Rahmen der Überlegungen zur Begriffsklärung zu verlassen und die folgenden Betrachtungen auf die garantierte Kommunikation zu beschränken. Dabei wird häufig der als störungsfrei angenommene Kanal gar nicht mehr dargestellt, d.h. man läßt dann die beiden Schnittstellenvariablen W_S und W_E des Kanals in eine einzige Variable W zusammenfallen. Dies ist immer dann zulässig, wenn im Rahmen der jeweiligen Betrachtung die zeitliche Verschiebung zwischen dem Sende- und dem Empfangsprozeß vernachlässigt werden kann. Diese Sichtweise paßt zu der ganz am Anfang dieses Abschnitts 3.1.1 über den Kommunikationsbegriff gemachten Aussage, daß Kommunikation zwischen zwei Systemkomponenten stattfinde, wenn diese die Werte oder Werteverläufe einer verbindenden Schnittstellenvariablen in gleicher Weise interpretieren.

Es ist wichtig zu erkennen, daß auch ein idealer Speicher als störungsfreier Kanal betrachtet werden kann. Wenn man von einem Kommunikationskanal spricht, dann verbindet man damit meist die Vorstellung eines Informationsflusses vom Senderort zum Empfängerort mit einer Signallaufzeit, die weder vom Sender noch vom Empfänger beeinflußt werden kann und die nur von der Beschaffenheit des Kanals abhängt. Das typische Beispiel hierfür ist eine Telefonverbindung. Wenn jedoch ein Speicher als Kanal auftritt, dann geht es nicht um die Überbrükkung einer räumlichen Distanz, sondern um die Überbrückung einer zeitlichen Distanz, die dann entsteht, wenn die Bereitschaft des Empfängers zum Empfang und die Bereitschaft des Senders zum Senden zeitlich nicht aneinander gebunden werden können. Man denke an die Sekretärin, die ihrem abwesenden Chef einen Zettel auf den Schreibtisch legt mit der Botschaft: "Bitte Herrn Dr. Müller umgehend zurückrufen!". Der Ort des Sendeprozesses, also des Schreibens der Botschaft, und der Ort des Empfangsprozesses, also des Lesens der Botschaft, fallen praktisch zusammen. Aber die zeitliche Distanz zwischen dem Sende- und dem Empfangsprozeß kann groß sein und wird durch die Rückkehr des Chefs in sein Büro, also durch das Verhalten des Empfängers bestimmt.

Wenn durch einen Speicher der Sende- und der Empfangsprozeß zeitlich entkoppelt sind, dann spricht man von einem Kommunikationsprozeß mit Pufferung[1)]. Es hängt vom Inhalt der Kommunikation ab, ob eine Pufferung sinnvoll oder unsinnig ist. Immer dann, wenn durch den Sendeprozeß eine unmittelbare Reaktion des Empfängers ausgelöst werden soll, ist eine Pufferung unsinnig. Man denke an den Thermostaten, dem eine Wunschtemperatur mitgeteilt wird als Aufforderung, die aktuelle Raumtemperatur möglichst unmittelbar der Wunschtemperatur anzugleichen. Oder an eine Verkehrsampel, die dem Autofahrer mitteilt, ob er fahren oder stehenbleiben soll. In diesen Fällen wäre es völlig sinnlos, den Sendeprozeß in einem Speicher aufzuzeichnen und es dem Empfänger zu überlassen, wann er den Speicherinhalt abrufen will. Wenn der wertunmittelbar zu interpretierende Empfangsprozeß in diesen Fällen nicht innerhalb einer sehr kurzen Frist vom Empfänger zur Kenntnis genommen wird, verliert

1) Diese Bezeichnung verweist auf eine Analogie zum Eisenbahnwesen, wo die gefederten Puffer keinen festen Abstand zweier zusammengekoppelter Waggons erzwingen, sondern beiden Waggons noch die Möglichkeit lassen, durch ihr Verhalten an der Abstandsbestimmung – allerdings nur in engen Grenzen – mitzuwirken.

er vollständig seine Relevanz. So ist es beispielsweise für den Autofahrer völlig irrelevant zu erfahren, welche Farbe die Ampel vor zehn Minuten zeigte.

Es gibt aber auch viele Kommunikationsinhalte, die durch eine Pufferung ihre Relevanz nicht verlieren. Man denke an Bücher oder Schallplatten; zwischen dem Sendeprozeß – dem Schreiben des Buches oder der Aufnahme des Hörspiels – und dem Empfangsprozeß – dem Lesen des Buches bzw. dem Abspielen der Schallplatte – darf in diesen Fällen ein Abstand von vielen Jahren bestehen, ohne daß der Inhalt irrelevant wird.

Anläßlich des Beispiels der Verkehrsampel soll betont werden, daß die gemachten Aussagen zum Begriff des elementaren Kommunikationsprozesses unabhängig davon gelten, ob die Wertebereiche der Interpretationsergebnisse kontinuierlich – wie bei der Wunschtemperatur im Falle des Thermostaten – oder diskret sind – wie bei der Bedeutung der Farbkombinationen im Falle der Verkehrsampel.

Im Zusammenhang mit diskreten Wertebereichen muß nun noch auf die *Werteverlaufsinterpretation* eingegangen werden, die ja für den elementaren Kommunikationsprozeß per Definition ausgeschlossen wurde. Das Vorliegen eines elementaren Kommunikationsprozesses wurde zwar an die wertunmittelbare Interpretation gebunden; durch entsprechende Sichtweise kann man jedoch auch beim Vorliegen einer Werteverlaufsinterpretation einen elementaren Kommunikationsprozeß finden. Man braucht hierzu lediglich die werteverlaufsinterpretierte Variable $W_K(t)$ in einen Kanal einzubetten, an dessen Eingang und Ausgang die wertunmittelbar interpretierten Variablen $W_S(t)$ und $W_E(t)$ sitzen (s. Bild 145). Der Wertebereich für W_S und W_E entspricht der Menge der unterschiedlichen Interpretationsergebnisse für die jeweils als Ganzes zu interpretierenden Abschnitte des Verlaufs "$W_K(t)$". Man stelle sich hierzu vor, "$W_K(t)$" sei der akustische Verlauf von Sprache, der aus Abschnitten besteht, die jeweils als Ganzes zu interpretieren sind und einzelne Wörter oder Sätze bedeuten. Die Variablen W_S und W_E dagegen kann man sich als Tafeln vorstellen, auf denen jeweils die gerade gesprochenen

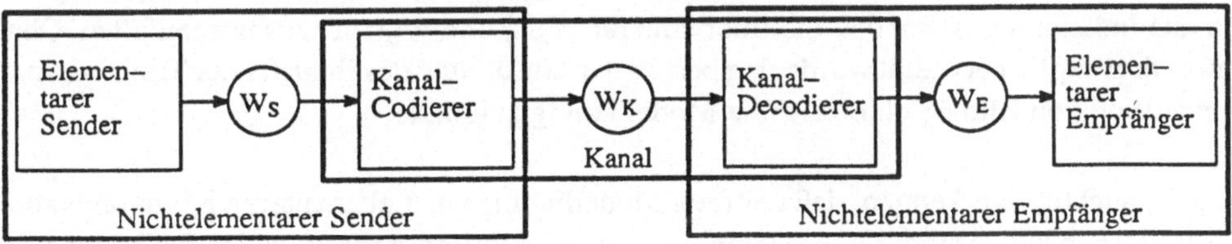

W_S	Satz S1 steht auf der Tafel	Satz S2 steht auf der Tafel	Satz S3 steht auf der Tafel	
W_K	Satz S1 wird gesprochen	Satz S2 wird gesprochen	Satz S3 wird gesprochen	
W_E	Tafel ist leer	Satz S1 steht auf der Tafel	Satz S2 steht auf der Tafel	

→ t

Bild 145 Zum Zusammenhang zwischen Werteverlaufsinterpretation und wertunmittelbarer Interpretation

Wörter oder Sätze stehen, wobei die Beschriftung sprunghaft geändert wird. Während auf der Tafel W_S immer das steht, was gerade gesprochen wird, kann auf der Tafel W_E ein Wort oder ein Satz immer erst dann geschrieben erscheinen, nachdem es bzw. er gesprochen wurde. Das Bild 145 modelliert den Sachverhalt, daß ein Sprecher ein Wort oder einen Satz zuerst als Ganzes denkt – Erscheinung der Schrift auf der Tafel W_S –, bevor er mit dem Aussprechen beginnt bzw. daß der Hörer sich noch an das zuletzt Gesprochene als Ganzes erinnert – gespeicherte Schrift auf der Tafel W_E – während er bereits das neue Gesprochene hört. Im Falle technischer Systeme, die akustisch in natürlicher Sprache kommunizieren, sind die Variablen W_S und W_E tatsächlich als Speicher und der Kanalcodierer und der Kanaldecodierer tatsächlich als abgrenzbare Funktionseinheiten in den Geräten zu finden.

Das Systemmodell in Bild 145 mit den drei Variablen W_S, W_K und W_E ist auch angemessen für den Fall der Werteverlaufsinterpretation von Binärsignalen, wo die Information in den zeitlichen Abständen der aufeinanderfolgenden Binärsprünge steckt. Man denke an eine Morsezeichenfolge (s. Bild 29) oder an eine Ziffer einer Telefonnummer, die vom Telefonapparat in Form eines Binärsignals mit genormten Eins– und Nullintervalldauern zur Vermittlungseinrichtung übertragen wird.

Unter bestimmten Voraussetzungen kann elementare Kommunikation auch in zeitfreier Modellierung betrachtet werden. Zeitfreie Modellierung setzt definitionsgemäß (s.S. 169) voraus, daß die betrachteten Werteverläufe Intervallfolgen im Sinne des Bildes 81 sind. Diese Voraussetzung ist bei elementarer Kommunikation recht häufig erfüllt, nämlich immer dann, wenn – wie im Beispiel in Bild 145 – eine Folge diskreter Inhalte mitgeteilt wird. Dann gibt es eine ordnungserhaltende, umkehrbar eindeutige Abbildung zwischen der Intervallfolge bei W_S und der Intervallfolge bei W_E, so daß man statt der Zeitvariablen t einen Folgenindex i zur Auswahl von Werten W einführen kann. Im Beispiel des Bildes 145 erfolgt die Indexvergabe derart, daß zu dem Zeitpunkt, wo das Intervall für $W_S(i)$ endet, das Intervall für $W_E(i)$ beginnt, d.h. die Indizierung ist so, daß die Intervalle für $W_S(i)$ und $W_E(i-1)$ zusammenfallen. Ohne daß es dort explizit erwähnt wurde, lag bereits der Einführung des Begriffs der Transinformation anhand von Bild 68 eine zeitfreie Modellierung zugrunde.

Es ist wichtig zu erkennen, daß zeitfreie Modellierung einer elementaren Kommunikation nur in solchen Fällen sinnvoll sein kann, wo auch eine Pufferung möglich ist. Pufferung ist ja genau dann möglich, wenn durch eine Vergrößerung der zeitlichen Distanz zwischen Sende– und Empfangsprozeß der Kommunikationsinhalt nicht seine Relevanz verliert. Und diese Voraussetzung muß zwangsläufig auch gemacht werden, wenn man zeitfrei modelliert, weil man dabei zwangsläufig die zeitliche Distanz zwischen Sende– und Empfangsprozeß unbestimmt läßt. Besonders deutlich erkennt man dies am Beispiel der Verkehrsampel, deren periodische Wertfolge ...grün, gelb, rot, rot + gelb, grün, ... dem potentiellen Empfänger schon von vornherein bekannt ist und die deshalb gar nicht den eigentlichen Inhalt der Kommunikation darstellt. Vielmehr sind es gerade die Umschaltzeitpunkte , also die Intervallgrenzen, die bei dieser Kommunikation mitgeteilt werden müssen, und deshalb ist hier eine zeitfreie Modellierung sinnlos.

3.1.2 Strukturen in Kommunikationsprozessen und –systemen

Bereits in der Einleitung des Abschnittes 3.1 über kommunizierende Instanzen wurde angekündigt, daß sich die Betrachtung von Strukturen in Kommunikationsprozessen und –systemen auf den Fall diskreter Wertebereiche der Kommunikationsvariablen beschränken werde. Systeme – wie z.B. ein Regelkreis –, in denen kontinuierlich veränderliche Variable wertunmittelbar interpretiert werden, bleiben also im Folgenden außer Betracht. Dagegen werden Systeme, bei denen die Werteverlaufsinterpretation von kontinuierlich veränderlichen Variablen diskrete Ergebnisse liefert, durchaus noch durch die folgenden Betrachtungen erfaßt; denn solche Systeme können ja immer in der mit Bild 145 vorgestellten Sichtweise so gesehen werden, daß die kontinuierlich veränderlichen Variablen in den Kanalinstanzen verborgen bleiben. Die nun betrachteten Systeme sind also in jedem Fall als Instanzennetze modellierbar.

3.1.2.1 Aufmerksamkeit und Transport

Da im Instanzennetzmodell die Instanzen durch Speicher gekoppelt sein können, könnte man voreilig schließen, daß damit ja nur Kommunikationsprozesse mit Pufferung erfaßt werden könnten, was eine sehr starke Einschränkung wäre. Man sollte aber erkennen, daß das Vorhandensein eines Speichers den Empfänger ja nicht zwingt, die Empfangsprozesse zeitlich von den Sendeprozessen zu entkoppeln. Wenn der Empfänger dauernd auf den aktuellen Speicherinhalt schaut, dann bedeutet dies eine ungepufferte Kommunikation, denn dann sind ja die Sendeprozesse und die Empfangsprozesse zeitlich fest aneinander gekoppelt. Bei der Nutzung von Speicherkanälen wird also jeweils durch den Empfängerzustand während eines Sendeprozesses bestimmt, ob gepufferte Kommunikation vorliegt oder nicht. Wegen der diskreten Wertebereiche der Speichervariablen kann man als Dauer eines Sendeprozesses die Länge des jeweiligen Übergangsintervalls (s. Bilder 81 und 82) ansehen. Im idealisierten Fall, wo man sprunghafte Wertübergänge annimmt, gehört demnach zu einem Sendeprozeß kein Zeitintervall mehr, sondern nur noch ein Zeitpunkt. Der Sendeprozeß ist dann ein Blitz, wie er bei der Definition der Speicher (s. Bild 121) angenommen wurde. Der im Falle einer Kommunikation dem Sendeblitz zugeordnete Empfangsprozeß ist jedoch nicht unbedingt auch auf einen Zeitpunkt beschränkt; vielmehr hängt es vom Empfänger ab, in welchen Zeitpunkten oder Zeitintervallen der Inhalt des vom Sender beschriebenen Speichers für sein Verhalten relevant ist.

Wenn ein Eingangswert für das Verhalten einer Instanz momentan nicht relevant ist, dann heißt dies, daß die Instanz der zugehörigen Eingangsvariable momentan keine Aufmerksamkeit widmet. Für die folgenden Überlegungen ist es zweckmäßig, den Begriff der Aufmerksamkeit einer Instanz genau zu definieren. Unter der möglicherweise zeitabhängigen *Aufmerksamkeit einer Instanz* soll eine Partitionierung der Wertebereiche aller Eingangsvariablen der Instanz verstanden werden, wobei jeweils diejenigen Werte in einem Partitionsblock zusammengefaßt sind, die momentan bezüglich der Instanzfunktionen ω und δ äquivalent sind. Der Fall, daß der Wert der Eingangsvariablen für die Instanz momentan nicht relevant ist, äußert sich dann in der formal definierten Aufmerksamkeit darin, daß alle Werte des Wertebereichs dieser Eingangsvariablen einen einzigen Partitionsblock bilden, weil sie momentan alle äquivalent sind. Entsprechend der Definition des Totalzustands S (s.S. 149), in dem alles momentan Beobachtbare begründet sein muß, muß selbstverständlich auch die Aufmerksamkeit im hier definierten Sinne eine zeitunabhängige Funktion des Totalzustands der Instanz sein:

$$\text{Aufmerksamkeit}\,(t_1) = d\,[\,S(t_1)\,] = d\,[\,X(t_1), Z(t_1)\,]$$

Eine erste Veranschaulichung dieser Aufmerksamkeitsdefinition kann am Beispiel des Integrators in Bild 142 erfolgen. Die Wertebereiche der beiden Eingangsvariablen V und W sind

repV = { 0, 1 } mit der Interpretation { *irrelevant, relevant* } bzgl. W
repW = R als Wertebereich einer stückweise stetigen Funktion von t.

Die zugehörige Aufmerksamkeitsfunktion d lautet:

$$\text{Aufmerksamkeit}\,(t_1) = \begin{cases} \begin{bmatrix} \{\{0\},\{1\}\} \\ P_{\text{GRÖBST}}(\,\mathsf{R}\,) \end{bmatrix} & \text{falls } V(t_1) = 0 \\ \begin{bmatrix} \{\{0\},\{1\}\} \\ P_{\text{FEINST}}(\,\mathsf{R}\,) \end{bmatrix} & \text{falls } V(t_1) = 1 \end{cases}$$

Es gibt also hier zwei unterschiedliche Aufmerksamkeitswerte, die sich nur hinsichtlich der Partitionierung von repW, nicht aber bezüglich der Partitionierung von repV unterscheiden. Als Partition von repV tritt nämlich in beiden Fällen $P_{\text{FEINST}}(\text{repV}) = \{\{0\}, \{1\}\}$ auf.

Als zweites Beispiel zur Veranschaulichung des Aufmerksamkeitsbegriffs sei ein tauber Fernsehzuschauer betrachtet, der vor dem eingeschalteten Gerät sitzt. Es wird angenommen, daß das Gerät zuerst fünf Minuten lang ein konstantes Senderemblem zeigt, und daß danach ein Stummfilm mit Untertiteln gesendet wird. Man kann sich in diesem Fall zwei extrem unterschiedliche zeitliche Verläufe der Aufmerksamkeit des Zuschauers vorstellen: Im einen Extremfall bleibt die Aufmerksamkeit die ganze Zeit über konstant, d.h. in diesem Fall schaut der Mensch das unbeweglich stehende Senderemblem dauernd mit der gleichen Aufmerksamkeit an wie den anschließenden Spielfilm. Im anderen Extremfall ist die Aufmerksamkeit während des stehenden Bildes gerade nur so groß[1)], daß der Mensch den Beginn des Spielfilms nicht verpaßt, und erst, wenn dieser Beginn erkannt wird, springt die Aufmerksamkeit auf einen höheren Wert. Der Wertebereich der betrachteten Eingangsvariablen, also des Fernsehschirmes mit den möglichen Bildern, die sich alle 20 Millisekunden ändern können, sei repVideo genannt. Für den Extremfall der gleichbleibenden maximalen Aufmerksamkeit kann man dann schreiben

$$\text{Aufmerksamkeit}\,(t_1) = P_{\text{FEINST}}\,(\text{repVideo})\,,$$

woran man die Unabhängigkeit von der Zeit erkennt. Für den Fall, wo die Aufmerksamkeit erst bei Beginn des Spielfilms auf den maximalen Wert springt und davor auf dem kleinstmöglichen Niveau liegt, welches noch das Erkennen des Spielfilmbeginns erlaubt, kann man schreiben:

1) Die "Größe" einer Aufmerksamkeit ist monoton an die Mächtigkeit der Partition gebunden, d.h. je mehr Partitionsblöcke unterschieden werden, desto größer ist die Aufmerksamkeit.

$$\text{Aufmerksamkeit}\ (t_1) = \begin{cases} \{\ \text{repNichtfilm, repFilm}\ \} & \text{falls } Z(t_1) \notin \text{repNachbeginn} \\ P_{\text{FEINST}}(\text{repVideo}) & \text{falls } Z(t_1) \in \text{repNachbeginn} \end{cases}$$

worin repFilm und repNichtfilm zwei komplementäre Partitionsblöcke von repVideo sind.

Dadurch, daß hier die Aufmerksamkeit nicht von X, sondern von Z abhängig gemacht wurde, hat man erreicht, daß als Bestandteil des laufenden Spielfilms das Senderemblem vorkommen darf, ohne daß dies zu einem Absinken der Aufmerksamkeit führt. Dies gilt natürlich nur, wenn der Anfangszustand $Z(t_0)$ und die Zustandsübergangsfunktion δ des Zuschauers derart sind, daß die Zustände Z bis zum Beginn des Spielfilms und diejenigen danach aus zwei komplementären Partitionsblöcken von repZ stammen, von denen der eine repNachbeginn genannt wurde.

Die Tatsache, daß eine Instanz einer Eingangsvariablen zeitlich nacheinander unterschiedliche Aufmerksamkeit widmen kann, hat zur Konsequenz, daß eine Kommunikation zweier Instanzen über einen Speicher eine gepufferte Kommunikation sein kann, obwohl die empfangende Instanz den Sendeblitz wahrnimmt. Zum Wahrnehmen eines Sendeblitzes genügt nämlich eine sehr geringe Aufmerksamkeit, bei der repX wie folgt in zwei Blöcke partitioniert ist:

$$\{\ \{\ \text{Wert } X_1 \text{ vor dem Blitz}\ \},\ \text{repX ohne } X_1\ \}$$

Wenn nun die empfangende Instanz nach dem wahrgenommenen Blitz nicht gleich, sondern erst später auf höhere Aufmerksamkeit umschaltet, dann liegt gepufferte Kommunikation vor. Man denke an einen Aktenbearbeiter, der zwar wahrnimmt, daß ihm jemand in das bisher leere Eingangsfach etwas hineinlegt, der aber zur Zeit noch nicht bereit ist, sich die hineingelegte Akte näher anzusehen.

Die Tatsache, daß das, was eine Instanz durch das Lesen eines Speichers empfängt, immer durch den jüngsten Sendeblitz bestimmt wird, kann im Falle des selektiven Schreibens zu Anschauungsproblemen führen. Anhand von Bild 126 wurde gezeigt, daß das selektive Schreiben als modifizierender Zugriff auf die umfassende Speichervariable modelliert werden kann, wobei die zugreifende Instanz den alten Speicherwert lesen können muß, um den neuen Wert festlegen zu können. Bild 146 zeigt nun ein Beispiel zur Demonstration des Anschauungsproblems, welches sich ergibt, wenn selektives Schreiben als modifizierender Zugriff modelliert wird. Im Instanzennetz links oben spiele sich folgender Vorgang ab: Der Sender S1 schreibt die Botschaft 1 auf die bis dahin leere Tafel B1. Etwas später schreibt der zweite Sender S2 die Botschaft 2 auf die bis dahin leere Tafel B2. Nun erst liest der Empfänger E in aller Ruhe die Botschaft 1; anschließend wischt er sie weg. Dann liest er noch die Botschaft 2, und zum Schluß wischt er auch diese weg. Man findet hier leicht die beiden der Anschauung entsprechenden Kommunikationsprozesse: Zum Lesen des Speicherinhalts von B1 gehört als jüngster Speicherwertvorgabeblitz der Blitz von S1, durch den die Botschaft 1 auf die Tafel kam; und zum Lesen des Speicherinhalts von B2 gehört als jüngster Blitz der Blitz von S2, durch den die Botschaft 2 auf die Tafel kam.

Sehr viel unanschaulicher wird der gleiche Vorgang, wenn die beiden Tafeln B1 und B2 untrennbar zu einer einzigen Tafel B verschmolzen werden, wie dies rechts oben gezeigt ist. Nun können die Blitze nicht mehr separat auf B1 oder B2 gerichtet werden. Da aber durch jeden Blitz definitionsgemäß immer der vollständige neue Speicherinhalt vorgegeben werden muß, sind die beiden Instanzen S2 und E nun gezwungen, ihre Speicherwertvorgabeblitze um Botschaften zu erweitern, die bei der oberen Modellierung nicht darin enthalten waren: S2 muß jetzt zusätzlich zur Botschaft 2 auch noch die Botschaft 1 in den Blitz aufnehmen, und E muß nun anstelle seines Blitzes zur Leerung von B1 einen Blitz zur Vorgabe der Botschaft 2 bringen, die sonst verloren ginge. Wenn man bei dieser Betrachtung jedem Empfangsprozeß jeweils den relativ dazu jüngsten Speicherblitz als Partner in einem Kommunikationsprozeß zuordnet, dann bedeutet dies in diesem Falle, daß der Empfänger E die Botschaft 1 vom Sender S2 und die Botschaft 2 gar von sich selbst erhält. Dies braucht man genau dann nicht als falsch zu werten, wenn man bedenkt, daß eine Botschaft ja beliebig viele Transportschritte hinter sich haben darf, bevor sie empfangen wird. So ist der Blitz von S2 nur bezüglich der Botschaft 2 als *Sendeblitz*, bezüglich der Botschaft 1 aber als *Transportblitz* zu werten. Der relativ zu einem Empfangsprozeß jüngste Blitz auf den zugehörigen Speicher kommt zwar immer von derjenigen Instanz, von der der Empfänger die Botschaft unmittelbar erhält, aber dies ist eben häufig nur ein Briefträger und nicht unbedingt der eigentliche Sender der Botschaft.

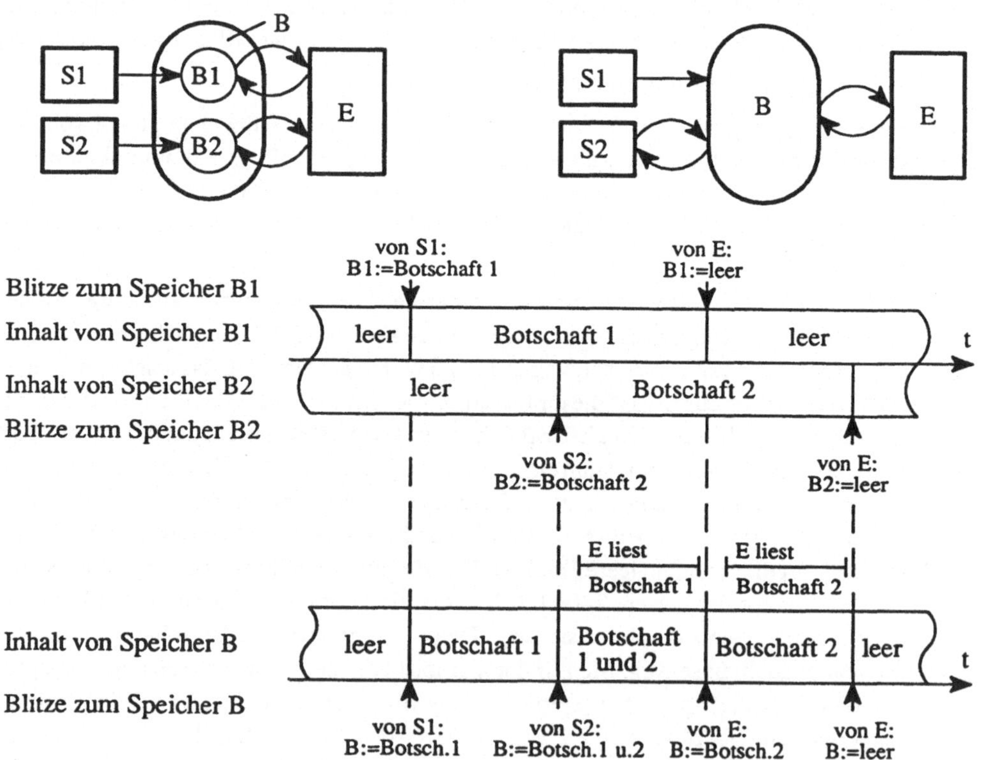

Bild 146 Beispiel zur Modellierung der Kommunikation zwischen Instanzen bei selektivem Speicherzugriff

Die Transportblitze werden nicht zum elementaren Kommunikationsprozeß gerechnet, denn die Kommunikation findet definitionsgemäß nur zwischen dem Sender und dem Empfänger statt, weil die Transportinstanzen inhaltlich nicht daran beteiligt sind. Denn die Transportinstanzen können ihre Aufgabe erfüllen, ohne daß sie das Transportierte interpretieren. So kann ein deutscher Bote, für den eine chinesisch geschriebene Botschaft ein unverständliches graphisches Muster bleibt, die Botschaft durchaus korrekt dem Empfänger überbringen.

3.1.2.2 Kanäle und Teilnehmersysteme

Bei der Betrachtung der elementaren Kommunikation sieht man einen Sender und einen Empfänger, ohne daß man danach fragt, ob der elementare Kommunikationsprozeß Teil eines komplexeren Kommunikationsprozesses ist, an dem diese beiden Instanzen beteiligt sind. Das System, worin ein elementarer Kommunikationsprozeß abläuft, kann man sich immer als sogenannte *Simplex–Verbindung* (s. Bild 147) vorstellen, bei der die beiden kommunizierenden Instanzen über einen Einwegkanal verbunden sind. In einem solchen System sind neben den elementaren Kommunikationsprozessen nur triviale nichtelementare Kommunikationsprozesse möglich, nämlich diejenigen, die durch Aneinanderreihen elementarer Kommunikationsprozesse bei gleichbleibendem Sender und Empfänger gebildet werden. Nichttriviale nichtelementare Kommunikationsprozesse erfordern also eine über die Simplex–Verbindung hinausgehende Systemstruktur. In aufsteigender Komplexität sind in Bild 147 die drei kommunikationsorientierten Systemstrukturen gezeigt, die den folgenden Betrachtungen zur nichtelementaren Kommunikation zugrundeliegen: Bei den beiden Duplex–Verbindungen liegen zwar noch die beiden kommunizierenden Instanzen fest, aber da sie in beiden Richtungen Information austauschen können, sind diesen beiden Instanzen die Sender– bzw. Empfängerrolle nicht mehr fest zugeordnet. Die beiden Instanzen sind deshalb als Partner bezeichnet. Während bei der *Vollduplex–Verbindung* zwei voneinander unabhängige Kanäle vorhanden sind, die zwei nebenläufige Informationsflüsse zulassen, gibt es bei der *Halbduplex–Verbindung* nur einen einzigen Kanal, der nur zeitlich nacheinander in der einen oder der anderen Richtung Information transportieren kann. Man denke an eine eingleisige Schienenstrecke, die zwar in beiden Richtungen befahren werden kann, die aber keine nebenläufigen Fahrten in unterschiedlicher Richtung erlaubt.

Im Gegensatz zu den Duplex–Systemen liegen bei den *Teilnehmersystemen* auch die kommunizierenden Partner nicht mehr fest, sondern hier können Verbindungen zwischen jeweils zwei Teilnehmern, die dadurch zu Kommunikationspartnern werden, entstehen und verschwinden. Das bekannteste Teilnehmerkommunikationssystem ist das Telefonnetz, dessen Struktur in Bild 148 gezeigt ist. Jeder Teilnehmer ist über vier Schnittstellenvariable mit dem Kommunikationssystem verbunden: Er hat eine Wählscheibe und eine Klingel sowie eine Hörmuschel und ein Mikrophon. Über ihre Hörmuscheln und Mikrophone können zwei Teilnehmer erst dann kommunizieren – im Halbduplex–Verkehr –, nachdem eine Verbindung aufgebaut wurde. Dies äußert sich in Bild 148 darin, daß das Kommunikationssystem aus zwei Instanzen besteht: Über die Wählscheibenvariable teilt der rufende Teilnehmer der Vermittlungsinstanz mit, welchen Teilnehmer er anrufen möchte[1]. Dabei erfährt er über die verschiedenen Tonfolgen aus der Hörmuschel, wie weit der Vermittlungsvorgang jeweils vorangekommen ist (Wählton, Rufton oder Besetztton). Wenn die gewünschte Verbindung über die Multikanalinstanz eingerichtet werden kann, dann wird die Vermittlungsinstanz beim angerufenen Teilnehmer die Klingel läuten lassen.

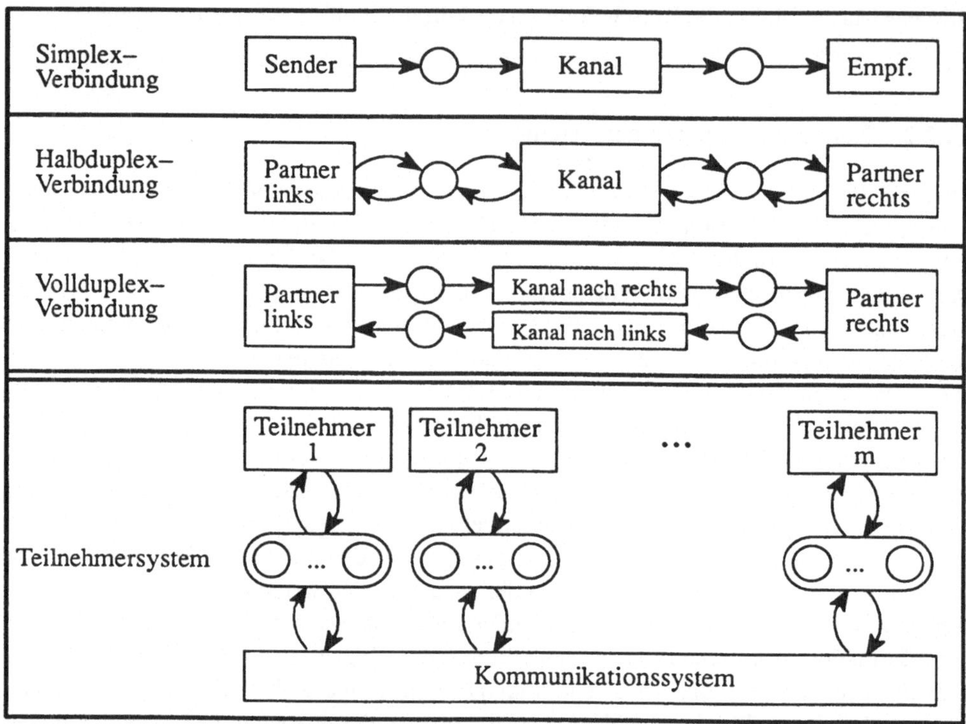

Bild 147 Kommunikationsorientierte Systemstrukturen

In der gegebenen Modellierung wird die Funktion der Multikanalinstanz durch einen Parameterwert beeinflußt, der von der Vermittlungsinstanz eingestellt wird. Man denke hier an die Aussagen im Abschnitt 2.3.3 über Strukturvarianz, wo die Parametrisierung als Modellierungsalternative neben die Strukturvarianz gestellt wurde. Man hätte hier also auch anstelle der Parametrisierung die andere Sichtweise wählen können, bei der die Vermittlungsinstanz strukturverändernd in die Multikanalinstanz eingreift, indem sie dort Kanäle erzeugt bzw. eliminiert. Das einfachere Modell mit Parametrisierung reicht aber für das hier zu vermittelnde Systemverständnis völlig aus.

Das Telefonnetz wurde als ein Beispiel für Teilnehmerkommunikationssysteme vorgestellt, bei denen auf Anforderung Kanäle zwischen den Teilnehmern vermittelt werden. In solchen *Teilnehmersystemen mit Vermittlung* kommt es bei korrekter Funktion der Multikanalinstanz

1) Es wird angenommen, daß dem Wert der Wählscheibenvariablen auch die Information entnommen werden kann, ob der Hörer aufgelegt ist oder nicht.

nicht vor, daß nichtbeteiligte Teilnehmer den Informationsaustausch der verbundenen Partner verfolgen können. Im Beispiel des Telefonnetzes heißt dies, daß man fremde Gespräche nicht mithören kann. Es gibt aber durchaus etliche Formen von Teilnehmersystemen, bei denen das Mithören der Unbeteiligten von vornherein eingeplant ist[1]. Man denke nur an eine Gesprächsrunde mehrerer Leute, wo immer alle mithören, auch wenn gerade nur ein Dialog zwischen zwei Teilnehmern stattfindet. Bild 149 zeigt zwei Formen von *Teilnehmersystemen zum Mithören*, nämlich oben ein System mit einer gemeinsamen Kanalvariablen und unten ein Ringsystem.

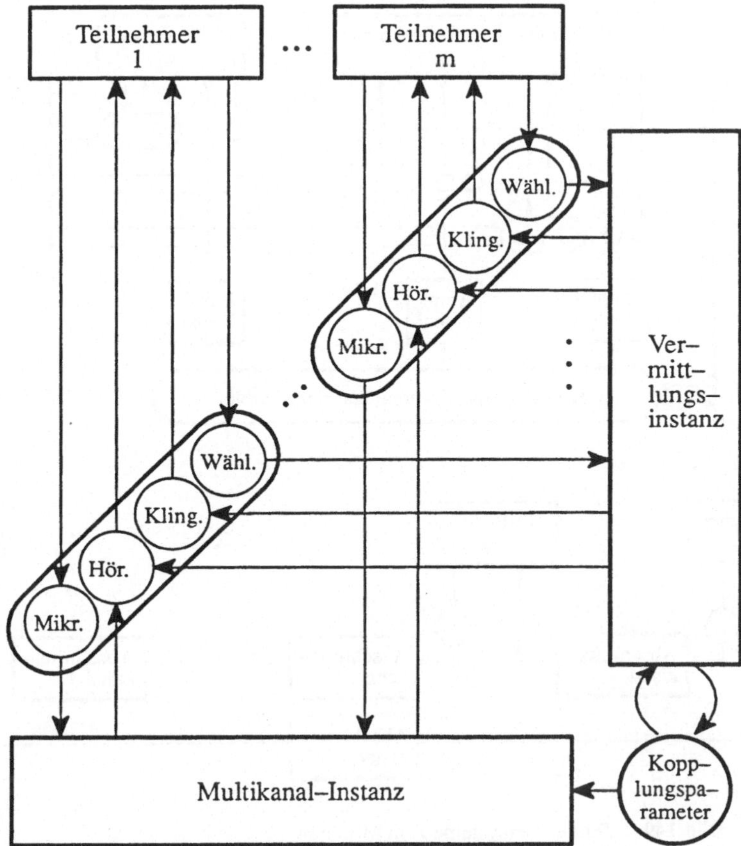

Bild 148 Telefonnetz als Beispiel eines Teilnehmersystems

Eine typische Ausprägung eines Systems mit gemeinsamer Kommunikationsvariablen ist die Gesprächsrunde, wo alle Teilnehmer über das gemeinsame akustische Medium verbunden sind. Wenn mehrere Teilnehmer gleichzeitig sprechen, ergibt sich der Werteverlauf der gemeinsamen Variablen durch Überlagerung, für deren Zustandekommen die im Modell in Bild 149 eingeführte Senderüberlagerungsinstanz zuständig ist. In Bild 149 ist außerdem noch eine

1) Solche Systeme werden häufig als "Broadcast–Systeme" bezeichnet.

Instanz zur Verwaltung des Zugangsrechts gezeigt, mit der die Teilnehmer über separate Schnittstellenvariable kommunizieren, um sich das Zugangsrecht zur gemeinsamen Kanalvariablen geben zu lassen. Im anschaulichen Beispiel der Gesprächsrunde kann man sich diesen Verwalter als einen tauben Menschen vorstellen, mit dem die Teilnehmer per Handzeichen kommunizieren, um sich das Rederecht geben zu lassen. Wie jeder weiß, kann eine Gesprächsrunde aber auch auf einen solchen Verwalter verzichten und dennoch in geregelter Weise kommunizieren, indem die Teilnehmer bestimmte Regeln zur Lösung von *Überlagerungskonflikten* beachten.

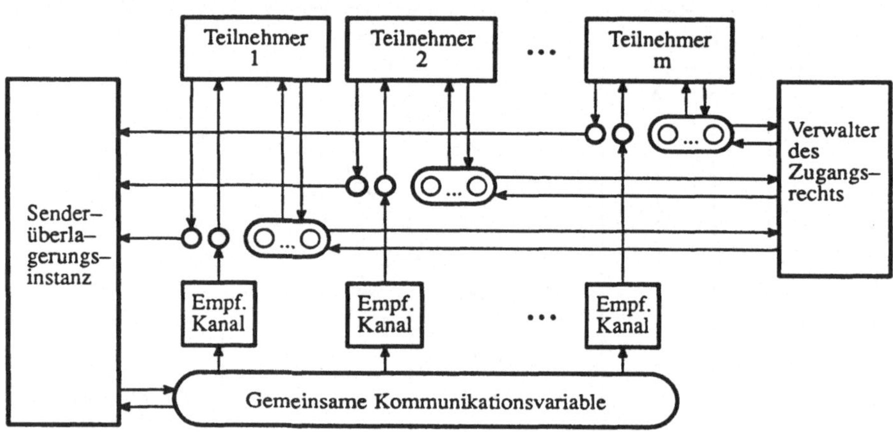

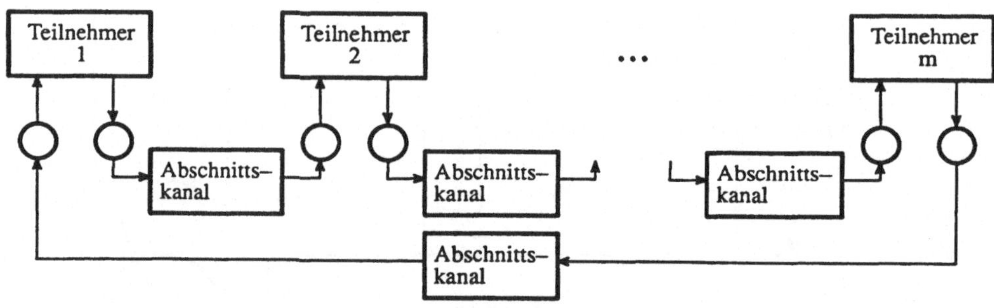

Bild 149 Teilnehmersysteme zum Mithören
oben: über eine gemeinsame Kanalvariable
unten: über einen Ring

Hierzu nehme man an, die Teilnehmer seien alle blind und könnten sich nicht auf optischem Wege über die jeweilige Redereihenfolge einigen. Dann kann es vorkommen, daß in einer akustischen Pause zwei oder mehr Teilnehmer gleichzeitig anfangen zu reden. Da sie aber alle nahezu gleichzeitig das Überlagerungsergebnis hören, fällt ihnen der Konflikt auf, und sie können sofort wieder aufhören zu reden. Eine Regel zur Konfliktlösung könnte nun verlangen, daß jeder der Redewilligen nach einem indeterministischen Verfahren eine Wartezeit ermittelt, nach deren Ablauf er wieder zu reden beginnt, falls nicht vorher schon ein anderer anfing. Zwar kann es auch dann wieder zu einem Konflikt kommen, so daß man wieder in eine Wartepause eintreten muß, aber wegen der Zufälligkeit der Wartezeiten wird sich dennoch nach wenigen Anläufen eine Konfliktlösung einstellen.

In einem Teilnehmersystem mit einer gemeinsamen Kommunikationsvariablen können sowohl adressierte als auch adressenfreie Botschaften weitergegeben werden. Da jeder Teilnehmer immer mithört bzw. mitliest, kann er im Falle einer adressierten Botschaft der Adresse entnehmen, ob die Botschaft für ihn bestimmt ist oder nicht. Man denke an die Gesprächsrunde, wo jeder Teilnehmer mit Namen angeredet werden kann. Adressenfreie Botschaften sind demgegenüber wie Rundfunk- oder Postwurfsendungen für alle Teilnehmer bestimmt.

Der in Bild 149 unten dargestellte Ring ist auch ein Teilnehmersystem zum Mithören. In diesem Fall ist jedoch die Vorstellung eines materialgetragenen Informationsflusses anschaulicher. Man stelle sich vor, alle m Teilnehmer hätten gleichlaufende Uhren und sie würden jeweils alle gleichzeitig in den Zeitpunkten $t_0 + n \cdot T$ einen Briefumschlag zu ihrem Ringnachbarn auf die Reise schicken, der bis dorthin weniger als die Zeitdauer T unterwegs sei. Es gibt also im Ring ebensoviele Briefumschläge wie Teilnehmer. Ein adressenfreier Umschlag soll leer sein, und in einem adressierten Umschlag soll eine Botschaft an den Adressaten enthalten sein. Wenn also ein Teilnehmer etwas senden will, braucht er nur zu warten, bis entweder ein leerer oder ein an ihn adressierter Umschlag bei ihm eintrifft, den er dann neu beschriften und für seine Botschaft verwenden kann. Für die zwischenmenschliche Kommunikation erscheint solch ein Ringverfahren recht unzweckmäßig, aber zur Kommunikation zwischen technischen Systemkomponenten kann dies durchaus zweckmäßig sein.

Obwohl es sehr viele unterschiedliche Varianten von Teilnehmerkommunikationssystemen gibt, so liegen ihnen letztlich doch keine anderen Prinzipien zugrunde als den Systemen in den Bildern 148 und 149: das Prinzip des Kanalauf- und -abbaus durch eine Vermittlungsinstanz, das Prinzip der gemeinsamen Kanalvariablen und das Prinzip des Flusses von Nachrichtenpaketen (adressierte Umschläge mit Inhalt) längs fester oder adreßabhängiger Wege.

3.1.2.3 Schichtung

Bei jeder Betrachtung von Systemstrukturen – gleichgültig, ob sie in den Bereich der Kommunikation oder in einen anderen Aufgabenbereich gehören – sind zwei grundsätzlich unterschiedliche Aspekte zu trennen, nämlich der *Aspekt des Nebeneinanders* und der *Aspekt des Ineinanders*. Die Betrachtung des Nebeneinanders geschieht zweckmäßigerweise derart, daß man ein angemessenes Klassifikationsschema einführt, worin alle möglichen nebeneinander vorkommenden oder denkbaren Systeme des betrachteten Aufgabenbereichs eingeordnet werden können. Für den Aufgabenbereich der Kommunikation ist in Bild 147 ein solches Klassifikationsschema für nebeneinander vorkommende Systeme angegeben. Bei der Betrachtung des Ineinanders geht es um den Sachverhalt, daß die nebeneinander gezeigten Strukturen auch ineinander verschachtelt vorkommen können. Bereits mit Bild 144, wo zwei Entstörhelfer unter Benutzung eines Vollduplexkanals einen störungsfreien Simplexkanal realisieren, wurde eine solche Verschachtelung vorgestellt. Bild 150 veranschaulicht, weshalb man nicht nur von *Verschachtelung*, sondern auch von *Schichtung* sprechen kann. Für die Instanzen innerhalb einer Schicht stellt das restliche System unterhalb der Grenze ihrer Schicht bestimmte *Dienste* zur Verfügung, die über die Schnittstellen in Anspruch genommen werden können, ohne daß die Dienstbenutzer etwas über die innere Struktur des Dienstleisters wissen müssen[1]. Als Beispiele für Dienste wurde in Bild 150 folgendes angenommen: Die Instanzen in Schicht 7 sind ein chinesischer und ein deutscher Handelspartner, die eine Handelsvereinbarung besprechen wollen. Als Dienst wird ihnen durch das System unterhalb der Schicht 7 der störungsfreie Austausch von Botschaften in ihrer jeweiligen Sprache angeboten. In Schicht 6 sieht man die beiden Dolmetscher, die zusätzlich zum Kommunikationsprozeß der beiden Handelspartner noch einen eigenen Kommunikationsprozeß abwickeln müssen, um sich auf eine zu verwendende Zwischensprache – hier englisch – zu einigen und um gegebenenfalls auftretende Mehrdeutigkeiten englischer Sätze zu klären. Als Dienst wird ihnen durch das System unterhalb der Schicht 6 der störungsfreie Austausch von Buchstabenfolgen angeboten. Die Instanzen in Schicht 2 können nicht englisch sprechen; man kann sie sich als Fernschreiber mit eingebautem Computer vorstellen, mit denen die Dolmetscher an der Dienstschnittstelle über die Tastatur und das betippte Papier verkehren. Und schließlich kann man sich vorstellen, daß die Computer in der Schicht 2 durch geeignete Kommunikationsversuche in Form des Austausches möglicherweise gestörter Binärfolgen in der Lage sind, trotz der Übertragungsstörungen in der Schicht 1 die von den Dolmetschern vorgegebenen Buchstabenfolgen korrekt weiterzugeben[2]. Neben dem Kommunikationsprozeß, der sich aus der Kommunikation der Handelspartner und der zusätzlichen eigenen Kommunikation der Dolmetscher ergibt und der sich als Austausch von Buchstabenfolgen an den Schnittstellen zwischen den Schichten 2 und 6 äußert, gibt es also auch noch eine zusätzliche eigene Kommunikation zwischen den Computern in Schicht 2 in Form von Rückfragen und Bestätigungen zum Zwecke der Überwindung von Kanalstörungen.

Die ebenfalls als Aufgabe der Schicht 2 in Bild 150 genannte *Flußregelung* ist immer dann erforderlich, wenn ein Empfänger nicht garantieren kann, daß er alle Informationen so schnell nacheinander verdauen kann, wie sie vom Sender abgeschickt werden können. Eine Flußregelung ist beispielsweise dann erforderlich, wenn ein Hörer die Sätze eines Sprechers nicht in so schneller Folge verstehen kann, wie sie der Sprecher nacheinander sagen kann. Eine Flußregelung könnte in diesem Fall darin bestehen, daß der Hörer ab und zu "Stop" sagt und damit dem Sprecher zu verstehen gibt, daß er vorläufig nicht weiterreden soll, und daß er "Weiter" sagt, wenn er wieder für weitere Information aufnahmebereit ist. Ein Fall, wo man unbedingt eine

---

1) Die seltsame Numerierung der Schichten in Bild 150 ist in einer bestehenden ISO-Norm begründet, worin die Aufgaben, die bei der Kommunikation programmierter Rechenanlagen über lokale oder weltweite Teilnehmersysteme erledigt werden müssen, auf sieben Schichten aufgeteilt worden sind. Diese Aufgaben sind im Detail so vielfältig und nur im Hinblick auf die Rechnerkommunikation zu verstehen, daß eine vollständige Darstellung in diesem Buch nicht angebracht ist. Damit aber die Entsprechung der Schichten in den Bildern 150 und 151 deutlich wird, wurde hier gemäß der Aufgaben der verschiedenen Schichten die Numerierung nach ISO gewählt.

2) Die in den Computerprogrammen für diesen Zweck festzulegenden Verfahren sind Gegenstand der Nachrichtentechnik und der dortigen Teildisziplin Codierungstheorie.

Flußregelung braucht, ist die gepufferte Kommunikation, denn die Informationsspeicher haben immer eine begrenzte Kapazität, so daß verhindert werden muß, daß sie überlaufen.

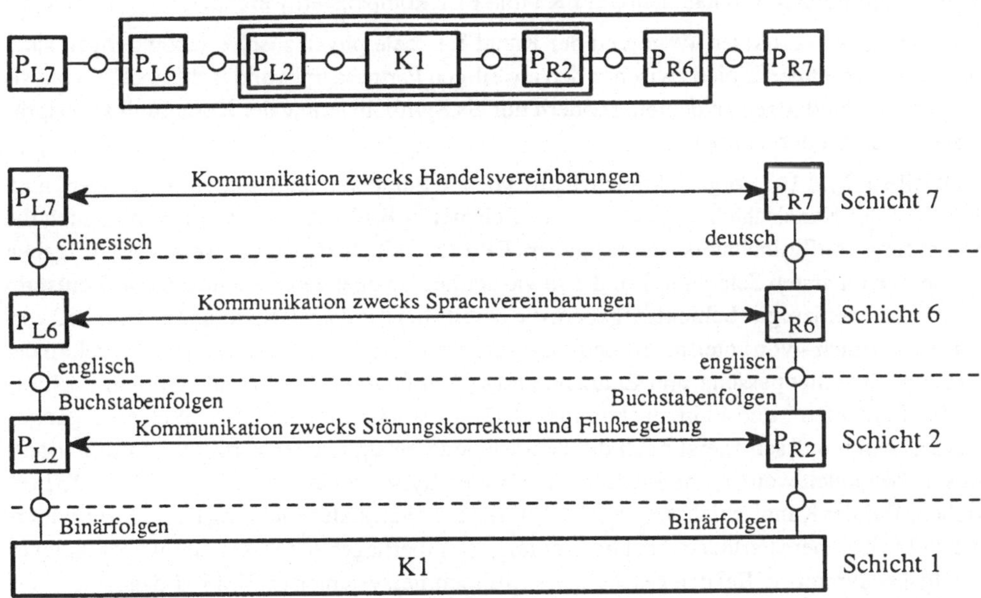

Bild 150 Zur Äquivalenz von Verschachtelung und Schichtung

Daß die Flußregelung nun nur der Schicht 2 und nicht den Schichten 6 und 7 als Aufgabe zugewiesen wurde, läßt sich leicht begründen, wenn man annimmt, daß es sich in allen Schichten um gepufferte Kommunikation handelt. Dann sind alle als Kreise dargestellten Schnittstellen als Speicher aufzufassen. Zum Verständnis der Konsequenzen wird nun einmal ein Informationsfluß von PL7 als dem Sender zu PR7 als dem Empfänger betrachtet. Zu Beginn seien alle Pufferspeicher leer. Die Instanz PL7 kann mit dem Senden beginnen und braucht dies erst dann zu unterbrechen, wenn im Speicher zwischen PL7 und PL6 kein Platz mehr ist. Die Instanz PL7 hört also nicht auf "Stop" und "Weiter" irgendeiner anderen Instanz, sondern richtet ihr Verhalten unmittelbar nach dem aktuellen Füllungsgrad des Speichers, in den sie etwas einbringen will. Gleiches gilt für die Instanzen PL6, PR2 und PR6. Die Instanz PR7 beginnt, Information aufzunehmen, wenn der Speicher zwischen PR7 und PR6 nicht mehr leer ist. Sie braucht nicht "Stop" und "Weiter" zu sagen, da sie sich darauf verlassen kann, daß die Instanz PR6 den Speicher nicht zum Überlaufen bringen wird. Gleiches gilt für die Instanzen PR6, PL2 und PL6. "Stop" und "Weiter" muß aber von der Instanz PR2 gesagt werden, und darauf reagieren muß die Instanz PL2. Dies kommt daher, daß der Kanal K1 sein Verhalten nicht nach dem Füllungsgrad des Speichers zwischen K1 und PR2 richtet, sondern sich nur am Inhalt des Speichers zwischen PL2 und K1 orientiert: Wenn der linke Speicher nicht leer ist, dann erfolgt die Übertragung zum rechten Speicher, egal, ob dieser dabei überläuft oder nicht. Daß sich der Kanal anders verhält als die Instanzen P ist eine Folge des Sachverhalts, daß Kanäle normalerweise keine Kenntnis über den Inhalt von Speichern an ihrem Ausgang haben. So kann eine

Wasserleitung zwischen einem Hochbehälter und einem Putzeimer nicht "wissen", wann der Eimer überläuft. Deshalb muß dieses Nichtwissen des Kanals durch eine Kommunikation der beiden unmittelbaren Kanalnachbarn PR2 und PL2 kompensiert werden.

Während die vertikalen Wege und der Kanal K1 reale physikalische Verbindungen sind, sind die horizontalen Linien zwischen den jeweiligen Partnern links und rechts nicht als physikalische Verbindungen zu deuten, sondern nur als Symbolisierung der Kommunikationsprozesse zwischen den Partnern.

Da alle in Bild 147 vorgestellten Strukturtypen in Schichtungen vorkommen können, muß es neben der Kanalschichtung, wie sie am Beispiel in Bild 150 vorgestellt wurde, auch die Schichtung von Teilnehmersystemen geben. Bild 151 zeigt hierzu ein Beispiel. Die Aufgaben der beiden untersten Schichten 1 und 2 sowie der beiden obersten Schichten 6 und 7 entsprechen genau denjenigen Schichtaufgaben, die bereits bei der Kanalschichtung in Bild 150 vorkamen, nämlich – von unten nach oben – möglicherweise gestörte Übertragung, Korrektur der Störung, Sprachanpassung und Endbenutzerkommunikation. Zusätzlich sind nun noch die beiden Schichten 3 und 4 hinzugekommen[1]. Bevor jedoch auf deren Aufgaben eingegangen werden kann, müssen zuerst noch die Unterschiede bezüglich des vertikalen Informationsflusses behandelt werden, die zwischen den beiden Systemen in den Bildern 150 und 151 bestehen. Bei der Kanalschichtung in Bild 150 fließt in vertikaler Richtung keine Information, die nicht von einem Partner auf der horizontal gegenüberliegenden Seite kommt oder für einen solchen bestimmt ist. Bei den geschichteten Teilnehmersystemen in Bild 151 dagegen gibt es durchaus – weil es sich um Teilnehmersysteme mit Vermittlung handeln soll – einen vertikalen Informationsfluß, der nicht unmittelbar zur Kommunikation zweier horizontal sich gegenüberstehender Partner gehört, sondern der der Vermittlung dient. Am Beispiel des Telefonnetzes in Bild 148 wurde ja gezeigt, daß zwei Partner erst dann über die Multikanalinstanz verbunden sind und kommunizieren können, nachdem zuvor eine Kommunikation mit der Vermittlungsinstanz stattgefunden hat. Deshalb gibt es in Bild 151 zwei unterschiedliche vertikale Verbindungslinien für den Informationsfluß: Die einfachen vertikalen Linien mit Pfeilen an beiden Enden dienen dem Informationsfluß, der zu den Vermittlungsvorgängen gehört, während die breiten und teilweise unterschiedlich gemusterten vertikalen Pfade den Informationsflüssen dienen, die zu den durch die horizontalen Linien symbolisierten Kommunikationsprozessen gehören. Ein Fluß über diese breiten Pfade findet also erst statt, nachdem der jeweils zugehörige Vermittlungsversuch erfolgreich war. Es wird im folgenden gezeigt, daß zu jedem Paar horizontal einander gegenüberstehender breiter Pfade ein eigener Vermittlungsvorgang gehört.

Nun können die Aufgaben der Instanzen in den Schichten 3 und 4 behandelt werden, die grob durch die beiden Begriffe *Paketierung* und *Paketwegewahl* charakterisiert werden. Die Pakete, um die es hier geht, sind Informationspakete, die auf den breiten Pfaden durch die Untergrenze der Schicht 4 und darunter fließen. Hierzu stelle man sich wieder vor, daß die Dol-

---

1) Daß hier keine Schicht mit der Nummer 5 vorkommt, hat seinen Grund darin, daß die Aufgaben, die in der ISO–Norm für die Schicht 5 vorgesehen sind, so eng mit der Kopplung programmierter Rechner verbunden sind, daß ihre Erklärung das hier betrachtete Beispiel unnötig aufblähen würde, ohne grundsätzlich neue Einsichten zu liefern.

metscher aus der Schicht 6 ihre englischsprachigen Botschaften jeweils als Buchstabenfolgen an die Instanzen der Schicht 4 übergeben bzw. von diesen erhalten. Dabei soll nun aber angenommen werden, daß der Austausch der Buchstabenfolgen nicht mehr – wie es zwischen den Schichten 6 und 2 in Bild 150 geschah – über eine Fernschreiberbenutzung erfolgt, sondern einfach in Form beschriebenen Papiers. Denn die Instanzen in der Schicht 4 soll man sich nun auch als Menschen bestimmter Funktion vorstellen. Es soll nun die Einschränkung bestehen, daß die an der Grenze zwischen den Schichten 3 und 4 übergebbaren Buchstabenfolgen eine bestimmte Länge nicht überschreiten können. Man stelle sich vor, die Buchstabenfolgen werden auf einheitlichen Formularen übergeben, in die jeweils nur eine begrenzte Anzahl von

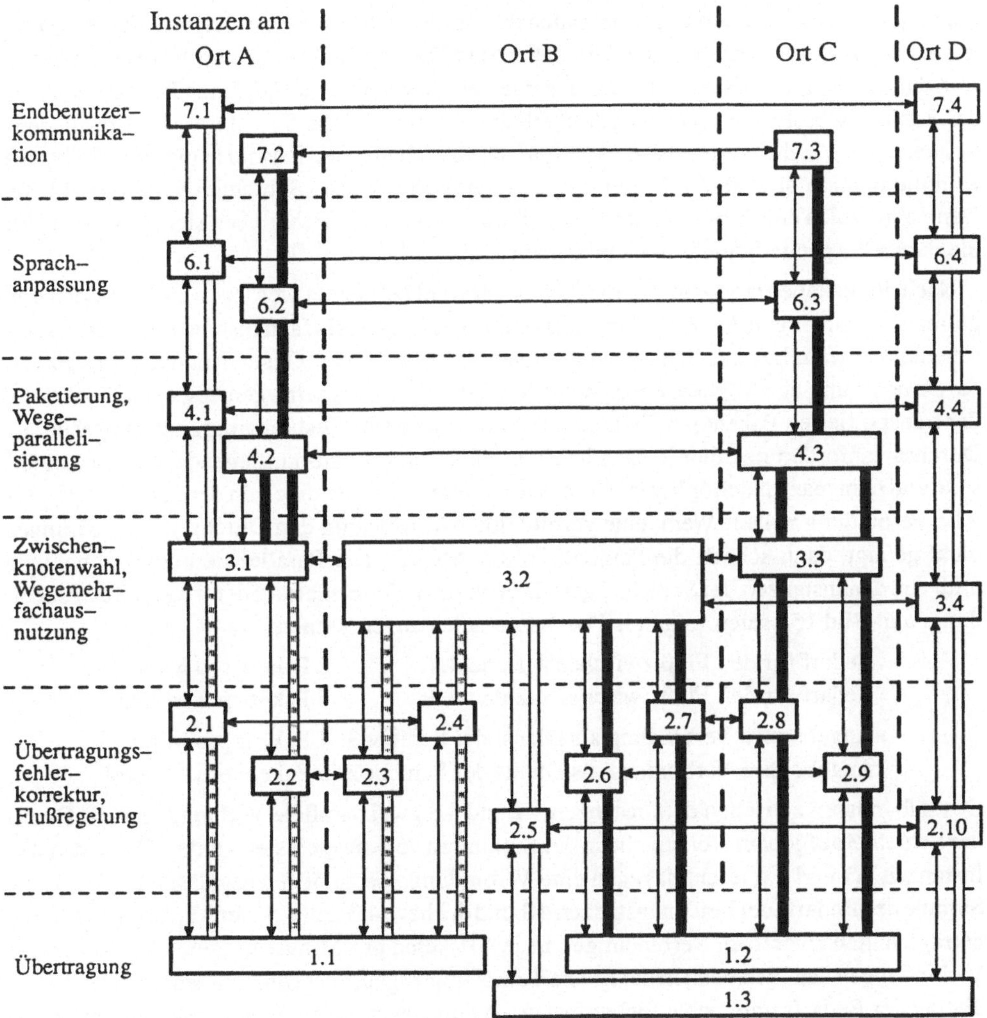

Bild 151 Beispiel zur Schichtung von Teilnehmersystemen

Buchstaben eingetragen werden können. Deshalb müssen die Instanzen in der Schicht 4 die beliebig langen Folgen, die sie von den Dolmetschern erhalten, in Teile zerlegen, die auf die Formulare passen; und in umgekehrter Richtung müssen sie die Teilfolgen, die sie auf Formularen aus der Schicht 3 erhalten, wieder zu vollständigen Folgen zusammensetzen, die sie dann den Dolmetschern übergeben können. An der Obergrenze der Schicht 4 und darüber werden also jeweils vollständige, beliebig lange Botschaften ausgetauscht, während an der Untergrenze der Schicht 4 und darunter nur noch Buchstabenfolgen begrenzter Länge transportiert werden, die man Pakete nennt. Eine Interpretation eines einzelnen solchen Pakets ist nicht sinnvoll, wenn es durch Zerschneiden einer Botschaft entstanden ist.

Es ist wichtig zu beachten, daß die Pakete, die zwischen den Schichten 3 und 4 fließen, nicht nur diejenigen Buchstabenfolgen enthalten dürfen, die sich durch Zerschneiden der Botschaften der Dolmetscher ergeben, sondern daß in den Paketen auch Buchstabenfolgen enthalten sein dürfen, die für die Kommunikation der jeweils horizontal verbundenen Partnerinstanzen der Schicht 4 bestimmt sind. Es gilt nämlich nicht nur für die Schicht 4, sondern für jede Schicht, die nicht die oberste ist, daß die horizontal verbundenen Partner in dieser Schicht eine Kommunikation abwickeln dürfen, die den darüberliegenden Schichten verborgen bleibt. Denn ohne solch eine Kommunikation der Partner in einer Schicht ließen sich die Dienste für die darüberliegende Schicht nicht erbringen.

Nach der Paketierung kann nun die Paketwegewahl betrachtet werden, welche aus den drei getrennten Vorgängen der Wegeparallelisierung, der Wegemehrfachausnutzung und der Zwischenknotenwahl besteht. Die Paketwegewahl wird unter den Gesichtspunkten des *Paketdurchsatzes* und der *Wegekosten* entschieden. Der Durchsatz wird gemessen als die Anzahl der transportierten Pakete pro Zeiteinheit, und es kann eine Diskrepanz geben zwischen der Durchsatzanforderung einer Instanz in der Schicht 4 an die darunterliegende Schicht 3 einerseits und dem maximal möglichen Durchsatz andererseits, den eine von der Schicht 3 vermittelte Verbindung zuläßt. Wenn eine vermittelbare Verbindung den Durchsatzanforderungen nicht genügt, dann schafft die Parallelisierung Abhilfe. Die Parallelisierungsentscheidung muß von den Instanzen der Schicht 4 getroffen werden. Zur Erklärung der Wegewahlentscheidungen in Bild 151 seien folgende Durchsatzzahlen angenommen:

Bedarf für den Fluß zwischen 4.1 und 4.4: 2 Pakete pro Minute
Bedarf für den Fluß zwischen 4.2 und 4.3: 6 Pakete pro Minute

Angebot pro Verbindung als Dienst der Schicht 3: 4 Pakete pro Minute
Angebot pro Verbindung als Dienst der Schicht 2: 5 Pakete pro Minute

Deshalb müssen zwischen den Instanzen 4.2 und 4.3 zwei parallele Verbindungen als Dienst der Schicht 3 aufgebaut werden, die in der Summe zu 75% ausgelastet werden. Zwischen den Instanzen 4.1 und 4.4 reicht dagegen eine Verbindung, die zu 50% ausgelastet wird. Für die Summe des Bedarfs der beiden Instanzen 4.1 und 4.2 bzw. 4.3 und 4.4, der 8 Pakete pro Minute beträgt, hätten zwar zwei Verbindungen zu je 4 Paketen pro Minute ausgereicht, aber da die Verbindungen den Instanzen in der Ebene 4 eindeutig zugeordnet sein müssen, ist eine Befriedigung des Bedarfs unterschiedlicher Instanzen durch gemeinsam benutzte Verbindungen an der Obergrenze der Schicht 3 nicht möglich. Diese Möglichkeit der gemeinsamen Nutzung von Verbindungen gibt es aber an der Untergrenze der Schicht 3, d.h. eine Instanz in der

Schicht 3 darf Pakete, die zu unterschiedlichen Instanzen der Schicht 4 gehören, über ein und dieselbe Verbindung in der Schicht 2 laufen lassen, falls die Durchsatzzahlen dies erlauben und falls die Pakete entsprechend ihrer Zielbestimmung ohnehin über eine gemeinsame Verteilerinstanz in der Schicht 3 laufen müssen.

Die Verteilerfunktion der Instanzen in der Schicht 3 wurde in Bild 151 dadurch angedeutet, daß jede dieser Instanzen umkehrbar eindeutig einem Ort zugeordnet wurde. Man kann sich dies veranschaulichen, indem man sich vorstellt, daß jede Instanz der Ebene 3 eine zentrale Paketsammel- und -verteilstelle einer Firma oder einer Behörde sei. Die Instanzen oberhalb der Schicht 3 sind dann Menschen in den Büros dieser Firma oder Behörde, und die Instanzen der Ebene 2 sind lokale Spediteure, welche die Pakete zwischen der Firma bzw. Behörde auf der einen Seite und den Paketpostämtern auf der anderen Seite transportieren und welche sich dabei jeweils gemeinsam mit ihrem horizontal gegenüberliegenden Partner am anderen Ort auch noch um den Ersatz von Paketen kümmern, die auf dem Postwege beschädigt wurden oder verloren gingen. Anstelle des Transports materieller Pakete kann man aber auch den Informationsaustausch per Telefon der Anschauung zugrundelegen. Dann sind die Instanzen der Schicht 3 die Telefonzentralen der Firmen bzw. Behörden. Jedem Paketpfad an der Untergrenze entspricht eine Amtsleitung, die von der Telefonzentrale über eine technische Entstöreinrichtung in der Schicht 2 ins öffentliche Telefonnetz führt. Allerdings muß bei dieser Vorstellung vorausgesetzt werden, daß über eine Amtsleitung mehr als ein Telefongespräch gleichzeitig laufen kann, denn sonst könnten der Telefonapparat der Instanz 4.1 und die beiden Apparate der Instanz 4.2 nicht gleichzeitig mit ihrem jeweiligen Partner bei 4.4 bzw. 4.3 verbunden sein.

Es muß auffallen, daß die Schichten oberhalb der Instanz 3.2 leer sind. Dies bedeutet, daß die Einrichtung am Ort B nur als Stützpunkt benutzt wird, über den der Informationsfluß geleitet wird, weil es entweder kein Teilnehmersystem in Ebene 1 gibt, welches eine direkte Verbindung zwischen A und C bzw. zwischen A und D ermöglicht, oder weil auf diese Weise die Kosten geringer sind als bei einer möglichen direkten Verbindung. Man stelle sich hierzu vor, daß ein dreiminütiges Telefongespräch zwischen München und Zürich 3 DM, zwischen München und New York 30 DM sowie zwischen Zürich und New York 20 DM koste. Dann kann man, um Kosten zu sparen, einen direkten Anruf von München nach New York durch eine Kette zweier Anrufe ersetzen, indem man einen Freund in Zürich anruft und ihn bittet, die Botschaft telefonisch nach New York weiterzugeben. Der Freund ist in diesem Fall bezüglich der Botschaft lediglich ein Transporteur; er braucht die Botschaft nur dem Wortlaut nach weiterzugeben – beispielsweise durch Zwischenschalten eines Tonbandgerätes –, ohne sie zu verstehen. Lediglich die Bitte um Weitergabe der Botschaft muß er verstehen, denn diese Bitte stellt eine Kommunikation innerhalb der Schicht 3 dar.

Bild 151 zeigt am Beispiel der Instanz 3.2, daß ein Verbindungsstützpunkt gleichzeitig als Teilnehmer in mehreren unterschiedlichen Teilnehmersystemen auftreten kann; denn jeder Anschluß an der Untergrenze der Schicht 3 ist umkehrbar eindeutig einem Anschluß an die Schicht 1 zugeordnet, und dort gibt es die drei voneinander unabhängigen Kommunikationssysteme 1.1, 1.2 und 1.3.

Zum Abschluß der Betrachtung des Bildes 151 muß nun noch etwas zu den Vermittlungsvorgängen gesagt werden – insbesondere muß die früher gemachte Aussage erklärt werden, daß zu jedem Paar horizontal einander gegenüberstehender breiter Pfade ein eigener Vermittlungsvorgang gehört. Bezüglich der Pfade zwischen den Schichten 1 und 2 ist dies selbstverständlich: So kann, wenn das System 1.1 beispielsweise das öffentliche Telefonnetz ist, die Verbindung der beiden Teilnehmer 2.1 und 2.4 nur dadurch zustandekommen, daß einer der beiden den anderen anwählt und der andere durch Abnahme des Hörers den Anruf annimmt. Der Auftrag zum Aufbau einer solchen Verbindung hat aber seinen Ursprung in den Schichten darüber. Wenn man sich die Instanz 7.1 als chinesischen Kaufmann in Peking vorstellt, der nur mit seinem Dolmetscher 6.1 in direktem Kontakt steht und über diesen seine Kommunikation mit dem Handelspartner 7.4 in München abwickelt, dann muß der Kaufmann seinem Dolmetscher auch den Auftrag zur Herstellung einer Verbindung zum Partner 7.4 geben können. Da die beiden Kaufleute nun aber nicht direkt miteinander telefonieren, muß man fragen, was es denn bedeutet, wenn der Dolmetscher 6.1 seinem Kaufmann 7.1 mitteilt, die gewünschte Verbindung sei hergestellt. Es bedeutet, daß von nun an der Kaufmann nicht mehr sagen muß, für wen seine Äußerungen bestimmt sind, sondern daß er sich beim Reden – möglicherweise mit geschlossenen Augen – vorstellen kann, anstelle des Dolmetschers sei der Partner 7.4 mit ihm im selben Raum und könne ihn unmittelbar verstehen. Seine Vorstellung wird natürlich dadurch etwas gestört, daß sich sein Partner immer recht lange Zeit läßt, bevor er auf eine Ansprache reagiert, aber der Chinese könnte dann immer noch annehmen, daß sein Partner eben immer erst sehr lange nachdenkt, bevor er etwas sagt. Allgemein kann man sagen, daß dann und nur dann eine Verbindung zwischen zwei Teilnehmern eines Kommunikationssystems besteht, wenn es zwischen ihnen einen Simplex- oder Duplexkanal gibt, bei dem jeweils ein kontinuierlicher oder diskreter Informationsstrom, der vom einen Partner in den Kanal eingeleitet wird, beim anderen Partner wieder herauskommt. Es ist wichtig zu erkennen, daß eine solche Verbindung nicht besteht, wenn zwei Teilnehmer über normale Briefpost miteinander verkehren, denn dann muß die Folge der Briefe, die der eine Partner in das System einleitet, nicht als gleiche Folge am anderen Ende wieder herauskommen, weil es ja vorkommen kann, daß ein heute abgeschickter Brief früher ankommt als ein gestern abgeschickter Brief. Daß in diesem Fall keine vermittelte Verbindung besteht, erkennt man auch daran, daß auf jedem Brief die Empfängeradresse angegeben werden muß, was bei einer bestehenden Verbindung nicht nötig wäre.

Wenn über ein Kommunikationssystem, worin Überholvorgänge für diskrete Informationspakete vorkommen können, dennoch eine Verbindung aufgebaut werden soll, dann muß man zwischen die verbundenen Partner und das Kommunikationssystem noch eine Schicht einfügen, worin die Pakete auf der Sendeseite jeweils in aufsteigender Folge numeriert und auf der Empfangsseite entsprechend dieser Nummern geordnet werden. Wegen der parallelen Pfade kann eine solche Numerierung und Sortierung sowohl in der Schicht 3 als auch in der Schicht 4 erforderlich werden.

So wie die Instanz 7.1 der Instanz 6.1 den Auftrag erteilen kann, eine Verbindung zu 7.4 herzustellen, so kann die Instanz 6.1 die Instanz 4.1 beauftragen, eine Verbindung zu 6.4 herzustellen. Entsprechend bittet 4.1 die Instanz 3.1 um eine Verbindung zu 4.4, und 3.1 bittet sowohl 2.1 als auch 2.2 um je eine Verbindung zu 3.2. Wenn dann beispielsweise die Verbindung zwischen 6.1 und 6.4 zustandegekommen ist, wird der Dolmetscher 6.1 seinem Kollegen 6.4 sagen, daß der Kaufmann 7.1 eine Verbindung mit 7.4 wünsche, woraufhin 6.4 zu 7.4 gehen wird, um ihn zu fragen, ob er bereit sei, die Verbindung anzunehmen. Der Partner 6.4 hilft also seinem Kollegen 6.1, den Auftrag von 7.1 zu erfüllen, eine Verbindung zu 7.4 herzustellen. Entsprechende Vorgänge findet man auf den tieferen Schichten.

Es ist möglich, daß eine Verbindung auf einer höheren Schicht erhalten bleibt, obwohl eine Verbindung auf einer tieferen Schicht mehrfach ab– und aufgebaut wird. Beispielsweise könnten sich die beiden Dolmetscher 6.1 und 6.4; nachdem die Verbindung zwischen 7.1 und 7.4 hergestellt wurde, dahingehend absprechen, daß sie ihre eigene Verbindung, die ihnen die unterhalb von 6 liegenden Schichten hergestellt haben, für eine bestimmte Zeit unterbrechen, weil sie schlafen wollen und ihre in dieser Zeit ungenutzte Verbindung unnötige Kosten verursachen würde. Die Dolmetscher brauchen den Kaufleuten in der Schicht 7 dies nicht mitzuteilen, falls auf beiden Seiten entsprechende Pufferspeicher, z.B. Tonbandgeräte, vorhanden sind, die das von 7.1 bzw. 7.4 in der Zwischenzeit Gesagte aufnehmen können, denn dann kann ja weiterhin gewährleistet bleiben, daß alles, was 7.1 an seinem Kanalende einleitet, in gleicher Folge bei 7.4 wieder herauskommt, und umgekehrt.

Während in Bild 151 angenommen wurde, daß an jeder Schichtgrenze die Vermittlung von Teilnehmerverbindungen möglich ist, kann man auch Teilnehmersysteme unterschiedlichen Typs aufeinanderschichten. Neben den Teilnehmersystemen mit Vermittlung gibt es ja noch die Systeme mit gemeinsamer Kommunikationsvariablen sowie andere Transportsysteme für adressierte Pakete. Man kann solche Systeme in beliebiger Reihenfolge schichten. Mithörsysteme sind, wenn sie in Schichtungen vorkommen, praktisch nur in der Schicht 1 zu finden, wogegen vermittlungslose Pakettransportsysteme häufig bis zur Obergrenze der Schicht 3 reichen.

3.1.2.4 Wert- und Ereigniskomunikation

Nachdem nun anhand der Bilder 147 bis 151 die Arten der Systeme vorgestellt wurden, in denen nichttriviale nichtelementare Kommunikationsprozesse stattfinden können, kann nun auf die Struktur solcher Kommunikationsprozesse eingegangen werden. Geregelte Kommunikation kann es nur geben, wenn sich die beteiligten Instanzen an bestimmte Vorschriften oder Vereinbarungen halten, die man *Protokolle* nennt. Wenn man im Zusammenhang mit Kommunikationsprozessen von Protokollen redet, dann meint man häufig nicht nur die Vorschriften, nach denen die kommunizierenden Partner Informationen austauschen, sondern man schließt oft noch die Vorschriften mit ein, nach denen sich eine Instanz verhalten soll, wenn sie feststellt, daß sich andere Instanzen im System "irregulär" verhalten, indem sie gegen das *reguläre Protokoll* verstoßen. Man stelle sich hierzu eine Parlamentsdebatte vor, für die es ein reguläres Protokoll gibt, welches einen Rahmen für das Verhalten des Sitzungsleiters, des jeweiligen Redners sowie der möglichen Fragesteller und Zwischenrufer festlegt. Nun kann es aber Ereignisse geben, die "aus dem Rahmen fallen" – beispielsweise daß die Lautsprecheranlage ausfällt, daß der Sitzungsleiter ohnmächtig wird oder daß eine Horde Betrunkener den

Saal stürmt. In diesen Fällen tritt das reguläre Protokoll außer Kraft, und jede Instanz, die nicht selbst Anlaß der Irregularität ist, aber die das Ende der Regularität bemerkt, wird nun versuchen, derart auf die Irregularität zu reagieren, daß möglichst bald die Regularität wieder eintritt. Solche Reaktionen auf bemerkte Irregularitäten erfolgen im Falle der Parlamentsdebatte i.a. nicht nach einem vorgegebenen Protokoll, aber im Falle kommunizierender technischer Systemkomponenten ist es häufig sinnvoll, auch die Reaktionen auf Irregularitäten protokollarisch festzulegen. Dies geht selbstverständlich nur für solche Irregularitäten, bei denen nicht alle Komponenten des Systems beschädigt oder zerstört werden. Während das reguläre Protokoll ein Protokoll für garantierte Kommunikation ist, kann beim Protokoll, welches die Reaktionen einer Instanz auf bemerkte Irregularitäten festlegt, keine garantierte Kommunikation vorausgesetzt werden, sondern da müssen auch erfolglose Kommunikationsversuche einkalkuliert sein.

In der bereits erwähnten ISO–Norm für geschichtete Teilnehmersysteme sind nicht nur die Aufgaben der einzelnen Schichten und die dafür nötigen regulären Protokolle der Kommunikation innerhalb der jeweiligen Schicht festgelegt, sondern die genormten Protokolle enthalten auch Vorschriften für die Reaktion auf Irregularitäten. Verstöße gegen das reguläre Protokoll, aufgrund derer eine unbeschädigte Instanz auf den Eintritt einer Irregularität schließen kann, sind entweder *Verstöße gegen die Syntax* oder *gegen Zeitvereinbarungen*. Durch das reguläre Protokoll können nämlich einerseits bestimmte Folgenzwänge bezüglich der ausgetauschten interpretierbaren syntaktischen Elemente (s. Abschnitt 1.3.3.3 über formale Sprachen) und andererseits bestimmte Unter– und Obergrenzen für die Dauer der Sendepausen bzw. für die Wartezeit auf eine Partnerreaktion festgelegt sein. Wenn eine Instanz also syntaktische Elemente in falscher Reihenfolge empfängt oder wenn die zeitlichen Vorgaben für Pausen und Reaktionen nicht eingehalten sind, dann muß sie auf eine Irregularität schließen[1].

Zwischen einem Protokoll und einem sog. prozeduralen Programm, wie es im Abschnitt 3.2 über programmierte Instanzen eingeführt wird, gibt es keinen grundsätzlichen Unterschied, denn es handelt sich um eine Verhaltensvorschrift, worin Folgenzwänge und möglicherweise Grenzen für die zeitlichen Abstände elementarer Verhaltensschritte festgelegt sind. Deshalb eignen sich die Petrinetze gleichermaßen für die Darstellung von Protokollen (s. Bild 152) und von prozeduralen Programmen.

Die folgenden Überlegungen beschränken sich nun auf reguläre Protokolle, denn bezüglich der Reaktionen auf Irregularitäten gibt es keine allgemeingültigen Sachverhalte, deren Darstellung im Rahmen dieses Buches angebracht wäre.

Der Begriff des Protokolls wird zwar meist nur im Zusammenhang mit informationellen Systemen gebraucht, aber er ist inhaltlich nicht darauf beschränkt. Der Protokollbegriff verlangt nämlich nicht, daß die Werteverläufe der Schnittstellenvariablen X und Y interpretiert werden. Es geht vielmehr darum festzulegen, was das betrachtete System von seiner Umgebung in Form möglicher X–Verläufe geliefert bekommt und was es an die Umgebung in Form von Y–Verläufen abliefern soll. Wenn ein Protokoll festlegt, daß

1) An dieser Stelle kann darauf hingewiesen werden, daß die in Bild 151 weggelassene Schicht 5 hauptsächlich dazu dient, im Falle bestimmter Irregularitäten den Schichten 6 und 7 die Rückkehr zur Regularität zu erleichtern.

bestimmte X–Verläufe ausgeschlossen sind, dann erleichtert dies i.a. den Systementwurf. Denn sowohl im Falle kontinuierlichen Verhaltens als auch im Falle diskreten Verhaltens kann sich die Modellierung dadurch vereinfachen, daß man bestimmte einschränkende Bedingungen bezüglich der vorkommenden X–Verläufe voraussetzt. Eine solche Systemmodellierung, die nur gilt, solange sich der Lieferant von X an die Voraussetzungen hält, ist genau dann ausreichend, wenn entweder der Lieferant gar nicht anders kann, als sich an die Voraussetzungen zu halten, oder wenn es nicht interessiert, was geschieht, falls er sich nicht daran hält. So wird beispielsweise immer dann, wenn man zur Modellierung kontinuierlichen Verhaltens Differentialgleichungen verwendet, selbstverständlich vorausgesetzt, daß die X–Verläufe stückweise stetig und damit integrierbar sind. Diese Voraussetzung ist immer dann erfüllt, wenn X eine physikalische Größe ist – eine Kraft, eine elektrische Spannung o. ä. – und der Lieferant ein physikalisches System ist, welches gar nicht anders kann, als X kontinuierlich zu verändern.

Im Falle diskreter Verläufe gibt es eine derart allgemeine Kennzeichnung der Einschränkung der X–Verläufe nicht, wie sie im Falle kontinuierlicher Verläufe durch den Begriff der Stetigkeit gegeben ist. Vielmehr muß bei der Modellierung diskreten Verhaltens die jeweils vorausgesetzte Einschränkung der X–Verläufe individuell für jedes einzelne System angegeben werden. Darüberhinaus kommt es im diskreten Fall – anders als im kontinuierlichen – häufig vor, daß die Einschränkung der X–Verläufe unter Bezug auf die Y–Verläufe formuliert wird. Dann wird die Zulässigkeit bestimmter Werte oder Wertübergänge im X–Verlauf vom Auftreten bestimmter Werte oder Wertübergänge im Y–Verlauf abhängig gemacht. Die entsprechende Vorschrift ist das Protokoll.

Bild 152 zeigt ein Beispiel eines solchen Protokolls in Form eines Petrinetzes. Dieses Protokoll legt fest, wie die Systemumgebung als Auftraggeber mit einem System kommunizieren soll, welches Divisionsaufträge entgegennimmt und ausführt: Erst nachdem die Übergangsintervalle für Zähler und Nenner vorbei sind, d.h. erst wenn die vom Auftraggeber gewünschten Zahlenwerte endgültig eingestellt und ablesbar sind, soll durch einen Sprung von 0 nach 1 bei der binären Startvariablen die Auftragsausführung gestartet werden. Die Auftragsannahme wird vom System durch einen Sprung von 0 nach 1 bei der binären Aktivvariablen gemeldet. Nach dieser Meldung darf einerseits das Startsignal wieder nach 0 springen, und andererseits darf wieder ein Übergangsintervall für den Zähler beginnen. Der Nenner muß dagegen noch so lange konstant angeboten werden, bis das System durch den Sprung von 1 nach 0 bei der Aktivvariablen meldet, daß die Auftragsausführung beendet ist und daß nun der Quotient konstant am Ausgang ablesbar ist. Daß hier für das Anbieten von Zähler und Nenner unterschiedliche Vorschriften gelten, wurde bei der Gestaltung des Beispiels willkürlich festgelegt; es gibt selbstverständlich auch Divisionssysteme, wo die beiden Eingangszahlen im Protokoll gleichbehandelt werden.

Das Petrinetz des Protokolls in Bild 152 ist ein Synchronisationsgraph. Dieser Sachverhalt, daß ein protokollbeschreibendes Petrinetz ein Synchronisationsgraph ist, kommt recht häufig vor.

Das Protokoll in diesem Beispiel ist *zeitfrei*, d.h. es enthält keine Vorschriften bezüglich irgendwelcher Intervalldauern. Es gibt aber auch Protokolle, in denen bestimmte Werte oder

Untergrenzen oder Obergrenzen für die Dauer gewisser Intervalle festgelegt werden. Im Petrinetz können solche Zeitangaben an die Transitionen geschrieben werden. Man kann einerseits angeben, wie lange die jeweilige Transition schaltbereit bleiben darf bzw. muß, bevor sie schaltet, und man kann andererseits angeben, wieviel Zeit zwischen zwei Ereignissen verstreichen darf bzw. muß. Beispiele hierfür werden später (Bilder 157 und 158) vorgestellt.

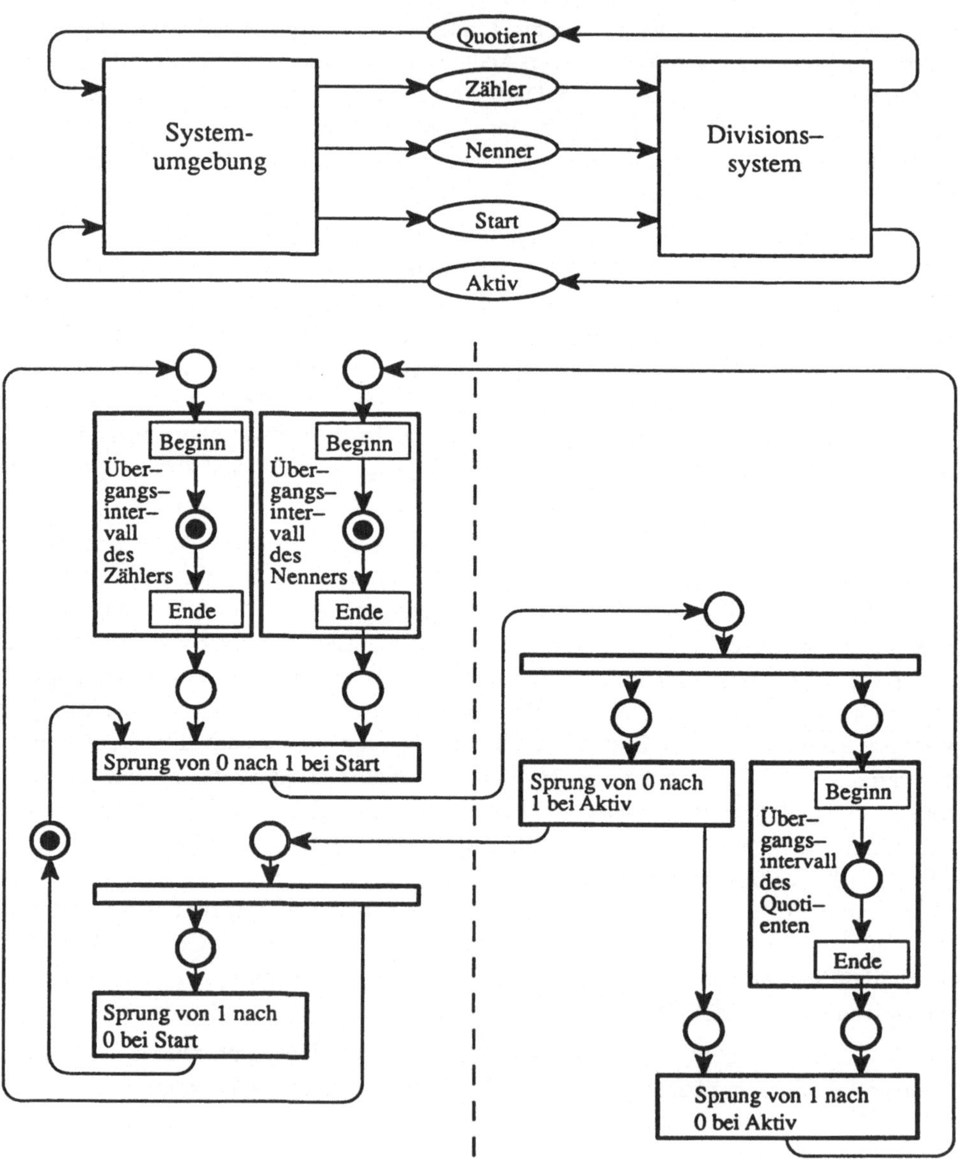

Bild 152 Beispiel eines Kommunikationsprotokolls

Bezüglich regulärer Protokolle gibt es zwei allgemeingültige Aspekte, die im folgenden betrachtet werden. Zum einen ist dies die Trennung von *Wert- und Ereigniskommunikation* und zum anderen der Aufbau von Protokollen aus sogenannten *Dialogschritten*.

Für die Frage nach den beiden genannten Aspekten ist es unerheblich, ob ein *sequentielles Protokoll* oder ein *Protokoll mit Nebenläufigkeiten* (s. Bild 152) betrachtet wird. Nebenläufigkeit in Protokollen kommt häufig vor, wenn die Instanzen über mehr als einen Halbduplexkanal mit ihrer Umgebung verbunden sind. Im Beispiel in Bild 152 stellt jede der fünf Schnittstellenvariablen einen Simplexkanal dar. Je mehr Kanäle zwei Partner für ihren Dialog bei festgelegtem Inhalt zur Verfügung haben, desto weniger hängt die Bedeutung der Symbole auf einem Kanal vom zeitlichen Kontext ab. Wenn man viele Kanäle hat, dann kann möglicherweise die Bedeutung eines Symbols bereits durch sein Vorkommen auf einem bestimmten Kanal vollständig bestimmt sein. So gibt es beispielsweise für den Zähler und den Nenner in Bild 152 zwei getrennte Kanäle, so daß die Interpretation einer Zahl durch ihr Vorkommen auf dem jeweiligen Kanal bereits vollständig bestimmt ist. Hätte man dagegen nur einen Kanal für beide Zahlen, dann könnte man aufgrund des Vorkommens einer Zahl auf diesem Kanal noch nicht die Frage entscheiden, ob es sich um den Zähler oder um den Nenner handelt. Hierzu bräuchte man dann noch die Kenntnis, ob es sich um die als erste oder die als zweite eingegebene Zahl handelt und in welcher Reihenfolge Zähler und Nenner eingegeben werden müssen.

Die Unterscheidung von *Wert- und Ereigniskommunikation*, die man bei allen Protokollen findet, ist eine Konsequenz des Sachverhalts, daß man nur unter sehr eingeschränkten Bedingungen in der Lage ist, Anfangs- und Endpunkte von Übergangsintervallen eines diskreten Werteverlaufs ausschließlich durch Beobachtung des zu diskretisierenden kontinuierlichen Werteverlaufs zu bestimmen. Man denke an einen Lehrer, der eine Tabelle an die Tafel schreibt, wobei ihm ab und zu Fehler unterlaufen, so daß er Teile wieder wegwischen und geändert neu schreiben muß, und der dabei auch ab und zu längere Pausen einlegt, um in seinen Unterlagen nachzuschauen. Woher sollen die Schüler wissen, wann das Übergangsintervall zu Ende ist, d.h. wann die Tabelle zum Abschreiben bereitsteht? Die einzig sinnvolle Möglichkeit besteht in diesem Falle darin, daß der Lehrer explizit über den akustischen Kanal das Ende des Übergangsintervalls für die Tabelle bekanntgibt, indem er den Schülern sagt, daß sie jetzt mit dem Abschreiben beginnen sollen. Die Mitteilung der Tabelle stellt eine Wertkommunikation dar, wogegen durch den am Ende gesprochenen Satz eine Ereigniskommunikation erfolgt. Den Inhalt der Tabelle konnten die Schüler nicht vorhersagen, aber daß der Satz irgendwann gesagt werden würde, das wußten sie vorher schon. Die relevante Information, die durch das Sprechen des Satzes übermittelt wird, liegt also nicht im Inhalt – dem "Wert" – des Satzes, sondern im Zeitpunkt seines Auftretens.

An dieser Stelle wird sich der Leser möglicherweise an das Beispiel der Verkehrsampel erinnern, das auf S. 258 im Zusammenhang mit Pufferung und zeitfreier Modellierung von Kommunikation erwähnt wurde. Auch dort waren die Werte vorhersagbar, und die relevante Information lag nur in den Zeitpunkten des Auftretens der Wertsprünge. Einen wesentlichen Unterschied zwischen dem Beispiel der Verkehrsampel und dem Beispiel der Schulklasse gibt es aber doch: Während eine Pufferung der Ampelwertsprünge sinnlos ist, darf die Mitteilung, daß die Tabelle zum Abschreiben bereitsteht, durchaus gepuffert werden. Man stelle sich vor, daß der Lehrer die Tabelle bereits am Vorabend an die Tafel schreibt und daß er daneben die schriftliche Aufforderung setzt, die Tabelle sei abzuschreiben. Es geht hier also offensichtlich gar nicht darum, daß die Empfänger einen Sendeblitz möglichst verzögerungsfrei wahrnehmen, sondern nur darum, daß sie erkennen können, ob der sie interessierende Sendeblitz bereits aufgetreten ist oder nicht. Ob Ereigniskommunikation vorliegt oder nicht, entscheidet sich also nicht an der Frage, ob Pufferung zugelassen werden kann oder nicht, sondern ausschließlich an der Frage, ob der gesendete neue Wert der empfangenden Instanz bereits vorher bekannt war oder nicht[1]. Denn nur in den Fällen, wo der neue Wert W(n+1) vorher schon bekannt ist und wo er sich vom alten Wert W(n) unterscheidet, kann man in praktisch ausreichender Näherung, d.h. mit praktisch vernachlässigbarer zeitlicher Unschärfe das Ende des Übergangsintervalls von W(n) nach W(n+1) erkennen. Dann kann die empfangende Instanz, falls sie entsprechend aufmerksam ist, das Ereignis ungepuffert wahrnehmen. Man denke an die Verkehrsampel oder einen Startschuß. Für den Fall, daß die empfangende Instanz zum Zeitpunkt des Ereignisses nicht aufmerksam ist, muß das Protokoll vorschreiben, daß der Wert W(n+1) mindestens solange erhalten bleibt, bis die empfangende Instanz den Wert zur Kenntnis nimmt und dadurch von dem bereits vergangenen Ereignis erfährt. Man denke an die Tafelaufschrift, die besagt, daß die Tabelle abgeschrieben werden soll. Die Schüler nehmen das Ereignis des Hinschreibens nicht ungepuffert wahr, weil sie abends nicht in der Schule sind. Deshalb müssen die Tabelle und dieser Satz mindestens so lange stehen bleiben, bis sie von allen Schülern gelesen wurden.

Es leuchtet ein, daß man Ereigniskommunikation besonders einfach mit Binärsignalen realisieren kann. Bereits im Abschnitt 1.3.2 über Symbole wird gesagt, daß die Information, die man einem Binärsignal entnehmen kann, nicht darin liegt, daß sich hier Nullintervalle und Einsintervalle abwechseln, sondern daß die Information in der jeweiligen Länge der Intervalle liegt. Es ist jedoch wichtig zu erkennen, daß nicht jeder Kanal für Binärsignale ein Ereigniskanal sein muß. Hierzu betrachte man Bild 153, worin das gleiche System wie in Bild 152 gezeigt wird mit dem einzigen Unterschied, daß nun angenommen wird, daß nicht nur die Information von Start und Aktiv in Form von Binärsignalen übermittelt wird, sondern daß auch der Nenner, der Zähler und der Quotient binärcodiert sind und in Form von Bündeln von Binärsignalen übermittelt werden. Man stelle sich eine Reihe von Kippschaltern zur Einstellung von Nenner und Zähler sowie eine Reihe von kleinen Lämpchen zur Anzeige des Quotienten vor.

Dem Protokoll in Bild 152 kann man entnehmen, daß drei Ereignisse übermittelt werden müssen, nämlich der Aufwärtssprung von *Start*, der Aufwärtssprung von *Aktiv* und der Abwärtssprung von *Aktiv*. Denn dies sind die Ereignisse, welche denjenigen Transitionen zugeordnet sind, deren Schalten einen Markenfluß über die gestrichelte Grenze hinweg bewirkt. Es wird zwar auch der Abwärtssprung von *Start* übermittelt, denn sonst könnte der nächste Aufwärtssprung nicht gesendet und empfangen werden, aber ein Interpretationsergebnis ist diesem Abwärtssprung nicht zugeordnet. Die Sprünge der Wertsignale w_1 bis w_{96} sind dagegen für die Kommunikation völlig irrelevant; es kommt lediglich auf die Werte in den vom Proto-

1) Häufig wird synonym zu *Ereigniskommunikation* auch die Bezeichnung *Synchronisationskommunikation* verwendet. Nun verweist aber das Wort *syn–chron* auf die Begriffe *Gemeinsamkeit* und *Zeit*, und dazu assoziiert man natürlich nur die ungepufferte Ereigniskommunikation, bei der der Sender und der Empfänger ein Ereignis zu einem gemeinsamen Zeitpunkt erleben.

koll vorgesehenen Zeitintervallen an, deren Grenzen durch die Sprünge der Ereignissignale e_1 und e_2 festgelegt werden. Es ist ja gerade eine wesentliche Vorschrift des Protokolls, daß in diesen Intervallen keine Wertänderungen bei den Wertsignalen erfolgen dürfen[1)].

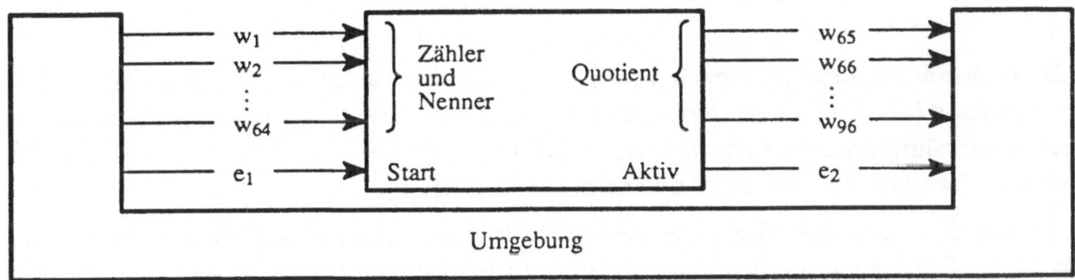

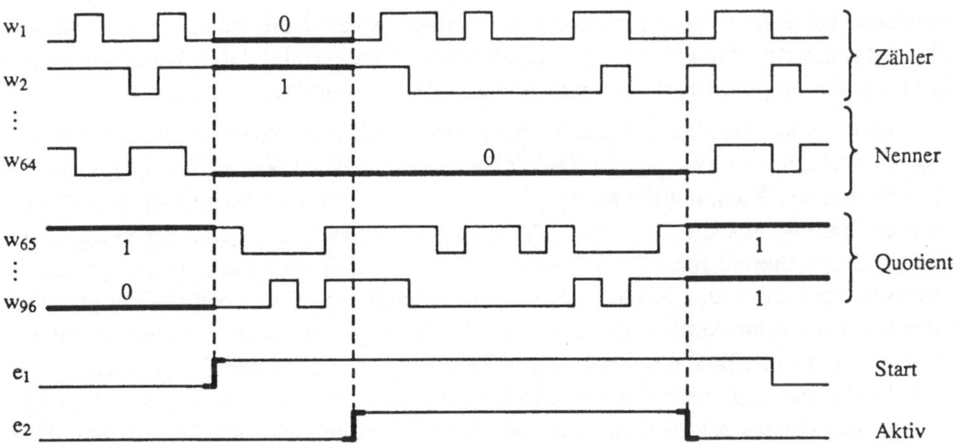

Bild 153 Beispiel zur Klassifikation von Binärsignalkanälen in Wertkanäle und Ereigniskanäle

Im betrachteten Beispiel in Bild 153 erfolgen die Wertkommunikation und die Ereigniskommunikation über getrennte Kanäle. Es ist jedoch auch möglich, daß ein- und derselbe Kanal sowohl der Wert- als auch der Ereigniskommunikation dient. Die empfangende Instanz kann ja einer Eingangsvariablen zeitlich nacheinander unterschiedliche Aufmerksamkeit widmen, und deshalb ist es möglich, eine *Ereignisaufmerksamkeit* und eine *Wertaufmerksamkeit* zu unterscheiden. Dazu ist es erforderlich, im Wertebereich repX ein bestimmtes Element auszuzeichnen, welches protokollgemäß in den Zeiten der Wertaufmerksamkeit nicht vorkommt und welches man deshalb zweckmäßigerweise als *leer* bezeichnet. Es gilt dann

1) Anstelle von *Wertsignalen* und *Ereignissignalen* kann man auch von *pegelrelevanten* und *flankenrelevanten Signalen* reden.

$$\text{repX} = \{\ \textit{leer}\ \} \cup \text{repX}_{\text{Wert}}$$

$$\text{Ereignisaufmerksamkeit} = \{\ \{\ \textit{leer}\ \},\ \text{repX}_{\text{Wert}}\ \}$$
$$\text{Wertaufmerksamkeit} = P_{\text{FEINST}}(\ \text{repX}_{\text{Wert}}\ )$$

Als anschauliches Beispiel hierfür wurde bereits bei der Einführung des Begriffs der Aufmerksamkeit (s.S. 261) ein Aktenbearbeiter genannt, der zuerst nur ereignisaufmerksam ist und dabei wahrnimmt, daß in das bislang leere Eingangsfach etwas hineingelegt wird, der aber erst später wertaufmerksam wird und dann die Akte liest.

Es gibt aber einen Grund, auch in solchen Fällen, wo Ereignis– und Wertkommunikation über denselben Kanal laufen, manchmal ein Aufbaumodell zu zeigen, worin der eine Kanal in zwei getrennte Kanäle zerlegt ist. Dazu wird Bild 154 betrachtet, welches zwei unterschiedliche Modelle zum Beispiel der Aktenbearbeitung zeigt. Das Protokoll schreibt vor, daß der Aktenlieferant keine Akte in das Eingangsfach legen darf, solange dies noch belegt ist. Links im Bild ist das Eingangsfach als eine Speichervariable X dargestellt, deren Wertebereich repX die Menge der möglichen Akteninhalte und den Wert *leer* umfaßt.

Rechts im Bild wird dagegen das Eingangsfach durch zwei Speichervariable X_{Wert} und X_{Ereignis} erfaßt, wobei X_{Ereignis} nur den binären Wertebereich { *leer, nicht leer* } hat und der Wertebereich von X_{Wert} nur die Menge aller möglichen Akteninhalte umfaßt. Der Wertebereich der Vereinigungsvariablen $(X_{\text{Wert}}, X_{\text{Ereignis}})$, der ja gleich $\text{repX}_{\text{Wert}} \times \text{repX}_{\text{Ereignis}}$ ist, ist zwar umfangreicher als repX und entspricht somit nicht den tatsächlich beobachtbaren Verhältnissen, aber das rechte Modell ist trotzdem sinnvoll, wenn man berücksichtigt, daß der Aktenbearbeiter seine Aufmerksamkeit ja nie der Vereinigungsvariablen, sondern zeitabhängig jeweils ausschließlich einer der beiden Teilvariablen X_{Wert} oder X_{Ereignis} widmet. Das rechte Modell hat sogar gegenüber dem linken Modell einen großen Vorteil, denn es zeigt die Richtung des Flusses des Akteninhalts vom Aktenlieferanten zum Aktenbearbeiter, die aus dem linken Modell nicht ersichtlich ist, weil dort die Pfeile für den Wertfluß und den Ereignisfluß nicht separierbar sind.

In den Petrinetzen in Bild 154, die das Protokoll beschreiben, gibt es jeweils zwei Stellen, wo eine Marke über die gestrichelte Grenze fließt, und dies entspricht einer Ereignismeldung hin und einer Ereignismeldung zurück. Die zugehörigen Ereignisse sind die Wertsprünge der Variablen X bzw. X_{Ereignis}. Es gilt allgemein, daß jeder Markenfluß über eine sogenannte *Zuständigkeitsgrenze* in einem als Petrinetz dargestellten Protokoll umkehrbar eindeutig einer Ereignismeldung zugeordnet ist[1)]. Durch die Zuständigkeitsgrenzen wird die Menge der Transitionen eines Protokolls derart partitioniert, daß zu jedem Partitionsblock eine andere Instanz gehört, die für alle Transitionen des Partitionsblockes zuständig ist. So liegen beispielsweise die beiden linken Transitionen des rechten Protokolls in Bild 154 in der Zuständigkeit des Aktenlieferanten, denn er hat die Variablen X_{Wert} und X_{Ereignis} mit den entsprechenden Werten zu belegen. Die rechten beiden Transitionen dagegen liegen in der Zuständigkeit des Aktenbearbeiters.

1) Deshalb kann die Ereigniskommunikation auch als *Markenkommunikation* bezeichnet werden.

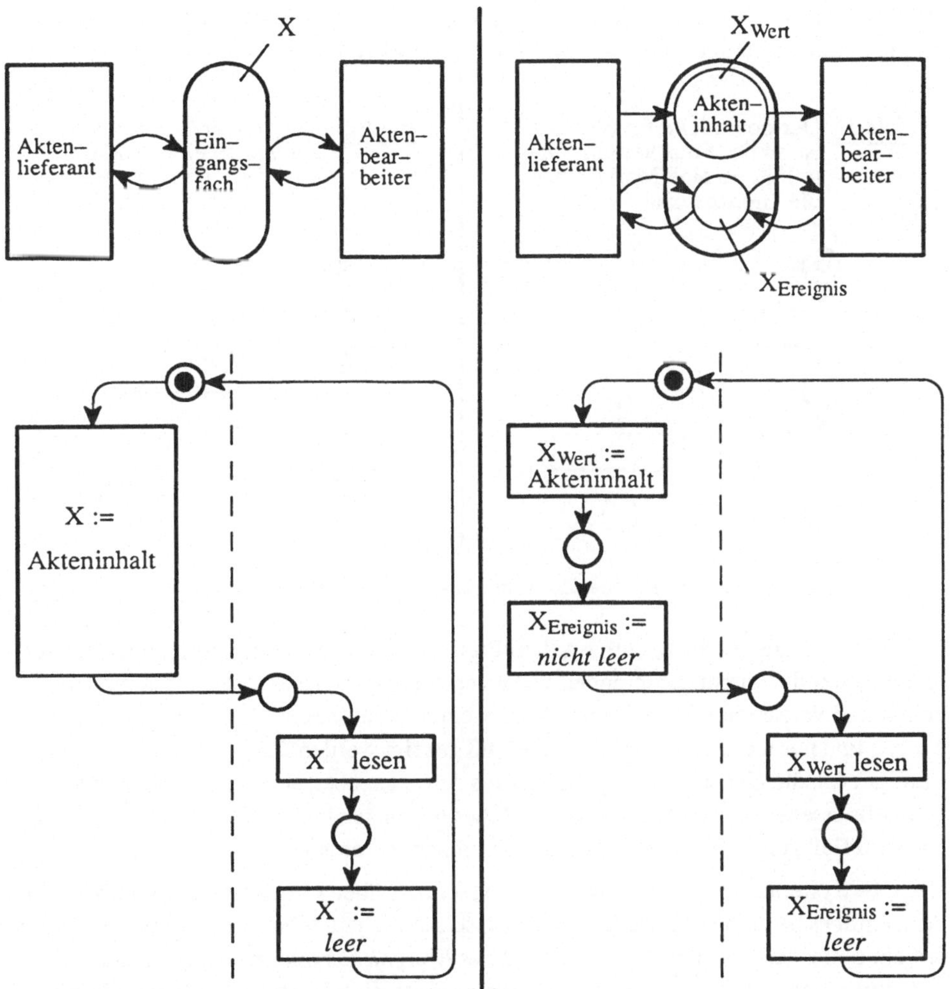

Bild 154 Zur Trennung von Wert– und Ereigniskanal

Die Tatsache, daß in den bisher betrachteten Protokollen nur solche Pfeile über Zuständigkeitsgrenzen laufen, die von einer Transition zu einer Stelle führen, ist kein Zufall, sondern ist die Konsequenz folgender Überlegung: Man sollte aus Gründen der Anschaulichkeit verlangen, daß zu jedem Markenfluß über eine Zuständigkeitsgrenze hinweg umkehrbar eindeutig eine Ereigniskommunikation gehört. Außerdem darf man nicht vergessen, daß bei den hier betrachteten Protokollen eine garantierte Kommunikation vorausgesetzt wird, d.h. daß jede gesendete Ereignismeldung auch empfangen wird und keine verlorengeht. Da es der Sender ist, der entscheidet, ob er ein Ereignis meldet oder nicht, muß der Markenfluß über eine Grenze immer von einer Transition ausgehen, die in der Zuständigkeit des Senders liegt. Dies wird durch die Bedingung garantiert, daß nur solche Pfeile über Grenzen laufen dürfen, die von einer Transition ausgehen. Durch diese Bedingung wird auch in Verzweigungsfällen ausgeschlossen, daß der potentielle Ereignisempfänger an der Entscheidung mitwirkt, ob eine Ereigniskommunikation stattfindet oder nicht (s. Bild 155).

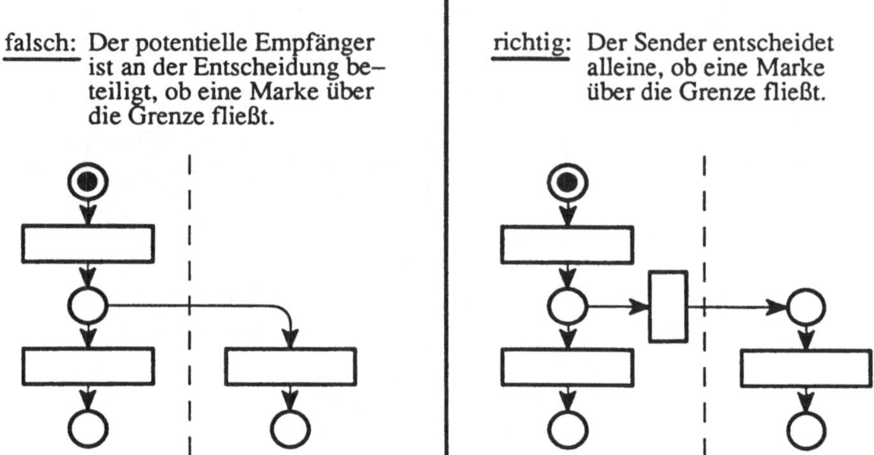

Bild 155 Zum Problem der Zuständigkeitsgrenzen bei Verzweigungen

Wenn zu einem als Petrinetz dargestellten Protokoll ein zugehöriges Aufbaumodell gezeigt wird, welches die kommunizierenden Instanzen zeigt, dann ist es hinsichtlich der Übersichtlichkeit und Verständlichkeit oft vorteilhaft, wenn im Aufbaumodell die Ereigniskanäle weggelassen und nur die Kanäle für den Wertefluß gezeigt werden. Zwischen welchen Instanzen es Ereigniskanäle gibt, kann man ja bereits aus den grenzüberschreitenden Markenwegen des Protokolls ersehen. Ein Aufbaumodell, welches neben den Instanzen nur noch die Kanäle für den Wertefluß zeigt, soll *Werteflußstruktur*[1)] genannt werden.

Es gibt Systeme, wo die Instanzen ausschließlich über Ereignisse kommunizieren, und ebenso gibt es Systeme, wo die Instanzen ausschließlich über Werte kommunizieren. Zuerst wird ein einfaches Beispiel für *ausschließliche Ereigniskommunikation* betrachtet. Bild 156 zeigt ein einfaches Protokoll zur Blocksicherung einer Eisenbahnstrecke. Man stelle sich hierzu vor, daß die Strecke, die nur von links nach rechts befahren wird, in Abschnitte gleicher Länge unterteilt ist, die jeweils durch ein Signal geschützt sein sollen. Schutz heißt in diesem Fall, daß kein Zug auf einen anderen von hinten auffahren kann, falls die Lokführer die Signale beachten. Dies ist gewährleistet, wenn zwischen zwei hintereinander herfahrenden Zügen jeweils mindestens ein geschlossenes Signal liegt. In Fahrtrichtung kurz hinter dem Signal befinde sich jeweils ein Zugfühler zwischen den Schienen, der melden kann, daß ein Zug diese Stelle erreicht bzw. wieder verlassen hat[2)]. Im Protokollbild sind Zuständigkeitsgrenzen eingetragen, die einerseits die Bahnstreckentransitionen und andererseits die Signalstellertransitionen als Instanzenbereiche abgrenzen. Zwischen einem Signalsteller und der Streckenin-

1) Auch die Bezeichnung *Datenflußstruktur* ist üblich.

2) Die Markenpfade, die den Zugwegen entsprechen, sind als Doppelpfeile gezeichnet, um die Assoziation von Bahngleisen zu fördern.

stanz gibt es drei unterschiedliche Ereignismeldungen, nämlich { Signal ist geöffnet worden, Fühler ist erreicht worden, Fühler ist verlassen worden }. Zwischen einem Signalsteller und seinen beiden Signalstellernachbarn gibt es jeweils eine Ereignismeldung, denn in jedem Paar benachbarter Signalsteller muß jeweils der rechte dem linken melden, daß in den Block, den der linke Signalsteller durch sein Signal sichern muß, wieder eingefahren werden darf. Da in diesem Fall durch den Markenfluß der Zweck der Kommunikation, also die Blocksicherung, bereits vollständig erreicht wird, gibt es hier keine Wertkommunikation.

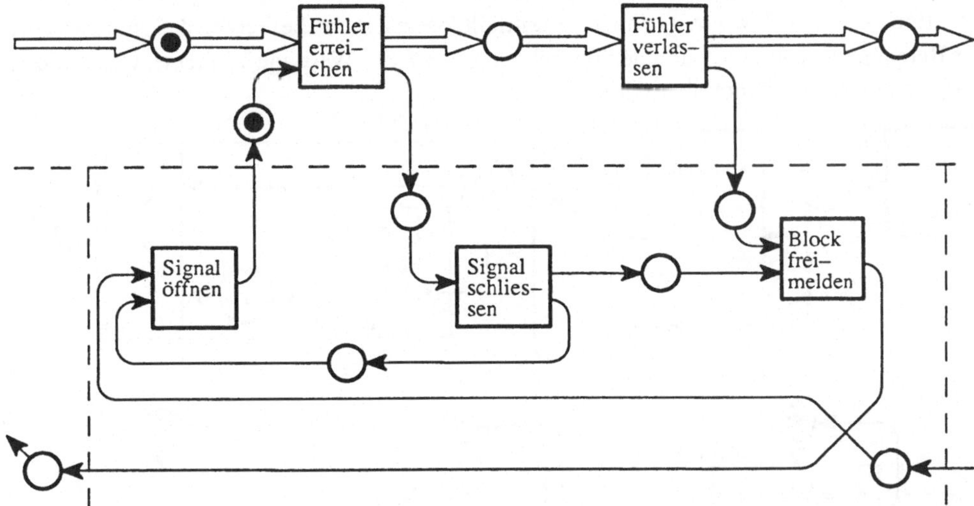

Bild 156 Protokoll zur Blocksicherung einer Eisenbahnstrecke

Nun wird gezeigt, daß es auch Systeme gibt, wo die Instanzen ausschließlich über Werte kommunizieren. *Ausschließliche Wertekommunikation* kann es nur geben, wenn die empfangenden Instanzen ein *Abtastverhalten* zeigen. Abtastverhalten liegt vor, wenn die Aufmerksamkeit, die eine Instanz ihren Eingangsvariablen widmet, nicht von äußeren Ereignissen abhängt, sondern ausschließlich von Zeitgebern im Innern der Instanz bestimmt wird. Hierzu wird das System im Bild 157 betrachtet. Das Protokoll enthält Zeiteinträge, die angeben, wie lange die Transitionen mindestens schaltbereit sein müssen bzw. höchstens schaltbereit bleiben dürfen, bevor sie schalten. Zwischen zwei Wertsprüngen bei X liegt also stets eine Pause der Mindestdauer 2T; ein Wertsprung bei X oder Z wird spätestens nach der Zeitdauer T für die Bestimmung von Y wirksam; und der Zustand Z wird in periodischen Abständen von 4T neu bestimmt. Das Schalten der beiden Transitionen im rechten Teil des Protokolls geschieht völlig entkoppelt vom Schalten der Transition auf der linken Seite, und dies ist in der fehlenden Ereigniskommunikation begründet. Wegen des entkoppelten Schaltens kann das Systemverhalten nicht vollständig determiniert sein: Wenn alle drei Transitionen gleichzeitig schalten – wobei realistischerweise ein zwar kurzes, aber nicht verschwindendes Übergangsintervall angenommen werden muß – , dann ist der Wert X in den Argumenten der Funktionen ω und δ

nicht eindeutig definiert. Es gilt nicht nur in diesem Beispiel, sondern ganz allgemein, daß bei völlig fehlender Ereigniskommunikation das Systemverhalten teilweise indeterminiert ist.

Der Leser sollte erkennen, daß das Protokoll in Bild 157 kein Automatenverhalten beschreibt, da die Schaltfolge der δ–Transition von der Schaltfolge der ω–Transition entkoppelt ist. Das gegebene Protokoll erlaubt es jedoch, die abtastende Instanz aus Bild 157 als Zusammenschaltung eines Automaten mit einem Zuordner zu modellieren, wie dies rechts im Bild gezeigt ist. Die Ausgabe Y_{AUT} dieses Automaten ist immer gleich dem Zustandswert Z, wobei der Zusammenhang $Y_{AUT}(n) = Z(n+1)$ gelten soll. Da hier eine separate Berechnung einer Funktion ω_{AUT} zur Gewinnung von Y_{AUT} entfällt, besteht nicht die Gefahr, daß sich zwischen der Berechnung von ω_{AUT} und der Berechnung von δ der Wert von X ändert, was mit dem Automatenmodell unvereinbar wäre.

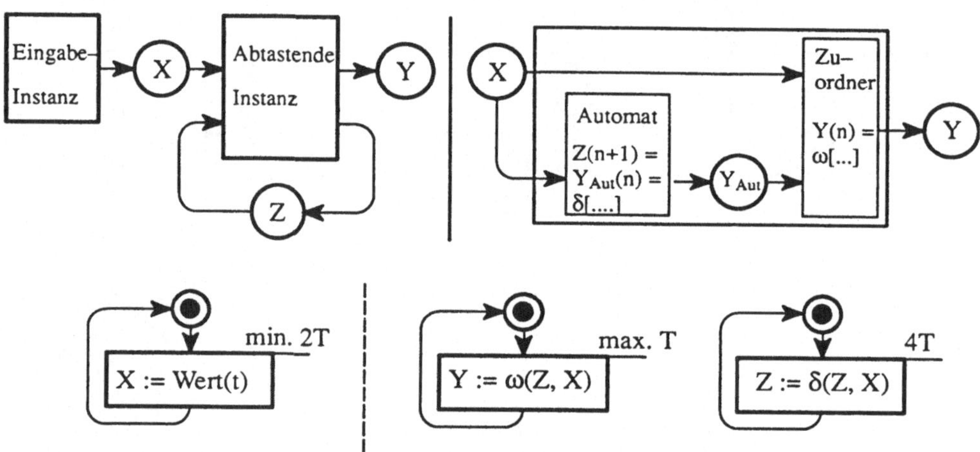

Bild 157 Ausschließliche Wertekommunikation durch Abtastung

Das Thema der Ereigniskommunikation bliebe unvollständig behandelt, wenn nicht auch auf die Möglichkeit hingewiesen würde, in bestimmten Fällen eine Ereignismeldung in einem Protokoll durch eine Zeitvereinbarung zu ersetzen. Man betrachte hierzu die Protokolle in Bild 158. Links ist ein zeitfreies Protokoll mit zwei Ereignismeldungen gezeigt. Es ist jedoch möglich, auf eine dieser beiden Ereignismeldungen zu verzichten und sie durch eine Zeitvereinbarung zu ersetzen, wie dies in der Mitte des Bildes gezeigt ist. Die Zeitvereinbarung verlangt, daß die Berechnung von ω und δ, nachdem die einzige noch vorhandene Ereignismeldung erfolgt ist, nicht länger als die Zeit 9T dauern darf und daß die ereignismeldende Instanz mindestens die Zeitdauer 10T abwartet, bevor sie nach der abgegebenen Ereignismeldung wieder agiert und den nächsten X–Wert vorgibt.

Während im mittleren Protokoll noch eine direkte Ereignismeldung vom X–Sender zum X–Empfänger zur Festlegung eines gemeinsamen Zeitbezugspunktes vorkommt, gibt es rechts im Bild gar keine Ereignismeldung zwischen diesen beiden Instanzen mehr. Dafür aber gibt es im rechten Protokoll noch eine dritte Instanz, den sogenannten Taktgeber, der den beiden ursprünglichen Instanzen jeweils eine Ereignismeldung schickt, so daß auch hier ein Zeitraster gegeben ist. Es gilt allgemein, daß man nicht alle Ereignismeldungen durch Zeitvereinbarungen ersetzen kann, sondern daß jede Instanz mindestens noch eine Ereignismeldung als Bezugspunkt in einem Zeitraster braucht.

Wenn man das linke Protokoll im Bild 158 mit den beiden anderen Protokollen in diesem Bild vergleicht, dann stellt man fest, daß die garantierte Sequentialität der Wertbestimmung für X, Y und Z im zeitfreien Protokoll am einfachsten zu erkennen ist. Es gibt noch einen weiteren Vorteil des zeitfreien Protokolls, und zwar bezüglich der mittleren Dauer eines Protokollzyklus. Die Dauer eines Protokollzyklus ergibt sich hier als Summe aus der Dauer der Wertbestimmungsaktionen und der Dauer der Ereignismeldungen. Es wird nun der – in der Praxis häufig vorkommende – Fall betrachtet, daß die Dauer der Wertbestimmungsaktionen nicht in jedem Zyklus gleich ist, sondern in einem großen Bereich variiert. In diesem Fall wird – falls die Dauer der Ereignismeldungen nicht dominiert – die mittlere Dauer eines Protokollzyklus im zeitfreien Protokoll kürzer sein als in den Protokollen mit Zeitvereinbarungen; denn die Zeitvereinbarungen müssen ja stets die maximal mögliche Dauer der Wertbestimmungsaktionen berücksichtigen, und deshalb wird es bei kürzeren Wertbestimmungsaktionen verlorene Wartezeiten geben. Protokolle mit Zeitvereinbarungen sind also den zeitfreien Protokollen bezüglich der mittleren Dauer eines Protokollzyklus nur dann überlegen, falls die Aktionen der Partner in jedem Zyklus gleich lang dauern und die Dauer der Ereignismeldungen nicht vernachlässigbar ist, so daß deren Einsparung einen Zeitgewinn bringt.

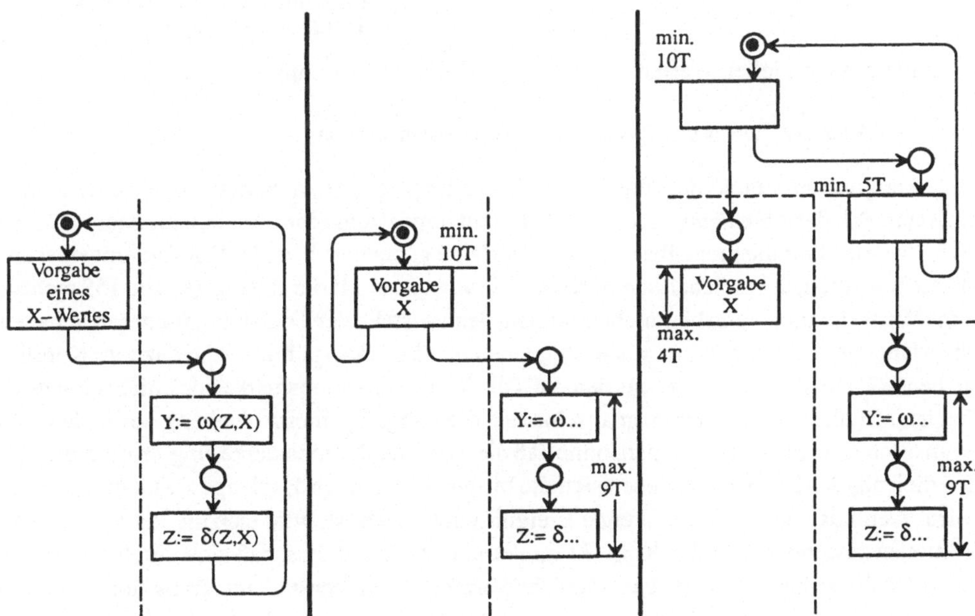

Bild 158 Zum Ersatz von Ereignismeldungen durch Zeitvereinbarungen

Ereigniskommunikation hat immer etwas mit Beendigung oder Vermeidung von Warten oder mit *Ablenken* zu tun. Dies erkennt man, wenn man die Ereigniskommunikation im Petrinetz als Markenfluß über eine Zuständigkeitsgrenze hinweg darstellt. Dabei sind zwei Fälle zu unterscheiden: Der Fall des *potentiellen Wartens* ist dadurch gekennzeichnet, daß die Transitionen, für deren Schaltbereitschaft die über die Grenze kommende Marke gebraucht wird, nicht mit anderen Transitionen im Konflikt stehen, für deren Schaltbereitschaft diese Marke nicht gebraucht wird (s. Bild 159 links). In diesem Fall wird durch die Ereigniskommunikation eine Wartesituation entweder beendet oder vermieden. Wenn nämlich die grenzüberschreitende Marke aktuell die letzte ist, die zur Schaltbereitschaft noch fehlt, dann wird eine Wartesituation beendet – man denke an einen Kameramann, der auf das Startzeichen des Regisseurs wartet. Entsprechend wird eine Wartesituation vermieden, wenn die Marke schon eintrifft, bevor sie die letzte ist, die zur Schaltbereitschaft gebraucht wird – man denke an die Bereitmeldung des Kameramanns an den Filmregisseur, der momentan noch gar keine Bereitschaft des Kameramanns braucht, weil er sich mit den Schauspielern noch nicht über den Szenenablauf geeinigt hat.

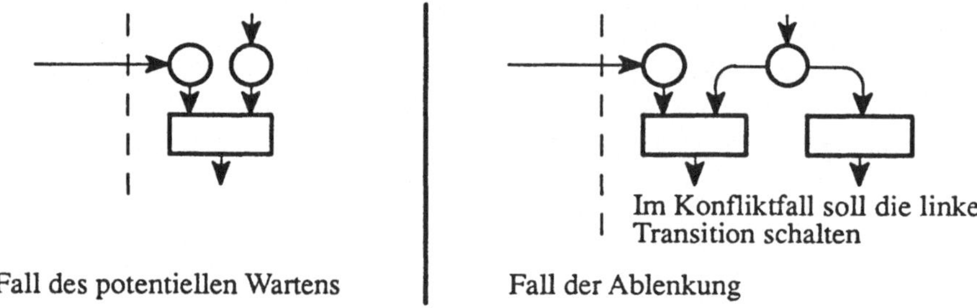

Bild 159 Die beiden Zwecke der Ereigniskommunikation

Eine Ereigniskommunikation, die nicht dem Fall des potentiellen Wartens zuzuordnen ist, gehört zum Fall der *Ablenkung*. In diesem Fall steht mindestens eine der Transitionen, für deren Schaltbereitschaft die grenzüberschreitende Marke gebraucht wird, im Konflikt mit einer anderen Transition, deren Schaltbereitschaft nicht von dieser Marke abhängt (s. Bild 159 rechts). Eine Wartesituation kann hier nicht eintreten, denn anstelle der Transition, für deren Schalten die Marke der Ereigniskommunikation gebraucht wird, kann ja immer die dazu im Konflikt stehende Transition geschaltet werden, falls die Kommunikationsmarke noch nicht eingetroffen ist. Mit diesem Fall kann man anschaulich den Vorgang einer Ablenkung verbinden. Die Transitionen, die schalten können, ohne daß die Kommunikationsmarke eingetroffen ist, stellen diejenigen Aktionen dar, denen sich die Instanz widmen wird, solange sie nicht abgelenkt wird. Wenn dagegen das ablenkende Ereignis eingetreten ist, wird sich die Instanz anderen Aktionen zuwenden. Für den Konflikt im Petrinetz bedeutet dies, daß eine durch die Ablenkung schaltbereit gewordene Transition den Vorrang hat vor den anderen Transitionen, die damit im Konflikt stehen und die auch ohne die Ablenkungsmarke schaltbereit sind. Das heißt, daß das Protokoll die Situationen – im Petrinetz die Markierungen – vorschreibt, in denen eine Instanz bereit ist, sich ablenken zu lassen. Das Protokoll – also das Petrinetz – muß so gestaltet sein, daß sichergestellt ist, daß die Ablenkungsmarke auch bestimmt einmal zum Schalten einer Transition verwendet wird, d.h. daß immer wieder einmal eine Ablenkbereitschaft bezüglich der zur Marke gehörenden Ereignismeldung eintritt. Denn sonst wäre die bereits früher gemachte Voraussetzung nicht erfüllt, daß zu jedem Markenfluß über eine Zuständigkeitsgrenze hinweg immer eine garantierte Ereigniskommunikation gehört.

Anschauliche Beispiele von Ablenkungsereignissen sind das Klingeln des Telefons oder das Klopfen an der Tür, während man am Schreibtisch arbeitet. Daß die abzulenkende Instanz selbst die Zeitpunkte festlegt, wann sie bereit ist, auf ein Ablenkungsereignis zu reagieren, sieht man in diesen Beispielen daran, daß der Mensch am Schreibtisch entscheiden kann, erst noch einen angefangenen Satz fertigzuschreiben, bevor er den Telefonhörer abnimmt bzw. "Herein" ruft.

Man sollte erkennen, daß man dem Ereignis selbst nicht ansehen kann, ob es zur Ablenkung oder zur Beendigung oder Vermeidung einer Wartesituation dient. So könnte das Klingeln des Telefons durchaus auch eine Wartesituation beenden. Es hängt vom Protokoll ab, wie eine Ereignismeldung zu klassifizieren ist.

Die genannten Beispiele von Ablenkungsereignissen hätte man auch Unterbrechungsereignisse nennen können. Daß hier die Bezeichnung *Ablenkung* gegenüber der Bezeichnung *Unterbrechung* bevorzugt wird, hat seinen Grund darin, daß die Bezeichnung Ablenkung nichts darüber aussagt, ob die Aktionen, die aktuell wegen des Konflikts mit der Ablenkung nicht stattgefunden haben, später noch stattfinden werden oder nicht. Zur Bezeichnung Unterbrechung dagegen assoziiert man üblicherweise die spätere Fortsetzung des unterbrochenen Prozesses.

Es gibt Fälle, wo eine Ereignismeldung nach dem angegebenen und in Bild 159 veranschaulichten formalen Kriterium als Ablenkung zu klassifizieren ist, wo aber dennoch eine Wartesituation beendet wird. Solch ein Fall liegt immer dann vor, wenn für die ablenkbare Instanz im Protokoll eine Wartezeit vorgeschrieben ist, die ohne Ablenkungsereignis verstrichen sein muß, bevor die mit der Ablenkung im Konflikt stehende Transition schalten darf. Man denke an einen Anrufer, der nach dem Wählen den Rufton hört und nun eine bestimmte Zeitlang darauf wartet, daß sich der Angerufene meldet (s. Bild 160). Erst, nachdem sich der Angerufene innerhalb dieser Frist nicht gemeldet hat, kann der Anrufer annehmen, daß der Angerufene momentan nicht erreichbar ist, und er wird sich erst dann den Aktionen zuwenden, die als Alternative zum Telefongespräch im Protokoll vorgesehen sind. Die Meldung des Angerufenen ist also ein Ablenkungsereignis, welches eine Wartesituation beendet.

3.1.2.5 Dialogschritte

Da das Verhalten von Instanzen in informationellen Systemen stets als Kommunikationsverhalten angesehen werden kann, ist es grundsätzlich denkbar, das Verhalten einer Instanz für die gesamte Lebens–bzw. Betriebsdauer durch ein einziges Protokoll festzulegen. Für sehr einfache Instanzen wie beispielsweise das Divisionssystem in Bild 152 oder den Signalsteller in Bild 156 lassen sich tatsächlich solche *Totalprotokolle* in geschlossener Form angeben. Für komplexere Instanzen dagegen, die im Laufe ihres Lebens bzw. Betriebs mit sehr vielen unterschiedlichen Partnern über sehr verschiedene Themen kommunizieren müssen – man denke an Menschen und an vernetzte Rechensysteme – kann ein Totalprotokoll entweder gar nicht – nämlich für den Menschen – oder aber nur in Form vieler einzelner *Rollenprotokolle* formuliert werden. Die Rollenprotokolle spiegeln den Sachverhalt wieder, daß das aktuelle Kommunikationsverhalten einer Instanz stets als ein bestimmtes Rollenspiel angesehen werden kann. Je komplexer die Instanz ist, desto mehr unterschiedliche Rollen kann sie nebenläufig oder nacheinander spielen. Man sollte hier nicht nur an einen Schauspieler denken, der im Laufe seines Lebens sehr viele unterschiedliche Theaterrollen spielt, sondern an den eigenen Alltag, im Laufe dessen man Hunderte unterschiedlicher Rollen spielt: Familienmitglied am Frühstückstisch, Teilnehmer am Straßenverkehr, Auskunftserteiler gegenüber dem Finanzamt, Einkäufer im Schuhgeschäft, Politikexperte am Stammtisch, usw.. Für jede Rolle gibt es ein eigenes Rollenprotokoll, wobei allerdings für die menschlichen Rollen nur in bestimmten Fällen ein strenges, exakt darstellbares Protokoll vorgegeben ist. Dies gilt insbesondere für diejenigen Fälle, wo der Mensch mit technischen Systemen kommuniziert oder solche Systeme zur zwischenmenschlichen Kommunikation benutzt.

Als Beispiel ist in Bild 160 das Protokoll gezeigt, das die Rolle des Telefonanrufers beschreibt, wobei der Gesprächsinhalt offen bleibt. Es könnte durchaus sein, daß das aktuelle Gespräch durch mehrere Rollenprotokolle erfaßt werden muß, weil ja im Laufe des Gesprächs beliebige Rollenwechsel möglich sind. Im Falle kommunizierender technischer Systeme ist selbstverständlich auch das Verhalten beim Rollenwechsel protokollarisch vorgeschrieben, während es für den menschlichen Rollen– bzw. Themenwechsel natürlich keine strengen Vorschriften gibt. So könnte einer der beiden Gesprächspartner beispielsweise sagen: "Ach, in diesem Zusammenhang fällt mir ein, daß ich mit Ihnen ja noch über eine ganz andere Sache reden wollte...".

Im Protokoll in Bild 160 kommt eine auch in anderen Protokollen häufig zu findende Vorgabe einer begrenzten Wartezeit vor. In solchen Fällen liegt ein Konflikt vor zwischen einem Ereignis – hier dem Abnehmen des Hörers durch den Angerufenen – und dem Ende des Zeitintervalls, während dessen die Bereitschaft besteht, das Ereignis zur Kenntnis zu nehmen. Es handelt sich hier um einen Konflikt innerhalb einer Instanz, denn das erwartete Ereignis liegt in der Zuständigkeit der einen Instanz – hier beim Angerufenen, also im Bild rechts – , und diese Instanz entscheidet, ob sie das erwartete Ereignis innerhalb der Wartezeit vorkommen läßt oder nicht. Der wartenden Instanz kann nun allerdings nicht in jedem Falle das Ergebnis dieser Entscheidung in Form einer Ereignismeldung mitgeteilt werden, sondern nur bei rechtzeitigem Ereignis erhält sie eine Ereignismeldung, im anderen Falle muß sie aus dem Ausbleiben der Ereignismeldung auf das Ergebnis der Entscheidung schließen. Deshalb gibt es in Bild 160 auf beiden Seiten der Zuständigkeitsgrenze jeweils eine Transition mit der Schaltverzögerung T. Beim Angerufenen fällt die Entscheidung, beim Anrufer wird sie nachvollzogen. Man beachte, daß es sich hierbei um das Protokoll der Anruferrolle handelt und daß dieses deshalb hinsichtlich der Aktionen des Angerufenen nicht vollständig ist: Für den Anrufer ist es unerheblich, ob der Angerufene doch noch den Hörer abnimmt, obwohl die Wartezeit schon vorbei ist. Für den Anrufer sind nur diejenigen Ereignisse auf der Gegenseite interessant, von denen er auch Kenntnis erhält.

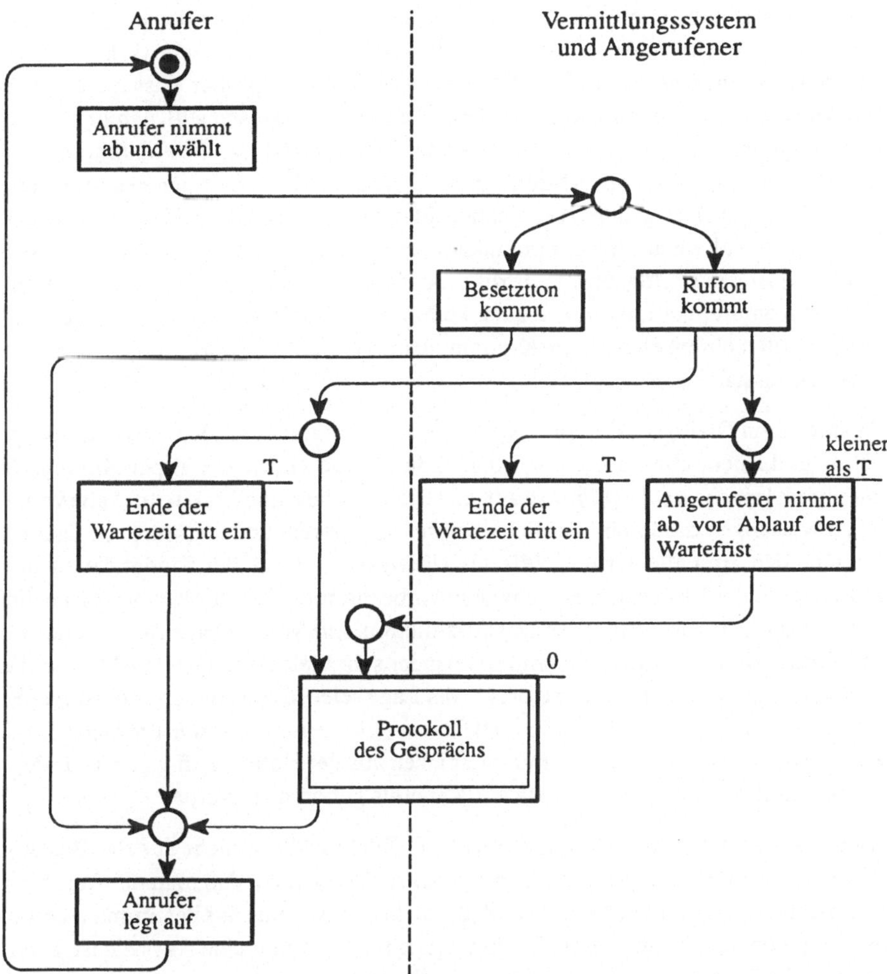

Bild 160 Protokoll der Anruferrolle für das Telefonieren

Der Aufbau eines Protokolls hängt sehr stark von der zugehörigen Rolle ab. Am ehesten einer Vereinheitlichung unterworfen sind solche Protokolle, die vorschreiben, wie und mit wem kommuniziert werden muß, damit in einem Teilnehmersystem ein Kanal gebildet wird. Man denke an das Protokoll, welches regelt, wie im Parlament das Rederecht vergeben wird, oder an die Protokolle, die zur Sprachvereinbarung, Vermittlung, Flußregelung und Fehlerkorrektur in einem nach Bild 151 geschichteten System gebraucht werden. Es handelt sich hierbei immer um Protokolle, bei denen die Kommunikation selbst zum Thema der Kommunikation geworden ist.

Wenn man allgemeine Aussagen über Protokolle machen will, ohne dabei eine Vielzahl verschiedener Rollen vorstellen zu müssen, dann muß man sich auf die Betrachtung von Strukturelementen in Protokollen beschränken. Diese Strukturelemente sind die Dialogschritte. Die *Dialogschritte* als Strukturelemente in Protokollen ergeben sich aus der Überlegung, daß die protokollgeregelte Kommunikation immer einem Zweck dient, wobei die möglichen elementaren Zwecke bereits im Abschnitt 1.3.3.1 über den Zweck der Sprache (s. Bild 33) vorgestellt wurden. Dort wurde gesagt, daß der Sender mit der Mitteilung einer Aussage, einer Frage oder einer Anweisung immer eine Reaktion beim Empfänger auslösen will, nämlich die Aufnahme der Aussage ins Gedächtnis, die Beantwortung der Frage bzw. die Ausführung der Anweisung. Das jeweilige Paar aus Mitteilung des Senders und zugehöriger Reaktion des Empfängers wird nun als Dialogschritt bezeichnet. Man beachte, daß die beiden Begriffe des Dialogschritts und des elementaren Kommunikationsprozesses (s. S. 251) nicht gleichzusetzen sind: Zum einen ist der Dialogschritt auf diskrete Kommunikation beschränkt, wogegen ein elementarer Kommunikationsprozeß auch kontinuierlich sein kann; und zum anderen kann ein Dialogschritt mehrere elementare Kommunikationsprozesse in zwei entgegengesetzten Richtungen umfassen.

Während ein Dialogschritt vom Typ *Frage/Antwort* immer aus Kommunikationsprozessen in Hin– und Rückrichtung besteht, können die Dialogschritte der Typen *Aussage/Kenntnisnahme* und *Anweisung/Ausführung* auf eine Richtung beschränkt sein. Im Falle von Aussagen und Anweisungen muß man nämlich zwischen quittierten und unquittierten Dialogschritten unterscheiden. Im Falle der *unquittierten Dialogschritte* geht der Sender davon aus, daß der Empfänger in der Lage sei, die Aussage in vorbestimmter Zeit zur Kenntnis zu nehmen bzw. die Anweisung in vorbestimmter Zeit auszuführen. Zur Veranschaulichung denke man an einen Vortrag, wo der Vortragende hintereinander sehr viele Aussagen macht, wobei er selbstverständlich annimmt, daß seine Hörer in der Lage seien, diese Aussagen entsprechend seiner Redegeschwindigkeit zur Kenntnis zu nehmen. *Quittierte Dialogschritte* lägen vor, wenn der Redner nach jedem Satz auf bestimmte Zeichen aus der Hörerschaft warten würde, wodurch ihm mitgeteilt würde, daß sein Satz zur Kenntnis genommen wurde.

Bei quittierten Dialogschritten braucht die Rückmeldung nicht auf die Bestätigung beschränkt zu werden; vielmehr kann man auch zurückmelden, daß man die Aussage zwar gehört, aber nicht verstanden habe, bzw. daß man die Anweisung aus bestimmten Gründen nicht ausführen könne. Da eine solche Rückmeldung selbst wieder eine Aussage ist, kann ein Dialogschritt im Protokoll nur dann eindeutig abgegrenzt werden, wenn es immer gelingt, ursprüngliche Aussagen von Rückmeldungsaussagen zu unterscheiden. Die Abgrenzung von Dialogschritten im Protokoll wird auch dann problematisch, wenn als Antwort auf eine Frage keine Aussage, sondern eine Anweisung kommt. Beispielsweise fragt der Butler: " Womit kann ich dienen?", und sein Herr antwortet: "Bringen Sie mir einen Tee!". Eine weitere Schwierigkeit besteht darin, daß zu einer Anweisung zeitlich nacheinander mehrere Rückmeldungen kommen können. Beispielsweise könnte der Butler die Bitte um Tee zuerst einmal quittieren mit "Sehr wohl, mein Herr", und später könnte er dann das Servieren des Tees beenden mit den Worten "Bitte schön, Ihr Tee, mein Herr.". Diese Überlegungen zeigen, daß es häufig nicht möglich sein wird, ein gegebenes Protokoll eindeutig in Dialogschritte zu partitionieren, wobei jede Transition des Petrinetzes eindeutig einem Dialogschritt zugeordnet wird. Die bereits gemachte Aussage, daß die Dialogschritte Strukturelemente in Protokollen seien, darf also nicht so verstanden werden, daß die Dialogschritte disjunkte Bausteine seien, aus denen ein Protokoll aufgebaut werden könne, denn dies gilt nur für einfache Fälle. In den weniger einfachen Fällen dagegen findet man eine akzeptable Zuordnung der Protokolltransitionen zu Dialogschritten nur, indem man das Protokoll auf unterschiedlich hohen Abstraktionsebenen interpretiert. So kann beispielsweise der Dialog zwischen dem Butler und seinem Herrn auf entsprechend hoher Abstraktionsebene als ein einziger Dialogschritt vom Typ Anweisung/Ausführung angesehen werden, und erst auf einer niedereren Abstraktionsebene sieht man, daß allein zur Übermittlung der Anweisung bereits ein Dialogschritt vom Typ Frage/Antwort benutzt wird. In Analogie zur Schichtung im Bereich des Systemaufbaus (s. Bilder 150 und 151) kann man hier auch von Schichtung reden, nämlich von *Dialogschrittschichtung*: Ein Dialogschritt auf hoher Ebene wird realisiert durch Dialogschritte auf tieferer Ebene.

So wie am Kommunikationsprozeß ein Sender und ein Empfänger beteiligt sind, so sind am Dialogschritt immer ein *Master* und ein *Slave* beteiligt; dabei ist der Master der Initiator, und der Slave ist der Reagierende. Und so, wie Sendersein und Empfängersein nicht notwendigerweise feste Instanzenmerkmale sind, sondern sich als eine möglicherweise zeitabhängige Relation zwischen Instanzen ergeben, so sind auch das Mastersein und das Slavesein nicht unbedingt Merkmale, die fest an bestimmte Instanzen gebunden sind. Innerhalb der Abwicklung eines Protokolls kann sich die Master–Slave–Beziehung zwischen zwei Instanzen beliebig oft umkehren. Es kann auch sein, daß eine Instanz von einer hohen Abstraktionsebene aus gesehen als Master und von einer tieferen Ebene aus als Slave erscheint. Man denke an das Beispiel mit dem Butler und seinem Herrn: Von der hohen Ebene aus erscheint der Herr als Master, der einen Auftrag erteilt; von der tieferen Ebene aus erscheint der gleiche Herr dagegen als Slave, der eine Frage beantwortet.

3.1.3 Systemaufbau aus Zuordnern

In diesem Abschnitt soll gezeigt werden, wie man zweckmäßigerweise die Arbeitsteilung gestaltet, wenn man durch ein System kommunizierender Instanzen komplexes informationelles Verhalten realisieren will. Dabei kann die Betrachtung auf zeitfrei modellierte Systeme beschränkt bleiben, weil man damit bereits alle wesentlichen Strukturierungsprinzipien vorstellen kann. Die Hinzunahme von Zeitvorgaben bedeutet dann einfach nur noch die gezielte Verwendung definierter Laufzeiten.

Die Gliederung des Abschnitts ist wieder durch die Absicht bestimmt, den Aspekt des Nebeneinanders vom Aspekt des Ineinanders (s.S. 267) zu trennen. Zuerst werden die nebeneinander vorkommenden Systeme in Bezug auf ihr Verhalten typisiert; dies geschieht im Abschnitt 3.1.3.1 über die Klassifikation des Verhaltenstyps. Danach wird gezeigt, wie diese Verhaltenstypen ineinander verschachtelt werden können mit dem Ziel, aus elementaren Systembausteinen Systeme mit gewünschtem Verhalten aufzubauen. Dem dienen der Abschnitt 3.1.3.2 über den Automatenaufbau und der Abschnitt 3.1.3.3 über den Steuerkreis.

3.1.3.1 Klassifikation des Verhaltenstyps

Die vorliegende Betrachtung nimmt unmittelbar Bezug auf den Abschnitt 2.2 über Verhaltensmodelle. Die hier zu unterscheidenden Verhaltenstypen wurden dort bereits eingeführt, und es geht jetzt hier nur noch darum, diese Unterschiede besonders zu betonen, weil sie sich sehr grundlegend auf die Strukturierung informationeller Systeme auswirken. Es sind drei Verhaltenstypen, die man unterscheiden muß, nämlich den Zuordner, den Automaten und das System mit Nebenläufigkeit.

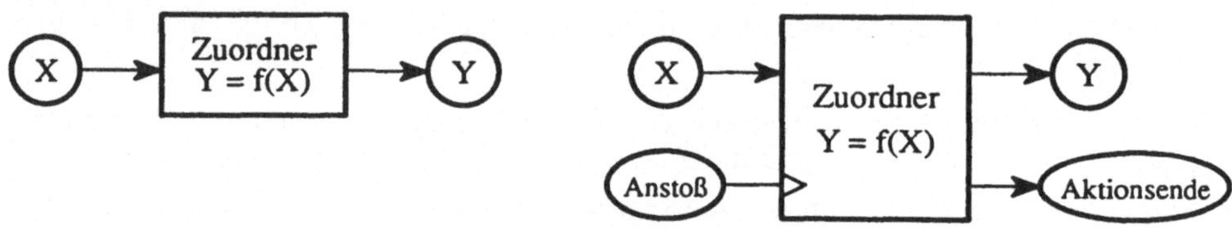

Bild 161 Zuordner ohne und mit seperatem Anstoßeingang

Bei den Zuordnern kann man unterscheiden zwischen solchen ohne und solchen mit separatem Anstoßeingang. Ein Zuordner ohne separaten Anstoßeingang berechnet immer dann das Ergebnis Y, welches dem Argument X zuzuordnen ist, wenn eine Wertänderung bei X aufgetreten ist. Im Modell des Instanzennetzes – links im Bild 161 – heißt dies, daß jeder Wertsprung bei X zu einem Berechnungsvorgang führt, wodurch die Variable Y auf den neuen Wert f(X) festgelegt wird. Diese Modellvorstellung paßt insbesondere sehr gut auf die sogenannten logischen Schaltungen, bei denen $X=(u_1, u_2, \ldots u_m)$ jeweils eine Kombination binärer Spannungswerte ist, der nach kurzer konstruktionsbedingter Verzögerungszeit ein binärer Ausgangsspannungswert $Y=u_{m+1}=f(u_1, \ldots u_m)$ zugeordnet wird. Es ist technisch sehr einfach, die kleinste Informationsquantität, also die Antwort auf eine Binärfrage, als binäre physikalische

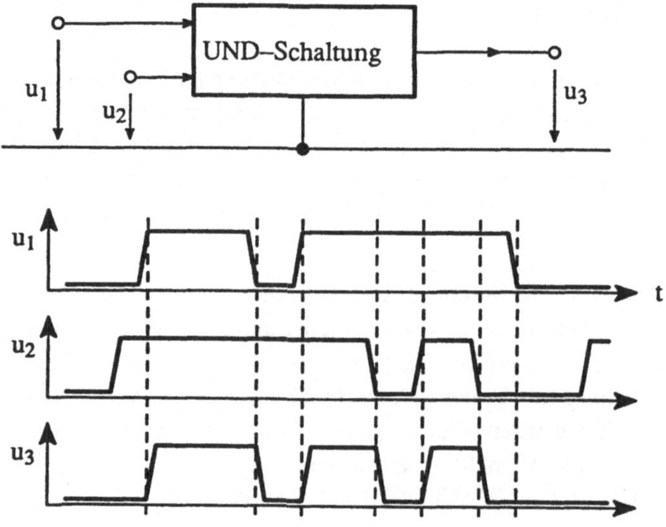

Bild 162 Verhalten einer UND–Schaltung

Größe zu realisieren, und es ist auch einfach, aus solchen Binärsignalen durch elektronische Schaltungen neue Binärsignale zu erzeugen, die als junktorenlogische Verknüpfungsergebnisse der ursprünglichen Binärsignale interpretiert werden können. Bild 162 veranschaulicht dies anhand einer UND–Verknüpfung: Die Ausgangsspannung geht auf den oberen Wert, der als *wahr* zu interpretieren ist, wenn beide Eingangsspannungen oben sind, und er geht auf den unteren Wert, der als *falsch* zu interpretieren ist, wenn mindestens eine der Eingangsspannungen nach unten geht.

Im Zuordner mit separatem Anstoßeingang findet dagegen ein Berechnungsvorgang nur statt, wenn er ausdrücklich durch eine bestimmte Wertänderung der Anstoßvariablen verlangt wird. Solange in diesem Fall kein Anstoß erfolgt, können hier also beliebige Wertänderungen bei X auftreten, ohne daß dies Konsequenzen für den Ausgangswert Y hat. Im Sinne des Abschnitts 3.1.2.4 stellen hier die Pfade für *X* und *Anstoß* zwei getrennte Kanäle dar, wovon der eine der Wert– und der andere der Ereigniskommunikation dient.

Es ist leicht einzusehen, daß ein Zuordner mit separatem Anstoßeingang für die Realisierung als System mit zeitlich begrenztem Erinnerungsvermögen modelliert werden muß, denn während eines Berechnungsvorgangs muß das System ja in anderen Zuständen sein als während der Zeiten, wo es auf einen neuen Anstoß wartet. Deshalb sind solche Systeme auch leicht in der Lage, nach außen das Ereignis zu melden, daß sie mit einer angestoßenen Berechnung fertig geworden sind. Bild 163 zeigt den zeitlichen Verlauf der kontinuierlichen Zustandskomponente U (s.S. 167) und eines binären Ruhesignals. Letzteres signalisiert durch seine ansteigende Flanke das *Aktionsende*.

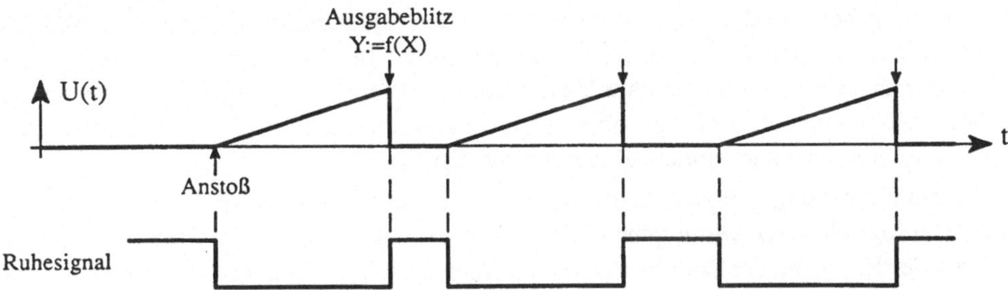

Bild 163 Werteverläufe zu einem Zuordner mit separatem Anstoßeingang

Durch Verkettung, d.h. durch rückkopplungsfreies Hintereinanderschalten von Zuordnern kann man Zuordner mit mächtigerer Funktion aufbauen. Dabei ist der einfachere Fall der, bei dem nur Zuordner ohne Anstoßeingang verwendet werden. Als Beispiel ist in Bild 164 ein Zuordner gezeigt, bei dem die Eingangsvariable X aus acht Binärkomponenten für zwei vierstellige Dualzahlen besteht; die eingetragene Belegung entspricht den Dezimalzahlen 13 und 4. Der Eingangsbelegung X ordnet der Zuordner die jeweilige Summe Y in Form einer fünfstelligen Dualzahl – hier 17 – zu.

Dieser addierende Zuordner ist durch Verkettung von 17 junktorenlogischen Zuordnern entstanden. Durch gestrichelte Linien sind vier Zuordnerteilnetze gegeneinander abgegrenzt, von denen die drei linken gleich aufgebaut sind. Diese haben jeweils 3 Eingänge und 2 Ausgänge. Ihre Funktion wurde bereits anhand von Bild 141 vorgestellt.

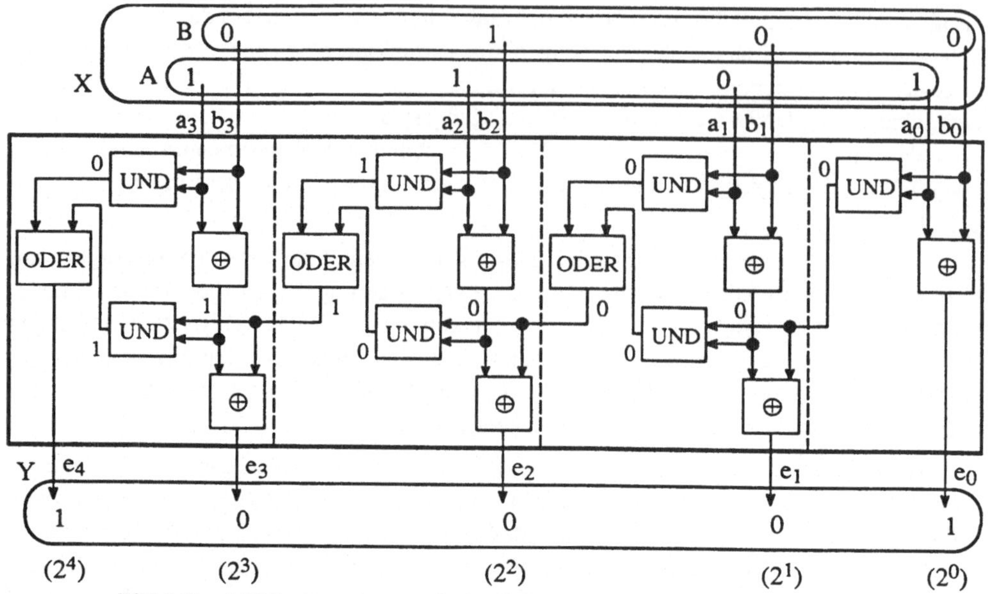

Bild 164 Additionszuordner aus junktorenlogischen Zuordnern

In technischen Systemen, deren Aufgabe durch ein formales Verfahren definiert ist, (s. rechtes Blatt im Klassifikationsbaum in Bild 140), sind die elementaren Systembausteine mit Zuordnerverhalten ausschließlich solche mit junktorenlogischer Funktion. Dagegen werden zur Realisierung heuristischer Mustererkennungs– oder Verknüpfungsverfahren (s. Bild 140) teilweise auch elementare Zuordnerbausteine eingesetzt, bei denen alle oder ein Teil der Ein– und Ausgangsvariablen nichtbinäre Wertebereiche haben[1)]. Die folgenden Betrachtungen gelten unabhängig von der Frage, ob als elementare Zuordner nur solche mit junktorenlogischer Funktion oder auch andere eingesetzt werden.

Bei der Verkettung von Zuordnern mit Anstoßeingang muß man Aktionsendemeldungen junktorenlogisch UND–verknüpfen können, denn der Zuordner C in Bild 165 darf erst angestoßen werden, wenn der Zuordner A und der Zuordner B ihr Aktionsende gemeldet haben, denn erst dann liegt die Eingangsbelegung X_C für den Zuordner C vollständig fest. Wenn die Aktionsendemeldungen in Form der ansteigenden Flanken der Ruhesignale (s. Bild 163) geliefert werden, dann ist die UND–Verknüpfung der Aktionsendemeldungen gleichbedeutend mit der UND–Verknüpfung der Ruhesignale, denn man kann ja auch sagen, der Zuordner C solle angestoßen werden, wenn der Zuordner A und der Zuordner B wieder zur Ruhe gekommen sind[2)]. Da der Zuordner für diese UND–Verknüpfung ein Zuordner sein muß, der keinen Anstoß braucht, kann man also Zuordner mit Anstoßeingängen nur verketten, indem man noch zusätzliche Zuordner ohne Anstoßeingänge einführt.

---

1) Derartige Zuordner ergeben sich insbesondere in demjenigen Bereich der Heuristik, der durch den Begriff *Neuronale Netze* charakterisiert wird. Im Rahmen dieses Buches kann darauf nicht eingegangen werden.

2) Das Dreieck bei den Anstoßeingängen der Zuordner in Bild 165 symbolisiert die Wirksamkeit der ansteigenden Signalflanke.

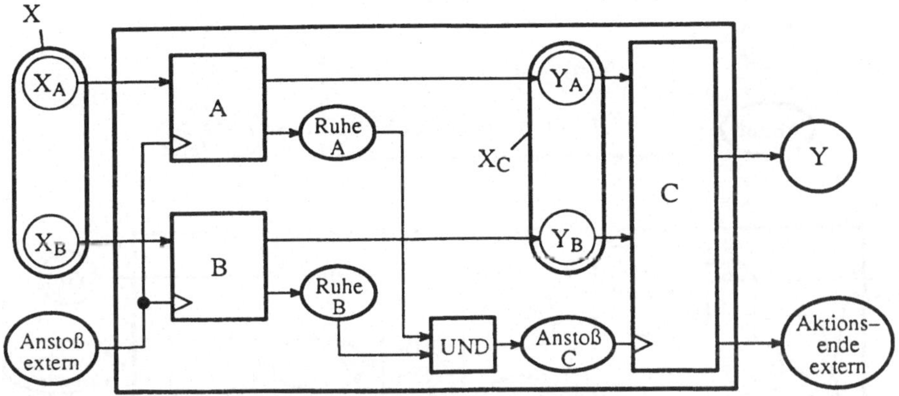

Bild 165 Zur Verkettung von Zuordnern mit Anstoßeingängen

Durch Verkettung von Zuordnern kann man sehr komplexe Funktionen Y=f(X) realisieren. Dennoch stehen die Zuordner auf der untersten Stufe der Komplexitätsskala für Verhaltenstypen, denn sie sind durch eine einzige Funktion f zu charakterisieren. Auf der nächsthöheren Stufe stehen die Automaten, denn zu ihrer Kennzeichnung braucht man zwei Funktionen, nämlich die Ausgabefunktion ω und die Zustandsübergangsfunktion δ. Dabei bleibt bei dieser Skala die Komplexität der Funktionen ω und δ im Verhältnis zu f völlig außer Betracht. Auf der höchsten Stufe stehen in dieser Skala die Systeme mit Nebenläufigkeit, denn diese sind ja durch eine Modellierung gekennzeichnet, bei der die Variablen X, Y und Z in Komponenten aufgelöst sind, die nicht mehr durch ein einziges Funktionspaar (ω, δ) verbunden sind.

3.1.3.2 Automatenaufbau

Während man bei den Zuordnern unterscheiden muß zwischen solchen ohne und solchen mit Anstoßeingang, gibt es bei den Automaten eine solche Unterscheidung nicht, denn das Automatenmodell verlangt immer einen Anstoß, d.h. es verlangt, daß am Automateneingang sowohl Ereigniskommunikation als auch Wertkommunikation stattfindet. Man denke an den Fahrkartenautomaten in Bild 98: Daß überhaupt eine Münze eingeworfen wird, ist das Ereignis, und daneben muß noch erkennbar sein, welchen Wert die eingeworfene Münze hat. Man kann den Automaten oben in Bild 166 als Fahrkartenautomaten in der Instanzennetzmodellierung ansehen. Von der Variablen X kann der Wert der eingegebenen Münze abgelesen werden, und durch einen definierten Wertsprung bei der Variablen *Anstoß* wird das Einwurfereignis mitgeteilt.

Bild 166 zeigt die enge strukturelle Bindung zwischen dem Petrinetz, welches den Prozeß in dem geschlossenen System aus Automat und Umgebung beschreibt, und dem Aufbaumodell des Automaten.

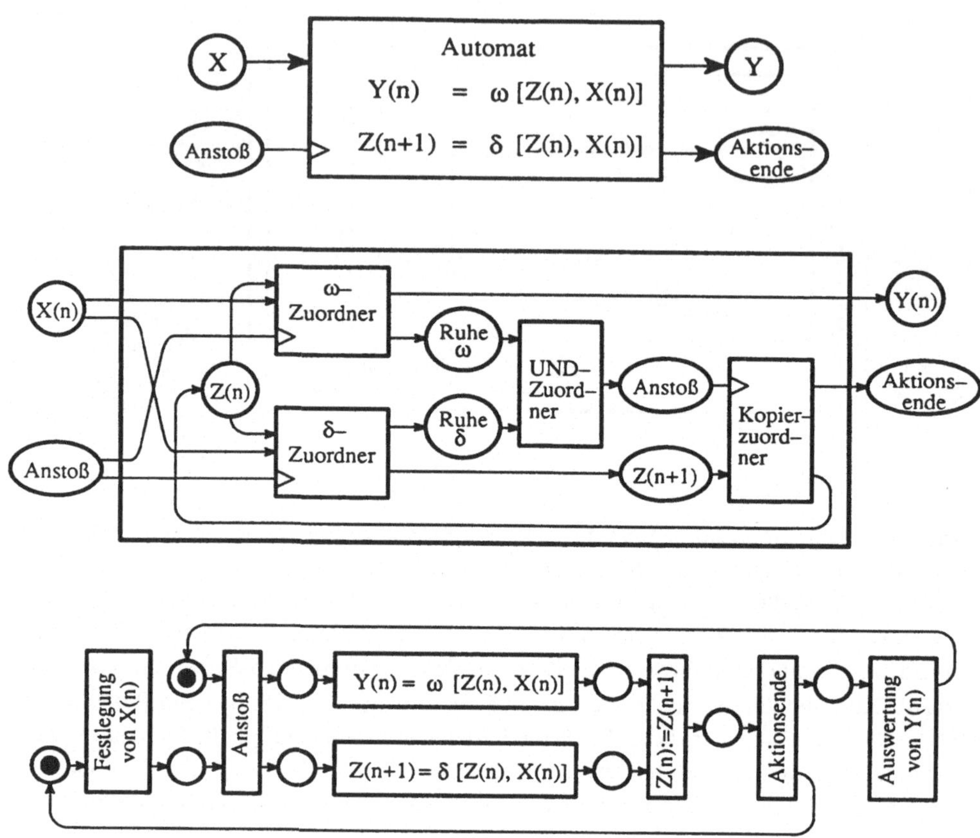

Bild 166 Automatenaufbau aus Zuordnern mit prozeßbeschreibendem Petrinetz

Die Vorgänge in diesem Aufbaumodell sind anschaulich nachzuvollziehen, wenn man alle Kreissymbole als Speicher auffaßt, die von den Instanzen beschriftet oder gelesen werden. Wenn man den Automaten jedoch aus elektronischen Zuordnern aufbauen muß, wird man dieses Modell nicht original nachbilden. Vielmehr wird man zum Zwecke der Aufwandsersparnis versuchen, möglichst nur Zuordner ohne Anstoßeingänge und möglichst wenig Langzeitspeicher zu verwenden. Letzteres bedeutet, daß man anstelle der Langzeitspeicher Trägheitseffekte ausnutzen wird, denn Trägheitseffekte stellen ja eine Kurzzeitspeicherung dar. Eine entsprechende Abmagerung des Modells aus Bild 166 ist in Bild 167 gezeigt. Diese Abmagerung beruht auf der zulässigen Annahme, daß der δ-Zuordner nicht beliebig schnell auf eine Änderung der an seinen Eingängen stehenden Werte X(n) und Z(n) reagieren kann, so daß der Ausgangswert Z(n+1) noch eine kurze Zeit unverändert beobachtbar bleiben wird, nachdem sich die Eingangswerte für δ schon geändert haben. Der Anstoß, der von außen gegeben wird, wird hier nur noch als Anstoß zum Kopieren des Wertes Z(n+1) nach Z(n) benutzt. Der einzige Langzeitspeicher in diesem System ist der Speicher für Z(n). Die Aktionsendemeldung an die

Umgebung ist entfallen, und dies ist zulässig, wenn angenommen wird, daß die Umgebung über die minimalen und maximalen Laufzeiten durch die Zuordner Bescheid weiß.

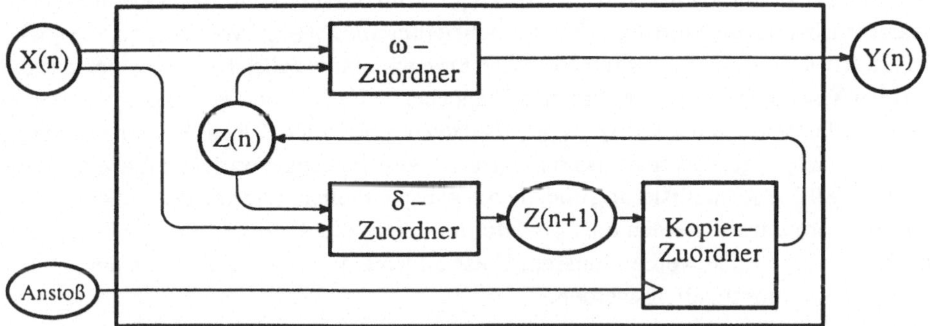

Bild 167 Aufwandsreduzierter Automatenaufbau

3.1.3.3 Das Steuerkreismodell

Bei den Zuordnern entspricht der zeitlichen Verkettung eine räumliche Verkettung und umgekehrt, d.h. die Zerlegung eines mächtigen Zuordnungsvorgangs in ein zeitliches Folgengeflecht einfacherer Zuordnervorgänge ist gleichbedeutend mit dem Aufbau des mächtigen Zuordners als räumliches Folgengeflecht einfacherer Zuordner. Bei den Automaten gilt diese einfache Entsprechung nicht, d.h. die Zerlegung eines mächtigen Automatenschrittes in eine zeitliche Kette einfacherer Automatenschritte ist nicht gleichbedeutend mit dem Aufbau des mächtigen Automaten als räumliche Kette einfacherer Automaten. Die Aussage, ein mächtiger Automatenschritt solle als zeitliche Kette einfacherer Automatenschritte realisiert werden, ist in Bild 168 veranschaulicht. Die Variablen X, Y und Z mit dem Index *EXT* gehören zum mächtigen, extern interessierenden Automatenschritt, wogegen die Variablen mit dem Index *INT* zu den intern als Kette ablaufenden einfacheren Automatenschritten gehören. Der Sachverhalt, daß ein externer Automatenschritt aus mehreren internen Automatenschritten besteht, wobei die Anzahl der internen Schritte nicht für jeden externen Schritt gleich sein muß, macht es notwendig, für die externe und die interne Zählung unterschiedliche Zählvariable – hier m und n – einzuführen.

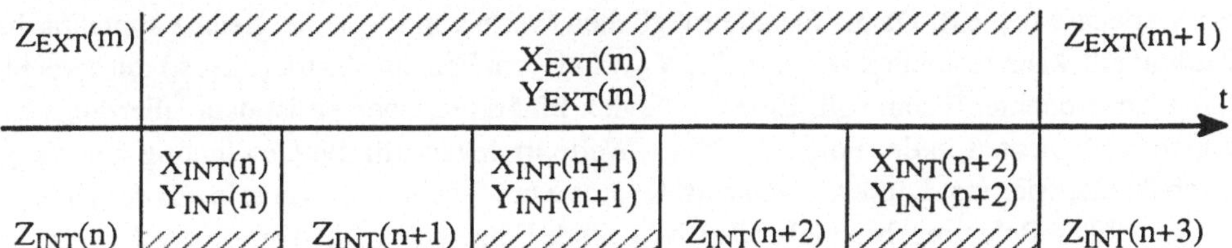

Bild 168 Mächtiger Automatenschritt als Kette mehrerer einfacher Automatenschritte

Aus Bild 168 kann man schließen, daß die Anzahl unterschiedlicher Zustände, d.h. die Mächtigkeit von repZ beim internen Automaten größer sein muß als beim externen Automaten. Dagegen dürfen die Mächtigkeiten von repX und repY beim internen Automaten kleiner sein als beim externen, denn X_{INT} wird durch Sequentialisierung aus X_{EXT} gewonnen, und Y_{EXT} wird durch Parallelisierung aus Y_{INT} gewonnen. Die *Eingabesequentialisierung* bedeutet, daß das Wissen über X_{EXT} dem internen Automaten "häppchenweise" in Form einer Folge von X_{INT}–Werten zugeführt wird, und die *Ausgabeparallelisierung* bedeutet, daß das Wissen über Y_{EXT} aus einer Folge von Y_{INT}–Werten zusammengesetzt wird. Es hängt von der Aufgabenstellung ab, ob die Eingabesequentialisierung und die Ausgabeparallelisierung von der Außenwelt des Automaten übernommen werden oder ob dafür im Innern des Automaten spezielle Systemkomponenten vorgesehen werden müssen. Diese allgemeinen Aussagen sollen nun anhand eines Beispiels veranschaulicht werden.

Als Beispiel wird ein Automat betrachtet, der die gleiche Aufgabe hat wie der Zuordner in Bild 164, d.h. er soll zwei beliebig vorgebbare vierstellige Dualzahlen addieren können. Das Repertoire möglicher Werte für X_{EXT} hat die Mächtigkeit 256, denn dies ist die Anzahl unterschiedlicher Möglichkeiten für eine Belegung des Vektors $(a_3, b_3, a_2, b_2, a_1, b_1, a_0, b_0)$ mit binären Komponentenwerten. Entsprechend gilt $|repY_{EXT}| = 31$. Zur Durchführung einer stellenweisen Addition braucht man den achtstelligen Vektor von X_{EXT} nicht in einem Schritt vollständig anzugeben, sondern es genügt, wenn die Wertepaare (a_i, b_i) nacheinander angegeben werden. Zuerst wird (a_0, b_0) benötigt und ganz zuletzt erst (a_3, b_3). Jedes solche Wertepaar soll ein Wert für X_{INT} sein; somit gilt $repX_{INT} = \{ (0,0), (0,1), (1,0), (1,1) \}$. Der als Belegungsbeispiel in Bild 164 angegebene Wert von X_{EXT} muß also sequentialisiert werden, so daß sich für den internen Automaten vier aufeinanderfolgende Eingaben ergeben, nämlich zuerst (1,0) für (a_0, b_0), anschließend (0,0), dann (1,1) und zuletzt noch einmal (1,0). Es ist nun offensichtlich eine Frage der Aufgabenstellung, ob man von der Außenwelt des zu konstruierenden Automaten verlangt, daß sie die einzelnen Wertepaare (a_i, b_i) in der richtigen Reihenfolge anliefert, oder ob man fordert, daß X_{EXT} als achtstelliger Vektor in einem einzigen Schritt eingegeben wird und daß der Automat anschließend selbst die Sequentialisierung vornehmen soll.

Im betrachteten Beispiel kann der interne Automat, dem pro Schritt nur ein einzelnes Wertepaar (a_i, b_i) eingegeben wird, selbstverständlich auch pro Schritt nur einen Teil von Y_{EXT} ausgeben. Zu einer vierstelligen Folge von X_{INT}–Werten erhält man ebenfalls eine vierstellige Folge von Y_{INT}–Werten, wobei dem ersten Element der Folge der Wert e_0 zu entnehmen ist, dem zweiten Element der Wert e_1, dem dritten Element der Wert e_2 und dem vierten Element das Wertepaar (e_3, e_4). Damit für alle möglichen Werte von Y_{INT} die gleiche syntaktische Struktur gilt, kann festgelegt werden, daß Y_{INT} in jedem Fall ein Vektor (c_{i+1}, s_i) mit zwei binären Komponenten[1)] sein soll. Eine der beiden Binärkomponenten ist dann allerdings bei manchen Elementen in der Folge der Y_{INT}–Werte irrelevant für die Gewinnung von Y_{EXT} durch Parallelisierung. Diese teilweise irrelevante Komponente soll c_{i+1} sein. Zu dem in Bild 164 gewählten Belegungsbeispiel soll sich folgende Folge von Y_{INT}–Werten ergeben: zuerst

1) Die Wahl der Bezeichnungen a, b, c und s weist darauf hin, daß die linken drei Teilnetze in Bild 164 die bereits in Bild 141 vorgestellte Funktion haben.

als (c_1, s_0) das Wertepaar (0, 1), was für die Parallelisierung als (*irrelevant*, e_0) zu interpretieren ist; anschließend (0, 0) für (*irrelevant*, e_1), dann (1, 0) für (*irrelevant*, e_2) und zuletzt noch einmal (1, 0) für (e_4, e_3). Dabei wurde als Wert für c_{i+1} in den Fällen der Irrelevanz jeweils derjenige Binärwert genommen, der als Ausgangswert des jeweils aktuellen Teilnetzes über die gestrichelte Grenze an das linke Nachbarteilnetz geliefert wird. Diese Wahl ist günstig zur Vermeidung unnötiger Komplexität bei der Ausgabefunktion ω des internen Automaten.

Es ist offensichtlich wieder eine Frage der Aufgabenstellung, ob der Außenwelt des zu konstruierenden Automaten nur die Folge der zweistelligen Vektoren Y_{INT} geliefert werden soll und es ihr überlassen bleibt, daraus den Wert von Y_{EXT} zusammenzusetzen, oder ob der Automat selbst spezielle Systemkomponenten enthalten soll, die in der Lage sind, die Elemente der Y_{INT}–Folge aufzusammeln und dann den fünfstelligen Vektor $Y_{EXT} = (e_4, e_3, e_2, e_1, e_0)$ in einem einzigen Schritt der Außenwelt zu übergeben.

Bisher wurde noch nichts darüber gesagt, was man denn gewinnen kann, wenn man den externen Automatenschritt $[\ Z_{EXT}(m+1), Y_{EXT}(m)\ ] = f_{AUTOMAT}\ [\ Z_{EXT}(m), X_{EXT}(m)\ ]$ als Kette mehrerer interner Automatenschritte realisiert. Durch die Vereinigung der beiden Automatenfunktionen ω und δ zur Funktion $f_{AUTOMAT}$ soll deutlich gemacht werden, daß jeder Automatenschritt als ein einziger Zuordnungsvorgang gesehen werden darf. Es muß nun also gezeigt werden, was man gewinnen kann, wenn man einen Zuordnungsvorgang nicht unmittelbar durch Bereitstellung eines passenden Zuordners, sondern als Kette von Automatenschritten realisiert.

Am Beispiel des vorgestellten Automaten, der den Zuordner in Bild 164 ersetzt, indem er die Addition als Folge von vier Automatenschritten realisiert, kann man den Gewinn leicht erkennen: In jedem dieser vier Automatenschritte wird eine Aufgabe erledigt, für die in Bild 164 jeweils eines der vier durch gestrichelte Linien gegeneinander abgegrenzten Teilnetze zuständig ist. In dem Automaten muß es deshalb einen Zuordner geben, der pro Automatenschritt jeweils die Rolle eines bestimmten Teilnetzes aus Bild 164 übernehmen kann. Nicht nur in diesem Beispiel, sondern ganz allgemein wird bei der Realisierung eines Zuordnungsvorgangs als Kette von Automatenschritten der große Zuordner, der durch den Automaten ersetzt werden soll, in Teilnetze zerlegt, und der Automat enthält einen i.a. einfacheren Zuordner, der im Laufe der Automatenschrittfolge nacheinander jeweils die Rolle eines dieser Teilnetze übernimmt. Zur Realisierung des Übergangs von einem Teilnetz zum nächsten müssen die Automatenschritte geeignet verkoppelt sein, und das bedeutet, daß man die Schnittstellen zwischen den Teilnetzen als Komponenten des Zustandsvektors wiederfinden muß.

Durch die Realisierung eines Zuordnungsvorgangs als Kette von Automatenschritten spart man also Zuordnerkomponenten ein und nimmt dafür einen größeren Zeitaufwand und zusätzliche Zustandskomponenten in Kauf. Daß viele Aufgaben der Informationsverarbeitung dadurch überhaupt erst praktisch realisierbar werden, erkennt man leicht aus der folgenden Überlegung: Die Aufgabe, zu einem gegebenen linearen Gleichungssystem den Lösungsvektor zu finden, ist eine Zuordnungsaufgabe, bei der einer Zahlenmatrix mit n Zeilen und n+1 Spalten ein n–stelliger Zahlenvektor zugeordnet werden soll. Man nehme nun an, jede Zahl sei als 32–stelliger Binärvektor codiert und die Anzahl n der Unbekannten sei 1000. Dann bräuchte man einen Zuordner mit 1000x1001x32=32.032.000 binären Eingängen und 32.000 binären Ausgängen. Sowohl die Anschlußzahlen als auch die Anzahl der benötigten junktorenlogischen Verknüpfungsglieder des lösenden Zuordners sind hier so hoch, daß dieser Zuordner praktisch nicht realisierbar ist. Derartige Gleichungssysteme könnte man also gar nicht mit technischen Mitteln lösen, wenn es nicht möglich wäre, anstelle des nicht realisierbaren Zuordners einen Automaten mit einer viel kleineren Zahl binärer Ein– und Ausgänge zu setzen, der nur einen viel einfacheren und deshalb realisierbaren Zuordner enthalten muß. Daß auf diese Weise trotzdem keine linearen Gleichungssysteme mit beliebig großer Anzahl von Unbekannten gelöst werden können, liegt daran, daß sowohl die Anzahl der benötigten Zustandskomponenten als auch die Anzahl der zur Lösung benötigten Automatenschritte überproportional mit n anwachsen.

Über die Aufbaustruktur eines Automaten, der Zuordnungsvorgänge durch Ketten von Automatenschritten realisiert, läßt sich Allgemeingültiges sagen, ohne daß dabei irgendwelche Annahmen über die aktuelle Zuordnungsfunktion gemacht werden. Es wurde gesagt, daß der Automat einen Zuordner enthalten muß, der nacheinander die Rolle der Teilnetze des großen Zuordners übernehmen kann. Außerdem muß der Automat die Speicherzellen für diejenigen Zustandskomponenten enthalten, die für die Verbindungen zwischen den Teilnetzen gebraucht werden. Es muß aber in dem Automaten auch irgendwo die Frage beantwortet werden, welche Rolle der rollenspielende Zuordner als nächstes übernehmen soll. Die Gesamtheit dieser Anforderungen läßt sich dadurch am einfachsten erfüllen, daß man den zu konstruierenden Automaten als System aus zwei Automaten aufbaut (s. Bild 169), von denen der eine das Rollenspiel übernimmt, wobei ihm der andere aber jeweils mitteilen muß, welche Rolle im aktuellen Automatenschritt gefordert ist. Der rollenspielende Automat wird *Operationsautomat* genannt, und der andere Automat, der den Operationsautomaten steuert, indem er ihm die zum Ziel führende Rollenfolge, d.h. Operationsschrittfolge vorschreibt, wird *Steuerautomat* genannt. Beide zusammen bilden den sogenannten *Steuerkreis*; diese Bezeichnung weist auf die Analogie zum Regelkreis (s. Bild 138) hin.

Der Zustand des Operationsautomaten ist durch zwei Anteile bestimmt: Zum einen muß sich der Zustand Z_{EXT} des externen Automaten in denjenigen Zeitintervallen, wo er definierte Werte hat (s. Bild 168), dem Zustandsvektor Z_{OP} des Operationsautomaten entnehmen lassen. Zum anderen muß jeder Ergebniswert eines Operationsschritts, soweit er als Schnittstellenwert zwischen Teilnetzen zu deuten ist, als Komponente von Z_{OP} gespeichert werden, und darin muß er bis zu demjenigen Operationsschritt erhalten bleiben, der als letzter zu einem Teilnetz gehört, welches diesen Schnittstellenwert als Eingabe benötigt.

Im Beispiel des Automaten, der die Funktion des Addierers aus Bild 164 als Kette von vier Automatenschritten realsieren soll, wobei jeder Automatenschritt umkehrbar eindeutig zu einem der vier gestrichelt abgegrenzten Teilnetze gehört, hat Z_{OP} nur eine einzige binäre Komponente. Denn zum einen ist Z_{EXT} unveränderlich, weil die externe Aufgabe eine Zuordneraufgabe ist, und demzufolge braucht man für Z_{EXT} keine Komponenten in Z_{OP}. Zum anderen liefern die rechten drei Teilnetze jeweils nur ein binäres Schnittstellenergebnis, welches an das jeweilige linke Nachbarnetz weitergegeben werden muß. Dafür braucht man in Z_{OP} eine binäre Komponente, um den jeweiligen Schnittstellenwert von einem Operationsschritt an den nächsten weitergeben zu können.

Die Ausgabe Y_{ST} des Steuerautomaten muß die Angabe enthalten, welche Rolle der Operationsautomat im aktuellen Schritt spielen muß, d.h. welcher Teilnetztyp zum aktuellen Operationsschritt gehört. Im betrachteten Beispiel zu Bild 164 kommen nur zwei unterschiedliche Teilnetztypen vor, nämlich einmal der Typ, der das Ergebnis e_0 liefert, und dreimal der Typ, der jeweils das Ergebnis e_1 bzw. e_2 bzw. e_3 liefert.

Wenn angenommen wird, daß die Eingabesequentialisierung und die Ausgabeparallelisierung von der Außenwelt durchgeführt werden, dann braucht diese Außenwelt jeweils die Information, wie für den aktuellen Operationsschritt die Belegung von X_{INT} in der Belegung von X_{EXT} liegt und welchen Beitrag die Belegung von Y_{INT} zur Belegung von Y_{EXT} liefert. Diese Information muß der Ausgabe Y_{ST} des Steuerautomaten entnommen werden können, denn nur dieser kennt die Zuordnung zwischen Teilnetzen und Operationsschritten. Im betrachteten Beispiel zu Bild 164 bedeutet dies, daß der Steuerautomat der Außenwelt mitteilen muß, welche Stellenwertigkeit zum jeweils aktuellen Operationsschritt gehört, denn die Aussenwelt muß ja wissen, wann sie (a_i, b_i) mit $i \in \{0, 1, 2, 3\}$ anliefern muß bzw. welche Binärstellen e_j im Ergebnisvektor Y_{EXT} mit Werten aus dem aktuellen Ausgabevektor (c_{i+1}, s_i) zu belegen sind.

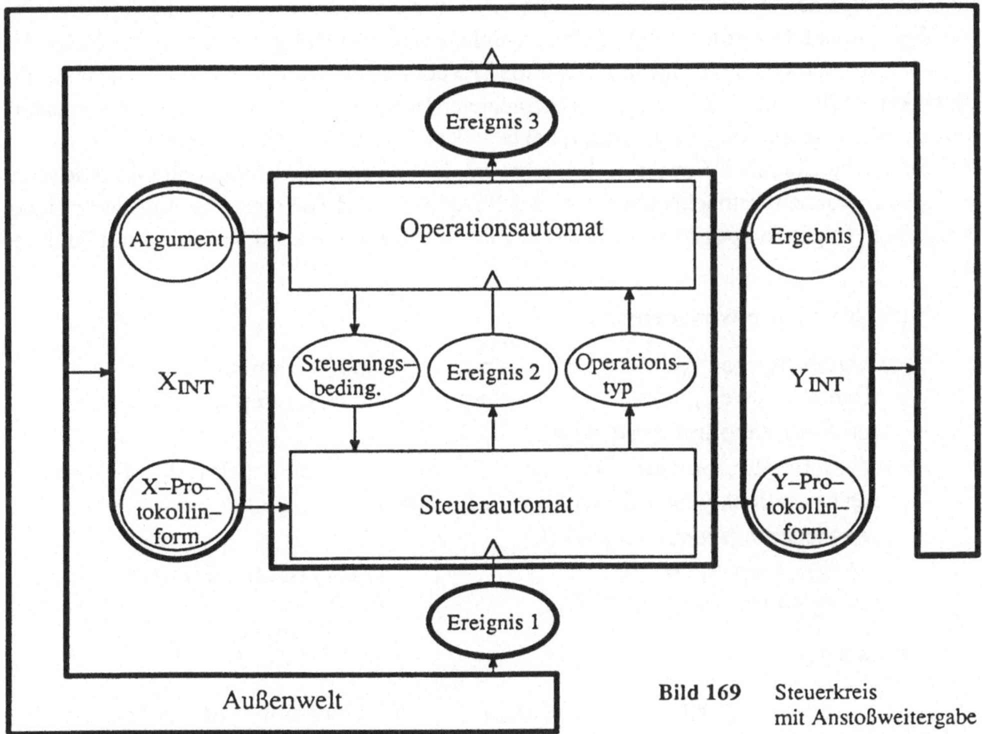

Bild 169 Steuerkreis mit Anstoßweitergabe

Bild 169 zeigt eine Möglichkeit, einen Operationsautomaten und einen Steuerautomaten zu einem Steuerkreis zu verbinden. Hier kommen die Schnittstellenvariablen X_{EXT} und Y_{EXT} nicht explizit vor, und dies bedeutet, daß hier die Eingabesequentialisierung und die Ausgabeparallelisierung in der Zuständigkeit der Außenwelt liegt. Deshalb bestehen die beiden Variablen X_{INT} und Y_{INT} jeweils aus zwei Komponenten. Im *Argument* wird dem Operationsautomaten die zum aktuellen Operationsschritt gehörende Eingabe geliefert, und im *Ergebnis* erfolgt die entsprechende Ausgabe. Die beiden Komponenten *X–Protokollinformation* und *Y–Protokollinformation* dienen dazu, daß sich der Steuerautomat und die Außenwelt darüber verständigen können, welcher Ausgabeparallelisierungsschritt aktuell durchgeführt werden muß und welcher Eingabesequentialisierungsschritt als nächster erfolgt. Die Variablen X_{INT} und Y_{INT} dienen ausschließlich der Wertkommunikation. Die erforderliche Ereigniskommunikation geschieht über die Variablen *Ereignis1* und *Ereignis3*. Über die Variable *Ereignis2* wird jeweils ein Operationsschritt ausgelöst, wenn der Steuerautomat auf dieser Variablen sein Aktionsende meldet.

Daß der Operationsautomat für jeden Operationsschritt das Eingabepaar (*Argument, Operationstyp*) benötigt, folgt aus der bisherigen Beispielsbetrachtung. Dabei gab es aber keinen Hinweis dafür, daß auch der Steuerautomat zusätzlich zum Anstoß noch eine Eingabe in Form des Paares (*X–Protokollinformation, Steuerungsbedingungen*) benötigt. Im Falle des Beispiels zu Bild 164 wird eine solche Eingabe vom Steuerautomaten tatsächlich nicht benötigt, denn die Folge der Operationstypen für die vier Operationsschritte, die für die Bestimmung von Y_{EXT} gebraucht werden, liegt hier von vornherein fest und hängt weder von der Folge der X_{INT}–Werte noch von der Folge der Zustände Z_{OP} des Operationsautomaten ab. Diese Unabhängigkeit ist aber nur ein Merkmal des betrachteten Beispiels und kann nicht verallgemeinert werden. Weiter unten folgt ein Beispiel, bei dem der Steuerautomat in bestimmten Zuständen die zusätzliche Eingabeinformation braucht, um den jeweils auszugebenden Operationstyp festlegen zu können. Zunächst aber wird das Beispiel zu Bild 164 weiter verfolgt. Für dieses Beispiel gilt folgende Spezialisierung der in Bild 169 vorkommenden Variablen und Funktionen :

Variable und ihre Wertebereiche:

Argument = (a_i, b_i) mit rep a_i = rep b_i = { 0, 1 }
Ergebnis = (c_{i+1}, s_i) mit rep c_{i+1} = rep s_i = { 0, 1 }
rep X–Protokollinformation = ∅
Y–Protokollinformation = i mit rep i = { 0, 1, 2, 3 }
rep Operationstyp = { *Erstschritt, Folgeschritt* }
rep Steuerungsbedingungen = ∅
rep Z_{OP} = rep c_{i+1} = { 0, 1 }; $Z_{OP}(1)$ ist ohne Einfluß.
rep Z_{ST} = rep i = { 0, 1, 2, 3 }; $Z_{ST}(1) = 0$

Funktion ω_{OP}:

$$[\, c_{i+1}(n), s_i(n) \,] = \begin{cases} [\, a_i(n) + b_i(n) \,]_{\text{Dualzahl}} & \text{falls Operationstyp}(n) = \textit{Erstschritt} \\ [\, a_i(n) + b_i(n) + Z_{OP}(n) \,]_{\text{Dualzahl}} & \text{sonst} \end{cases}$$

Funktion δ_{OP}: $Z_{OP}(n+1) = c_{i+1}(n)$

Funktion ω_{ST}:

$$[\text{Operationstyp}(n), \text{Y-Protokollinform.}(n)] = \begin{cases} [\textit{Erstschritt}, 0] & \text{falls } Z_{ST}(n) = 0 \\ [\textit{Folgeschritt}, Z_{ST}(n)] & \text{sonst} \end{cases}$$

Funktion δ_{ST}: $Z_{ST}(n+1) = [\, Z_{ST}(n) + 1 \,]_{\text{mod } 4}$

Als nächstes soll nun das bereits angekündigte andere Beispiel betrachtet werden, bei dem das Eingabepaar (*X–Protokollinformation, Steuerungsbedingungen*) vom Steuerautomaten gebraucht wird. Auch in diesem Fall soll wieder ein Zuordnungsvorgang als Folge von Operationsschritten realisiert werden. Einer nichtnegativen reellen Zahl r soll ein Näherungswert w für ihre Quadratwurzel zugeordnet werden, wobei dieser Näherungswert nach einem bestimmten numerischen Verfahren gewonnen werden soll. Dieses Verfahren besteht darin, eine Folge von Werten w_i zu berechnen, wobei die Folge mit w_1=r beginnt und ein nächstes Element w_{i+1} jeweils nur dann noch zur Folge hinzukommt, wenn zwei Bedingungen erfüllt sind: Zum einen muß $w_i \neq 0$ gelten, und zum anderen muß entweder i=1 sein oder der relative Betrag der Differenz zwischen w_{i-1} und w_i muß eine vorgegebene Schwelle ε überschreiten. Der relative Betrag der Differenz soll dabei nach der Formel

$$\text{Rel.Diff.}\,(w_{i-1}, w_i) = \frac{|w_{i-1} - w_i|}{w_i}$$

berechnet werden. Ein nächstes Folgenelement soll nach der Formel

$$w_{i+1} = \text{Folgeelement}\,(r, w_i) = \frac{1}{2} \cdot \left(\frac{r}{w_i} + w_i \right)$$

berechnet werden. Bild 170 zeigt anhand eines Zahlenbeispiels, daß dieses Verfahren tatsächlich mit jedem Schritt bessere Näherungswerte für $\sqrt{r}$ liefert.

Näherungswert des Wurzelwertes w_i	Relative Differenz $\frac{|w_{i-1} - w_i|}{w_i} \cdot 100\%$
w_1 = r = 9	nicht definiert
w_2 = 5	80%
w_3 = 3.4	47%
w_4 = 3.024	12.4%
w_5 = 3.0000	0.80%

Bild 170 Zur Konvergenz des Wurzelnäherungsverfahrens

Für dieses Beispiel gilt folgende Spezialisierung der Variablen und Funktionen für das Aufbaumodell in Bild 169:

Variable und ihre Wertebereiche:

Argument = (r, ε) mit rep r = nichtnegative reelle Zahl
und rep ε = positive reelle Zahl
Ergebnis = (w_i, Näherungsstatus) mit rep w_i = rep r
und rep Näherungsstatus = { *gut*, *schlecht* }
X–Protokollinform. = Start mit rep Start = { *nein*, *ja* }
Y–Protokollinform. = Relevanzstatus
mit rep Relevanzstatus = { *irrelevant*, *relevant* }

rep Operationstyp = { *Pause*, *Laden*, *Rechnen* }
Steuerungsbedingungen = Näherungsstatus
Z_{OP} = (r_Z, ε_Z, w_Z) mit rep r_Z = rep r
und rep ε_Z = rep ε
und rep w_Z = rep w_i
$Z_{OP}(1)$ ist ohne Einfluß.
rep Z_{ST} = { *Vorlauf*, *Arbeit*, *Ruhe* }; $Z_{ST}(1)$ = *Vorlauf*

Funktion ω_{OP}:

$$[w_i(n), \text{Näherungsstatus}(n)] = \begin{cases} [w_Z(n+1), \textit{schlecht}] & \text{falls } (\text{OP–Typ}(n) = \textit{Laden} \text{ und } r(n) \neq 0) \\ & \text{oder } (\text{OP–Typ}(n) = \textit{Rechnen} \text{ und } \text{Rel.Diff.}[w_Z(n), w_Z(n+1)] > \varepsilon_Z(n)) \\ [w_Z(n+1), \textit{gut}] & \text{sonst} \end{cases}$$

Funktion δ_{OP}:

$$[r_Z(n+1), \varepsilon_Z(n+1), w_Z(n+1)] = \begin{cases} [\, r(n), \varepsilon(n), r(n) \,] & \text{falls } [\text{ OP–Typ} = \textit{Laden} \,] \\ [\, \text{irrel., irrel.}, w_Z(n) \,] & \text{falls } [\text{ OP–Typ} = \textit{Pause} \,] \\ [\, r_Z(n), \varepsilon_Z(n), \text{Folgeelement } [r_Z(n), w_Z(n)] \,] & \text{sonst} \end{cases}$$

Die Zustandszahl des Operationsautomaten ist in diesem Beispiel sehr groß. Man kann beispielsweise annehmen, daß für jede der drei Zustandskomponenten r_Z, ε_Z und w_Z, in denen ja reelle Zahlen gespeichert werden müssen, 32 Binärstellen vorgesehen seien. Dann sind $2^{96} \approx 10^{29}$ unterschiedliche Zustände Z_{OP} möglich. Es ist selbstverständlich, daß in diesem Fall die Funktionen ω_{OP} und δ_{OP} nur durch Formeln und nicht durch einen Graphen spezifiziert werden können. Dagegen hat der zugehörige Steuerautomat nur drei unterschiedliche Zustände, so daß hier die anschaulichere Graphendarstellung der Automatenfunktionen durchaus angebracht ist (s. Bild 171).

Der Zustand *Vorlauf* wird als Anfangszustand gebraucht, damit als Y–Protokollinformation der Hinweis auf die Irrelevanz des Ergebnisses gegeben werden kann, solange das erste Startereignis noch nicht aufgetreten ist. Denn Start ist ja eine Komponente von X_{INT}, und es ist deshalb durchaus möglich, daß unmittelbar nach Inbetriebnahme des Systems in Bild 169 mehrfach das *Ereignis1* als Anstoß auftritt, ohne daß dabei die Startvariable den Wert *ja* hat. Der anläßlich dieser Anstöße ausgegebene Wert der Ergebnisvariablen muß als irrelevant gekennzeichnet werden, denn er wurde ja nicht aus einem relevanten Wert des Radikanden r gewonnen.

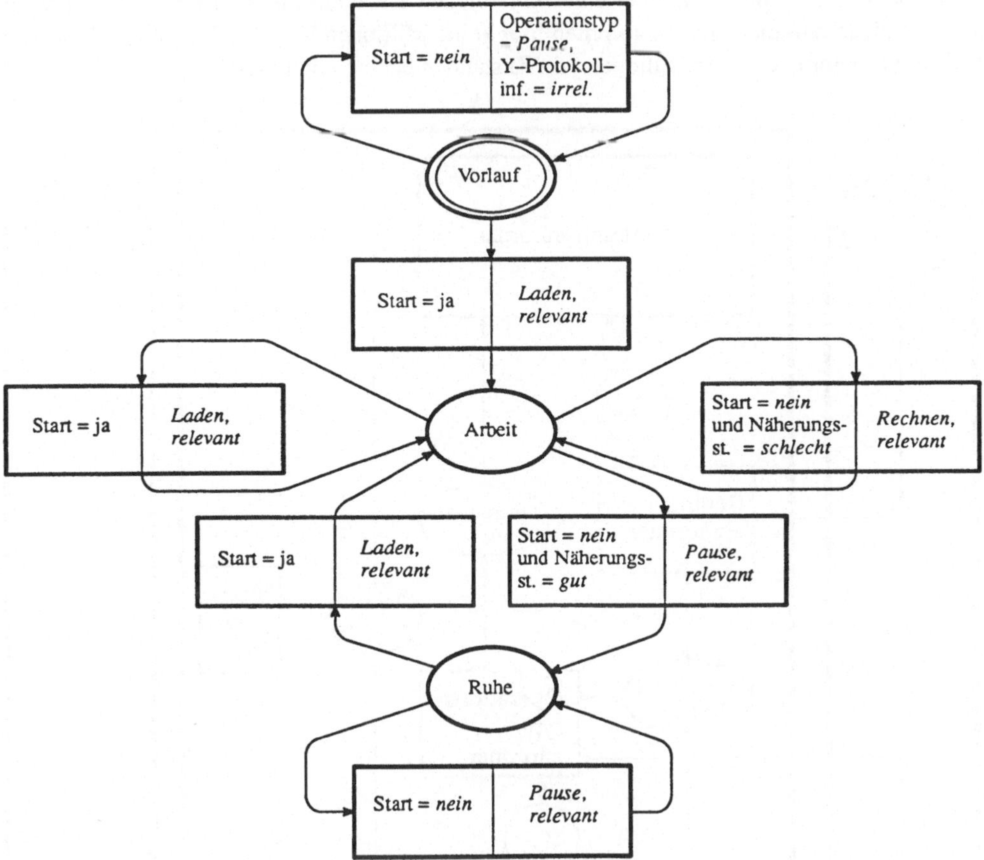

Bild 171 Graph des Steuerautomaten zur Wurzelberechnung mit einem Steuerkreis mit Anstoßweitergabe

Während die Steueraufgabe vom Prinzip her informationeller Natur ist, können die Operationsschritte grundsätzlich auch materiell–energetischer Natur sein. So kann man sich den Operationsautomaten auch als gesteuerte Werkzeugmaschine vorstellen mit den Operationstypen *Einspannen, Bohren, Drehen, Fräsen* und *Ausspannen.* Welche Arbeitsschritte nacheinander auf ein Werkstück anzuwenden sind, weiß der Steuerautomat. Falls es unterschiedliche Werkstückstypen gibt, kann der Typ beim Einspannen vom Operationsautomaten erkannt und als Steuerungsbedingung dem Steuerautomaten mitgeteilt werden, damit dieser jeweils die zum Werkstückstyp passende Operationsschrittfolge vorgeben kann.

Bei der Konstruktion des Operationsautomaten braucht man sich also nur um die Bereitstellung des Repertoirs von Operationstypen zu kümmern, d.h. man braucht immer nur an einzelne Schritte und nie an eine Schrittfolge zu denken. Deshalb kann man im Operationsautomaten auch riesengroße Zustandsmengen und entsprechend mächtige verknüpfende Zuordner einführen, ohne daß dies zu unübersichtlichen Strukturen führt. Dagegen muß man bezüglich des Steuerautomaten in Abläufen denken, die man in Graphen oder tabellarisch beschreibt, und deshalb bleibt die Anzahl der unterschiedlichen Steuerzustände im Bereich der praktischen Aufzählbarkeit – d.h. es kommen hier keine Millionen in Betracht, während man im Operationsautomaten auch Billionen von Zuständen beherrschen kann.

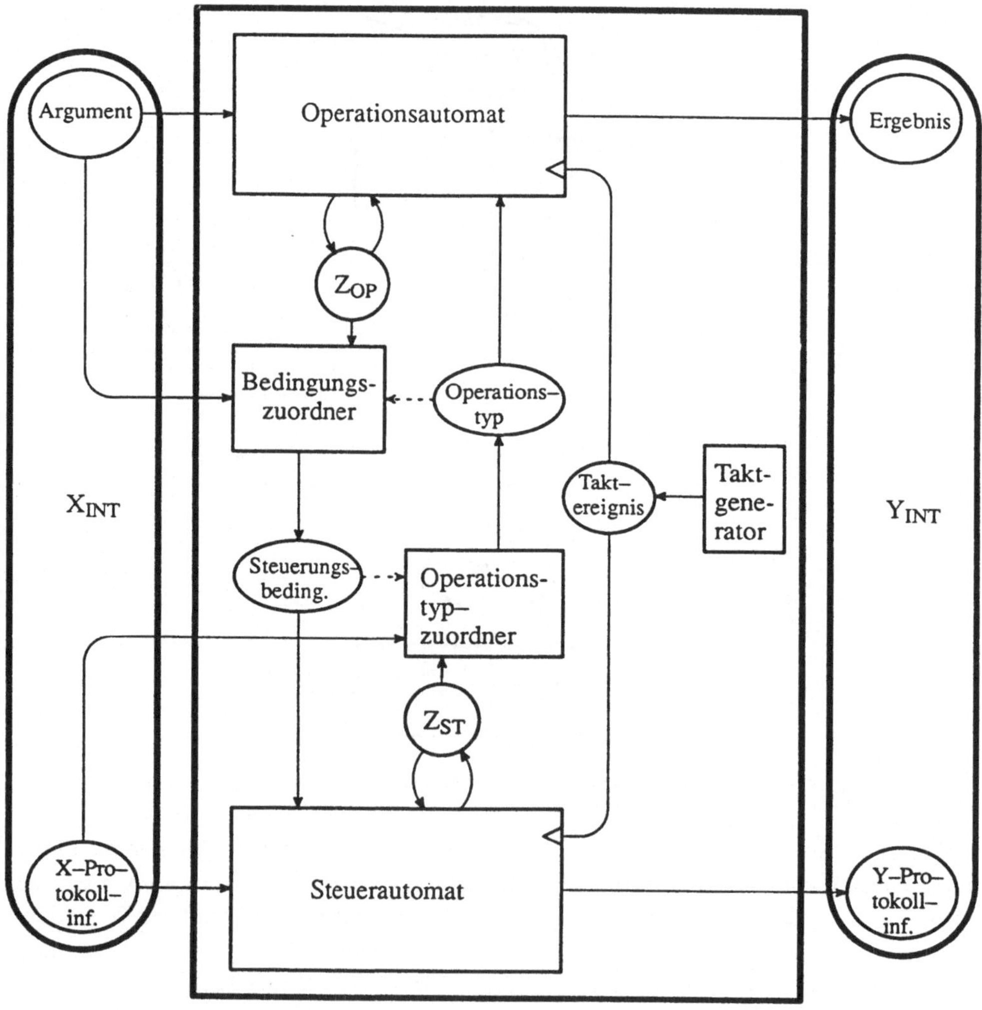

Bild 172 Steuerkreis mit gleichphasiger Taktung

Die Vorgänge im Steuerkreis mit Anstoßweitergabe (s. Bild 169) sind leicht vorstellbar, weil sich die Steuerschritte und die Operationsschritte abwechseln. Man kann jedoch einen Steuerkreis auch so gestalten, daß darin jeweils ein Steuerschritt und ein Operationsschritt gleichzeitig angestoßen werden (s. Bild 172). Derartige gleichphasig getaktete Steuerkreise haben große praktische Bedeutung, weil sie als elektronische Schaltungen aufwandsgünstig realisiert werden können, und deshalb wird das Prinzip im folgenden näher erläutert.

Ein grundsätzliches Problem beim gleichphasig getakteten Steuerkreis besteht darin, daß nun der Operationstyp und die Steuerungsbedingungen gleichzeitig zur Verfügung stehen müssen, wogegen die ursprüngliche Anschauung verlangt, daß sie in abwechselnder Folge gewonnen werden. Es wird also nun gefordert, daß die jeweilige Information schon zur Verfügung gestellt wird, bevor der Automat, der sie eigentlich liefern müßte, angestoßen wird. Dies ist aber nur machbar, wenn der Steuerkreis nicht nur aus zwei im Kreis verbundenen, anzustossenden Automaten besteht. Hilfreich sind in diesem Fall die Überlegungen, die im Zusammenhang mit Bild 157 im Abschnitt 3.1.2.4 über Wert- und Ereigniskommunikation vorgestellt wurden. Dort geht es nämlich um eine Aufbaustruktur, deren Verhalten durch das Zusammenwirken eines Automaten mit einem Zuordner bestimmt wird. Wenn man diese Art Aufbaustruktur sowohl für die Operationsseite als auch für die Steuerseite im Steuerkreis vorsieht, erhält man den Steuerkreis in Bild 172.

Der Operationstyp bzw. die Steuerungsbedingungen werden hier nicht durch den Steuer- bzw. Operationsautomaten geliefert, sondern durch Zuordner, die jeweils lesenden Zugriff auf X_{INT} und Z_{ST} bzw. Z_{OP} und darüberhinaus auch noch auf den Ausgang des jeweils anderen Zuordners haben. Die Zugriffspfeile von den Zuordnerausgängen zu dem jeweils anderen Zuordner sind gestrichelt dargestellt. Damit soll die Aufmerksamkeit des Betrachters auf eine formale Abhängigkeitsschleife gelenkt werden, die nicht wirksam werden darf, wenn das System determiniertes Verhalten zeigen soll. Entweder muß einer der gestrichelten Pfeile im konkreten Fall entfallen, oder aber im konkreten Fall muß sichergestellt sein, daß das Tupel $(X_{INT}, Z_{ST}, Z_{OP})$ nur solche Werte annimmt, daß die Schleife unwirksam bleibt. Hierzu wird das einfache Beispiel in Bild 173 betrachtet. Wenn sichergestellt ist, daß das Variablenpaar (a_1, a_2) nie die Wertekombination (1, 0) annimmt, bleibt die Schleife unwirksam, denn in den durch die anderen drei Wertekombinationen (0, 0), (0, 1) und (1, 1) bestimmten Fällen kann die Schleife jeweils an einer Stelle aufgetrennt gedacht werden. Bild 173 zeigt die Auftrennungsstelle für den Fall (1, 1).

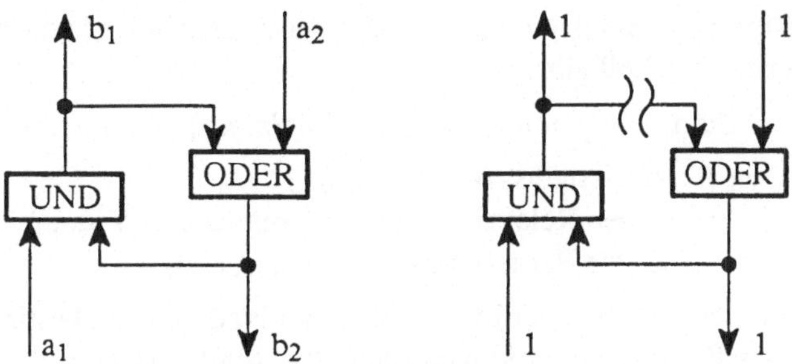

Bild 173 Zum Begriff der unwirksamen Zuordnerschleife

Die Zuordner "sehen" jeweils alle Informationen, die den nächsten Automatenschritt bestimmen, schon bevor der Anstoß zu diesem Schritt erfolgt, denn das Tupel (X_{INT}, Z_{ST}, Z_{OP}) liegt ja schon vor dem Anstoß fest. Deshalb können die Zuordner auch schon vor dem Anstoß die zugehörigen Ausgangsinformationen bestimmen, denn die Zuordner sollen ja solche sein, die keinen Anstoß brauchen.

Beim Steuerkreis mit Anstoßweitergabe in Bild 169 erfolgt die Ereigniskommunikation zwischen der Außenwelt und dem Steuerkreissystem über die Variablen *Ereignis1* und *Ereignis3*. Da es diese Ereigniskanäle im getakteten Steuerkreis in Bild 172 nicht gibt, kann die Ereigniskommunikation in diesem Fall nur über die Variablen X_{INT} und Y_{INT} laufen. Das *Argument* und das *Ergebnis* als die Variablen für den Ein– und Ausgabewert des aktuellen Operationsschritts scheiden für die Ereigniskommunikation selbstverständlich aus, so daß nur die beiden Protokollvariablen dafür benutzt werden können.

Beim Steuerkreis mit Anstoßweitergabe in Bild 169 sind die Außenwelt und das Steuerkreissystem derart miteinander synchronisiert, daß die Außenwelt pro Operationsschritt einen neuen X_{INT}–Wert vorgeben kann. Dies ist im Falle des getakteten Steuerkreises nicht mehr möglich, da der Taktgenerator seine Anstoßereignisse völlig unabhängig von der Außenwelt erzeugt. Die zeitliche Lage der Wertübergänge bei X_{INT} kann deshalb nicht mit den Zeitpunkten der Taktereignisse korreliert sein. Daraus ergibt sich das sogenannte *Asynchronitätsproblem.*

Dieses Problem kann leicht anhand von Bild 166 erläutert werden: Das dortige Petrinetz schreibt vor, daß in der Zeit zwischen dem Anstoß und dem Aktionsende eines durch Zuordner realisierten Automaten keine Wertänderungen bei der Variablen X vorkommen dürfen, weil sonst die eindeutige Berechnung der Funktionsergebnisse von ω und δ nicht mehr gewährleistet wäre. Da nun aber die Umgebung des Steuerkreises in Bild 172 die zeitliche Lage der jeweils durch ein Taktereignis ausgelösten Schritte der getakteten Automaten nicht kennt, kann sie auch nicht dafür sorgen, daß eine Wertänderung der Variablen X_{INT} immer nur außerhalb der Aktionsintervalle der Automaten auftritt. Es muß nun also das Problem gelöst werden, ein korrektes Automatenverhalten zu garantieren, obwohl sich während des Berechnungsvorgangs von ω und δ die Werte von Komponenten der Variablen X ändern können. Das Problem wäre unlösbar, wenn man nicht voraussetzen dürfte, daß ein Kommunikationsprotokoll eingehalten wird, welches die Wertänderungen der hier betrachteten Eingangsvariablen in ein Folgengeflecht mit Wertänderungen von Ausgangsvariablen einbindet.

Bild 174 zeigt ein solches Kommunikationsprotokoll für den wurzelziehenden Steuerkreis und seine Umgebung. Für dieses Protokoll gilt

X–Protokollinform. = Start mit rep Start = { *nein, ja* }

Y–Protokollinform. = (Relevanzstatus, Betriebsstatus)
mit rep Relevanzstatus = { *irrelevant, relevant* }
und rep Betriebsstatus = { *passiv, aktiv* }

Die Variablen Start und Betriebsstatus dienen der Ereigniskommunikation, denn bestimmte Wertsprünge bei diesen Variablen führen im Protokoll in Bild 174 zu Markenflüssen über Zuständigkeitsgrenzen hinweg.

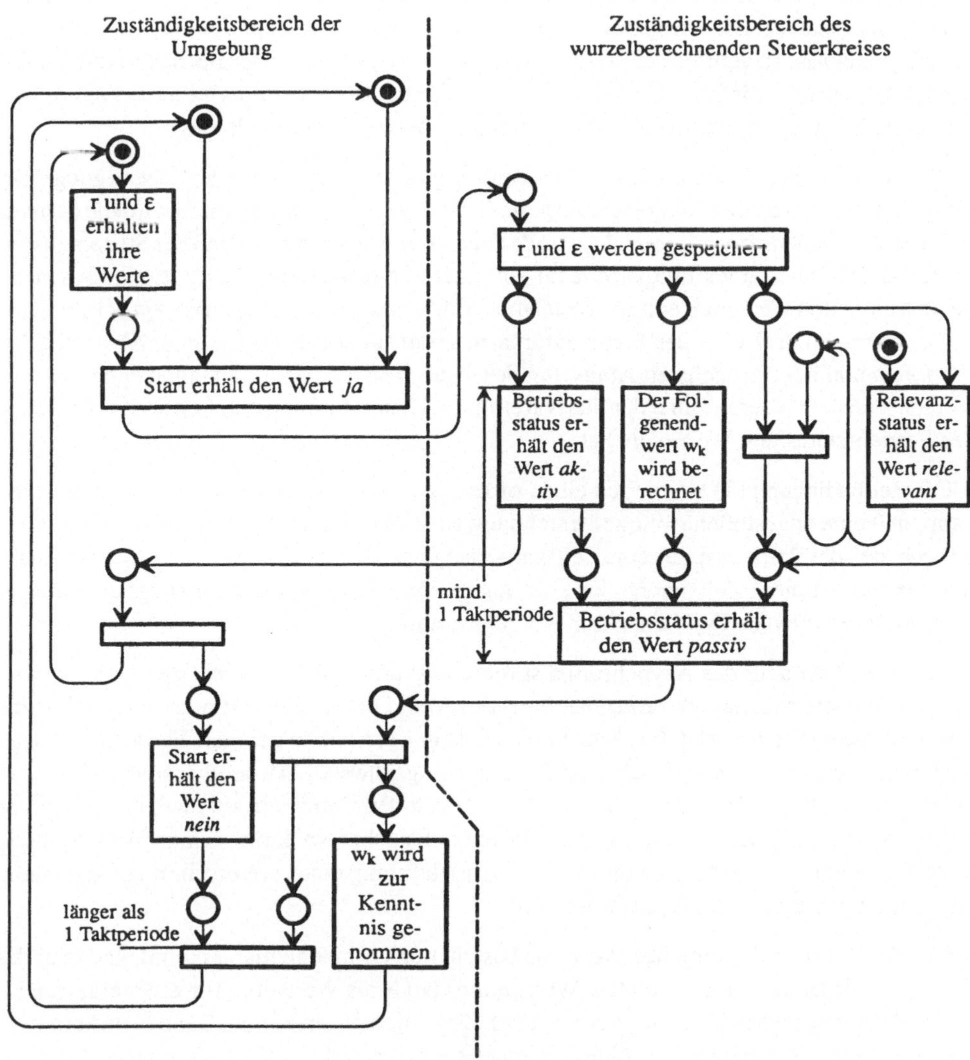

Bild 174 Kommunikationsprotokoll zur Verwendung des getakteten Steuerkreises in Bild 172 als Wurzelberechner.

Ein Protokoll, das zur Lösung des Asynchronitätsproblems eingeführt wird, muß immer vorschreiben, daß nach einer Wertänderung einer Ereignisvariablen die nächste Wertänderung erst folgen darf, nachdem der jeweilige Empfänger das Ereignis zur Kenntnis nehmen konnte. Im Beispiel im Bild 174 wurden hierzu folgende zwei Annahmen gemacht: (1) Der Steuerautomat richtet seine Aufmerksamkeit auf die Startvariable von dem Zeitpunkt an, zu dem der Betriebsstatus den Wert *passiv* erhält, bis die Startvariable auf den Wert *ja* springt. Er kann den Sprung auf den Wert *ja* bei der Startvariablen garantiert zur Kenntnis nehmen, wenn das

Variablenpaar (Betriebsstatus, Start) mehr als eine Taktperiode lang die Wertekombination (*passiv, nein*) hat. (2) Die Umgebung richtet ihre Aufmerksamkeit auf den Betriebsstatus von dem Zeitpunkt an, zu dem sie der Startvariablen den Wert *ja* gibt, bis der Betriebsstatus auf den Wert *passiv* springt. Sie kann die beiden Wertsprünge des Betriebsstatus garantiert zur Kenntnis nehmen, wenn diese mindestens eine Taktperiode weit auseinanderliegen.

Die Zeitbedingung (1) in diesem Protokoll ergibt sich aus folgender Überlegung: Der Steuerautomat wird vom Taktgenerator periodisch angestoßen, und deshalb wird die Startvariable in Abständen von je einer Taktperiode abgetastet. Dies bedeutet, daß der Steuerautomat in Abständen von je einer Taktperiode für eine kurze Zeitspanne auf die Startvariable schaut, um den aktuellen Wert zur Kenntnis zu nehmen. Ein Wertsprung von *nein* nach *ja* bei der Startvariablen muß sich also für den Steuerautomaten derart äußern, daß er bei einer Abtastung den Wert *nein* und bei der nächsten Abtastung den Wert *ja* sieht. Dabei muß auch noch beachtet werden, daß der Steuerautomat der Startvariablen gar keine Aufmerksamkeit schenkt, solange der Betriebsstatus den Wert *aktiv* hat.

Die Zeitbedingung (2) ist einfach eine Forderung an die Umgebung. Damit sie feststellen kann, daß eine angestoßene Wurzelberechnung ans Ende gekommen ist, muß sie feststellen können, daß der Betriebsstatus eine Zeitspanne lang den Wert *aktiv* hatte. Im Extremfall, nämlich für r=0, ist diese Zeitspanne nur eine Taktperiode lang, denn dann genügt ein einziger Operationsschritt vom Typ *Laden* zur Wurzelberechnung.

Kennzeichnend für das Asynchronitätsproblem ist immer die Möglichkeit von Wertänderungen in einem sogenannten *Entscheidungsintervall*. Dies ist ein Zeitintervall, in dem eine Variable abgetastet wird mit dem Ziel, ihren Wert zur Kenntnis zu nehmen. Da der Abtastwert derjenige Wert ist, den die Variable im Entscheidungsintervall hat, muß er undefiniert sein, falls die Variable innerhalb des Intervalls ihren Wert ändert. Trotzdem aber will man ein protokollgerechtes Verhalten des abtastenden Systems. Es geht also darum, einen Wertsprung in einer Folge von Werten festzustellen, die durch Abtastung eines unkorreliert zur Abtastung sich ändernden Binärsignals bestimmt wird.

Der Schlüssel zur Lösung des Problems besteht nun darin, daß man erkennt, daß man das "Zurkenntnisnehmen" eines solchen Wertsprungs bei X als Wertänderung einer einzigen binären Komponente des Variablenpaares [Y(n), Z(n+1)] realisieren muß. Denn dann kommt es nur noch darauf an, ob innerhalb eines Automatenschritts, in dem [Y(n), Z(n+1)] als Ergebnis der Funktionen ω und δ berechnet wird, eine bestimmte binäre Komponente dieses Variablenpaares auf 0 oder auf 1 gesetzt wird. Wenn nämlich nun der Wertsprung bei X in das Entscheidungsintervall fällt, dann ist es gleichgültig, auf welchen der beiden Binärwerte die zur Kenntnisnahme vorgesehene Variable in [Y(n), Z(n+1)] gesetzt wird, denn entweder wird das Ereignis in diesem Automatenschritt schon zur Kenntnis genommen oder aber aufgrund des Protokolls garantiert im nächsten. Würde man mehr als eine Binärkomponente in [Y(n), Z(n+1)] von dem externen Ereignis in X abhängig machen, dann müßte man mit dem Fall einer "teilweisen Kenntnisnahme" rechnen, d.h. es könnten Wertebelegungen des Variablenpaares [Y(n), Z(n+1)] auftreten, die weder eindeutig der Nochnichtkenntnisnahme noch eindeutig der Kenntnisnahme zuzuordnen wären.

Diese abstrakten Überlegungen sollen an einem Beispiel veranschaulicht werden. Vier Rentner wohnen in vier verschiedenen Straßen eines Dorfes und haben kein Telefon. Sie wollen sich jeden Abend, wenn es dunkel wird, im Wirtshaus treffen, wohin jeder zehn Minuten zu gehen hat. Sie wollen dort möglichst gemeinsam zur vollen Stunde ankommen. Die Entscheidung der Frage, ob es schon dunkel sei , haben sie an die Straßenbeleuchtung gebunden, die zentral für das ganze Dorf von einem Angestellten im Rathaus eingeschaltet wird, wenn dieser meint, daß es dunkel genug sei. Die Schaltzeitpunkte sind deshalb nicht konstant, sondern hängen vom Wetter und von der Jahreszeit ab. Dem asynchronen Ereignis in X entspricht hier das Einschalten der Straßenbeleuchtung, den Abtastereignissen, also den Taktzeitpunkten entsprechen hier die Zeitpunkte jeweils zehn Minuten vor der vollen Stunde. Wenn nun jeder der vier Rentner jeweils zu diesen Zeitpunkten kurz aus dem Fenster schaut, um zu sehen, ob die Straßenbeleuchtung schon brennt, dann können kleine Zeitdifferenzen von ein paar Sekunden schon dazu führen, daß, wenn zufällig gerade zu dieser Zeit eingeschaltet wird, ein Teil der Gruppe das Einschalten noch zur Kenntnis nimmt und zum Wirtshaus aufbricht, während der Rest der Gruppe noch eine weitere Stunde zu Hause bleibt. Eine derartige teilweise Kenntnisnahme ist unerwünscht.

Nun wird wieder das Beispiel des wurzelziehenden Steuerkreises betrachtet, der nun als gleichphasig getakteter Steuerkreis unter Berücksichtigung des Asynchronitätsproblems realisiert werden soll. Für das Teilsystem aus Operationsautomat und Bedingungszuordner in Bild 172 können die Funktionen von S. 306, die für den Operationsautomaten aus Bild 169 gelten, unverändert übernommen werden. Für das aus dem Steuerautomaten und dem Steuerzuordner bestehende Teilsystem gilt der Automatengraph in Bild 175.

In den Zustandsknoten sind die Operationstypen eingetragen, die diesen Steuerzuständen Z_{ST} durch den Steuerzuordner zugeordnet werden. Diese Eintragung ist in diesem Fall möglich, weil hier der Operationstyp nur von Z_{ST} abhängt.

Der Steuerautomat zur Wurzelberechnung braucht im gleichphasig getakteten Steuerkreis fünf Zustände, während er im Steuerkreis mit Anstoßweitergabe nur drei Zustände braucht. Andererseits aber ist der getaktete Steuerkreis mit der Wurzelberechnung schneller fertig als der Steuerkreis mit Anstoßweitergabe. Denn für eine Wurzelberechnung mit k Näherungsschritten braucht der Steuerkreis mit Anstoßweitergabe (k+2) Operationsschritte und dementsprechend auch noch (k+2) Steuerschritte, also insgesamt eine Folge von (2k+4) Automatenschritten. Für die gleiche Aufgabe benötigt der gleichphasig getaktete Steuerkreis aber nur die Zeit von (k+3) Automatenschritten, denn in diesem Steuerkreis werden ja in der Zeitdauer eines Automatenschritts parallel nebeneinander sowohl ein Operations– als auch ein Steuerschritt ausgeführt.

Der Graph des Steuerautomaten in Bild 175 berücksichtigt den Sachverhalt, daß die Protokollvariable *Start* eine binäre Variable ist, so daß der dort beobachtbare Werteverlauf sowohl Vorder– als auch Rückflanken hat. In den Zuständen 1 und 2 wird auf die Startvorderflanke gewartet, im Zustand 5 auf die Startrückflanke.

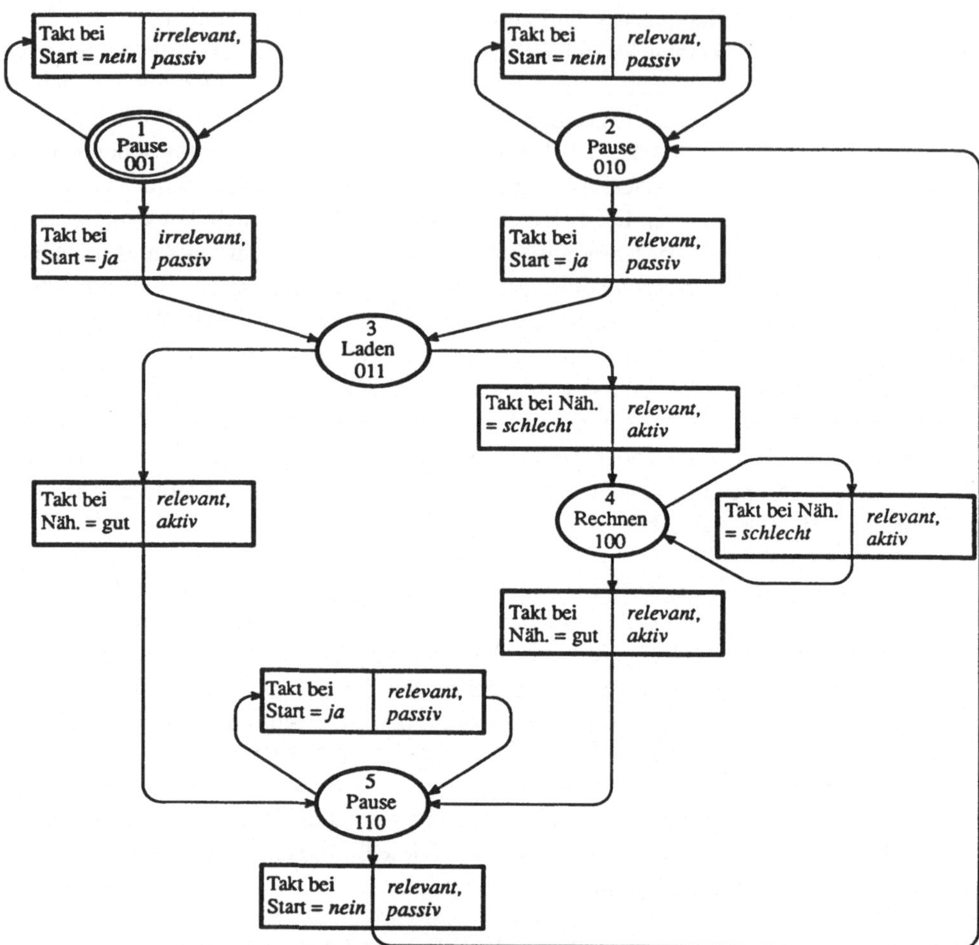

Bild 175 Graph des Steuerautomaten zur Wurzelberechnung mit einem getakteten Steuerkreis nach Bild 172

In den Zustandsknoten ist unter anderem jeweils eine dreistellige Binärfolge als Zustandsbenennung eingetragen, denn das Prinzip zur Lösung des Asynchronitätsproblems geht ja davon aus, daß es in dem Variablenpaar [Y(n), Z(n+1)] Binärkomponenten gibt, in deren Werten sich das Zurkenntnisnehmen asynchroner Ereignisse äußern soll. Daß der mit Bild 175 beschriebene Automat die asynchronen Flanken des Startsignals gemäß dem beschriebenen Lösungsprinzip korrekt "einfängt", kann man leicht erkennen: Im Falle $Z_{ST} \in \{1, 2\}$ ist die Aufmerksamkeit des Automaten ausschließlich auf die Vorderflanke von Start gerichtet, und die Kenntnisnahme äußert sich darin, daß genau eine Binärkomponente von Z_{ST} eins wird, wie man an den Zustandsübergängen (001)→(011) bzw. (010)→(011) sieht. Daß die Vorderflanke von Start sonst keine direkte Wirkung hat, erkennt man an den paarweise inhaltsgleichen Ausgabefeldern der Transitionen, zu denen man ausgehend von den Zuständen $Z_{ST} \in \{1, 2\}$ gelangt. Auf die Rückflanke von Start richtet der Automat seine Aufmerksamkeit erst, nachdem er den Zustand 5 erreicht hat. Die Kenntnisnahme der Startrückflanke äußert sich hier ausschließlich im Nullwerden der linken Binärkomponente von Z_{ST}.

Zu Beginn dieses Abschnitts über den Systemaufbau aus Zuordnern wurden drei Verhaltenstypen genannt, nämlich der Zuordner, der Automat und das System mit Nebenläufigkeit. Es wurde nun gezeigt, daß man Automaten als Netze aus Zuordnern (s. Bild 166) und Zuordner als Netze aus Automaten (s. Bilder 169 und 172) aufbauen kann. Das eine ist selbstverständlich, das andere aber nicht: Daß man ein komplexes System aus weniger komplexen Teilsystemen aufbauen kann, wird niemanden überraschen. Daß es aber zweckmäßig sein kann, ein System mit einem Verhaltensmodell geringer Komplexität aus Teilsystemen mit komplexeren Verhaltensmodellen aufzubauen, ist eine wichtige Erkenntnis dieses Abschnitts.

3.2 Programmierte Instanzen

3.2.1 Der Programmbegriff

3.2.1.1 Abwickler und Rollensystem

Zu Beginn des Kapitels 3 über informationelle Systeme und Prozesse wurde als Vorschau zum Abschnitt 3.2 über programmierte Instanzen gesagt, daß es hier um die Universalität geht, d.h. also darum, mit einer einzigen Systemkonstruktion einen möglichst großen Ausschnitt allen denkbaren Verhaltens zu erfassen. Wenn man ein System als programmierbar bezeichnet, dann meint man damit, daß man dieses System durch Vorgabe eines Programmes dazu bringen kann, die Rolle eines gewünschten Systems zu spielen – so wie ein Schauspieler durch vertragliche Verpflichtung auf einen bestimmten Theatertext dazu gebracht wird, die Rolle des Wallenstein oder des Hauptmanns von Köpenick zu spielen. Programmierung verbindet also immer zwei Systeme miteinander, nämlich zum einen dasjenige System, welches in der Lage ist, unterschiedliche Programme abzuwickeln – im Beispiel ist dies der Schauspieler –, und zum anderen dasjenige System, dessen Rolle durch Abwicklung eines aktuellen Programmes gespielt werden soll – im Beispiel ist dies die gespielte Bühnenfigur. Diese beiden bei der Programmierung untrennbar miteinander verbundenen Systeme werden im folgenden als *Abwickler* und als *Rollensystem* bezeichnet.

Das Beispiel des Schauspielers, der eine Rolle spielt, veranschaulicht sehr klar die Klasse der sogenannten *prozeßorientierten Programme*; aber daneben gibt es auch noch die Klasse der *ergebnisorientierten Programme.* Die Unterscheidung zwischen Prozeßorientierung und Ergebnisorientierung wurde bereits zu Beginn des Abschnitt 1.3.3.5 über imperative Sprachen diskutiert, und die dortigen Aussagen sind nun hierher zu übertragen. So wie der Schauspieler prozeßorientierte Rollen spielt, so spielt der Heimwerker ergebnisorientierte Rollen, denn er ist mal Schreiner, mal Klempner und mal Elektroinstallateur, und dabei ist jeweils nur das Ergebnis am Ende des Rollenspiels relevant, nicht aber der Verlauf des Rollenspiels selbst.

Im folgenden wird nun der Zusammenhang zwischen dem Abwickler und dem Rollensystem näher betrachtet. Es ist zwar möglich, einen Abwickler mehrere Rollen gleichzeitig spielen zu sehen, aber auch in diesen Fällen kann man immer die Sichtweise derart verändern, daß man nur noch ein Rollensystem sieht. Dabei sind zwei Arten von Fällen zu unterscheiden: Entweder sind die gleichzeitig gesehenen Rollensysteme völlig entkoppelt, so daß sie ihr Verhalten nicht gegenseitig beeinflussen. Dann kann man beliebig eines dieser Rollensysteme auswählen und seine Sicht darauf beschränken. Oder aber die gleichzeitig gesehenen Rollensysteme sind nicht völlig entkoppelt, sondern stehen miteinander in Verbindung, so daß sie ihr Verhalten teilweise durch Kommunikation untereinander beeinflussen können. Dann ist es immer zweckmäßig, die Gesamtheit dieser verkoppelten Rollensysteme als ein einziges Rollensystem anzusehen.

Der Zusammenhang zwischen dem Abwickler und dem Rollensystem läßt sich formal als eine bestimmte Abbildung zwischen den jeweils zugehörigen Verhaltensmodellen darstellen. Da das Systemverhalten an den Schnittstellen beobachtet wird, müssen selbstverständlich die Schnittstellenvariablen X_R und Y_R des Rollensystems mit ausgewählten Schnittstellenvariablen X_A und Y_A des Abwicklers zusammenfallen. Darüberhinaus darf der Abwickler aber noch weitere Schnittstellenvariable $X_{A\ SONST}$ und $Y_{A\ SONST}$ haben, deren Werteverläufe für den Beobachter des Rollenspiels nicht relevant sind. Eine solche bezüglich des Rollenspiels irrelevante Schnittstellenvariable $Y_{A\ SONST}$ könnte beispielsweise der Ausgang eines Funkgeräts sein, das ein herzkranker Schauspieler an seinem Körper trägt, während er den Wallenstein spielt, und welches einem hinter den Kulissen sitzender Arzt ständig bestimmte Informationen über den Kreislauf des Patienten übermittelt.

Die Wertebereiche von X_R und Y_R müssen nicht unbedingt gleich den Wertebereichen von X_A und Y_A sein; es genügt, wenn die einen in den anderen enthalten sind:

$$\text{rep}\, X_R \subseteq \text{rep}\, X_A \qquad \text{und} \qquad \text{rep}\, Y_R \subseteq \text{rep}\, Y_A\ .$$

Wieder am Beispiel eines Schauspielers veranschaulicht heißt dies, daß alles, was ein Schauspieler als Wallenstein sagen muß, also repY_R, in dem enthalten sein muß, was der Schauspieler überhaupt sagen kann, also in repY_A. So wie ein Schauspieler seine Rolle gelernt haben muß, bevor er sie spielt, so muß grundsätzlich jedem Abwickler das Programm vorgegeben werden, bevor er es abwickelt. Wenn also t_{0R} der Zeitpunkt ist, zu dem die Abwicklung beginnt, d.h. zu dem das Rollensystem in Betrieb genommen wird, dann muß im Zustand $Z_A(t_{0R})$, in dem sich der Abwickler zum Zeitpunkt t_{0R} befindet, das Programm enthalten sein.

An dieser Stelle muß nun entschieden werden, welche Vorgänge man noch als Programmierung ansehen will und welche nicht mehr. Denn umgangssprachlich ist der Programmbegriff viel weiter gefaßt als im Bereich der Computerprogrammierung. Wenn in ein Küchengerät zum Mahlen und Schnitzeln von Lebensmitteln aus einem Repertoire unterschiedlicher Mahl- und Messerscheiben eine bestimmte eingesetzt wird, dann wird dadurch zweifellos ein bestimmter Gerätezustand eingestellt mit dem Ziel, das Gerät zu einem bestimmten Rollenverhalten zu bringen. Soll dies als Programmierung angesehen werden? Daß es nicht zweckmäßig ist, diese Frage zu bejahen, ergibt sich aus folgender Überlegung: Wenn ein derartiger Austausch von Systemkomponenten als Programmierung angesehen würde, dann ließe sich praktisch keine Grenze mehr definieren, jenseits derer ein Austausch von Systemteilen keine

Programmierung mehr wäre, so daß man letztlich auch den Austausch des gesamten Systems noch als Programmierung ansehen müßte. Deshalb wird nun festgelegt, daß von *Programmierung* nur gesprochen werden soll, wenn die *Rollenfestlegung durch eine informationelle Belegung des Abwicklerzustands* geschieht, nicht aber, wenn nur eine materiell–energetische Belegung erfolgt.

Dabei ist mit informationeller Belegung einer Systemvariablen gemeint, daß die dort beobachtbaren Sachverhalte, welche als Werte dieser Variablen bezeichnet werden, interpretierbare Muster sind, wobei auf der gewählten Betrachtungsebene nicht das Muster selbst, sondern nur das Interpretationsergebnis interessiert. Das Muster selbst ist zwar auch ein materiell–energetisches Objekt, aber zum Verständnis des Systemzweckes kann die Art dieses Objekts nichts beitragen. Man denke beispielsweise an ein Startsignal; da ist es für das Verständnis auch unerheblich, ob der Startzeitpunkt akustisch mittels einer Pistole oder einer Trillerpfeife oder optisch durch Winken mit der Hand oder durch Einschalten eines grünen Lichts mitgeteilt wird. Anders liegt der Fall bei materiell–energetischer Belegung einer Systemvariablen. Das Interesse an den dort beobachtbaren materiell–energetischen Objekten ist nicht durch eine Interpretierbarkeit begründet, sondern durch eine nichtinformationelle Nutzung. So will man im Beispiel des Küchengerätes die eingesetzte Zerkleinerungsscheibe nicht interpretieren, sondern zum Zerkleinern nutzen.

Im Falle des Küchengerätes soll also nur dann von Programmierbarkeit gesprochen werden, wenn man über einen Drehknopf oder eine Tastenleiste dem Gerät mitteilen kann, welche Zerkleinerungsart gewünscht wird. Dabei wird selbstverständlich immer noch aus dem Scheibenrepertoire, das sich nun im Innern des Gerätes befindet, eine bestimmte Scheibe ausgewählt und in Arbeitsposition gebracht, aber dies ist nun keine Programmierungsaktion mehr, sondern die Festlegung dieses materiell–energetischen Zustandsanteils ist nun nur noch eine Konsequenz der Programmierung, die außen am Drehknopf oder der Tastenleiste erfolgt. Denn daß es sich draußen um die Einstellung eines informationellen Zustandsanteils handelt, ist offensichtlich, da die Gestaltung des Eingabemechanismus – also Drehknopf, Tastenleiste oder noch etwas anderes – für das Verständnis des Zwecks völlig irrelevant ist. Es mag dem Leser etwas haarspalterisch vorkommen, wenn ihm einerseits das Einstellen der Zerkleinerungsart über einen Einstellknopf als Programmierung vorgestellt wird, er aber andererseits das Einsetzen der benötigten Zerkleinerungsscheibe nicht ebenfalls als Programmierung ansehen soll. Aber man kann keine einigermaßen scharfen Grenzen haben, ohne daß Dinge getrennt werden, die sehr dicht beieinanderliegen.

Bei der Frage nach der Programmierung kommt es also wesentlich auf die Unterscheidung zwischen materiell–energetischen und informationellen Belegungen von Systemvariablen an. Je nach dem Zweck eines Rollensystems kann es erforderlich sein, daß die Wertebereiche $repX_R$ und $repY_R$ materiell–energetische Elemente enthalten. Man denke an die Zigaretten, die man aus einem programmierbaren Automaten ziehen will. In diesen Fällen will man ganz bestimmte materielle Objekte haben und kann sich nicht mit einer Beschreibung der Zigaretten zufrieden geben. Oder man denke an die Musik, die aus einer Spieluhr kommt; in diesem Fall will man eine ganz bestimmte Folge energetischer Sachverhalte wahrnehmen, nämlich ein akustisches Muster, und man wird sich nicht mit einer aufgeschriebenen Partitur zufrieden geben.

Wenn der Wertebereich repY_R nicht rein informationell ist, dann müssen die enthaltenen materiell–energetischen Elemente aus materiell–energetischen Elementen in repX_R × repZ_R gewonnen werden können, denn es gilt ja $Y_R(t_1) = \omega[\,X_R(t_1), Z_R(t_1)\,]$. Das bedeutet, daß am Ausgang Y_R eines Rollensystems nur dann materiell–energetische Elemente auftreten können, wenn die dafür benötigte Materie oder Energie am Eingang X_R oder im Zustand Z_R verfügbar ist. Und wenn die Materie oder Energie in Z_R verfügbar sein soll, dann muß sie auch in Z_A verfügbar sein, denn Z_R ist ja jederzeit aus Z_A extrahierbar. Anschaulich heißt dies, daß aus einem System nur dann Zigaretten herausfallen können, wenn der dafür benötigte Tabak entweder über den Eingang X_R hereingekommen ist oder wenn dieser Tabak einem Behälter im Innern des Systems entnommen werden konnte, dessen Inhalt zum Zustand Z_R gehört.

Da man nun aber durch Programmierung, also durch Bereitstellung von Information, weder Materie noch Energie erzeugen kann, kann die Festlegung der nichtinformationellen Elemente in den Wertebereichen repX_R, repY_R und repZ_R nicht Gegenstand der Programmierung sein. Man betrachte hierzu wieder einen Zigarettenautomaten. Dieser enthält eine Reihe von Magazinen zum Aufstapeln der Zigarettenschachteln. Die rechteckigen Querschnitte dieser Magazine seien veränderbar, so daß sie an unterschiedliche Schachtelgrößen angepaßt werden können. Die Veränderung dieser Querschnitte kann als Programmierung angesehen werden, da man bei der Gestaltung des Einstellmechanismus – Drehknöpfe, Drucktasten oder ähnliches – nicht materiell–energetisch gebunden ist. Es sei außerdem angenommen, daß der Schachtelpreis magazinspezifisch einstellbar sei. Auch diese Einstellung stellt dann eine Programmierung dar. Wenn man nun anstelle von Zigarettenschachteln gleichgroße Schachteln mit Hustenbonbons in die Magazine füllt, dann stellt dies keine Programmierung dar, denn dadurch verändert sich das Rollensystem nicht; es wird lediglich in einen bisher nicht aufgetretenen Anfangszustand $Z_R(t_{0R})$ gebracht. Denn der Aufbau des Abwicklers, also die Konstruktion des Automaten, erlaubt es gar nicht, durch irgendeine Einstellung zu verhindern, daß Schachteln mit unerwünschtem Inhalt in die Magazine gebracht werden. Deshalb ist hier repZ_R nur bezüglich der Schachtelgröße, aber nicht bezüglich des Schachtelinhalts per Programm veränderbar.

Nach diesen Überlegungen liegt es nahe zu versuchen, den Abwicklerzustand Z_A sowie die beiden für das Rollenspiel relevanten Schnittstellenvariablen X_A und Y_A jeweils auf zwei Variable zu verteilen, wovon die eine rein informationell belegt wird und die andere die materiell–energetischen Belegungen übernimmt. Bild 176 zeigt das Aufbaumodell, welches sich aufgrund einer derartigen Aufteilung der Systemvariablen des Abwicklers ergibt. Da die beiden internen Schnittstellenvariablen *Beeinflussung des Informationellen* und *Beeinflussung des Materiellen* der Kommunikation dienen, sind sie rein informationell belegt. Dem Leser sollte auffallen, daß das in Bild 176 gezeigte Aufbaumodell des Abwicklers als Steuerkreis angesehen werden kann (s. Abschnitt 3.1.3.3). Die für die materiell–energetisch relevanten Vorgänge zuständige Komponente entspricht dem Operationsautomaten, und die andere Komponente, die nur für informationell relevante Vorgänge zuständig ist, entspricht dem Steuerautomaten.

Man erkennt die Zweckmäßigkeit des Modells in Bild 176, wenn man anschauliche Beispiele betrachtet. Zuerst wird das Beispiel eines zu bauenden Hauses betrachtet. Die untere Komponente mit rein informationellen Schnittstellen ist der Architekt; $X_{A\,INF}$ und $Y_{A\,INF}$ dienen der Kommunikation mit dem Bauherrn, und über die internen Schnittstellen kommuniziert der Architekt mit den Handwerkern. Die Handwerker bilden die obere Komponente; sie befassen sich mit Materie, die sie gemäß der vom Architekten gegebenen Beeinflussung zum Haus gestalten.

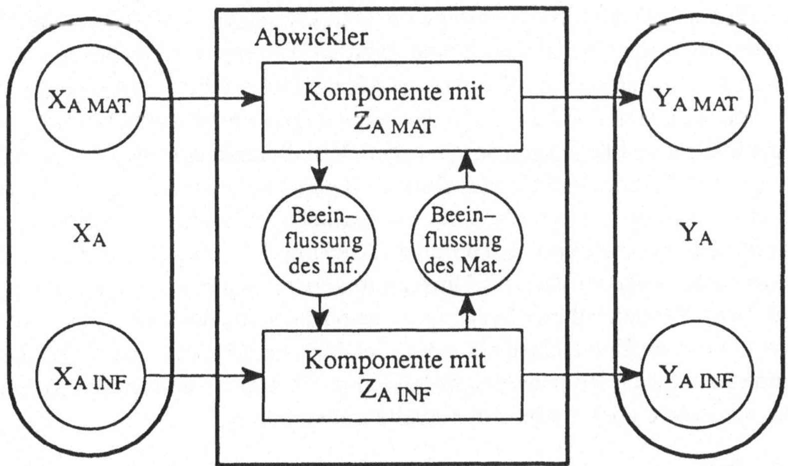

Bild 176 Auftrennung der Systemvariablen des Abwicklers in materiell–energetisch belegte und informationell belegte Teilvariable

Als zweites Beispiel wird ein Zigarettenautomat betrachtet. Die Geldstücke kommen bei $X_{A\,MAT}$ herein, und die Zigaretten werden bei $Y_{A\,MAT}$ ausgegeben. $Z_{A\,MAT}$ ist durch die Magazine mit ihrem aktuellen Inhalt gegeben. Die untere Komponente sorgt dafür, daß im richtigen Augenblick eine Schachtel aus dem richtigen Magazin ausgegeben wird. Dazu muß sie von oben erfahren, wann welche Münze eingeworfen wird; die materiell–energetische Form dieser Mitteilung ist unerheblich – man denke an eine mechanische Hebelstellung oder an ein elektrisches Signal. Über $X_{A\,INF}$ kommt die Information, welche Zigarettenmarke gewünscht wird, d.h. welches Magazin ausgewählt wird. Als Beeinflussung des Materiellen wird der Anstoß zum Öffnen des Magazins gegeben. Über $Y_{A\,INF}$ kann angezeigt werden, wieviel Geld noch einzuwerfen ist, bis eine Schachtel ausgegeben werden kann.

Programmierung als Rollenfestlegung durch informationelle Belegung des Abwicklerzustands $Z_A(t_{0R})$ bedeutet eine entsprechende Belegung der Zustandsvariablen $Z_{A\,INF}$. Es gibt nun selbstverständlich eine Fülle von Möglichkeiten, die Rolleninformation in $Z_{A\,INF}$ derart "unterzubringen", daß man sie durch Interpretation von $Z_{A\,INF}$ wieder "herausholen" kann. Grundsätzlich können hierfür alle Möglichkeiten der Identifikation abstrakter Objekte genutzt werden, also die Möglichkeiten der Benennung und der Umschreibung. Um Benennung handelt es sich beispielsweise, wenn einem endlichen Funktionsrepertoire 1:1 eine Menge von Tasten zugeordnet ist, so daß die Funktionsauswahl durch Drücken einer dieser Tasten geschieht. Man denke an das Küchengerät mit einem Repertoire unterschiedlicher Zerkleinerungsfunktionen.

Während man bei der Benennung zwangsläufig auf ein diskretes Funktionsrepertoire beschränkt ist, weil die Benennungselemente diskret sind, kann man bei der Umschreibung auch kontinuierliche Vorgaben machen, weil die Umschreibungsmittel nicht unbedingt diskret sein müssen. So gibt es beispielsweise technische Systeme, bei denen kontinuierliche Funktionen dadurch "umschrieben" werden, daß bestimmte Formscheiben eingesetzt werden, deren Form im Laufe des Rollenspiels abgetastet wird. Bild 177 zeigt hierzu ein Beispiel: Wenn sich die Scheibe mit konstanter Winkelgeschwindigkeit im Uhrzeigersinn dreht, dann wird der bei ruhender Scheibe gemessene winkelabhängige Abstand $r(\phi)$ zwischen Drehpunkt und Scheibenrand in eine zeitabhängige Länge $a(t)$ des herausragenden Abtastfühlerendes überführt, und diese zeitabhängige Länge kann durch weitere Wandlermechanismen in eine andere physikalische Größe, z.B. einen elektrischen Strom mit gleicher Zeitabhängigkeit überführt werden. In diesem Fall kann die Herstellung der Formscheibe als Erstellung eines Programms angesehen werden, denn es wird ja dabei durch direkte Umschreibung eine Funktionsdefinition festgelegt, wobei man bei der Wahl der Umschreibungsmittel nicht materiell–energetisch gebunden war. Beim Vergleich dieses Systems mit dem früher erwähnten Küchengerät sollte der Leser den wesentlichen Unterschied erkennen, der darin besteht, daß, obwohl beidesmal eine sich drehende Scheibe das Rollenverhalten bestimmt, die eine Scheibe materiell–energetisch relevant ist, die andere aber nur informationelle Bedeutung hat.

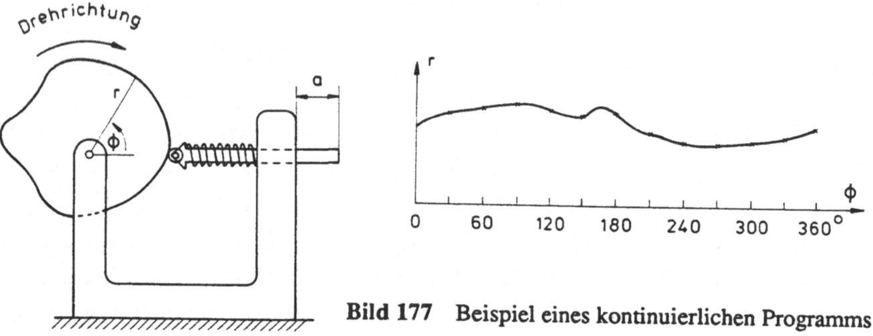

Bild 177 Beispiel eines kontinuierlichen Programms

Der technologische Fortschritt, d.h. die Ausweitung des technologisch Möglichen sollte immer wieder Anlaß sein, die bekannten technologischen Systeme daraufhin zu analysieren, wo bei ihnen die Grenze zwischen materiell–energetischer und informationeller Relevanz verläuft, denn die nur informationell relevanten Komponenten können aufgrund neuerer Technologien möglicherweise völlig anders und damit wesentlich aufwandsgünstiger realisiert werden. Man denke beispielsweise an eine Schreibmaschine, bei der das einzig materiell relevante das Endprodukt ist, also das in gewünschter Weise beschriebene Papier. Hingegen ist es keineswegs zwingend, die Form der Schriftzeichen als materielle Form auf Typenhebeln oder Typenrädern bereitzustellen. Man kann diese Form auch in einem elektronischen Speicher durch Umschreibung festlegen, um damit einen Laserstrahl zu steuern, der die Form auf eine Druckwalze schreibt, von wo sie auf das Papier übertragen wird.

3.2.1.2 Der Programmbegriff im engeren Sinne

Nachdem bis hierher der umgangssprachliche Begriff der Programmierung – die sog. Programmierung im weiteren Sinne – präzisiert wurde, wird sich nun im folgenden die Betrachtung auf die *Programmierung im engeren Sinne* konzentrieren. Diese Programmierung im engeren Sinne ist gekennzeichnet durch die Beschränkung auf Systeme mit diskretem und informationellem Verhalten sowie durch die Verwendung von Symbolfolgesprachen zur Formulierung der Rolleninformation.

Die Beschränkung auf diskretes Verhalten bedeutet keine gravierende Einschränkung, denn man kann jedes System mit kontinuierlichem Verhalten als Kette aus Eingangsabtaster, diskretem System und Ausgangsinterpolator aufbauen, wie dies in Bild 178 gezeigt ist.

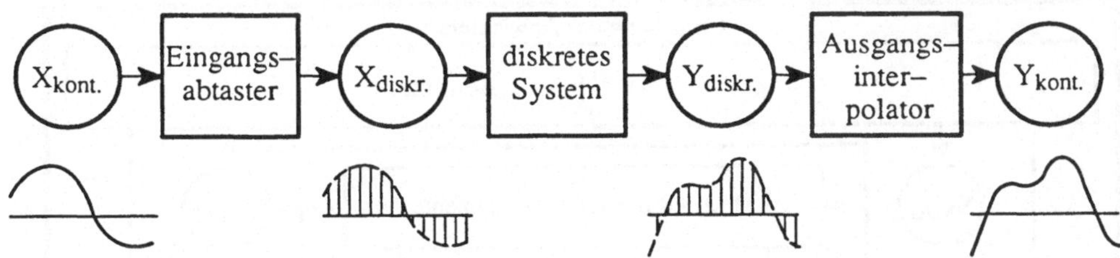

Bild 178 Diskretes System als Kern in einem kontinuierlichen System

Die Beschränkung auf informationelles Verhalten ist dagegen eine echte Einschränkung, denn nun sind materiell–energetisch relevante Werte für die Schnittstellenvariablen X_A und Y_A ausgeschlossen. Im Falle der Programmierung im engeren Sinne gilt also für den Abwickler nicht mehr das Modell in Bild 176, sondern der Abwickler im engeren Sinne kann nur noch die untere Systemkomponente in Bild 176 sein, bei der sowohl die Zustandsvariable als auch alle Schnittstellenvariablen rein informationelle Wertebereiche haben. Die Einbettung eines solchen Abwicklers im engeren Sinne in eine Struktur, wie sie in Bild 176 gezeigt ist, ist dann natürlich nicht mehr zwingend, sondern stellt nur noch einen interessanten Sonderfall der Umgebung dar, worin der Abwickler seine Rolle spielt. So erkennt man in Bild 179, daß die Zerlegung der beiden Schnittstellenvariablen X_A und Y_A des Abwicklers im engeren Sinne in jeweils zwei Komponenten bloß eine Konsequenz einer besonderen Strukturierung der Umgebung ist. Die Struktur in Bild 179 unterscheidet sich gegenüber Bild 176 ja nur durch eine geänderte Zusammenfassung der Systemkomponenten und durch die explizit gezeigte Benutzerkomponente, die in Bild 176 implizit hinzugedacht werden muß. Als Veranschaulichung zu Bild 179 stelle man sich vor, die materiell relevante Komponente seien die Gleisanlagen und die Züge in einem Bahnhof, die Benutzerkomponente seien alle Bahnbeamten, die den materiell–energetischen Zustand der anderen Umgebungskomponente beeinflussen müssen. Dabei hilft ihnen der Abwickler, der als Computer im Stellwerk zu denken ist und der in Abhängigkeit von den bei $X_{INF\,EXT}$ erscheinenden Aufträgen des Personals und von den bei der Variablen $X_{INF\,INT}$ erscheinenden Meldungen der automatischen Zugpositionsfühler die Anstöße zum automatischen Umstellen von Weichen und Signalen gibt – bei $Y_{INF\,INT}$ – und der dem Personal bei $Y_{INF\,EXT}$ über Bildschirme und Drucker Betriebszustände anzeigt und Aufzeichnungen über Betriebsverläufe ausgibt.

Man sollte erkennen, daß es für die Begriffswelt der Programmierung im engeren Sinne völlig unerheblich ist, in welcher Umgebung der Abwickler seine Rolle spielt und welche Zerlegung der Schnittstellenvariablen X_A und Y_A sich aus der Struktur einer aktuellen Umgebung ergibt. Insbesondere ist auch die Frage, ob sich in der Umgebung tatsächlich bestimmte materiell–energetische Vorgänge abspielen oder nicht, für die Programmierung irrelevant. So ist es für die Programmierung des Stellwerkscomputers unerheblich, ob es sich bei der Umgebungskomponente, die an den Schnittstellen $X_{INF\ INT}$ und $Y_{INF\ INT}$ hängt, tatsächlich um einen Bahnhof der Bundesbahn oder nur um eine Spielzeugeisenbahnanlage oder gar um einen zweiten Computer handelt, der so programmiert ist, daß er an seinen informationellen Schnittstellen die Rolle eines Bahnhofs spielt, indem er unter anderem über $X_{INF\ INT}$ die zeitveränderlichen Positionen von Zügen meldet.

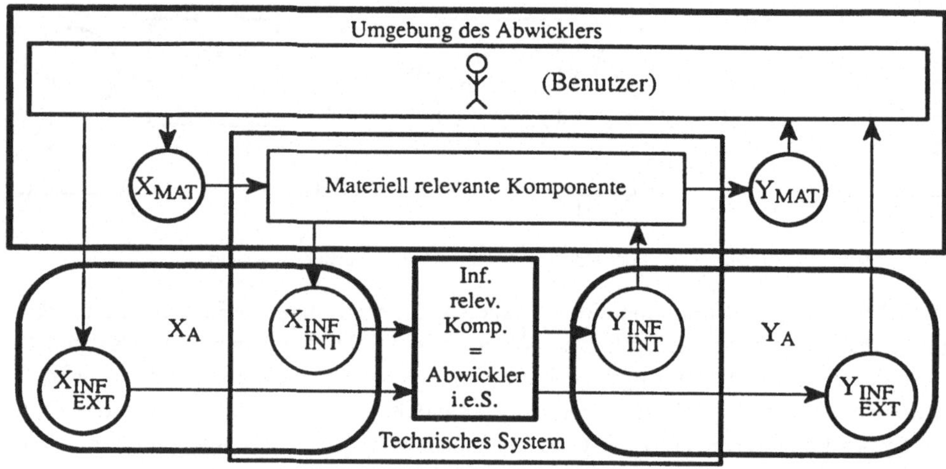

Bild 179 Abgrenzung des Abwicklers im engeren Sinne in der Struktur aus Bild 176

In der Einleitung zum Abschnitt 3.2 über programmierte Instanzen wurde gesagt, daß es hier um Universalität gehe mit dem Ziel, mit einer einzigen Systemkonstruktion einen möglichst großen Ausschnitt allen denkbaren Verhaltens zu erfassen. Inzwischen wurde nun also gezeigt, daß eine derartige Universalität nur möglich ist, wenn keine materiell–energetische Relevanz vorliegt, d.h. wenn das Verhalten ausschließlich informationell gesehen werden kann.

3.2.2 Vorüberlegungen zur Abwicklergestaltung

Wenn man noch nichts über den Aufbau oder die grundsätzliche Wirkungsweise von Computern weiß und über Möglichkeiten der Abwicklergestaltung nachdenkt, dann ist man in der gleichen Situation wie die Erfinder des Computers[1)], bevor sie ihre Erfindung machten. Dennoch kann natürlich nicht behauptet werden, daß in den folgenden Überlegungen die Gedanken der Computererfinder nachvollzogen werden. Es handelt sich vielmehr um eine heutige

1) Es gibt mehrere Erfinder des Computers, die nichts voneinander wußten. In Deutschland war es Konrad Zuse um das Jahr 1938.

Sicht, die bereits durch Erkenntnisse geprägt ist, welche erst in den Jahrzehnten nach der Computererfindung gereift sind.

3.2.2.1 Zeitrelevanz

Das Verhalten eines programmierten Systems kann *zeitrelevant* oder *zeitirrelevant* sein. Wenn das Verhalten zeitrelevant ist, dann spielen die zeitliche Lage oder der zeitliche Abstand von Ereignissen bei den Systemvariablen X, Y und Z eine Rolle bei der Frage, ob sich das System hinsichtlich des Zwecks seines Betriebs brauchbar verhält oder nicht. Man stelle sich hierzu vor, die kontinuierlich veränderlichen Signale am Eingang und Ausgang des Systems in Bild 178 seien akustische Signale, und die Aufgabe des Systems bestehe darin, das von einem Mikrophon gelieferte Signal X_{KONT} einer bestimmten Frequenzfilterung zu unterwerfen – beispielsweise die sehr hohen Töne zu dämpfen – und das Ergebnis als Eingangssignal Y_{KONT} eines Lautsprechers bereitzustellen. In diesem Fall ist es keineswegs irrelevant, in welchen zeitlichen Abständen die diskreten Signalwerte bei Y_{DISKR} angeliefert werden. Auch wenn programmierte Systeme zur Steuerung von Prozessen eingesetzt werden – Steuerung von Weichen und Signalen bei der Eisenbahn oder Steuerung von Ventilen, Pumpen und Heizungen in einem Chemiewerk – liegt meistens Zeitrelevanz vor. Man spricht dann von *Prozeßrechnern* und *Realzeitprogrammierung*.

Damit ein System korrektes zeitrelevantes Verhalten zeigen kann, müssen zwei Bedingungen erfüllt sein: Zum einen muß im System eine Uhr enthalten sein, deren jeweilige Stellung ins Argument der Systemfunktionen ω und δ eingeht, und zum anderen muß das System die erforderlichen Informationsverknüpfungen "schnell genug" durchführen können. Dabei wird die *Verknüpfungsleistung* des Systems sowohl durch die Laufzeit der einzelnen Verknüpfungsglieder als auch durch die Anzahl der nebenläufig arbeitenden Verknüpfungsglieder bestimmt. Die Notwendigkeit beider Bedingungen sieht man leicht an folgendem Beispiel ein: Jeden Samstag erscheint in der Zeitung eine Denksportaufgabe, und wer die richtige Lösung genau mit dem Poststempel des darauffolgenden Mittwoch einsendet, kann einen Preis gewinnen. Es liegt hier eine Forderung nach zeitrelevantem Verhalten des Zeitungslesers vor, der er aber nur nachkommen kann, wenn er einerseits eine Uhr hat, die ihm sagt, wann Mittwoch ist, und wenn er andererseits schnell genug im Denken ist, damit er spätestens bis am Mittwoch die Lösung findet. Es gilt ganz allgemein nicht nur für den Menschen, sondern auch für technische Systeme, daß die erste Bedingung durch Bereitstellung einer Uhr leicht zu erfüllen ist, daß aber die Erfüllung der zweiten Bedingung, also die Realisierung ausreichender Verknüpfungsleistung, oft sehr schwierig oder gar unmöglich ist.

Da die verfügbare Verknüpfungsleistung ein Ergebnis der Konstruktion des Programmabwicklers ist und durch das Programm nicht beeinflußt werden kann, spielt sie für die Programmierung nur insofern eine Rolle, als man selbstverständlich darauf achten wird, das Programm so zu gestalten, daß es die verfügbare Verknüpfungsleistung möglichst voll ausnutzt. Daß es auch möglich ist, ein Programm so zu machen, daß dabei die verfügbare Verknüpfungsleistung nur zum geringen Teil ausgenutzt wird, zeigt folgendes Beispiel: Ein Kind möchte gerne von seinem Vater wissen, wieviel $4 \cdot 23$ ist. Anstatt nun aber den Vater, der hier als Abwickler auftritt, direkt nach dem Ergebnis von $4 \cdot 23$ zu fragen, fragt das Kind zuerst nach dem Ergebnis von $23 + 23$, und bittet danach noch zweimal um die Hinzuaddition von 23. Hier wurde nur die Additionsfähigkeit des Abwicklers ausgenutzt, nicht aber seine Multiplikationsfähigkeit, die sehr viel schneller zum Ergebnis geführt hätte.

Was die Verwendung einer Uhr angeht, so wurde schon gesagt, daß ihre jeweilige Stellung ins Argument von ω und δ eingehen muß. Von den zwei Möglichkeiten, die Uhrenstellung als Komponente entweder von X oder von Z anzusehen, wählt man zweckmäßigerweise die Zugehörigkeit zu X, d.h. man betrachtet die Uhr als eine Informationsquelle, die den Programmabwickler von außen beliefert. Dann kann man nämlich leichter im Programm festlegen, in welchen Situationen der Abwickler der Uhrenstellung welche Aufmerksamkeit (s.S. 259) widmen soll. Und wenn die Uhr nicht anders behandelt wird als alle anderen Informationsquellen, die zu X beitragen, dann braucht in den weiteren Betrachtungen zur Funktion von Abwicklern auf die Uhr nicht mehr gesondert eingegangen zu werden.

Zeitrelevanz ist immer genau dann gegeben, wenn ein programmiertes System mit einer Umgebung in Wechselwirkung steht, die nicht in der Lage ist, flexibel auf das Zeitverhalten des programmierten Systems zu reagieren, sondern die erwartet, daß das programmierte System bestimmte vorgegebene Reaktionszeiten auf keinen Fall überschreitet. Zeitrelevanz liegt deshalb i.a. nicht vor, wenn die Umgebung des programmierten Systems nur aus einem menschlichen Benutzer besteht. Man stelle sich einen Architekten vor, der an einem graphischen Bildschirmarbeitsplatz ein Haus entwirft, wobei ihm der Rechner eine Vielzahl von Hilfsleistungen anbietet. Zwar ist der Mensch daran interessiert, daß der Rechner immer möglichst schnell reagiert, aber er ist notfalls auch bereit, länger zu warten. Das Wesentliche ist, daß es hier keine harte wohldefinierte Zeitgrenze gibt – im Gegensatz zum Beispiel des Preisrätsels, wo eine erst am Donnerstag gefundene Lösung nichts mehr nützte.

Damit ist das Thema der Zeitrelevanz ausreichend behandelt. Die folgenden Betrachtungen hängen nicht mehr von der Frage ab, ob Zeitrelevanz vorliegt oder nicht, d.h. die Systeme können in zeitfreier Modellierung betrachtet werden.

3.2.2.2 Nebenläufigkeit in Programmen

Ob Nebenläufigkeit im Rollensystem vorkommt oder nicht, wird bei der Formulierung des Programms entschieden. Ein universell programmierbarer Abwickler muß Rollensysteme aller Komplexitätsklassen realisieren können, also Zuordner, Automaten und Systeme mit Nebenläufigkeit. Wenn das Rollensystem ein Zuordner ist, dann ist das Programm *ergebnisorientiert*, andernfalls ist es *prozeßorientiert*. Bei der Prozeßorientierung gibt es die beiden Fälle des sequentiellen Prozesses und des Prozesses mit Nebenläufigkeit.

Es gibt zwei unterschiedliche Möglichkeiten, Nebenläufigkeit in Programmen zu formulieren, nämlich die *ablauforientierte* und die *aufbauorientierte Formulierung*. Im Falle der ablauforientierten Formulierung wird das Rollensystem als eine einzige Instanz betrachtet, die mit ihrer Umgebung kommunizieren kann und die gegebenenfalls auch auf Speicher zugreifen kann, zu denen die Umgebung keinen Zugriff hat. Das Verhalten des Rollensystems wird in diesem Fall durch ein Petrinetz beschrieben, welches auch protokollarische Vorschriften für die Kommunikation zwischen dem Rollensystem und seiner Umgebung erfassen kann. Hierzu ist in Bild 180 ein Beispiel gezeigt. Es handelt sich um den Vorgang, der bereits in Bild 88 beschrieben wurde, nämlich das Anrühren von Teig und das Formen von Backwaren als nebenläufige Aktivitäten.

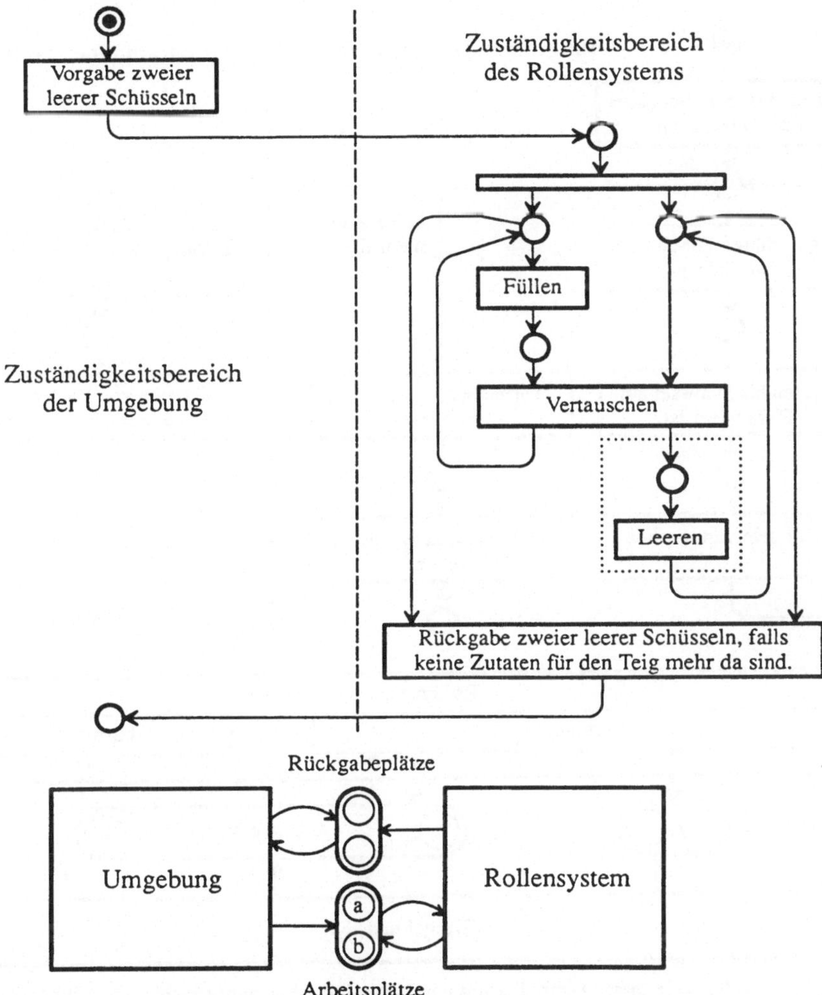

Bild 180 Ablauforientierte Formulierung von Nebenläufigkeit am Beispiel aus Bild 88

Die gepunktete Linie in diesem Petrinetz gehört nicht zur ablauforientierten Formulierung, sondern stellt die Verbindung zur aufbauorientierten Formulierung her. Es handelt sich um eine Zuständigkeitsgrenze, welche den Zuständigkeitsbereich des Rollensystems derart in zwei Teilnetze zerschneidet, daß die beiden Teilnetze umkehrbar eindeutig den beiden Instanzen in der aufbauorientierten Formulierung zugeordnet werden können. Die durch diese Zuständigkeitsgrenze geschnittenen Pfeile sind als Ereigniskommunikation aufzufassen: Volle Schüssel zum Former, leere Schüssel zum Anrührer.

In Bild 181 ist die aufbauorientierte Formulierung gezeigt. Das Rollensystem ist hier aus zwei Instanzen aufgebaut, von denen jede durch ein eigenes sequentielles Programm beschrieben wird. Daß die Programme sequentiell sind, erkennt man daran, daß die Petrinetze Zustandsgraphen sind.

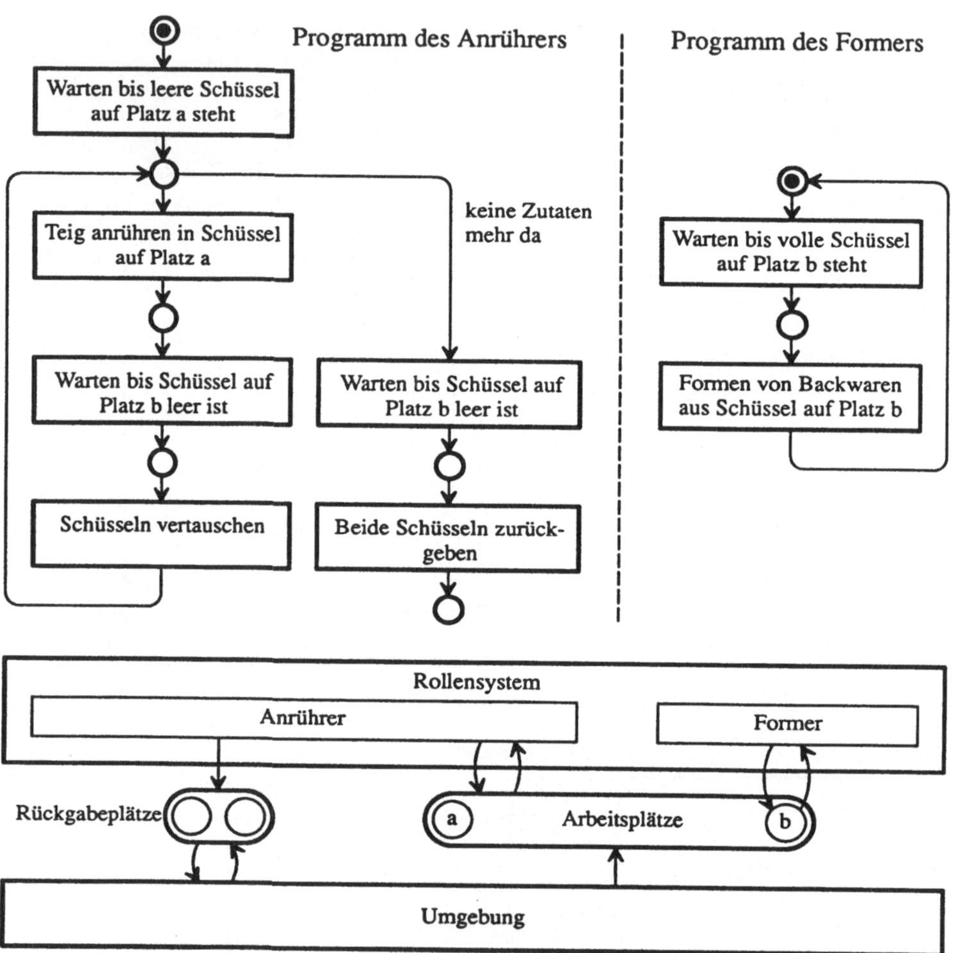

Bild 181 Aufbauorientierte Formulierung von Nebenläufigkeit zum Beispiel aus Bild 180

Da hier ein Materialfluß in Form der Schüsselweitergabe stattfindet, besteht wieder die Gefahr der Fehlinterpretation der Pfeile im Instanzennetz: Ein Pfeil zu einer Instanz hin ist ein Lesepfeil, der besagt, daß die Instanz ihre Arbeit nur machen kann, wenn sie in den entsprechenden Speicher schauen kann. So muß die Umgebung auf den Rückgabeplatz schauen, um zu sehen, wann die Schüsseln zurückgegeben werden. Der Pfeil von der Umgebung zu den Rückgabeplätzen hin ist ein Schreibpfeil, der es möglich macht, daß die Umgebung die Belegung dieser Plätze ändert, indem sie durch Wegnehmen der Schüsseln das Plätzepaar mit dem Inhalt (*leer*, *leer*) belegt.

Wenn ein Verhalten mit Nebenläufigkeit ablauforientiert formuliert wird, dann ist also ein Petrinetz definiert, worin der Zuständigkeitsbereich des Rollensystems noch nicht unterteilt ist. Man kann nun immer ein solches Petrinetz durch Zuständigkeitsgrenzen derart zerschneiden, daß jedes der entstehenden Teilnetze jeweils nur noch den Nebenläufigkeitsgrad 1 hat und somit keine echte Nebenläufigkeit mehr enthält. Wenn das ganze Netz den Nebenläufigkeitsgrad n hat, dann muß man es also in mindestens n Teilnetze zerschneiden, damit in den einzelnen Teilnetzen keine Nebenläufigkeit mehr auftritt. Es gibt meist mehrere unterschiedliche Möglichkeiten, ein gegebenes Netz in derartige Teilnetze zu zerschneiden. So kann man beispielsweise das Petrinetz in Bild 182, welches den Nebenläufigkeitsgrad 3 hat, auf acht unterschiedliche Arten in jeweils drei nebenläufigkeitsfreie Teilnetze zerschneiden.

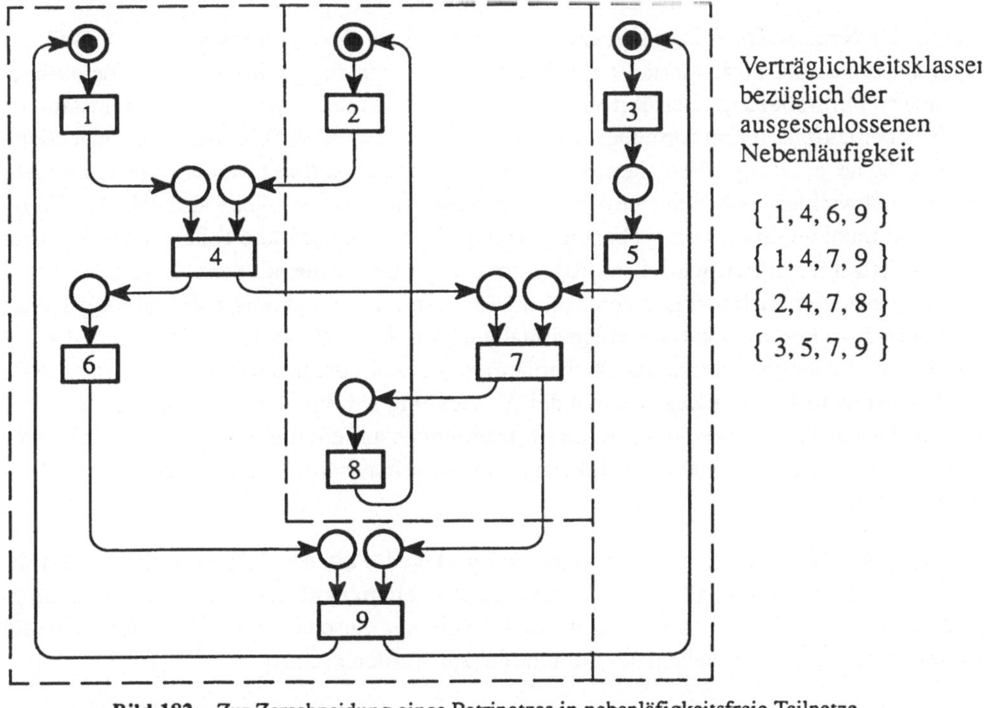

Bild 182 Zur Zerschneidung eines Petrinetzes in nebenläfigkeitsfreie Teilnetze

Die möglichen Teilnetze kann man finden, indem man eine Verträglichkeitsrelation (s. S. 32) aufstellt, die für jedes Transitionspaar des gegebenen Netzes angibt, ob die beiden Transitionen zusammen in einem Teilnetz liegen dürfen oder nicht. Sie dürfen genau dann gemeinsam in einem Teilnetz vorkommen, wenn es in der Markierungsklasse des Gesamtnetzes keine Markierung gibt, bei der beide Transitionen nebenläufig schalten können. Die Anzahl der Verträglichkeitsklassen kann nicht kleiner sein als der Nebenläufigkeitsgrad n des Gesamtnetzes, aber es gibt durchaus Netze, bei denen diese Klassenanzahl größer ist als n. Ausgehend von der Menge der Verträglichkeitsklassen läßt sich aber immer mindestens eine Partition der gesamten Transitionenmenge angeben, die n Partitionsblöcke enthält, wobei zu jedem Partitionsblock ein Teilnetz einer Zerschneidung gehört. Zum Netz in Bild 182 gibt es vier Verträglichkeitsklassen, die in Bild 182 angegeben sind. Daraus kann man die folgenden 8 Partitionen mit jeweils 3 Blöcken, also 8 Zerschneidungen in jeweils 3 Teilnetze ableiten:

{ {1, 4, 6, 9}, {2, 7, 8}, {3, 5} } (gezeigt in Bild 182)
{ {1, 4, 6, 9}, {2, 8}, {3, 5, 7} }
{ {1, 4, 6}, {2, 7, 8}, {3, 5, 9} }
{ {1, 4, 6}, {2, 8}, {3, 5, 7, 9} }
{ {1, 6, 9}, {2, 4, 7, 8}, {3, 5} }
{ {1, 6, 9}, {2, 4, 8}, {3, 5, 7} }
{ {1, 6}, {2, 4, 7, 8}, {3, 5, 9} }
{ {1, 6}, {2, 4, 8}, {3, 5, 7, 9} }

Durch eine Netzzerschneidung und eine Zuordnung einer eigenen Instanz zu jedem Teilnetz kann also eine ablauforientierte Formulierung von Nebenläufigkeit immer in eine aufbauorientierte Formulierung überführt werden, worin das Verhalten jeder einzelnen Instanz jeweils nebenläufigkeitsfrei formuliert ist. Deshalb kann ein Abwickler für prozeßorientierte Rollen, die nebenläufiges Verhalten verlangen, immer so konstruiert werden, daß er aus mehreren Teilabwicklern aufgebaut wird, die miteinander sowohl über Werte als auch über Ereignisse kommunizieren können, wobei die jeweilige Rolle eines solchen Teilabwicklers nebenläufigkeitsfrei formuliert wird. Die Programmierung einer Rolle mit dem Nebenläufigkeitsgrad n ist dann letztlich nichts anderes als die Programmierung von n nebenläufigkeitsfreien Teilrollen für n kommunikationsfähige Teilabwickler. Wenn die Anzahl a der real vorhandenen Teilabwickler kleiner ist als der Nebenläufigkeitsgrad n der insgesamt zu spielenden Rolle, dann ist natürlich eine Realisierung der Abwicklung auf diese Weise nicht möglich. Wie man in diesem Falle vorgehen kann, um trotzdem noch auf einer bestimmten Betrachtungsebene einen realisierten Nebenläufigkeitsgrad n zu sehen, wird erst im Abschnitt 3.2.4.5.3 über Multiplex gezeigt.

Als Ergebnis der hier angestellten Betrachtung ist die für die Abwicklergestaltung grundlegende Erkenntnis festzuhalten, daß man sich zuerst einmal auf *Abwickler für nebenläufigkeitsfrei formulierte Rollen* konzentrieren kann, weil aus diesen dann auch die Abwickler für Rollen mit formulierter Nebenläufigkeit aufgebaut werden können.

Es wurde schon gesagt, daß man bei Rollen ohne Nebenläufigkeit zwischen Zuordnerrollen und Automatenrollen unterscheiden muß. Im Falle der Zuordnerrollen liegt Ergebnisorientierung vor, d.h. die Aufgabe des Rollensystems besteht darin, einem gegebenen Argumentwert *arg* den Wert *erg* = f(*arg*) als Funktionsergebnis zuzuordnen. Im Falle der Automatenrollen soll das Rollensystem einer Wertefolge an der Schnittstelle X einer Wertefolge an der Schnittstelle Y zuordnen, was bedeutet, daß in zyklischer Folge immer wieder neu zum Argument [X(n), Z(n)] die Ergebnisse der beiden Funktionen ω_R und δ_R bestimmt werden müssen. Bild 183 stellt die Zuordnerrollen und die Automatenrollen in Form zweier Petrinetze einander gegenüber. Da man in Bild 183 erkennt, daß der Fall der Zuordnerrollen der einfachere ist, liegt es nahe zu versuchen, jede Zuordnerrolle als Sonderfall einer Automatenrolle einzuordnen. Dabei hat man die Wahl, ob man die Funktion f mit ω_R oder mit δ_R gleichsetzen will und ob

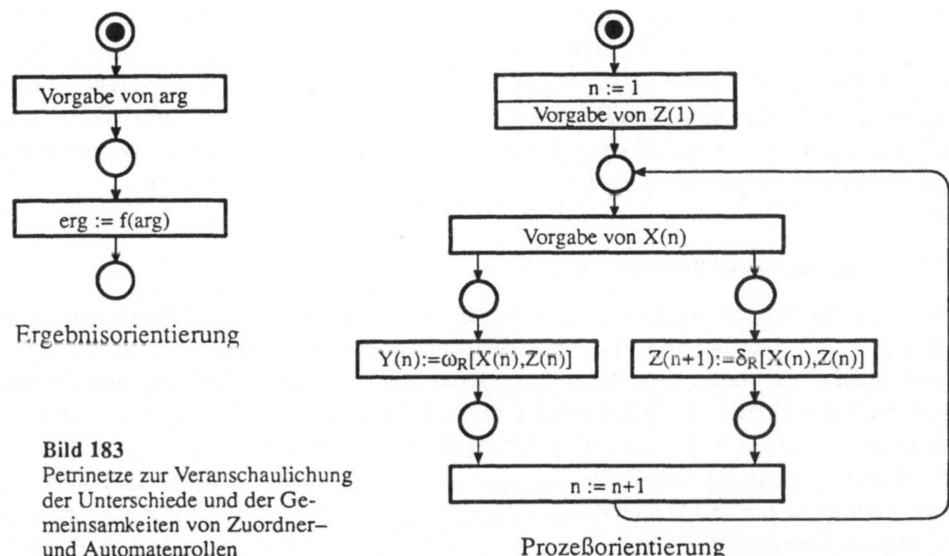

Bild 183
Petrinetze zur Veranschaulichung der Unterschiede und der Gemeinsamkeiten von Zuordner- und Automatenrollen

man das Argument *arg* als Wert von X(1) oder von Z(1) festlegen will. Dies ergibt vier Alternativen, wovon zwei in Bild 184 dargestellt sind. Die beiden nicht gezeigten Alternativen sind (f = ω, *arg*=Z) und (f = δ, *arg* = X). Der Wunsch, eine Zuordnerrolle als Sonderfall einer Automatenrolle aufzufassen, bringt die Notwendigkeit mit sich, den im allgemeinen zyklischen Prozeß, dessen Schrittzahl nicht begrenzt ist, auf einen einzigen Schritt zu beschränken. Dazu dient jeweils die zweite Marke in den Petrinetzen in Bild 184, deren Verbrauch verhindert, daß der Zyklus ein zweites Mal durchlaufen wird.

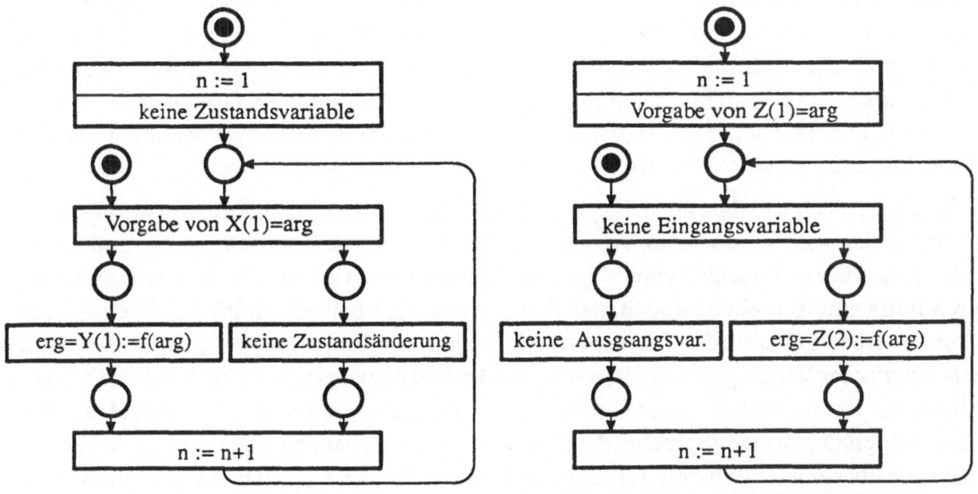

Bild 184 Alternative Realisierungen einer ergebnisorientierten Rolle in Form einer einschrittigen prozeßorientierten Rolle

Da nun also gezeigt werden konnte, daß die Zuordnerrollen als Sonderfälle von Automatenrollen angesehen werden dürfen, kann die weitere Betrachtung vorerst auf die Automatenrollen beschränkt werden. Das Programm einer Automatenrolle ist nichts anderes als ein Verhaltensmodell des Rollensystems in Form der beiden Funktionen ω_R und δ_R, wobei die Definition dieser beiden Systemfunktionen selbstverständlich die Definition der drei Wertebereiche repX_R, repY_R und repZ_R impliziert.

3.2.2.3 Rolleneinspeicherung

Wenn man die Vorstellung vom rollenlernenden und rollenspielenden Schauspieler in die technische Welt überträgt, dann muß man den Abwickler so gestalten, daß er in zwei unterschiedlichen Betriebsarten betrieben werden kann, nämlich in einer Betriebsart für das Rollenlernen und in einer anderen Betriebsart für das Rollenspielen. Für das Lernen einer Rolle steht nur eine endliche Zeitdauer zur Verfügung. Die endlich lange Lernphase dient dazu, den Abwickler aus einem Zustand $Z_A(t_{Lernanfang})$, worin noch keine Information über die zu lernende Rolle enthalten ist, in einen Zustand $Z_A(t_{Lernende})$ zu überführen, worin die vollständige Information über diese Rolle enthalten ist. Dazu muß dem Abwickler über den Verlauf von X_A die Rolleninformation zugeführt werden. Es muß also gelten

$$[\ "\omega_R",\ "\delta_R",\ Z_R(1)\ ] = \beta[\ \text{oo.Abschnitt}(\ t_{Lernanfang},\ "X_A(t)",\ t_{Lernende})\ ]$$

Darin ist β die bereits in Bild 47 eingeführte Interpretationsfunktion, die einer interpretierbaren Form ihr Interpretationsergebnis zuordnet. Die Information über die Rolle ist also sowohl im X_A–Verlauf der Lernphase als auch im Abwicklerzustand Z_A am Ende der Lernphase enthalten. Bei der Gestaltung des Abwicklers muß man deshalb festlegen, in welcher Form diese Rolleninformation im X_A–Verlauf und in Z_A–Komponenten umschrieben werden soll. Dabei können die beiden Umschreibungsformen völlig unabhängig voneinander gewählt werden, d.h. die Umschreibungsform im X_A–Verlauf darf völlig anders aussehen als die Umschreibungsform in Z_A. Es ist aber selbstverständlich auch zulässig, die beiden Umschreibungsformen identisch zu wählen; in diesem Falle braucht der Abwickler den X_A–Verlauf während der Lernphase nur aufzuzeichnen, so daß am Ende der Lernphase der aufgezeichnete Verlauf als Komponente in Z_A enthalten ist.

Die Frage, nach welchen Gesichtspunkten man die Umschreibungsformen zweckmäßigerweise wählen soll, wird erst im Abschnitt 3.2.3 über Funktionsumschreibung und im Abschnitt 3.2.4 über Abwicklertypen behandelt. Es ist aber auch schon ohne Kenntnis dieser späteren Betrachtungen einleuchtend, daß man die Umschreibungsform im X_A–Verlauf an der Interpretierbarkeit durch den Menschen und die Umschreibungsform in Z_A an der Steuerbarkeit technischer Vorgänge orientieren wird. Deshalb ist es zweckmäßig, die Lernphase in zwei Abschnitte zu unterteilen. In der *Eingabephase* liefert der Mensch als X_A–Verlauf eine Rollenumschreibung in einer Sprache, die er selbst versteht. Es handelt sich i.a. um eine Zeichenfolge, die über eine Tastatur eingegeben werden kann. Dieser X_A–Verlauf wird vom Abwickler aufgezeichnet, so daß er am Ende der Eingabephase in $Z_A(t_{Eingabeende})$ enthalten ist. Da dieser Zustand noch nicht derjenige ist, in dem der Abwickler das Rollenspiel beginnen kann, muß an die Eingabephase noch die *Transformationsphase* anschließen, die der Zustandsüberführung von $Z_A(t_{Eingabeende})$ nach $Z_A(t_{Lernende})$ dient. Während der Transformationsphase ist der X_A–Verlauf irrelevant, denn die von außen zu liefernde Information über die Rolle kam ja schon in der Eingabephase herein. Im Anschluß an die Transformationsphase folgt das Rollenspiel.

Selbstverständlich muß ein Schauspieler zu jedem Zeitpunkt seines Spiels wissen, wie er weiterzuspielen hat. Sein Rollenwissen zu einem Zeitpunkt $t_1 > t_{0R}$ muß allerdings nicht mehr das gleiche sein wie zu Beginn seines Spiels im Zeitpunkt t_{0R}, denn er darf den Rollenabschnitt für das bereits vergangene Spiel im Zeitpunkt t_1 bereits vergessen haben. So stört es beispielsweise das aktuelle Spiel einer Spieluhr nicht, wenn Stifte aus der Walze fallen, nachdem sie am Kamm der anzuzupfenden Zungen vorbeigekommen sind.

Da sich das Rollenwissen zu einem Zeitpunkt t_1 mit $t_1 > t_{0R}$ immer nur aufgrund von Vergeßlichkeit vom ursprünglichen Rollenwissen zum Zeitpunkt t_{0R} unterscheiden kann, müssen die beiden zugehörigen Verhaltensmodelle der jeweiligen Form

$$[\ "\omega_R",\ "\delta_R",\ Z_R(1)\ ]$$

das gleiche Verhalten ab dem Zeitpunkt t_1 beschreiben. Dies soll durch das Beispiel in Bild 185 veranschaulicht werden. Es wird ein Rollensystem betrachtet, dessen Verhaltensmodell zum Zeitpunkt t_{0R} der Inbetriebnahme ein Automatenmodell mit vier Zuständen ist, von denen derjenige mit der Nummer 2 als Anfangszustand markiert ist (links im Bild). Zum späteren Zeitpunkt t_1 befindet sich das Rollensystem im Zustand 4 des ursprünglichen Automatenmodells (Bildmitte). Das Abwicklersystem darf aber zu diesem Zeitpunkt t_1 bereits einen Teil des ursprünglichen Automatengraphen vergessen haben, denn vom Zustand 4 gibt es keinen

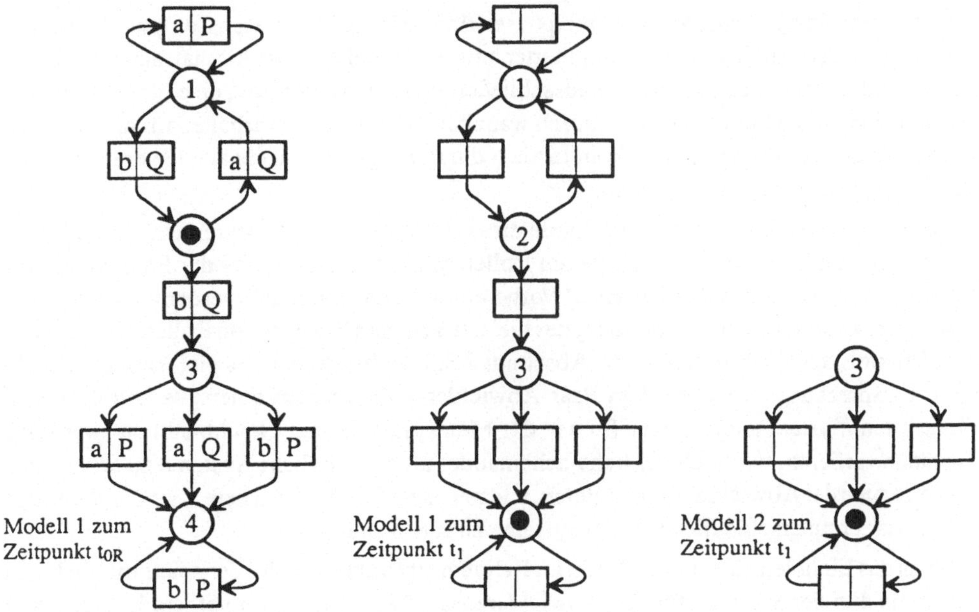

Bild 185 Zum Vergessen von prozeßorientiertem Rollenwissen

Weg mehr zurück zu den Zuständen 1 und 2. Deshalb ist das Verhaltensmodell rechts im Bild, welches nur noch zwei Zustände umfaßt, äquivalent zu dem Modell in der Bildmitte.

Dieses Beispiel sollte zeigen, daß sich im Laufe des Rollenspiels das Rollenwissen des Abwicklers verändern kann. Dies kann aber selbstverständlich kein Zugewinn an neuem Wissen bezüglich der aktuell gespielten Rolle sein. Man stelle sich ein Theaterstück vor, bei dem die Rolle einem Schauspieler vorschreibt, während des 2. Aktes das Publikum zu befragen und auf diese Weise erst zu lernen, wie er sein Spiel im 3. Akt fortsetzen muß. In einem solchen Falle wäre es sinnlos, von einer einzigen Rolle zu sprechen, die alle drei Akte umfaßt. Vielmehr müßte man hier zwei Rollen unterscheiden, die nacheinander gespielt werden, wobei die erste Rolle die ersten beiden Akte umfaßt und die zweite Rolle für den dritten Akt gilt. Es kann also durchaus im Laufe eines Rollenspiels neues Rollenwissen erworben werden, dies kann dann aber nur Wissen bezüglich einer später zu spielenden Rolle, nicht aber bezüglich der aktuell gespielten sein.

Bei Schauspielern ist es nicht üblich, daß sich Lernphasen und Spielphasen überdecken, d.h. daß die Spielphase für die eine Rolle gleichzeitig Lernphase für eine später zu spielende Rolle ist. Für die hier betrachteten Programmabwickler ist eine solche Überdeckung von Lern- und Spielphasen jedoch der Normalfall. Diese Abwickler werden so konstruiert, daß in ihrem Zustand Z_A zum Zeitpunkt t_{0A} ihrer Inbetriebnahme bereits eine bestimmte Rolle umschrieben ist, so daß ihre ersten Aktionen bereits ein Rollenspiel bilden. Dieses erste Rollenspiel ist derart, daß es gleichzeitig Lernphase für später zu spielende Rollen ist. Während der gesamten Betriebsdauer eines solchen Abwicklers befindet er sich immer in irgendeinem Rollenspiel, wobei immer wieder einmal Rollenspiele vorkommen, die dem Lernen später zu spielender Rollen dienen.

Die Überdeckung von Lern- und Spielphasen findet sich bei den ersten Computergenerationen nicht. In den Anfängen der Computertechnik wurden die Abwickler tatsächlich so konstruiert, daß es zwei sich gegenseitig ausschließende Betriebsarten gab, eine für die Lernphasen und eine für die Spielphasen. Dadurch war aber das Abwicklerverhalten für die Lernphasen ein für allemal festgelegt und konnte nicht durch Programmierung an die veränderlichen Benutzerwünsche angepaßt werden.

Der Erwerb von Rollenwissen im Laufe eines Rollenspiels ist Vorbereitung auf ein neues Rollenspiel; im Zustand Z_R des aktuellen Rollensystems entsteht dabei der Bauplan des zukünftigen Rollensystems. Die Begriffe "Vorbereitung" und "Bauplan" werden an dieser Stelle bewußt verwendet, um die Einordnung des hier betrachteten Erwerbs von Rollenwissen in den Problemkreis der Strukturvarianz (s. Abschnitt 2.3.3) zu begründen. Es gibt nämlich eine direkte Entsprechung zwischen dem Paar Abwickler/Rollensystem einerseits und dem Paar Metasystem/System andererseits. So wie das Metasystem immer gleichbleibt und nur seine Zustände variieren, wodurch zeitlich nacheinander unterschiedliche Systeme zu sehen sind, so bleibt auch der Abwickler immer gleich, und nur seine Zustände variieren, wodurch zeitlich nacheinander unterschiedliche Rollensysteme zu sehen sind.

Wenn das Einholen einer neuen Rolle im Rahmen eines aktuellen Rollenspiels möglich sein soll, dann darf der Speicher für den Abwicklerzustand Z_A nicht derart aufgeteilt sein, daß er eine Komponente enthält, die nur zur Speicherung der Funktionsdefinitionen ["ω_R", "δ_R"]

vorgesehen ist, und eine andere Komponente, die auf die Speicherung des Zustandes Z_R des Rollensystems festgelegt ist. Denn das Einholen einer neuen Rolle im Rahmen eines aktuellen Rollenspiels kann ja nur derart geschehen, daß im Rahmen der Rolle 1 Information an der Schnittstelle X_R entgegengenommen und in den Gedächtniszustand Z_{R1} aufgenommen wird. Und der Übergang vom Spielen der Rolle 1 zum Spielen der Rolle 2 bedeutet dann nichts anderes, als daß die Information, die sich bis dahin als Zustand Z_{R1} angesammelt hat, nun als vollständige Festlegung der Rolle 2 interpretiert wird. Es gilt dann also

$$[\, "\omega_{R2}", "\delta_{R2}", Z_{R2}(1)\,] = \beta[\, Z_{R1}(n_{Ende})\,]$$

Ein derartiger Interpretationswechsel, den man als "semantischen Sprung" bezeichnen kann, wäre nicht möglich, wenn die Speicherung des aktuellen Zustands Z_R einerseits und die Speicherung der Definitionen der Funktionen ω_R und δ_R andererseits in zwei dauerhaft getrennten, zweckgebundenen Speichern geschehen müßte. Wenn man aber dafür einen einzigen Speicher, der für beliebige Informationen geeignet ist, vorsieht, dann bedeutet der semantische Sprung lediglich einen Brillenwechsel des Betrachters, der das in diesem Speicher liegende Muster anschaut.

Der Zeitpunkt des Rollenwechsels kann durch ein bestimmtes Ereignis bei X_A oder durch das Wahrwerden einer bestimmten Bedingung bezüglich des Zustandes Z_A festgelegt sein. Man vergesse dabei nicht, daß hier etwas in das Beobachtbare hineininterpretiert wird, und daß deshalb die Festlegung des Zeitpunkts des Rollenwechsels nicht beobachterunabhängig ist. Es handelt sich hier nämlich um den gleichen Problemkreis, der bereits im Abschnitt 2.3.3 über Strukturvarianz besprochen wurde: Im Beobachtbaren sieht der Beobachter zeitlich nacheinander verschiedene Systeme, die ein anderer Beobachter möglicherweise nicht sieht, falls ihm nicht der erste eine entsprechende Brille aufsetzt. Hierzu soll ein Beispiel betrachtet werden.

Als Abwickler denke man sich einen Menschen, der als Speicher für Z_A eine Tafel mit fünf Feldern benützt, wie sie in Bild 186 in sechsfacher Erscheinung dargestellt ist. Zusätzlich zum Tafelinhalt gehört zum Abwicklerzustand noch die Information über die Auswahl eines aktuellen Feldes, die in Bild 186 jeweils durch einen auf das aktuelle Feld weisenden Zeiger dargestellt ist. Die Abwicklerfunktion

$$\left[Y_A(n),\ \begin{pmatrix} \text{Tafelinhalt (n+1)} \\ \text{Zeigerstellung (n+1)} \end{pmatrix} \right] = f_A \left[\begin{pmatrix} \text{Tafelinhalt (n)} \\ \text{Zeigerstellung (n)} \end{pmatrix},\ X_A(n) \right]$$

ist so festgelegt, daß der Abwickler das ausführt, was in dem aktuell ausgewählten Tafelfeld von ihm verlangt wird, und daß er, falls in diesem Tafelfeld keine Angaben über die nächste Zeigerposition enthalten sind, den Zeiger zum darunterliegenden Nachbarfeld, also zu dem Feld mit der nächst höheren Nummer verschiebt. Beim Übergang vom Abwicklerzustand V zum Zustand VI (s. Bild 186) verschwindet der Zeiger, weil im Zustand V im aktuellen Feld 1 das Ende der Abwicklung verlangt wird; deshalb kann der Zustand VI nicht mehr verlassen werden.

Unter den sechs Abwicklerzuständen in Bild 186 ist jeweils angegeben, welche mögliche Rolleninformation man aus dem jeweiligen Zustand extrahieren kann. Jede Zeile entspricht

Abwicklerzustand	I	II	III	IV	V	VI
Speicherfeld Nr. 1	→ Lasse Dir von drau-ßen den Inhalt für Feld 3 geben!	Lasse Dir von drau-ßen den Inhalt für Feld 3 geben!	Lasse Dir von drau-ßen den Inhalt für Feld 3 geben!	Lasse Dir von drau-ßen einen Text ge-ben und gib ihn ins Englische übersetzt wieder aus! Beende die Abwicklung!	→ Lasse Dir von drau-ßen einen Text ge-ben und gib ihn ins Englische übersetzt wieder aus! Beende die Abwicklung!	Lasse Dir von drau-ßen einen Text ge-ben und gib ihn ins Englische übersetzt wieder aus! Beende die Abwicklung!
Nr. 2	Lasse Dir von drau-ßen den Inhalt für Feld 4 geben!	→ Lasse Dir von drau-ßen den Inhalt für Feld 4 geben!	Lasse Dir von drau-ßen den Inhalt für Feld 4 geben!	Lasse Dir von drau-ßen den Inhalt für Feld 4 geben!	Lasse Dir von drau-ßen den Inhalt für Feld 4 geben!	Lasse Dir von drau-ßen den Inhalt für Feld 4 geben!
Nr. 3	leer	Entschlüssele den Text aus Feld 5 in das Feld 1 nach dem Verfahren ORS!	→ Entschlüssele den Text aus Feld 5 in das Feld 1 nach dem Verfahren ORS!	Entschlüssele den Text aus Feld 5 in das Feld 1 nach dem Verfahren ORS!	Entschlüssele den Text aus Feld 5 in das Feld 1 nach dem Verfahren ORS!	Entschlüssele den Text aus Feld 5 in das Feld 1 nach dem Verfahren ORS!
Nr. 4	leer	leer	Setze den Zeiger auf Feld 1!	→ Setze den Zeiger auf Feld 1!	Setze den Zeiger auf Feld 1!	Setze den Zeiger auf Feld 1!
Nr. 5	Verschlüsselter Text	Verschlüsselter Text	Verschlüsselter Text	Verschlüsselter Text	Verschlüsselter Text	Verschlüsselter Text
Speicherfelder, deren Inhalt als Rollendefinition gedeutet werden kann: (Die restlichen Felder sind dann als Komponenten von Z_R anzusehen oder irrelevant.)	1 1,2	(1),2 (1),2,3 2 2,3	(1,2),3 (2),3 3	(2,3),4,1 (3),4,1 4,1	(2,3,4),1 (3,4),1 (4),1 1	keine

Bild 186 Beispiel zum Zusammenhang zwischen Übergängen des Abwicklerzustandes und Rollenwechseln

dort jeweils einer möglichen Rolle, die ein Betrachter sehen kann, wenn er sie sehen will. Es ist selbstverständlich, daß der Inhalt des aktuellen Feldes immer zur Definition der aktuell gespielten Rolle gehören muß. Man hat aber die Freiheit zu entscheiden, ob man die bereits gefüllten Felder, die das Abwicklerverhalten in nachfolgenden Schritten bestimmen werden, schon zur aktuellen Rolle rechnen will oder nicht. So muß man beispielsweise im Zustand I den Inhalt des Feldes 1 unbedingt der Rollendefinition zuordnen, während man über die Hinzunahme des Feldes 2, welches erst im nächsten Schritt verhaltensrelevant ist, frei entscheiden kann. Würde man das Feld 2 im Zustand I noch nicht zur Rollendefinition heranziehen, dann hätte dies zur Konsequenz, daß der Übergang zum Zustand II als Rollenwechsel gedeutet werden müßte, denn im Zustand II ist das Feld 2 das aktuell ausgewählte und muß deshalb dort zur Rollendefinition beitragen. Freiheit bezüglich der Hinzunahme von Feldern zur Rollendefinition hat man auch hinsichtlich derjenigen Felder, die in früheren Schritten bereits verhaltensrelevant waren und deren Inhalt seither unverändert geblieben ist, obwohl er nicht mehr verhaltensrelevant werden wird und deshalb bereits hätte "vergessen", d.h. zerstört werden dürfen. Es handelt sich in diesem Fall um den zulässigen Informationsverlust, der bereits allgemein im Zusammenhang mit Bild 185 diskutiert wurde. In den rollenbestimmenden Feldnummernlisten in Bild 186 sind die Nummern der Felder mit vergeßbarem Inhalt jeweils eingeklammert.

Die kleinstmögliche Anzahl von Rollenwechseln in diesem Beispiel ergibt sich, wenn man jeweils die eingekreisten Feldnummernlisten als aktuell rollenbestimmend wählt. Die erste dieser Rollen, die durch die Felder 1 und 2 bestimmt ist, dient dazu, die Information über die zweite – Feld 3 – und eine Teilinformation über die dritte Rolle – Feld 4 – von draußen einzuholen. Die zweite Rolle ist durch das Feld 3 im Zustand III bestimmt. In dieser Rolle wird die noch fehlende Restinformation über die dritte Rolle – neuer Inhalt für Feld 1 – aus einer Komponente des Zustands Z_R des Rollensystems – Feld 5 – hergeleitet. Und die dritte Rolle – Felder 4 und 1 – dient schließlich dazu, in Abhängigkeit von einem eingegebenen Text einen auszugebenden Text zu bestimmen.

Obwohl im Zustand III der im Zustand IV verhaltensbestimmende Inhalt des Feldes 4 bereits vorliegt, wäre es sinnlos, diesen Inhalt bereits im Zustand III zur aktuellen Rolle heranzuziehen, denn der Inhalt des Feldes 4 ergibt erst mit dem zugehörigen Inhalt des Feldes 1 eine verhaltensbestimmende Information, und im Zustand III liegt der zugehörige Inhalt des Feldes 1 noch nicht vor. Man muß erkennen, daß die Information in Feld 4 im Grunde gar nichts über irgendeine Rolle aussagt, sondern nur eine Konsequenz der gegebenen Abwicklerkonstruktion ist, bei der es Speicherfelder und einen Zeiger gibt, der pro Abwicklerschritt eine Feldposition weiter nach unten wandert, falls im Feld nichts anderes verlangt wird.

Anhand des Beispiels in Bild 186 wurde gezeigt, daß der Betrachter eines Abwicklerverhaltens bestimmte Freiheiten bei der Festlegung der von ihm gesehenen Rollenwechsel hat. Am gleichen Beispiel wird nun noch gezeigt, daß selbst dann, wenn sich ein Betrachter auf eine bestimmte Folge von Rollenwechseln und die zugehörigen rollenbestimmenden Speicherinhalte festgelegt hat, immer noch nicht eindeutig festliegt, welche Rollensysteme der Betrachter sieht. Das bedeutet, daß man immer noch gewisse Freiheiten bezüglich der gesehenen Rollensysteme hat, nachdem man sich in Bild 186 bereits auf die eingekreisten Feldnummernlisten festgelegt hat. Es handelt sich hierbei um die Freiheit, mehrere aufeinanderfolgende Abwicklerschritte entweder als Folge von Schritten des Rollensystems zu sehen oder aber diese Abwicklerschrittfolge zu einem einzigen Rollenschritt zusammenzufassen. Die Abwicklerzustandsfolge aus Bild 186 ist in Bild 187 noch einmal dargestellt, und zwar diesmal in Form eines Zustandsgraphen, dessen Transitionen die Abwickleraktionen oder -schritte repräsentieren. Je nachdem, welche Brille man aufsetzt, kann man vier dieser fünf Abwicklerschritte als Rollenschritte sehen oder aber nur als Teile von Rollenschritten. Dies ist deswegen möglich, weil hier manchmal das Eingabe- bzw. Ausgabeelement *nichts* vorkommt. Da in den Abwicklerschritten der ersten Rolle nichts ausgegeben wird, kann man die Rolle als einen einzigen Zustandsübergang von I nach III auffassen, der durch die zusammengefaßte Eingabeinformation $X_{R1}(1) = [X_A(1), X_A(2)]$ bestimmt wird. Und da im ersten Abwicklerschritt der dritten Rolle weder etwas eingegeben noch etwas ausgegeben wird, kann dieser Abwicklerschritt als Teil eines Rollenschritts aufgefaßt werden, der bezüglich des Informationsflusses an den Schnittstellen X und Y nicht vom zweiten Abwicklerschritt dieser Rolle unterschieden werden kann.

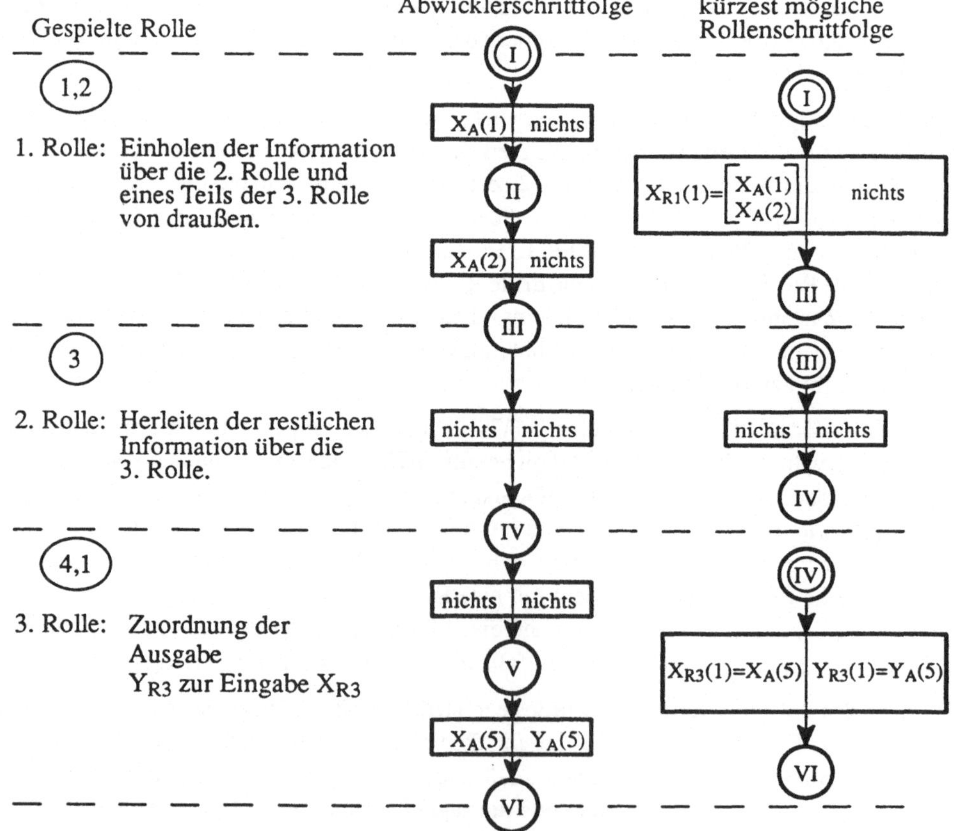

Bild 187 Zum Zusammenhang zwischen Abwicklerschrittfolge und Rollenschrittfolge im Beispiel aus Bild 186

Im Zusammenhang mit diesem Beispiel kann auf einen Sachverhalt hingewiesen werden, der in den allgemeinen Aussagen zum Begriff der Rolle bisher nicht erwähnt wurde. Die aus dem Abwicklerzustand Z_A extrahierbare Rolleninformation braucht selbstverständlich immer nur dasjenige Verhalten des Rollensystems festzulegen, welches im Rahmen des Protokolls für die Kommunikation zwischen dem Rollensystem und seiner Umgebung vorgesehen ist. Losgelöst von einem Protokoll gesehen sind deshalb die Rollen i.a. unvollständig definiert. So kann beispielsweise das Protokoll vorsehen, daß ein Automat nach seiner Inbetriebnahme nur genau zwei Eingaben erhalten wird und dann entweder wieder außer Betrieb genommen oder in dem dann erreichten Zustand ewig verbleiben wird. In einem solchen Falle wäre es sinnlos zu definieren, was der Automat machen soll, wenn nach der Inbetriebnahme eine dritte Eingabe erfolgt. In diesem Sinne sind die unvollständig erscheinenden Rollen in Bild 187 zu verstehen. Da das Protokoll vorsieht, daß das erste Rollensystem bei Erreichen des Zustands III ausser Betrieb genommen wird und an seiner Stelle das zweite Rollensystem in Aktion gebracht wird, braucht auch nicht definiert zu sein, was das erste Rollensystem machen soll, wenn in seinem Zustand III noch eine Eingabe erfolgt.

Das Beispiel in den Bildern 186 und 187 wurde eingeführt zur Veranschaulichung der allgemeinen Aussagen über das Einholen einer neuen Rolle im Rahmen eines Rollenspiels. Diesem Beispiel kann man auch entnehmen, daß eine Lernphase auf mehrere Spielphasen verteilt sein darf, die nicht unbedingt unmittelbar aufeinander folgen müssen. Denn die Lernphase für die 3. Rolle ist auf mindestens 3 Spielphasen verteilt: Zuerst einmal muß der verschlüsselte Text im 5. Feld von draußen hereingeholt worden sein, und dies muß in einem oder mehreren Rollenspielen erfolgt sein, die vor den drei in Bild 187 betrachteten Rollenspielen liegen. Der letzte Abschnitt der Eingabephase für die 3 Rolle deckt sich mit dem 1. Rollenspiel in Bild 187, und das dortige 2. Rollenspiel deckt sich mit dem letzten Abschnitt der Lernphase – einem Transformationsphasenabschnitt – für die 3. Rolle.

Mit diesen Betrachtungen wurde gezeigt, daß man für die Definitionen der Rollenfunktionen einerseits und für Zustandswerte der Rollensysteme andererseits im Abwickler keine getrennten zweckgebundenen Speicher vorsehen darf, wenn es möglich sein soll, daß im Rahmen eines Rollenspiels Information über eine später zu spielende Rolle gewonnen wird.

3.2.2.4 Abtrennung eines Peripheriesystems

Von einem universellen Abwickler für informationelle Rollen muß man verlangen dürfen, daß die Wertebereiche $repX_R$ und $repY_R$ der Schnittstellen der realisierbaren Rollensysteme sehr komplex strukturierte Elemente enthalten, so daß ein einziges solches Element sehr viel Information umfassen kann. Man denke an die Baustatik, wo aus den Konstruktionsdaten eines Gebäudes – Formen, Maße und Werkstoffe – die statischen Konsequenzen – Kräfteverläufe und Verformungen – bestimmt werden. Die gesamten Konstruktionsdaten als Eingabe für ein entsprechendes ergebnisorientiertes Programm muß man als ein einziges Element von $repX_R$ ansehen dürfen, und ebenso muß man die Gesamtheit der statischen Ergebnisse als ein einziges Element von $repY_R$ ansehen dürfen. Daraus folgt, daß der Abwickler "sehr weite" Schnittstellen haben muß, damit solch mächtige Elemente "durchpassen". Die Schnittstellen zwischen einem Architekten und einem Baustatiker sind tatsächlich "weit" genug, so daß sich die Partner gegenseitig dicke Stapel beschriebenen Papiers übergeben können, wobei ein ganzer Stapel, der beispielsweise die gesamten Konstruktionsdaten enthält, als ein einziges Element eines Wertebereichs angesehen werden kann.

Dieses Beispiel legt es aber nahe, wohl zu unterscheiden zwischen dem Entgegennehmen des Papierstapels und dem Zurkenntnisnehmen seines Inhalts. Das Zurkenntnisnehmen des Inhalts geschieht durch Lesen, und die zugehörige Schnittstelle ist wesentlich "enger": Als einzelne Elemente passen nämlich nur einzelne Wörter, Zahlen oder Zeichnungsausschnitte durch. Der Stapel, der als ein einziges Element entgegengenommen werden kann, kann nur als Folge sehr vieler einfacher Elemente zur Kenntnis genommen werden. Entsprechendes gibt es auch in umgekehrter Richtung: Der Inhalt kann nur als Folge vieler einfacher Elemente erzeugt werden, aber der beschriebene Papierstapel kann dann als ein einziges Element abgegeben werden. Es handelt sich hier um die bereits im Abschnitt 1.3.1 über Signale genannten Vorgänge des Aufzeichnens und des Abspielens.

Dieses Vorkommen einer weiten und einer engen Schnittstelle zur Kommunikation eines Systems mit seiner Umgebung wird in so vielen Fällen gebraucht, daß man es auch bei der Abwicklergestaltung berücksichtigen sollte. Man zerlegt deshalb den bisher betrachteten Abwickler in ein Peripheriesystem und einen internen Abwickler. Bild 188 zeigt diese Zweiteilung. Die enge Schnittstelle liegt zwischen dem Peripheriesystem und dem internen Abwickler; sie ist mit ($X_{A\,INT}$, $Y_{A\,INT}$) bezeichnet. Die weite Schnittstelle ($X_{A\,EXT}$, $Y_{A\,EXT}$) liegt zwischen dem Peripheriesystem und der Umgebung des gesamten Abwicklers. Die Zustandsvariable $Z_{A\,EXT}$ im Peripheriesystem enthält abspielbare Aufzeichnungen. Solche Aufzeichnungen können als Ganzes über $X_{A\,EXT}$ hereingekommen oder durch Aufzeichnen einer Folge aus $Y_{A\,INT}$ entstanden sein. Diese Aufzeichnungen stehen der Umgebung als Ganzes bei $Y_{A\,EXT}$ zur Verfügung; durch Abspielen ergeben sich Folgen für $X_{A\,INT}$. Aufträge zum Abspielen kann der interne Abwickler über $Y_{A\,INT}$ an das Peripheriesystem erteilen.

Das Peripheriesystem wurde durch die Notwendigkeit begründet, eine weite Schnittstelle und eine enge Schnittstelle durch ein System zu verbinden, welches Aufzeichnen und Abspielen kann. Nachdem das Peripheriesystem nun aber eingeführt ist, erkennt man leicht, daß man es nicht nur dazu benutzen kann, das weite $X_{A\,EXT}$ mit dem engen $X_{A\,INT}$ und das enge $Y_{A\,INT}$ mit dem weiten $Y_{A\,EXT}$ zu verbinden. Der interne Abwickler kann nämlich das Peripheriesystem auch als Speicher mit praktisch unbegrenzter Kapazität zur Auslagerung von Information nutzen, für die aktuell im Speicher $Z_{A\,INT}$ kein Platz ist.

Daß der Speicher $Z_{A\,INT}$ nur eine begrenzte Kapazität hat, der Speicher $Z_{A\,EXT}$ aber nicht, kann man durch folgende Überlegungen einsehen. Ein Speicher zum Aufzeichnen und Abspielen von Folgen wird im sog. *sequentiellen Zugriff* betrieben: Eine Schallplattenrille muß durchlaufen oder ein Band muß am Magnetkopf vorbeigeführt werden. Die Kapazität eines Speichers für sequentiellen Zugriff kann leicht erhöht werden, indem man einfach "hinten" noch etwas anfügt. So kann man ein Magnetband durch Ankleben eines weiteren Abschnitts verlängern, und man kann beim Schreiben eines Buches einfach immer wieder einen neuen Stapel leerer Seiten hinten anfügen und weiterschreiben. Dieses Hintenanfügen setzt allerdings voraus, daß man Zugang zu einer Umgebung hat, die über praktisch unbegrenzte Vorräte an Material für notwendig werdende Verlängerungen des Speichermediums verfügt. Das Peripheriesystem hat einen solchen Zugang, denn die Umgebung kann ja über $X_{A\ EXT}$ jederzeit neue Papierstapel oder Bandverlängerungen oder ähnliches nach $Z_{A\ EXT}$ bringen. Der interne Abwickler dagegen hat einen solchen Zugang nicht, so daß die Speicherkapazität für $Z_{A\ INT}$ so begrenzt bleiben muß, wie sie bei Inbetriebnahme des Systems festgelegt wurde – selbst wenn dieser Speicher im sequentiellen Zugriff betrieben würde. Sequentieller Zugriff wäre hier aber gar nicht sinnvoll, denn der Abwicklerkern hat ja bereits über $X_{A\ INT}$ und $Y_{A\ INT}$ sequentiellen Zugriff zu Speichern beliebig großer Kapazität. Die Abtrennung des Peripheriesystems dient ja insbesondere dem Zweck, alle Speicher mit sequentiellem Zugriff in $Z_{A\ EXT}$ zusammenzufassen, so daß für $Z_{A\ INT}$ keine Speicher mit sequentiellem Zugriff mehr übrig bleiben. Mit der Strukturierung der Speichervariablen $Z_{A\ INT}$ befaßt sich der Abschnitt 3.2.2.5 über Speicheradressierung.

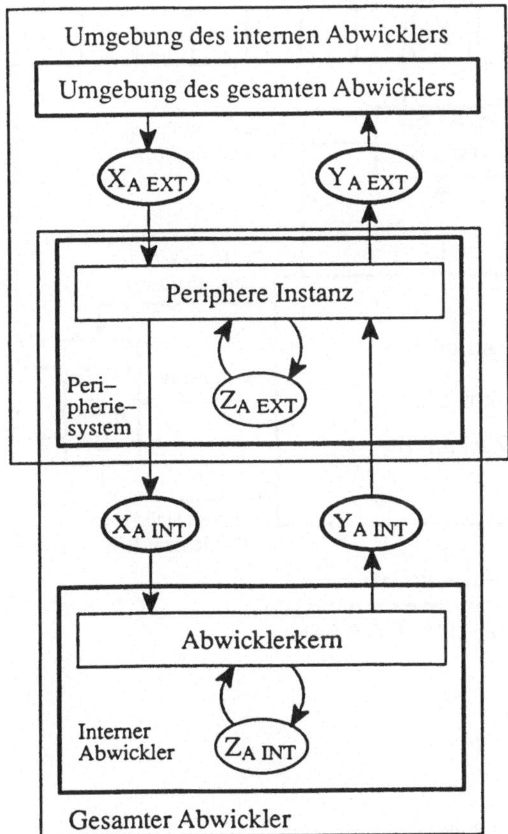

Bild 188 Zweiteilung des gesamten Abwicklers in ein Peripheriesystem und einen internen Abwickler

Die Zweckmäßigkeit der Abtrennung eines Peripheriesystems wurde bereits vor der Konstruktion der ersten Computer erkannt: In seinem Bemühen, den Begriff der Berechenbarkeit zu klären, entwickelte Alan M. Turing[1]) Mitte der dreißiger Jahre ein mathematisches Modell in Form eines diskreten dynamischen Systems bestimmter Struktur, das inzwischen ihm zu Ehren als *Turingmaschine* bezeichnet wird. Die Strukturmerkmale einer solchen Turingmaschine werden anhand des Beispiels in den Bildern 189 bis 191 vorgestellt.

Die Turingmaschine in Bild 189 besteht aus einem endlichen Automaten im Zentrum und einem Peripheriesystem aus drei gleichartigen Teilsystemen. Jedes dieser drei Teilsysteme ist ein Bandgerät mit einem eingelegten, potentiell unbegrenzten, zellenstrukturierten Band. Das Gerät zeigt an seiner Schnittstelle dem Automaten immer den aktuellen Zelleninhalt im Fenster des Schreib/Lesekopfes an, und es kann, wenn es einen entsprechenden Auftrag vom Automaten erhält, die Zelle im Fenster löschen oder mit einem vom Automaten gewünschten Symbol neu beschriften, und es kann auch Aufträge zum Verschieben des Bandes um einen Zellenabstand in Vorwärts- oder Rückwärtsrichtung[2]) ausführen.

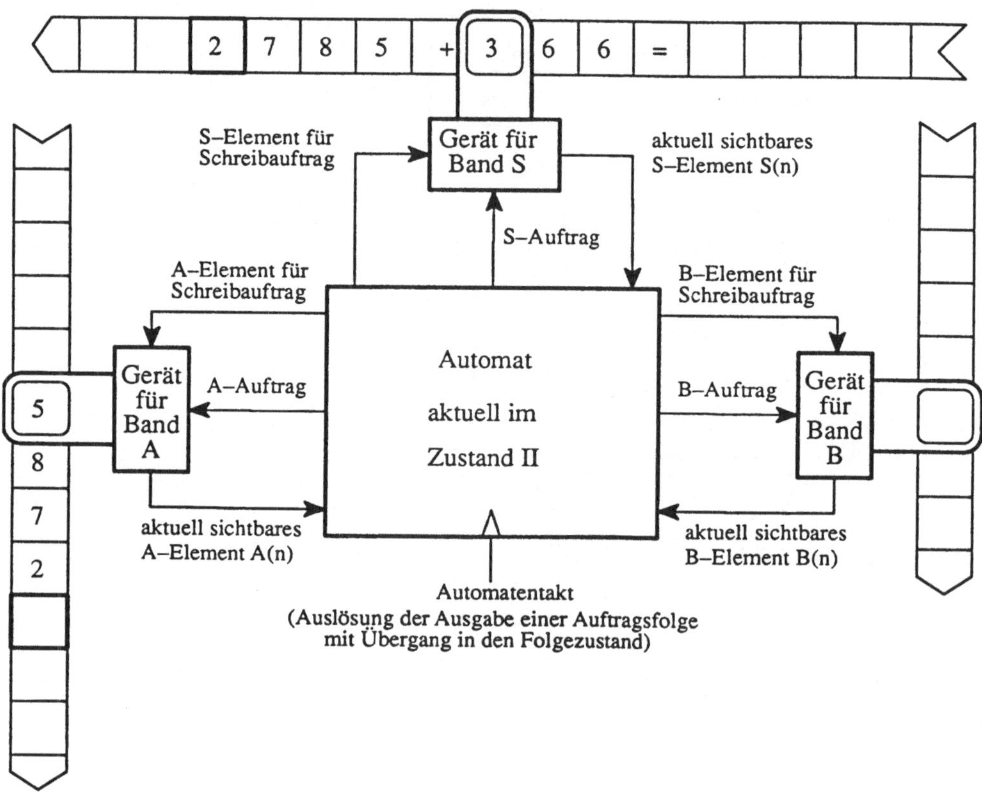

Bild 189 Beispiel einer Turingmaschine

1) Alan M. Turing, englischer Mathematiker, 1912 – 1954

2) Damit die Bedeutung von *vorwärts* und *rückwärts* eindeutig festliegt, sind die Bänder in Bild 189 mit Richtungspfeilen versehen. Eine Vorwärtsbewegung liegt vor, wenn sich ein Band in Pfeilrichtung am Fenster des Schreib/Lesekopfes vorbeibewegt.

Das Repertoire für einen Zelleninhalt muß endlich sein, kann aber ansonsten von dem Maschinenkonstrukteur frei nach Zweckmäßigkeitsgesichtspunkten in Abhängigkeit von der auszuführenden Berechnungsaufgabe festgelegt werden. Im gegebenen Beispiel soll eine dezimale Addition durchgeführt werden, und es wurde folgendes Repertoire für einen Zelleninhalt festgelegt:

{ leer, +, = , 0, 1, 2, 3, 4, 5, 6, 7, 8, 9 }

Folgendes Repertoire mit 13 möglichen Aufträgen wird für die Durchführung der Addition gebraucht:

{ Löschen, Vorwärtsschritt, Rückwärtsschritt, Schreiben 0,
Schreiben 1, Schreiben 2, ... , Schreiben 9 }

Die Aufgabenstellung ist wie folgt festgelegt: Zu Beginn liegt in den beiden Geräten A und B je ein leeres Band. Im Gerät S liegt ein Band, worauf eine ungelöste Additionsaufgabe steht. Es handelt sich um eine Folge aus einer nichtnegativen ganzen Dezimalzahl, einem Pluszeichen, einer weiteren nichtnegativen ganzen Dezimalzahl und einem Gleichheitszeichen. Zu Beginn befindet sich im S–Fenster die höchstgewichtige, also linksaußen stehende Dezimalziffer des ersten Summanden – dies darf auch eine Null sein.

In Bild 189 sind die Zellen des S–Bandes und des A–Bandes, die zu Beginn in den entsprechenden Fenstern lagen, dick umrandet. Das B–Band liegt noch in Anfangsposition.

Nach Ausführung der Aufgabe soll die Beschriftung des S–Bandes um das Ergebnis erweitert worden sein, welches ohne Zwischenraum unmittelbar rechts neben dem Gleichheitszeichen stehen soll. Im S–Fenster soll sich am Ende die leere Zelle befinden, die rechts neben dem Ergebnis steht. Das A– und das B–Band sollen am Ende genauso leer sein und auch in der gleichen Position stehen wie am Anfang.

Das Bild 189 zeigt eine Situation, die sich als Zwischenzustand während der Berechnung ergibt. Der Berechnungsvorgang läuft wie folgt ab: Zuerst wird der erste Summand stellenweise auf das A–Band kopiert, wobei das S–Band und das A–Band vorwärts laufen. Das Ende dieses Kopiervorgangs wird durch das Auftreten des Pluszeichens im S–Fenster erkannt. Dann wird nur noch das S–Band weiterbewegt, bis das Gleichheitszeichen im Fenster erscheint. Der in Bild 189 gezeigte Zwischenzustand tritt während dieser Phase der Aufgabenausführung auf. Nach dieser Phase können durch schrittweise Rückwärtsbewegung des S– und des A–Bandes die jeweils zu addierenden beiden Dezimalstellen im S– und im A–Fenster bereitgestellt werden. Der Automat muß natürlich so gebaut sein, daß er zwei Dezimalziffern addieren und auch den möglicherweise auftretenden Übertrag im Gedächtnis behalten und im nächsten Additionsschritt berücksichtigen kann. Die jeweils sich ergebenden Ziffern der Summe werden auf das B–Band geschrieben, welches dabei vorwärts läuft. Vor jedem Rückwärtsschritt des A–Bandes wird der nicht mehr benötigte Zelleninhalt gelöscht.

Da die beiden Summanden unterschiedlich lang sein dürfen, kann es vorkommen, daß das Pluszeichen schon im S–Fenster erscheint, während auf dem A–Band noch weitere Dezimalstellen stehen. Es kann auch vorkommen, daß das A–Band schon leer geworden ist, während auf dem S–Band noch unverarbeitete Stellen stehen. Dann müssen die restlichen Stellen des Ergebnisses, die auf das B–Band zu schreiben sind, aus den verbliebenen Stellen des längeren

Summanden auf dem A- oder dem S-Band gewonnen werden. Am Ende dieser Additionsphase steht das A-Band wieder in Anfangsposition und ist leer, im S-Fenster steht das Pluszeichen, und im B-Fenster steht die höchstgewichtige Stelle des Ergebnisses.

Bevor das Ergebnis vom B-Band auf das S-Band übertragen werden kann, muß das S-Band wieder vorwärts bewegt werden, bis die leere Zelle rechts neben dem Gleichheitszeichen im S-Fenster erscheint. Dann kann das Ergebnis stellenweise auf das S-Band geschrieben werden. Das S-Band läuft dabei vorwärts, das B-Band läuft rückwärts. Die auf das S-Band kopierten Stellen werden jeweils anschließend vom B-Band gelöscht, so daß am Ende der Kopierphase auch das B-Band wieder leer ist; es steht dann auch wieder in Anfangsposition.

Nachdem nun grundsätzlich festliegt, was der Automat in Bild 189 tun soll, können die Wertebereiche repX, repY und repZ dieses Automaten und seine Funktionen ω und δ vorgestellt werden. Ein Eingabewert X(n) wird jeweils durch die zum Taktzeitpunkt vorliegenden Inhalte der drei Bandfenster festgelegt:

$$X(n) = [\ S(n), A(n), B(n)\ ]\ .$$

Die oberen drei Zeilen der oberen Tabelle in Bild 190 enthalten alle Kombinationen der drei Fensterinhalte, die im Laufe des Automatenbetriebs vorkommen können. Dies ergibt für die Mächtigkeit von repX den Wert 1.361; eine explizite Aufzählung aller Elemente von repX wäre also zu aufwendig. Das Automatenverhalten läßt sich aber auch ohne eine solche Aufzählung angeben. Dazu wird repX mit Hilfe der in der oberen Tabelle in Bild 190 angegebenen Kriterien in 12 Blöcke partitioniert, und zu diesen 12 Blöcken gehören die 12 Spalten der Automatentabelle in Bild 190 unten. Diese Partitionierung kann man auch derart formulieren,

Fenster-inhalte	S(n)	leer	Ziffer		+		=	Ziffer			+	=	leer
	A(n)	leer	leer		Ziffer		Ziffer	Ziffer			leer	leer	leer
	B(n)	leer	leer oder Ziffer		leer oder Ziffer		leer	leer oder Ziffer			Ziffer	Ziffer	Ziffer
S(n)+1=10 ?		✕	nein	ja	✕	✕	✕	irrelevant			✕	✕	✕
A(n)+1=10 ?		✕	✕	✕	nein	ja	irrel.				✕	✕	✕
10≤S(n)+A(n) ?		✕	✕	✕	✕	✕	✕	nein	nein	ja	✕	✕	✕
10≤S(n)+A(n)+1 ?		✕	✕	✕	✕	✕	✕	nein	ja	ja	✕	✕	✕

		$\tilde{X}$(n) = lfd. Nr. des Prädikats P_J, welches auf X(n) zutrifft											
		1	2	3	4	5	6	7	8	9	10	11	12
Z(n)	(I)	I,R	I,D	I,D	II,E	II,E	✕	I,D	I,D	I,D	✕	✕	I,P
	II	✕	II,E	II,E	✕	✕	III,F	II,E	II,E	II,E	✕	I,E	✕
	III	✕	III,G	III,G	III,M	III,M	✕	III,H	III,H	IV,H	II,E	✕	✕
	IV	✕	III,K	IV,K	III,L	IV,L	✕	III,J	IV,J	IV,J	II,N	✕	✕

Bild 190 Automatentabelle zu Bild 189 mit Partitionierung von repX

daß man sagt, dem Wertebereich repX werde ein Wertebereich rep$\tilde{X}$ zugeordnet, indem 12 sich gegenseitig ausschließende Prädikate $P_J[X(n)] = P_J[S(n), A(n), B(n)]$ eingeführt werden, von denen zu einem gegebenen X(n) immer genau eines wahr ist.

Wie bereits in Bild 189 angegeben, stellt ein Ausgabewert Y(n) jeweils eine endliche Folge von Aufträgen an die Bandgeräte dar. In Bild 191 sind die 12 in der Automatentabelle in Bild 190 mit Großbuchstaben bezeichneten Ausgabeelemente als Auftragsfolgen interpretiert. Da jeder Schreibauftrag erst durch die explizite Angabe des zu schreibenden Elements vollständig festgelegt ist, gehören zu den Kurzbezeichnungen D, G, H, J, K, L, M und P jeweils 10 verschiedene Elemente von Y, so daß sich als Mächtigkeit von repY der Wert 84 ergibt. Aber in gleicher Weise, wie repX in der Automatentabelle in Bild 190 nur in Form von Partitionsblöcken, also in Form von rep$\tilde{X}$ auftritt, braucht auch repY in dieser Automatentabelle nicht in Form seiner einzelnen Elemente vorzukommen, sondern kann durch Elemente von rep$\tilde{Y}$ = { D, E, F, G, H, J, K, L, M, N, P, R } vertreten werden, wobei jedes solche Element als Partitionsblock von repY zu verstehen ist.

Kurzbezeichnung	Interpretiert als Auftragsfolge an die Peripherie
D	A–Vorwärtsschritt, A–Schreiben[S(n)], S–Vorwärtsschritt
E	S–Vorwärtsschritt
F	S–Rückwärtsschritt
G	B–Vorwärtsschritt, B–Schreiben[S(n)], S–Rückwärtsschritt
H	B–Vorwärtsschritt, B–Schreiben($[S(n)+A(n)]_{mod 10}$), A–Löschen, A–Rückwärtsschritt, S–Rückwärtsschritt
J	B–Vorwärtsschritt, B–Schreiben($[S(n)+A(n)+1]_{mod 10}$), A–Löschen, A–Rückwärtsschritt, S–Rückwärtsschritt
K	B–Vorwärtsschritt, B–Schreiben($[S(n)+1]_{mod 10}$), S–Rückwärtsschritt
L	B–Vorwärtsschritt, B–Schreiben($[A(n)+1]_{mod 10}$), A–Löschen, A–Rückwärtsschritt
M	B–Vorwärtsschritt, B–Schreiben[A(n)], A–Löschen, A–Rückwärtsschritt
N	B–Vorwärtsschritt, B–Schreiben(1), S–Vorwärtsschritt
P	S–Schreiben[B(n)], B–Löschen, B–Rückwärtsschritt, S–Vorwärtsschritt
R	keine Aufträge

Bild 191 Die Elemente von repY zum Automaten in den Bildern 189 und 190

Die Betrachtung des Beispiels einer Turingmaschine in Bild 189 sollte dazu dienen, die Zweckmäßigkeit der Abtrennung eines Peripheriesystems zu demonstrieren. Es ist das typische Strukturmerkmal jeglicher Turingmaschine – unabhängig von der Funktion, zu deren Berechnung sie konstruiert wird –, daß im Zentrum ein endlicher Automat sitzt, der Auftragsfolgen an endlich viele Bandgeräte ausgibt, worin zellenstrukturierte Bänder liegen, die so lang sind, daß man während des Berechnungsvorgangs garantiert nicht an irgendwelche Bandgrenzen stößt.

Das Modell in Bild 188 trifft vollständig auf die Turingmaschinen zu. Man muß dabei lediglich auf die bisherige – und im Falle programmierbarer Systeme selbstverständlich weiterhin gültige – Vorstellung verzichten, daß in $Z_{A\ INT}$ ein Programm gespeichert sei. Denn im Falle einer Turingmaschine entspricht ja der interne Abwickler dem die Bandgeräte steuernden endlichen Automaten, und dessen Verhalten ist ja nicht programmierbar.

Zum Beispiel der Turingmaschine in Bild 189 findet man leicht folgende Entsprechungen im Abwicklermodell in Bild 188: Der Wertbereich der Zustandsvariablen $Z_{A\ INT}$ ist gleich dem Wertebereich repZ = { I,II, III, IV }. Der jeweilige Wert der Zustandsvariablen $Z_{A\ EXT}$ ist durch den aktuellen Inhalt der drei Bänder und ihre Position relativ zum zugehörigen Fenster gegeben. Der Wert von $Z_{A\ EXT}$ kann auf zwei unterschiedliche Weisen verändert werden, nämlich durch Auftragsfolgen an die Bandgeräte oder dadurch, daß jemand von außen ein eingelegtes Band gegen ein anderes austauscht oder den Inhalt von Zellen verändert, die aktuell außerhalb des Fensters liegen. Die Auftragsfolgen an die Bandgeräte sind die Elemente von rep$Y_{A\ INT}$, und die Beeinflussung der Bänder von außen geschieht über $X_{A\ EXT}$, wo beispielsweise in einem einzigen Schritt ein langes beschriftetes Band in das S–Gerät eingelegt werden kann. Die Variablen $X_{A\ INT}$ und $Y_{A\ EXT}$ enthalten Information über $Z_{A\ EXT}$, wobei in $X_{A\ INT}$ nur die drei Fensterinhalte vermittelt werden, während bei $Y_{A\ EXT}$ eine vollständige Sicht auf alle drei Bänder gewährt werden kann.

Die Einführung des Peripheriesystems wurde begründet mit der Notwendigkeit, eine weite Schnittstelle und eine enge Schnittstelle miteinander zu verbinden, und dies wurde am Beispiel einer Turing–Maschine veranschaulicht. Damit sollte aber nicht gesagt werden, daß eine bestimmte Einschränkung, die für Turing–Maschinen gilt, auf universelle Abwickler übertragen werden dürfe. Es handelt sich um die Einschränkung, daß bei Turingmaschinen die Ereigniskommunikation nur von innen nach außen gerichtet ist, denn der Automat (s. Bild 189) sendet zwar das Startereignis zur Auftragsausführung an die Bandgeräte, aber er empfängt von den Bandgeräten keine Ereignismeldungen. Dagegen muß es in dem System in Bild 188 durchaus möglich sein, daß der interne Abwickler über $X_{A\ INT}$ Ereignismeldungen empfängt, die entweder von der Abwicklerumgebung stammen und von Peripheriegeräten weitergereicht werden oder die unmittelbar von der peripheren Instanz erzeugt werden. Man denke wieder an einen Stellwerkscomputer, der Weichen und Signale steuern soll und dem dazu von der Umgebung viele Ereignisse gemeldet werden müssen – z.B. daß ein Zug das Ende eines bestimmten Streckenabschnitts erreicht hat oder daß der zuständige Beamte durch Drücken einer Taste die Aufforderung zur Zugabfahrt meldet.

Als wesentliche Erkenntnis dieses Abschnitts bleibt festzuhalten, daß es zweckmäßig ist, den gesamten Abwickler in zwei kommunizierende Systeme so zu zerlegen, daß zwischen der Abwicklerumgebung und dem internen Abwickler das Peripheriesystem sitzt, welches neben einer reinen Durchreichefunktion die Aufgabe hat, Speicher mit sequentiellem Zugriff bereitzustellen, die eine praktisch unbegrenzte Kapazität haben können. Im folgenden braucht deshalb nur noch der interne Abwickler weiter betrachtet zu werden. Wenn also im folgenden vom Abwickler die Rede ist, ist immer der interne Abwickler gemeint, falls nicht ausdrücklich auf eine Abweichung von dieser Vereinbarung hingewiesen wird. Deshalb wird auch im folgenden anstelle von $X_{A\ INT}$, $Y_{A\ INT}$ und $Z_{A\ INT}$ der Einfachheit wegen immer nur noch X_A, Y_A und Z_A geschrieben. Als betrachtete Rolle gilt dann natürlich auch nur noch die Rolle des internen Abwicklers.

3.2.2.5 Speicheradressierung

Im voranstehenden Abschnitt über die Abtrennung eines Peripheriesystems standen Speicher mit sogenanntem sequentiellem Zugriff im Mittelpunkt der Betrachtung. Konsequenterweise muß man sich nun mit der Frage befassen, wie diejenigen Speicher strukturiert sind, die für die Variable Z_A – in Bild 188 die Variable $Z_{A\ INT}$ – vorgesehen sind, auf die ausschließlich der Abwicklerkern zugreifen kann, wobei ein sequentieller Zugriff ausgeschlossen wurde.

Es gehört zum Wesen des sequentiellen Zugriffs, daß die Instanzen, die den Speicherzugriff realisieren – in Bild 189 die Bandgeräte –, keine Zellenadressierung kennen. Deshalb können auch nur solche Zugriffsaufträge ausgeführt werden, die nicht auf eine Zellenadressierung Bezug nehmen. Bei der Erteilung eines Zugriffsauftrags kann man in diesem Falle nur voraussetzen, daß es eine aktuelle – im Fenster liegende – Speicherzelle gibt und daß die Speicherzellen in eine reguläre Struktur eingebunden sind. Im einfachsten Fall ist diese Struktur eine Linearordnung wie bei den Bändern einer Turingmaschine. Beim sequentiellen Zugriff kann eine Zelle nur dadurch identifiziert werden, daß man ihre Position in der Struktur relativ zur aktuellen Zelle angibt. Dabei gilt beim sequentiellen Zugriff die weitere Einschränkung, daß in den Zugriffsaufträgen nur die aktuelle Zelle und ihre strukturell unmittelbar angrenzenden Nachbarn identifiziert werden können. Im Falle der Linearordnung heißt dies, daß die Instanzen, welche den Speicherzugriff realisieren, den allgemeinen Begriff des Abstands in einer diskreten Ordnung nicht kennen, sondern nur die Sonderfälle der Abstandswerte 0 und 1.

Obwohl die Linearordnung der weitaus häufigste Fall für die Speicherstruktur ist, gehört diese nicht zum Wesen des sequentiellen Zugriffs. Bild 192 zeigt zwei andere reguläre Strukturen zur Einbindung von Speicherzellen, nämlich die zweidimensionale Matrixstruktur und den zweidimensionalen Binärbaum. In beiden Fällen gibt es zur aktuellen Zelle bestimmte unbedingt zugeordnete Nachbarzellen – diese sind dick umrandet – und andere Zellen, wo man frei entscheiden kann, ob man sie als unmittelbare Nachbarzellen zulassen will oder nicht – diese sind gestrichelt umrandet. Sequentieller Zugriff liegt also in diesen Fällen vor, wenn in einem Zugriffsauftrag nur die aktuelle Zelle oder eine ihrer Nachbarzellen identifiziert werden kann.

Das extreme Gegenstück zum *sequentiellen Zugriff* ist der sogenannte *wahlfreie Zugriff* (englisch *random access*). Diese Zugriffsart ist dadurch gekennzeichnet, daß in einem Auftrag an das den Zugriff realisierende Gerät jede beliebige Zelle des Speichers identifiziert werden kann. Die Identifikation ist *relativ*, wenn sie Bezug nimmt auf die aktuelle Fensterlage, andernfalls ist sie *absolut*. Eine absolute Identifikation kann entweder durch *strukturunabhängi-*

ge Benennung oder durch *strukturbezogene Umschreibung* geschehen. In beiden Fällen spricht man von *Adressierung*, wobei die strukturunabhängige Benennung als *symbolische Adressierung* bezeichnet wird. Für die strukturabhängige Umschreibung bietet sich die Bezeichnung *Koordinatenadressierung* an, denn dabei wird eine geordnete endliche Menge von Koordinatenwerten angegeben, mit Hilfe derer man schematisch von einer fest vereinbarten *Ursprungszelle* zu der adressierten Zelle gelangt.

Die Ursprungszelle in der Matrix links im Bild 192 ist diejenige, in der sich die beiden Koordinatenachsen k_1 und k_2 schneiden, und das Fenster liegt dort auf der Zelle mit der Koordinatenadresse $(k_1, k_2) = (-2, 2)$. Die Ursprungszelle im Baum rechts im Bild 192 ist die Baumwurzel, die bei der Zellennumerierung die Nummer 1 erhielt. In diesem Fall können die Zellennummern als Folgen binärer Koordinaten interpretiert werden, die angeben, wie man von der Wurzel zur adressierten Zelle gelangt. Wenn man nämlich die Zellennummer als Dualzahl formuliert, dann gibt die Folge der rechts neben der höchstwertigen Eins stehenden Binärwerte die Folge der Links–Rechts–Entscheidungen an, die auf dem Weg von der Wurzel zum Zielelement gefällt werden müssen. Für die Wurzel selbst ist diese Folge leer, denn in diesem Fall ist die höchstwertige Eins auch gleich die niederwertigste Eins. Für die aktuelle Zelle im Fenster ergibt sich zur Dezimaladresse 6 die Dualzahl 110, worin rechts neben der höchstwertigen Eins die Folge 10 steht, die als (rechts, links) zu interpretieren ist.

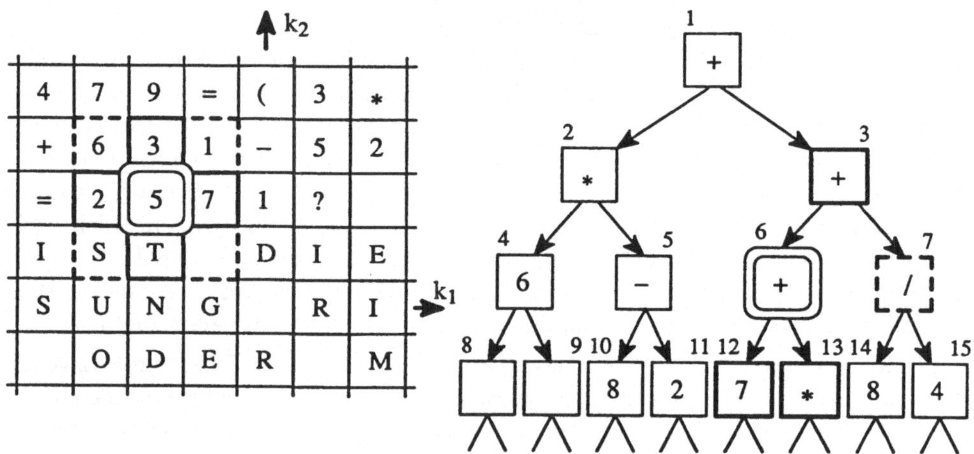

Bild 192 Beispiele zweidimensionaler Strukturen mit sequentiellem Zugriff

Den Unterschied zwischen symbolischer Adressierung und Koordinatenadressierung findet man auch bei der Benennung von Häusern in Gemeinden. Bei Gemeinden mit wenigen Häusern gab es früher nur die symbolische Adressierung. Die Häuser hießen "Schmiede", "Bäcker", "Zum goldenen Löwen", "Am Sonnenhang", usw.. Oder sie waren ohne Bezug zu ihrer Lage durchnumeriert, so daß es vorkommen konnte, daß das Haus 12 unmittelbar neben dem Haus 63 stand. Jedenfalls kann man bei symbolischer Adressierung nicht methodisch von der Bezeichnung auf die Position schließen – wodurch eine längere Einarbeitungszeit für neue ortsfremde Briefträger erforderlich wird. Dagegen ist ein Schließen von der Adresse auf die Position leicht möglich, wenn die Häuser in einem orthogonalen Straßengitter liegen – man denke an Mannheim oder an Manhattan – und eine zweidimensionale Koordinatenadressierung festgelegt ist. Da braucht der Briefträger kein so gutes Gedächtnis wie im anderen Falle. Im allgemeinen liegt eine Mischsituation vor: Die Straßen sind strukturunabhängig benannt, aber die Häuser in jeder Straße sind strukturbezogen in Form der Hausnummern adressiert, wobei häufig eine zweite Dimension berücksichtigt wird, indem nämlich die geraden Hausnummern für die eine und die ungeraden Hausnummern für die andere Straßenseite vergeben werden.

Die Definitionen des sequentiellen Zugriffs und des wahlfreien Zugriffs schließen *Mischformen* nicht aus. Diese erfüllen weder die Definition des sequentiellen noch die des wahlfreien Zugriffs. Zwei solche Formen seien als Beispiele genannt. Beidesmal wird die zweidimensionale Zellenordnung links in Bild 192 betrachtet. Im ersten Fall sei keine Adressierung festgelegt, so daß die Zellenidentifikation relativ zur aktuellen Zelle erfolgen muß. Und es wird nun angenommen, daß das den Zugriff realisierende Gerät in einem Auftrag nicht nur die Abstandswerte 0 und 1, sondern auch größere Werte bis maximal 10 akzeptieren kann. Wegen dieser größeren Abstandswerte ist die Definition des sequentiellen Zugriffs nicht erfüllt, und weil in einem Auftrag nicht jede Zelle identifiziert werden kann, ist auch die Definition des wahlfreien Zugriffs nicht erfüllt.

Im zweiten Beispiel wird angenommen, daß nur diejenigen Zellen, die in der Matrix an den Positionen $(k_1, k_2) = (10\,g_1, 10\,g_2)$ liegen, durch Adressierung identifiziert werden – wobei für g_1 und g_2 der Wertebereich der ganzen Zahlen gilt. Dann müssen die anderen Zellen relativ zur aktuellen Fensterlage identifiziert werden, wobei nun wieder nur die Abstandswerte 0 und 1 zugelassen werden. Weil bestimmte Nichtnachbarn der aktuellen Zelle durch Adressierung identifiziert werden können, ist die Definition des sequentiellen Zugriffs nicht erfüllt. Und weil in einem Auftrag nicht jede Zelle identifiziert werden kann, ist auch die Definition des wahlfreien Zugriffs nicht erfüllt.

Diese beiden Mischformen haben eine anschauliche Entsprechung im Bereich des Reisens. Der erste Fall entspricht einer Autoreise, wo jeder Fahrtabschnitt zwischen zwei Stops als ein Schritt gezählt wird. Da man mit einer Tankfüllung nur eine bestimmte Maximaldistanz fahren kann, kann man eine größere Entfernung nur in mehreren Schritten zurücklegen, wobei beim letzten Schritt der Tank nicht unbedingt leer wird. Der zweite Fall entspricht einer Reise im Märchen, wo als Verkehrsmittel fliegende Teppiche und Bummelzüge zur Verfügung stehen. Die Bummelzüge halten an jeder Station, während man auf einem fliegenden Teppich in einem Schritt beliebig große Entfernungen zurücklegen kann. Dabei besteht jedoch die Einschränkung, daß ein Teppichflug zwar an jedem Ort beginnen, aber nicht an jedem Ort enden kann. Also wird man, wenn man an einen Ort reisen will, der nicht als Teppichlandeplatz zugelassen ist, entscheiden müssen, ob man die ganze Reise im Bummelzug machen soll, oder ob es zweckmäßiger ist, zuerst zu einem in der Nähe des Zielortes gelegenen Teppichlandeplatz zu fliegen, dort den Teppich in den Koffer zu packen und einen Bummelzug zum Zielort zu nehmen.

Trotz der Existenz von Mischformen zwischen sequentiellem und wahlfreiem Speicherzugriff ist es zweckmäßig, sich bei den Überlegungen zur Abwicklergestaltung auf die beiden extremen, reinen Zugriffsformen zu beschränken, denn die Mischformen eröffnen keine grundsätzlich neuen Gestaltungsmöglichkeiten. Man muß dabei auch bedenken, daß man ja Speicher mit einer gegebenen Zugriffsart durch Vorschalten einer entsprechenden Anpassungsinstanz in Speicher mit anderer Zugriffsart umwandeln kann. So kann man beispielsweise zwischen die auftraggebende Instanz, die wahlfreie Zugriffsaufträge erteilen will, und ein gegebenes Bandgerät, welches nur sequentielle Zugriffsaufträge in Vorwärts- und Rückwärtsrichtung akzeptiert, ein Anpassungsgerät setzen, welches einen einzigen wahlfreien Zugriffsauftrag in eine Folge sequentieller Zugriffsaufträge umsetzt. Die auftraggebende Instanz kommuniziert dann aus ihrer Sicht mit einem Speicher mit wahlfreiem Zugriff, und es kann ihr gleichgültig sein, aus welchen Komponenten dieser Speicher aufgebaut ist.

Nachdem nun zusätzlich zu den Speichern mit sequentiellem Zugriff die Speicher mit wahlfreiem Zugriff vorgestellt wurden, müssen diese beiden noch gegen die *Speicher mit parallelem Zugriff* abgegrenzt werden. Bereits im Abschnitt 2.3.2 über Instanzennetze wurde anhand von Bild 127 auf den Unterschied zwischen einem Speichersystem und einem Speicher im Instanzennetz hingewiesen. Die Speicher mit sequentiellem bzw. wahlfreiem Zugriff sind in diesem Sinne Speichersysteme, denn es gibt hier eine Schnittstelle zwischen einem Auftraggeber und einem Auftragnehmer, und ein Auftrag kann immer nur einzelne Zelleninhalte betreffen und nie den gesamten Speicherinhalt. Der Zugriff einer Instanz auf einen Speicher im Instanzennetz darf dagegen den gesamten Speicherinhalt betreffen, und deshalb ist es in diesem Falle sinnvoll zu sagen, die Instanz habe parallelen Zugriff auf diesen Speicher.

Da die Speicher mit sequentiellem Zugriff bereits als Peripheriesystem abgetrennt wurden (s. Bild 188), verbleiben für die restlichen Speicher des Abwicklers nur noch der wahlfreie und der parallele Zugriff, so daß sich das Aufbaumodell in Bild 193 ergibt. Das Peripheriesystem ist dabei nicht mehr gezeigt. Aus dem Abwicklerkern in Bild 188 ist nun eine Zugriffsinstanz herausgezogen worden, die den wahlfreien Zugriff zu einem Teil des Speichers für Z_A realisiert. Zu den Indizes p und w bei den beiden Komponenten des Abwicklerzustands Z_A kann man die jeweilige Zugriffsart – parallel bzw. wahlfrei – assoziieren.

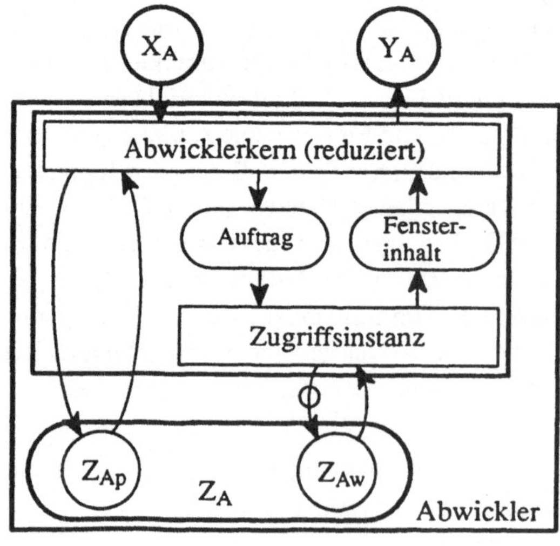

Bild 193
Abtrennung eines Speichers mit wahlfreiem Zugriff für einen Teil des Abwicklerzustands

Daß man dem Abwicklerkern keinen parallelen Zugriff auf den gesamten Zustand Z_A geben kann, ist in der erforderlichen großen Speicherkapazität begründet. Es gilt auch hier, was bereits im Zusammenhang mit der Abtrennung eines Peripheriesystems gesagt wurde: Das Erzeugen oder Zurkenntnisnehmen von Information ist nur in verhältnismäßig kleinen "Häppchen" pro Aktionsschritt machbar. Das Erzeugen oder Zurkenntnisnehmen großer Informationsmengen kann deshalb nur über eine Vielzahl einzelner Schritte geschehen, wenn der Aufwand in praktikablen Grenzen bleiben soll.

3.2.2.6 Stapelprinzip

Im Abschnitt 2.2.3.3 über Automaten wurde der Stapel (englisch *stack*) als Beispiel eines einfachen unendlichen Automaten bereits erwähnt (s.S. 188). Dort wurde schon darauf hingewiesen, daß der Stapel im Zusammenhang mit Programmabwicklern große Bedeutung hat. Im vorliegenden Abschnitt soll nun diese Bedeutung des Stapels für die Programmabwicklung aufgezeigt werden.

Der Stapel dient grundsätzlich dazu, die Information über den aktuellen Stand einer Aufgabenerledigung solange abzulegen, bis eine dringlichere Aufgabe erledigt ist. Eine solche Ordnung von Aufgaben nach ihrer Dringlichkeit ergibt sich bei der Gewinnung eines Funktionsergebnisses immer dann, wenn in der Funktionsumschreibung Verkettungen oder Rekursionen vorkommen. Zuerst wird der Fall der Verkettung betrachtet. Bei der Berechnung des arithmetischen Ausdrucks

$2 \cdot (6+7+(4 \cdot 5+1) \cdot 3) = \text{MULT}(2, \text{ADD}(\text{ADD}(6,7), \text{MULT}(\text{ADD}(\text{MULT}(4,5), 1), 3)))$ [1)]

muß eine Verkettungstiefe von vier Stufen überwunden werden, denn in der Präfixschreibweise gibt es eine schließende Klammer – hinter der 5 –, nach deren Schließen noch vier Klammern offen sind. Wenn man den Ausdruck von links her abarbeitet, dann muß man immer wieder neue, dringlichere Aufgaben erledigen, bevor man eine angefangene Aufgabe abschließen kann. Bild 194 zeigt den zugehörigen zeitlichen Verlauf des Stapelinhalts.

Die Verwendung eines Stapels bei der Auswertung verketteter Funktionen schafft Freiheit hinsichtlich der Formulierung. Wenn man keinen Stapel hätte, müßte man den funktionalen Ausdruck so formulieren, daß darin die Aufgaben entsprechend ihrer Dringlichkeit geordnet sind. Da die jeweiligen Aufgaben durch die zugehörigen Operatorsymbole – im Beispiel ADD und MULT – charakterisiert werden, müßte man dann also den Ausdruck so formulieren, daß bei der Abarbeitung des Ausdrucks von links her der Operator erst erscheint, nachdem seine Operanden schon bestimmt sind. Dies ist die sog. Postfixschreibweise. Für das betrachtete Beispiel ergibt sich folgende Formulierung:

$$(((((4, 5)\text{MULT}, 1)\text{ADD}, 3)\text{MULT}, (6,7)\text{ADD})\text{ADD}, 2)\text{MULT}$$

---

1) Man unterscheidet drei Schreibweisen für Funktionalausdrücke: Bei der *Präfixschreibweise* steht der Operator jeweils vor den Operanden. Bei der *Postfixschreibweise* steht der Operator hinter den Operanden. Die *Infixschreibweise* ist auf zweistellige Operatoren beschränkt, denn da wird der Operator zwischen die Operanden gesetzt.

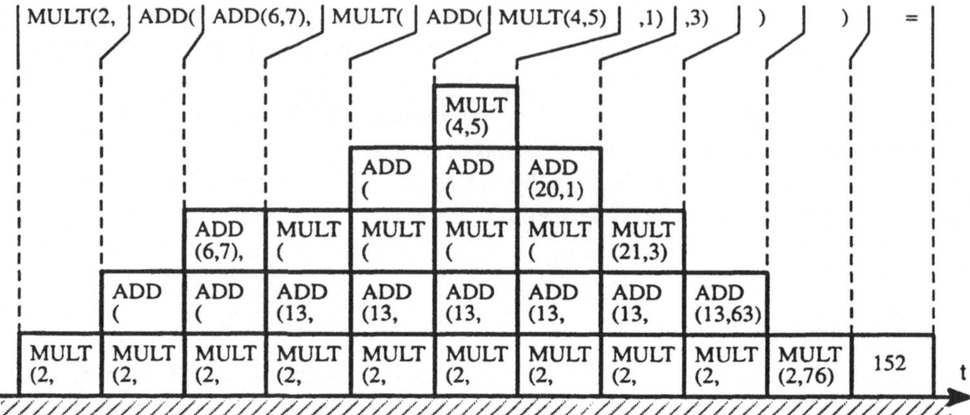

Bild 194 Verlauf des Stapelinhalts bei der Auswertung eines arithmetischen Ausdrucks

Während man im Falle der Auswertung verketteter Funktionen die Formulierung immer so gestalten kann, daß kein Stapel gebraucht wird, gilt dies im Falle der Auswertung rekursiver Funktionen nur für den Sonderfall der primitiv rekursiven Funktionen. Im Abschnitt 1.3.3.5 über imperative Sprachen wurden die primitiv rekursiven Funktionen definiert als diejenigen, die man direkt umschreiben kann, ohne ergebnisbegrenzte Wiederholungen einführen zu müssen. Als Beispiel einer primitiv rekursiven Funktion wird die Fakultät betrachtet, die rekursiv wie folgt umschrieben werden kann:

$$\mathrm{FAK}(n) = \begin{cases} 1 & \text{falls } n = 0 \\ n \cdot \mathrm{FAK}(n-1) & \text{falls } 0 < n \end{cases}$$

Bild 195 zeigt den Verlauf des Stapelinhalts bei der Berechnung von FAK(4).

Da es sich um eine primitiv rekursive Funktion handelt, gibt es eine direkte Umschreibung ohne ergebnisbegrenzte Wiederholungen. Bild 196 zeigt eine solche Umschreibung der Fakultätsfunktion in der bereits in Bild 62 eingeführten Symbolik. Wie im Falle der Verkettung ist auch hier wieder der Stapel dadurch überflüssig geworden, daß man in der Funktionsum–

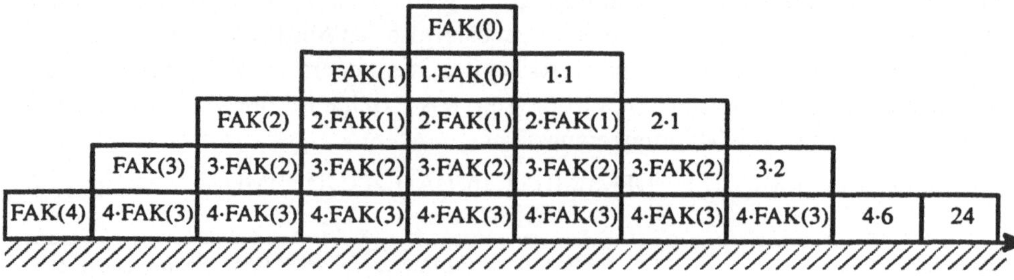

				FAK(0)					
			FAK(1)	1·FAK(0)	1·1				
		FAK(2)	2·FAK(1)	2·FAK(1)	2·FAK(1)	2·1			
	FAK(3)	3·FAK(2)	3·FAK(2)	3·FAK(2)	3·FAK(2)	3·FAK(2)	3·2		
FAK(4)	4·FAK(3)	4·FAK(3)	4·FAK(3)	4·FAK(3)	4·FAK(3)	4·FAK(3)	4·FAK(3)	4·6	24

t

Bild 195 Verlauf des Stapelinhalts bei einer rekursiven Berechnung von 4!

schreibung die Aufgaben entsprechend ihrer Dringlichkeit geordnet hat. Im konkreten Beispiel der Berechnung von 4! treten insgesamt die fünf Aufgaben 0!, 1!, 2!, 3!, und 4! auf, deren Dringlichkeit von 0! bis 4! abnimmt. Deshalb wird der Stapel in Bild 195 gebraucht, weil dort diese Aufgaben mit 4! beginnend in zunehmender Dringlichkeit auftreten, während in Bild 196 kein Stapel erforderlich ist, weil dort die Aufgaben mit 0! beginnend in abnehmender Dringlichkeit auftreten.

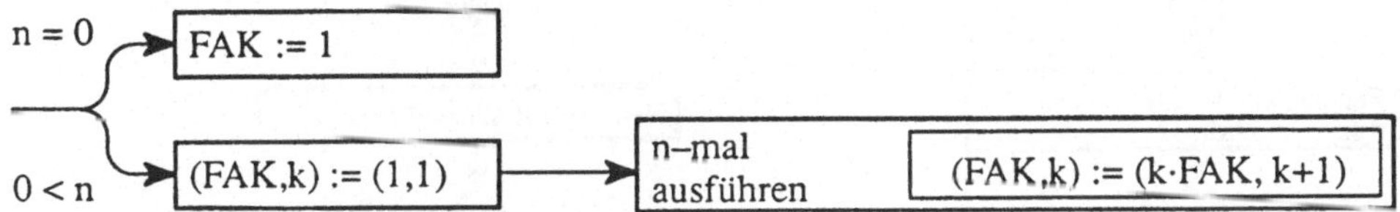

Bild 196 Direkte Umschreibung der Fakultätsfunktion mit zahlbegrenzter Wiederholung

Als Beispiel einer Funktion, bei deren Berechnung man ohne Stapel nicht auskommt, wird die Zuordnung von Zahlenwerten zu den Knoten eines Binärbaumes betrachtet. Dabei wird ein Speicher angenommen, dessen Zellen eine Binärbaumstruktur bilden, wie sie in Bild 192 vorgestellt wurde. Auch die Art der Zelleneinträge wird wie in Bild 192 angenommen, d.h. in den Zellen, welche die Blätter des Baumes bilden, seien Zahlen eingetragen, und in den darüberliegenden Zellen seien arithmetische Operatoren enthalten. Damit läßt sich eine Knotengewichtsfunktion rekursiv wie folgt formulieren:

$$\text{Gewicht(Knoten)} = \begin{cases} \text{eingetragene Zahl} & \text{falls Knoten ein Blatt} \\ \text{Ergebnis aus der Verknüpfung der Gewichte der beiden Unterknoten gemäß dem im Knoten eingetragenen arithmetischen Operator} & \text{sonst} \end{cases}$$

So hat beispielsweise im Baum rechts in Bild 192 der Knoten mit der Adresse 2, in den ein Multiplikationsoperator eingetragen ist, das Gewicht $6 \cdot (8 - 2) = 36$.

Anhand dieses Beispiels soll nun gezeigt werden, daß in einem Berechnungsverfahren durchaus das Stapelprinzip angewandt werden kann, ohne daß ein Stapel explizit in Erscheinung tritt. Hierzu wird das links im Bild 197 dargestellte Berechnungsverfahren betrachtet. Das Verfahren ist in Form eines Petrinetzes dargestellt, welches die Kriterien eines Zustandsgraphen erfüllt und in dessen Transitionen einfache Verfahrensschritte eingetragen sind, die beim Schalten auszuführen sind. Diese Verfahrensschritte setzen folgende Vereinbarung voraus: Zum einen gibt es eine Speichervariable *Adr*, der im Laufe der Durchführung des Verfahrens jeweils die Adresse des gerade aktuellen Knotens zugewiesen wird; und zum anderen gibt es zu jedem Knoten des Binärbaumes nicht nur den Zelleneintrag, der entweder eine Zahl oder ein arithmetischer Operator ist, sondern auch noch eine Speicherzelle, in die das zugehörige Knotengewicht eingetragen werden kann. Diese Gewichtsspeicherzellen sind in Bild 197 mit *Gewicht*(Adr) bezeichnet, was darauf hinweisen soll, daß die jeweils gemeinte Speicherzelle durch eine Knotenadresse eindeutig identifiziert wird.

Der Leser wird leicht erkennen, daß bei diesem Verfahren die Baumknoten von der Wurzel ausgehend in einer bestimmten Reihenfolge durchlaufen werden, die in Bild 198 veranschaulicht ist. Es handelt sich um eine sogenannte *Linksabwicklung* des Baumes. Die schwarz ausgefüllten Punkte in Bild 198 geben diejenigen Stationen längs des Weges an, bei deren Erreichen das Gewicht des zugehörigen Knotens bestimmt wird. Es handelt sich dabei um diejenigen Stationen, von denen aus der Weg nicht mehr zu dem jeweiligen Knoten zurückkehrt.

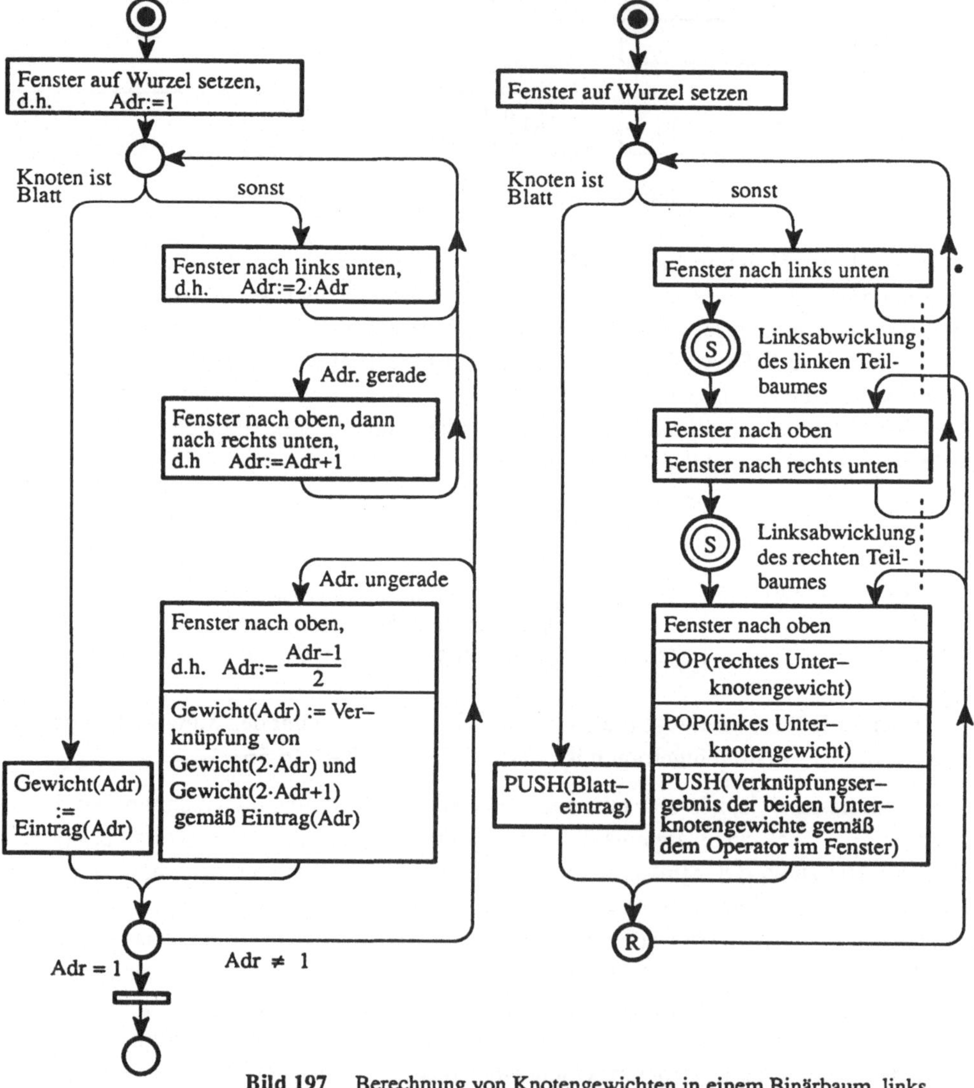

Bild 197 Berechnung von Knotengewichten in einem Binärbaum, links mit impliziten und rechts mit explizitem Stapel

Das in Bild 197 links dargestellte Verfahren ist zweifellos eine direkte Umschreibung der ursprünglich rekursiv formulierten Knotengewichtsfunktion, und in diesem Verfahren scheint kein Stapel vorzukommen. Das bedeutet allerdings nicht, daß die früher gemachte Aussage korrigiert werden müßte, wonach eine nicht primitive rekursive Funktion nur auf der Grundlage des Stapelprinzips berechnet werden könne. Es bedeutet auch nicht, daß die betrachtete Funktion dann eben doch primitiv sei. Denn es ist in dem Verfahren doch das Stapelprinzip versteckt, und zwar durch die Einführung einer zusätzlichen Speicherzelle *Gewicht*(ADR) zu jedem Baumknoten. Denn diese Speicherzellen sind es, in denen jeweils die Information über den aktuellen Stand der Aufgabenerledigung abgelegt wird, bis eine dringlichere Aufgabe erledigt ist. Man erkennt dies nur deswegen nicht unmittelbar als Stapel, weil die Informationen, nachdem sie in der zugehörigen Aufgabe verwendet wurden, nicht weggeworfen werden. Man stellt in diesem Fall mehr Speicherzellen zur Verfügung, als der Stapel für seine maximale Höhe im Laufe des Verfahrens braucht. Nach Durchführung des linken Verfahrens in Bild 197 ist nicht nur das Gewicht der Wurzel verfügbar, welches allein das Funktionsergebnis darstellt, sondern es sind auch noch die Gewichte aller anderen Baumknoten gespeichert vorhanden. Dies ist bei expliziter Verwendung eines Stapels natürlich nicht mehr der Fall.

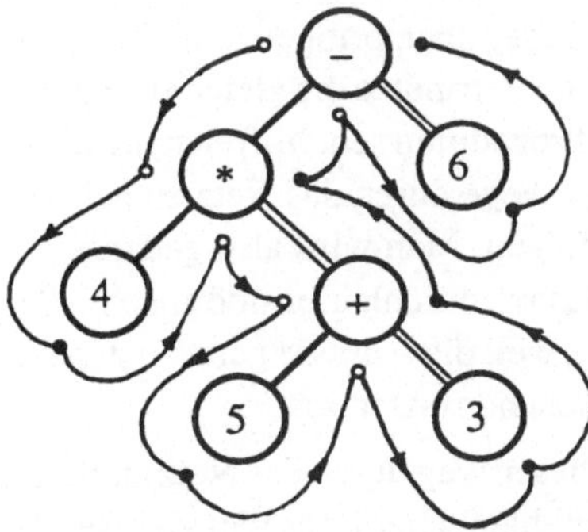

Bild 198
Beispiel zur Veranschaulichung des Begriffs der Linksabwicklung eines Baumes

Das Verfahren zur Bestimmung des Knotengewichts mit expliziter Verwendung eines Stapels ist rechts in Bild 197 gezeigt. Zur Darstellung wurde eine Form des Petrinetzes verwendet, die speziell zur Erfassung rekursiver Verfahren unter Verwendung eines Stapels geschaffen wurde[1)]. Zusätzlich zu den allgemeingültigen Definitionen im Abschnitt 2.2.3.2 über Petrinetze gilt hier eine Vereinbarung zur definierten Konfliktlösung. Dazu erhalten alle Marken in dem Augenblick, wo sie auf einen mit S (für Stapel) bezeichneten Platz gelegt werden, einen Zeitstempel, der ihnen diesen Zeitpunkt als Unterscheidungsmerkmal gegenüber anderen Marken aufprägt. Der zu lösende Konflikt betrifft den mit R (für Rückkehr) bezeichneten Platz. Wenn dieser R–Platz belegt wird, bedeutet dies, daß eine Aufgabe erledigt wurde und eine Rückkehr zu einer früher wegen geringerer Dringlichkeit zurückgestellten Aufgabe möglich ist. Da sich jedes Zurückstellen einer Aufgabe darin äußert, daß eine Marke auf einen S–Platz gelegt wird, braucht also jede Transition, die von einem solchen S–Platz eine Marke entnehmen kann, zu ihrem Schalten auch die Marke vom R–Platz. Wenn nun unterschiedliche Aufgabentypen zurückgestellt wurden, wobei zu jedem Aufgabentyp ein eigener S–Platz gehört, dann gibt es einen Konflikt um die Marke auf dem R–Platz. Da nun der Interpretation des Netzes das Sta-

1) S.Wendt: Modified Petri Nets as Flowcharts for Recursive Programs. Software – Practice and Experience, Vol. 10, 935–942 (1980).

pelprinzip zugrunde liegt, muß der Konflikt so gelöst werden, daß die R–Marke jeweils zu derjenigen Transition wandert, auf deren Eingangs–S–Platz die jüngste aller S–Marken liegt. Diese entspricht nämlich dem obersten Element auf dem Stapel, und deshalb wird beim Schalten der Transition auch genau diese Marke vom S–Platz genommen. Die Doppelumrandung der S–Plätze soll symbolisieren, daß es sich hier jeweils um Plätze mit unbegrenzter Markenkapazität handelt.

Neben dem Markenstapel, der sich in den S–Plätzen äußert, kommt in dem Petrinetz rechts im Bild 197 auch noch ein Stapel für Zwischenergebnisse der Berechnung vor, denn es müssen ja die berechneten Unterknotengewichte jeweils so lange aufbewahrt werden, bis sie in der Verknüpfung zum Gewicht des darüberliegenden Knoten verwendet werden. Das Aufbewahren geschieht durch eine PUSH–Operation, das Verwenden durch eine POP–Operation. Am Ende der gesamten Berechnung liegt nur noch das Gewicht der Baumwurzel als einziges Element im Stapel.

Anhand des Beispiels in Bild 197 soll auf eine Hürde aufmerksam gemacht werden, die ein Anfänger überspringen muß, bevor er rekursive Prozeduren mühelos lesen kann. Obwohl die beiden Petrinetze die gleiche Graphenstruktur haben, ist es für das Verständnis der dargestellten Prozeduren sehr hilfreich, in den beiden Fällen beim Lesen der Transitionen nicht die gleichen Wege durch das Netz zu gehen. Im linken Netz wird man den Weg der Zustandsmarke verfolgen. Man wird also gedanklich von oben kommend die rechts oben liegende Schleife mehrfach durchlaufen und anschließend über den linken Weg nach unten gehen. Von dort wird man, weil die Adresse gerade ist, nach rechts oben zur zugehörigen Transition gehen und entsprechend fortfahren.

Dieser Weg durch das Netz ist für das Verständnis der rechten, rekursiven Prozedur nicht zu empfehlen. Hier ist es viel vorteilhafter, gedanklich nicht über die gestrichelten Schnittlinien zu laufen. Das heißt, daß man die durch diese Linien aufgeschnittenen Schleifen gedanklich nicht durchlaufen sollte. Zur Unterstützung der hier empfohlenen Betrachtung stehen links von den Schnittlinien – das ist rechts von den S–Plätzen – Aktionsangaben, die zwar keine Transitionseinträge sind, aber doch so betrachtet werden können, als stünden sie jeweils in einer Transition, die anstelle des S–Platzes zu denken ist. In dieser Betrachtungsweise ist die rekursive Prozedur sehr leicht zu verstehen: Falls die Wurzel des abzuwickelnden Baumes kein Blatt ist, besteht die Baumabwicklung aus einer Folge von drei Schritten, nämlich zuerst Abwicklung des linken Teilbaums, dann Abwicklung des rechten Teilbaums und zum Abschluß Zusammenführung der Teilbaumergebnisse in der Wurzel. Die Frage, wie denn die Abwicklung der Teilbäume im einzelnen durchzuführen sei, beantwortet man einfach mit dem Hinweis, dies solle nach dem gleichen Verfahren geschehen wie die Abwicklung des ursprünglich gegebenen Baums. Das Stapelprinzip garantiert nämlich, daß rechts von den gestrichelten Schnittgrenzen das Abwickelverfahren korrekt erledigt wird.

Während sich die einzelnen Teilaufgaben bei der Berechnung einer primitiv rekursiven Funktion jeweils unabhängig vom aktuellen Funktionsargument nach abnehmender Dringlichkeit ordnen lassen, ist eine solche Ordnung jeweils nur noch für ein aktuelles Argument möglich, falls die Funktion nicht primitiv rekursiv ist. So läßt sich zwar für jeden aktuellen Baum, der als Argument der Knotengewichtsfunktion vorgegeben wird, eine Dringlichkeitsordnung der Teilaufgaben angeben – beispielsweise $(5 + 3) \cdot 4 - 6$ für den Baum in Bild 198 –, aber eine solche Ordnung muß für jeden Baum neu bestimmt werden, und dazu dient der Stapel.

Als Ergebnis dieses Abschnitts bleibt festzuhalten, daß das Stapelprinzip Eingang in die Abwicklergestaltung finden muß, wenn man nicht ausschließen will, daß Funktionen der Rolle mit Verkettungen und Rekursionen umschrieben werden.

3.2.3 Funktionsumschreibung

3.2.3.1 Direkte Umschreibung von Funktionen

Im Abschnitt 1.3.3.5 über imperative Sprachen wurden bestimmte Grundformen für die *direkte Umschreibung* einer Funktion durch Bezug auf gegebene, benannte Funktionen vorgestellt, nämlich die Verkettung, die Fallunterscheidung, die Funktionaloperation und die zahlbegrenzte oder ergebnisbegrenzte Wiederholung. Nun wird gezeigt, daß es neben diesen bereits vorgestellten Formen der direkten Umschreibung von Funktionen noch andere Formen gibt, die für die Programmierung und die Abwicklergestaltung praktische Bedeutung haben.

Da inzwischen die Betrachtung auf Abwickler für nebenläufigkeitsfrei formulierte Rollen beschränkt wurde, ergibt sich die Notwendigkeit, die Formulierung einer Verkettung derart zu ergänzen, daß als Anweisungsverknüpfung die UND–Verknüpfung ohne Ordnungsvorgabe ausgeschlossen wird (s. S. 114). Denn eine UND–Verknüpfung ohne Ordnungsvorgabe stellt eine Formulierung von Nebenläufigkeit dar, wie man am Beispiel in Bild 60 leicht erkennt: Es ist keine Reihenfolge für die Ausführung der beiden Anweisungen zum Quadrieren vorgeschrieben, und deshalb können sie nebenläufig ausgeführt werden. Dies kann nur dadurch ausgeschlossen werden, daß dem Abwickler eine willkürlich gewählte Reihenfolge vorgeschrieben wird.

Es sei nun angenommen, daß eine Funktion direkt umschrieben sei auf der Grundlage der im obigen Sinne ergänzten Verkettung, der Fallunterscheidung, der Wiederholung und der Funktionaloperation. Die Auswertung einer derart umschriebenen Funktion geschieht ohne Nebenläufigkeit, und somit handelt es sich um einen sequentiellen Prozeß, der durch einen Zustandsgraphen erfaßt werden kann, worin den Transitionen die auszuführenden Anweisungen zugeordnet sind. Wegen der Beschränkung auf die Grundformen zur Funktionsumschreibung ist dieser Zustandsgraph derart strukturbeschränkt, daß dazu ein Strukturbaum existiert, der den Graphen als eine einzige hierarchisch verfeinerte Transition beschreibt, wobei in jedem Verfeinerungsschritt jeweils nur eine der in Bild 199 gezeigten Grundstrukturen vorkommen kann. Diese Grundstrukturen entsprechen den Grundformen der Funktionsumschreibung. Daß zur Funktionaloperation keine eigene Grundstruktur für den Graphen gehört, liegt daran, daß die Funktionaloperation gegenüber der Verkettung keine neue Art der Anweisungsverknüpfung verlangt; darauf wurde bereits bei der früheren Betrachtung der Funktionaloperation (s.S. 113) hingewiesen. In der Grundstruktur für die Wiederholung in Bild 199 kommen neben der Transition in der Schleife, der die zu wiederholende Anweisung zugeordnet ist, noch zwei dünn gezeichnete Transitionen für den Markeneintritt bzw. –austritt vor. Diesen beiden Transitionen sind keine Anweisungen zugeordnet – man kann ihnen aber auch die Anweisung "nichts zu tun" zuordnen – ; diese Transitionen werden lediglich gebraucht, damit das umfassende Rechteck als Transition in einem Petrinetz gesehen werden kann, die in einem Verfeinerungsschritt in die gezeigte Schleifenstruktur überführt wird.

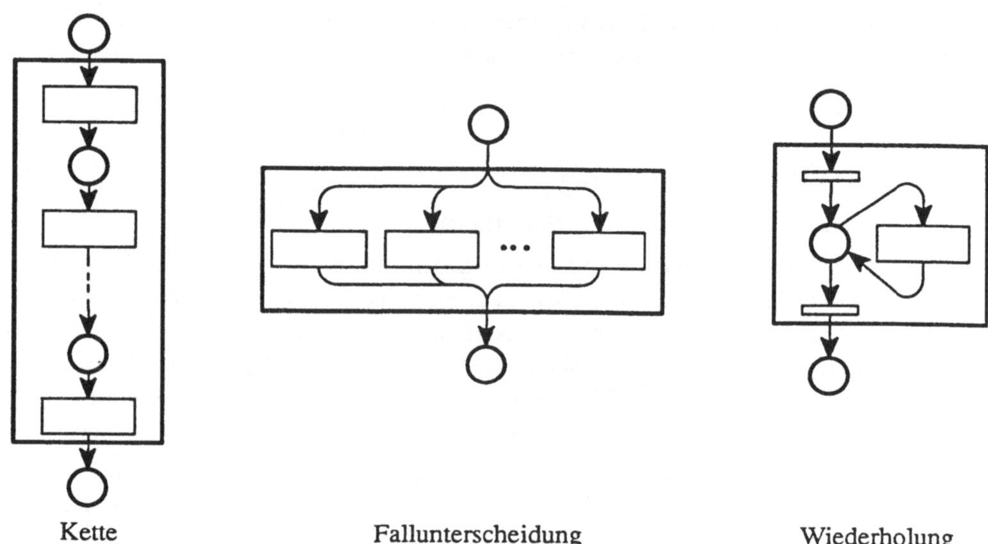

Bild 199 Die drei Grundstrukturen für die Transitionsverfeinerung zur beschränkten direkten Funktionsumschreibung

In Bild 200 ist ein Beispiel eines Zustandsgraphen gezeigt, der auf höchster Ebene nur aus zwei Zustandsknoten und der Transition A1 besteht, und der bis zur untersten Ebene, auf der die Transitionen a_m liegen, durch schrittweise Transitionsverfeinerung unter ausschließlicher Verwendung der drei Grundstrukturen aus Bild 199 gewonnen werden kann. Deshalb ist die Struktur des Graphen auch vollständig durch einen Strukturbaum erfaßbar; dieser ist auch in Bild 200 gezeigt.

Nachdem nun gezeigt wurde, daß die Grundformen der direkten Funktionsumschreibung zu einem baumstrukturierten Zustandsgraphen führen, der den Prozeß der Funktionsauswertung beschreibt, liegt die Frage nahe, ob man den Prozeß einer Funktionsauswertung nicht auch so gestalten könne, daß der beschreibende Zustandsgraph nicht mehr in der gezeigten Weise baumstrukturiert ist. Daß die Baumstrukturierung keine notwendige Bedingung ist, die ein Funktionsauswertungsgraph erfüllen muß, erkennt man durch Betrachtung eines Beispiels. Als Argument der Beispielsfunktion gilt ein Paar geordneter endlicher Zahlenfolgen, wobei die Länge der einen Folge eine vorgegebene Konstante m_1 ist, während die Länge m_2 der anderen Folge ein beliebiges ganzzahliges Vielfaches von m_1 ist, also $m_2 = k \cdot m_1$; m_2 darf auch null sein. Als Ergebnis der Funktion soll eine neue Zahlenfolge der Länge $m_3 = (k+1) \cdot m_1$ derart bestimmt werden, daß sie alle Elemente der beiden Argumentfolgen in durchgehender Ordnung enthält. Man betrachte hierzu das Bild 201. In der Spalte "Anfangszustand" sind die beiden Argumentfolgen unter den Bezeichnungen QA und F vorgegeben: Die Länge m_1 ist hier 4, die Länge m_2 ist hier $3 \cdot 4 = 12$. Die Folge F ist in Blöcke der jeweiligen Länge m_1, also hier in Viererblöcke unterteilt, die mit F(1), F(2), ... bezeichnet sind. Die zugehörige Ergebnisfolge ist in der Spalte "Endzustand" gezeigt; sie hat die Länge $4 \cdot 4 = 16$ und enthält alle Elemente der Argumentfolgen in durchgehender Ordnung.

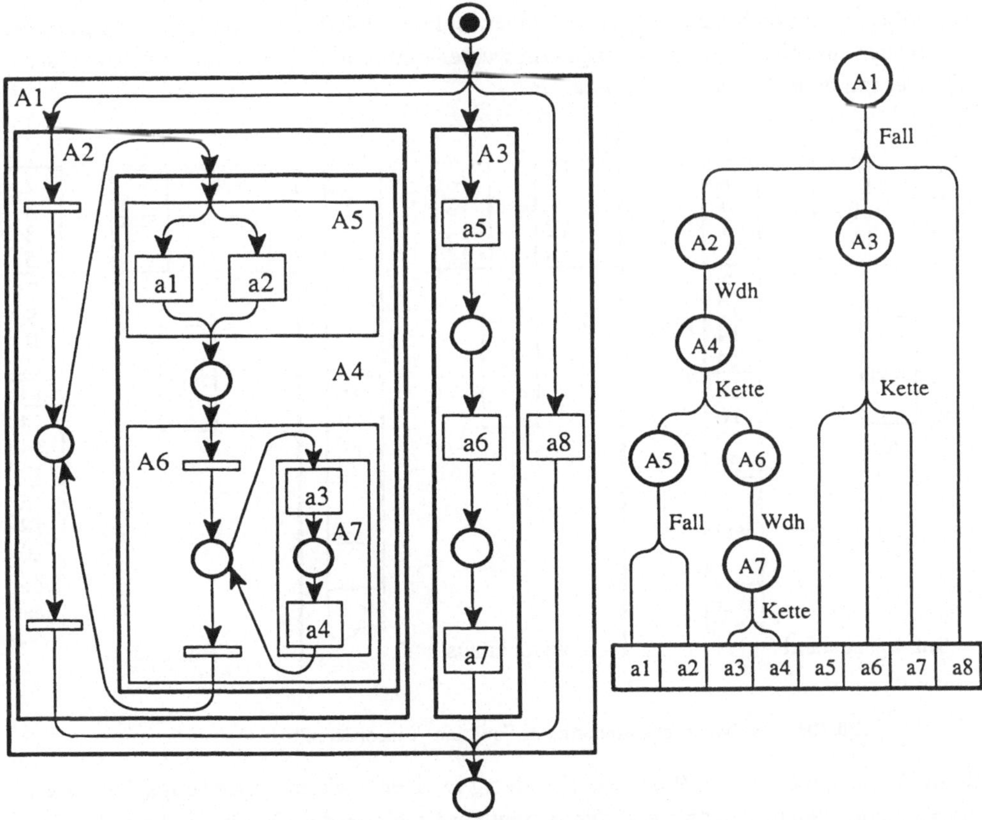

Bild 200 Beispiel eines baumstrukturierten Zustandsgraphen

Für den Prozeß der Ergebnisbestimmung aus den Argumentfolgen werden zwei Speicher QB und S für Komponenten von Zwischenzuständen eingeführt, die jeweils die gleiche Größe wie QA haben und somit Folgen aufnehmen können, die nicht länger als $m_1 = 4$ sind. Die Bezeichnungen der Speicherkomponenten wurden im Hinblick auf folgende Assoziationen gewählt: Die Senke S wird aus den Quellen QA und QB gefüllt. In QA steht anfangs die erste Argumentfolge der Länge m_1. Das Feld F enthält anfangs die zweite Argumentfolge mit der Länge $k \cdot m_1$ und am Ende die Ergebnisfolge mit der Länge $(k + 1) \cdot m_1$.

Der Prozeß der Ergebnisbestimmung läuft grob skizziert wie folgt: QB dient zur Aufnahme von Feldabschnitten F(i); also wird zu Beginn F(1) nach QB gebracht. Aus QA und QB werden durch Vergleich jeweils die aufeinanderfolgenden Elemente zum Füllen von S bestimmt. Wenn S voll ist, wird es in denjenigen Feldabschnitt F(i) gebracht, der vorher durch Auslagerung seines alten Inhalts nach QB bereits frei geworden ist. Im gezeigten Zwischenzustand in Bild 201 ist von dem alten Inhalt von F(2) nur noch ein Teil in QB; ein Element, nämlich die 9, wurde schon nach S gebracht. Der Vergleich von QA und QB zeigt, daß als nächstes Element für S die 12 aus QA genommen werden muß. Dadurch wird S voll und muß nach F(2) gebracht werden. Irgendwann wird auf diese Weise entweder QA oder das alte Feld F abgearbeitet sein; dann gibt es nichts mehr zu vergleichen, sondern es liegt dann fest, mit welchen Elementen das Feld F noch auf seine neue Länge aufgefüllt werden muß, nämlich entweder mit dem Rest aus QA oder mit dem Rest des alten Feldes F.

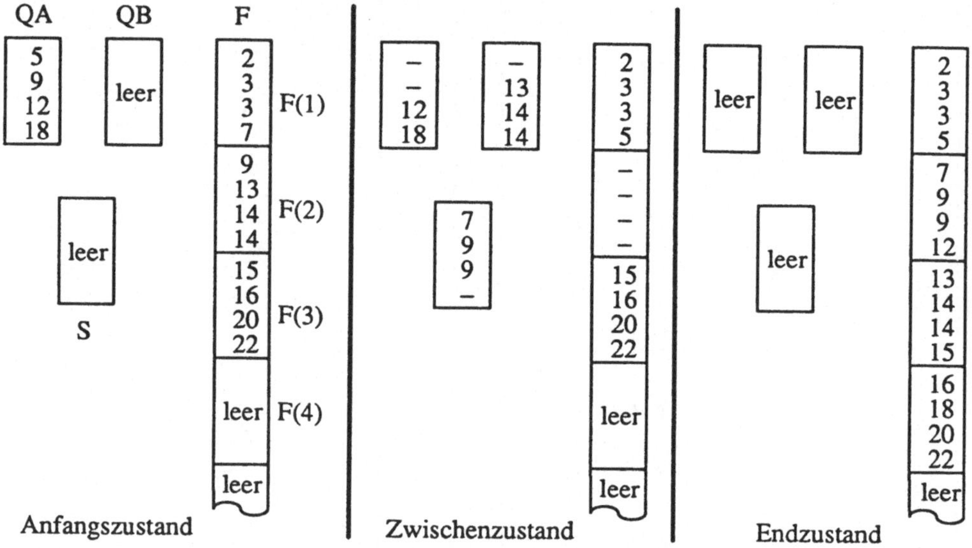

Bild 201 Zur Veranschaulichung der Funktion "Einsortieren"

Beim Versuch, diese grobe Prozeßbeschreibung in einen exakten Anweisungsplan zu überführen, findet man möglicherweise durch kreatives Probieren den Graphen in Bild 202. Darin sind zwar noch einzelne Grundformen nach Bild 199 zu finden, eine vollständige Baumstruktur bis herunter zu den elementaren Transitionen liegt hier aber nicht vor. Andererseits wird doch hier zweifellos ausgehend von einem gegebenen Argument ein Funktionsergebnis ermittelt. Also handelt es sich hier um eine direkte Funktionsumschreibung, die nicht als Kombination von Verkettung, Fallunterscheidung und Wiederholung formuliert ist. Eine solche Funktionsumschreibung soll "*wild strukturierte Funktionsprozedur*" genannt werden. Gegenüber den baumstrukturierten Funktionsprozeduren haben die wild strukturierten einen wesentlichen Nachteil: Sie sind sehr viel schwerer verständlich, d.h. durch Betrachtung einer solchen Funktionsumschreibung wird man in vielen Fällen nur mit großer Mühe oder überhaupt nicht eine genaue Vorstellung davon gewinnen, was für eine Funktion da eigentlich dahintersteckt. Man stelle sich vor, jemand habe auf diese Weise eine Funktion programmiert, und ein anderer solle später, ohne den Programmierer befragen zu können, herausfinden, um welche Funktion es sich handelt. Das Verständnisproblem äußert sich aber noch häufiger in anderer Form: Jemand hat eine klare Vorstellung von einer bestimmten Funktion – so ist beispielsweise anzunehmen, daß der Leser eine klare Vorstellung von der anhand von Bild 201 beschriebenen Einsortierfunktion hat. Und nun liegt ihm eine wild strukturierte Funktionsprozedur vor, die ihm von jemand anderem gegeben wird und von der behauptet wird, sie beschreibe genau die Funktion in seiner Vorstellung. Da wird er in vielen Fällen große Mühe haben, sich von der Richtigkeit dieser Behauptung zu überzeugen – so wie der Leser vermutlich Mühe haben wird festzustellen, ob der Graph in Bild 202 tatsächlich genau die Einsortierfunktion beschreibt.

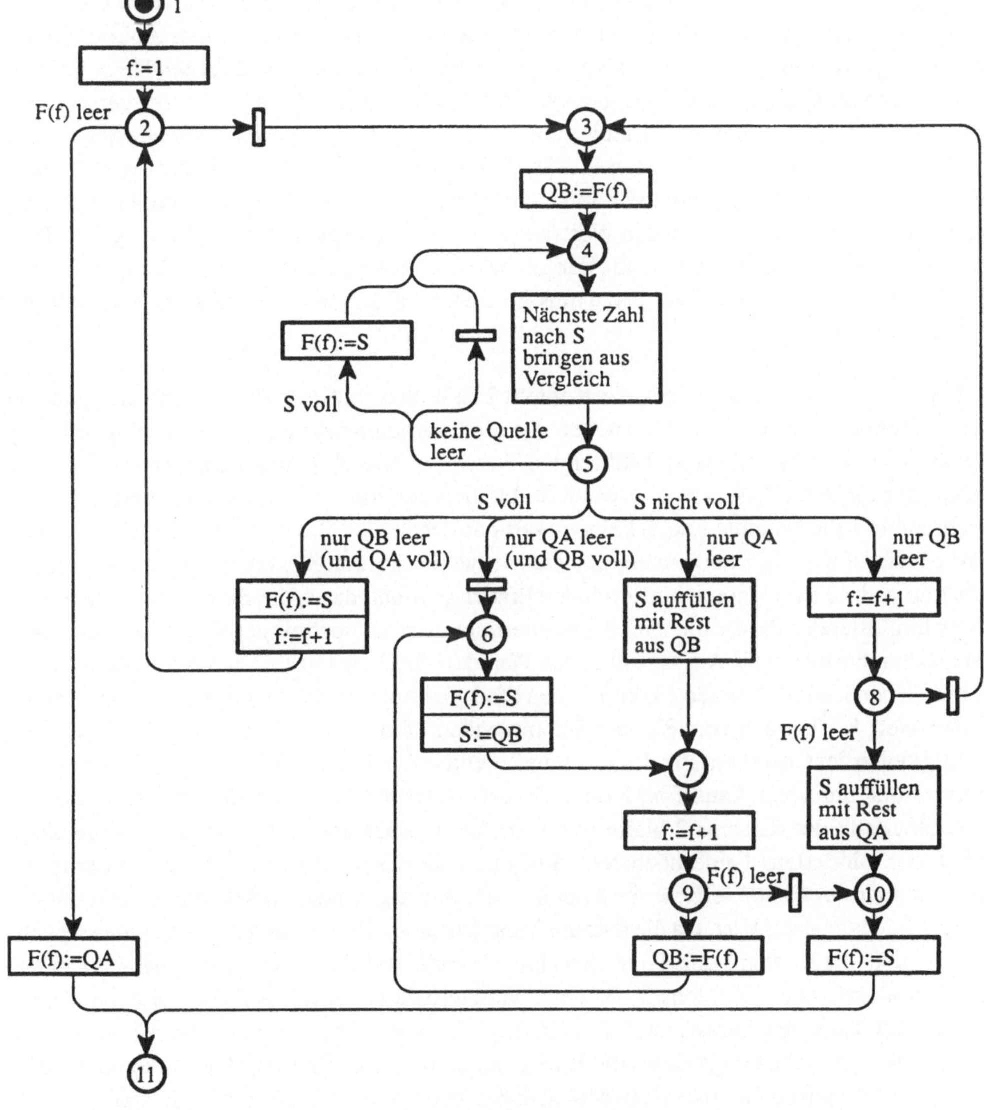

Bild 202 Wild strukturierte Funktionsprozedur zum Einsortieren nach Bild 201

Das Verständnisproblem ist darin begründet, daß es in wild strukturierten Funktionsprozeduren häufig sehr viele unterschiedliche Pfade gibt, auf denen ein Zustandsknoten erreicht werden kann, und daß es deshalb schwierig ist, die jeweilige *Zustandscharakteristik* der einzelnen Knoten zu finden. Diese Zustandscharakteristik ist nichts anderes als eine Menge von Aussagen über die Werte der Zustandsvariablen, die in diesem Knoten garantiert wahr sind. Damit hier über die Zustandscharakteristik einzelner Knoten gesprochen werden kann, sind im Graphen in Bild 202 die Knoten von 1 bis 11 durchnumeriert. Die Zustandscharakteristik des Knotens 1 entspricht dem Anfangszustand, der im Bild 201 veranschaulicht ist: QA ist voll, QB und S sind leer; der Inhalt von QA und F ist jeweils geordnet; die Zählvariable für die Blöcke F(f) hat noch keinen Wert. So wie man für den Anfangsknoten immer Aussagen über die anfängliche Belegung der Variablen als garantierte Charakteristik angeben kann, so kann man für den Endknoten immer eine gewünschte Charakteristik in Form von Aussagen über die gewünschte Endbelegung der Variablen angeben. Im gegebenen Fall gilt folgende gewünschte Charakteristik für den Endknoten 11: QA, QB und S sind leer, im Feld F sind die anfangs in QA und F gegebenen Elemente vereinigt; die Blöcke 1 bis (k+1) sind voll und durchgehend geordnet, und die Variable f hat den Wert (k+1). Die Funktionsprozedur beschreibt genau dann die gewünschte Funktion, wenn aus der garantierten Anfangscharakteristik die gewünschte Endcharakteristik herleitbar ist. Dazu müssen die Charakteristiken aller Zwischenknoten gefunden werden.

Um die Zustandscharakteristik des Knotens 2 zu finden, muß man die beiden von 1 und von 5 kommenden Transitionen untersuchen. Da die Charakteristik von 1 bereits bekannt ist, ist der Einfluß der von hier nach 2 führenden Transition hinsichtlich der Charakteristik von 2 leicht anzugeben: Alles, was in 1 wahr ist, bleibt wahr, mit Ausnahme der Aussage über f; während in 1 die Variable f noch keinen Wert hat, erhält sie auf dem Weg zum Knoten 2 den Wert 1. Es ist wichtig zu erkennen, daß die Menge der wahren Aussagen, die man durch Betrachtung eines zum Knoten hinführenden Pfades gewinnt, durch die Betrachtung eines weiteren hinführenden Pfades nicht mehr erweitert, sondern nur noch eingeschränkt werden kann. Man betrachte hierzu die Aussage über den Wert der Variablen f in der Charakteristik des Knotens 2: Über den vom Knoten 1 kommenden Pfad gewinnt man die Aussage, f habe im Knoten 2 den Wert 1. Über den vom Knoten 5 kommenden Pfad verliert diese Aussage jedoch ihre Gültigkeit in der Charakteristik des Knotens 2, denn in der Transition in diesem Pfad wird f um eins erhöht, und somit kann f im Knoten 2 auch Werte haben, die größer als 1 sind. Für die Charakteristik des Knotens 2 bleibt nur noch die Aussage übrig, die Variable f habe einen Wert, der mindestens 1 und höchstens (k+1) ist. Allerdings ist diese Aussage erst erhärtet, wenn man in der Charakteristik des Knotens 5 die Aussage findet, daß der Wert von f mindestens 1 und höchstens k ist. Da die Knoten 2 und 5 in einer Schleife liegen, so daß man sowohl von 2 – über die Knoten 3 und 4 – nach 5 als auch von 5 nach 2 kommen kann, hängt nicht nur die Charakteristik des Knotens 2 von der Charakteristik des Knotens 5 ab, sondern es hängt umgekehrt auch die Charakteristik des Knotens 5 von der Charakteristik des Knotens 2 ab. Diese zyklische Abhängigkeit bedeutet zwar nicht, daß man die Charakteristiken nicht eindeutig bestimmen könne, aber sie bedeutet, daß es keine Knotenfolge derart gibt, daß man ausgehend von der Charakteristik des Anfangsknotens die Charakteristiken der Folgeknoten eine nach der anderen jeweils aus den bereits hergeleiteten oder gegebenen Charakteristiken herleiten könnte. Wenn eine solche Herleitung möglich wäre, könnte man sagen, daß die Funktionsprozedur als eine direkte Umschreibung der Zustandscharakteristiken anzusehen sei, andernfalls liegt eine indirekte Umschreibung vor[1]).

Die Überlegenheit der baumstrukturierten Funktionsprozeduren gegenüber den wild strukturierten liegt nun genau darin, daß bei den baumstrukturierten Funktionsprozeduren die Zustandscharakteristiken wesentlich leichter zu gewinnen sind als bei den wild strukturierten Funktionsprozeduren. Und dies hat zur Konsequenz, daß man durch Analyse einer baumstrukturierten Funktionsprozedur verhältnismäßig leicht eine klare Vorstellung von der zugrundeliegenden Funktion gewinnen kann bzw. daß man verhältnismäßig leicht nachweisen kann, ob eine gegebene baumstrukturierte Funktionsprozedur tatsächlich die Funktion realisiert, die von der Aufgabenstellung her verlangt wurde. Wenn eine Wiederholung vorkommt, bei der die Transition in der Schleife nicht elementar ist, dann sind die Zustandscharakteristiken der in der Schleife liegenden Knoten zwar auch nicht direkt, sondern nur indirekt umschrieben, aber wegen der auch innerhalb der Schleifentransition gegebenen Baumstruktur macht die Gewinnung dieser indirekt umschriebenen Zustandscharakteristiken doch wesentlich weniger Mühe als bei wilder Struktur.

Bild 203 zeigt eine baumstrukturierte Funktionsprozedur für das Einsortieren nach Bild 201. Im Gegensatz zur wild strukturierten Funktionsprozedur in Bild 202, welche die gleiche Funktion beschreibt, fällt es hier wesentlich leichter zu überprüfen, ob der Einsortiervorgang in allen Fällen korrekt erfaßt ist. Indirekt umschrieben sind hier nur die Zustandscharakteristiken der Knoten 3, 4, 5 und 6, da diese zu einer Schleife gehören, die vom Knoten 3 ausgeht. Vom Knoten 2 mit bekannter Charakteristik kommend ist es nicht schwer, die Charakteristiken für 3, 4, 5 und 6 zu gewinnen. So ist beispielsweise im Knoten 3 immer eine der beiden Quellen QA oder QB leer und die andere nicht, und die Anzahl der Einträge in QA, QB und S ergibt hier immer die Summe m_1, wobei S garantiert nicht voll ist. Aus der Charakteristik des Knotens 3 kann man dann nacheinander die Charakteristiken der Knoten 7 bis 12 ableiten.

Als Ergebnis der hier angestellten Betrachtung ist festzuhalten, daß die direkte Umschreibung einer Funktion – in nebenläufigkeitsfreier Formulierung – eine Funktionsprozedur ist, die baumstrukturiert oder wild strukturiert ist und die man als Zustandsgraph darstellen kann. In dessen Transitionen stehen elementare Anweisungen zur Einspeicherung von Ergebnissen elementarer benannter Funktionen in Speicher für Zwischen– oder Endergebnisse der umschriebenen Funktion. Anstelle der graphischen Form einer Funktionsprozedur lassen sich selbstverständlich auch Formulierungen in formalen Symbolfolgesprachen konstruieren. Solche Sprachen nennt man prozedurale Programmiersprachen. Im Hinblick auf die Nachteile der wild strukturierten Funktionsprozeduren kann man eingeschränkte prozedurale Sprachen

1) Die Umschreibung einer Menge von Zustandscharakteristiken ist vergleichbar mit der Umschreibung einer Menge von Zahlenwerten durch ein System von Gleichungen. Im Fall einer direkten Umschreibung gibt es keine zyklischen Abhängigkeiten.

Beispiel für direkte Umschreibung:	Beispiel für indirekte Umschreibung:
$a = 5 - \sqrt{16}$	$a + b = 3$
$b = 3a - 1$	$3a - b = 1$

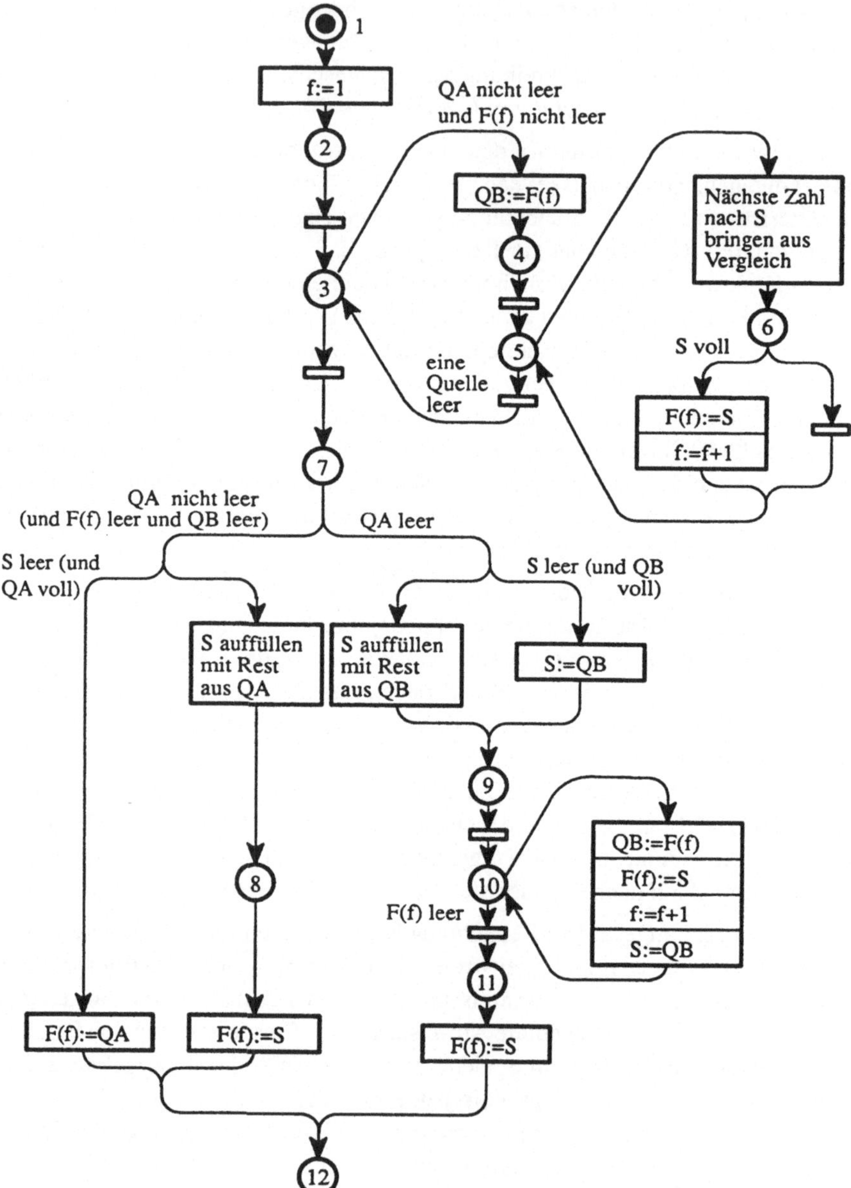

Bild 203 Baumstrukturierte Funktionsprozedur zum Einsortieren nach Bild 201

entwerfen, mit denen man gar keine wild strukturierten, sondern nur noch baumstrukturierte Funktionsprozeduren formulieren kann. Das Prinzip einer solchen Sprache erkennt man an folgender Grammatik, die in Anlehnung an die bereits im Abschnitt 1.3.3.5 eingeführte Klammersymbolik gestaltet ist:

Superzeichenrepertoire	= { P, K, R, F, S }	mit	P für	Prozedur
			K	Kettenglied
			R	Rest einer Kette
			F	Fall
			S	Sonstige Fälle

Terminalzeichenrepertoire = { Anweisung a, Bedingung b, Komma, (,), {, }, [,] }
Axiom : P
Ableitungsregeln :

für Verkettung

(1) P ⇒ (K, R) (2) R ⇒ K, R
 (3) R ⇒ K

für sonstige Struktur

(4) P ⇒ K

für Fallunterscheidung

(5) K ⇒ { F, S } (6) S ⇒ F, S
 (7) S ⇒ F (8) F ⇒ (b, P)

für Wiederholung

(9) K ⇒ [b, P]

für terminale Anweisungen

(10) K ⇒ a

Mit dieser Sprache ergibt sich für den baumstrukturierten Graphen in Bild 200 folgende Symbolfolge:

$\{(b_1, [b_2, (\{(b_3, a_1), (b_4, a_2)\}, [b_5, (a_3, a_4)])]), (b_6, (a_5, a_6, a_7)), (b_7, a_8)\}$

Wild strukturierte Graphen können mit dieser Sprache offensichtlich nicht formuliert werden.

3.2.3.2 Indirekte Umschreibung von Funktionen

Als einzige Grundform der indirekten Umschreibung einer Funktion wurde im Abschnitt 1.3.3.5 über imperative Sprachen die Rekursion vorgestellt. Bei der Rekursion wird die Bestimmung eines Funktionsergebnisses zu einem Argument zurückgeführt auf die Bestimmung von Ergebnissen der gleichen Funktion zu anderen Argumenten, die derart aus dem ursprünglichen Argument gewonnen werden, daß man dabei dem rekursionsfreien Fall näher kommt. Man denke wieder an das typische Beispiel der Fibonacci–Funktion (s. S. 66), wo die neuen Argumente durch Subtraktion aus dem ursprünglichen Argument gewonnen werden, so daß auf diese Weise eine Argumentfolge entsteht, die auf den rekursionsfreien Fall der Argumentwerte 2 und 1 zuläuft.

Obwohl die Rekursion als eine Form der indirekten Umschreibung angesehen werden muß, weil darin nicht unmittelbar ein Verfahren angegeben wird, wie man vom Argument zum Ergebnis kommt, ist die Überführung dieser indirekten Umschreibung in eine direkte doch leicht möglich (s.Abschnitt 3.2.2.6 über das Stapelprinzip). Dagegen gibt es jedoch auch Formen der indirekten Umschreibung von Funktionen, wo eine Überführung in eine direkte Umschreibung entweder unmöglich oder zumindest äußerst schwierig ist. Man denke an die Differentialgleichung auf S. 65. Es handelt sich dabei um solche Fälle, wo eine Funktion y = f(x) durch ein schwer oder gar nicht auflösbares Prädikat P(x, y) umschrieben wird. Die allgemeine Form

$$[\ y = f(x)\ ] \Leftrightarrow P(x, y) \quad \Leftrightarrow \quad [\ (x, y) \in \text{Rel}\ ]$$

besagt, daß die Funktion f dem Argument x dann und nur dann das Ergebnis y zuordnet, wenn für das Paar (x, y) das Prädikat P gilt. Dabei ist natürlich nicht jedes beliebige Prädikat zugelassen, denn hier muß ja die dem Prädikat zugeordnete Relation Rel die Bedingungen einer Funktion erfüllen. Die allgemeine Form einer Funktionsumschreibung als Prädikat gilt sowohl für direkte als auch für indirekte Umschreibungen. Im Falle der direkten Umschreibung kann man sagen, das Prädikat P sei "*nach y aufgelöst*", was bedeutet, daß die Menge der y–Werte, für die das Prädikat wahr wird, direkt umschrieben ist, wobei dabei i.a. auf x–Werte Bezug genommen wird. In diesem Sinne stellt jede Funktionsdefinition in Form von Verkettung, Fallunterscheidung und Wiederholung ein nach y aufgelöstes Prädikat dar.

Als einfaches Beispiel wird die Funktion f(x) = 5x betrachtet. Das einfachste aufgelöste Prädikat ist dann natürlich

$$P(x, y) \quad \Leftrightarrow \quad (\ y = 5x\ )$$

Ein etwas komplizierteres, aber ebenfalls nach y aufgelöstes Prädikat zur gleichen Funktion ist

$$P(x, y) \quad \Leftrightarrow \quad \left(y = 3x + \sqrt{9x^2 - 5x^2}\ \right)$$

Als Beispiel eines *nicht aufgelösten Prädikats* zu dieser Funktion wird das folgende betrachtet:

$$P(x, y) \quad \Leftrightarrow \quad [y^2 - 6xy + 5x^2 = 0] \text{ UND } [(x{\neq}0) \rightarrow (x{\neq}y)]$$

In diesem Fall ist eine quadratische Gleichung gegeben, die man nach x oder nach y auflösen kann. Die Auflösung nach y liefert

$$y = 3x \pm \sqrt{9x^2 - 5x^2} = 3x \pm 2x = \begin{cases} 5x & \text{1. Lösung} \\ x & \text{2. Lösung} \end{cases}$$

Die zweite Lösung y = x wird durch die Implikationsbedingung im Prädikat ausgeschlossen, so daß durch das Prädikat tatsächlich die Funktion y = 5x umschrieben wird. Hätte man im Prädikat die Implikationsbedingung weggelassen und nur die quadratische Gleichung angegeben, dann wäre die zum Prädikat gehörende Relation keine Funktionsrelation gewesen.

Dieses Beispiel veranschaulicht unmittelbar den Begriff des nicht aufgelösten Prädikats und die möglicherweise gegebene Schwierigkeit seiner Auflösung. Wer nicht gelernt hat, quadratische Gleichungen aufzulösen, wäre hier gezwungen, zu einem gegebenen x–Wert den zugehörigen, prädikatserfüllenden y–Wert durch Probieren zu suchen; vielleicht käme er dabei auf den zweckmäßigen Einfall, seine Probierergebnisse als Punkte in ein zweidimensionales Koordinatensystem einzutragen, denn dann könnte er den gesuchten y–Wert als eine der beiden Nullstellen einer Parabel systematisch suchen und finden.

In einem zweiten Beispiel einer Funktionsumschreibung durch ein nicht aufgelöstes Prädikat wird die Primzahlentestfunktion

$$f(x) = \begin{cases} \textit{prim} & \text{falls x Primzahl ist} \\ \textit{nicht prim} & \text{sonst} \end{cases}$$

umschrieben. Als umschreibendes Prädikat wird folgendes gewählt:

$$(y \in \{ \textit{prim}, \textit{nicht prim} \})$$
$$\text{UND} ([y = \textit{prim}] \leftrightarrow [([x-1] \in \mathsf{N}) \text{ UND } (\forall a,b\text{: } [(a-1, b-1) \in \mathsf{N}^2] \rightarrow [a \cdot b \neq x])])$$

In einfachen Worten heißt dies, daß y einen der beiden angegebenen Werte haben muß und den Wert *prim* dann und nur dann hat, wenn folgende Bedingung gilt: x muß eine natürliche Zahl größer als 1 sein, und für alle Paare natürlicher Zahlen a und b, die auch beide größer als 1 sind, gilt, daß ihr Produkt nicht x ist. Auch dieses Prädikat kann aufgelöst werden, d.h. es gibt ein Verfahren, wie man mit endlichem Zeit- und Rechenaufwand zu einer gegebenen Zahl x feststellen kann, ob sie Primzahl ist oder nicht (s. Bild 204).

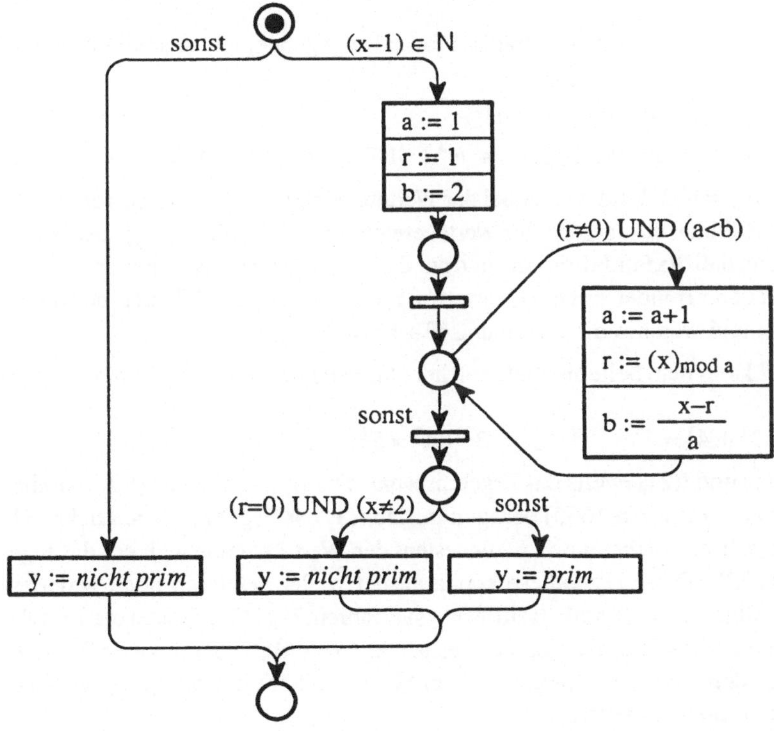

Bild 204 Funktionsprozedur für den Primzahltest

Anhand der beiden gezeigten nicht aufgelösten Prädikate sieht man schon, daß solche Prädikate derart unterschiedlich sein können, daß man nicht erwarten darf, sie nach einer allgemeingültigen Methode auflösen zu können. Man weiß doch, daß man beispielsweise kubische

Polynome nach einer anderen Methode auflöst als eine Differentialgleichung und daß es Polynome höherer Ordnung und Differentialgleichungen gibt, die man gar nicht echt auflösen, sondern nur näherungsweise numerisch auswerten kann. Das bedeutet, daß die funktionsumschreibenden Prädikate in verschiedene Klassen eingeteilt werden können je nachdem, welche Methode zu ihrer Auflösung bekannt ist, wobei es auch die Klasse derjenigen Prädikate gibt, die sich überhaupt nicht auflösen lassen. Letzteres bedeutet nicht, daß dann gar keine Funktion umschrieben wäre, sondern die Nichtauflösbarkeit eines Prädikats bedeutet nur, daß die umschriebene Funktion auf der Grundlage des als gegeben vorauszusetzenden Repertoires benannter Funktionen nicht direkt umschrieben werden kann.

Wenn es ein allgemeingültiges Verfahren zur Auflösung von Prädikaten gäbe, dann bräuchten sich die Mathematiker nicht mehr mit der Suche nach Beweisen zu befassen. Denn zu jeder unbewiesenen Hypothese läßt sich ein unaufgelöstes Prädikat formulieren, welches eine Funktion mit dem zweiwertigen Ergebniswertebereich { *falsch, wahr* } definiert, und die Auflösung dieses Prädikats in eine direkte Funktionsumschreibung wäre ein Beweis oder eine Widerlegung der Hypothese. Dies soll am Beispiel der Fermat'schen Hypothese veranschaulicht werden.

Zuerst wird das funktionsdefinierende Prädikat formal angegeben, und anschließend wird es diskutiert.

$$(x \in \mathrm{N}) \text{ UND } (y \in \{ \textit{falsch, wahr} \}) \text{ UND}$$
$$([y = \textit{wahr}] \leftrightarrow [\exists (a, b, c, n): [(a, b, c, n) \in \mathrm{N}^4] \text{ UND } [x \leq n] \text{ UND } [a^n + b^n = c^n]])$$

Es wird eine Funktion $y = f(x)$ definiert, wobei der Wertebereich für x die Menge der natürlichen Zahlen ist. Das Prädikat besagt, daß der Wertebereich für y gleich der Menge der beiden Wahrheitswerte ist und daß die Funktion dann und nur dann das Ergebnis *wahr* liefert, wenn es zum gegebenen Wert von x mindestens ein Quartett (a, b, c, n) natürlicher Zahlen gibt, worin n nicht kleiner ist als x und welches die Gleichung $a^n + b^n = c^n$ erfüllt.

Für $x = 1$ und $x = 2$ kann man beliebig viele solcher Quartette mit $n = x$ angeben, beispielsweise

$$3^1 + 4^1 = 7^1 \qquad\qquad 3^2 + 4^2 = 5^2$$

Deshalb gehört zu f(1) und f(2) jeweils das Ergebnis *wahr*. Die Hypothese des französischen Mathematikers Fermat (gestorben 1665) besagt nun, daß f(3) das Ergebnis *falsch* habe, d.h. daß es kein Quartett (a, b, c, n) gebe, worin n mindestens den Wert 3 hat und welches die angegebene Gleichung erfüllt. Diese Hypothese konnte bisher weder bewiesen noch widerlegt werden. Es gibt kein allgemeines Prädikatsauflösungsverfahren, mit Hilfe dessen man ein Berechnungsverfahren für f(x) gewinnen könnte. Deshalb kann ein Berechnungsweg für f(3) – falls er überhaupt existiert – nur von einem kreativen Mathematiker oder von einem genau so kreativen Computer gefunden werden.

Mit dem Problem der Prädikatsauflösung eng verwandt ist die Frage nach der sogenannten *Berechenbarkeit* einer Funktion. Berechenbarkeit liegt dann und nur dann vor, wenn ein Verfahren existiert, welches mit endlichem Aufwand vom Argument zum Ergebnis führt. Dabei ist es natürlich wichtig festzulegen, in welcher Form ein Argument vorgegeben werden muß und in welcher Form das Ergebnis geliefert werden soll. Genügt beispielsweise die Angabe des griechischen Buchstaben π, oder wird die unendlich lange Folge von Dezimalziffern 3,14159... verlangt? Würde auch die Umschreibung

$$4 \cdot \sum_{n=1}^{\infty} \frac{(-1)^{n+1}}{(2n-1)}$$

anstelle der Benennung π akzeptiert werden? Man erkennt an diesem Beispiel, daß der Begriff der Berechenbarkeit nur unter Bezug auf eine Sprache definiert sein kann. In der jeweiligen Sprache, auf die sich eine Berechenbarkeitsaussage beziehen muß, muß es für alle möglichen Argumentwerte und für alle möglichen Ergebniswerte sogenannte *kanonische Darstellungen* geben, die den Werten umkehrbar eindeutig zugeordnet sind. Dann liegt Berechenbarkeit genau dann vor, wenn es ein Verfahren gibt, welches mit endlichem Aufwand von der kanonischen Darstellung des Arguments zur kanonischen Darstellung des Ergebnisses führt. Es ist selbstverständlich, daß im Zusammenhang mit der Programmierung nur die in diesem Sinne berechenbaren Funktionen interessieren.

Wenn man die Dezimalschreibweise für reelle Zahlen als kanonische Form festlegt, dann sind die meisten der allgemein bekannten mathematischen Funktionen nicht berechenbar, weil man nur endlich lange Dezimalfolgen als Argumente vorgeben und dazu immer auch nur endlich lange Dezimalzahlen als Ergebnisse bekommen kann. Die Division wird dann erst berechenbar, wenn man eine Symbolik einführt, die es gestattet, eine periodische Wiederholung einer Dezimalziffernfolge hinter dem Komma auszudrücken, also beispielsweise

$$156 : 19 \quad = \quad 8,\overline{210526315789473684}\ldots$$

Viele bekannte Funktionen wie $\sqrt{x}$, sin x, e^x oder ln x sind nicht berechenbar, wenn man als kanonische Darstellung die Dezimalschreibweise vorgibt. Sie sind aber berechenbar, wenn man eine Darstellung des Ergebnisses akzeptiert, worin eine endlich lange Dezimalzahl angegeben ist, die das exakte Ergebnis bis auf einen betragsbeschränkten Restwert annähert. Die übliche *Rundungsregel* legt die Betragsbeschränkung des Restwertes derart fest, daß der Betrag des Restwerts nicht größer sein darf als das halbe Gewicht der niederwertigsten Stelle der angegebenen Dezimalzahl.

Beispiele:

$$\sqrt{19} \;=\; 4{,}35 \;+\; \text{Restwert}, \quad \text{wobei } |\text{Restwert}| \;\leq\; 0{,}005;$$

$$\sin 0{,}4 \;=\; 0{,}389 \;+\; \text{Restwert}, \quad \text{wobei } |\text{Restwert}| \;\leq\; 0{,}0005$$

Nachdem nun der Begriff der Berechenbarkeit definiert ist, kann man einsehen, wie die Prädikatsauflösung und die Berechenbarkeit zusammenhängen: Eine durch ein nicht aufgelöstes Prädikat umschriebene Funktion ist dann und nur dann berechenbar, wenn das Prädikat derart aufgelöst werden kann, daß sich eine direkte Umschreibung auf der Grundlage eines Repertoires berechenbarer Funktionen ergibt.

Bei der Betrachtung des nicht aufgelösten Prädikats auf S. 364, welches eine quadratische Gleichung enthielt, wurde gesagt, daß diese Gleichung nach x oder nach y aufgelöst werden könne. Grundsätzlich kommt in einem mehrstelligen Prädikat jede der vorkommenden Variablen für eine Auflösung in Frage, d.h. ein solches Prädikat alleine umschreibt keine einzelne Funktion, sondern eine Relation, in der eine oder mehrere Funktionen enthalten sein können. Als Beispiel hierzu wird in Bild 205 ein dreistelliges Prädikat

$$P(u, v, w) \Leftrightarrow [\,(u, v, w) \in Rel \subset \{\,A, B, C\,\}^3\,]$$

betrachtet, dessen zugehörige Relation mit 9 Elementen dreimal tabellarisch dargestellt ist. Jede der drei Tabellen kann als eine Auflösung des Prädikats angesehen werden, und zwar links nach w, in der Mitte nach u und rechts nach v. Die "Auflösung" geschah hier jeweils einfach dadurch, daß die Zeileneinträge in den linken beiden Spalten alphabetisch – man sagt manchmal auch lexikalisch – geordnet wurden, so daß man einen Zeileneintrag systematisch suchen kann[1]. Man sieht, daß die Auflösungen nach w und nach u jeweils eine Funktion liefern, während die Auflösung nach v keine Funktion ergibt, denn der prädikatserfüllende Wert

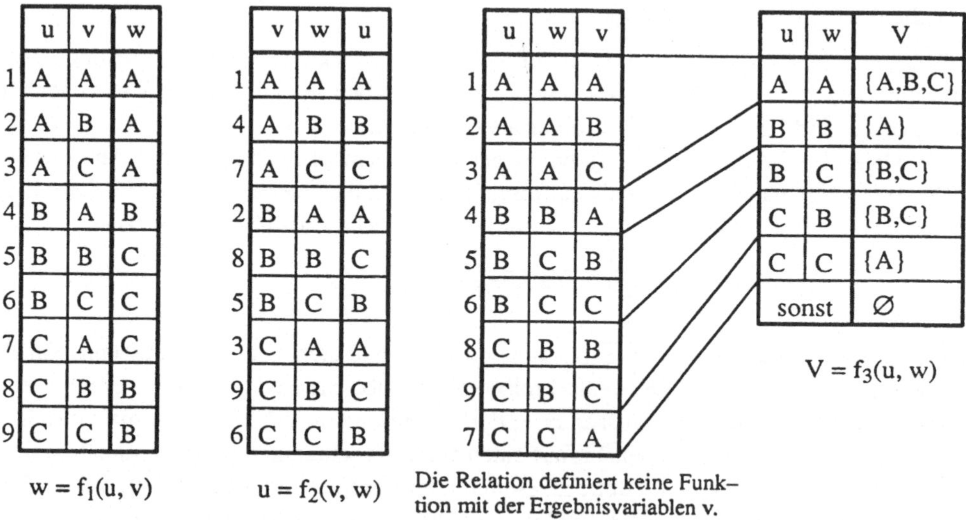

	u	v	w
1	A	A	A
2	A	B	A
3	A	C	A
4	B	A	B
5	B	B	C
6	B	C	C
7	C	A	C
8	C	B	B
9	C	C	B

$w = f_1(u, v)$

	v	w	u
1	A	A	A
4	A	B	B
7	A	C	C
2	B	A	A
8	B	B	C
5	B	C	B
3	C	A	A
9	C	B	C
6	C	C	B

$u = f_2(v, w)$

	u	w	v
1	A	A	A
2	A	A	B
3	A	A	C
4	B	B	A
5	B	C	B
6	B	C	C
8	C	B	B
9	C	B	C
7	C	C	A

Die Relation definiert keine Funktion mit der Ergebnisvariablen v.

u	w	V
A	A	{A,B,C}
B	B	{A}
B	C	{B,C}
C	B	{B,C}
C	C	{A}
sonst		∅

$V = f_3(u, w)$

Bild 205 Verschiedene Auflösungen eines Prädikats

von v ist beispielsweise nicht eindeutig definiert, wenn das Variablenpaar (u,w) mit (A,A) belegt wird. Man kann aber auch hier noch zu einer Funktionsdefinition kommen, indem man als Ergebnisvariable nicht v, sondern V wählt, wobei ein Wert von V jeweils die gesamte Menge der prädikatserfüllenden Werte von v zu einer gegebenen Wertebelegung von (u, w) ist. Wäh-

1) Da bei einer endlichen Relation die Suche eines Zeileneintrags auch bei fehlender alphabetischer Ordnung nach endlicher Zeit garantiert entschieden ist, stellt eigentlich jede tabellarische Darstellung von vornherein schon eine Auflösung nach allen vorkommenden Spaltenvariablen dar. Deshalb wird durch die Wahl der alphabetisch geordnenten Spalten eigentlich nur noch eine bestimmte Auflösung besonders hervorgehoben.

rend der Wertebereich der Variablen v gleich repv = { A, B, C } ist, gehört zur Variablen V der Wertebereich repV = $\wp$(repv), also die Potenzmenge von repv, und das ist die Menge aller Teilmengen von repv. In der vierten Tabelle in Bild 205 ist die auf diese Weise aus Rel extrahierte Funktion dargestellt.

Das Beispiel sollte zeigen, daß in einer Relation mehr als eine Funktion enthalten sein kann und daß deshalb zusätzlich zum Prädikat der Hinweis gegeben werden muß, nach welcher Variablen aufgelöst werden soll. Solange nur zweistellige Relationen P(x, y) betrachtet wurden, galt die Vereinbarung, daß an erster Stelle die Argumentvariable x steht und an zweiter Stelle die Ergebnisvariable y. Gemäß dieser Vereinbarung müßte man zur Definition der Funktion f_1 in Bild 205 also anstelle des dreistelligen Prädikats P(u, v, w) ein zweistelliges Prädikat in der Form P'[(u, v), w] angeben, an dessen erster Stelle ein geordnetes Paar steht. Es gibt aber selbstverständlich noch viele andere Möglichkeiten, den Auflösungshinweis zu formulieren.

Als Ergebnis dieses Abschnitts bleibt festzuhalten, daß eine indirekte Funktionsumschreibung als nicht aufgelöstes Prädikat gesehen werden kann und daß ein Verfahren zur Auflösung jeweils in Abhängigkeit von der Form des Prädikats gesucht werden muß, wobei ein solches Verfahren nicht in jedem Falle existiert.

3.2.3.3 Prozeßumschreibung

Da eine prozeßorientierte Rolle durch die Definition der beiden Systemfunktionen ω und δ sowie durch die Vorgabe eines Anfangszustands Z(1) vollständig festliegt, wird man nicht ohne weiteres einsehen, daß es zusätzlich zu den Überlegungen im voranstehenden Abschnitt über die Funktionsumschreibungen noch einer speziellen Behandlung der Prozeßumschreibungen bedarf. Da es aber hier nicht nur eine, sondern viele aufeinanderfolgende Funktionsauswertungen gibt, die jeweils durch die Zustandsvariable Z verkoppelt sind, ist es durchaus sinnvoll, nach den Konsequenzen dieser Verkopplung zu fragen.

Die beiden Argumentwerte X(n) und Z(n) in den Funktionen ω und δ unterscheiden sich grundsätzlich bezüglich ihrer zeitlichen Verfügbarkeit. Der Abwickler kennt Z(n) immer schon, bevor X(n) verfügbar wird, denn Z(n) ist ein interner Zustand, wogegen X(n) als Eingabe von der Umgebung bereitgestellt werden muß. Deshalb ist es zweckmäßig, dem Abwickler die Funktionen ω und δ derart zu umschreiben, daß er aufgrund des bekannten Z(n) bereits mit der Funktionsauswertung beginnen kann, bevor ihm X(n) eingegeben wird. Die einfachste Form einer solchen Vorabauswertung ist die Entscheidung einer Fallunterscheidung aufgrund des Z-Wertes. Bild 206 zeigt hierzu ein Beispiel. Oben links im Bild ist das Rollenverhalten in Form eines Automatengraphen beschrieben, dem man folgende Wertebereiche entnehmen kann:

$$\text{repX} = \{ 0, 1 \} \quad ; \qquad \text{repY} = \text{repZ} = \{ 0, 1, 2, 3 \}$$

Diese Wertebereiche erlauben eine algebraische Formulierung der Automatenfunktionen unter Verwendung der Ganzzahlenarithmetik. Eine solche Formulierung ist rechts neben dem

Automatengraphen angegeben[1]. Die Funktionen sind in eine Petrinetztransition eingetragen, weil die Prozeßorientierung, d.h. die Mehrfachauswertung der Funktionen zum Ausdruck gebracht werden soll (s. auch Bild 183). Man kann diese Funktionen nun durch Fallunterscheidung in Abhängigkeit vom Z–Wert auf einfachere Funktionen zurückführen, in deren Argument nur noch die Variable X vorkommt. Diese Fallunterscheidung ist in der Mitte von Bild 206 gezeigt. Es ist wichtig zu sehen, daß hier die Marke bereits innerhalb der umfassenden Transition liegt, deren Schalten als Auswertung der Funktionen ω und δ zu verstehen ist, denn darin äußert sich die Tatsache, daß die Funktionsauswertung aufgrund des bekannten Z–Wertes bereits beginnen konnte, ohne daß der X–Wert verfügbar sein mußte.

Wenn man die Funktionen mit dem Argument X, die nach der durch den Z–Wert entschiedenen Fallunterscheidung noch auszuwerten sind, auch noch durch Fallunterscheidung nach dem X–Wert umschreibt, dann bleiben nur noch "argumentlose Funktionen", also Konstante für Y und Z übrig, wie dies unten in Bild 206 gezeigt ist. Diese vollständige Fallunterscheidung, wo zu jedem Element von repZ × repX ein Fall gehört, läßt sich in graphischer Form nicht nur als Funktionsprozedur (in Bild 206 unten) darstellen, sondern auch als Automatengraph (in Bild 206 oben links), denn dessen Transitionen sind ja definitionsgemäß den Elementen von repZ × repX zugeordnet.

An dieser Stelle muß betont werden, daß zwar sowohl der Automatengraph als auch die Schleife mit der Funktionsprozedur Zustandsgraphen sind, daß man sie aber bezüglich der Forderung nach Baumstrukturierung nicht gleichbehandeln darf. Während es bezüglich der Funktionsprozedur sinnvoll ist zu verlangen, daß sie baumstrukturiert gestaltet wird (s. Abschnitt 3.2.3.1), ist eine solche Forderung bezüglich des Automatengraphen nicht zweckmässig. Denn im Gegensatz zur Funktionsprozedur, die als Lösung einer gestellten Aufgabe gestaltet wird, wird durch den Automatengraphen, der ein gefordertes Rollenverhalten beschreibt, keine Lösung, sondern eine gestellte Aufgabe beschrieben. Eine Funktionsprozedur ist die Lösung der Aufgabe, zu einer irgendwie umschriebenen Funktion einen Prozeß zur Ergebnisbestimmung zu finden, worin in aufeinanderfolgenden Schritten nur noch die vorgegebenen Basisfunktionen auszuwerten sind. Die Vorgabe eines endlichen Repertoires von Basisfunktionen ist Teil der Aufgabenstellung, wobei die Auswertung einer Basisfunktion per Definition als gelöst zu betrachten ist. Wenn eine solche Aufgabe überhaupt lösbar ist, dann gibt es auch bestimmt eine Lösung in Form einer baumstrukturierten Funktionsprozedur, und wegen der damit verbundenen Vorteile ist die diesbezügliche Forderung sinnvoll.

Dagegen brächte es keine Vorteile, zu verlangen, daß ein Automatengraph, der ein gefordertes Rollenverhalten beschreibt, baumstrukturiert sein müsse. Machbar ist es durchaus, d.h. man kann jeden Automatengraphen in einen verhaltensäquivalenten Automatengraphen mit Baumstruktur überführen, wenn man dabei in Kauf nimmt, daß der neue Graph teilweise indeterminierte Zustandsübergänge hat. Dies soll an einem Beispiel gezeigt werden.

---

1) Es handelt sich dabei nicht um eine vollständige Algebra im Sinne des Abschnitts 2.2.3.4, denn im Laufe der Berechnung kommen als Zwischenergebnisse Werte vor, die außerhalb des ursprünglich vorgegebenen Wertebereichs {0, 1, 2, 3} liegen. Beispielsweise gilt für Z=3 und X=1

$$\delta(Z, X) = \delta(3, 1) = [\ (3+1)^2 + 3\cdot 3 + 2\cdot 1 + 2\ ]_{mod\ 4} = [\ 29\ ]_{mod\ 4} = 1$$

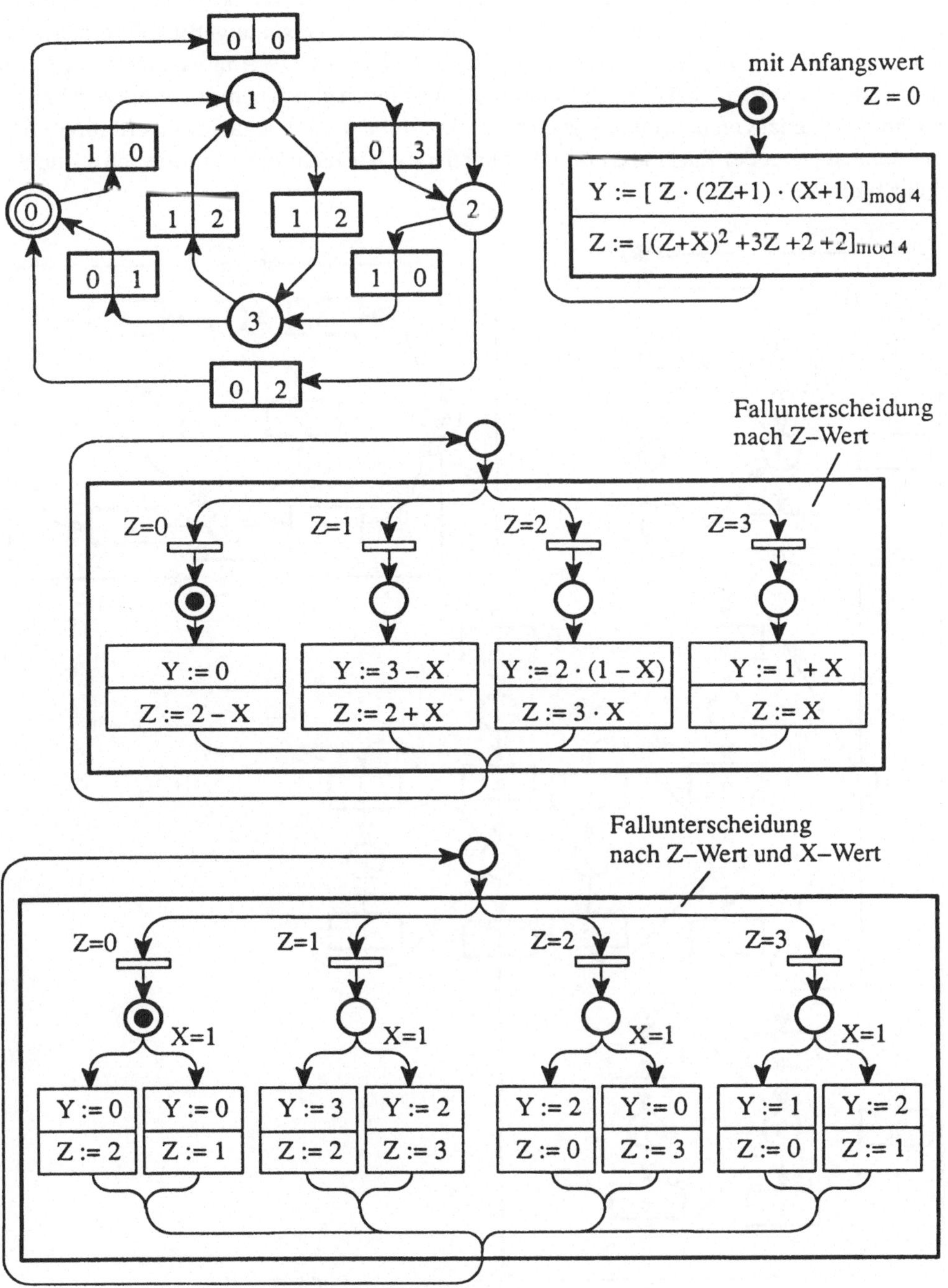

Bild 206 Beispiel zur Fallunterscheidung nach dem Zustand

Bild 207 zeigt noch einmal den Automatengraphen aus Bild 206, dessen acht Transitionen nun aber einfach mit den Buchstaben a bis h benannt sind. Daneben zeigt Bild 207 einen baumstrukturierten Graphen, der dem ursprünglichen äquivalent ist. Die Äquivalenz konnte nur dadurch erreicht werden, daß teilweise mehrere Transitionen gleich benannt wurden: Nur a und h kommen einmal vor, b, c, f und g jeweils zweimal, und d und e sogar jeweils fünfmal. Auch die Benennungen der Zustandsknoten kommen teilweise mehrfach vor, nämlich 1 und 3 jeweils fünfmal.

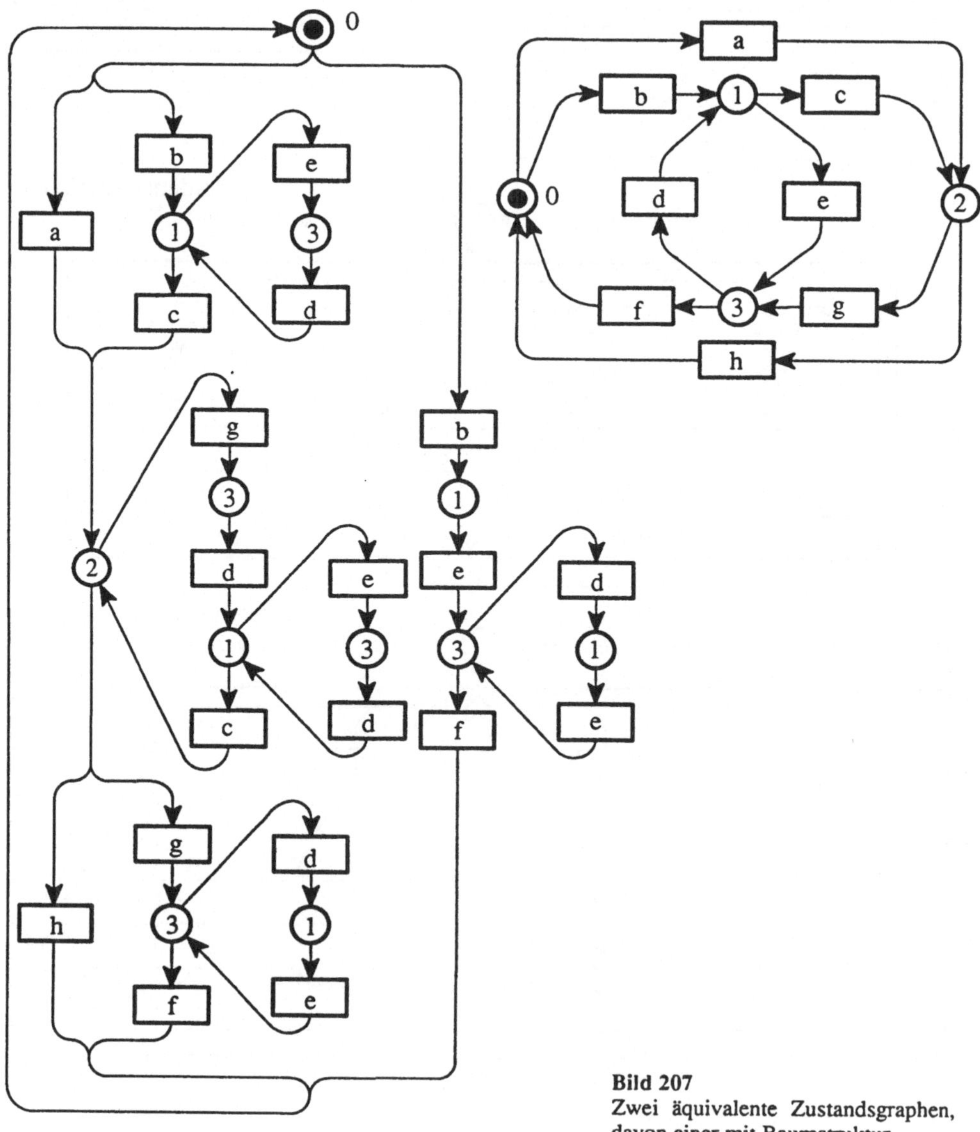

Bild 207
Zwei äquivalente Zustandsgraphen, davon einer mit Baumstruktur

Der baumstrukturierte Graph ist teilweise bezüglich der Zustandsübergänge indeterminiert, weil vom Zustand 0 zwei Transitionen b und vom Zustand 2 zwei Transitionen g wegführen. Wohin die Marke gehen soll, wenn im Zustand 0 oder im Zustand 2 die Eingabe X(n) = 1 erfolgt, kann erst entschieden werden, wenn irgendwann einmal – nach möglicherweise sehr vielen Einseingaben – die nächste Nulleingabe X(n+k) = 0 erfolgt, die zur Transition c oder f gehört. Wenn die natürliche Zahl k ungerade ist, handelt es sich um c, sonst um f.

Da die Indeterminiertheit der Zustandsübergänge keine Indeterminiertheit der Ausgabe mit sich bringt, d.h. da man stets nach erfolgter Eingabe X(n) unmittelbar die Ausgabe Y(n) bestimmen kann, ohne auf weitere Eingaben X(n+j) warten zu müssen, obwohl noch mehrere Stellen für die aktuelle Markenposition in Frage kommen, wird auch durch den baumstrukturierten Graphen das geforderte Rollenverhalten exakt beschrieben. Denn es kommt ja nur auf die Werteverläufe bei den Schnittstellenvariablen X und Y an und nicht auf den Werteverlauf der Zustandsvariablen, die doch nur zur Modellierung des Systemgedächtnisses eingeführt wurde.

Trotz des Sachverhalts, daß jedes mittels eines Automatengraphen beschreibbare Rollenverhalten durch einen baumstrukturierten Graphen darstellbar ist, ist es – anders als bei den Funktionsprozeduren – i.a. nicht zweckmäßig, die Baumstruktur für Automatengraphen anzustreben. Denn wenn die Baumstruktur nur durch die Inkaufnahme von Zustandsindeterminiertheit erreicht werden kann, dann stellt dies i.a. keine Vereinfachung, sondern eine Verkomplizierung der Rollenbeschreibung dar.

Nach diesen Überlegungen zur Baumstrukturierung kann die Betrachtung der Fallunterscheidungen, die mit der Diskussion von Bild 206 begonnen wurde, fortgesetzt werden. Im Beispiel in Bild 206 ist die Mächtigkeit von $repZ \times repX$ so klein – nämlich $4 \cdot 2 = 8$ –, daß eine vollständige Fallunterscheidung möglich ist. In praktischen Fällen ist diese Mächtigkeit aber häufig so groß, daß eine vollständige Fallunterscheidung nicht praktikabel ist. In diesen Fällen braucht man aber auf eine Fallunterscheidung nicht völlig zu verzichten; es kann dann durchaus vorteilhaft sein, den Wertebereich repZ in eine praktikable Menge von Blöcken zu partitionieren und jedem Block einen Fall zuzuordnen. Eine solche Partition erreicht man am einfachsten dadurch, daß man die Zustandsvariable Z in zwei Komponenten Z_{OP} und Z_{ST} aufteilt:

$$Z = (Z_{OP}, Z_{ST})$$

Die Indizes OP und ST verweisen auf die im Abschnitt 3.1.3.3 behandelte Steuerkreisstruktur, worin ein Operationsautomat und ein Steuerautomat zusammenwirken. Durch den Wertebereich $repZ_{ST}$ werden die Fälle separiert, d.h. jedem Wert von Z_{ST} wird ein Partitionsblock von repZ zugeordnet. Die Mächtigkeit von $repZ_{ST}$ ist dann gleich der Anzahl unterschiedlicher Fälle bei der Formulierung von ω und δ. Der jeweilige Wert von Z_{OP} muß dann die restliche Information bringen, die zusätzlich zum Wert von Z_{ST} noch gebraucht wird, damit der Zustand Z eindeutig festgelegt ist. Diese allgemeinen Aussagen werden nun anhand eines Beispiels veranschaulicht.

Es wird wieder das in Bild 206 beschriebene Rollenverhalten betrachtet. Der Zustandswertebereich $repZ = \{ 0, 1, 2, 3 \}$ wird nun in zwei gleichmächtige Blöcke partitioniert. Der Wertebereich von Z_{ST} ist dann also zweiwertig; es soll repZ_{ST} = { 0, 1 } gelten, wobei zur Null der Partitionsblock { 0, 2 } und zur Eins der Partitionsblock { 1, 3 } von repZ gehören sollen. Zur Unterscheidung der jeweils zwei Werte pro Partitionsblock wird eine zweiwertige Zustandsrestvariable Z_{OP} gebraucht, für die repZ_{OP} = { 0, 1 } gelten soll. Die Tabelle rechts oben in Bild 208 zeigt die Erfassung der vier Werte für Z durch die Wertekombinationen von Z_{OP} und Z_{ST}. Eine Funktionsprozedur zur Bestimmung der Ergebnisse von ω und δ ist links oben in Bild 208 dargestellt. Wenn man an die Fallunterscheidung nach Z_{ST} noch eine Fallunterscheidung nach

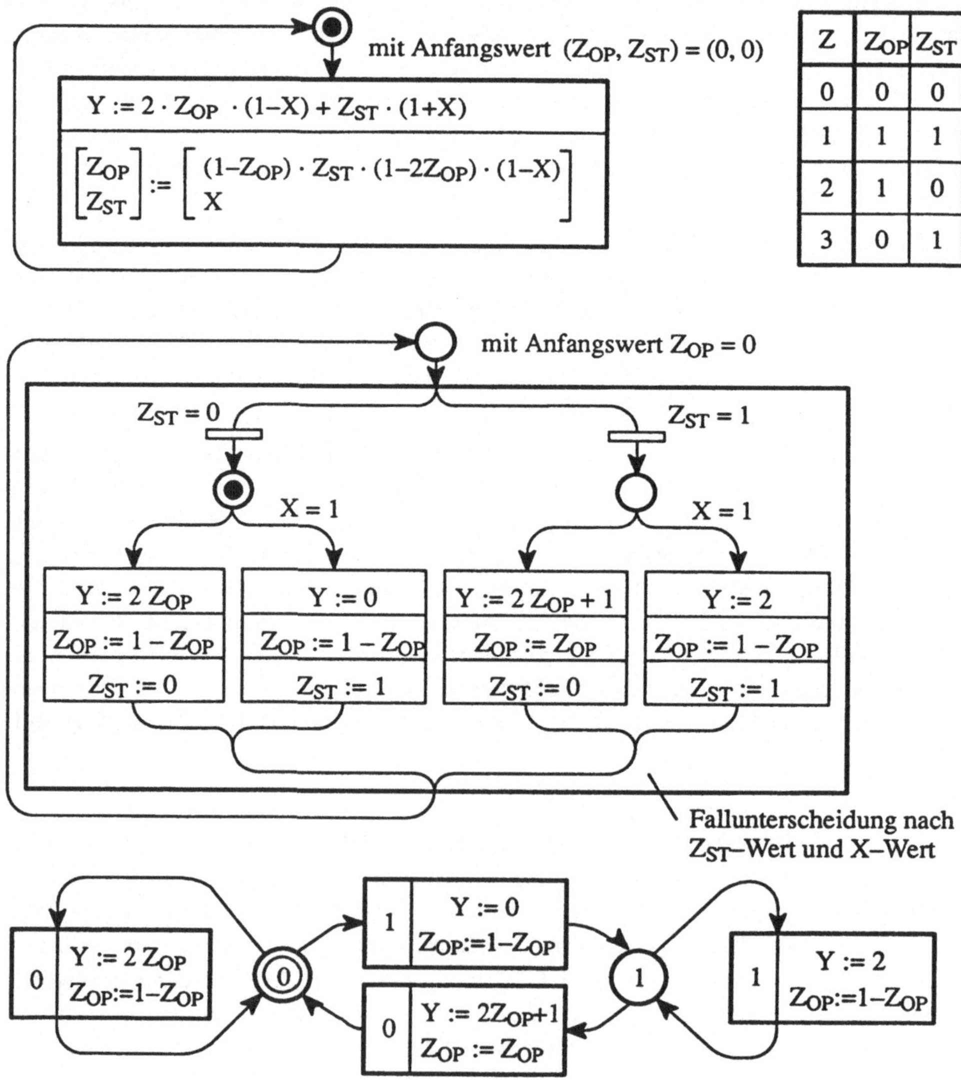

Z	Z_{OP}	Z_{ST}
0	0	0
1	1	1
2	1	0
3	0	1

Bild 208 Fallunterscheidung nach Partitionsblöcken von repZ am Beispiel aus Bild 206

X anschließt – was hier wegen der geringen Mächtigkeit von repX leicht machbar ist –, dann erhält man die Funktionsprozedur in der Mitte des Bildes. Da hier eine vollständige Fallunterscheidung bezüglich der Menge $repZ_{ST} \times repX$ vorliegt und die Zustandsübergangsfunktion für Z_{ST} nicht von Z_{OP} abhängt, gibt es zu dieser Funktionsprozedur auch einen Automatengraphen, dessen Zustandsknoten die Elemente von $repZ_{ST}$ darstellen und dessen Transitionen umkehrbar eindeutig den vier Elementen der Menge $repZ_{ST} \times repX$ zugeordnet sind (s. Bild 208 unten).

Daß die Zustandsübergangsfunktion für Z_{ST} – wie im betrachteten Beispiel – nicht von Z_{OP} abhängt, ist ein Sonderfall, d.h. in einer allgemeinen Betrachtung darf man dies nicht voraussetzen. Ebensowenig darf man voraussetzen, daß die Mächtigkeit von repX so klein sei, daß eine Fallunterscheidung nach den X–Werten durchgeführt werden könne. Aber nicht nur in diesen Sonderfällen, sondern grundsätzlich immer, wenn $repZ_{ST}$ klein genug ist, läßt sich zu einer beliebigen Aufteilung $Z = (Z_{OP}, Z_{ST})$ ein Zustandsgraph angeben, dessen Knoten den Elementen von $repZ_{ST}$ entsprechen und der das Automatenverhalten beschreibt. Der sich ergebende Graph sieht wie ein gewöhnlicher Automatengraph aus, zu dem die Variablen $\widetilde{X}$, $\widetilde{Y}$ und $\widetilde{Z}$ gehören. Zwischen diesen Variablen und den Variablen X, Y, Z_{OP} und Z_{ST} des eigentlich interessierenden Automaten besteht folgender Zusammenhang:

$$\widetilde{Z}(n) = Z_{ST}(n)$$

$$\begin{aligned}\widetilde{X}(n) \in \text{xrep}\,[\,Z_{ST}(n)\,] = \{\; &\text{"}P_1(X[n], Z_{OP}[n])\text{"},\\ &\text{"}P_2(X[n], Z_{OP}[n])\text{"},\\ &\;\vdots\\ &\text{"}P_m(X[n], Z_{OP}[n])\text{"}\;\}\end{aligned}$$

$$\begin{aligned}\widetilde{Y}(n) \in \text{xrep}\,[\,Z_{ST}(n)\,] = \{\; &[\text{"}\omega_1(X[n], Z_{OP}[n])\text{"}, \text{"}\delta_1(X[n], Z_{OP}[n])\text{"}],\\ &[\text{"}\omega_2(X[n], Z_{OP}[n])\text{"}, \text{"}\delta_2(X[n], Z_{OP}[n])\text{"}],\\ &\;\vdots\\ &[\text{"}\omega_k(X[n], Z_{OP}[n])\text{"}, \text{"}\delta_k(X[n], Z_{OP}[n])\text{"}]\;\}\end{aligned}$$

Jedem Wert in $rep\widetilde{Z} = repZ_{ST}$ sind also jeweils über die Funktionen xrep und yrep zwei Repertoires zugeordnet, aus denen die Werte für $\widetilde{X}(n)$ und $\widetilde{Y}(n)$ bei gegebenem $\widetilde{Z}(n)$ stammen müssen. Dabei sind die Elemente eines Repertoires für $\widetilde{X}$ Definitionen von Prädikaten P_j für den Argumentwertebereich $repX \times repZ_{OP}$, wobei die m Prädikate eines solchen Repertoires eine Partition der Menge $repX \times repZ_{OP}$ in m Partitionsblöcke festlegen müssen. Für jedes Wertepaar $[X(n), Z_{OP}(n)]$ muß also jeweils eines und darf nur eines der Prädikate im Repertoire wahr sein. Für den Graphen bedeutet dies, daß vom Zustand $Z_{ST}(n)$ Pfeile zu m Transitionen führen, deren Eingangsfeldern die Prädikate umkehrbar eindeutig zugeordnet sind und wovon diejenige Transition schalten wird, deren Prädikat wahr ist. Im Beispiel in Bild 208 lauten die Prädikate "X(n) = 0" und "X(n) = 1".

Die Elemente eines Repertoires für $\widetilde{Y}$ bestehen jeweils aus einem Paar von Funktionsdefinitionen "ω_i" und "δ_i" für den Argumentwertebereich $repX \times repZ_{OP}$. Die Anzahl k solcher Definitionspaare in einem $\tilde{Y}$–Repertoire kann nicht größer, darf aber kleiner sein als die Anzahl m der Prädikate im zugehörigen $\tilde{X}$–Repertoire. Denn wenn m die Anzahl der Transitionen ist, zu denen ein Pfeil vom Knoten Z_{ST} hinführt, dann gibt es auch genau m Ausgangsfelder, und jedem Ausgangsfeld ist ein Definitionspaar aus dem $\tilde{Y}$–Repertoire zuzuordnen. Die maximale Anzahl $k = m$ von Definitionspaaren ergibt sich also, wenn jedem Ausgangsfeld ein anderes Paar zugeordnet wird. Wenn dagegen ein Paar in mehr als ein Ausgangsfeld eingetragen wird, dann muß $k < m$ sein. In dem Beispiel in Bild 208 gehört zum Zustand Z_{ST}=1 das $\tilde{Y}$–Repertoire $\{$ ("ω_1", "δ_1"), ("ω_2", "δ_2") $\} = \{ [2Z_{OP}+1, Z_{OP}], [2, 1 - Z_{OP}] \}$.

Wegen der geringen Mächtigkeit von repX × repZ, die im Beispiel in Bild 208 den Wert acht hat, kann dort die Fallunterscheidung nach Partitionsblöcken von repX × repZ selbstverständlich keine Vorteile gegenüber der in Bild 206 gezeigten Fallunterscheidung nach den Werten von X und Z bringen. Die Fallunterscheidung nach Partitionsblöcken ist nur dann vorteilhaft, wenn repX × repZ so mächtig ist, daß eine Fallunterscheidung nach Werten überhaupt nicht praktikabel ist. Ein Beispiel eines derartigen Automaten wurde bereits in den Bildern 169 bis 175 vorgestellt. Dort konnte die Aufteilung des Zustands Z auf die beiden Komponenten Z_{OP} und Z_{ST} als zweckmäßig erkannt werden. In dem dort behandelten Beispiel des Wurzelberechners sind die Mächtigkeiten von repX und repZ so groß, daß eine Fallunterscheidung nach Werten von X oder Z von vornherein ausscheidet und nur eine Fallunterscheidung nach Partitionsblöcken machbar ist. Die zu den fünf Elementen von $repZ_{ST}$ in Bild 175 gehörenden jeweiligen Mächtigkeiten von $rep\tilde{X}$ und $rep\tilde{Y}$ sind tabellarisch in Bild 209 angegeben.

Z_{ST}	$\|rep\tilde{X}\|$	$\|rep\tilde{Y}\|$
1	2	1
2	2	1
3	2	1
4	2	1
5	2	1

Bild 209
Zur Interpretation des Graphen in Bild 175

So führen beispielsweise vom Zustand Z_{ST}=4 zwei Pfeile weg; deshalb müssen in den Eingangsfeldern der erreichten Transitionen zwei unterschiedliche Eintragungen $\tilde{X}_1$ und $\tilde{X}_2$ stehen. Dies bedeutet $|rep\tilde{X}|=2$. In den beiden Ausgangsfeldern findet man aber jeweils den gleichen Eintrag, so daß $|rep\tilde{Y}|=1$ ist, d.h. es gibt nur ein einziges Repertoireelement $\tilde{Y}_1$.

Ein weiteres anschauliches Beispiel für eine zweckmäßige Zerlegung der Zustandsvariablen Z in die beiden Komponenten Z_{OP} und Z_{ST} findet man im Abschnitt 3.2.2.4 über die Abtrennung eines Peripheriesystems. Man kann die in den Bildern 189 bis 191 beschriebene Turingmaschine als einen ein– und ausgabelosen unendlichen Automaten auffassen, wenn man eine externe Beeinflussung der Bänder ausschließt. Der Zustand dieses unendlichen Automaten setzt sich dann aus dem Zustand des endlichen Automaten im Zentrum und den Inhalten und Positionen der Bänder zusammen. Die beiden Zustandsvariablen, die in Bild 188 $Z_{A\ INT}$ und $Z_{A\ EXT}$ genannt wurden, entsprechen nun genau den Variablen Z_{ST} und Z_{OP}. Und die Elemente von $rep\tilde{X}$, die nun wegen der Eingabelosigkeit der Maschine die Form "$P_j\ [Z_{OP}(n)]$"

haben, werden in diesem Fall zu den 12 Prädikaten "P_j [S(n), A(n), B(n)]", die man in der oberen Tabelle in Bild 190 findet. Die Ein- und Ausgabelosigkeit der so betrachteten Turingmaschine ergibt für die Elemente von rep$\tilde{Y}$ die Form "δ_j [Z_{OP}(n)]" bzw. "δ_j [$Z_{A\,EXT}$(n)]", d.h. die Elemente von rep$\tilde{Y}$ sind Funktionsdefinitionen für die Bestimmung der neuen Inhalte und der neuen Positionen der Bänder aus den alten Inhalten und Positionen. In Bild 191 sind diese Funktionsdefinitionen mit Großbuchstaben bezeichnet und in Form von Auftragsfolgen an die Bandgeräte angegeben.

Als Ergebnis dieses Abschnitts bleibt festzuhalten, daß man durch geeignete Fallunterscheidung nach Partitionsblöcken von repX × repZ immer zu praktikablen Zustandsgraphen kommen kann, die ein Automatenverhalten direkt umschreiben, und daß es zu jedem Zustandsgraphen mit Anfangszustand einen äquivalenten baumstrukturierten Graphen gibt, der aber teilweise zustandsindeterminiert sein kann und der deshalb als Verhaltensumschreibung nicht unbedingt zweckmäßig ist.

3.2.3.4 Übersetzung und Rollenhuckepack

Zu Beginn des Abschnitts 3.2.1.2 wurde gesagt, daß die Programmierung im engeren Sinne dadurch gekennzeichnet sei, daß die Rollensysteme diskret und informationell seien und daß die Rolleninformation mit Symbolfolgesprachen formuliert werde. Das bedeutet, daß jeder Abwickler auf eine bestimmte Sprache festgelegt ist. Die Unterschiede zwischen zwei Abwicklern bezüglich ihres informationellen Aufbaus und Verhaltens werden umso größer sein, je weiter die zugrundeliegenden Sprachen auseinanderliegen. Zwei Abwickler werden sich dagegen informationell gesehen gar nicht unterscheiden, wenn der Sprachunterschied lediglich die Symbole und die Syntax, aber nicht die Semantik betrifft. Denn dann sind die Mengen der Aussagen, Anweisungen und Fragen, die in den beiden Sprachen formulierbar sind, umkehrbar eindeutig aufeinander abbildbar.

Als Beispiel eines Paares semantisch gleicher Aussagen betrachte man den deutschen Satz "Um 11 Uhr sah ich aus dem Fenster." und den englischen Satz "At 11 o'clock I looked out of the window". Die beiden Sätze unterscheiden sich sowohl hinsichtlich der Symbole, also hier der Wörter, als auch hinsichtlich der Syntax, denn die Wortstellung in den Sätzen ist nicht gleich. Aber wegen der semantischen Gleichheit ist eine Übersetzung eines solchen Satzes aus der einen Sprache in die andere problemlos. Probleme der Übersetzung treten aber immer dann auf, wenn der Sprachunterschied nicht nur die Symbole und die Syntax, sondern auch die Semantik betrifft. So gibt es beispielsweise kein deutsches Äquivalent zum englischen Wort "college"; was soll ein Übersetzer da machen?

Im Zusammenhang mit Abwicklern betrachtet man selbstverständlich keine natürlichen Sprachen, sondern künstliche, mit denen die Rollenfunktionen formuliert werden. Aber auch da gibt es semantisch unterschiedliche Sprachen, wie man anhand von Beispielen leicht erkennt: So kann in der einen Sprache die Formulierung von Rekursion möglich sein, in der anderen aber nicht. Oder in der einen Sprache kann eine Funktionsverkettung ohne explizite Einführung von Zwischenvariablen formuliert werden, in der anderen aber müssen solche Zwischenvariablen eingeführt werden (s. hierzu Bild 60).

Es erhebt sich nun natürlich die Frage, ob man eine Rolle, die in der Sprache eines bestimmten Abwicklers formuliert ist, in jedem Falle in die Sprache jedes beliebigen anderen Abwicklers übersetzen kann. Diese Frage muß bejaht werden, wenn dabei die Voraussetzung erfüllt ist, daß die jeweiligen Sprachen mächtig genug sind, so daß man damit jede beliebige berechenbare Funktion formulieren kann. Diese Voraussetzung besagt nichts anderes, als daß die Abwickler universell sein müssen, d.h. daß sie jede beliebige informationelle Rolle spielen können – und diese Universalität der Abwickler war ja von Anfang an eine selbstverständliche Voraussetzung in der gesamten Betrachtung programmierter Instanzen im vorliegenden Abschnitt 3.2.

Obwohl die Übersetzung einer Rolle aus einer Sprache in eine andere unter der genannten Voraussetzung immer möglich ist, darf man nicht erwarten, daß eine solche Übersetzung immer nach einfachen Verfahren möglich sei. Bereits im Abschnitt 3.2.3.2 über indirekte Umschreibung von Funktionen wurden ja Beispiele angegeben, anhand derer man erkennt, daß das Auflösen eines Prädikats eine sehr schwierige Aufgabe sein kann. Außerdem wurde dort darauf hingewiesen, daß man durch Prädikate auch Funktionen definieren kann, die im mathematischen Sinne gar nicht berechenbar sind, deren definierendes Prädikat also gar nicht auflösbar ist. Eine Funktionsumschreibung ist also nicht unbedingt verfahrensmäßig aus einer Sprache in eine andere übersetzbar, auch wenn die umschriebene Funktion in beiden Sprachen formulierbar ist.

In den voranstehenden Abschnitten über Funktionsumschreibungen wurde unter anderem die Erkenntnis vermittelt, daß die verschiedenen Typen von Funktionsumschreibungen unterschiedlich weit von einem Berechnungsverfahren für die umschriebene Funktion entfernt sind. Man könnte nun vermuten, daß eine Übersetzung zwischen zwei Sprachen, mit denen eine Funktion unterschiedlich weit von einem Berechnungsverfahren entfernt formuliert wird, nur dann schwierig ist, wenn in Richtung auf ein Berechnungsverfahren hin übersetzt wird, aber leicht ist, wenn die Übersetzung weiter vom Berechnungsverfahren wegführt. Diese Vermutung ist aber nicht haltbar, denn man kann leicht viele Beispiele angeben, anhand derer man erkennt, daß es eine sehr schwierige Aufgabe sein kann, ausgehend von einem Berechnungsverfahren für eine Funktion eine Umschreibung in Form eines nicht aufgelösten Prädikats zu finden.

Man betrachte hierzu beispielsweise die Funktionsprozedur in Bild 202, bei deren Vorstellung bereits gesagt wurde, daß man große Mühe haben werde zu erkennen, welche Funktion da eigentlich dahintersteckt. Als wesentliches Problem wurde dabei das Finden der jeweiligen Zustandscharakteristik der einzelnen Knoten genannt. Nun ist aber eine Zustandscharakteristik nichts anderes als ein Prädikat bezüglich bestimmter Variablen des Berechnungsverfahrens, und die Zustandscharakteristik des Endknotens einer Funktionsprozedur muß eine Umschreibung der Funktion in Form eines Prädikats sein, welches das Funktionsergebnis mit dem Funktionsargument verbindet. Die Schwierigkeit, diese Zustandscharakteristik zu finden, ist also gleichbedeutend mit der Schwierigkeit, eine prozedurale Funktionsumschreibung in ein funktionsdefinierendes Prädikat zu übersetzen.

Neben den angeführten schwierigen Übersetzungen gibt es allerdings auch die einfachen Übersetzungen, für welche die Verfahren leicht zu finden sind. Hierzu gehören u.a. auch die Fälle, wo die eine Sprache eine Sprache zur Formulierung baumstrukturierter Funktionsprozeduren ist, während die andere Sprache eine sogenannte funktionale Sprache ist, womit eine Funktion ohne Einführung von Speichervariablen für Zwischenergebnisse ausschließlich durch Verkettung, Fallunterscheidung und Rekursion umschrieben wird. Da der Sprachunterschied hier nur in der Verwendung bzw. Nichtverwendung von Zwischenvariablen und in dem Austausch von Schleifen gegen Rekursionen besteht, brauchen die Übersetzungsverfahren nur diese Unterschiede zu bewältigen.

Die Verwendung bzw. Nichtverwendung von Zwischenvariablen wurde bereits im Abschnitt 1.3.3.5 über imperative Sprachen abgehandelt. Die Ersetzung von Rekursionen durch Schleifen unter Einführung eines Stapels wurde im Abschnitt 3.2.2.6 vorgestellt (s. Bild 197). Daß auch der umgekehrte Weg, also die Ersetzung einer Schleife durch eine Rekursion, verfahrensmäßig möglich ist, zeigt Bild 210: Anstelle der mittels einer Schleife definierten Funktion F(x) wird die rekursiv definierte Funktion $G(x, y_0)$ gesetzt. Die rekursive Definition ergibt sich auf einfache Weise unter Verwendung der Schleifenfunktion $f_S(a,b)$ und des Wiederholungsendeprädikats P(a,b).

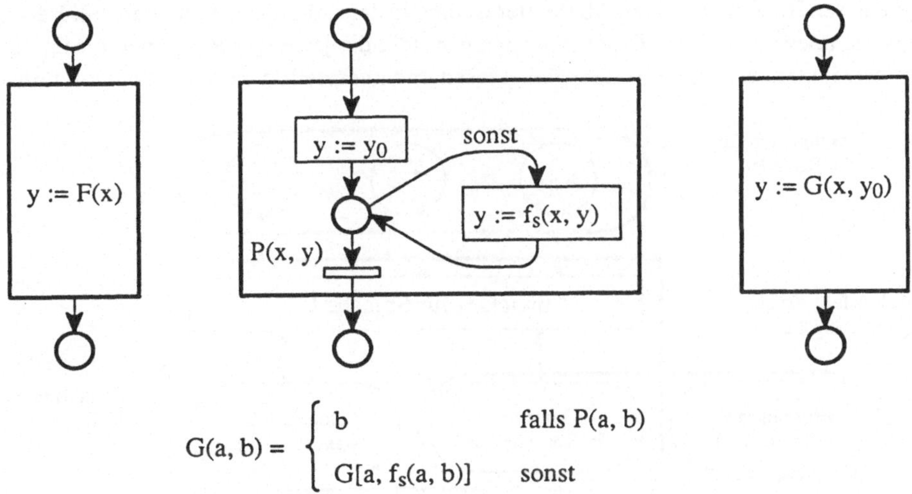

$$G(a, b) = \begin{cases} b & \text{falls } P(a, b) \\ G[a, f_s(a, b)] & \text{sonst} \end{cases}$$

Bild 210 Übersetzung einer Schleife in eine Rekursion

Eine verfahrensmäßige Übersetzung kann selbstverständlich auch als Rollenspiel eines Abwicklers durchgeführt werden. Es handelt sich dabei um eine ergebnisorientierte Rolle, denn es wird ja nur eine einzige Funktionsberechnung verlangt: Das Argument dieser Funktion ist das Programm in der Sprache L_1, und das Ergebnis ist entweder das Programm in der Sprache L_2 oder die Meldung, daß aufgrund von Formulierungsfehlern im Argument eine Übersetzung nicht möglich ist. Die Sprache des Abwicklers, der zur Übersetzung benutzt wird, kann eine beliebige sein, d.h. sie darf gleich L_1 oder L_2 sein, aber sie kann auch eine dritte Sprache L_3 sein.

Die *Übersetzung* ist eine Möglichkeit, ein Programm, das in einer Sprache L_1 formuliert ist, von einem Abwickler ausführen zu lassen, der nur Programme in der Sprache L_2 ausführen kann. Es gibt aber noch eine zweite Möglichkeit, den Abwickler zur Ausführung dieses ursprünglich nicht für ihn formulierten Programmes einzusetzen. Diese Möglichkeit ist das *Rollenhuckepack*, welches im folgenden erklärt werden soll.

Man hätte gern einen Abwickler 1, der Rollenfunktionen berechnen kann, die in der Sprache L_1 formuliert sind. Dieser gewünschte Abwickler wird durch die beiden Funktionen ω_{A1} und δ_{A1} erfaßt. Diese beiden Funktionen kann man in der Sprache L_2 formulieren und einem Abwickler 2, der diese Sprache L_2 versteht, zur Ausführung übergeben. Die Abwicklerfunktionen des Abwicklers 1 werden dadurch zu Rollenfunktionen des Abwicklers 2, d.h. der Abwickler 2 zeigt nun das informationelle Verhalten des Abwicklers 1. Dieser als Rolle des Abwicklers 2 realisierte Abwickler 1 kann Rollen spielen, die in der Sprache L_1 formuliert sind. Deshalb kann man hier von Rollenhuckepack sprechen, weil auf dem Abwickler 2 zwei Rollen übereinander sitzen.

In den Bildern 211 und 212 sind die beiden Möglichkeiten, trotz des Unterschieds zwischen der Sprache L_1 eines gegebenen Programms und der Sprache L_2 eines gegebenen Abwicklers eine Abwicklung des Programms zu erreichen, durch Instanzennetze veranschaulicht. Jeder der in diesen Bildern gezeigten Abwickler ist eine Instanz, für deren Verhalten drei Beobachtungsorte relevant sind. Im *Programmspeicher* steht die jeweilige Rollenbeschreibung, die vom Abwickler bei seinem Rollenspiel gelesen und interpretiert wird. Im *Rollenaktionsfeld*

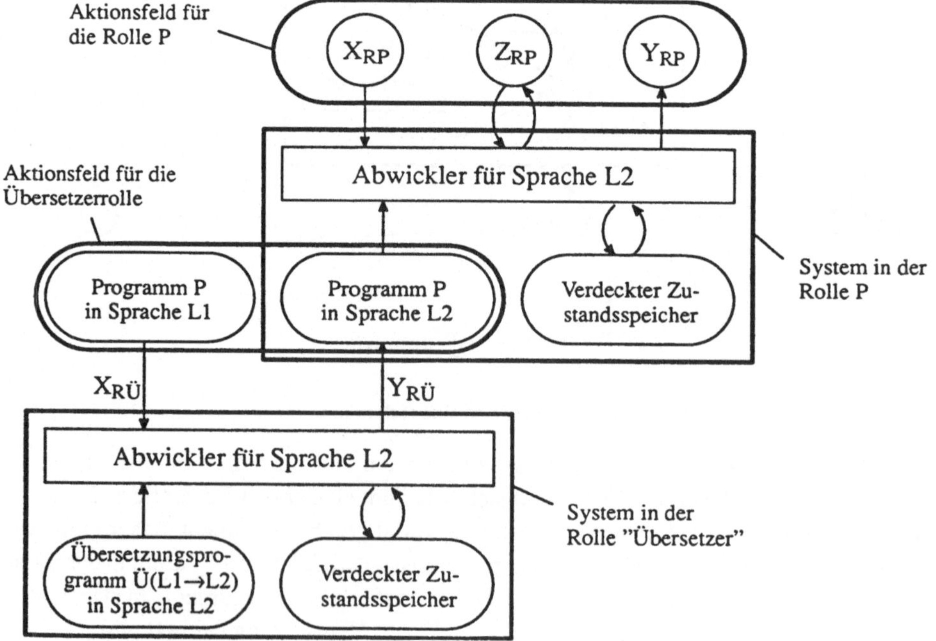

Bild 211 Veranschaulichung der Programmübersetzung durch ein Instanzennetz

sind die Variablen (X_R, Y_R, Z_R) des jeweiligen Rollensystems vereinigt. Und im *verdeckten Zustandsspeicher* kann sich der Abwickler alles merken, was nicht ins Rollenaktionsfeld gehört, was aber doch für die weitere Abwicklung gebraucht wird.

Da der Übersetzer ein Zuordner ist, findet man in seinem Rollenaktionsfeld in Bild 211 kein $Z_{RÜ}$, sondern nur das zu übersetzende Programm als $X_{RÜ}$ und das Übersetzungsergebnis als $Y_{RÜ}$. Im Aktionsfeld des Rollensystems mit Abwicklerverhalten in Bild 212 muß man alle drei Beobachtungsorte finden, die ein Abwickler für seine Aufgabe braucht, also einen Programmspeicher, ein Rollenaktionsfeld und einen verdeckten Zustandsspeicher.

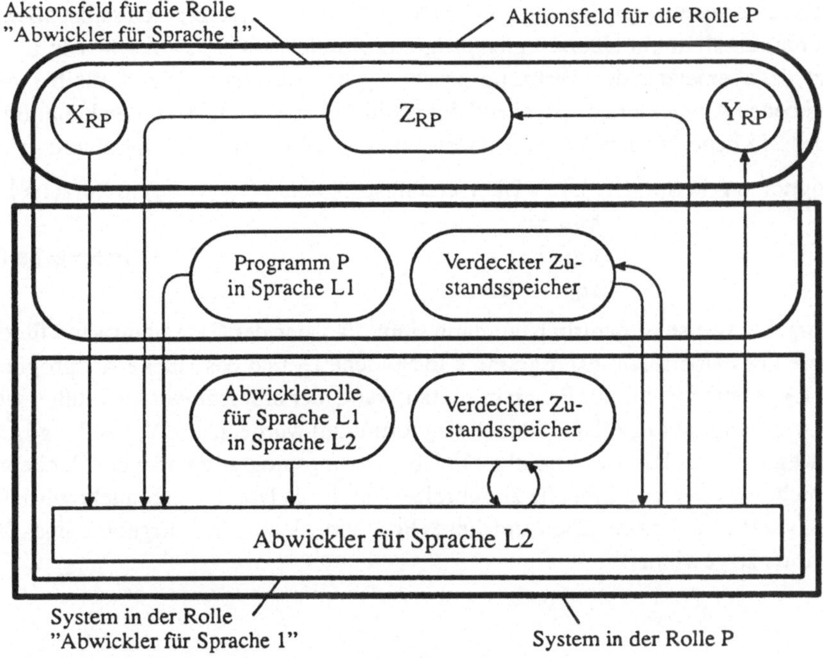

Bild 212 Veranschaulichung des Rollenhuckepacks durch ein Instanzennetz

Das Huckepack ist selbstverständlich nicht auf zwei Rollen beschränkt, sondern man kann beliebig viele Rollen aufeinandertürmen, wobei alle diese Rollen außer der obersten jeweils ein Abwicklerverhalten für eine bestimmte Sprache festlegen. Nur die unterste Rolle muß in der Sprache des gegebenen Abwicklers, der dies alles tragen soll, formuliert sein.

Meist ist es einfacher, die Abwicklerfunktionen für das Rollenhuckepack zu programmieren, als ein Übersetzungsprogramm zu schreiben. Andererseits wird beim Rollenhuckepack i.a. die oberste Rolle langsamer gespielt, als wenn sie übersetzt worden wäre und direkt "auf dem Abwickler säße". Der Aufwand, eine Übersetzerfunktion zu programmieren, hängt nicht nur von der *Quell-* und der *Zielsprache* ab, sondern auch von der *Werkzeugsprache*, in der das Übersetzungsprogramm formuliert wird. In Bild 211 wurde angenommen, daß die Werkzeugsprache gleich der Zielsprache sei. Dieser Fall ist für die Praxis der wichtigste. Aber das bedeutet nicht, daß dann auch das Übersetzungsprogramm von einem Programmierer in dieser

Sprache formuliert worden sein muß. Es ist ja möglich, ein Übersetzungsprogramm selbst wieder übersetzen zu lassen. Man nehme an, ein Programmierer habe ein Übersetzungsprogramm, welches Programme aus der Quellsprache L_1 in die Zielsprache L_2 übersetzen kann, in der Werkzeugsprache L_1 formuliert. Da er keinen Abwickler hat, der L_1 versteht, sondern nur einen, der L_2 versteht, programmiert er für das Rollenhuckepack die Abwicklerfunktionen für L_1 in der Sprache L_2. Damit steht ihm ein System zur Verfügung, wie es in Bild 212 gezeigt ist. Nun kann er Programme, die in L_1 formuliert sind, im Huckepack abwickeln lassen, und zwar wählt er als Programm, das auf diese Weise abgewickelt werden soll, sein Übersetzungsprogramm. Für den Übersetzungsprozeß gibt er als Quellprogramm, d.h. als Eingabedaten das gleiche Übersetzungsprogramm vor. Er läßt also "den Übersetzer sich selbst übersetzen". Als Ergebnis erhält er ein Übersetzungsprogramm, welches wie gewünscht von L_1 nach L_2 übersetzt, das aber jetzt in der Werkzeugsprache L_2 formuliert ist und das deshalb unmittelbar vom gegebenen Abwickler entsprechend dem Bild 211 abgewickelt werden kann. Bezüglich des Bildes 212 bedeutet dies Vorgehensweise folgende Belegung der Variablen:

Programm P in Sprache L_1 = Übersetzungsprogramm ($L_1 \rightarrow L_2$) in Sprache L_1
X_{RP} = " " "
Y_{RP} = " " in Sprache L_2
Z_{RP} = *leer*

Diese Vorgehensweise ist natürlich nur dann sinnvoll, wenn der Gesamtaufwand für das Programmieren des Übersetzungsprogramms in Sprache L_1 und des Huckepackprogramms in Sprache L_2 geringer ist als der Programmieraufwand, der erbracht werden müßte, wenn das Übersetzungsprogramm gleich in Sprache L_2 formuliert würde. Diese Vorstellung ist keineswegs abwegig, d.h. es lohnt sich häufig, ein Übersetzungsprogramm oder ein Huckepackprogramm nicht in derjenigen Sprache zu schreiben, in der es letztlich gebraucht wird, sondern einen geeigneten Umweg zu gehen, um dieses Programm letztlich als Ergebnis eines Übersetzungsschritts zu gewinnen[1)].

3.2.4 Abwicklertypen

3.2.4.1 Festlegung der Betrachtungsebene

Bereits zu Beginn des Kapitels 3 über informationelle Systeme wurde darauf hingewiesen, daß man ein solches System auf unterschiedlich hohen Interpretationsebenen betrachten kann. Es ist deshalb notwendig festzulegen, welche Betrachtungsebene für die folgende Vorstellung von Abwicklertypen gelten soll.

Auf der untersten Interpretationsebene sieht man in elektronisch realisierten Abwicklern nur zeitliche Verläufe binärer Wahrheitswerte, die als Argumente oder Ergebnisse an junktorenlogischen Verknüpfungen beteiligt sind (s. Bild 162).

1) In der Fachsprache fallen derartige Umwege unter den Sammelbegriff "bootstrap" – Verfahren.

Auf der nächst höheren Interpretationsebene sieht man bereits mehrere solche Binärsignale als Einheit mit einem eigenen Interpretationsergebnis – beispielsweise als Folge von Dualzahlen. Und auf dieser Ebene sieht man dann auch mehrere junktorenlogische Verknüpfungsschaltungen als Einheit mit einer entsprechend höheren Verknüpfungsfunktion – z.B. als Addierer für Dualzahlen, wie er in Bild 164 gezeigt ist. Auf dieser Interpretationsebene interessiert sich der Betrachter nicht mehr für den Aufbau des Addierers aus Bausteinen, sondern hier betrachtet er bereits den ganzen Addierer als einen verfügbaren Baustein. Im Gegensatz zur untersten Ebene, wo jede junktorenlogische Verknüpfung als elementare Funktion der Informationsverarbeitung anzusehen ist, tritt auf der nächsthöheren Ebene bereits die gesamte Addition als elementare Funktion auf.

So wie man durch die Verschaltung von junktorenlogischen Verknüpfungsgliedern zum Addierer und zu anderen nützlichen Zuordnern gelangt, so kann man natürlich wieder durch Verschaltung dieser höheren Bausteine zu noch höheren Zuordnern gelangen.

Es sei hierzu an die Betrachtungen im Abschnitt 3.1.3 über den Systemaufbau aus Zuordnern erinnert, wo gezeigt wurde, daß ein einschrittig zu sehender Zuordnervorgang – beispielsweise das Zuordnen der Quadratwurzel – durch eine Folge von Automatenschritten realisiert werden kann, und daß ein Automatenschritt aus zwei Zuordnungen besteht (s. Bild 166), die auch wieder als Automatenschrittfolge realisiert werden dürfen.

Da die Betrachtung auf universelle Abwickler ausgerichtet ist, müssen beliebig komplexe Rollenschritte zugelassen sein, wobei ein Rollenschritt in einer einmaligen Berechnung der beiden Rollenfunktionen

$$Y_R(n) = \omega_R [X_R(n), Z_R(n)]$$
$$Z_R(n+1) = \delta_R [X_R(n), Z_R(n)]$$

besteht. Man kann nicht verlangen, daß der Abwickler eine solche Berechnung in einem einzigen Schritt ausführt. Im folgenden werden deshalb nicht mehr die Rollenschritte betrachtet, sondern nur noch die Abwicklerschritte, aus denen die Rollenschritte aufgebaut werden. Mit der Indexvariablen n sollen also im folgenden die Abwicklerschritte und nicht mehr die Rollenschritte gezählt werden.

In dem mit Bild 193 eingeführten Abwickleraufbau muß man den Abwicklerkern als Zuordner sehen, der die Funktion η realisiert:

$$[Y_A(n), \text{Auftrag}(n), Z_{Ap}(n+1)] = \eta [X_A(n), \text{Fenster}(n), Z_{Ap}(n)]$$

Darin bildet das Variablenpaar (X_A, Y_A) die Schnittstelle zur Peripherie, und das Variablenpaar (*Fenster, Auftrag*) bildet die Schnittstelle zum Speicher mit wahlfreiem Zugriff. Für die Funktion dieses Speichers muß gelten

$$[\text{Fenster}(n+1), Z_{Aw}(n+1)] = \sigma [\text{Auftrag}(n), Z_{Aw}(n)]$$

Die Speicherfunktion σ ist derart, daß in eine durch den Auftrag identifizierte Speicherzelle von Z_{Aw} ein ebenfalls im Auftrag gegebener neuer Inhalt geschrieben werden kann, und daß der Inhalt einer durch den Auftrag identifizierten Speicherzelle ins Fenster gebracht werden kann.

Die Interpretation der Zuordnerfunktion η muß auf der Identifikation von Zellen und auf der Interpretation von Zelleninhalten beruhen. Dies war bereits ein Prinzip bei der Turingmaschine (s. Bild 189), wo die Funktion des zentralen, endlichen Automaten in Bezug auf die Zellen in den Fenstern beschrieben wurde. Wenn man genügend Zellenfenster bereitstellt, kann man immer erreichen, daß die Zustandsvariable Z_{Ap} überflüssig wird. Im Falle der Turingmaschine bedeutet dies, daß man anstelle des endlichen Automaten einen Zuordner setzen kann, wenn man anstelle der Zustandsvariablen des Automaten noch ein weiteres Gerät mit Fenster und Band einführt, worauf der jeweils aktuelle Zustandswert geschrieben wird. Im Falle des Abwicklers in Bild 193 bedeutet dies, daß man auf den Speicher Z_{Ap} verzichten kann, wenn man nebeneinander genügend viele Zugriffsinstanzen mit jeweils eigener Auftrags- und Fensterschnittstelle zum Speicher Z_{Aw} bereitstellt. Denn Z_{Ap} ist ja nur erforderlich, wenn der Abwicklerkern nicht auf die für einen Schritt vorgesehene Anzahl von Zellen in Z_{Aw} parallel zugreifen kann.

Im folgenden wird der Fall weiterbehandelt, wo nur eine einzige Zugriffsinstanz vorhanden ist, die pro Schritt nur den Zugriff auf eine Zelle in Z_{Aw} zuläßt. In diesem Fall kann auf Z_{Ap} nicht verzichtet werden, denn es muß möglich sein, in einem einzigen Schritt in Form der Zuordnung η mehrere Zelleninhalte miteinander zu verknüpfen – beispielsweise durch eine Addition. Deshalb ist es sinnvoll, den Speicher für Z_{Ap} als eine kleine, endliche und geordnete Menge von Zellen zu strukturieren, wie dies in Bild 213 gezeigt ist. Bild 213 zeigt den Abwickleraufbau aus Bild 193, wobei nun jedoch in alle Variablen eine Zellenstruktur eingetragen ist. Die zweidimensionale Matrixstruktur für Z_{Aw} ist nicht zwingend; es sind hier auch andere Strukturen brauchbar (s. Abschnitt 3.2.2.5 über Speicheradressierung.). Auch muß die Anzahl der Zellen in den Variablen X_A, Y_A, Z_{Ap}, Auftrag und Fenster nicht so sein wie in Bild 213.

In den Zellen der Turing-Bänder in Bild 189 und in den Speicherzellen in Bild 192 sind jeweils einzelne Schriftzeichen eingetragen, und solche Schriftzeichen sind auch als mögliche Zelleninhalte in Bild 213 denkbar. Es ist jedoch keinesfalls notwendig, das Repertoire der möglichen Zelleninhalte auf einzelne Schriftzeichen festzulegen. Für das Verständnis der Abwicklerfunktion ist es unerheblich, ob man sich ein kleineres – im Extremfall ein nur zweiwertiges – oder ein größeres Repertoire möglicher Zelleninhalte vorstellt. So darf man sich pro Zelle auch eine endliche Folge von Schriftzeichen denken, so daß man in einer Zelle eine längere Zahl oder einen kurzen Anweisungstext unterbringen kann.

Mit den vier Zellen in der Auftragsvariablen darf man beispielsweise folgende Anschauung verbinden: Eine Zelle enthält die Angabe, welche Operation aus dem Repertoire *{ nichts tun, Fenster auf adressierte Zelle setzen, Fenster auf adressierte Zelle setzen und schreiben }* ausgeführt werden soll. Zwei Zellen werden gebraucht zur Adressierung einer Speicherzelle durch ihre beiden Koordinaten in der Speichermatrix; und in der vierten Auftragszelle wird im Falle eines Schreibauftrags der zu schreibende Inhalt übergeben.

Mit den jeweils zwei Zellen in den Schnittstellenvariablen X_A und Y_A kann man die Anschauung verbinden, daß die eine der Wertkommunikation und die andere der Ereigniskommunikation dient. Mit den sieben Zellen in Z_{AD} kann man keine Anschauung verbinden, ohne sich auf einen bestimmten Abwicklertyp festzulegen. Dies soll aber hier noch nicht geschehen.

Die Betrachtung des Bildes 213 sollte helfen festzulegen, welche Betrachtungsebene für die nachfolgende Vorstellung von Abwicklertypen angemessen ist. Die zu diesem Bild hinführenden Überlegungen sollten die Realisierbarkeit eines solchen Systems verständlich machen. Nachdem man aber einmal die Realisierbarkeit eingesehen hat, kann man von den Realisierungsdetails abstrahieren und kann die Betrachtungsebene so hoch legen, daß man nur noch diejenigen Funktionsmerkmale sieht, die für die Unterscheidung der verschiedenen Abwicklertypen relevant sind. Nach diesem Kriterium ist es nicht erforderlich, den Aufbau des Abwicklerkerns aus dem reduzierten Abwicklerkern und der Zugriffsinstanz offenzulegen, denn der Sachverhalt, daß auf die Zellen in Z_{Aw} nur über die Schnittstellenvariablen *Auftrag* und *Fenster* zugegriffen werden kann, gilt für alle Abwickler und ist deshalb für die weitere Betrachtung irrelevant. Deshalb wird im Folgenden nur noch der Abwicklerkern mit der Zuordnerfunktion α betrachtet:

$$[Y_A(n), Z_{Ap}(n+1), Z_{Aw}(n+1)] = \alpha\, [X_A(n), Z_{Ap}(n), Z_{Aw}(n)]$$

Denn wenn man die Unterschiede der verschiedenen Abwicklertypen bezüglich der Funktion α verstanden hat, dann kann man daraus leicht auf die entsprechenden Unterschiede bezüglich der Funktion η schließen.

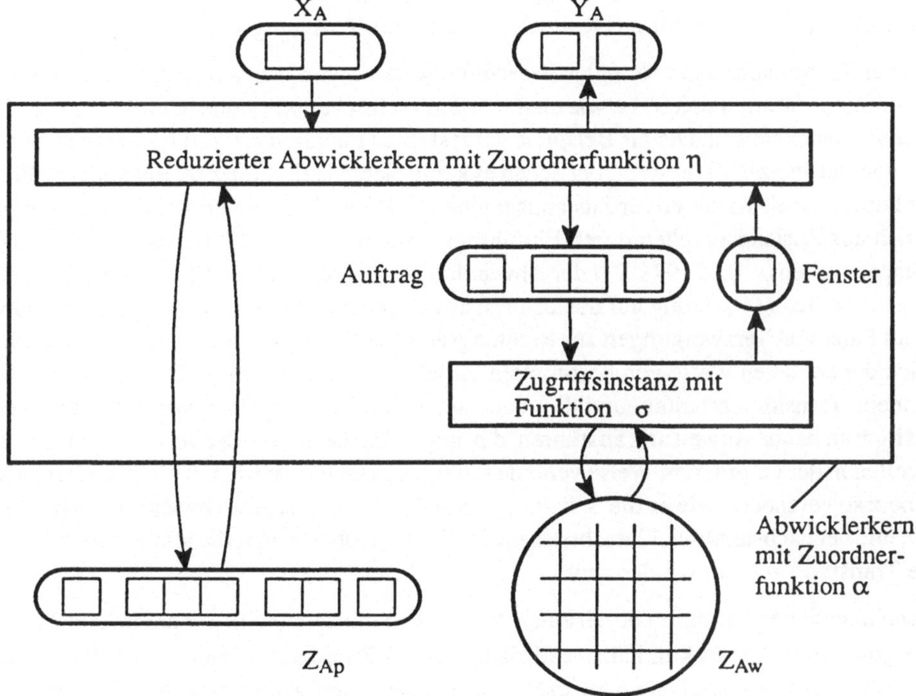

Bild 213 Abwicklerstruktur mit zellenstrukturierten Speichern und Schnittstellenvariablen

3.2.4.2 Abwickler für prozedurale Programme

Die Überlegungen im Abschnitt 3.2.3 über Funktionsumschreibungen haben deutlich gemacht, daß nur die Funktionsprozeduren als unmittelbare Verfahren zur Gewinnung eines Ergebnisses zu einem Argument anzusehen sind. Wenn dagegen eine Funktion rekursiv definiert ist, und erst recht, wenn sie durch ein nicht aufgelöstes Prädikat definiert ist, dann ist eine Ergebnisgewinnung weniger einfach. In diesen Fällen kann eine Abwicklung nur dann realisiert werden, wenn eine geeignete Zurückführung auf Funktionsprozeduren gefunden wird, und zwar in Form der Übersetzung oder des Rollenhuckepacks (s. Abschnitt 3.2.3.4).

So gibt es zur Abwicklung sogenannter *funktionaler Programme*, wo die Funktionen ohne Einführung von Speichervariablen für Zwischenergebnisse ausschließlich durch Verkettung, Fallunterscheidung und Rekursion umschrieben werden, immer den Weg der Übersetzung, bei dem die ursprüngliche Funktionsumschreibung unter Verwendung des Stapelprinzips in eine Funktionsprozedur überführt wird (s. Abschnitt 3.2.2.6). Dabei ist der Übersetzungsvorgang selbst auch wieder nur dann durch einen formal arbeitenden Abwickler realisierbar, wenn dieser Vorgang auf die Abwicklung von Funktionsprozeduren zurückgeführt ist.

Die Realisierbarkeit irgendwelcher Abwickler beruht also immer auf der Realisierbarkeit von Abwicklern für Funktionsprozeduren. Deshalb kann es auch nicht verwundern, daß die Erfindung des Computers gleichzusetzen ist mit der Erfindung eines Abwicklers für Funktionsprozeduren, und daß die Gestaltung anderer Abwicklertypen erst einsetzte, als der Prozedurabwickler als Lastesel für das Rollenhuckepack zur Verfügung stand.

Bei der Suche nach einem formalen Prozedurabwickler wird man am ehesten dadurch zum Ziel kommen, daß man sich fragt, wie man sich denn selbst verhält, wenn man eine Funktionsprozedur abwickeln soll. Die als Beispiele vorgestellten Funktionsprozeduren wurden alle in Form von Petrinetzen dargestellt, bei denen es keine Nebenläufigkeit gibt. Entweder erfüllen diese Petrinetze die Kriterien für Zustandsgraphen (s. Bilder 202, 203 und 204), oder sie ergeben sich aus Zustandsgraphen durch Einführung zusätzlicher konfliktentscheidender Pfade für Stapelmarken (s. Bild 197). Bei der Abwicklung einer solchen Prozedur wird man jeweils aus der aktuellen Markierung auf die als nächstes zu schaltende Transition schließen, wobei man im Falle von Verzweigungen zur Richtungsentscheidung noch bestimmte Prädikate bezüglich der aktuellen Werte von bestimmten Variablen überprüfen muß. Dann wird man die gefundene Transition schalten, und dies bedeutet zweierlei: Zum einen wird man die in der Transition stehende Anweisung ausführen, d.h. man wird die Inhalte der dort genannten Speicherzellen in der geforderten Weise verändern, und zum andern wird man die Markierung im Petrinetz so verändern, wie es die Schaltregel verlangt. Damit ist ein Abwicklungsschritt beendet, und der nächste Abwicklerschritt kann beginnen, wobei wieder die als nächste zu schaltende Transition gesucht werden muß.

Wenn man dieses Verfahren durch einen Abwickler realisieren will, der die in Bild 213 gezeigte grundsätzliche Struktur haben soll, dann muß die Zuordnerfunktion α so definiert werden, daß der oben beschriebene Abwicklerschritt genau einem Zuordnungsschritt entspricht. Die Übertragung der von einem Menschen ausgeführten Petrinetzabwicklung in ein System nach Bild 213 erfordert, daß das Petrinetz samt seiner Markierung sowie alle in den Anweisungen angesprochenen Variablen in den Zellen von (X_A, Y_A, Z_{Ap}, Z_{Aw}) auffindbar sein müssen.

Dabei ist die Festlegung, welchen Variablen in den Anweisungen welche Zellen des Systems entsprechen sollen, für die Abwicklergestaltung unerheblich. Durch die Rolle wird ja jeweils festgelegt, welche der im Petrinetz genannten Variablen als X, Y oder Z zu betrachten sind. Und wie ein bestimmter informationeller Wert einer solchen Variablen durch formale Zelleninhalte symbolisiert wird, kann wegen der unendlichen Vielfalt möglicher informationeller Werte nicht durch die Abwicklergestaltung festgeschrieben werden, sondern muß jeweils dem Programmierer überlassen bleiben. An einem sehr einfachen Beispiel veranschaulicht heißt dies, daß man die Freiheit haben muß, den Städtenamen BERLIN, auch wenn er in eine einzige Zelle paßt, als eine Menge { BE, RL, IN } auf drei Zellen oder als eine andere Menge { B, E, R, L, I, N } auf sechs Zellen zu verteilen.

Während die Symbolisierung der Variablenwerte durch Zelleninhalte für die Abwicklergestaltung auf der gegebenen Betrachtungsebene irrelevant bleibt, ist die Symbolisierung des Petrinetzes inklusive seiner Beschriftung und seiner Markierung von zentraler Bedeutung für die Definition der Funktion α. Da es sich bei Funktionsprozeduren immer um Petrinetze ohne Nebenläufigkeit handelt, kann man diese Netze auf einfache Weise in eine Folge von Anweisungen in Zellen übersetzen.

Bild 214 veranschaulicht das Prinzip dieser Übersetzung am Beispiel einer Funktionsprozedur zur Berechnung der Fakultät $y = x!$. Anstelle der Schaltregel, die beim Petrinetz den Markenfluß und damit die jeweils als nächste auszuführende Anweisung bestimmt, gilt für die Abwicklung der Anweisungsfolge, daß die Anweisungen der Reihe nach von oben nach unten auszuführen sind mit Ausnahme der Fälle, wo per Anweisung explizit verlangt wird, daß von dieser Reihenfolge abgewichen werden soll. Man findet deshalb in der Anweisungsfolge in Bild 214 nicht nur die fünf Anweisungen aus dem Petrinetz, sondern noch zwei sogenannte

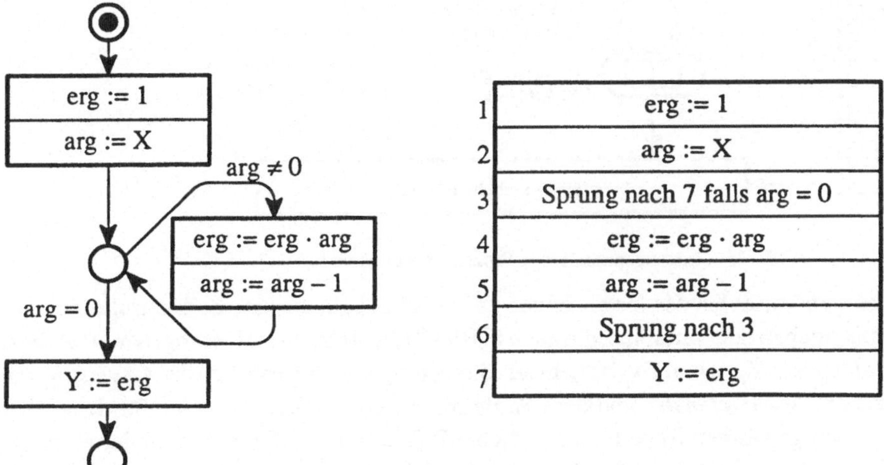

Bild 214 Funktionsprozedur zur Fakultätsberechnung in Petrinetzdarstellung und als Anweisungsfolge

Sprunganweisungen: Der absolute Sprung in der Zelle 6 ist in jedem Falle auszuführen, während die bedingte Sprunganweisung in Zelle 3 nur dann zum Verlassen der regulären Reihenfolge führen soll, wenn der in der Variablen *arg* gespeicherte Wert gleich null ist.

Nachdem nun gezeigt wurde, daß eine Funktionsprozedur aus der Petrinetzdarstellung immer in eine Anweisungsfolge übersetzt werden kann, erkennt man, daß ein Abwickler von Funktionsprozeduren als Abwickler von Anweisungsfolgen realisiert werden kann. Anstelle der Matrixstruktur für die Zellen in Z_{Aw}, wie sie willkürlich in Bild 213 eingetragen wurde, eignet sich hier also besser die eindimensionale lineare Ordnung der Speicherzellen, wie sie in Bild 215 gezeigt ist. Da nun die Funktion α anschaulich definiert werden kann, ist in Bild 215 der Abwicklerkern in vier Instanzen zerlegt. Diese vier Instanzen dienen dazu, jeweils einen anschaulichen Teilschritt innerhalb eines gesamten Abwicklungsschrittes auszuführen. Auch ein Mensch, der eine Anweisungsfolge abwickeln soll, wird genau diese Teilschritte ausführen.

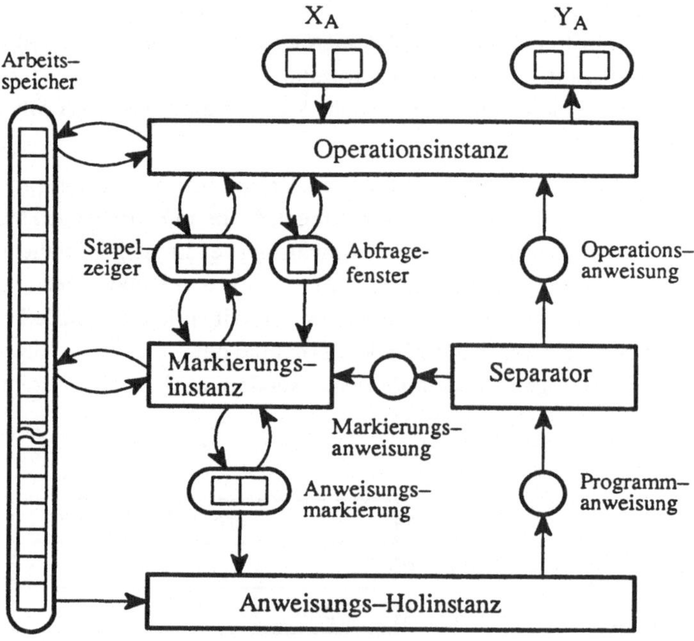

Bild 215 Instanzennetz eines Prozedurabwicklers

Diejenigen Variablen des Instanzennetzes in Bild 215, in die eine Zellenstruktur eingetragen ist, entsprechen den Variablen, die auch in Bild 213 vorkommen: Der sogenannte Arbeitsspeicher entspricht Z_{Aw}, und Z_{Ap} besteht aus drei Komponenten, nämlich der *Anweisungsmarkierung*, dem *Abfragefenster* und dem *Stapelzeiger*. Der Bedarf an Zellen für diese Variablen hängt vom gewählten Repertoire möglicher Zelleninhalte ab; die Anzahl der eingetragenen Zellen in Bild 215 ist deshalb willkürlich. Die Werte der Variablen mit eingetragener Zellenstruktur sind entweder vor oder nach oder sowohl vor als auch nach einem Abwicklerschritt relevant. Demgegenüber erhalten die drei Variablen ohne eingetragene Zellenstruktur ihre

Werte erst im Laufe des Abwicklerschritts, und am Ende des Schrittes sind diese Werte wieder irrelevant.

Folgende vier Teilschritte, die zusammengenommen einen Abwicklerschritt bilden, laufen in dem Instanzennetz in Bild 215 ab: Jede Anweisung belegt im Arbeitsspeicher eine bestimmte Zellenfolge. In Bild 214 wurde der Einfachheit halber angenommen, jede Anweisung belege genau eine Zelle, aber dies ist keine Notwendigkeit, d.h. eine Anweisung darf sich über mehrere hintereinanderliegende Zellen erstrecken. Zum Holen einer Anweisung aus dem Arbeitsspeicher braucht die *Holinstanz* nicht nur lesenden Zugriff zum Arbeitsspeicher, sondern sie muß auch wissen, aus welcher Zellenfolge sie die Anweisung holen soll. Diese Information findet sie als sog. *Anweisungsmarkierung* in einer Zelle mit kontextunabhängiger Interpretation. Es handelt sich ganz einfach um die Adresse der ersten Zelle derjenigen Zellenfolge, aus der die nächste Anweisung kommen soll. Die Bezeichnung Anweisungsmarkierung anstelle von Anweisungsadresse wurde gewählt, um den Zusammenhang mit der Petrinetzabwicklung zu betonen. Die geholte Anweisung wird in der Variablen *Programmanweisung* sichtbar.

Das *Separieren*, d.h. das Heraustrennen einer *Operationsanweisung* und einer *Markierungsanweisung* aus einer Programmanweisung ist als Erfordernis leicht aus der Petrinetzabwicklung abzuleiten: Zum Schalten einer Transition gehört zum einen die Ausführung der in der Transition stehenden Anweisung – dies ist die Operationsanweisung – und zum anderen die Veränderung der Markierung gemäß der Schaltregel – dies wird durch die Markierungsanweisung verlangt.

Häufig ist eine Programmanweisung nicht aus einer expliziten Operationsanweisung und einer expliziten Markierungsanweisung zusammengesetzt, sondern sie ist dann entweder nur eine explizite Operationsanweisung oder nur eine explizite Markierungsanweisung. Wenn die Programmanweisung nur einen expliziten Anweisungstyp enthält, dann muß der *Separator* den fehlenden zweiten Anweisungstyp dazu implizieren. Dies ist sehr einfach, denn zu einer expliziten Operationsanweisung gehört implizit die Markierungsanweisung, in der Anweisungsfolge einen Schritt weiterzurücken, d.h. die aktuelle Anweisungsadresse um eins zu erhöhen, und zu einer expliziten Markierungsanweisung gehört implizit die Operationsanweisung, nichts zu tun, d.h. keine neuen Variablenwerte zu bestimmen.

Man betrachte hierzu das Beispiel in Bild 214: Fünf der sieben Anweisungen sind reine Operationsanweisungen, und eine, nämlich diejenige in Zelle 6, ist offensichtlich eine reine Markierungsanweisung. Die bedingte Sprunganweisung in Zelle 3 dagegen kann man nicht unbedingt als reine Markierungsanweisung klassifizieren, denn die Bestimmung des Wahrheitswertes eines verzweigungsbestimmenden Prädikats kann nur durch die Operationsinstanz erfolgen. Wenn die bedingte Sprunganweisung also als Programmanweisung am Separatoreingang erscheint, dann könnte der Separator folgende Anweisungen ausgeben:

Operationsanweisung "Bestimme den Wahrheitswert des Prädikats (*arg* = 0)!"
Markierungsanweisung "Springe nach 7, falls die Operationsinstanz *wahr* meldet!"

Mit dieser Verfahrensweise ist aber die Darstellung des Abfragefensters in Bild 215 nicht verträglich, denn diese Verfahrensweise würde weder die in das Abfragefenster eingetragene Zellenstruktur noch den von dort zur Operationsinstanz führenden Lesepfeil begründen. Die gezeigte Darstellung des Abfragefensters gehört vielmehr zu einer anderen Verfahrensweise, bei der auch bedingte Sprunganweisungen als reine Markierungsanweisungen interpretiert werden, zu denen der Separator die implizite Operationsanweisung "Nichts tun!" ausgibt. Die Verzweigungsbedingung kann sich somit nur auf Werte beziehen, die als Ergebnisse früherer Operationsanweisungen in die Speicherzellen des Abfragefensters gelangt sind. Dies kann nur dann sinnvoll sein, wenn die Operationsinstanz aus jeder Operationsanweisung implizit herauslesen kann, wie sie bei diesem Operationsschritt die nächste Belegung des Abfragefensters bestimmen soll. So ist es u.a. zweckmäßig, im Abfragefenster neben anderen Komponenten eine Binärkomponente unterzubringen, worin die Operationsinstanz jeweils vermerken kann, ob der zuletzt von ihr anläßlich einer Operationsanweisung zur Kenntnis genommene Zelleninhalt in X_A, Y_A oder im Arbeitsspeicher den Wert 0 hatte oder nicht.

Im Beispiel in Bild 214 stammt die explizite Operationsanweisung, die als letzte der bedingten Sprunganweisung vorausgeht, entweder aus Zelle 2 oder aus Zelle 5. In beiden Fällen erhält die Speichervariable *arg* einen Wert zugewiesen, und genau dieser Wert ist es, dessen Nullsein oder Nichtnullsein die Operationsinstanz im Abfragefenster vermerkt hat, wenn die bedingte Sprunganweisung ausgeführt wird.

Die Aufgabe der *Operationsinstanz* besteht darin, die Inhalte von Zellen derart zu verändern, daß durch Verknüpfung aktueller Zelleninhalte neue Zelleninhalte gewonnen werden. Dabei wird die Art der Verknüpfung und die Adressierung der beteiligten Zellen jeweils durch die Operationsanweisung vorgegeben. Die Überschaubarkeit und die Realisierbarkeit sind selbstverständlich nur gewährleistet, wenn das Repertoire der möglichen Operationsanweisungen einigermaßen beschränkt bleibt. Eine sinnvolle Beschränkung kann darin bestehen, daß pro Verknüpfungsoperation zusätzlich zum Abfragefenster höchstens noch eine Zelle im Arbeitsspeicher oder in Y_A einen neuen Wert erhalten kann, und daß zur Bestimmung eines solchen neuen Wertes die Inhalte des Abfragefensters und höchstens zweier Zellen aus dem Arbeitsspeicher oder aus X_A verknüpft werden können. Weitere Überlegungen zum Repertoire der Anweisungen folgen weiter unten.

Die Notwendigkeit eines Stapels wurde im Abschnitt 3.2.2.6 begründet. Zur Realisierung eines solchen Stapels im Arbeitsspeicher dient der Stapelzeiger, der immer die Adresse derjenigen Arbeitsspeicherzelle enthalten soll, die unmittelbar oberhalb der aktuell obersten gefüllten Stapelzelle liegt. Man stelle sich vor, die Arbeitsspeicherzellen in Bild 215 seien von oben her mit eins beginnend durchnumeriert und die unterste Zelle habe die Nummer a_{MAX}. Wenn man nun – was man willkürlich tun darf – den Stapelboden ganz unten liegend wählt, dann muß der Stapelzeiger bei leerem Stapel den Wert a_{MAX} enthalten. Die Ausführung einer PUSH–Operation muß dann so verlaufen, daß der zu stapelnde Wert in die aktuell mit dem Stapelzeiger adressierte Zelle geschrieben wird und daß anschließend die Adresse im Stapelzeiger um eins erniedrigt wird.

Wenn man einen Stapel in einer endlichen, linear geordneten Menge von Speicherzellen unter Verwendung eines Stapelzeigers realisiert, dann muß man natürlich immer mit der Möglichkeit eines Stapelüberlaufs rechnen. Ein solcher Überlauf tritt ein, wenn eine PUSH–Operation verlangt wird, obwohl bereits alle bereitgestellten Speicherzellen für den Stapel verbraucht sind. Man kann der Operationsinstanz das Wissen um die maximal zulässige Stapelhöhe einbauen, so daß sie an der jeweils aktuellen Stellung des Stapelzeigers erkennen kann, ob noch ein weiteres PUSH möglich ist oder nicht. Ein Abwickler kann selbstverständlich nur solche Rollen erfolgreich abwickeln, in deren Verlauf kein Stapelüberlauf eintritt.

Auf den Stapelzeiger in Bild 215 kann nicht nur die Operationsinstanz, sondern auch noch die *Markierungsinstanz* zugreifen. Daß beide Instanzen Zugriff zum Stapel haben müssen, erkennt man in Bild 197, wo ein Petrinetz als Funktionsprozedur zu einer rekursiv definierten Funktion dargestellt ist: Die Stapelanweisungen PUSH und POP, die in den Transitionen stehen, müssen von der Operationsinstanz ausgeführt werden, während das Hinlegen einer Marke auf einen S–Platz bzw. das Wegnehmen einer Marke von einem S–Platz jeweils eine PUSH– bzw. eine POP–Operation ist, die von der Markierungsinstanz durchgeführt wird. Dazu muß letztere natürlich nicht nur auf den Stapelzeiger, sondern auch auf die Stapelzellen im Arbeitsspeicher zugreifen können.

Als Ergebnis der Aktion der Markierungsinstanz im Rahmen eines Abwicklerschritts ergibt sich immer die Anweisungsmarkierung für den nächsten Abwicklerschritt. Ein Abwicklerschritt besteht also aus den vier Teilschritten *Holen der Anweisung, Separieren, Operieren* und *Markieren.*

Nun folgen die angekündigten Überlegungen zum *Repertoire der Anweisungen.* Eine Operationsinstanz kann nur realisiert werden, wenn das Repertoire der Operationsanweisungen endlich ist. Trotzdem soll die Universalität des Abwicklers nicht eingeschränkt werden, d.h. der Abwickler soll trotz der Beschränkung auf ein endliches Anweisungsrepertoire in der Lage sein, beliebige Funktionsprozeduren abzuwickeln. Das bedeutet, daß das Anweisungsrepertoire so gewählt sein muß, daß man damit jede beliebige berechenbare Funktion formulieren kann, auch wenn deren Wertebereiche für Argumente und Ergebnisse unendlich sind. Die Unendlichkeit von Wertebereichen stört nicht, solange bei jeder Funktionsberechnung der aktuelle Argumentwert und der aktuelle Ergebniswert mit endlichem Aufwand, d.h. durch die Inhalte endlich vieler Zellen darstellbar sind. Eine Einschränkung der Beliebigkeit der formulierbaren Funktionen ergibt sich lediglich aus der Endlichkeit des Arbeitsspeichers, d.h. aus der begrenzten Anzahl von Speicherzellen, die für die Programmformulierung zur Verfügung stehen.

Wenn es möglich sein soll, unter Verwendung eines endlichen Anweisungsrepertoires durch eine endlich lange Anweisungsfolge jede beliebige Funktion zu umschreiben, dann muß man nach einem Anweisungsrepertoire suchen, welches sowohl die *Setzbarkeit* als auch die *Abfragbarkeit* sämtlicher Werte aus dem Wertebereich einer Zelle ermöglicht. Setzbarkeit bedeutet dabei, daß man die Anweisung "Zelle (j) : = Setzwert aus repZelle", falls sie nicht selbst im Anweisungsrepertoire enthalten ist, für jeden Wert aus repZelle durch eine endliche Anweisungsfolge umschreiben kann. Und Abfragbarkeit bedeutet, daß man die Anweisung "Sprung nach Zelle (i), falls Zelle (j) = Abfragewert aus repZelle", falls sie nicht selbst im Anweisungsrepertoire enthalten ist, für jeden Wert aus repZelle durch eine endliche Anweisungsfolge umschreiben kann.

Wenn vollständige Setzbarkeit und vollständige Abfragbarkeit vorliegen, dann kann man jede beliebige berechenbare Funktion durch eine endliche Folge von Anweisungen aus dem Repertoire umschreiben. Denn man kan ja die Funktion durch Verkettung, Fallunterscheidung und Rekursion auf einfachere Funktionen zurückführen, für deren Argumente und Ergebnisse nur noch der endliche Zellenwertebereich gilt. Und diese kann man immer durch vollständige Fallunterscheidung umschreiben, indem man zuerst durch eine Folge von Abfragen den aktuellen Argumentwert erfragt und anschließend die Ergebniszelle mit dem zugehörigen Wert belegt.

Zu einem endlichen Wertebereich kann man natürlich leicht ein Anweisungsrepertoire finden, welches die *vollständige Setzbarkeit* und die *vollständige Abfragbarkeit* garantiert: Man braucht ja nur für jeden Wert des Wertebereichs eine eigene Setzanweisung und eine eigene Abfrageanweisung vorzusehen. Dieser Teil des Anweisungsrepertoires enthält dann doppelt so viele Elemente wie der Wertebereich. Für die Praxis scheidet diese Möglichkeit allerdings aus, weil man dort einerseits recht mächtige Wertebereiche zulassen will, andererseits aber ein deutlich weniger mächtiges, überschaubares Anweisungsrepertoire wünscht. Ein *minimales Anweisungsrepertoire* findet man, indem man eine *vollständige Algebra* (s. S. 193) auf dem Wertebereich einer Zelle als Grundlage nimmt.

Wertebereich für eine Zelle: { 0, 1, 2, 3 }

Vollständige Algebra für diesen Wertebereich:

Funktion mit einer Argumentvariablen	
x	RZykl(x)
0	0
1	2
2	1
3	3

Funktion mit zwei Argumentvariablen				
x1 x2	0000 0123	1111 0123	2222 0123	3333 0123
s(x1,x2) = x1 ◊ x2	3333	3232	3311	3210

Anweisungsrepertoire für einen universellen Abwickler:

Zelle(i) := 1

Zelle(i) := Zelle(j) ◊ Zelle(k)

Sprung nach Zelle(i), falls Zelle(j) = 1

Nachweis der Universalität

Setzbarkeit sämtlicher Werte	Abfragbarkeit sämtlicher Werte
0 = [(1 ◊ 1) ◊ 1] ◊ [(1 ◊ 1) ◊ 1]	(x = 0) ? ⇔ [(2 ◊ x) ◊ (1 ◊ (3 ◊ x)) = 1] ?
1 = 1	(x = 1) ? ⇔ (x = 1) ?
2 = 1 ◊ 1	(x = 2) ? ⇔ [(x ◊ x) = 1] ?
3 = (1 ◊ 1) ◊ 1	(x = 3) ? ⇔ [(2 ◊ (3 ◊ x)) ◊ (1 ◊ x) = 1] ?

Bild 216 Beispiel eines universellen Anweisungsrepertoires

Bild 216 zeigt ein Beispiel für den Fall eines Wertebereichs mit vier Elementen[1]. Das angegebene Anweisungsrepertoire umfaßt drei Anweisungstypen; die Stapeloperationen wurden der Einfachheit halber weggelassen. Es fällt auf, daß die Funktion RZykl(x) nicht in das Anweisungsrepertoire übernommen wurde. Das heißt nicht, daß sie auch in der vollständigen Algebra entbehrlich wäre. Im Anweisungsrepertoire wird RZykl(x) nur deswegen nicht gebraucht, weil es ja dort noch den bedingten Sprung gibt. Daß dieser als ausreichender Ersatz für RZykl(x) angesehen werden kann, ist unten in Bild 216 nachgewiesen, wo gezeigt ist, daß auch ohne RZykl(x) die vollständige Setzbarkeit und die vollständige Abfragbarkeit gewährleistet sind. Somit kann man mit dem gegebenen Anweisungsrepertoire auch die Funktion RZykl(x) durch vollständige Fallunterscheidung umschreiben, so daß sie als eigenständige Anweisung nicht gebraucht wird.

Trotz der nachgewiesenen Universalität ist ein Abwickler mit dem Anweisungsrepertoire aus Bild 216 für den praktischen Einsatz selbstverständlich viel zu primitiv. Für den praktischen Einsatz in der Numerik wünscht man sich Anweisungen, worin die Berechnung der üblichen numerischen Funktionen von der einfachen Arithmetik bis zu den transzendenten Funktionen sin x und e^x in einem einzigen Abwicklerschritt verlangt werden kann, und man wünscht sich Abfrageprädikate in den bedingten Sprunganweisungen, wie sie in numerischen Funktionsprozeduren auftreten, also beispielsweise $(x < 5?)$ oder $(5 \cdot 10^{-6} < |x|?)$. Dazu muß entweder der Wertebereich pro Zelle wesentlich gegenüber Bild 216 erweitert werden, oder an einem Abwicklerschritt müssen mehr Zellen beteiligt werden, als dies in den Anweisungen in Bild 216 der Fall ist.

Aber nicht nur für numerische Berechnungen ist das Repertoire in Bild 216 zu unhandlich. Selbst das Kopieren des Inhalts einer Zelle (j) in eine Zelle (i) ist mit diesem Repertoire nur in zwei Schritten machbar: Anstelle der anschaulichen, aber nicht verfügbaren Anweisung "Z(i):=Z(j)" muß man die Sequenz

(1) Z(i) := Z(j) ◊ 3
(2) Z(i) := Z(i) ◊ 3

setzen. Auch ist es unerträglich, einen einfachen Inhaltsvergleich zweier Zellen nicht durch die anschauliche Abfrage "[Z(i) = Z(j)]?" erfassen zu dürfen, sondern an dessen Stelle eine Folge von zehn[2] Anweisungen setzen zu müssen, wovon die ersten neun Anweisungen dazu dienen, aus den beiden zu vergleichenden Zelleninhalten einen dritten Zelleninhalt Z(p) so zu berechnen, daß eine Eins in Z(p) gleichbedeutend ist mit der Gleichheit von Z(i) und Z(j):

(1)	Z(p) := Z(i) ◊ Z(i)	(6)	Z(q) := Z(p) ◊ 2
(2)	Z(q) := Z(j) ◊ Z(j)	(7)	Z(p) := Z(p) ◊ 3
(3)	Z(p) := Z(j) ◊ Z(p)	(8)	Z(p) := Z(p) ◊ 1
(4)	Z(q) := Z(i) ◊ Z(q)	(9)	Z(p) := Z(p) ◊ Z(q)
(5)	Z(p) := Z(p) ◊ Z(q)	(10)	Sprung, falls Z(p) = 1

1) So wurde die vollständige Algebra in Bild 216 festgelegt: Dem Wertebereich {0, 1, 2, 3} wurde die Menge {00, 01, 10, 11} zugeordnet, und anschließend wurden die in den Bildern 102 und 103 für dreistellige Binärfolgen gezeigten Funktionsdefinitionen auf die zweistelligen Folgen entsprechend angewandt.

2) Der Autor hat nicht versucht nachzuweisen, daß man unbedingt zehn Anweisungen braucht; vielleicht geht es auch mit weniger.

Ein praktisch nutzbarer Abwickler muß also ein Anweisungsrepertoire haben, das über das minimal notwendige deutlich hinausgeht. Die vollständige Setzbarkeit und die vollständige Abfragbarkeit müssen dabei selbstverständlich gewährleistet sein. Zu den auf einer vollständigen Algebra beruhenden Anweisungen werden also lediglich weitere hinzugenommen, die zwar durch Anweisungsfolgen aus dem Minimalrepertoire ersetzbar wären, die man aber ihres häufigen Vorkommens wegen als einzelne Anweisungen zur Verfügung stellt. Es handelt sich dabei zum einen um häufig gebrauchte Verknüpfungsanweisungen und zum anderen um häufig gebrauchte Prädikatsabfragen.

Die auf einer vollständigen Algebra beruhenden Anweisungen einerseits und manche speziellen Anweisungen andererseits werden auf unterschiedlichen Ebenen der Interpretationshierarchie definiert, wobei diese Ebenen durch eine Interpretationsvereinbarung bzw. eine Codierungsvorschrift verbunden sind. Da die technische Realisierung einer Speicherzelle i.a. eine endliche geordnete Menge von Binärspeicherzellen ist, sieht man auf der untersten Ebene den Zelleninhalt als eine Binärzeichenfolge vorgegebener Länge m. Der Wertebereich für den Zelleninhalt umfaßt dann 2^m Elemente, und darauf muß die vollständige Algebra definiert sein. Für die Funktionen dieser Algebra muß es unerheblich sein, ob und wie die Binärwörter in den Zellen auf höherer Ebene interpretiert werden.

Als Anweisungen auf der Grundlage einer vollständigen Algebra auf einem Wertebereich m–stelliger Binärwörter bieten sich Schiebeoperationen, junktorenlogische binärstellenweise Verknüpfungen, das Setzen von Binärstellen und das Abfragen von Binärstellen an. Beispiele für solche Operationen sind:

$$0\,1\,1\,0\,0\,1\,0\,1 \xrightarrow[\text{nach links schieben}]{\text{zyklisch um eine Stelle}} 1\,1\,0\,0\,1\,0\,1\,0$$

$$\begin{matrix}0\,1\,1\,0\,0\,1\,0\,1\\0\,0\,0\,1\,0\,1\,1\,1\end{matrix} \xrightarrow[\text{UND – verknüpfen}]{\text{stellenweise}} 0\,0\,0\,0\,0\,1\,0\,1$$

$$\text{kein Argument} \xrightarrow[0\,0\,0\,0\,0\,0\,0\,1]{\text{Setzen einer Konstante}} 0\,0\,0\,0\,0\,0\,0\,1$$

Bereits für diese untere Interpretationsebene ist es sinnvoll, zusätzlich zur minimalen Anweisungsmenge weitere Anweisungen bereitzustellen. Eine solche Zusatzanweisung ist insbesondere die Kopieranweisung, die man nicht durch Verknüpfungsanweisungen umschreiben will. Auch ist es zweckmäßig, mehr als eine Prädikatsabfrage bereitzustellen, obwohl grundsätzlich eine ausreicht. So kann man beispielsweise die drei Prädikatsabfragen

[Linksäußerste Stelle in Zelle (i) = 1] ?
[Rechtsäußerste Stelle in Zelle (i) = 1] ?
[Binärwort in Zelle (i) = Nullwort] ?

jeweils unmittelbar durch eine bedingte Sprunganweisung bereitstellen.

Weitere Anweisungen, die man zusätzlich in das Repertoire aufnehmen wird, betreffen eine höhere Interpretationsebene, wo die Binärwörter als Symbole für bestimmte Objekte gedeutet werden. Dabei gibt es zwei Objektbereiche von besonderem Interesse: Das eine ist die Welt der Zahlen, und das andere ist die Welt der Texte. So kann man beispielsweise einem 32–stelligen Binärwort ($z_1, z_2, \ldots z_{32}$) – welches in vier 8–stelligen Zellen gespeichert sein könnte – über folgende Interpretationsvorschrift eine Zahl zuordnen:

$$\text{Zahl} = m \cdot 2^e \qquad \text{mit} \;\; m = -z_1 \cdot 2 + \sum_{i=1}^{24} z_i \cdot 2^{1-i}$$

$$\text{und} \;\; e = -z_{25} \cdot 2^8 + \sum_{i=25}^{32} z_i \cdot 2^{32-i}$$

Es handelt sich hierbei um eine sogenannte *Gleitkommainterpretation*, die für Rechnungen mit begrenzter Genauigkeit besonders geeignet ist, weil dabei Zahlen mit sehr großem und sehr kleinem Betrag mit der gleichen Anzahl gültiger Ziffern dargestellt werden.

Das gleiche 32–stellige Binärwort könnte man aber auch als Folge von vier ASCII–codierten Schriftzeichen (s.S. 53) deuten.

Für jede dieser Interpretationsmöglichkeiten kann man zugeschnittene Anweisungen bereitstellen, also für die Zahleninterpretation Anweisungen zur Zahlenverknüpfung durch Addition, Multiplikation usw., und für die Textinterpretation bestimmte Prädikatsabfragen bezüglich der Gleichheit oder der alphabetischen Ordnung zweier Schriftzeichen.

Mehr braucht im Rahmen dieses Buches zur Gestaltung von Abwicklern für prozedurale Programme nicht gesagt zu werden. Drei zentrale Erkenntnisse sollten vermittelt werden: Erstens die Erkenntnis, daß sich jede Funktionsprozedur als Anweisungsliste unter Bezug auf einen Arbeitsspeicher mit linear geordneten Zellen formulieren läßt; zweitens, daß sich ein Abwicklerschritt aus vier Teilschritten zusammensetzt, wodurch das Instanzennetz des Abwicklers in Bild 215 begründet wird; drittens, daß die Universalität des Abwicklers bereits durch ein minimales Anweisungsrepertoire auf der Grundlage einer vollständigen Algebra erreicht werden kann, daß man aber zur praktischen Anwendung ein erweitertes Anweisungsrepertoire bereitstellen muß, wobei unterschiedliche Interpretationsebenen berücksichtigt werden müssen.

Technische Realisierungen von Abwicklern für prozedurale Programme gibt es in großer Zahl; man nennt sie Prozessoren. Jedes Computersystem enthält einen oder mehrere davon.

3.2.4.3 Abwickler für funktionale Programme

3.2.4.3.1 Programmdarstellung im baumstrukturierten Speicher

Bei der Suche nach dem Abwickler für prozedurale Programme im voranstehenden Abschnitt hat es sich bewährt, zuerst danach zu fragen, welche Form der Programmdarstellung denn am zweckmäßigsten sei, wenn ein Mensch die Arbeit des Abwicklers übernehmen müßte, und wie der Mensch bei der Abwicklung verfahren würde.

Ein funktionales Programm dient der Identifikation eines Ergebnisses mittels einer Sprache, die es erlaubt, eine Funktion durch Verkettung, Fallunterscheidung und Rekursion auf einfachere Funktionen aus einem vorgegebenen Repertoire zurückzuführen und Argumentwerte für Funktionen anzugeben. Im Unterschied zum prozeduralen Programm werden beim funktionalen Programm keine expliziten Speicherplätze für Zwischenergebnisse eingeführt.

Beispiel eines funktionalen Programms:

ANWENDUNG ["DIVISION (SIN(x), x)", DIVISION (π, 4)]

Wegen der in einem solchen Programm fehlenden expliziten Speicherplätze liegt es in diesem Fall nicht mehr nahe, sich das Programm als abzuwickelndes Petrinetz vorzustellen, denn in den Transitionen eines solchen Netzes müssen ja Speichervariable explizit vorkommen, damit ihre aktuellen Inhalte verknüpft oder neu bestimmt werden können. Im Falle eines funktionalen Programms liegt es vielmehr nahe, das Programm als interpretierbaren Ableitungsbaum darzustellen. Die Programmabwicklung bedeutet dann nichts anderes, als daß nacheinander in die Superzeichenknoten die Interpretationsergebnisse eingetragen werden. Der vollständig interpretierte Baum zum gegebenen Programmbeispiel ist in Bild 217 gezeigt.

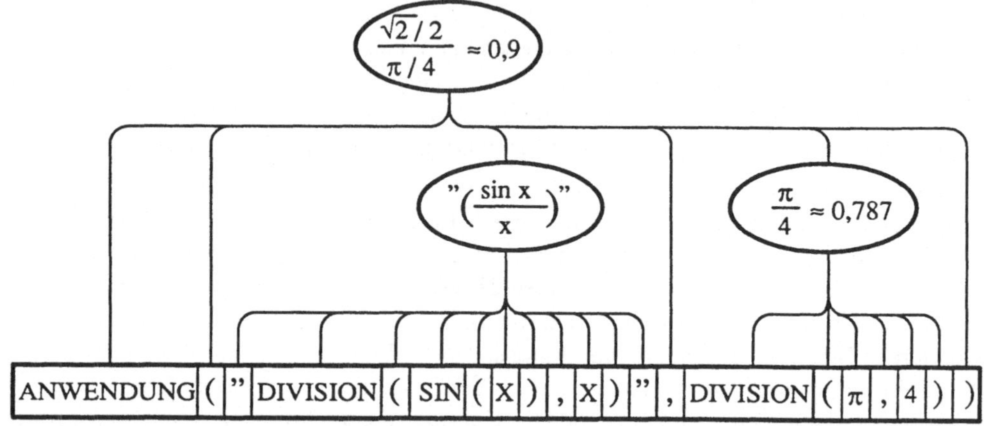

Bild 217 Interpretierter Ableitungsbaum zu einem funktionalen Programm

Damit man ein als Baum formuliertes Programm auf einfache Weise in einem Speicher für den Abwickler unterbringen kann, wird man einen Speicher vorsehen, dessen Zellen bereits in einer Baumstruktur angeordnet sind – wie beispielsweise rechts im Bild 192. Obwohl ein Ableitungsbaum auch nichtbinär sein kann (s. Bild 45) und auch nicht die Bedingung erfüllen muß, daß alle Verzweigungen die gleiche Anzahl von Zweigen haben, wird man sich bezüglich der Speicherstruktur auf den Binärbaum festlegen. Denn die Speicherstruktur muß regelmäßig sein, und keine einheitliche Anzahl für die Zweige pro Verzweigung ist so universell wie die Zahl zwei. Bild 218 zeigt zwei Möglichkeiten, wie man grundsätzlich jeden Baum in einen Binärbaum einpassen kann. Man braucht dazu nur eine eindeutige Kennzeichnung eines Knotens als Sackgasse, wie sie in Bild 218 durch die Beschriftung NIL gegeben ist.

Obwohl man bezüglich des Symbolrepertoires sehr viele unterschiedliche Symbolfolgesprachen erfinden kann, mit denen man eine Funktion durch Verkettung, Fallunterscheidung und Rekursion auf der Grundlage eines vorgegebenen Repertoires von Basisfunktionen umschreiben kann, so gibt es doch – wenn man auf semantisch überflüssige Schnörkel verzichtet – nur wenige Varianten für die Baumstruktur. Für die Stellung eines Funktionssymbols und der Argumentsymbole zueinander gibt es praktisch nur zwei Möglichkeiten, denn entweder setzt man das Funktionssymbol vor oder hinter die Folge der Argumentsymbole – man spricht von Präfix– bzw. Postfixschreibweise. Die sogenannte Infixschreibweise ist nicht allgemeingültig, denn sie ist auf Funktionen mit zwei Argumenten beschränkt, wo man das Funktionssymbol, welches man dann auch Operator nennt, zwischen die Argumentsymbole setzen kann: 3 + 4 statt ADDITION (3, 4).

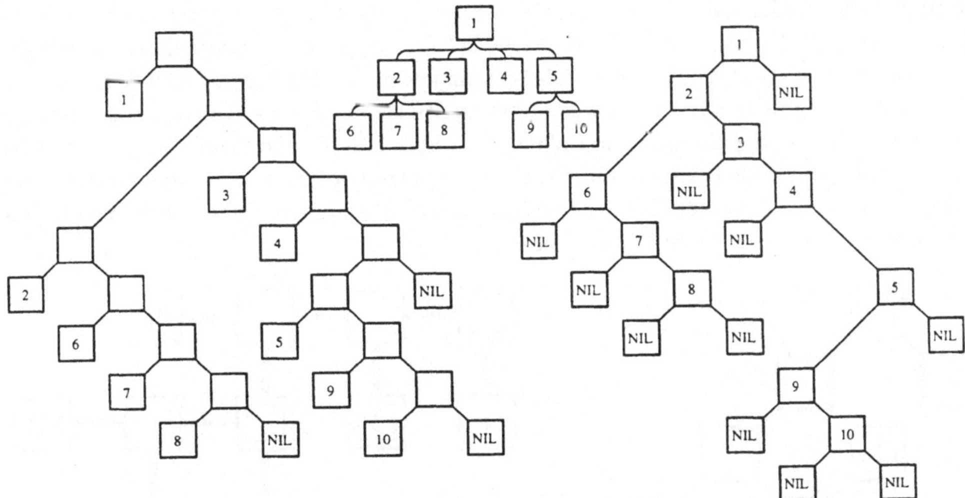

Bild 218 Möglichkeiten zur Abbildung eines beliebigen Baumes auf einen Binärbaum
links: Blätter sind daran erkennbar, daß sie beschriftet sind.
rechts: Blätter sind an NIL–Beschriftung erkennbar.

Hinsichtlich der Formulierung von Fallunterscheidungen hat man praktisch nur die Wahl zwischen den beiden Formen von Selektionsfunktionen, die bereits im Abschnitt 1.3.3.5 über imperative Sprachen vorgestellt wurden, also die Wahl zwischen der Selektion aufgrund eines einzigen selektionsbestimmenden Arguments und der Selektion aufgrund einer Folge von Prädikatsargumenten. Auch bei der Formulierung von Rekursionen hat man nur wenig Variationsmöglichkeiten, denn man wird immer das Symbol der rekursiv zu definierenden Funktion, die Folge der Symbole der zugehörigen Argumentvariablen und eine Funktionsumschreibung miteinander verbinden müssen, wobei in der Funktionsumschreibung die zu definierende Funktion mit belegten Argumenten wieder vorkommt.

Man kann die Arbeitsweise eines Abwicklers für funktionale Programme nicht verständlich darstellen, ohne sie an Beispielen zu demonstrieren, und dazu muß man sich auf eine bestimmte Baumstrukturierung unter den möglichen Varianten festlegen. Welche Variante man dafür wählt, ist im Grunde unwichtig, denn die verschiedenen Abwicklerschritte sind im wesentlichen bei allen Varianten gleich. Für die folgenden Betrachtungen wird eine Variante ausgewählt, bei der als oberstes Interpretationsprinzip folgende Festlegung gilt: In jedem auswertbaren Ausdruck, der kein Blatt ist, umschreibt der linke Teilbaum die anzuwendende Funktion, während der rechte Teilbaum die Argumente umschreibt, auf welche die Funktion angewandt werden soll.

Dieses Prinzip ist in Bild 219 anhand eines einfachen Beispiels veranschaulicht. In dem gezeigten Baum sind vier auswertbare Ausdrücke enthalten, deren Wurzeln durch Doppelumrandung gekennzeichnet sind. Zwei der doppelumrandeten Knoten sind Blätter, die mit Zahlen beschriftet sind, und es ist eine selbstverständliche Festlegung, daß bei der Auswertung eines solchen Knotens die eingetragene Zahl das Ergebnis sein soll. Die anderen beiden doppelumrandeten Knoten sind keine Blätter, so daß auf sie das angegebene Interpretationsprinzip angewandt werden kann: Nach links absteigend gelangt man jeweils zu einer Funktionsumschreibung, die hier als einfache Benennung in Form des jeweiligen Funktionssymbols gegeben ist, und nach rechts absteigend gelangt man jeweils zu den zugehörigen Argumenten. Die einzelnen Argumente hängen jeweils links an den leeren Knoten, welche auf der rechten Kette zwischen der doppelumrandeten Wurzel und dem NIL–Knoten sitzen. Man findet in der zur Addition gehörenden Argumentkette zwei Argumentknoten, in der Argumentkette zur Quadratwurzel aber nur einen. Die Auswertung wird also bezüglich der beiden leeren doppelumrandeten Knoten die Werte 4 bzw. 7 liefern.

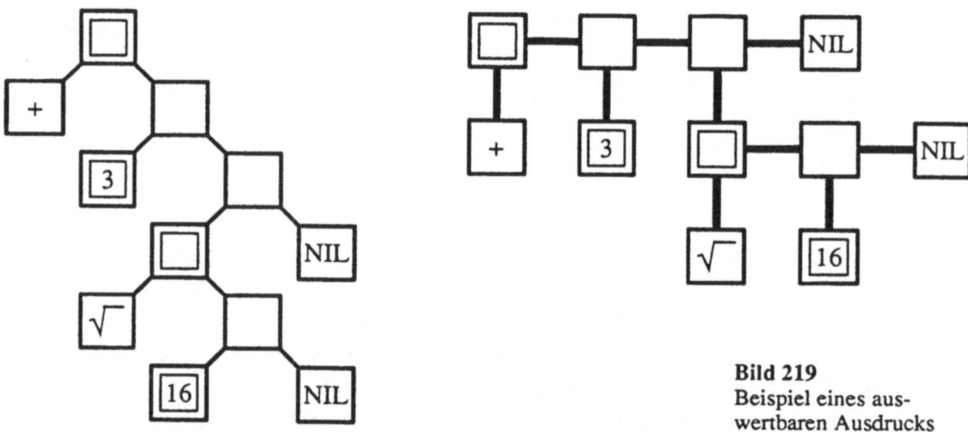

Bild 219
Beispiel eines auswertbaren Ausdrucks

In Bild 219 ist der Binärbaum in zwei unterschiedlichen Darstellungsformen gezeigt. In der rechten Alternative sind die jeweiligen beiden Teilbäume nicht symmetrisch schräg nach links und rechts an den Wurzelknoten angehängt, sondern nach unten und nach rechts; auf diese Weise erhält man ein kompakteres Bild.

Es gilt nicht nur für den Baum in Bild 219, sondern grundsätzlich für alle Bäume, die als auswertbare Ausdrücke oder als Auswertungsergebnisse vorkommen können, daß nur ihre Blätter beschriftet sind. Dies spiegelt die Tatsache wieder, daß es sich ja um Ableitungsbäume zu grammatikalisch strukturierten Symbolfolgen handeln soll, und da sitzen die Terminale immer nur an den Blättern.

Neben der Festlegung, wie die Funktionssymbole und die Argumente im Baum zueinander stehen sollen, muß nun noch vereinbart werden, wie sich eine Fallunterscheidung und eine Rekursion im Baum äußern sollen. Bild 220 veranschaulicht die diesbezüglichen Festlegungen anhand der rekursiven Definition der Fakultätsfunktion. Es soll die Fakultätsfunktion auf das Argument 5 angewandt werden, d.h. die Auswertung bezüglich des Wurzelknotens links oben soll den Wert 5! = 1 · 2 · 3 · 4 · 5 = 120 ergeben. Nun soll aber die Fakultätsfunktion keine Basisfunktion sein, deren Nennung als Umschreibung genügen würde. Deshalb steht auch im Knoten *a* unter der Wurzel oben links kein Funktionssymbol. Das Leersein dieses Knotens *a* ist als Hinweis darauf zu interpretieren, daß hier eine Funktion angewandt werden soll, die erst noch unter Bezug auf die Basisfunktionen umschrieben werden muß. Der leere Knoten *a* muß die Wurzel eines Baumes sein, der eine Funktionsumschreibung darstellt, und diese Umschreibung muß drei Teile enthalten, die jeweils nach unten an die Knoten *a, b* und *c* angehängt sind: An *a* hängt das Blatt mit dem Funktionssymbol FAK. An *b* hängt die Folge der Symbole der zugehörigen Argumentvariablen, und da die Fakultätsfunktion nur ein einziges Argument hat, enthält diese Folge hier nur das Element n. Im Falle mehrerer Argumente würden diese an leere Knoten angehängt, die zwischen dem leeren Knoten über n und dem rechts davon hängenden NIL–Knoten eingefügt werden müßten. Am Knoten *c* hängt ein auswertbarer Ausdruck, dessen Auswertbarkeit jedoch voraussetzt, daß den darin vorkommenden Variablen – hier nur der Variablen n – vorher eindeutige Werte zugeordnet wurden. In diesem Ausdruck, der am Knoten *c* hängt, kommt neben den Basisfunktionen SEL, EQU, MAL und SUB auch wieder die Funktion FAK vor, und das bedeutet, daß FAK rekursiv definiert ist.

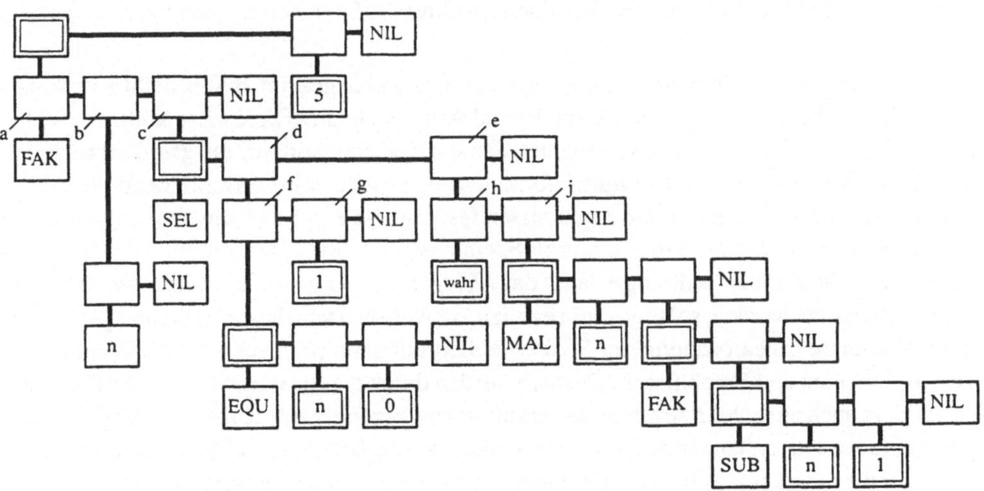

Bild 220 Fakultätsfunktion in Binärbaumdarstellung

Von den vier vorkommenden Basisfunktionen sind zwei arithmetisch, nämlich die Multiplikation MAL und die Subtraktion SUB, eine ist ein Prädikat, nämlich EQU, welches genau dann das Ergebnis *wahr* liefert, wenn die beiden Argumente die gleichen Werte haben – also hier, wenn n = 0 ist –, und SEL ist die Selektionsfunktion, die als Ergebnis einen aufgrund einer Prädikatenfolge ausgewählten Argumentwert liefert. Im vorliegenden Fall enthält die Prädikatenfolge nur zwei Elemente, d.h. es handelt sich um eine Auswahl aus zwei Fällen, wovon der erste am Knoten *d* und der zweite am Knoten *e* hängt. Gäbe es noch mehr Fälle, so müßten zwischen *e* und dem rechts davon hängenden NIL–Knoten weitere Leerknoten zum Anhängen der Fälle eingefügt werden.

Zu jedem Fall gehört ein Paar von Wertumschreibungen, nämlich eine Prädikatswertumschreibung und eine Umschreibung des als Ergebnis von SEL selektierbaren Wertes. Deshalb hängt an *d* das Knotenpaar (*f*, *g*) und an e das Knotenpaar (*h*, *j*). Jeweils am ersten Knoten im Paar, also an *f* bzw. an *h*, hängt die Umschreibung eines Prädikatswertes – an *f* also der Wahrheitswert von (n=0) und an *h* der konstante Wahrheitswert *wahr*. Am jeweils zweiten Knoten im Paar, also an *g* bzw. an *j*, hängt die Umschreibung eines selektierbaren Wertes – an *g* der konstante Zahlenwert 1 und an *j* das Ergebnis von n · FAK(n–1). Als Ergebnis der Selektionsfunktion SEL gilt stets der selektierbare Wert desjenigen Falles, der unter allen Fällen mit dem Prädikatswert *wahr* am weitesten links steht. Deshalb wird der Prädikatswert für den am weitesten rechts stehenden Fall als Konstante *wahr* festgelegt, damit unter allen Umständen eine Selektion erfolgt; dieser am weitesten rechts stehende Fall – hier am Knoten *e* hängend – soll ja sowieso nur dann drankommen, wenn alle links davon stehenden Fälle durch ihren Prädikatswert *falsch* ausgeschieden sind.

In dem Beispiel in Bild 220 kommen bereits alle drei Grundformen der Funktionsumschreibung, also die Verkettung, die Fallunterscheidung und die Rekursion vor. Deshalb könnte bereits anhand dieses Beispiels die Arbeitsweise eines Abwicklers für funktionale Programme besprochen werden. Dies soll hier aber nicht geschehen, sondern es soll zuvor noch eine bisher nicht vorgestellte Möglichkeit, die Binärbaumstruktur des Speichers auszunutzen, aufgezeigt werden.

Im Abschnitt 3.2.2.3 über die Rolleneinspeicherung wurde gezeigt, daß es nicht zweckmässig ist, für Funktionsdefinitionen einerseits und Argumente und Ergebnisse andererseits getrennte Speicher vorzusehen. Das bedeutet, daß die Speicherstruktur, die grundsätzlich aufgrund von Überlegungen zur Programmformulierung gewählt wird, anschließend für die Unterbringung von Argumenten und Ergebnissen festliegt. So ergab sich aus Überlegungen zur Formulierung prozeduraler Programme als Speicherstruktur die Linearordnung der Speicherzellen, denn diese Linearordnung erlaubt das Ablegen von Anweisungsfolgen, die der Reihe nach abgearbeitet werden, solange nicht explizit ein Abgehen von dieser Reihenfolge verlangt wird. Und diese Linearordnung der Speicherzellen gilt dann eben auch für die Speicherung von Argumenten und Ergebnissen. Deshalb werden durch die Basisfunktionen des Prozedurabwicklers auch nur solche Argumente verknüpft und Ergebnisse erzeugt, die im Speicher jeweils eine zusammenhängende Kette von Speicherzellen belegen. Meist haben diese Ketten sogar nur die Länge eins, d.h. als Argumente und Ergebnisse treten dann nur die Inhalte einzelner Zellen auf.

Wenn man nach diesen Überlegungen das Beispiel in Bild 220 noch einmal ansieht, dann erkennt man, daß zwar zur Ablage des auszuwertenden Ausdrucks, also des Programms, ein baumstrukturierter Speicher gebraucht wird, daß aber die Argumente und die Ergebnisse jeweils nur einzelne Zellen belegen, denn es handelt sich dabei immer um Zahlen, von denen angenommen wird, daß sie jeweils in eine Zelle passen. Wenn man nun aber schon einen baumstrukturierten Speicher hat, sollte man auch die Möglichkeit nutzen, baumstrukturierte Argumente und Ergebnisse einzuführen.

Man sollte dabei aber nicht vergessen, daß es sich hierbei nicht um ein Kennzeichen funktionaler Programme handelt, denn die Unterscheidung zwischen prozeduralen und funktionalen

Programmen hat nichts mit den Wertebereichen von Argumenten und Ergebnissen zu tun, sondern wird allein durch die Frage entschieden, ob das Programm mit Anweisungen formuliert ist, in denen explizit auf Speicherplätze für Argumente und Ergebnisse Bezug genommen wird. Man könnte durchaus auch ein prozedurales Programm in einen baumstrukturierten Speicher legen, denn eine Linearordnung läßt sich ja auf viele Arten in einen Baum einpassen – beispielsweise als Kette von jeweils rechten Unterknoten. Und dann könnte man natürlich auch Anweisungen zum Verknüpfen baumstrukturierter Argumente und zum Erzeugen baumstrukturierter Ergebnisse einführen.

Daß diese Möglichkeit im Abschnitt 3.2.4.2 über Abwickler für prozedurale Programme nicht behandelt wurde, hat seinen Grund darin, daß dort nur der Lastesel für beliebiges Rollenhuckepack vorgestellt werden sollte, nicht aber andere, nur per Rollenhuckepack realisierbare Abwickler. Denn ein Abwickler mit baumstrukturierten Werten für Argumente und Ergebnisse seiner Basisfunktionen läßt sich nur per Rollenhuckepack realisieren, weil ein baumstrukturierter Speicher aufwandsgünstig nur auf der Grundlage eines Speichers mit linearer Zellenordnung durch Abwicklung einer Zellenverwaltungsprozedur realisiert werden kann.

Obwohl also baumstrukturierte Argumente und Ergebnisse keine Kennzeichen funktionaler Programme sind, sind sie doch in der Praxis zuerst in Verbindung mit funktionalen Programmen aufgetreten – weil eben hier der baumstrukturierte Speicher für die Programmformulierung sowieso erforderlich ist und zur Nutzung für strukturierte Argument- und Ergebniswerte geradezu einlädt.

Der Wunsch nach Universalität des Abwicklers führt zur Suche nach einer vollständigen Algebra, die im Repertoire der Basisfunktionen ihren Niederschlag finden muß. Da eine vollständige Algebra aber nur für endliche Wertebereiche gefunden werden kann, darf man sie nur für den endlichen Wertebereich des einzelnen Zelleninhalts fordern. In dieser Hinsicht gibt es keinen Unterschied zwischen den Basisfunktionen eines Abwicklers für funktionale Programme und denen für prozedurale Programme. Die nun aber zu definierenden Basisfunktionen für einen Wertebereich, der Baumstrukturen enthält, können keine vollständige Algebra mehr bilden, denn der Wertebereich ist nicht endlich. Nach welchen Gesichtspunkten soll man diese Funktionen wählen?

Man kann hier eine Analogie sehen zwischen der unendlichen Menge von Baumstrukturen und der unendlichen Menge der rationalen Zahlen. Obwohl der Zahlenwertebereich unendlich ist und es deshalb keine vollständige Algebra dafür geben kann, so gibt es doch die vier arithmetischen Funktionen als Basis der gesamten numerischen Mathematik. So wie die vier arithmetischen Funktionen Addition, Subtraktion, Multiplikation und Division zwar keine vollständige Algebra bilden, aber doch für alles ausreichen, was die Menschen numerisch rechnen wollen, so hätte man gerne einige anschauliche Funktionen auf dem Wertebereich der Baumstrukturen, die für alles ausreichen, was man praktisch mit Baumstrukturen machen will. Diese Funktionen sind schon lange bekannt[1)], und man empfindet sie auf Anhieb als

1) Sie wurden schon im Jahre 1960 von John McCarthy als Elemente des Repertoires der Basisfunktionen der von ihm geschaffenen Programmiersprache LISP bekannt gemacht. Sie werden zwar in LISP anders benannt als hier im Buch, aber die dortigen Namen sind weniger anschaulich.

recht natürlich und sieht ihre Allgemeingültigkeit unmittelbar ein. Es sind dies die folgenden drei Funktionen:

Links(Baum)	=	linker Teilbaum von Baum
Rechts(Baum)	=	rechter Teilbaum von Baum
*Zusammen(*BaumL, BaumR*)*	=	der Baum, dessen linker Teilbaum gleich BaumL und dessen rechter Teilbaum gleich BaumR ist.

Während die Funktion *Zusammen* für jede mögliche Argumentwertekombination definiert ist, haben die Funktionen *Links* und *Rechts* nur dann ein definiertes Ergebnis, wenn ihr Argumentwert kein Baum ist, bei dem die Wurzel ein Blatt ist.

Wenn man nun ein anschauliches Beispiel zur Anwendung dieser Funktionen angeben will, dann steht man vor dem Problem, Bäume als Argumente vorgeben zu müssen. Nun zeigte aber bereits das Beispiel in Bild 220, daß jeder Baum, der in irgendeiner Argumentposition hängt, als Umschreibung eines Argumentwertes interpretiert wird; dies wurde jeweils durch die Doppelumrandung des zugehörigen Wurzelknotens gekennzeichnet. Wenn man also einen Baum nicht als Umschreibung eines Argumentwertes, sondern als Argumentwert selbst einbringen will, dann darf man diesen Baum nicht unmittelbar an die betroffene Argumentposition hängen, sondern muß ihn in Verbindung mit einem zusätzlichen Knoten anhängen, dessen Beschriftung den danebenhängenden Baum eindeutig als Wert ausweist.

Man betrachte hierzu das Beispiel in Bild 221. Der Baum mit den doppelumrandeten Knoten *a* bis *e* soll jetzt noch gar nicht in seiner Gesamtheit diskutiert werden. Es wird vorerst lediglich der Teilbaum mit dem Wurzelknoten *b* betrachtet. Dieser Teilbaum umschreibt einen Wert, der durch Anwendung der Funktion RE – Abkürzung für *Rechts* – aus einem Argumentwert gewonnen werden soll. Dieser Argumentwert wird durch den Teilbaum mit dem Wurzelknoten *a* umschrieben, und zwar wird dort die Anwendung der Funktion QU verlangt. Das Kürzel QU steht für das englische Wort *quote*, welches auf deutsch *zitieren* – einen Text im Original zitieren – heißt. Und dies ist als Hinweis dafür zu interpretieren, daß der in der Argumentposition der QUOTE–Funktion hängende Baum als Argumentwert zu nehmen ist, d.h. im Original zitiert werden soll. Der durch den Teilbaum mit dem Wurzelknoten *a* umschriebene Wert ist also der Baum, der oben im Bild 221 explizit dem Knoten *a* zugeordnet ist. Wenn nun auf diesen Baum die Funktion *Rechts* angewandt wird, dann erhält man als Ergebnis seinen rechten Teilbaum, und dieser ist in Bild 221 oben rechts dem Knoten *b* als Wert zugeordnet.

Auch der Teilbaum mit dem Wurzelknoten *c* umschreibt einen Wert mittels der QUOTE–Funktion. Der im Original zu zitierende Baum besteht hier nur aus einem einzigen Knoten mit der Beschriftung LI. Der Wert, der durch den Teilbaum mit dem Wurzelknoten *d* umschrieben wird, ist derjenige, der sich durch Anwendung der Funktion ZUS auf die den Knoten *b* und *c* zugeordneten Werte ergibt. ZUS ist als Abkürzung für *Zusammen* zu deuten. Rechts im Bild 221 ist dem Knoten *d* deshalb der Baum zugeordnet, dessen linker Teilbaum als Wert zum Knoten *c* und dessen rechter Teilbaum als Wert zum Knoten *b* gewonnen wurde.

Die Bäume, die als Werte den Knoten *a, b* und *c* zugeordnet sind, lassen sich selbst nicht wieder als Wertumschreibungen interpretieren. Deshalb wurden ihre Wurzelknoten nicht doppelt umrandet und demzufolge auch keine anderen Knoten. In dem Baum, der sich als Wert zum Knoten *d* ergab, sind jedoch der Wurzelknoten und ein weiterer Knoten doppelt umrandet, denn dieser Baum läßt sich selbst wieder als Umschreibung eines Wertes interpretieren – mit dem Kürzel LI soll nämlich die Funktion *Links* identifiziert sein.

Wenn ein umschriebener Wert selbst wieder als Umschreibung eines Wertes interpretiert werden kann, dann soll diese Interpretation jedoch nur dann erfolgen, wenn sie ausdrücklich verlangt wird. Dem dient die Funktion *Evaluation*, die mit dem Kürzel EVAL in Bild 221 als anzuwendende Funktion im linken Ast am Knoten *e* hängt. Die Funktion Evaluation hat also nur dann ein definiertes Ergebnis, wenn der Wert ihres einzigen Arguments als Wertumschreibung interpretierbar ist. Im betrachteten Beispiel ist dies der Fall, denn der dem Knoten *d* zugeordnete Wert umschreibt selbst wieder einen Wert. Dieser Wert ist dem Knoten *g* zuzuordnen, und er ergibt sich durch Anwendung der Funktion *Links* auf den Wert, der durch den Teilbaum mit dem Wurzelknoten *f* umschrieben wird. Der zu *f* gehörende Wert ist bereits als Originalzitat vorhanden, denn unter *f* hängt ein QUOTE–Knoten, und dies bedeutet, daß die Wurzel des zitierten Baumes von *f* aus durch die Schrittfolge (rechts, links) zu finden ist. Die Anwendung der Funktion Links auf diesen zu *f* gehörenden Baum liefert als Ergebnis seinen linken Teilbaum, und dies ist der Wert, der sowohl dem Knoten *g* als auch dem Knoten *e* zuzuordnen ist.

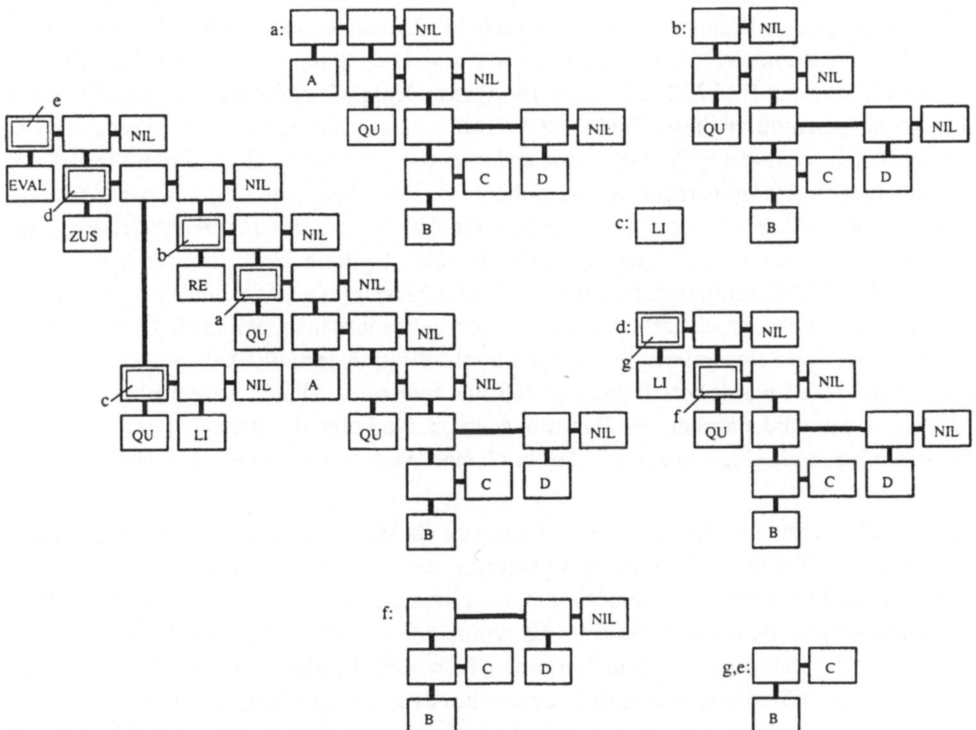

Bild 221 Beispiel zur Einführung von Funktionen auf Wertebereichen mit baumstrukturierten Elementen

Das Beispiel in Bild 221 veranschaulicht zwar die für einen Wertebereich mit baumstrukturierten Elementen zweckmäßigen Funktionen *Quote, Links, Rechts, Zusammen* und *Evaluation*, aber das Beispiel gibt keinerlei Hinweis auf praktische Anwendungen, wo sich diese Funktionen als nützlich erweisen könnten. Der Nutzen liegt im Bereich der sogenannten "symbolischen Informationsverarbeitung". Das in fast allen einschlägigen Lehrbüchern vorgestellte, geradezu klassische Beispiel zur symbolischen Informationsverarbeitung ist das Differenzieren einer durch Verkettung auf der Grundlage mathematischer Basisfunktionen umschriebenen Funktion. Eine vollständige Darstellung des symbolischen Differenzierens mit den vorgestellten Funktionen würde zwar über den Rahmen des vorliegenden Buches hinausführen, aber es soll doch wenigstens plausibel gemacht werden, daß die vorgestellten Funktionen dafür geeignet sind.

Der Baum in Bild 222 mit dem Wurzelknoten *d* umschreibt einen Zahlenwert, der auch etwas kürzer mit

$$
\begin{aligned}
& \text{ANWENDUNG [DIFFERENTIATION (" SIN[}2\cdot x\text{]") , 0.4]} \\
= \; & \text{ANWENDUNG ["}2 \cdot \text{COS(}2\cdot x\text{)" , 0.4]} \\
= \; & 2 \cdot \text{COS(0.8)} \\
\approx \; & 1{,}3934
\end{aligned}
$$

umschrieben werden kann. Der Wert, der durch den Teilbaum mit dem Wurzelknoten a umschrieben wird, ist ein Baum, der links oben im Bild 222 dem Knoten *a* zugeordnet ist und der den zu differenzierenden Funktionsausdruck darstellt. Die rekursive Definition der Differentiationsfunktion ist in Bild 222 nicht ausgeführt; es ist lediglich gezeigt, an welcher Stelle sie im Baum hängen muß. In dieser Funktionsdefinition müssen per Fallunterscheidung alle bekannten Differentiationsregeln, also unter anderem die Summenregel, die Produktregel, die Quotientenregel, die Potenzregel und die Kettenregel formuliert sein. Außerdem müssen dort – ebenfalls per Fallunterscheidung – die bekannten Ableitungen der transzendenten Funktionen zu finden sein, also beispielsweise der Cosinus als Ableitung des Sinus oder e^x als Ableitung von e^x. Die Differentiationsfunktion muß ausgehend vom gegebenen Baum, der den zu differenzierenden Ausdruck darstellt, einen neuen Baum aufbauen, der das Differentiationsergebnis in der Form einer anwendbaren Funktionsdefinition darstellt. Anhand der Fakultätsfunktion in Bild 220 wurde bereits gezeigt, daß eine anwendbare Funktionsdefinition drei Bestandteile haben muß, nämlich den Funktionsnamen, die Folge der Benennungen der Argumentvariablen sowie einen Ausdruck, der durch eine Wertebelegung der Argumentvariablen auswertbar wird.

In Bild 222 ist der zu differenzierende Ausdruck als Wert dem Knoten *a* zugeordnet, und daraus muß das Differentiationsergebnis gewonnen werden, welches als Wert dem Knoten *b* zugeordnet ist. Man findet in diesem Wert, der ein Baum ist, die drei geforderten Bestandteile einer anwendbaren Funktionsdefinition: Es wurde angenommen, daß die Differentiationsfunktion ihr Ergebnis immer mit dem konstanten Kürzel FKT – als Abkürzung von *Funktion* – benennt. Da ein Differentiationsergebnis zwar rekursiv gewonnen wird, aber selbst nie rekursiv sein kann, ist die Funktionsbenennung sowieso irrelevant, denn es wird nirgendwo darauf Bezug genommen. Neben der Funktionsbenennung findet man die Folge der Benennungen der Argumentvariablen, hier also eine Folge mit dem einzigen Element x. Und als drittes findet man den Ausdruck 2 · cos(2·x), der einen Wert umschreibt, falls x mit einem Zahlenwert belegt wird.

Nachdem einmal das Differentiationsergebnis gewonnen ist, stellt seine Anwendung auf einen vorgegebenen Argumentwert kein Problem mehr dar, denn mit Hilfe der Funktion *Zusammen* können nun die anwendbare Funktionsdefinition als linker Teilbaum und die aktuelle Argumentfolge als rechter Teilbaum zu einem neuen Baum zusammengesetzt werden. So ergibt sich im Beispiel in Bild 222 der Wert zum Knoten *c*. Dieser Baum ist selbst wieder eine Wertumschreibung, so daß er als Argumentwert der Evaluationsfunktion auftreten darf. Der Baum mit dem Wurzelknoten *e* umschreibt also den gleichen Wert wie der Baum mit dem Wurzelknoten *d*, nämlich die Zahl 1,39.

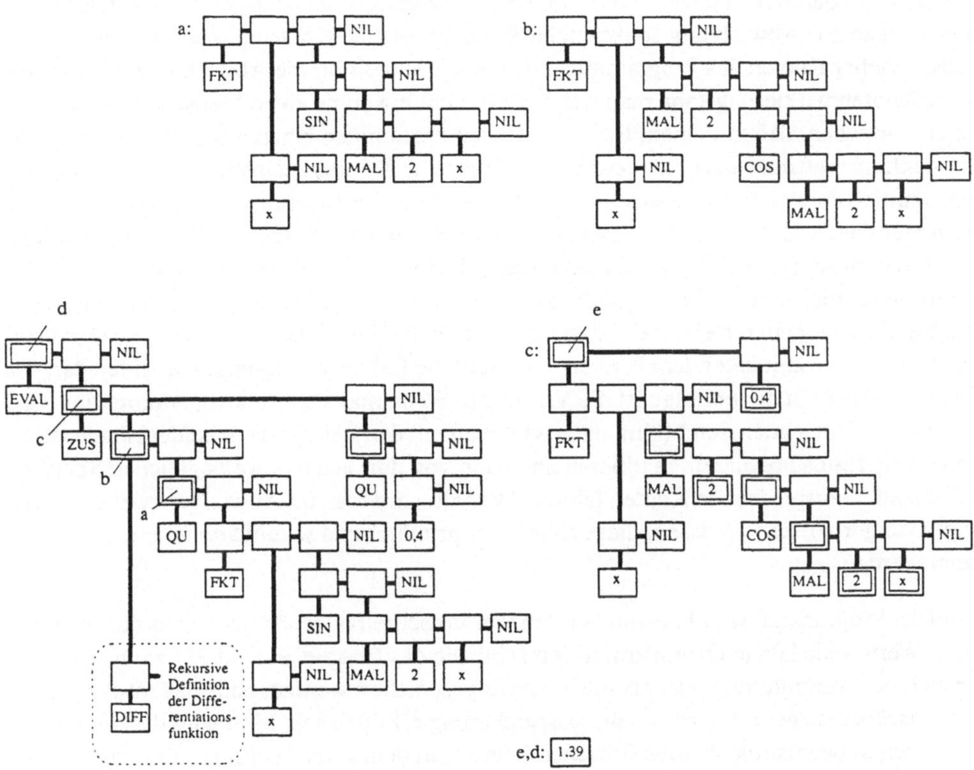

Bild 222 Beispiel der symbolischen Differentiation auf der Grundlage von Baumstrukturen

3.2.4.3.2 Arbeitsweise und Aufbau des Abwicklers

Nachdem nun auch die Basisfunktionen für den Wertebereich mit baumstrukturierten Elementen vorgestellt wurden, kann der Frage nach der Arbeitsweise des Abwicklers nachgegangen werden. Im Vergleich mit dem Abwickler für prozedurale Programme, der immer nur zyklisch die anschauliche vierelementige Schrittfolge "Anweisung holen, Anweisung separieren, Operation ausführen, Anweisungszeiger positionieren" wiederholen muß, ist die Arbeitsweise des Abwicklers für funktionale Programme sehr viel komplizierter. Aber genau wie im prozeduralen Fall findet man auch hier im funktionalen Fall das Abwickelverfahren dadurch, daß man sich überlegt, wie man vorgehen würde, wenn man selbst – mit Papier und Bleistift – ein im baumstrukturierten Speicher vorgegebenes Programm abwickeln müßte. Als Beispiel hierfür eignet sich sehr gut das Programm in Bild 220.

So wie man zur Abwicklung prozeduraler Programme eine Anweisungsmarkierung braucht (s. Bild 215), damit man jeweils weiß, welche Anweisung aktuell ausgeführt werden soll, so braucht man zur Abwicklung funktionaler Programme eine Knotenmarkierung, damit man weiß, welcher Knoten des Programmbaums jeweils aktuell für die Abwicklung relevant ist. Diese Knotenmarkierung kann man sich bei Abwicklung durch einen Menschen dadurch gegeben vorstellen, daß mit einem Finger auf einen bestimmten Knoten gezeigt wird. Bei der Abwicklung muß man manchmal zwei verschiedene Teilbäume zueinander in Beziehung setzen, nämlich dann, wenn man eine Folge aktueller Argumentwertumschreibungen der Folge der Argumentvariablen zuordnen muß. Ein Paar solcher einander zuzuordnender Teilbäume findet man in Bild 220: Die Wurzel des einen Teilbaums hängt rechts an der Wurzel des Gesamtprogramms; er stellt die Folge der aktuellen Argumentwertumschreibungen dar; diese Folge enthält hier nur ein einziges Element, nämlich die Zahl 5. Die Wurzel des zuzuordnenden Teilbaums hängt unter dem Knoten *b*; er stellt die Folge der Argumentvariablen dar; das einzige Element in dieser Folge ist die Variable n. Wenn man eine derartige Zuordnung zwischen zwei Teilbäumen durchführt, dann wird man mit den Zeigefingern beider Hände zuerst die beiden Teilbaumwurzeln markieren und dann von dort aus in jeweils gleichen Schritten auf einander entsprechende Knoten fahren. Deshalb wird man im Abwickler zwei getrennte Knotenzeiger vorsehen müssen; diese sollen hier primärer und sekundärer Knotenzeiger genannt werden.

Bei der Programmabwicklung müssen den Wertumschreibungen Werte zugeordnet werden. Diese Werte – sie können baumstrukturiert sein, wie das Beispiel in Bild 221 zeigt – müssen zur weiteren Verknüpfung oder als Endergebnis gespeichert werden, ohne daß im Programm etwas darüber ausgesagt wird, wo diese Speicherung erfolgen soll. Man wird dafür natürlich den gleichen baumstrukturierten Speicher nehmen, in dem auch das Programm abgelegt ist. Und dabei wird man das Stapelprinzip anwenden müssen, von dem ja bereits im Abschnitt 3.2.2.6 gesagt wurde, daß man es zur Berechnung von Funktionen braucht, die mit Verkettungen und Rekursionen umschrieben sind. In einem Stapel, der in einen baumstrukturierten Speicher gelegt wird, fällt es leicht, baumstrukturierte Elemente zu stapeln, denn die Linearordnung der gestapelten Elemente, die im Stapel immer gewährleistet sein muß, ist dann einfach die Linearordnung der Wurzeln der gestapelten Elemente.

In Bild 223 ist ein Beispiel eines derartigen Baumstapels gezeigt, wobei hier, um das Stapelprinzip zu verdeutlichen, die Baumwurzel nach unten gelegt wurde und der Baum nach oben wächst. Die Stapelwurzel und die senkrecht darüberliegenden Knoten sind keine Bestandteile der gestapelten Elemente, sondern dienen lediglich dazu, die Linearordnung festzulegen. Einen leeren Stapel kann man dann daran erkennen, daß die Stapelwurzel ein Blatt mit der Beschriftung NIL ist.

Neben dem Stapel für die Werte, die aus den Wertumschreibungen gewonnen werden, braucht man noch weitere Stapel, nämlich den Stapel für Knotenzeiger und die Stapel für Zuordnungen zwischen Symbolen und ihrer jeweiligen Bedeutung. Es wurde bereits die Notwendigkeit erkannt, einen primären und einen sekundären Knotenzeiger einzuführen. Durch eine Knotenzeigerstellung wird ein Baumknoten im Speicher identifiziert, d.h. die Knotenzeigerstellung ist als Koordinatenadresse bezüglich des Binärbaums der Speicherzellen anzusehen (s. Bild 192). Zu Beginn der Bestimmung des Wertes eines wertumschreibenden Baumes wird der primäre Knotenzeiger auf die Wurzel der Wertumschreibung gesetzt. Solche Wurzeln sind in Bild 220 als doppelt umrandete Knoten hervorgehoben. Falls die Wurzel kein Blatt ist, muß man in den linken Teilbaum absteigen, um nachzusehen, welche Funktion auf die im rechten Teilbaum umschriebenen Argumentwerte angewandt werden soll. Dabei gibt es – im Rahmen der vorliegenden Betrachtung – unterschiedlich zu behandelnde Fälle, die weiter unten diskutiert werden (s.S. 410 und 411). Zu jedem dieser Fälle gehört ein anderes, relativ zur aktuellen Wurzel gesehen typisches Wegepaar für das Wandern der beiden Knotenzeiger, und wenn dabei der primäre Knotenzeiger auf die Wurzel einer vordringlich auszuwertenden Wertumschreibung gerät, dann muß sichergestellt bleiben, daß der nun zugunsten der dringlicheren Auswertung unterbrochene typische Zeigerweg nach Erledigung der dringlicheren Aufgabe wieder fortgesetzt werden kann. Dem dient ein Stapel für Knotenzeiger. Obwohl in diesem Fall ein zu stapelndes Element jeweils nur eine als Zahl darstellbare Knotenadresse ist, für die nur eine einzige Speicherzelle gebraucht wird, wird man dennoch der Einheitlichkeit wegen auch diesen Stapel im baumstrukturierten Speicher unterbringen nach dem in Bild 223 gezeigten Prinzip.

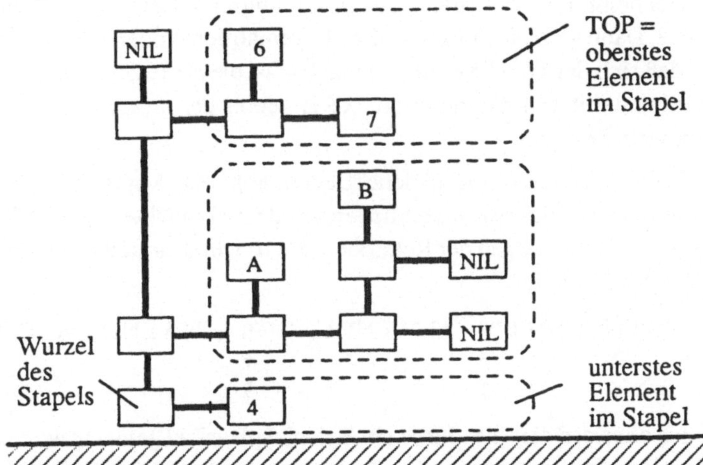

Bild 223
Stapel für baumstrukturierte Elemente

Daß man auch Zuordnungen zwischen Symbolen und ihrer jeweiligen Bedeutung stapeln muß, erkennt man aus folgender Überlegung: Für die Benennung der Argumentvariablen in einer Funktionsdefinition stehen alle Symbole zur Verfügung, die nicht bereits als Konstantensymbole belegt sind. Da Funktionsdefinitionen unabhängig voneinander zu unterschiedlichen Zeitpunkten formuliert werden, soll es zulässig sein, in unterschiedlichen Funktionsdefinitionen gleiche Symbole zur Benennung von Argumentvariablen zu verwenden. Man betrachte hierzu folgendes Beispiel:

"g(u)"

ANWENDUNG ["x + ANWENDUNG("2u+1", 3x)", 4] = 4 + (2 · (3 · 4) + 1) = 29

"f(u)"

Wegen der unterschiedlichen Variablennamen in den beiden Funktionsdefinitionen, nämlich x in der äußeren und u in der inneren Funktionsdefinition, kann man hier für die Funktionswertbestimmung eine eindeutige Zuordnung angeben: x=4 und u=12. Es ist aber zulässig, innen und außen die gleiche Variablenbenennung zu wählen:

inneres x

ANWENDUNG ["x + ANWENDUNG("2x+1", 3x)", 4]

äußeres x

Dann treten bei der Berechnung zwei Variable x mit unterschiedlichen Werten auf, so daß man aufpassen muß, daß man jeweils den richtigen Wert nimmt. Dies läßt sich dadurch garantieren, daß man jeweils dann, wenn man beim Abwickeln auf eine Funktionsdefinition trifft, die Zuordnung zwischen den Variablennamen und den zugehörigen Werten auf einen Stapel legt, und nachdem man die Funktionsdefinition angewendet hat, die zuoberst im Stapel liegenden Zuordnungen zu dieser Funktionsdefinition wieder vom Stapel entfernt. Bezüglich des Beispiels heißt dies, daß zuerst die Zuordnung x=4 gestapelt wird und darüber die Zuordnung x=12. Dann wird die Funktion "2x+1" gemäß der zuoberst liegenden Zuordnung angewendet, so daß sich der Wert 25 ergibt. Danach wird die obere Zuordnung vom Stapel entfernt, und es wird nun mit x=4 die Funktion "x+ Ergebnis der inneren Berechnung" berechnet, was den Endwert 29 ergibt.

Selbst wenn man die gleiche Benennung von Argumentvariablen in unterschiedlichen Funktionsdefinitionen ausschließen würde, so bräuchte man den Stapel für die Zuordnungen doch, und zwar wegen der Rekursion. Man sieht dies anhand der folgenden Berechnungsvorschrift sofort ein:

ANWENDUNG ["n · ANWENDUNG("n · ANWENDUNG["FAK(n)", n–1]", n–1)", 5]

↑ ↑ ↑ ↑ ↑

5 4 3 4 5

Auch ohne daß dies hier durch ein Beispiel plausibel gemacht wird, kann der Leser vermutlich einsehen, daß es in entsprechender Weise erforderlich ist, die Zuordnung zwischen dem Symbol zur Funktionsbenennung in einer Funktionsdefinition und der Adresse eines Knotens zu stapeln, der in dem funktionsdefinierenden Baum als Referenzknoten festgelegt ist. Es liegt nahe, dafür den Wurzelknoten der Funktionsdefinition zu wählen – Knoten *a* im Bild 220 – oder aber den Knoten, der das Funktionssymbol enthält – also den Knoten unter *a* mit der Beschriftung FAK. Eine solche Zuordnung wird gebraucht, damit man, wenn eine rekursive Funktionsanwendung verlangt wird, die Folge der Symbole der Argumentvariablen wiederfindet. Im Beispiel in Bild 220 wird rechts unten rekursiv die Anwendung der Funktion FAK verlangt; dazu muß das Argumentvariablensymbol n – zwei Knoten unter *b* – wiedergefunden werden, damit unter Verwendung seiner jüngsten Wertzuordnung eine noch jüngere Wertzuordnung festgelegt werden kann: Jüngster n–Wert = Bisher jüngster n–Wert minus 1.

Eine zu stapelnde Zuordnung besteht jeweils aus einem Benennungssymbol und einem Knotenzeigerwert, der auf die Wurzel des zugeordneten Wertes im Falle von Argumentzuordnungen bzw. auf eine relativ zur Wurzel vereinbarte Position in einer Funktionsdefinition im andern Falle zeigt. Eine zu stapelnde Zuordnung würde also in zwei Speicherzellen untergebracht werden können, wenn man den Stapel nicht in den baumstrukturierten Speicher legen wollte. Als Element in einem Baumstapel nach Bild 223 belegt eine Zuordnung dagegen drei Speicherzellen, denn dies ist die kleinste dafür passende Baumstruktur: eine unbeschriftete Wurzel und zwei mit den Zuordnungsinformationen beschriftete Blätter.

Bild 224 zeigt eine willkürlich ausgewählte Möglichkeit, die Wurzeln der fünf besprochenen Bäume – den Programmbaum (s. Bild 220) und die vier Stapel für berechnete Werte, für Knotenzeiger sowie für Bedeutungszuordnungen zu Argumentsymbolen und zu Funktionssymbolen – bestimmten Zellen des Baumspeichers zuzuordnen. Es ist die Situation vor Beginn der Programmabwicklung gezeigt, in der noch alle Stapel leer sind.

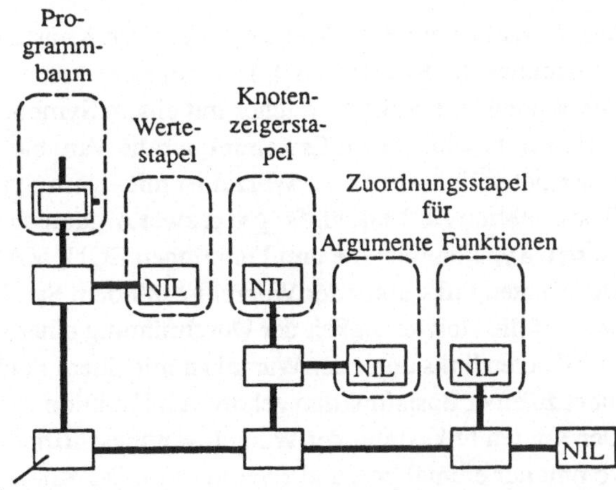

Bild 224 Mögliche Lage der Wurzeln der interpretierten Teilbäume im Baumspeicher

Als Zustand des Abwicklers zu Beginn der Abwicklung wird folgender Sachverhalt vorausgesetzt: Alle vier Stapel sind leer; das Programm liegt im Speicher, und der primäre Knotenzeiger zeigt auf die Wurzel des Programms. Als Zustand am Ende der Abwicklung soll der Sachverhalt vorliegen, daß der primäre Knotenzeiger wieder auf der Programmwurzel steht und daß alle Stapel außer dem Wertestapel wieder leer sind; letzterer soll als einziges Element den durch das Programm umschriebenen Wert enthalten.

In der folgenden Betrachtung der Programmabwicklung wird angenommen, daß das Programm syntaktisch korrekt sei, d.h. daß die bisher vorgestellten Regeln zum Aufbau eines Programmbaumes alle eingehalten worden seien. Da es hier nur darum geht, das Verständnis der grundsätzlichen Arbeitsweise eines Abwicklers für funktionale Programme zu vermitteln, darf diese Annahme gemacht werden. Wenn dagegen der Abwickler realisiert werden sollte, wäre diese Annahme unzulässig, da man nicht ausschließen kann, daß der Programmierer Fehler macht. Bei einer tatsächlichen Abwicklerrealisierung würde man auch an einer Optimierung des Abwickelverfahrens hinsichtlich seines Speicherplatzbedarfs und seiner Laufzeit interessiert sein müssen, wobei letztere durch die Art und die Anzahl der durchzuführenden elementaren Schritte bestimmt wird. In der vorliegenden Betrachtung dagegen wird nicht nach Möglichkeiten gesucht, Speicherplatz und Laufzeit einzusparen, denn die Suche nach solchen Möglichkeiten ist ohnehin erst sinnvoll, nachdem man das Prinzip des Verfahrens verstanden hat.

Im Rahmen der Überlegungen zur Notwendigkeit eines Knotenzeigerstapels wurde bereits gesagt, daß es unterschiedliche, relativ zur aktuellen Wurzel der Wertumschreibung gesehen typische Wegepaare für das Wandern der beiden Knotenzeiger gibt. Welcher Fall vorliegt, wird durch die Beschriftung der Wurzel bestimmt, falls sie ein Blatt ist, andernfalls durch die Frage, ob der Knoten links unter der Wurzel ein Blatt ist und welche Beschriftung man dort gegebenenfalls findet. Durch Betrachtung der doppelt umrandeten Knoten in Bild 220 findet man sechs verschiedene Fälle:

(1) Die Wurzel ist ein Blatt, welches mit einem Konstantensymbol beschriftet ist. Es kommen die Konstanten 0, 1, 5 und *wahr* vor.
(2) Die Wurzel ist ein Blatt, welches mit einem Symbol zur Benennung einer Argument–variablen beschriftet ist. Es kommt nur die Variable n vor.
(3) Der Knoten links unter der Wurzel ist mit einem Symbol beschriftet, welches zu einer Basisfunktion zur Verknüpfung von zwei Argumenten gehört. Als Basisfunktionen von diesem Typ kommen die drei Funktionen EQU, MAL und SUB vor.
(4) Der Knoten links unter der Wurzel ist mit dem Symbol SEL für Selektion beschriftet, was auf die Notwendigkeit der Durchführung einer Fallunterscheidung hinweist.
(5) Der Knoten links unter der Wurzel ist mit einem Funktionssymbol beschriftet, welches nicht zu einer Basisfunktion gehört. Als Funktion von diesem Typ kommt nur FAK vor.
(6) Der Knoten links unter der Wurzel ist unbeschriftet und somit kein Blatt. Dieser Fall kommt nur einmal vor, und zwar in Form des Knotens *a*.

Nicht jeder dieser sechs Fälle ist bezüglich einer Programmwurzel zulässig. Zulässig sind nur die Fälle (1), (3), (4) und (6). Die beiden Fälle (2) und (5) sind unzulässig, denn sie setzen eine Argument– bzw. eine Funktionszuordnung voraus, die zu Beginn einer Programmabwicklung ja noch nicht gegeben ist. Diese beiden Fälle können also nur bezüglich eines Wurzelknotens vorkommen, der nicht die Programmwurzel ist.

Durch Betrachtung der doppelt umrandeten Knoten in Bild 221 findet man noch weitere drei Fälle:

(7) Der Knoten links unter der Wurzel ist mit dem Symbol EVAL für Evaluation beschriftet, was auf die Notwendigkeit hinweist, einen zu bestimmenden Wert anschließend als Wertumschreibung zu betrachten und den zugehörigen Wert zu berechnen.

(8) Der Knoten links unter der Wurzel ist mit dem Symbol QU für Quote beschriftet, was darauf hinweist, daß in der zugehörigen Argumentposition keine Wertumschreibung steht, sondern ein Wert, der als Ergebniswert zu betrachten ist.

(9) Der Knoten links unter der Wurzel ist mit einem Symbol beschriftet, welches zu einer Basisfunktion gehört, die zu einem Argument ein Ergebnis bestimmt. Als Basisfunktionen von diesem Typ kommen die Funktion RE und LI vor.

Die Fälle (7), (8) und (9) sind alle drei auch bezüglich der Programmwurzel zulässig.

Das Abwickelverfahren findet man nun verhältnismäßig leicht, indem man diese neun Fälle völlig getrennt betrachtet und sich jeweils fragt, welche Schritte zur Bestimmung des Wertes erforderlich sind, welcher zu dem gefundenen Wertumschreibungstyp – Fälle 1 bis 9 – gehört. Dabei wird es häufig vorkommen, daß im Laufe der Wertbestimmung zu einer aktuellen Umschreibungswurzel eine dringlichere Wertbestimmung zu einer anderen Umschreibungswurzel erforderlich wird. Dann muß man eben den im Laufe der bisher aktuellen Wertbestimmung erreichten Zwischenzustand stapeln und sich der dringlicheren Wertbestimmung als der neuen aktuellen Aufgabe annehmen. Auf diese Weise wird die Abwicklungsprozedur hochgradig rekursiv; sie bleibt aber dennoch recht übersichtlich, wenn man sie als Petrinetz mit Stapelmarken darstellt (s. Bild 225). Wie ein solches Netz zu interpretieren ist, wurde bereits anhand des Beispiels in Bild 197 erläutert.

In Bild 225 wurden folgende Abkürzungen verwendet:

pK, sK	:	primärer und sekundärer Knotenzeiger
KPUSH, KPOP	:	Transporte bezüglich des Knotenzeigerstapels
WTOP	:	Aktuell oberstes Element des Wertestapels
WPUSH, WPOP	:	Transporte bezüglich des Wertestapels
VPUSH, VPOP	:	Transporte bezüglich des Stapels für Zuordnungen zu Argumentvariablen
FPUSH, FPOP	:	Transporte bezüglich des Stapels für Funktionszuordnungen

In der Abwickelprozedur, die in Bild 225 zwischen den beiden Transitionen Start und Fertigmeldung liegt, findet man neun verschiedene, von oben nach unten verlaufende Pfade, die zu den neun bereits vorgestellten Fällen gehören. Die jeweils am Pfadende unten im Bild eingetragene Nummer verweist auf die entsprechende Position in der Auflistung der Fälle. Die Transitionen in Bild 225 wurden derart in horizontale Schichten gruppiert, daß gleichartige Verfahrensschritte in den verschiedenen Pfaden jeweils in der gleichen Schicht liegen. Die Art der Verfahrensschritte in den fünf unterschiedenen Schichten ist jeweils durch eine kurze Beschreibung rechts im Bild gekennzeichnet.

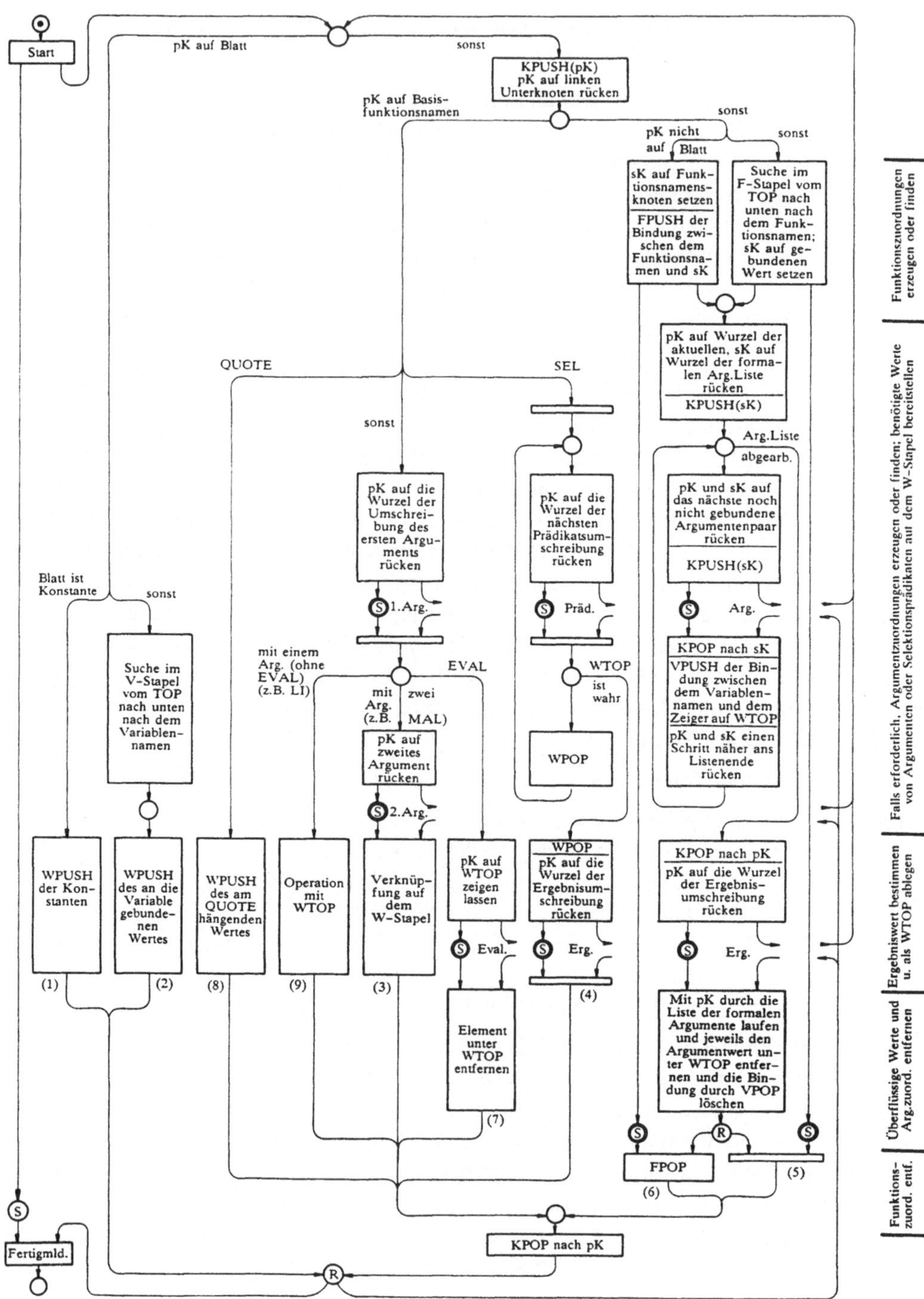

Bild 225 Abwicklungsprozedur für funktionale Programme

Man findet drei rekursionsfreie Pfade, nämlich (1) für Konstante, (2) für Variable und (8) für QUOTE. Man findet drei schleifenfreie Pfade mit Rekursion, nämlich (9) für Basisfunktionen mit einem Argument, (3) für Basisfunktionen mit zwei Argumenten und (7) für EVAL. Da in jedem dieser drei Fälle zuerst einmal ein Argumentwert bestimmt werden muß, findet die Aufspaltung auf drei Pfade erst nach dieser Argumentwertbestimmung statt. Es gibt schließlich noch drei Pfade, in denen sowohl jeweils eine Schleife als auch Rekursion vorkommt. Es sind dies die Pfade (4) für SEL, (6) für Funktionen, für die noch keine Zuordnung besteht, und (5) für Funktionen mit bereits erfolgter Zuordnung.

Die Realisierung eines Abwicklers für funktionale Programme ist nun nichts anderes als die Realisierung eines Systems, dessen Verhalten durch die Prozedur in Bild 225 beschrieben wird. Deshalb bietet sich als Realisierung das Rollenhuckepack an, wie es im Abschnitt 3.2.3.4 dargestellt wurde: Man nimmt einen realisierten Abwickler für prozedurale Programme und gibt diesem als Rollenprogramm die Prozedur aus Bild 225. Auf diese Weise erhält man das System in Bild 226.

Bereits im Abschnitt 3.2.3.4 über Übersetzung und Rollenhuckepack wurden Aufbaumodelle gezeigt, bei denen ein Abwickler immer auf drei unterscheidbare Variablenblöcke Zugriff hat. Diese drei sind der Programmspeicher, das Aktionsfeld bezüglich der Rolle und der verdeckte Zustandsspeicher. In Bild 226 kommen zwei Abwickler vor, denn der Prozedurabwickler spielt die Rolle eines Abwicklers für funktionale Programme. Die Speicher, auf die der Prozedurabwickler zugreift, sind klar in die drei genannten Blöcke eingeteilt. Einer dieser drei Blöcke ist das Aktionsfeld des Abwicklers für funktionale Programme. Und dieser Speicherblock ist auch wieder in entsprechender Weise dreigeteilt: Innerhalb des Rollensystems, das durch das funktionale Programm bestimmt ist, findet man dieses funktionale Programm selbst sowie den verdeckten Zustandsspeicher, der Teile des Baumspeichers sowie die Stapel– und Knotenzeiger enthält. Das Aktionsfeld bezüglich der Rolle, die der Funktionalabwickler spielt, ist auf das oberste Element, also auf den sogenannten TOP des Wertestapels beschränkt. Im Sinne des Bildes 212 ist dieser TOP als Ausgabevariable Y_{RP} anzusehen. Daß das Rollensystem weder ein X_{RP} noch ein Z_{RP}, sondern nur ein Y_{RP} hat, bedeutet, daß dieses Rollensystem nur noch ein Generator für eine Konstante sein kann.

Ein funktionales Programm ist ja nichts anderes als die Umschreibung eines Ergebnisses, und durch die Programmabwicklung soll die kanonische Darstellung dieses Ergebnisses bestimmt werden. Also kann ein Abwickler für funktionale Programme nichts anderes tun, als dieses Ergebnis auszugeben. Da das Ergebnis bei gegebenem Programm festliegt, wird durch die Abwicklung die Rolle eines Konstantengenerators gespielt. Ein anderes Ergebnis kann man nur erhalten, indem man eine andere Rolle spielen läßt, d.h. indem man das Programm auswechselt.

Die Stapelzeiger in Bild 226 für die vier Stapel im Baumspeicher sind nicht zwingend erforderlich, denn die Höhe jedes Stapels folgt ja schon aus der Position des NIL–Knotens über der jeweiligen Stapelwurzel (s. Bild 223). Die Stapelzeiger dienen aber der zeitlichen Verkürzung des Zugriffs auf das jeweilige TOP–Element, auf das sie unmittelbar zeigen. Ohne diese Zeiger müßten die TOP–Elemente immer wieder ausgehend von den Wurzeln gesucht werden.

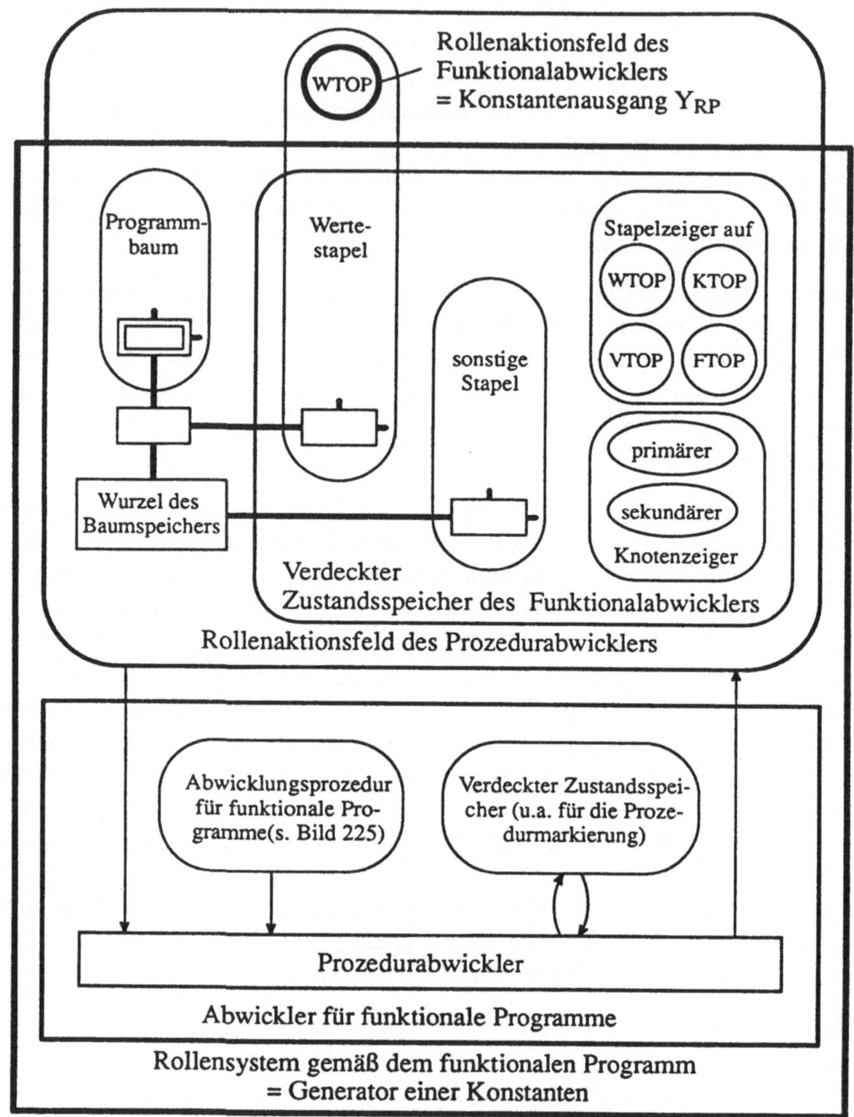

Bild 226 Realisierung eines Abwicklers für funktionale Programme durch Rollenhuckepack

Statt einen realisierten Abwickler für prozedurale Programme zu nehmen und diesen die Abwickelprozedur in Bild 225 abwickeln zu lassen, kann man selbstverständlich auch einen Automaten bauen, der sich nach dieser Prozedur verhält. Denn diese Prozedur ist ja nur eine Umschreibung der beiden Verhaltensfunktionen ω und δ eines Automaten, und einen Automaten mit bestimmter Funktion kann man ja nicht nur so realisieren, daß man einen Abwickler für prozedurale Programme entsprechend programmiert.

3.2.4.3.3 Prozeßorientierung bei Funktionalabwicklung

Beim Prozedurabwickler in Bild 215 kommen die Schnittstellenvariablen X_A und Y_A vor, beim Funktionalabwickler in Bild 226 fehlen sie. Während es, wie Bild 184 zeigt, recht natürlich ist, einen Prozedurabwickler für ein ergebnisorientiertes Programm zu benützen, ist es im Grunde sehr unnatürlich, einen Funktionalabwickler für ein prozeßorientiertes Programm zu benützen. Da diese Vorgehensweise aber doch eine gewisse Verbreitung gefunden hat, soll hier kurz gezeigt werden, in welch geringem Maße man den im vorigen Abschnitt vorgestellten Abwickler erweitern muß, damit er auch prozeßorientiert benutzt werden kann.

Man muß Lese- und Schreiboperationen einführen, damit man im Programm die Schnittstellenvariablen X_A und Y_A ansprechen kann. Da es uns hier nur ums Prinzip, nicht aber um Komfort für den Programmierer geht, werden nur möglichst einfache Ein/Ausgabeoperationen vorgestellt. Bild 227 zeigt die Formulierung dieser Operationen in der baumstrukturierten Form, wie sie für Funktionen eingeführt wurde. Während man sich mit einem einzigen Operationstyp für die Eingabe begnügen kann, ist es zweckmäßig, zwei unterschiedliche Operationstypen für die Ausgabe einzuführen.

Es wird hier bewußt zwischen *Operationen* und *Funktionen* unterschieden: Eine Funktion ist ein mathematischer Begriff, der den Sachverhalt der eindeutigen Zuordnung erfaßt, wogegen eine Operation ein Begriff aus der Welt der dynamischen Systeme ist, der den Sachverhalt eines Zustandsübergangs bestimmten Typs erfaßt. Als Funktion gedeutet hat EIN kein Argument und wäre deshalb eine Konstante. Diese Deutung ist aber falsch: EIN ist eine Operation, und die Tatsache, daß sie kein Argument hat, bedeutet nur, daß die Leseoperation stattfinden kann, ohne daß zuvor irgendwelche Operationen stattgefunden haben müssen. Die Schreiboperationen dagegen haben jeweils ein Argument, und dies bedeutet, daß sie erst ausgeführt werden können, nachdem zuvor der Baum mit dem Wurzelknoten c bzw. f abgewickelt wurde.

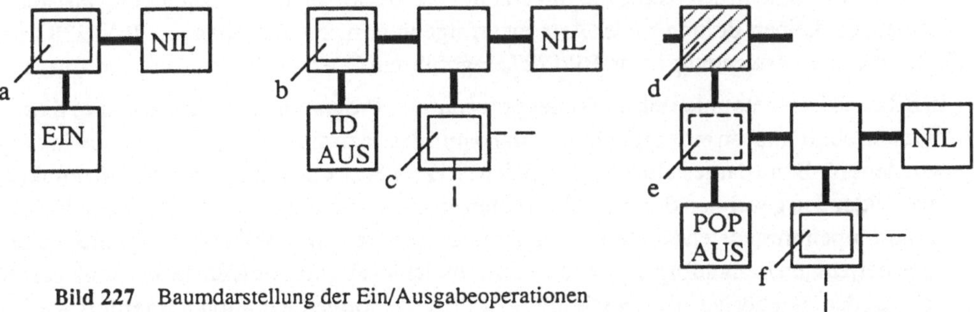

Bild 227 Baumdarstellung der Ein/Ausgabeoperationen

Der Lese- und den Schreiboperationen wird hier die Vorstellung zugrundegelegt, daß es ein X-Band und ein Y-Band gibt, die wie bei einer Turingmaschine (s. Bild 189) zellenstrukturiert sind und die unter einem Fenster des Lese- bzw. Schreibgerätes vorbeibewegt werden können. Eine Leseoperation soll dann ein Vorgang sein, der damit beginnt, daß das Leseband mindestens um eine Position und solange vorwärtsbewegt wird, bis eine nichtleere Zelle unter dem Fenster erscheint, und der damit endet, daß durch WPUSH ein Blatt auf den Wertestapel des Abwicklers gelegt wird, dessen Beschriftung eine Kopie aus dem Lesefenster ist.

Die beiden Ausgabeoperationen unterscheiden sich bezüglich ihrer Wirkung auf das Y-Band nicht. Nachdem das Ergebnis zum Argumentknoten c bzw. f bestimmt und als oberstes Element auf den Wertestapel gebracht ist, beginnt die Schreiboperation. Zuerst wird das Y-Band um genau eine Position vorwärtsbewegt, und anschließend wird die Beschriftung des obersten Elements im Wertestapel – welches voraussetzungsgemäß ein Blatt sein muß – in das Schreibfenster kopiert. Damit ist die Operation ID–AUS beendet, wogegen bei POP–AUS noch ein weiterer Schritt folgt. Bei POP–AUS wird nämlich zum Schluß das ausgegebene Element wieder vom Stapel entfernt.

Da bei der Leseoperation EIN ein Ergebnis auf dem Wertestapel abgelegt wird, ist der Knoten a im Bild 227 mit einem Doppelrand dargestellt. Entsprechendes gilt für die Ausgabeoperation ID–AUS. Sie läßt ihr als Ergebnis zum Knoten c gewonnenes Argument auf dem Wertestapel liegen, d.h. abgesehen von ihrer Wirkung auf das Y–Band verhält sich diese Operation wie die Identitätsfunktion ID(x)=x.

Da die Operation POP–AUS den Wertestapel so zurückläßt, wie er vor Abwicklung des Baumes mit der Wurzel e war, ist der Knoten e nicht so doppelt umrandet wie die Knoten a, b, c und f; vielmehr ist der innere Rand hier gestrichelt. Damit soll der Sachverhalt ausgedrückt werden, daß diesem Knoten ein Wert zuzuordnen wäre, falls in dem darunterstehenden Knoten nicht die Operation POP–AUS, sondern eine normale Funktion angegeben wäre. Knoten vom Typ e dürfen nicht als Wurzeln von Programmbäumen vorkommen, denn der Wurzel eines Programmbaumes muß immer ein Ergebnis zuzuordnen sein. Knoten vom Typ e könnten in einem Programmbaum überhaupt nicht vorkommen, wenn man nicht noch einen weiteren Knotentyp einführen würde. Dieser zusätzliche Knotentyp ist im Bild 227 durch Schraffur gekennzeichnet; der Knoten d ist von diesem Typ. Knoten von diesem Typ dürfen an beliebiger Position in Argumentfolgen eingehängt werden, denn der Abwickler kann – nach entsprechender Änderung der Abwickelprozedur aus Bild 225 – diese Knoten aufgrund der darunterhängenden zweigliedrigen Kette, die mit einem POP–AUS–Blatt endet, eindeutig als solche erkennen, die keinen Beitrag zu der Argumentfolge liefern, in der sie hängen. Bild 228 zeigt ein Beispiel zur Verwendung der in Bild 227 eingeführten Operationen zur Ein– und Ausgabe.

In Bild 228 ist rechts unten ein einfaches prozedurales Programm angegeben, und zu diesem Programm sind daneben ein mögliches X–Band und das dazu durch die Programmabwicklung gewonnene Y–Band dargestellt. Um das gleiche Ergebnis zu erhalten, muß man dem Funktionalabwickler den gezeigten Baum als Programm zur Abwicklung geben. Im Baum in Bild 228 sind die doppelumrandeten Knoten durch daruntergesetzte laufende Nummern geordnet, und zwar in derjenigen Reihenfolge, in der sie vom Abwickler erledigt werden. Dabei heißt Erledigung, daß der zugehörige Wert bestimmt oder die zugehörige Operation ausgeführt wird.

Wenn man in funktionaler Sprache ein prozeßorientiertes Programm formulieren will, muß man die Arbeitsweise des Abwicklers genauer kennen, als dies zum Verständnis eines ergebnisorientierten Programms erforderlich wäre. Man stelle sich vor, die Ausgabeoperationen würden aus dem Baum in Bild 228 entfernt und anstelle der Eingabeoperationen stünden irgendwelche echten Funktionen zur Berechnung des Minuenden und des Substrahenden für die Subtraktion. In diesem Fall könnte man das Programm eindeutig interpretieren ohne zu wissen, weche Reihenfolge für die Argumentberechnung in der Abwicklerprozedur in Bild

225 gewählt wurde. Man bräuchte nur zu wissen, welcher Argumentknoten dem Minuenden zugeordnet ist. Dagegen ist ein Baum, der Ein- und Ausgabeoperationen enthält, nur zu interpretieren, wenn man die zeitliche Reihenfolge kennt, in der der Abwickler die Ergebnisse zu den verschiedenen Knoten bestimmt.

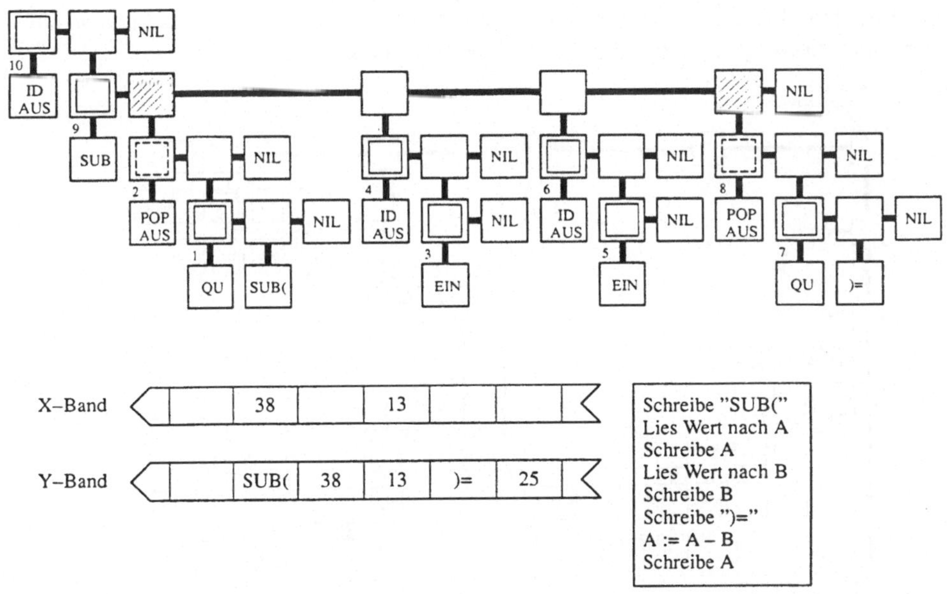

Bild 228 Beispiel für Ein- und Ausgabeoperationen in einem funktionalen Programm

Mit der Einführung von Ein- und Ausgabeoperationen hat man den Bereich der rein funktionalen Programme verlassen. Wenn man nun diesen Schritt getan hat, dann wird man natürlich auch überlegen, ob es nicht neben den Ein- und Ausgabeoperationen noch andere Operationen gibt, um die man das Repertoire des Abwicklers erweitern könnte. Man wird insbesondere überlegen, ob es nicht zweckmäßig sein könnte, ein Charakteristikum aus der prozeduralen Programmierung zu übernehmen, nämlich die explizite Verwendung von Speicherzellen zur Ablage von Inhalten, die beliebig oft abrufbar sind. Zu diesem Zweck kann man im Baumspeicher in Bild 224 anstelle des NIL-Knoten rechts unten einen weiteren Teilbaum anhängen. Man wird in diesem Teilbaum nicht nur Werte, sondern auch Funktionsdefinitionen speichern wollen.

In Bild 229 ist diese Möglichkeit anhand eines Beispiels veranschaulicht. Als neue Operationen treten hier die Zuweisungsoperationen auf; sie sind in Bild 229 mit dem Symbol ":=" benannt. Aus dem gleichen Grunde wie bei den AUS-Operationen gibt es auch bei den Zuweisungsoperationen einen ID-Typ und einen POP-Typ. Zu jeder Zuweisungsoperation gehören jeweils zwei Angaben, die der Abwickler in den Argumentpositionen des Zuweisungsoperators erwartet: In der ersten Position muß die Benennung angegeben sein, unter der das Abzulegende gespeichert werden soll, und in der zweiten Position muß das Abzulegende umschrieben sein, damit es als WTOP zum Kopieren in die Ablage bereitgestellt werden kann. Bei der Ausführung einer Zuweisungsoperation wird zuerst im Ablagespeicher gesucht, ob bereits eine Ablage unter dem angegebenen Namen vorhanden ist. Falls ja, wird der bisher abgelegte Wert durch den neuen ersetzt; falls nein, wird eine neue Ablage mit dem angegebenen Namen eingerichtet. Die Ablagen sind gestapelt, und das Hinzukommen einer Ablage mit neuem Namen bedeutet ein PUSH. Für das ersatzlose Herausnehmen einer Ablage bräuchte man einen weiteren Operationstyp, der aber hier nicht eingeführt wird.

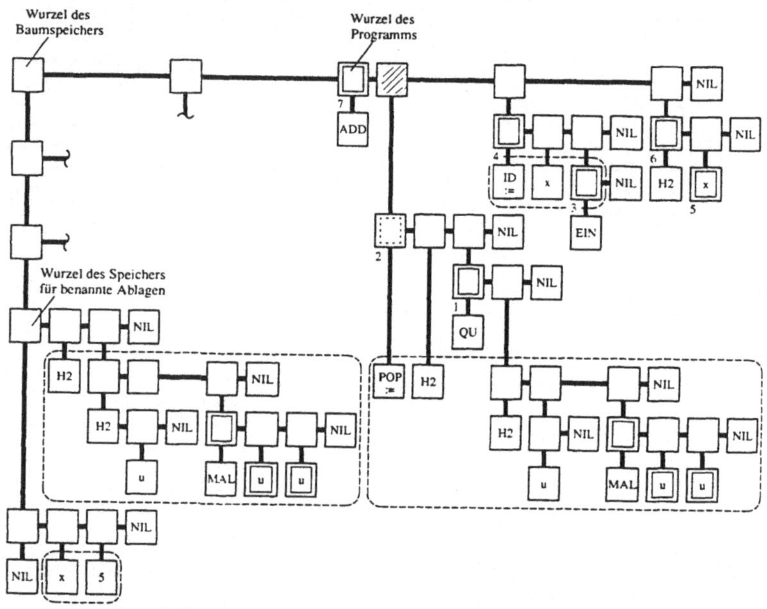

Bild 229 Beispiel zur Verwendung expliziter Speichervariablen in einem funktionalen Programm

Bild 229 zeigt ein Programm, worin die beiden Zuweisungstypen jeweils einmal vorkommen, sowie die Belegung des Ablagespeichers, wie sie am Ende der Programmabwicklung erreicht ist. Im Programm sind die doppelumrandeten Knoten wieder mit laufenden Nummern versehen zur Kennzeichnung der Reihenfolge, in der sie vom Abwickler erledigt werden. Die zuerst auszuführende Zuweisung hat die Nummer 2: Unter der Bezeichnung H2 – für "hoch 2" – wird die im Argument von QUOTE unmittelbar angegebene Funktionsdefinition abgelegt. Beim Knoten mit Nummer 6 wird diese Funktion dann später auf den Wert der Variablen x angewandt. Diese Variable x ist die zweite Ablagevariable; sie wird durch die Zuweisung mit der Nummer 4 im Speicher eingerichtet, wobei sich ihr Wert aus einer Leseoperation ergibt. Es wurde angenommen, daß der Wert 5 gelesen wurde. Als Ergebnis der Auswertung der Addition mit der Nummer 7 erhält man schließlich den Wert 30 für $x + x^2$.

Wenn der Abwickler bei der Auswertung der Knoten mit den Nummern 6 bzw. 7 auf die Bezeichnungen H2 und x stößt, dann wird er zuerst in den Stapeln für Funktions- bzw. Argumentzuordnungen suchen, und nur, falls er dort die Bezeichnungen nicht findet, wird er im Ablagespeicher suchen. In den Zuordnungsstapeln muß die Suche vom TOP ausgehend nach unten durchgeführt werden, weil die gleiche Bezeichnung mehrfach im Stapel liegen darf und dann die oberste Zuordnung genommen werden muß. Im Ablagespeicher dagegen liegt eine Bezeichnung höchstens einmal, und deshalb gibt es dort für die Suche keine vorgeschriebene Richtung.

Anhand der betrachteten Beispiele wurde gezeigt, wie man durch Einführung von Operationen den Abwickler für funktionale Programme so erweitern kann – die Abwickelprozedur in Bild 229 muß dann natürlich entsprechend ergänzt werden – , daß man ihn prozeßorientiert einsetzen kann. Die Beispiele zeigten aber auch, daß dies keineswegs eine naheliegende oder leicht einsehbare Vorgehensweise ist. Es ist einfach, in prozedurale Programme funktionale Schritte einzubringen, indem man auf der rechten Seite einer Zuweisung Funktionalausdrükke zuläßt; z.B.

y := MULT[EXP(x), SIN(MULT(w, x))] .

Aber es ist nur mit Mühe und unter Inkaufnahme verwirrender Formulierungen möglich, in funktionalen Programmen prozedurale Schritte einzubringen. Dies ist eine Konsequenz der primären Ergebnisorientiertheit funktionaler Programme.

3.2.4.4 Prädikatsauflösende Abwickler

3.2.4.4.1 Präzisierung der Aufgabenstellung

Im Abschnitt 3.2.3.2 über indirekte Umschreibung von Funktionen wurde gesagt, daß man eine Funktion $y = f(x)$ durch ein Prädikat $P(x, y)$ definieren kann, wobei aber nicht jedes Prädikat $P(x, y)$ nach y auflösbar ist. Falls ein Prädikat $P(v_1, v_2, \dots v_m)$ gegeben ist, welches man wahlweise nach unterschiedlichen Variablen v_j auflösen kann, dann ist nur dann eindeutig eine bestimmte Funktion definiert, wenn zusätzlich zum Prädikat P auch noch der Hinweis gegeben wird, nach welchem v_j aufgelöst werden soll.

Wenn bisher von der Auflösung eines Prädikats gesprochen wurde, dann war damit immer die Überführung einer indirekten Funktionsumschreibung in eine direkte gemeint. Wenn dann die direkte Funktionsumschreibung vorliegt, können nacheinander zu vorgegebenen Argumentwerten die zugehörigen Ergebniswerte bestimmt werden. Anhand der beiden Beispiele unterschiedlicher Prädikate im Abschnitt 3.2.3.2 – eine quadratische Gleichung einerseits und eine Primzahlendefinition andererseits – wurde bereits verdeutlicht, daß für die Prädikatsauflösung nur in Sonderfällen ein formales Verfahren bekannt ist, wobei außerdem noch je nach Prädikatstyp sehr unterschiedliche Verfahren anzuwenden sind. Deshalb kann nicht erwartet werden, daß hier ein Abwickler vorgestellt wird, der in der Lage wäre, für eine Vielfalt von Prädikatstypen tatsächlich eine Auflösung im bisherigen Sinne zu finden. Obwohl der Abwickler dieses große Ziel einer echten Prädikatsauflösung nicht erreicht, soll er hier trotzdem als prädikatsauflösender Abwickler bezeichnet werden. Dies wird nun begründet.

Wenn ein funktionsdefinierendes Prädikat gegeben ist, dann liegt es zwar nahe, an das große Ziel seiner Auflösung zu denken, aber es gibt durchaus auch noch ein kleineres Ziel, bei dem, wenn man es erreicht hat, der Nutzen nicht viel geringer ist als beim großen Ziel. Dieses kleinere Ziel besteht darin, zu jedem vorgegebenen Argumentwert das zugehörige Funktionsergebnis zu erhalten. Daß dies nicht mit dem großen Ziel identisch ist, erkennt man leicht bei Betrachtung eines Beispiels. Hierzu wird noch einmal das Prädikat mit der quadratischen Gleichung von Seite 364 herangezogen:

$$P(x, y) \Leftrightarrow ([y^2 - 6xy + 5x^2 = 0] \text{ UND } [(x \neq 0) \rightarrow (x \neq y)])$$

Bei der Suche nach einer echten Auflösung dieses Prädikats ist man nicht auf die Vorgabe eines bestimmten Wertes für die Argumentvariable x angewiesen. Die Auflösung liefert die direkte Funktionsumschreibung y=5x, und erst nachdem man diese gefunden hat, braucht man die Vorgabe eines x–Wertes, wenn man einen y–Wert als Ergebnis bestimmen soll.

Bei dem kleineren Ziel erwartet man nicht, daß die direkte Funktionsumschreibung y=5x gefunden wird, sondern man gibt gleich einen x–Wert vor – z.B. x=4 – und ist zufrieden, wenn der zugehörige y–Wert – hier also y=20 – gefunden wird.

Den Unterschied zwischen dem großen und dem kleinen Ziel kann man durch folgende Funktionalgleichungen zum Ausdruck bringen:

Große Auflösung (Indirekte Fktsumschr.) = Direkte Fktsumschr.
Kleine Auflösung (Indirekte Fktsumschr. , Argwert) = Ergebniswert

Der hier vorzustellende Abwickler leistet also zwar nicht die große Auflösung, aber immerhin die kleine. Und diese kleine Auflösung kann als Sonderfall einer etwas allgemeineren Aufgabenstellung angesehen werden: Es wird nicht mehr gefordert, daß das betrachtete Prädikat das Funktionskriterium erfüllt. Das Prädikat beschreibt also nur noch eine Relation

$$P(v_1, v_2, v_3, \ldots v_m) \Leftrightarrow [(v_1, v_2, v_3, \ldots v_m) \in \text{Rel}] ,$$

aber diese Relation muß nicht mehr funktional sein, d.h. sie muß nicht mehr nach irgendeiner Teilmenge der Variablen auflösbar sein.

Da nun anstelle einer indirekten Funktionsumschreibung die *Umschreibung einer allgemeinen Struktur* stehen darf, muß für die kleine Auflösung auch anstelle des Argumentwertes etwas allgemeineres vorgegeben werden, und zwar eine Aussageform. Die aus dieser Aussageform durch Variablenbelegungen erzeugbaren Aussagen müssen derart sein, daß ihr Wahrheitswert aus der umschriebenen Struktur ableitbar ist. Die kleine Auflösung besteht dann darin, alle diejenigen Kombinationen von Variablenbelegungen zu liefern, welche die Aussageform zu einer wahren Aussage machen. In dem Sonderfall, wo die Anzahl der Variablen null ist, wo also anstelle der Aussageform gleich eine Aussage vorgegeben wird, soll die kleine Auflösung die Feststellung liefern, ob diese Aussage wahr ist oder nicht.

Die Bezeichnung "kleine Auflösung" wurde hier nur eingeführt, um den Unterschied zur großen Auflösung zu betonen. In der verallgemeinerten Form kann aber der kleinen Auflösung keine große Auflösung mehr gegenübergestellt werden. Deshalb wird nun im Folgenden nicht mehr von kleiner Auflösung gesprochen, sondern es wird die allgemeinere Bezeichnung "Lösung" verwendet. Es ist üblich geworden, die Strukturumschreibung in diesem Zusammenhang als die *Wissensbasis* zu bezeichnen und die diesbezügliche Aussageform als die *Anfrage*. Dann kann man sagen, daß im Lösungsprozeß die Wissensbasis zur Beantwortung der Anfrage benutzt wird. Es gilt also folgende Funktionalgleichung:

$$\textit{Lösung}\ (\text{Wissensbasis, Anfrage}) = \begin{cases} \text{Wahrheitswert} & \text{falls die Anfrage eine Aussage ist} \\ \text{Menge der wahrmachenden Belegungen} & \text{sonst} \end{cases}$$

Zur Veranschaulichung dieser allgemeinen Aussagen werden nun zwei Beispiele betrachtet. Als erste Wissensbasis wird wieder die indirekte Funktionsumschreibung mit der quadratischen Gleichung herangezogen, deren echte Auflösung das Ergebnis y=5x liefern würde. Dazu werden vier unterschiedliche Anfragen vorgegeben, zu denen sich jeweils unterschiedliche Antworten ergeben:

Anfrage	Antwort
P(4, y)	{(y=20)}
P(x, 15)	{(x=3)}
P(5, 25)	*wahr*
P(7, 30)	*falsch*

Es wäre in diesem Fall nicht sehr sinnvoll, die Anfrage P(x, y) vorzugeben, denn zu dieser gibt es unendlich viele wahrmachende Belegungen, so daß der lösende Abwickler nie ans Ende käme.

Als zweites Beispiel wird die in Bild 15 definierte Lobesrelation betrachtet. Diese Relation erfüllt nicht das Funktionskriterium. Zur Anfrage

$$\text{LOB}(x, x) \cdot (x \neq y) \cdot \text{LOB}(x, y) \cdot \text{LOB}(y, y)$$

gehört die Antwort

$$\{ (x = T,\ y = W), (x = X,\ y = Q) \},$$

d.h. es gibt hier zwei unterschiedliche Belegungen des Variablenpaares (x, y), welche die gegebene Aussageform wahrmachen. Dagegen gibt es zur Anfrage

$$\text{LOB}(R, y) \cdot \text{LOB}(V, y)$$

keine wahrmachende Belegung der Variablen y, so daß sich hier als Antwort die leere Menge ∅ ergeben muß.

Man sucht nun einen Abwickler, der eine Antwort finden soll, wenn man ihm eine Wissensbasis und eine Anfrage vorgibt. Man wird einen solchen Abwickler umso leichter finden, je stärker man die Form beschränkt, in der die Wissensbasis und die Anfrage formuliert werden dürfen. Die primitivste Formulierung einer Struktur besteht in der expliziten Aufzählung sämtlicher Relationselemente, und bei Strukturen, bei denen es keinerlei Gesetzmäßigkeiten gibt, ist dies die einzige Möglichkeit der Formulierung. Dies geht natürlich nur bei endlichen Strukturen. Man betrachte wieder die Lobesrelation in Bild 15: Alle 13 Relationselemente müssen explizit angegeben werden, da keinerlei Gesetzmäßigkeiten bestehen, die es erlauben würden, aus einer Teilmenge bekannter Relationselemente auf die restlichen zu schließen. Anders liegt der Fall bei der Verträglichkeitsrelation in Bild 11: Hier genügt es, eine bestimmte Teilmenge mit 7 Elementen aus der Gesamtmenge aller 20 Relationselemente explizit vorzugeben – nämlich die Elemente oberhalb der Hauptdiagonalen in der Matrix. Daraus folgen nämlich aufgrund der Reflexivität und der Symmetrie von Verträglichkeitsrelationen die restlichen 13 Elemente.

Selbstverständlich muß es zulässig sein, in einer Wissensbasis für den Abwickler derartige Gesetzmäßigkeiten zu formulieren. Es handelt sich immer um *allquantifizierte Implikationen*. Typische Beispiele sind die Kriterien zur Charakterisierung quadratischer Relationen, die im Abschnitt 1.2.2 über Relationen und Strukturen vorgestellt wurden:

Reflexivität:	$\forall$a:			P(a, a)
Symmetrie:	$\forall$a,b:	P(a, b)	$\rightarrow$	P(b, a)
Transitivität:	$\forall$a,b,c:	[P(a, b) · P(b, c)]	$\rightarrow$	P(a, c)

Obwohl im Kriterium der Reflexivität kein Implikationssymbol vorkommt, kann doch auch hier eines hinzugedacht werden, denn man darf anstelle einer Wahrheitswertvariablen w immer (*Leere Aussage* → w) schreiben, und deshalb darf man anstelle von P(a,a) auch die Implikation (*Leere Aussage* → P(a,a)) setzen.

Eine Allquantifikation ist i.a. nur sinnvoll, wenn das Wahrwerden der Aussageform, über deren Variable quantifiziert wird, an bestimmte Wertebereichszugehörigkeiten dieser Variablen gebunden ist. Man betrachte hierzu die Verträglichkeitsrelation in Bild 11, die auf einer Primzahlfaktorenzerlegung der Elemente beruht. Wenn man hier das Reflexivitätskriterium einfach in der Form

$$\forall x: \quad \text{VERTRÄGLICH}(x, x)$$

schreiben würde, dann müßte man daraus schließen, daß auch ein Kleiderschrank mit sich selbst verträglich sei, und dies kann man in diesem Beispiel nicht akzeptieren, da diese Verträglichkeit nicht über eine Primzahlfaktorenzerlegung begründbar ist. Deshalb muß man korrekterweise schreiben:

$$\forall x: \ (x \in \text{betrachteter Wertebereich}) \rightarrow \text{VERTRÄGLICH}(x, x)\,.$$

Deshalb muß überlegt werden, wie in einer Strukturumschreibung die Wertebereiche der Variablen festgelegt werden können. Diese Wertebereiche sind gleich den in den Relationen als kartesische Faktoren vorkommenden Mengen.

Der *universelle Wertebereich* ist der einzige uneingeschränkte Wertebereich. In diesem Wertebereich ist alles durch Zeichenfolgen Identifizierbare enthalten, also beispielsweise die Zahl 5 ebenso wie der Rathausturm von Hamburg. In einem späteren Beispiel wird gezeigt, in welchem Zusammenhang dieser Wertebereich eine Rolle spielen kann.

Alle anderen Wertebereiche sind eingeschränkt. Es ist zweckmäßig, in einer Strukturumschreibung drei Arten eingeschränkter Wertebereiche zu unterscheiden:

(1) explizit aufgezählte, endliche Wertebereiche
(2) implizit festliegende, unendliche Wertebereiche
(3) explizit axiomatisch definierte, meist unendliche Wertebereiche

Die erste Art ist die einfachste: Die Elemente werden einfach durch Einführung ihrer Bezeichnung im Argument eines Prädikats in der Wissensbasis definiert. Man betrachte als Beispiel die Wohnrelation in Bild 8, die durch folgende Aussagenmenge umschrieben werden kann:

WOHNUNG(Anton, Paris), WOHNUNG(Karl, London), WOHNUNG(Theo, Paris), PERSON(Erich), STADT(Rom),

∀a,b: WOHNUNG(a, b) → PERSON(a) · STADT(b).

Durch diese sechs Aussagen wird unter anderem ein dreielementiger Wertebereich *Städte* definiert. Damit könnte nun beispielsweise folgende wertebereichsbezogene Allquantifikation formuliert werden:

∀s: STADT(s) → MINDESTEINWOHNERZAHL(s, 100.000)

Darin ist die Prädikatsform STADT(s) gleichbedeutend mit (s ∈ {Paris, London, Rom}).

Die zweite Art eingeschränkter Wertebereiche, also die implizit festliegenden unendlichen Wertebereiche sind solche, die schon bei der Gestaltung des Abwicklers vorgesehen werden und die sich dann in Form der *Basisprädikate* äußern, die man bei der Formulierung von Wissensbasen und Anfragen verwenden darf, ohne sie in der Wissensbasis definieren zu müssen. Diese Basisprädikate wird man selbstverständlich in unmittelbarer Entsprechung zu den Basisanweisungen bzw. Basisfunktionen des prozeduralen bzw. funktionalen Abwicklers wählen, und das bedeutet, daß man als Wertebereiche die Zahlen und die Binärbäume vorsehen wird. Den auf diesen Wertebereichen definierten Basisfunktionen kann man auf einfache Weise die entsprechenden Prädikate zuordnen, wie die folgenden beiden Beispiele zeigen:

$$\text{MULT(arg1, arg2, erg)} = \begin{cases} \textit{wahr} & \text{falls arg1} \cdot \text{arg2} = \text{erg} \\ \textit{falsch} & \text{sonst} \end{cases}$$

$$\text{BAUM(baumli, baumre, erg)} = \begin{cases} \textit{wahr} & \text{falls erg ein Binärbaum ist mit dem linken Teilbaum baumli und dem rechten Teilbaum baumre} \\ \textit{falsch} & \text{sonst} \end{cases}$$

Die Basisprädikate stehen einerseits zur Definition neuer Prädikate in der Wissensbasis zur Verfügung und andererseits zur Formulierung von Anfragen.

Beispiel der Definition des neuen Prädikats QUADRAT:

∀a,b: MULT(a, a, b) → QUADRAT(a, b)

Beispiel für eine Anfrage mit dem Basisprädikat MULT:

MULT(6, 7, y)

Die Lösungsmenge hierzu lautet { (y = 42) } .

Die Gestaltung des Abwicklers wird stark vereinfacht, wenn man zuläßt, daß die auf Verknüpfungsfunktionen beruhenden Basisprädikate gerichtet sind. Das *Gerichtetsein eines Prädikats* ist ein auf den Abwickler bezogenes Prädikatsmerkmal und besagt, daß der Abwickler zwischen Eingangs- und Ausgangsvariablen des Prädikats unterscheidet und nicht in der Lage ist, Eingangsbelegungen zu finden, die eine Aussageform mit diesem Prädikat wahrmachen. So ist beispielsweise im Falle eines gerichteten Prädikats MULT(a, b, c), bei dem der Abwickler a und b als Eingänge behandelt, die Anfrage MULT(a, 7, 42) unzulässig.

Neue Prädikate, die unter Verwendung gerichteter Prädikate definiert werden, sind i.a. auch wieder gerichtet. Dies gilt im Falle des gerichteten MULT auch für das oben definierte Prädikat QUADRAT. Zur Anfrage QUADRAT(a, 49) gehört die Lösungsmenge { (a=7) }, die der Abwickler aber nicht findet, wenn er nur das Verfahren der Multiplikation kennt. Man wird den Abwickler nämlich nicht derart gestalten, daß er auch bei unendlichen Wertebereichen nacheinander einzelne Werte ausprobiert.

Nun muß noch die dritte Art beschränkter Wertebereiche behandelt werden, also die explizit axiomatisch definierten, meist unendlichen Wertebereiche. Solche Wertebereiche wurden bereits im Abschnitt 1.3.3.4 über Kalküle vorgestellt, und zwar als Nebenprodukt der axiomatischen Definition mathematischer Strukturen. Dabei geht es nämlich immer um Individuen, für die ein bestimmtes Wertebereichsprädikat gilt. So befassen sich beispielsweise die Peano'schen Axiome in Bild 52 mit Individuen, für die das Prädikat N gilt, wobei das einzige durch Benennung eingeführte derartige Individuum α genannt wurde. Und die Axiome zur Definition der Boole'schen Struktur (s. Bild 53) befassen sich mit Individuen, für die das Prädikat B gilt, wobei die einzigen beiden durch Benennung eingeführten derartigen Individuen ν und ε genannt wurden. Die interessierenden Wertebereiche sind nun jeweils die Mengen derjenigen Individuen, für die das jeweilige Wertebereichsprädikat gilt und die unter Bezug auf die benannten Individuen und durch Verkettung der ebenfalls in den Axiomen eingeführten Funktionen umschrieben werden können. Im Falle der Peano-Axiome ist dieser Wertebereich unendlich:

$$\text{Peano–Wertebereich} = \{\ \alpha, r(\alpha), r[r(\alpha)], r(r[r(\alpha)]), \ldots\ \}$$

Durch das letzte Axiom in Bild 52 wird sichergestellt, daß es keine Individuen mit dem Prädikat N gibt, die nicht zu diesem Wertebereich gehören.

Würde dieses letzte Axiom fehlen, dann könnte man auch Interpretationen für α, N und r derart wählen, daß es Individuen mit dem Prädikat N gäbe, die nicht mit α und r umschrieben werden könnten, z.B.

$$\begin{aligned} N(x) &= \text{"x ist eine natürliche Zahl."} \\ \alpha &= 1 \\ r(x) &= x + 2 \end{aligned}$$

Diese Interpretation ist mit den ersten vier Peano-Axiomen im Einklang, aber man kann hier nicht alle natürlichen Zahlen, sondern nur die ungeraden mit α und r umschreiben.

Anders als im Falle der Peano-Axiome erlauben es die Axiome der Boole'schen Struktur in Bild 53 nicht, aus den benannten Individuen – also aus ν und ε – mittels der eingeführten Funktionen – also Konjunktion, Disjunktion und Negation – weitere Individuen zu gewinnen, für die auch das Wertebereichsprädikat – also B – gilt. Denn die Axiome legen fest, daß die Ergebnisse der Funktionen auf den Wertebereich { ν, ε } beschränkt sind, falls auch die Argumente aus diesem Wertebereich stammen. Was also im Falle der Peano-Struktur nur vorkommt, falls man ein Axiom wegläßt, das ist im Falle der Boole'schen Struktur von vornherein gegeben, nämlich die Existenz von Individuen, für die zwar das Wertebereichsprädikat gilt – hier B –, aber die nicht auf der Grundlage der in den Axiomen durch Benennung eingeführten Individuen und Funktionen umschrieben werden können. So zeigt beispielsweise Bild 54 etliche Individuen, die nicht als ν oder ε aufzufassen sind, aber für die dennoch das Prädikat B gilt.

Es ist selbstverständlich, daß man bei der Formulierung einer Wissensbasis für einen prädikatsauflösenden Abwickler nur solche axiomatischen Definitionen von Wertebereichen einbringen wird, bei denen die Menge der mittels der eingeführten Benennungen umschreibbaren Werte mächtiger ist als die Menge der benannten Individuen. Denn da die Menge der benannten Individuen sowieso durch Aufzählung eingeführt werden muß, wäre es sinnlos, einen weiteren Definitionsaufwand zu treiben, wenn dadurch die Menge der definierten Werte nicht erweitert würde.

Es gibt auch den Fall, daß aus dem zu definierenden Wertebereich gar kein Element durch Benennung eingeführt wird. In diesem Fall bezieht man sich auf benannte Elemente anderer Wertebereiche. Hierzu wird ein Beispiel betrachtet, anhand dessen später auch noch die Formulierung einer Wissensbasis und einer Anfrage veranschaulicht wird.

Unter der Bezeichnung "Die Türme von Hanoi" gibt es ein Spiel, mit dem sich eine Einzelperson die Zeit vertreiben kann. Bild 230 zeigt den Aufbau: Auf einer Grundplatte stehen drei senkrechte Stäbe, die als Mittelachsen für zylindrische Scheiben dienen, deren Mittenbohrung so groß ist, daß die Scheiben längs der Stäbe gleiten können.

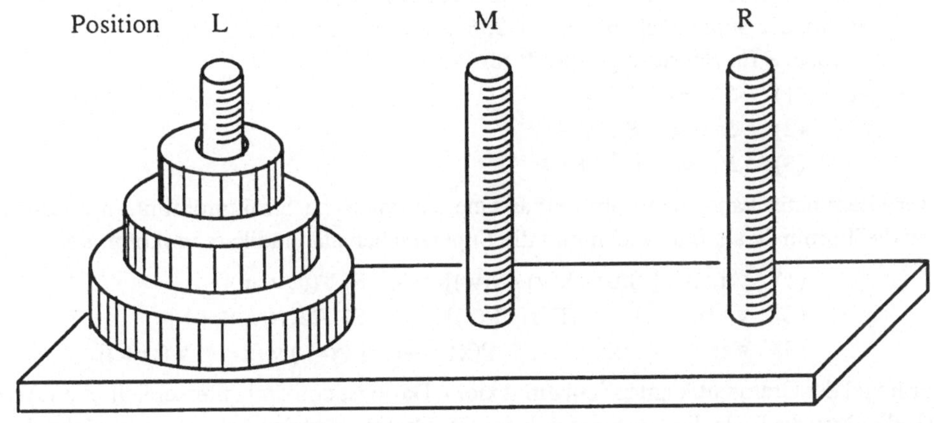

Bild 230 Die Türme von Hanoi

Bild 230 zeigt der Einfachheit halber nur drei Scheiben; üblicherweise wird das Spiel mit sieben Scheiben gespielt. Die Scheiben unterscheiden sich deutlich hinsichtlich ihres Außendurchmessers. Zu Beginn des Spiels müssen alle Scheiben auf der linken Säule (Position L) sitzen, wobei sie nach abnehmender Größe von unten nach oben geordnet sind. Im Laufe des Spiels soll der Endzustand herbeigeführt werden, der darin besteht, daß der ganze Scheibenturm mit der ursprünglichen Scheibenordnung nun auf der rechten Säule (Position R) sitzt. Dabei muß der Transport schrittweise geschehen, wobei pro Schritt jeweils nur eine Scheibe bewegt wird und nie eine größere Scheibe auf eine kleinere gesetzt werden darf. Die mittlere Säule (Position M) dient als Zwischenlager.

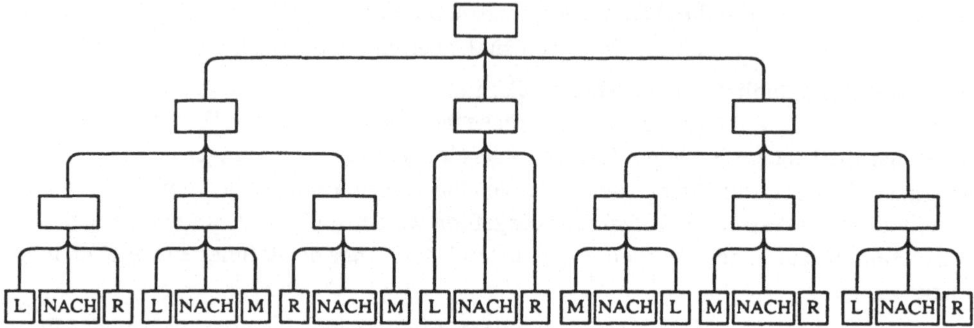

Bild 231 Optimale Schrittfolge zu Bild 230

Bild 231 zeigt die optimale Schrittfolge für das Spiel mit drei Scheiben. Die Schrittfolge ist als Dreierbaum strukturiert, worin an jedem Knoten, der kein Blatt ist, drei Unterknoten hängen. Diese Strukturierung darf an dieser Stelle als willkürlich gewählt betrachtet werden; sie wird sich aber später als zweckmäßig erweisen. Als interessierender Wertebereich sei nun die Menge aller derartig darstellbaren Schrittfolgen betrachtet. Man kann diese Menge durch folgende einfache Grammatik erfassen:

Repertoire der Terminale = { L, M, R, NACH }
Repertoire der Superzeichen = { S, P } mit dem Axiom S
(wobei S für Schrittfolge und P für Position steht)

Regeln: (1) $S \Rightarrow S\,S\,S$
(2) $S \Rightarrow P$ NACH P
(3) $P \Rightarrow$ L | M | R

Dieser Grammatik kann man unmittelbar eine axiomatische Strukturdefinition zuordnen, worin die Terminale als Individuen und die Superzeichen als Prädikate vorkommen:

(1) $\forall$u,v,w: [S(u) · S(v) · S(w)] → S[T(u, v, w)]
(2) $\forall$a,b: [P(a) · P(b)] → S[T(a, NACH, b)]
(3) $\forall$x: P(x) → [(x=L) ∨ (x=M) ∨ (x=R)]

Jeder Regel der Grammatik entspricht ein Axiom. Darin ist von drei unterschiedlichen Arten von Individuen die Rede. Für die einen gilt das Prädikat P – Position zu sein –, wobei das dritte Axiom sagt, daß es nur drei Individuen mit diesem Prädikat gibt, nämlich L, M und R. Von anderer Art ist das Individuum NACH, welches im zweiten Axiom an der zweiten Argumentenstelle der Funktion T eingeführt wird. Es wird nichts weiter darüber ausgesagt als daß es existiert und an dieser Argumentenstelle als Wert vorkommen darf. Die Individuen von der dritten Art schließlich sind solche, für die das Prädikat S – Schrittfolge zu sein – gilt. Von diesen Individuen der dritten Art wird kein einziges durch Benennung eingeführt, sondern sie werden alle durch Umschreibung auf der Grundlage der vier benannten, andersartigen Individuen und der Funktion T definiert.

Diese Funktion T – die Abkürzung steht für Tripelbildung – hat in der Grammatik keine explizite, sondern nur eine implizite Entsprechung: In der Grammatik kommt zwar der Buchstabe T nicht vor, aber das, was er symbolisiert, nämlich die Tripelbildung, kommt in den ersten beiden Regeln durchaus vor, denn da wird jeweils das Superzeichen S durch ein Tripel von Zeichen ersetzt. Es gilt ganz allgemein und nicht nur in diesem Beispiel, daß in einer axiomatischen Definition eines Wertebereichs *strukturbildende Funktionen* eingeführt werden müssen – hier die Tripelbildungsfunktion T, bei Peano (s. Bild 52) die Nachfolgerfunktion r.

Das Beispiel der als Dreierbaum darstellbaren Schrittfolgen wurde vorgestellt, weil es die Möglichkeit veranschaulicht, einen Wertebereich zu definieren, von dem kein einziges Element durch Benennung eingeführt wird. In den Axiomen des Beispiels findet man kein benanntes Individuum, für welches das Prädikat S zutrifft. Trotzdem definieren die drei Axiome eine unendliche Menge von Individuen, für die das Prädikat S gilt. Bild 231 zeigt ein solches Individuum.

Nachdem nun die Wertebereiche behandelt sind, auf die sich die Allquantifikationen in der Wissensbasis beziehen können, kehrt die Betrachtung zu der Frage zurück, wie die Wissensbasis und die Anfrage zu formulieren sind. Es wurde bereits gesagt, daß der Abwickler um so einfacher sein wird, je stärker man die Form der Wissensbasis und der Anfrage einschränkt. Im folgenden wird diejenige Form vorgestellt, die den derzeit bekannten prädikatsauflösenden Abwicklern und der diesbezüglichen Programmiersprache zugrundeliegt[1)].

Die Wissensbasis wird formuliert als endliche Menge *allquantifizierter Implikationen*[2)]. Dabei muß die *Folgerung* – das, wohin der Implikationspfeil zeigt – eine elementare Prädikatsform sein, wogegen die *Voraussetzung* – das, woher der Pfeil kommt – eine Konjunktion elementarer Prädikatsformen sein darf. Die Anfrage hat die Form einer Voraussetzung.

Eine *elementare Prädikatsform*[3)] besteht aus dem Prädikatsnamen und der daran anschliessenden geklammerten Argumentenfolge. Ein Element einer Argumentenfolge ist entweder ein Individuenname oder eine Individuenvariable oder eine Funktionsform. Eine Funktionsform sieht wie eine elementare Prädikatsform aus, nur die Interpretation ist eine andere: Der Wertebereich eines Prädikats ist immer gleich der binären Wahrheitswertmenge { *falsch*, *wahr* }, wogegen der Wertebereich für das Ergebnis einer Funktion eine der Funktion zugeordnete Individuenmenge ist (s. Bild 35).

Als Beispiel einer so formulierten Wissensbasis und einer dazu passenden Anfrage wird wieder das Spiel "Türme von Hanoi" betrachtet.

Wissensbasis:

(1) ∀a, h, e: HAN[1, a, h, e, T(a, NACH, e)]

(2) ∀a, h, e, m, n, sa, se:

(m=n–1)·HAN[m, a, e, h, sa]·HAN[m, h, a, e, se] → HAN[n, a, h, e, T(sa, T[a, NACH, e], se)]

Anfrage: HAN[3, L, M, R, ergebnis]

Zur einfachen Unterscheidung von Variablen und Namen für Individuen, Prädikate und Funktionen wurden einheitlich alle Variablen klein und die Namen der definierten Objekte groß

1) Diese Programmiersprache heißt PROLOG.

2) In der Fachsprache werden die so formulierten Wissenselemente als *Hornklauseln* bezeichnet. Wenn die Voraussetzung leer, d.h. immer wahr ist, dann ist die Klausel ein *Fakt*, andernfalls eine *Regel*.

3) Der Zusatz *elementar* ist erforderlich, weil eine Junktion elementarer Prädikatsformen auch wieder eine Prädikatsform, aber keine elementare mehr ist.

geschrieben. Die Variablennamen wurden so gewählt, daß man dazu bestimmte anschauliche Bedeutungen assoziieren kann: a für Anfangsposition, h für Hilfsposition, e für Endposition, sa für Schrittfolgenabschnitt am Anfang, se für Schrittfolgenabschnitt am Ende, n und m für natürliche Zahlen.

Die Formulierung der Wissensbasis und der Anfrage beruht auf folgender Überlegung: Es soll die optimale Schrittfolge in Bild 231 gefunden werden. Diese Schrittfolge soll als Belegung der Variablen *ergebnis* die Anfrage wahr machen. Dazu muß man das Prädikat HAN wie folgt interpretieren:

$$\text{HAN}[n, a, h, e, s] = \begin{cases} \textit{wahr} & \text{falls s die optimale Schrittfolge ist zur Überführung eines Turms aus n Scheiben von der Anfangsposition a in die Endposition e unter Benutzung der Hilfsposition h} \\ \textit{falsch} & \text{sonst} \end{cases}$$

Mit dieser Interpretation wird auch die Wissensbasis verständlich: Das erste Wissenselement besagt, daß die optimale Schrittfolge einfach darin besteht, die Scheibe von a nach e zu legen, falls der Turm nur aus einer Scheibe besteht. Das zweite Wissenselement besagt, daß man den Transport eines Turms aus n Scheiben in drei Abschnitte zerlegen kann. Zuerst transportiert man den Turm der (n–1) oberen Scheiben von a nach h, wozu man die optimale Schrittfolge sa braucht. Dann liegt die größte Scheibe frei auf a und kann von dort nach e gebracht werden. Anschließend transportiert man den Turm der (n–1) Scheiben von h nach e, wozu man die optimale Schrittfolge se braucht.

Um den Abwickler einfach zu halten, sollte man nicht verlangen, daß das Ergebnis in graphischer Form wie in Bild 231 entsteht, sondern man sollte sich zuerst einmal mit einer Textform zufrieden geben. Denn der Baum in Bild 231 läßt sich selbstverständlich leicht als Text formulieren:

```
T[  T( T[L, NACH, R], T[L, NACH, M], T[R, NACH, M] ),
    T( L, NACH, R),
    T( T[M, NACH, L], T[M, NACH, R], T[L, NACH, R] ) ] .
```

Jeder unbeschriftete Knoten in Bild 231 ist in diesem Text durch den Buchstaben T vertreten.

Da in der Wissensbasis dieses Beispiels über viele Variable allquantifiziert wird, ist es zweckmäßig, an dieser Stelle das Thema der Wertebereiche noch einmal aufzugreifen. Eingeschränkte Wertebereiche gibt es für die Variablen m und n einerseits – nur der Wertebereich der natürlichen Zahlen gibt hier einen Sinn – und für die Variablen sa und se andererseits – hierfür gilt die Menge der als Dreierbaum darstellbaren Schrittfolgen. Bezüglich der drei Variablen a, h und e enthält die Wissensbasis jedoch keinerlei wertebereichseinschränkende Aussagen. Deshalb steht hierfür bei der Formulierung von Anfragen der universelle Wertebereich zur Verfügung. Man muß dabei daran denken, daß der Abwickler ja rein formal operiert und nicht "weiß", welche Interpretation der Programmierer mit der Zeichenfolge HAN und mit den Argumenten von HAN verbindet. Die Anfrage

HAN[L, 3, M, R, ergebnis]

dürfte also vom Abwickler wegen Wertebereichsfehler beim ersten Argument – L statt einer natürlichen Zahl – zurückgewiesen werden, aber auf die Anfrage

HAN[3, 4, M, T(6, 7, 8), ergebnis]

müßte der Abwickler die gesuchte Schrittfolge liefern, wobei diese lediglich etwas schwer zu lesen wäre, weil anstelle von L eine 4 und anstelle von R der Ausdruck T (6, 7, 8) stünde.

Man kann allerdings die Wissensbasis auch so erweitern, daß als Positionsbezeichnungen nur noch die drei anschaulichen Buchstaben L, M und R zugelassen werden:

(1) ∀a, h, e: P(a)·P(h)·P(e) → HAN[1, a, h, e, T(a, NACH, e)]
(2) ∀a, h, e, m, n, sa, se:
(m=n–1)·HAN[m, a, e, h, sa]·HAN[m, h, a, e, se] → HAN[n, a, h, e, T(sa, T[a, NACH, e], se)]
(3) P(L)
(4) P(M)
(5) P(R)

3.2.4.4.2 Arbeitsweise des Abwicklers

Bei der Suche nach einem prädikatsauflösenden Abwickler wird man zweckmäßigerweise die gleiche Vorgehensweise wählen, die sich schon bei der Suche nach einem prozeduralen und nach einem funktionalen Abwickler bewährt hat: Zuerst wird man überlegen, wie das Programm – hier also die Wissensbasis und die Anfrage – in den Speicher zu legen sind. Dann wird man ein Abwickelverfahren suchen, wobei man von der Annahme ausgeht, man müßte selbst die Abwicklung durchführen. Dieses Abwickelverfahren formuliert man als Prozedur, und für Prozeduren kennt man die Möglichkeiten der technischen Realisierung.

Bezüglich der Zellenstruktur des Arbeitsspeichers gibt es hier keinen Unterschied zum Abwickler für funktionale Programme. Dort wie hier ist der Binärbaum die geeignete Struktur, weil eine Programmformulierung vorliegt, nach deren grammatikalischer Struktur sich die Interpretation richten muß. Dazu wird zweckmäßigerweise der Ableitungsbaum in den Speicher gelegt, und dies geht am einfachsten, wenn der Speicher als Binärbaum strukturiert ist. Dieser Speicher steht dann auch zur Ablage von Zwischenergebnissen während der Abwicklung und zum Festhalten des Abwickelergebnisses zur Verfügung.

Anhand eines Beispiels wird gezeigt, wie man ein Programm in den Binärbaumspeicher legen kann. Dem Beispiel liegt die Verträglichkeitsrelation in Bild 11 zugrunde, wo die Verträglichkeit aufgrund gemeinsamer Primzahlfaktoren definiert ist. Von den 20 Relationselementen, die den Kreuzen in der Matrix in Bild 11 entsprechen, sind nur 7 explizit in die Wissensbasis aufgenommen worden. Die restlichen Elemente sind implizit durch die Regeln (8) und (9), die das Wissen über die Reflexivität und die Symmetrie einbringen, erfaßt.

Wissensbasis:

(1)	V(6, 3)	(8)	$\forall$a:		V(a, a)
(2)	V(66, 3)	(9)	$\forall$a,b:	V(a, b) $\rightarrow$ V(b, a)	
(3)	V(6, 66)				
(4)	V(5, 70)				
(5)	V(6, 70)				
(6)	V(70, 7)				
(7)	V(70, 66)				

Anfrage: V(3, x) · V(x, 6)

Als Lösungsmenge erwartet man { (x = 3), (x = 6), (x = 66) } .

Bild 232 zeigt eine von vielen Möglichkeiten, die Wissensbasis und die Anfrage in den Binärbaumspeicher zu legen. Am vertikalen Ast der Programmwurzel hängen in linearer Ordnung die Elemente der Wissensbasis, also WE1 bis WE9. In jedem Wissenselement sind auf einheitliche Weise zwei Teilbäume miteinander verbunden, von denen der eine die Folgerung und der andere die Voraussetzungen darstellt. In WE1 und WE2 gibt es keine Voraussetzungen, so daß dort der jeweilige Voraussetzungsteilbaum nur ein NIL–Blatt umfaßt. Im Falle von WE9 besteht der Voraussetzungsabschnitt nur aus der elementaren Prädikatsform V(a,b). Allgemein darf aber ein Voraussetzungsabschnitt eine Konjunktion mehrerer elementarer Prädikatsformen sein. Im Voraussetzungsteilbaum eines Wissenselements WEi sind also jeweils die elementaren Prädikatsformen nach rechts laufend nebeneinander aufgehängt, von deren Konjunktion der Implikationspfeil ausgeht.

Weder die Allquantifikationen noch die Implikationspfeile oder die Klammern müssen in den Speicher explizit übernommen werden, weil sie durch die Interpretationsvereinbarung zum Binärbaum implizit festgelegt sind.

Rechts neben der Wissensbasis ist in Bild 232 ein sogenannter Lösungsbaum dargestellt. Die Feldeinteilung ergibt sich aus Überlegungen zum Abwickelverfahren. Oben befindet sich die Anfrage; es handelt sich um eine endliche – hier zweielementige – Menge horizontal nebeneinanderhängender elementarer Prädikatsformen, die konjunktiv verknüpft zu denken sind. Solche nach rechts laufenden Mengen konjunktiv zu verknüpfender elementarer Prädikatsformen findet man im Lösungsbaum jeweils ausgehend von den schraffierten Knoten. Diese Knoten wurden durch Schraffur hervorgehoben, um deutlich zu machen, daß es sich hierbei um Wurzeln von Teilbäumen handelt, für die jeweils die gleichen rekursiven Baugesetze gelten.

In dem Lösungsbaum gibt es außer den schraffierten Knoten noch zwei weitere Arten von Knoten, deren gemeinsames Merkmal das rekursive Baugesetz für die Teilbäume ist, deren Wurzel sie sind. Diese Knoten sind gepunktet bzw. kariert. Auf diese Knotentypen wird bei der Beschreibung der Abwickelprozedur Bezug genommen.

Die Bedeutung der Felder im Lösungsbaum, in denen Substitutionen bzw. Voraussetzungen liegen, wird leicht verständlich, wenn man überlegt, wie man vorgehen wird, um die gegebene Anfrage anhand der Wissensbasis zu beantworten.

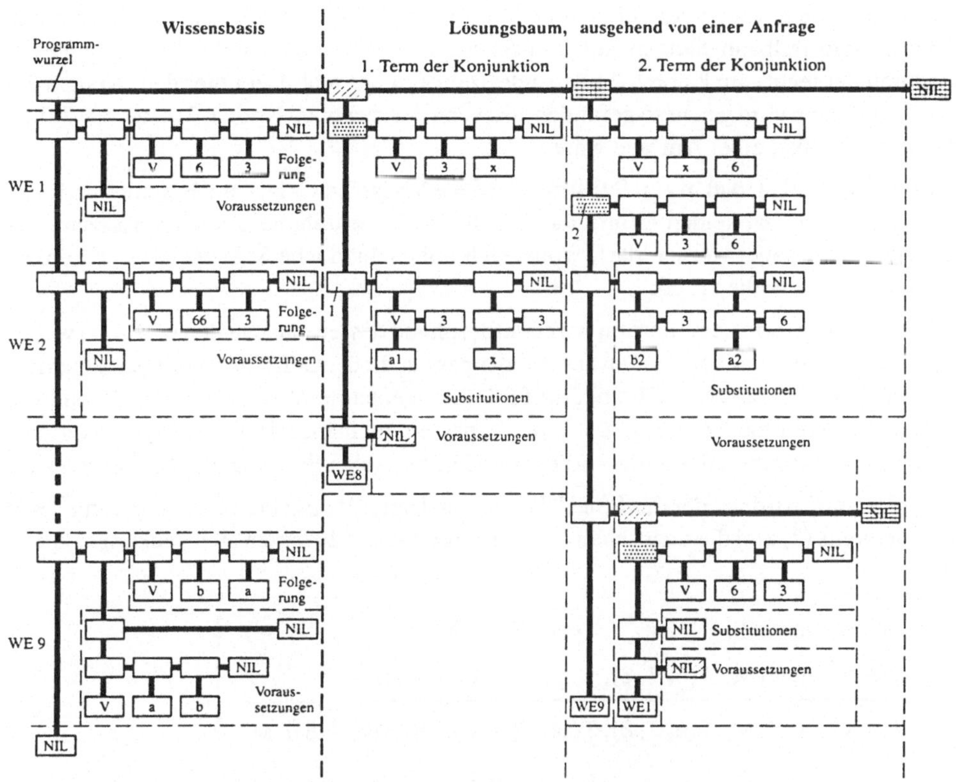

Bild 232 Beispiel einer Wissensbasis und eines Lösungsbaumes

Man kann wie folgt verfahren: Aus der Anfrage V(3, x) · V(x, 6) nimmt man die erste elementare Prädikatsform und sucht in der Wissensbasis ein Wissenselement, dessen Folgerung zu der Prädikatsform "paßt". Die genaue Definition des formalen Kriteriums, anhand dessen dieses "Passen" zu entscheiden ist, wird weiter unten nachgereicht. In diesem einfachen Beispiel kann man diese Entscheidung jeweils intuitiv fällen. Von den Wissenselementen (1) bis (7) paßt keines zu V(3, x), weil das erste Argument 3 mit keinem der ersten Argumente 6, 66, 5 oder 70 zur Deckung gebracht werden kann. Erst das Wissenselement (8) paßt, denn V(a, a) paßt zu V(3, x), weil man sowohl a als auch x durch 3 substituieren darf. Nun muß man prüfen, ob man mit dieser Substitution auch zum zweiten Element der Anfrage, also zu V(3, 6), eine passende Folgerung in der Wissensbasis findet. Man findet sie im Wissenselement (9), denn V(b, a) paßt zu V(3, 6), wenn man die Substitution (b=3), (a=6) wählt. Die Verwendung des Wissenselementes (9) bringt nun aber eine Voraussetzung mit, die auch erfüllt werden muß, nämlich die Voraussetzung V(6, 3). Dazu paßt das Wissenselement (1), und da dieses keine Voraussetzung enthält, darf man schließen, daß (x=3) eine Lösung ist.

Bild 232 zeigt den Lösungsbaum, wie er am Ende der Abwicklung aussieht, die zur Lösung (x=3) geführt hat. Zu Beginn dieser Abwicklung bestand der Lösungsbaum nur aus der Anfrage, d.h. in diesem Zustand sind die Knoten 1 und 2 Blätter mit dem Inhalt NIL. Bei der Abwicklung entsteht zuerst der Teilbaum mit der Wurzel 1. Danach werden die Substitutionen, die in diesem Teilbaum hängen, auf das nächste elementare Prädikat der Anfrage angewandt, wodurch der rechts am Knoten 2 hängende Teilbaum entsteht. Der unter dem Knoten 2 hängende Teilbaum wird genau so gefunden, als wenn der rechts am Knoten 2 hängende Teilbaum das erste Prädikat einer Anfrage wäre.

Es muß auffallen, daß in den Substitutionen die Variablen nicht a und b, sondern a1, a2 und b2 heißen. Dies hat seinen Grund darin, daß ein Wissenselement in einem Lösungsbaum mehrfach verwendet werden darf, wobei sich unterschiedliche Substitutionen ergeben, die man auseinanderhalten muß.

Nun wird das formale Kriterium vorgestellt, anhand dessen entschieden wird, ob zwei gegebene elementare Prädikatsformen zueinander passen. In der Definition wird der allgemeinere Begriff *Term* verwendet als Oberbegriff für Individuenname, Variablenname, Funktionsform und elementare Prädikatsform. Zwei Terme passen zueinander[1)], wenn man sie durch eine geeignete Substitution der darin vorkommenden Variablen deckungsgleich machen kann.

Als Beispiel wird wieder das Spiel "Türme von Hanoi" betrachtet. Die Folgerung des Wissenselements (2) und die unanschauliche Anfrage auf S. 429 lassen sich deckungsgleich machen:

```
HAN[ n, a, h,          e     , T(sa, T[ a, NACH,       e     ], se) ]
HAN[ 3, 4, M, T(6, 7, 8),              ergebnis                      ]
---------------------------------------------------------------------
HAN[ 3, 4, M, T(6, 7, 8), T(sa, T[ 4, NACH, T(6, 7, 8)], se) ]
```

Die Deckungsgleichheit wird in diesem Fall durch eine geeignete Substitution der Variablen n, a, h, e und ergebnis erreicht. Die beiden Variablen sa und se bleiben ohne Substitution.

Man beachte, daß es bei der Suche nach einer geeigneten Substitution auf die Gleichheit der Form und nicht auf die Gleichheit der Interpretationsergebnisse ankommt. So lassen sich beispielsweise die beiden Terme SIN(x) und COS(x) durch die Substitution x=45° zwar wertegleich machen, aber formal deckungsgleich kann man sie nicht machen.

Bei der Suche nach einer Substitution, die zwei gegebene Terme deckungsgleich macht, verfährt man zweckmäßigerweise nach der rekursiven Prozedur in Bild 233.

Nun muß die am Beispiel vorgestellte Verfahrensweise, die ausgehend von der Wissensbasis und der Anfrage zu einem Lösungsbaum führte, als formale Prozedur dargestellt werden. Darüberhinaus braucht man aber noch mehr, denn ein fertiger Lösungsbaum enthält ja nur ein einziges Element der gesuchten Lösungsmenge. Im Beispiel des Baums in Bild 232 ist dies das Element (x=3) aus der Lösungsmenge {(x=3), (x=6), (x=66)}. Man braucht also nicht nur eine Prozedur zum Aufbau eines Lösungsbaums, sondern auch noch eine weitere Prozedur, die von einem fertigen Baum zum Baum mit dem nächsten Lösungselement führt, falls ein solches existiert. Die beiden Prozeduren sollen im folgenden mit NEU und WEITER bezeichnet werden.

---

1) In der Fachsprache sagt man, zwei Terme seien *unifizierbar*, wenn . . .

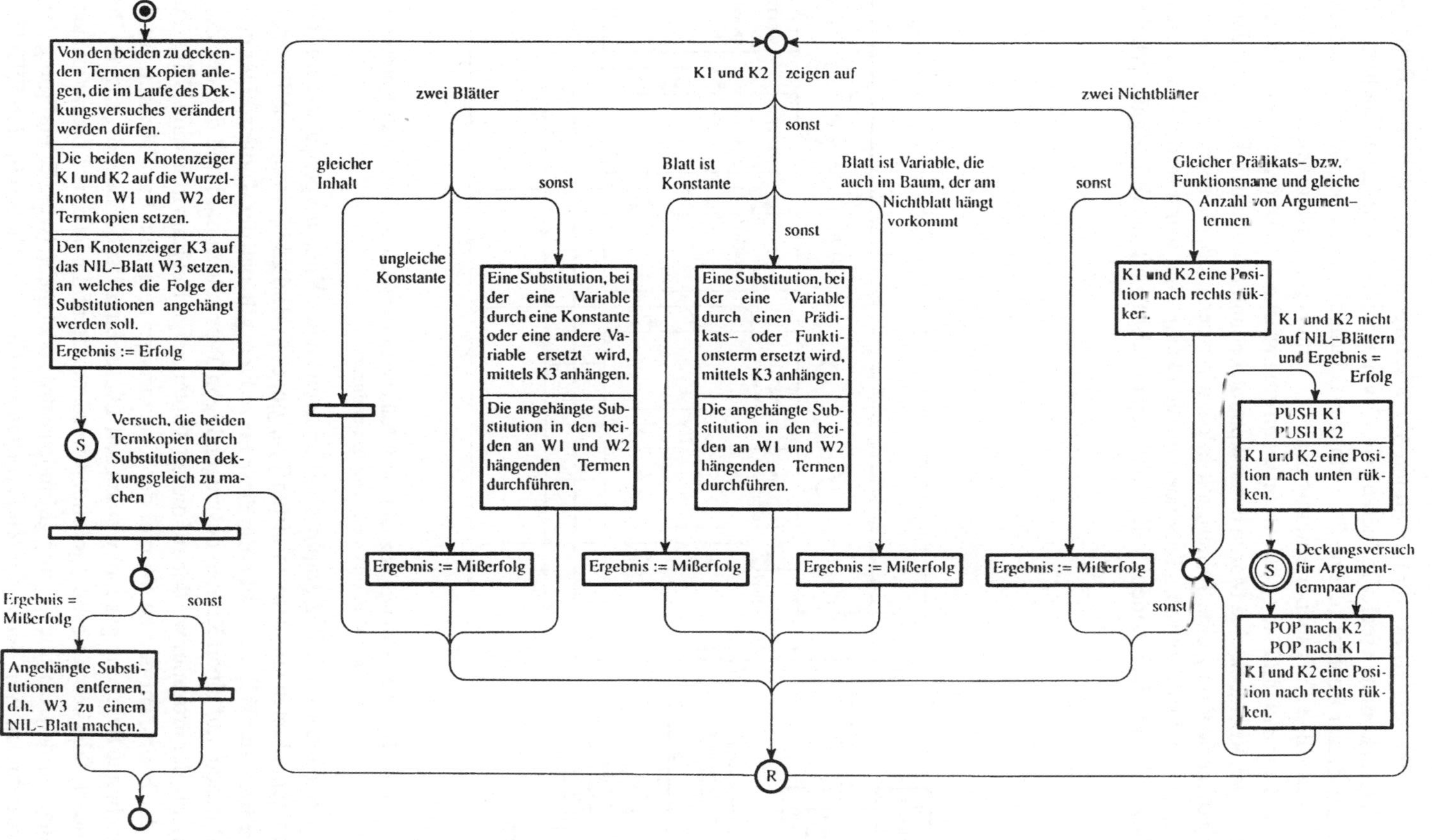

Bild 233 Prozedur zur Suche einer Substitution, die zwei Terme deckungsgleich macht (Unifikationsprozedur)

Bild 234 zeigt das Petrinetz der gesamten Abwickelprozedur des prädikatsauflösenden Abwicklers. Darin kommen sechs Teilnetze in Form von Rechtecken mit gestricheltem Rand vor, wobei jedes dieser Rechtecke eine Prozedur zur Erledigung einer bestimmten Aufgabe darstellt. Die jeweilige Aufgabenerledigung beginnt, wenn von oben eine Marke in das zugehörige Rechteck eintritt, und sie endet, wenn unten eine Marke herauskommt. Wenn seitlich aus einem solchen Rechteck eine Marke herauskommt, bedeutet dies, daß im Rahmen der aktuellen Aufgabenerledigung eine Teilaufgabe erledigt werden muß, die als neue Aufgabe bezüglich einer der sechs Prozeduren behandelt werden kann. Und wenn seitlich in ein Rechteck eine Marke eintritt, dann bedeutet dies, daß nun die abgespaltene Teilaufgabe erledigt ist.

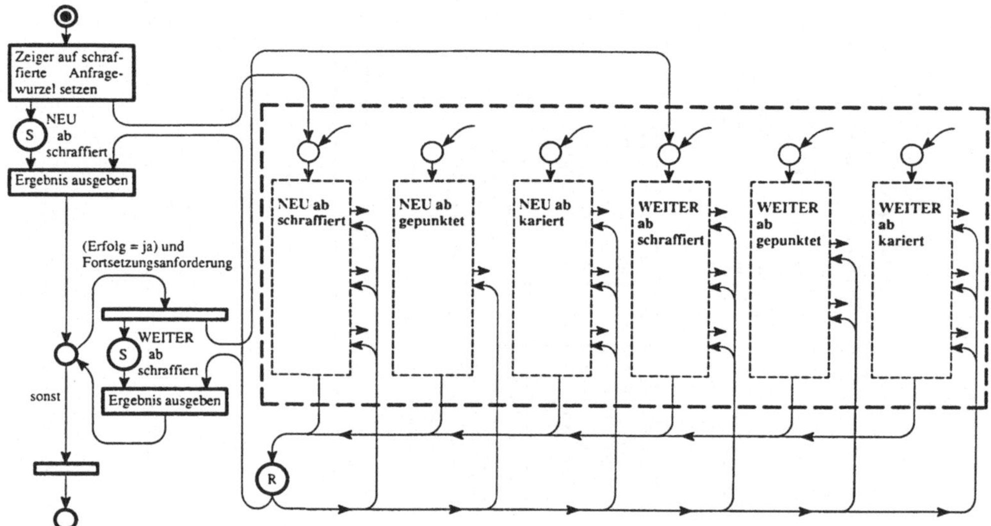

Bild 234 Abwicklungsprozedur zur Prädikatsauflösung in Form einer Hauptprozedur mit sechs rekursiven Unterprozeduren

Zu jedem der drei im Bild 232 graphisch gekennzeichneten Knotentypen, also dem schraffierten, dem gepunkteten und dem karierten Typ, gibt es in Bild 234 jeweils eine Prozedur NEU und eine Prozedur WEITER. Für alle diese Prozeduren gilt, daß der Knotenzeiger bei Eintritt in die Prozedur auf einen Knoten des zugehörigen Typs zeigen muß und daß der Zeiger bei Beendigung der Prozedur wieder auf diesen Knoten zeigt. Bei Eintritt in eine NEU–Prozedur enthält der Baum, auf dessen Wurzel der Knotenzeiger zeigt, nur das Prädikat, für das eine wahrmachende Belegung gesucht werden soll. Dieser Baum ist bei Beendigung der Prozedur unverändert, falls keine Lösung gefunden wurde; andernfalls ist eine Lösung an den Baum angehängt worden. Ob eine Lösung gefunden wurde oder nicht, ist bei Beendigung der jeweiligen Prozedur am Wert der Variablen *Erfolg* zu erkennen. Bei Eintritt in eine WEITER–Prozedur enthält der Baum, auf dessen Wurzel der Knotenzeiger zeigt, neben dem Prädikat auch eine früher gefundene Lösung. Bei Beendigung dieser Prozedur hat sich der Baum in jedem Falle geändert: Falls eine weitere Lösung gefunden wurde, hat diese die vorherige Lösung im Baum ersetzt; andernfalls ist die vorherige Lösung abgehängt worden und der Baum sieht wieder so aus, wie er früher schon einmal bei Eintritt in die entsprechende NEU–Prozedur ausgesehen hat.

Bild 234 zeigt die innere Struktur der sogenannten Hauptprozedur, die von einer Wissensbasis und einer Anfrage ausgehend die Lösungsmenge liefern soll. Die Elemente der Lösungsmenge werden nacheinander gesucht, wobei die Suche des ersten Elements eine Aufgabe ist, die mittels der Prozedur "NEU ab schraffiert" zu erledigen ist, während die Suche nach weiteren Lösungselementen eine Folge von Aufgaben ist, die jeweils mittels der Prozedur "WEITER ab schraffiert" zu erledigen sind. Da die Lösungsmenge auch unendlich sein kann, ist in der Hauptprozedur von einer Fortsetzungsaufforderung die Rede, die man sich als Eingabe des Benutzers vorstellen muß, der nach jeder Ausgabe eines Lösungselements entscheiden kann, ob nach einem weiteren Lösungselement gesucht werden soll oder ob ihm die bisher gefundenen Lösungselemente genügen.

Die Bilder 236 und 237 zeigen die Petrinetze der Prozeduren NEU und WEITER. Während die beiden Prozeduren für den gepunkteten Knotentyp jeweils durch einen eigenen Ablaufgraphen dargestellt sind, sind die Prozeduren für den schraffierten und den karierten Knotentyp jeweils paarweise zu einem Graphen zusammengefaßt worden. Die beiden Fälle unterscheiden sich lediglich hinsichtlich der mit K gekennzeichneten Transitionen: Im Falle des karierten Knotentyps sind die in diesen Transitionen beschriebenen Operationen auszuführen, im Falle des schraffierten Knotentyps dagegen sind diese Transitionen als Leertransitionen zu betrachten.

Die Abwickelprozedur, die sich aus den Teilprozeduren in den Bildern 233, 234, 236 und 237 zusammensetzt, ist offensichtlich recht kompliziert, aber man durfte wohl nicht erwarten, bei einer derart schwierigen Aufgabenstellung eine einfachere Lösung zu finden. Die gefundene komplexe Lösung hat sogar noch bestimmte Schwächen, denn die Abwickelprozedur zeigt in manchen Fällen ein unbefriedigendes Verhalten. So würde beispielsweise zu der Anfrage V(66, x) · V(70, x), zu der man die Lösungsmenge { (x=6), (x=66), (x=70) } erwartet, gar keine Lösung gefunden, weil der Abwickelprozeß zuvor in eine Schleife mündet (s. Bild 235), in der er ewig weiterläuft[1)].

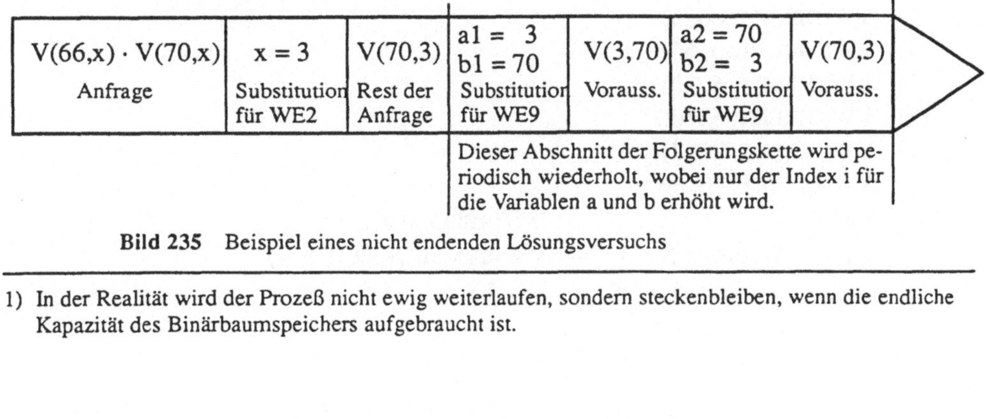

V(66,x) · V(70,x) Anfrage	x = 3 Substitution für WE2	V(70,3) Rest der Anfrage	a1 = 3 b1 = 70 Substitution für WE9	V(3,70) Vorauss.	a2 = 70 b2 = 3 Substitution für WE9	V(70,3) Vorauss.

Dieser Abschnitt der Folgerungskette wird periodisch wiederholt, wobei nur der Index i für die Variablen a und b erhöht wird.

Bild 235 Beispiel eines nicht endenden Lösungsversuchs

1) In der Realität wird der Prozeß nicht ewig weiterlaufen, sondern steckenbleiben, wenn die endliche Kapazität des Binärbaumspeichers aufgebraucht ist.

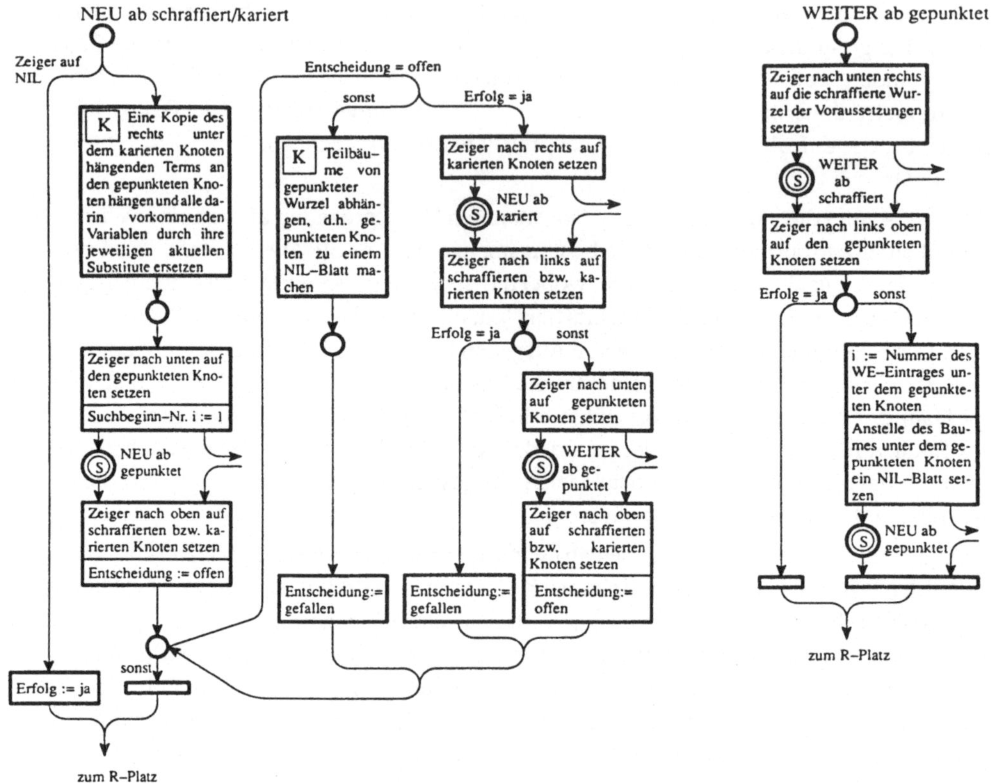

Bild 236 Prozeduren NEU und WEITER

Wenn man dennoch die vorgestellte Abwickelprozedur nützen will, dann muß man ihre Schwächen kennen und die Wissensbasen und die Anfragen so formulieren, daß die bekannten Klippen umschifft werden. Im Falle der Verträglichkeitsrelation, die dem Bild 232 zugrundeliegt, kann man die Wissensbasis gegenüber der auf S. 430 angegebenen Formulierung wie folgt abändern:

(1) VW(DIREKT, 6, 3)
(2) VW(DIREKT, 66, 3)
(3) VW(DIREKT, 6, 66)
(4) VW(DIREKT, 5, 70)
(5) VW(DIREKT, 6, 70,)
(6) VW(DIREKT, 70, 7)
(7) VW(DIREKT, 70, 66,)
(8) ∀a: VW(REFLEXIV, a, a)
(9) ∀a,b: VW(DIREKT, a, b) → VW(SYMMETRISCH, b, a)
(10) ∀a,b,z: VW(z, a, b) → V(a, b)

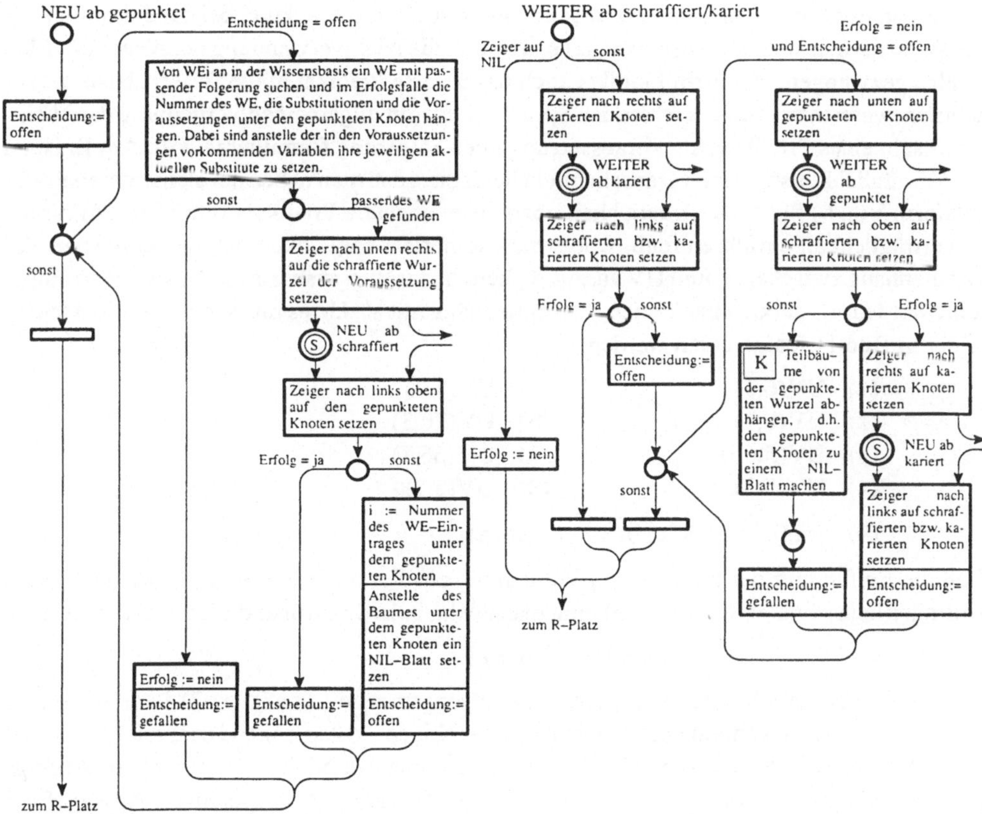

Bild 237 Prozeduren NEU und WEITER

In diesem Fall wird unterschieden zwischen der bisher bereits eingeführten Verträglichkeitsrelation V aus Bild 11 und der dreidimensionalen Relation VW. Für die Formulierung von Anfragen soll nach wie vor nur die Relation V von Interesse sein, d.h. die Relation VW soll nur als Hilfskonstruktion zur Definition der Relation V in der Wissensbasis betrachtet werden. Wenn in diesem Fall wieder die Anfrage V(66, x) · V(70, x) gestellt wird, liefert die Abwickelprozedur tatsächlich die gewünschte Lösungsmenge { (x=66), (x=6), (x=70) } .

Obwohl man – wie gezeigt – durch geeignete "Tricks" die vorgestellte Abwickelprozedur durchaus nutzbringend anwenden kann, muß es doch das Ziel bleiben, noch "intelligentere" Abwickler für die Prädikatsauflösung zu konstruieren, bei denen sich derartige Tricks erübrigen. Zur Zeit aber sind solche Abwickler noch nicht verfügbar.

Die vorgestellte Abwickelprozedur setzt eine starke Einschränkung bei der Formulierung der Wissensbasis und der Anfrage voraus, nämlich die Nichtverwendung der *Negation*. Man ist also gezwungen, zu einem Prädikat auch das inverse Prädikat in die Wissensbasis aufzunehmen, wenn man trotz des fehlenden Sprachmittels zur allgemeinen Verneinung das Nichterfülltsein eines Prädikats als Voraussetzung oder Folgerung formulieren will. Am Beispiel der Verträglichkeitsrelation veranschaulicht heißt dies, daß man neben der elementaren Prädikatsform V(a, b) für die Verträglichkeit noch die elementare Prädikatsform UV(c, d) für die Unverträglichkeit einführen muß, wobei man keinerlei Möglichkeit hat, den einfachen Zusammenhang zwischen V und UV auszudrücken. In der Wissensbasis muß also UV so eingeführt werden, als gäbe es gar keinen Zusammenhang mit V, d.h. es müssen die leeren Matrixfelder in Bild 11 festgehalten werden:

(1)	UV(6,5)	(5)	UV(5,7)
(2)	UV(6,7)	(6)	UV(70,3)
(3)	UV(5,66)	(7)	UV(66,7)
(4)	UV(5,3)	(8)	UV(3,7)

(9) $\forall$a,b: UV(a, b) $\rightarrow$ UV(b, a)

Daß die Einführung der allgemeinen Verneinung zur Formulierung von Wissensbasen und Anfragen kein trivialer Schritt ist, erkennt man leicht, indem man über die Lösung der Anfrage

NICHT[V(6, x)]

nachdenkt. Vermutlich wird man spontan die Lösungsmenge { (x=5), (x=7) } verlangen, die der Abwickler ja tatsächlich liefert, wenn man zur obigen – entsprechend trickreich veränderten – Wissensbasis die Anfrage UV(6, x) stellt. Daß man zu NICHT[V(6, x)] als Anfrage nicht das gleiche Ergebnis erhalten kann wie zur Anfrage mit der positiven Aussageform UV(6, x), erkennt man, wenn man sich fragt, wie denn die als Lösungen unerwünschten Belegungen (x = 18) oder (x = KLEIDERSCHRANK) aus der Lösungsmenge ausgeschlossen werden können. Im Falle der positiven Aussageform UV(6, x) ist dies einfach, denn da legt die Wissensbasis eine endliche Menge von Zahlenpaaren (a, b) fest, auf die das Prädikat UV zutrifft, und in keinem dieser Paare kommen KLEIDERSCHRANK oder 18 als Partner vor. Dagegen liefert im Falle der negierten Aussageform jedes Paar (6, x) ein Element der Lösungsmenge, wenn es nicht eines derjenigen endlich vielen Paare ist, denen in der Wissensbasis das Prädikat V zugesprochen wird. Da die gegebene Wissensbasis den Paaren (6, KLEIDERSCHRANK) und (6, 18) nicht das Prädikat V zuordnet, müßte der Abwickler die beiden Belegungen (x = 18) und (x = KLEIDERSCHRANK) in die Lösungsmenge aufnehmen.

Diese Überlegung sollte deutlich machen, daß die Auflösung einer verneinten Aussageform immer eine unendliche Menge von Belegungen liefert. Man kann jedoch dadurch zu endlichen Lösungsmengen kommen, daß man die negierte Aussageform nur in Konjunktionen mit mindestens einer positiven Aussageform verwendet und auf diese Weise als Lösungsmenge den Durchschnitt der unendlichen mit mindestens einer endlichen Menge erhält. Im betrachteten Beispiel will man den Durchschnitt der unendlichen Lösungsmenge mit der endlichen Menge A = { 3, 5, 6, 7, 66, 70 } haben, denn auf dieser Menge A wurde die Verträglichkeitsrelation V definiert. Man müßte dann als Anfrage die Konjunktion

$$A(x) \cdot \text{NICHT}[\ V(6, x)\ ]$$

formulieren, worin das Prädikat A(x) gleichbedeutend mit $(x \in A)$ sein müßte. Dazu müßte man dieses Prädikat in der Wissensbasis definieren.

Dem Problem der unendlichen Lösungsmenge, die zu einer negierten Aussageform gehört, weicht man aus, indem man das Prädikat NICHT als *gerichtetes Metaprädikat* interpretiert. Das Gerichtetsein eines Prädikats wurde definiert als eine abwicklerspezifische Einteilung der Argumentvariablen in Eingangs– und Ausgangsvariable, wobei mindestens eine Eingangsvariable vorkommen muß. Da nun die Verneinung nur eine Argumentvariable hat, muß diese bei der gerichteten Verneinung die Eingangsvariable sein. Das bedeutet, daß die gerichtete Verneinung nicht aufgelöst werden kann, sondern daß sie als Funktion zu betrachten ist, die einem gegebenen Argumentwert ein Ergebnis zuordnet. Dieses Ergebnis muß aus dem Wertebereich { *falsch, wahr* } stammen, da das Verneinungsprädikat eine Aussage macht, die nur wahr oder falsch sein kann: "Es gibt keine Belegung, die aus der als Argument gegebenen Aussageform eine aus der Wissensbasis herleitbare Aussage macht."

Falls er es nicht schon früher erkannt hat, sollte der Leser an dieser Stelle erkennen, daß die Wissenselemente als Axiome eines Kalküls aufzufassen sind und daß die Beantwortung einer Anfrage nichts anderes ist als die Herleitung all derjenigen Elemente in der Menge B des Kalküls (s. Bild 49), die durch geeignete Substitutionen der Variablen mit der Anfrage zur Dekkung gebracht werden können.

Die Verneinung stellt ein Metaprädikat dar, weil es vom Abwickler als ein Prädikat eines Prädikats interpretiert werden muß:

$$\text{NICHT[Aussageform]} = \begin{cases} \textit{falsch} & \text{falls aus der Wissensbasis mindestens eine wahrmachende Belegung für die Aussageform folgt oder die Aussageform eine wahre Aussage ist;} \\ \textit{wahr} & \text{sonst} \end{cases}$$

Diese Interpretation des Negationsausdrucks wäre viel leichter verständlich, wenn man anstelle von NICHT[Aussageform] schreiben würde NIE_WAHR[Aussageform].

Anstelle der Lösung { (x = 5), (x = 7) }, die man ursprünglich als Antwort auf die Anfrage NICHT[V(6, x)] verlangt hat, erhält man also die Antwort *falsch*, denn aus der Wissensbasis folgt eine nichtleere Menge von x–Werten als wahrmachende Belegungen für V(6, x). Die Antwort *wahr* erhält man zu den Anfragen NICHT[V(6, 5)] und NICHT[V(6, 7)], aber auch zu NICHT[V(6, KLEIDERSCHRANK)].

Daß auch die Interpretation der Verneinung als gerichtetes Metaprädikat noch einige Probleme mit sich bringt, erkennt man beim Vergleich der Antworten zu den beiden Anfragen

$$A(x) \cdot \text{NICHT}[\ V(6, x)\ ] \qquad \text{und} \qquad \text{NICHT}[\ V(6, x)\ ] \cdot A(x)\,.$$

Die Antworten sind nämlich nicht gleich, sondern lauten

$$\{\ (x = 5)\ ,\ (x = 7)\ \} \qquad \text{bzw.} \qquad \textit{falsch}\,.$$

Dies kommt daher, daß sich der Abwickler von links nach rechts mit den Komponenten der Konjunktion befaßt. Wenn der verneinte Term rechts steht, ist durch Auflösung des davorstehenden positiven Terms A(x) immer bereits eine Substitution für x erfolgt, bevor das Ergebnis des Metaprädikats bestimmt werden muß. Im gegebenen Fall steht also im Argument des Metaprädikats immer schon eine Aussage – z.B. V (6,70) –, wenn aktuell das Verneinungsprädikat geprüft wird. Auf diese Weise wird festgestellt, daß die Anfrage in den beiden substituierten Formen

A(5) · NICHT[V(6, 5)] und A(7) · NICHT[V(6, 7)]

wahr ist. Wenn dagegen der Negationsterm links steht und deshalb als erster geprüft wird, dann ist die Variable x noch nicht durch Substitution belegt, und deshalb wird das Ergebnis der Prüfung *falsch* lauten. Danach wird die zweite Komponente der Konjunktion, also A(x), gar nicht mehr bearbeitet, weil die Konjunktion ja sowieso nicht mehr wahr zu machen ist, nachdem schon die erste Komponente den Wert *falsch* erhielt.

Je länger man sich mit der Abwickelprozedur für die Prädikatsauflösung befaßt, d.h. je mehr konkrete Aufgabenstellungen man der vorgestellten Prozedur unterwirft, umso deutlicher erkennt man die Notwendigkeit der Nachbesserung. Bisher ist es nicht gelungen, die Nachbesserungen so zu gestalten, daß man sich bei der Formulierung von Wissensbasen und Anfragen auf die Logik beschränken kann und nicht durch spezielle Tricks den Abwickler überlisten muß. Deshalb hat man die Abwickelprozedur für die derzeitige Praxis so ergänzt, daß die Möglichkeiten der trickreichen Einflußnahme auf das Abwicklerverhalten erweitert werden. Während die bisher vorgestellten Sprachelemente zur Formulierung von Wissensbasen und Anfragen alle aus dem Bereich der Logik stammen, findet man in aktuellen Systemen auch Sprachelemente, die sich auf die spezielle Abwickelprozedur beziehen.

Hier ist besonders der sogenannte CUT zu nennen. Das englische Wort *cut* bedeutet schneiden bzw. Schnitt, und im Zusammenhang mit der Formulierung von Wissensbasen versteht man unter einem CUT die Einfügung eines Symbols in eine Konjunktionskette, die als Voraussetzung in einem Wissenselement oder als Anfrage formuliert wird. Durch das CUT–Symbol wird diese Kette für den Abwickler erkennbar in zwei Abschnitte zerschnitten. Dabei dürfen auch leere Abschnitte entstehen. Für den Abwickler bedeutet das Überschreiten des CUT von links nach rechts, daß die Suche nach wahrmachenden Belegungen für die aktuelle Prädikatsform auf diejenigen alternativen Substitutionen beschränkt wird, die sich durch die Bearbeitung der rechts vom CUT liegenden Konjunktionskomponenten möglicherweise noch ergeben. Unter der aktuellen Prädikatsform ist dabei die gesamte Anfrage zu verstehen, falls der CUT in der Anfrage steht; ansonsten ist es diejenige Prädikatsform, die zur Bearbeitung des den CUT enthaltenden Wissenselements geführt hat, indem sie durch eine Substitution mit der Folgerung dieses Wissenselements zur Deckung gebracht wurde. Die Beispiele weiter unten werden diese allgemeinen Aussagen veranschaulichen.

Für den CUT gibt es zwei typische Anwendungsfälle. Zum einen wird er benutzt, wenn man den Abwickler davon abhalten will, eine Lösungsvielfalt zu suchen – entweder weil man schon weiß, daß die weitere Suche erfolglos wäre, oder weil man an anderen Lösungen nicht interessiert ist. Zum anderen wird der CUT dazu benutzt, das Verneinungsprädikat zu umschreiben.

Als Beispiel für den Abbruch einer Lösungssuche wird wieder die Verträglichkeitsrelation aus Bild 11 betrachtet. Zur Abwechslung wird nun aber die Verträglichkeitsrelation V in der Wissensbasis auf der Grundlage des gewählten Verträglichkeitskriteriums definiert, welches die Verträglichkeit im vorliegenden Fall an gemeinsame Primzahlfaktoren bindet. Deshalb wird in der Wissensbasis neben V noch das Prädikat PF(p, z) gebraucht, welches besagt, daß in der Zahl z der Primzahlfaktor p enthalten sei.

(1) PF(2,6)	(4) PF(3,3)	(7) PF(5,5)	(9) PF(7,7)
(2) PF(2,66)	(5) PF(3,6)	(8) PF(5,70)	(10) PF(7,70)
(3) PF(2,70)	(6) PF(3,66)		

(11) $\forall$p,a,b: PF(p, a) · CUT · PF(p, b) $\rightarrow$ V(a, b)

Anfrage: V(6,x) · V(3,x)

Welche Folgerungsketten durch das CUT abgeschnitten werden, sieht man im Bild 238. Dieses Bild zeigt links einen Baum, durch dessen Linksabwicklung man den Folgerungsweg nachvollzieht, wie ihn die Abwickelprozedur bei fehlendem CUT festlegt. In den Knoten des Baums stehen jeweils diejenigen Prädikatsformen, die in den folgenden Schritten durch geeignete Substitutionen aufgrund passender Wissenselemente wahrgemacht werden sollen. Die Knoteneinträge sind als Stapelinhalte anzusehen, d.h. die aktuelle Prädikatsform ist stets die oberste, falls mehrere übereinanderstehen. In der Wurzel steht die Anfrage, wobei die aktuelle Prädikatsform V(6, x) ist. Von der Wurzel ausgehend gibt es Folgerungsketten zu insgesamt sechs Blättern, wobei aber jeweils nur die leeren Blätter zu einer Lösung gehören, denn wenn Prädikatsformen übrigbleiben, zu denen man kein passendes Wissenselement findet, dann ist man am Ende einer erfolglosen Folgerungskette und muß zurückgehen und einen alternativen Weg einschlagen, falls ein solcher existiert. Aber auch von den leeren Blättern muß man zurückgehen[1)], um jeweils die nächste weitere Lösung zu suchen.

Die unter den linken Baum geschriebene Lösungsmenge enthält zwar alle gesuchten Lösungen, aber zwei dieser Lösungen kommen jeweils doppelt vor. Dies kommt daher, daß die Verträglichkeit einer Zahl x mit 6 sowohl im gemeinsamen Primzahlfaktor 2 als auch im gemeinsamen Primzahlfaktor 3 begründet sein kann. Durch die Abwickelprozedur wird eine Lösung so oft in die Lösungsmenge aufgenommen, wie sie in unterschiedlichen Folgerungsketten gewonnen werden kann.

Rechts im Bild 238 ist der Rest des Baumes gezeigt, der übrigbleibt, wenn aufgrund des CUT im Wissenselement 11 bestimmte Teilbäume abgeschnitten werden. Die Schnittlinien sind gepunktet dargestellt. Zu einem Schnitt kann es jeweils nur kommen, wenn ein CUT aktuell wird, d.h. wenn ein CUT an die oberste Stelle des Stapels in einem Baumknoten gelangt, denn dann ist es gelungen, den vor dem CUT stehenden Abschnitt der Konjunktionskette wahrzumachen. Die Schnittlinie beginnt jeweils bei dem Knoten mit dem obenstehenden CUT und endet bei demjenigen darüberliegenden Knoten, unterhalb dessen dieser CUT in der betrachteten Folgerungskette erstmalig vorkommt. In Bild 238 wird nur von einer der vier

1) In der Fachsprache bezeichnet man dieses Zurückgehen als "Backtracking".

Schnittlinien tatsächlich eine Alternative abgeschnitten. Die gestrichelten Linien sind als Wege zu fiktiven Alternativen anzusehen; sie wurden eingeführt, um sichtbar zu machen, daß diese Alternativen abgeschnitten würden, falls es sie gäbe.

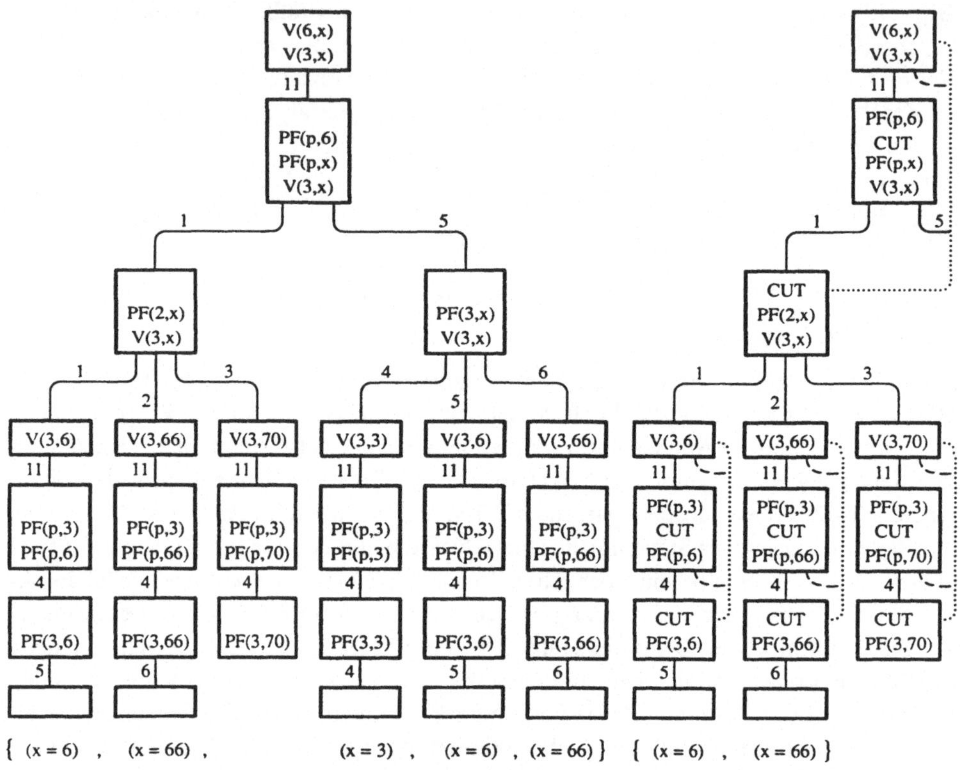

Bild 238 Folgerungsketten zur Beantwortung einer Anfrage aufgrund einer Wissensbasis ohne bzw. mit CUT

Es wurde schon gesagt, daß der CUT auch dazu benutzt werden kann, das Verneinungsprädikat zu umschreiben. Im betrachteten Beispiel geschieht dies dadurch, daß zu der Wissensbasis von S. 441 – ohne den CUT im Wissenselement 11 – noch die beiden folgenden Wissenselemente hinzugefügt werden:

(12) ∀a,b: V(a, b) · CUT · FALSCH → NICHT[V(a, b)]

(13) ∀a,b: NICHT[V(a, b)]

Beide Wissenselemente sind isoliert gesehen unsinnig: Da die Voraussetzung FALSCH im Wissenselement 12 ein nie wahrwerdendes nullstelliges Prädikat sein soll, kann aufgrund dieses Wissenselements nie erfolgreich auf das Wahrsein des Verneinungsprädikats geschlossen werden. Andererseits wird durch das Wissenselement 13 voraussetzungslos das Wahrsein des Verneinungsprädikats behauptet. Aber durch die Reihenfolge der Wissenselemente und aufgrund des CUT ergibt sich doch der gewünschte Effekt. Man erkennt dies im Bild 239, wo gezeigt ist, durch welche Folgerungen der Abwickler die Antworten zu den beiden Anfragen

NICHT[V(6, x)] und NICHT[V(6, 5)]

findet. Im Falle der einen Abfrage wird der CUT aktuell und beschneidet den Folgerungsbaum derart, daß kein leeres Blatt auftritt. Dies bedeutet, daß die Anfrage mit *falsch* beantwortet wird. Im anderen Fall wird der CUT nicht aktuell, es tritt keine Schnittlinie auf, und deshalb gelangt der Abwickler über das Wissenselement 13 zu einem leeren Blatt. In diesem Fall wird also die Anfrage mit *wahr* beantwortet.

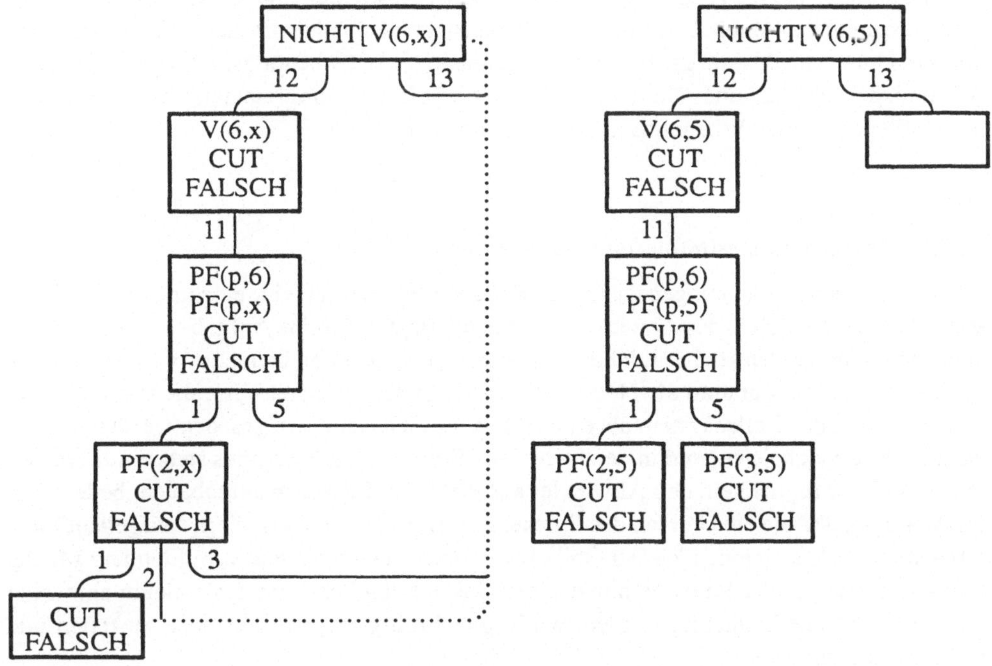

Bild 239 Zur Realisierung des Verneinungsprädikats mit Hilfe des CUT

Eine Wissensbasis zusammen mit einer Anfrage kann als ergebnisorientiertes Programm angesehen werden. In gleicher Weise, wie man die – ebenfalls ergebnisorientierten – funktionalen Programme durch prozedurale Elemente für Ein/Ausgabe und für explizite Wertzuweisungen erweitern kann, kann man auch eine Wissensbasis entsprechend prozedural "anreichern". Bei den funktionalen Programmen mußte man dazu neben den Funktionen auch noch Operationen zulassen, und entsprechend muß man dann eben in den Wissensbasen neben den Prädikaten auch noch Operationen zulassen. Formal kann ein Operationsausdruck genauso aussehen wie ein Prädikatsausdruck, z.B.

Prädikat: V(a, b) ; Operation: Zuweisung(a, b)

Es ist leider üblich geworden, bei der Programmierung mit entsprechend angereicherten Programmiersprachen auch die Operationen "Prädikate" zu nennen und auch im Zusammenhang mit echten Prädikaten von ihrer "Ausführung" zu sprechen. Man sollte aber den Unterschied nicht vergessen: Unter der "Ausführung" eines Prädikats versteht man die Suche nach einer

Belegung der noch offenen Argumentstellen, so daß das Prädikat wahr wird. Unter der Ausführung einer Operation dagegen versteht man eine Zustandsüberführung bezüglich des Abwicklersystems und seiner Umgebung.

Damit ist die Betrachtung der Abwickelprozedur abgeschlossen. Bezüglich des Abwickleraufbaus ergibt sich kein grundsätzlicher Unterschied zu dem Aufbau, wie er in Bild 226 für den Funktionalabwickler dargestellt ist. Denn sowohl bei der Abwicklung funktionaler Programme als auch bei der Prädikatsauflösung muß der Abwickler eine rekursiv definierte Abwickelprozedur ausführen, und dazu braucht man in beiden Fällen die gleiche Instanzennetzstruktur. Unterschiede muß es lediglich geben hinsichtlich der benötigten Zeiger auf Knoten im Baumspeicher. Auf eine nähere Betrachtung wird hier jedoch verzichtet, weil dadurch keine grundlegend neuen Erkenntnisse vermittelt werden würden.

3.2.4.5 Instanzennetzsimulierende Abwickler

In den bisherigen Betrachtungen wurde das Rollensystem stets als eine einzelne Instanz angesehen, und nur bezüglich des Abwicklers wurde überlegt, wie seine Aufgabe auf mehrere Instanzen verteilt werden könne (s. Bild 215). Nun aber soll der Fall betrachtet werden, daß das Rollensystem im Programm als Netz kommunizierender Instanzen formuliert wird. In der Analogie kann das Rollensystem als eine Bühne mit Schauspielern gesehen werden, die ein bestimmtes Stück spielen, und in den bisherigen Betrachtungen war dies stets ein Einpersonenstück. Die Möglichkeit, den Abwickler aus mehreren Instanzen aufzubauen, bedeutet in der Analogie, daß die eine Person des Stückes aus mehreren Schauspielern "aufgebaut" sein darf – man stelle sich einen Riesen Goliath vor, unter dessen weitem verhüllendem Mantel man zwei Schauspieler findet, von denen der eine auf den Schultern des anderen sitzt. Nun aber sollen Stücke betrachtet werden, worin gleichzeitig mehrere Personen auftreten und kommunizieren.

Wenn das Rollensystem ein Instanzennetz ist, dann sind zwei Erscheinungen möglich, die bisher in Rollensystemen ausgeschlossen waren, nämlich *Nebenläufigkeit* und *Strukturvarianz*. Dies führt zu Aufgaben, für die man zweckmäßigerweise bestimmte zentrale Instanzen bereitstellt, die im Abschnitt 3.2.4.5.1 besprochen werden. Im anschließenden Abschnitt 3.2.4.5.2 wird dann der praktisch wichtige Sonderfall der strukturvarianten Netze aus auftragsverkoppelten Instanzen behandelt. Und im letzten Abschnitt 3.2.4.5.3 über Abwicklermultiplex wird schließlich gezeigt, daß es möglich ist, Rollensysteme zu realisieren, bei denen die Anzahl der Instanzen im Rollennetz größer ist als die Anzahl der elementaren Abwicklerinstanzen, die im Abwicklersystem bereitgestellt werden.

3.2.4.5.1 Aufgaben für zentrale Instanzen

Im Abschnitt 3.2.2.2 wurde zwischen aufbauorientierter und ablauforientierter Formulierung von Nebenläufigkeit unterschieden. Bei der Programmierung eines Rollensystems als Instanzennetz handelt es sich um eine aufbauorientierte Formulierung, und die Programme der einzelnen Instanzen im Netz müssen prozeßorientiert sein. Denn diese Instanzen müssen miteinander nach vereinbarten Protokollen kommunizieren können, und das bedeutet, daß für jede Instanz ihr Anteil am Protokoll im Programm formuliert sein muß[1]). Die Programme der einzelnen Instanzen stellt man sich deshalb am einfachsten prozedural formuliert vor.

Es gibt zwei wesentliche Aufgabenbereiche, wo es wünschenswert ist, eine Rolle mit Nebenläufigkeit programmieren zu können. Zum einen handelt es sich um den Bereich der Ergebnisorientierung, wo die Berechnung eines Funktionsergebnisses so aufwendig sein kann, daß man nur dadurch in akzeptabler Zeit zum Ergebnis kommt, daß man den Berechnungsvorgang so zerlegt, daß Teilberechnungen unabhängig voneinander durchgeführt werden und die Teilergebnisse anschließend verknüpft werden. Als Beispiel stelle man sich die Aufgabe vor, eine Million völlig ungeordnet in Waschkörben liegende Karten einer Personalkartei alphabetisch ordnen zu müssen. Aufeinandergelegt ergäben die Karten einen Stapel von rund 300 m Höhe. Wenn man die Aufgabe ganz alleine bewältigen müßte und pro Karte pauschal einen Zeitaufwand von 30 sec veranschlagt, dann bräuchte man zum Sortieren 4 Jahre bei 8 Arbeitsstunden pro Arbeitstag, 5 Arbeitstagen pro Arbeitswoche und 52 Arbeitswochen pro Jahr. Man wird sich deshalb ein Verfahren ausdenken, bei dem man viele Helfer gleichzeitig beschäftigen kann, um auf diese Weise den gewünschten Endzustand in viel kürzerer Zeit zu erreichen. So könnte man bei einem Einsatz von 100 Helfern vermutlich schon in knapp drei Wochen fertig sein.

Der andere Aufgabenbereich, wo die Programmierung von Nebenläufigkeit wünschenswert ist, liegt vor, wenn das Rollensystem auf Vorgänge in einer Umgebung reagieren muß und diese Vorgänge teilweise kausal entkoppelt sind. Schon im Zusammenhang mit Bild 179 wurde als Beispiel ein Computer in einem Stellwerk genannt, der in Abhängigkeit von den Aufträgen des Personals und von den Meldungen der automatischen Zugpositionsfühler die Anstöße zum automatischen Umstellen von Weichen und Signalen geben soll. Es handelt sich um den Aufgabenbereich des sogenannten Prozeßrechnens. Man wird hier für die verschiedenen Reaktionsaufgaben unterschiedliche, nebenläufig agierende Instanzen im Rollensystem vorsehen.

Die Formulierung prozeduraler Programme und ihre Abwicklung wurde im Abschnitt 3.2.4.2 ausführlich behandelt. Die Formulierung eines Rollensystems als Instanzennetz kann nun einfach so erfolgen, daß man für mehrere Abwicklerinstanzen jeweils ein prozedurales Programm formuliert, wobei man annimmt, daß die zugehörigen Abwicklerinstanzen derart in ein Netz eingebunden sind, wie dies in Bild 240 gezeigt ist. Bezüglich des Belegens der Speicher dieses Abwicklersystems mit den Programmen und dem Anfangszustand eines Rollensystems gelten die Ausführungen im Abschnitt 3.2.2.3. Das bedeutet, daß – abgesehen von der ersten Rolle, die das Abwicklersystem unmittelbar nach seiner Inbetriebnahme zu spielen beginnt und die deshalb bereits im Anfangszustand des Abwicklersystems enthalten sein muß – die Information über jede spätere Rolle jeweils im Rahmen von Rollenspielen durch Kommunikation mit der Umgebung hereingeholt wird.

---

1) Es ist leider üblich geworden, von "kommunizierenden Prozessen" zu sprechen anstelle von kommunizierenden Instanzen – obwohl niemand einen Sinn darin sähe zu sagen, das Einkaufen kommuniziere mit dem Verkaufen, wenn der Einkäufer mit dem Verkäufer verhandelt.

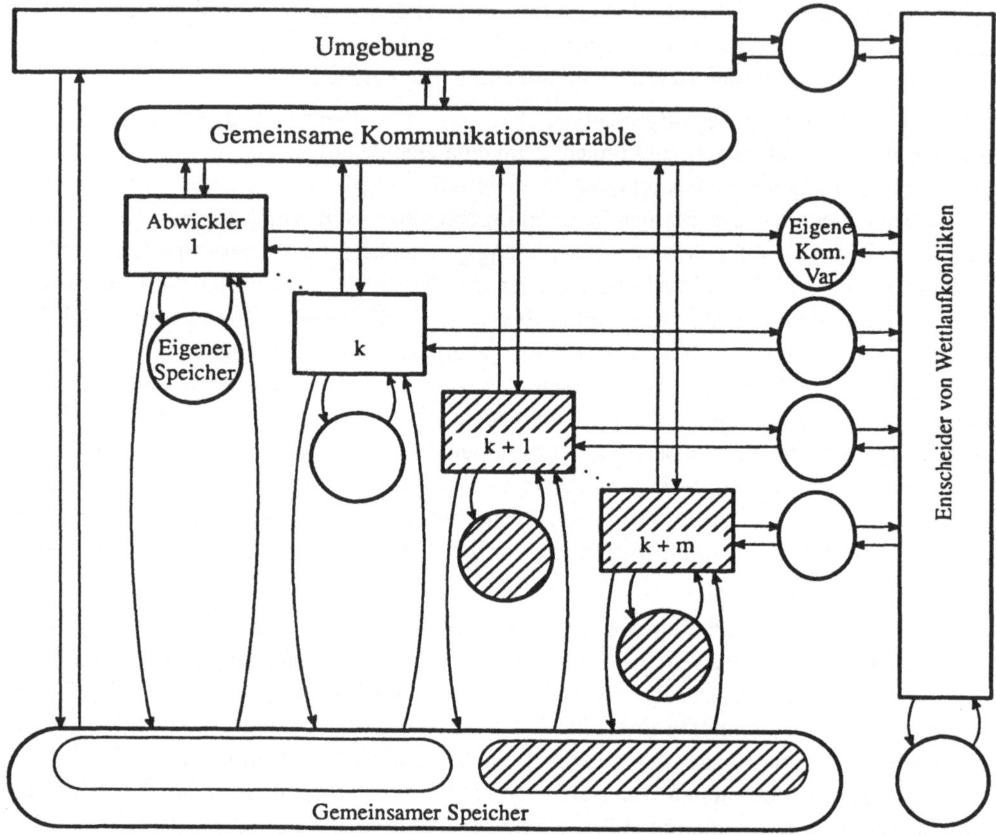

Bild 240 Abwicklervernetzung zur Realisierung von Instanzennetzen als Rollensysteme

Die Menge der Abwicklerinstanzen und der Speicher im Netz in Bild 240 ist in zwei Klassen partitioniert: Die unschraffierten Komponenten dienen dem aktuellen Rollensystem, wogegen die schraffierten Abwicklerinstanzen und Speicher nur bereitgehalten werden für den Fall der Strukturvarianz. Denn wenn auf Anforderung einer bereits im Rollensystem mitwirkenden Instanz das Rollensystem um zusätzliche Komponenten erweitert werden soll, dann kann dies ja nicht bedeuten, daß Speicher und Abwicklerinstanzen tatsächlich neu geschaffen werden. Es können lediglich Speicherzellen und Abwicklerinstanzen, die bisher unbenutzt in Reserve gehalten wurden, zum Rollensystem hinzugenommen werden. Strukturvarianz des Rollensystems wird i.a. in einem strukturinvarianten Abwicklersystem realisiert. Die Anzahl der im Abwicklersystem vorhandenen Abwicklerinstanzen darf also nicht kleiner sein als die Anzahl der im Rollensystem maximal gleichzeitig enthaltenen Instanzen – dies gilt allerdings nur für die vorliegende Sicht, wo die Möglichkeit des Abwicklermultiplex, die in Abschnitt 3.2.4.5.3 dargestellt wird, noch außer Betracht bleibt.

Es ist zweckmäßig ist, im Rollensystem zwei Arten von Instanzen zu unterscheiden, nämlich zum einen solche, deren Verhalten der sogenannte *Anwendungsprogrammierer* explizit festlegen muß, und zum anderen solche, die der Anwendungsprogrammierer schon als gegeben voraussetzen darf. Die Rollen der letzteren können selbstverständlich nur derart sein, daß sie sehr allgemeingültige Dienste leisten und keine bezüglich der Aufgabe des gesamten Rollensystems spezifischen Leistungen erbringen. Tatsächlich findet man in allen Fällen, wo als Rollensystem ein Instanzennetz zweckmäßig ist, bestimmte Teilaufgaben, die so unabhängig von der Gesamtaufgabe des Rollensystems sind, daß sie vom sogenannten *Systemprogrammierer* allgemeingültig formuliert und in Form bestimmter Instanzen bereitgestellt werden können, die dann der Anwendungsprogrammierer in unterschiedlichsten Rollensystemen einsetzen kann.

Daß es solche allgemeingültig formulierbaren Teilaufgaben gibt, erkennt man leicht, wenn man sich anhand von Beispielen überlegt, wie die Instanzen im Rollensystem zusammenwirken. Zwischen den Abwicklerinstanzen untereinander und mit der Umgebung muß sowohl Wert- als auch Ereigniskommunikation möglich sein. Hierzu dienen in Bild 240 die gemeinsame Kommunikationsvariable und der gemeinsame Speicher. Zur Vermeidung von Zugriffskonflikten müssen geeignete Protokolle in den Instanzenprogrammen beachtet werden. Wegen der Nebenläufigkeit müssen dabei auch Wettlaufkonflikte entschieden werden, d.h es muß einerseits gewährleistet werden, daß die Regel "Wer zuerst kommt, mahlt zuerst" eingehalten wird, und es muß andererseits sichergestellt werden, daß auch bei gleichzeitig auftretenden Anforderungen eine Bedienreihenfolge festgelegt wird. Bei der Gestaltung eines Systems, worin derartige Konflikte vorkommen können und entschieden werden müssen, hat man immer die Wahl zwischen einer zentralen und einer dezentralen Lösung. Diese Alternative wurde bereits im Zusammenhang mit Bild 149 vorgestellt, wo es um die Frage der Vergabe des Rederechts in einer Gesprächsrunde geht. Da die dezentrale Lösung auf Protokollen mit zufallsverteilten Wartezeiten beruht, ist sie hinsichtlich des für die Kommunikation nutzbaren Zeitanteils ungünstiger als die zentrale Lösung, und deshalb gibt es in Bild 240 eine zentrale Instanz für die Entscheidung von Wettlaufkonflikten.

Der Einfachheit wegen ist es zweckmäßig zu verlangen, daß alle Abwickler auf gleiche Weise in das Abwicklernetz eingebunden sind. Deshalb kann der zentrale Entscheider für Wettlaufkonflikte in Bild 240 kein Abwickler sein, d.h. er ist nicht programmierbar. Da es in unterschiedlichen Rollensystemen aber sehr unterschiedliche Bedingungen für die Entscheidung von Konflikten geben kann, sollte ein zentraler *Konfliktlöser* programmierbar sein. Ein programmierbarer Konfliktlöser kann also in Bild 240 nur dadurch gebildet werden, daß irgendeiner der vorhandenen Abwickler und der zentrale Wettlaufentscheider zu einer größeren Instanz zusammengefaßt werden.

Zur Veranschaulichung der allgemeinen Aussagen über die Konfliktlösung wird das Beispiel in Bild 241 betrachtet. Man stelle sich vor, eine Speichervariable W werde zur Wertkommunikation benutzt, wobei fünf Instanzen auf diese Variable zugreifen können. Für drei dieser fünf Instanzen soll der Zugriff nur lesend sein. Beim Lesen ist Nebenläufigkeit unkritisch, aber das Schreiben muß exklusiv erfolgen, d.h. während ein Schreiber schreibt, ist es nicht sinnvoll, daß gleichzeitig ein zweiter Schreiber auch schreibt oder daß irgendwelche Leser lesen. Das Petrinetz in Bild 241 schränkt die Nebenläufigkeit entsprechend ein.

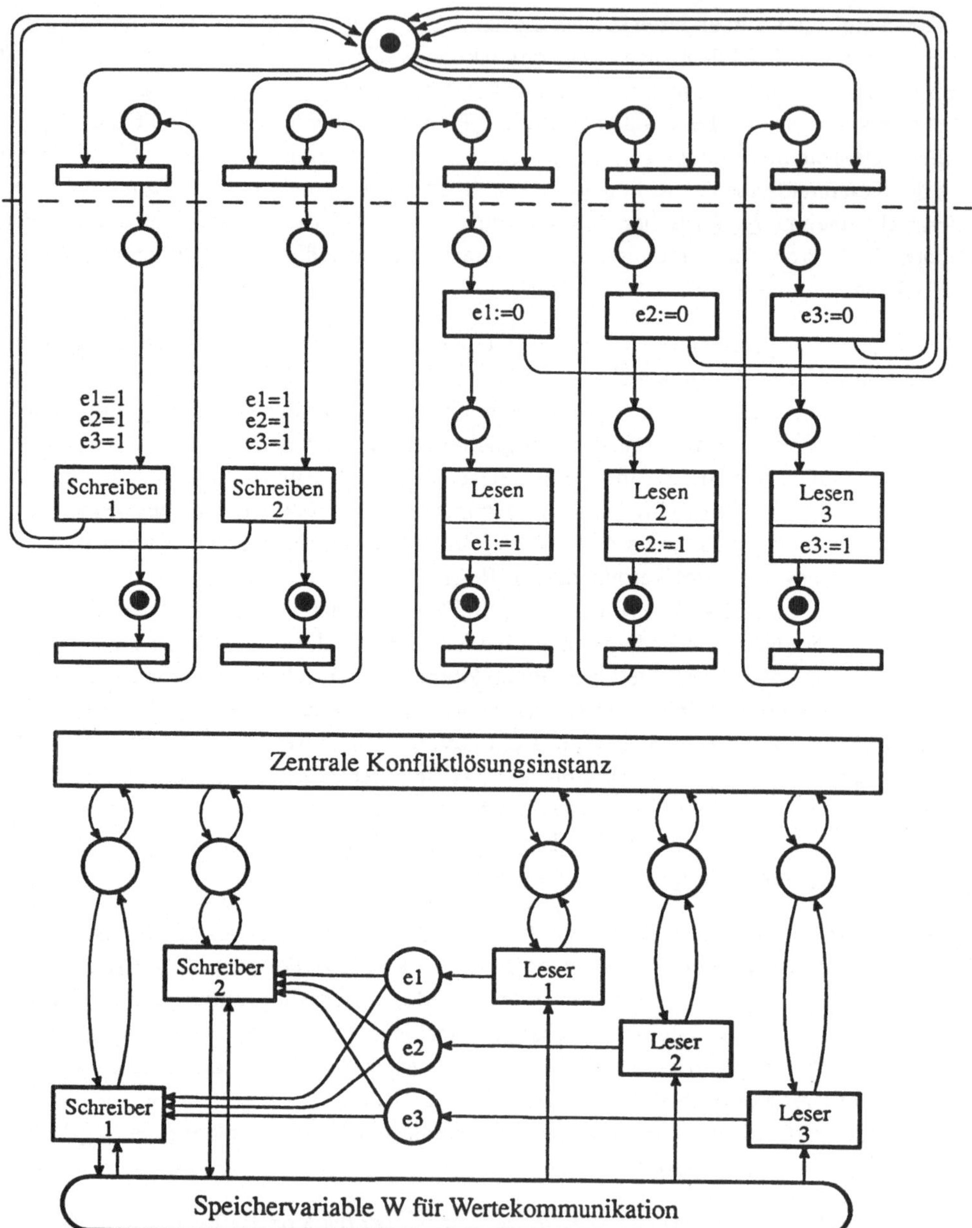

Bild 241 Beispiel zur zentralen Konfliktlösung

Durch die in das Petrinetz eingezeichnete Zuständigkeitsgrenze wird der Zuständigkeitsbereich des Konfliktlösers abgetrennt. Jede der fünf mit W verbundenen Instanzen kann durch das Schalten einer Transition den Konfliktlöser um die Erlaubnis bitten, auf W zugreifen zu dürfen. Es handelt sich dabei um diejenigen Transitionen, die aufgrund der im Bild 241 gezeigten Anfangsmarkierung aktuell schaltbereit sind. Wenn gleichzeitig mehrere der fünf Instanzen einen Zugriffswunsch äußern, werden mehrere Transitionen im Konfliktlösungsbereich schaltbereit; in diesem Fall darf angenommen werden, daß sich der Abwickler dieses Teilnetzes willkürlich eine dieser Transitionen zum Schalten auswählt.

Aus der Sicht des Konfliktlösers besteht kein grundsätzlicher Unterschied zwischen Schreibern und Lesern, denn in dem Teilnetz oberhalb der Zuständigkeitsgrenze hängen alle fünf Transitionen in strukturell gleicher Weise an dem Konfliktplatz. Der Unterschied zwischen Schreibern und Lesern äußert sich aber außerhalb des Konfliktlösers: Zum einen gilt für Schreiber und Leser ein unterschiedlicher Fluß der Konfliktmarke, denn die Leser legen diese Marke schon vor dem Lesen wieder auf den Konfliktplatz zurück, die Schreiber aber erst nach dem Schreiben. Und zum anderen greifen Leser und Schreiber auf unterschiedliche Art auf die Binärvariablen e1, e2 und e3 zu, die dazu dienen sicherzustellen, daß kein Leser mehr liest, wenn ein Schreiber mit dem Schreiben beginnt. Denn in dem Petrinetz ist vor die beiden Schreibtransitionen jeweils die Bedingung geschrieben, daß alle drei e_i eins sein müssen, bevor die Transition geschaltet werden darf. Bild 242 zeigt, daß man diese Bedingung auch als Information zur Verzweigungsentscheidung auffassen kann, denn ob der Netzabwickler gar nichts tut oder immer wieder eine Transition schaltet, die nichts bewirkt, ist letztlich irrelevant[1)] – es handelt sich um den Unterschied zwischen Nichtstun und "Däumchendrehen".

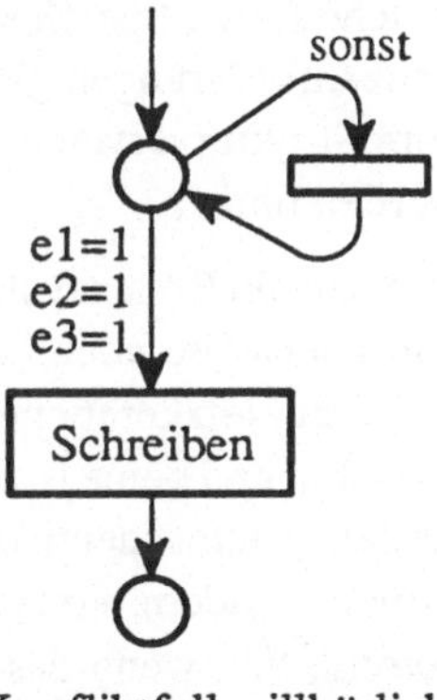

Bild 242
Warten mit Schalten einer wirkungslosen Transition

Wenn der Konfliktlöser gerecht sein soll, dann darf er nicht in jedem Konfliktfall willkürlich entscheiden. Es gibt nämlich zwei unterschiedliche Möglichkeiten, in einen Konflikt zu geraten. Zum einen kann dies durch gleichzeitiges Eintreffen von Anforderungen geschehen, zum anderen kann dies aber auch durch die Rückgabe der Konfliktmarke bei mehreren bereits bestehenden, noch unerfüllten Anforderungen geschehen. Nur bei gleichzeitigem Eintreffen von Anforderungen dürfen diese in willkürlicher Reihenfolge befriedigt werden, ansonsten sollten alle Anforderungen in der Reihenfolge ihres Eintreffens befriedigt werden. Damit die Konfliktlösung in dieser Weise erfolgen kann, muß der Zeitpunkt des Eintreffens einer Anforderung festgehalten werden. Man kann sich vorstellen, daß beim Eintreffen einer Anforderungsmarke der Konfliktlöser sofort den aktuellen Zeitpunkt auf diese Marke schreibt.

1) Im Falle des Abwicklermultiplex (s. Abschnitt 3.2.4.5.3) wird dieser Unterschied allerdings doch relevant.

Es besteht eine Analogie zur Bedienung von Kunden an einem Postschalter: Solange der Postbeamte nicht da ist, kann niemand bedient werden. Wenn der Beamte da ist, wird er einen Kunden nach dem anderen bedienen. Jeder Kunde muß sich beim Eintreffen hinten an die Warteschlange stellen, und eine willkürliche Entscheidung ist nur erforderlich, wenn mehrere Kunden gleichzeitig eintreffen. Aufgrund dieser Analogie spricht man auch von *Warteschlangen*, wenn ein Konfliktlöser in einem programmierten Instanzennetz eine Bedienungsreihenfolge festlegen muß.

Neben den Zugriffskonflikten, die in strukturinvarianten Instanzennetzen vorkommen und die anhand des Beispiels in Bild 241 veranschaulicht wurden, gibt es auch Konflikte im Zusammenhang mit der Realisierung von Strukturvarianz. Und deshalb wird man auch dafür eine programmierte Instanz vorsehen, die man *Strukturvarianzverwalter* nennen kann. Diese Instanz muß stets über die aktuelle Zuordnung zwischen den Netzkomponenten des Abwicklersystems und den Netzkomponenten des Rollensystems Bescheid wissen. In Bild 240 sind die Netzkomponenten des Abwicklersystems gezeigt, und davon ist ein Teil aktuell nicht dem Rollensystem zugeordnet, d.h. es gibt in diesem Abwicklersystem Abwicklerinstanzen und Speicherzellen – die schraffierten –, die nicht an der Realisierung des aktuellen Rollensystems beteiligt sind. Wenn nun eine aktuelle Rolleninstanz die Schaffung einer neuen Rolleninstanz wünscht, dann wird sie dem Strukturvarianzverwalter eine entsprechende Anforderung übergeben. Die zentrale Instanz muß daraufhin entscheiden, welche freie Abwicklerinstanz und welche freien Speicherzellen der neuen Rolleninstanz zugeordnet werden. Da mehrere Varianzanforderungen gleichzeitig eintreffen können, kann es zum Konflikt kommen, der dann vom Strukturvarianzverwalter in Kommunikation mit dem Wettlaufentscheider entschieden werden muß.

Wenn ein Rollensystem formuliert wird, d.h. wenn das Programm geschrieben wird, gibt es normalerweise noch keine Zuordnung zwischen den Netzkomponenten des Rollensystems und den Netzkomponenten eines Abwicklersystems. Deshalb können im Programm keine Speicher und keine Instanzen des Abwicklersystems, sondern nur Variable und Instanzen des Rollensystems identifiziert werden – so wie im Text eines Theaterstücks keine Schauspielernamen, sondern nur Rollennamen enthalten sein können. Wenn keine Strukturvarianz vorkommt, d.h. wenn das Rollensystem als ein feststehendes Netzsystem formuliert ist, dann kann man das Programm jeweils für die aktuelle Abwicklung passend übersetzen, indem man jeweils an den Stellen, wo Komponenten des Rollensystems identifiziert werden, die Identifikatoren der aktuell zugeordneten Komponenten des Abwicklersystems einsetzt. Am Beispiel des Theatertextes veranschaulicht bedeutet dies, daß man im Text von Goethe's Faust für eine bestimmte Aufführung anstelle von Faust und Mephisto die Schauspielernamen Quadflieg und Gründgens einsetzen kann. Entsprechend kann man bei der Übersetzung eines prozeduralen Programms anstelle der Namen der Rollenvariablen a und b die aktuellen Adressen 3712 und 5440 der zugeordneten Speicherzellen im Abwicklersystem setzen.

Eine derartige Übersetzung, welche die jeweils aktuelle Zuordnung zwischen dem Rollen- und dem Abwicklersystem berücksichtigt, ist nicht mehr möglich, wenn sich diese Zuordnung im Laufe der Rollenabwicklung verändert. Unmittelbar nachdem eine neue Komponente – Speicher oder Instanz – für das Rollensystem geschaffen wurde, weiß nur der Strukturvarianzverwalter, welche vorher unbenutzte Komponente des Abwicklersystems er nun dem Rollensystem zugeordnet hat. Es gibt nur zwei Möglichkeiten, wie die anderen, bereits vor der Schaffung der neuen Rollenkomponente existierenden Rolleninstanzen diese neue Komponente in ihr Programm einbeziehen können. Die eine Möglichkeit ist die *direkte*, die andere die *indirekte Identifikation*. Die Art des Auftrages, mit dem eine Rolleninstanz vom Strukturvarianzverwalter die Schaffung einer neuen Rollenkomponente verlangt, legt fest, wie die neue Komponente anschließend identifiziert werden soll. Für die spätere direkte Identifikation muß der Auftrag lauten:

> Schaffe eine neue Rollensystemkomponente vom Typ *abc* und teile mir anschließend mit, welche Abwicklersystemkomponente dafür verwendet wurde, damit ich sie dann direkt identifizieren kann.

Für die spätere indirekte Identifikation muß der Auftrag lauten:

> Schaffe eine neue Rollensystemkomponente vom Typ *abc*, die ich später indirekt mit dem Namen *uvw* identifizieren will.

Im Falle der direkten Identifikation erhält also die Rolleninstanz, von der die Strukturvarianzanforderung kam, die Information, die es ihr ermöglicht, die neue Rollensystemkomponente als Komponente im Abwicklersystem zu identifizieren. Sie kann dann dieses Wissen an diejenigen anderen Rolleninstanzen weitergeben, die auch diese neue Komponente in ihren Programmen identifizieren müssen.

Im Falle der indirekten Identifikation behält der Strukturvarianzverwalter sein Wissen für sich, welche Abwicklersystemkomponente er dem Rollensystem als neue Komponente hinzugefügt hat. Er weiß in diesem Falle aber auch, mit welchem Namen die Rolleninstanzen die neue Komponente identifizieren wollen. Ein direkter Kontakt zwischen einer Rolleninstanz und der neuen Komponente ist in diesem Falle gar nicht möglich, d.h. jedesmal, wenn eine Rolleninstanz mit der neuen Komponente in Verbindung treten will, muß sie den Strukturvarianzverwalter um Mitwirkung bitten. Mit einem Beispiel veranschaulicht heißt dies, daß eine Rolleninstanz, die wissen will, welchen Inhalt eine neu zum System hinzugekommene Speicherzelle hat, dort nicht einfach nachsehen kann, weil sie den konkreten Ort gar nicht kennt. Sie weiß nur, daß dieser Speicherzelle bei ihrer Schaffung der Name *uvw* gegeben wurde. Also kann sie sich nur an den Strukturvarianzverwalter wenden: Sage mir, welchen Inhalt die Speicherzelle *uvw* hat.

Die Gesamtheit aller zentralen Instanzen, die vom Systemprogrammierer gestaltet werden, nennt man *Betriebssystem*. Es entlastet den Anwendungsprogrammierer von der Arbeit, für die immer wiederkehrenden Aufgaben der Konfliktlösung, der Strukturvarianzverwaltung und der Unterstützung der Teilnehmerkommunikation eigene Rolleninstanzen gestalten zu müssen.

3.2.4.5.2 Strukturvariante Netze aus auftragsverkoppelten Instanzen

Zu Beginn des Abschnitts 3.2.4.5 wurden die Nebenläufigkeit und die Strukturvarianz im Rollensystem als die beiden zentralen Themen des Abschnitts genannt. Daß es vorteilhaft sein kann, Rollensysteme realisieren zu können, in denen Teilaufgaben teilweise nebenläufig erledigt werden, wurde zu Beginn des Abschnitts 3.2.4.5.1 durch anschauliche Beispiele belegt. Dagegen steht eine anschauliche Begründung dafür, daß auch Strukturvarianz im Rollensystem vorteilhaft sein kann, bislang noch aus. Diese soll nun gegeben werden.

Im Abschnitt 2.3.3, der den Begriff der Strukturvarianz allgemein einführt, wird der Vorgang besprochen, daß nach einem gegebenen Bauplan eine passive Form gestaltet wird, die dann durch eine Instanz, die "außerhalb des Systems" agiert, in eine aktive Systemkomponente überführt werden kann. Die klare Unterscheidung zwischen dem jeweils aktuellen System und dem Metasystem, in dem nacheinander unterschiedliche aktuelle Systeme beobachtet werden können, muß auch in der vorliegenden Betrachtung unbedingt beachtet werden. Hier ist besonders der Fall von Interesse, daß nach einem gegebenen Bauplan nicht nur ein Exemplar, sondern mehrere Exemplare hergestellt werden.[1)]

Es gibt zwei Aufgabenbereiche, wo es zweckmäßig ist, Strukturvarianz der zugehörigen Rollensysteme vorzusehen. Der eine Aufgabenbereich ist dadurch gekennzeichnet, daß eine variante Menge von nebenläufig zu bearbeitenden Anforderungen gleichen Typs erledigt werden muß. Man denke an ein Versandhaus, das nebenläufig eine zeitlich veränderliche Menge von Bestellungen erledigen muß, wobei jede Bestellung abgesehen von der Art und der Anzahl der bestellten Waren in gleicher Weise abzuwickeln ist.

Ein weiteres Beispiel dieser Art ist ein Telefonvermittlungssystem, welches nebenläufig eine variante Menge von Telefonverbindungen aufbauen, erhalten und wieder abbauen muß. In diesen Fällen liegt es nahe, zu jeder Anforderung – also zu jeder Bestellung bzw. zu jedem Anruf – jeweils eine Instanz zu kreieren, die für die Erledigung dieser einen Anforderung zuständig ist und die wieder eliminiert werden kann, nachdem sie ihre Arbeit erledigt hat.

Der andere Aufgabentyp, bei dem Strukturvarianz des Rollensystems vorteilhaft ist, liegt vor, wenn der Arbeitsgegenstand des Rollensystems eine Struktur ist, die aufgebaut oder umgebaut werden soll. Man denke an einen elektrotechnischen Schaltplan, der von einem Techniker an einem Bildschirmarbeitsplatz gestaltet oder geändert werden soll. Solch ein Schaltplan ist eine Struktur, die durch endliche Mengen – z.B. Menge der Bausteintypen, Menge der Bausteinexemplare, Menge der Bausteinanschlüsse – und Relationen zwischen diesen Mengen – z.B. Bausteinexemplar e ist vom Bausteintyp t, oder Bausteinanschluß a1 ist verbunden mit Bausteinanschluß a2 – bestimmt ist. Im Laufe seiner Arbeit am Bildschirmarbeitsplatz kann der Techniker Bausteinexemplare dem Plan hinzufügen oder vom Plan entfernen, er kann Verbindungen zwischen Anschlüssen herstellen oder auftrennen, usw.. Bei Aufgaben dieser Art ist es zweckmäßig, das strukturbearbeitende Rollensystem so zu gestalten, daß jedem Element der Struktur eindeutig eine Instanz im Rollensystem zugeordnet wird, die für das ihr zugeordnete Strukturelement zuständig ist. Da im Laufe des Strukturgestaltungsprozesses Strukturelemente entstehen oder verschwinden können, müssen die diesen Elementen zuge-

---

1) Es ist leider üblich geworden, den Vorgang, daß zu einem Bauplan ein Exemplar erzeugt wird, in der Fachsprache der Informatik als Instanziierung zu bezeichnen, weil im Englischen dem Wort *Exemplar* das mehrdeutige Wort *instance* entspricht. Daher wird auch das deutsche Wort *Instanz* in der Fachsprache in der Bedeutung von *Exemplar* gebraucht, obwohl doch das Wort *Instanz* bisher fest mit der Bedeutung *zuständige Stelle* verbunden war. Im vorliegenden Buch wird jedoch das Wort *Instanz* nur in seiner alten Bedeutung verwendet; die Instanzen, also die zuständigen Stellen, sind hier die zu Entscheidungen und Aktionen fähigen Systemkomponenten.

ordneten Instanzen im Rollensystem parallel dazu entstehen bzw. verschwinden. Das aber bedeutet, daß das Rollensystem strukturvariant ist.

Daß diese Strukturvarianz vorteilhaft ist, erkennt man bei Betrachtung des Beispiels der Schaltplanbearbeitung: Neben den Arbeitsschritten *Kreieren* und *Eliminieren*, welche die Existenz der Strukturelemente betreffen, gibt es auch Arbeitsschritte, welche die Attribute der Strukturelemente betreffen. Man denke an die Koordinatenposition eines Bauelementesymbols auf dem Schaltplan. Wenn der Techniker ein bereits plaziertes Bauelement auf dem Plan verschieben will, dann muß er dem Rollensystem einen entsprechenen Auftrag geben. Die Auftragserledigung ist nun besonders einfach, wenn es im Rollensystem eine Instanz gibt, die eindeutig dem zu verschiebenden Bauelement zugeordnet ist, denn dann kann der Verschiebeauftrag unmittelbar dieser Instanz zugeleitet werden. Sie allein kennt die bisherige Position des Bauelementesymbols auf dem Plan, so daß sie das Symbol an der bisherigen Position löschen und an der im Auftrag mitgelieferten neuen Position zeichnen kann.[1)]

Nachdem nun die Zweckmäßigkeit von strukturvarianten Rollensystemen für bestimmte Aufgabenbereiche plausibel gemacht wurde, kann die Netzstruktur dieser Rollensysteme behandelt werden. Bild 243 zeigt ein Rollensystem als Netz aus auftragsverkoppelten Instanzen. Die durch gestrichelte Rechtecke dargestellten sogenannten *Objektinstanzen* sind die Systemkomponenten, die kreiert und eliminiert werden können. Jede dieser Instanzen ist für irgendein Objekt zuständig, wobei dieses Objekt gegenständlich, prozeßartig oder begrifflich (s. Bild 3) sein kann. Da es bezüglich eines Objekts unterschiedliche Arten von Aufträgen geben kann, enthält eine Objektinstanz i.a. mehrere *Auftragsinstanzen*[2)], von denen jede für eine bestimmte Auftragsart zuständig ist. Inhalt eines jeden Auftrags ist die Identifikation eines *Auftragsobjekts* und einer *objektbezogenen Aktivität.*

Bezüglich des Auftragsobjekts gibt es praktisch immer Informationen, die nur für den Auftragnehmer relevant sind, aber nicht für den Auftraggeber. So muß sich beispielsweise ein Heizungsfachmann mit den Innereien des elektronischen Reglers der Zentralheizung befassen, nicht aber der Hausherr, der die Reparatur in Auftrag gibt. Es kann deshalb sinnvoll sein, den Regler in ein Gehäuse einzubauen, welches nur der Fachmann mit einem Spezialwerkzeug öffnen kann. Wenn die Objekte informationeller Natur sind, dann ist es die Codierung, die nur für den Auftragnehmer und nicht für den Auftraggeber relevant ist. Man denke an einen Chef, der seiner Sekretärin einen Brief diktiert, den diese als Stenogramm festhält. Der Chef braucht dieses Stenogramm nicht lesen zu können, denn er kann ja jederzeit der Sekretärin den Auftrag erteilen, es ihm vorzulesen. Es gibt in diesem Beispiel drei unterschiedliche Aufträge: Zum einen das Diktat, also der Auftrag zum Speichern des gesprochenen Textes, zum andern der Auftrag zum Vorlesen, wobei die Rückmeldung der gesprochene Text ist, und

---

1) An dieser Stelle muß auf eine irreführende Sprachgewohnheit von Fachleuten hingewiesen werden: Es wird häufig nicht zwischen dem Element der bearbeiteten Struktur und der dafür zuständigen Instanz unterschieden. Dies kann zu Aussagen folgender Art führen: "Das Bauelement erhält die Botschaft, eine neue Position auf dem Plan einzunehmen." Es ist eine absurde Vorstellung, ein elektrischer Widerstand könne eine Botschaft empfangen und danach handeln. Dies kann nur eine Instanz, die für dieses Bauelement zuständig ist.

2) In der Fachsprache wird die Prozedur, die angibt, wie eine Auftragsinstanz ihre Aufgabe erledigen soll, *Methode* genannt.

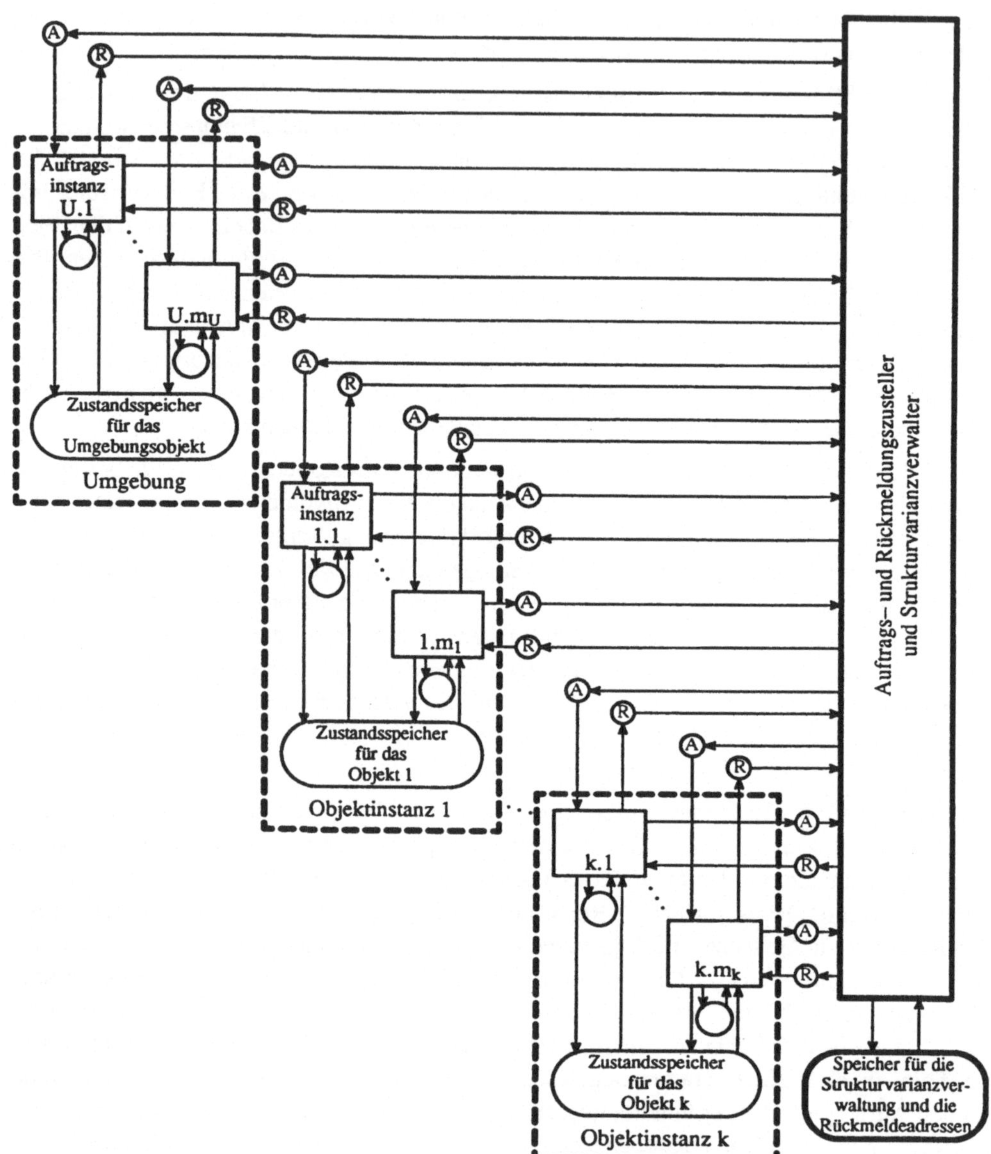

Bild 243 Rollensystem als Netz aus auftragsverkoppelten Objektinstanzen

schließlich der Auftrag, das Gespeicherte als Brief zu tippen, wobei als Rückmeldung der fertige Brief übergeben wird.

In den Objektinstanzen in Bild 243 äußert sich das jeweilige Objekt als Information im Zustandsspeicher. Alle Auftragnehmer, d.h. alle Auftragsinstanzen, die eine offene Sicht auf das Objekt haben müssen – wie der Heizungsfachmann auf die offenliegende Regelelektronik –

sind hier mit dem Objekt "zusammengesperrt". Daher ist es auch verständlich, daß die objektbezogenen Auftragsinstanzen immer nur alle gemeinsam mit dem Speicher für die Objektattribute entstehen oder verschwinden können.

Obwohl ein Auftraggeber keine direkte Sicht auf das Auftragsobjekt bzw. auf den die Objektattribute enthaltenden Speicher braucht, so muß er doch von der Existenz des Auftragsobjekts und seiner Attribute wissen. Dagegen braucht er von der Existenz der Information, die in den individuellen Speichern der Auftragsinstanzen abgelegt wird, nichts zu wissen, denn dabei handelt es sich nur um Zwischenergebnisse, die während der Auftragsbearbeitung anfallen. In diesen Speichern befindet sind weder vor noch nach einer Auftragsbearbeitung irgendwelche relevante Information bezüglich des Auftragsobjekts

In dem System in Bild 243 gibt es neben den Objektsinstanzen nur noch zwei weitere Instanzen, nämlich die Umgebung und den Zusteller; der letztere ist sowohl für den Informationsfluß als auch für die Strukturvarianz zuständig. Die Umgebung hat grundsätzlich die gleiche innere Struktur wie jede der Objektinstanzen. Die Kommunikation zwischen den Objektinstanzen untereinander und mit der Umgebung geschieht ausschließlich durch einen Fluß von *Aufträgen* (A) und *Rückmeldungen* (R), d.h. die Instanzen kommunizieren miteinander über *Dialogschritte* vom Typ Auftrag/Rückmeldung.

Wenn man zulassen will, daß jede Instanz grundsätzlich jeder Instanz – auch sich selbst – Aufträge erteilen darf, dann ist es zweckmäßig, für die Kommunikation zwischen den Instanzen ein Teilnehmersystem (s. Abschnitt 3.1.2.2) vorzusehen. Das System in Bild 243 ist ein solches System. Als zentrale Instanz tritt hier der *Auftrags– und Rückmeldungszusteller* auf, mit dem jede Auftragsinstanz – auch diejenigen in der Umgebung – jeweils über zwei A/R–Schnittstellen für den Fluß von Aufträgen und Rückmeldungen verbunden ist. Hier ist die Vorstellung eines Materialflusses in Form von Postsendungen angemessen. Über die Schnittstelle an ihrer Oberkante kommuniziert die jeweilige Auftragsinstanz als Auftragnehmer, d.h. hier empfängt sie Aufträge – wie Briefe in ihrem Empfangsbriefkasten –, und hier schickt sie die jeweils zugehörigen Rückmeldungen ab – wie Briefe, die sie in einen bestimmten Briefkasten der Post einwirft. Über die Schnittstelle an ihrer rechten Seitenkante kommuniziert die jeweilige Auftragsinstanz als Auftraggeber, d.h. hier schickt sie Aufträge ab, und hier empfängt sie die jeweils zugehörigen Rückmeldungen.

Bezüglich des Flusses von Aufträgen und Rückmeldungen stellt sich die Frage nach der Nebenläufigkeit. Weil alle Auftragsinstanzen einer Objektinstanz Zugriff zu dem Zustandsspeicher haben müssen, worin die Information über die aktuellen Objektattribute aufbewahrt wird, käme es zu Zugriffskonflikten, falls man zwei oder mehr Auftragsinstanzen nebenläufig agieren ließe. Deshalb wird dies ausgeschlossen. Dagegen kann es zugelassen werden, daß zwei oder mehr Auftragsinstanzen, die in unterschiedlichen Objektinstanzen liegen, nebenläufig agieren.

Ein interessanter Sonderfall liegt jedoch vor, wenn der Auftrags– und Rückmeldungsfluß nebenläufigkeitsfrei ist, d. h. wenn der Zusteller nie eine neue Sendung erhält, bevor er die jeweils letzte zugestellt hat. Nur dieser Sonderfall wird im Folgenden weiter betrachtet. In diesem Fall erhält der Auftrags– und Rückmeldungszusteller die als nächste zuzustellende Sendung immer von derjenigen Instanz, an die er zuletzt eine Sendung ausgeliefert hat. Der allererste Auftrag kommt aus der Umgebung, und dorthin muß dann auch die allerletzte Rückmeldung geschickt werden, falls es eine solche überhaupt gibt, d.h. falls der Auftragsfluß ein geplantes Ende hat. Wenn einer Instanz ein Auftrag zugestellt wird, dann kann die nächste zuzustellende Sendung nur von dieser Instanz kommen, und zwar kann es die zugehörige Rückmeldung sein oder aber ein Auftrag, den die Instanz im Rahmen ihrer Erledigung des empfangenen Auftrags delegiert. Wenn einer Instanz eine Rückmeldung zugestellt wird, dann wird diese Instanz entweder als nächstes eine Rückmeldung ausgeben, weil die empfangene Rückmeldung den Abschluß des früher von oben empfangenen Auftrags ermöglicht, oder sie wird als nächstes einen weiteren Auftrag delegieren.

Durch die Einschränkung, daß der Fluß der Aufträge und Rückmeldungen nebenläufigkeitsfrei sein soll, wird nicht jegliche Nebenläufigkeit ausgeschlossen. Eine Rückmeldung muß nämlich nicht immer bedeuten, daß der erteilte Auftrag bereits vollständig erledigt ist; es ist auch zulässig, daß die Rückmeldung nur besagt, daß der Auftrag zur Kenntnis genommen wurde und seine Ausführung zugesagt wird. In diesem Fall wird die auftraggebende Instanz möglicherweise später einmal nachfragen wollen, wie weit der Auftragnehmer inzwischen mit der Auftragsbearbeitung vorangekommen ist. Hierzu wird er dem Auftragnehmer einen "Berichtsauftrag" schicken, worin dieser zur Abgabe eines entsprechenden Berichts aufgefordert wird, der dann als Rückmeldung zugestellt wird.

Eine Instanz, die gerade nicht aktiv ist, d.h. die gerade keine eigenen Aktivitäten zur Erledigung eines empfangenen Auftrags entfaltet, muß immer damit rechnen, einen neuen Auftrag zu erhalten. Ein solcher neuer Auftrag kann durchaus eintreffen, bevor die Instanz ihren zuletzt empfangenen Auftrag abschließend erledigen konnte. Denn es gibt ja zwei Arten von Nichtaktivität einer Instanz: Entweder ist die Instanz auftragsleer, d.h. sie hat alle bisher empfangenen Aufträge abschließend erledigt, oder aber sie ist noch mit einem oder mehreren Aufträgen befaßt, die sie aber zur Zeit nicht weiterbearbeiten kann, weil noch Rückmeldungen zu delegierten Aufträgen ausstehen. Weil nun also die Instanz neue Aufträge erhalten kann, obwohl sie die bisherigen noch nicht alle abschließend erledigt hat, muß sie sich jedesmal, wenn sie einen Auftrag delegiert, bereitmachen zum Empfang eines neuen Auftrags, und das bedeutet, daß sie auf ihrem "Arbeitstisch" Platz schaffen muß, indem sie die "Akte" des zuletzt aktuellen Auftrags auf einen Stapel legt. Entweder erhält sie danach tatsächlich einen neuen Auftrag, mit dessen Bearbeitung sie dann beginnen kann, oder aber sie erhält die Rückmeldung zum zuletzt delegierten Auftrag, und in diesem Fall muß sie die zuoberst auf dem Stapel liegende Akte wieder herunterholen und ihre Bearbeitung unter Berücksichtigung der nun vorliegenden Rückmeldung fortsetzen.

Jede Auftragsinstanz in Bild 243 hat einen eigenen Speicher, auf den nur sie alleine zugreifen kann. Immer wenn die Instanz auf die Zustellung einer Sendung wartet, liegt in diesem Speicher die Information über die Abwicklungssituation sämtlicher noch nicht abgeschlossenen Aufträge.

Es ist selbstverständlich, daß eine Instanz, die einen Auftrag absendet, diesen Auftrag adressieren muß, denn sonst könnte ja der Zusteller nicht wissen, wo er diese Sendung abliefern soll. Dagegen brauchen die Rückmeldungen nicht adressiert zu werden, denn jede Rückmeldung gehört ja eindeutig zu einem bestimmten Auftrag, und da der Zusteller sich jeweils merken kann, wer ihm einen Auftrag zur Weiterleitung übergeben hat, kann er auch zu jeder Rückmeldung eindeutig den Empfänger bestimmen. Anhand eines Beispiels soll gezeigt werden, daß die Zustellung der unadressierten Rückmeldungen unter Verwendung des Stapelprinzips leicht realisiert werden kann.

Man stelle sich vor, daß in Bild 243 in der Umgebung ein Benutzer sitzt, der Aufträge abschicken kann, wobei als Auftragnehmer drei Instanzen in Frage kommen, nämlich ein Drukker in der Umgebung und zwei programmierte Auftragsinstanzen mit den Nummern 1.1 und 1.2 . Die Instanz 1.1 diene der Fakultätsberechnung, d.h. sie könne einer Zahl n, die ihr im Auftrag übergeben wird, den Fakultätswert n! zuordnen, den sie in der Rückmeldung abliefert. Diese Fakultätsinstanz soll rekursiv arbeiten, d.h. sie soll sich selbst Aufträge erteilen, um die Beziehung $n! = n \cdot (n-1)!$ für $0 < n$ ausnutzen zu können. Die Instanz 1.2 soll dazu dienen, zwei Aufträge nacheinander zu delegieren, nämlich zuerst n! durch die Instanz 1.1 ausrechnen zu lassen und danach das Ergebnis vom Drucker drucken zu lassen. Der Benutzer adressiert also seinen Auftrag, der einen Wert für n enthalten muß, an die Instanz 1.2.

Bild 244 zeigt den Fluß der Aufträge und Rückmeldungen in Form eines Petrinetzes. Durch gestrichelte Zuständigkeitsgrenzen ist dieses Netz in fünf Teilnetze zerlegt, die den fünf beteiligten Instanzen zuzuordnen sind. Das Netz enthält Stellen, die mit S oder R bezeichnet sind, und dafür gilt wieder die Interpretation, die bereits im Zusammenhang mit Bild 197 eingeführt wurde. Zu jeder Marke, die in den Zustellerbereich eintritt und dort die Belegung eines S–Platzes auslöst, gehört ein Auftrag. Durch die Belegung des S–Platzes merkt sich der Zusteller, wohin später die Rückmeldung abgeliefert werden muß; die Adresse des Auftrags ermöglicht es dem Zusteller, die zugehörige Marke ans gewünschte Ziel zu bringen. Das Belegen des R–Platzes bedeutet das Abgeben einer Rückmeldung. Die Tatsache, daß es nur einen einzigen R–Platz gibt, ist Ausdruck des Sachverhalts, daß die Rückmeldungen dem Zusteller ohne Adresse übergeben werden.

Die für die Zustellung der Aufträge und der Rückmeldungen zuständige Instanz ist auch für die Realisierung der Strukturvarianz zuständig. Das bedeutet, daß man ihr Aufträge übergeben kann, die nicht unmittelbar weitergeleitet werden können, weil der Empfänger erst noch kreiert werden muß. Die Zieladresse muß in diesen Fällen lauten: "An die Auftragsinstanz Nr. i einer noch zu kreierenden Objektinstanz vom Typ T". Der Zusteller kennt die aktuell nicht benutzten Abwicklerinstanzen und Speicherzellen (s. Bild 240), und aus diesem Material kann er durch geeignete Inhaltsveränderungen in bestimmten Speichern die gewünschte neue Objektinstanz schaffen. Der Bauplan für den Typ T wird entweder als Teil des entsprechenden Auftrags übergeben, oder aber der Zusteller kennt von vornherein ein festes Repertoire von Bauplänen, auf das sich die Aufträge beziehen können.

Da die Objektinstanzen in Bild 243 auf einheitliche Weise in das Netz eingebunden sind, ist es nicht schwierig, sich die Einbindung einer neu hinzukommenden Objektinstanz vorzustellen. Wie alle anderen wird sie mit dem Zusteller über Auftrags– und Rückmeldungsschnittstellen verbunden sein.

Nachdem der Zusteller die Objektinstanz geschaffen hat, kann er die Sendung an die nun existierende Auftragsinstanz übergeben. Diese wird den Auftrag ausführen und eine Rückmeldung abgeben. Der Zusteller wird diese Rückmeldung erweitern um den Zusatz "Aufträge an die neu geschaffene Objektinstanz sind zukünftig mit der Adresse j zu versehen." Danach gibt er sie an den ursprünglichen Auftraggeber weiter.

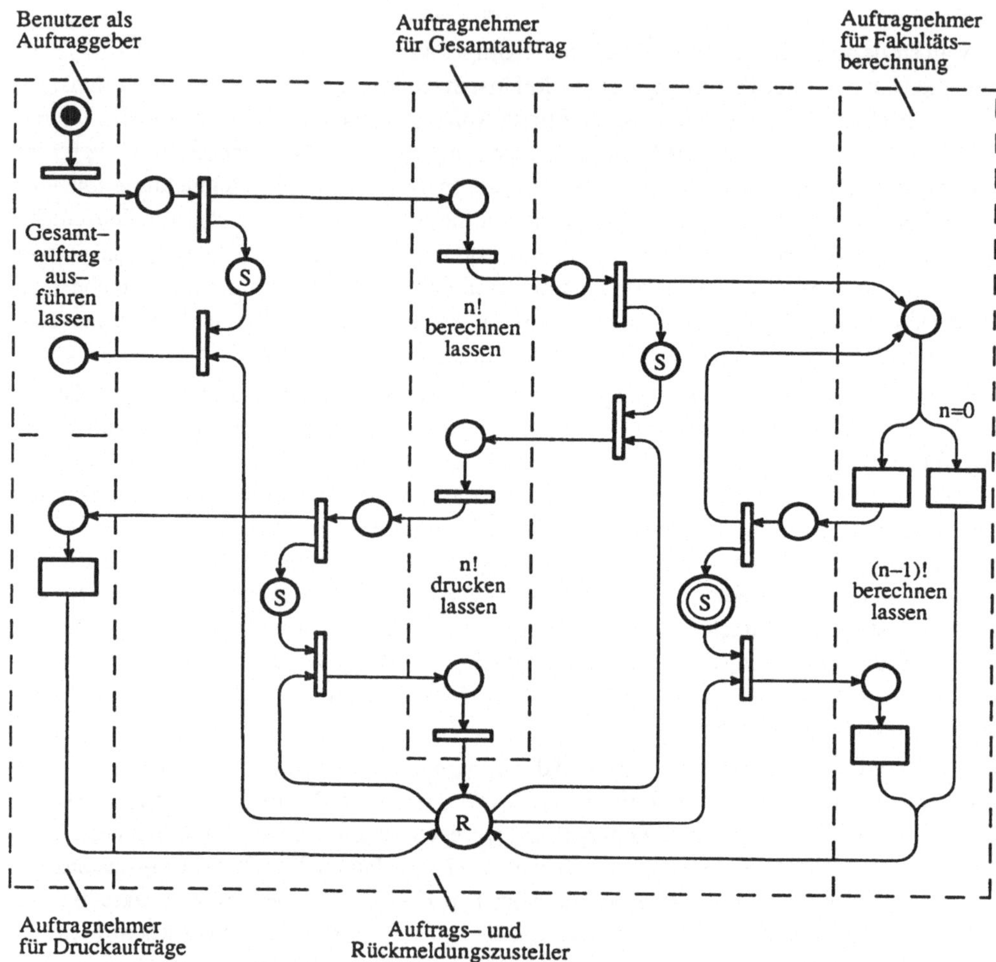

Bild 244 Beispiel eines Auftrags- und Rückmeldungsflusses im Instanzennetz in Bild 243

Der Aufbau der Adressen von Auftragssendungen aus jeweils zwei Abschnitten erlaubt es, auf Gemeinsamkeiten zweier Auftragsinstanzen in unterschiedlichen Objektinstanzen dadurch hinzuweisen, daß man sie gleich benennt. Man denke beispielsweise an zwei Objektinstanzen, von denen die eine für eine Ellipse und die andere für ein Polygon zuständig ist. In beiden Objektinstanzen kann es jeweils eine Auftragsinstanz mit dem Namen *Flächenberechner* geben. Der gleiche Name bedeutet nicht, daß in beiden Fällen die gleiche Berechnungsprozedur gilt. Daß jeweils die geeignete Prozedur zur Anwendung kommt, ist ja durch die zweiteilige Adresse – also z.B. "Flächenberechner in der Ellipseninstanz" – gewährleistet.

Die Gestaltung von Rollensystemen mit der in Bild 243 vorgestellten Struktur wird allgemein als *Objektorientierte Programmierung* bezeichnet. Hierzu wird nun ein Beispiel betrachtet.

Bild 245 zeigt einen Binärbaum vom gleichen Typ, wie er schon in Bild 198 eingeführt wurde: In den Blättern stehen Zahlen, und in den anderen Knoten stehen arithmetische Operatoren aus der Menge {*, +, –}. Es soll nun ein System entworfen werden, welches in der Lage ist, in Auftragsverkopplung mit der Umgebung einen derartigen Baum aufzubauen, wobei der ursprüngliche Auftrag dazu aus der Umgebung kommen soll. Die Knoteninhalte sollen nach Bedarf von der Umgebung als Rückmeldungen geliefert werden. Die Knoten und die Kanten des Baumes sollen nacheinander – entsprechend dem Wachstum des Baumes – mit der Wurzel beginnend auf einer Darstellungsfläche in der Umgebung gezeichnet werden, wobei die Lage im Koordinatensystem so festgelegt werden soll, wie dies am Beispiel in Bild 245 demonstriert ist. Zusätzlich zur Ausgabe des Baumgraphen soll das Knotengewicht des Wurzelknotens bestimmt und als Rückmeldung an den peripheren Auftraggeber ausgegeben werden.

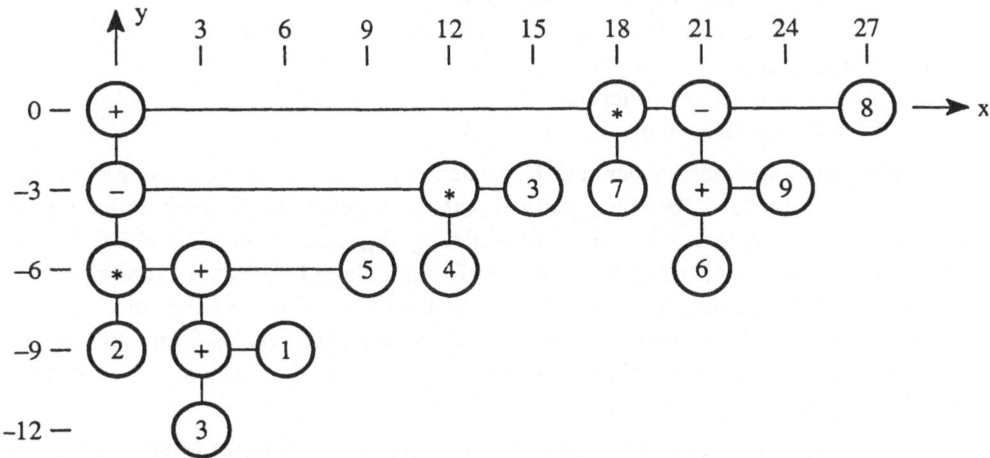

Bild 245 Binärbaum im Koordinatensystem einer Darstellungsfläche

Die Vorstellung vom Wachstum des Baums legt es nahe, die Aufgabe durch ein strukturvariantes System zu lösen, worin jedem Baumknoten eine eigene Objektinstanz zugeordnet ist. Zum Zeitpunkt der Inbetriebnahme des Rollensystems gibt es also noch keine solchen Knoteninstanzen; sie werden erst im Laufe des Rollenspiels erzeugt.

Es gibt offensichtlich zwei unterschiedliche Typen von Knoten, nämlich zum einen solche, die eine Zahl enthalten und die nur als Blätter des Baums vorkommen, und zum anderen solche, die einen arithmetischen Operator enthalten und die deshalb keine Blätter sind. Aus diesem Grunde liegt es nahe, den beiden Knotentypen jeweils einen eigenen Typ von Objektinstanz zuzuordnen. Es ist möglich, die Baumgenerierung und -interpretation ausschließlich mit diesen beiden Typen von Objektinstanzen zu realisieren, aber dann darf man nicht verlangen, daß für die Kommunikation zwischen dem Benutzer und dem programmierten System ein so einfaches Protokoll gelten soll, wie es in Bild 246 dargestellt ist.[1)] Denn gemäß diesem Protokoll gibt der Benutzer jeden Knoteninhalt erst nach einer entsprechenden Aufforderung ein. Wer aber soll diese Aufforderung im Falle der Baumwurzel schicken? Eine Knoteninstanz kann es nicht sein, denn deren Typ läge ja dann bereits fest und damit wäre der Benutzer bei der Wahl des einzugebenden Knoteninhalts in unzulässiger Weise eingeschränkt. Deshalb wird neben den beiden Typen von Objektinstanzen für die Knoten noch ein dritter Typ von Objektinstanz eingeführt. Von diesem Typ braucht man nur ein einziges Exemplar zu kreieren; dieses wird Bauminstanz genannt. Die Bauminstanz wird kreiert, wenn der Benutzer seinen Baumerzeugungsauftrag erteilt, und sie meldet dem Auftraggeber das der Wurzel zugeordente Interpretationsergebnis zurück, nachdem der ganze Baum entstanden ist.

Da der Benutzer protokollgemäß sowohl als Auftraggeber als auch als Auftragnehmer auftritt, kann man sein Verhalten durch die folgenden beiden Prozeduren erfassen:

Benutzer:

  als Auftraggeber:
    An zu kreierende Bauminstanz: Baumauftrag
      Aus Rückmeldung: (Adresse der Bauminstanz, Wurzelergebnis)
  als Auftragnehmer:
      Aus Eingabeauftrag: (nichts)
    Rückmeldung: (Knoteninhalt)

Für die Interpretation dieser und der noch folgenden Prozeduren gilt folgende Festlegung: In jeder Zeile, die mit "An..." beginnt, wird ein Auftrag abgeschickt. In jeder Zeile, die mit "Rückmeldung:..." beginnt, wird eine Rückmeldung abgeschickt. In jeder Zeile, die mit "Aus..." beginnt, wird einem Auftrag oder einer Rückmeldung Information entnommen zur Übernahme in den Objektzustandsspeicher oder in den Speicher für Zwischenzustände. Der Hinweis auf den jeweils betroffenen Speicher wird dadurch gegeben, daß Informationen, die im Objektzustandsspeicher enthalten bzw. darin abzulegen sind, durch *kursive Schrift* gekennzeichnet sind.

Für die Auftragsinstanzen in der Bauminstanz und in den beiden Typen von Knoteninstanzen kann man folgende Prozeduren festlegen:

Bauminstanz:

  Instanz für Baumauftrag:
    An auftragnehmenden Benutzer: Eingabeauftrag
      Aus Rückmeldung: (Wurzelinhalt)
    An zu kreierende Knoteninstanz
    des zum Wurzelinhalt gehörenden Typs: Knotenauftrag (0,0, Wurzelinhalt)
      Aus Rückmeldung: (Adresse der Wurzelinstanz, Wurzelergebnis, x_{MAX})
    Rückmeldung: (Wurzelergebnis)

---

1) Der Leser sollte erkennen, daß dieses Protokoll die gleiche Struktur hat wie die rekursive Prozedur rechts im Bild 197. Das darf auch nicht verwundern, denn es handelt sich ja in beiden Fällen um eine Schrittfolge zur Linksabwicklung eines Binärbaumes.

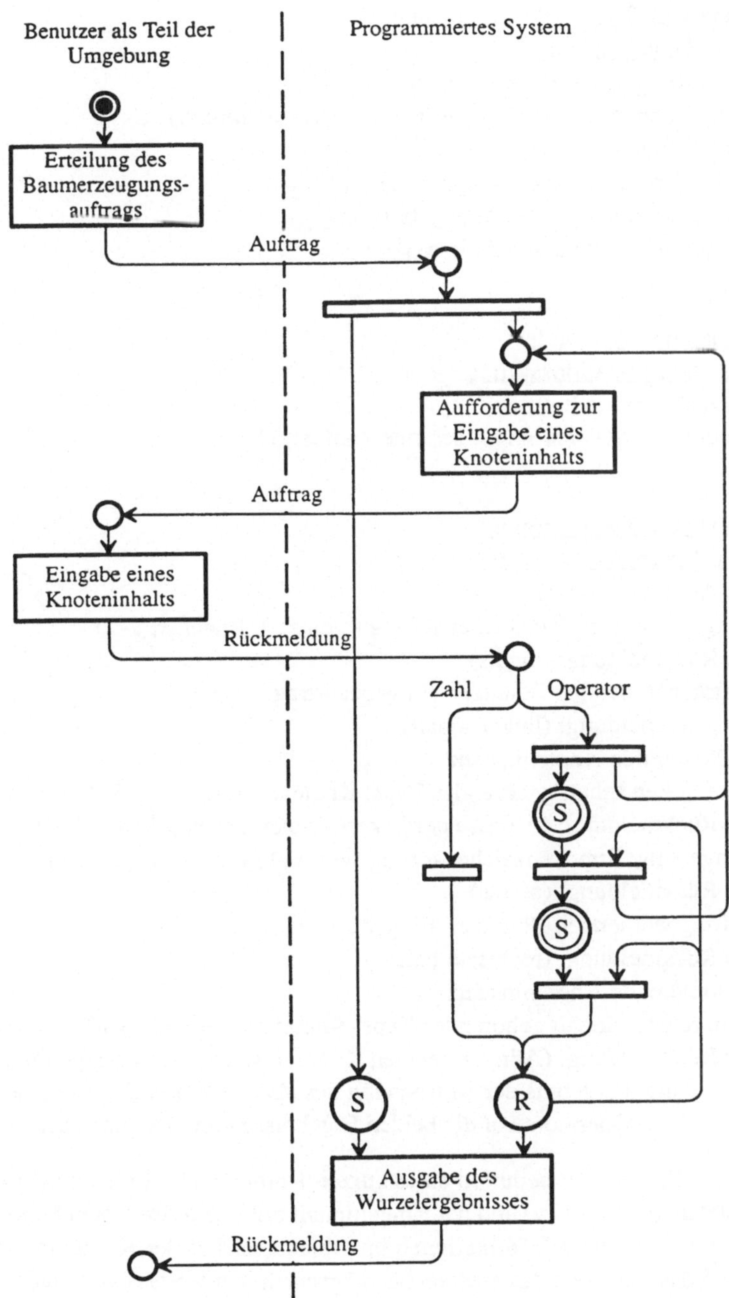

Bild 246 Protokoll zum Beispiel der Erzeugung eines Baumes nach Bild 245

Knoteninstanz vom Typ Zahl oder Operator:

Instanz für Knotenauftrag:

Aus Auftrag: (*x*, *y*, *Knoteninhalt*)
An Umgebung: Knotenzeichenauftrag (*x*, *y*, *Knoteninhalt*)
Aus Rückmeldung: (nichts)
An meine Objektinstanz: Interpretationsauftrag
Aus Rückmeldung: (Knotenergebnis, x_{MAX})
Rückmeldung: (Knotenergebnis, x_{MAX})

Knoteninstanz vom Typ Zahl:

Instanz für Interpretationsauftrag:

Aus Auftrag: (nichts)
Rückmeldung: (*Knoteninhalt*, der eine Zahl ist, *x*)

Knoteninstanz vom Typ Operator:

Instanz für Interpretationsauftrag:

Aus Auftrag: (nichts)
An Umgebung: Streckenzeichenauftrag (von *x*, *y*–1 nach *x*, *y*–2)
Aus Rückmeldung: (nichts)
An auftragnehmenden Benutzer: Eingabeauftrag
Aus Rückmeldung: (linker Inhalt)
An zu kreierende Knoteninstanz
des zum linken Inhalt gehörenden Typs: Knotenauftrag (*x* , *y*–3, linker Inhalt)
Aus Rückmeldung: (Adresse der linken Knoteninstanz, linkes Ergebnis, x_{MAX})
An Umgebung: Streckenzeichenauftrag (von *x*+1, *y* nach x_{MAX}+2, *y*)
Aus Rückmeldung: (nichts)
An auftragnehmenden Benutzer: Eingabeauftrag
Aus Rückmeldung: (rechter Inhalt)
An zu kreierende Knoteninstanz
des zum rechten Inhalt gehörenden Typs: Knotenauftrag (x_{MAX}+3, y, rechter Inhalt)
Aus Rückmeldung: (Adr. der rechten Knoteninstanz, rechtes Ergebnis, x_{MAX})
Rückmeldung: (Ergebnis der Anwendung des als *Knoteninhalt* gespeicherten
Operators auf die beiden Ergebnisse von links und rechts, x_{MAX})

Die angegebenen Prozeduren bedürfen eines kurzen Kommentars. In jedem Knotenauftrag werden die Knotenposition (x, y) und der Knoteninhalt mitgeteilt. Im ersten Schritt der Auftragserledigung werden diese Informationen im Objektspeicher der Knoteninstanz gespeichert; dann wird das Zeichnen des entsprechend beschrifteten Kreises veranlaßt. Die Rückmeldung zum anschließenden Interpretationsauftrag erfolgt erst, wenn der zugehörige Knoten zur Wurzel eines abgeschlossenen Baumes geworden ist. Falls dieser Knoten ein Zahlknoten ist, stellt er alleine schon einen abgeschlossenen Baum dar, so daß im Rahmen der Erledigung des Interpretationsauftrags keine Knotenaufträge erteilt werden müssen. Solche Aufträge müssen jedoch von jeder Knoteninstanz erteilt werden, die für einen Operatorknoten zuständig ist, denn es muß ja für die Erzeugung der beiden Unterknoten gesorgt werden.

Auf der Darstellungsfläche liegt ein linker Unterknoten immer im Abstand 3 unter seinem Oberknoten (s. Bild 245). Dagegen kann der Abstand zwischen einem Knoten und seinem rechten Unterknoten nicht als Konstante vorgegeben werden, sondern muß jeweils individuell in Abhängigkeit von der x–Ausdehnung des linken Unterbaums festgelegt werden. Hierzu betrachte man beispielsweise den Wurzelknoten an der Position (0, 0) in Bild 245. Sein linker Unterbaum hat die Wurzelposition (0,–3), und der Knoten, der in diesem Unterbaum die größte x–Koordinate hat, liegt bei (15,–3). Deshalb wird die für den Wurzelknoten zuständige Objektinstanz den rechten Unterknoten auf die Position (15+3, 0) legen, um die Gefahr der Überlagerung der beiden an der Wurzel hängenden Unterbäume auszuschließen. Deshalb muß jeweils in der Rückmeldung zu einem Interpretationsauftrag die bisher erreichte maximale x–Koordinate x_{MAX} mitgeteilt werden.

Die angegebenen Prozeduren bilden die "Baupläne", nach denen der Zusteller und Strukturvarianzverwalter im Bild 243 jeweils die geforderten Objektinstanzen kreieren kann. Diese Baupläne müssen bei Inbetriebnahme des Systems bereits im Speicher des Strukturvarianzverwalters enthalten sein.

Es kann nun sinnvoll sein, die unterschiedlichen Baupläne nicht isoliert nebeneinanderzulegen, sondern sie in einen Zusammenhang miteinander zu bringen. Der einfachste Zusammenhang, der hier in Frage kommt, ist der Klassenzusammenhang. Die *Klassenbildung* wurde bereits im Abschnitt 1.1.2 über Abstraktion und Identifikation besprochen. Dort wurde gesagt, die Klassenbildung beruhe auf der Fähigkeit unseres Wahrnehmungsapparates, eine Vielfalt von Dingen aus unserer Erfahrung auf einen Typ zu verdichten. Im Typ wird alles konzentriert, was die Elemente in der Klasse gemeinsam haben. Als Klassenelemente werden nun hier die Baupläne für Objektinstanzen betrachtet, und man muß deshalb danach fragen, was diese Baupläne gemeinsam haben. Sie können selbstverständlich alle völlig verschieden sein, denn es ist ja möglich, daß es keine Auftragsinstanzen und keine Strukturelemente in den Objektspeichern gibt, die in zwei verschiedenen Objektinstanzen gleich sind. In diesem Fall hat die Klasse der Baupläne keine Unterklassen, zu denen es auch wieder Unterklassen gibt. Interessanter sind natürlich die Fälle, in denen es Unterklassen gibt, die in weitere Unterklassen aufgeteilt sind.

Für das betrachtete Beispiel der Baumerzeugung und –interpretation ergibt sich der in Bild 247 dargestellte Klassenbaum. Die Wurzel dieses Baums ist die Klasse der Objektinstanzen, denn alle Baupläne beschreiben Objektinstanzen. In dieser Klasse kennt man noch keine Komponenten der Objektspeichervariablen und noch keine Prozeduren zur Auftragserledigung. Deshalb ist in den beiden Feldern des Klassensymbols jeweils das Symbol $\emptyset$ für die leere Menge eingetragen. Dem linken Feld sind die Komponenten der Objektspeichervariablen und dem rechten Feld die Prozeduren zugeordnet. Die oberste Klasse ist in zwei Unterklassen eingeteilt, wovon aber nur die Klasse der Knoteninstanzen interessant ist, weil nur diese selbst noch einmal weiter unterteilt ist. Die Komponenten (*x, y, Knoteninhalt*) der Objektspeichervariablen und die Prozedur für Knotenaufträge, die in der Klasse eingetragen sind, müssen unabhängig vom Knotentyp in jeder Knoteninstanz vorkommen. In der Klasse der

Zahlknoteninstanzen und in der Klasse der Operatorknoteninstanzen sind dagegen nur noch diejenigen Elemente eingetragen, bezüglich deren Vorkommen sich die beiden Knoteninstanzentypen unterscheiden. Dieser Unterschied besteht nur in Verschiedenheit der beiden Prozeduren zur Erledigung von Interpretationsaufträgen.

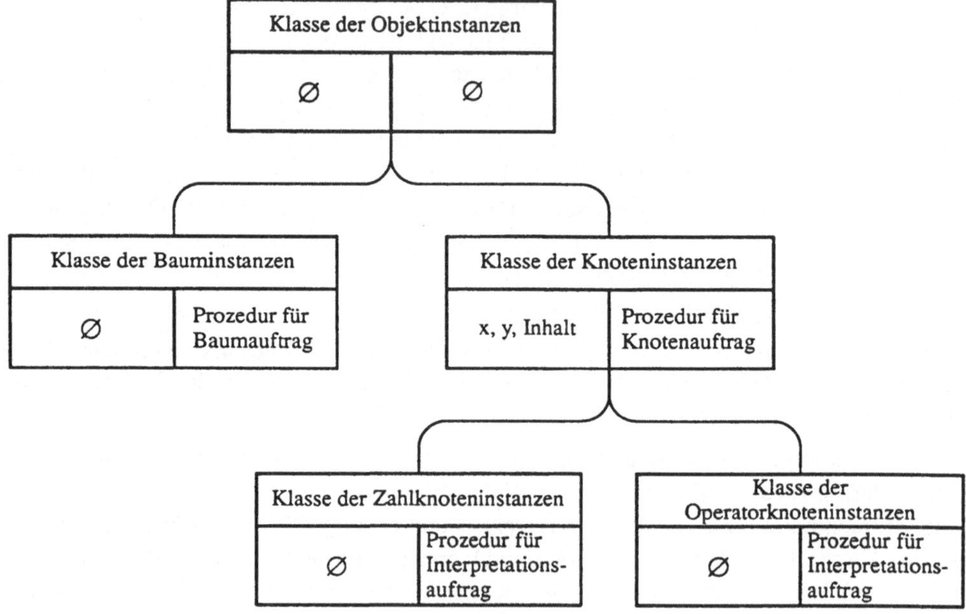

Bild 247 Klassenbaum der Objektinstanzen zum betrachteten Beispiel

Wenn man also wissen will, welche Elemente in einer Objektinstanz vorkommen, die zu einer bestimmten Blattklasse im Klassenbaum gehört, dann braucht man nur alle Mengen zu vereinigen, die im Klassenbaum auf dem Weg von der Wurzel bis zum betrachteten Blatt angegeben sind. Dieses Prinzip wird in der Fachsprache als *Vererbungsprinzip*[1)] bezeichnet.

Obwohl der Begriff der Klassifikation den in Bild 247 veranschaulichten Sachverhalt viel besser trifft als der Begriff der Vererbung, ist doch die normalerweise mit dem Klassifikationsbegriff verbundene Vorstellung nicht vollständig auf den hier betrachteten Fall übertragbar. Normalerweise ist es unvorstellbar, ein Individuum zu finden, das eindeutig einer Klasse im Baum, aber keiner Blattklasse zuzuordnen ist, ohne daß dies als Hinweis auf die Notwendigkeit gedeutet werden müßte, den Baum zu erweitern. So kann man sich beispielsweise kein Individuum vorstellen, das zwar alle Merkmale eines Säugetieres hat, aber dem darüberhinaus

1) Unter Vererbung versteht man üblicherweise den Sachverhalt, daß bei einem Vorgang der Strukturvarianz irgendwelche Merkmale des Erzeugers als Kopie an den Erzeugten weitergegeben werden. Eine solche Beziehung besteht aber zwischen dem Erzeuger und den erzeugten Knoteninstanzen nicht. Wie unangebracht es ist, von Vererbung zu reden, wo es eigentlich um Klassifikation geht, erkennt man sofort, wenn man Klassifikationen aus der Biologie betrachtet. Kein Mensch würde sagen, ein Paarzeher habe vom Säugetier die Wirbelsäule geerbt. Vielmehr sagt man, der Paarzeher gehöre zur Klasse der Säugetiere und habe deshalb mit allen Säugetieren das gemeinsame Merkmal einer Wirbelsäule.

jegliche weiteren Merkmale fehlen, so daß man keinen Grund hätte, darüber nachzudenken, welcher Unterklasse der Säugetiere es denn wohl zuzuordnen wäre. Im Gegensatz dazu kann man sich aber eine Objektinstanz sehr leicht vorstellen, die nur diejenigen Elemente enthält, die in der Vereinigung aller Mengen vorkommen, welche im Klassenbaum auf dem Weg von der Wurzel bis zu irgendeinem Nichtblatt angegeben sind.[1)] In der Praxis hat man aber meist keinen Anlaß, von dieser Möglichkeit Gebrauch zu machen und Objektinstanzen einzuführen, die nicht irgendeinem Blatt des Klassenbaums zuzuordnen sind.

Die hier vorgestellten Prinzipien zur Gestaltung strukturvarianter Netze aus auftragsverkoppelten Instanzen findet man in der Praxis häufig nicht genau so wieder, wie sie hier dargestellt wurden. Deshalb sollen nun zum Abschluß dieses Abschnitts einige Richtungen angedeutet werden, in denen die Modifikationen liegen können. Es wurde bisher angenommen, der Klassenbaum sei invariant, d.h. er sei bei der Abwicklerinitialisierung in den Speicher der Erzeugerinstanz gelegt worden und bliebe dort während des gesamten Rollenspiels unverändert liegen. Selbstverständlich kann man aber das System auch derart gestalten, daß Aufträge zur Veränderung des Klassenbaums erledigt werden können. Auch kann es sinnvoll sein, für jede Klasse erzeugbarer Instanzen eine zentrale Verwalterinstanz einzusetzen. Es kann sogar zweckmäßig sein, vom Klassenbaum abzugehen und die Gemeinsamkeiten zwischen den Bauplänen für die verschiedenen Typen von Objektinstanzen durch ein weniger eingeschränktes Folgengeflecht zu erfassen. Und schließlich kann es zweckmäßig sein, vom Zusteller in Bild 243 mehr zu verlangen als in den bisherigen Betrachtungen.

Zum Abschluß dieses Abschnitts über die sogenannte *objektorientierte Programmierung* ist der Hinweis angebracht, daß diese Art der Programmierung keine vierte Alternative neben der prozeduralen, der funktionalen und der prädikatsorientierten Programmierung ist, sondern daß es sich um die Einbindung der prozeduralen Programmierung in eine zusätzliche Struktur handelt.

3.2.4.5.3 Abwicklermultiplex

Es wird nun die Möglichkeit betrachtet, Rollensysteme zu realisieren, bei denen die Anzahl der Instanzen im Rollennetz größer ist als die Anzahl der elementaren Abwicklerinstanzen, die vom Abwicklersystem bereitgestellt werden.

Multiplex ist ein in der Signalübertragungstechnik gebräuchlicher Begriff zur Kennzeichnung von Übertragungsverfahren, bei denen mehrere unabhängige Signalflüsse über ein und denselben Kanal geleitet werden. Anstelle der m unabhängigen Kanäle links im Bild 248 wird also im Falle des Multiplexsystems nur ein einziger Kanal eingesetzt, an dessen einem Ende nun aber der sogenannte *Multiplexer* sitzen muß, der die m Quellenflüsse zu einem einzigen Fluß verdichtet, und an dessen anderem Ende der sogenannte *Demultiplexer* sitzen muß, der den ankommenden Fluß wieder in m Senkenflüsse aufspaltet. Das Verhalten der drei Instan-

1) Dies geht allerdings nur, falls in der so gebildeten Prozedurenmenge keine Prozedur vorkommt, die eine mächtigere Prozedurenmenge verlangt. So kann es im betrachteten Beispiel keine Knoteninstanz geben, bei der die Zugehörigkeit zu einer der beiden Unterklassen offen geblieben ist, denn die Prozedur für den Knotenauftrag setzt voraus, daß die Knoteninstanz auch einen Interpretationsauftrag erledigen kann.

zen innerhalb des gestrichelt umrahmten Teiles des Multiplexsystems muß derart sein, daß die Quellen– und Senkeninstanzen keinen Unterschied merken zur linken Systemrealisierung, bei der für jede der m Verbindungen ein eigener Kanal zur Verfügung steht. Das läßt sich selbstverständlich nur erreichen, wenn die Übertragungskapazität des einen Kanals im Multiplexsystem – gemessen in Bit pro Sekunde – mindestens m mal so groß ist wie die Übertragungskapazität eines der m parallelen Kanäle im System ohne Multiplex. Es paßt hier ohne Einschränkungen die Analogie zu einem Rohrsystem zur Weiterleitung von Flüssigkeitsströmen: Das Produkt aus Strömungsgeschwindigkeit und Rohrdurchmesser für das Rohr, das dem Multiplexkanal entspricht, muß m mal so groß sein wie für die einzelnen Rohre, an denen die Quellen und Senken angeschlossen sind.

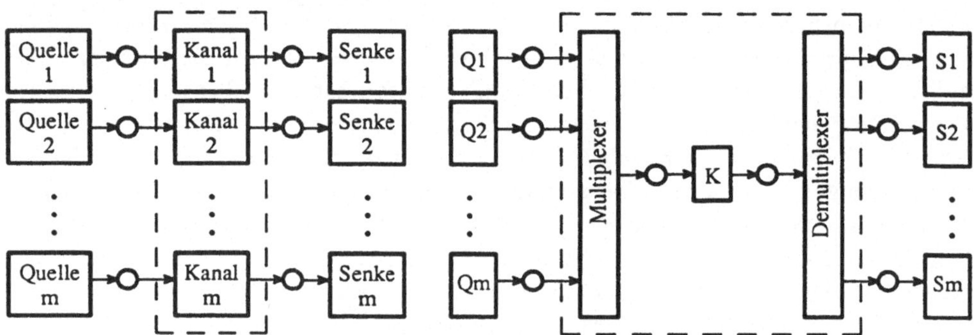

Bild 248 Multiplex in der Signalübertragungstechnik

Das Beispiel des Rohrsystems läßt es auch plausibel erscheinen, daß ein Multiplexsystem kostengünstiger sein kann als das System ohne Multiplex. Man stelle sich vor, in einem Umkreis von 100 m lägen 10 gleich ergiebige Wasserquellen, von denen jede gerade ausreiche, eine 10 km entfernte Senke zu versorgen. Auch die 10 Senken sollen in einem Umkreis von 100 m beieinanderliegen. Man hat nun die Wahl, entweder ca. 100 km dünnes Rohr zu verwenden und jede Quelle direkt mit ihrer Senke zu verbinden, oder aber im Quellenbereich 10 kurze dünne Rohrstücke in ein 10 km langes dickes Rohr münden zu lassen, an dessen anderem Ende man wieder kurze dünne Rohrstücke anschließt, die zu den Senken führen. Wenn ein 10 km langes dickes Rohr genausoviel kosten würde wie ein 100 km langes dünnes Rohr, dann wäre die Multiplexlösung die teuerere, denn es kommen ja noch die Kosten für den Multiplexer und den Demultiplexer hinzu. Aber in der Praxis ist der Multiplexkanal trotz seiner höheren Kapazität deutlich billiger als m einfache Kanäle, so daß trotz der noch hinzukommenden Kosten für den Multiplexer und den Demultiplexer das Multiplexsystem das kostengünstigere ist.

Für die Verdichtung der Quellensignale zu einem einzigen Kanalsignal, aus dem die Signale für die Senken wieder eindeutig zurückgewonnen werden können, gibt es verschiedene Möglichkeiten. Zwei davon sind in Bild 249 gezeigt, wo zwei Quellen Q1 und Q2 betrachtet werden, von denen jede eine Binärfolge liefert. Anstatt jeder dieser Binärfolgen in der gezeigten Weise ein eigenes Binärsignal zuzuordnen, kann man der Folge der Paare (Q1, Q2) ein Signal zuordnen, indem man entweder dem Wertebereich { 00, 01, 10, 11 } der Paare einen vierwertigen Wertebereich für das Signal zuordnet, oder indem man das Zeitintervall, das pro Paar zur

Verfügung steht, halbiert und in der ersten Hälfte den Wert von Q1 und in der zweiten Hälfte den Wert von Q2 als Binärsignalwert nimmt. Immer dann, wenn wie bei diesem zweiten Verfahren eine eindeutige Zuordnung von Zeitabschnitten zu einzelnen Quellen oder Senken besteht, spricht man von *Zeitmultiplex*.

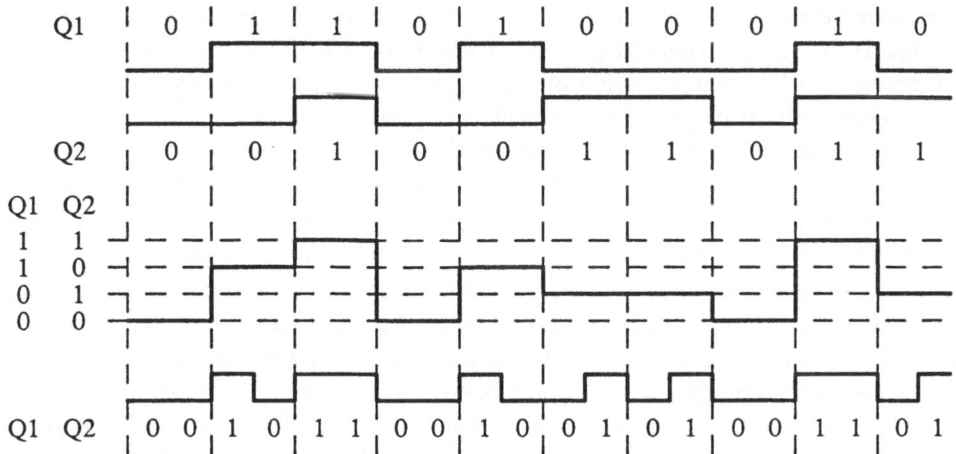

Bild 249 Zwei Möglichkeiten der Multiplex–Übertragung zweier Binärsignale

Für die Nachrichtenübertragung ist aber auch noch das sogenannte *Frequenzmultiplex* von großer Bedeutung. Insbesondere die Funkübertragung beruht auf der Möglichkeit des Frequenzmultiplex. Die verschiedenen Rundfunk– und Fernsehsendungen kommen ja alle über den gleichen Multiplexkanal, nämlich in Form elektromagnetischer Wellen durch den freien Raum oberhalb der Erdoberfläche, und nur, weil sich die Sender bezüglich der Frequenz der gesendeten Signale unterscheiden, kann aus dem empfangenen Kanalsignal jedes einzelne Quellensignal wieder extrahiert werden. Die Theorie des Frequenzmultiplex beruht auf der Fouriertransformation (s. Bild 18); eine weitere Betrachtung ist aber im Rahmen dieses Buches nicht angebracht.

Die Bindung des Begriffes *Multiplex* an die Signalübertragung wird nun für die folgenden Betrachtungen aufgehoben, d.h. der Begriff soll nun in einem verallgemeinerten Sinne gebraucht werden. Unter Multiplex wird nun einfach der Sachverhalt verstanden, daß mehrere Akteure für ihre Aktionen ein gemeinsames Investitionsgut benutzen, obwohl die Aktionen so unabhängig voneinander sind, daß man jedem Akteur für seinen Bedarf ein eigenes Investitionsgut geben könnte, so daß er seine Aktion ohne Berührung mit den anderen Akteuren ausführen könnte. In diesem Sinne liegt beispielsweise Multiplex vor, wenn mehrere Familien in einem mehrstöckigen Haus mit abgegrenzten Wohnungen wohnen, anstatt daß jede für sich in einem Einfamilienhaus wohnt.

Beim Abwicklermultiplex geht es nun darum, daß mehrere Rolleninstanzen, von denen jede für ihr prozedurales Programm einen Abwickler nach Bild 215 braucht, einen gemeinsamen Abwickler benutzen. Dies kann nur derart geschehen, daß der Abwickler in aufeinanderfolgenden Zeitabschnitten jeweils abwechselnd einer der Rolleninstanzen zugeteilt wird; es handelt sich also definitionsgemäß um eine Art Zeitmultiplex. Die Vorteile des Abwicklermultiplex sind dreierlei, nämlich kostengünstige Abwicklung von Programmen mit formulierter Nebenläufigkeit, Erhöhung des Durchsatzes[1)] und die Möglichkeit der Berücksichtigung von Programmprioritäten.

Der erste Vorteil, also die kostengünstige Abwicklung von Programmen mit formulierter Nebenläufigkeit, liegt auf der Hand. Man denke an Aufgaben, bei deren Lösung man zweckmäßigerweise Rollennetze mit vielen, oft sogar zeitabhängig unterschiedlich vielen Instanzen programmiert; die Strukturen wurden in den voranstehenden Abschnitten 3.2.4.5.1 und 3.2.4.5.2 vorgestellt. Wenn man jeder Rolleninstanz tatsächlich einen eigenen Abwickler zuordnen müßte, könnten dabei sehr umfangreiche Abwicklernetze (s. Bild 240) erforderlich werden. Da ist selbstverständlich das Abwicklermultiplex – falls es nicht wegen zu hoher Geschwindigkeitsanforderungen ausscheidet – die kostengünstigere Lösung.

Als zweiter Vorteil wurde der erhöhte Durchsatz genannt. Diese Durchsatzerhöhung ergibt sich durch die Ausnutzung von Wartepausen. Solche Wartepausen bei der Abwicklung prozeduraler Programme können immer auftreten, wenn sich die betrachtete Rolleninstanz an ein Kommunikationsprotokoll halten muß. Solche Protokolle gibt es einerseits für die Kommunikation zwischen programmierten Rolleninstanzen untereinander und andererseits für die Kommunikation zwischen einer Rolleninstanz und der Systemumgebung. Wenn nun bei der Abwicklung einer Rollenprozedur die Situation eintritt, daß die Rolleninstanz auf ein Ereignis warten muß, welches in der Zuständigkeit ihres Kommunkationspartners liegt, dann kann die Prozedurabwicklung nicht weiter vorankommen, solange dieses Ereignis nicht eintritt. Es gibt nun zwei Möglichkeiten, diese Wartezeit zu überbrücken. Entweder ist in der Prozedur das "Däumchen drehen" des Abwicklers einprogrammiert – in Form einer Warteschleife nach Bild 242 –, oder aber an dieser Stelle steht in der Prozedur ein Hinweis für den Abwickler, daß er bis zum Eintritt des erwarteten Ereignisses von der aktuellen Rolleninstanz nicht mehr gebraucht wird und frei ist, die Abwicklung der Prozedur einer anderen Rolleninstanz zu beginnen oder fortzusetzen. Die beiden Möglichkeiten, die Wartezeit zu überbrücken, werden als *aktives Warten* – Beschäftigung des Abwicklers mit "Däumchen drehen" – bzw. als *passives Warten* – Abgabe des Abwicklers zugunsten einer anderen Rolleninstanz – bezeichnet.

Der dritte Vorteil des Abwicklermultiplex besteht darin, daß Programmprioritäten berücksichtigt werden können. Man stelle sich folgende Situation vor: Die Abwicklung einer Prozedur zur Berechnung eines Ergebnisses nach einem komplizierten mathematischen Verfahren dauere drei Stunden. Eine Stunde nach Beginn der Abwicklung hat jemand den Bedarf, eine andere Prozedur abwickeln zu lassen, von der man weiß, daß sie den Abwickler nur eine Minute lang braucht. Es ist in dieser Situation äußerst wünschenswert, die Abwicklung des Kurzläufers einschieben zu können, ohne danach mit der Abwicklung des Langläufers noch einmal ganz von vorne beginnen zu müssen. Es gibt aber auch noch andere Situationen, wo das Einschiebenkönnen von Prozedurabwicklungen wünschenswert ist. Es handelt sich um Situationen, wo im Laufe der Programmabwicklung Mängel auftreten, die eine unmittelbare Fortsetzung der Abwicklung verbieten. So kann es beispielsweise vorkommen, daß die Anweisung

1) Durchsatz ist ein Leistungsbegriff, d.h. ein Durchsatzmaß gibt immer an, wieviel Arbeitseinheiten pro Zeiteinheit erledigt werden.

y:=1/x nicht ausgeführt werden kann, weil die Speichervariable x aktuell den Wert 0 enthält. Oder es kann vorkommen, daß als Adresse für die als nächste zu holende Programmanweisung eine Zahl angegeben wird, zu der es im Speicher gar keine Zelle gibt – so wie auf einem Brief eine Hausnummer stehen kann, zu der es in der genannten Straße gar kein Haus gibt. In solchen Fällen sollte es möglich sein, von der Abwicklung der aktuellen Prozedur auf die Abwicklung einer anderen Prozedur umzuschalten, deren Aufgabe es ist, entweder den Mangel zu beheben oder aber über die Peripherie eine Meldung über den aufgetretenen Mangel auszugeben.

Von den genannten Vorteilen des Abwicklermultiplex kommt man unmittelbar zu den verschiedenen Ereignisarten, die als Auslöser für das jeweilige Umschalten des Abwicklers von einer Prozedur zu einer anderen zu berücksichtigen sind. Bild 250 zeigt ein Klassifikationsschema, worin die auslösenden Ereignisse zuerst einmal in *asynchrone* und *synchrone* eingeteilt werden. Die Synchronität bezieht sich hier auf den Abwicklungsvorgang: Ein Auslöseereignis ist synchron, wenn es von einer der vier mit der Prozedurabwicklung befaßten Instanzen (s. Bild 215) erzeugt wird; es ist asynchron, wenn es seinen Ursprung in der Peripherie hat. So ist also beispielsweise das Auftreten einer Anweisung zur Division durch null ein synchrones Auslöseereignis, während die Meldung, daß jemand eine Taste seines Bildschirmterminals gedrückt hat, asynchron ist. Die Einteilung der synchronen Auslöseereignisse in freiwillige und unfreiwillige orientiert sich an der Frage, ob der Programmierer die jeweilige Abwicklerabgabe bewußt an dieser Stelle seiner Prozedur vorgesehen und per Anweisung verlangt hat oder nicht.

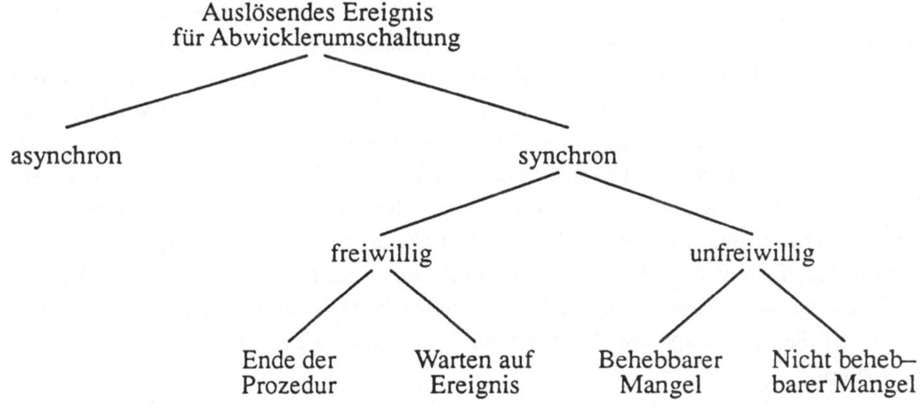

Bild 250 Klassifikationsschema der Auslöseereignisse für die Abwicklerumschaltung

Nachdem nun die Ereignisse bekannt sind, die eine Abwicklerumschaltung auslösen können, muß der Umschaltevorgang selbst näher betrachtet werden. Er kann in drei Schritte unterteilt werden, die man kurz mit *Freimachen*, *Auswählen* und *Belegen* bezeichnen kann. Das Freimachen bezieht sich auf diejenigen Speicherzellen für den Abwicklerzustand, die man mit neuen Inhalten belegen muß, damit eine andere Prozedur abgewickelt wird. Bezüglich des Freimachens gibt es zwei Extremfälle: Im Maximalfall werden alle Speicherzellen für Z_{Ap} und Z_{Aw} (s. Bild 213) freigemacht – im Falle des Prozedurabwicklers in Bild 215 hieße dies, daß nicht nur die Zellen für die Anweisungsmarkierung und für den Stapelzeiger freigemacht würden, sondern auch sämtliche Zellen des Arbeitsspeichers. Im Minimalfall dagegen werden nur diejenigen Speicherzellen freigemacht, die man unbedingt neu belegen muß. Der Maximalfall scheidet für die Praxis selbstverständlich aus, da wegen des dabei durchzuführenden Transports großer Informationsmengen der Umschaltvorgang viel zu aufwendig wäre.

Um bei der Abwicklerumschaltung möglichst wenige Zellen freimachen zu müssen, geht man von der Voraussetzung aus, daß unmittelbar vor der Auslösung einer Abwicklerumschaltung neben der aktuellen Prozedur, die den Abwickler verlieren wird, auch schon die andere Prozedur, die den Abwickler erhalten wird, im Arbeitsspeicher zu finden ist. Man geht also davon aus, daß der Arbeitsspeicher auf die verschiedenen, am Multiplex teilnehmenden Prozeduren aufgeteilt ist. Beim Prozedurabwickler in Bild 215 bleiben somit nur noch die Zellen für die Anweisungsmarkierung, für den Stapelzeiger und für die Verzweigungsprädikate als Kandidaten für das Freimachen übrig. Die folgenden Überlegungen zum Auswählen werden allerdings zeigen, daß wegen des Abwicklermultiplex der Prozedurabwickler aus Bild 215 noch um einige Zellen erweitert wird, die dann auch freigemacht werden müssen. Da es sich aber insgesamt um sehr wenige freizumachende Zellen handelt, kann man sie dadurch freimachen, daß man ihren aktuellen Inhalt in den Arbeitsspeicher kopiert, wobei man annehmen darf, daß dort immer die dafür erforderliche Anzahl freier Zellen zur Verfügung stehen wird. Man spricht hier vom *Retten* des Abwickelzustands.

Beim *Auswählen* geht es darum, unter allen Prozeduren, die aktuell am Multiplex teilnehmen und denen der Abwickler zugeteilt werden darf, diejenige auszuwählen, die nun anläßlich der ausgelösten Umschaltung den Abwickler erhalten soll. Diese Auswahl wird zum einen davon abhängen müssen, von welcher Art das auslösende Ereignis war, zum anderen aber auch davon, welche Informationen über die abwickelbereiten Prozeduren verfügbar sind. Wenn die Auswahl entschieden ist, folgt die *Belegung*, bei der die vorher freigemachten Zellen mit neuen, zur ausgewählten Prozedur passenden Inhalten belegt werden. Im Falle der Fortsetzung einer früher unterbrochenen Prozedur können die neuen Zelleninhalte aus dem Arbeitsspeicher geholt werden, wohin sie ja beim damaligen Retten gebracht wurden. Man spricht hier vom *Restaurieren* des Abwickelzustands. Den Fall, daß es sich bei der ausgewählten Prozedur nicht um eine fortzusetzende, sondern um eine neu zu startende Prozedur handelt, wird man zweckmäßigerweise formal genauso behandeln wie den Fall der Fortsetzung, indem man auch hier vorher die für das spätere "Restaurieren" gebrauchten Zelleninhalte in den Arbeitsspeicher bringt.

Man erkennt leicht, daß das Freimachen und das Belegen verhältnismäßig primitive, schnell zu erledigende Schritte sind im Vergleich zum Auswählen, denn beim Freimachen und Belegen müssen nur die Inhalte einiger Zellen in andere Zellen kopiert werden, wogegen beim Auswählen viele Informationen verknüpft werden müssen, bis schließlich die Nummer der als nächste abzuwickelnden Prozedur bestimmt ist. An das Auswahlverfahren werden zu viele Anforderungen gestellt, als daß es praktisch sinnvoll wäre, ein solches Auswahlverfahren durch eine speziell dafür gebaute Instanz ausführen zu lassen, die als fünfte Instanz zu den vier Instanzen des Prozedurabwicklers (s. Bild 215) hinzukäme. Das Auswahlverfahren wird man zweckmäßigerweise als Prozedur formulieren, für die man selbst wieder einen Abwickler braucht. Man könnte dann ein System aus zwei Abwicklern vorsehen, von denen der erste im Zeitmultiplex an verschiedene Prozeduren vergeben wird, und von denen der zweite dazu dient, den ersten jeweils von einer Prozedur auf eine andere umzuschalten. Bild 251 zeigt, daß sich ein solches Abwicklerpaar in jedem Zeitpunkt in einer von zwei Betriebsphasen befindet: Wenn der erste Abwickler mit der Abwicklung einer Prozedur beschäftigt ist, wartet der zweite aktiv, denn der zweite hat ja nur während derjenigen Zeitintervalle etwas zu tun, in denen der erste von einer Prozedur auf eine andere umgeschaltet wird.

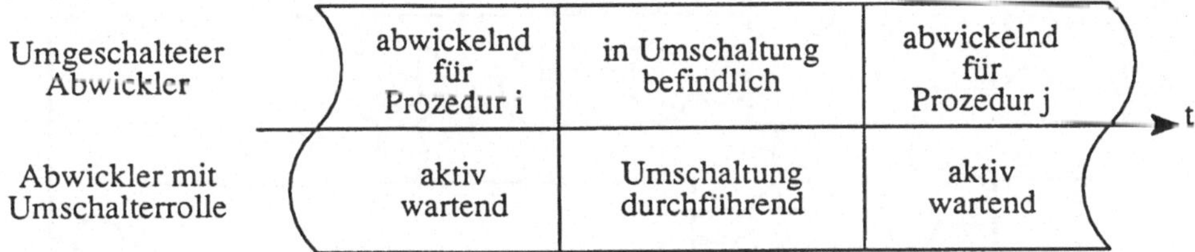

Bild 251 Betriebsphasen beim Abwicklermultiplex mit separatem programmiertem Umschalter

Das Bild 251 legt es nahe, die Aufgaben der beiden Abwickler einem einzigen Abwickler zu übertragen; dieser soll im folgenden als *Multiplexabwickler* bezeichnet werden. Es ist nicht möglich, einen Prozedurabwickler nach Bild 215 einfach durch geeignete Programmierung zu einem Multiplexabwickler zu machen. Denn der Übergang von einer Abwicklungsphase für eine Prozedur i in eine Umschaltphase soll ja nicht nur von freiwilligen synchronen, sondern auch von unfreiwilligen synchronen und von asynchronen Ereignissen ausgelöst werden können, und dazu bedarf es einer zusätzlichen Instanz. Bild 252 zeigt, durch welche Ergänzungen der Abwickler aus Bild 215 zu einem Multiplexabwickler gemacht werden kann. Die hinzugekommenen Speicherzellen sind zwar nicht alle notwendig, aber zweckmäßig. Ihr Zweck wird im Zusammenhang mit der Funktion der Unterbrechungsinstanz erläutert.

In dem System in Bild 252 sind alle Komponenten des Prozedurabwicklers aus Bild 215 wiederzufinden; deshalb müssen nun nur noch die neu hinzugekommenen Komponenten begründet werden. Die Schnittstellen X_A und Y_A findet man als die sogenannten Geräteoperanden wieder. Während in Bild 215 die periphere Instanz nur über diese Schnittstellen mit dem Abwickler verbunden ist, hat sie in Bild 252 auch noch einen Anschluß an die Arbeitsspeicherzugriffsinstanz. Diese Arbeitsspeicherzugriffsinstanz kommt in Bild 215 nicht vor, und dies wurde bereits im Abschnitt 3.2.4.1 über die Festlegung der Betrachtungsebene begründet (s. Bild 213). Daß sie nun hier wieder gezeigt wird, liegt daran, daß hier auf die Möglichkeit des Speicherschutzes hingewiesen werden soll, der für den Betrieb eines Multiplexabwicklers äußerst zweckmäßig ist. Wenn bei der Abwicklung jeder beliebigen Prozedur Lese– und Schreibzugriffe auf jede beliebige Zelle des Arbeitsspeichers zugelassen werden – wie dies zum Bild 215 angenommen werden durfte –, dann kann das Abwicklermultiplex nur funktionieren, wenn bei der Programmierung der Prozeduren, zwischen denen der Multiplexabwickler hin– und hergeschaltet werden soll, darauf geachtet wird, daß bei der Abwicklung einer solchen Prozedur nicht Anweisungen oder Operanden der anderen Prozeduren im Arbeitsspeicher überschrieben werden. Durch eine jeweils angepaßte Belegung der *Speicherschutzeinstellung* kann man jedoch dafür sorgen, daß bei der Abwicklung einer Prozedur nur solche Arbeitsspeicherzugriffe ausgeführt werden, die für die spätere Abwicklung anderer Prozeduren unschädlich sind. Es ist offensichtlich, daß die Speicherschutzeinstellung zu denjenigen Speichervariablen gehört, die – zumindest teilweise – durch die Unterbrechungsinstanz freigemacht und neu belegt werden müssen.

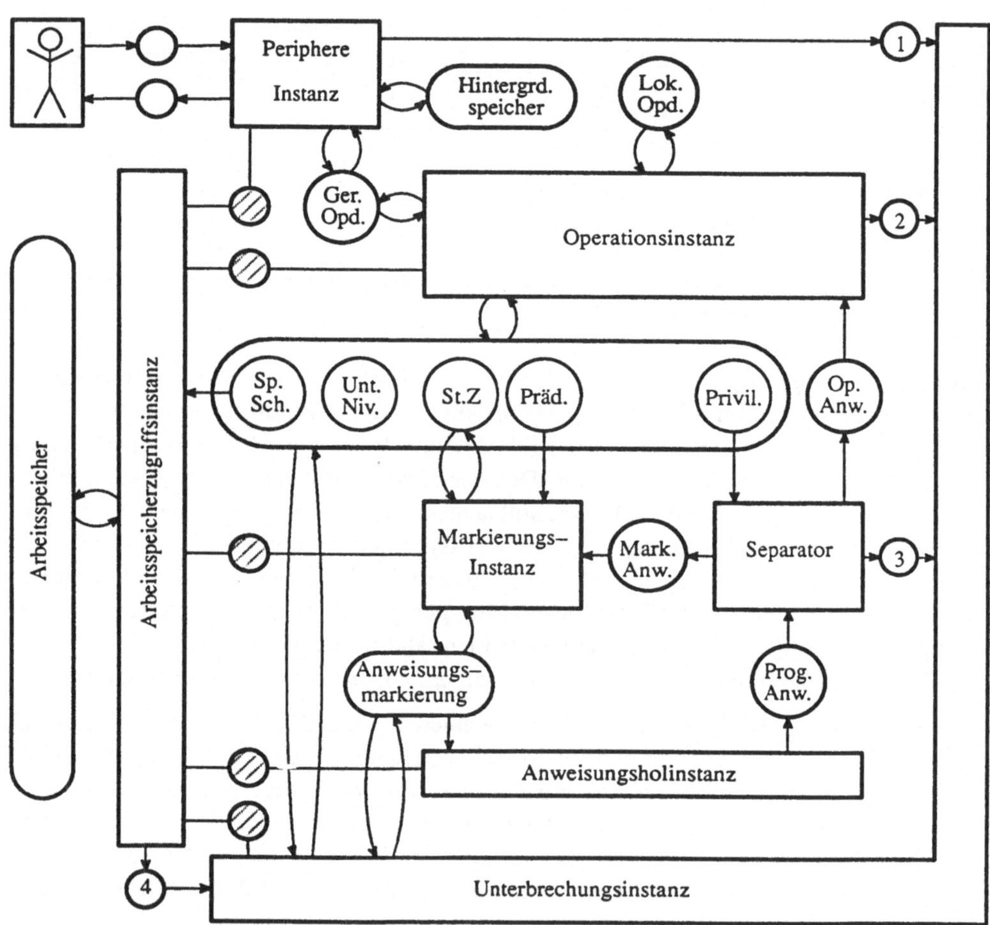

Bild 252 Aufbau eines Multiplexabwicklers als Instanzennetz

Bedeutung der Abkürzungen:

Ger. Opd:	Geräteoperanden	Privil.:	Privilegien
Lok. Opd:	Lokale Operanden	Progr.Anw:	Programmanweisung
Mark.Anw:	Markierungsanweisung	Sp.Sch:	Speicherschutzeinstellung
Op.Anw:	Operationsanweisung	St.Z:	Stapelzeiger
Präd.:	Verzweigungsprädikate	Unt.Niv:	Unterbrechbarkeitsniveau

Die schraffierten Schnittstellen zur Speicherzugriffsinstanz sind als Auftrags/Rückmeldungsschnittstellen zu interpretieren, wobei die Speicherzugriffsinstanz stets nur als Auftragnehmer auftritt. Dadurch, daß der peripheren Instanz in Bild 252 die Möglichkeit gegeben wurde, als Auftraggeber aufzutreten, kann nebenläufig zur Prozedurabwicklung ein Informationstransport zwischen dem Arbeitsspeicher und der Peripherie – insbesondere mit dem Hintergrundspeicher, also mit Magnetplatten und ähnlichen Speichern – stattfinden.[1)]

In Bild 215 gibt es keinen separaten Speicher für lokale Operanden der Operationsinstanz, wie er in Bild 252 eingezeichnet ist. Dies war dort nicht erforderlich, weil auf der dortigen Betrachtungsebene keine explizite Arbeitsspeicherzugriffsinstanz vorkam, so daß man dort darauf verzichten konnte, die Operanden der Operationsinstanz aufgrund unterschiedlicher Zugangswege in zwei Klassen einzuteilen. In Bild 252 kommt nun aber die Arbeitsspeicherzugriffsinstanz vor, und deshalb wird hier darauf hingewiesen, daß es zweckmäßig ist, einige Operandenzellen vorzusehen, die im parallelen Zugriff der Operationsinstanz liegen, d.h. an die sie zum Lesen und Schreiben herankommt, ohne dazu jedesmal einer Zugriffsinstanz einen Auftrag erteilen zu müssen.

Die mit 1 bis 4 numerierten Pfade zur Unterbrechungsinstanz dienen der Meldung von Ereignissen, die eine Abwicklerumschaltung auslösen, falls das *Unterbrechbarkeitsniveau* der aktuellen Abwicklung nicht zu hoch ist. Den Begriff des Unterbrechbarkeitsniveaus findet man auch im Zusammenhang mit der Aktivität von Menschen. So muß beispielsweise das Unterbrechbarkeitsniveau sehr hoch sein, wenn ein Chirurg eine Operation durchführt – er wird dann bestimmt nicht bereit sein, den überrraschend eingetroffenen Gesundheitsminister durch die Klinik zu führen. Anders läge der Fall, wenn der Minister einträfe, während der Chirurg aktenlesend an seinem Schreibtisch sitzt. Die Speichervariable für das Unterbrechbarkeitsniveau gehört auch zu denen, die bei einer Unterbrechung freigemacht und neu belegt werden müssen. Bild 253 veranschaulicht den Zusammenhang zwischen dem Unterbrechbarkeitsniveau und der sogenannten *Anforderungspriorität.* Durch die Anforderungspriorität wird jedem asynchronen Auslöseereignis eine Position in einer Linearordnung zugewiesen, und diese Position entscheidet, ob ein bestimmtes asynchrones Auslösesignal bei dem aktuell eingestellten Unterbrechbarkeitsniveau und unter Berücksichtigung aller anderen gleichzeitig auftretenden Auslösesignale eine Unterbrechung auslöst oder nicht. Ein Auslösesignal soll dann und nur dann eine Unterbrechung auslösen, wenn erstens seine Anforderungspriorität oberhalb der zum aktuellen Unterbrechbarkeitsniveau gehörenden Trennlinie liegt und wenn zweitens nicht gleichzeitig andere Anforderungen mit höherer Priorität vorliegen. Es sei beispielsweise angenommen, das aktuelle Unterbrechbarkeitsniveau habe den Wert II und es gebe drei gleichzeitige Anforderungen auf den Prioritätspositionen c, d und e. In diesem Fall löst e die Unterbrechung aus. Hätte das Unterbrechbarkeitsniveau jedoch den Wert III, dann würde keine Unterbrechung erfolgen, weil alle drei Anforderungen unterhalb der zu III gehörenden Trennlinie liegen.

In Bild 253 wurde die oberste Trennlinie so gelegt, daß darüber noch die Position h liegt. Bei einer derartigen Festlegung kann also das Unterbrechbarkeitsniveau gar nicht so hoch gelegt

1) In der Fachsprache nennt man diese Verbindung zwischen Peripherie und Arbeitsspeicher *Direct Memory Access*, wofür die Abkürzung DMA verwendet wird.

werden, daß jegliche Unterbrechung ausgeschlossen wird. Man denke an einen Chef, der seiner Sekretärin sagt, er möchte in der folgenden Stunde durch nichts unterbrochen werden – sie wird ihn vermutlich doch unterbrechen, wenn sie ihm mitteilen muß, daß ein Brand ausgebrochen sei und man sich noch retten könne, indem man die vorgesehenen Fluchtwege benütze. Eine entsprechende Situation gibt es tatsächlich auch in vielen Computersystemen, wo für den Fall technischer Störungen – Spannungsabfall, Überhitzung oder ähnliches – eine höchste Anforderungspriorität vorgesehen ist, so daß unabhängig vom aktuellen Unterbrechbarkeitsniveau eine bestimmte Prozedur anlaufen kann, mittels derer möglichst noch alle wichtigen Zustandswerte gerettet werden sollen, bevor das System "abstürzt". Dann ist nämlich nach Behebung der Störung wieder eine Fortsetzung der begonnenen Abwicklungen möglich.

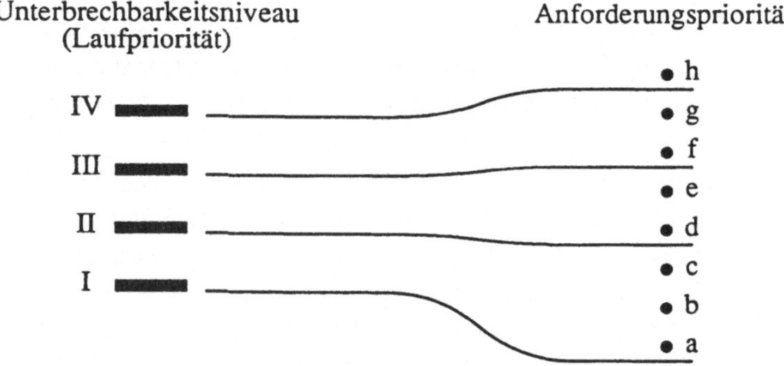

Bild 253 Zusammenhang zwischen dem Unterbrechbarkeitsniveau und der Anforderungspriorität

Die mit 1 bis 4 durchnumerierten Pfade zur Meldung von Auslösesignalen kommen von unterschiedlichen Instanzen, wobei man von der Quelle auf den Typ der Auslösesignale schließen kann, die über den jeweiligen Pfad gemeldet werden. Über den Pfad 1 kommen die asynchronen Anforderungen. Über den Pfad 2 werden synchrone Ereignisse gemeldet, die bei der Arbeit der Operationsinstanz auftreten – also beispielsweise Division durch null. Der Separator schickt eine Meldung über den Pfad 3, wenn in der Programmanweisung eine Unterbrechung verlangt wird. Es handelt sich um die Fälle, wo wegen des Prozedurendes oder wegen der Notwendigkeit, aufgrund eines Kommunikationsprotokolls warten zu müssen, eine Prozedur – genauer gesagt die zugeordnete Rolleninstanz – den Abwickler freiwillig abgibt. Über den Pfad 4 werden Mängel gemeldet, welche die Arbeitsspeicherzugriffsinstanz feststellt, also unerlaubte Zugriffsaufträge für geschützte Zellen oder Adressierung nicht existenter Zellen.

Die nun noch zu erläuternde Speichervariable, die in Bild 252 mit *Privilegien* bezeichnet ist und die vom Separator gelesen werden kann, steht auch im Zusammenhang mit Meldungen, die über den Pfad 3 laufen können. Der Separator kann nämlich auch noch melden, daß die Abwicklung der aktuellen Prozedur unterbrochen werden muß, weil die Ausführung der gelesenen Programmanweisung im derzeitigen Abwicklerzustand verboten ist. Dies erkennt der Separator an den aktuellen Privilegien. Ähnlich wie die Speicherschutzeinstellung dient die Einstellung der Privilegien dem Zweck, den reibungslosen Abwicklermultiplex vor Programmierfehlern zu schützen. Am Speicherschutz erkennt man leicht die Zweckmäßigkeit, zeitweise bestimmte Programmanweisungen von der Ausführung auszuschließen. Denn der Speicherschutz wäre natürlich sehr gefährdet, wenn in jeder Prozedur jede beliebige Änderung der Speicherschutzeinstellung per Anweisung möglich wäre. Aber nicht nur die Speicherschutzeinstellung ist ein kritischer Bereich, auch das Unterbrechbarkeitsniveau und der Zugriff auf die Geräteoperanden werden zweckmäßigerweise durch Privilegien geschützt. Es ist nicht erforderlich, sehr viele unterschiedliche Privilegienwerte einzuführen, aber zwei sollten es mindestens sein; es gibt jedoch auch Systeme mit vier Werten. Dem Repertoire der Privilegienwerte ist üblicherweise eine Ordnung von Teilmengen des Anweisungsrepertoires – bei drei Werten also repA1 ⊂ repA2 ⊂ repA – zugeordnet. Nur die Anweisungen aus der kleinsten Teilmenge werden immer ausgeführt; die Ausführung der anderen Anweisungen ist an bestimmte Privilegienwerte gebunden.

Es ist offensichtlich, daß es keine Anweisung geben darf, die Privilegieneinstellung in Richtung auf größere Privilegien zu verändern. Andererseits muß natürlich eine solche Zustandsänderung grundsätzlich möglich sein. Wenn sie nicht als Anweisungsausführung machbar ist, dann bleibt nur noch die Möglichkeit einer Aktion der Unterbrechungsinstanz.

Nach Bild 251 ist es die Aufgabe der *Unterbrechungsinstanz*, die Abwicklung einer Prozedur i zu unterbrechen und den Abwickler mit der Umschaltungsrolle zu belegen. Die Umschaltungsrolle wird davon abhängen, von welcher Art das Ereignis war, das die Unterbrechung ausgelöst hat. Es wird also ein endliches Repertoire unterschiedlicher Umschaltungsrollen geben, die als Prozeduren im Arbeitsspeicher stehen müssen. Wenn nun die Unterbrechungsinstanz ein Auslösesignal empfängt, auf das sie unter Berücksichtigung des aktuellen Unterbrechbarkeitsniveaus reagieren darf, dann wird sie als erstes diejenigen Zellen freimachen, die anschließend zugunsten der Abwicklung einer Umschaltungsrolle neu belegt werden müssen. Es handelt sich um die Zellen für die Abwicklungsmarkierung, das Unterbrechbarkeitsniveau, die Verzweigungsprädikate, die Privilegien und Teile der Speicherschutzeinstellung. Als einfache Lösung der Frage, in welche Arbeitsspeicherzellen die Werte gerettet werden sollen, bietet sich das Stapelprinzip an; der Stapelzeiger liegt ja auch im Zugriff der Unterbrechungsinstanz.

Nachdem die Zellen freigemacht wurden, müssen sie neu belegt werden, und zwar mit den Anfangswerten für eine bestimmte Umschaltungsrolle. Es gibt verschiedene Möglichkeiten, bei der Gestaltung des Systems dafür zu sorgen, daß die Unterbrechungsinstanz jeweils die für die Belegung erforderlichen Werte findet. Möglich, aber unflexibel wäre es, in die Unterbrechungsinstanz das Wissen darüber einzubauen, zu welchem Auslösesignal welche Belegungswerte gehören. Besser ist es, wenn diejenigen Instanzen, von denen die Auslösesignale kommen, auch gleich die erforderlichen Belegungswerte mitliefern. Noch flexibler ist es, wenn mit dem Auslösesignal nicht die Belegungswerte mitgeliefert werden, sondern nur die Adresse eines Arbeitsspeicherbereichs, wo die Belegungswerte stehen.

Bei der Belegung werden zweckmäßigerweise das höchste Unterbrechbarkeitsniveau und der höchste Privilegienwert eingestellt. Denn wenn zum Abwicklungsbeginn einer Umschaltungsprozedur alle Privilegien gegeben sind, dann ist es nur eine Frage der Programmierung, ob die hohen Werte bis zum Ende der Prozedur erhalten bleiben oder ob sie im Laufe der Prozedur per Anweisung herabgesetzt werden.

In Bild 251 wird angenommen, daß die Abwicklung einer Umschalteprozedur selbst nicht auch unterbrochen wird. Nun kann es aber sein, daß die Abwicklung einer Umschaltprozedur so lange dauert, daß es unzweckmäßig wäre, die Reaktion auf die während dieser Zeit gemeldeten Ereignisse so lange zu verzögern. Deshalb ist es sinnvoll, zwischen *Ereignisreaktionsprozeduren* und der eigentlichen *Umschaltprozedur* zu unterscheiden. Bild 254 zeigt ein Petrinetz mit Stapelplätzen und Rückkehrplatz, welches die Möglichkeiten beschreibt, wie der Abwickler während einer Umschaltephase nacheinander mit verschiedenen Prozeduren befaßt sein kann. An den Abwicklungsabschnitt der aktuell ausgewählten Prozedur folgt immer ein Abschnitt, in dem diejenige der m Prozeduren ganz oder teilweise abgewickelt wird, worin die erforderliche Reaktion auf das auslösende Ereignis formuliert ist. Im einfachsten Fall kommt die Abwicklung dieser Reaktionsprozedur ohne Unterbrechung ans Ende, so daß dann der erste Abwicklungsabschnitt für die eigentliche Umschalteprozedur beginnen kann. Wenn auch diese Abwicklung ohne Unterbrechung ans Ende kommt, ist die Umschaltphase zu Ende, und es folgt der Abwicklungsabschnitt der nun ausgewählten Prozedur.

Es ist jedoch zulässig, daß die Prozedur für die Ereignisreaktion oder die Umschalteprozedur in ihrem ersten Abwicklungsabschnitt nicht bis ans Ende abgewickelt werden, sondern daß der Abwicklungsabschnitt durch Unterbrechung endet. Es ist eine Frage der Programmgestaltung, wann man welche Unterbrechungen zuläßt, d.h. wann man das Unterbrechbarkeitsniveau auf welchen Wert einstellt.

Die Programmierung von Ereignisreaktionsprozeduren und der Umschaltprozedur gehört in den Bereich der sogenannten *Betriebssystemprogrammierung*. Man kann diese Prozeduren so gestalten, daß der Anwendungsprogrammierer, also der Programmierer der auswählbaren Prozeduren ein recht komfortables Abwicklerverhalten voraussetzen kann. Komfort wird i.a. angeboten bezüglich der Interaktion mit Ein- und Ausgabegeräten, der Nutzung des Arbeits- und des Hintergrundspeichers sowie der Programmierung von Netzen aus Rolleninstanzen ohne und mit Strukturvarianz.

Obwohl es beim Abwicklermultiplex keine echt nebenläufige Programmabwicklung gibt, muß man bei der Programmierung kommunizierender Rolleninstanzen doch von der Annahme ausgehen, die einzelnen Rolleninstanzen würden nebenläufig agieren. Denn die Gefahr, bei der Gestaltung von Kommunikationsprotokollen für nebenläufig agierende Instanzen Fehler zu machen, die zu Verklemmungen führen können, wird durch Abwicklermultiplex nicht eliminiert. Man betrachte hierzu das Beispiel in Bild 255. Es ist hier möglich, daß die zentrale Instanz von B den Auftrag, A zu wecken, schon zu einem Zeitpunkt erhält, wo sie noch gar nicht zur Kenntnis genommen hat, daß A schläft. In diesem Fall wird sie den Auftrag ignorieren, d.h. das Wecken des wachen A hat keine Außenwirkung. Erst später wird die zentrale Instanz dann doch noch das Einschlafen von A zur Kenntnis nehmen, aber da B keinen Anlaß mehr sieht, einen weiteren Weckauftrag abzugeben, sondern bereits auf eine neue Botschaft wartet, werden sowohl A als auch B nie mehr aus ihrer Passivität erlöst. Die Erfahrung zeigt, daß selbst routinierte Systemprogrammierer manchmal die Verklemmungsgefahr nicht sehen, so daß es äußerst hilfreich ist, durch formale Petrinetzanalyse solche Gefahren entdekken zu können.

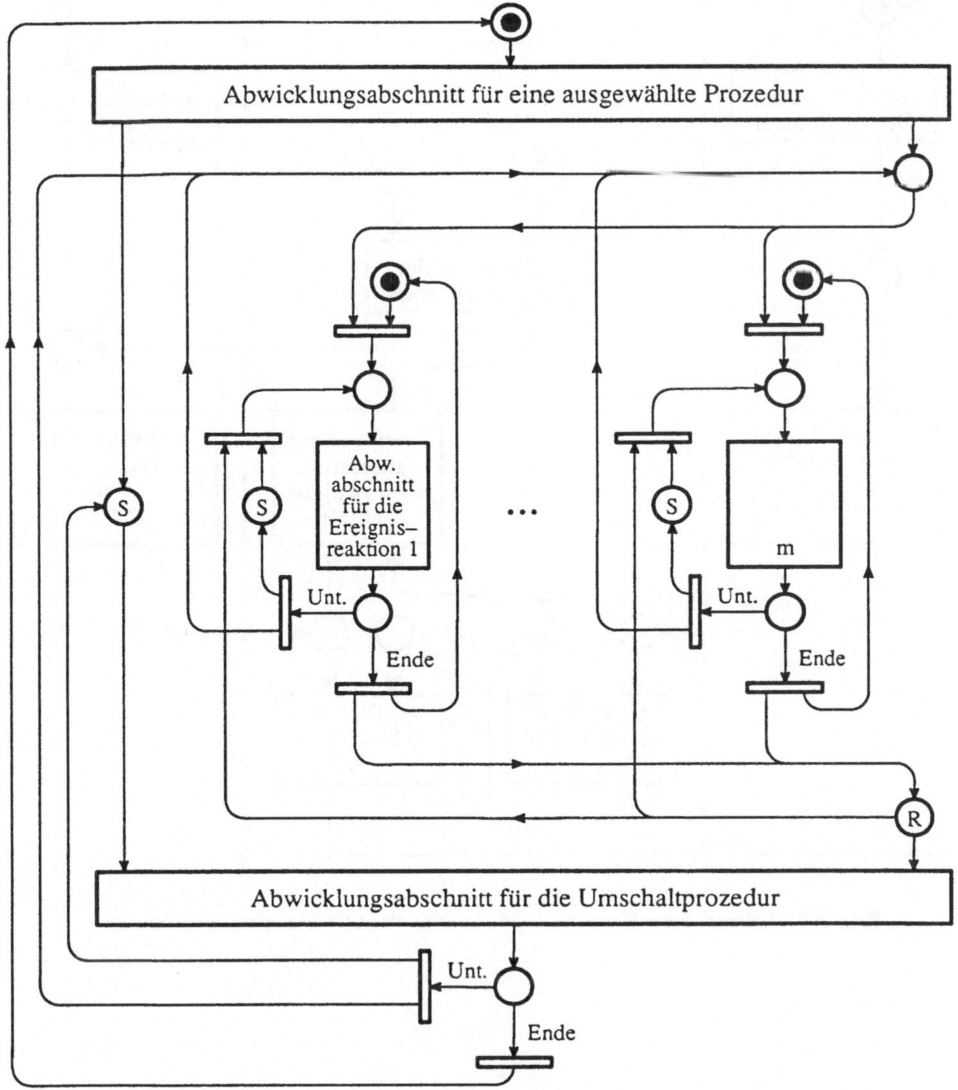

Bild 254 Petrinetz zur Erfassung der möglichen Folgen von Abwicklungsabschnitten innerhalb einer Umschaltungsphase

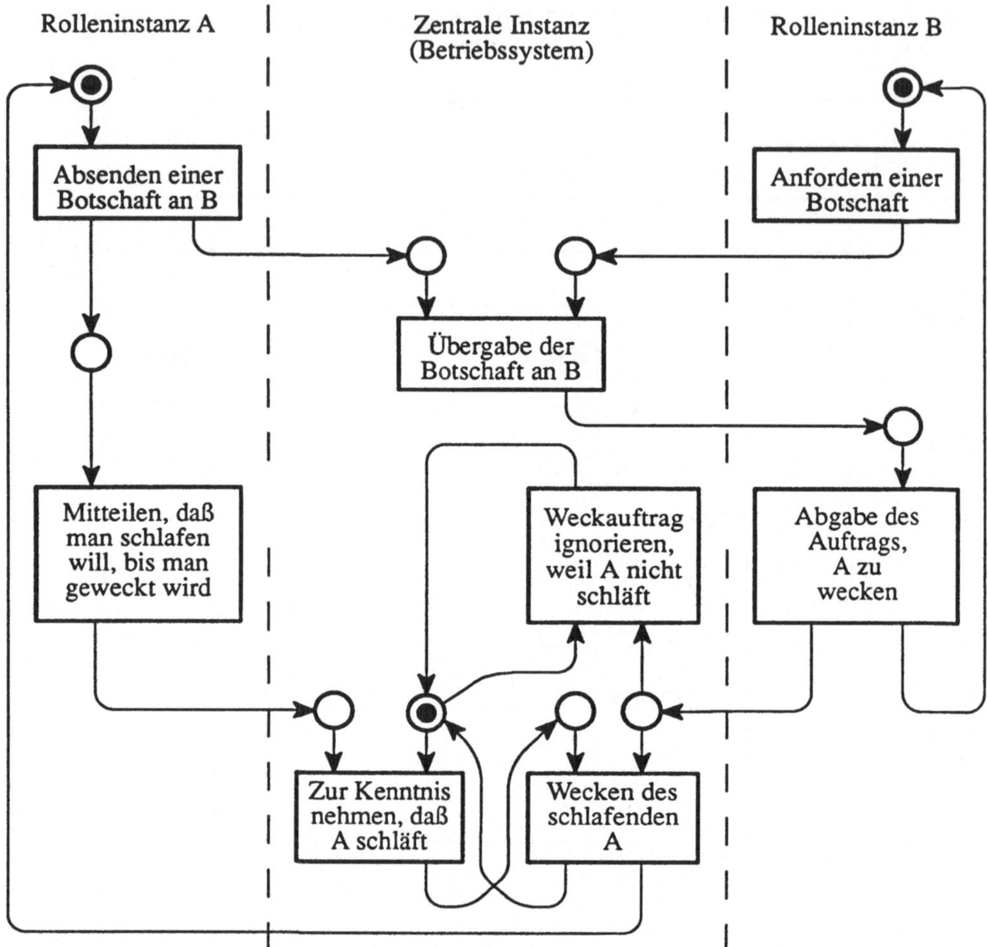

Bild 255 Beispiel eines Kommunikationsprotokolls mit Verklemmungsgefahr

Literaturverzeichnis

Das Angebot an Literatur über informationstechnische Themen ist so groß, daß der Leser keine Mühe haben wird, weiterführende Schriften zu finden. Außerdem kommen in rascher Folge neue Werke hinzu. Deshalb wird hier darauf verzichtet, für den Leser eine Titelauswahl zu treffen. Im folgenden sind nur diejenigen Schriften genannt, die der Autor im Zusammenhang mit der Erstellung des Buchmanuskripts studiert hat und aus denen er – zum Teil bewußt, aber möglicherweise auch unbewußt – Gedankengut übernommen hat.

Adam, A. Informatik. Westdeutscher Verlag, Opladen 1971.

Barth, G.; Welsch, Ch. Objektorientierte Programmierung. Informationstechnik it 30 (1988) 6, S. 404–421.

Bauer, F.L.; Wössner, H. Algorithmische Sprache und Programmentwicklung. Springer, Berlin 1981.

Bjorner, D.; Jones, C. Formal Specification and Software Development. Prentice Hall, Englewood Cliffs 1982.

Breuer, J. Einführung in die Mengenlehre. Schroedel, Hannover 1964.

Cappurro, R. Information. Saur–Verlag, München 1978.

Carnap, R. Grundlagen der Logik und Mathematik. Nymphenburger Verlagshandlung, München 1973.

Copi, I. Introduction to Logic. MacMillan Publishing Co., New York 1978.

Effelsberg, W.; Fleischmann, A. Das ISO–Referenzmodell für offenen Systeme und seine sieben Schichten. Informatik–Spektrum (1989) 9, S. 280–299.

Folberth, O. (Hrsg.) Der Informationsbegriff in Technik und Wissenschaft. Oldenbourg, München 1986.

Fuchs–Kittowski, K. et al. Informatik und Automatisierung. Akademie–Verlag, Berlin 1976.

Gordon, M. The denotational Description of Programming Languages. Springer, New York 1979.

Gray, M. A radical approach to algebra. Addison Wesley, Reading, Mass. 1970.

Gross, M.; Lentin, A. Introduction to Formal Grammars. Springer, Berlin 1970.

Haas, G. Konstruktive Einführung in die formale Logik. Bibliographisches Institut, Mannheim 1984.

Haupt, D. Mengenlehre. Harri Deutsch, Zürich 1975.

Heuser, H.; Wolf, H. Algebra, Funktionalanalysis und Codierung. Teubner, Stuttgart 1986.

Hofstadter, D.R. Gödel, Escher, Bach. Klett–Cotta, Stuttgart 1985.

Jacobson, N. Lectures in Abstract Algebra. Vol. I: Basic Concepts. D. Van Nostrand Comp., Princeton, N.J. 1966.

Jacobson, N. Lectures in Abstract Algebra. Vol. II: Linear Algebra. Springer, New York 1975.

Kain, R.Y. Automata Theorie: Machines and Languages. McGraw Hill, New York 1972.

Levy, A. Basic Set Theory. Springer, Berlin 1979.

Nehmer, J. Softwaretechnik für verteilte Systeme. Springer, Berlin 1985.

Peschel, M.; Wunsch, G. Methoden und Prinzipien der Systemtheorie. VEB Verlag Technik, Berlin 1972.

Quine, W.V. Mengenlehre und ihre Logik. Vieweg, Braunschweig 1973.

Quine, W.V. Die Wurzeln der Referenz. Suhrkamp, Frankfurt a.M. 1976.

Reisig, W. Petrinetze. Springer, Berlin 1982.

Schefe, P. Informatik – Eine konstruktive Einführung. Bibliographisches Institut, Mannheim, 1985.

Schnupp, P. PROLOG. Hanser, München 1986.

Stegmüller, W. Das Wahrheitsproblem und die Idee der Semantik. Springer, Wien 1977.

Steinbuch, K.; Rupprecht, W. Nachrichtentechnik. Bd. II: Nachrichtenübertragung. Springer, Berlin 1982.

Sterling, L.; Shapiro, E. PROLOG. Addison Wesley, Bonn 1988.

Stoll, R. Sets, Logic and Axiomatic Theory. Freeman and Co., San Francisco 1974.

Stoy, J.E. Denotational Semantics: The Scott–Strachey Approach to Programming Language Theory. MIT Press, Cambridge, Mass. 1977.

Unbehauen, R. Systemtheorie. Oldenbourg, München 1971.

Weber, W. Einführung in die Methoden der Digitaltechnik. Elitera Verlag, Berlin 1977.

Weissman, C. LISP 1.5 PRIMER. Dickenson Publishing Co, Belmont, Ca. 1967.

Zadeh, Li; Desoer, C. Linear System Theory. McGraw Hill, New York 1963.

Sachverzeichnis

Die *kursiv* gesetzten Seitenzahlen bezeichnen die Stellen, an denen die Stichwörter ausführlicher behandelt werden.

Band 11:
H. Schönfelder
Bildkommunikation
Grundlagen und Technik der analogen und digitalen Übertragung von Fest- und Bewegtbildern

1983. XIII, 298 S. 124 Abb. Brosch. DM 78,–
ISBN 3-540-12214-1

Band 12:
K. Fellbaum
Sprachverarbeitung und Sprachübertragung

1984. IX, 272 S. 145 Abb. Brosch. DM 58,–
ISBN 3-540-13306-2

Band 13:
F. M. Wahl
Digitale Bildsignalverarbeitung
Grundlagen, Verfahren, Beispiele

1984. Korr. Nachdr. 1989. X, 191 S. 85 Abb.
Brosch. DM 78,– ISBN 3-540-13586-3

Band 14:
G. Söder, K. Tröndle
Digitale Übertragungssysteme
Theorie, Optimierung und Dimensionierung der Basisbandsysteme

1985. XII, 282 s. 113 Abb. Brosch. DM 84,–
ISBN 3-540-13812-9

Band 15:
J. Hofer-Alfeis
Übungsbeispiele zur Systemtheorie
41 Aufgaben mit ausführlich kommentierten Lösungen

1985. XI, 212 S. 352 Abb. Brosch. DM 42,–
ISBN 3-540-15083-8

Band 16:
S. Geckeler
Lichtwellenleiter für die optische Nachrichtenübertragung
Grundlagen und Eigenschaften eines modernen Übertragungsmediums

3., überarb. Aufl. 1990. X, 327 S. 154 Abb.
Brosch. DM 78,– ISBN 3-540-51727-8

Band 17:
J. Franz
Optische Übertragungssysteme mit Überlagerungsempfang
Berechnung, Optimierung, Vergleich

1988. XVII, 258 S. 80 Abb. Brosch. DM 78,–
ISBN 3-540-50189-4

Band 18:
J. Detlefsen
Radartechnik
Grundlagen, Bauelemente, Verfahren, Anwendungen

1989. XI, 188 S. 121 Abb. Brosch. DM 78,–
ISBN 3-540-50260-2

Band 19:
C.-E. Liedtke, M. Ender
Wissensbasierte Bildverarbeitung

1989. XI, 230 S., 83 Abb. Brosch. DM 78,–
ISBN 3-540-50641-1

Band 20:
R. Bamler
Mehrdimensionale lineare Systeme
Fourier-Transformation und Delta-Funktionen

1989. X, 241 S. 128 Abb. Brosch. DM 78,–
ISBN 3-540-51069-9